新型电源 IC 技术手册

主编　李朝青

参编　林　台　张晓乡

冯　喜　曹文嫣　等

北京航空航天大学出版社

内容简介

本书主要介绍微控制器系统及各种电子系统中可使用的新型电源管理及DC/DC变换IC。主要内容包括：AC/DC电源转换芯片；三端稳压器芯片；便携式低压差(LDO)稳压器芯片；降压DC/DC变换器芯片；升压、升压/降压、反相型DC/DC变换器芯片；电源监控及电源保护芯片；电源排序、跟踪及电源管理芯片；LED驱动器电源芯片；电池充电电源芯片；FPGA、MCU、USB、以太网、汽车等专用电源芯片；电源基准芯片。

本书可供广大工程技术人员和大中专院校师生参考使用。

图书在版编目(CIP)数据

新型电源IC技术手册 / 李朝青主编. --北京 ：北京航空航天大学出版社，2012.10

ISBN 978-7-5124-0840-1

Ⅰ. ①新… Ⅱ. ①李… Ⅲ. ①开关电源—电源控制器—技术手册 Ⅳ. ①TN86-62

中国版本图书馆CIP数据核字(2012)第121957号

新型电源IC技术手册

李朝青 主编

参编 林 台 张晓乡

冯 喜 曹文嫣 等

责任编辑 刘 晨 张 楠

*

北京航空航天大学出版社出版发行

北京市海淀区学院路37号(邮编100191) http://www.buaapress.com.cn

发行部电话：(010)82317024 传真：(010)82328026

读者信箱：emsbook@gmail.com 邮购电话：(010)82316936

涿州市新华印刷有限公司印装 各地书店经销

*

开本：710×1000 1/16 印张：63.25 字数：1423千字

2012年10月第1版 2012年10月第1次印刷 印数：3 000册

ISBN 978-7-5124-0840-1 定价：128.00

前言

本书《新型电源IC技术手册》主要介绍近六七年各大公司推出的新型开关电源及线性电源低压差(LDO)芯片。随着半导体技术工艺的发展,新型电源IC产品日新月异层出不穷,可谓“芯海”茫茫。本书根据微控制器系统对IC芯片的功率、效率、噪声、输入接口、输入范围、输出电压、输出口数目、尺寸等各项指标的要求一一为读者做解析。

当今的电源管理及DC/DC变换解决方案提高了功率、效率、可编程性和集成度,同时缩小了封装尺寸,从而能够为它们的新应用实现了更专业的电源管理能力。

电源管理方面的进步,如极大地降低了电源要求和缩小了IC尺寸,不是一蹴而就的。它花费了20多年才取得了重大发展。

如今,大量因素让开关DC/DC稳压器变得更普及,并且可以用于大量新兴应用。首先,较低的功耗消除了对特殊电源封装和散热器的要求,因而降低了整体复杂度和成本。

为了在设计工作中选择正确的IC,必须综合考虑成本、解决方案尺寸、电源、占空比与所需输出功率等许多因素,并根据重要性加以权衡与排序。

由于有些应用系统的空间有限,在选择拓扑时应先考虑采用LDO,不过由于功耗与效率方面的问题,并不是所有情况下LDO都适用。显然,由于LDO产生功耗非常大,因些应当采用开关DC/DC变换器。

为设计工作选择极佳IC,开关电源以其效率高、功率密度高而在电源领域占主导地位。选择IC时要考虑到大小与成本的局限性,所选IC的集成度应尽可能高,内置MOSFET,这可以促进解决方案的小型化,降低制造成本。目前提供的多输出IC还可进一步促进解决方案的小型化。

在电源管理及DC/DC变换IC的输入接口的选择上,已有很多新型的IC芯片。例如在电池充电方面,USB接口一直是首先的快速数据传输途径,也正在成为首选的便携式设备电池充电途径,从而不是再需要单独的交流适配器。但是,USB接口用来给设备电池充电时,存在功率限制。

本书不以电路结构分类,而以使用者的需求来分类。全书共12章,内容如下:

① 开关电源及同步整流技术。

② AC/DC 电源转换芯片及应用电路。

③ 三端稳压器芯片。

④ 便携式低压差(LDO)稳压器。

⑤ 开关型降压 DC/DC 变换器芯片。

⑥ 开关型升压、升压/降压、反相型 DC/DC 变换器芯片。

⑦ 电源监控及电源保护芯片。

⑧ 电源排序、跟踪及电源管理芯片。

⑨ LDE 驱动器电源芯片。

⑩ 电池充电电源芯片。

⑪ FPGA、MCU、USB、以太网、汽车等专用电源芯片。

⑫ 电压基准芯片。

参加本书编写的还有刘艳玲(第 2、11 章)、王志勇(第 5 章)、袁其平(第 8 章)、张秋燕、沈怡麟、李运等。

限于编者水平,书中难免有错误或不妥之处,敬请广大读者批评指正。

天津理工大学电信学院

李朝青

2012 年 8 月

目录

第1章

开关电源及同步整流技术

1.1 电源IC芯片的种类

以往的电源,不管是线性电源还是开关电源,均属于模拟控制类电源。而今,新型电源IC芯片发展日新月异,特别是21世纪以来,产品的技术指标及功能提高有了飞跃的发展。

新型电源IC芯片产品的种类很多,从原理上来讲,可分为线性电源IC芯片产品、开关电源IC芯片产品以及一些与电源相关的控制器、驱动器等附属产品,还有针对各类电池监控、测量、保护和充电管理的器件。

线性电源产品包括电压稳压器、低压差稳压器、电压基准源等。其优点是输出纹波小,线性度好,对后置设备的干扰小;缺点是体积较大,效率低,重量较重。传统电压稳压器输入/输出压差较大,通常在1.5 V以上,因此器件工作时自身功耗随负载电流的增加而增加,由于工作时温度较高,需添加散热器,散热器的大小可根据负载的大小而定,负载愈重,散热器愈大。传统电压稳压器售价比较便宜,适合于对功耗、体积没有太大要求的中小功率电源供电设备。新型低压差稳压器输入/输出压差很小,通常为几十毫伏至几百毫伏,且器件静态电流通常在微安级。由于可在很小的电压差下工作,因此损耗小效率高,特别适用于电池供电的小功率电源供电设备。

开关电源产品包括基于DC/DC升压器、DC/DC降压器、DC/DC反相器、电荷泵、AC/DC变换器等。优点是体积小,效率高(通常在80%以上),重量轻;缺点是输出纹波较大,对后置设备有一定干扰。DC/DC升压器、DC/DC降压器、DC/DC反相器、电荷泵适合于电池供电的便携设备。AC/DC变换器可对220 V市电进行变换,产生+3.3 V、+5 V、+9 V、+12 V等工业标准电压。

针对各类电池监控、测量、保护和充电管理的器件称为电池管理器件,其中针对锂电池和镍氢电池的充电器是最常见的器件。

电压基准源具有很高的初始精度和很小的温度漂移特性,通常应用在A/D转换器、D/A转换器、电源反馈取样电路等场合,它提供的是一个精密的电压基准,输出电流通常在几个毫安。

另外附属产品有MOSEFT、MOSEFT驱动器、外设驱动器/启动器、功率+陈列、功率+逻辑、功率+控制等产品。

1.2　数字电源简介

目前,数字电源在电源市场只占到10%的份额,主要原因是以往的数字电源让客户接受起来很困难。究其原因,一是需要复杂的软件编程;二是设计复杂、周期长。

1.2.1　新型数字电源优势

为了满足高可靠性电源系统需求,ADI、Microchip等公司日前推出多款创新设计的数字电源AC/DC控制器。数字PWM(脉宽调制)电源控制与管理器件可为设计工程师提供高度集成的电路架构和灵活性,利用直观的GUI(图形用户界面)可以在几分钟内配置系统电源参数。即使是编程经验较少的电源工程师也可以利用GUI监控并快速调整电源功能,如频率、时序、电压设置与保护限制,而不必采用C++或其他语言进行编程。在进行终端系统设计时,采用ADP1043或dsPIC30F1010可帮助系统集成人员优化电源能量效率,缩短设计周期时间,实现智能的电源管理系统。电源设计工程师可将其用于高可靠性服务器、存储器与通信基础设施设备中的AC/DC,以及隔离的DC/DC电源设计。

1.2.2　ADI公司的数字电源架构

在设计方面,ADI公司的单芯片ADP1043采用系统芯片技术,集成了所有典型的控制器功能(图1.2.1),可支持不同的电路拓扑(正激类拓扑,推挽、半桥与全桥架构和两级DC/DC),7路PWM输出,频率范围最高可达到700 kHz。具有可编程的Type Ⅲ数字补偿器和"OR-ing"控制,I^2C通信与编程接口、可选的模拟或数字均流母线和8字节的片上E^2PROM,并有众多的故障检测与保护功能,可对功率、电流、电压、温度、占空比等参数进行监控。在设计过程中,还允许设计者使用相同的芯片来快速地进行多种电源设计,ADP1043还能使复杂的电源架构改善效率。例如,ADP1043可以在轻负载下对时序进行改变,以进一步改善整个负载范围内的效率。可编程的GUI界面加速了产品开发,ADP1043精确的参数测量和I^2C的通信能力为系统架构工程师提供了远程监测和智能电源管理的能力。

据了解,ADP1043是ADI公司的第二代数字电源产品,采用了全数字解决方案。第一代数字电源产品是2004年推出的,采用的是模拟控制和数字接口方案。ADP1043全数字解决方案的优点还体现在,适合应用在高效率、系统电源需要多个PWM通道、不需要复杂软件编程,可灵活调整运行中模式的高可靠性的高端应用市场。

1.2.3　Microchip的AC/DC数字电源

近期针对开关电源(SMPS)应用定制的数字信号控制器(DSC)的发展使电源转换器的全数字控制成为可能。

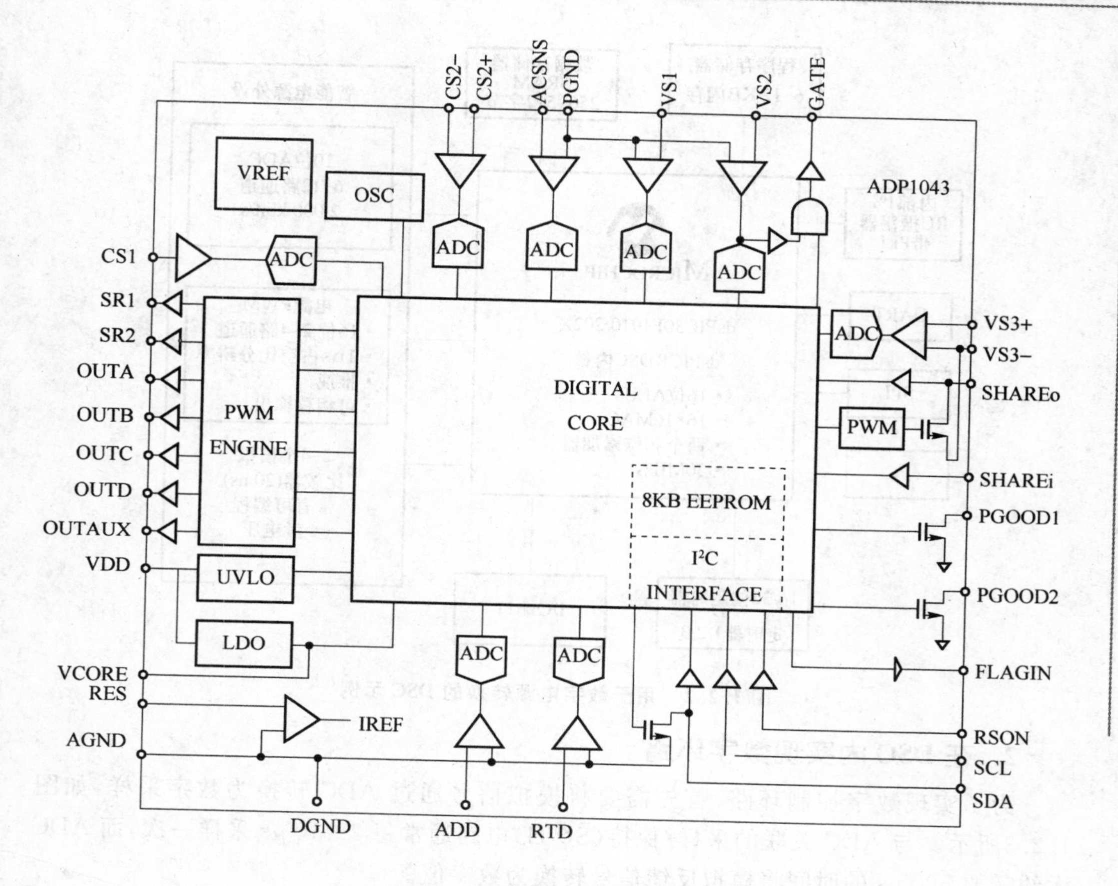

图 1.2.1　ADP1043 功能框图

1. AC/DC 数字电源的 DSC 架构

dsPIC30F1010/202X 系列数字电源芯片中的 DSC(数字信号控制器)具有单片机的外观和 DSP 的处理能力。DSC 的 DSP 部分执行基本的数学运算,以实现数字控制算法。图 1.2.2 是一个 DSC 示范的基本框图,它配备了实现全数字控制环路和各种外设功能的所有必要元素。该 DSC 内部具有一个 16 位的定点 DSP 引擎。

SMPS dsPIC DSC 真正具有创新性的方面在于结合了片上数字脉宽调制(PWM)、ADC 和模拟比较器模块的高性能。

高精度 RC 振荡器、内部锁相环电路、片上存储器和通信外设等功能部件有助于减少器件数量和提高电源可靠性。

在着手进行数字电源转换设计时,设计人员还必须考虑控制电路和 DSC 自身需要的辅助电源。图 1.2.2 中的 DSC 具有片上电源管理子系统,该子系统可提供上电复位和内部电压,为 DSC 供应所需的单电源电压。

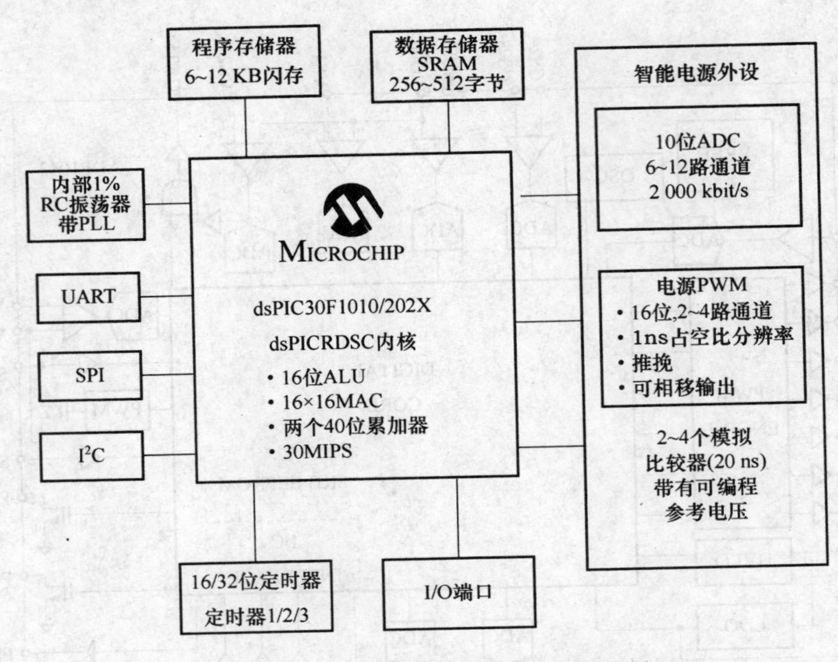

图 1.2.2 用于数字电源转换的 DSC 示例

2. 在 DSC 内实现数字环路

为了实现数字控制环路，首先需要将模拟信号通过 ADC 转换为数字采样，如图1.2.3所示。与 ADC 关联的采样/保持(S&H)电路通常每 2～10 μs 采样一次，而 ADC 大约需要 500 ns 的时间将模拟反馈信号转换为数字值。

比例积分微分(PID)控制器是在 DSC 中运行的程序，其计算延时为 1～2 μs。控制器输出将转换为 PWM 信号，用于驱动开关电路。在给定新的占空比时，如果 PWM 发生器无法立即更新它的输出，那么它会引入很大的延时。此外，晶体管驱动器和关联的晶体管会产生 50 ns～1 μs 的延时，实际取决于所用的器件和电路的设计。输出滤波器(通常使用电感与电容实现)也会产生很大的延时。

控制软件的“核心”是 PID 循环。PID 软件通常很小(一页或两页代码)，但其执行速率很高，通常每秒可以重复执行数十万次。

在 30 MIPS 的 dsPIC DSC 中执行时，以汇编语言实现的 PID 循环的执行时间约为 1 μs。它在 ADC 中断服务程序中执行，进入该程序需要 5 个时钟周期，而执行需要 27 个时钟周期。

3. AC/DC 电源

图 1.2.4 给出了 AC/DC 电源的框图，这是一个利用数字电源转换技术的复杂电源产品的实例。

图 1.2.4 中的设计可分为三个主要部分；升压 PFC、隔离的 DC/DC 变换器和一组低压 DC/DC 同步降压变换器。V_{AC} 输入电压在 PFC 电路中被转换为 DC，并升压到

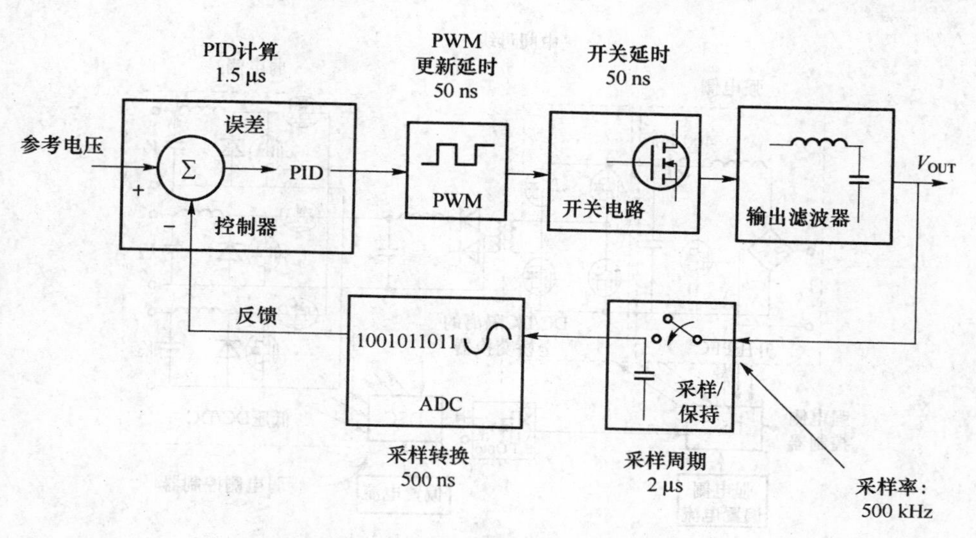

图 1.2.3 全数字 SMPS 控制系统示意图

$400V_{DC}$;PFC 电路确保来自电源线的电流是正弦波,并与线电压同相。数字 PWM 是通过对 PWM 互补对采用各自独立的时基实现附加的 PFC 功能的。

然后,这个 $400V_{DC}$ 电压送入全桥 DC/DC 调制器电路,该电路产生脉冲电压送至变压器。变压器隔离 AC 线路和 DC 输出电压,并将电压从 $400V_{DC}$ 转换为较低的电压。然后,变压器输入经整流和滤波后生成中间母线电压,比如 $12V_{DC}$。该中间母线为一组同步降压转换器供电,以产生最终的输出电压。

Microchip 公司 dsPCI30F1010/202X 系列数字电源芯片性能如表 1.2.1 所列。

表 1.2.1 dsPIC 芯片性能

器 件	引脚数	闪存/KB	10 位,2MSPS/CH	高速 PWM/CH	模拟比较器
dsPIC30F1010	28	6	6	4	2
dsPIC30F2020	28	12	8	8	4
dsPIC30F2023	44	12	12	8	4

1.3 开关电源工作原理

早在 20 世纪 60 年代,电源的开关方式调节首先应用在军用电源的设计中。它的优势在于重量轻和效率高,可以控制均衡电量的加载,就是控制均衡电压的供给,通过高速动作的开关量的开和关来实现。这种不同于线性稳压方式的电源称开关电源。

嵌入式控制系统的 MCU 一般都需要一个稳定的工作电源才能可靠工作。而设计者多习惯采用线性稳压器件(如 78xx 系列三端稳压器件)作为电压调节和稳压器件来将较高的直流电压转变为 MCU 所需的工作电压。这种线性稳压电源的线性调整工作方式在工作中会造成较大的“热损失”(其值为 $V_{压降} \times I_{负荷}$),其工作效率仅为 30%~

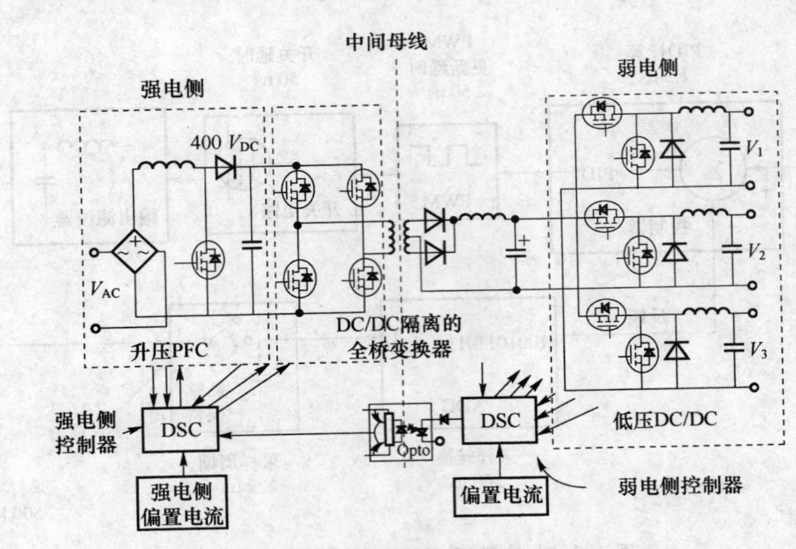

图 1.2.4 数字 AC/DC 电源框图

50%。加之工作在高粉尘等恶劣境下往往将嵌入式工业控制系统置于密闭的容器中，不仅工作效率低，而且“热损失”产生的热量在密闭容器内的聚集也加剧了 MCU 的恶劣工况，从而使嵌入式控制系统的稳定性能变得很差。

而开关电源调节器件则以完全导通或关断的方式工作。因此，工作时要么是大电流流过低导通电压的开关管、要么是完全截止无电流流过。因此，开关稳压电源的功耗极低，其平均工作效率可达 70～90%。在相同电压降的条件下，开关电源调节器件与线性稳压器件相比具有少得多的“热损失”。

而且开关电源的变压器体积比串联稳压型电源的要小得多，电源电路比较整洁，整机重量也有所下降。因此，开关稳压电源可大大减小散热片体积和 PCB 板的面积，甚至在大多数情况下不需要加装散热片，从而减少了对 MCU 工作环境的有害影响。

采用开关稳压电源来替代线性稳压电源作为 MCU 电源的另一个优势是：开关管的高频通断特性以及串联滤波电感的使用对来自于电源的高频干扰具有较强的抑制作用。此外，由于开关稳压电源“热损失”的减少，设计时还可提高稳压电源的输入电压，这有助于提高交流电压抗跌落干扰的能力。

1.3.1 开关电源简介

开关电源又分脉冲宽度调制（PWM）模式和脉冲频率调制（PFM）模式等。前者工作于固定开关频率，固滤波电路设计较简单；后者则在小功率输出（轻负截）时，可望获得较低的静态电流。

PWM 模式开关电源工作原理示意图如图 1.3.1 所示。加载到电阻器上的平均电压 $V_o(\mathrm{avg})=(T_{on}/T)\times V_i$，这种控制方法就称为脉宽调制（PWM）模式。

开关电源的结构框图如图 1.3.2 所示，由对输出电压“采样”，并对基准源进行“比较”后控制“调整管”或“开关管”，此时开关电源的“开关管”相当于一个开关，开通时间

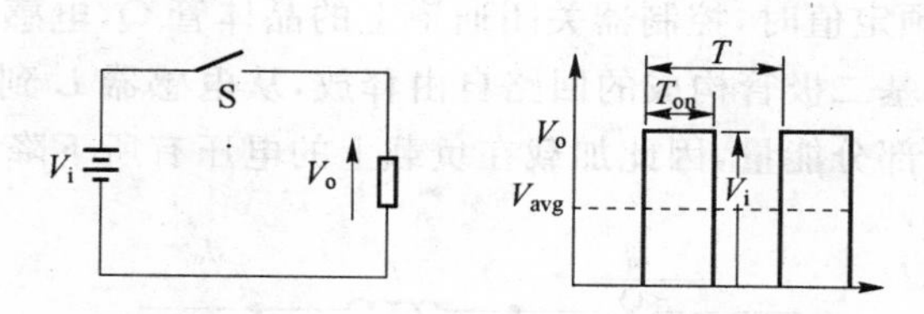

图 1.3.1 脉宽调制模式(PWM)原理示意图

由比较结果而定；当开关电源输出的电压太低时，通过"比较放大"控制"开关时间控制电路"使"开关管"开通时间变长，从而使输出的电压提升。

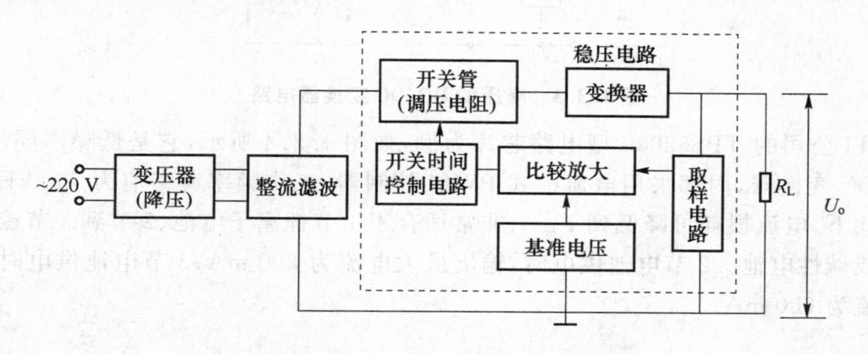

图 1.3.2 开关电源结构图

开关电源的核心部分是"开关管"和"变换器"组成的开关式直流/直流(DC/DC)变换器。它把直流电压 V_i(一般由输入市电经整流、滤波后获得)经开关管后变为有一定占空比的脉冲电压 V_a，然后经整流滤波后得到输出的电压 V_o。

开关电源可分为 AC/DC 和 DC/DC 两大类。按控制方式又分为 PWM 和 PFM 两类。Maxim 公司出口的降压型变换器的特点是在很宽负载电流范围内具有高于 90% 的效率，从很轻的负载(10 mA)到很重的负载(10 A)情况下均能最大限度地延长电池寿命，这类产品中的许多器件都采用了 Maxim 公司专有的 Idle Mode 控制方案，根据负载电流自动改变工作方式来延长电池的寿命，在重负载与中等负载情况下，采用脉冲宽度调制(PWM)以减少由于高峰值电流引入的电阻性损耗，在轻负载时，它们采用脉冲频率调制(PFM)使栅极充电损耗为最小，因而减少了静态电源电流。

Idle Mode 自动对负载变化做出响应以优化转换性能，它无需软件干预，简化了系统软件设计，然而，用户也可以取消这种自动切换而使其保持 PWM 方式，从而在轻负载下获得低噪声和固定频率输出纹波。

功率因数校正技术(起源于 1980 年)的发展，提高了 AC/DC 的功率因数，既治理了电网的谐波污染，又提高了电源的整体效率。

1.3.2 降压型 DC/DC 变换器

图 1.3.3 所示为降压型 DC/DC 变换器的原理电路，当控制器 IC 感应到输出电压 V_o 太低时，启动通道上的晶体管 Q 给电感路 L 充电，同时也对电容器 C 充电，当输出

电压 V_o 上升到一个预定值时，控制器关闭通道上的晶体管 Q，电感器 L 和电容器 C 上获取的能量通过肖特基二极管构成的回路自由释放，从电感器 L 到电容器 C 进行有效的能量传输会消耗一部分能量，因此加载在负载上的电压有所下降。

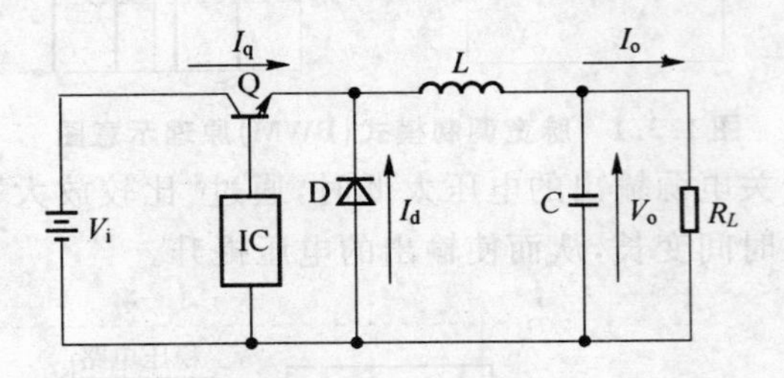

图 1.3.3　降压型 DC/DC 变换器电路

以 TI 公司的 TPS62000 型电路芯片为例，如图 1.3.4 所示，它是低噪声同步降压型 DC/DC 变换器，内部采用电流模式 PWM 控制器，工作频率典型值为 750 kHz。在关闭模式下，电流损耗可降低到 1 μA，非常适合于 1 节锂离子电池、2 节到 3 节镍铬、镍氢电池或碱性电池。2 节电池供电时，输出最大电流为 200 mA；3 节电池供电时，输出最大电流为 600 mA。

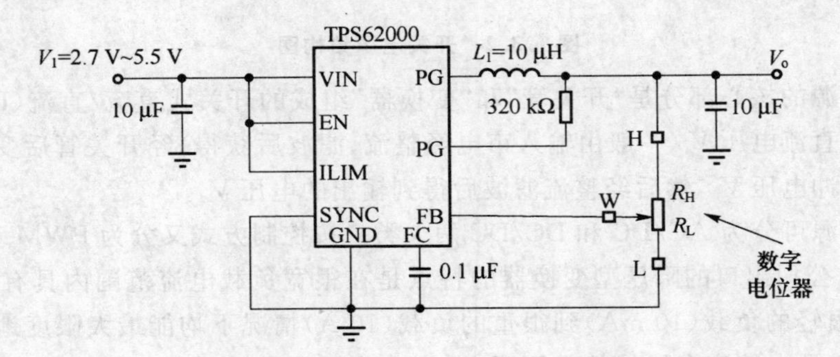

图 1.3.4　可调降压输出的典型应用电路

TPS62000DGS 的输出电压可调，通过调整反馈引脚 FB 的电压值来达到输出电压 V_o 的变化，采用数字电位器来调节反馈引脚 FB 的电压。在图 1.3.4 中，H 为数字电位器可调电阻器的高电压端，L 为数字电位器可调电阻器的低电压端，W 为数字电位器滑动电压输出端。输出电压的计算公式为 $V_o = 0.45\ \text{V} \times (1 + R_H/R_L)$，其中要求 $R_H + R_L = 1\ \text{M}\Omega$。以 Xicor 公司的 3 线接口（CS、U/D、INC）、100 抽头 X9C104S 为例，其电位器阻值为 100 kΩ，每次调接的电阻值为 1 kΩ。3 线接口可设计成单片机控制或按键直接控制（外扩逻辑电路），在减小数字电位器 R_L 的阻值时，输出电压 V_o 会增加。由于该器件是 DC/DC 降压器件，因此输出电压 V_o 最大值为输入电压 V_1。

当数字电位器调节到 $R_H = 82\ \text{k}\Omega$，$R_L = 18\ \text{k}\Omega$ 时，输出电压：

$V_o = 0.45\ \text{V} \times (1 + 82\ \text{k}\Omega / 18\ \text{k}\Omega) = 2.5\ \text{V}$；

当数字电位器调节到 $R_H = 85\ \text{k}\Omega$，$R_L = 15\ \text{k}\Omega$ 时，输出电压：

$V_o = 0.45\ \mathrm{V} \times (1 + 85\ \mathrm{k\Omega}/15\ \mathrm{k\Omega}) = 3.0\ \mathrm{V}$。

1.4 同步整流(SR)技术

电源变换器的使用越来越普遍，电子设备制造商需要其电源系统不断增加新的功能和特性，如更低的输入和输出电压、更高的电流、更快的瞬态响应。

为满足这些需求，在20世纪90年代晚期开关电源设计师开始采用同步整流(SR)技术——使用MOSFET来替代常用二极管实现的整流功能。SR提高了效率、热性能、功率密度、可制造性和可靠性，并可降低整个系统的电源系统成本。下面将介绍SR的优点，并讨论在其实现中遇到的挑战。

1.4.1 二极管整流的缺点

图1.4.1是非同步和同步降压变换器的原理图。非同步降压变换器使用FET和肖特基二极管作为开关器件(图1.4.1(a))，当FET打开时，能量传递到输出电感和负载。当FET关断，电感中的电流流过肖特基二极管。如果负载电流高于输出电感的纹波电流的一个半，则变换器工作在连续导通模式。根据正向电压降和反向漏电流特性来选择肖特基二极管。但是，当输出电压降低时，二极管的正向电压的影响很重要，它将降低变换器的效率。特理特性的极限使二极管的正向电压降难以降低到0.3 V以下。相反，可以通过加大硅片的尺寸或并行连接分离器件来降低MOSFET的导通电阻$R_{DS(ON)}$。因此，在给定的电流下，使用一个MOSFET来替代二极管可以获得比二极管小很多的电压降。

这使得SR很有吸引力，特别是在对效率、变换器尺寸和热性能很敏感的应用中，例如便携式或者手持设备。

MOSFET制造商不断地引入具有更低$R_{DS(ON)}$和总栅极电荷(QG)的新MOSFET技术，这些新的MOSFET技术使在电源变换器设计中实现SR更加容易。

1.4.2 同步整流技术的概念

在同步降压变换器中，通过用两个低端的MOSFET来替换肖特基二极管可以提高效率(图1.4.1(b))。这两个MOSFET必须以互补的模式驱动，在它们的导通间隙之间有一个很小的死区时间(deadtime)，以避免同时导通。同步FET工作在第三象限，因为电流从源极流到漏极。与之对应的非同步变换器相比，同步降压变换器总是工作在连续导通，即使在空载的情况下也是。

在死区时间内，电感电流流过低端FET的体二极管(body diode)。这个体二极管通常具有非常慢的反向恢复特性，会降低变换器的效率。可以与低端FET并行放置一个肖特基二极管以对体二极管实现旁路，避免它影响到变换器的性能。增加的肖特基二极管可以比非同步降压变换器中的二极管低很多的额定电流，因为它只在两个FET都关断时的较短的死区时间(通常低于开关周期的百分之几)内导通。

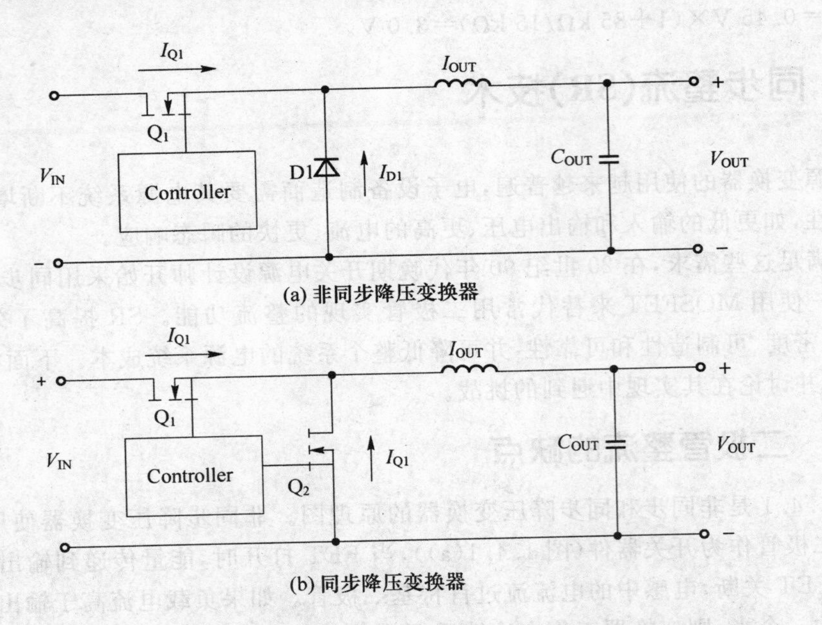

(a) 非同步降压变换器

(b) 同步降压变换器

图 1.4.1 非同步和同步降压变换器

1.4.3 同步整流的好处

在高性能、高功率的变换器中使用 SR 的好处是可以获得更高的效率、更低的功耗、更佳的热性能以及当同步 FET 并行连接时固有的理想电流共享特点，而且尽管采用自动组装工艺（更高的可靠性）但还是可提高制造良率。如上面提到的那样，若干个 MOSFET 可以并行连接来应对更高的输出电流。

因为在这种情况下有效的 MOSFET 的导通电阻 $R_{DS(ON)}$ 与并行连接的器件数量成反比，因此降低了导通损耗。同样，$R_{DS(ON)}$ 具有正的温度系数，因此 FET 将等量分享电流，有助于优化在 SR 器件之间的热分布，这将提高器件和 PCB 散热的能力，直接改善设计的热性能。SR 带来其他潜在的好处包括更小的外形尺寸、开放的框架结构、更高的环境工作温度以及更高的功率密度。

1.4.4 同步整流控制器外围电路参数的计算

典型的同步整流降压式 DC/DC 变换器的输入及输出部分电路简图如图 1.4.2 所示。它是由 DC/DC 控制器、开关管 Q_1、同步整流管 Q_2、驱动高端功率 MOSFET（Q_1）的自举式升压电路（由 C_{BOOST} 及 D_1 组成）、电流检测电阻 R_{CS}、决定输出电压的 R_1 和 R_2、电感器 L_1、输入电容器 C_{IN} 及输出电容器 C_{OUT} 组成。

生产 DC/DC 变换器的公司在数据资料中给出参数齐全的典型应用电路，用户可按电路图组成完整的电源。不少 DC/DC 变换器生产商为了帮助用户开发新产品，还专门提供评估板，可加速开发的周期。如果用户的使用条件（如开关频率、输入电压、输出电压、输出电流）与典型应用电路有差别，则电路中的有关元器件的参数也要做相应

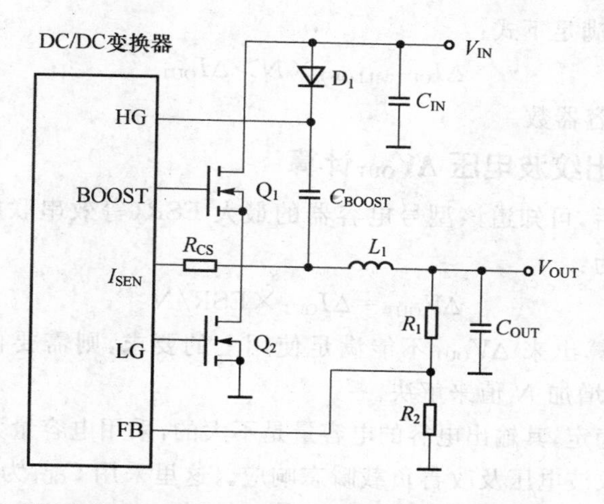

图 1.4.2　同步整流降压式 DC/DC 变换器的输入及输出部分电路简图

的改变，这是经常会碰到的。

这里介绍在使用条件改变时，如何确定电感器 L_1 值及输出电容 C_{OUT} 值的简单计算方法，并举一些实例说明其应用。

使用条件改变后，原典型应用电路中的电感器 L_1 及输出电容器 C_{OUT} 的值可能要改变，可根据新的使用条件进行计算。计算前要已知的条件是，输入电压 V_{IN}、输出电压 V_{OUT}、最大输出电流 $I_{OUT(max)}$，及开关频 f_{SW}。计算公式及步骤如下：

1. 初步估算电路上的纹波电流 $\Delta I'_{OUT}$

在初步估算 $\Delta I'_{OUT}$ 时，可取 $I_{OUT(max)}$ 的 20%～40%，即

$$\Delta I'_{OUT}=(0.2\sim0.4)I_{OUT(max)}$$

在 f_{SW} 高、$I_{OUT(max)}$ 大时取小值，反之取大值。

2. 电感器 L_1 的计算

$$L_1=(V_{IN}-V_{OUT})\times V_{OUT}/(\Delta I'_{OUT}\times f_{SW}\times V_{IN})$$

计算后的 L_1 值应按相近的标准系列值选取，如计算出来的 $L_1=2.06\ \mu H$，取实际电感值 $L_{ACT}=2.2\ \mu H$。所选的电感器 L_1 的饱和电流应大于电感器的峰值电流 I_{LP-P}。I_{LP-P} 可按 $I_{LP-P}=1.2\times I_{OUT(max)}$ 估算。

3. 纹波电流 ΔI_{OUT} 的复算

可根据 L_{ACT} 来复算纹波电流 ΔI_{OUT}:

$$\Delta I_{OUT}=(V_{IN}-V_{OUT})\times V_{OUT}/(f_{SW}\times L_{ACT}\times V_{IN})$$

4. C_{OUT} 的选择

根据已知的 V_{OUT} 及计算出的 ΔI_{OUT}，按 POSCAP 样本选择合适的输出电容器 C_{OUT}。要满足两个条件：$V_{OUT}=(0.8\sim0.9)V_{RATED}$（$V_{RATED}$ 为电容器的额定电压）；$\Delta I_{OUT(ALLOW)}>\Delta I_{OUT}$（$\Delta I_{OUT(ALLOW)}$ 是电容器的最大允许纹波电流）。

若所选的单个电容器的 $\Delta I_{OUT(ALLOW)}$ 不能满足大于 ΔI_{OUT} 的要求，则可用几个同型

号的电容器并联，使满足下式：

$$\Delta I_{OUT(ALLOW)} \times N > \Delta I_{OUT}$$

式中 N 为并联的电容器数。

5．最大的输出纹波电压 ΔV_{OUT} 计算

在选定电容器后，可知道该型号电容器的最大 ESR（等效串联电阻）值，则最大输出纹波电压 ΔV_{OUT} 为：

$$\Delta V_{OUT} = \Delta I_{OUT} \times ESR/N$$

如果按上式计算出来 ΔV_{OUT} 不能满足使用上的要求，则需要再选择更低的 ESR（如低 ESR 系列）或增加 N 值来解决。

要保证电路的稳定，其输出电容的电容量是不大的，采用电容量大、ESR 小的电容器的目的是减小输出纹波电压及改善负载瞬态响应。这里采用 C_{OUT} 为 POSCAP 电容器是充分发挥它的特长，若采用其他电解电容器则往往需要更大的电容量或更多的并联数。近年来，不少 DC/DC 控制器生产厂家在其典型应用电路及评估板上都采用了 POSCAP。

1.4.5　同步整流控制器 MOSFET 和 C_{OUT} 的选择

请参阅《今日电子》2006 年 2 月、3 月刊北航方佩敏的文章，有详细分析及计算。

1.5　同步整流降压式控制器 IC 芯片

1.5.1　LM2745　同步整流降压式控制器芯片

由 LM2745（由国家半导体公司推出）高速同步整流降压式控制器组成的降压式 DC/DC 变换器电路如图 1.5.1 所示。该电路输入电压 $V_{IN}=3.3\ V$、$V_{CC}=3.3\ V$（V_{CC}是给 LM2745 内部电路供电的）、输出电压 $V_{OUT}=1.2\ V$、最大输出电流 $I_{OUT(max)}=16\ A$、开关频率 $f_{SW}=1\,000\ kHz$。现计算其电感器 L_1 及 C_{01}（图 1.5.1 中 $C_{01.2}$ 是 C_{01} 与 C_{02} 并联、C_{02} 是 0.1 μF、16 V 的多层陶瓷电容器）。

1．ΔI_{OUT} 的估算

因开关频率较高，输出电流 $I_{OUT(max)}$ 较大，采用 20% 的系数，则有：

$$\Delta I_{OUT} = 20\% I_{OUT(max)} = 0.2 \times 1.6\ A = 3.2\ A$$

2．电感器 L_1 的计算

$L_1 = (V_{IN} - V_{OUT})V_{OUT}/(\Delta I_{OUT} \times f_{SW} \times V_{IN}) = (3.3\ V - 1.2\ V) \times 1.2\ V/(3.2\ A \times 1\,000\ kHz \times 3.3\ V) = 0.24\ \mu H$

L_1 取 0.22 μH 标准值，即 $L_{ACT}=0.22\ \mu H$。

3．纹波电流的复算

$\Delta I_{OUT} = (V_{IN} - V_{OUT})V_{OUT}/(f_{SW} \times L_{ACT} \times V_{IN}) = (3.3\ V - 1.2\ V) \times 1.2\ V/(1\,000$

kHz×0.22 μh×3.3 V)＝3.4 A

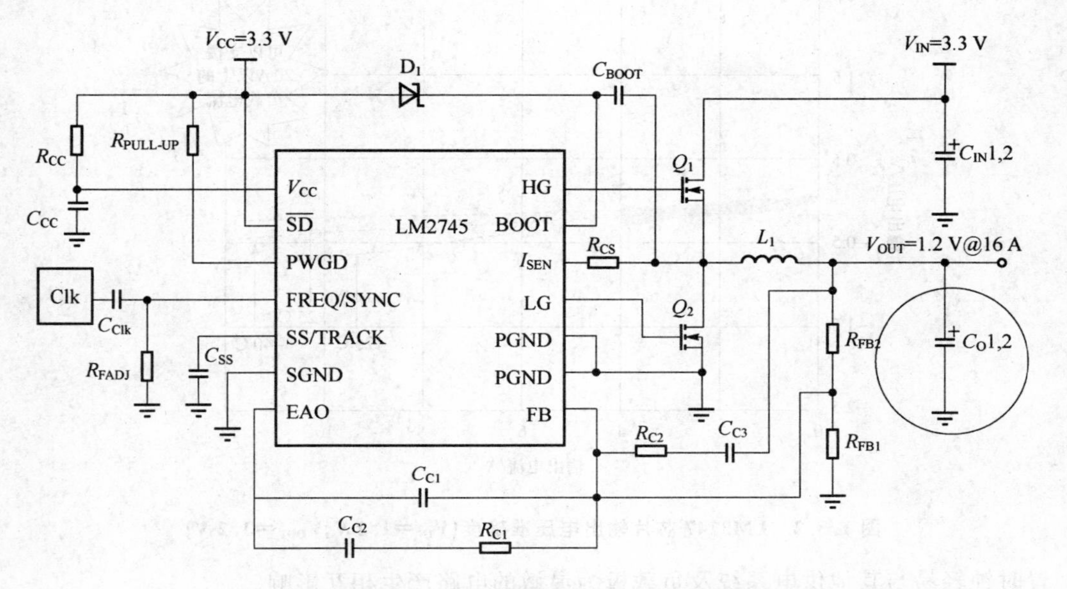

图 1.5.1　由 LM2745 组成的降压式 DC/DC 变换器电路

1.5.2　LM2747　PWM 同步整流降压控制器芯片

LM2747 芯片特性如下：

- 50 kHz～1 MHz 的开关频率。
- 开关频率可在 250 kHz～1 MHz 的范围内保持同步。
- 设有预先偏置输出负载的启动功能。
- 1 V～14 V 的功率级输入电压。
- 3 V～6 V 的控制级输入电压。
- 供电正常标记及停机。
- 输出过压及欠压检测。
- 采用 TSSOP－14 封装。

在－40～＋125 ℃的温度范围内电压反馈准确度达 1%的同步降压控制器 LM2747，如图 1.5.2 所示。

LM2747 是美国 NS 公司新推的一款 PWM 同步降压控制器，适合为有线调制解调器、DSL、ADSL、激光和喷墨打印机、便携式运算应用、ASIC、DSP 及 FPGA 等内核提供稳压供电，典型应用电路如图 1.5.3 所示。该芯片电压反馈准确度可达 1%，对于工作电压低于 1 V 的内核来说，这个准确度尤其重要。此外，该芯片也可支持高频操作，因此有助于缩小电源系统的体积。

该芯片的最短导通时间只有 40 ns，因此以 1 MHz 开关频率工作时，可以利用 12 V 供电电压提供 0.6 V 的输出。LM2747 芯片还有其他功能，包括预偏压负载启动、跟踪功能的软启动、确保顺序供电的高精度，以及外置时钟同步功能，后者的作用是避免外

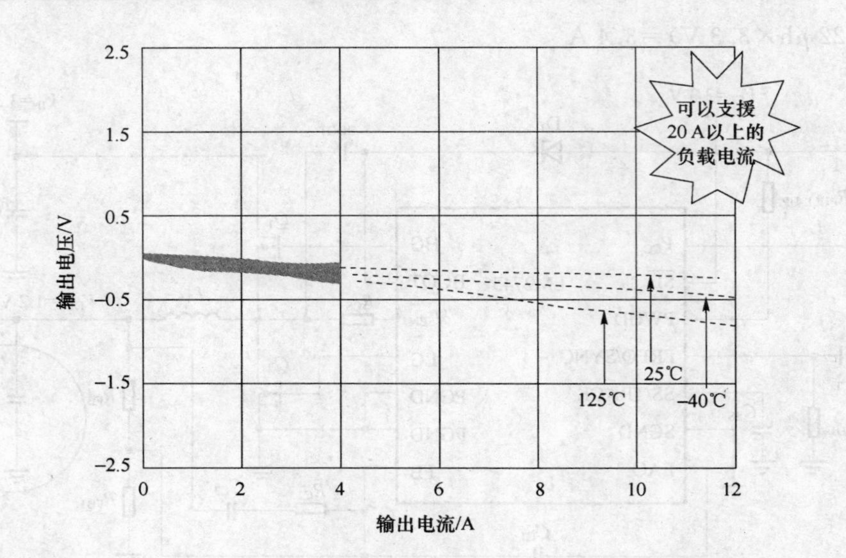

图 1.5.2 LM2747 芯片输出电压准确度(V_{IN}＝1.2 V,V_{OUT}＝1.2 V)

置时钟轻易与其他供电系统及负载极为灵敏的电路产生相互影响。

在低输出电压、大输出电流的系统应用中,同步开关电源变换器比非同步变换器具有更高的性能。

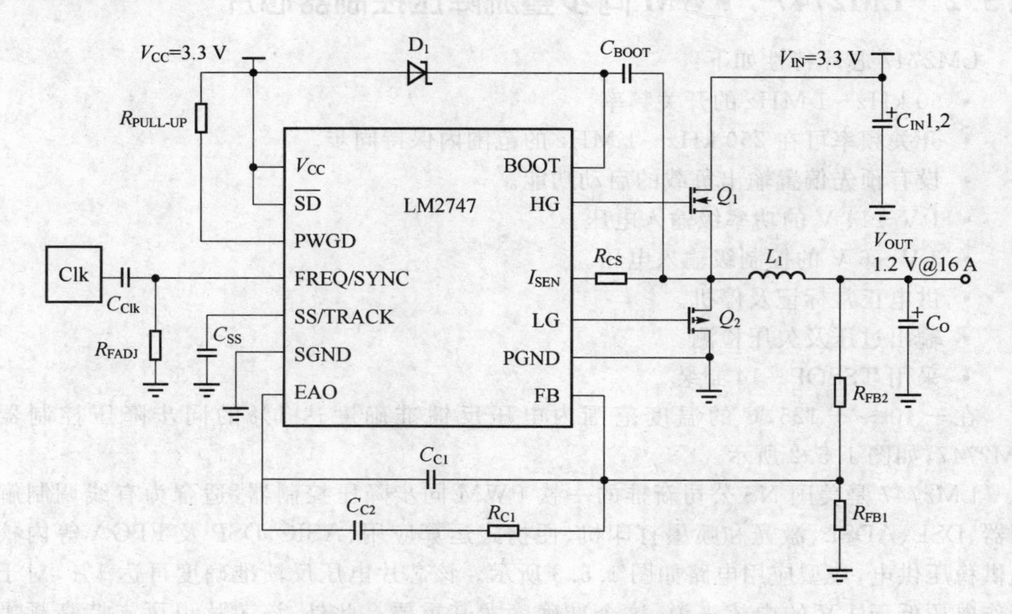

图 1.5.3 LM2747 典型应用电路图

1.5.3 MAX8720 同步整流降压控制器芯片

由 MAX8720 组成的降压式 DC/DC 变换器电路如图 1.5.4 所示。现使用条件为

V_{IN}=7～24 V、V_{OUT}=1.25 V、$I_{OUT(max)}$=15 A、f_{SW}=300 kHz，控制器的工作电压（偏置电压）V_{CC}=5 V，选择合适的开关管（NH）及同步整流管（NL）。

初选 Vishay 公司的 Si7390DP 作 NH（其 Q_8 仅 10 nC）；Si7390DP 作 NL（$R_{DS(on)}$=4 MΩ）。其封装都是 8 引脚、有散热垫的 SO－8 封装，主要参数如表 1.5.1 所列。

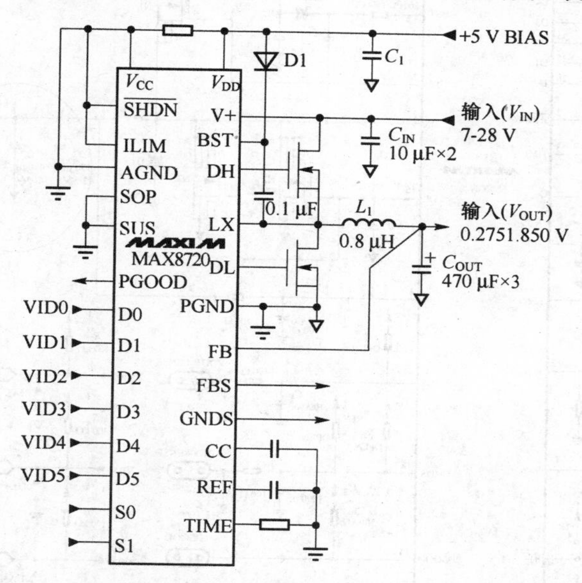

图 1.5.4 由 MAX8720 组成的降压式 DC/DC 电路

表 1.5.1 MAX7820 主要参数

型 号	V_{DSS}	$R_{DS(on)}$/MΩ		I_D/A	P_D*×	C_{rss}*/PF	Q_8/nC
		V_{GS}=10 V	V_{GS}=4.5 V	(≤10 ds)	(70℃)/W		
Si7390DP	30	9.5	13.5	15	1.1	130	10
Si7356DP	30	3	4	30	1.9	600	45

*由特性曲线中求得。

**印制板焊盘面积最小的值。

另一个由 MAX8720 组成的 DC/DC 变换器电路如图 1.5.5 所示。输入电压 V_{IN}=7～28 V、输出电压 V_{OUT}=0.27～1.85 V、输出电流 $I_{OUT(MAX)}$=15 A、开关频率 f_{SW}有 4 种：200 kHz、300 kHz、550 kHz 和 1 000 kHz。

现设定使用条件：V_{IN}=12 V、V_{OUT}=1.2 V、$I_{OUT(max)}$=15 A、f_{SW}=300 kHz，计算 L_1 及 C_{OUT}。计算如下：

在 ΔI_{OUT}的估算时，系数取 0.3，得 4.5 A；计算 L_1 得 0.8 μH，L_{ACT}取 0.8 μH；计算 ΔI_{OUT}得 4.5 A；选择 2R5TPE470M9×2（其参数：额定电压为 2.5 V、电容量为 470 μF、最大 ESR 为 9 MΩ，最大允许纹波电流为 3.9 A），可满足电容器的两个要求。

ΔV_{OUT}计算得 20.3 mV。图 1.5.5 中采用 3×2R5TPE470M9，这能考虑满足不同使用条件及改善负载瞬太响应及减小输出波纹电压。

图 1.5.5 的电路中，C_{OUT}还并联一个 10 μF 的多层陶瓷电容器。

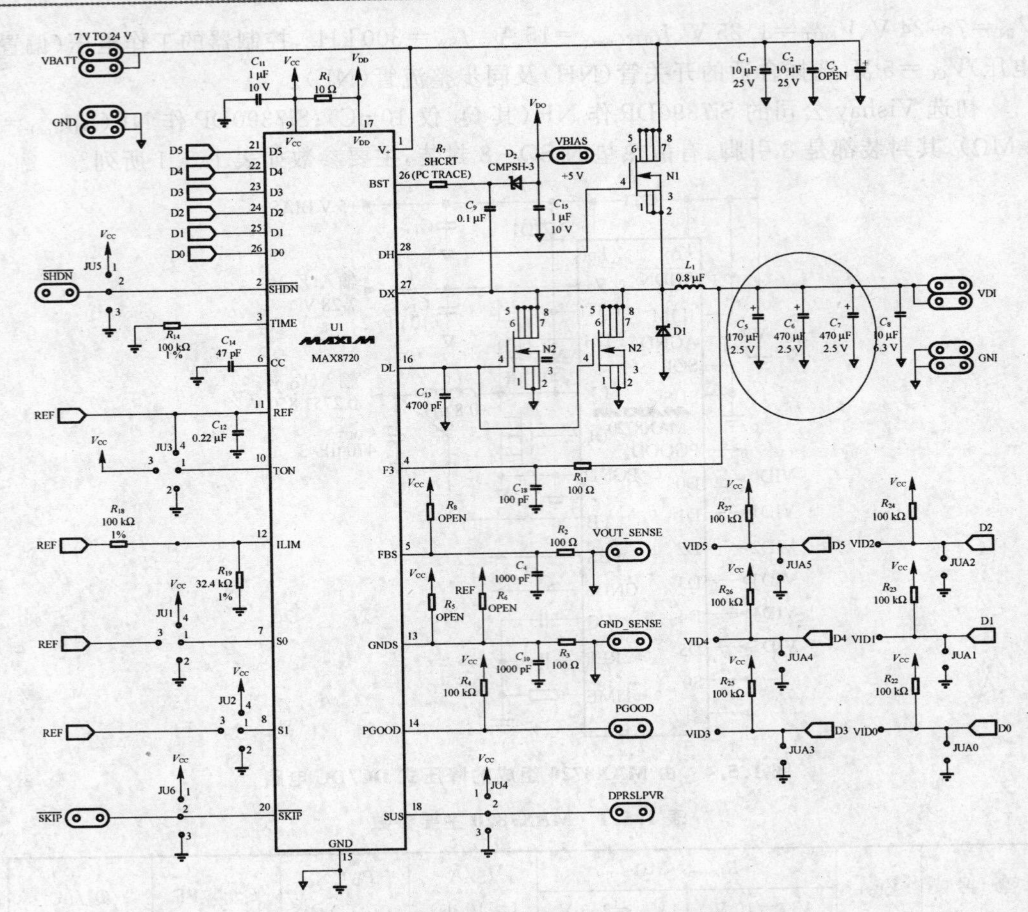

图 1.5.5 由 MAX8720 组成的 DC/DC 变换器电路

1.5.4 FAN5019B 同步整流降压控制器

由控制器 FAN5019B 及 3 个驱动器 FAN5009 组成的三相同步整流降压式 DC/DC 变换器电路如图 1.5.6 所示。现使用条件：$V_{IN}=V_{CC}=12$ V（V_{CC} 是供控制器及驱动器的工作电压），$V_{OUT}=1.5$ V，$I_o=65$ A（I_o 即 $I_{OUT(max)}$）$f_{SW}=228$ kHz，选择开关及同步整流管（采用两个并联组成）。

初选快速开关管 FDD6696 为开关管（其 Q_8 为 17 nC），同步整流管选 FDD6682（其 $R_{DS(on)}=11.9$ MΩ）。其主要参数如表 1.5.2 所列。

表 1.5.2 FDD 系列参数

型号	V_{DSS}/V	V_{GSS}/V	$R_{DS(on)}$ V_{GS} =10 V/MΩ	I_D/A	P_D* 结温 125 ℃/W	Q_g/nC	C_{iSS}/pF
FDD6696	30	±20	15	50	1.6	17	2058
FDD6682	30	±20	11.9	75	1.6	24	2480

注：P_D 与 PCB 的覆铜板面积有关，此为面积最小值。

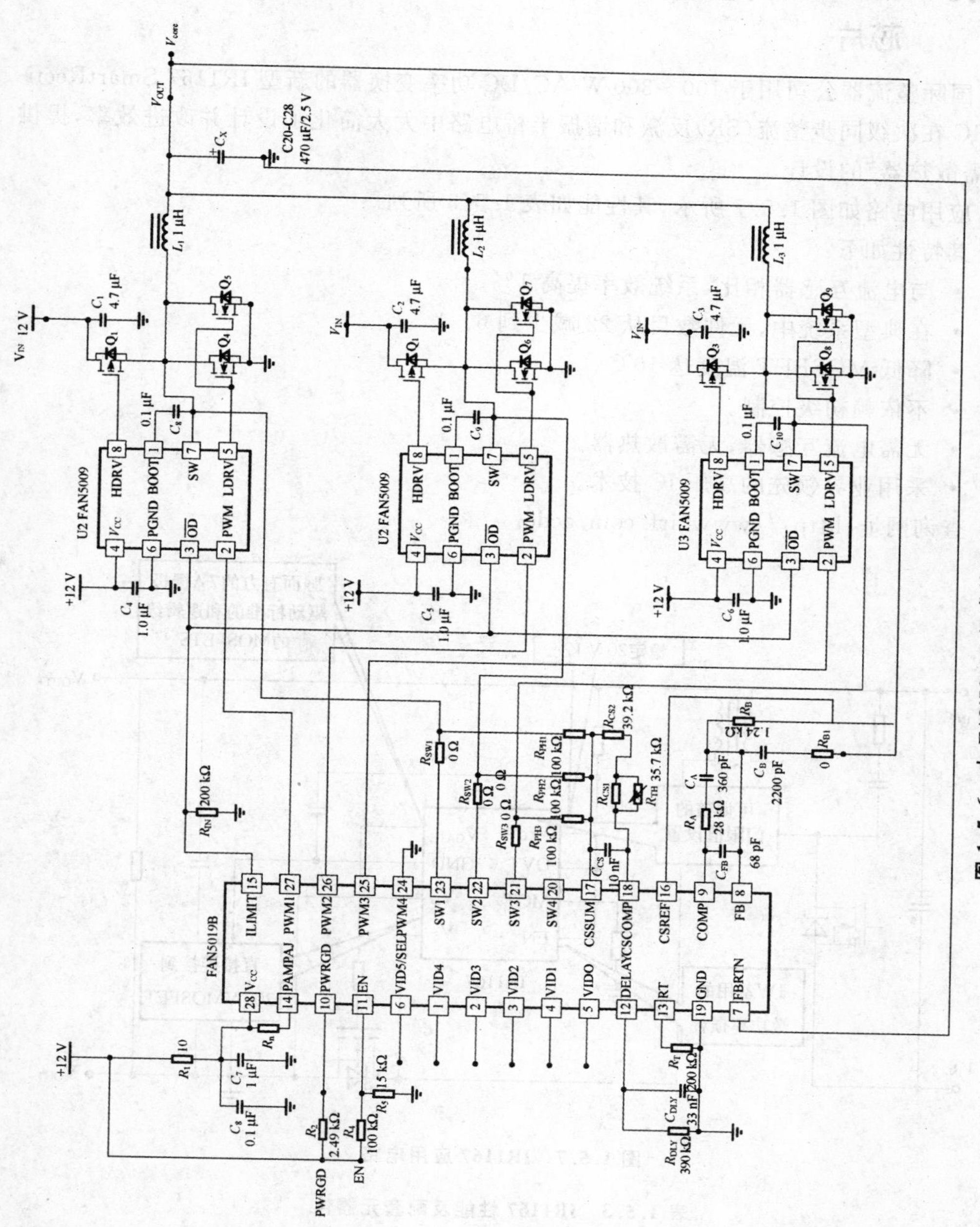

图 1.5.6　由 FAN5019B 组成的降压式 DC/DC 电路

1.5.5　IR1167　无需散热器,只需6个元器件的同步整流控制芯片

国际整流器公司用于100～300 W AC/DC功率变换器的新型IR1167 SmartRectifier IC在次级同步整流(SR)反激和谐振半桥电路中大大简化了设计并改进效率,提供"无需散热器"的设计。

应用电路如图1.5.7所示,其性能如表1.5.3所列。

其特性如下:

- 与电流互感器相比,系统效率提高1%。
- 在典型系统中,元件数目从22减少到6。
- 降低MOSFET温度达10℃。
- 不依赖初级控制。
- 无需电流互感器,无需散热器。
- 采用业界领先的高压IC技术。

查询网址:http://www.irf.com/acdc。

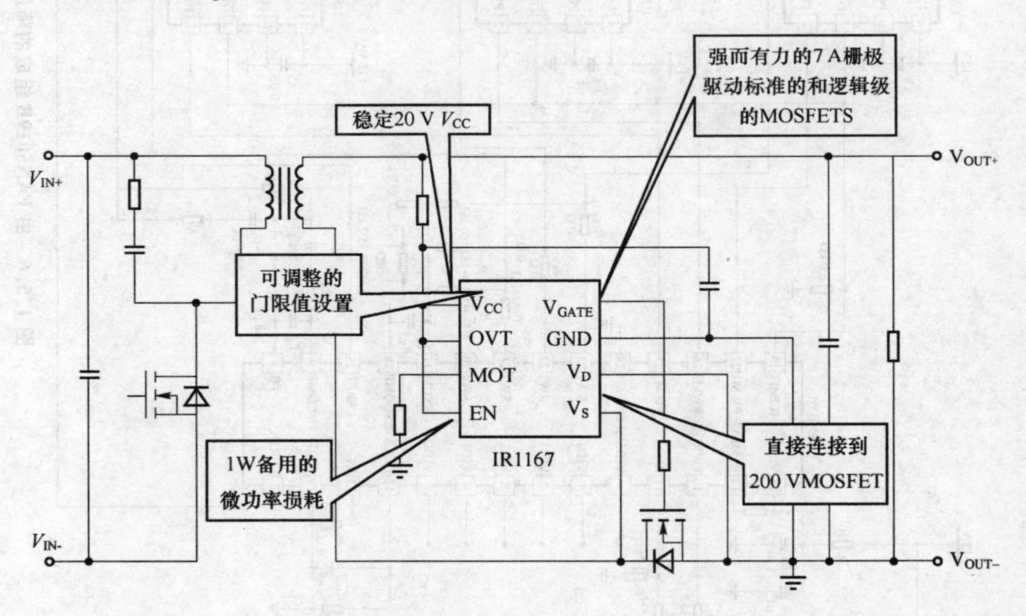

图1.5.7　IR1167应用电路

表1.5.3　IR1167性能及配套元器件

型号	封装	V_{CC}/V	V_{FET}/V	最大开关频率/kHz	栅极驱动/A	V_{GATE}钳位/V	最大睡眠电流/μA
IR1167A/S	DIP-8/SO-8	20	≤200	500	+2/-7	10.7	200
IR1167B/S	DIP-8/SO-8	20	≤200	500	+2/-7	14.5	200

续表 1.5.3

MOSFETS 与 IR1167 SmartRectifier 一起使用作为整个芯片组解决方案			
型号	V_{DSS}/V	在 10 V 下的最大 $R_{DS(on)}$/mΩ	封装
IRFB4110	100	4.5	T0－220
IRF7853	100	18	SO－8
IRFB4227	200	24	T0－220

1.5.6 LM1771 高效率恒导通时间的低电压同步整流控制器芯片

高效率的 LM1771 同步整流降压控制器设有高精度使能端，并且无需外置频率补偿。可设计简单的高效率降压开关稳压器，用于 FPGA、DSP 及 ASIC 的电源、机顶盒、线缆调制解调器、打印机、数字摄录机、服务器以及图形卡。

LM1771 芯片的应用电路及工作效率如图 1.5.8 和图 1.5.9 所示。

LM1771 芯片的特性如下：

- 2.8～5.5 V 的输入电压范围。
- 0.8 V 的参考电压。
- 高精度使能端。
- 无需频率补偿。
- 在输入电压范围内开关频率可保持恒定不变。
- 静态电流只有 400 μA。
- 内部软启动。
- 短路保护。
- 有 LLP－6 及 MSOP－8 两种封装可供选择。

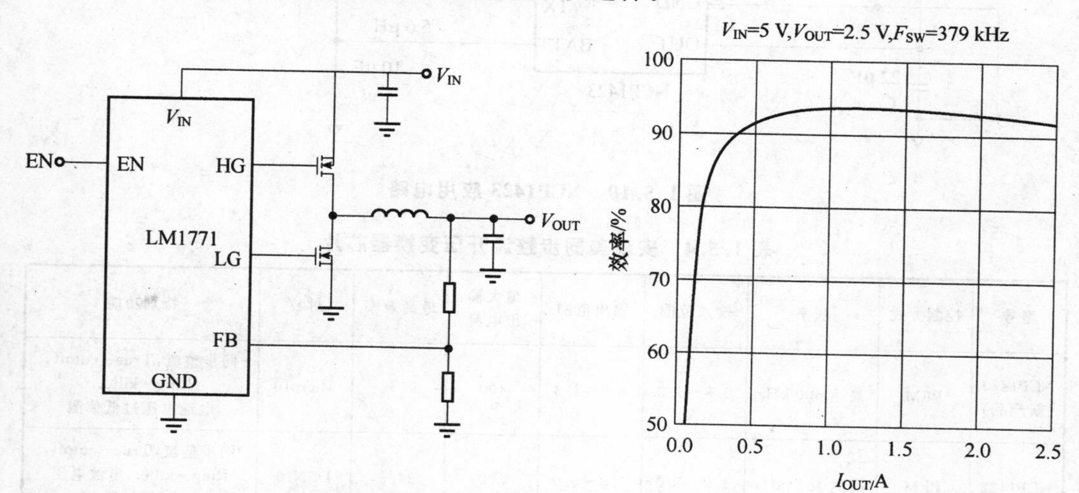

图 1.5.8 LM1771 芯片的典型应用电路图

图 1.5.9 LM1771 的 IOUT 与效率关系图

1.5.7 NCP1423 超低启动电压 400 mA 同步整流升压变换器芯片

NCP1423 是安森美半导体(ON Semlconductor)专为单碱性电池或镍氢充电池作输入的升压变换器,最大输出电流为 400 mA。此变换器配备了特别设计的启动电路,启动电压比同级产品更低,在空载时为 0.8 V,就算带有负载,它仍能从容启动。另外,它更配备同步整流使效率更高。

NCP1423 芯片的特性如下:

- 高达 92%效率。
- 单节电池运作。
- 带 150 mA 负载仍能低于 1 V 启动。
- Ring - Killer 经路改善 EMl。
- True - Cuto 线路消除电池漏电。
- 电池电压过低侦测。

NCP1423 芯片应用范围:无线光学鼠标、MP3 机、PDA 等。

NCP1423 的应用电路如图 1.5.10 所示。安森美其他升压变换器芯片选择如表 1.5.4 所列。

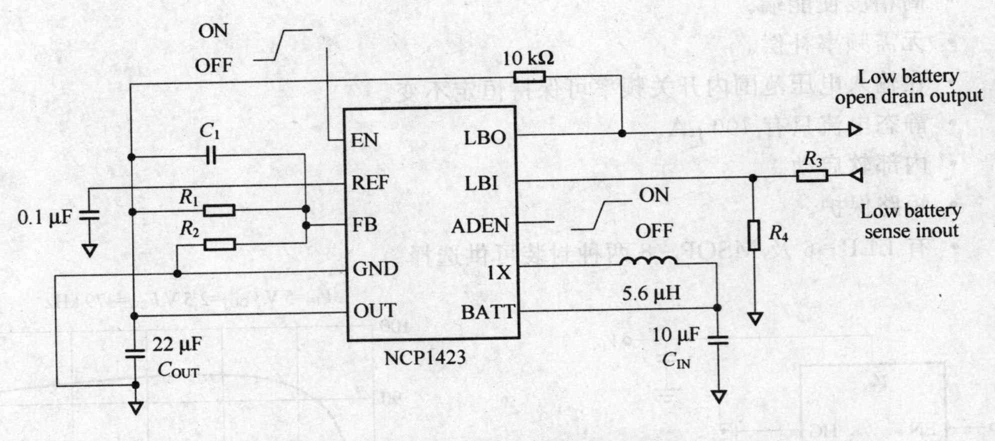

图 1.5.10 NCP1423 应用电路

表 1.5.4 安森美同步整流升压变换器芯片

型号	控制方式	频率	输入范围	输出范围	最大输出电流	最高效率	封装	特别功能
NCP1423(新产品)	PFM	高达 600 kHz	0.8～3.3	1.5～3.3	400	92%	Micro10	同步整流,True - cutoff,Ring - killer,电池电压过低侦测
NCP1422	PFM	高达 1.2 mHz	1.0～5.0	1.5～5.0	800	94%	DFN10	同步整流,True - cutoff,Ring - killer,电池电压过低侦测

续表 1.5.4

型号	控制方式	频率	输入范围	输出范围	最大输出电流	最高效率	封装	特别功能
NCP1421	PFM	高达 1.2 mHz	1.0～5.0	1.5～5.0	600	94%	Micro8	同步整流，True-cutoff，Ring-killer，电池电压过低侦测
NCP1410	PFM	600 kHz	1.0～5.5	1.5～5.5	250	92%	Micro8	同步整流，电池电压过低侦测
NCP1411	PFM	600 kHz	1.0～5.5	1.5～5.5	250	92%	Micro8	同步整流，Ring-killer，电池电压过低侦测
NCP1450	PWM	180 kHz	0.8～5.5	1.8～5.0	>1000 (ext switch)	88%	SOT23-5	Enable pin
NCP1400	PWM	180 kHz	0.8～5.5	1.8～5.0	100	88%	SOT23-5	Enable pin
NCP1402	PFM	180 kHz	0.8～5.5	1.8～5.0	200	85%	SOT23-5	Enable pin

1.5.8 NCP4302 用于反激电路的次级同步整流控制器芯片

安森美半导体的 NCP4302 是用于反激拓扑次级同步整流的专用控制器/驱动器。同时 NCP4302 还包含有内置精确的电压基准，特别适用于高效率、结构紧凑的电源应用。

NCP4302 芯片的特性如下：

- 自驱动同步整流控制。
- 可工作在 DCM、CCM 或 QR 模式。
- CCM 模式外部信号接口。
- 真次级零电流检测。
- 门极驱动能力强——2.5ª 推拉电流。
- 高电压工作——28Vdc。
- 电流采样灵活——MOSFET Rdson 或电流检测电阻。
- 精确的低电压基准：
  —NCP4302A—2.55V，1%。
  —NCP4302B—1.25V，1%。
- 可编程次级 Ton 和 Toff 延迟。

NCP4302 芯片的应用范围如下：

- 笔记本电脑适配器。
- 液晶电视电源适配器。
- 消费类电子如 VCR、DVD 电源。
- 电池充电器。

NCP4302 应用电路如图 1.5.11 所示，用 NCP4302 的同步整流控制器满载时效率比肖特基二极管提高 2.5%，如图 1.5.12 所示。

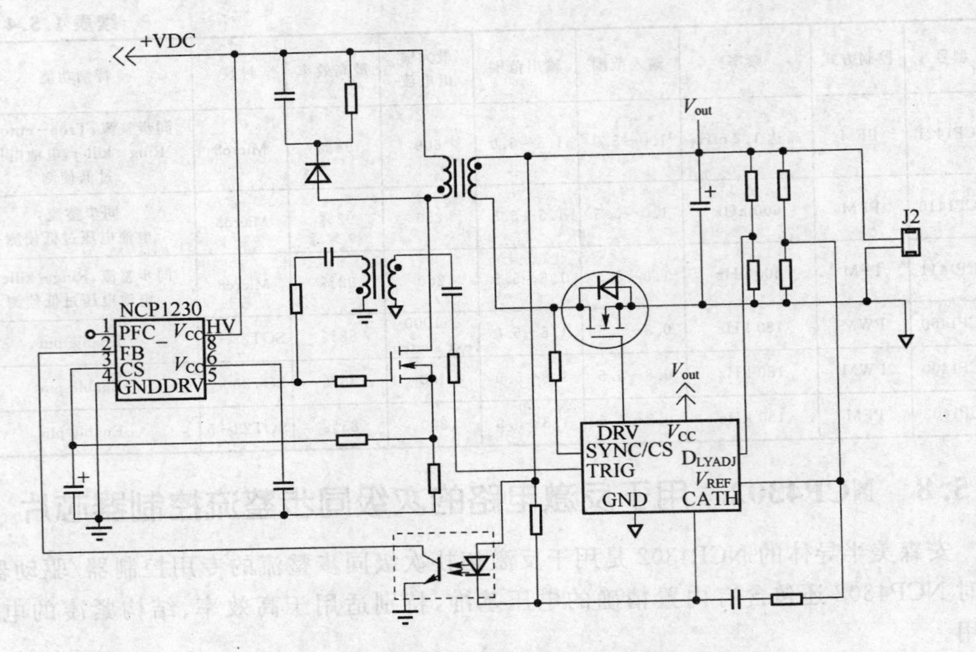

图 1.5.11　安森美半导体 NCP4302 典型应用图

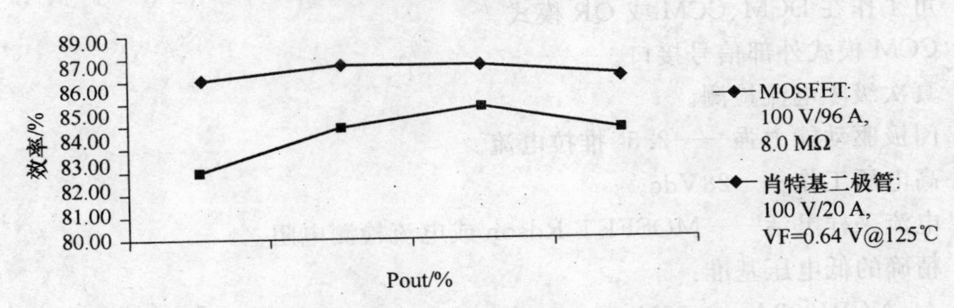

图 1.5.12　NCP4302 工作效率图

1.5.9　LM3100　宽输入 1.5 A 无需外补偿的同步降压稳压器芯片

采用固定导通时间(COT)结构的 LM3100 稳压器不但无需外部补偿，而且即使采用陶瓷电容器仍可稳定操作。最适用于嵌入式系统、工业控制系统、汽车远程信息和电子系统、负载点稳压器、储存系统以及宽带基建设备。

LM3100 芯片的特性如下：

- 同步转换功能可确保输出电压即使低于 3.3 V，也能以高效率操作。
- 采用固定导通时间(COT)结构，因此具有相当快的瞬态响应。
- 即使采用陶瓷电容器仍可稳定操作。

- 即使输入电压大幅变化，也能以接近恒定不变的频率操作。
- 无需外部补偿，可减少外置元件数目。
- 可将频率调高至 1 MHz。
- 采用 TSSOP－20 封装。

LM3100 效率与负载电流关系如图 1.5.13 所示，应用电路如图 1.5.14 所示。

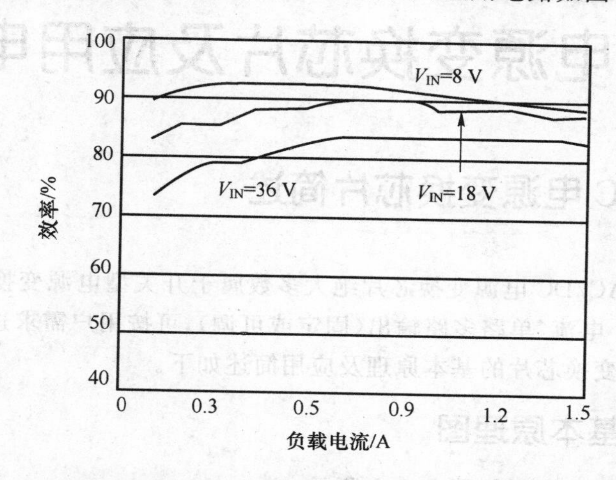

图 1.5.13　效率与负载电流/A 负载电流之间的函数关系图(V_{OUT}＝3.3 V)

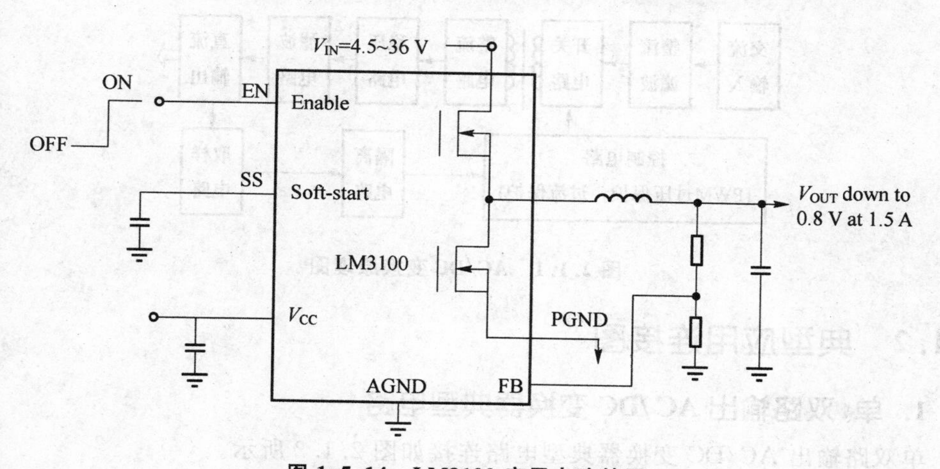

图 1.5.14　LM3100 应用电路简图

第2章

AC/DC电源变换芯片及应用电路

2.1 AC/DC电源变换芯片简述

本章介绍的AC/DC电源变换芯片绝大多数属于开关型电源变换芯片，其高效率、小型化、大电流、小电流、单路多路输出（固定或可调），可按用户需求选择。

AC/DC电源变换芯片的基本原理及应用简述如下。

2.1.1 电路基本原理图

AC/DC变换基本原理如图2.1.1所示。

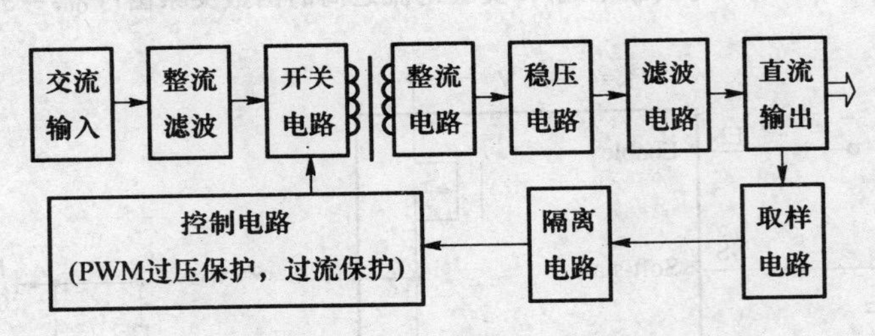

图2.1.1 AC/DC变换原理图

2.1.2 典型应用连接图

1. 单、双路输出AC/DC变换器典型电路

单双路输出AC/DC变换器典型电路连接如图2.1.2所示。

表2.1.1和表2.1.2为功率为15 W的AC/DC变换器周边元件推荐表。

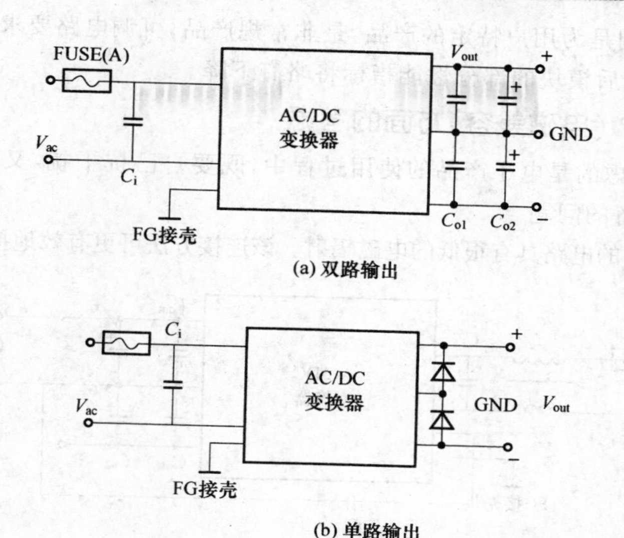

(a) 双路输出

(b) 单路输出

图 2.1.2 典型应用电路

表 2.1.1 输入边器件推荐值表

$V_{in}(V_{ac})$/V	FUSE/A	C_i/(μF·V^{-1})
165～265	1	0.1/400
85～265	1	0.1/400

注：FUSE为保险管，作用为保护变换器。

C_i为0.1 μf/400 V的金属膜电容，作用为滤波。

表 2.1.2 输出边器件推荐值表

$V_o(V_{dc})$/V	C_{o1}/(μF·V^{-1})	C_{o2}/(μF·V^{-1})
2～5	0.1/10	1 000/10
5～15	0.1/25	470/16
15～24	0.1/35	220/25
24～48	0.1/50	47/63

注：C_{o1}为0.1 μF的钽电容，用来滤除高频噪声，耐压要求大于输出电压。

C_{o2}一般选用ESR(低损耗铝电解)电容用来降低纹波。

2. 输出电压可调电路

输出电压可调电路如图2.1.3所示。

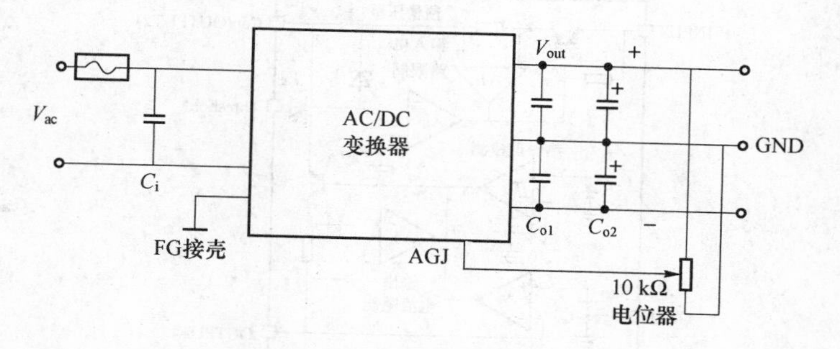

图 2.1.3 输出电压可调电路

输出具有可调是为用户特定的产品，是非常规产品，可调电路要求调节范围不能超过10%，同时调节后模块的部分性能指标将略有下降。

3. EMI/RFI(电磁兼容)方面的考虑

EMI/RFI考虑的是电子产品的使用过程中，既要自己抗干扰，又不能干扰其他电子产品或供电设备的问题。

图2.1.4所示的电路具有很低的电磁辐射。该连接方法可更有效地抑制电磁干扰。

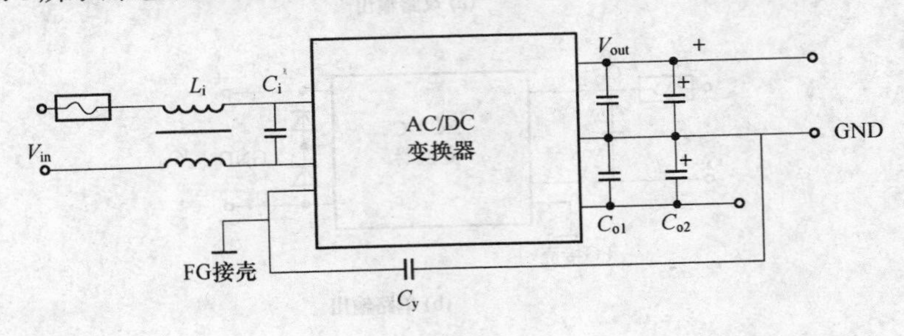

外围器件推荐：L_i 为 20 mH；C_i 为 0.1 μf/400 V；C_y 为 1 μf/5 000 V。

图 2.1.4 电磁兼容连接图

2.2 无需电源变压器单路输出小电流AC/DC电路

2.2.1 VB409 无需变压器可直接输入AC220V的AC/DC方案

VB409是ST公司推出的电源处理产品。输入端可以直接接入AC 220V，且输入端允许的最高输入电压为AC 580 V。输出部分有2个：一个是最终输出OUTPUT1，为+5 V；另一个是芯片的中间输出OUTPUT2，典型值为16 V。对负载的供电能力为：OUTPUT1最大为80 mA，OUTPUT2最大为25 mA，图2.2.1为VB409的内部结构图。

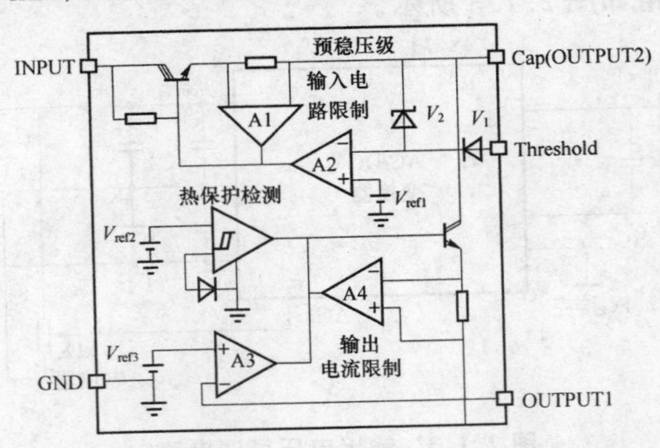

图 2.2.1 VB409内部结构图

VB409 采取的是导通角技术，即在交流电的一个周期中，根据负载的电流大小，自动调整每个周期的导通时间。也就是说，只在每个正周期的低压部分，从电源吸收电能，因此极大地降低了功耗，电流输出能力是线性电源的 3 倍，其工作波形如图 2.2.2 所示。

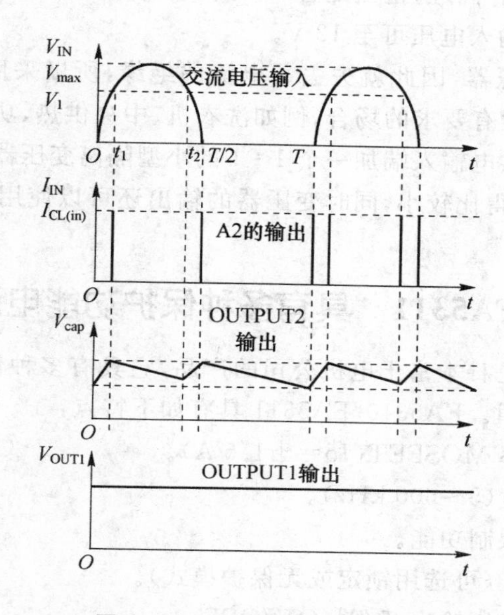

图 2.2.2　VB409 的工作波形

图 2.2.3 为 VB409 组成的 AC/DC 电源电路。

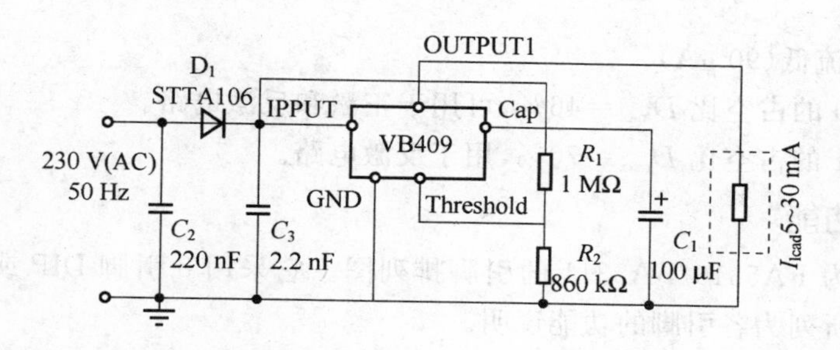

图 2.2.3　VB409 组成的 AC/DC 电源电路

图 2.2.3 中，DI 实现半波整流，C_2 为涤纶电容，C_3 为高压电解电容，R_1、R_2 为金属膜 1/4W 电阻，C_1 耐压为 25 V。

图 2.2.1 中，V_{ref1} 的电压为 12 V 左右，Thereshold 端的电压高于 V_{fef1} 将关断输入向输出的传送，Thereshold 端的工作电流最小为 30 μA。因此，R_1 与 R_2 之和决定工作电流，R_1 与 R_2 之比确定加在 Thereshold 端的最高电压。图 2.2.2 中 t_1、t_2 所处的位置对应的输入电压 V_1 即关断的门限电压值。这个值的大小为：$V_1=V_{ref1}$。

V_1 是变化的交流电，交化规律为：

$$V_1=V_{IN}(R_2/R_1+R_2)$$

在这里，将V_{IN}等比例缩小至V_1，可以提高工作可靠性。

当输入电压为 AC 220 V，Thereshold 端的工作电流约为 120 μA 时，$R_1+R_2=$ 1.86 MΩ。按此参数设置，当输入电压为 AC 60 V 时，Threshold 端的工作电流约为 30 μA，还能够正常工作。同理，适当配置 R_1 和 R_2 的值，还可以确定输入电压的有效范围，VB409 允许最小输入电压可至 12 V。

说明：由于没有变压器，因此就失去了电流的绝缘，所以采用 VB409 作为供电电源，要用在对电流绝缘没有要求的场合，例如洗衣机、中央供热、功率计量等。对于需要电流绝缘的场合，需在供电输入端加一个 1∶1 的小型隔离变压器，因为输入功率低，所以变压器的尺寸可以做得比较小，同时变压器的输出还可以使用电阻分压后再输入到 VB409 中。

2.2.2 FA5310/FA5311 具有多种保护功能电源变换芯片

FA5310/FA5311 是日本富士电机公司的产品，它具有多种保护功能，外接电路简单，具有很大的实用价值。FA5310/FA5311 具有如下特点：

- 可直接驱动功率 MOSFET（$I_O=\pm1.5$ A）。
- 工作频率范围宽（5～600 kHz）。
- 具有脉冲过流限制功能。
- 有过载切断功能（可选用锁定或无保护模式）。
- 可用外部信号控制输出开/关（ON/OFF）。
- 有过压切断功能（锁定模式中）和欠压误动作保护功能（16 V 时导通，8.7 V 时关断）。
- 等待电流低（90 μA）。
- FA5310 的占空比 $D_{max}=46\%$，可用于正激和反激电路。
- FA5311 的占空比 $D_{max}=70\%$，用于反激电路。

1. 引脚功能

图 2.2.4 为 FA5310/FA5311 的引脚排列图。它采用 8 引脚 DIP 或 SOP 封装形式。表 2.2.1 所列为各引脚的功能说明。

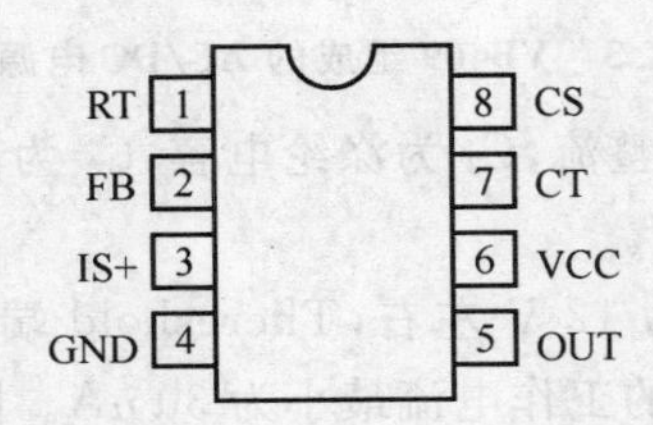

图 2.2.4 FA5310/FA5311 的引脚排列图

表 2.2.1 FA5310/FA5311 的引脚功能图

引脚	引脚符号	功 能	管 脚	引脚符号	功 能
1	RT	振荡时基电阻	5	OUT	输出
2	FB	反馈端	6	V_{CC}	电源
3	IS＋	过流＋检测	7	CT	振荡时基电容
4	GND	接地	8	CS	软启动和 ON/OFF 控制

2. 内部结构

图 2.2.5 为 FA5310/FA5311 的内部结构。由振荡器、PWM 比较器、过流限制电路、欠压锁定电路和输出电路等构成。

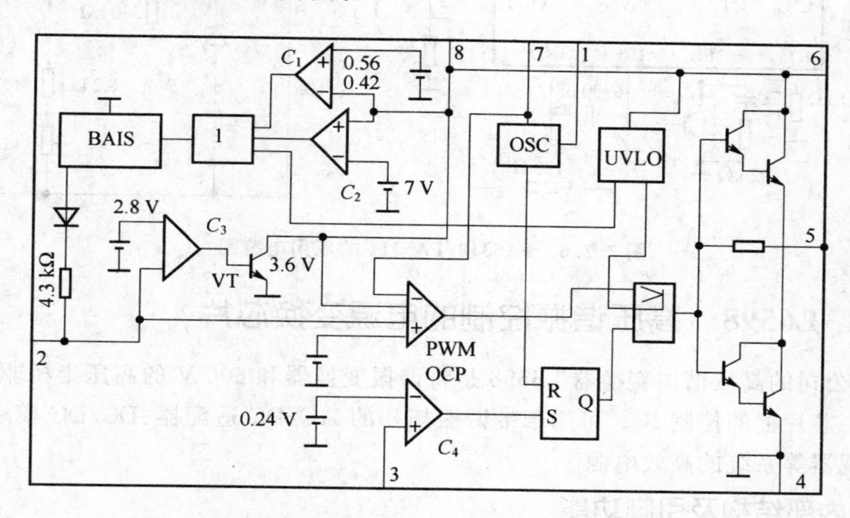

图 2.2.5 FA5310/FA5311 的内部原理图

3. 应用电路

图 2.2.6 为 FA5310/FA5311 的应用电路图。IC 输出电路的推挽输出可直接驱动功率 MOSFET。0UT 引脚的电流可达成 1.5 A。在欠压锁定电路工作时，如果 IC 停止工作，功率 MOSFET 的栅压降低，功率 MOSFET 被关断。从电源开通到 IC 启动的时间由 R_1 和 C_5 确定。如果它们太大，电路启动就比较慢。R_1 必须根据下面式来确定，考虑到电路断时的电流为 400 μA(在 V_{CC}＝9 V 时)：

$$R_1 < (\sqrt{2}V_{AC}/\pi - 9)/400$$

式中，V_{AC} 为交流输入电压。

IC 供电电路在启动时，由电源通过 R_1 供电，但电流较小。电路正常工作以后，电变压器的馈电绕组经二极管 ERA91—02 整流后给 IC 供电。这样既可保证 IC 要求的电流，又可省掉辅助电源。功率 MOSFET 因为要承受电源两倍的峰压、电网的波动以及浪涌电压，所以对于 220 V 的电网电压，功率 MOSFET 的耐压最好应在 800 V 以上，功率 MOSFET 漏极上的 RCD 电路为复位电路，漏极间的 RC 电路用来抑制浪涌电压。

在变压器次级，当输出电压瞬间比 5 V 高得多时，光电耦合器 PCI 导通，使 FB 端短接地，IC 暂停输出，从而使电路输出保持平衡。

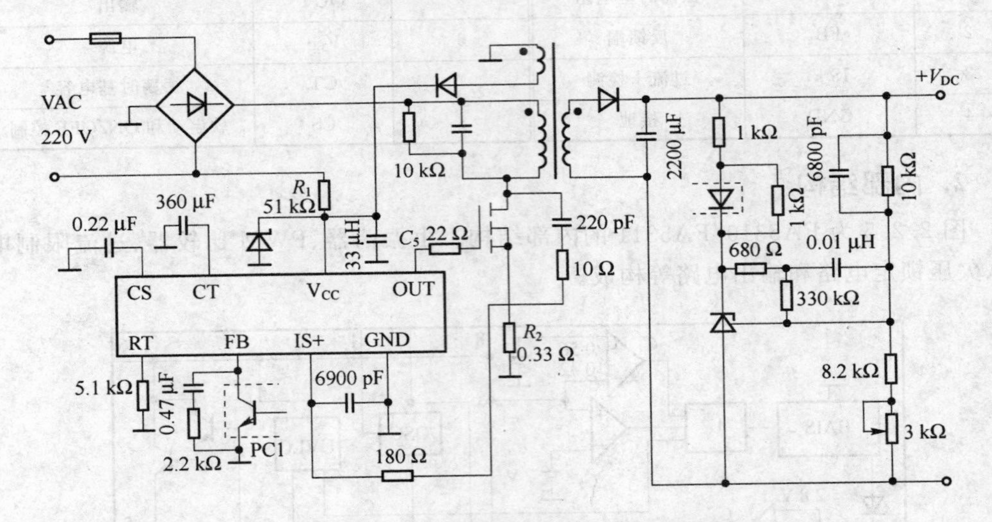

图 2.2.6　FA5310/FA5311 的应用电路图

2.2.3　L6598　高压谐振控制的电源变换芯片

ST 公司的高压谐振变换器 L6598 是将谐振变换器和 600 V 的高压半桥驱动器集成到同一芯片上的控制 IC。可用于带谐振拓扑的 AC/DC 适配器、DC/DC 模块、CTV 以及监视器等系统的高效电源。

1. 内部结构及引脚功能

L6598/L6598D 分别采用 16 引脚 DIP 和 SO 封装，图 2.2.7 为其引脚排列图。表 2.2.2 列出了 L6598 的引脚名称及功能。

表 2.2.2　L6598 的引脚名称及功能

引脚号	名称	功能	引脚号	名称	功能
1	CSS	软启动电容端	9	EN2	半桥非封锁使能
2	Rfstart	软启动频率设定(低阻抗电压源)	10	GND	地
3	Cf	振荡器频率设定	11	LVG	低端驱动器输出
4	Rfmin	最低振荡频率设定(低阻抗电压源)	12	US	电源电压，带内部齐纳二极管钳位
5	OPOUT	检测运算放大器输出(低阻抗)	13	NC	未连接
6	OPIN－	检测运算放大器反相输入(高阻抗)	14	OUT	高端驱动器参考(半桥输出)
7	OPIN＋	检测运算放大器同相输入(高阻抗)	15	HVG	高端驱动器输出
8	EN1	半桥封锁使能	16	V_{BOOT}	自举电源电压

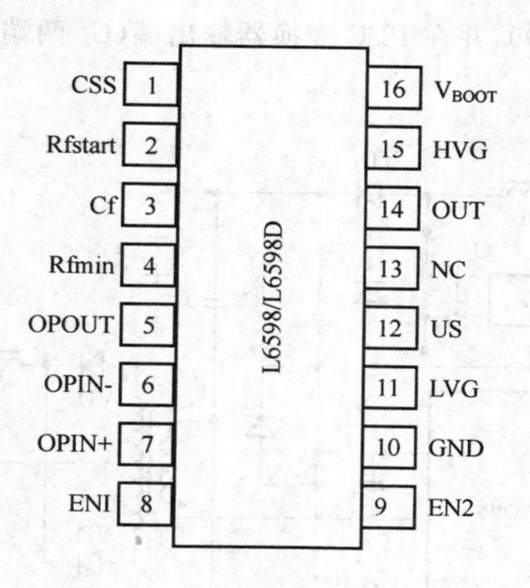

图 2.2.7　L6598/L6598D 引脚排列图

L6598 的内部结构如图 2.2.8 所示，L6598 主要由压控振荡器（VCO）、检测运算放大器（OP AMP）、两个带使能（Enable）输入的比较器、控制逻辑电路、高/低端驱动器、欠电压检测及软启动电路等组成。

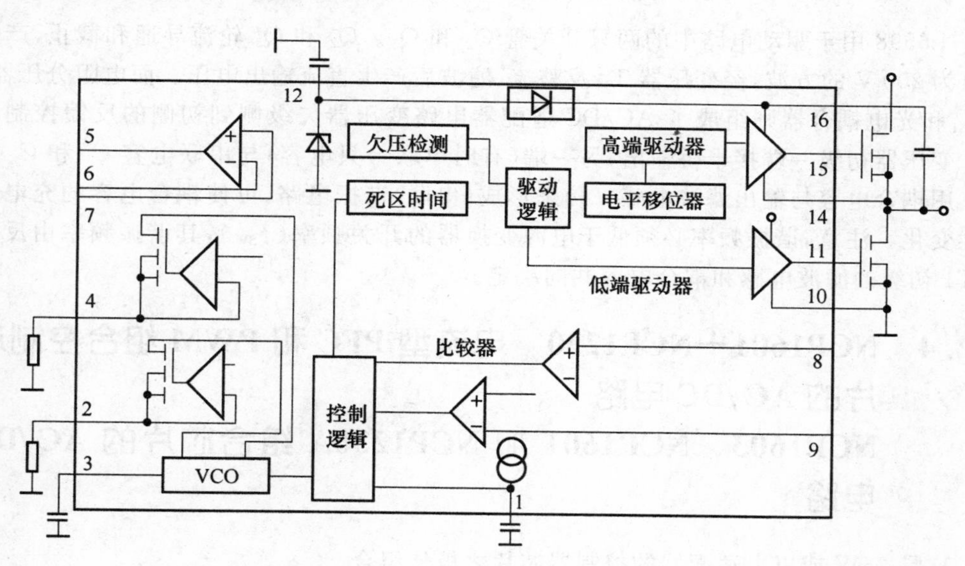

图 2.2.8　L6598 内部结构图

2. 应用电路

图 2.2.9 所示为 L6598 的典型应用电路。该电路的交流输入电范围为 85～270 V，适用于国际通用交流供电标准。在桥式整流器和同压铝电解滤波电容（C_2）之间插入了以 L6598 为中心的有源 PFC 升压式预变换器，其目的是在交流输入端产生一个正弦电

流，使线路功率因数达0.99，并在PFC变换器输出端(C_2两端)产生恒定的400 V直流电压。

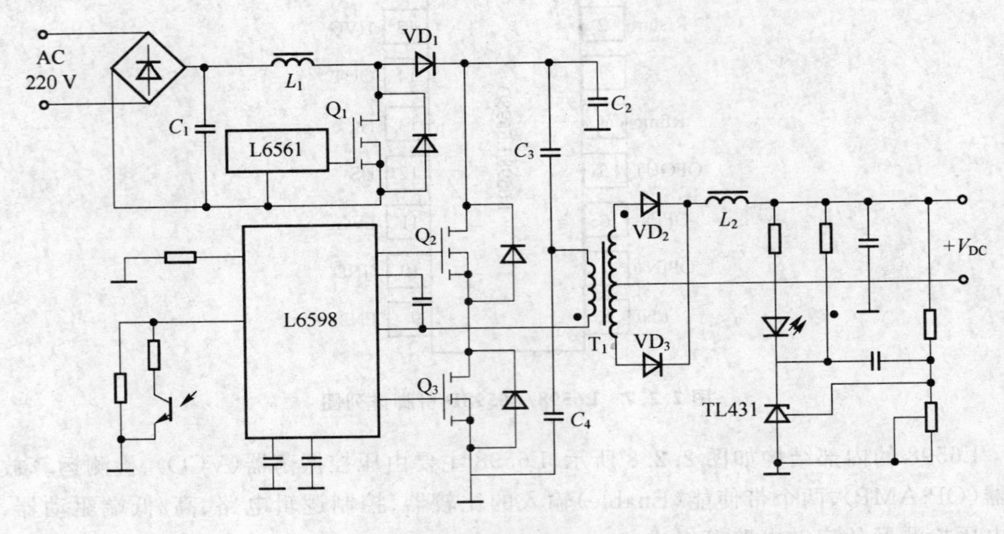

图 2.2.9 L6598典型应用电路

L6598用于驱动电路中的两只开关管Q_2和Q_3。Q_2和Q_3轮流导通和截止，产生峰值为200 V的方波，经变压器T_1及整流、滤波后产生直流输出电压。而电阻分压器、TL_{431}和光电耦合器则组成了AC/DC适配器电路变压器欠级侧到初侧的反馈控制环路。变压器初级一端接半桥输出，另一端(有时串联一只电容)与串联电容C_3和C_4相连。用耦合电容与输出滤波电感(L_2)来形成(串联)谐振电路，可使耦合电容的充电呈线性变化。注意，谐振频率必须低于电源变换器的开关频率(f_{SW})，其谐振频率由反射到T1初级的滤波电感和耦合电容共同决定。

2.2.4 NCP1601+NCP1230 电流型PFC和PWM组合控制芯片的AC/DC电路 NCP1603 NCP1601加NCP1230A组合芯片的AC/DC电路

这是75W或以上适配器的控制器芯片之极佳组合。

安森美半导体为实现高效、节能的目的，推出了功率因数校正(PFC)和PWM芯片的极佳组合，可实现低待机能耗的高性能电流型PFC和PWM控制芯片NCP1601及NCP1230A，不仅可以实现待机状态等功能，大大简化了电路设计。另外还推出由NCP160加上NCP1230A而成的组合版本NCP1603，为您提供多一种方案。

其应用范围：大功率笔记本电脑适配器；离线式电池充电器；机顶盒电源。

两种典型应用电路如图2.2.10和图2.2.11所示。待机时关断PFC降低能耗如图2.2.12所示。

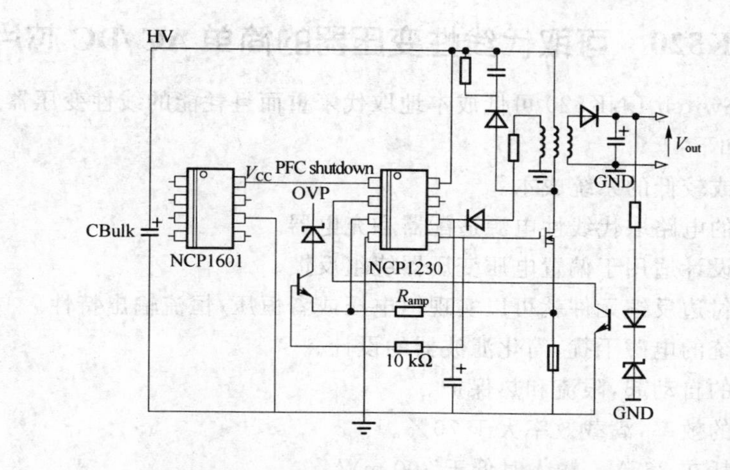

图 2.2.10 NCP1601＋NCP1230 典型应用电路

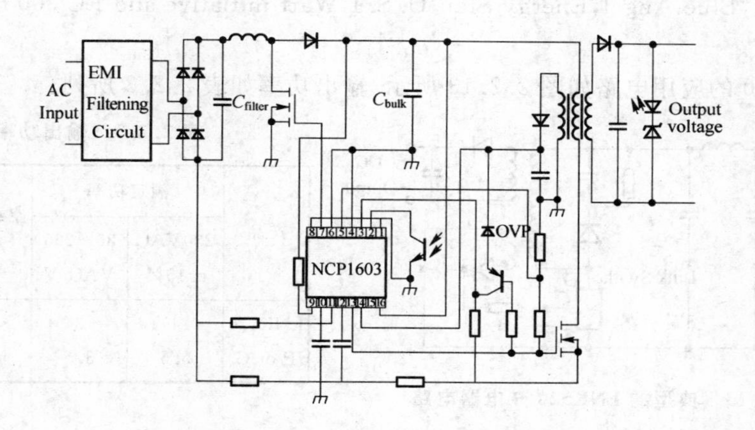

图 2.2.11 NCP1603 典型应用电路

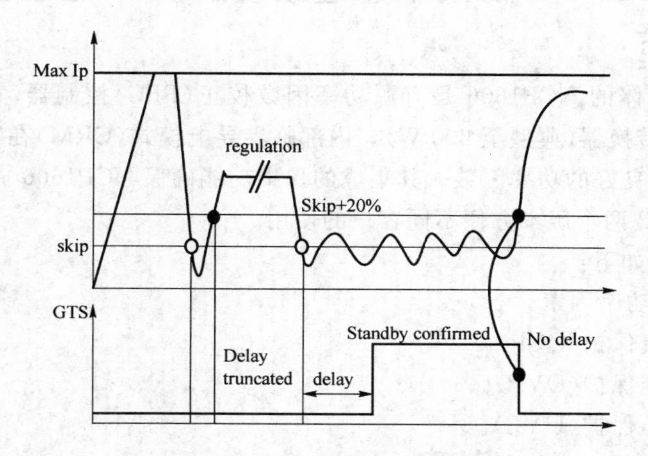

图 2.2.12 待机时关断 PFC 降低能耗

2.2.5 LNK520 可取代线性变压器的简单AC/DC芯片

新的 LinkSwitch LNK520 可低成本地取代笨重而且耗能的线性变压器式 AC/DC 芯片。其特性如下：

- 以相同或较低的系统成本。
- 用简单的电路取代线性电源适配器和充电器。
- 优化的设计适用于偏置电压变压器绕组反馈。
- 不需要付边反馈元件就可以实现恒电压或者恒压/恒流输出特性。
- 减少系统的电磁干扰，简化滤波器的设计。
- 集成化的自动起，限流和热保护。
- 非常高的效率，满载效率大于70%。
- 空载功耗在 265V_{AC}输入时低于 300 mW。
- 满足"Blue Angel, Energy Star, U. S. 1 Watt initiative and EC 300 mW"等能耗标准。

LNK520 的应用电路如图 2.2.13 所示，输出功率如表 2.2.3 所列。

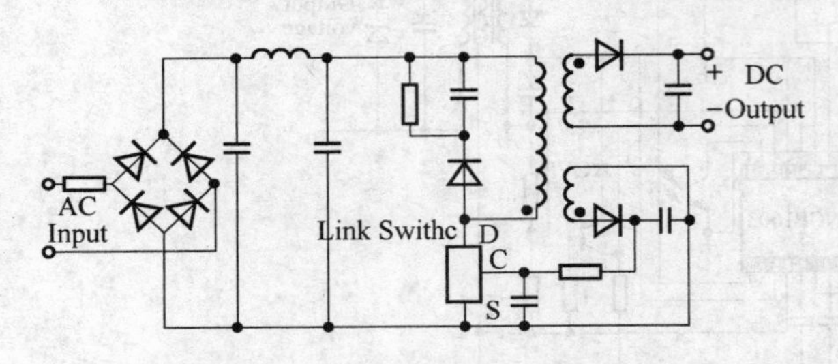

图 2.2.13 典型的 LNK520 充电器电路

表 2.2.3 输出功率表

产品	额定功率		空载功耗/mW	恒流误差
	230VAC ±15%	85-265 VAC/V		
LNK520	4	3	<300	±24%
P or G	5.5	3.5	<500	

2.2.6 NCP1606 低成本非连续模式PFC控制器的AC/DC芯片

安森美半导体的 NCP1606 是有源功率因数校正(PFC)控制器，特别适用于低成本、低功率离线转换器(典型至 200 W)。内部临界导电模式(CRM)在宽电压输入和功率范围内展示了良好的功率因数。其集成的保护功能确保 NCP1606 成为一个 PFC 可靠的驱动器，A、B 两个版本方便不同客户的使用。

其产品特性如下：

- "Unity"功率因素。
- 内置过流保护(OCP)。
- 内置过压保护(OVP)。
- 内置欠压保护(UVP)。
- 极低启动电流(≤40MA)。
- 频率钳位。

其应用范围如下：

- 电子镇流器。
- 适配器。
- 离线式开关电源。

其产品优点如下：

- 电压模式实时控制低输入电流失真。
- 不需要输入电压检测。
- 可以驱动高至 200 W 的应用。
- 逐电流限制最大电流。
- 1.7 V 阈值或低功耗 0.5 V 阈值。
- OVP 通过反馈电阻可调。
- 40 μA OVP 标准值，或 10 μA 低功耗版本。
- UVP 可以阻止开路或低电压情况下工作。
- 最小化待机能耗和/或启动时间。
- 轻载时钳位开关频率 450 kHz，在降低 EMI 噪声的同时不影响 PFC 工作。
- 足够的输出驱动器。
- －500 mA/＋800 mA 图腾级输出驱动器。

NCP1606 典型 AC/DC 应用电路如图 2.2.14 所示。

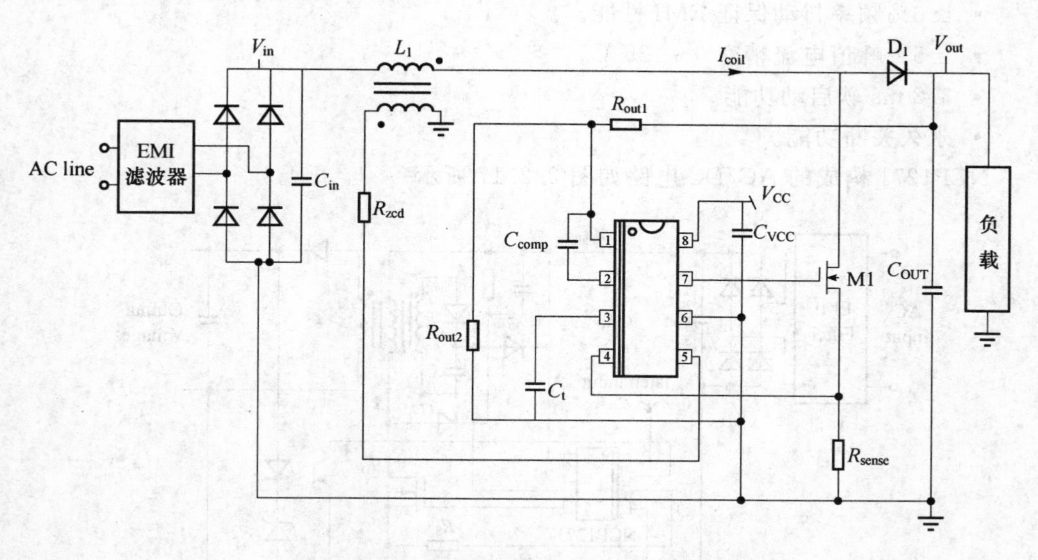

图 2.2.14 NCP1606 的 AC/DC 应用电路

2.2.7 NCP1271 具有可调“软跳周期”及外部关断功能的 PWM 控制器芯片

电流型 PWM 控制器 NCP1271 可以提供设计一个可靠有效电源所需求的所有特

性。不但在空载条件下实现优异的待机性能而且其特有的“软跳周期”更大幅度减小噪声,降低系统成本。永久关断功能(图 2.2.15)在光耦损坏情况下仍能可靠保护。NCP1271 为安森美半导体新一代电流型固定频率 PWM 控制器的代表。

NCP1271 引脚排列如图 2.2.16 所示。

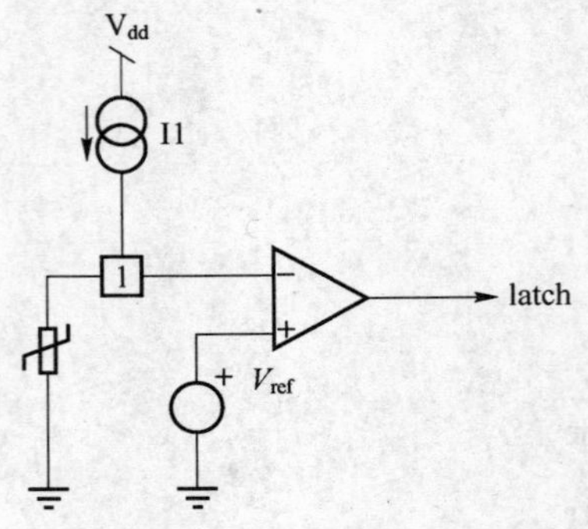

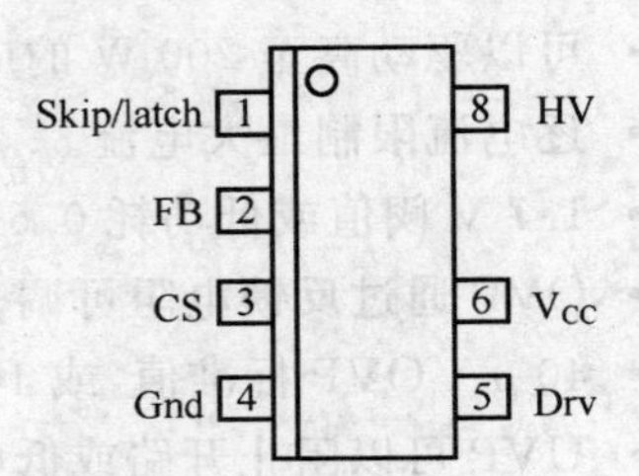

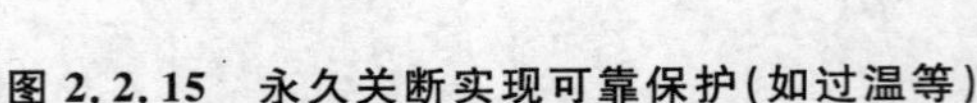

图 2.2.15　永久关断实现可靠保护(如过温等)　　**图 2.2.16　NCP1271 引脚排列**

NCPl271 性能如下：

- 电流型固定频率(65/100/133 kHz)工作模式且内置斜坡补偿。
- “软跳周期”可调。
- ±6%频率抖动保证 EMI 性能。
- ±5%峰值电流精度 0～125 ℃。
- 3.2 ms 软启动功能。
- 永久关断功能。

NCP1271 构成的 AC/DC 电路如图 2.2.17 所示。

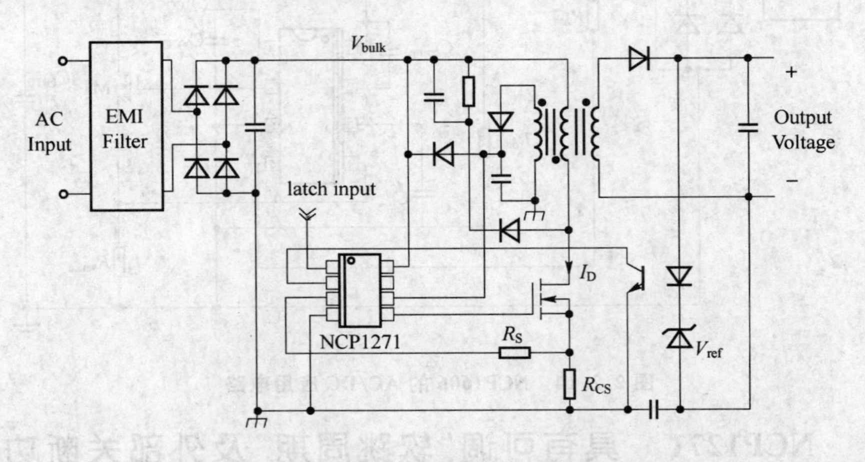

图 2.2.17　NCP1271 构成的 AC/DC 电路

2.2.8　NCP1215DR2　低成本 AC/DC 开关电源控制器

NCP1215DR2 引脚排列如图 2.2.18 所示。该芯片可用于辅助功率提供、AC/DC 电源适配器、离线电池充电器等。NCP1215DR2＋MOSFET 构成的 AC/DC 电路如图2.2.19 所示。

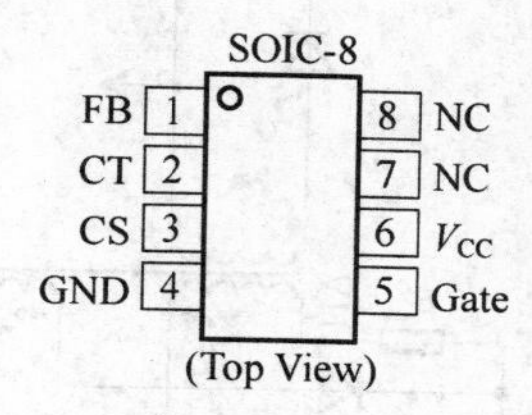

图 2.2.18　引脚排列

其特性如下：

- 可设定关断时间控制。
- 启动时极低的电流损耗。
- 电源流模式控制方式。
- 峰值电流密集减少变压器噪声。
- 低电压自锁。

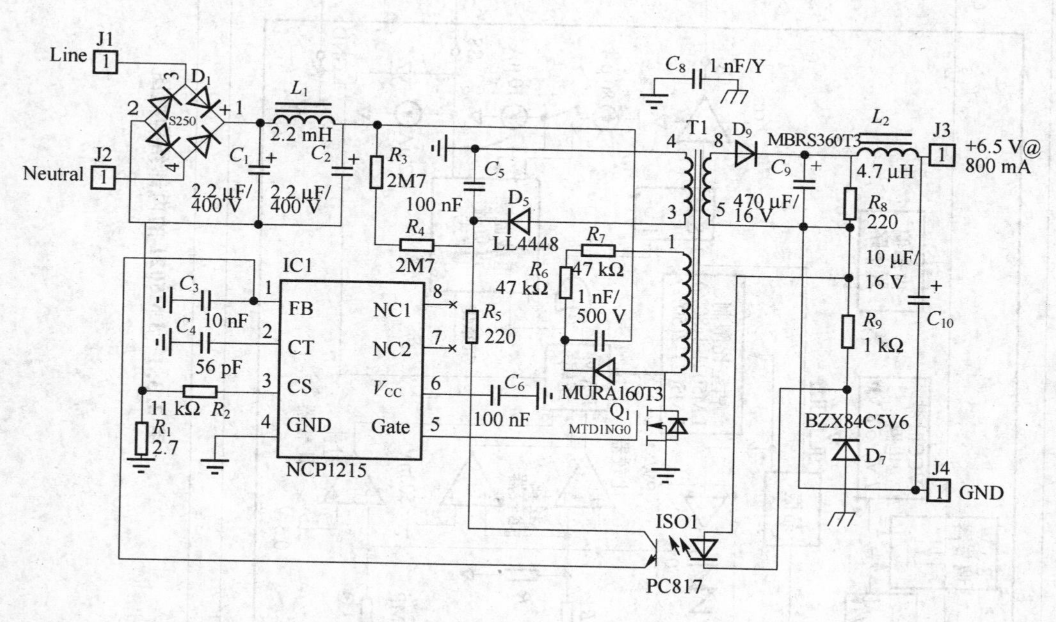

图 2.2.19　典型应用电路

2.3　无需电源变压器输出高压或大电流 AC/DC 电路

2.3.1　输出大电流(2A 以上)AC/DC 芯片

1. LM5021 PWM 控制器的便携式充电器 AC/DC 芯片

(1) LM5021 内部结构及引脚功能

LM5021 的内部结构框图如图 2.3.1 所示，它包括启动电路、振荡电路、最大占空比限制电路、轻载比较器、重载监测与过负载工作模式切换电路以及脉宽调制电路等。

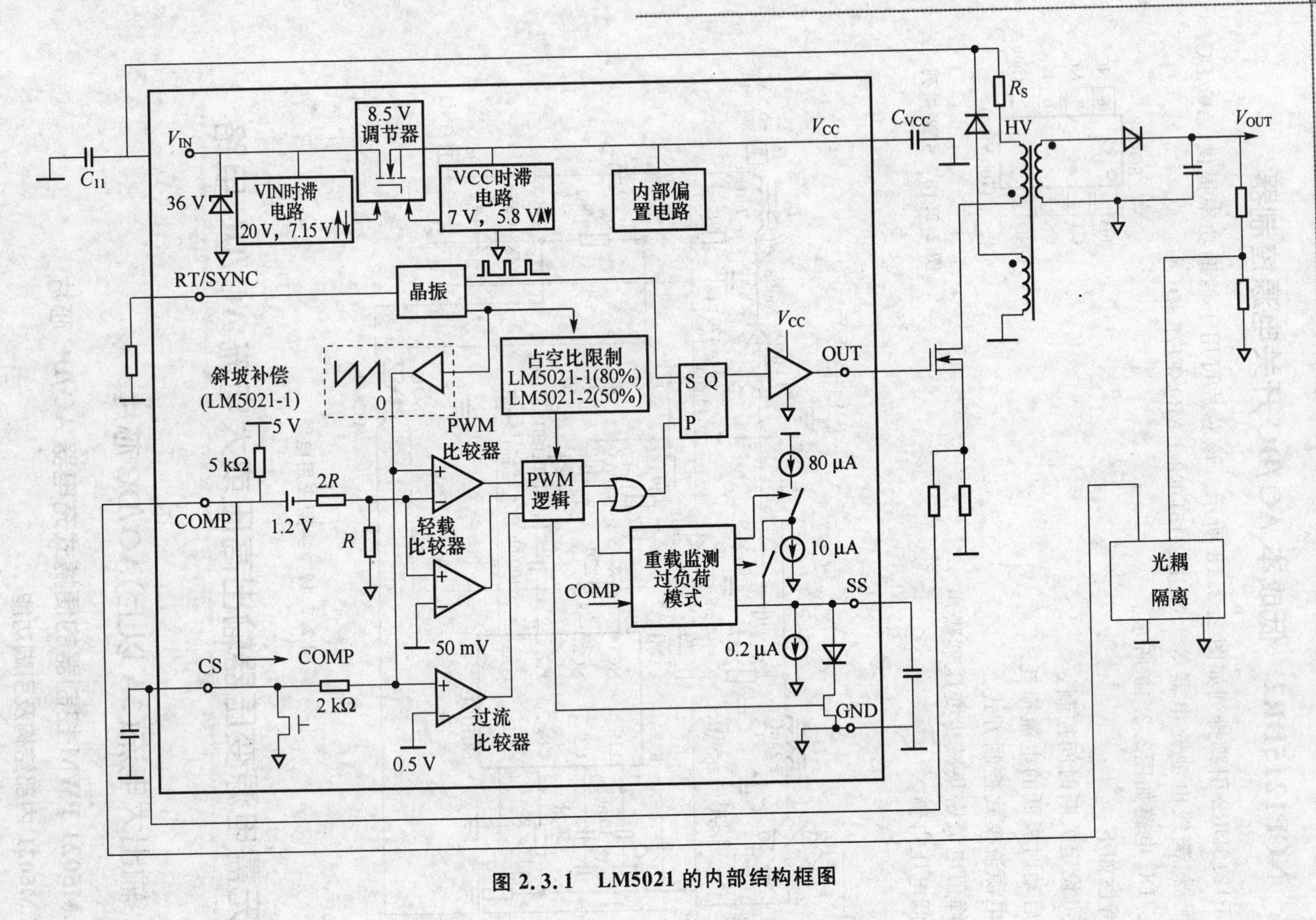

图 2.3.1 LM5021 的内部结构框图

LM5021采用SOP-8和DIP-8封装，引脚排列如图2.3.2所示，各个引脚的功能如下：

- COMP：PWM控制输入端，COMP端内部接一只5 kΩ电阻器上拉到5 V电源，由输出反馈电压经光隔离后控制。
- V_{IN}：内部偏置电路输入端，该端输入电压达到阈值后启动内部调节器。该引脚被内部齐纳二极管箱位在36 V。
- V_{CC}：内部偏置电路输出端，该端与GND之间必须接1只电容器，其输出电压通常为8.5 V。
- OUT：PWM控制输出端。该端接MOSFET的驱动极。
- GND：公共地。
- CS：电流监测端，该端用于电流模式控制采样信号并起监测过流信号作用。
- RT/SYNC：时钟信号输入端，该端与GND之间外接1只电阻器来设定内部晶振频率，也可直接输入外部时钟脉冲信号。
- SS：软启动或“打嗝”工作模式定时输入。该端与GND之间外接的电容器决定软启动时间和“打嗝”工作模式重启动频率。

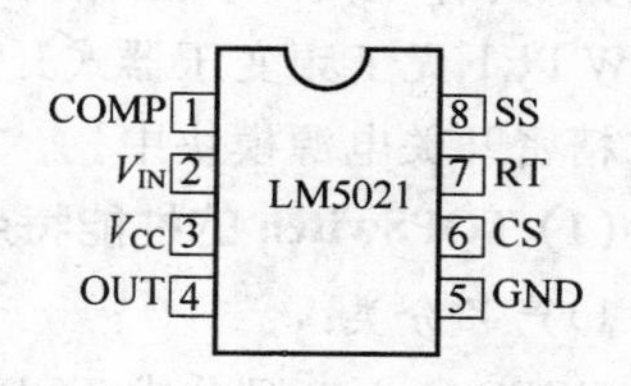

图2.3.2 LM5021的引脚排列

(2) LM5021+MOSFET构成的AC/DC电路

应用LM5021设计一款便携式充电器，主电路拓扑为单端反激方式，如图2.3.3所示。

输入参数为市电50 Hz，其范围为85～265 V，输出为12 V/2 A，电压调整率为±0.1%，负载调整率为±0.14%，输出电压纹波为120 mV，输出功率为24 W。该电源的高频变压器选用的是Epcos的E25/13/7，材料为N27，骨架为立式。

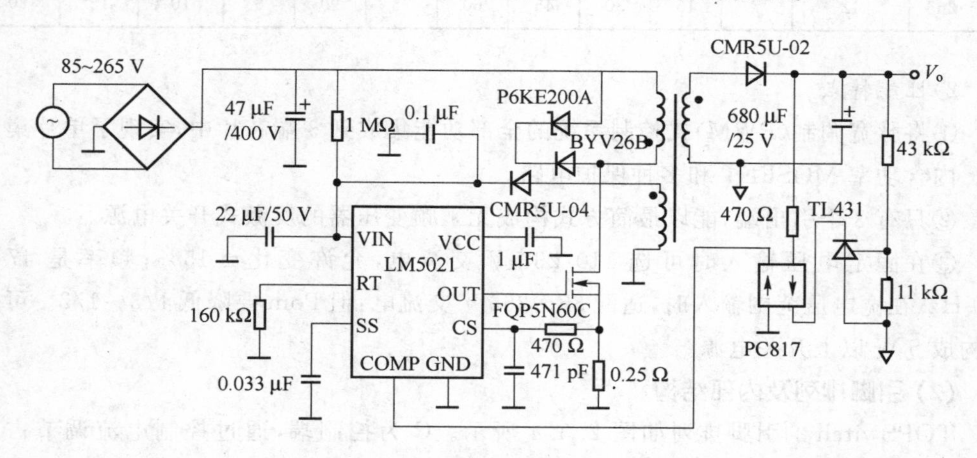

图2.3.3 由LM5021+MOSFET构成的12 V/2 A便携式充电电源

2. TOPIxx/2xx 无变压器、5 W以上、AC/DC变换式精密开关电源IC芯片

美国动力(POWER)公司生产的TOPSwitch 3端离线式脉宽调制单片开关电源集成电路，具有最简外围电路与最佳性能指标，被誉为"顶级开关电源"。由它构成的150 W以下无工频变压器式开关电源，可广泛用于仪器仪表、家电产品以及AC/DC变换式精密开关电源模块中。

(1) TOPSwitch的性能特点

1)产品分类

TOPSwitch产品分成TOP100、200、210、220共4大系列，30种型号，详见表2.3.1。V_{ac}为交流输入电压(RMS)，P_{om}为加适合散热器后的最大连续输出功率。型号中的ToP221～227为新研制的第2代产品TOPSwitch－Ⅱ；Y表3端TOP—220封装，P代表DIP—8封装，G为SMD—8封装，TOP100系列只能选100 V或110 V交流固定电压输入。

表2.3.1 TOPSwitch产品的分类

V_{ac}/V	P_{om}/W											
	TOP 100 Y	101 Y	102 Y	103 Y	104 Y	200 Y	201 Y	202 Y	203 Y	204 Y	209 P	210 P
											209 G	210 G
110/230	20	35	45	55	60	25	45	60	70	85	4	8
85～265	—	—	—	—	—	12	22	30	35	42	2	5
V_{ac}/V	TOP 214 Y	221 Y	222 Y	223 Y	224 Y	225 Y	226 Y	227 Y	221 P	222 P	223 P	224 P
									221 G	222 G	223 G	224 G
110/230	85	12	25	50	75	100	125	150	9	15	25	30
85～265	42	7	15	30	45	60	75	90	6	10	15	20

2)性能特点

①将脉宽调制(PWM)式控制系统的全部功能集成到3端芯片中，实现了单片集成化。内含功率MOSFET和多种保护电路。

②只有3个引出端，能以最简方式构成无工频变压器的反激式开关电源。

③在固定电压输入时可选110/230 V交流电，允许变化±15%；频率是47～440 Hz。在宽电压范围输入时，适配85～265 V交流电：但Pom要降低1/3～1/2。可由它构成5 W以上开关电源。

(2) 引脚排列及内部结构

TOPSwitch的引脚排列如图2.3.4所示。C为控制端，通过控制电流调节占空比，并能提供正常工作所需的内部偏流。S为源极，与片内MOSFET的源极连通，兼作初级回路的公共地。D为内部MOSFET的漏极引出端。尽管DIP－8和SMD－8有8

个引脚，均可简化成3个。HV RTN为高压回路的源极端。TOP220系列的极限参数为V_{DS}（源漏极间耐压）≥700 V(Bo)，V_{CM}（最大工作电压）=9 V，I_{CM}（最大工作电流=100 mA）。

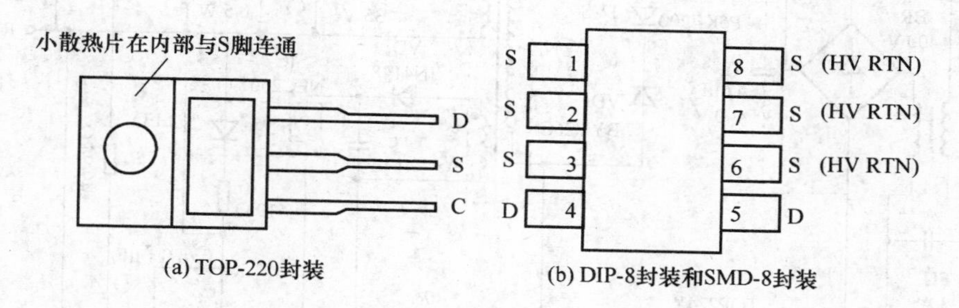

图 2.3.4 TOPSwitch 引脚排列

TOPSwitch的内部框图如图2.3.5所示。主要包括10个部分：①控制电压源；②带隙基准电源；③振荡器；④并联调整器/误差放大器；⑤脉宽调制器（PWM）；⑥门驱动级和输出级；⑦过流保护电路；⑧过热保护及上电复位电路；⑨关断/自动重启动电路；⑩高压电流源。

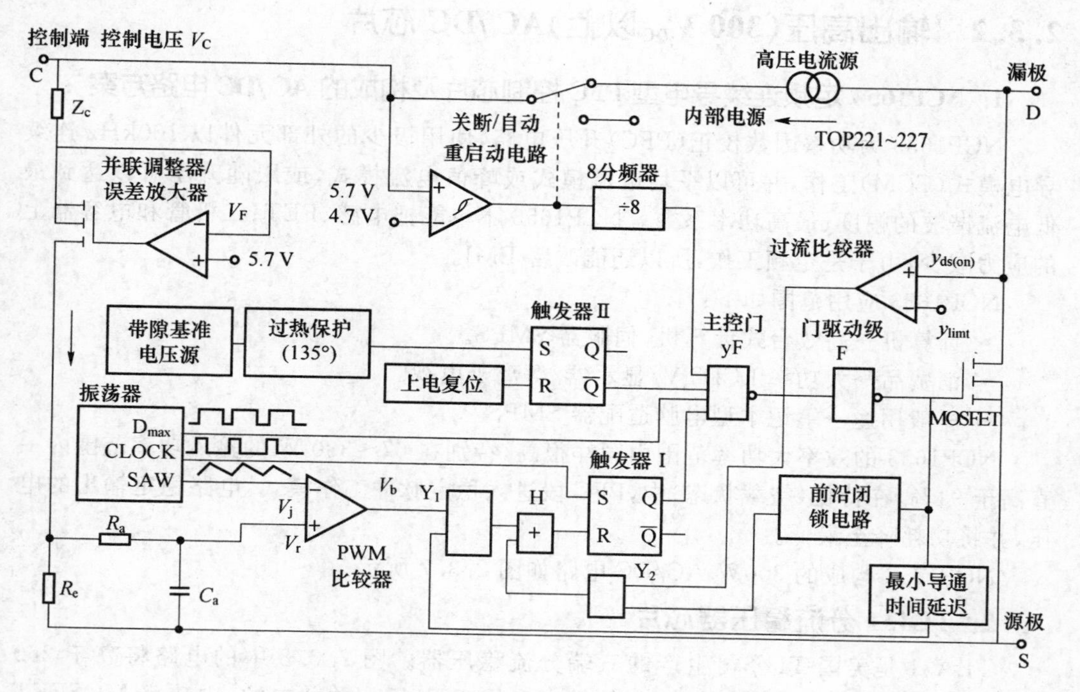

图 2.3.5 TOPSwitch 内部框图

(3) 单片AC/DC精密开关电源电路

由TOP224Y构成隔离+15 V，2 A(30 W)精密开关电源的电路如图2.3.6所示。

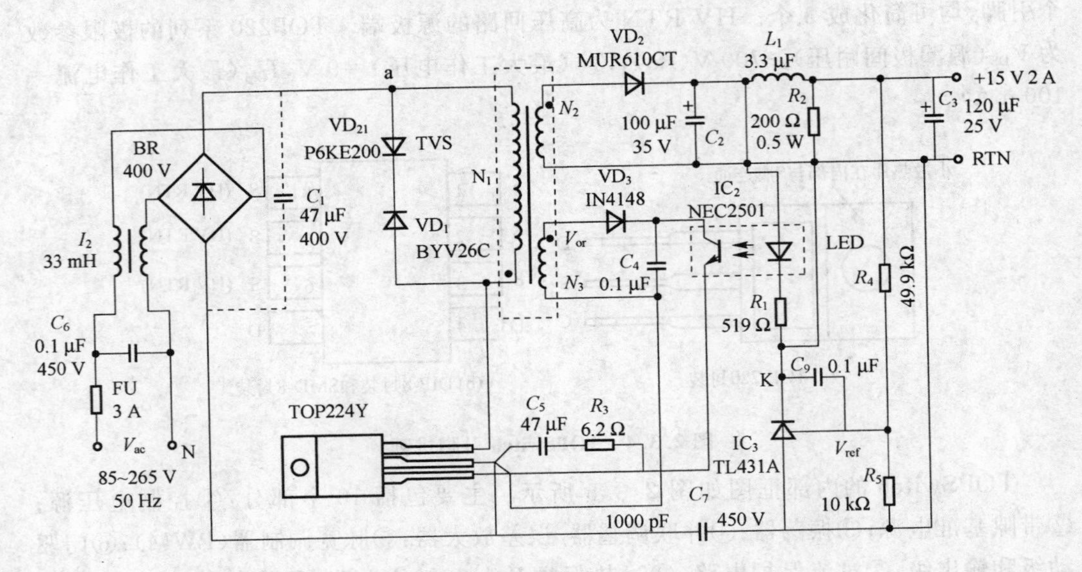

图 2.3.6 30 W 精密开关电源电路

2.3.2 输出高压(300 V_{DC}以上)AC/DC 芯片

1. NCP1654 定频连续导电型 PFC 控制芯片及构成的 AC/DC 电路方案

NCP1653 为功率因数校正(PFC)升压电路,使用极少的外部元件以 100kHz 连续导电模式(CCM)工作,并可以平均电流模式或峰值电流模式,或跟随升压可以达到最低电流谐波的幅度、最高功率系数。NCP1653 不单能把电感、FET、二极管和电容器上的应力减少,由于是定频工作,所以还能改善 EMI。

NCP1653 应用范围如下:

- 计算机→高效台式计算机,伺服器 SMPS。
- 消费品→大功率 LCDTV/显示器/等离子电视。
- 一般用途→笔记本型电脑适配器 SMPS。

NCP1653 的效率大功率范围内同样很高,特别在 67~330 W 的输入功率范围内一直高于 91%,在待机(空载状态)中,PFC 段进入稳定脉冲工作模式,电路稳定输出的电压,并将功耗降至最低。

NCP1653 构成的 300W AC/DC 电路如图 2.3.7 所示。

2. TL431 分流稳压器芯片

TLA31 是美国 TI 公司生产的三端分流稳压器。图 2.3.8 中的电路将高于 260 V_{ac}的交流输入电压限制(或箝位)于能够安全用于 SMPS(并关电源)中功率 MOSFET 电平。该电路用 MOSFETQ1,作为一个 100 Hz 开关,而分流稳压器 IC_1(TL431CZ)通过分压器 R_2 与 R_4 完成高电压的箝位。在使用图示的电路元件值下,箝位的输出电压为 360V_{dc},输入电压为 260V_{ac},最大输入电压为 440V_{ac}。该电路通过了 5~10 W 功率级的测试。

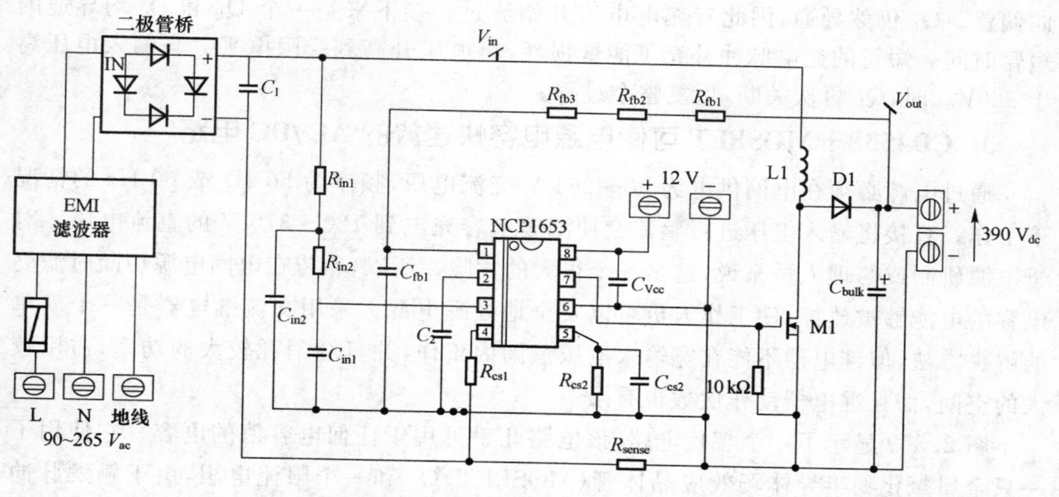

图 2.3.7 NCP1653 构成的 300 W 典型应用电路

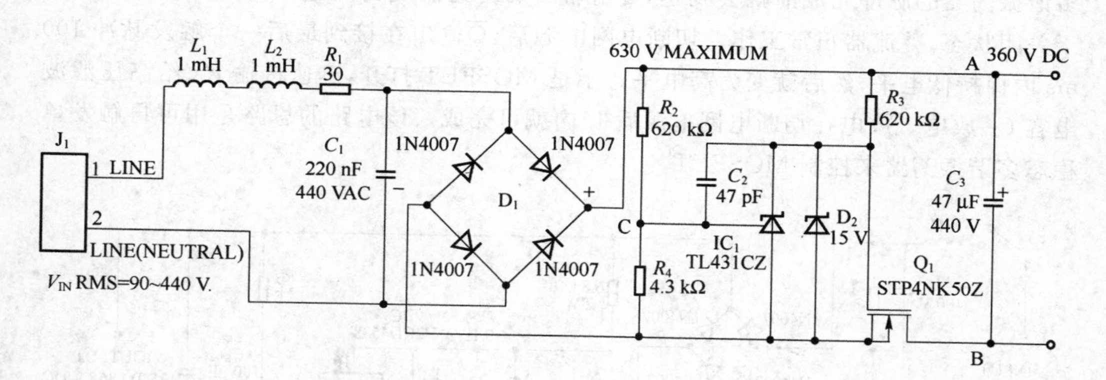

图 2.3.8 将高于 $260V_{rms}$ 的交流输入电压箝位在安全电平(用于开关电源中的功率 MOSFET)

当输入电压低于 $260V_{ac}$ 时，C 点电压小于 2.5 V，IC_1 关断，吸入最小的关断态阴极电流。稳压二极管 D2 击管电压为 15 V，确保 Q_1 的稳定导通状态。这是当输入电压低于 $260V_{ac}$ 时 Q_1 的正常工作条件。因此在这些电压电平上，电路是作为一个有容性负载 C_3 的标准全桥整流器工作。

在 $260V_{ac}$ 或更高的输入电压时，C 点高于 2.5 V，IC_1 导通，转移并吸入来自 D_2 的电流。Q_1 的栅－源电压降至大约 2 V，于是 Q_1 关断。现在，虽然 D_1 桥式整流器中的二极管都是正向偏置的，但也没有电流为电容 C_3 充电。交流输入电压经整流后高于 C_3 上的电压，但 Q_1 关断，回路被中断，于是没有电流。这样，由于没有充电电流，C_3 上的直流输出电压受到限制。

当整流后的交流输入电压开始下降时，最终会使 C 点电压达到 2.5 V 的阈值电平，Q_1 再次导通。但由于整流桥的二极管现在是反向偏置的，因此并没有电流流过；整流后的交流输入电压低于 C_3 上的电压。C_3 上电压的下降速率由输出电平决定。最后，C_3 上的电压与整流后的交流输入电压相交在某个电平处，此时整流桥的二极管获得正向偏置。Q_1 仍然导通，因此有充电电流开始流过。接下来是一个 Q_1 和 D_1 均导通的短暂时间。短暂的充电脉冲补充了能量损耗，将电压升高到受限电平。当输入电压高于 260V_{rms}时，Q_1 再次关断，重复整个过程。

3. CD4538＋MOSFET 可使电源电容快速放的 AC/DC 电路

通过电源必须在电网供电为 90～264 V 交流电压，频率为 50 Hz 或 60 Hz 的情况下工作。直接将输入电压进行整流会使滤婆电容充电到 120～370 V 的直流电压。对于电源研制或修理人员来说，这是一个很大的危险。所以，希望在电网电源切断时滤婆电容的电能够被放掉，使工作人员可以安全地处理电源。采用交流继电器是一个简单的解决方法，但继电器不能在宽输入电压范围内工作，并且会消耗较大的功率，占用较大的空间，而且继电器动作次数也有限。

图 2.3.9 显示了一个替代电路，该电路几乎可用于任何电容值的电容。它使用了一只金属氧化物半导体场效应晶体管(MOSFET)Q_1 和一个限流电阻，由于触发脉冲多谐振荡器的脉冲完成前就会到达，$\overline{Q}$端输出始终无法变为高电平，MOSFET 始终处于关闭状态，整流器正常工作。切断电网电源后，$\overline{Q}$输出在接到最后一个触发脉冲 100 ms 内保持低电平，然后就变为高电平。于是 MOSFET 打开，迅速将输 R_D 给高压滤波电容 C_F 放电。放电在切断电网电源后 I_s 内就可完成。该电路的思路是用可再触发单稳态多谐振荡器来控制 MOSFET。

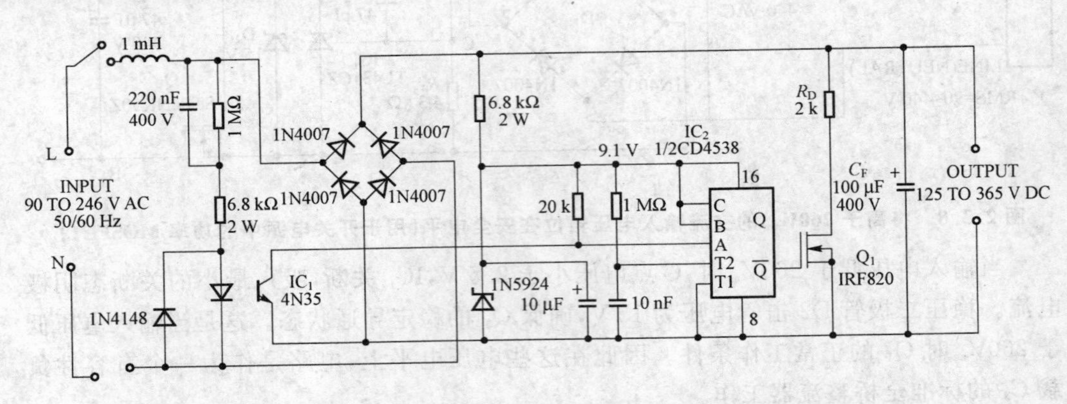

图 2.3.9 可使电源电容快速放电的 AC/DC 电路

电网电源接通时，光耦合唱 IC_1 及相关无源元件继续产生对称方波，提供给多谐振荡器 IC_2 的输入端 A。每个脉冲都触发该电路，迫使$\overline{Q}$输出变为低电平。多谐振荡器产生一个输出使电容放电，使其电压降至安全的水平。

该电路在最高和最低输入电压，即 90 V 和 264 V 交流电压下都进行了测试。滤波电容为中等电容值 100 μF，峰值放电电流也采用中间值，为 0.06～0.18 A。MOSFET 的峰值电流为 8 A，因此该电路可用于电容值大得多的情况。如果 MOSFET 的峰值电流仍不够，可选用峰值电流更大的 MOSFET。此时，只需改变 R_D 阻值，以达到期望的

放电时间 t_D。可参考关系 $t_D=3\times R_D\times C_F$ 确定 R_D 阻值。采用该公式，可保证输出电压降低到初始值的5%。对于任何输出电压，该电压已经远远低于用户可以安全触摸的规定安全电压。

由于 CD4538 为可再触发的，放电网络 Q_1 和 R_D 在电网电源接通时保持不导通状态，电网电源切断时，放电网络导通并迅速将离压滤波电容 C_F 放电。

2.4　无需电源变压器多路输出 AC/DC 电路

2.4.1　小电流输出(mA 级)AC/DC 芯片

1. Viper22A＋MOSFET 双负压输出非隔离 AC/DC 开关电源

ST 公司的 Viper22A(即 IC_1)，在 88～265 V 的交流线路电压范围内提供高达 3.3 W 的双电压稳压电源(图 2.4.1)。如果元件值如图 2.4.1 所示，该电路可在输出电流为 300 mA 时，提供－5 V(1±5%)的输出电压；在输出电流为 150 mA 时，提供－12 V(1±10%)的输出电压。

Viper22A 的内部电路包括一个 60 kHz 时钟振荡器、一个电压基准、过热保护电路和一个可以提供数瓦功率的高压功率 MOSFET。

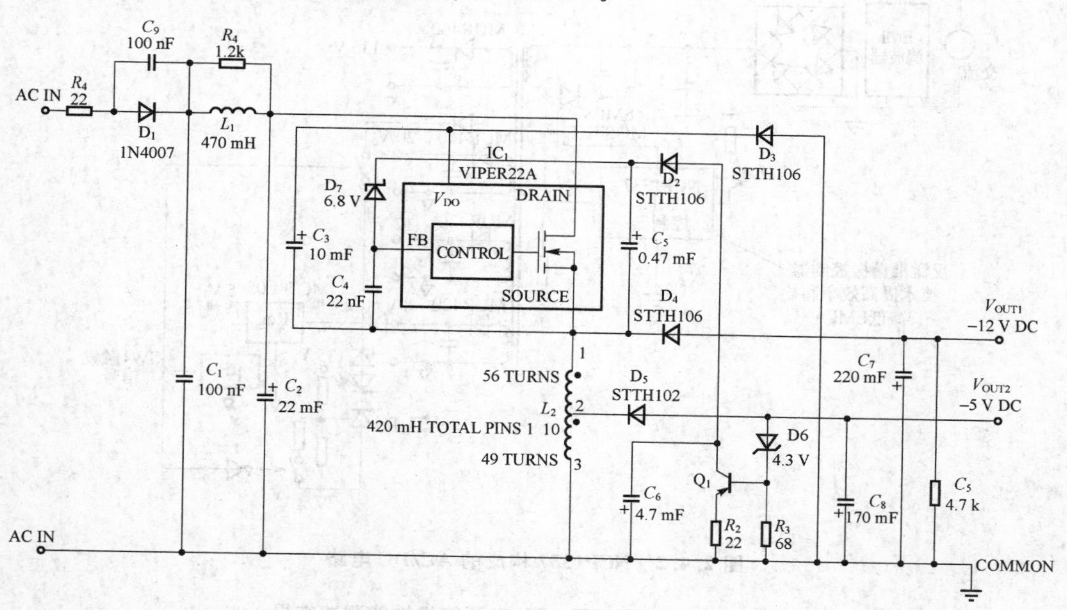

图 2.4.1　离线 SMPS(开关电源)控制器可提供双输出电压

虽然 Viper22A 采用 8 引脚封装，但实际工作时只需连续其中 4 引脚，即工作电源引脚 V_{DD}、反馈引脚 FB，以及 MOSFET 的源极引脚和漏极引脚。其余的引脚，即备份源极引脚和漏极引脚，有助于向电路板散热。

电阻器 R_4 限制输入浪涌电流，并兼作保护熔丝；二极管 D_1 对交流线路上的输入电压进行整流，产生约 160 V 的直流电压供给由 C_1、R_1、L_1 和 C_2 组成的滤波器。除了具有平滑的直流波纹功能外，该滤波器还可降低电磁干扰，有助于满足欧盟标准 55014CISPR14。跨接 D_1 两端的缓冲电容器 C_9 有助于进一步降低传导辐射。

储能电容器 C_3 在 MOSFET 截止期间通过二极管 D_3 获得正电荷，而在 MOSFET 导通期间为 IC_1 提供 V_{DD}。D_3 两端的反向电压有可能达到整流线路电压峰值与最大稳定的直流输出电压之和，所以 D_3 要采用额定峰值反向电压为 600 V 的快速复位二极管。

引线端 V_{OUT2} 上的电压提供反馈，使稳压环路闭合。通过 PNP 晶体管 Q_1 的基极-发射极电压与 D_6 的反向电压之和将 V_{OUT2} 设置为 −5 V。齐纳二极管 D_7 将 IC_1 反馈输入端的电压偏移到其线性范围(0～1 V)内。为了避免补偿回路的高频不稳定性，应使连接陶瓷电容器 C_4 的连线尽量短。电感器 L_2 由 TDK SRW0913 型鼓形铁氧体磁芯和两个线圈构成，两线圈的匝数比确定 V_{OUT1} 的输出电压。为了在 V_{OUT1} 空载而 V_{OUT2} 满载时保持稳压作用，要在 V_{OUT1} 和公共地之间增加了一个泄流电阻器 R_5。

2. NCP1337　准谐振电流型 PWM 控制器的 AC/DC 电路

NCP1337 芯片具有无线圈谷底开关技术、待机软纹波等功能。

NCP1337 构成的 AC/DC 电路如图 2.4.2 所示，其性能如表 2.4.1 所列。

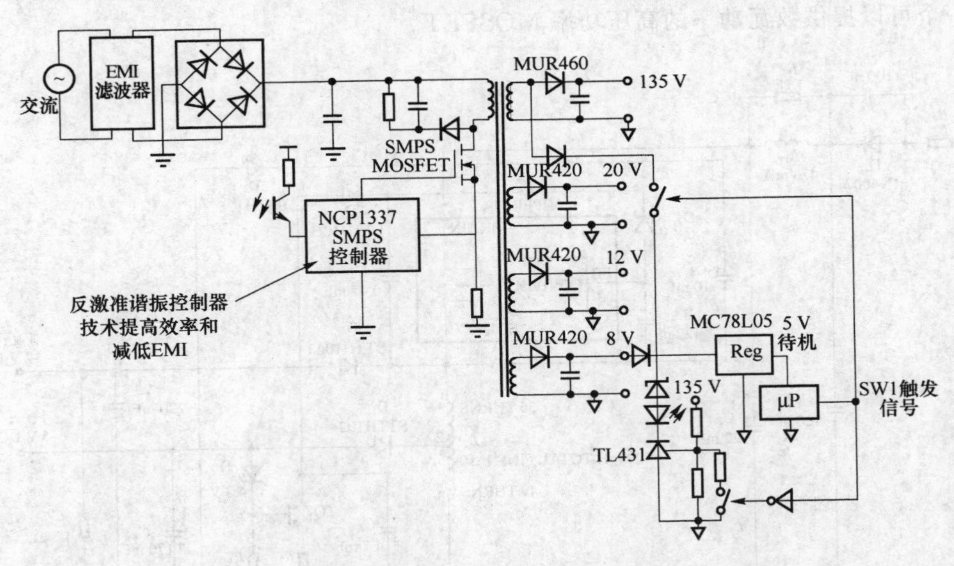

图 2.4.2　NCP1337 构成的 AC/DC 电路

表 2.4.1　160W CRT—TV 电源待机性能测试结果

V_{IN}	0 mA	10 mA	20 mA	30 mA	40 mA
$230V_{ac}$	0.26	0.38	0.62	0.74	0.88
$110V_{ac}$	0.18	0.28	0.40	0.54	0.69

产品特性如下：

- 无线圈谷底开关。
- 待机软纹波模式。
- 无需辅助电压自动恢复短路保护。
- 输入欠压保护(Brown～out)。
- 双重故障比较器。
- 最大频率限制(130 kHz)。
- 动态自供电(DSS)。

典型应用如下：

- 电视机(CRT—TV，LCD TV)。
- 高效笔记本电脑适配器等电源。

3. LNK363DN 离线式开关型 IC 芯片

下面将介绍如何使用 PI(Power Integrations)公司的 LinkSwitch－XT 产品系列来设计防篡改电表，并可在满载的情况下实现高效率。

图 2.4.3 所示的电路设计利用 LNK363DN 生成 5 V、150 mA 的隔离输出。这里所设计的变压器具有足够的电感量，能使电源提供所需的功率。变压器使用压粉铁芯，增强了抗外部磁场的干扰能力，即使有人利用较强的外部磁场使磁芯达到饱和以企图篡改电能表时，电源也不会受其影响。

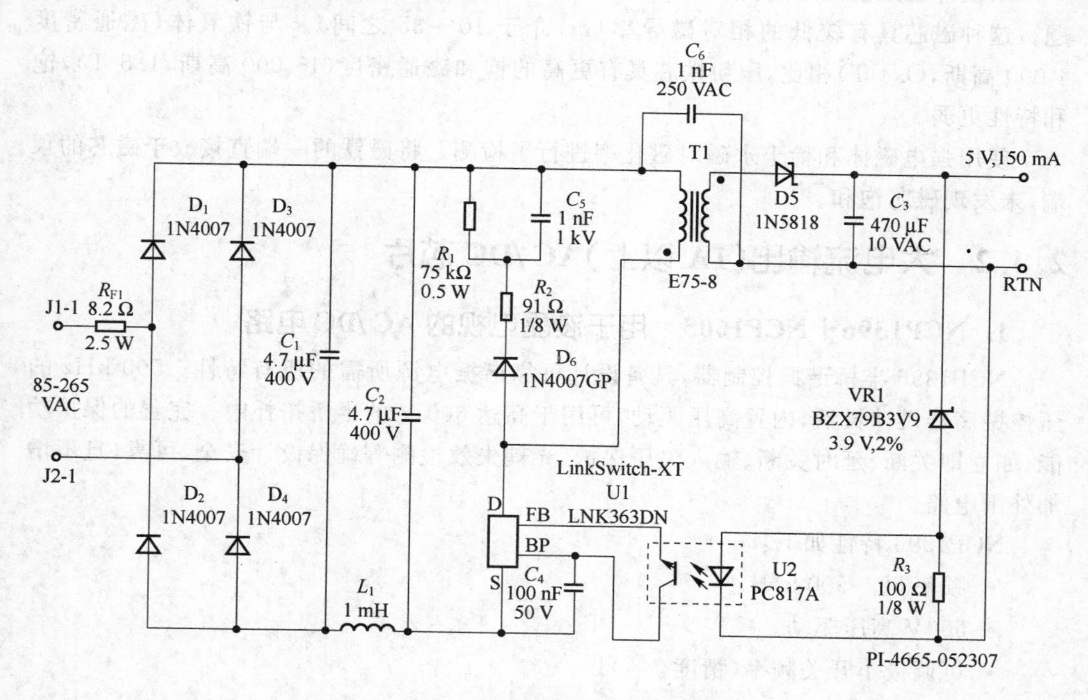

图 2.4.3 防篡改电表的电源电路

$D_1 \sim D_4$ 的二极管用于对 AC 输入进行整流。电容 C_1 和 C_2 对整流的 DC 进行滤波。电感 L_1、C_1 和 C_2 组成一个 π 型滤波器,对差模传导 EMI 进行衰减。通过开/关控制,UI 可跳过开关周期,并可根据馈入到其 FB 引脚的电流对输出进行调节。当流入此引脚的电流超过 49 mA 时,将产生一个低逻辑电平(禁止)。在每个周期开始时,都会对 FB 引脚状态进行采样,如果为高电平,功率 MOSFET 会在那个周期导通(启用),否则功率 MOSFET 将仍处于关闭状态(禁止)。

稳压二极管参考 V_{R1}(3.9 V)及 U_2(1.1 V)LED 上的电压总和决定了输出电压。电阻 R_3 为 V_{R1} 提供偏置恒流,以使 V_{R1} 在测试电流下工作。

篡改开关电源电能表的一个常用方法,就是用强外部磁场进行干扰。该磁场会耦合到变压器的磁芯并使磁芯达到饱和。如果换作其他解决方案,在出现上述情况时,MOSFET 将会因为过流而出现破坏性故障。而采用 Power Integrations 的器件后,快速限流元件将对内部 MOSFET 提供保护,但输出端电压将失去稳定,从而使电能表停止工作。围绕这一难题,一些解决方案应运而生。空心变压器便是其中的一个解决方案,它永远不会饱和,但却需要大量的绕线圈数。结果带来高铜芯损耗和漏感,这样会极大地降低效率(约为 20%)。如果变压器的外壳采用可防止磁芯产生的磁通和饱和的磁屏蔽材料,则可使用标准的铁氧体变压器。这无疑增加了成本和复杂程度。因为每种新设计都需要自定义各自的屏蔽性。

本设计通过使用带有分布气隙的高磁阻压粉铁芯材料代替铁粉芯来解决上述问题。这种磁芯具有较低的相对磁导率(m,介于 10～35 之间)。与铁氧体(磁通密度 4 000 高斯,O.4 T)相比,压粉铁芯具有更高的饱和磁通密度(15 000 高斯,1.5 T),饱和特性更弱。

使用强电磁体和稀土永磁对磁化率进行了检测。将磁铁的一端直接放于磁芯的顶端,未发现磁芯饱和。

2.4.2 大电流输出(1A 以上)AC/DC 芯片

1. NCP1396+NCP1605 用于液晶电视的 AC/DC 电路

NCP1396 半桥谐振控制器,具备设计可靠谐振电源所需的所有特性。500 kHz 的压控振荡器设计灵活,内置高压驱动,可用于高达 600 V 的半桥拓扑中。完善的保护功能,如立即关断、延时关断、输入欠压保护、光耦失效检测等确保设计安全、可靠,且不增加外围电路。

NCP1396 特性如下:

- 频率 50～500 kHz。
- 600V 高压驱动。
- 可调极小开关频率(精度 3%)。
- 可调死区时间(100 ns～2 μs)。
- 严重故障关断(OTP,OVP)。

- 基于定时器的自恢复保护。
- 低启动电流(300 μA)。
- 内置过温关断。

其应用范围如下：

- 液晶电视电源。
- 大功率适配器。
- 工业或医疗电源。
- 离线式电池充电器。

图 2.4.4 所示为采用安森美半导体 NCP1396 的液晶电视 AC/DC 电源典型应用图，TL431 为分流稳压器。

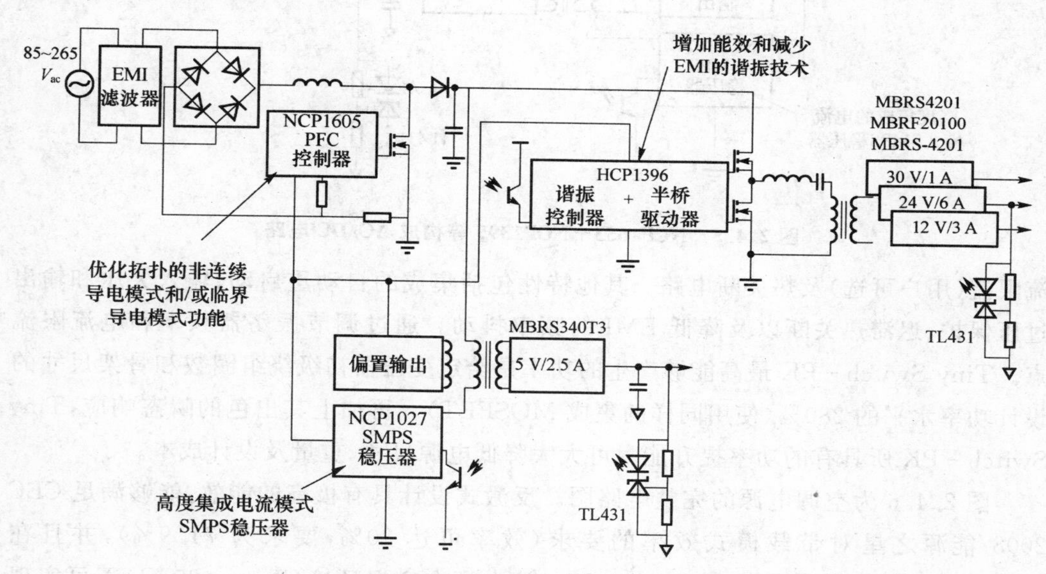

图 2.4.4　NCP1396 的 AC/DC 电路

2. NCP1653+NCP1395　适用于 LCD TV、笔记本电脑的 AC/Dc 电路

图 2.4.5 所示 AC/DC 电路，它能满足全球对更高电源能效的趋势需求。这些参考设计适用于 LCD—TV CRT－TV，笔记本电脑适配器等流行消费品。

GreenPoint™ 平板电视电源参考设计专为符合国际规范低于 1 W 的待机能耗要求而开发，采用该设计的电源能符合 IEC1000－3－2 对功率因数的要求。该设计采用了安森美半导体的创新性功率因数控制器、谐振控制器、驱动器、整流器，以及其他元件。

3. TNY380PN　离线式开关型 IC 芯片

Power Integrations 公司(PI)生产的 Tiny Switch－PK 系列 TNY380PN 芯片，非常适合空调风扇电机等要求提供峰值功率的应用。

Tiny Switch－PK 集成了一个 700 V 的功率 MOSFET、振荡器、开/关控制器、电

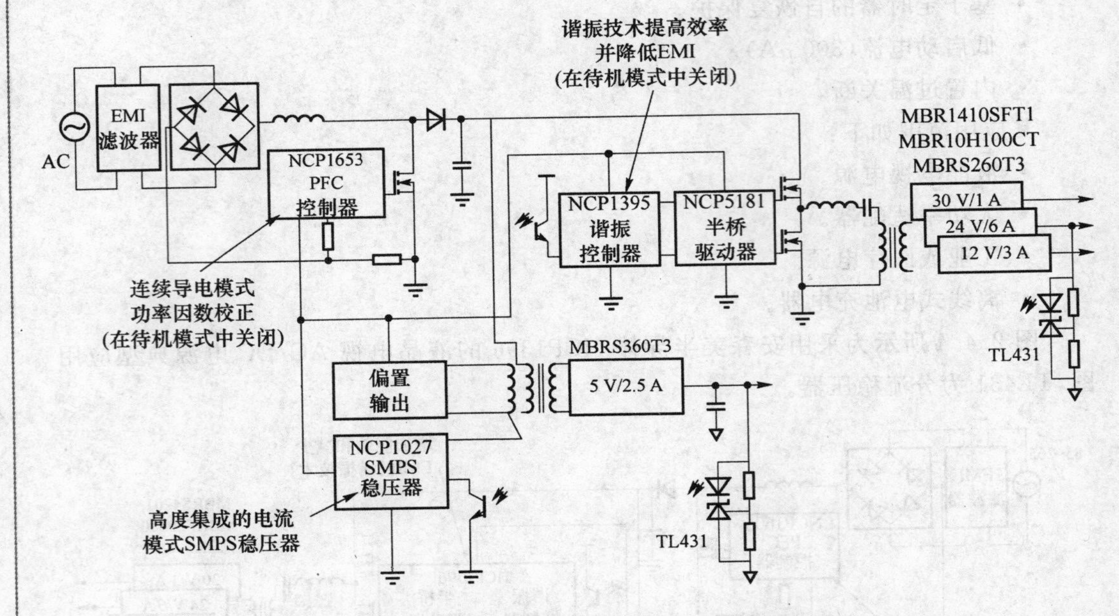

图 2.4.5　NCP1653＋NCP1395 等构成 AC/DC 电路

流限流(用户可选)及热关断电路。其他特性包括集成的自动重启动、输入欠压和输出过压保护、迟滞热关断以及降低 EMI 的频率抖动。通过调节振荡器频率和电流限流点。Tiny Switch－PK 最高能够产生的功率是给定变压器初级绕组圈数和骨架尺寸的设计功率水平的 280%(使用同样的集成 MOSFET)。再加上其出色的瞬态响应,Tiny Switch－PK 所具有的功率提升能力可大大降低电源尺寸、重量及设计成本。

图 2.4.6 为空调电源的完整电路图。反激式设计具有极高的能效,能够满足 CEC 2008/能源之星对带载模式效率的要求(效率可达 80%,要求为 74.9%),并且在 265V_{AC}条件下低负载功耗小于 160 mW。该电源在高温环境(T_{AMB}＝85 ℃)下可实现所有性能,并且集成有精确的迟滞热关断保护功能。本设计包含有效的 EMI 保护功能,符合 CISPR－22/EN55022B 传导 EMI 限值,且 EMI 裕量＞10 dBμV。该电源能够承受不定时的短路输出条件,并在故障消除后自动重启动。

虽然本设计属于非隔离式设计,但通过用一个光耦合器代替晶体管 Q_1 和 Q_2,可以隔离反馈路径。

二极管 D_1、D_2、D_3 和 D_4 以及电容 C_1 和 C_2 可以对 AC 输入进行整流和平滑。电容 C_1、C_2 和共模电感 L_1 提供差模及共模 EMI 滤波。

Tiny Switch－PK(U_1)中的控制器通过 Q_1 接收来自输出端的反馈,并根据该反馈使能或禁止其集成 MOSFET 的开关,以维持输出电压的稳定。5 V 输出端的电流流入并联稳压器(U_2),从而可以控制流经 Q_1 和 Q_2 中的电流。与其成比例的电流然后从 EN/UV 引脚被拉出。一旦电流超过 EN/UV 引脚的关断阈值电流(115 μA),将跳过开关周期。当 EN/UV 引脚流出的电流低于关断阈值电流时,开关周期将重新使能。

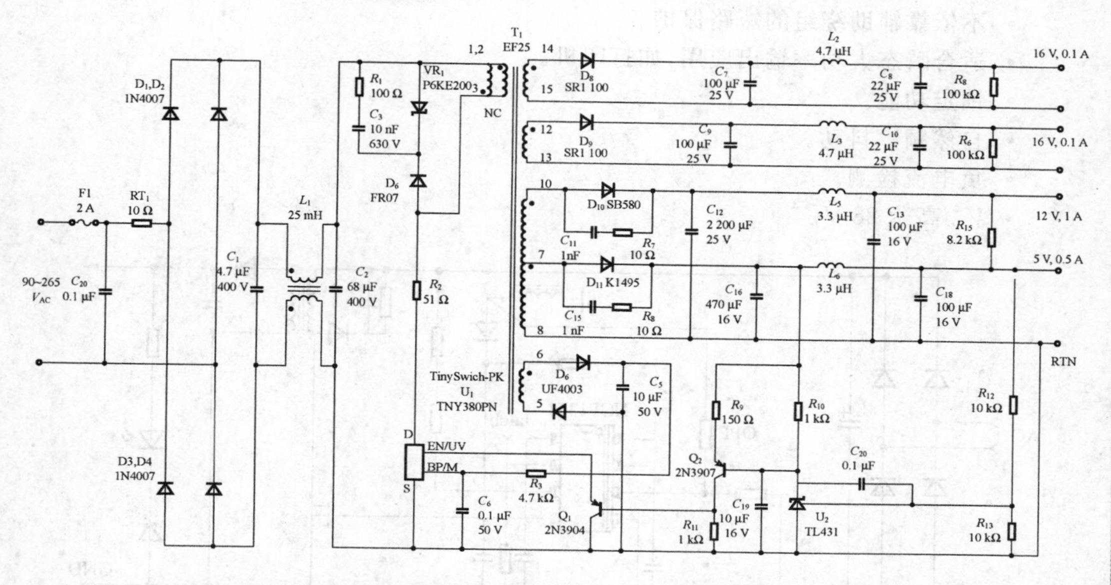

图 2.4.6 使用 TNY390PN 设计的 17.7 W 空调多路输出电源的电路图

在连续输出功率工作条件下，Tiny Switch－PK 的工作频率为 132 kHz。其独特的峰值模式特性可以在峰值负载下将电流限流点提升 30%，并使开关频率增大一倍，达到 264 kHz。

为了支持高环境温度工作(85 ℃)，U_1 采用了一个小型散热片。

设计中有两个元件可用来提升效率。元件 D_6 和 VR_1 与电容 C_3 一起组成箝位电路，这有助于恢复部分漏感能量。为了降低空载输入功率和提高轻载效率，R_3 从变压器的辅助偏置绕组为 U_1 反馈电流。这样可以获得非常宽的高效率范围。

Tiny Switch－PK 开关集成了用以降低 EMI 的频率抖动功能，该功能又可以通过次级侧缓冲器(R_7、C_{11}、R_8 和 C_{15})得到进一步增强。虽然在峰值负载条件下会发生倍频，但只需为 132 kHz 频率设计 EMI 抑制电路便可实现正常工作。

这款电源在通用 AC 输入电压范围内均具有 80%的效率，可以用来驱动空调中的电子控制元件和电动机。

4. NCP1351 反激开关电源(PWM)控制器的 AC/DC 电路

安森美半导体的 NCP1351 低功率电流型反激开关电源控制器，采用固定导通时间、调整关断时间的工作模式，具有自然频率回走、轻载损耗低以及短路保护优良等优点，特别适用于低功率及低成本电子产品应用。

NCP1351 构成的 AC/DC 电路如图 2.4.7 和图 2.4.8 所示。

产品特性如下：

- 固定导通时间、调整关断时间。
- 频率回走。
- UVLO。
- 驱动能力＋360 mA/－350 mA。

- 不依靠辅助绕组的短路保护。
- 适合瞬态大功率输出应用，如打印机。
- 锁定功能。
- 自然频率抖动。
- 负电流检测。
- V_{CC} 高达 28 V。

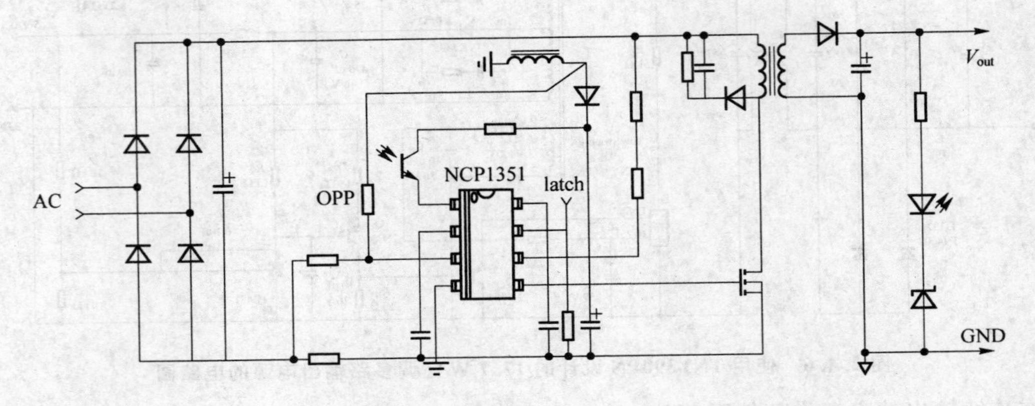

图 2.4.7 NCP1351 构成的 AC/DC 电路

应用范围如下：

- 适配器。
- 离线式电池充电器。
- 辅助电源。

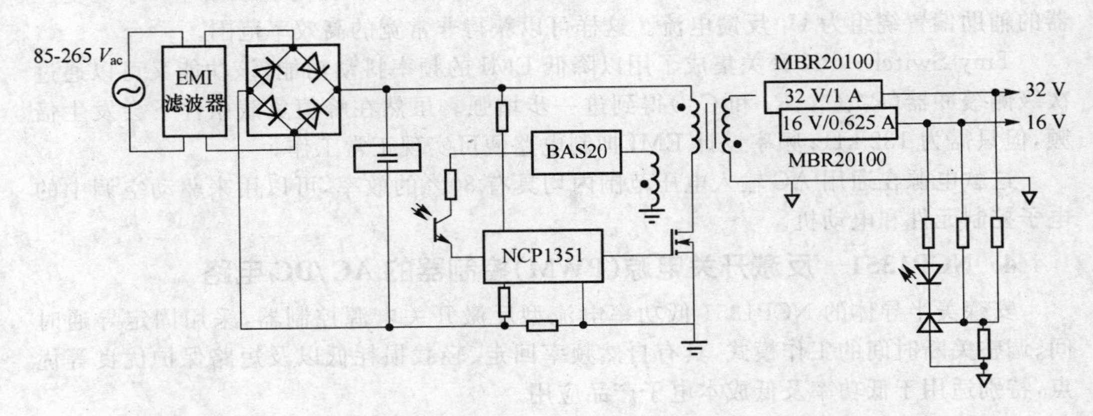

图 2.4.8 用于打印机的 40 W 适配器

5. NCP1027 低待机能耗内含 MOSFET 的 AC/DC 电路芯片

安森美兰导体最新推出电流型单片集成稳压器 NCP1027，内置 700 V 高压 MOSFET 开关管，内阻低至 5 Ω，在宽电源输入的条件下提供高达 15 W 的功率。NCP1027 提供了一个可靠、低成本电源所需具备的多种性能，如输入欠压保护和过流保护等功能确保电源可靠性。动态自供电简化电路设计，频率抖动提供优异的 EMI 性能，极低的待机能耗满足最新节能要求。除此之外，斜坡补偿以及峰值电流调整充分展示了电路设计的灵活性。

NCP1027 引脚排列如图 2.4.9 所示。

应用范围如下：

- 台式 ATX 辅助电源。
- 机顶盒。
- DVD 电源。
- 小型适配器。
- 白色家电。

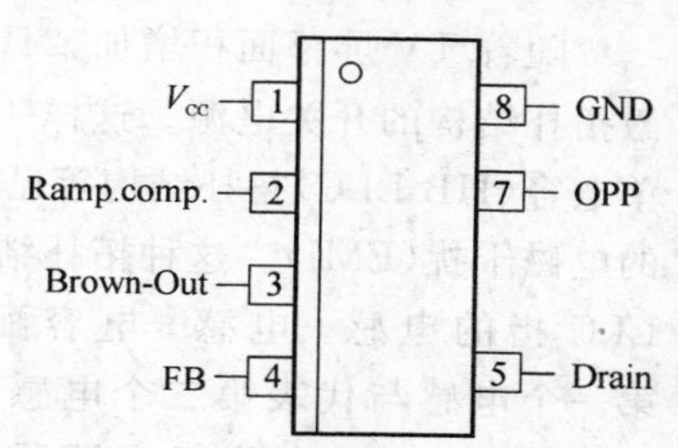

图 2.4.9　NCP1027 引脚排列

NCP1027 典型应用电路如图 2.4.10 所示。

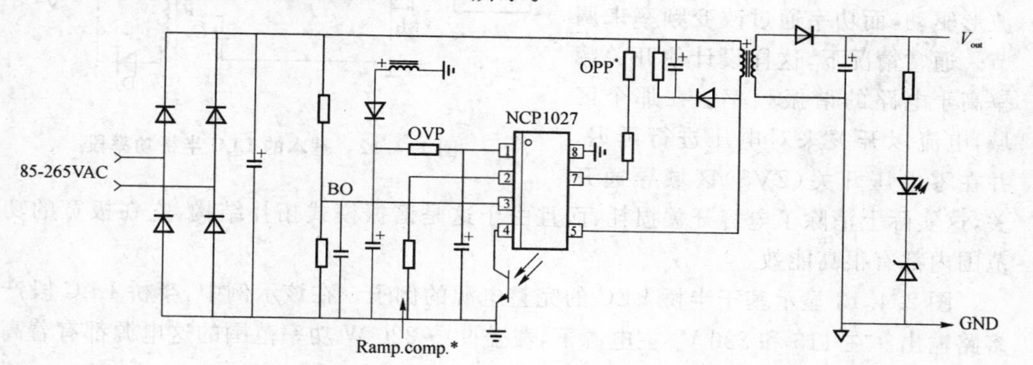

图 2.4.10　NCP1027 典型应用电路

实现低成本过载保护(OPP)功能方案如图 2.4.11 所示。

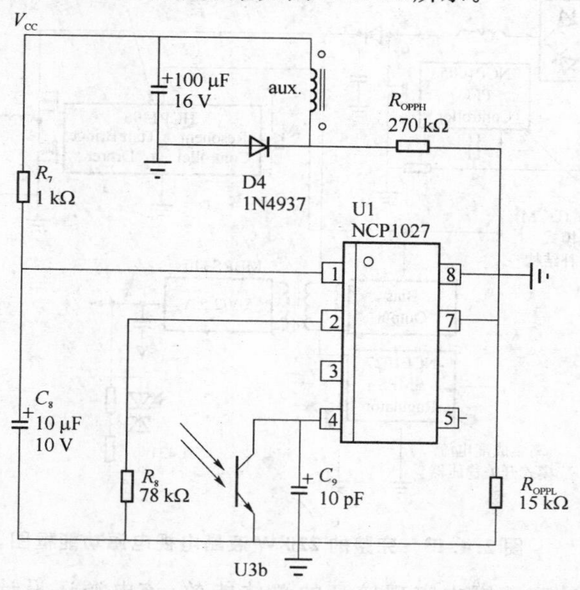

图 2.4.11　采用辅助绕组二极管实现低成本高效的 OPP

6. NCP1027+NCP1653+NCP1395 200 W LCD TV电源电路

随着TV屏幕面积增加，$24V_{dc}$输入端所要求的功率持续增加，直至不能再应用反激拓扑结构的开关电源。这样一来，多种支持更高功率的拓扑结构，包括半桥双单感加单电容(HB LLC)拓扑结构等已被考虑用于紧凑的空间上，实现高能效而且产生极低的电磁干扰(EMI)。这种拓扑结构被视作串行谐振转换器。如图2.4.12所示，其中的LLC指的电感—电感—电容配置。第一个电感与代表第二个电感的变压器串联，而电容位于变压器的输出。这种方法背后的基本概念是半桥场效应管(FET)由50%占空比的波形驱动，而功率通过改变频率来调节。通常情况下，这样设计使开关频率高于电路的谐振频率。在那个区域，电流以开关来对电压进行延迟，并在零电压开关(ZVS)区域导通开关，这实际上消除了电容开关损耗，而且由于这是谐振模式拓扑结构，它在极宽的功率范围内都有很高能效。

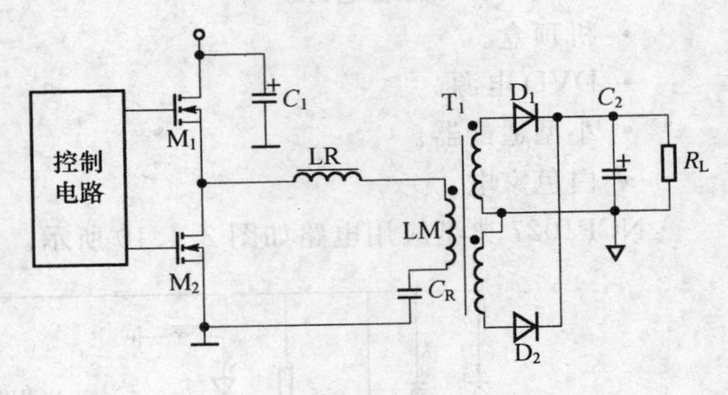

图 2.4.12 基本的LLC半桥功率段

图2.4.13显示基于半桥LLC的完整电源的例子。在该示例中，半桥LLC段产生多路输出。在115和230 V_{ac}主电源下，覆盖90～220 W功率范围的这电源都有着高于88%的总体能效。

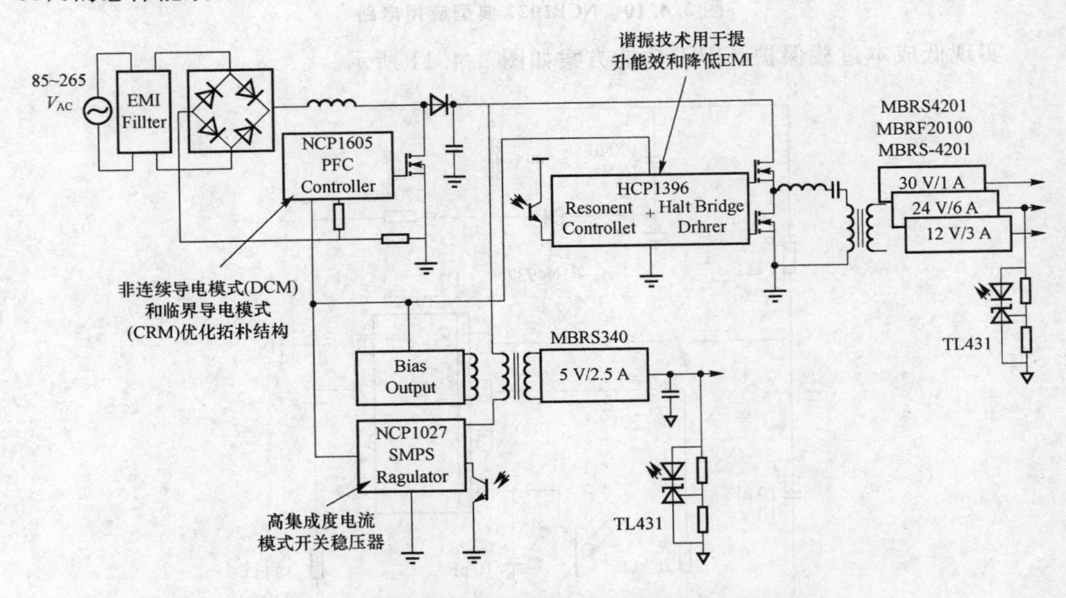

图 2.4.13 完整的220 W液晶电视电源功能框图

除了在宽广功率范围内实现较高的总体能效，该电源还设计为低高度，最高高度仅为25 mm。对于平板电视而言，电源高度非常重要，因为它是电视机总厚度的一个主要影响因素。业界对于设计可以方便挂装在墙上的极薄平板电视的兴趣与日俱增。随着电视机壳体减小，且经过电源的气流可能会有更多限制，纤薄轻颖的平板电视趋势为电源设计提出了进一步的挑战。

7. M51995 离线式开关型PWM控制芯片

M51995是MITSUBISHI公司推出的专门为AC/DC变换而设计的离线式开关电源初级PWM控制芯片。该芯片内置大容量图腾柱电路，可以直接驱动功率MOSFET。M51995不仅具有高频振荡和快速输出能力，而且具有快速响应的电流限制功能。它的另一大特点是过流时采用断续方式工作。该芯片的主要特征如下：

① 工作频率为500 kHz。

② 输出电流达±2 A，输出上升时间为60 μs，下降时间为40 μs，启动电流小，典型值为90 μA。

③ 启动电压和关闭电压间的压差大，启动电压为16 V，关闭电压为10 V。

④ 改进图腾柱输出方法，穿透电流小；过流保护采用继续方式工作；用逐脉冲方法快速限制电流；具有欠压、过压锁存电路。

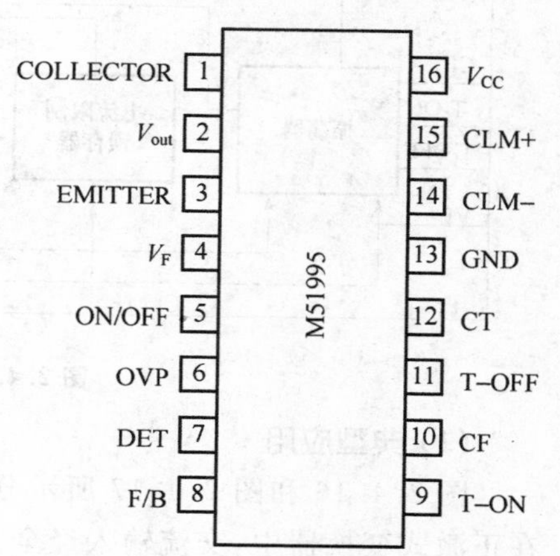

图2.4.14 M51995引脚排列图

(1) 引脚功能

引脚排列如图2.4.14所示，各引脚定义如表2.4.2所列。

表2.4.2 M51995各引脚定义

引脚	符号	功能	引脚	符号	功能
1	COLLECTOR	图腾柱输出集电极	9	T-ON	计时电阻ON端
2	V_{OUT}	图腾柱输出	10	CF	计时电容端
3	EMITTER	图腾柱输出发射极	11	T-OFF	计时电阻OFF端
4	VF	VF控制端	12	CT	继续方式工作检测电容端
5	ON/OFF	工作使能端	13	GND	芯片地
6	OVP	过压保护端	14	CLM−	负压过流检测端
7	DET	检测端	15	CLM+	正压过流检测端
8	F/B	电压反馈端	16	V_{CC}	芯片供电端

(2) 内部结构

M51995的原理图如图2.4.15所示。它主要由振荡器、PWM比较器、PWM锁存器、过压锁存器、欠压锁存器、继续方式工作电路、继续方式和振荡控制电路、驱动输出电路及内部基准电压等电路组成。

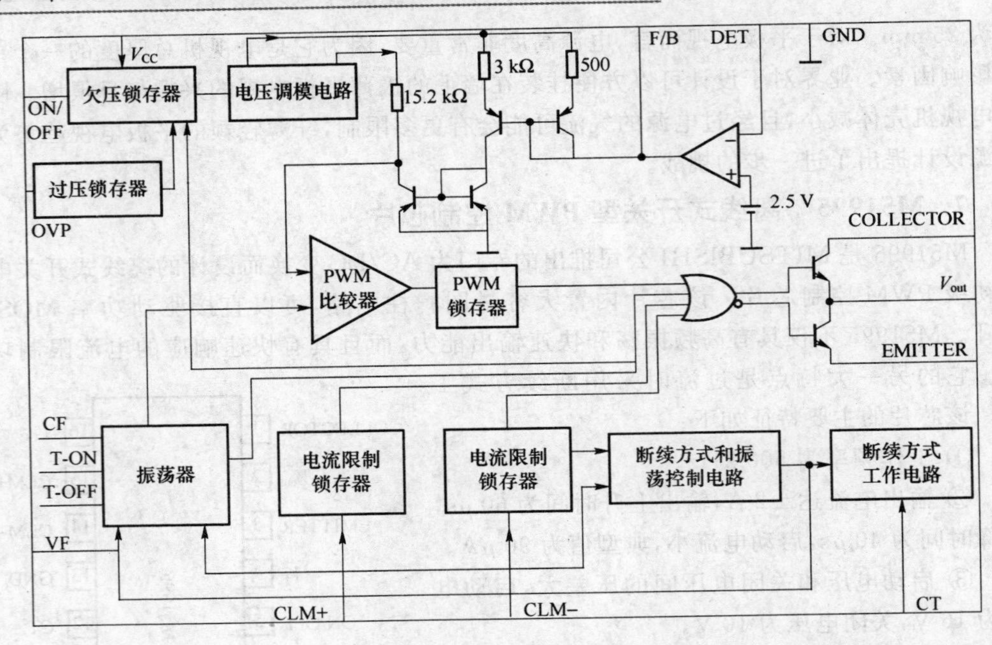

图 2.4.15 M51995A 的原理图

(3) 典型应用

图 2.4.16 和图 2.4.17 所示分别为 M51995 在正激式和反激式变换中的应用。在正激式变换器中，交流输入经全波整流和平滑滤波后进行开关变换。次级为多组输出，而稳压控制则是对主输出进行的。采样和误差放大采用 TI 公司 TL431 基准芯片和光电耦合器以提高输出精度以及隔离初级和次级电压。过流检测使用电流检测变压器。

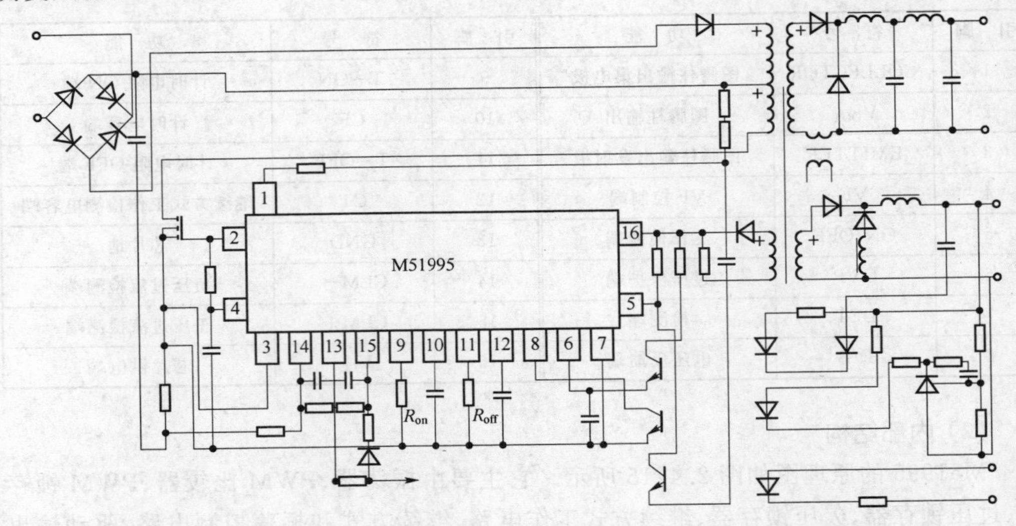

图 2.4.16 M51995 在正激式变换器中的应用

电源可由外部信号进行开关。R_{on}推荐值为10～75 kΩ,R_{off}推荐值为2～30 kΩ;电源电压推荐为12～17 V;流过R_1启动电阻的启动电流推荐为300 μA以上,这样才能稳定启动。

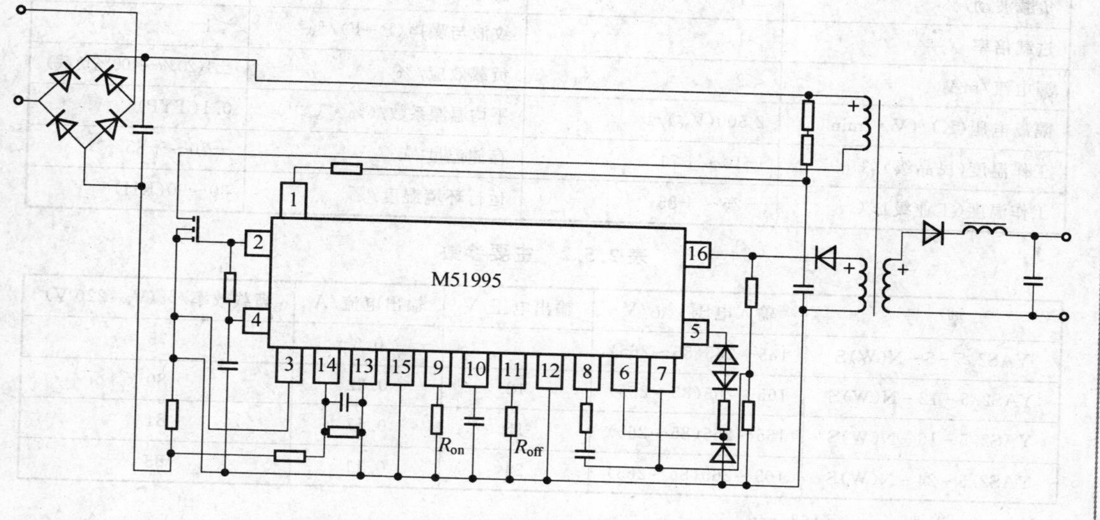

图2.4.17 M51995在反激式变换器中的应用

2.5 无需电源变压器小型化线性AC/DC芯片

2.5.1 YA-S AC/DC电源变换器模块

YA-S系列AC/DC变换器模块,是超小型化、多用途模块电源。最大输出功率为2.5 W,具有广范围的应用场合。

1. 主要性能

- 超宽电压输入。
- 小型化超薄设计。
- 高功率密度、高效率。
- 符合UL1950、IEC950、CCEE等安全规程。
- 符合IEC1000,EN61000电磁兼容(EMC)标准。
- 输入电压V_{AC}:N为165～265 V,W为85～265 V。
- 输出电压:5 V,12 V,15 V,24 V。

YA-S系列产品特性及主要参数如表2.5.1和表2.5.2所列。

表 2.5.1 产品特性

输入电压 V_{AC}/V	N:165～265,W:85～265	输出电压精度/%	±1
负载波动/%	±1	输入电压频率/Hz	47～440
过载倍率	>1.5	纹波与噪声(P-F)/%	<1
漏电流/mA	<2	负载效应/%	±1(20%～100%负载)
隔离电压(K)/(V·min^{-1})	2 500(V_{ac})/1	平均温漂系数/(%·℃$^{-1}$)	0.1(TYP)
工作温度(民品级)/℃	−10～+71	存储温度/℃	−30～+85
工作温度(工业级)/℃	−25～+85	运行环境湿度/%	30～90(RH)

表 2.5.2 主要参数

型 号	输入电压 V_{AC}/V	输出电压/V	输出电流/A	满载效率/%(V_{ac}:220 V)
YAS2.5-5-N(W)S	165～265(85～265)	5	0.5	75
YAS2.5-12-N(W)S	165～265(85～265)	12	0.22	80
YAS2.5-15-N(W)S	165～265(85～265)	15	0.17	81
YAS2.5-24-N(W)S	165～265(85～265)	24	0.11	83

注:e-mail:yihongtai@163.net。

2. 引脚图及接线图

接线图如图 2.5.1 和图 2.5.2 所示。

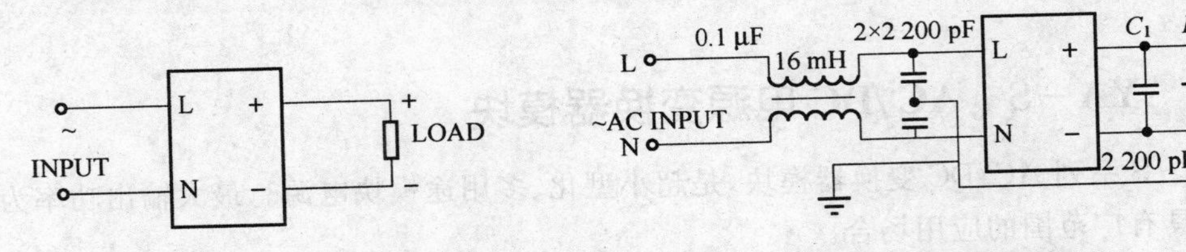

图 2.5.1 一般用途接连图

图 2.5.2 低 EMI 接线图

2.5.2 HV-2405E 50 mA、5～24 V、无变压器 AC/DC 电源 IC 芯片

HV-2405E 是美国 HARRIS 公司生产的、能产生 5～24 V 电压、50 mA 电流的单片电源芯片。它只需极少的外围元件就可以实现上述功能。HV-2405E 代替了 1 个变压器、1 个整流器及 1 个稳压器。

1. 引脚及功能

HV-2405E 采用 8 引脚 DIP 封装形式,如图 2.5.3 所示。1 引脚、8 引脚为交流端,2、6 引脚为预整流电容端,3 引脚为地端,4 引脚为抑制电容端,5 引脚为反馈端,6 引脚为输出端,7 引脚为无用端。

HV-2405E 功能示意如图 2.5.4 所示。

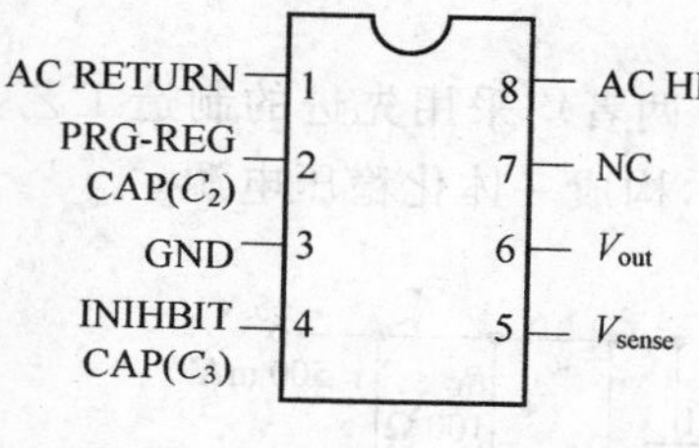

AC RETURN 1　8 AC HIGH
PRG-REG CAP(C_2) 2　7 NC
GND 3　6 V_{out}
INIHBIT CAP(C_3) 4　5 V_{sense}

图 2.5.3　HV－2405E 引脚图

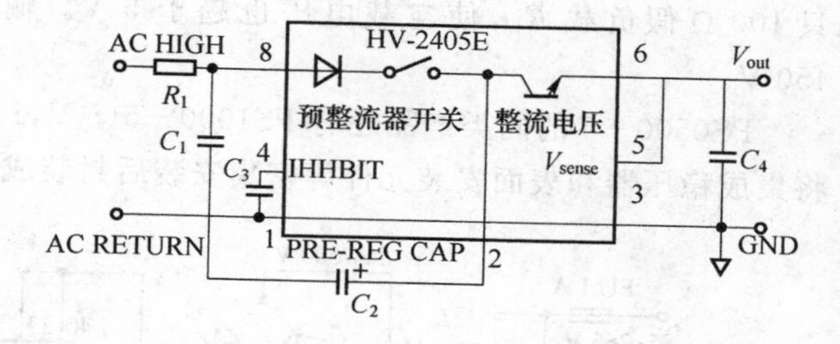

图 2.5.4　HV－2405E 功能示意图

2. 应用电路

应用电路如图 2.5.5 所示，外围元件的值为输出电压、输出电流及输入电压确定。

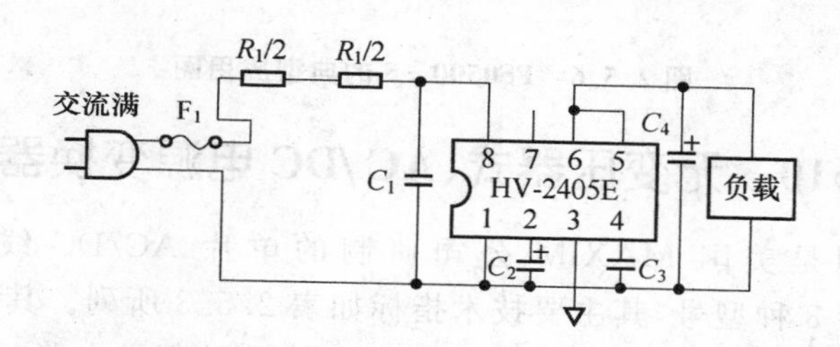

图 2.5.5　HV－2405E 标准＋5 V 输出图

HV－2405E 能在 5～24 V 间任意选择输出电压。当要求 5 V 输出时，可将引脚 5，6 短路；使输出电压高于 5 V 最简单的方法是，通过增加 5 引脚和 6 引脚之间的电阻，增大反馈。

2.5.3　PS0500－5　500 mA、超小型、AC/DC 电源变换芯片

MAXIM 公司推出的 PS0500－5(2.5 W)是超小型高效率 AC/DC 电源变换芯片。它采用超小型 DIP－40 封装，实现了微型模块化，外形尺寸仅为 53 mm×18 mm×16 mm，质量 26 g。其体积与质量只相当于同等功率线性稳压电源的 30%。该模块对电网的适应能力极强，在交流输入电压为 85～265 V(有效值)时，能输出 5 V 电压，500 mA 电流，电源效率达 80%，最大纹波电压不超过±25 mV；它具有输出短路保护和过热保护功能，输入/输出端实现电气隔离，绝缘电压不低于 2 500 V；其工作温度范围宽(－20～＋55 ℃)，温升低，能快速启动(约为 0.17 s)；全部产品经过高温老化和可靠性试验，并且价格低，易于推广。

PS0500－5 仅设置 8 个引出端，其典型应用如图 2.5.6 所示。V_{in+} 和 V_{in-} 分别为模块的正、负输入端，V_o 为输出端，GND 为公共地。FU 为 1 A，250 V 熔丝管。利用 L 和 C_1 组成的高频滤波器，能抑制由电网引入的干扰，同时也降低了模块所产生的噪声。交流输入电压经 1 A/600 V 整流桥和滤婆电容 C_2，获得直流电压送至模块。鉴于模块的空载输出电压为 6.5～9.5 V，可在输出端并联一只 5.6 V，1 W 的稳压管，或者接一

只100 Ω假负载 R_L，使空载电压也趋于5 V。输入端滤波电容 C_2 的耐压值应取450 V。

PS0500－5的同类产品还有PS1000—5(5 V,1 A)。两者均采用先进的制造工艺，将集成稳压器和表面安装元件等密集安装后封装成一体，构成一体化稳压电源。

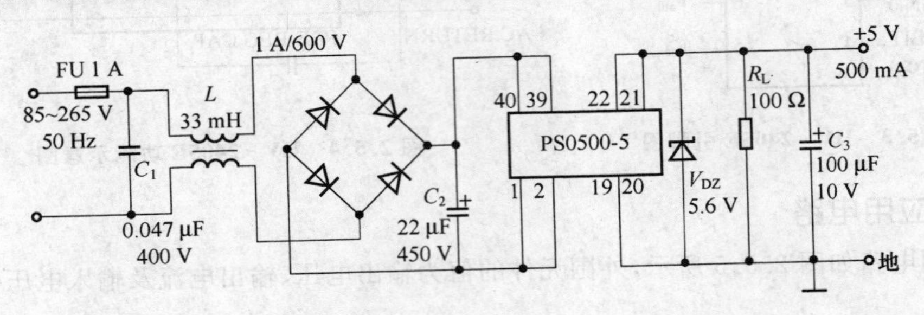

图2.5.6　PS0500－5的典型应用图

2.5.4　MAX610　无变压器式、AC/DC电源变换器IC芯片

MAX610系列是美国MAXIM公司研制的单片AC/DC线性电源变换器。MAX610系列包括3种型号，其主要技术指标如表2.5.3所列。其特点主要有：①它们均属于无工频变压器的小功率单片稳压电源，并有限流保护电路；②适于制作小型化数字仪表的电源，或构成5 V不间断电源、微处理器的电源电压监护器、电池充电器；③制成的电源稳压性能好。

表2.5.3　主要技术指标

型　号	交流输入电压 V_{AC}/V	内部整流器	内部稳压管的稳定电压/V	输出电压 V_o/V	最大输出电流 I_o/mA
MAX610	220(110)	全桥整流	12.4	5(1.3～9可调)	100
MAX611	220(110)	半波整流	12.4	5	100
MAX612	220(110)	全波整流	18.6	5(1.3～15可调)	100

1. 引脚说明

MAX610采用DIP－8引脚封装(其中MAX612的引脚排列和MAX610相同)，其引脚排列和内部结构如图2.5.7所示。AC_1,AC_2 为220 V交流电源输入端，可承受5 A瞬间电流，持续时间为250 ms。V_+,V_- 分别为整流桥的正负引出端，V_- 兼作公共地。V_o 是输出电压端，当第4脚接地时，V_o＝5 V。$\overline{OUV}$是过压/欠压信号输出端，欠压阈值 V_b 为4.65 V，过压阈值 V_b 为5.4 V。常态下$\overline{OUV}$＝1；当 $V_o < V_h$ 或 $V_o > V_b$ 时，OUV＝0，可作微机的复位信号。V_{set} 为输出电压调整端，接 V_- 时，输出电压 V_o＝5 V；接电阻分压器时，输出电压 V_o 可在1.3～9 V范围内连续可调。V_{sense} 是限流输入端，若在此端为 V_o 之间接入限流监测电阻 R_s，则输出短路电流可限制在0.6V/R。

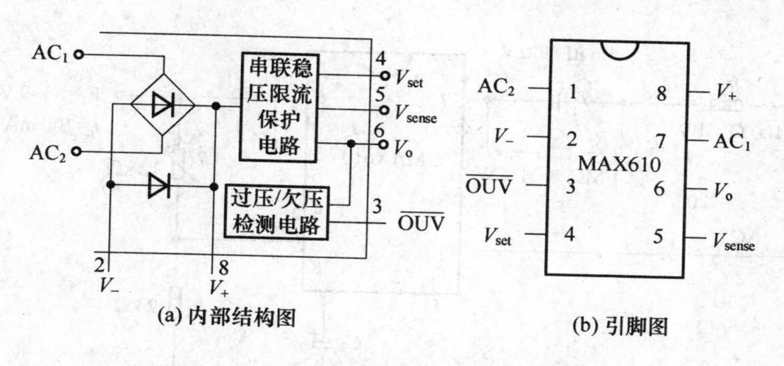

图 2.5.7 MAX610 内部结构及引脚图

2. 几例典型应用

(1) 输出为固定电压的应用电路

输出为固定电压的应用电路如图 2.5.8 所示。

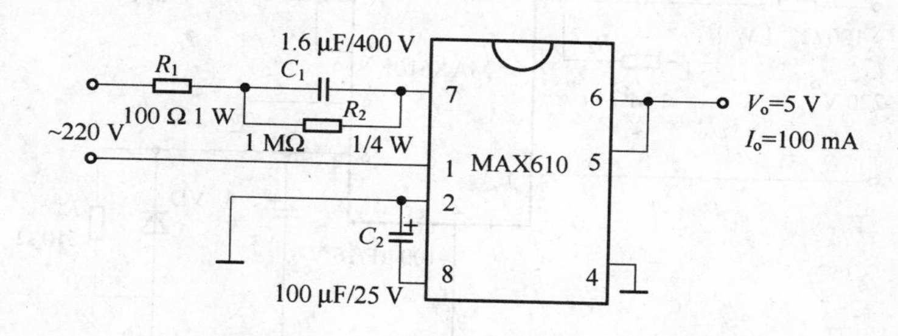

图 2.5.8 固定电压(+5 V)输出电路

R_1 为限流电阻,当电源电压为 220 V 时,要求 $R_1>68\ \Omega$,通常选 100 Ω,1 W 金属膜电阻。C_1 是交流降压电容,当电源输入电压和输出电压 V_o 确定之后,C_1 与 I_o 成正比,$C_1=I_o/(4\times1.414\times(V_{AC}-V_o)\times f)$。若将 $V_{AC}=220$ V,$f=50$ Hz,$V_o=5$ V,$I_o=100$ mA代入上式,则荷泄放掉,避免使用者受到电击。C_2 为滤波电容。使用时应注意,C_1 须靠近火线端,必要时加金属外壳,壳体接通大地。若 C_1 必须与电网隔离,可加 1∶1的隔离变压器。

(2) 组成输出电压可调的电源电路

输出电压可调的电源电路如图 2.5.9 所示。

输出电压的计算公式是 $V_o=1.3\times(I+R_3/R_1)$。分压电阻 R_4 选用 2 kΩ 的固定电阻,R_3 采用 12 kΩ 可调电阻。通过调整 R_3,该电路能获得 1.3~9 V 连续可调的输出电压。

(3) 和蓄电池等元件构成+5 V 不间断电源(UPS)

由 MAX610 构成的+5 V 不间断电源如图 2.5.10 所示。图中 E 备用电源,电池电压为 7.2 V,平时 VD 截止,V_+ 和 V_- 之间的 12.4 V 电压经限流电阻 R_3 对 E 进行涓流充电,使之处于备用状态。涓流充电电流设计成 10 mA。当电网停电时,VD 迅速导通,改由 E 供电,维持+5 V 输出,不发生掉电现象。最大可输出 150 mA 电流。

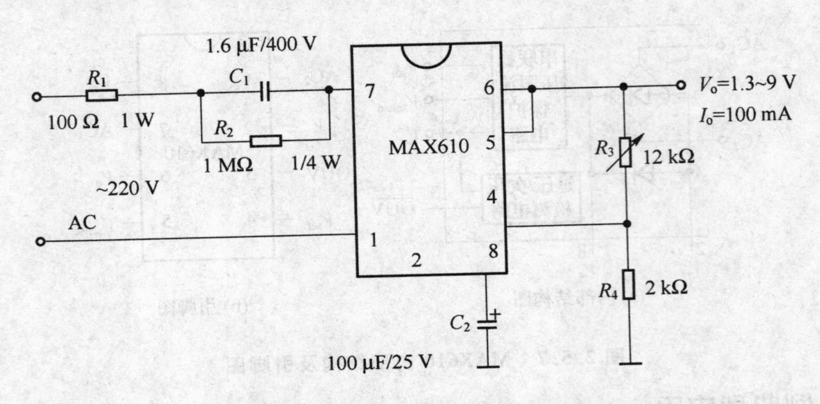

图 2.5.9 输出电压可调的电源电路

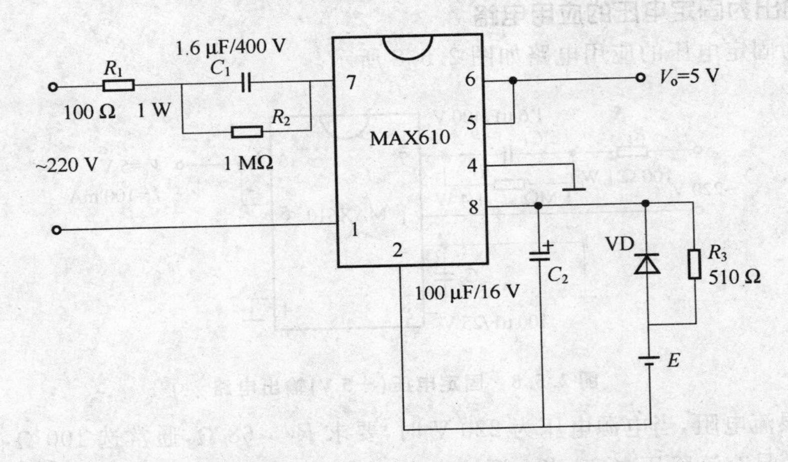

图 2.5.10 +5 V 不间断电源电路图

2.6 需要电源变压器的 AC/DC 电路

2.6.1 L4060/62 构成输出电压可调的 AC/DC 电路方案

L4960/4962 是 ST 公司生产的单片集成开关电源芯片。L4960 与 L4962 的工作原理、引脚功能完全相同，区别只在于封装形式和最大输出电流值。L4960 采用 SIP－7 封装，可输出 2.5 A 电流；L4962 采用 DEP－16 封装，最大输出电流为 1.5 A。

1. 内部结构

L4960 和 L4962 的原理框图如图 2.6.1 所示(括号内为 L4962 的引脚序号)。其内部功能电路主要包括：5.1 V 基准电压源、误差放大器、锯齿波发生器、PWM 比较器、功率输出级、软启动电路、输出限流保护电路以及芯片过热保护电路。

图 2.6.1 中检测电阻 R_3、R_4 组成分压器，可用于调节输出电压 V_o。如果不用分压

器，而直接把V_o反馈到2引脚，V_o则输出固定的+5 V电压。另外，根据需要，在R_1、C_3两端还可并联一只高频滤波电容。L是储能电感，C_5是输出滤波电容，VD_3为续流二极管。L、C_5和VC_3构成了降压输出电路。

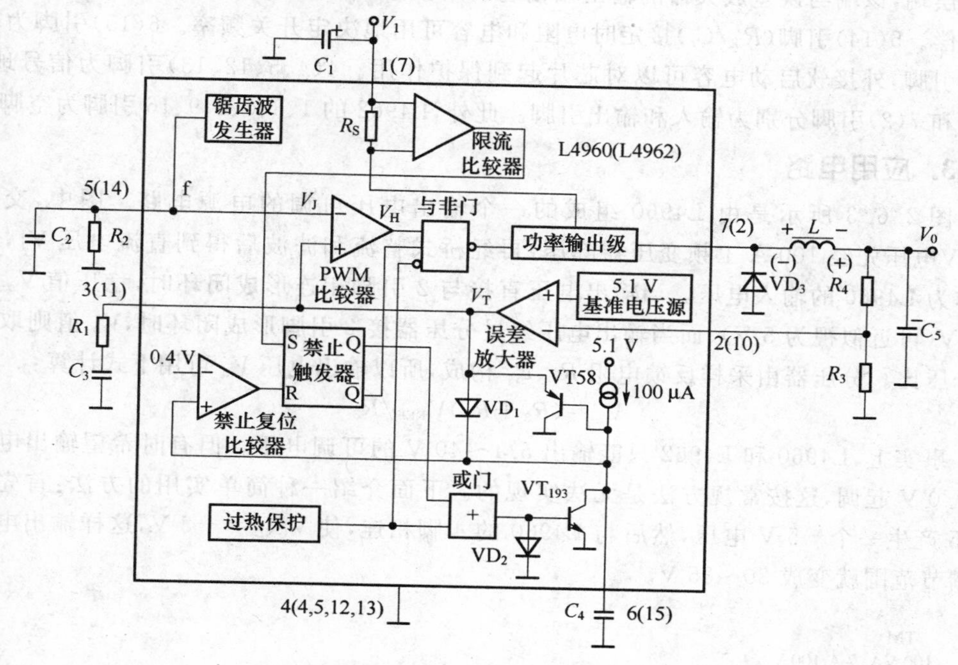

图 2.6.1 L4960/L4962的原理框图

2. 引脚功能

L4960和L4962的引脚排列如图2.6.2所示。其中L4960上的长引线表示后排引脚，短引线表示前排引脚，前后两排引脚是互相错开排列的。塑料外壳上的金属散热板与地连通，板上开有螺钉孔，以便固定在大散热器上。

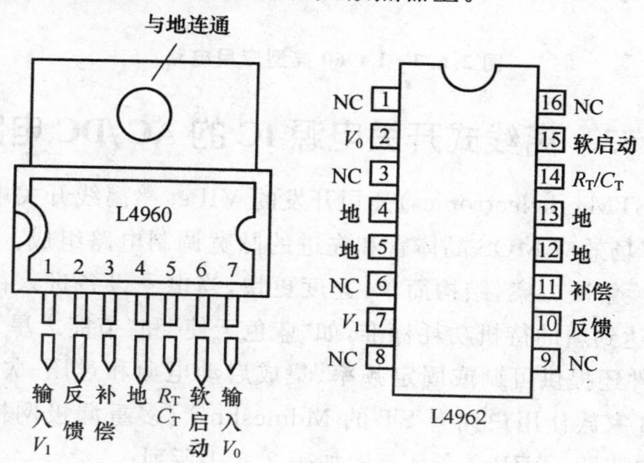

图 2.6.2 L4960和L4962的引脚排列

在L4960(L4962)的这些引脚中(括号内为L4962的引脚号),2(10)引脚为反馈端,通过电阻分压器(检测电阻)可将输出电压的一部分反馈到误差放大器。3(11)引脚是补偿端,该端与误差放大器的输出端相连,可利用外部阻容元件对误差放大器进行频率补偿。5(14)引脚(R_T/C_T)接定时电阻和电容可用地决定开关频率。6(15)引脚为软启动引脚,外接软启动电容可以对芯片起到保护作用。4(4、5、12、13)引脚为信号地。1(7)和7(2)引脚分别为输入和输出引脚。此外,L4962的1、3、6、8、9、16引脚为空脚。

3. 应用电路

图2.6.3所示是由L4960组成的一个输出电压可调的电源电路。图中,交流220 V电压先经100 A工频变压器降压,再经桥式整流和滤波后得到直流电压V_1,V_1即作为L4960的输入电压。当输出电压直接与2引脚相连形成闭环时,稳压值V_o为5.1 V(可近似视为5 V);而当输出电压经过分压器接2引脚形成闭环时,V_o值则取决于分压比。分压器由采样反馈电阻R_3、R_4构成,所以输出电压V_o可用下式计算:

$$V_o=(R_3+R_4)V_{REF}/R_3$$

事实上,L4960和L4962只能输出5.1~40 V的可调电压。但有时希望输出电压能从0 V起调,这按常规方法是无法实现的。下面介绍一种简单实用的方法:首先由7905产生一个−5 V电压,然后与L4960的4脚相连,使$V_{GND}=-5$ V,这样输出电压的调节范围就变成30~35 V。

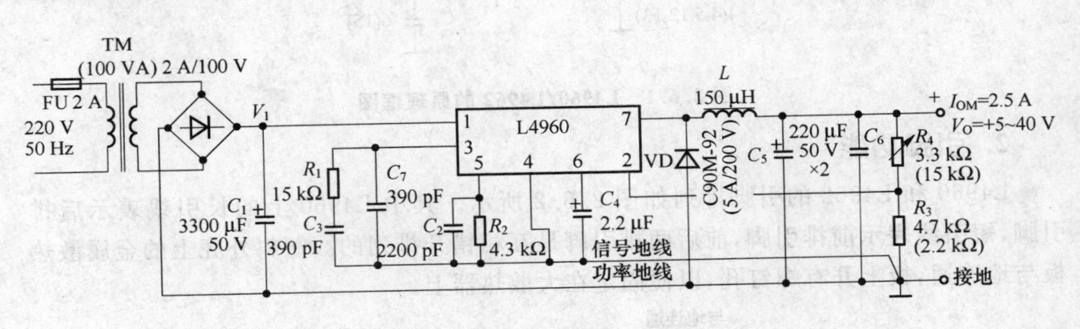

图2.6.3 L4960典型应用电路

2.6.2 VIPer53 离线式开关电源IC的AC/DC电路方案

意法半导体(STMicroclcctronics)公司开发的VIPet ®离线开关电源IC由一个优化的高压纵向功率场效应MOS晶体管和先进的脉宽调制电路组成。这是一个真正创新的交流-直流变换解决方案,结构简单,速度更快,当电子设备进入待机模式时,电源功耗极低,更容易达到新的待机功耗标准,如“蓝色天使”和“节能之星”等环境标准。此外,VIPer家族器件还提供可调或固定频率、集成启动电源和过压、欠压及过温保护功能。新的VIPer53家族让用户拥有ST的Mdmeshn™(多重漏极网格)技术优势以及过负载和短路保护特性。VIPer产品范围如表2.6.1所列。

VIPer系列IC特性如下:

- 待机电流小。
- 待机模式自动突发式操作有利于实现待机效率标准。
- 集成启动电源。
- 电流式控制。
- 欠压磁滞锁定。
- 过温保护。
- 可调节电流限制。
- 开关频率固定或可调，最高 300 kHz。

表 2.6.1 VIPer 产品范围

产品范围	封装	欧洲电压范围	美国/宽压范畴
VIPer53DIP VIPer53SP	DIP－8 PowerSO－10	50 W 65 W	30 W 40 W
VIPer22ADIP VIPer22AS	DIP－8 SO－8	20 W 12 W	12 W 7 W
VIPer12ADIP VIPer12AS	DIP－8 SO－8	13 W 8 W	8 W 5 W

VIPer53 构成的 AC/DC 电路如图 2.6.4 所示。

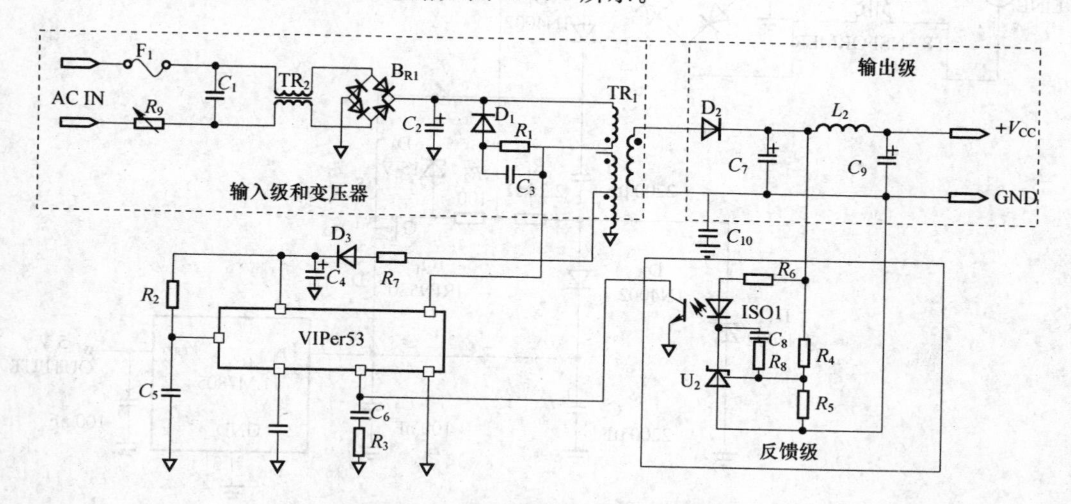

图 2.6.4 VIPer 构成的 AC/DC 电路

2.6.3 LM7805＋MOSFET 非常规的降压 AC/DC 电路

如果使用图 2.6.5 中的电路，那么用户不用求助于电噪声很大的 DC/DC 变换器，也不必在降压电阻器中浪费功率，就能从电压较高并经整流的正弦电压源获得 5 VDC 等很低的稳定电压。该应用需要一个稳定的 5 VDC 源，但是变压器向全波桥式整流器供应 18 Vrms。在充电阶段，两个等值电解电容器 C_1 和 C_2 在通过正向偏置二极管 D_1

和 D_2 串联时，会接收充电电流。一个增强型 P 沟道 MOSFET 晶体管 Q_1，型号为 IRF9560，其栅极接收了由于齐纳二极管 D_4 的正向电压降因而略微为正值的反向栅极偏置电压，因此保持断开。每个电容器均充到大约为整流电压峰值的一半与 D_1 与 D_2 带来的正向电压降之间的差值。全波桥式整流器 D_5，产生了这些电压降。

当放电阶段开始时，D_1 获得反向偏置，而 C_2 则通过稳压器 IC_1 带来的负载放电。随后，二极管 D_1 的阳极电压继续下降，Q_1 的栅极至源极电压变为负，并且晶体管导通，使 C_1 能通过正向偏置二极管 D_3 向负载放电。事实上，两个电容器串联充电，并且向负载并联放电，从而把 IC_1 输入端的原始整流电压和纹波电压降低了一半。在 C_1 放电期间，齐纳二极管 D_4 把 Q_1 的栅极至源极电压箝位在其最高额定值范围内，由此来保护 Q_1。

请注意 Q_1 充当开关；选择某种导通电阻很低的器件就能限制 Q_1 的功率耗散。在这个非常规的降压电路中，C_1 和 C_2 串联充电并且并联放电，从而降低了施加到稳压器 IC_1 上的电压。

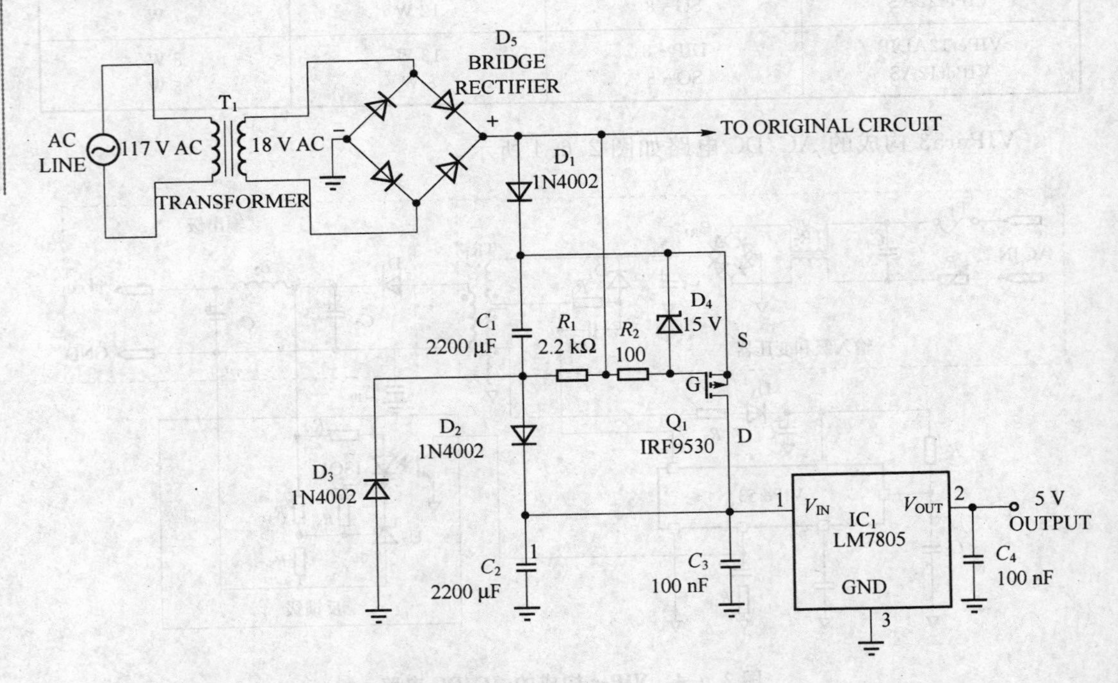

图 2.6.5 7805＋MOSFET AC/DC 电路

2.6.4 L4960 单路输出可调(5～40 V，5 A)AC/DC 电路芯片

L4960 是意法公司的产品，其主要特点有：转换效率最高可达 90%；输出电压范围宽，而且连续可调(5～40 V)；具有软启动、过流限制及过热保护功能；外围元件少，制作方便。与一般常用的 LM317 可调输出稳压集成电路组成的稳压电源相比，该稳压电源所用的电路元件稍多一些，但输出电压范围宽，输出电流大。

1. L4960 引脚功能

L4960 其封装及引脚排列如图 2.6.6 所示，各引脚功能如表 2.6.2 所列。

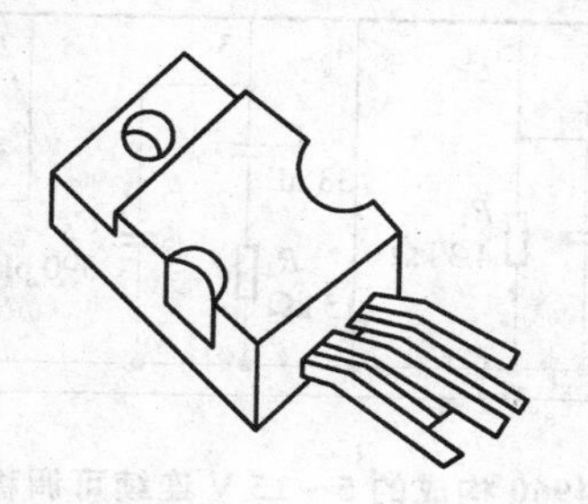

图 2.6.6　L4960 引脚封装图

表 2.6.2　L4960 各引脚功能

引脚号	符号	功能	引脚号	符号	功能
1	V_{in}	电源输入端(9～46 V)	5	OSC	振荡器外接 RC(并联)元件到地
2	FB	输出电压反馈端	6	SS	软启动外接电容端(2.2～4.7 V)
3	FC	误差放大器频率补偿端，外接 RC 元件(串联)到地	7	V_{OUT}	输出
4	GND	地			

2. 应用电路

(1) 5～15 V 连续可调稳压电源电路

5～15 V 连续可调稳压电源电路如图 2.6.7 所示。市电经变压器 T 降压、VD_1～VD_4 二极管整流、C_1 电容滤波后，得到的直流电压输入 L4960 的 1 引脚，2 引脚接在由 W_1、R_3 组成的分压器的中点，反馈输出电压的变化。W_1 与 R_3 的电阻值确定输出电压，输出电压 V_{OUT} 与 W_1、R_3 的关系为 $U_{OUT}=(1+W_1+R_3)\times 5.1\ V$，式中 5.1 V 为 L4960 的内部的基准电压。8 引脚接 C_4、R_2 及 C_5，用作频率补偿。4 引脚接地，5 引脚接 C_3、R_1 并联电路，它确定振荡器的工作频率。6 引脚接电容 C_3，使电源具有软启动功能。7 引脚为输出端。

(2) 固定输出电路

若将 W_1 改成电阻 R_4，则可组成固定输出稳压电源，其阻值可根据输出电压 U_{OUT} 的值来确定。输出电压确定之后，R_4 阻值可由公式 $U_{OUT}=(1+R_4/R_3)\times 5.1\ V$ 计算出来，式中 R_3 可取 4.7 kΩ。

2.6.5　L4970A　双路输出可调(5～40 V，10 A)AC/DC 电路芯片

L4970A 是意法公司(SGS－Thomson)大功率 PWM 开关稳压电源芯片，它的最大特点是直接输出 10 A 大电流，具有过流、过热、软启动等完备的保护功能，因而用它实

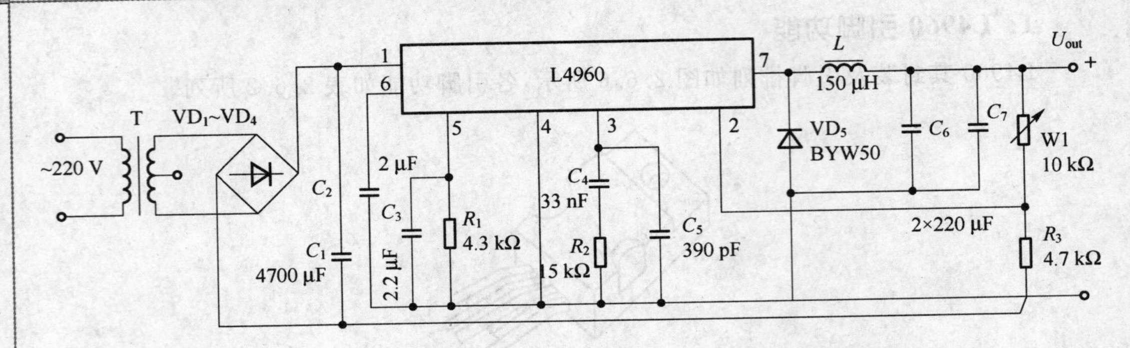

图 2.6.7 L4960 构成的 5～15 V 连续可调稳压电源电路

现的电源简单可靠。

其主要性能特点如下：

①输出电流大，最大可达 10 A，适宜制作 200～400 W 的大功率单片开关稳压电源。

②开关频率高，可达 400 kHz，常选 200 kHz(允许±20 kHz 偏差)，从而提高电源效率，减小滤波电感体积。

③输入、输出压差低，可降到 1.1 V 左右，自身耗能低，电源效率高。对于 U_{in}＝50 V，U_o＝40 V，I_o＝10 A 的电源，效率可达 92.5%。

④输入电压范围宽，正常值为 15～50 V，极限值为 11～55 V。输出电压控制灵活，可在 5.1～40 V 范围内连续调整。若直接从 U_o 反馈，可得到固定的 5.1 V 输出。典型电压调整率 S_V＝5 mV，负载调整率 S_I＝15 mV，输出纹波 ΔU＝30 mV，纹波抑制比为 60 dB。最大限流值由内部电路限定。

⑤除软启动、限流保护、过流保护等完善的保护电路外，还增加了欠压锁定、PWM 锁存、掉电复位等电路。

1. L4970A 内部结构及引脚功能

L4970A 采用 SIP－15 封装，引脚排列如图 2.6.8 所示，内部原理框图如图 2.6.9 所示。各引脚功能如下：

- 1 引脚和 2 引脚：分别接锯齿波振荡器外部定时电阻 R_T 和电容 C_T。
- 3 引脚：复位输入端，接内部复位和掉电电路，此端电压需设定成 5.1 V，可通过电阻分压器接 U_{in} 或 U_o，监视 U_{in} 或 U_o 是否掉电。若不用，须经 30 kΩ 电阻接 15 引脚。
- 4 引脚：复位输出端，集电极开路输出，常态下输出呈高电平。
- 5 引脚：复位延迟端，外接复位电容 C_4，以决定复位信号的延迟时间。
- 6 引脚：自举端，经自举电容 C_b 接至 U_o，可提升功率驱动级的电压，增加驱动 DMOS 开关功率管的能力，获得大电流输出。
- 7 引脚：输出端，固定输出 5.1 V 电压，可调输出时需外接电阻分压器至 11 引脚。

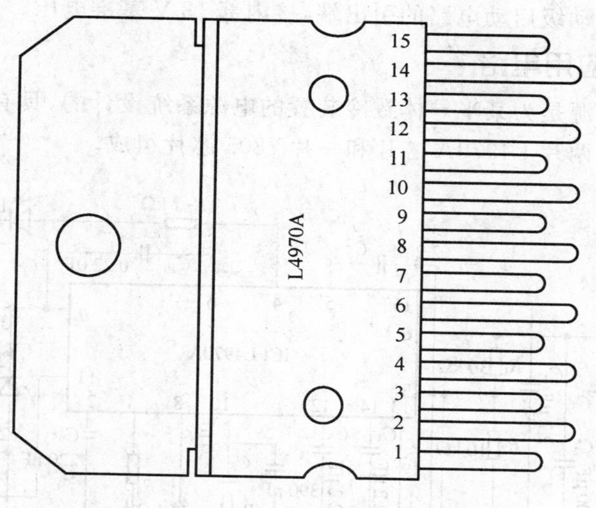

图 2.6.8 L4970A 的封装与引脚排列

- 8 引脚：公共地，与小散热器连接。
- 9 引脚：输入端。
- 10 引脚：频率补偿端，外接 RC 网络，对误差放大器进行补偿。
- 11 引脚：反馈输入端，直接接输出端时，输出电压 U_o。为固定的 5.1 V；如果经分压器分压时，可获得 40 V 以下的输出电压。
- 12 引脚：软启动端，外接启动电容 C_5，以决定软启动时间。
- 13 引脚：同步输入端，用于多片同时使用。

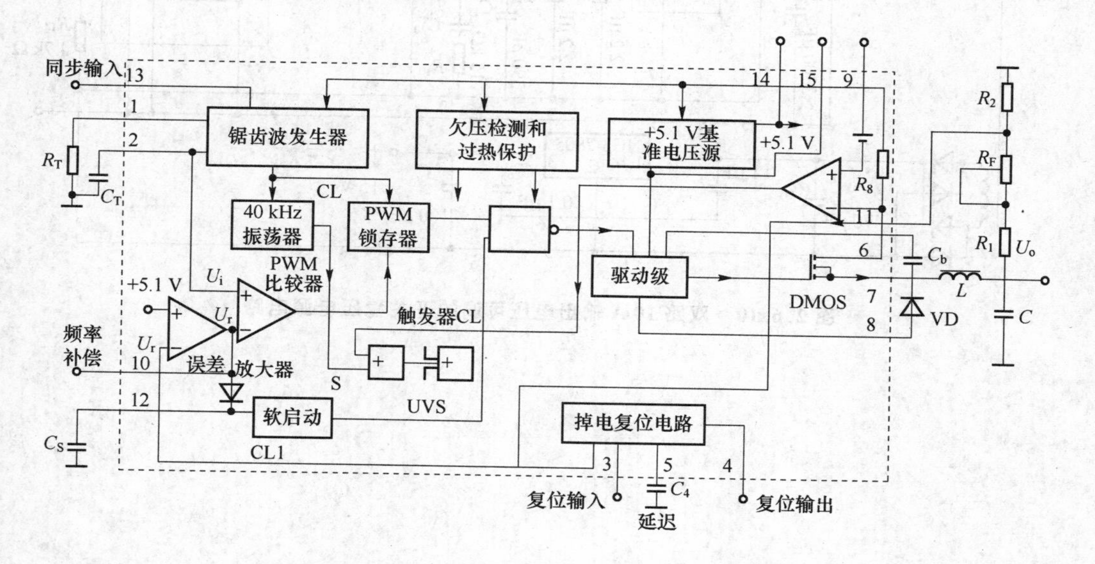

图 2.6.9 L4970A 内部原理框图

- 14 引脚：内部 5.1 V 基准电压输出端。

- 15 引脚：驱动级启动电路的引出端，接内部 12 V 基准电压。

2. L4970A 应用电路

该开关稳压电源是为某半导体致冷装置的电源系统设计的，具有电路如图 2.6.10 所示。它主要是由两片 L4970A 芯片和一片 7805 芯片组成。

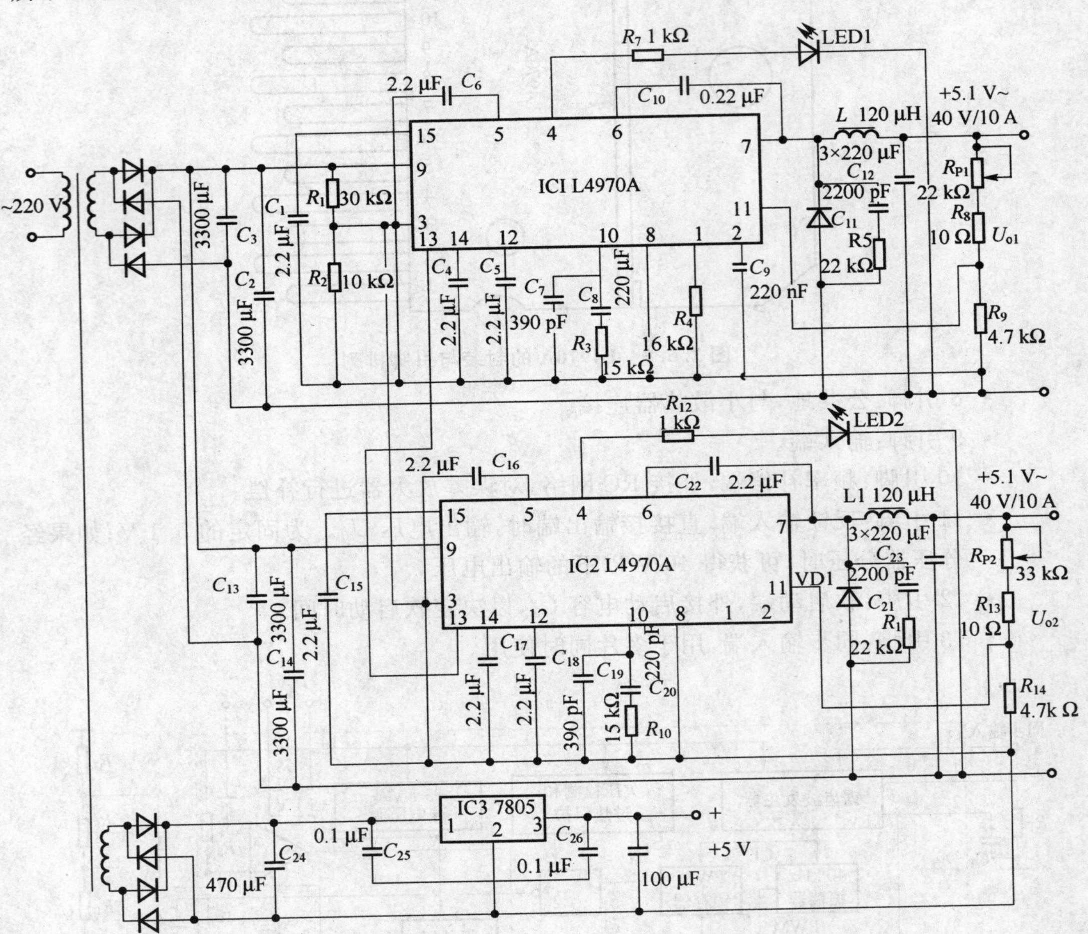

图 2.6.10 双路 10 A 输出电压可调的开关稳压电源电路

第 3 章

三端稳压器芯片

以往集成稳压器芯片仅有输入端、输出端及公共端 3 个引脚。芯片内部设有过流、过热保护及调整管安全保护电路,其所需外接元件少,使用方便、可靠,作为稳压电源广泛用于各种电子设备中。

按输出电压是否可调,三端集成稳压器分为固定输出电压稳压器和输出电压可调式稳压器两种。

在输入输出电压共地情况下,按输出电压为正电压和负电压来分,三端固定电压稳压器又可分为三端固定正电压稳压器和三端固定负电压稳压器两种。

单片机与嵌入式测控系统应用各种稳压器以提供系统所需的各种电源。最常用的是线性电路的集成固定三端稳压器 78/79 系列,集成可调三端稳压器 117/217/317 和 137/237/337。还有新型开关电路的三端稳压器芯片。下面逐一介绍这稳压器芯片。

3.1 三端固定输出线性稳压器芯片

3.1.1 78/79 系列芯片介绍

7800 系列是正电压输出集成三端稳压器,7900 系列是负电压输出集成三端稳压器,但它们的内部结构相似,工作原理相同。

78/79 集成稳压器是串联调整式稳压器。其内部有能带间隙式基准稳压源作为基准。此基准输出电压与采样值进行比较,根据误差大小对输出进行调整。由于基准源的噪声小、漂移小、精度高,因此使整个稳压器的输出稳定,漂移小,精度也比较高。

78/79 系列集成稳压器内部有完善的保护电路。它内部有过流保护,保证输出电流不会超过最大允许值。它内部有热保护电路,如果输出管的结温达到允许的最大值,它会自动减小输出电流。它内部有工作区限制电路,使稳压器的工作不会进入不安全区(输出管的管压降和输出电流小于规定值)。由于 78/79 稳压器的保护功能强,因而它的可靠性很高。

78/79 稳压器只有三个引脚,一个是输入,一个是输出,一个是公共端,使用起来很简单,

78/79 稳压器有各种输出电压和最大输出电流的不同型号,品种齐全,而且生产厂家很多,货源充足。这些都为设计者选用带来很大的方便。

78/79 系列的名称由 4 部分组成。下面举例说明其命名规则。

例如 CW 78 M 05

(1) (2) (3) (4)

各部分含义说明如下。

(1)部分表明生产厂家或国家:CW:中国生产的稳压器;MC:(美国)摩托罗位(MOT)生产;LM:(美国)国家半导体公司(NSC)生产;CA:(美国)无线电通讯公司(RCA)生产;μA:(美国)德克萨斯仪器公司(TI)生产。

(2)部分表明输出电压极性:78 表示输出正电压;79 表示输出负电压。

(3)部分是最大输出电流标志,如表 3.1.1 所列。

表 3.1.1 最大输出电流标志

标 志	L	M	空	T	H	P
输出电流最大值/A	0.1	0.5	1.5	3	5	10

(4)部分的数字就是该器件输出电压值(伏数)。例如:05,06,08,09,10,12,15,18,20,24 分别表示输出电压为 5 V,6 V,…,24(对 78 系列器件),或表示输出电压为 −5 V,−6 V,…,−24 V(对于 79 系列)。不过,输出电流 10 A 的器件目前市场上只见到 7812P 一个型号。

固定输出和可调输出三端集成稳压器的参数如表 3.1.2 所列。表中有些数是极限值,使用中不允许超越,有的是不可能超越,有的是性能参数,说明如下。

$U_{I\max}$:这是极限参数。加给器件的输入电压 U_i 不许超过此值,否则可能造成器件的永久性损坏。对于 7805～7818,$U_{I\max}=35$ V;对于 7820 和 7824,$U_{I\max}=40$ V。对于 7905～7918,$U_{I\max}=-35$ V。对于 7920 和 7924,$U_{I\max}=-40$ V。

$U_{I\min}$:这是极限参数。加到器件的输入电压必须大于此值,否则电路不启动不工作。对于 7800 系列应保证 $U_i \geqslant 7$ V,对于 7900 系列应保证 $U_i \leqslant -7$ V。

$I_{O\max}$:这是输出电流的最大可能值。例如 78L05,即使把输出端对地短路,其输出电流也不会达到 100 mA,即 $I_{O\max}=100$ mA。实际上对于 78L05,在输出电流 I_O 增大到90 mA时输出电压已小于 5 V。这是其内部的过流保护电路的作用。同理,对于 79L05,$I_{O\max}=-100$ mA,对于 79M12,$I_{O\max}=-0.5$ A 等。

$I_{O\min}$:这是一个极限参数。器件工作时应保证输出电流不得小于此值,否则电路工作不正常。这是维持器件内部的调整管等正常工作所必须的电流,此电流从输出端泄漏。78/79 系列,此电流通过它自己的接地引脚泄漏到地,因而 $I_{O\min}=0$,允许输出端完全空载。

表 3.1.2 几种常用集成稳压器的性能和参数

性能和参数			三端固定稳压器		三端可调稳压器	
名 称	符 号	单 位	CW7800 系列	CW7900 系列	CW117 系列	CW137 系列
最大输入电压	$U_{I\max}$	V	35,40	−35,−40	40	−40
最小输入电压	$U_{I\min}$	V	7	−7	5	−5
输出电压范围	U_O	V	5～24	−5～−24	1.2～37	−1.2～−37
最小输入/出压差	$\Delta U_{O\min}$	V	2.5	−2.5	2	−2

续表 3.1.2

输出电压偏差	$\Delta U_{O\max}$	%	±5	±5	
基准电压	U_{REF}	V			1.2~1.3,典型 1.25
最大输出电流	$I_{O\max}$	mA	100,500,1500 三挡		100,500,1500 三挡
最小输出电流	$I_{O\min}$	mA			典型 5,最大 10
电压调整率	S_V	%/V	典型 0.014,最大 0.1		典型 0.01,最大 0.05
电流调整率	S_I	%	典型 0.5,最大 4.0		典型 0.1,最大 1.0
输出噪声电压	U_{NF}	μV	典型值<$8.5\times10^{-6}u_o$		
纹波抑制比	S_{WAV}	dB	典型值>(49~63)		典型 80,最小 68
调整电流	I_{Ai}	μA			典型 50,最小 100
输出电压温漂	S_T	10^{-6}/℃	典型 200,最大 240		典型:军用 40,民用 100

固定输出和可调输出三端稳压器不同型号的引脚功能,如表 3.1.3 所列。

表 3.1.3 集成稳压器引脚功能和编号(图 3.2.1)

名称		型号(系列)	最大输出电流(A)	引脚功能和编号				封装形式	引脚排列在图 3.2.1 中位置
				输入端号	输出端号	公共端号	调整端号		
三端固定稳压器	正输出	CW78L00	0.1	2	1	3		S—1	b
				1	2	3		B—4	a
		CW78M00	0.5	1	2	3		S—7,F—1	c
		CW7800	1.5	1	2	3		S—7,F—2	c,d
		CW78T00	3	1	2	3			
		CW78H00	5	1	2	3			
	负输出	CW79L00	0.1	3	2	1		S—1,B—4	b,a
		CW79M00	0.5	3	2	1		S—7,F—1	c,d
		CW7900	1.5	3	2	1		S—7,F—2	
三端可调稳压器	正输出	CW117L CW217L CW217L	0.1	2	3		1	S—1	b
				1	3		2	B—4	a
		CW117M CW217M CW317M	0.5	2	3		1	S—7	c
								F—1	d
		CW117 CW217 CW317	1.5	2	3		1	S—7	c
								F—2	d
	负输出	CW137L CW237L CW337L	0.1	2	3		1	S—1	b
				3	2		1	B—4	a
		CW137M CW237M CW337M	0.5	3	2		1	S—7	c
								F—1	d
		CW137 CW237 CW337	1.5	3	2		1	S—7	c
								F—1	d

3.1.2　应用电路

图 3.1.1 是用 7800 系列固定稳压器产生正电源的电路。因为要求＋5 V 输出并且输出电流小于 1 500 mA，所以选用 CW7805。图中 C_1 可以改善纹波。电容 C_2 可以减小纹波和改善负载的瞬态响应。一般输出端不需接大电容。

图 3.1.2 是产生－12 V 的稳压电路。因为要求输出电压为－12 V，并且输出电流在－1.0 A 以内，故选用 CW7912。图中二极管用于保护 CW7912。在正常情况下，V_o＝－12 V，V_i 至少比 V_o 低 2 V。在突然掉电时，立即使 V_i＝0。如果 V_o 所带负载有大电容，使 V_o 不会突变(如果没有二极管)，这样，在突然掉电时，使 CW7912 内部的调整管的发射极与基极间承受约 12 V 的反向电压，从而把晶体管击穿。但是现在接有保护二极管，电容 C_2 上电荷会迅速通过保护二极管放掉，保护了稳压器 CW7912。

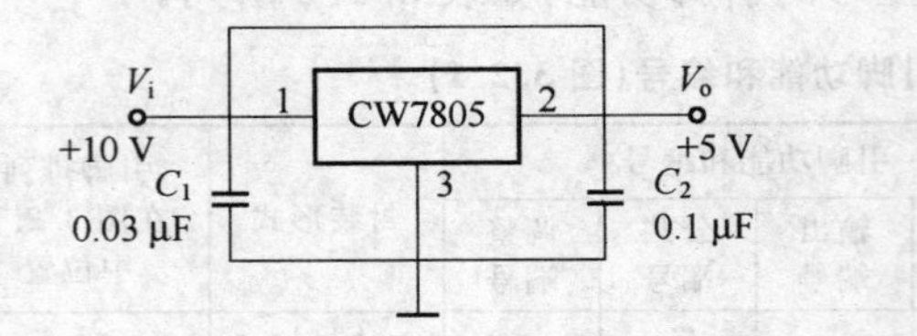

图 3.1.1　＋5 V 稳压电路

图 3.1.2　－12 V 稳压电路

图 3.1.3　用 CW78M15 和 CW79M15 产生＋15 V 和－15 V 的稳压电路。

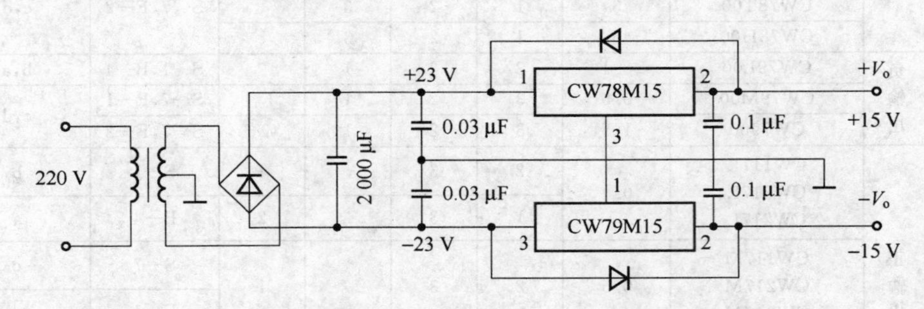

图 3.1.3　正负稳压电路

三端固定稳压器芯片使用注意事项：

虽然三端稳压器具有健全的保护电路，但长期处于不安全的条件下也会使器件性能恶化。另外，不适当的安装和使用，也可能损坏其他电路。下面列出使用中应注意的问题。

① 防止输入输出接反，以免损坏器件。

② 防止稳压器浮地故障。在图 3.1.2 中，如果 CW7912 的 1 引脚未接地，那么 3 引脚与脚 2 几乎同电位。这样，被供电的设备承受－19 电压，损坏其他设备。这种故障称为浮地故障。发生的原因可能是焊接得不好，也可能是由于老设备年久失修脱焊。

③ 如果输出电压 $|V_o|$＞7 V，应接保护二极管，如图 3.1.2 所示。

④ 输入电压 V_i 不得超过 V_{Imax}。另外对于 CW7800 系列，V_i 不得低于－0.8 V，对于 CW7900 系列，V_i 不得高于＋0.8 V，否则会引起器件永久损坏。这些情况可能是由于 V_i 的供电电压瞬变引起的。在图 3.1.2 中的电容 C_1 可以缓解这种情况。

⑤ 装上足够的散热器。

3.1.3 78/79 系列芯片

1. MC78XX 固定正电压输出三端稳压器系列芯片

78 系列封装如图 3.1.4 所示。

(1) MC78TXX

输出电压为 5 V/12 V/15 V(MC78TXXAC)，最大输出电流为 3 A，最大输入电压为 35 V(MC78T05AC/12AC)、40 V(MC78T05AC)，工作温度范围为 0～150 ℃。

输出电压为 5 V/12 V/15 V(MC78TXXAC)，最大输出电流为 3 A，最大输入电压为 35 V(MC78T05C/08C/12AC)、40 V(MC78T15C)，工作温度范围为 0～150 ℃。

(2) MC78XX

输出电压为 5 V/6 V/8 V/12 V/15 V/18 V/24 V(MC78XX)，最大输出电流为 0.5 A，最大输入电压为 35 V(MC7805/06/08/12/15/18)、40 V(MC7824)，工作温度范围为－55～150 ℃。

输出电压为 5 V/6 V/8 V/12 V/15 V/18 V/24 V(MC78XXB)，最大输出电流为 0.5 A，最大输入电压为 35 V(MC7805B/06B/08B/12B/15B/18B)、40 V(MC7824B)，工作温度范围为－40～125 ℃。输出电压为 5 V/6 V/8 V/12 V/15 V/18 V/24 V(MC78XXC)，最大输出电流为 0.5 A，最大输入电压为 35 V(MC7805C/06C/08C/12C/15C/18C)、40 V(MC7824C)，工作温度范围为 0～125 ℃。

MC78XXA 输出电压为 5 V/12 V/15 V，最大输出电流为 1 A，最大输入电压为 35 V(MC7805A/12A/15A)，工作温度范围为－55～150 ℃。

MC78XXAC 输出电压为 5 V/6 V/8 V/12 V/15 V/18 V/24 V，最大输出电流为 1 A，最大输入电压为 35 V(MC7805AC/06AC/08AC/12AC/15AC/18AC)、40 V(MC7824AC)，工作温度范围为 0～125 ℃。

(3) MC78MXX

MC78MXXB 输出电压为 5 V/8 V/12 V/15 V，最大输出电流为 350 mA，最大输入电压为 35 V，工作温度范围为－40～－125 ℃。

MC78MXXC 输出电压为 5 V/6 V/8 V/12 V/15 V/18 V/20 V/24 V，最大输出电流为 350 mA，最大输入电压为 35 V(MC78M05C/06C/08C/12C/15C/18C)、40 V(MC78M20C/24C)，工作温度范围为 0～125 ℃。

(4) MC78LXX

MC78LXXAC 输出电压为 5 V/8 V/12 V/15 V/18 V/24 V，最大输出电流为 40 mA，最大输入电压为 30 V(MC78L05AC/08AC)、35 V(MC78L12AC/15AC/18AC)、40 V(MC78L24AC)，工作温度范围为 0～125 ℃。

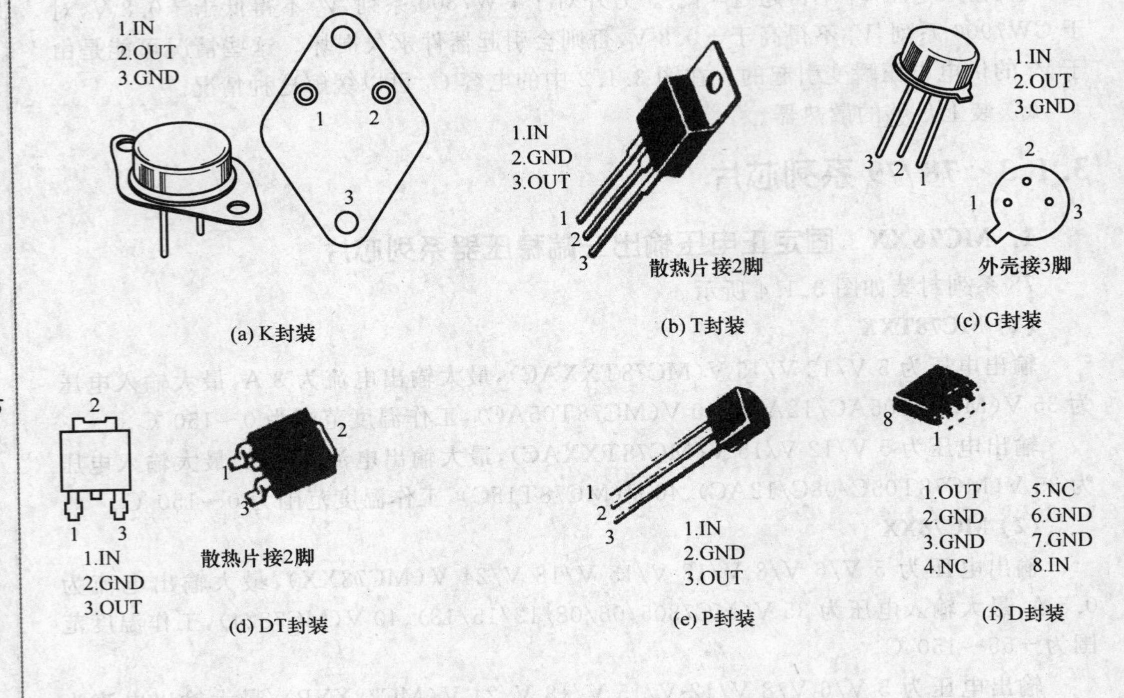

图 3.1.4 MC78XX 系列封装及引脚图

MC78LXXC 输出电压为 5 V/8 V/12 V/15 V/18 V/24 V，最大输出电流为 40 mA，最大输入电压为 30 V（MC78L05C/18C）、35 V（MC78LL12C/15C/18C）、40 V（MC78L24C），工作温度范围为 0～125 ℃。

2. MC79XX 固定负电压输出三端稳压器系列芯片

79 系列封装如图 3.1.5 所示。

(1) MC79XX

MC79XXC 输出电压为－5 V/－5.2 V/－6 V/－8 V/－12 V/－15 V/－18 V/－24 V，最大输出电流为 0.5 A，最大输入电压为－35 A（MC7905C/05C/06C/08C/12C/15C/18C）、－40 V（MC7924C），工作温度范围为 0～125 ℃。

MC79XXAC 输出电压为－5 V/－12 V/－15 V，最大输出电流为 0.5 A，最大输入电压为－35 V，工作温度范围为 0～125 ℃。

(2) MC79MXX

MC79MXXC 输出电压为－5 V/－12 V/－15 V，最大输出电流为 350 mA，最大输入电压为－35 V，工作温度范围为 0～150 ℃。

(3) MC79LXX

MC79LXXAC 输出电压为－5 V/－12 V/－15 V/－18 V/－24 V，最大输出电流为 40mA，最大输入电压为－30 V（MC79L05AC）、－35 V（MC79L12AC/15AC/

18AC)、−40 V(MC79L24AC),工作温度范围为 0～125 ℃。

MC79LXXC 输出电压为−5 V/−12 V/−15 V/−18 V/−24 V,最大输出电流为 40 mA,最大输入电压为 30 V(MC79L05C)、−35 V(MC79L12C/15C/18C)、−40 V(MC79L24C),工作温度范围为 0～125 ℃。

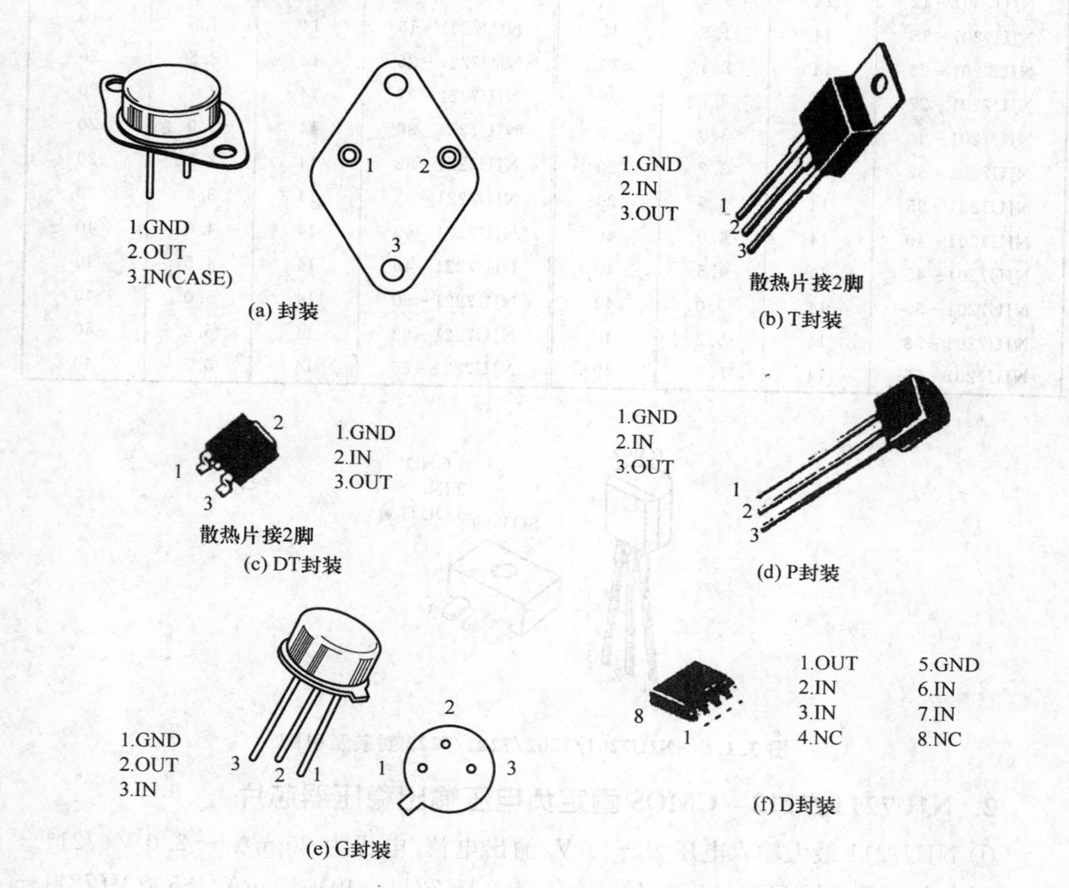

图 3.1.5 MC79XX 系列封装及引脚图

3.1.4 CMOS 固定输出三端稳压器芯片

1. NJU7201/7202/7221/7222 CMOS 固定正电压输出稳压器芯片

① NJU7201/7221 的工作温度范围为−25～75 ℃。

② NJU7201/7222 的输出电压为 5.0 V,输出电流为 100 mA,最大输入电压为 18 V,工作温度范围为−25～75 ℃。

芯片封装及引脚如图 3.1.6 所示,其性能如表 3.1.4 所列。

表 3.1.4 NJU72 系列芯片性能

型 号	最大输入电压/V	输出电压/V	输出电流/mA	型 号	最大输入电压/V	输出电压/V	输出电流/mA
NJU7201-12	14	1.2	15	NJU7221-12	14	1.2	15
NJU7201-15	14	1.5	15	NJU7221-15	14	1.5	15
NJU7201-25	14	2.5	20	NJU7221-25	14	2.5	20
NJU7201-27	14	2.7	20	NJU7221-27	14	2.7	20
NJU7201-30	14	3.0	20	NJU7221-30	14	3.0	20
NJU7201-32	14	3.2	20	NJU7221-32	14	3.2	20
NJU7201-35	14	3.5	20	NJU7221-35	14	3.5	20
NJU7201-40	14	4.0	40	NJU7221-40	14	4.0	40
NJU7201-45	14	4.5	40	NJU7221-45	14	4.5	40
NJU7201-50	14	5.0	40	NJU7221-50	14	5.0	40
NJU7201-52	14	5.2	40	NJU7221-52	14	5.2	40
NJU7201-55	14	5.5	40	NJU7221-55	14	5.5	40

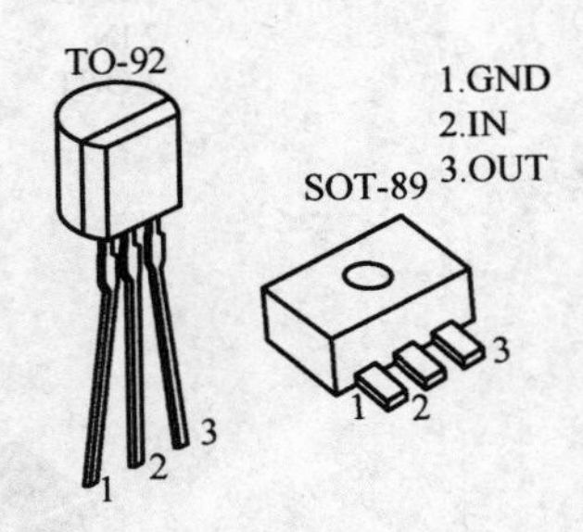

图 3.1.6 NJU7201/7202/7221/7222 封装及引脚

2. NJU7211/7212 CMOS 固定负电压输出稳压器芯片

① NJU7211 最大输入电压为－14 V，输出电流/电压为 20 mA/－2.0 V(7211－20)、20 mA/－3.0 V(7211－30)、40 mA/－4.0 V(7211－40)、40 mA/－5.0 V(7211－50)，工作温度范围为－25～75 ℃。

② NJU7212 输出电压为－5 V，输出电流为 100 mA，最大输入电压为－18 V，工作温度范围为－25～75 ℃。

芯片封装如图 3.1.7 所示。

3. S82 CMOS 固定负电压输出稳压器芯片

输出电压为－3 V，输出电流为 20 mA/40 mA(S80230AG/S80250AG)，最大输入电压为－12 V，工作温度范围为－20～70 ℃。

S802 芯片封装及引脚如图 3.1.8 所示。

4. S812SG CMOS 固定正电压输出稳压器芯片

工作温度范围为－40～85 ℃。

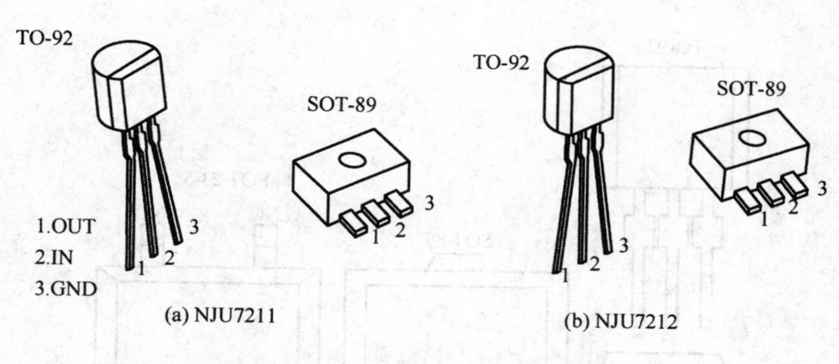

图 3.1.7 NJU7211/7212 封装及引脚

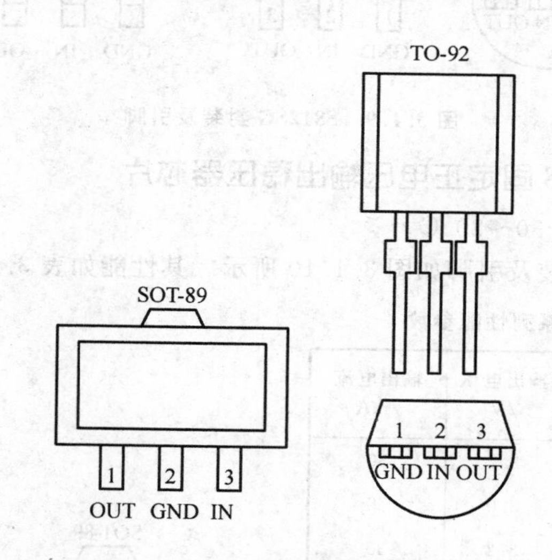

图 3.1.8 S802 封装及引脚

S812 系列芯片封装及引脚如图 3.1.9 所示，其性能如表 3.1.5 所列。

表 3.1.5 S812 系列芯片性能参数

型号	最大输入电压 /V	输出电压 /V	输出电流 /mA	型号	最大输入电压 /V	输出电压 /V	输出电流 /mA	型号	最大输入电压 /V	输出电压 /V	输出电流 /mA
S81211SG	12	1.1	0.5	S81225SG	12	2.5	10	S81246SG	18	4.6	30
S81215SG	12	1.5	10	S81227SG	18	2.7	20	S81247SG	18	4.7	30
S81217SG	12	1.7	10	S81230SG	18	3.0	20	S81250SG	18	5.0	40
S81218SG	12	1.8	10	S81233SG	18	3.3	20	S81252SG	18	5.2	40
S81220SG	12	2.0	10	S81235SG	18	3.5	30	S81253SG	18	5.3	40
S81221SG	12	2.1	10	S81237SG	18	3.7	30	S81254SG	18	5.4	40
S81223SG	12	2.3	10	S81240SG	18	4.0	30	S81255SG	18	5.5	40
S81224SG	12	2.4	10	S81245SG	18	4.5	30	S812356G	18	5.6	40

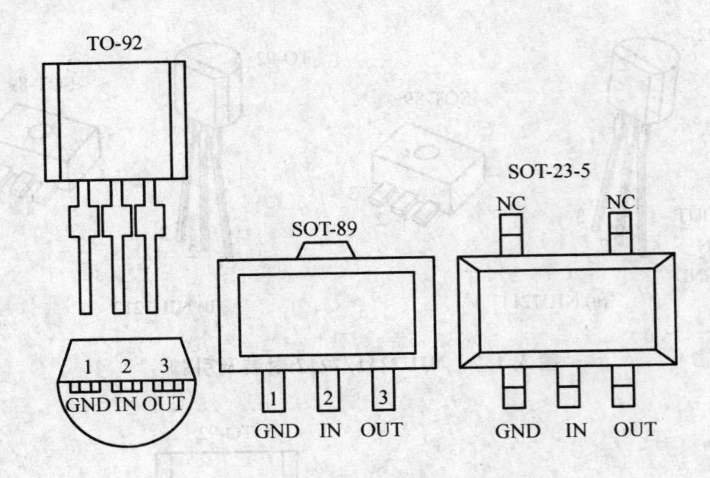

图 3.1.9 S812SG 封装及引脚

5. S813 CMOS 固定正电压输出稳压器芯片

工作温度范围为－30～80 ℃。

S813 系列芯片封装及引脚如图 3.1.10 所示。其性能如表 3.1.6 所列。

表 3.1.6 S813 系列性能参数

型 号	最大输入电压/V	输出电压/V	输出电流/mA
S81322HG	18	2.2	30
S81330HG	18	3.0	30
S81332HG	18	3.2	30
S81333HG	18	3.3	30
S81335HG	18	3.5	30
S81337HG	18	3.7	30
S81340HG	18	4.0	40
S81347HG	18	4.7	40
S81350HG	18	5.0	40

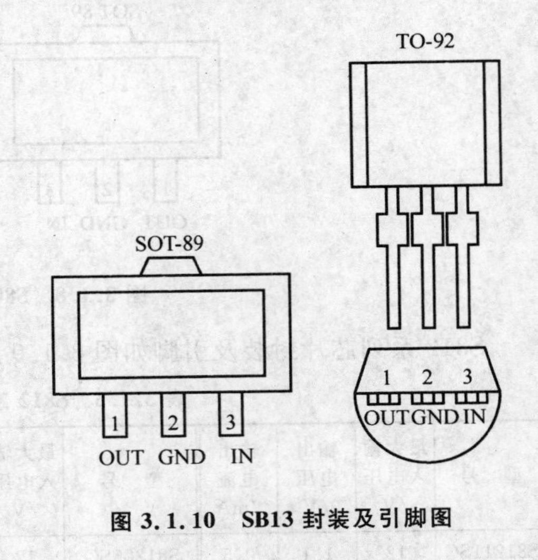

图 3.1.10 SB13 封装及引脚图

6. XC62FF CMOS 固定正电压输出稳压器芯片

最大输入电压为 12 V,输出电流为 250 mA,输出电压为 3.0 V(XC62FP3002)、4.0 V(XC62FP4002)、5.0 V(XC62FP5002),工作温度范围为－30～80 ℃。图 3.1.11 为其封装及引脚图。

7. XC62DN CMOS 固定负电压输出稳压器芯片

最大输入电压为－12 V,输出电流为 100 mA,输出电压为 3.0 V(XC62DN30)、4.0 V(XC62DN40)、5.0 V(XC62DN50),工作温度范围为－30～80 ℃。图 3.1.12 为

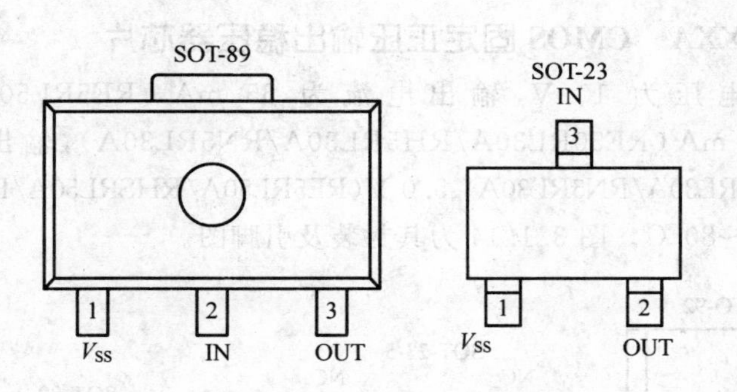

图 3.1.11 XC62FP 封装及引脚图

其封装及引脚图。

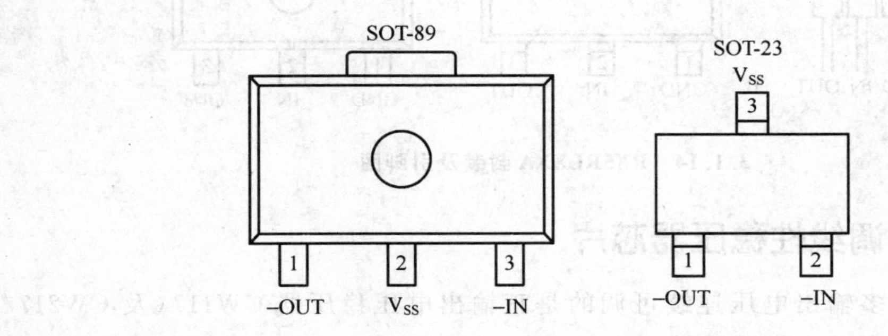

图 3.1.12 XC62DN 封装及引脚图

8. RX5REXXA CMOS固定正压输出稳压器芯片

最大输入电压为 10 V，输出电流为 80 mA（RE5RE50A/RH5RE50A）、50 mA（RE5RE30A/RH5RE30A），输出电压为 3.0 V（RE5RE30A/RH5RE30A）、5.0 V（RE5RE50A/RH5RE50A），工作温度范围为－30～80 ℃。图 3.1.13 为期封装及引脚图。

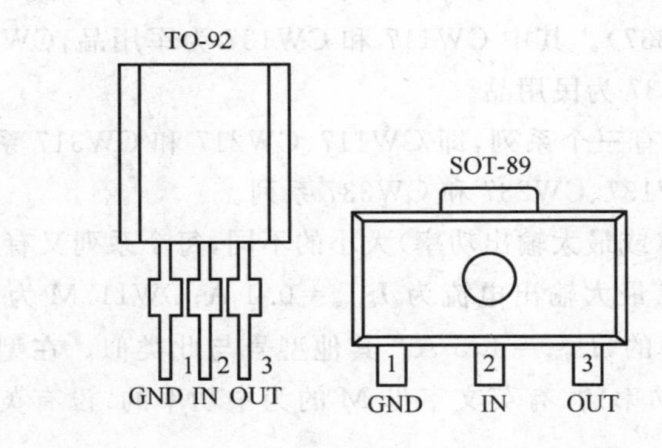

图 3.1.13 RX5RLXXA 封装及引脚图

9. RX5RLXXA CMOS固定正压输出稳压器芯片

最大输入电压为10 V，输出电流为55 mA（RE5RL50A/RH5RLSOA/RN5RL50A）、35 mA（RE50RL30A/RH5RL30A/RN5RL30A），输出电压为3.0 V（RE5RL30A/RH5RL30A/RN5RL30A）、5.0 V（RE5RL50A/RHSRL50A/RN5RL50A），工作温度范围为−30～80 ℃。图3.1.14为其封装及引脚图。

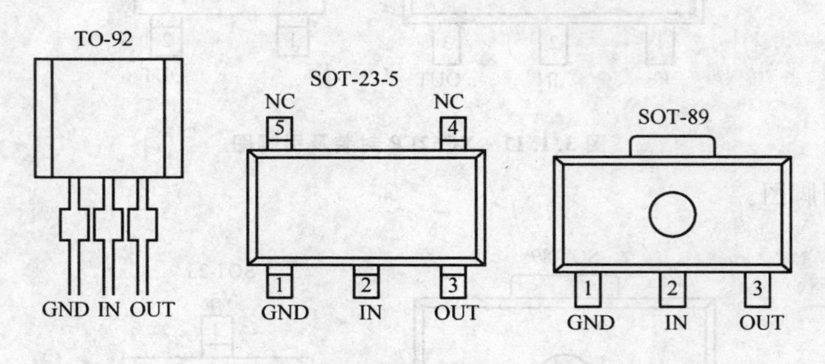

3.1.14 RX5RLXXA 封装及引脚图

3.2 三端可调线性稳压器芯片

目前用得最多输出电压连续可调的是正输出电压稳压器CW117（及CW217/CW317）系列和负输出电压稳压器CW137（及CW237/CW337）系列。它们保持了三端固定稳压器的简单方便的特点，又能输出任意电压值。下面介绍这些三端可调稳压器芯片。

CW117(CW217,CW317) 可调正压输出稳压器芯片

CW137(CW237,CW337) 可调负压输出稳压器芯片

这稳压器均有三个引脚，即输入端、输出端和调整端。只要在器件外面连接很少元件就可实现输出电压1.25～37 V（对CW117、CW217和CW317）或−1.2～−37 V（对CW137、CW237和CW337）。其中CW117和CW137为军用品，CW217和CW237为工业品，CW317和CW337为民用品。

三端可调正稳压器有三个系列，即CW117、CW217和CW317系列。可调负稳压器也有三个系列，即CW137、CW237和CW337系列。

根据最大输出电流（或最大输出功率）大小的不同，每个系列又有三个型号。例如，CW117L为小功率的，其最大输出电流为I_{omax}=0.1 A；CW117M为中功率的，I_{omax}=0.5 A；CW117为大功率的，I_{omax}=1.5 A。其他型号与此类似。在型号名中最后一个为英文字母“L”的为小功率的，有英文字母M的为中功率的；没有英文字母的为大功率的。

前表3.1.1列出了上述三端可调稳压器的性能和参数，表3.1.2列出了它们的引脚名称和号码，图3.2.1画出了它们的引脚及封装形式。

上述三端可调稳压器的电压调整率、电流调整率和纹波抑制比都比 CW7800 和 CW7900 系列稳压器提高了几倍。

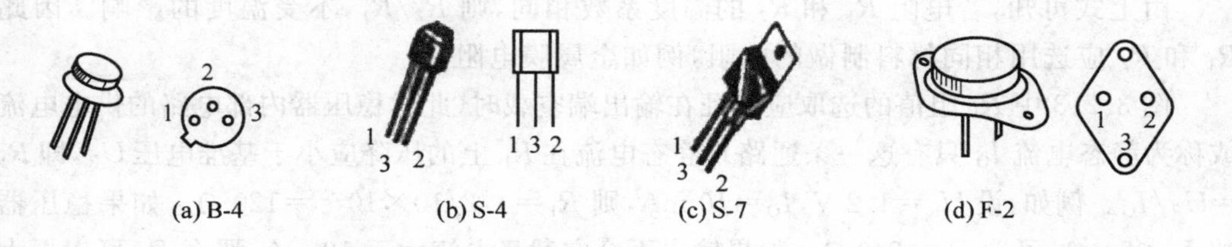

图 3.2.1 CW7800,7900,117,137 系列的封装和引脚功能图

表 3.1.2 列出了图 3.2.1 封装的 78/79 系列的引脚功能,应把图 3.2.1 与表 3.1.2 结合起来使用以便在稳压电路中正确连接 78/79 系列稳压器件。

3.2.1 三端可调稳压器的工作原理及电路

CW117、CW217 和 CW317 这三个系列的内部结构和工作原理完全相同,CW137、CW237、CW337 这三个系列的内部结构和工作原理完全相同。而 CW117 与 CW137 的工作原理又非常类似,因此下面只介绍 CW117 的工作原理就可以了。

图 3.2.2 是 CW117 的内部结构图,图 3.2.3 是用 CW117 构成的可调正稳压电路。图 3.2.4 是 CW117 等的基本电路。

CW117 是一种悬浮式串联调整稳压器(CW137 也是如此,下同),其内部由启动电路、恒流电路、基准电源、误差放大器 A、调整管 T 和保护电路(短路过流保护电路、过热保护电路和调整管安全工作区保护电路)组成。

CW117 和 CW137 的启动电路、误差放大器和保护电路是由输入电压 V_1 与输出电压 V_O 之差供电的,它们的供电电流都从 V_1 端流进,从输出端(V_O 端)流出,其值约 5 mA,这就是表 3.1.2 所列出的最小输出电流 $I_{o\min}$,在稳压器的输出端必须有泄放电阻(或负载电阻)允许这部分电流流过,稳压器才能正常工作。(在 CW7800 和 CW7900 系列中,此电流由输入端流入,从公共端流出。)

上述三端可调稳压器比 CW7800 和 CW7900 系列有了很大改进。在启动电路、误差放大器和保护电路的供电电压(输入电压 U_1 与输出电压 U_O 之差)低至 2 V 时,这些电路仍可正常工作。另外,它们的过流保护性能几乎不受温度影响,因而实现了不受温度变化影响的恒定限流功能。

在图 3.2.2 中,由稳定性很高的恒流源提电流 I_{ADj}~50 μA(最大不超过 80 μA)作为基准电压源的供电电流,此电流从"ADj"端流出。基准电压是一种能带间隙式基准源,它在"B"端和"ADj"端提稳定性很高的电压 U_R~1.25 V(1.2~1.3 V 之间,"B"端为正)作为基准。

在图 3.2.3 中,R_1 两端电压为 U_R,I_{ADj} 流过 R_2。但 I_{ADj} 很小,可以忽略其在 R_2 上引起的压降,并且其变化 ΔI_{ADj} 很小(约 0.5 μA,比 CW7800 和 CW7900 系列小 1 000 倍),于是

$$V_O = U_R(1+R_2/R_1) \approx 1.25(1+R_2/R_1)$$

一般固定 R_1 改变 R_2 以获得 1.25 ～37 V 的输出电压。

由上式可知，若电阻 R_1 和 R_2 的温度系数相同，则 R_2/R_1，不受温度的影响。因此 R_1 和 R_2 应选用相同材料制做的电阻，例如金属膜电阻。

图 3.2.3 中 R_1 阻值的选取应保证在输出端空载时(此时稳压器内部电路的供电电流或称为静态电流 I_O 只有这一条通路)，静态电流在 R_1 上的压降应小于基准电压 U_R，即 $R_1 = U_R/I_O$。例如，设 $U_R=1.2$ V，$I_O=10$ mA，则 $R_1=1.2/10\times10^{-3}=120\ \Omega$。如果稳压器的 $I_O<5$ mA，可取 $R_1=240\ \Omega$。如果输出不全空载且电流大于 10 mA，那么 R_1 可以再大些。

图 3.2.3 中，C_I 用于改善纹波，抑制输入过电压，C_O 用于防止输出端自激，改善负载的瞬态响应。C_2 可以用 1 μF 的钽电容或 25 μF 的铝电解电容。

3.2.2 3端可调稳压器的应用举例

图 3.2.4 是 CW117 或 CW217 或 CW317 的基本应用电路。可用于需要 $U_L=1.25$～37 V 的情况。在输出端接大电容或大容性负载的情况下，在输入端突然短路时，二极管 D_2 可以防止稳压器的调整管的 E－b 结的反向击穿。若输入端无短路的可能或输出电压较低(7 V 以下)，可以不用 D_2。C_I 和 C_O 的作用与图 3.2.4 中 C_I 和 C_O 的作用相同。

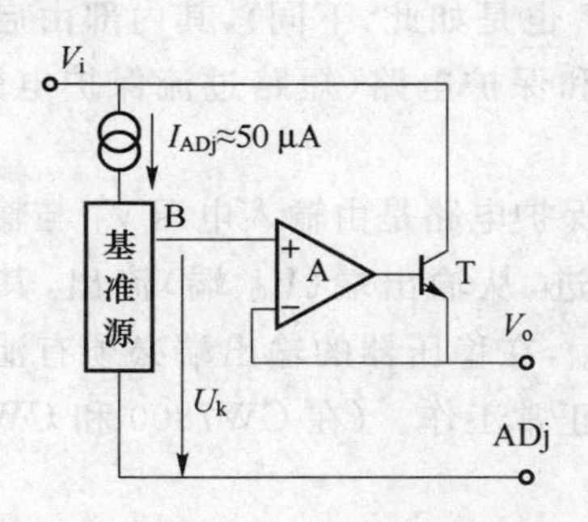

图 3.2.2 CW117 结构

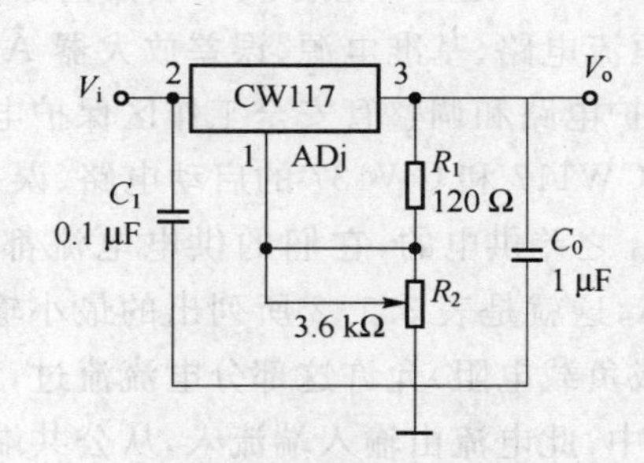

图 3.2.3 可调稳压电路

在图 3.2.4 中，在调整端与地之间接入电容 C_2，可以旁路电阻 R_2 两端的纹波电压。由于 R_2 上电压是输出电压的一部分，C_2 将明显减小输出纹波电压，提高稳压电路的纹波抑制性能，R_2 值越大(输出电压越高)，效果越好。当 C_2 增大至 10 μF 铝电解电容器时，稳压电路的纹波抑制比在任何输出情况下可保证 80 dB 以上。但 C_2 再增大，纹波抑制比就无明显改善。接了较大的 C_2 以后，万

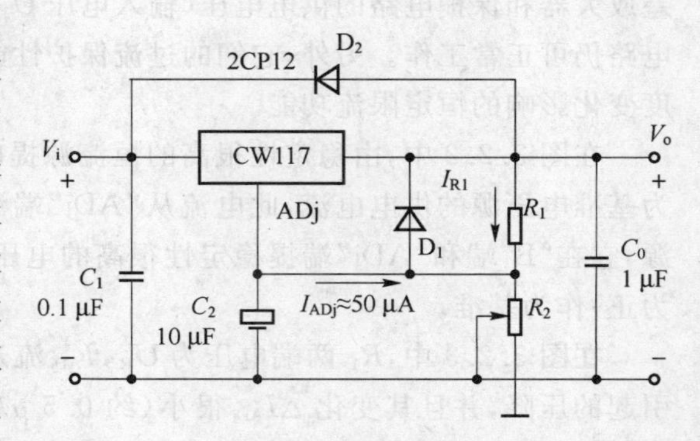

图 3.2.4 CW117 等的基本应用电路

一稳压电路输入端或输出端短接，C_2 中储存的电荷会通过调整管和基准放大管放电，破坏稳压器。为此，接入二极管 D_1，用于释放 C_2 上电荷。如果稳压电路输出电压较低（低于 7 V）或 C_2 较小（小于1 μF），可以不接 D_1。

在图 3.2.4 中，各电容的电容值与所选用电容器的品种有关。由于各种电容器所用的材料和结构不同，因而同样容量的电容器在电路中的效果不同。如果用纸介电容、聚酯电容、涤沦电容等，C_1 可用 0.1 μF，如果用钽电容则 C_1 可用 1 μF。C_2 的值，如果用铝电解电容可以用 10 μF～25 μF。由于钽电容在高频时阻抗小，如果选用钽电容，C_2 可以用 1 μF，如果采用独石电容，电容量可更小些，效果更好。同样，C_O 可以用 1 μF 钽电容或 25 μF 左右铝电解电容。当 C_O 为 500 pF 左右时，会产生振铃现象。

在图 3.2.4 中，当 $R_2=0$ 时，V_O 最小，$V_O=1.25$ V。

1. LM117/217L/317L　三端、可调正电压输出稳压器芯片

这种常用的稳压器有 LM117/217/317 系列、LM117M/217M/317M 系列及 LM117L/217L/317L 系列等。图 3.2.5 为其外引脚图，图 3.2.6 则是其典型接法。

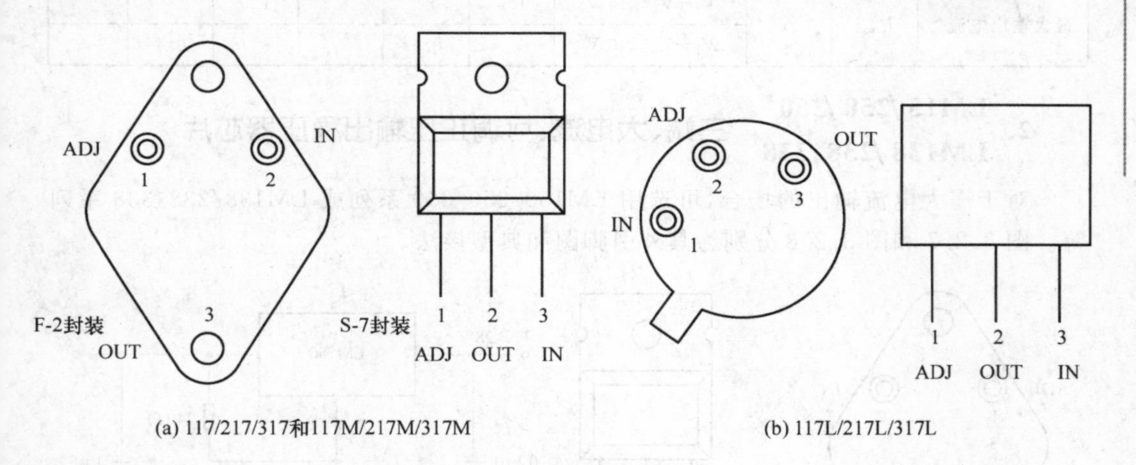

图 3.2.5　外引脚图

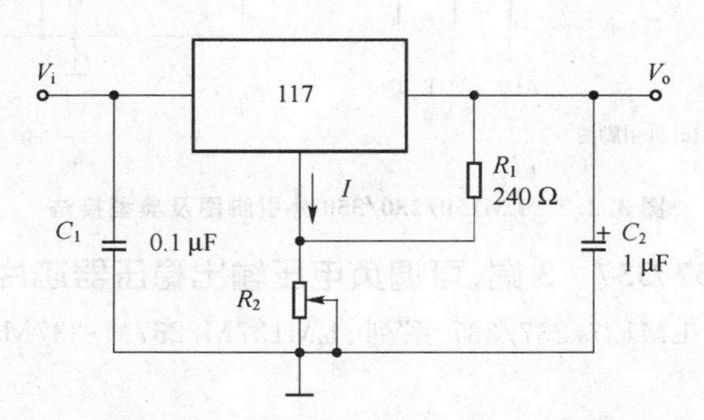

图 3.2.6　三端可调整稳压器典型接法

其输出电压为：

$$V_O=(1+R_2/R_1)\times1.25\ \text{V}+I_AR_2$$

使用时须注意的是，V_i-V_O 应满足 $I_O(V_i-V_O)=P_{max}$。加散热片时，F-2 封装的 $P_{max}\geqslant15$ W；S-7 封装的 $P_{max}\geqslant7.5$ W；小功率的可调稳压器 $P_{max}\geqslant0.5$ W。

表 3.2.1 为满足以上条件时其主要性能参数表。

表 3.2.1 117/217/317 主要性能参数表

参数名称	符 号	单 位	测试条件	117/217			317		
				最小值	典型值	最大值	最小值	典型值	最大值
电压调整率	S_V	%V^{-1}	$3\ \text{V}\leqslant V_i-V_o\leqslant40\ \text{V}$		0.02	0.05		0.02	0.07
电流调整率	S_I	%	$10\ \text{mA}\leqslant I_o\leqslant I_{omax}$		0.3	1		0.3	1.5
调整端电流	I_A	μA			50	100		50	100
最小负载电流	$I_{L\,min}$	mA	$V_i-V_o=40$ V		3.5	5		3.5	10
纹波抑制比	S_{np}	dB		66	80		66	80	
输出电压温漂	S_t	mV℃$^{-1}$			0.7			0.7	
最大输出电流	I_{omax}	A	$V_i-V_o\leqslant15$ V	1.5			1.5		
			$V_i-V_o\leqslant40$ V		0.4			0.4	

2. LM15 /250 /350 LM138 /238 /338 三端、大电流、可调正压输出稳压器芯片

对于需大电流输出的场合，可选用 LM150/250/350 系列或 LM138/238/338 系列等。图 3.2.7 和图 3.2.8 分别为其外引脚图和典型接法。

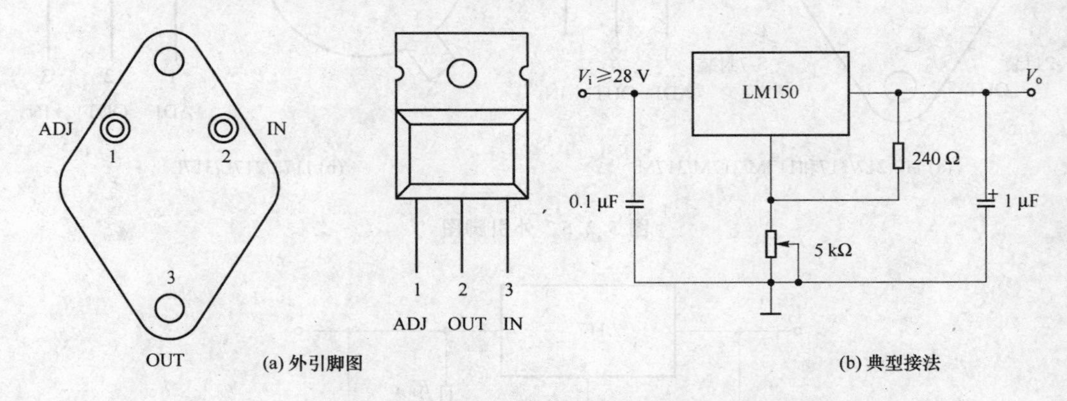

图 3.2.7 LM150/250/350 外引脚图及典型接法

3. LM137 /237 /337 3 端、可调负电压输出稳压器芯片

这类稳压器有 LM137/237/337 系列、LM137M/237M/337M 系列及 LM137L/237L/337L 系列等。

图 3.2.9 为其外引脚图，图 3.2.10 是其典型接法。在使用这类稳压器时，也须注意 $I_O(V_i-V_O)\geqslant P_{max}$。

表 3.2.2 为这类稳压器的主要性能参数表。

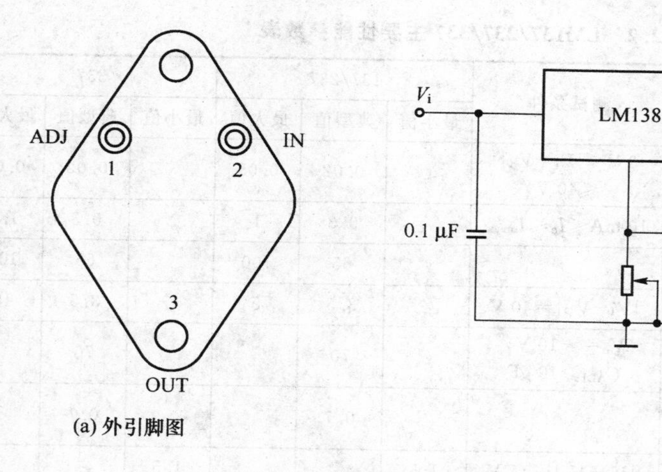

图 3.2.8 LM138/238/338 外引脚图及典型接法

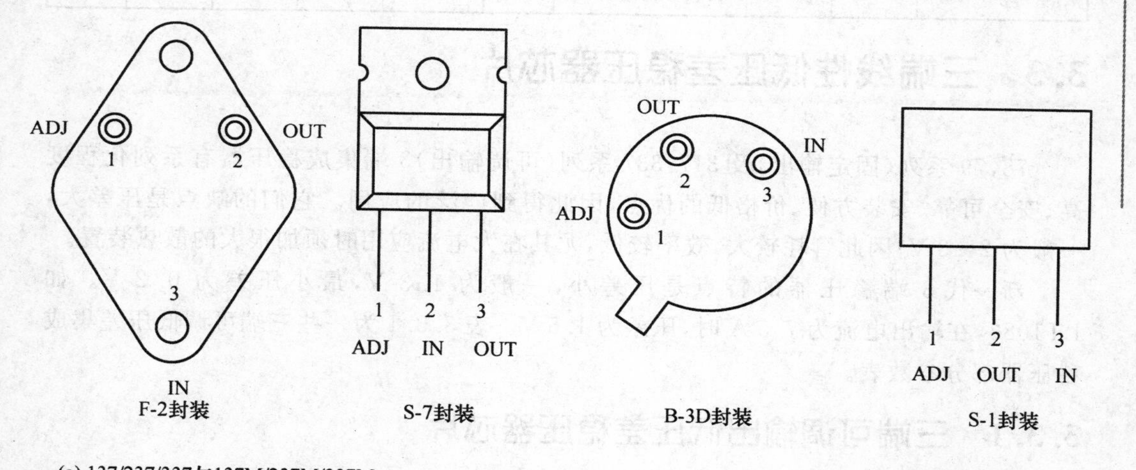

图 3.2.9 三端可调负电压集成稳压器外引脚图

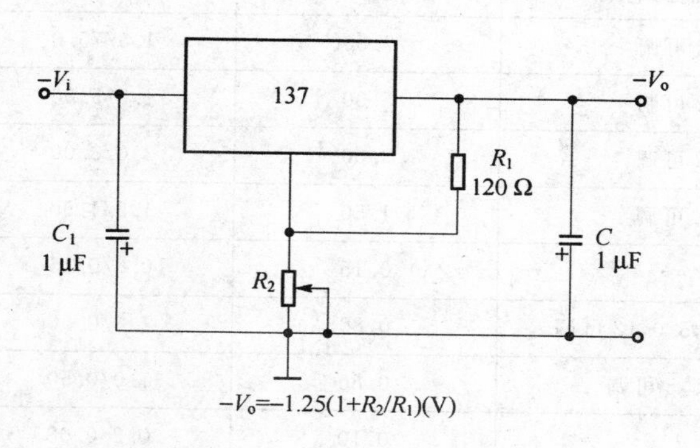

图 3.2.10 LM137/237/337 典型接法

表 3.2.2 LM137/237/337 主要性能参数表

参数名称	符号	单位	测试条件	137/237			337		
				最小值	典型值	最大值	最小值	典型值	最大值
电压调整率	S_V	$\%V^{-1}$	$3\ V \leqslant \|V_i - V_o\| \leqslant 40\ V$		0.02	0.05		0.02	0.07
电流调整率	S_I	%	$10\ mA \leqslant I_o \leqslant I_{omax}$		0.3	1		0.3	1.5
调整端电流	I_A	μA			65	100		65	100
最小负载电流	$I_{L\ min}$	mA	$\|Vi - Vo\| = 40\ V$		3.5	5		3.5	10
纹波抑制比	S_{np}	dB	$V_o = -10\ V$, $C_{ADJ} \geqslant 10\ \mu F$		70			70	
输出电压温漂	S_t	mV℃$^{-1}$			0.7			0.7	
最大输出电流	I_{omax}	A	$\|V_i - V_o\| \leqslant 15\ V$	1.5			1.5		
			$\|Vi - Vo\| \leqslant 40\ V$	0.25	0.4		0.15	0.4	

3.3 三端线性低压差稳压器芯片

78,79 系列(固定输出)及 317,337 系列(可调输出)3 端集成稳压器有系列化程度高、安全可靠、安装方便、价格低的优点,因此得到广泛的应用。它们的缺点是压差大,一般为 2~3 V;因此管耗较大,效率较低,尤其在大电流应用时须加很大的散热装置。

新一代 3 端稳压器的特点是压差小,一般为 1.3 V,最小压差为 0.2 V。如 LT1083,在输出电流为 7.5 A 时,压差为 1.5 V。表 3.3.1 为一些三端可调低压差集成稳压器部分参数表。

3.3.1 三端可调输出低压差稳压器芯片

表 3.3.1 三端低压差稳压器

型 号	输出电压/V	输出电流/A	压差/VA^{-1}	静态电流/μA
LT1083	5,12 可调	7.50	1.5/75.0	
LT1084	5,12 可调	5.00	1.5/5.00	
LT1085	5,12 可调	3.00	3.0/3.00	
LT1086	5,12 可调	1.50	1.5/1.50	
LM2930	5,8	0.15	0.6/0.15	
MC33269	3.3,5.0,12 可调	0.80	1.0/0.50	
LT1117	3.85,5 可调	0.80	1.0/0.50	5000
SPT11620	2.0	0.10	0.2/0.08	400
SP11625	2.5	0.10	0.2/0.08	400

1. M5236L/37L 灵活方便、低压差、三端可调稳压驱动芯片

M5236L/37L 是日本三菱公司生产的、输出电压可调型稳压器驱动电路。通过与外接 PNP 型三极管的组合，可以构成输入输出压差小的三端稳压电路；输出电压可通过外接电阻在 1.5～36 V 之间任意调节；输出电流可通过选择不同的外接三极管来实现。

(1) 主要特点

- 输出电压设定范围：M5236 为 1.5～30 V，M5237 为 1.25～36 V；
- 输入电压范围：M5236 为 3.5～30 V，M5237 为 2.5～36 V；
- 输出电压可用外接电阻在其稳压范围内设定；
- 内含安全区工作限制和过热保护电路；
- 采用塑料 TO－92(尾标 L)和 SOT－89(尾标 ML)封装。

(2) 内部结构及引脚

内部结构框图如图 3.3.1 所示，端子连接图如图 3.3.2 所示，典型应用电路如图 3.3.3 所示。

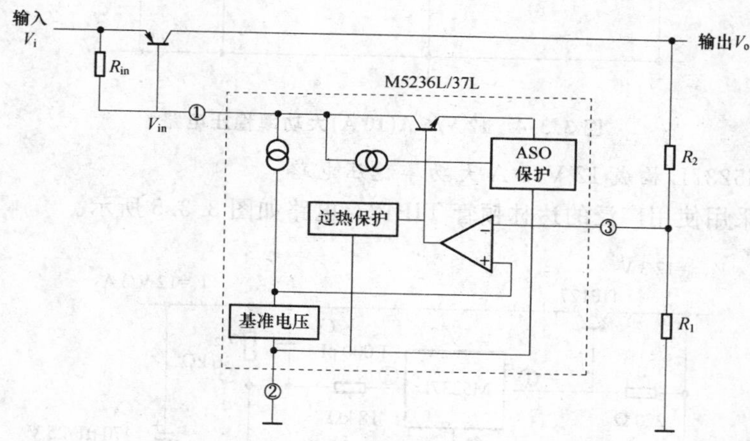

图 3.3.1 M52326L/37L 框图

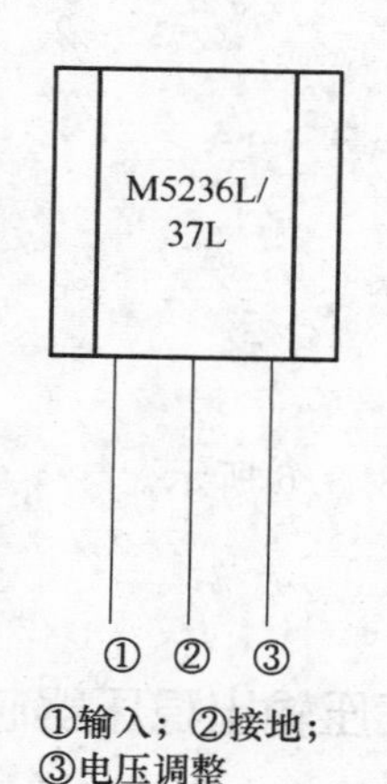

图 3.3.2 端子连接图

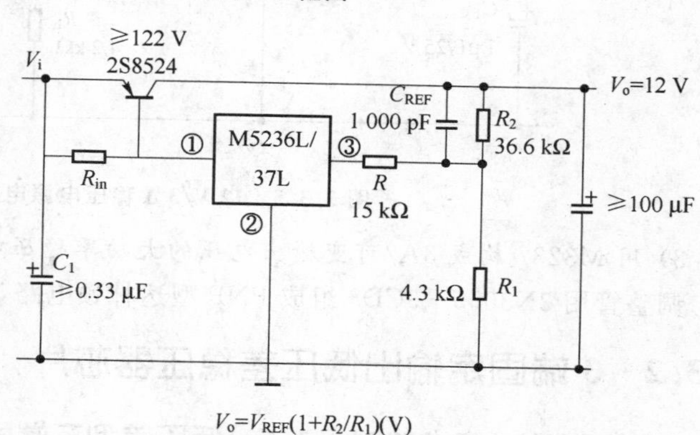

图 3.3.3 典型应用电路

(3) 应用实例

1) 用 M5237L 构成 12 V/6 A 大功率稳压电路

调整管用 TIP145 构成。TIP145(TIP146/147)为 PNP 型达林顿管,采用 TO－3P 封装,便于安装散热片。

同时也可用 MJ2955(TO－3)和 3CD3 构成达林顿电路,实现 12 V/10 A 大功率稳压电路,电路如图 3.3.4 所示。

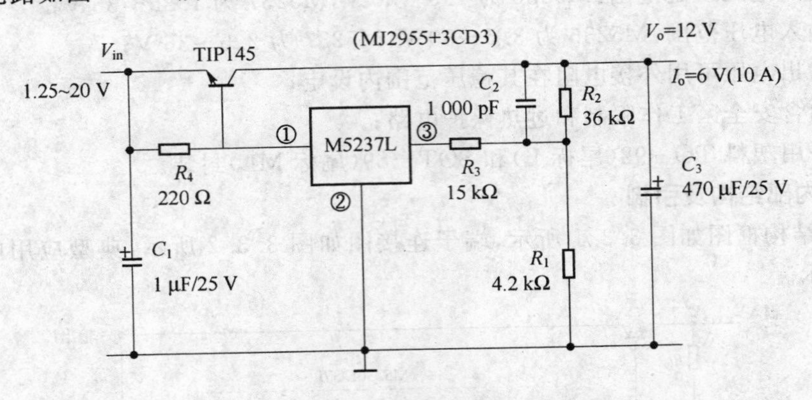

图 3.3.4 12 V/6 A(10 A)大功率稳压电路

2) 用 M5237L 构成 12 V/3 A 大功率稳压电路

调整管采用使用广泛的达林顿管 TIP127,电路如图 3.3.5 所示。

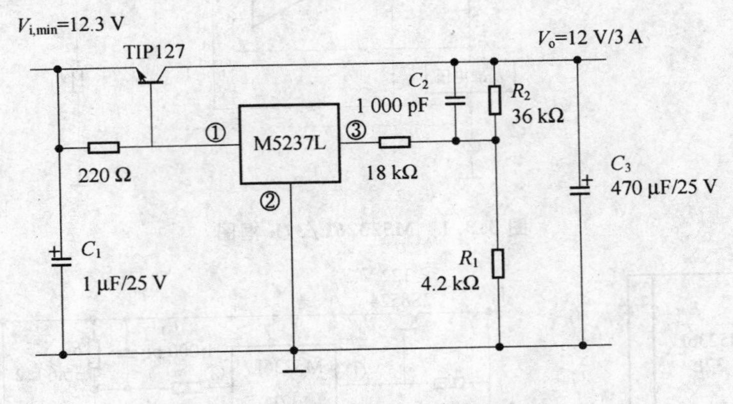

图 3.3.5 12 V/3 A 稳压电源电路

3) 用 M3237 构成 3A/可变输出电压的大功率稳压电路

调整管用 2N3055＋3CD3 组成 PNP 型达林顿电路,如图 3.3.6 所示。

3.3.2 3端固定输出低压差稳压器芯片

1. LT1585－1.5/1585A－1.5 低压差型三端固定正压输出稳压器芯片

输出电流为 4.6 A(LT1585－1.5)、5 A(LT1585A－1.5),输出电压为 1.5 V,输入

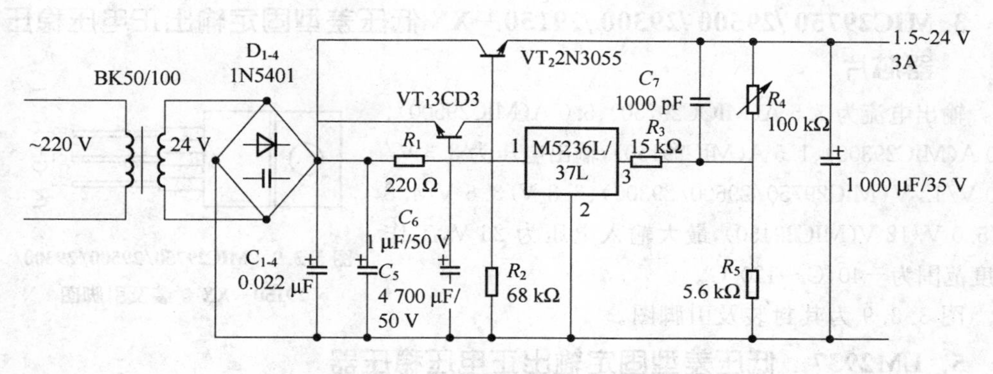

图 3.3.6　3 A/可变输出电压电路

电压为 3～7 V，工作温度范围为 0～125 ℃。

图 3.3.7 为其封装及引脚图。

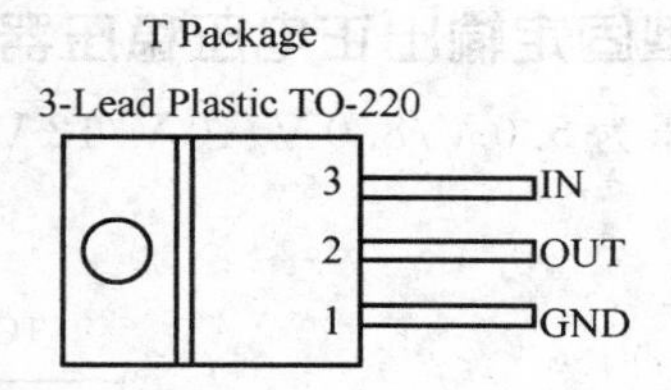

图 3.3.7　LT1585－1.5/1585A－1.5 封装及引脚图

2. LT1083C /1084C /1085C /1086C－XX　低压差型固定正电压输出稳压器芯片

输出电流为 7.5 A(LT1083)、5.0 A(LT1084)、3.0 A(LT1085)、1.5 A(LT1086)，输出电压为 5.0 V，最大输入电压为 20～25 V(LT108X－5/LT108X－12)，工作温度范围为 0～125 ℃。图 3.3.8 为其封装及引脚图。

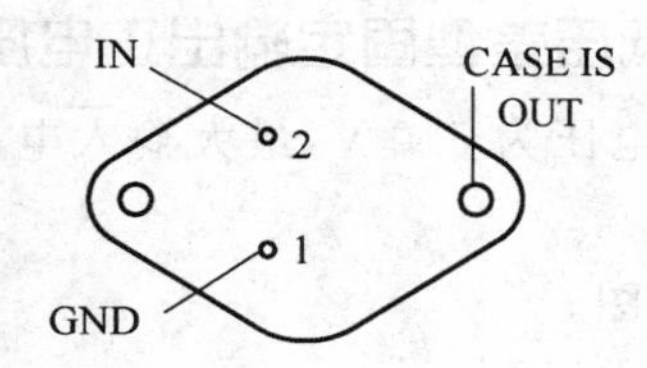

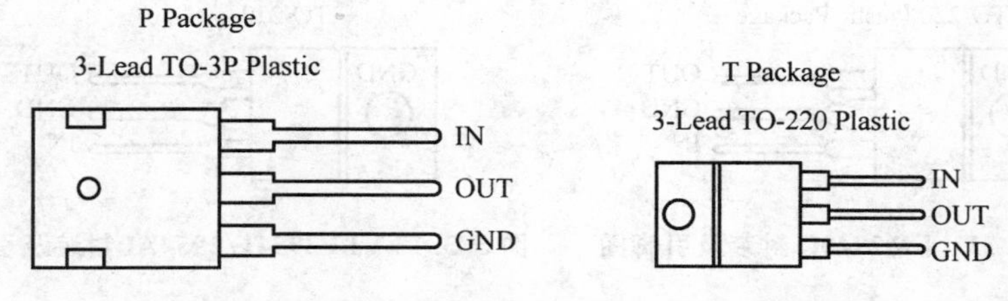

图 3.3.8　LT1083C/1084C/1085C/1086C－XX 封装及引脚图

3. MIC29750/29500/29300/29150－XX 低压差型固定输出正电压稳压器芯片

输出电流为7.5 A(MIOC29750)、5.0 A(MIC29500)、3.0 A(MIC29300)、1.5 A(MIC29150)，输出电压为3.3 V/5.0 V/12 V(MIC29750/29500/29300)、3.3 V/3.6 V/4.8 V/5.0 V/12 V(MIC29450)，最大输入电压为26 V，工作温度范围为－40 ℃～120 ℃。

图3.3.9为其封装及引脚图。

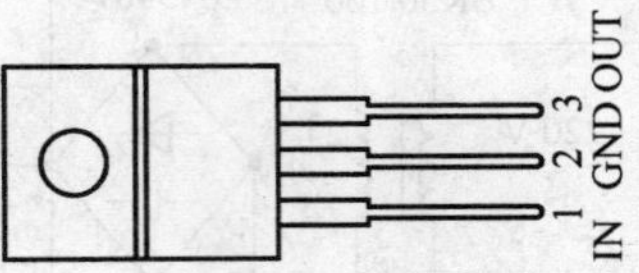

图3.3.9 MIC29750/29500/29300/29150－XX 封装及引脚图

5. LM2937 低压差型固定输出正电压稳压器

输出电流为500 mA，输出电压为5.0 V/8.0 V/10 V/12 V/15 V，最大输入电压为26 V，工作温度范围为－40～125 ℃。

图3.3.10为其封装及引脚图。

6. LM2940 低压差型固定输出正电压稳压器芯片

输出电流为1 A，输出电压为5.0 V/8.0 V/10 V/12 V，最大输入电压为26 V，工作温度范围为－40～125 ℃。

TO-220 Plastic Package

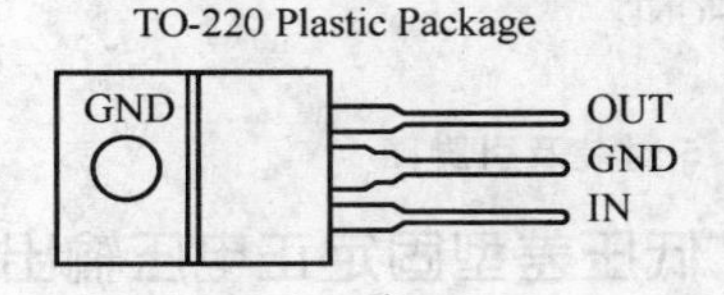

图3.3.10 LM2937 封装及引脚图

TO-220 Plastic Package

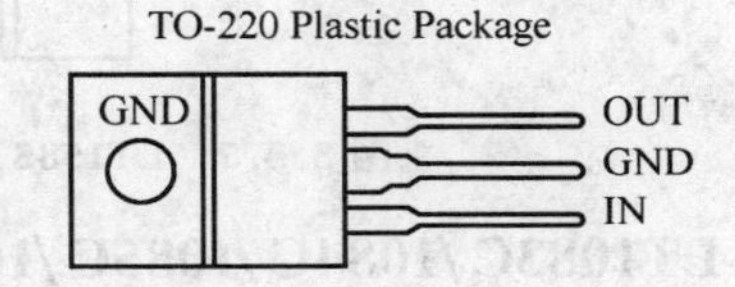

图3.3.11 LM2940 封装及引脚图

7. LM2940C 低压差型固定输出正电压稳压器芯片

输出电流为1 A，输出电压为5.0 V/12 V/15 V，最大输入电压为26 V，工作温度范围为－20～125 ℃。

图3.3.12为其封装及引脚图。

8. LP2954I/2954AI 低压差型固定输出正电压稳压器芯片

输出电流为250 mA，输出电压为5.0 V，最大输入电压为30 V，工作温度范围为－40～125 ℃。

图3.3.13为其封装及引脚图。

TO-220 Plastic Package

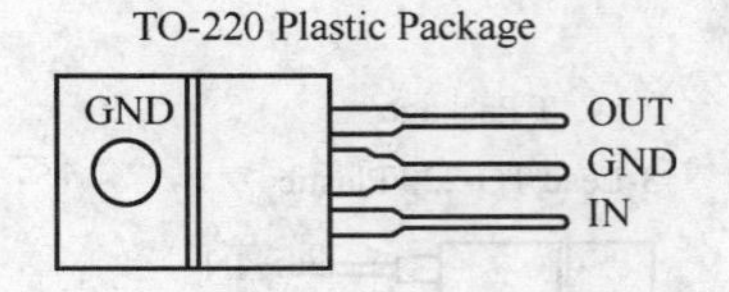

图3.3.12 LM2940C 封装及引脚图

TO-220

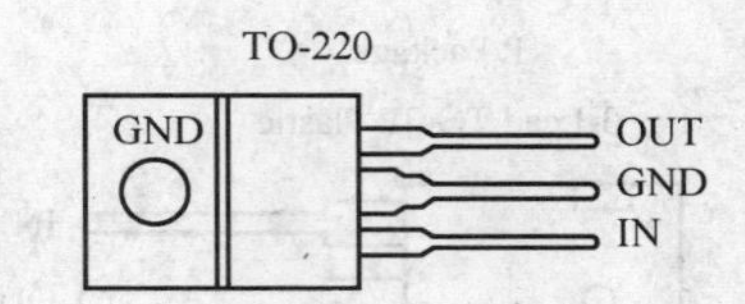

图3.3.13 LP29541/2954AI 封装及引脚图

9. AN77XX　低压差型固定输出正电压稳压器芯片

输出电流为 1.2 A，输出电压为 3.0 V（AN7703）、4.0 V（AN7704）、5.0 V（AN7705）、6.0 V（AN7706）、7.0 V（AN7707）、8.0 V（AN7708）、9.0 V（AN7709）、10 V（AN7710）、12 V（AN7712）、15 V（AN7715）、18 V（AN7718）、20 V（AN7720）、24 V（AN7724），最大输入电压为 30 V，工作温度范围为−30～85 ℃。

图 3.3.14 为其封装及引脚图。

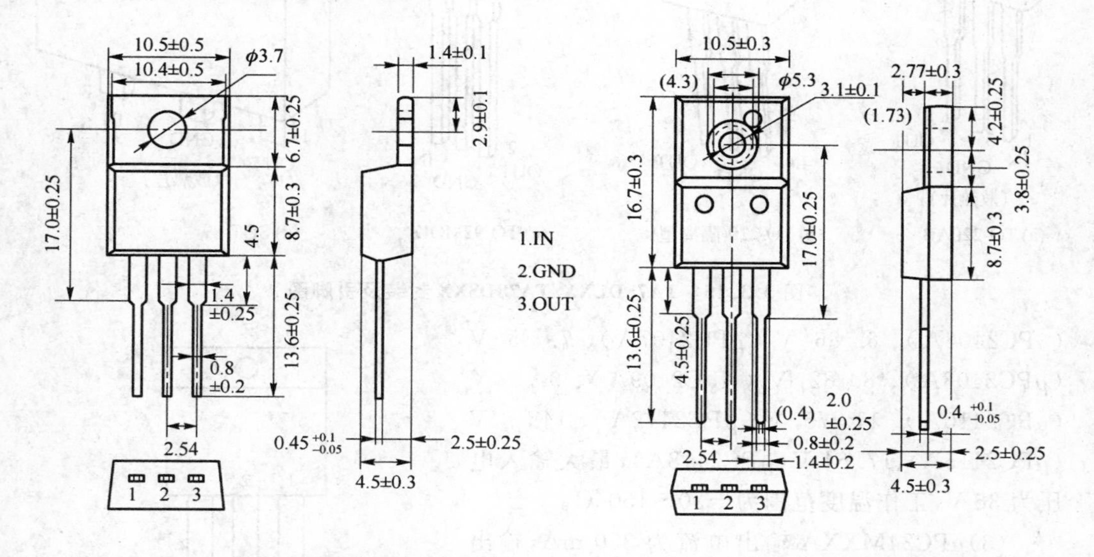

(a) AN7700系列TO-220(单位:mm)　　(b) AN7700F系列TO-220(单位:mm)

图 3.3.14　AN77XX 封装及引脚图

10. A78DLXX/TA78DSXX　低压差型固定输出正电压集成稳压器芯片

(1) TA78DLXX 输出电流为 200 mA，输出电压为 4.5 V（TA78DL05）、5.4 V（TA78DL06）、7.2 V（TA78DL08）、8.1 V（TA78DL09）、9.0 V（TA78DL10）、10.8 V（TA78DL12）、13.5 V（TA78DL15），最大输入电压为 60 V，工作温度范围为−40～150 ℃。

(2) TA78DSXX 输出电流为 30 mA，输出电压为 4.75 V（TA78DS05）、5.7 V（TA78DS06）、7.6 V（TA78DS08）、8.55 V（TA78DS09）、9.5 V（TA78DS10）、11.4 V（TA78DS12）、14.25 V（TA78DS15），最大输入电压为 60 V，工作温度范围为−40～150 ℃。

图 3.3.15 为其封装及引脚图。

11. μPC24AXX/24XXA/24MXXA　低压差型固定输出正电压稳压器芯片

(1) μPC24AXX 输出电流为 1 A，输出电压为 5.0 V（μPC24A05）、11.75 V（μPC24A12）、14.7 V（μPC24A15），最大输入电压为 36 V，工作温度范围为−20～125 ℃。

(2) μPC24XXA 输出电流为 0.5 A，输出电压为 4.9 V（μPC2405A）、5.88 V

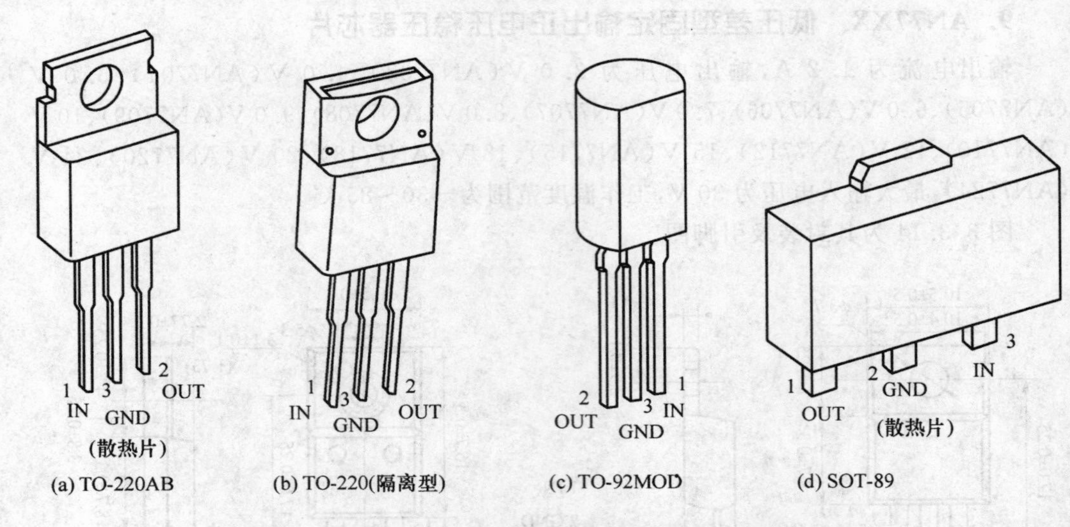

(a) TO-220AB (b) TO-220(隔离型) (c) TO-92MOD (d) SOT-89

图 3.3.15 TA78DLXX/TA78DSXX 封装及引脚图

(μPC2406A)、6.86 V(μPC2407A)、7.85 V(μPC2408A)、8.82 V(μPC2409A)、9.8 V(μPC2410A)、11.75 V(μPC2412A)、14.7 V(μPC2415A)、17.64 V(μPC2418A),最大输入电压为 36 V,工作温度范围为－20～150 ℃。

(3)μPC24MXXA 输出电流为 350 mA,输出电压为 4.9 V(μPC24M05A)、5.88 V(μPC24M06A)、6.86 V(μPC24M07A)、7.85 V(μPC24M08A)、8.82 V(μPC24M09A)、9.8 V(μPC24M10A)、11.75 V(μPC24M12A)、14.7 V(μPC24M15A)、17.64 V(μPC24M18A),最大输入电压为 36 V,工作温度范围为－20～150 ℃。

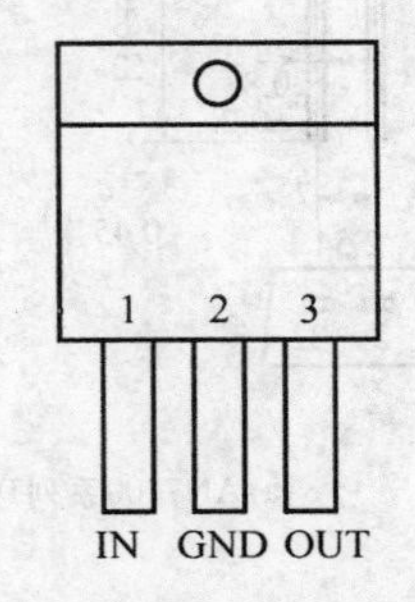

图 3.3.16 μPC24AXX/μpc24XXA/μPC24MXXA 封装及引脚图

图 3.3.16 为其封装及引脚图。

3.4 新型开关电路的三端稳压器

最近有能直接替换 78XX 系列 3 端线性稳压器的 3 端开关型 78XX 稳压器面世。它保持了 78XX 系列三端线性稳压器的优点,并且发挥了开关型 DC/DC 转换器的特点,使得稳压器有很高的转换效率,并且由于工作于开关状态的开关管损耗较小,即使在满载时也无需散热片。另外,它又增加了低电压输出的品种(如 3.3 V),扩大了应用范围。

下面介绍广州金升阳科技有限公司最近推出了 K78XX—500 系列及 K78XX—1000 系列开关型三端稳压器,它可以直接替代 78MXX 及 78XX 线性稳压器,实现更新换代。

3.4.1 K78XX—500 开关型500 mA三端稳压器芯片

K78XX—1000 开关型1000 mA三端稳压器芯片

K78XX—500的型号及输入、输出参数和转换效率如表3.4.1所列，K78XX—1000的型号及输入、输出参数和转换效率如表3.4.2所列。

表3.4.1 K78XX—500性能参数

型号	输入	输出		效率/%	
	电压范围(VDC)	电压(VDC)	电流/mA	V_{IN}最小	V_{IN}最大
K7803—500	4.75～28	3.3	500	90	80
	4.75～25	−3.3	−400	73	78
K7805—500	6.5～32	5.0	500	93	84
	6.0～27	−5.0	−400	78	83
K78X6—500	8～32	6.5	500	94	87
	6.0～25	−6.5	−300	83	85
K7809—500	11～32	9.0	500	95	91
	7.0～23	−9.0	−200	87	86
K7812—500	15～32	12	500	95	92
	7.0～20	−12	−200	85	87
K7815—500	18～32	15	500	96	93
	7.0～17	−15	−200	84	89

表3.4.2 K78XX—1000性能参数

型号	输入	输出		效率/%	
	电压范围(VDC)	电压(VDC)	电流/mA	V_{IN}最小	V_{IN}最大
K7803—1000	4.75～28	3.3	1000	90	93
	4.75～25	−3.3	−600	80	82
K7805—1000	6.5～32	5.0	1000	93	88
	7.0～27	−5.0	−600	85	87
K78X6—1000	9.0～32	6.5	1000	94	90
	7.0～25	−6.5	−400	88	90
K7809—1000	12～32	9.0	1000	95	92
	7.0～23	−9.0	−400	89	91
K7812—1000	16～32	12	1000	96	94
	7.0～20	−12	−300	89	91

K78XX—500及K78XX—1000的主要特点:转换率较高,最高可达96%(负电压输出时最高可达89%);输入电压范围极宽;引脚排列与线性三端稳压器78XX系列相同,可以直接替代;超小型SIP封装;内有输出短路保护及过热保护;输出噪声及纹波电压低;无须外加散热片;可以方便地组成负电压输出;故障间隔平均时间(MITBF)大于200万小时;可在环境温度－40～＋85 ℃工作,K78XX—500的质量约为2 g,K78XX—1000的质量约为3.7 g。

K78XX—500及K78XX—1000的输出特性如表达3.4.3所列。

表 3.4.3　K78XX—500及K78XX—1000的输出特性

项　目	工作条件	Min	Typ	Max	单位
输出电压精度	100%的负载,输入电压范围		±2	±3	%
线性调节率	输入电压范围		±0.2	±0.4	
负载调节率	从10%的负载到100%的负载		±0.4	±0.6	
纹波＋噪声*	200 MHz带宽,典型应用电路		25	35	mV
短路输入功耗			0.5	1.8	W
短路保护			可持续,自恢复		
过热保护			150		℃
开关频率	100%的负载,输入电压范围	280	330	450	kHz
静态电流	正输出		5	8	mA
	负输出		7	3	
温度系数	－40～＋85℃			0.02	%/℃
最大容性负载				1000	μF

\#\#注:波纹和噪声的测试方法采用平行线测试法

K78XX—500与K78XX—1000的应用电路是相同的(仅输出电流不同),现以K78X—1000为例介绍其应用电路。

1. 正电压输出

正直压输出电路如图3.4.1所示,C_1是输入电容,C_2是输出电容。工厂建议的C_1和C_2值如表3.4.4所列。

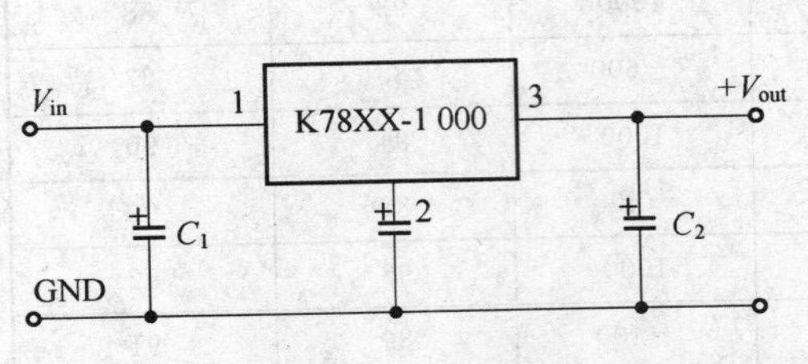

图 3.4.1　K78XX—1000正电压输入电路

表 3.4.4　建议使用的C_1和C_2

型　号	C_1,C_3(陶瓷电容)	C_2,C_4(陶瓷电容)
K7803-500	10 μF/50 V	22 μF/6.3 V
K7805-500	10 μF/50 V	22 μF/10 V
K78X6-500	10 μF/50 V	10 μF/10 V
K7809-500	10 μF/50 V	10 μF/16 V
K7812-500	10 μF/50 V	10 μF/25 V
K7815-500	10 μF/50 V	10 μF/25 V

2. 负电压输出

负电压输出电路如图 3.4.2 所示，C_1、C_2 取值如表 3.4.4 所列。

3. 正负电压输出

正负电压输出的双电源电路是将图 3.4.1、图 3.4.2 的电路组合而成，如图 3.4.3 所示。其输入输出电容如表 3.4.4 所列。

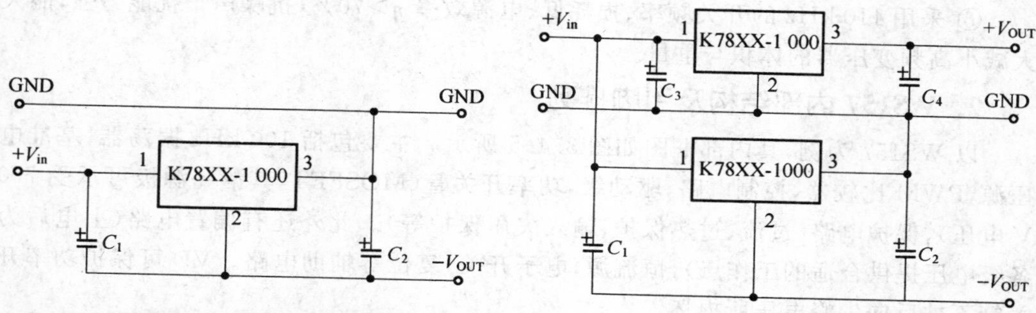

图 3.4.2 K78XX—1000 负电压输入电路

图 3.4.3 正负电压双输出电路

4. 减小输出纹波电压的电路

K78XX—500 或 K78XX—1000 是开关型 DC/DC 模块，它的噪声及纹波电压要比现行三端稳压器大。如果在负载电路中部分要求较低的噪声、纹波电压时，可以在输出电路中加一个 LC 滤波器，它能有效地降压纹波电压，如图 3.4.4 所示。

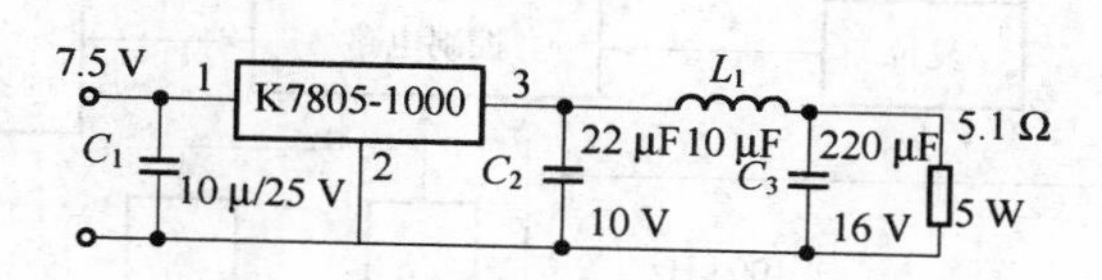

图 3.4.4 加 LC 滤波的输出电路

3.4.2 WS157(WS106, TOP221～227) PWM 开关型三端 AC/DC 芯片

1. WS157 性能

WS157 与 WS106 的电路相同，仅封装形式不同。WS157 的同类产品有美国 Power 公司生产的 TOP221～227。以 WS157 为例，介绍其性能特点。

① 集成度高。WS157 同一种将脉宽调制器(PWM)、高压场效应功率开关管(MOSFET)和保护电路集成在一起的三端表面安装器件，它真正实现了无工频变压器式开关电源的单片集成化。它比 L4960、L4970 系列单片开关式集成稳压器的集成度更高，并能省去工频变压器。

② 它属于双极型晶体管与 MOS 场效应管混合式集成电路(Bi—MOS)，只有 3 个引出端，能以最简方式接入电路。

③ 外围电路简单。220 V交流电可直接作为WS157的输入电压,输出端接高频变压器和高频流滤波器构成的输出电路,即可构成20 W以下的小功率开关电源。

④ 输入交流电压范围很宽,当市电从110~260 V大范围变化时,仍能保证稳压输出。占空比调节范围是3%~47%。

⑤ 具有完善的保护功能,包括过流保护、过压保护、输入欠压保护($V_1 < 80$ V AC)、过热保护(芯片结温 $I_j \geq 145$ ℃)、锁定及自动恢复等功能。

⑥ 采用110 kHz的开关频率、损耗低、电源效率 $\eta > 70\%$,抗噪声干扰能力强,能大大减小高频变压器的体积与重量。

2. WS157内部结构及引脚排列

以WS157为例,其内部框图如图3.4.5所示。主要包括100 kHz振荡器,基准电压源,PWM比较器,控制电路,驱动级,功率开关管(MOSFET,其漏—源极可承受700 V电压),保护电路(过流、过热保护、输入欠压保护等)。此外还有偏置电路(上电后为各级电压提供合适的工作点),恒流源,电子开关,复位等辅助电路。VD可保护功率开关管不被反向尖峰电压所损坏。

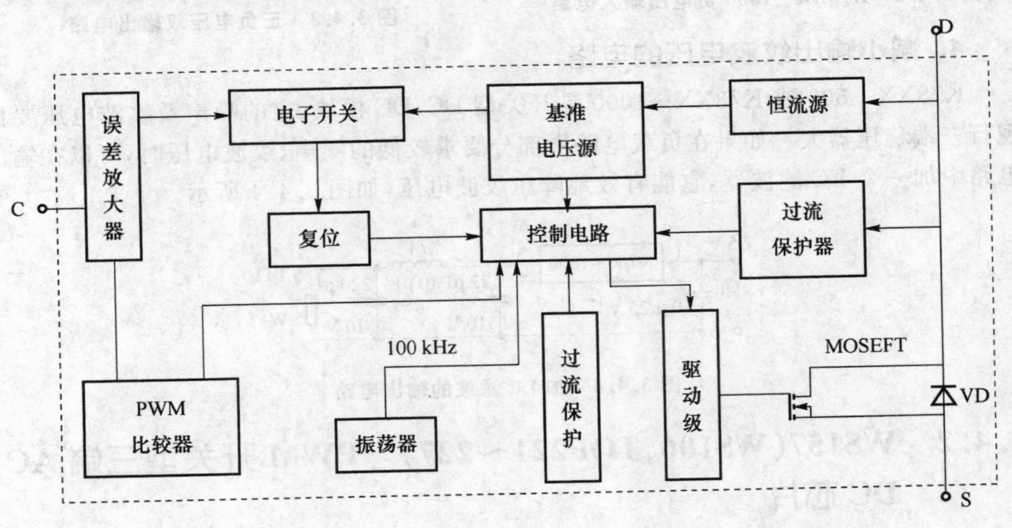

图3.4.5 WS157的内部框图

WS157和WS106的外形及引脚排列分别如图3.4.6所示。WS157、WS106均属于表面安装元件(SMC),仅封装形式和引脚数量不同。WS157实际上只有3个引脚(上、下两个S极在内部连通),属三端器件。其中C(CONTROL)为控制端、S(SOURCE)是源极、D(DRAIN)为漏极。WS106为8脚双列式封装(SMD—8),共有6个S极,剩下的是D极与C极,故仍相当于三端器件。

3. AC/DC精密电源

一种AD/DC精密开关电源模块的电路如图3.4.7所示。

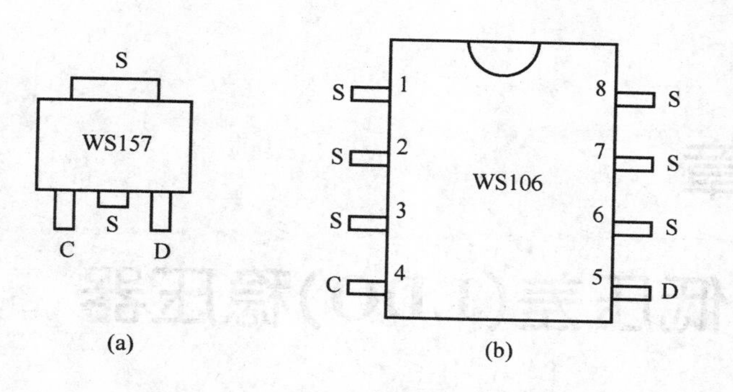

图 3.4.6　WS157、WS106 引脚排列

该电源的电压调整率 $S_V<0.1\%$，负载调整率 $S_1<1\%$，可作为精密开关电源使用。该电路增加了光电耦合器(4N25)和可调式精密并联(分流)稳压器 TL_{431}。由美国 T1 公司生产的 TL_{431}，可简化成一种带基准电压源的单运放，其正极(阳极)、负极(阴极)和 2.5 V 基准电压端分别用 A、K、V_{REF} 表示。TL_{31} 的稳压调节范围是 2.5～36 V，由外部电阻分压器设定。输出阻抗为 0.2 Ω，全范围电压温度系数是 30×10^{-6}/℃(即30106/℃)，吸收电流能力为 1～100 mA。TL_{431} 特别适合于作隔离反馈式开关电源的外部基准电压和误差放大器。R_3 为限流电阻，R_4 和 R_5 为取样电阻。当 V_o 变化时，取样电压就与 TL_{431} 内部 2.5 V 比较，经过光耦去调节 WS157 的控制端电压，这样即可对占空比进行精细调节，实现精密稳压目的。

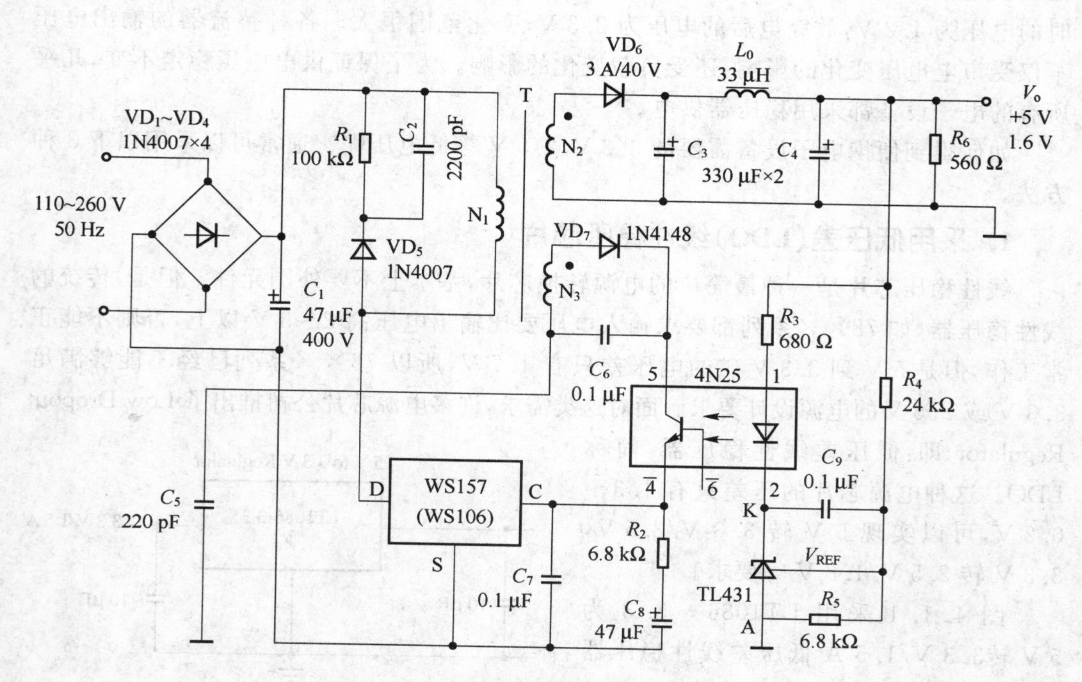

图 3.4.7　AC/DC 精密开关电源电路

第 4 章

便携式低压差(LDO)稳压器

4.1 便携式 LDO 稳压器概述

小型精密电子设备还要求电源非常干净(无纹波、无噪声),以免影响电子设备正常工作。为了满足精密电子设备的要求,应在电源的输入端加入线性稳压器,以保证电源电压恒定和实现有源噪声滤波。

4.1.1 低压差(LDO)稳压器

便携式电子设备不管是由交流市电经过整流(或交流适配器)后供电,还是由蓄电池组供电,工作过程中,电源电压都将在很大范围内变化。比如单体锂离子电池充足电时的电压为 4.2 V,放完电后的电压为 2.3 V,变化范围很大。各种整流器的输出电压不仅受市电电压变化的影响,还受负载变化的影响。为了保证供电电压稳定不变,几乎所有的电子设备都采用稳压器供电。

如何得到便携电子设备需要的 3.3 V、2.5 V 等低电压呢?通常可以采用以下 3 种方法。

1. 采用低压差(LDO)线性稳压芯片

线性稳压芯片是一种最简单的电源转换芯片,基本上不要外围元件。但是,传统的线性稳压器,如 78××系列都要求输入电压要比输出电压高 2~3 V 以上,否则不能正常工作,但是 5 V 到 3.3 V 矿的电压差只有 1.7 V,所以 78××系列已经不能够满足 3.3 V 或 2.5 V的电源设计要求。面对这类需求,许多电源芯片公司推出了 Low Dropout Regulator,即:低压差线性稳压器,简称 LDO。这种电源芯片的压差只有 1.3~0.2 V,可以实现 5 V 转 3.3 V/2.5 V,3.3 V 转 2.5 V/1.8 V 等要求。

图 4.1.1 采用 LT1086－3.3 为 5 V 转3.3 V/1.5 A 低压差线性稳压器(LDO)应用电路。

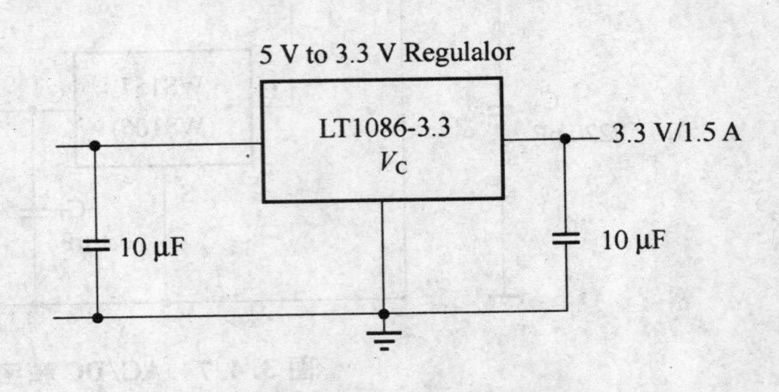

图 4.1.1　低压差线性稳压器

2. 采用开关电源加 LDO 芯片

开关电源也是实现电源转换的一种方法，使用降压型 SMPS(开关电源)能有效地将未稳压的电源转换为稳定的输出电压，效率很高。但是，输出纹波电压较高。噪声较大，电压调整率等性能也较差，特别是对模拟电路供电时，将产生较大的影响。输出端会出现由开关而产生的有害波纹和输入瞬变。如果将有噪声的电源加在 RF 功率放大器上，将会在广播频谱中注入寄生信号或调制噪声。

在开关型稳压器输出端接入低压差线性稳压器，如图 4.1.2 所示，就可以实现有源滤波，而且也可大大提高输出电压的稳压精度，同时电源系统的效率也不会明显降低。

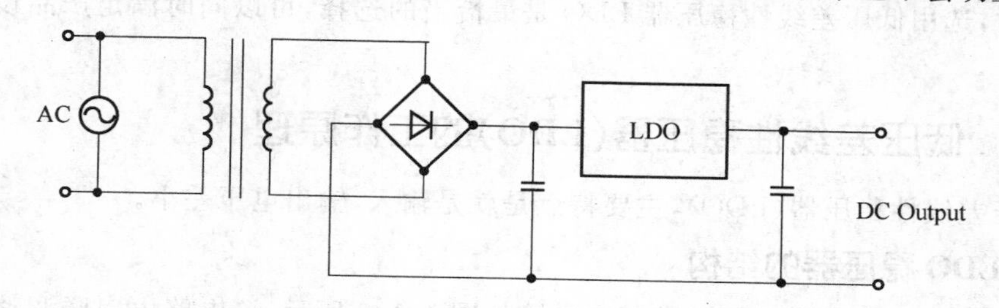

图 4.1.2　开关型稳压器输出端接入低压差线性稳压器

3. 直接采用电源模块

考虑到开关电源设计的复杂性，一些公司推出了基于开关电源技术的低电压输出电源模块，它们的可靠性和效率都很高，电磁辐射小，而且许多模块可以实现电源隔离。用户只需要加很少的外围元件即可使用。但是，电源模块最大的缺点是价格昂贵。

以上 3 种电源方案进行比较，如表 4.1.1 所列。

表 4.1.1　低压差线性稳压器、开关电源和电源模块的比较

方案	低压差线性稳压器	开关电源	电源模块
优点	所需外部元件数目少，使用方便，成本低，所需电路板空间小(不加散热片时)，纹波小，无电磁干扰	效率高(一般大于80%)，输入电压范围较宽，输出功率大，价格比电源模块便宜很多	效率高(一般大于 85%)，输入电压范围较宽，输出功率大，使用方便，电磁干扰小
缺点	效率很低(一般低于 70%)，功耗较大	设计较复杂，有电磁干扰，需要一定的设计能力	价格昂贵

模拟系统工程师和 RF 系统工程师都青睐传统的低噪声电源设计，它包括一个变压器、整流器和滤波器，后面是一个线性稳压器。一个低压差线性稳压器的低输出噪声和高 PSRR(电源抑制比)可以确保干净的电源，不会造成对功率放大器输出的干扰。

低压差(LDO)线性稳压器的优点：

所需外部元件数目少。通常只需要一两个旁路电容。使用方便，成本低。

噪声低。新的 LDO 线性稳压器可达到以下指标：输出噪声 30 μV，PSRR 为 60 dB，静态电流 6 μA。电压降只有 100 mV。

所需电路板空间小(不加散热片时),纹波小,无电磁干扰。如果输入电压和输出电压很接近.效率较高(一般大于 80%)。

当所设计的电路对分路电源有以下要求:

- 高的噪声和纹波抑制。
- 占用 PCB 板面积小,如手机等手持电子产品。
- 电路电源不允许使用电感器,如手机。
- 电源需要具有瞬时校准和输出状态白检功能。
- 要求稳压器低压差,自身功耗低。
- 要求线路成本低和方案简单。

此时,选用低压差线性稳压器 LDO 是最恰当的选择,可以同时满足产品设计的各种要求。

4.1.2 低压差线性稳压器(LDO)的工作原理

低压差线性稳压器(LDO),主要特点是就是输入,输出电压差小。

1. LDO 稳压器的结构

低压差线性稳压器(LDO)的基本电路如图 4.1.3 所示,该电路由串联调整管 VT、采样电阻 R_1 和 R_2、比较放大器 A 组成。

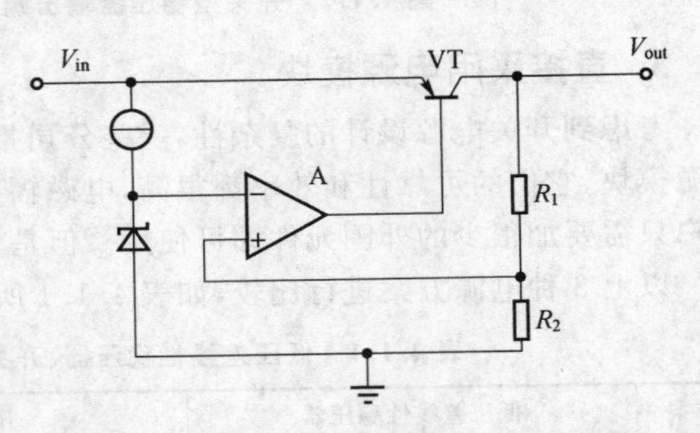

图 4.1.3 低压差线性稳压器(LDO)的基本电路

在电路中,采样电压加在比较器 A 的同相输入端,与加在反相输入端的基准电压 V_{ref} 相比较,两者的差值经放大器 A 放大后,控制串联调整管的压降,从而稳定输出电压。当输出电压 V_{out} 降低时,基准电压与取样电压的差值增加,比较放大器输出的驱动电流增加,串联调整管压降减小,从而使输出电压升高。相反,若输出电压 V_{out} 超过所需要的设定值,比较放大器输出的前驱动电流减小,从而使输出电压降低。供电过程中,输出电压校正连续进行,调整时间只受比较放大器和输出晶体管回路反应速度的限制。应当说明,实际的线性稳压器还应当具有许多其他的功能,比如负载短路保护、过压关断、过热关断、反接保护等,而且串联调整管也可以采用 MOSFET。

压差 V_{DO} 指的是线性稳压器的输入电压 V_{in} 与输出电压 V_{out} 的差值,即 $V_{DO}=V_{in}-V_{out}$。要保证线性稳压器的稳压性能需要一个最低的压差,若压差低于最低压差时,稳压器的稳压性能就不符合要求。

例如,某便携式电子产品的 $V_{out}=3.0$ V,输出电流最大值为 80 mA。若选择 V_{DO} 分别为 2 V、0.5 V、0.1 V(输出电流 100 mA、$V_{out}=3.0$ V)的稳压器,则所需要的电池数不同,效率也不一样。数值表如表 4.1.2 所列。从表中可以看出不同的压差时需要的

电池数及转换效率 η(最大值)的区别。

表 4.1.2 中：P_{DO} 为由压差造成的损耗功率，$P_{DO}=I_{out}\times V_{DO}$

P_{in} 为稳压器输入功率，$P_{in}=P_{DO}+P_{out}$

P_{out} 为输出功率，$P_{out}=I_{out}\times V_{out}$

η 为转换效率，$\eta=P_{out}/(P_{out}+P_{DO})$

表 4.1.2　压差与电池数的关系

V_{DO}/V	V_{in}(min)/V	充电电池数(1.2 V/节)	P_{out}/W	P_{DO}/W	P_{in}/W	η/%
2	5	5	0.24	0.16	0.4	60
0.5	3.5	4	0.24	0.04	0.28	85.7
0.1	3.1	3	0.24	0.008	0.248	96

2. LDO 稳压器中不同的调整管的结构与压差

在 LDO 稳压器中，由于调整管的结构不同，其压差也不同，随着采用晶体管的改变，压差会逐渐下降。

图 4.1.4 是采用两个 NPN 管组成达林顿结构的调整管，为满足稳压要求，需要 2.5～3 V 的压差。

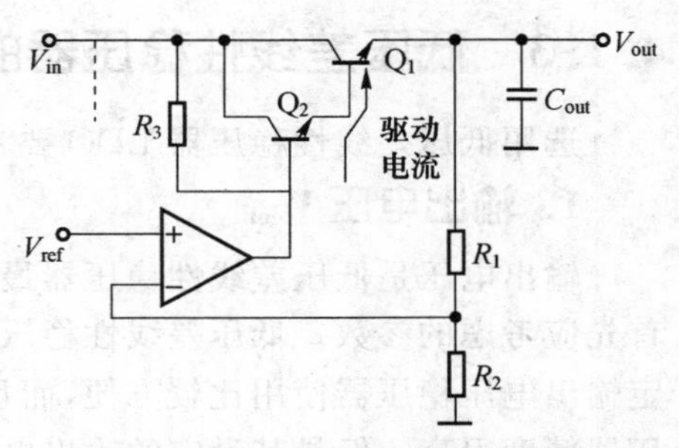

图 4.1.4　采用两个 NPN 管组成达林顿结构调整管的 LDO 稳压器

图 4.1.5 是采用 PNP 及 NPN 管组成的调整管，其压差减少到 1.2～1.5 V。

图 4.1.6 是一种低压差结构，采用一只 PNP 管作为调整管，其压差进一步减少到0.3～0.6 V，其最小值为该 PNP 管的饱和压降，即 $V_{DO}(\min)=V_{CE(SET)}$。由于大功率 PNP 管的饱和压降难做到 0.3 V 以下，所以，这种结构最小压差的极限为 0.3 V 左右。

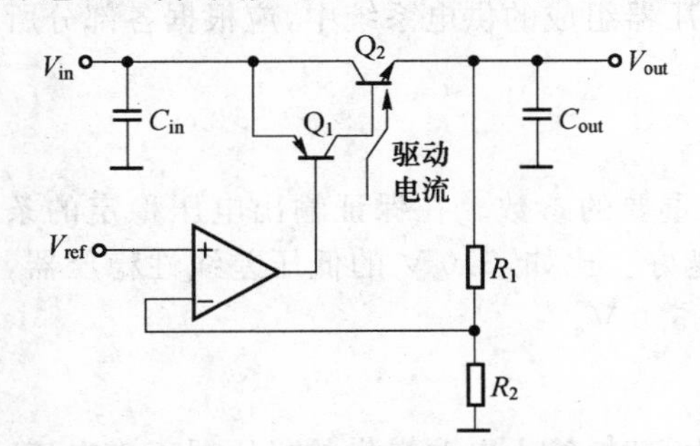

图 4.1.5　采用 PNP 及 NPN 管组成调整管的 LDO 稳压器

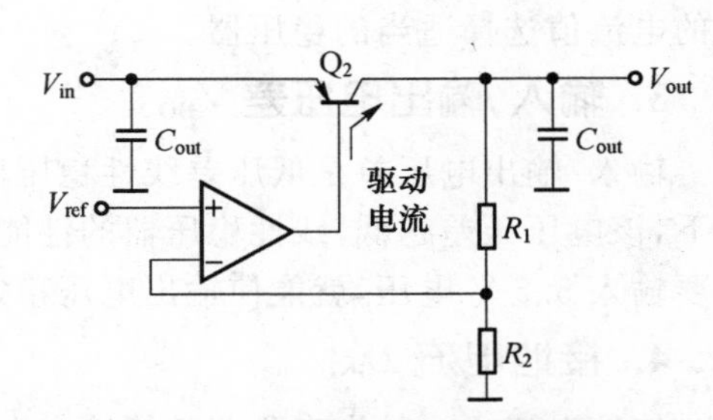

图 4.1.6　采用 PNP 管作调整管的 LDO 稳压器

近年来，MOSFET 的导通电阻 R_{DS}(on)由欧姆级降到毫欧姆级，阈值电压也由几伏降到0.1 V 或0.1 V 以下。采用 MOSFET 作调整管，可使压差降到 0.1 V 以下(小电流输出)。另外，MOSFET 管是用 VGS 电压来驱动，无须驱动电流，故效率更高。

图4.1.7所示,采用P沟道MOSFET作调整管在结构上是最简单的,但它需要占较大的硅片面积,另外其导通电阻也较N沟道大些,因此,最好是采用N沟道功率MOSFET作调整管,如图4.1.8所示。为了保证一定的V_{GS},为3～5 V,芯片上加入3个升压电路,提高V_G电压。

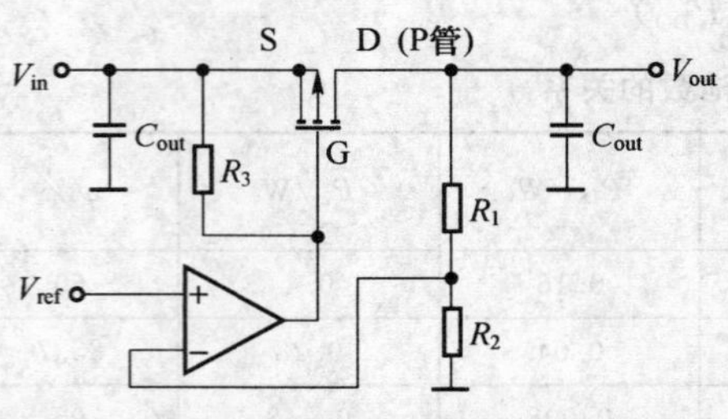

图4.1.7 采用P沟道MOSFET作调整管的LDO稳压器

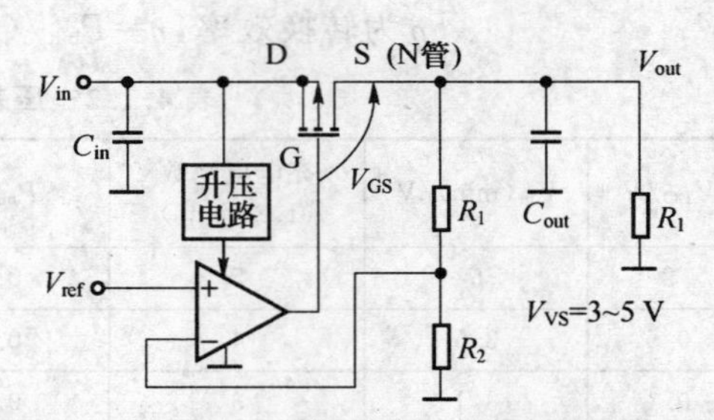

图4.1.8 采用N沟道MOSFET作调整管的LDO稳压器

4.1.3 低压差线性稳压器的主要参数

选用低压差线性稳压器LDO要考虑以下主要的技术参数。

1. 输出电压V_{out}

输出电压是低压差线性稳压器最重要的参数,也是电子设备设计者选用稳压器时首先应考虑的参数。低压差线性稳压器有固定输出电压和可调输出电压两种类型。固定输出电压稳压器使用比较方便,而且由于输出电压是经过厂家精密调整的。所以稳压器精度很高。但是其设定的输出电压数值均为常用电压值,不可能满足所有的应用要求,但是外接元件数值的变化将影响稳定精度。

2. 最大输出电流I_{out}(max)

用电设备的功率不同,要求稳压器输出的最大电流也不相同。通常,输出电流越大的稳压器成本越高。为了降低成本,在多只稳压器组成的供电系统中,应根据各部分所需的电流值选择适当的稳压器。

3. 输入/输出电压差V_{DO}

输入/输出电压差是低压差线性稳压器最重要的参数。在保证输出电压稳定的条件下,该电压压差越低,线性稳压器的性能就越好。比如,5.0 V的低压差线性稳压器,只要输入5.5 V电压,就能使输出电压稳定在5.0 V。

4. 接地电流I_{GND}

接地电流I_{GND}是指串联调整管输出电流为零时,输入电源提供的稳压器工作电流。该电流有时也称为静态电流,但是采用PNP晶体管作串联调整管元件时,这种习惯叫法是不正确的。通常较理想的低压差稳压器的接地电流很小。

5. 负载调整率ΔV_{load}

负载调整率可以通过图4.1.9和公式4.1.1来定义,LDO的负载调整率越小,说明 LDO 抑制负载干扰的能力越强。

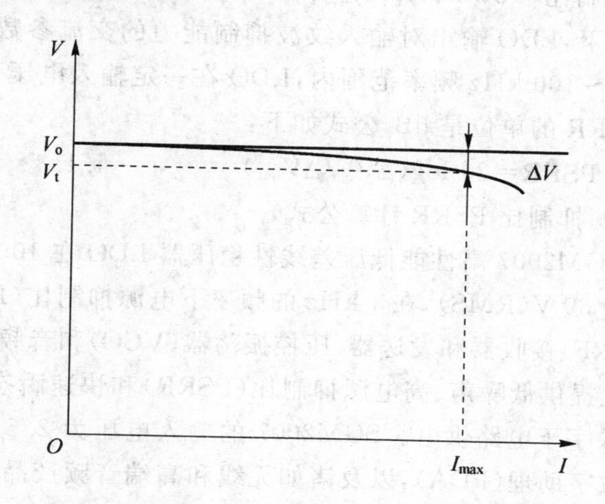

图 4.1.9 输出电压 V_o 和输出最大电流 I_{max}

$$\Delta V_{Load}=\frac{\Delta V}{V_o\times I_{max}}\times 100\% \qquad 4.1.1$$

(式 4.1.1 为负载调整率 ΔV_{Load} 计算公式)

式中 ΔV_{Load}——负载调整率;

I_{max}——LDO 最大输出电流;

V_t——输出电流为 I_{max} 时,LDO 的输出电压;

V_o——输出电流为 0.1 mA 时,LDO 的输出电压;

ΔV——负载电流分别为 0.1 mA 和 I_{max} 时的输出电压之差。

6. 线性调整率 ΔV_{line}

线性调整率可以通过图 4.1.10 和公式 4.1.2 来定义,LDO 的线性调整率越小,输入电压变化对输出电压影响越小,LDO 的功能越好。

$$\Delta V_{line}=\frac{\Delta V}{V_o\times(V_{max}-V_o)}\times 100\% \qquad 4.1.2$$

(式 4.1.2 为线性调整率 ΔV_{line} 计算公式)

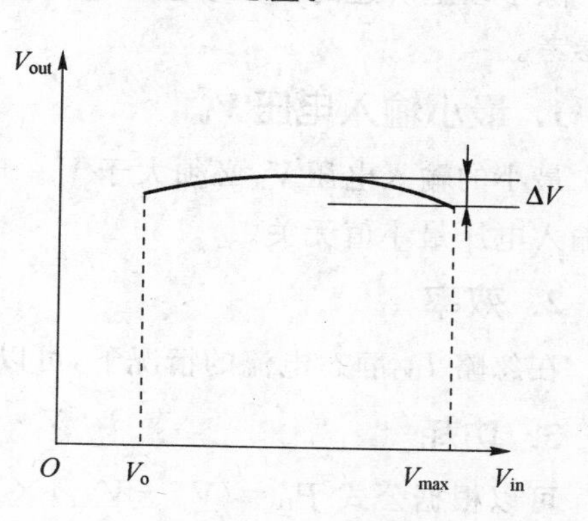

图 4.1.10 输出电压 V_{out} 和输入电压 V_{in}

式中 ΔV_{line}——LDO 线性调整率;

V_o——LDO 名义输出电压;

V_{max}——LDO 最大输入电压;

ΔV——LDO 输入 V_o 到 V_{max} 输出电压最大值和最小值之差。

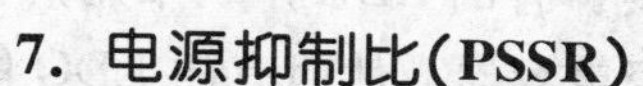

7. 电源抑制比(PSSR)

LDO 的输入源往往有许多干扰信号存在。PSRR 反映了 LDO 对于这些干扰信号的抑制能力。电源抑制比(Power supply ripple rejection ration,PSRR)是反映输出和输入频率相同的条件下,LDO 输出对输入纹波抑制能力的交流参数。和噪声不同,噪声通常是指在 10 Hz～100 kHz 频率范围内,LDO 在一定输入电压下其输出电压噪声的均方值(RMS),PSRR 的单位是 dB,公式如下:

$$PSRR = 20\log(\Delta V_{in}/\Delta V_{out}) \qquad 4.1.3$$

(式 4.1.3 为电源抑制比 PSRR 计算公式)

圣邦微电子的 SGM2007 高性能低压差线性稳压器 LDO 在 10 Hz～100 kHz 频率范围内的输出噪声为 30 V(RMS),在 1 kHz 的频率下电源抑制比(PSRR)高达 73 dB,它能够为诸如射频(RF)接收器和发送器、压控振荡器(VCO)和音频放大器等对噪声敏感的模拟电路的供电提供低噪声、高电源抑制比(PSRR)和快速瞬态响应,使能电路兼容 TTL 电平,适合数字于电路供电。SGM2007 的输入电压为 2.5～5.5 V,适合蓝牙数码照相机和个人数字助理(PDA),以及诸如无线和高端音频产品等单个锂电池供电或固定 3.3 V 和 5 V 的系统。

提高 PSRR 的方法:

有些低噪声 LDO 芯片提供一个基准的引脚 BP,用于连接基准旁路电容。BP 端加旁路电容为降低基准噪声,增大旁路电容,有利于减小输出噪声,提高 LDO 的 PSRR。建议使用陶瓷电容的典型为 470 pF～0.01 F。

还可以在 LDO 基准的输出端增加一路低通滤波器,滤波器可以集成在线性稳压器内部或由外部电路实现。当然,内置滤波器占用了较大的管芯尺寸,增加芯片的设计和生产成本。

除了以上所述的技术参数以外,还可以考虑以下几个指标作为选择 LDO 稳压器的参考。

1. 最小输入电压 V_{in}

最小的输入电压 V_{in} 必须大于 $V_{out}+V_{DO}$。需要注意,这与器件数据手册中所给出的输入电压最小值无关。

2. 效率

在忽略 I_{DO} 静态电流的情况下,可以采用 V_{out}/V_{in} 式子来计算效率。

3. 功耗

可以根据公式 $P_D=(V_{in}-V_{out})\times I_{out}$ 计算。这里 P_D 与器件封装类型、环境温度(T_a)和器件最大结温(T_{Jmax})密切相关。如果功率耗散较高,同时又苛求较高的效率,那么应优先考虑选择降压型 DC/DC 稳压器。

4. 输出电容器

输出电容器的 ESR 对于器件的稳定性来说至关重要。有的 LDO 声明采用具有较高 ESR 的钽电容器,那么一定不要选用极低 ESR 的陶瓷电容器。然而有的 LDO 能够在未采用输出电容器或者只采用了低 ESR 的陶瓷类型的输出电容器的情况下,稳定性就可以保证。作为设计人员，应严格按照具体 LDO 器件的数据手册选择最为合适类型的输出电容器。

5. 反向泄漏保护

在某些 LDO 的输出端上的电压高于输入端的电压的特殊应用中，反向泄漏保护可以有效防止电流从 LDO 的输出端流向输入端。如果忽视这点，这种反向泄漏会损坏输入电源，特别是当输入电源为电池的时候，尤其需要重视。

4.1.4 LDO 的典型应用

如果输入电压和输出电压很接近。最好是选用 LDO 稳压器，可达到很高的效率。所以，在把锂离子电池电压转换为 3 V 输出电压的应用中大多选用 LDO 稳压器。虽说电池的能量最后有 10% 是没有使用，LDO 稳压器能够保证电池的工作时间较长。同时噪音较低。作为被广泛应用于手机、DVD、数码照相机以及 MP3 等多种消费类电子产品中的稳压芯片，LDO 已引起人们的高度重视。

1. 低压差线性稳压器的典型应用

图 4.1.11 所示电路是一种最常见的 AC/DC 电源，交流电源电压经变压器后，变换成所需要的电压，该电压经整流后变为直流电压。在该电路中，低压差线性稳压器的作用是：在交流电源电压或负载变化时稳定输出电压，抑制纹波电压，消除电源产生的交流噪声。

各种蓄电池的工作电压都在一定范围内变化。为了保证蓄电池组输出恒定电压，通常都应当在电池组输出端接入低压差线性稳压器，如图 4.1.12 所示。低压差线性稳压器的功率较低，因此可以延长蓄电池的使用寿命。同时，由于低压差线性稳压器的输出电压与输入电压接近，因此在蓄电池接近放电完毕时，仍可保证输出电压稳定。

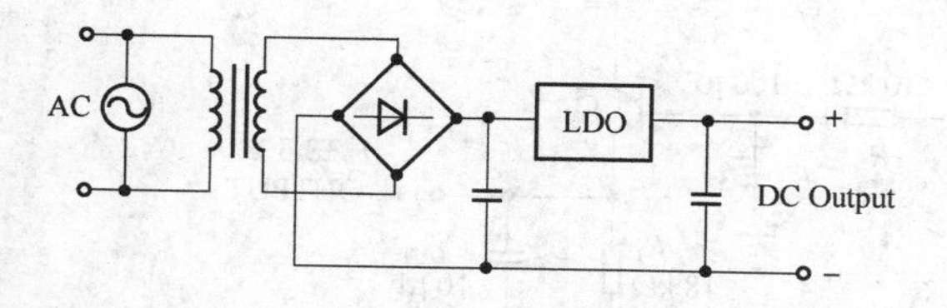

图 4.1.11　最常见的 AC/DC 电源

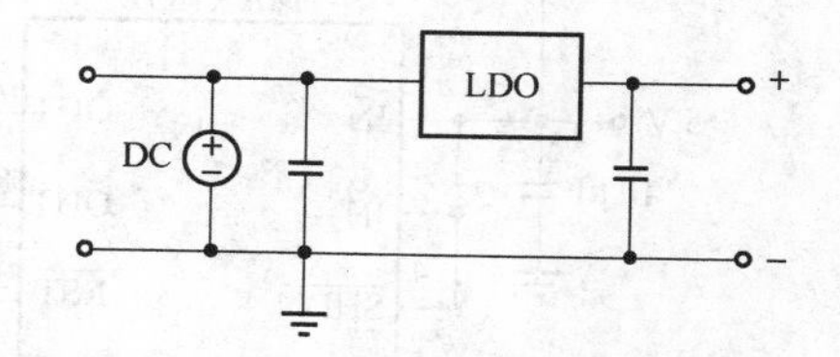

图 4.1.12　电池组输出端接入 LDO 稳压器

众所周知，开关性稳压电源的效率很高，但输出纹波电压较高，噪声较大，电压调整率等性能也较差，特别是对模拟电路供电时，将产生较大的影响。在开关性稳压器输出端接入低压差线性稳压器，如图 4.1.13 所示，就可以实现有源滤波，而且也可大大提高输出电压的稳压精度，同时电源系统的效率也不会明显降低。

在某些应用中，比如无线电通信设备通常只有一组电池供电，但各部分电路常常采用互相隔离的不同电压，因此必须由多只稳压器供电。为了节省共电池的电量，通常设备不工作时，都希望低压差线性稳压器工作于睡眠状态。为此，要求线性稳压器具有使能控制端。有单组蓄电池供电的多路输出且具有通断控制功能的供电系统如图

4.1.14 所示。

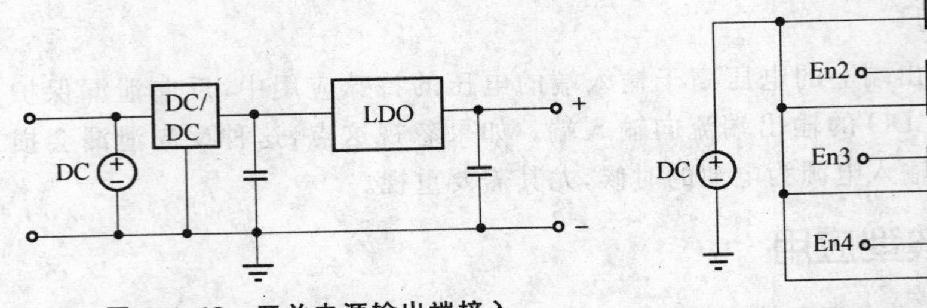

图 4.1.13 开关电源输出端接入 LDO 稳压器

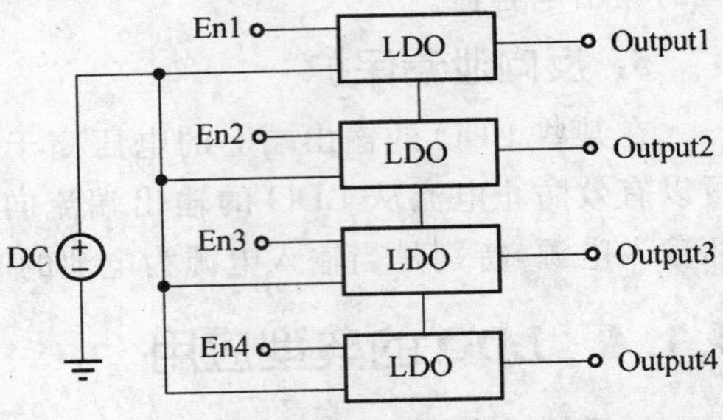

图 4.1.14 多路输出且具有通断控制功能的供电系统

2. LDO 在降低电源的输出电压噪声方面的应用

如果负载端为 RF、音频或其他对噪声敏感的应用,如锁相环电路(PLL)、模/数转换器(ADC)、医疗电子设备和图像传感器等,电路对于电源噪声非常敏感,需要低噪声供电。那么应选择具有高电源纹波抑制(PSRR)的 LDO,以实现对输入电源的抗噪性,以及低输出噪声(<50 μVms)。

以下是 3 种利用 LDO 稳压器降低输出电压噪声的电路。

图 4.1.15 是利用 LDO 芯片 MAX1857,通过增加一个外部晶体管和简单的 RC 低通滤波器来降低电源的噪声。MAX1857 的输出噪声电平不低于 2 000 nV/$\sqrt{\text{Hz}}$,在 1 kHz 以下时不低于 1600 nV/$\sqrt{\text{Hz}}$。利用图中的滤波器,可以将电源噪声降低 46dB,并且在 200 Hz 出能够获得 7 nV/$\sqrt{\text{Hz}}$的噪声电平。

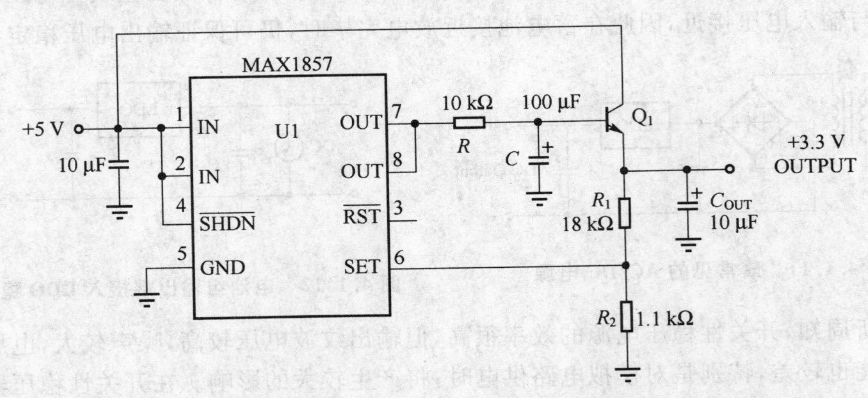

图 4.1.15 简单 RC 滤波器配合外部晶体管驱动器抑制 LDO 噪声

有些设备中的超低噪声振荡器器要求非常低的噪声电平。MAX8887 是低噪声的 LDO 稳压器,它在 1 kHz 下的噪声密度为 500 nV/$\sqrt{\text{Hz}}$。可以采用如图 4.1.16 中所示的电路,利用多个低噪声元件和滤波器,使其 1 kHz 时输出噪声电平低至 6 nV/$\sqrt{\text{Hz}}$,而且该电路具有较高的瞬变负载响应速度。

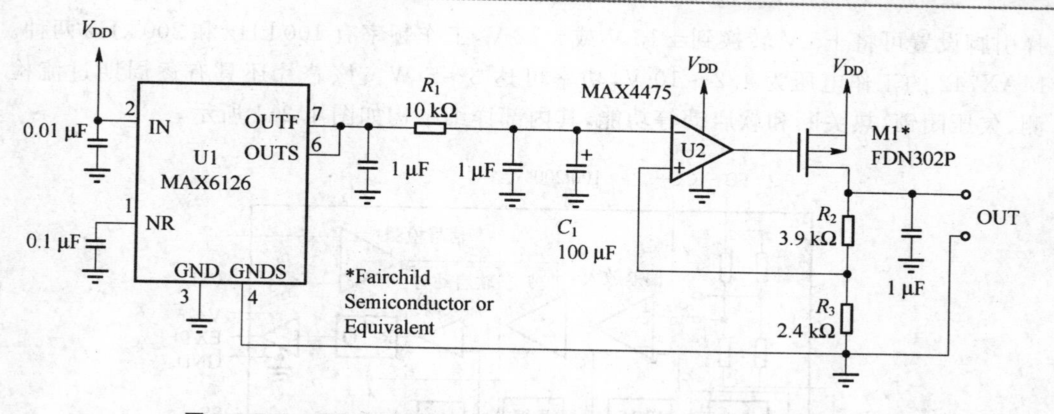

图 4.1.16 采用多个低噪声元件和滤波器的超低声 LDO 稳压器

除了以上方法外，采用简单的前馈消噪声技术可以将电源噪声降低 26 dB 以上，并可获得输入与输出低压差和高效率。图 4.1.17 中所示的电路特别适合音频带宽，在降低整个频带音频电源噪声方面非常有用。其中。图(a)中采用了压控电流源，(b)中的压控电流源通过低噪声运放和 N 沟道 MOSFET 来实现。

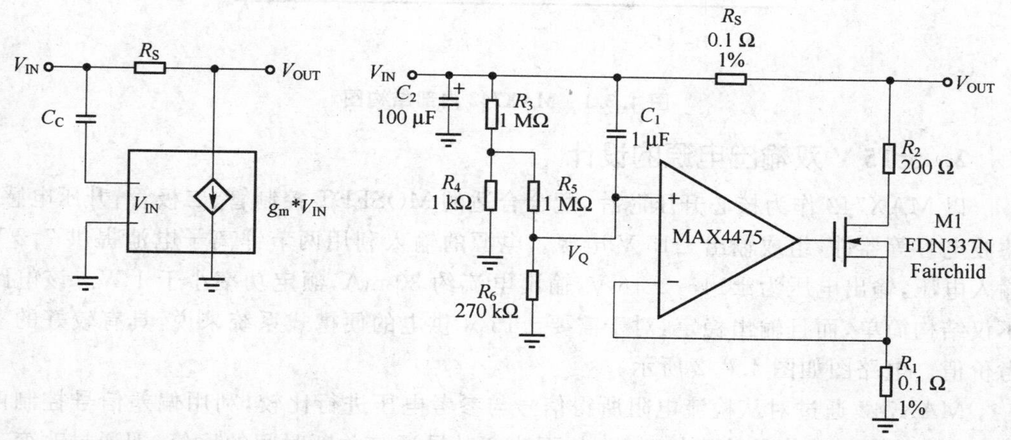

(a) 采用了压控电流源$g_m \times V_{IN}$ (b) 电路中的压控电流源，由运放和MOSFET实现

图 4.1.17 用于电源的前馈消噪声

生产 LDO 的公司很多，常见的有：ALPHA，Linear(LT)，Micrel，National semiconductor，TI 等。

4.2 便携式稳压器芯片

4.2.1 MAX742 便携式系统±15 V 双输出电源设计方案芯片

1. MAX742 芯片内部结构

MAXIM 公司的 MAX742 是一款基于脉宽调制电流反馈模式的升压芯片，通过选择引脚设置可将+5 V转换到±15 V或±12 V,工作频率有100 kHz和200 kHz两种。MAX742的工作电压为4.2~10 V,功率可达3~6 W。该芯片还具有逐周期过流检测、欠压闭锁、热关断和软启动等功能,其内部详细结构如图4.2.1所示。

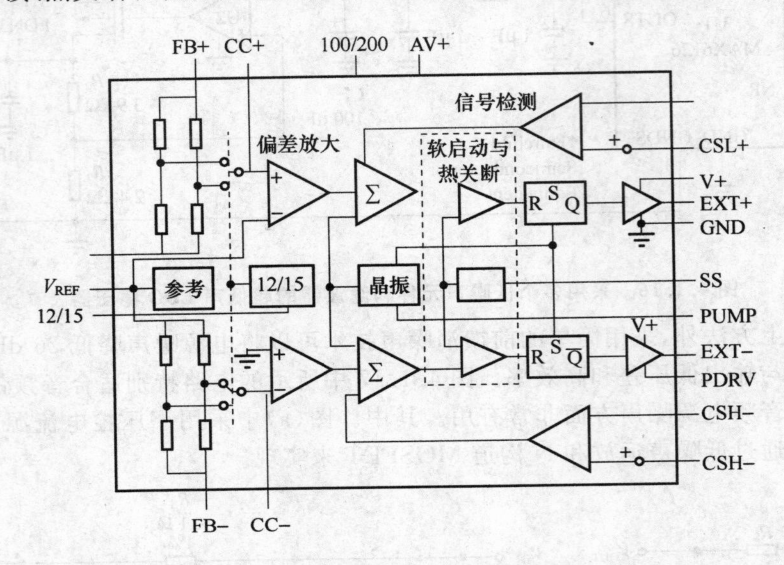

图4.2.1 MAX742内部结构图

2. ±15 V双输出电源的设计

以MAX742作为核心升压芯片,配合合适的MOSFET控制管、二极管、升压电感、滤波电容等器件,组成输出±15 V电源。电源的输入利用两节锂离子电池提供7.2 V输入电压,输出电压为±14~±16 V,输出电流约30 mA,额定功率小于1 W。该电路不仅结构简单,而且输出稳定,对于需要±15 V供电的便携式系统来说,具有较好的参考价值。电路图如图4.2.2所示。

MAX742通过对从检流电阻所得信号与参考电压进行比较,利用偏差信号控制两个MOSFET驱动信号的施加时间,从而改变其导通与关断时间的比值,即通过改变占空比,来调节升压电感存储能量和释放能量的时间比,以获得稳定的电压输出。外围器件的选择如下:

① MOSFET:MAX742推荐MOSFET采用MTP15N05EL(N)和MTP12N05E(P)。由于没有买到推荐晶体管,根据类型、特性、外形等几项转换原则,采用N沟道IRFU120N(Q1)和P沟道IRF9530(Q2)。

② 整流二极管:整流二极管采用推荐的肖特基二极管IN5817,图2中为D1~D4。

③ 电感:输出滤波电感L_3和L_4采用推荐的22 μH。L_1和L_2为储能电感。

3. MAX742输出特性

MAX742芯片输出电压随输入电压变化曲线如图4.2.3所示。

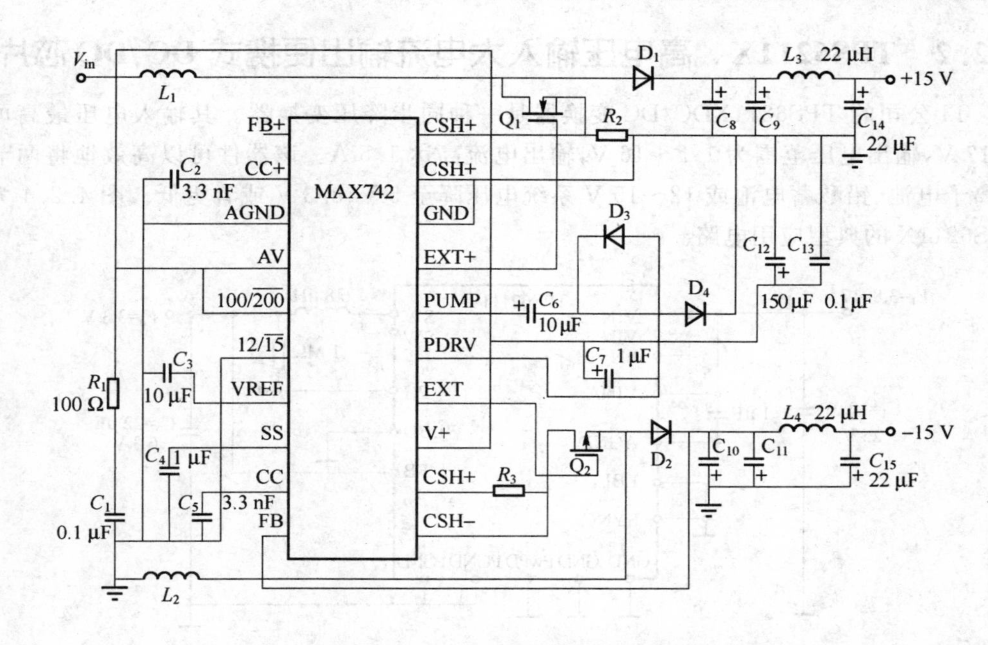

图 4.2.2　±15 V双输出电源电路图

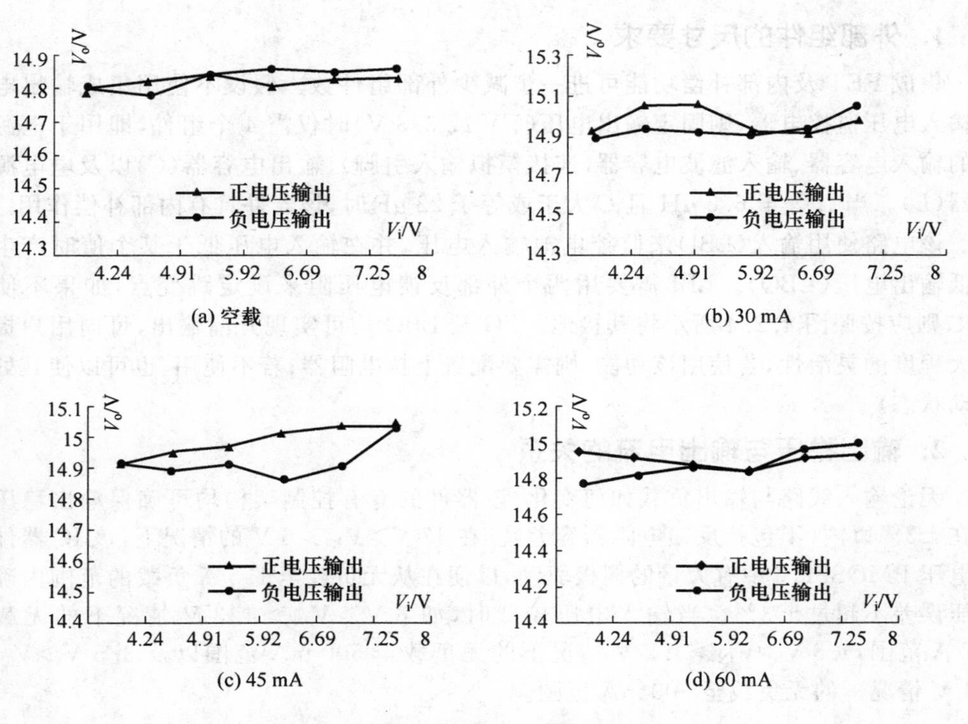

图 4.2.3　MAX742芯片输出电压随输入电压变化曲线

4.2.2 TPS6211X 高电压输入大电流输出便携式 DC/DC 芯片

TI 公司的 TPS6211XDC/DC 变换器是一种同步降压变换器。其输入电压最高可达 17 V,输出电压范围为 1.2～16 V,输出电流高达 1.5 A。该器件可以高效地将两节锂离子电池、铅酸蓄电池或 12～15 V 系统电压降至 5 V、3.3 V 或者更低。图 4.2.4 为 TPS6211X 的典型应用电路。

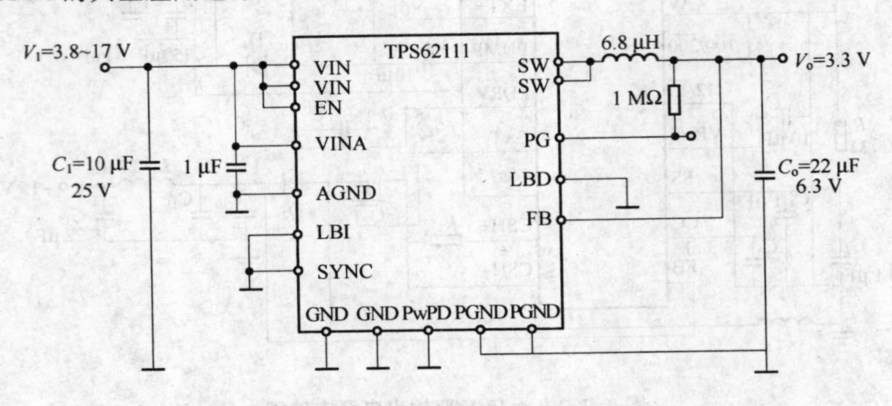

图 4.2.4 TPS6211X 典型应用

1. 外部组件的尺寸要求

集成 FET 及内部补偿功能可进一步减少外部组件数。假设不使用集成输出电压与输入电压监控电器,则固定输出电压(5 V 或 3.3 V)时仅需 4 个组件,即用于电源开关的输入电容器、输入滤波电容器(连接模拟输入引脚)、输出电容器(C)以及电电源电感器(L)。当 L 等于 6.8 μH 且 C 大于或等于 22 μF 时,该器件具有内部补偿作用。

该电路使用输入(LBI)来监控电池输入电压,并在输入电压低于某个值时产生逻辑低输出电压(LBO)。LBI 需要用两个外部反馈电压阻来设定跳变点,如果不使用 LBI,则应按照图 4.2.4 所示将其接地。PG 及 LBO 均可实现开漏输出,可向用户提供最大程度的灵活性,若使用该功能,则需要配置上拉电阻器;若不使用,也可以使其处于浮动状态。

2. 输出稳压与输出电流的关系

无论输入线路与输出负载如何变化,该器件的专有控制架构均可确保输出稳压误差在±3%以内(不包括反馈电阻器容差)。在 17 V$>V_{IN}>$6 V 的情况下,该 IC 器件的高电压 PMOSFET 中有大量的栅极驱动,以便在从无负载至 1.5 A 负载的范围内确保稳压误差不超过±3%。当输入电压较低时,如 6 V$>V_{IN}>$4.3 V 情况下的无载至 1.2 A 范围,4.3 V$>V_{IN}>$3.5 V 情况下的无负载至 500 mA 范围以及 3.5 V$>V_{IN}>$3.1 V 情况下的无负载至 300 mA 范围。

4.2.3 LTC3425 便携式四相同步升压型变换器电源方案

Linear(凌特)公司的 LTC3425 是一个四相同步升压型变换器。图 4.2.5 为使用

LTC3425 芯片的两节电池至 3.3 V/1.8 A 输出的四相同步升压型变换器的电路图。

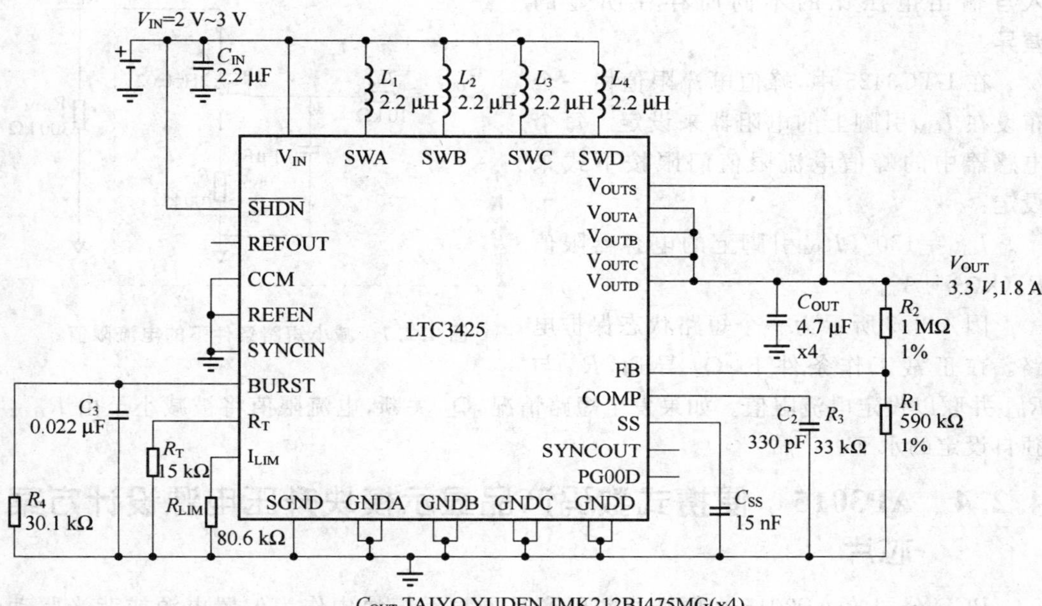

图 4.2.5 两节电池至 3.3 V/1.8 A 输出的四相同步升压变换器

在电池供电型和负载点升压型变换器应用中，不断增长的电流需求给实现高效率和低输出纹波并同时保持电路外形尺寸的小巧提出了更高的要求。一种理想的解决方案是采用多相控制电路。多相变换器通过交替使用并行功率级的时钟信号，多相技术可以减小电流和电压纹波。例如，在一个四相转换器中，当输入电压高于输出电压的 1/4 时，至少有一相将向负载输送电流。对于较低的占空比，将有多个相位同时与负载相连。这使得流过输出电容器的纹波电流大幅度减小。

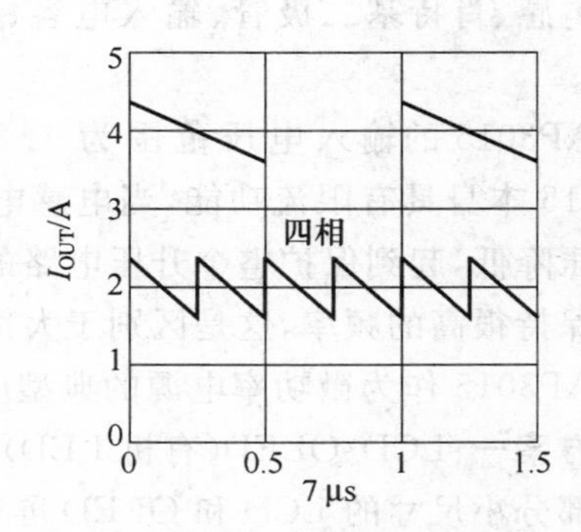

图 4.2.6 单相升压变换器与四相升压转换器的输出纹波电流比较(输出电流＝2 A，占空比＝50%)

图 4.2.6 比较了 50%占空比条件下采用单相和采用四相升压型变换器时的输出电流波形。由图可见，本例中的峰－峰纹波电流是采用单相升压操作时的 10%左右，而频率则高 4 倍。四相结构较低的纹波电流和较高的纹波频率极大地降低了输出电容的尺寸和成本。因为输出电容器中的损耗等于 ESR 与 RMS 纹波电流的平方的乘积，较低的纹波电流提升了效率。较低的电感器峰值电流允许使用体积更小、成本更低的电感器。

在升应用中，峰值电感器电流会因输入与输出电压比的不同而存在明显的差异。

在 LTC3425 中，峰值电流限值由一个布设在 I_{LIM} 引脚上的电阻器来设定。每个电感器中的峰值电流限值门限按下式来设定：

I_{LIM} = 130/(I_{LIM} 引脚上的电容器限值 R)(kΩ)·A_{mps}。

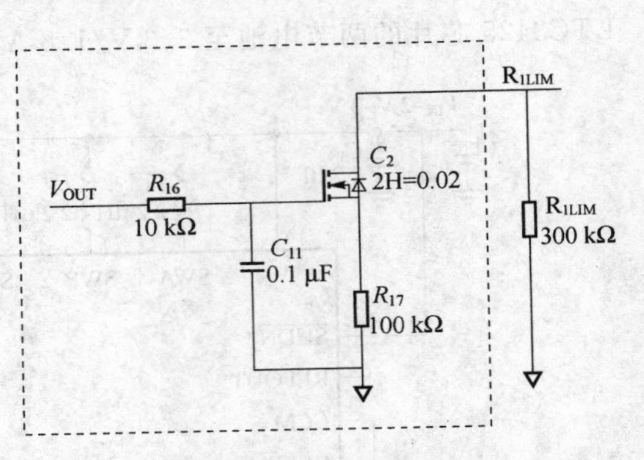

图 4.2.7 减小短路条件下的电流限值

因 4.2.7 所示为一个短路状态保护电路。在正常工作条件下，Q_2 导通，R_{17} 与 R_{ILM} 并联以设定电流限值。如果发生短路情况，Q_2 关断，电流限值将被减小至由 R_{1LIM} 独自设定的水平。

4.2.4 AP3015 便携式数码产品显示模块升压电源设计方案芯片

BCD 公司的 AP3015 在便携式数码产品的显示模块中作为偏置电源或背光驱动电源有着广泛的应用。

AP3015 是内部集成开关管的脉冲频率调制(PFM)模式的升压转换器，通过外接升压电感、肖特基二极管、输入电容、输出电容和两个分压电阻即可构成完整的升压电路。

AP3015 的输入电压范围为 1.2～12 V，而一般升压转化器最大只能到 6 V；AP3015 本身具有限流功能，当电感电流超过约 35 mA 时，会触发限流功能，同时使输出电压降低，起到保护整个升压电路的作用。由于 AP3015 采用 PFM 模式，它在输载时能保持很高的频率，这是区别于大部分脉宽调制(PWM)模式升压变换器的优点。

AP3015 作为微功率电源的典型应用方案：

方案一：LCD/OLED(有机 LED)单路偏置电源方案。

部分小尺寸的 LCD 和 OLED 屏需要单路正电压作偏置电源，不同厂家的屏需要的电压大小不同，从 9～2.5 V 不等，所需电流较小，通常在 10 mA 左右。图 4.2.8 是采用 AP3015 设计的单路偏置电源，由单节锂电池供电，根据 LCD/OLED 屏的需要，调整 $R_1/R_{2A}/R_{2B}$ 来设定合适的输出电压，为其供电。该电路是典型的升压变换电路，开关管集成在 AP3015 内部，AP3015 的 SW 端即为开关管的发射极。反馈环路由 $R_1/R_{2A}/R_{2B}/C_f$ 构成，补偿控制由 AP3015 实现。

方案二：LCD/OLED(有机 LED)正负偏置电源方案(一)。

另一部分小尺寸的 LCD 和 OLED、(有机 LED)屏需要双路正负电压作偏置电源，所需电流更小。图 4.2.9 即是由 AP3015 设计的双路输出偏置电源，由单节锂电池供电，可据 LCD/OLED 屏的需要，调整 $R_1/R_{2A}/R_{2B}$ 来设定合适的输出电压。该电路的

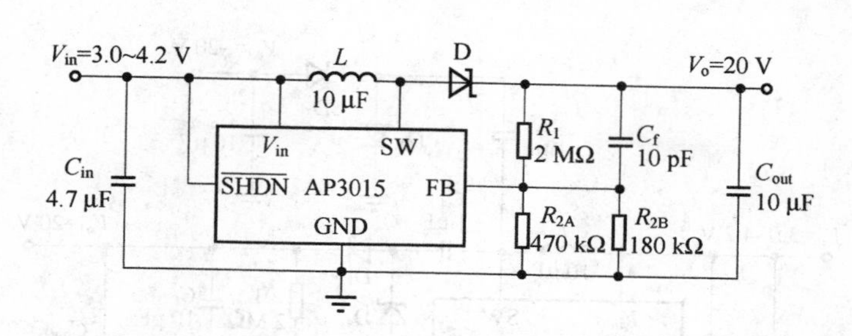

图 4.2.8 AP3015 作为 LCD/OLED 单路偏置电源的典型应用方案

V_{o1}部分是典型的升压转换电路。V_{o2}是电荷泵电容 C_3 以及两个整流二极管 D_2/D_3 实现。SW 端的开关信号幅值为 20.4 V,当 SW 端为高时,D_2 导通,D_3 截止,C_3 充电至 20.4 V,此时负载电流由输出电容 C_{out2} 提供;当 SW 变低时,C_3 的上端被拉至－20.4 V,D_2 截止,D_3 导通,提供负载电流并给 C_{out2} 充电。

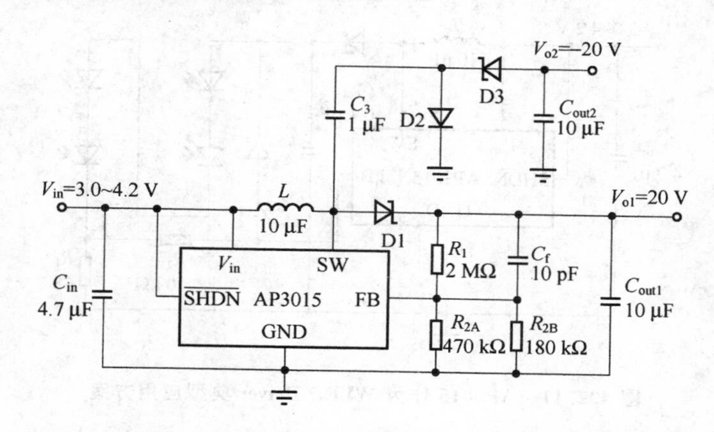

图 4.2.9 AP3015 作为 LCD/OLED 双路偏置电源的典型应用方案一

方案三:LCD/OLED 正负偏置电源方案(二)。

正负偏置电源的另一个应用方案如图 4.2.10 所示。该电路的 V_{o1}和 V_{o2}均由电荷泵实现,有较好的交叉调整率。C_4/D1/D4 实现 V_{o1}正电压输出,C_3/D2/D3 实现 V_{o2}负电压输出,V_{o1}和 V_{o2}的绝对值相等。V_{o1}的大小由反馈电阻网络 $R_1/R_{2A}/R_{2B}$设定。

方案四:WLED(白光 LED)驱动电源方案。

如果便携式设备采用 LCD 作为彩色显示屏,必须需要白色背光光源。在小尺寸显示屏上通常用 2～4 颗白光 LED 作为背光。WLED 一般工作在 3.4 V/20 mA,4 颗 WLED 所需的功率最大约为 270 mW。图 4.2.11 即是由 AP3015 设计的 WLED 驱动电路,由单节锂电池供电,根据 LCD 的尺寸,可在 2～4 颗内调整 WLED 的个数,同时可通过调整 R_1 来调节 WLED 的电流相同,能很好的保持亮度的均匀。该电路拓扑为升压电路,负载为 4 个 WLED,并和电阻 R_1 共同构成反馈环,因此该电路实现恒定的输出电流而非输出电压。稳管 Z 和电阻 R_2 构成过压保护电路。

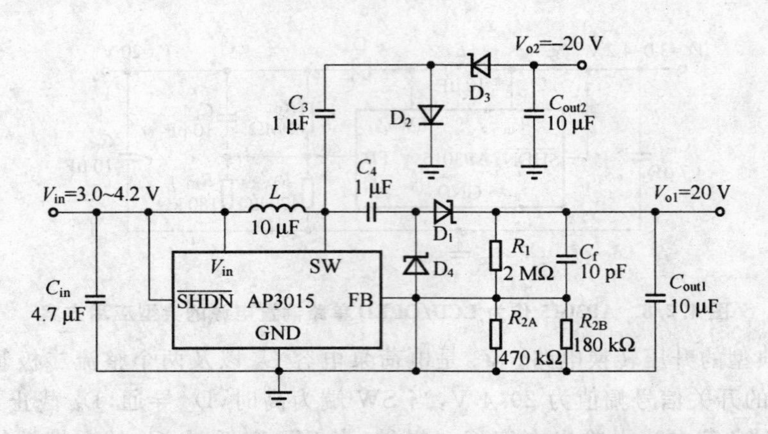

图 4.2.10　AP3015 作为 LCD/OLED 双路偏置电源的典型应用方案二

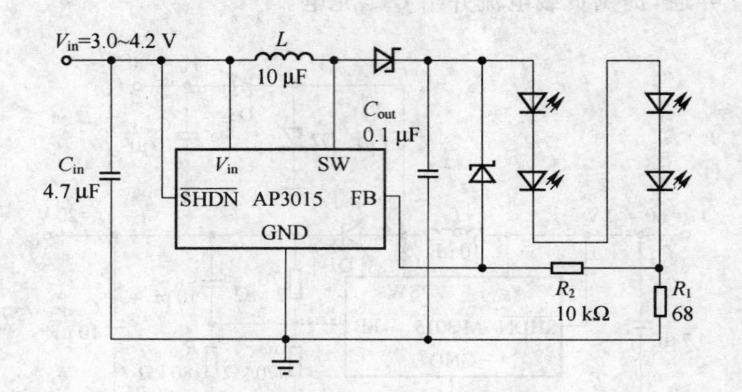

图 4.2.11　AP3015 作为 WLED Driver 典型应用方案

4.2.5　STP112A　便携式的线性稳压电源芯片

TI 公司的 STP112A 系列是一款优质的线性稳压器。其主要特点如下：

- 输出电压低(最低为 1.3 V)；
- 输出电压品种多(从 1.3～5 V)；
- 功耗低；
- 压差低；
- 噪声低；
- 有关闭电源控制，能实现电源管理；
- 封装尺寸小；
- 电路简单。

该线性稳压器主要应用于手机、对讲机、寻呼机、便携式仪器仪表、便携式音视频装置、无线控制系统及低电压系统等。

其主要参数性能如表 4.2.1 所列。

表 4.2.1 STP112A 系列工作参数($V_{IN}=V_{out}+1$ V,$T_A=25$ ℃)

参数	符号	典型值
输入电压范围	V_{IN}	V_{OUT}+(1～6 V)
输出电压	V_{OUT}	1.3 V、1.4 V、2.0 V、2.1 V、2.2 V、2.5 V、2.7 V、2.8 V、2.9 V、3.0 V、3.1 V、3.2 V、3.3 V、3.4 V、3.5 V、3.7 V、3.8 V、4.0 V、4.1 V、4.2 V、4.5 V、4.8 V、5.0 V
输出电流最大值	I_{Omax}	V_O=3.0 V时,180 mA;V_{OUT}=5.0 V时,150 mA
建议输出最大电流	I_{OR}	V_O=3.0 V时,150 mA;V_{OUT}=5.0 V时,130 mA
V_O 初始精度	V_O	±2.4%
电压调整率		$V_{IN}=V_{OUT}$+(1～6 V)时,3 mV
负载调整率		5～150 mA时,30 mV
静态电流	V_{IN}	170 μA
关闭状态电流	I_{STBY}	<0.1 μA
压差	V_{OROP}	I_O=60 mA时,0.16 V;I_O=30 mA时,0.08 V
V_O 温度系数	$\Delta V_O/\Delta T_A$	T_a=－20 ℃～＋70 ℃时,0.05 mV/℃
输出噪声电压	V_{NO}	10 Hz<f<80 kHz,V_O=30 mA,30 μV/rms

STP112A系列IC是贴片式6引脚SOT-23L封装,其引脚排列如图4.2.12所示。各引脚功能如表4.2.2所列。

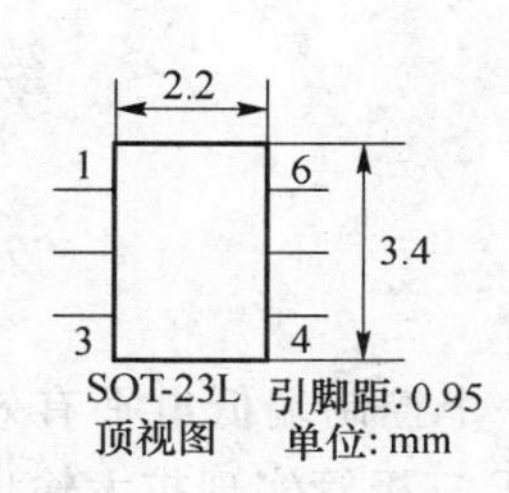

图 4.2.12 STP112A 引脚排列图

表 4.2.2 STP112A 引脚功能表

符号	引脚号	功能
CONTROL	1	关闭电源控制端,低电平有效(≤0.6 V)
NOISE BY-PASS	3	接降噪六路电容器端,0.1 μF
GND	2.5	地
V_{OUT}	4	电源输出端
V_{IN}	6	电源输入端

不同的输出电压用型号最后两位数来表示:如:V_{OUT}=2.5 V,其型号为STP112A25;若型号为STP 112A40,则V_{OUT}=4.0 V。

典型应用电路由向控制器来控制关闭电源的应用电路如图4.2.13所示。控制端串接100 kΩ电阻可降低静态电流。输入电容1 μF及降噪旁路电容0.1 μF建议采用贴片式多层陶瓷电容;输出电容10 μF采用贴片式钽电解电容。100 kΩ电阻可采用0603或0805的贴片式电阻。

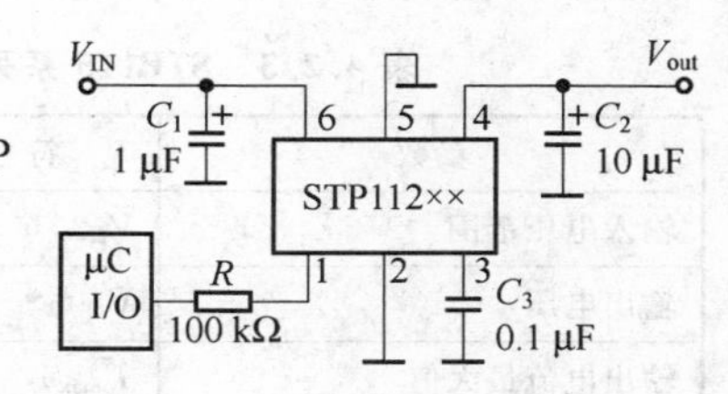

图 4.2.13 应用电路

若关闭电源控制功能不用，电路如图 4.2.14 所示。STP112A 的最大功耗 P_D＝600 mW。若 V_{IN} 高，I_O 大，则需按 $P_D = (V_{IN} - V_{OUT}) \times I_{omax}$ 来验算(其验算值应小于600 mW)。

1. 当耗散功率较大时，可加大地线的覆铜层面积来散热，如图 4.2.15 所示。

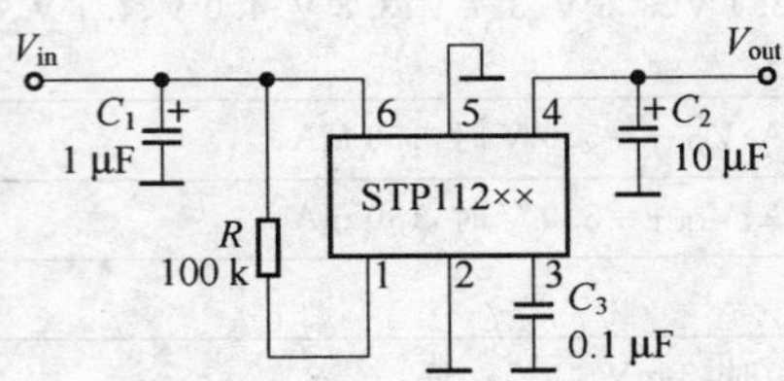

图 4.2.14 关闭电源

地线/(覆铜层)
用于散热

图 4.2.15 覆铜散热

4.2.6 STP115 便携式低电压、低功耗线性稳压电源芯片

TI 公司的 STP115 系列是一种低电压、低功耗、低压差线性稳压器。其主要特点如下：

- 输出电压品种多(2.0～8.0 V,共 11 种)；
- 功耗低；
- 压差低；
- 输出噪声低；
- 有两个关闭电源控制端；
- 封装尺寸小；
- 电路简单；
- 输出电压可调整；
- 输出电流可扩大；
- 工作温度范围大(－40～＋85 ℃)。

STP115 系列线性稳压器有两个关闭电源控制端：一个控制端低电平有效，另一个控制端高电平有效。它可调整输出电压及外接一个 PNP 三极管实现扩大输出电流，并有减少压差效果。STP115 系列的主要参数如表 4.2.3 所列。

表 4.2.3 STP115 系列工作参数($V_{IN} = V_{out} + 1$ V, $T_A = -40 \sim +85$ ℃)

参数	符号	典型值
输入电压范围	V_{IN}	2.5～14 V
输出电压	V_{OUT}	2.0～8.0 V 共 11 种，常用品种：3 V、4.5 V、5.0 V
输出电流最大值	I_{omax}	120 mA
建议输出电流最大值	I_{OR}	100 mA
V_o 初始精度	V_o	T_A＝25 ℃时±3.5%；T_A＝－40～＋85 ℃时±5%

续表 4.2.3

参数	符号	典型值
电压调整率		$V_{IN}=V_{OUT}+(1\sim6\ V)$时，5 mV
负载调整率		$I_o=0\sim60$ mA 时，30 mV
静态电流	V_{IN}	500 μA
关闭状态电流	I_{STBY}	0.1 μA
压差	V_{DAOP}	$I_O=60$ mA 时，170 mV
V_o 温度系数	$\Delta V_o/\Delta T_A$	±0.35 mV/℃
输出噪声电压	V_{NO}	10 Hz$<f<$100 kHz 时，$<$180 μVrms

STP115 系列不同的输出电压用型号最后两位数来表示：如 $V_{out}=4.5$ V，其型号为 STP11545。

1. 引脚排列与功能

STP115 为 8 引脚 MFP－8 封装，其引脚排列如图 4.2.16 所示，各引脚功能如表 4.2.4所列。

表 4.2.4　STP115 引脚功能表

符号	引脚号	功能
V_{IN}	1	电源输入端
ON/$\overline{OFF}$	2	关闭电源控制端，低电平有效(≤0.5 V)
$\overline{ON}$/OFF	3	关闭电源控制端，高电平有效(≥V_{IN}－0.2 V)
NC	4	空引脚
V_{ADJ}	5	外接一电阻未调整输出电压
GND	6	地
BASE	7	给外接扩流三极管提供 10 mA 偏置电流
V_{OUT}	8	电压输出端

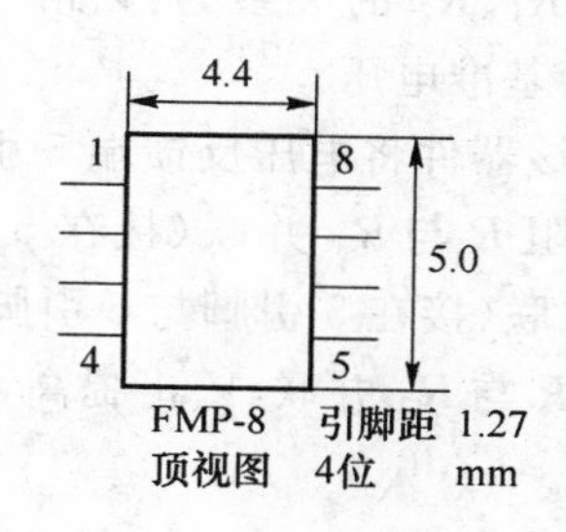

图 4.2.16　STP115 引脚排列图

2. 典型应用电路

STP115 系列具有关闭控制、输出电压调整及输出电流扩大功能，现分别介绍其电路。

(1) 关闭电源控制

可由 2 引脚或 3 引脚来控制。用 2 引脚来控制时，3 引脚接地，如图 4.2.17 所示；用 3 引脚来控制时，2 引脚接 V_{IN}，如图 4.2.18 所示；若不要求控制关闭电源，如图4.2.19 所示。

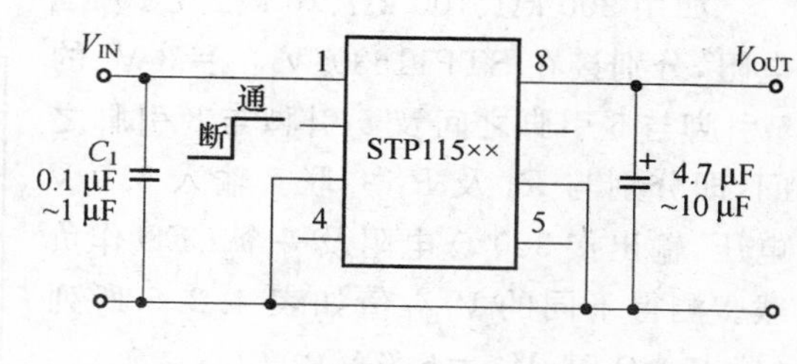

图 4.2.17

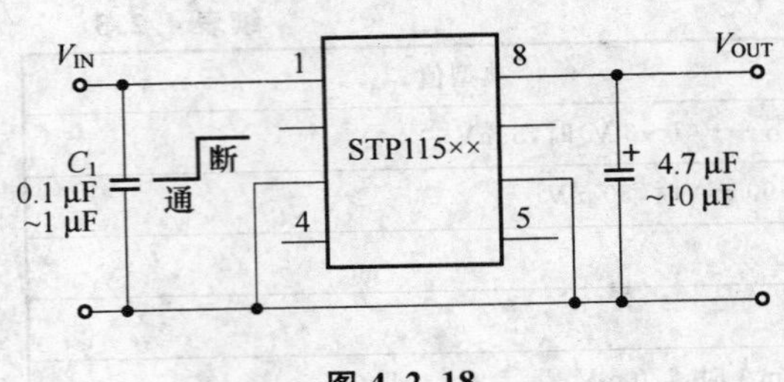

图 4.2.18

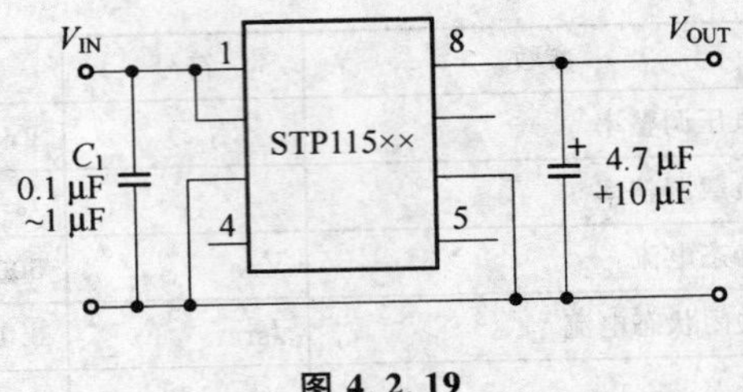

图 4.2.19

(2) 输出电压调整电路

STP115 系列输出固定电压，从 2.0 V 到 8.0 V 共有 11 种。但采用一个外接电阻可调压，如输出电压为 3.0 V 的 STP11530 调压后，可从2.0～4.5 V 范围内获得任一电压。因此，采用常用品种 3 V、4.5 V、5.0 V 的 IC，也可获得 2.0～8.0 V 之间所需的各种输出电压。

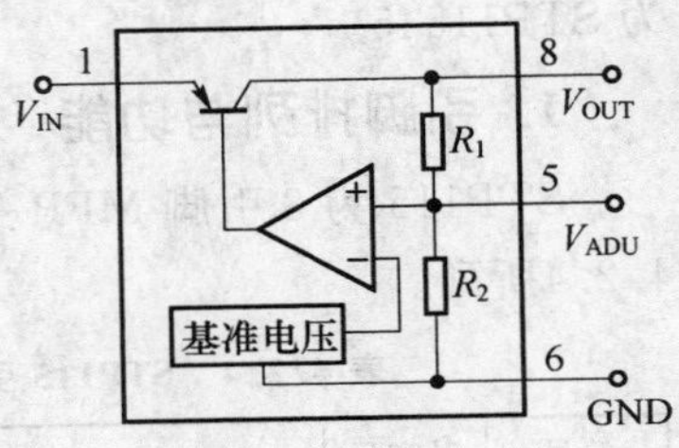

图 4.2.20

调整输出电压的工作原理可看其内部与输出电压有关的电路，如图 4.2.20 所示。输出电压 V_{OUT} 与反馈电阻 R_1、R_2 的关系为：$V_{OUT}=(1+R_1/R_2)\times V_{ref}$，式中 V_{ref}为基准电压。

该器件将电压反馈端 5 引脚(V_{ADJ})引出，用一个外接电阻 R 与 R_1 并联(接在 5 引脚与 8 引脚之间)或与 R_2 并联(接在 5 引脚与 6 引脚之间)，则可改变上式 R_1/R_2 的比值，从而调整了输出电压。R 与 R_2 并联，V_{OUT} 提高，如图 4.2.21 所示，R 与 R_1 并联，V_{OUT} 降低，如图 4.2.22 所示。

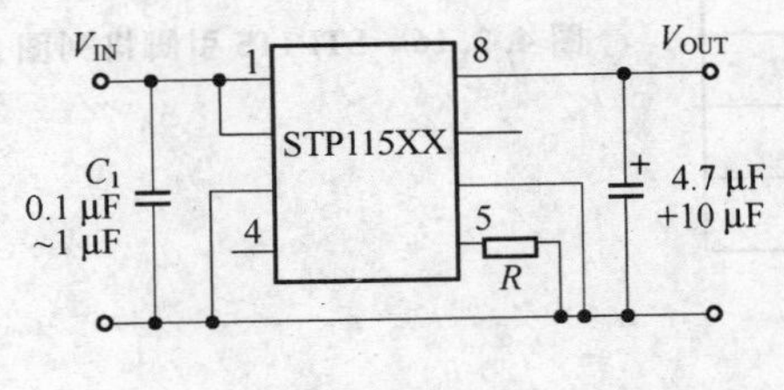

图 4.2.21

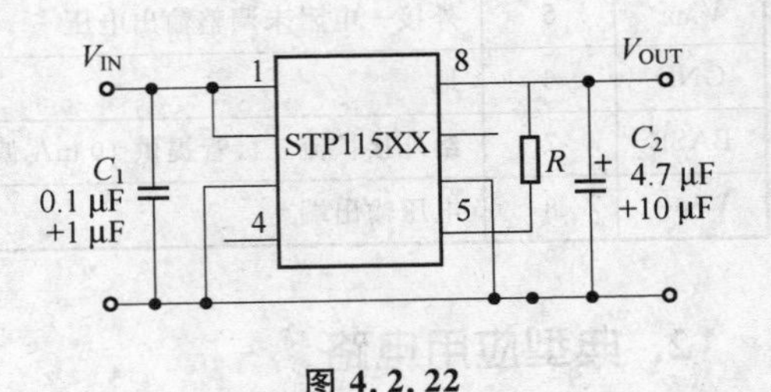

图 4.2.22

如用 200 kΩ、100 kΩ、20 kΩ 及 10 kΩ 电阻，分别接在 STP11530(V_{OUT}＝3 V)的 5 引脚与 6 引脚之间及 5 引脚与 8 引脚之间，即分别与 R_2 及 R_1 并联。输入 5.0 V 电压，输出接 300 Ω 电阻及一个 LED 作负载。测得不同的 V_{OUT} 值如表 4.2.5 所列(接 10 kΩ 时，V_{IN}＝6.0 V)。

表 4.2.5 测得 V_{OUT} 值

R/kΩ	与 R_2 并联，V_{OUT}/V	与 R_1 并联，V_{OUT}/V
200	3.16	2.77
100	3.31	2.62
51	3.62	2.40
20	4.50	2.03
10	5.30(V_{IN}＝6 V)	1.79

STP11530在未加接R时，空载输出电压V_{OUT}＝2.98 V。从表4.2.6可知，用一个3.0 V固定输出的器件加了一个电阻，其输出电压可作较大范围的调整，若采用一个电位器来代替R可获得精确的输出电压值。

(3) 增加输出电流电路

STP115系列输出电流I_o最大值约120 mA，若要求I_o＞120 mA，可外接一个PNP三极管来扩流。STP1150电路上加接9012、8550及2SB1114在种PNP三极管作实验，电路如图4.2.23所示，实验结果如表4.2.6所列。采用2SB1114效果最好。

扩流后还能降低压差。用STP11530作实验，未扩流时，I_o＝60 mA，压差＝0.15 V，用8550扩流，在I_o＝60 mA，压差＝0.08 V。

要注意的是，在扩流时勿使外接三极管超过最大直流耗散功率。这三种PNP管的主要参数如表4.2.7所列。2SB1114的封装及引脚如图4.2.24所示。

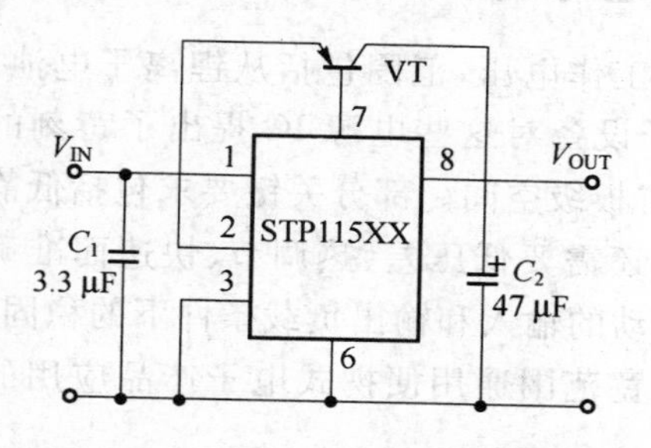

图4.2.23　STP1150加接三种PNP三极管

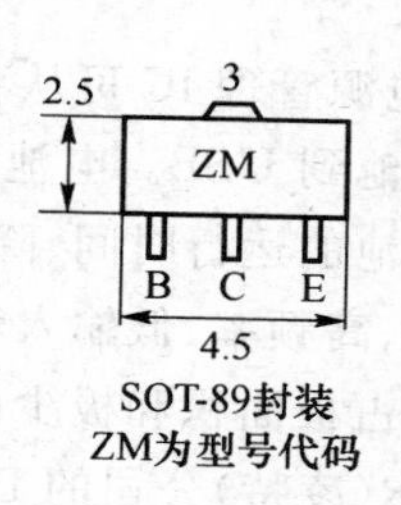

图4.2.24

表4.2.6(V_{IN}＝40 V，空载时V_{OUT}＝2.98 V)

外接PNP三极管	扩流后I_o/mA	V_{OUT}/V
9012	300	2.91
8550	400	2.83
2SB1114	1000	2.88

表4.2.7　PNP参数

PNP管	V_{CEO}/V	I_{CM}/mA	V_{CM}
9012	20	500	625 mW
8550	25	1500	1 W
2SB1114	20	2000	2 W

(4) 调压、扩流电路

用STP11530在5引脚接R及R_P到地；调整RP，使输出电压为4.0 V，并采用2SB1114扩流到800 mA的电路如图4.2.25所示。

为了使外接三极管2SB1114更好地散热，利用覆铜板做散热片，如图4.2.26所示。

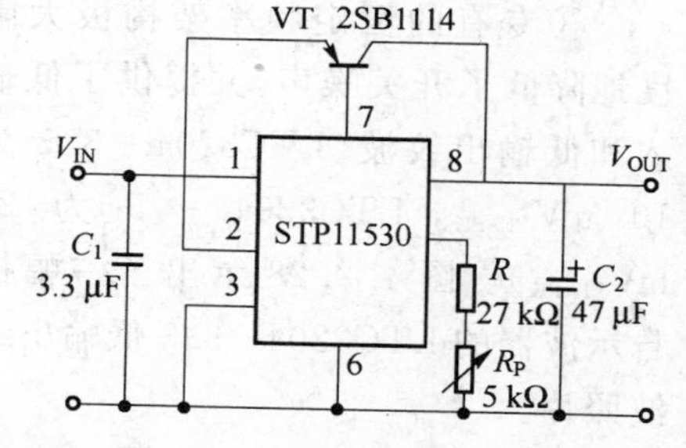

图4.2.25　STP11530调压扩流

(5) 输出低电压自动关闭电路

一种电池电压过低自动关闭电源电路如图4.2.27所示。电池额定电压4.8 V，输出V_{OUT}＝4.0 V。当电池电压低于4.2 V时，使V_{OUT}下降过大而影响电路正常工作。电路中采用了4.2 V电压检测器输出低电平，电源被关闭，LED亮，表示电池应更换或充电了。

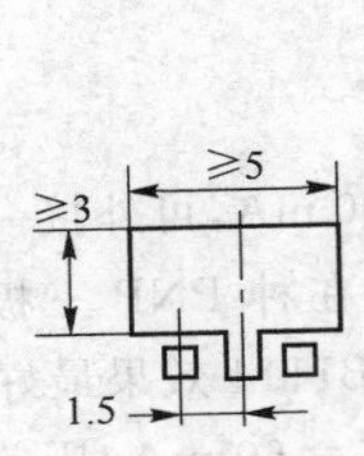

图 4.2.26 使用覆铜板做散热片

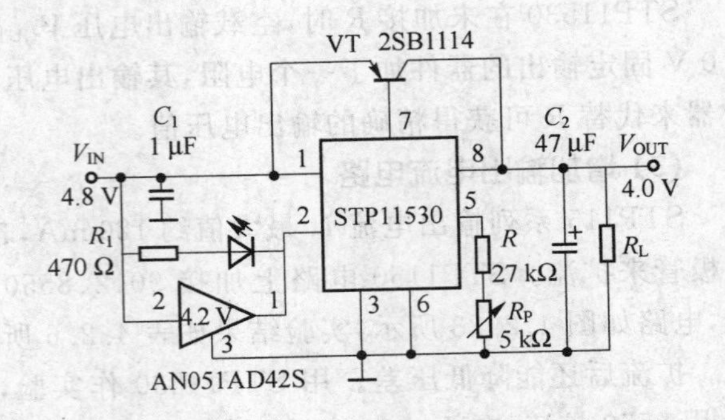

图 4.2.27 低电池电压自动关闭电路

4.2.7 LTC3204 升压便携式电池电源解决方案芯片

当今的电源管理 IC 可从各种输入电源获得工作电压，范围包括从锂离子电池、碱性电池、镍电池到 USB。电池供电型便携式电子设备对这些电源 IC 提出了苛刻的要求，以延长电池的运行时间、降低系统噪声和节省板级空间。部分关键要求包括低静态电流、低纹波、高频率、低输入和输出电压。它们还需要低压差、热调节、快速而准确的充电、紧凑的占板面积和极少的外部组件以及变动的输入和输出负载条件下的稳固性。

LINEAR(凌特)公司的 LTC3204 是一款在宽范围通用便携式电子产品应用的低噪声、恒定频率充电泵倍增器。

1. LTC3204 特点

① 采用了专有的低噪声恒定频率(1.2 MHz)操作模式，LTC3204－3.3 可在输出电流高达 500 mA 的情况下从 1.8 V(两节 AA 碱性电池或镍氢电池)的最小输入电压获得一个 3.3 V 的已调升压输出电压，而 LTC3204－5 则可在电流高达 150 mA 的条件下从一个最小 2.7 V(锂离子电池)的输入生成一个 5 V 输出。

② 高效操作实现了电池运行时间的最大化，而在轻负载条件下的自动突发模式(BurstMode)操作则可提供一个仅 48 μA 的低电源电流，从而延长了电池的使用寿命。

③专有的恒定频率架构极大限度地降低了开关噪声，并提供了低输入和低输出纹波(LTC3204－3.3 为 10 $mV_{PK\text{-}PK}$，LTC3204－5 为 20 $mV_{PK\text{-}PK}$)。图 4.2.28 示出了一幅摄自示波器的 LTC3204－3.3 低输出纹波照片。

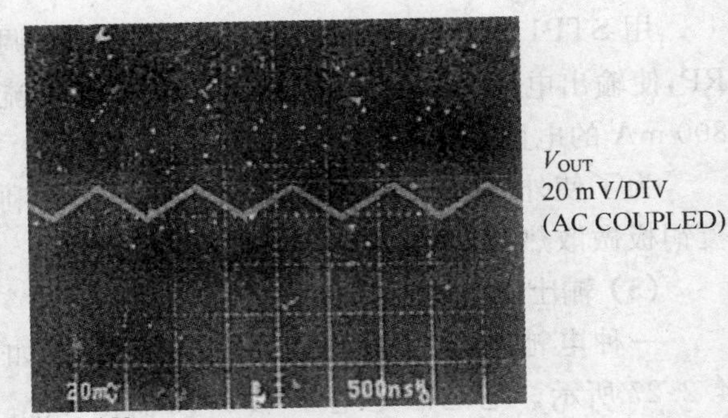

图 4.2.28 LTC3204－3.3 低输出纹波

④ 用于防止启动期间涌入电流过大的自动软起动电路、在停机期间实现负载与输入断接以及电流限制和热停机电路。

⑤ 1.2 MHz 的高开关频率允许采用纤巧型外部陶瓷电容器，因而缩减了外形尺寸和成本。

⑥ 很少的外部元件(仅一个跨接电容器和两个旁路电容器)再加上 LTC3204 的扁平(高度仅 0.75 mm)2 mm×2 mm DFN 封装为空间受限的应用提供了一种紧凑型解决方案。

2. LTC3204 的典型应用

两节 AA 碱性电池或镍氢电池至 3.3 V 电压转换、单节锂离子电池至 5 V 的电压转换以及 USB On－the－Go 设备等。

图 4.2.29 所示为采用最低 2.7 V 的锂离子电池输入，生成 5 V 输出、电流高达 150 mA 的升压电路。

LTC3204 的终端产品包括手持型便携式电子产品(例如：PDA、数码相机和 MP3 播放器)、PC 外设(例如：扫描仪)、蜂窝电话模块以及用于背光照明和照相机闪光灯的低电流白光 LED 驱动器。

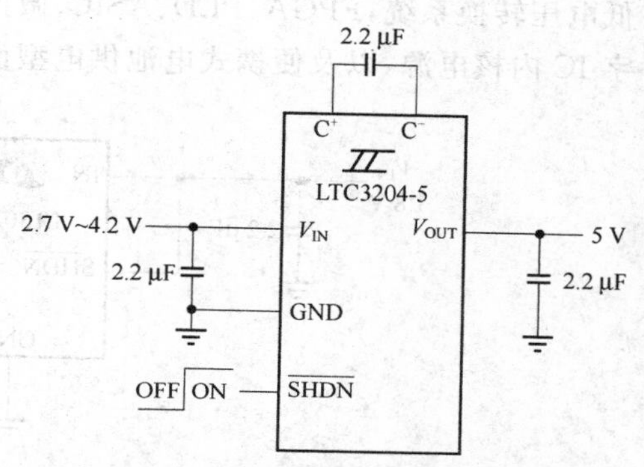

图 4.2.29　采用锂离子电池输入的 LTC3204－5 充电泵倍增器

4.2.8　LT3021　便携式超低压差(VLDO)线性稳压器芯片

LINEAR(凌特)公司的 LT3021 是一款能够在最小值为 0.9 V 的超低输入和最小值为 0.2 V 的输出电压条件下正常运作的非常低压压线性稳压器。该器件可在提供高达 500 mA 输出电流的同时维持一个非常低的压降(仅 160 mV)，并采用小型外部陶瓷电容器。120 μA 的低静态电流延长了电池的使用寿命。LT3021 是低输入至低输出电压应用的理想选择，可提供与开关稳压器相当的效率水平。它具有一个抗过冲电路和众多的安全功能，所有这些均被集成在一个小占板面积的 5 mm×5 mm 16 引脚 DFN 和 SO－8 封装之中。

LT3021 的工作特性：

- V_{IN} 范围：0.9 V～10 V；
- 可调 V_{OUT} 范围：0.2～9.5 V；
- 低压差：160 mV；
- 低静态电流：120 μA；
- 可用低 ESR 陶瓷输出电容器来获得稳定的性能。

LT3021 的工作范围如图 4.2.30 所示。

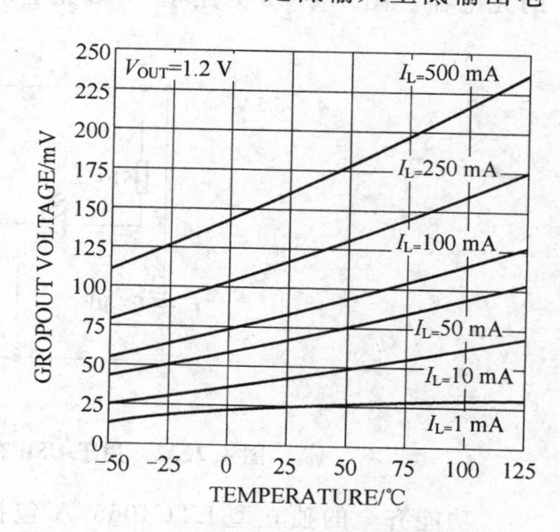

图 4.2.30　在整个温度范围内的压差与 I_{OUT} 的关系曲线

LTC3201 构成的 1.8～1.5 V/500 mA 的 VLDO 稳压器电路如图 4.2.31 所示。

该电路可在 1.8 V 输入至 1.5 V 输出的条件下获得 500 mA 电流和 83%的工作效率。输入与输出电源之间的极小空间实现了高效率,并由于极大限度地降低了功耗而使发热有所减少。可在极宽范围的电源电压条件下(0.9～10 V 输入)操作。输出可在 0.2～9.5 V 的范围内进行调节。这些特点令该器件能够在众多应用中一展身手,包括低电压转换系统,FPGA、PLD、ASIC、微控制器、微处理器和 DSP 中的高电流低电压数字 IC 内核电源,以及便携式电池供电型设备。

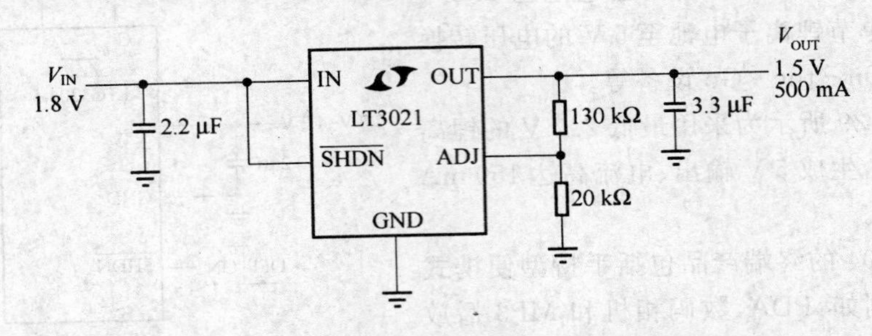

图 4.2.31　1.8 V～1.5 V/500 mAVLDO 稳压器

4.2.9　LTC4065 /A　用于单节锂离子电池的线性充电器芯片

LINEAR(凌特)公司的 LTC4065/A 是一款用于单节锂离子电池的完整独立型 750 mA 恒定电流、恒定电压线性充电器。该器件高度集成的功能/特性、小型化扁平(高度仅 0.75 mm)2 mm×2 mm DFN 封装以及很少的外部元件使其成为空间受限的便携式应用的上佳之选。

LTC4065/A 是专为在 USB 电源规范内工作而设计的。它可以作为一个功能丰富的充电器。图 4.2.32 为用于 USB 充电的典型应用电路。

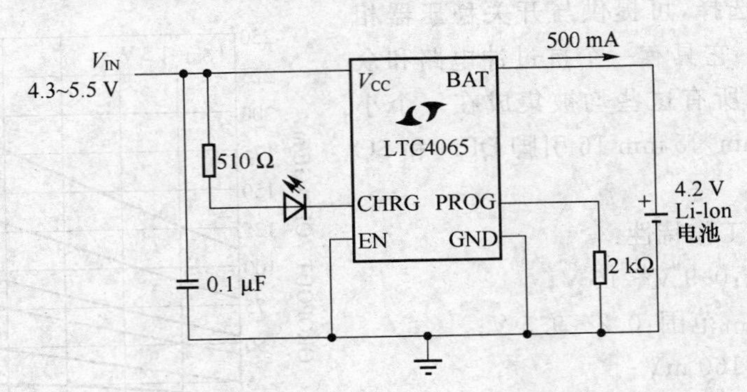

图 4.2.32　用于 USB 充电的 LTC4065 典型应用电路

功能齐全的独立型 LTC4065/A 包括可编程充电电流、C/10 充电终止、自动再充电、安全定时器、低电池电量充电调节(涓流充电)、用于电池电量的充电电流监视、用于限制涌入电流的软起动电路以及一个用于指示输入电压接入的漏极开路状态 $\overline{ACPR}$ 引脚(仅 LTC4065A)。由于采用了内部 MOS-FET 架构,因而无需外部检测电阻器或隔离二极管。热反馈功能负责调节充电电流,以便在大功率工作或高环境温度条件下对度加以限制。

LTC4065/A 还可以采用一个交流适配器来给锂离子电池充电。图 4.2.33 示出了如何采用 LTC4065 来实现交流适配器与 USB 电源输入的组合。一个 P 沟道 MOS-FET(MP1)被用于防止交流适配器接入时反向传入 USB 端口。肖特基二极管 D1 则被用于防止 USB 功率在经过 1 kΩ 下接电阻器时产生损耗。交流适配器通常能够提供比 500 mA 电流限值的 USB 端口大得多的电流。因此,当交流适配器接入时,可采用一个 N 沟道 MOSFET(MN1)和一个额外的设置电阻器来把充电电流增加至 750 mA。

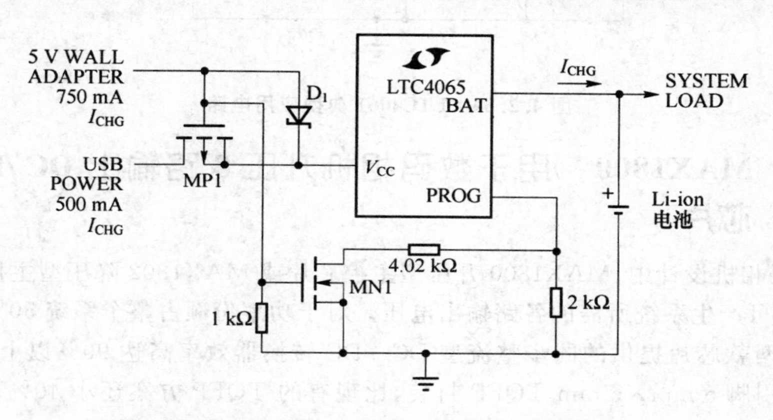

图 4.2.33　交流适配器与 USB 电源的组合

4.2.10　LTC4061　便携式 1 A 线性锂离子电池充电器

LINEAR(凌特)公司的 LTC4061/-4.4 是具有高级功能的紧凑、独立型 1 A 线性单节锂离子电池充电器,旨在改进充电安全性、简化充电终止和状态通告、增强耐热性能并延长电池的使用寿命。其小巧而扁平(高度仅 0.75 mm)的 3 mm×3 mm DFN-10 封装和少量的外部组件构成了一个空间优化的成本效益型解决方案。

LTC4061 和 LTC4061/-4.4 的工作特性:

- 具有高达 1 A 可设置充电电流的独立型充电器;
- 4.2 V 和 4.4 V(最大值)的预设充电电压;
- 用于实现适宜温度充电的热敏电阻输入;
- 热调整功能可在无过热危险的情况下实现充电速率的最大化;
- 采用扁平 3 mm×3 mm×0.75 mm DFN 封装。

LTC4061 的典型应用如图 4.2.34 所示。

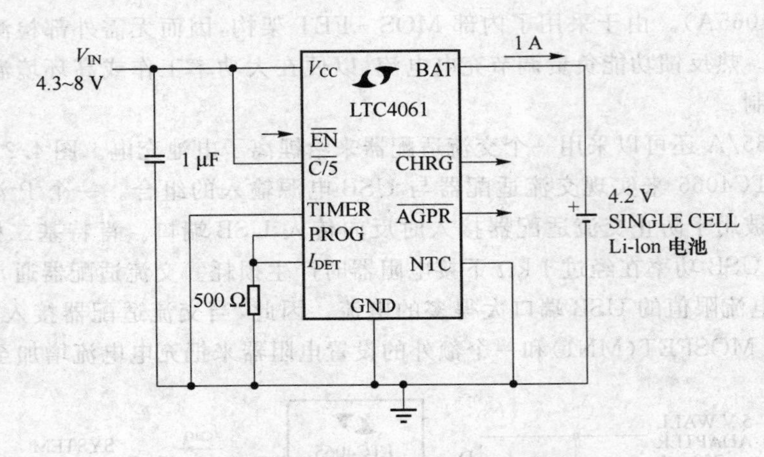

图 4.2.34 LTC4061 典型应用电路

4.2.11 MAX1800 用于数码相机升压 8 路输出 DC/DC 电源芯片

在数码相机设计中，MAX1800 升压型主控芯片或 MAX1802 降压型主控芯片仅用单片 IC，就可产生系统所需的各路输出电压。对于功率份额占整个系统 50%以上的逻辑电源，这两款芯片提供的同步整流型 DC－DC 转换器效率高达 90%以上，它们采用小巧的 32 引脚 5 mm×5 mm TQFP 封装，比现有的 TQFP 方案还小 40%，MAX1800 与 MAX1802 还省去了许多外部元件，如功率二极管、功率开关和至少一个变压器，有效降低了成本和尺寸，作为一个灵活的方案，还可利用廉价、小巧的 8 引脚 SOT23“从”控制器 MAX1801 来扩展输出，例如可扩展出一路用于驱动缩放和变焦马达的电源。

基于 MAX1800 芯片的完备的数码相机电源系统如图 4.2.8 所列。MAX1801/2 芯片应用性能如表 4.2.35 所列。

表 4.2.8 适用于 1,2,3 或 4 节电池的设计

MAX1800	MAX1802
升压，升压/降压	降压
0.7～5.5 V 输入	2.5～11 V 输入
1 节锂离子，2 或 3 节碱性电池	2 节锂离子，4 节碱性电池
内置的升压转换器，3 个升压型控制器，LDO 控制器	降压控制器，3 个升压型控制器，内置的降压转换器

4.2.12 MAX1567 用于小型数码照相机具有 6 组升压型 DC/DC 电源芯片

一台数码照相机可能需要六组或更多不同电压来支持其工作，其中包括驱动系统逻辑、低电压 DSP 核、快门驱动器、镜头马达、CCD 偏置、LCD 偏置以及 LCD 背光等。图 4.2.36 显示了一个典型的紧凑型数码照相机的框图。第一代数码照相机电源 IC，以及目前仍在使用的有些产品，采用一个多通道 PWM 控制器，配合外部 MOSFET 和

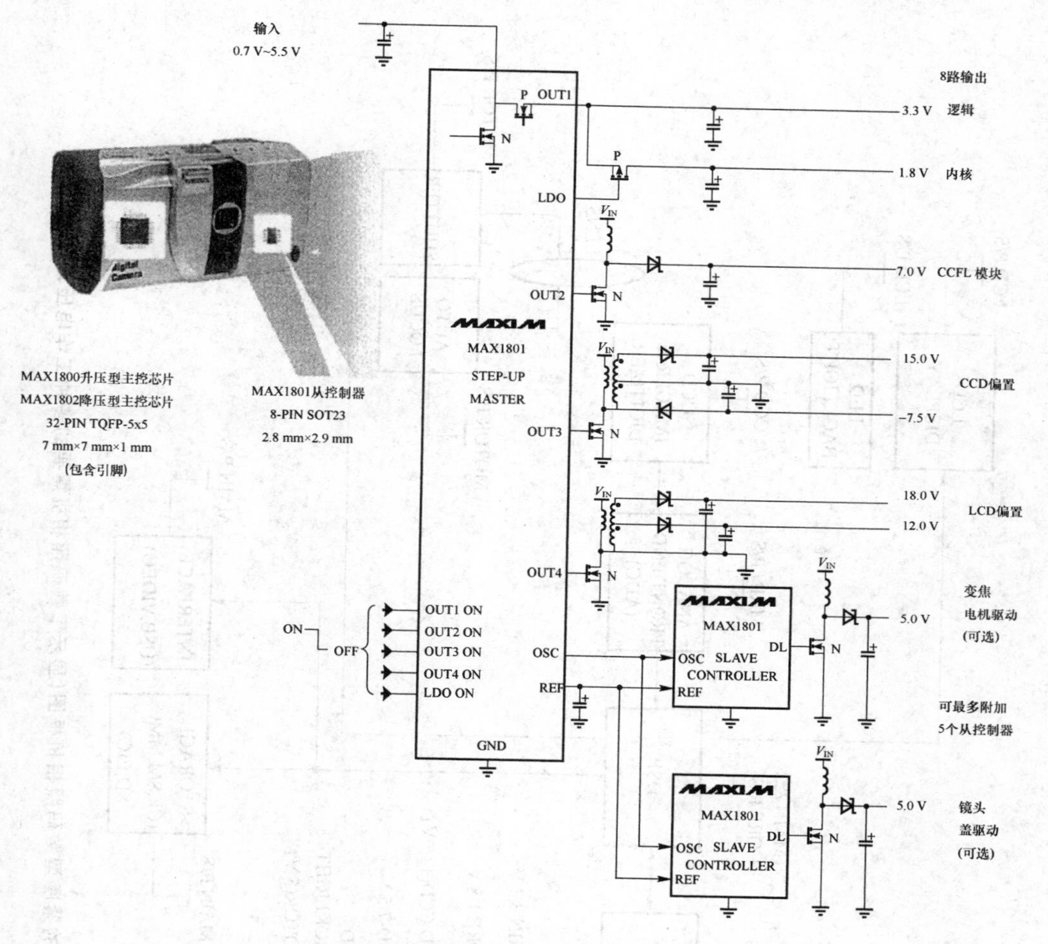

图 4.2.35　完备的数码相机电源系统

变压器产生多组照相机工作电压。

过去几年中，由于 IC 工业的改进，已允许将更多的功能与功率开关集成在一起。更高的集成度，再加上更先进的 IC 封装技术，造就了新一代的集成多功能电源 IC。这类芯片能够提供数码照相机需要的全部电压，同时还显著延长了电池寿命，大幅减少了元件数量。尤其突出的是，在许多设计中还省去了变压器。

采用两节 AA 电池的设计也可能会用到 buck/boost(升/降压)变换器，因为 DSP 核电源(典型为 1.5 V 或 1.8 V)在电池重载时会由于没有足够的电压余量而无法直接由电池驱动。在这两种情况下，都可通过连 DC/DC 变换器得到高效的 buck/boost 变换器。3.3 V 电源可以通过首先升压至 5 V(V_{SU}为 5 V，图 4.2.37)，然后降压至 3.3 V 得到(V_m 为 3.3 V，图 4.2.37)。1.8 V 电源同样也可以用 5 V 驱动降压变换器输入(PVSD)而得到。当然，采用单节锂电池时，用于内核的降压电源可直接由电池驱动(正如图4.2.37 所示)。

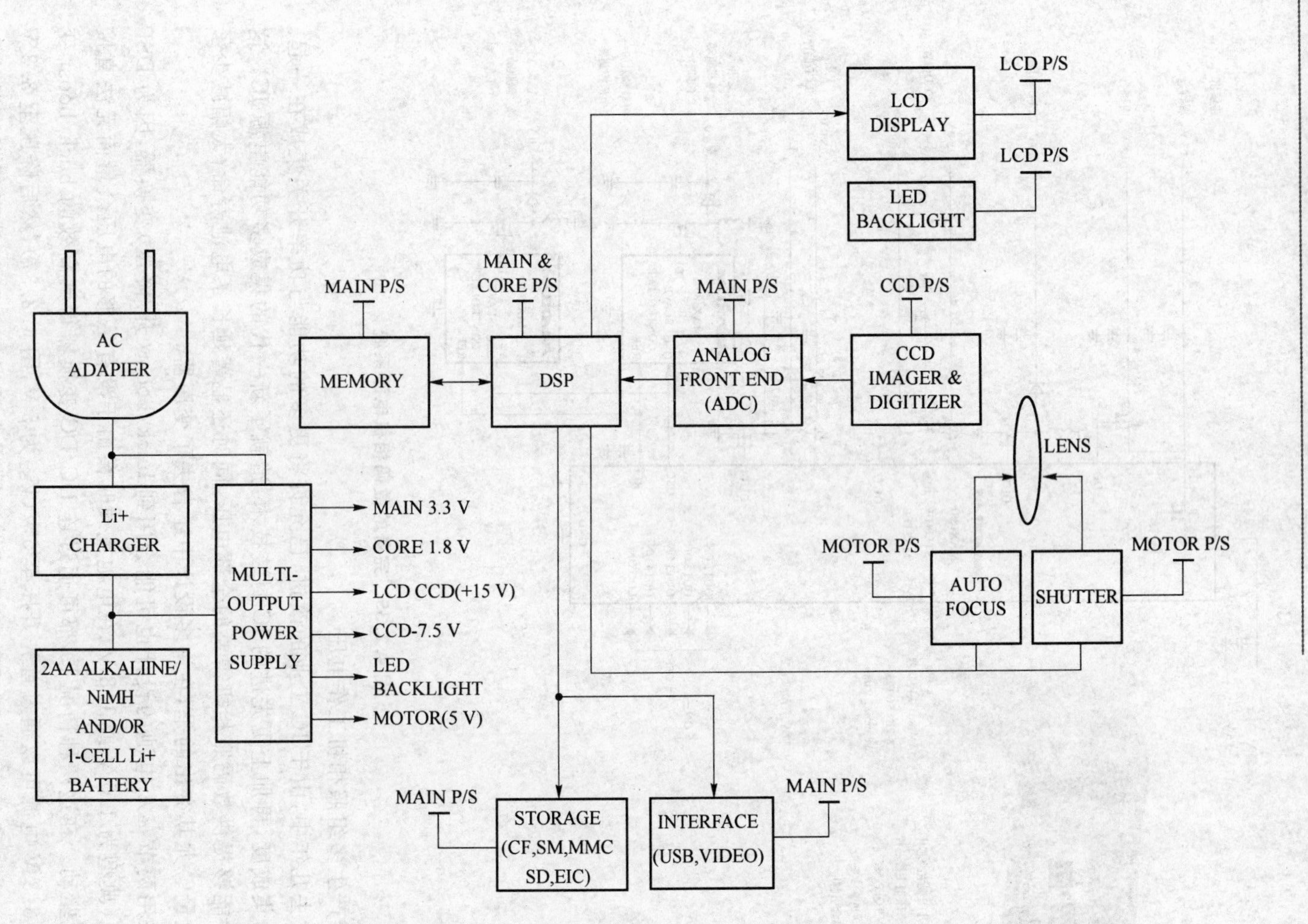

图 4.2.36 典型的紧凑型数码照相机框图(显示了数码照相机需要的多种工作电压)

紧凑型数码照相机很有可能采用更小的电池。当然,电池越小对效率的要求也越高。

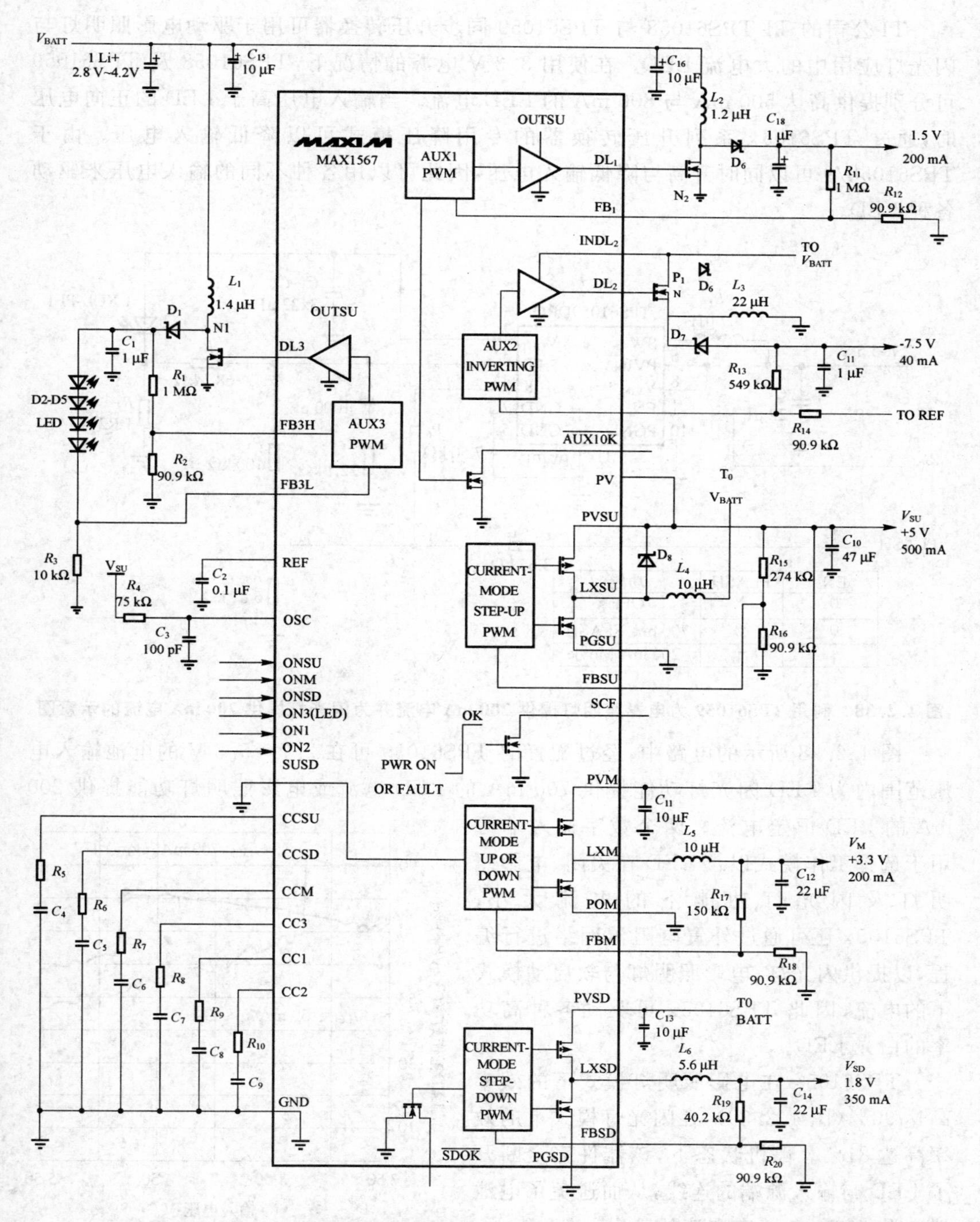

图 4.2.37　这个用于小型数码照相机的高集成度电源集成了 6 组 DC/DC 电源转换器

4.2.13 TPS6158/59 相机闪光灯便携 DC/DC 电源芯片

TI 公司的 TI TPS61058 与 TPS61059 同步升压转换器可用于驱动电影照明灯与闪光灯应用中的大电流 LED。在使用 3.3 V 电源的情况下，TPS61058 及 TPS61059 可分别提供高达 500 mA 与 800 mA 的 LED 电流。当输入电压高于 LED 的正向电压时，通过 TPS6105x 系列升压转换器的专用降压模式可以降低输入电压。由于 TPS61058/9 可以同时升高与降低输入电压，因此可以用各种不同的输入电压来驱动各种 LED。

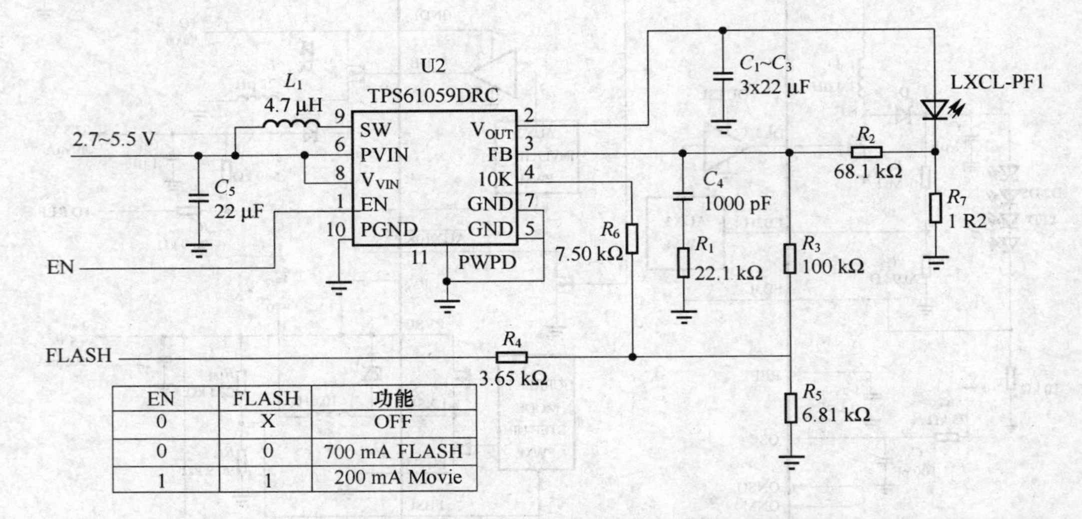

EN	FLASH	功能
0	X	OFF
0	0	700 mA FLASH
1	1	200 mA Movie

图 4.2.38 利用 TPS61059 为电影照明灯提供 200 mA 电流并为闪光灯提供 700 mA 电流的示意图

图 4.2.38 所示的电路中，经过配置的 TPS61059 可在 2.7～5.5 V 的电池输入电压范围内为 LED 闪光灯功能提供 700 mA 的 LED 电流或电影照明灯功能提供 200 mA 的 LED 恒定电流。两个数字输入端可用于选择工作模式以及 LED 在关闭、电影照明灯及闪光灯功能下的电流大小。TPS6105x 还可通过外置电阻器网络进行编程，以提供闪光灯、电影照明灯与软启动模式下的电流，因此 TPS6105x 可驱动各种高功率的白光 LED。

TPS6105x 在电影照明灯模式下的效率高达 93%(图 4.2.39)，在闪光灯模式下的效率高达 81%。停机状态下，该器件完全断开了 LED 与输入源端的连线，从而避免了电池泄电及 100 mA 静态电流的产生。

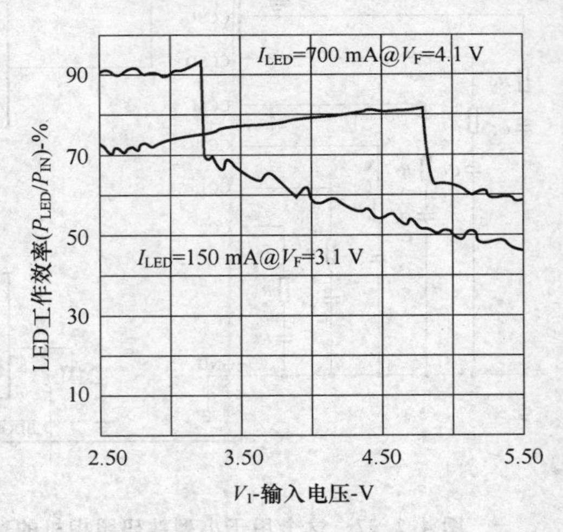

图 4.2.39 TPS61059 工作效率

4.2.14　TPS65552A 便携式摄影闪光灯供电 IC 芯片

TI 的 TPS65552A 闪光灯充电器 IC 是高度集成的闪光灯充电器,它可以极大地简化闪光灯充电器电路,从而缩小体积。图 4.2.40 是采用该器件的相机闪光灯电容充电器。其中 TPS65552A 可以提供所有必需的功能,如充电控制、输出反馈、充电完成状态、IGBT 栅极驱动器以及电路保护等,以实现闪光灯充电器的小型化与高效率。

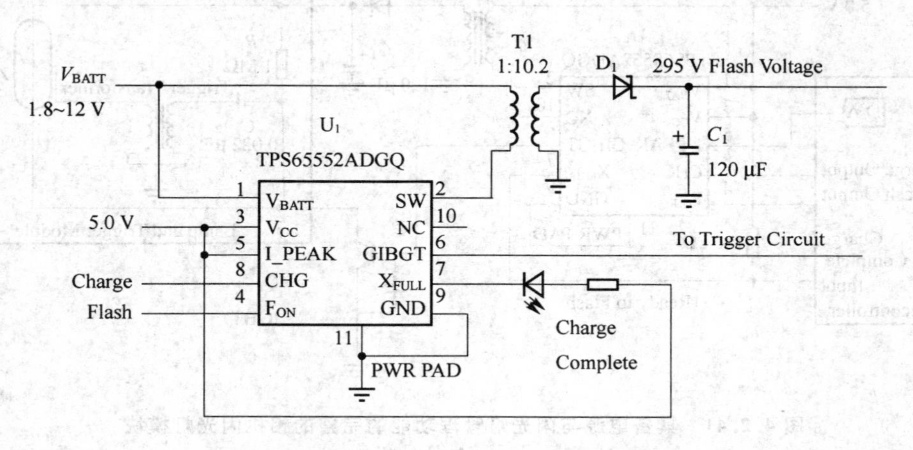

图 4.2.40　TPS65552A 闪光灯充电器

TPS65552A 是基于回扫拓而设计的。在内部开关关闭期间,它能够感测到通过变压器反射回来的输出电压。这样输出端就不需要大量的高电压反馈网络,同时还可提供输入、输出间的电隔离。

TPS65552A 会在输入电压达到目标值时自动停止充电,同时将一个集电器开路输出设为低电位来作为"闪光灯准备就绪"的讯号。该输出可以驱动状态指示 LED 或微控制器的输入。

TPS65552A 的 I_PEAK 引脚负责控制每开关周期流过回扫变压器(T1)主线圈的峰值电流。通过更改施加在 I_PEAK 引脚上的电压,可以在 0.9～1.8 A 范围内动态调节主电流,电容器的充电时间也因此而得到调整。此功能使微控制器能够动态地控制充电器电流供应,以实现电源管理。例如在数码相机中,当大电流变焦马达工作时,微控制器可以降低充电器的电流,两种器件可以同时工作,而又不致超出照相机电池的最大电流负载能力。此功能还可用于延长电池的运行时间。在充电期间减小峰值电流的做法降低了平均电流消耗,因此即使使用电流负载能力不足的电池仍可以为照相机闪光灯电容充电。

长期以来,闪光灯由按钮开关或可控硅整流器(SCR)触发。然而,红眼消除等新型闪光模式可以使氙气灯进行多次闪光。触发闪光灯使其短暂闪光,此时照相机闪光灯电容并未完全放电。然后,经过少许延迟,闪光灯经再次触发后进行较长时间的闪光。按钮或 SCR 都不能在闪光期间可靠地将它启动并停止。隔栅双极晶体管(1GBT)可以控制电流的大小,闪光期间的电流一般为 150 A。然而,如同 MOSFET 一样,1GBT 的栅极需要较大的电流脉冲才能快速启动。因此,1GBT 的栅极驱动需要大电流驱动器。

TPS65552A 中集成大电流缓冲器,用来驱动触发电路中的 1GBT 栅极。1GBT 在闪光期间可以被打开或关闭,以支持红眼清除等功能或 E-TTL 等闪光模式。

图 4.2.41 为完整的照相机闪光灯模块,所用器件性能如表 4.2.9 所列。

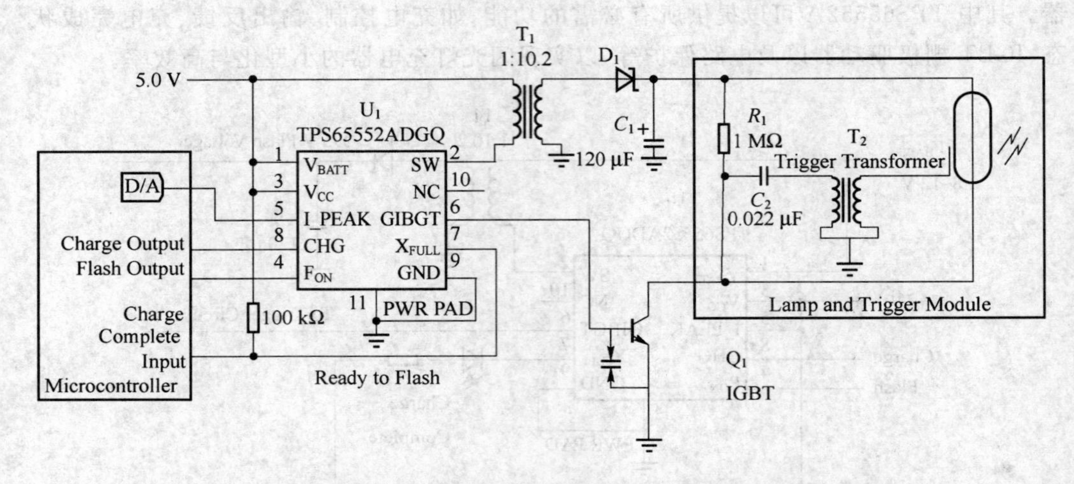

图 4.2.41 具备电源与闪光灯管理功能的完整的相机闪光灯模块

表 4.2.9 闪光灯模块所用器件

器件	参考设计	描述	制造商
330 FW 120 A	C_1	铝制电容器、120 μF,330 VDC,±20%	Rubycon
C3216X7R2J223KT	C_2	陶瓷电容器、0.022 μF,630 V,X7R,10%	TDK
ES1G	D1	二极管、整流器 1 A,400 V	Diodes 公司
36FT050	FL1	闪光管、最大电压 400 V	Xicon *
SSM25G45EM	Q1	N 通道隔离栅双极晶体管,450 V,150 A	Silicon Standard *
CTX16-17360	T1	反向变压器、1:10.2	Coiltronics
422-2304	T2	变压器、触发器	Xicon

4.3 输出小电流(mA)级 LDO 芯片

4.3.1 MAX8890 三输出低噪声 LDO 线性稳压器

MAXIM 公司的 MAX8890 在一片极薄的 4 mm×4 mm×0.85 mm QFN 封装内集成了三路相同的 100 mA 低噪声线性稳压器。67 dB PSRR、低串扰电压和 45 μV_{RMS}的

噪声使它们用于蜂窝电话和无线 PDA 中对噪声十分敏感的射频单元非常理想。100 mA负载时仅有极低的 50 mV 压差，最大限度延长了电池寿命。输出电压预设在 1.8～3.3 V，间隔 50 mV。

图 4.3.1 为集 3 路低噪声 LDO 于单片 QFN 封装的 MAX8890 构成的电路图。

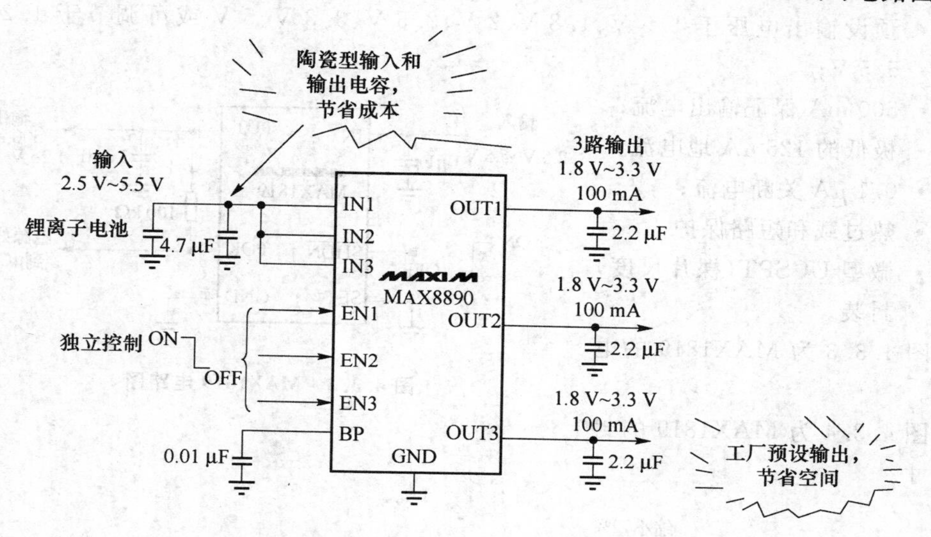

图 4.3.1　MAX8890 构成的电路图

4.3.2　MAX8883　双路 160 mA 超低压差线性稳压器芯片

MAXIM 公司的 MAX8882/MAX8883 是双路、低噪声、低压差线性稳压器，工作于 2.5～6.5 V 输入，每路可提供高达 160 mA 的连续输出电流。这些器件的尺寸不足最接近的其它同类产品的一半，而其 1.0Ω 的导通电阻比大多数同样封装的单 LDO 还小。这两种器件可提供的输出电压组合有：2.85 V/2.85 V，3.3 V/2.5 V，3.3 V/1.8 V 和 2.5 V/1.8 V。

MAX8882/MAX8883 每路 LDO 输出 80 mA 时仅有 72 mV 压差，延长电池寿命。它提供 90 dB 隔离，满足低噪声要求。耗散功率为 0.7 W。芯片为 6-PIN 的 SOT23 封装，面积仅为 2.8 mm×2.9 mm。图 4.3.2 所示为其应用电路图。

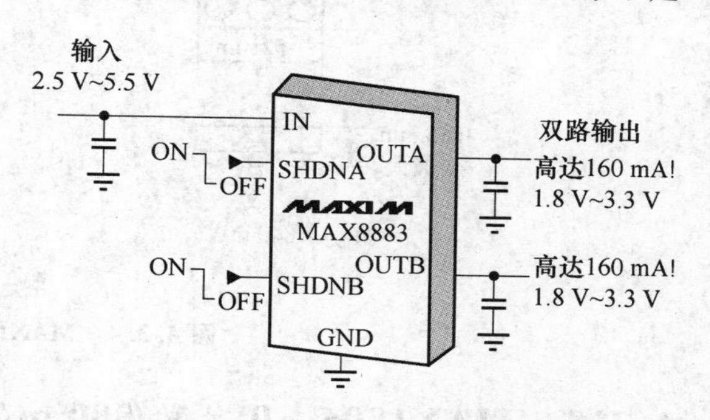

图 4.3.2　MAX8883 应用电路

4.3.3　MAX1819　微型的 500 mA 超低压差线性稳压器芯片

MAXIM 公司的 MAX1819 是一个更小的 500 mA 低压差线性稳压器，它封装于

2.3 mm² UCSP 中。

MAX1819 的主要特点如下：

- 500 mA 时极低的 133 mV 压差；
- ±1%输出电压精度；
- 预设输出电压于 1.5 V、1.8 V、2 V、2.5 V、3.3 V、5 V 或可调节于 1.25～5.5 V；
- 500 mA 保证输出电流；
- 极低的 125 μA 地电流；
- 0.1 μA 关断电流；
- 热过载和短路保护；
- 微型 UCSPT(裸片尺度)封装。

图 4.3.3 为 MAX1819 的电路图。

图 4.3.4 为 MAX1819 的封装尺寸。

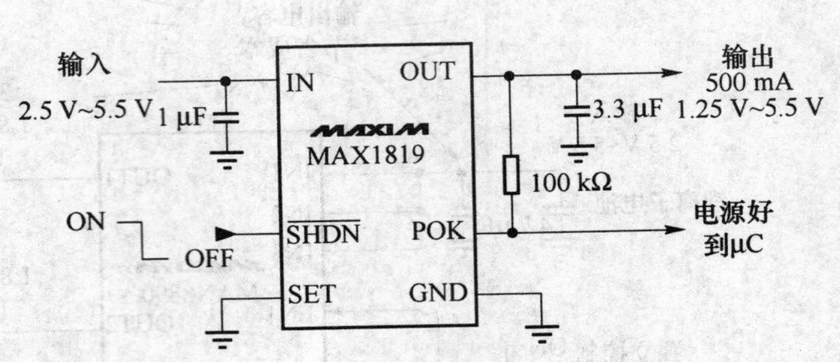

图 4.3.3 MAX1819 电路图

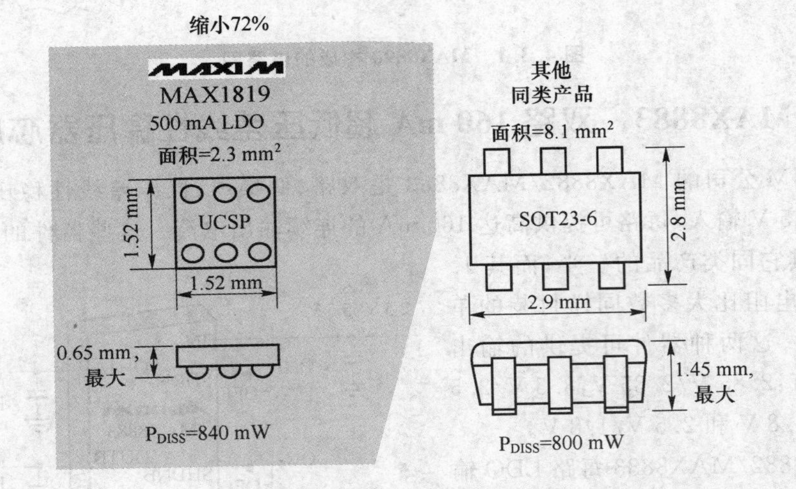

图 4.3.4 MAX1819 的封装

4.3.4 MAX1806 0.8 V/500 mA 输出的线型稳压器芯片

MAXIM 公司的 MAX1806 可给出低至 0.8 V/500 mA 的输出，为新型或未来的处理器芯核供电，经过特殊处理的小型 μMAX 封装允许耗散功率达 1.3 W，3.6 倍于同样封装的其它同类产品。输出电压容差为±1%，并预先设定在某个固定电压(节省空间和成本)，或者在 0.8～4.5 V 范围内调节(应用灵活)。Power－OK 输出信号用来指示输出电压跌落是否超出标称值的 7%，它还包含有限流和出现短路或过热故障时自动关断的功能。MAX1806 采用 P 沟道 MOSFET 作为调整管,因此不会吸取比较大的基极电流,甚至在低压差工作时也是如此。

MAX1806 的主要特点:

- 保证 500 mA 输出;
- 稳压输出可低至 0.8 V;
- ±1%电压精度;预设输出:0.8 V,1.5 V,1.8 V,2.5 V 或 3.3 V;可调节输出:0.8~4.5 V;
- Power - OK 输出;
- 1.3 W,1.1 mm 高,8 引脚 μMAX 封装;
- 2.25~5.5 V 输入范围;
- 500 mA 输出时 175 mV 压差;
- 210 μA 静态电源电流;
- 0.02 μA 关断电流。

MAX1806 的工作曲线如图 4.3.5 所示。

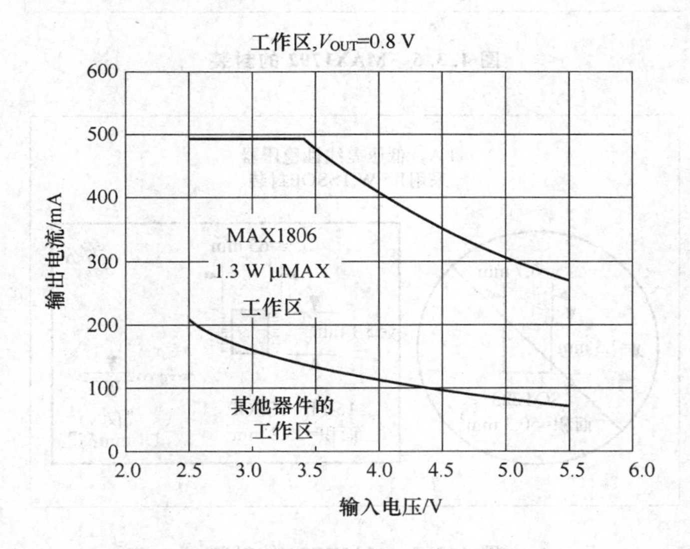

图 4.3.5　MAX1806 工作曲线

4.3.5　MAX1792/1793　超小封装的 0.5 A、1 A 线性稳压器芯片

MAXIM 公司的 MAX1792 和 MAX1793 是更纤小的 0.5 A 和 1 A 线性稳压器,其特殊的大功率封装允许耗散 1.3 W 和 1.5 W 功率。

MAX1792/1793 的主要特点如下:

- ±1%输出电压精度;
- 固定输出(1.5 V,1.8 V,2.5 V,3.3 V,5.0 V)或 2~5 V 可调节;

- 0.5 A 输出时压差低至 130 mV(MAX1792);
- 1.0 A 输出时压差低至 210 mV(MAX1793);
- 过热保护。

图 4.3.6 为 MAX1792 的封装,图 4.3.7 为 MAX1793 的封装。

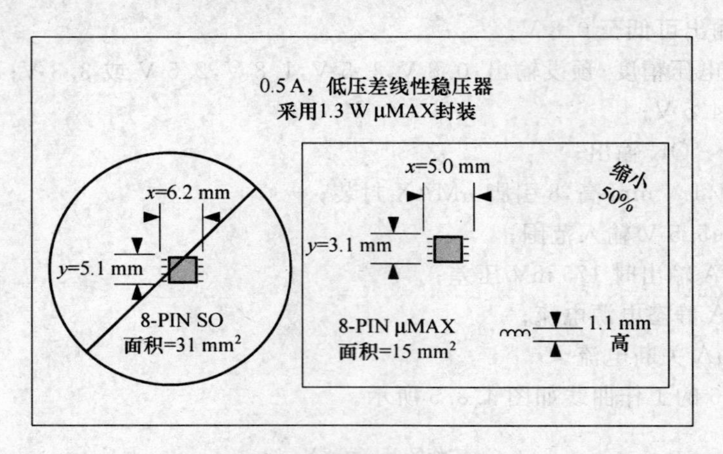

图 4.3.6　MAX1792 的封装

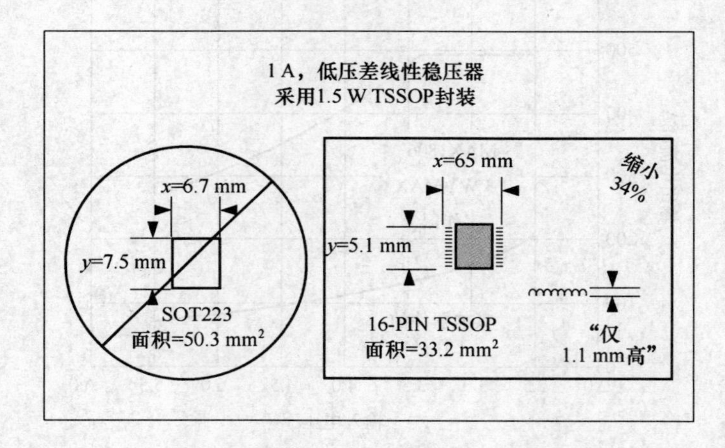

图 4.3.7　MAX1793 的封装

4.3.6　TPS736××　可级联低压差稳压器芯片

变压器和整流器电源的输出电压会随着输入电压而产生波动。当输入、输出之间电压差增大时,低压差稳压器的效率降低,功耗增加。为了在低交流线路电压下保持稳压,即使低压差稳压器也需要一定量的输入/输出电压裕度。

为克服两类电路的固有缺点,可以用一个 SMPS 来保持高效率,而用一个低压差稳压器减少 SMPS 的输出噪声和纹波电压。将 SMPS 的输出电压设定在略高于低压差稳压器的最小压差电压上,以降低稳压器的功耗,使之适应对开关噪声抑制和保持高效率的要求。稳压器增加的 PSRR 以及组合电路的 PSRR 都超出单个稳压器或 SMPS

的性能。

图 4.3.8 为级联的低压差稳压器电路。

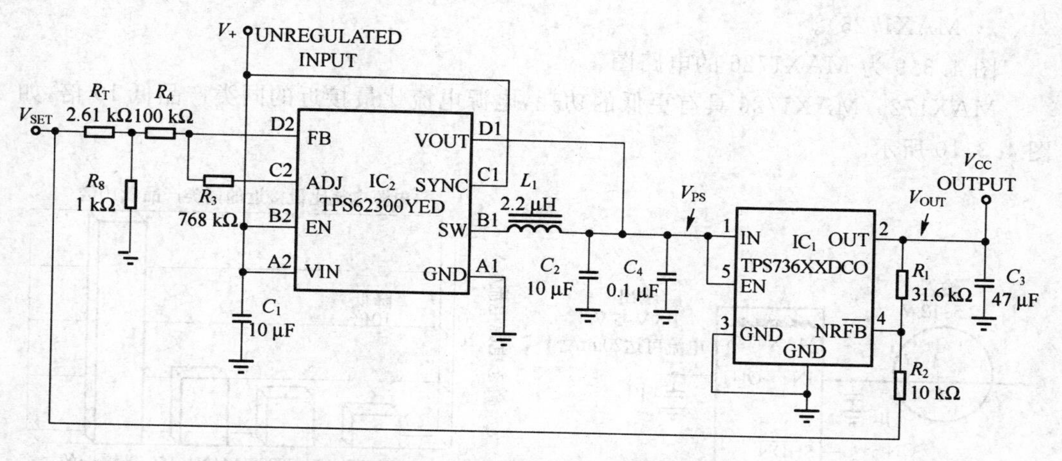

图 4.3.8　用级联的低压差线性稳压器和开关电源改善输出电压纹波并保持总效率
(注意:在 IC_1 的部件编号中,"XX"表示稳压器的输出电压)

显示的是由一个包含开关电源(SMPS)和后随线性稳压器构成的级联电路。该电路的输出电压范围从 1.5～5 V,输出电流高达 400 mA。虽然这里采用固定 6 V 电源为级联电路供电,但它的设计能适用于任何输入电压,只要该电压比级联对所需的输出电压高出 0.5 V。

在 0～1.105 V 调整基准电压 V_{SET} 就可以线性地改变电路的输出电压。电阻器 R_1 与 R_2 以及基准电压 V_{SET} 确定了低压差稳压器的输出电压,因此也确定了级联的输出电压。电阻器 R_T、R_B、R_3 和 R_4 对 V_{SET} 分压,使 SMPS 的输出电压 V_{PS} 保持恒定高于稳压器输出电压 0.2 V,在满程输出电流和任何输出电压情况下,将稳压器的功耗降至 80 mW。

在最大输出电流 400 mA 时,6 V 输入和 4.69 V 输出的级联电源达到 89%的最高效率。

4.3.7　MAX1725/1726　更低功耗的 LDO 稳压器芯片

MAXIM 公司的 MAX1725/MAX1726 是当前功耗更低的低压差线性稳压器,专用于要求延长电池寿命的低功耗应用,例如烟雾探测器、实时时钟或 CMOS 备份电源等。这些 SOT23 封装的微型器件具有仅 2 μA 的超低电源电流,并内置有电池反接保护。

MAX1725/MAX1726 的主要特点如下:

- 2 μA 超低电源电流;
- 1%精密输出电压;
- 2.5～12 V 输入;
- 1 μF 小输出电容;

- 自动电池反接保护—省去外部隔离二极管；
- 固定输出(1.8 V,2.5 V,3.3 V或5 V,MAX1726)或可调节输出(1.5～5.5 V,MAX1725)。

图4.3.9为MAX1726的电路图。

MAX1725/MAX1726具有更低的功耗,电源电流比最接近的同类产品低10倍,如图4.3.10所示。

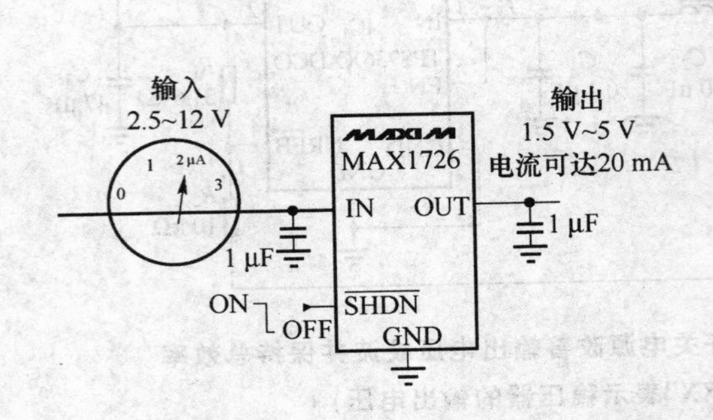

图4.3.9 MAX1726电路图

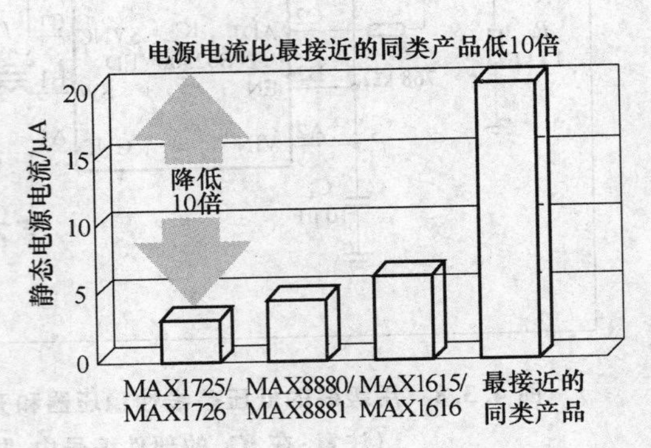

图4.3.10 MAX1725/1726的电源电流

4.3.8 LP3991 输出300 mA的线性稳压器芯片

NS公司的LP3991是可输出稳定固定电压并提供高达300 mA负载电流的线性稳压器芯片。它适用于后置直流/直流稳压器、利用电池供电的电子产品以及其他便携式信息家电产品。

LP3991的主要特点如下：

- 1.65～3.6 V输入电压；
- 1%精确度(室温)；
- 1.2 V～2.8 V输出电压；
- 125 mV压降(负载电流300 mA)；
- 50 μA静态电流(负载电流1 mA)；
- 浪涌电流可限制在<600 mA；
- PSRR：65 dB(噪声1 kHz)；
- 100 μs启动时间(1.5 V输出电压)；
- 配搭小巧0402陶瓷电容器仍可保持稳定性能；
- 过热及短路保护。

LD3991的技术参数如表4.3.1所列。

表4.3.1 LP3991芯片的技术参数

输出电流	300 mA
输出电压	1.3,1.2,2.8,1.5 V
最低输入电压	1.65 V
最高输入电压	3.6 V
压降	0.075 V
最低输出电压	1.3,1.2,2.8,1.5 V
最高输出电压	1.3,1.2,2.8,1.5 V
静态电流	0.05 mA
最低温度	−40 ℃
最高温度	125 ℃

LD3991 的性能曲线如图 4.3.11 所示。

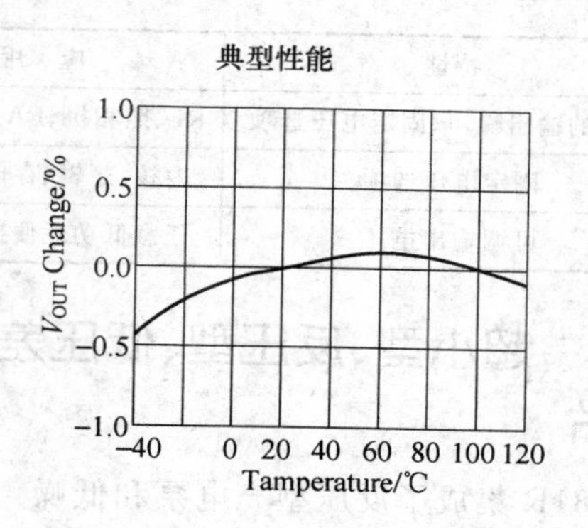

图 4.3.11　LP3991 特性曲线

LP3991 的典型应用电路图如图 4.3.12 所示

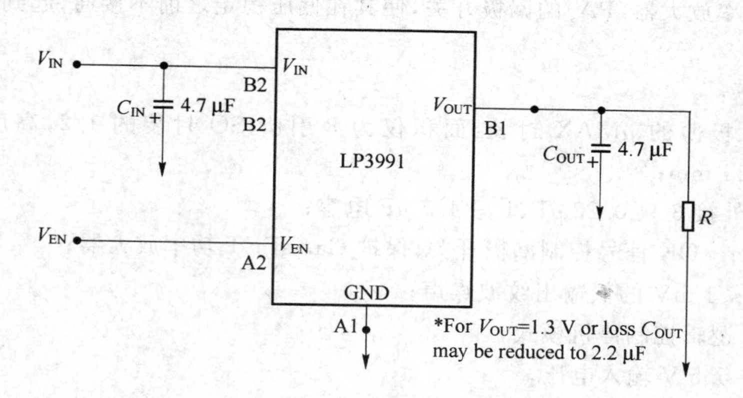

图 4.3.12　LP3991 典型应用电路

4.3.9　MAX8840　超低噪声 150 mA 超低压差线性稳压器芯片

MAXIM 公司的 MAX8840/8841/8842 为大小仅为 1.5 mm^2 的，输出为 150 mA 的 LDO 芯片。它采用先进的噪声抑制技术，输出噪声仅为 11 μV_{RMS}。

主要特点如下：

- 1 kHz 时，PSRR 为 78 dB；
- 低达 40 μA 的地电流；
- 120 mA 时压差为 120 mV；
- 可调或固定输出电压。

主要应用范围和特性如表 4.3.2 所列。

表 4.3.2 MAX884x 性能及应用

型号*	特性	应 用	RoHS 兼容
MAX8840ELTxy+T	最低的输出噪声、固定电压选项	RF、照相机、PA 偏置电源	√
MAX8841ELTxy+T	固定电压选项	内核、逻辑、存储器电源	
MAX8842ELT+T	可调输出电压	任意低功耗便携式设备	

4.3.10 MAX881R 超小型、反压型、低压差、低噪声、充电泵线性稳压芯片

超小型封装的 MAX881R 集成了反压型充电泵和低噪声线性稳压器，可为蜂窝电话及无线手续终端的 GaAsFET 功率放大器提供负偏置电压。其宽阔的输入电压范围(2.5～5.5 V)能够适应单节锂电池供电的应用。Power - OK(电源好)信号可控制 GaAsFET 功率放大器(PA)的漏极开关，使其在偏压稳定之前不接通，起到保护 PA 的作用。

特性如下：

- 纤小、极薄的 μMAX 封装：面积仅为 8 引脚 SO 封装的 1/2，高度(最大)仅有1.11 mm；
- 只须外接 3 只 0.22 μF、1 只 4.7 μF 电容；
- Power - OK 信号控制漏极开关，保护 GaAsFET 功率放大器；
- $V_{P-P}<1$ mV 的低输出纹波噪声；
- 1 μA 逻辑控制停机模式；
- 2.5～5.5 V 输入电压；
- $-0.5\sim-V_{IN}$输出电压；
- 评估组件有助于快速完成设计。

MAX881R 集固定频率(100 kHz)充电泵和低噪声、低压差线性稳压器于一体，为 GaAsFET 功率放大器提供了一个安静的(噪声 $V_{P-P}<1$ mV)负偏置电源。

引脚及应用电路如图 4.3.13 所示。

4.3.11 LP5952 350 mA 双轨超低压差线性稳压器芯片

NS 公司的 LP5952 为 350 mA 双轨线性稳压器，它提供超低压差及静态电流，且瞬态响应表现卓越。适用于移动电话、手持式收音机、个人数字助理、掌上电脑以及其他便携式设备。

主要特点如下：

- 卓越负载瞬态响应：±15 mV(典型值)；
- 极佳线路瞬态响应：±1 mV(典型值)；
- 输入电压：0.7～4.5 V；
- 电池供电电压：2.5～5.5 V；

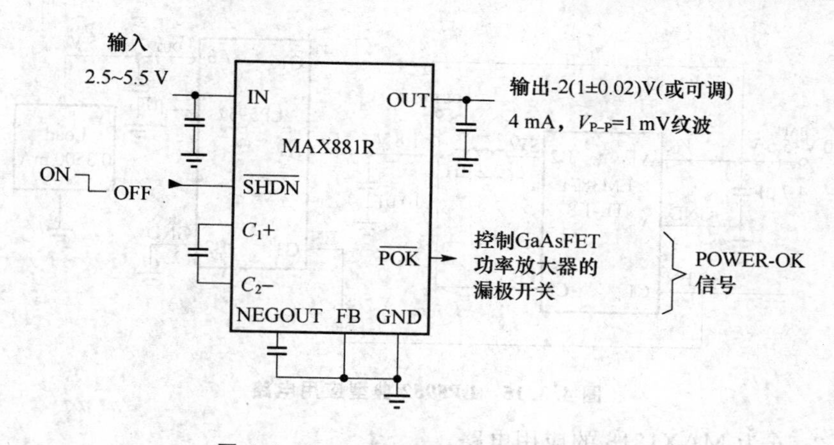

图 4.3.13 MAX881R 引脚及应用电路

- 输出电压：0.5～2.0 V；
- 若 I_{LOAD}=350 mA：$V_{BATT} \geqslant V_{OUT(NOM)}$+1.5 V 或 2.5 V(以较高者为准)；
- 若 I_{LOAD}=150 mA：$V_{BATT} \geqslant V_{OUT(NOM)}$+1.3 V 或 2.5 V(以较高者为准)；
- 50 μA 电池供电电压静态电流(典型值)；
- 10 μA 输入电压静态电流(典型值)；
- 温度范围：−40～125 ℃；
- 停机静态电流：0.1 μA(典型值)；
- 输出电流 350 mA；
- 噪声电压 100 μV_{RMS}(典型值)；
- 可使用 1 枚锂电池或 3 枚镍氢/镍镉电池操作；
- 如系统需要，只需加设 1～2 颗小型表面贴装外置元件；
- 无铅小型 5 焊球 micro SMD 封装；
- 具备过热及短路保护。

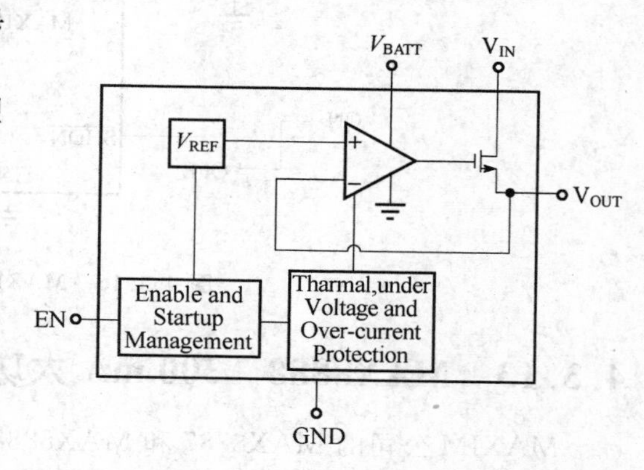

图 4.3.14 LP5952 结构框图

LP5952 结构如图 4.3.14 所示。

LP5952 的典型应用电路图如图 4.3.15 所示。

4.3.12 MAX1818 500 mA 超低压差线性稳压器芯片

MAXIM 公司的 MAX1818 特有的热增强型的 6-PINSOT23 封装允许耗散功率 800 mW，其内部的 P 沟道 MOSFET 调整管能够以很低的压差输出 500 mA。这些特性在手持设备和 PDA 等应用中有利于延长电池寿命，节省板尺寸。它的输出容差 ±1%，500 mA 负载时压差仅为 120 mV。

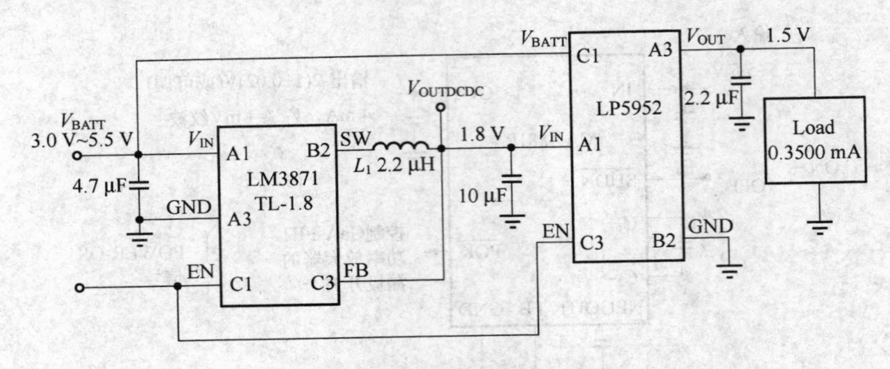

图 4.3.15 LP5952 典型应用电路

图 4.3.16 为 MAX1818 的应用电路。

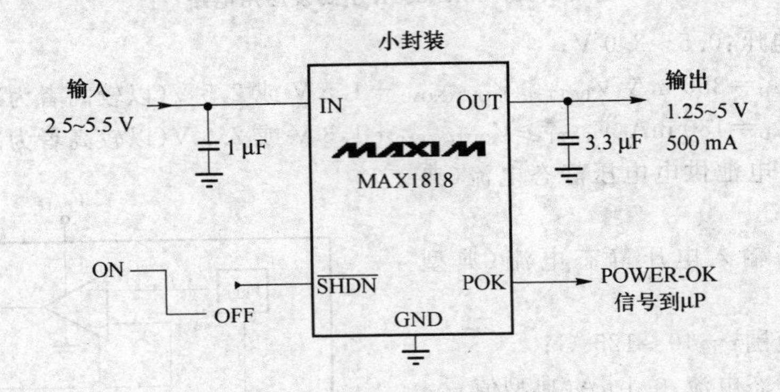

图 4.3.16 MAX1818 应用电路

4.3.13 MAX8888 300 mA 大功率超薄外形 LDO 芯片

MAXIM 公司的 MAX8887 和 MAX8888 是目前仅有的采用 1 mm 薄型 SOT23 封装的 300 mA 低压差线性稳压器(LDO),是业界更薄的高功率 LDO。和同等功率水平的其他产品相比,它们还具有更低的压差——300 mA 负载下仅有 150 mV,这意味着更长的电池使用寿命,其他 SOT23 线性稳压器(采用更大的 1.3 mm 封装)所具有的压差要高出 40%~233%。

主要特点如下:

- 保证 300 mA 输出(脉冲式 500 mA);
- 预置输出:+1.5~+3.3 V,间隔 100 mV;
- 42 μV_{RMS}输出噪声(MAX8887);
- Power - OK 输出(MAX8888);
- 55 μA 静态电源电流;
- 1 μA 关断电流;
- 限流和过热保护。

典型应用电路图如图 4.3.17 所示。

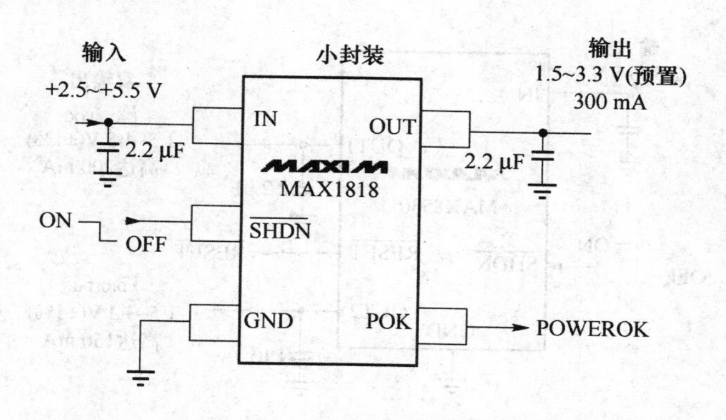

图 4.3.17　MAX8888 应用电路

4.3.14　MAX8510　120 mA 超低噪声线性稳压器芯片

MAXIM 公司的 MAX8510 是 11 μV_{RMS} 超低噪声的线性稳压器，它采用微型 5 引脚的 SC70 封装，面积仅 5.3 mm^2，比其他 120 mA 5 引脚 SOT23 封装面积缩小 41%，最大高度仅 1.1 mm。

主要特点如下：

- 11 μV_{RMS} 噪声，78 dB PSRR；
- 保证 120 mA 输出；
- ±1% V_{out} 精度；
- 120 mV 低压差(于 120 mA)；
- 稳定工作于 1 μF 陶瓷电容；
- 50 μs 快速启动；
- 极低的 40 μA 地电流；
- 热过载保护；
- 出色的负载/线瞬态响应。

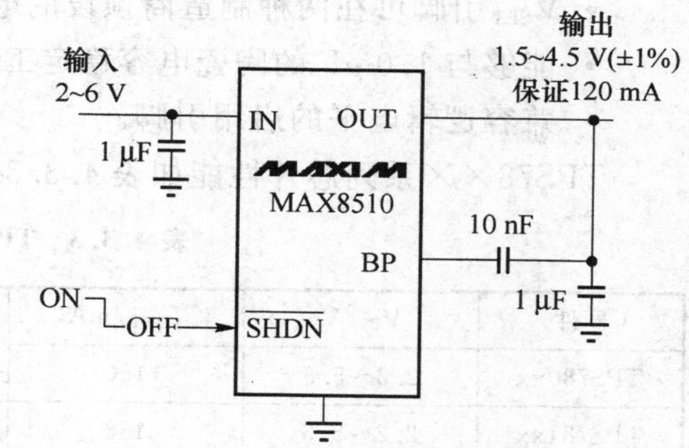

图 4.3.18　MAX8510 应用

MAX8510 的应用如图 4.3.18 所示。

4.3.15　MAX8530　超小型的双路低压差线稳压器芯片

MAXIM 公司的 MAX8530 为更细小的双路低压差线性稳压器。它采用 6 焊球超晶片封装(UCSP)，尺寸为 1.1 mm×1.6 mm，安装面积仅为 1.8 mm^2，比其他同类产品缩小 80%。

主要特点如下：

- 100 mV 低压差(于 100 mA)；
- 200 mA 单输出(MAX8532)；
- 低地电流：80 μA(MAX8532)；130 μA(MAX8530/MAX8531)。

MAX8530 的典型应用如图 4.3.19 所示。

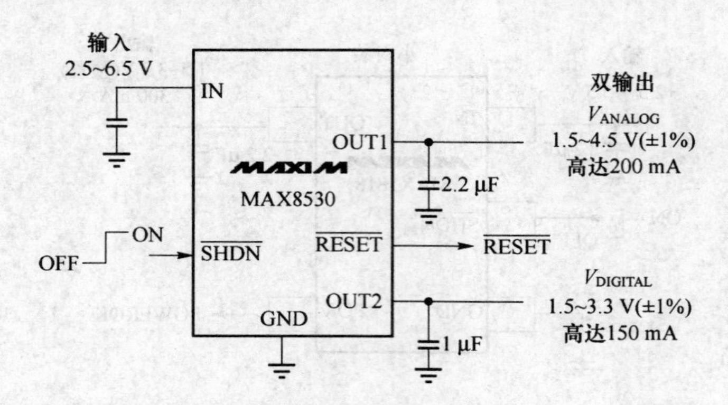

图 4.3.19 MAX8530 的应用

TPS7800××特性如下：

- 低 I_Q：500 nA(典型值)；
- 固定输出电压范围介于 1.5～4.2 V，采用创新制造商 EPROM 编程技术；
- 可调电压介于 1.22～5.25 V；
- V_{SET}引脚可在两种制造商预设的电压电平之间切换选择输出电压；
- 能够与 1.0 μF 的陶瓷电容稳定工作；
- 兼容逻辑电平的启用引脚。

TPS78××系列芯片性能如表 4.3.3 所列。

表 4.3.3 TPS78××性能参数

器件	V_{IN}/V	I_{OUT}/mA	V_{OUT}/V	I_Q/μA	封装
TPS780xx	2.2～5.5	150	1.22～5.25	500 nA	TSOT-23,SON
TPS781xx	2.2～5.5	150	1.22～5.25	1	TSOT-23,SON
TPS797xx	1.8～5.5	10	1.25～4.9	1.2	SC70
TPS715xx	2.5～24	50	1.2～15	3.2	SC70
TPS715Axx	2.5～24	80	1.2～15	3.2	SON

4.3.16 TPS780×× 双电压输出 150 mA 超低功耗 LDO 芯片

TI 公司的 TPS780××是支持双电压输出的 150 mA 低压降线性稳压器(LDO)，可满足基于 MSP430 微控制器的电池供电设备的要求。该器件实现了仅为 500 nA 的静态电流，其电压选择(VSET)引脚使设计人员能在两种电压间进行切换，以实现定制化并将工作期间的功耗减半。

TPS780××LDO 支持可选双电压输出，使设计人员能在电池供电设计的微处理器进入休眠模式后动态转换至更低的电压。通过采用 EPROM 的独特架构，上述双电压 LDO 在出厂时就进行了预设置，从而可支持多种输出电压选项。

TPS780××的低压降在 150 mA 下为 250 mV(典型值),在各种负载—线路—温度情况下的典型误差均保持在 3%以内;其可调或固定输出电压范围为 1.22～5.25 V,固定输出电压可通过制造商 EPROM 编程技术方便地调节;该器件也具有热关断与过流保护。

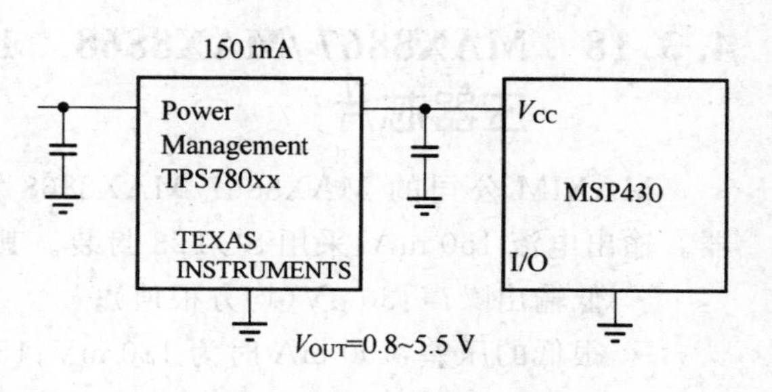

图 4.3.20　TPS780xx 应用

此外,TPS780xx 无需外部部件,即可实现动态电压缩放(DVS)功能,从而支持 8 位或 16 位 MCU 设计。TPS780xx 能够与各种大于 1 μF 的输出电容器稳定工作。可满足多种要求低功耗与小外型的便携式应用的设计要求如移动手持终端、数码照相机以及基于 MSP430 微控制器的应用。其应用如图 4.3.20 所示。

4.3.17　MAX8863/MAX8864　低噪声,小型化 120 mA 线性稳压器具有很低的压差芯片

MAXIM 公司的 MAX8863/MAX8864 主要特点如下:

- 100 mA 时压差为 110 mV;
- P 沟道 MOSFET 调整管;
- 在所有负载与压差范围内电源电流 80 μA;
- 很小输出电容:1 μF;
- 停机时输出端电容自动放电(仅对 MAX8864);
- 1 μA 停机方式电流;
- 电池反向和热过载保护;
- 输出电流限制;
- 引端输出与'2980/'2981 相同的器件请参见 MAX8873/MAX8874。

其应用如图 4.3.21 所示。

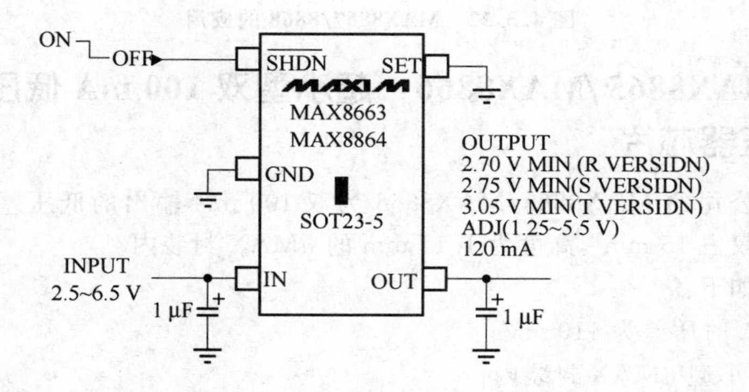

图 4.3.21　MAX8863/8864 的应用

4.3.18 MAX8867/MAX8868 150 mA低噪声低压差的线性稳压器芯片

MAXIM公司的MAX8867/MAX8868为低压差与低噪声优化组合的线性稳压器。输出电流150 mA,采用SOT23封装。其主要特点如下:

- 低输出噪声:30 μV(均方根值);
- 很低的压差:100 mA时为120 mV;150 mA时为190 mV;
- 低至90 μA的电源电流;
- P沟道MOSFET调整管;
- 间隔为100 mV的预置输出;
- 电池接反保护;
- 输出电流限制;
- 1 μA逻辑控制停机方式;
- 短路和过热保护;
- 与MAX8863/MAX8864引脚兼容;
- 与'2982引脚输出相同的器件请参见MAX8877/MAX8878。

它们的应用电路如图4.3.22所示。

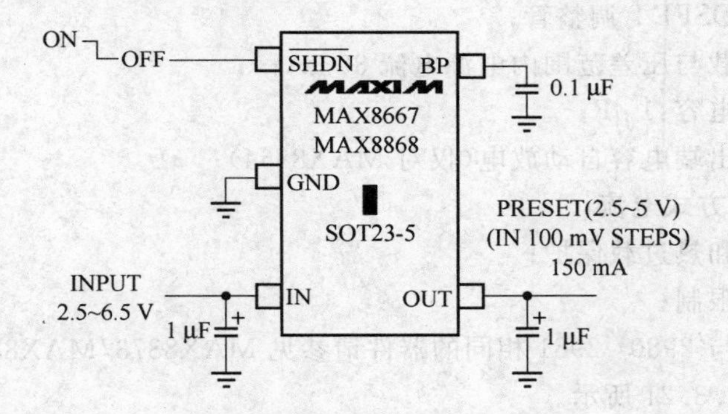

图4.3.22 MAX8867/8868的应用

4.3.19 MAX8865/MAX8866 超小型双100 mA低压差线性稳压器芯片

MAXIM公司的MAX8865/MAX8866为双100 mA输出的低压差线性稳压器。它安装在面积仅占15 mm²,高度为1.11 mm的μMAX封装内。

主要特点如下:

- 100 mA时压差为110 mV;
- 安装在小型μMAX封装内;
- 在所有负载与压差下电源电流为145 μA;
- P沟道MOSFET调整管;

- 很小输出电容：1 μF；
- 停机时输出端电容自动放电(仅对 MAX8866)；
- 1 μA 停机电流；
- 电池接反与热保护；
- 如需内置 250 mA/100 mA 开关的相似元件请参见 MAX8862。

其应用如图 4.3.23 所示。

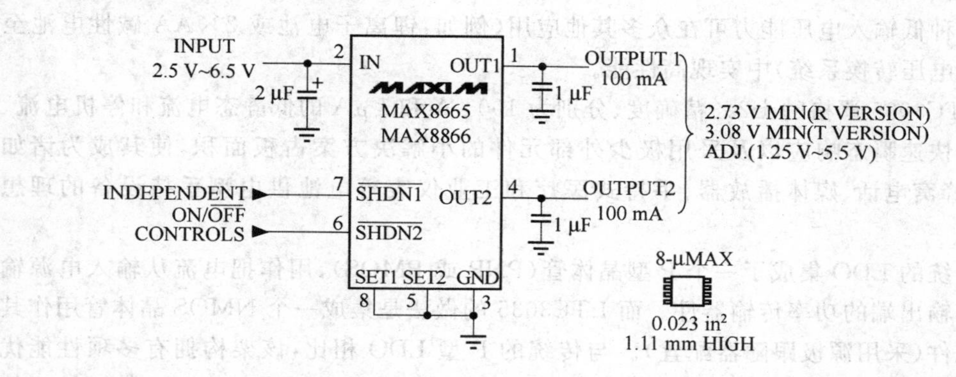

图 4.3.23　MAX8865/8866 的应用

4.3.20　MAX882/MAX883/MAX884　低功耗 250 mA 的 LDO 稳压器芯片

MAXIM 公司的 MAX882/MAX883/MAX884 是低功耗的 250 mALDO 芯片，在任何负载和压差下仅消耗 11 μA。

主要特点如下：

- 所有负载下具有极低的 11 μA(典型)工作电流；
- 保证输出电流 200 mA；
- 220 mA 输出时压差 220 mV；
- 0.01 μA(典型)关断模式；
- 节流型短路保护；
- 反向电流保护；
- 热过载保护；
- 电池不足检测比较器。

INPUT
2.7~11.5 V
1 μF
IN
LBI
MAX884
OFF
ON/OFF
LOW-BATTERY
LBO
SET　GND
OUT
OUTPUT
3.3 V(MAX882/MAX884)
5 V(MAX883)
ADJ.(1.25~11 V)
1 μF 250 mA

图 4.3.24　MAX884 的应用

其应用如图 4.3.24 所示。

4.3.21　LTC3035　300 mA 超低压差(VLDO)线性稳压器芯片

LINEAR(凌特)公司的LTC3035是一款输入电压可低至1.7 V的300 mA非常低压差(VLDO)线性稳压器。该器件采用单电源操作并具有0.4～3.6 V的低可调输出电压范围,可在满负载电流条件下保持仅45 mV的极低压差。为允许在低输入电压条件下运作,LTC3035包括一个集成充电泵转换器,用于为内部LDO电路提供必要的空间。这种低输入电压能力可在众多其他应用(例如:锂离子电池或2×AA碱性电池至低输出电压转换系统)中实现高性能。

LTC3035严格的±2%精确度、分别为100 μA和1 μA的低静态电流和停机电流、再加上快速瞬态响应以及采用极少外部元件的小解决方案占板面积,使其成为诸如PDA、蜂窝电话、媒体播放器、手持式医疗和工业仪表等电池供电型手持设备的理想选择。

传统的LDO集成了一个P型晶体管(PNP或PMOS),用作把电流从输入电源输送至其输出端的功率传输器件。而LTC3035的做法是集成一个NMOS晶体管用作其通路元件(采用源极跟随器配置)。与传统的P型LDO相比,该架构拥有多项性能优势,包括更高的V_{IN}电源抑制、更低的压差和更加优越的瞬态响应特性,并且保持了较小的解决方案外形尺寸。

LTC3035的主要特点:

- 宽V_{IN}范围:1.7～5.5 V;
- 低压差:在300 mA时的典型值为45 mV;
- 可调输出范围:0.4～3.6 V;
- 内置充电泵可产生NMOS偏压,无需外部电源;
- 在温度、电源和负载变化时具有±2%的电压准确度;
- 扁平(高度仅为0.75 mm)3 mm×2 mm DFN-8封装。

LTC3025的典型应用如图4.3.25所示。

4.3.22　MAX8880/MAX8881　200 mA 超低静态电源电流 LDO 稳压器芯片

MAXIM公司的MAX8880/MAX8881为SOT23封装的200 mA低压差线性稳压器,具有特别低的3.5 μA静态电源电流,非常适合于要求待机时间尽可能长的便携式应用。这些器件具有高至12 V的输入电压范围,并提供"电源好"输出(POK)用于指示输出电压是否位于稳定范围。

主要特点如下:

- 3.5 μA超低静态电源电流;
- 200 mA输出电流容量;
- 1%输出电压精度;
- 2.5～12 V输入范围;

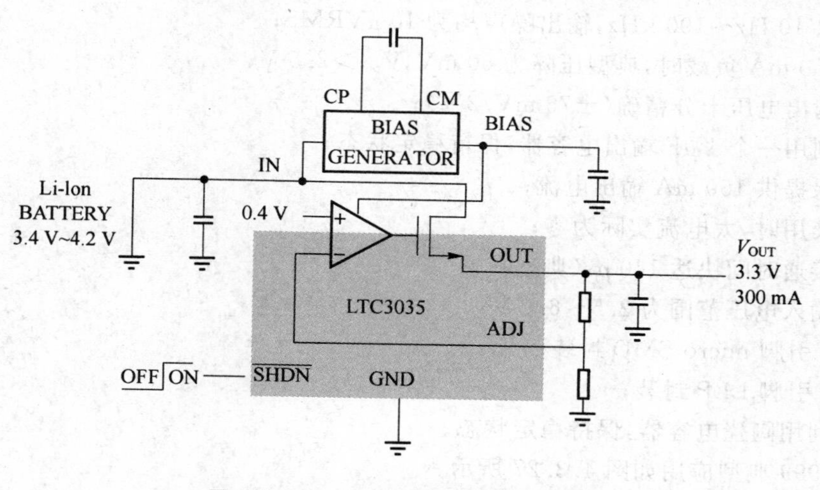

图 4.3.25 LTC3035 的典型应用电路

- 1 μF 小输出电容；
- 电池反接保护；
- 固定输出(1.8 V、2.5 V、3.3 V 或 5 V、MAX8881)或可调输出(1.5～5.5 V、MAX8880)；
- "电源好"输出用于失调指示。

MAX8880/MAX8881 的应用如图 4.3.26 所示。

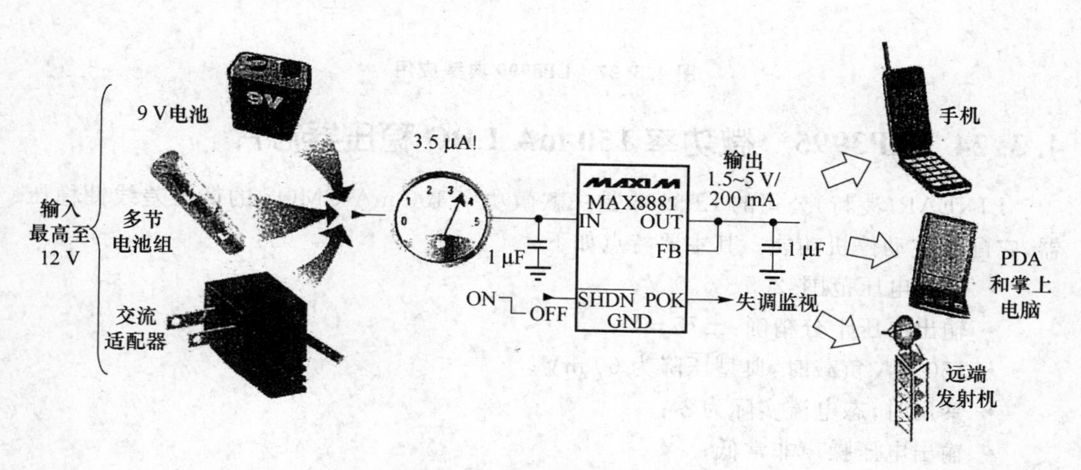

图 4.3.26 MAX8881 的应用

4.3.23 LP3999 便携式超低噪音 150 mA LDO 稳压器芯片

LINEAR(凌特)公司的 LP3999 是一款为射频应用和模拟应用而设的超低噪声 150 mA 的低压差线性稳压器，它面向便携式系统的应用。

LP3999 的主要特点如下：

- 以 10 Hz～100 kHz，输出噪声均为 10 μVRMS；
- 150 mA 负载时，典型压降为 60 mV，V_{out}>2.5 V；
- 输出电压十分精确(±75 mV/2%)；
- 利用一个 1 μF 输出电容器，保持稳定状态；
- 保提供 150 mA 输出电流；
- 禁用时，太电流实际为零；
- 接通时间快达 140 μs(典型)；
- 输入电压范围为 2.5～6.0 V；
- 5 引脚 micro SMD 封装；
- 6 引脚 LLP 封装；
- 利用陶瓷电容器，保持稳定状态。

LP3999 典型应用如图 4.3.27 所示。

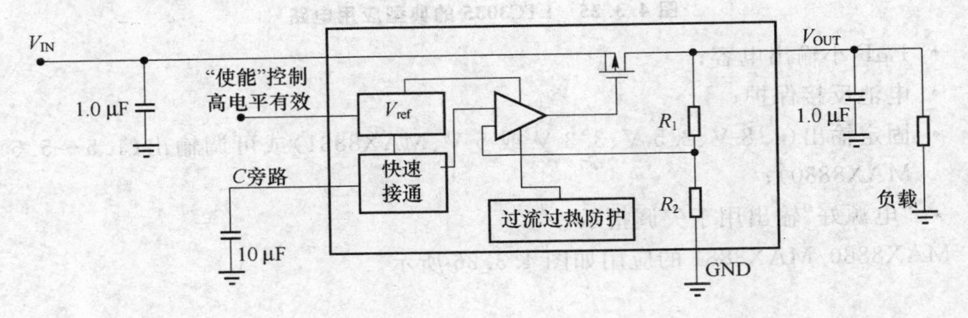

图 4.3.27　LP3999 典型应用

4.3.24　LP3995　微功率 150 mA LDO 稳压器芯片

LINEAR(凌特)公司的 LP3995 是一款微功率 150 mA CMOS 的低压差线性稳压器，它配有主动停机功能。其主要特点如下：

- 输入电压范围：2.5～6.0 V；
- 输出电压十分精确：±75 mV；
- 150 mA 负载时，典型压降为 60 mV；
- 禁用时，态电流实际为零；
- 输出电压噪声非常低；
- 利用一个 1 μF 输出电容器，保持稳定状态；
- 保提供 150 mA 输出电流；
- 快速接通：30 μs(典型)；
- 快速切斷：175 μs(典型)；
- 5 引脚 micro SMD 封装；
- 6 引脚 LLP 封装；

• 利用陶瓷电容器,保持稳定状态。

LP3995 的典型应用如图 4.3.28 所示。

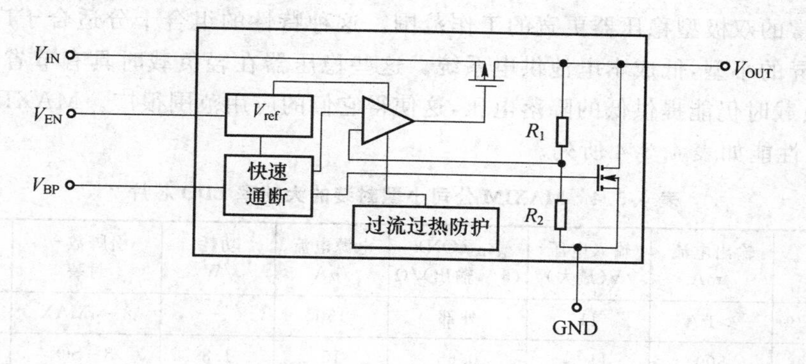

图 4.3.28 LP3995 典型应用

4.3.25 MAX1658/MAX1659 350 mA 大功率低压差线性稳压器芯片

MAXIM 公司的 MAX1658/MAX1659 为节省电池的 LDO 线性稳压器,仅消耗 30 μA 电源电流并能提供 350 mA 输出电流。它采用特殊的大功率 8 引脚 SO 封装,面积 31.0 mm^2,高度 1.75 mm。

MAX1658/MAX1659 主要特点如下:

- 特殊的大功率 8 引脚 SO 封装;可耗散 1.2 W 功率;
- 宽输入范围(2.7~16.5 V);
- 低降落电压(350 mA 时为 490 mV);
- 30 μA 电源电流;
- 1 μA(最大)停机电流;
- 热过载与限流保护。

同功率 8 引脚的 SOIC 封装如图 4.3.29 所示。

MAX1658/MAX1659 典型应用电路如图 4.3.30 所示。

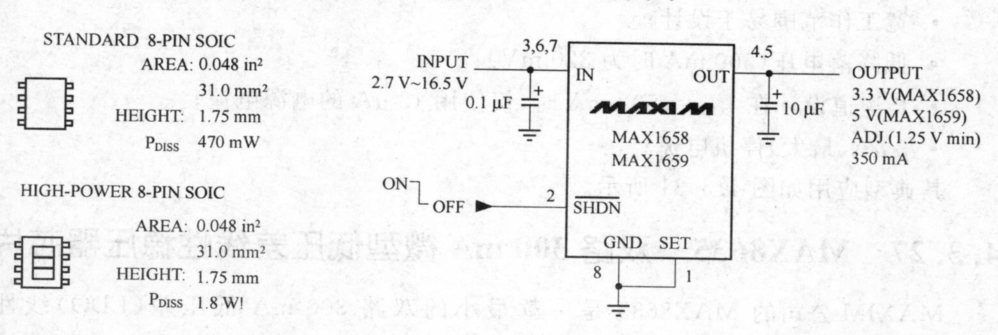

图 4.3.29 高功率 SOIC 封装

图 4.3.30 MAX1658/MAX1659 典型应用电路

Maxim公司大功率线性稳压器使用两种独特的技术(P沟道MOSFET调整管和大功率封装),所生产的器件具有低的降落电压,非常低的电源电流(与输出电流无关)以及此通常的双极型稳压器更宽的工作范围。这种特性的组合十分适合于广泛的,工作条件各异的小型,低成本电池供电系统。这些稳压器在轻负载时具有节省电池的特性,在重负载时仍能提供低的降落电压,这使得它们的应用范围很广。MAXIM大功率LDO芯片性能如表4.3.4所列。

表4.3.4 MAXIM公司小型封装的大功率LDO芯片

器件型号	输出电流/mA	输入电压/V(最大)	R_{DS}(ON)(5 V输出)/Ω	电源电流/μA	功耗/W	引脚数－封装	调整管
MAX687/8/9	>1 A	11	外部	150	—	8－μMAX	外部PNP
MAX603/4	500	11.5	0.65	15	1.8	8－SO	P沟道
MAX1658/9	350	16.5	1.4	30	1.2	8－SO	P沟道
MAX8862	250&100	11	0.8	250	1.5	T4－SO	双P沟道
MAX667	250	16.5	0.9	20	0.47	8－SO	PNP
MAX882/3/4	200	11	1.1	11	1.5	8－SO	P沟道
MAX8867/8	150	6.5	1.2	90	0.57	5－SOT23	P沟道
MAX8863/4	120	6.5	1.1	80	0.57	5－SOT23	P沟道
MAX8865/6	2×100	6.5	1.1	145	0.33	8－μMAX	双P沟道
MAX1615/16	30	28	3	8	0.57	5－SOT23	PNP

4.3.26 MAX603/MAX604 500 mA大功率LDO线性稳压器芯片

MAXIM公司的MAX603/MAX604为500 mA低压差(LDO)线性稳压器,安装在极小的SO－8封装内。

主要特点如下:

- 特殊的大功率8引脚SO封装,可耗散1.8 W功率;
- 宽工作范围易于设计;
- 低降落电压(500 mA时为320 mV);
- P沟道设计在I_{OUT}＝500 mA时,仅使用15 μA的电源电流;
- 2 μA(最大)停机电流;

其典型应用如图4.3.31所示。

4.3.27 MAX8635 双路300 mA微型低压差线性稳压器芯片

MAXIM公司的MAX8635是一款最小的双路300 mA低压差(LDO)线性稳压器。

主要特点如下:

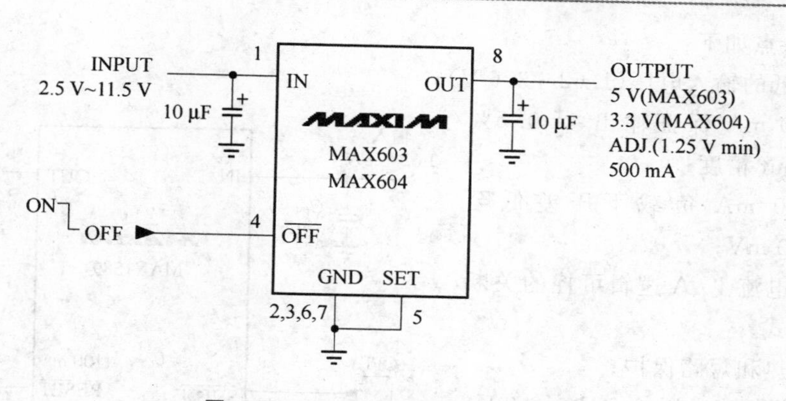

图 4.3.31　MAX603/MAX604 应用

- 提供高达 300 mA 的双路输出；
- 引脚可对输出电压编程，可提供 1.5 V、1.8 V、2.5 V、2.6 V、2.7 V、2.8 V、2.85 V、3.0 V、3.1 V 及 3.3 V 电压；
- 100 mA 负载下，具有 90 mV 低压差；
- 45 μV_{RMS} 的低输出噪声(MAX8634/MAX8636)；
- 54 μA 低静态电源电流(两路 LDO 均使能)；
- 小尺寸，8 - μDFN 封装，2 mm×2 mm×0.8 mm。

可理想地应用于 RF、照相机、LCD、音频存储器、基带及蓝牙等系统中。

其典型应用如图 4.3.32 所示。

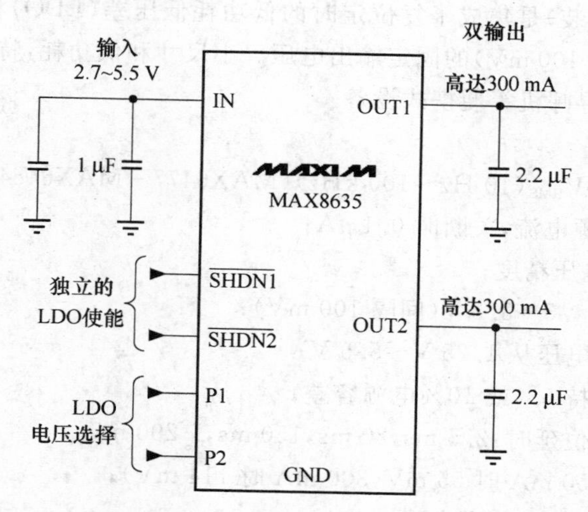

图 4.3.32　MAX8635 典型应用

4.3.28　MAX1589　低输入电压 500 mA LDO 稳压器芯片

MAXIM 公司的 MAX1589 是具有更低输入电压(1.62～3.6 V)、输出 500 mA 的低压差(LDO)线性稳压器。

主要特点如下：

- 更低的输入电压(1.62～3.6 V)；
- 500 mA 保证输出，±0.5% Vout 精度；
- 500 mA 负载下压差低至 150 mV；
- 低电流 1 μA 逻辑可控的关断模式；
- 过热和短路保护；
- 预设输出电压：0.75 V～3.0 V；
- 采用 6 引脚 STO23 和 8 引脚 TDFN 两种封装（3 mm×3 mm）；

MAX1589 典型应用电路如图 4.3.33所示。

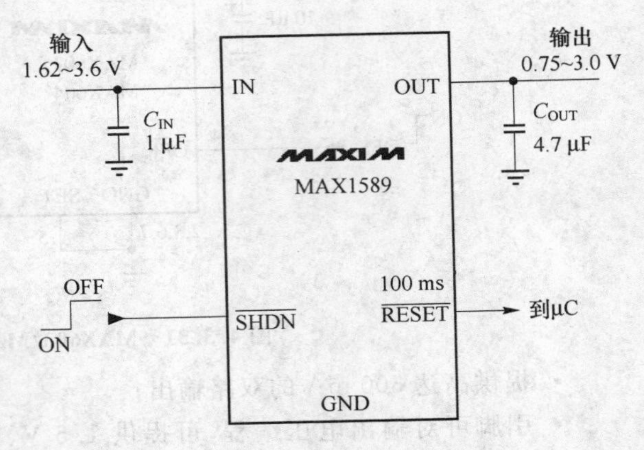

图 4.3.33　MAX1589 典型应用电路

4.3.29　MAX6469—MAX6484　便携式 300 mA LDO 稳压器芯片

MAXIM 公司的 MAX6469—MAX6476（SOT23/QFN 封装）和 MAX6477—MAX6464(UCSP 封装)是集成了复位定时的低功耗低压差(LDO)稳压器。它们具有从 1.5～3.3 V(间隔 100 mV)的固定输出电压。小尺寸和低功耗，特别适合于 PDA、蜂窝电话、GPS 系统、寻呼机等便携式设备。

性能特点如下：

- 低噪声：70 μV_{RMS}(10 Hz～100 kHz)(MAX6477－MAX6484)
- 82 μA 低电源电流，关断时 0.1 μA；
- 1.3%输出电压精度；
- 固定输出从 1.5～3.3 V(间隔 100 mV)；
- 可调节输出电压从 1.25 V～5.5 V；
- 复位门限支持 5%或 10%电源容差；
- 四种最小复位延时：2.5 ms，20 ms，150 ms，1 200 ms；
- 超低压差(150 mA 时 55 mV，300 mA 时 114 mV)；
- 超小尺寸，多种封装形式；
- 手动复位输入(MAX6471—MAX6474，MAX6479—MAX6482)；
- 反向电流保护；
- 短路和热关断保护；

MAX6479 的典型应用电路如图 4.3.34 所示。

MAX6477/MAX6484 的典型应用电路如图 4.3.35 所示。

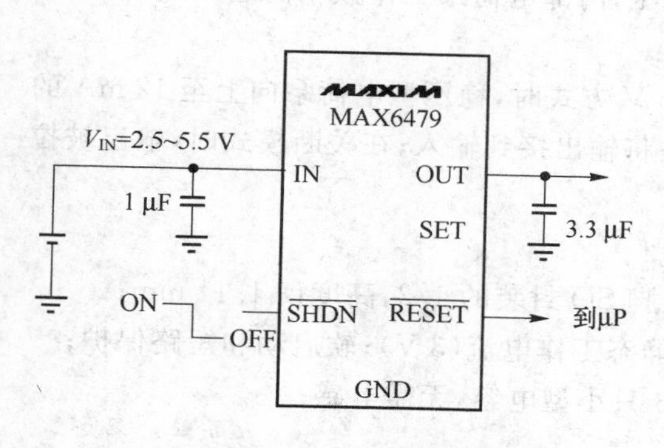

图 4.3.34 MAX6479 典型应用电路

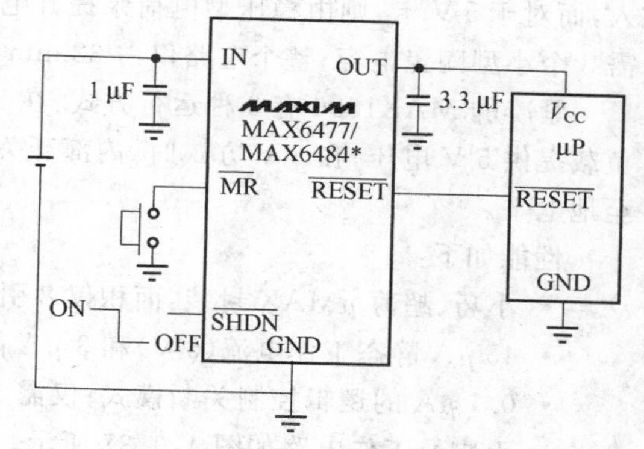

图 4.3.35 MAX6477/MAX6484 典型应用电路

4.3.30 MAX6329/MAX6349 150 mA 带 μP 监控复位的 LDO 稳压器芯片

MAXIM 公司的 MAX6329/MAX6349 是将提供 150 mA 输出电流的低压差(LDO)稳压器和 μP 监控复位电路完全集成于单片 SOT23 封装的芯片。用于蜂窝电话、PDA、无绳电话、笔记本电脑和 PCMC1A/MODEM 等,是便携式产品的理想选择。

主要特点如下:

- +3.3 V、+2.5 V 或+1.8 V 预定输出电压;
- 低静态电流(25 μA);
- 1 μF 小电容节省线路板空间;
- 无反向电流、保护电池安全;
- 内置热关断保护;
- 5%或 10%预置复位门限满足处理器容差;
- 140 ms(最小)复位延时;
- 三种复位输出方式任选;
- SET 引脚用于调节输出电压(最低至 1.23 V)接地时选择预定输出电压。

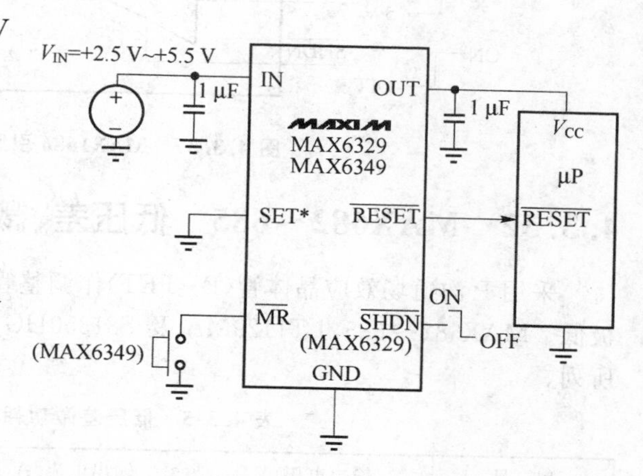

图 4.3.36 MAX6329/MAX6349 典型应用电路

MAX6329/MAX6349 的典型应用电路如图 4.3.36 所示。

4.3.31 MAX1686 适用于蜂窝电话 SIM 卡的超小型 3 V/5 V 稳压电源芯片

超小型 MAX1686 为超薄 μMAX 封装,仅高 1.11 mm,内置稳压型电荷泵;能够为蜂窝电话的用户识别模块 SIM 卡提供 3 V 或 5 V 电源;对于 3 V 卡,将输出内连到输入,而对于 5 V 卡,则由稳压型电荷泵提升电压;内部电荷泵工作频率高达 1 MHz,且只需 3 个小型陶瓷电容;整个电路仅占 32 mm²。

紧凑的 MAX1686 有 3 种运行方式:在 5 V 方式时,稳压型电荷泵向上至 12 mA 的负载提供 5 V 电压;在 3 V 方式时,内部开关将输出接到输入;在关断模式时,输出被拉至地电平。

性能如下:

- 小巧、超薄 μMAX 封装:面积仅 8 引脚 SO 封装的 1/2,高度仅 1.11 mm;
- 45 μA 静态工作电流(5 V)和 3 μA 静态工作电流(3 V);软启动和短路保护;
- 0.1 μA 的逻辑控制关断模式;仅需 3 只小型电容,无需电感;
- 引脚及工作电路如图 4.3.37 所示。

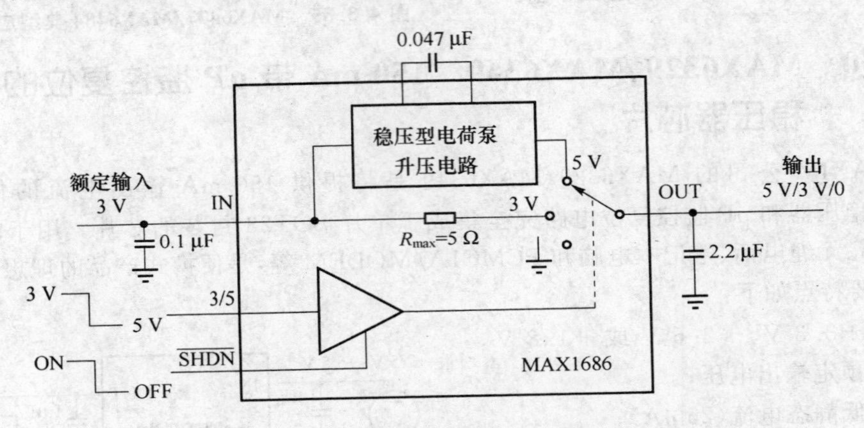

图 4.3.37　MAX1686 引脚及工作电路

4.3.32　MAX682～685　低压差、微功耗稳压器芯片

采用 P 沟道场效应晶体管(P-FET)作调整管的稳压器,不仅压差小,而且静态电流极低。MAX682～685,LT1129MA 及 S81350HG 就属此类稳压器,其参数如表 4.3.5 所列。

表 4.3.5　低压差微功耗稳压器参数表

型　号	输出电压/V	输出电流/A	压差	静态电流/μA
LT1129	3.35 可调	0.7	0.55 V	70
MAX682	3.3 或可调	0.25	0.3 V/0.2 A	15
MAX683	5.0	0.25	0.3 V/0.2 A	15
MAX684	3.3	0.25	0.3 V/0.2 A	15
MAX685	3.0	0.25	0.3 V/0.2 A	15
S81350HG	5.0	0.04	0.3 V	16

器件内部有过流保护、短路保护及输入电压正负端反接保护，MAX682 有两种工作方式：一种是输出固定的 3.3 V；另一种是用户可调输出，其值从 2.7 V 到器件输入电压(最高达 11.5 V)。

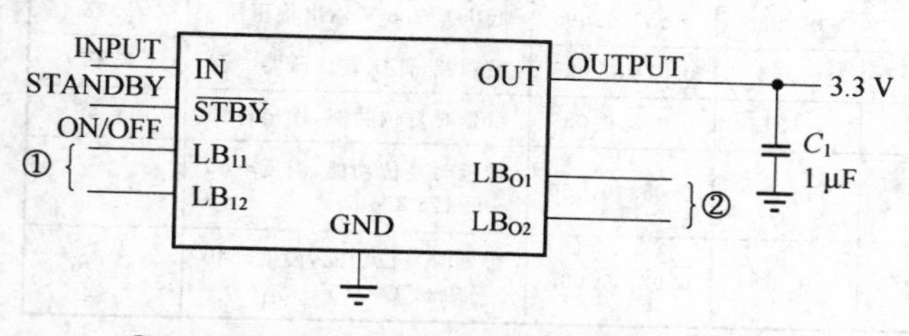

①低电池电压检测输入；②低电池电压检测输出

图 4.3.38 MAX684 典型工作电路

MAX683～685 内部有 2 路低电池电压检测电路。当电池电压低于某值时，相应检测输出端电压改变。器件有备用(standby)输入端$\overline{STBY}$，待机时器件电压输出端无效；但因为偏置电流依然存在，所以改变$\overline{STBY}$，可迅速建立电压输出。

此类器件使用方便，只需一个外接电容器就可以工作。MAX684 的典型工作电路如图 4.3.38 所示。

在订购器件时，应注意相应的温度范围和封装形式。以 MAX682 为例，MAX682ESA 使用温度一般为－40～＋85 ℃，封装为 8SO 方式；MAX682MJA 使用温度为－55～＋125 ℃，封装为 8 CRE DIP 方式。

4.3.33 TPS7350 5 V 固定输出、掉电延时复位、超低压差稳压器芯片

美国德州仪器的 TPS7350 低压差(LDO)系列稳压器，与传统的稳压器 7805 系列相比，主要优势在于极低的电压差(100 mA 时为 35 mV)和小于 400 μA 的静态电流，大幅度降低了设计中的电池损耗。此外，芯片还提供 200 ms 的掉电延时复位功能，大大简化了系统电源的设计，并提高了微处理器运行的可靠性。同时提供 TI 的 μA78Lxx，TL750Lxx，TPS72xx，TPS73xx 系列稳压器。

1. 主要特性

- 5 V 固定电压输出；
- 集成精密电源监控器监控稳压器的输出电压；
- 电压差极低，输出电流为 100 mA 时，输出电压差最大仅 35 mV；
- 上电时，产生 200 ms 低电平有效复位信号；
- 静态电流小于 400 μA，与负载无关；
- 睡眠状态电流极低，最大仅 0.5 μA；
- 8 脚 SOIC 或 DIP 封装。

2. 引脚图

TPS7350 引脚图如图 4.3.39 所示。TI 公司的低压差系列稳压器芯片如表 4.3.6 所列。

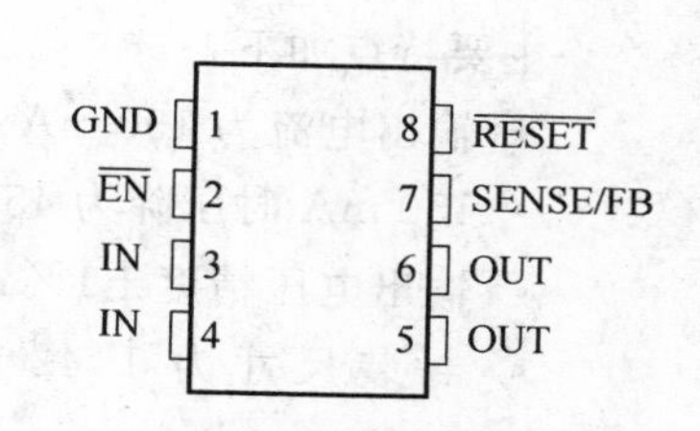

图 4.3.39 TPS7350 引脚图

表 4.3.6　TI 公司系列低压差稳压器芯片

器　件	输出电压/V (正常值)	输出电流/ mA(max)	容限 /%	静态电流/ mA(typ)	压差电压/V (typ,max)	说　明	零售价 /元
TPS71025CP/CD	2.5	500	2	0.292	0.057,0.095	低压差 2.5 V 输出稳压器	9.98
TPS7250QP/QD	5	250	2	0.155	0.076,0.085	微功耗,低压差稳压器	7.49
TPS7301QD/QP	1.2～9.75	500	3	0.34	0.052,0.085	带延时复位功能,输出可调	11.49
TPS7333QD/QP	3.3	500	2	0.34	0.044,0.060	带延时复位功能,温度－40～＋125 ℃	11.49
TPS7350QD/QP	5	500	2	0.34	0.027,0.035	带延时复位功能,温度－40～＋125 ℃	11.49

3. 应用电路

TPS7350 的应用电路如图 4.3.40 所示。

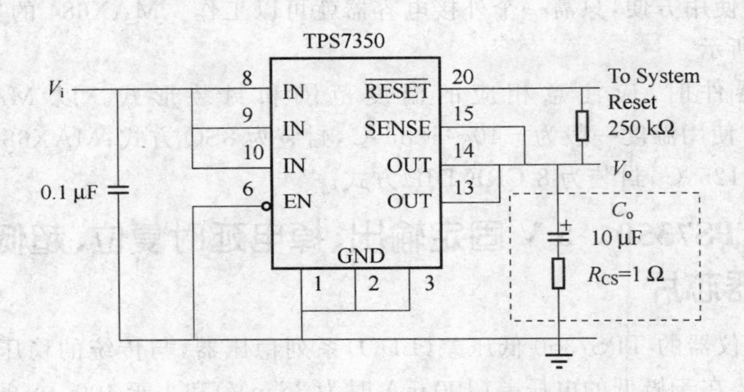

图 4.3.40　TPS7350 应用电路

4.3.34　AS13985　150 mA 超低压差稳压器芯片

AS13985 是需要精确供电电压的小尺寸便携式设备的理想之选。经过低功耗优化设计,它可以为移动电话、MP3、CD、DVD 播放器,数码相机以及其他手持式电池供电设备提供卓越的供电效果。

AS13985 拥有从－40～＋125 ℃的宽温度范围,因此同样完全适用于工业应用场合。

主要特点如下:

- 输出电流为 150 mA;
- 150 mA 时压降为 45 mV;
- 输出电压精度±1%;
- 封装尺寸为 1.42 mm× 1.05 mm;
- 可用于超小尺寸 5 凸点

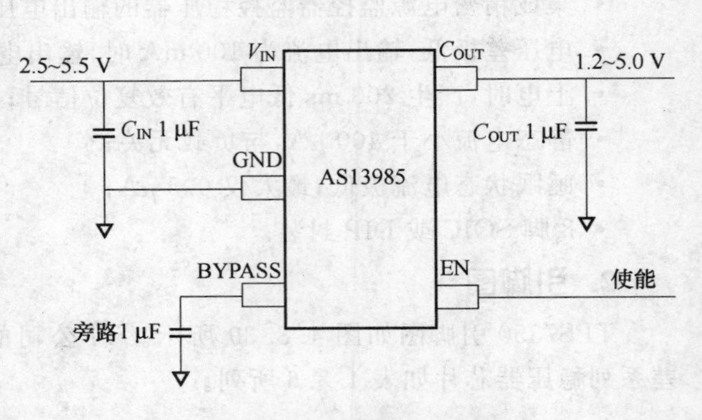

图 4.3.41　AS13985 典型应用电路

WL-CSP 封装及 5 针 SOT23 封装，小于 1.5 mm^2。

AS13985 典型应用电路如图 4.3.41 所示。

4.3.35 A8181—A8187 500 mA 低压差(LDO)串联集成稳压器芯片

A8181 芯片输出电流为 500 mA，输出电压为 5(1±3%) V，最大输入电压为 10 V，工作温度范围为−20～85 ℃。引脚排列如图 4.3.42 所示。

A8183/8184/8186/8187 芯片输出电流为 500 mA，输出电压为 3.0 V±0.1 V(A8183/8184)、3.3 V±0.1 V(A8186/8187)，最大输入电压为 10 V，工作温度范围为−30～−85 ℃。

图 4.3.43 为 A8183—A8187 内部结构图。

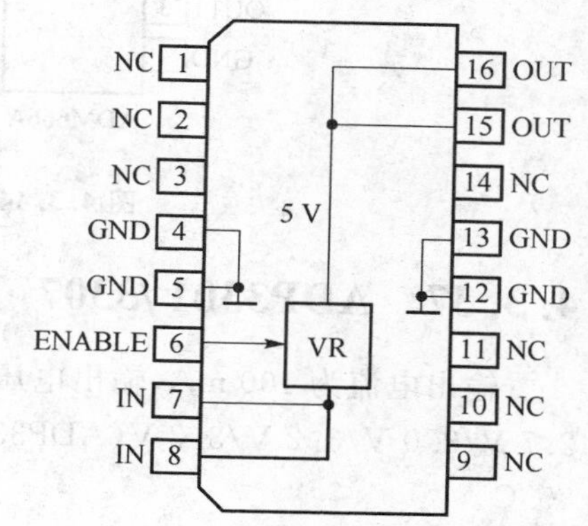

图 4.3.42 A8181 引脚图

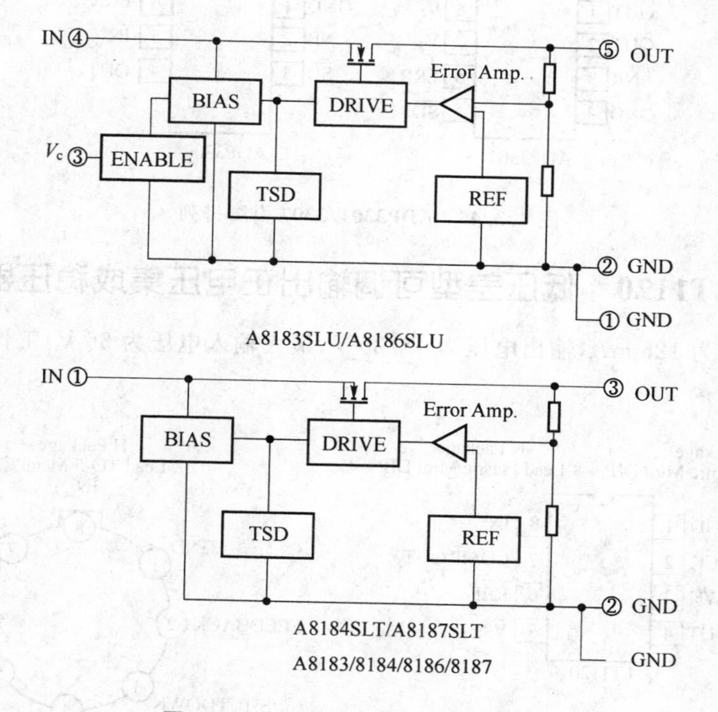

图 4.3.43 A8183—A8187 内部结构

4.3.36 ADM663A/666A CMOS 可调输出正电压集成稳压器芯片

输出电流为 100 mA，输出电压为 3.3 V/5.0 V 切换、1.3～16 V 可调，最大输入电压为18 V,工作温度范围为－40～85 ℃。

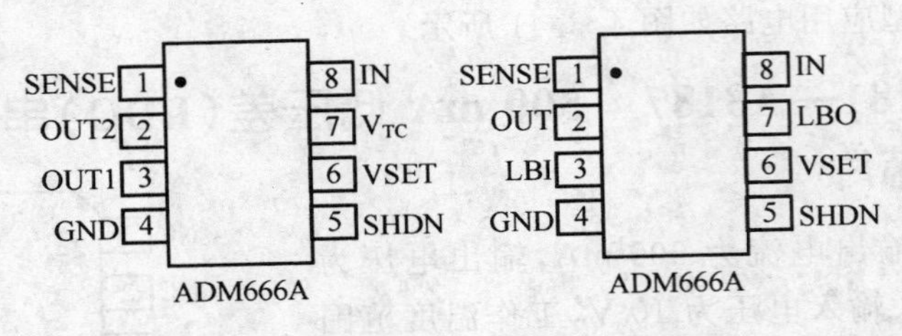

图 4.3.44 ADM663A/666A 引脚排列

4.3.37 ADP3301/3307 低压差型串联集成稳压器芯片

输出电流为100 mA,输出电压为2.7 V/3.0 V/3.2 V/3.5 V/5.0 V(ADP3301)、2.7 V/3.0 V/3.2 V/3.3 V(ADP3307),最大输入电压为12 V,工作温度范围为－20～85 ℃。

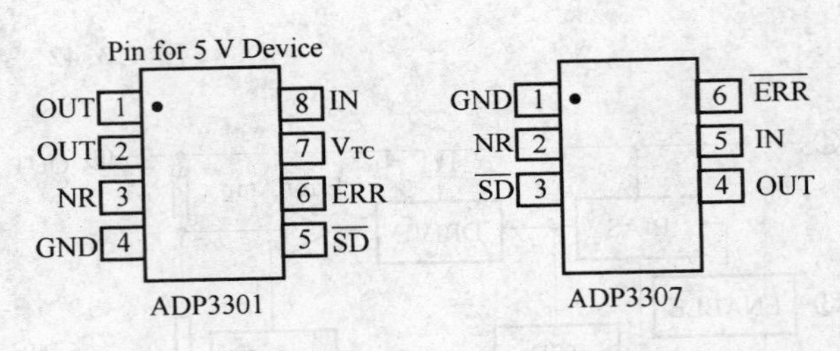

图 4.3.45 ADP3301/3307 引脚排列

4.3.38 LT1120 低压差型可调输出正电压集成稳压器芯片

输出电流为125 mA,输出电压为4～30 V,最大输入电压为36 V,工作温度范围为0～100 ℃。

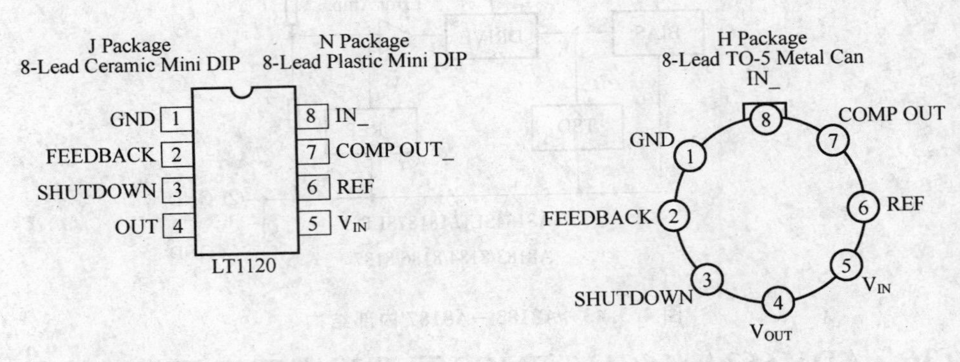

图 4.3.46 LT1120 引脚排列

4.3.39 LM2941/2941C 低压差型可调输出正电压稳压器芯片

输出电流为1 A,输出电压为5～20 V,最大输入电压为26 V,工作温度范围为－40～125 ℃(LM2941)、－20～125 ℃(LM2941C)。

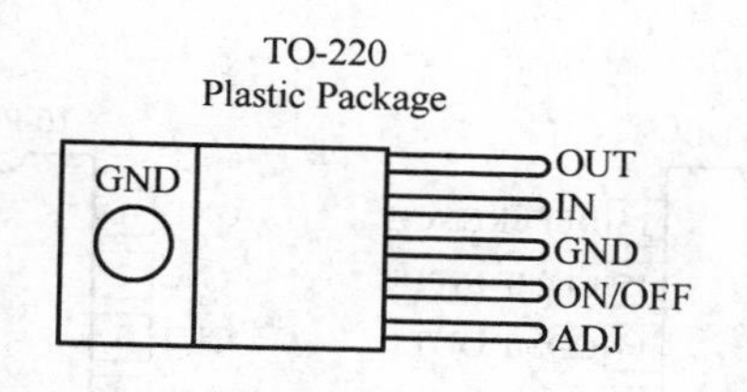

4.3.47 LM2941/2941C 引脚排列

4.3.40 LP2950C/2950AC 低压差型固定输出正电压稳压器芯片

输出电流为100 mA,输出电压为5.0 V,最大输入电压为30 V,工作温度范围为－40～125 ℃。

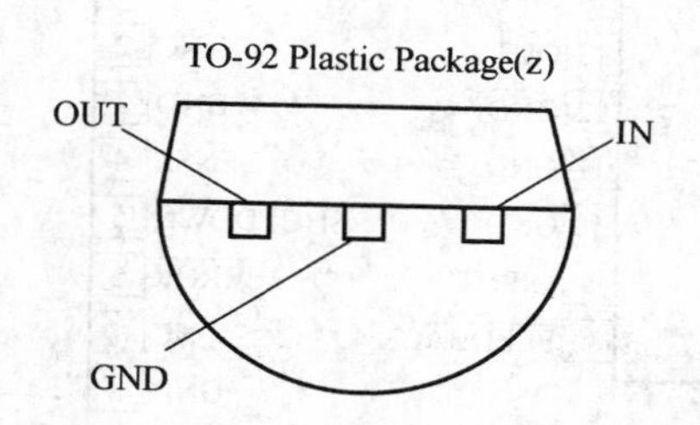

图 4.3.48 LP2950C/2950AC 引脚排列

4.3.41 LP2951C/2951AC 低压差型可调输出正电压稳压器芯片

输出电流为100 mA,输出电压为1.23～29 V,最大输入电压为30 V,工作温度范围为－40～125 ℃。

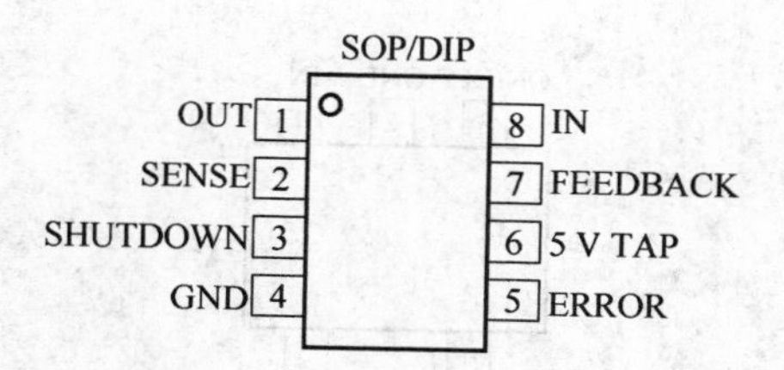

图 4.3.49 LP2951C/2951AC 引脚排列

4.3.42 LP2952I/2951AI/2953I/2953AI 低压差型可调输出正电压稳压器芯片

输出电流为250 mA,输出电压为1.23～29 V,最大输入电压为30 V,工作温度范围为－40～125 ℃。

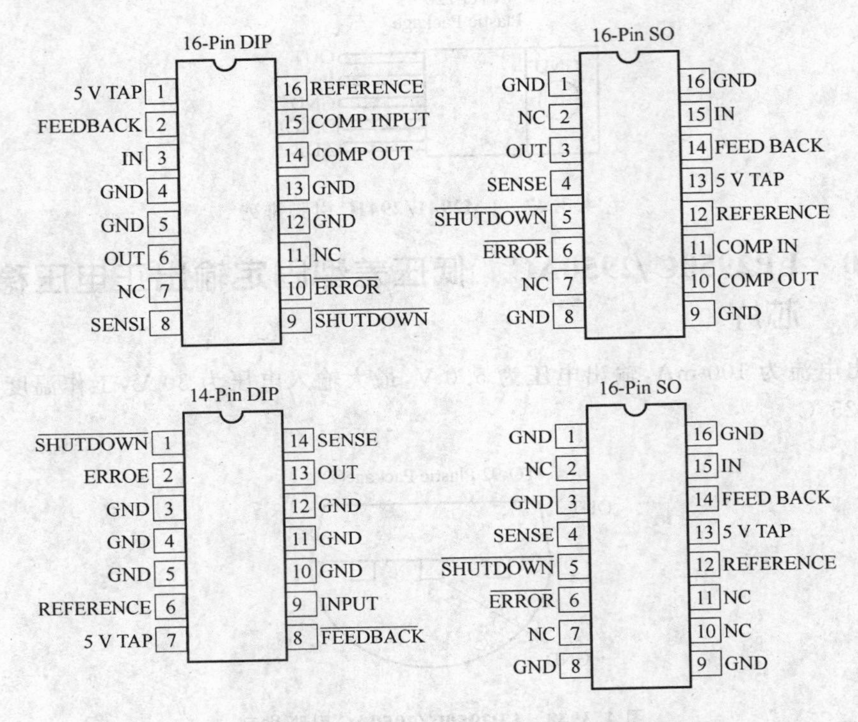

图 4.3.50 LP2953I/2953AI/2952I/2952AI 引脚排列

4.3.43 LP2980－XX 低压差型固定输出正电压稳压器芯片

输出电流为50 mA,输出电压为5 V/3.3 V/3 V(LP2980AI－5.0/LP2980I－5.0/LP2980AI－3.3/LP2980I－3.3/LP2980AI－3.0/LP2980I－3.0),最大输入电压为16 V,工作温度范围为－40～125 ℃。

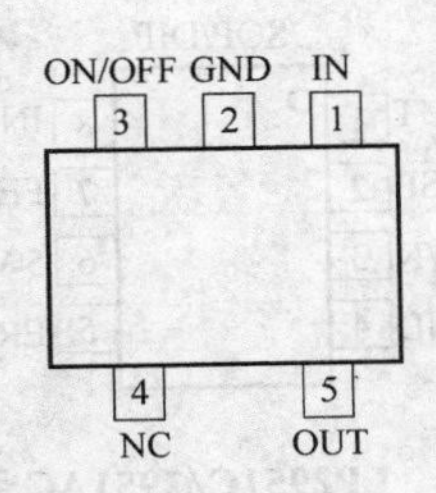

图 4.3.51 LP2980－XX 引脚排列

4.3.44 MM1270ZNR 低压差型稳压器芯片

输出电流为 10 mA,输出电压为 1.08(1±2.8%)V 最大输入电压为 10 V,工作温度范围为−20～75 ℃。

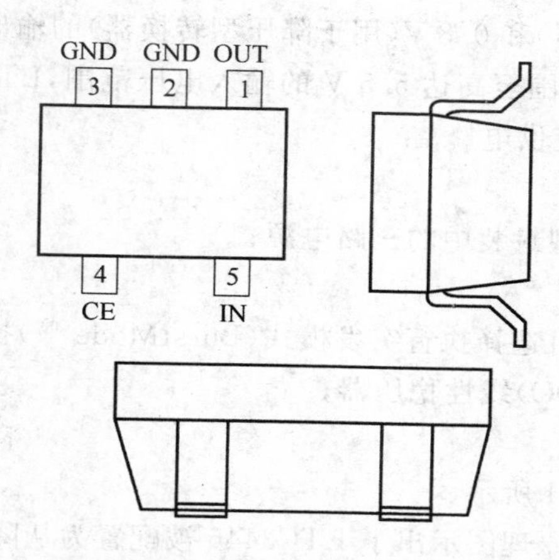

图 4.3.52 MM1270ZNR 引脚排列

4.3.45 LA50xx 低压差型串联稳压器芯片

输出电流为 60 mA,输出电压为 2.0 V/3.0 V/4.0 V/5.0 V/6.0 V/8.0 V/9.0 V/10 V(LA5002/LA5003/LA5004/LA5005/LA5006/LA5008/LA5009/LA5010),最大输入电压为 12 V(LA5002～LA5005)、16 V(LA5006～LA5010),工作温度范围为−20～80 ℃。

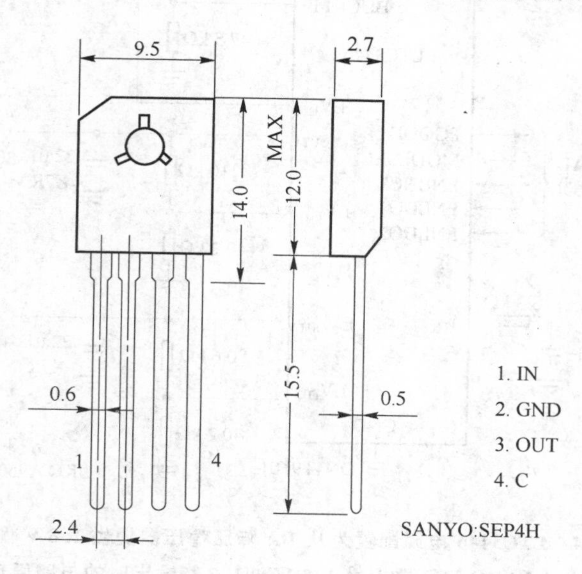

图 4.3.53 LA50xx 引脚排列

4.3.46 LTC3446 三输出的超低压差线性稳压器芯片

LINEAR(凌特)公司的 LTC3446 把一个高效率 1 A 降压型稳压器和两个 300 mA VLDO 稳压器集成在一个纤巧的 3 mm×4 mm DFN 封装之中。凭借一个扩展到低至 0.4 V(用于 VLDO 稳压器)和 0.8 V(用于降压型转换器)的输出电压范围，以及一个涵盖单节锂离子电池电压范围至高达 5.5 V 的输入电压范围，LTC3446 非常适合于为当今的多电压、2 V 以下系统供电。

LTC3446 特点如下：

- 内置于一个纤巧型封装中的三路电源；
- 高效率和低噪声；
- 在轻负载条件下可选择执行突发模式(BurstMode ®)操作或脉冲跳跃操作；
- 非常低压差(VLDO)线性稳压器；
- 有电源良好检测。

典型应用如图 4.3.54 所示。

图 4.3.53 中的电路原理图示出了 LTC3446 被配置为从降压稳压器提供 1.8 V 输出、从第一个 VLDO 稳压器提供 1.5 V 输出、从第二个 VLDO 稳压器提供 1.2 V 输出时的情形。

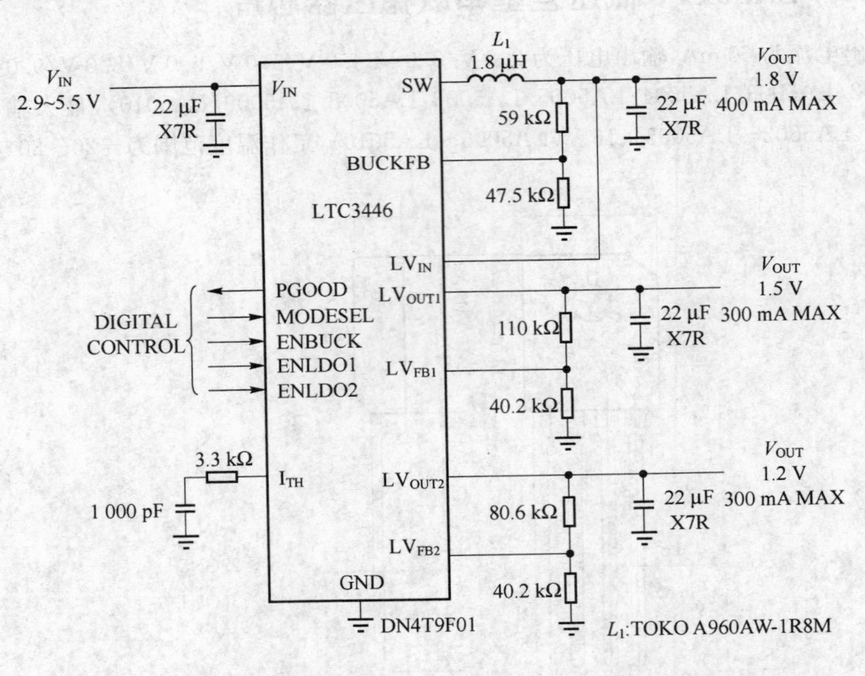

图 4.3.54 LTC3446 电源配置为从 1 A 降压稳压器提供 1.8 V 输出以及从 300 mA VLDO 稳压器提供 1.5 V 和 1.2 V 输出时的电路原理图。

4.3.47　LT3021　500 mA输出电流的低压差线型稳压器芯片

LINEAR(凌特)公司的LT3021是一种输出电流为500 mA,有固定输出及输出可设定的低压差线性稳压器。

主要特点: 输入电压范围为0.9～10 V;压差典型值为160 mV/500 mA;有1.2、1.5及1.8 V固定输出(用后缀1.2、1.5及1.8 V表示);有输出可设定的,最低输出电压200 mV;输出电容3.3 μF;在 $I_{out}=0\sim500$ mA范围内负载调整率为0.2%;静态电流130 μA;有关闭控制,在关闭状态时耗电3 μA;有电流限制保护、电池反接保护;无反向电流;带滞后的过热保护;16引脚DFN封装及8引脚SO封装;结温温度−40～125 ℃。

应用领域: 小电流电源、电池供电的电子产品、蜂窝电话、无线调制解调器等。

应用电路: 输出可调的电路如图4.3.55所示。输出电压 $V_{out}=0.2\ V(1+R_1/R_2)$。输入电容取2.2 μF,输出电容用3.3 μF,贴片式多层陶瓷电容。$\overline{SHDN}$(关闭)不用,接 V_{in}(高电平)。

图4.3.56为固定1.2 V输出(型号为LT3021−1.2)电路,SENSE端接 V_{out},$\overline{SHDN}$端接高电平时,电路工作;接低电平时,电源关闭。

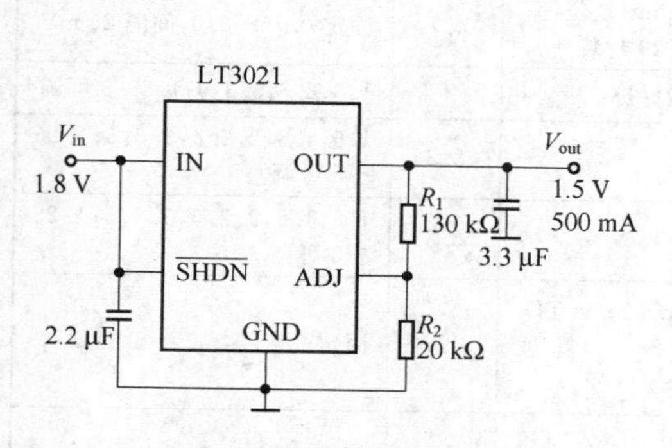

图4.3.55　输出可调电路

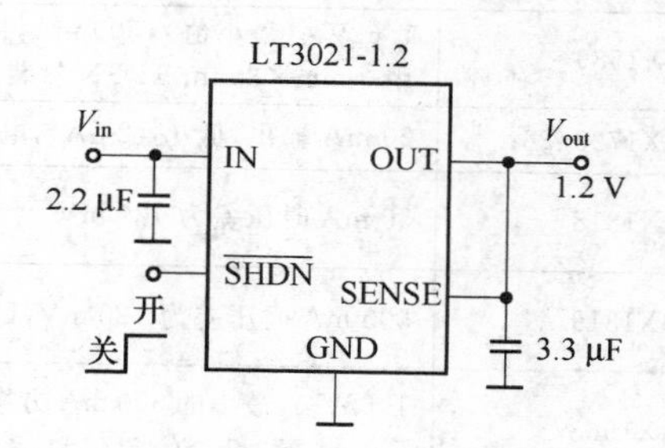

图4.3.56　固定1.2 V输出电路

4.3.48　ADP1715　小型(3 mm×3 mm)超低压差DC/DC芯片

ADI公司的ADP1715低压差稳压器具有优良的精度,采用多种小型的"标准排列封装",包括5引脚TSOT封装,8引脚散热增强MSOP封装,以及8引脚3 mm×3 mm LFCSP封装。这些器件非常适合用于负载达1%精度范围的电源稳压。其他功能包括内置电压跟踪功能,这样就无需独立的电源监控和时序控制IC;一个集成的反馈网络,从而减少外部元件数量,以及一个低噪声选择。

ADP1715芯片特点如下:

- 精度:±1%初始精度;
- 25 μA静态电流;
- 100 mV超低压差@100 mA负载;

- 噪声:30 μV(有效值);
- 短路保护;
- 过热关机;
- 待机控制引脚;
- 内置电压跟踪。

应用领域如下:

- 手机;
- 笔记本电脑、掌上电脑;
- 电池供电系统;
- 条形码扫描仪、摄像机、照相机。

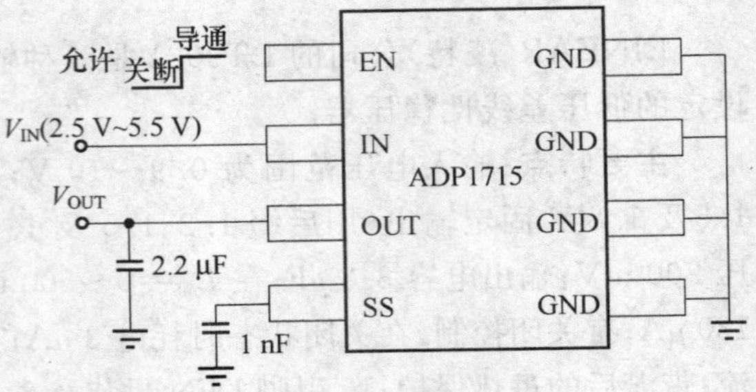

图 4.3.57 ADP1715 引脚排列及应用电路

ADP1715 芯片的引脚排列及应用电路如图 4.3.57 所示。

表 4.3.7 和表 4.3.8 为 MAXIM 公司更低压差的 LDO 芯片。

表 4.3.7 MAXIMLDO 芯片

型 号	特 性	C_{OUT}/μF	输出电压/V
MAX1589	1.62V_{IN}(最小值),500 mA,内置 70 ms 复位,采用 3 mm×3 mm TDFN 封装和 SOT23 封装	4.7	固定 0.75～3.0,间隔 25 mV
MAX1725/26	20 mA 输出,低 I_Q(2 μA),电池反接保护	1	1.8,2.5,3.3,5;1.5～5 可调
MAX1818	50 mA 时压差为 120 mV	3.3	1.5,1.8,2,2.5,3.3,5;1.25～5 可调
MAX1819	500 mA 时压差为 120 mV,UCSP™封装	3.3	1.5,1.8,2,2.5,3.3,5;1.25～5 可调
MAX1963/MAX1976	1.62V_{IN},最小的 300 mA 方案(3 mm×3 mm TDFN 封装和 SOT23 封装),2.2 ms 复位(MAX1963),70 ms 复位(MAX1976)	4.7	固定 0.75～3.0
MAX8510	更低噪声(11 μV_{RMS},78 dB PSRR),120 mA 时压差为 120 mV,SC70	1	固定 1.5～4.5
MAX8511/12	最小,120 mA 时压差为 120 mV,SC70	1	固定 1.5～4.5(MAX8511);1.5～4.5 可调(MAX8512)
MAX8516/17/18	1.62V_{IN},1 A 输出,20 μs 快速响应,最小封装(10－μMAX ®)	4.7	固定 0.5～3.0
MAX8526/27/28	1.62V_{IN},2 A 输出,20 μs 快速响应,最小封装(14－TSSOP)	10	固定 0.5～3.3
MAX8530/31	最小的双 LDO(200 mA 和 150 mA),UCSP 或 3 mm×3 mm TQFN 封装	2.2/1	固定 1.5～3.3
MAX8532	单 200 mA LDO,UCSP	2.2	固定 1.5～3.3
MAX8556/57	1.62V_{IN},4 A 输出,20 μs 快速响应,最小封装(5 mm×5 mm TQFN)	20	固定 0.5～3.0
MAX8559	最小的双组,300 mA 输出,60 mV/100 mA 压差,低噪声,高 PSRR,3 mm×3 mm TDFN 封装	4.7	固定 1.5～3.3

续表 4.3.7

型　号	特　性	C_{OUT}/μF	输出电压/V
MAX8633－36	双路、300 mA 输出，1.9 W，3 mm×3 mm TDFN 封装	2.2	固定 1.5～3.0 可编程电压组合
MAX8863/64	120 mA 输出，电池反接保护	1	2.8，2.84，3.15；1.25～6.5 可调
MAX8867/68	150 mA 输出，电池反接保护	1	固定 2.5～5，间隔 100 mV
MAX8875	150 mA 输出，带 POK，电池反接保护	1	固定 2.5～5，间隔 100 mV
MAX8877/78	150 mA 输出，1.1 mm 高，电池反接保护	1	固定 2.5～5，间隔 100 mV
MAX8880/81	200 mA 输出，电池反接保护	1	1.8，2.5，3.3，5；1.25～5 可调
MAX8882/83	双路、160 mA 输出，SOT23 封装	2.2	固定 1.8～3.3，间隔 100 mV
MAX8887/88	300 mA 时压差为 150 mV，薄封装仅 1.1 mm(最大值)高	2.2	固定 1.5～3.3，间隔 100 mV
MAX8840	最低的噪声(11 μV_{RMS}、78dB PSRR)，120 mA 时压差为 120 mV，采用 1 mm×1.5 mm μDFN 封装	1	固定 1.5～4.5
MAX8841/42	最小，120 mA 时压差为 120 mV，1 mm×1.5 mm μDFN 封装	1	固定 1.5～4.5(MAX8841)；1.5～4.5 可调(MAX8842)
MAX8902A* /B*	最小，最低噪声，500 mA，100 mV 压差，采用 2 mm×2 mm TDFN 封装	4.7	固定 1.5 ～ 4.7，引脚可编程间隔(MAX8902A)；0.6～5.2 可调(MAX8902B)

表 4.3.8　为基带和 RF 芯片组提供更低压差的 SOT23 和 QFN LDO

型　号	特　性	C_{OUT}/μF	输出电压/V
MAX1589	500 mA，1.62V_{IN}(最小)	4.7	固定 0.75～3.0，间隔 25 mV
MAX1725/26	20 mA 输出，I_Q=2 μA(静态电流)，电池反接保护	1	1.8，2.5，3.3，5 或可调 1.5～5
MAX1818	50 mA 下 120 mV 压差	3.3	1.5，1.8，2，2.5，3.3，5 或可调 1.25～5
MAX1819	500 mA 下 120mV 压差，UCSP™ 封装	3.3	1.5，1.8，2，2.5，3.3，5 或可调 1.25～5
MAX1963/MAX1976	1.62V_{IN}，最小的 300 mA 方案(3 mm×3 mm TDFN 和 SOT23)，2.2 ms 复位(MAX1963)，70 ms 复位(MAX1976)	4.7	固定 0.75～3.0
MAX8510	更低噪声(11 μV_{RMS}，78 dB PSRR)，120 mA 下 120 mV 压差，SC70	1	固定 1.5～4.5
MAX8511/12	最小，120 mA 下 120 mV 压差，SC70	1	固定 1.5～4.5(MAX8511)；可调 1.5～4.5(MAX8512)
MAX8516/7/8	1.62V_{IN}，1 A 输出，20 μs 快速响应，最小封装(10 引脚 μMAX)	4.7	固定 0.5～3.0
MAX8526/7/8	1.62V_{IN}，2 A 输出，20 μs 快速响应，最小封装(14 引脚 TSSOP)	10	固定 1.5～3.0
MAX8530/1	最小的双 LDO(200 mA 和 150 mA)，UCSP 或 3 mm×3 mm TQFN	2.2/1	固定 1.5～3.3
MAX8532	单 200 mA LDO，UCSP	2.2	固定 1.5～3.3
MAX8556/7	1.62V_{IN}，4 A 输出，20 μs 快速响应，最小封装(5 mm×5 mm QFN)	20	固定 0.5～3.0
MAX8559	最小的双组，每组 300 mA，3 mm×3 mm TDFN，60 mV/100 mA 压差，低噪声，高 PSRR	4.7	固定 1.5～3.3
MAX8633/4	120 mA 输出，电池反接保护	1	2.8，2.84，3.15 或可调 1.25～6.5
MAX8867/8	150 mA 输出，电池反接保护	1	固定 2.5～5，间隔 100 mV
MAX8875	150 mA 输出，带 POK，电池反接保护	1	固定 2.5～5，间隔 100 mV

续表 4.3.8

型　号	特　性	C_{OUT}/μF	输出电压/V
MAX8877/8	150 mA 输出,1.1 mm 高,电池反接保护	1	固定 2.5～5,间隔 100 mV
MAX8880/1	200 mA 输出,电池反接保护	1	1.8,2.5,3.3,5 或可调 1.25～5
MAX8882/3	双 160 mALDO,SOT23	2.2	固定 1.8～3.3,间隔 100 mV
MAX8887/8	300 mA 下 150 mV 压差,薄封装仅 1.1 mm(最大)高	2.2	固定 1.5～3.3,间隔 100 mV
MAX8890	三 100 mA LDO,4 mm×4 mm QFN	2.2	固定 1.8～3.3,间隔 50 mV

4.4　输出大电流(1 A 以上)LDO 芯片

4.4.1　MAX8556　提供 1 A、2 A 和 4 A 电流的 LDO 芯片

MAXIM 公司的 MAX8556 是输入电压最底的低压差(LDO)芯片,直接由 1.5 V V_{IN} 供电,可提供 1 A、2 A 和 4 A 电流。它无需偏置电源,取代用于 1.5 V 输出的开关型 DC/DC 转换器。

MAX8556 工作特性如下:

- 1.425～3.6 V 输入范围;
- 确保 1 A、2 A 和 4 A 输出电流;
- 输出可低至 0.5 V;
- 确保 200 mV 低至差(所有型号);
- 快速瞬态响应;
- 320 μA 电源电流(MAX8516/MAX8517/MAX8518);
- 短路、热过载和软启动保护;
- 小封装;
- 电源就绪(Power－OK(POK)和上电复位(POR):POK＝Pow－OK 输出,当调节器输出处于标称值的±10%容限以内时,POK 跳变为高电平,POR＝上电复位输出,当调节器输出达到标称值的 90%范围内 140 ms 后,该输出跳变为高电平。

MAX8556 典型应用电路如图 4.4.1 所示。

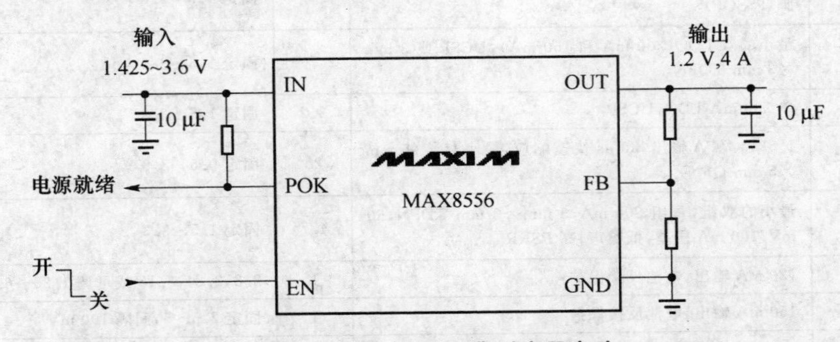

图 4.4.1　MAX8556 典型应用电路

表4.4.1列出MAX8556系列芯片性能。

这些线性稳压器无须使用单独的栅极偏置，从而简化了设计。它们分别可由1.5 V或1.8 V输入高效地产生1.2 V或1.5 V电源。因此可替代服务器、网络和电信设计中价格昂贵、体积庞大的降压型开关DC/DC变换器，同时可实现80%的效率。

表4.4.1　MAX8556系列芯片性能

型　号	I_{OUT}/A	C_{OUT}/μF	封装/(mm×mm)	输出监视 *
MAX8516	1	4.7	10 - μMAX	—
MAX8517	1	4.7	10 - μMAX	POK
MAX8518	1	4.7	10 - μMAX	POR
MAX8526	2	10	14 - TSSOP	—
MAX8527	2	10	14 - TSSOP	POK
MAX8528	2	10	14 - TSSOP	POR
MAX8556	4	20	16 - TQFN(5×5)	POK
MAX8557	4	20	16 - TQFN(5×5)	POR

4.4.2　ADP3338/ADP3339　输出1 A/1.5 A大功率线型稳压器芯片

ADI公司的ADP3338和ADP3339都被认定为业界领先的大功率线性稳压器，它们具有业界一流的低压器(LDO)性能和至高精度的输出电压。ADP3338随输电线电压、负载和温度变化具有1.4%无与伦比的精度，ADP3339具有1.5%较高的精度，从而使它们分别成为业界至高精度的1 A和1.5 A输出电流的LDO稳压器。其他优点包括低接地电流、限流和热过载保护。这两种新器件与老LDO稳压器的引脚和功能都可替换，从而为许多现有系统提供了一种直接升级的方法。

除了现有的输出电压选择外，ADP3338和ADP3339还能提供1.5 V和3.0 V的输出电压选择，从而扩展了现代应用标准输出电压的覆盖范围。该系列产品新增加的ADP3338和ADP3339适合甚至更广泛的应用范围，包括电缆盒、音频和娱乐系统、基于嵌入式DSP和微控制器(MCU)系统的电源、无线基站，USB(通用串行总线)集线器、外部DSL与电缆调制解调器和路由器。

主要性能如下：

- 提供从1.5～5 V多种固定输出电压；
- 稳压器输出端仅需一个很小的1 μF陶瓷电容器；
- 极低压差：190 mV@1 A(ADP3338)；230 mV@1.5 A(ADP3339)；
- 随输电线电压、负载和温度变化具有±1.5%的高精度。

ADP3333/ADP3338/ADP3339性能参数见表4.4.2所列。

表 4.4.2 ADP3333/3338/3339 性能参数

器件型号	输入电压范围/V	输出电流	压差典型值/mV @输出电流	总精度/%	封装
ADP3333	2.6～12	300 mA	80	±1.8	MSOP-8
ADP3338	2.7～8	1.0 A	110	±1.4	SOT-23
ADP3339	2.8～6	1.5 A	130	±1.5	SOT-223

ADP3339 的应用性能比较如图 4.4.2 所示。

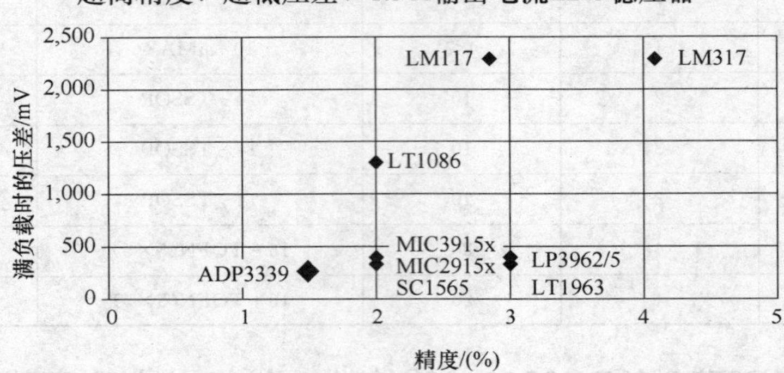

图 4.4.2 ADP3339 应用性能比较

4.4.3 LTC3026 输出 1.5 A 电流超低压差稳压器芯片

凌特公司的 LTC3026 是一种输出电压可设定(0.4～2.5 V)、输出电流可达 1.5 A,压差在 1.5 A 输出时为 100 mV 的线性稳压器。另外,它有工作电流小、有关闭控制,在关闭状态时耗电小于 1 μA、有短路保护、反向电流保护及过热保护的功能。

LTC3026 的内部结构与外接元器件如图 4.4.3 所示。它由输出 5 V 的升压式 DC/DC 变换器给误差放大器供电,驱动 N 沟道 MOSFET 调整管。输出电压取决于外接分压器电阻 R_2、R_1,其输出电压 $V_{out}=0.4\ V(1+R_2/R_1)$,按图中 R_2、R_1 的值、输出电压为1.2 V;输入电压为 1.5 V。

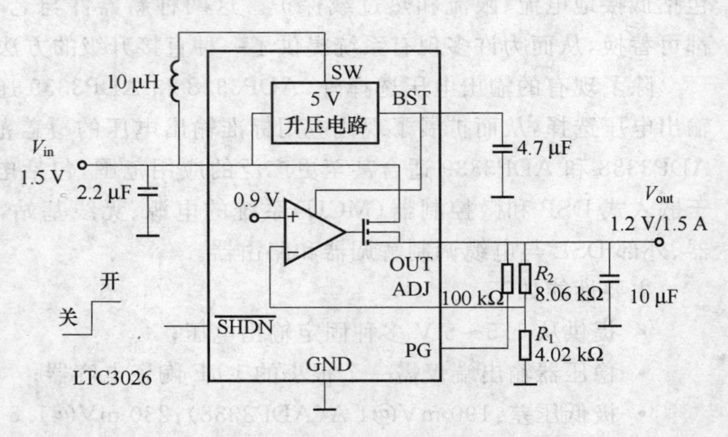

图 4.4.3 LTC3026 内部结构与应用电路

按图中的 V_{in} = 1.5 V，V_{out} = 1.2 V 来计算此电路的转换效率 η：$\eta = V_{in}/V_{out}$ = 1.2 V/1.5 V = 80%。

凌特公司的 VLDO 系列芯片性能见表 4.4.3 所列。

表 4.4.3 凌特公司的 VLDO 芯片

器件型号	输出电流 /mA	V_{IN} 范围 /V	V_{OUT} 范围 /V	压降 /mV	静态电压 /μA	封装
LT®3020	100	0.9～10	0.2～9	150	120	3 mm×3 mm DFN，MS8E
LT®C1844	150	1.6～6.5	1.25～6	90	35	ThinSOT™
LTC3025	300	0.9～5.5	0.4～3.6	45	55	2 mm× 2 mm DFN
LT3021	500	0.9～10	0.2～9	150	100	5 mm×5 mm DFN，SO－8
LTC3026	1.5 A	1.14～5.5	0.4～2.6	150	400	3 mm×3 mm DFN，MSE

4.4.4 MAX1793 输出 1 A 电流低压差线型稳压器芯片

MAXIM 公司的 MAX1793 为输出 1 A 电流的低压差(LDO)线型稳压器。

特性如下：

- 1.0 A 输出时压差低至 210 mV；
- 过热保护；
- ±1%输出电压精度；
- 固定输出(1.5 V，1.8 V，2.5 V，3.3 V，5.0 V)或 2～5 V 可调节；

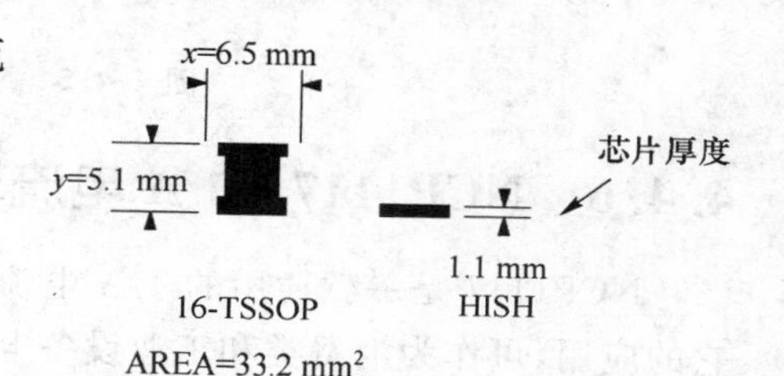

图 4.4.4 MAX1793 封装

MAX1793 采用 1.5 WTSSOP 封装，如图 4.4.4 所示。

4.4.5 MAX1627 2 A 输出电流的低压差稳压器芯片

MAXIM 公司的 MAX1626/MAXX1627 型降压控制器采用独特的限流控制原理，能够在负载跨度达 3 个数量级的范围提供出色的转换效率。如此宽的动态范围使 MAX1626/MAX1627 尤其适合于 PDA 之类的电池供电应用，为节省能量，此类应用通常采用分区供电，不同情况下系统总功率会有相当大的变化，可达 100%的工作占空比保证电路可工作在最低的压差下，最大限度扩展了电池的可用寿命。

主要性能如下：

- 2 mA 至 2 A 范围内效率＞90%；
- 70 μA 静态工作电流；
- 固定或可调输出电压：
- 固定的 3.3 V/5 V(MAX1626)；
- 可调(MAX1627)；
- 低压差、100%占空比工作；

- ＋3～16.5 V 输入电源范围；
- 停机电流最大 1 μA。

MAXIM 公司的 MAX1627 的典型应用电路如图 4.4.5 所示。

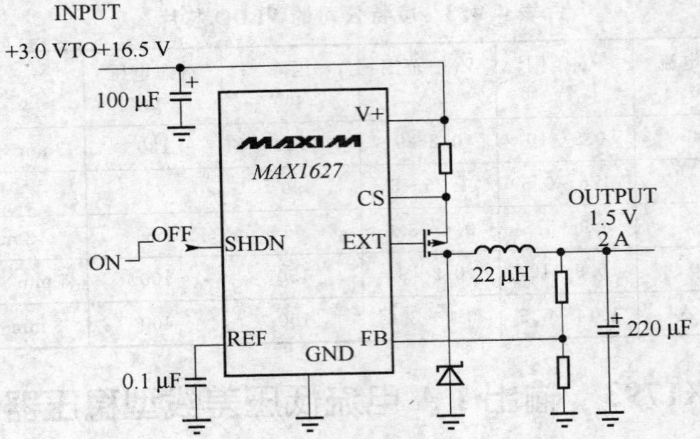

图 4.4.5　MAX1627 典型应用电路

4.4.6　NCP1117　1 A 电流输出低压差稳压器芯片

NCP1117 是一款通用的 1 A 电流，固定/可调电压输出的低压差(LDO)稳压器。它的应用，可作为消费类和工业设备电压调节器，可用于开关电源的后断调整，以及用于硬驱控制器、电池充电器和汽车等。

主要特性如下：

- 输出电流可达 1 A；
- 在温度范围内，最大 1.2 V 电压差，在 800 mA 时；
- 固定输出电压有：1.5 V、1.8 V、2.0 V、2.5 V、2.85 V、3.3 V、5.0 V 和 12 V；
- 有可调输出电压型号选择；
- 固定输出电压型号没有最小负载要求；
- 参考/输出电压精度＋/－1.0％；
- 具有限流、过温和安全操作保护功能；
- 可在 20 V 输入下工作；
- 无铅封装可选。

NCP1117 典型应用如图 4.4.6 所示。

4.4.7　MSK5010　10 A 输出电流超低压差(VLDO)线型稳压器芯片

MSK5010 是一个大电流超低压差固定电压输出稳压器，输出电流可达 10 A，它有 3.3、5.0 及 12.0 V 三种固定电压输出，分别用在型号后缀加 3.3、5.0 及 12.0 来表示。如输出 3.3 V 的型号为 MSK5010－3.3。主要特点：超低压差，输出为 10 A 时，压差典

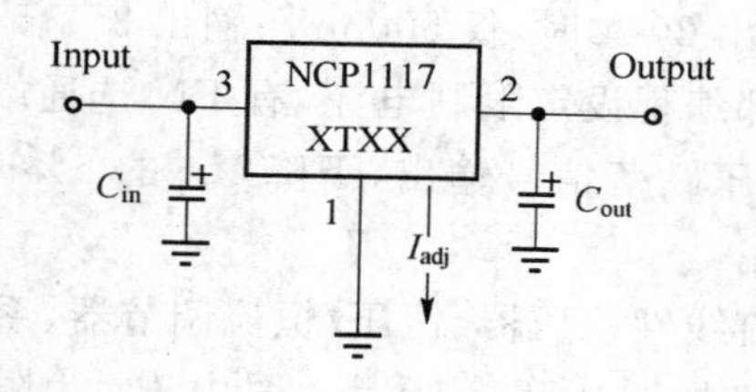

固定输出应用电路

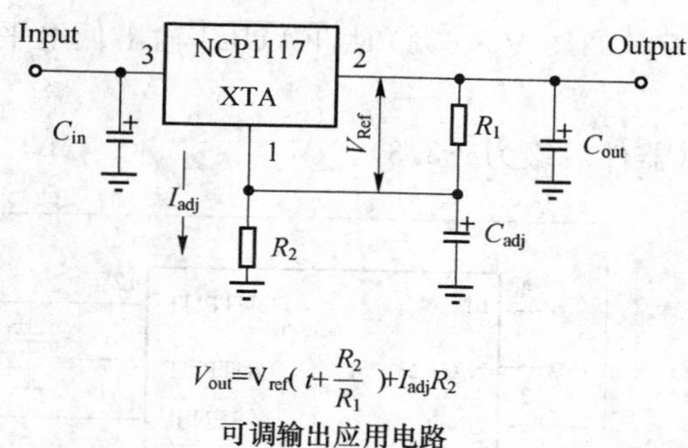

$$V_{out}=V_{ref}(1+\frac{R_2}{R_1})+I_{adj}R_2$$

可调输出应用电路

图 4.4.6　NCP1117 典型应用

型值为 0.5 A(最大值为 1 V);输出电压精度为±1.5%;有 TTL 电平控制的使能端(能使电源关闭,在关闭状态时耗电仅 5 μA),高电平有效(≥2.4 V)。

MSK5010 的内部结构如图 4.4.7 所示。图中未画出 ENABLE(使能控制)端及内部电路。其实工作原理如下:升压式电荷泵电路由振荡器、泵电容 C_1、C_2 及控制电路组成,输出的电压经 C_3 滤波后输入箝位电路,通过箝位电路来控制振荡器频率,使输出合适的升压电压。升压后的电压作为误差放大器的工作电压,使输出电压满足所需的驱动电压

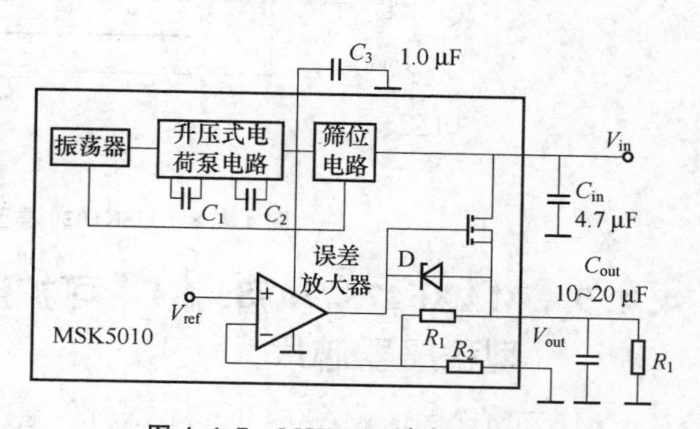

图 4.4.7　MSK5010 内部结构

V_{GS}。稳压二极管 D 是为保护 V_{GS} 过压而设。内部的 R_1、R_2 组成的分压器确定输出的固定电压。为保证输出稳定,减小纹波电压及改善输出瞬态响应,C_{out} 采用 10~20 μF 低等效串联电阻的电容。

此器件组成的稳压电源,在输出电压 3.3 V、输出电流 1.5 A 时,最小压差约为0.08 V。

4.4.8　MSK5020　20 A 输出电流的超低压差线型稳压器芯片

MSK5020 是输出电流 20 A 的超低压差线性稳压器。

主要特点：压差特低，输出20 A时，仅500 mV；输出3.3、5、12 V固定电压；静态电流20 mA(典型值)；可由外部编程设定限制电流，有EN选通端(可作关闭控制)；输出电压精度为±1%；有输出电压跌落信号输出(下降V_{out}的6%时)；12引脚带有固定于散热片孔的双排直插式封装。

应用领域：高效率大电流线性稳压器、恒压/恒流调节器、系统电源、后续电源。

应用电路：典型应用电路如图4.4.8所示。图中R_{SC}为限流电阻；I_{lim}与R_{SC}关系为：$R_{SC}=35\ mV/I_{lim}$。

当输电压低于3.3 V－(3.3 V×6%)时，$\overline{FAULT}$输出低电平，Q1导通，LED(D1)亮(表示电源电压跌落)。

输出电压为3.3 V(器件后缀为－3.3)。

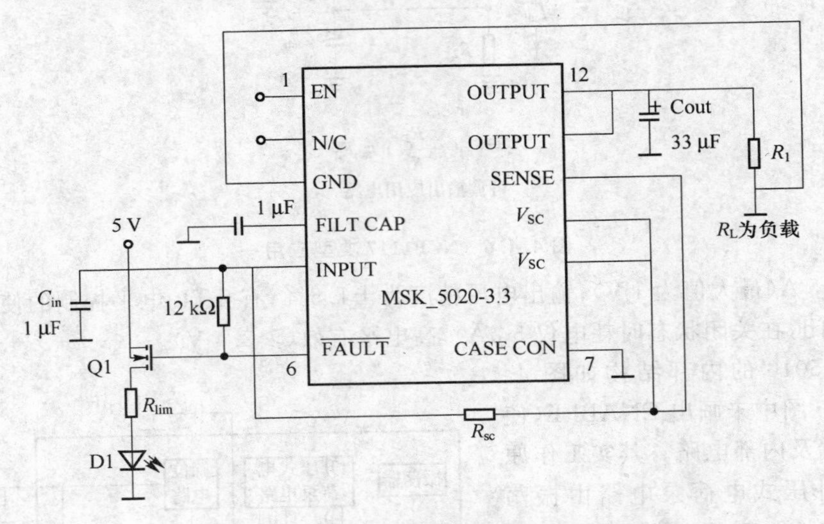

图4.4.8 MSK5020典型应用电路

4.4.9 MAX6475/76/83/84 可扩流输出1 A电流的低压差线型稳压器芯片

MAXIM公司的MAX6469～MAX6484系列是一种低压差线性稳压器，不同的型号在功能上有些差别。

主要特点：有内部设定输出电压的，输出电压1.5～3.3 V(每隔0.1 V相对应有一个型号)，也有输出电压由用户自已设定的；输入电压2.5～5.5 V；输出噪声电压低，典型值为75 μV_{RMS}(MAX6477～MAX6484)；在工作温度范围内，输出电压精度在±2%之内；输出电流保证达到300 mA；压差低，在输出电流为300 mA时，压差V_{DD}为114 mV(典型值)；工作电流83 μA，在关闭状态时耗电0.1 μA；有输入反向电流保护、过热及输出短路保护；有与微处理器连接的复位信号输出，并有四种不同超时周期；$\overline{RESET}$信号有推挽输出及开漏输出；还有的有动复位功能(有$\overline{MR}$端)；有摇控反馈检测；有6引脚SOT23－6封装、8引脚TDFN封装及6焊球GBA封装；工作温度范围为－40～＋85 ℃。

应用领域：手持式仪器、PCMCA 卡及 USB 装置、蜂窝电话及无绳电话、笔记本式计算机、数码照相机、蓝牙组件及无线 LAN 等。

应用电路：不同型号功能不同，型号末两位数为 69/70/71/72 及 77/78/79/80 的有 SET 端，可设定输出电压；型号末两位数为 75/76/83/84 的为固定电压输出，但有扩流功能，可外接 NPN 三极管实现扩流；型号末两位数为 71/72/73/74 及 79/80/81/82 的有 $\overline{MR}$ 端，可实现手动复位；所有型号都有 $\overline{RESET}$；除型号末两位数为 71/72/79/80 的以外都有 $\overline{SHDN}$ 端，可实现关闭控制(低电平有效)。用户可根据电路要求来选择型号。

可调输出电路如图 4.4.9 所示，$V_{out}=V_{ref}(1+R_1/R_2)$，$V_{ref}=1.23$ V。一般 R_2 设为 51 kΩ，可根据需求的 V_{out} 求出 R_1 来。图 4.4.10 中($\overline{MR}$)端为手动复位端。

可扩流的电路如图 4.4.10 所示。扩流后可输出 1 A 电流(75/76/83/84 型号有此功能)为满足 3.3 V 工作电压的 μP 要求，要选择固定输出的其型号后缀为 33 的(输出 3.3 V)。图中 $R_{PULL\ UP}$ 为复位的上拉电阻。

扩流后的输出电流 $I_{out(TOTAL)}=I_{out}\times(\beta+1)\approx I_{out}\times\beta$，式中 β 为扩流三极管的放大倍数，最大的 $I_{out}=300$ mA。

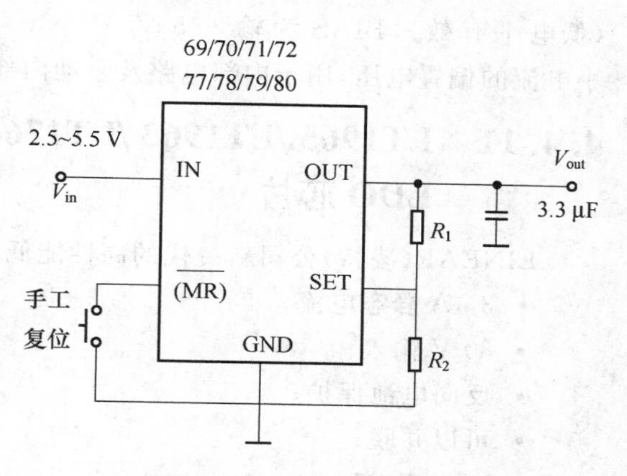

图 4.4.9　可调输出电路

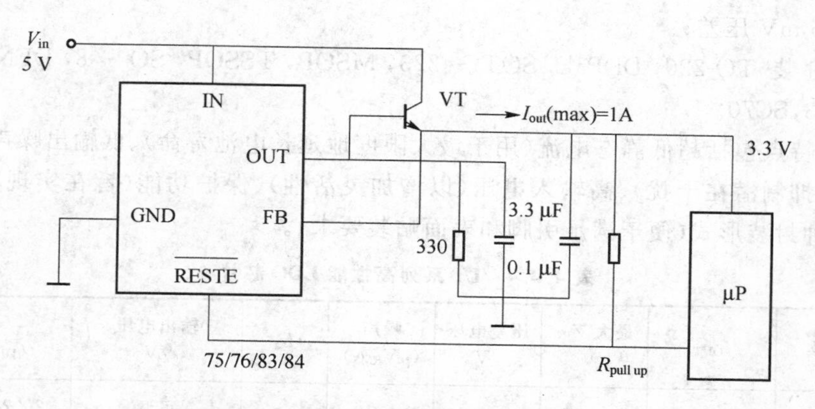

图 4.4.10　扩流输出 1 A 电流电路图

4.4.10　LP38843　3 A 输出电流的超低压差线型稳压器

LP38843 是一种输出电流为 3 A 的超低压线性稳压器。

主要特点：输入电压 1.8 V 或 1.5 V；输出 0.8 V、1.2 V 及 1.5 V 固定电压；输出电流 3 A 时压差典型值为 210 mV；输出电压精度在 1.5%之内；负载调整率典型值为 0.1%；在关闭状态时耗电仅 30 nA；有过流、过温保护；5 引脚 TO－220 或 TO－263 封装;工作结度－40～＋125 ℃。

应用领域:台式计算机、笔记本式计算机、服务器、机顶盒、打印机及复印机、DSP 及 FPGA 的电源,开关电源的后续电源。

应用电路:典型应用电路如图 4.4.11 所示。S/D 为关闭控制端(低电平有效),BIAS 为输入 5 V 小电流的偏置电压,用于内部电路及驱动内部 N－FET。

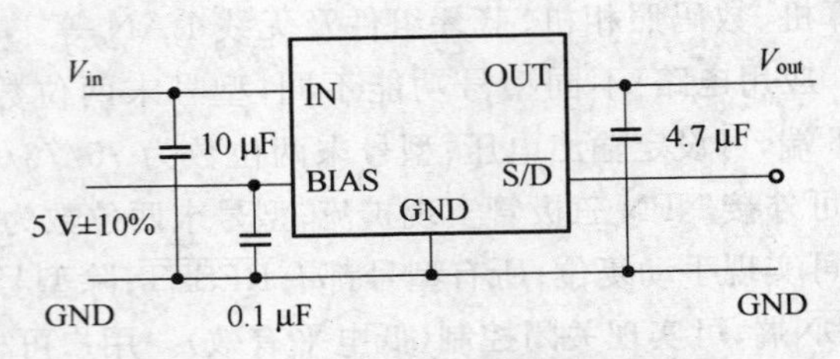

图 4.4.11 LP38843 典型应用电路

4.4.11 LT1965 /LT1963 /LT1764 大电流输出高性能低噪声的LDO芯片

LINEAR(凌特)公司新一代的高性能低压差(LDO)芯片。主要特点如下:

- 3 μA 静态电流;
- 80 V 输入;
- 反向电池保护;
- 可以并联;
- V_{OUT}至 OV;
- 20 μV_{RMS}噪声;
- 3 A 输出电流;
- 45 mV 压差;
- 封装 TO-220,DDPak,SOT－223,MSOP,TSSOP,SO－8,DFN,SOT－23,SC70。

这些特点包括超低静态电流(用于最大限度地延长电池寿命)、低输出噪声(用于最大限度地抑制潜在干扰)、高输入电压(以增加灵活性)、保护功能(旨在实现坚固型设计)和多种封装形式(便于满足引脚和表面贴装要求)。

表 4.4.4 LT 系列高性能 LDO 芯片

器件型号	I_{OUT}	最大 V_{IN} /V	压差电压 /V	噪声 (μV_{RMS})	I_Q	输出电压 /V	封装 /(mm×mm)
LT ® 3009	200 mA	20	0.28	150	3 μA	可调 (0.6～19.5)	2×2 DFN－6, SC70－8
LT3010/H*	50 mA/ 50 mA	80	0.30	100	30 μA	可调 (1.275～60),5	ThinSOT™
LT1761	100 mA	20	0.30	20	20 μA	可调(1.22～20), 固定	ThinSOT

续表 4.4.4

器件型号	I_{OUT}	最大 V_{IN} /V	压差电压 /V	噪声 (μV_{RMS})	I_Q	输出电压 /V	封装 /(mm×mm)
LT1762	150 mA	6.5	0.30	20	25 μA	可调(1.22～20)，固定	MSOP-8
LT3012/H*	250 mA/200 mA	80	0.40	100	40 μA	可调(1.24～60)	3×4 DFN-12，TSSOP-16E
TP3013/H*	250 mA/200 mA	80	0.40	100	65 μA	可调(1.24～60)	3×4 DFN-12，TSSOP-16E
LT1962	300 mA	20	0.27	20	30 μA	可调(1.22～20)，固定	MSOP-8
LTC ® 3025	300 mA	5.5	0.05	80	54 μA	可调(0.4～3.6)	2×2 DFN-6
LTC3035	300 mA	5.5	0.45	150	100 μA	可调(0.4～3.6)，固定	2×2 DFN-6
LT1763	500 mA	20	0.30	20	30 μA	可调(1.22～20)，固定	SOIC-8
LTC3025-1/-2	500 mA	5.5	0.075	80	54 μA	可调(0.4～3.6)/1.2	2×2 DFN-6
LT3080**	1.1 A***	36(40绝对最大值)	0.3+	40	1 mA	可调(0～36)++	3×3 DFN-8，MOSOP-8E，TO-220，SOT-223
LT1965	1.1 A	20	0.29	40	500 μA	可调(1.20～19.5)	3×3 DFN-8，MSOP-8E，TO-220，DDPak
LT1963/A	1.5 A	20	0.34	40	1 mA	可调(1.21～20)，固定	DDPak，TO-220，SOT-223，SO-8
LT1764/A	3 A	20	0.34	40	1 mA	可调(1.21～20)，固定	DDPak，TO-220

* Tj＝140 ℃工作(H级)。

** 基于电流的基准。

*** 可以并联。

\+ 两电源操作。

\+\+ 采用单个电阻器来设定 V_{OUT}。

4.4.12 LP385×/LP387× 大电流输出超低压差稳压器芯片

NS公司的LP385×及LP387×系列高性能CMOS低压差稳压器芯片，具有超低压差及卓越的纹波抑制能力。

主要特点如下：

- 超低的典型压降：在1.5 A负载时，LP3852/5芯片的压降只有240 mV；在3 A负载时，LP3853/6芯片的压降只有390 mV；

- 73 dB 的电源抑制比(PSRR)可以更有效地抑制纹波,可使用较小的输入和输出滤波电容器;
- 独立式传感引脚及错误标记引脚可供选择(图 4.4.12、表 4.4.5);
- 有 1.8 V、2.5 V、3.3 V 及 5.0 V 等 4 种电压可供选择;
- 低地线引脚电流(以 3 A 操作时地线电流只有 4 mA);
- 无论在任何负载、线路及温度下都可保持±3.0%的电压准确度;
- 开/关控制功能;
- 过热及过流保护;
- 采用 TO263-5 及 TO220-5 两种不同封装。

应用领域:适用于微处理器输入/输出、逻辑电路、低压存储器、芯片组、音频系统、网络接口卡、图形卡、声效卡、GTL、GTL_+、BTL 及 SSTL 总线电源供应器、数字信号处理(DSP)电源供应器、SCSI 终端器、电池充电器、汽车信息设备及 SMPS 后级稳压器。

典型应用如图 4.4.12 所示。MAX3852～76 系列芯片性能如表 4.4.5 所列。

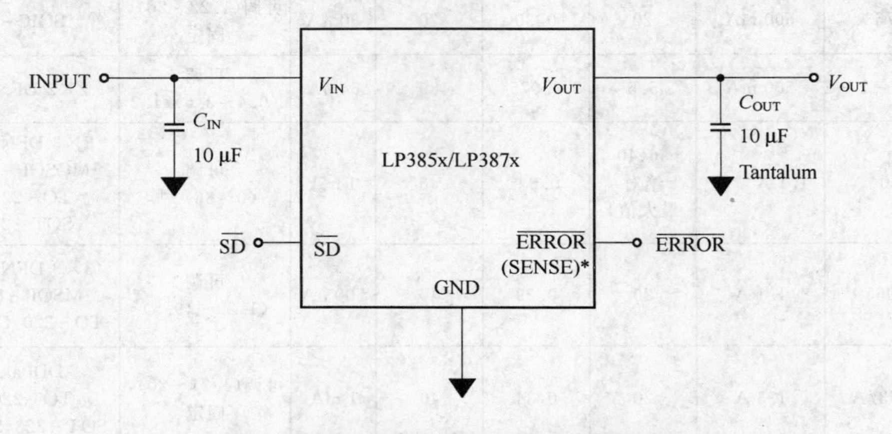

图 4.4.12　LP385x/LP387×典型应用电路

表 4.4.5　全新的 LP385x 及 LP387×系列 CMOS 低压降稳压器

零件编号	输出电流/A	典型压降/mV	采用引脚
LP3852	1.5	240	错误标记引脚
LP3855	1.5	240	独立传感引脚
LP3853	3.0	390	错误标记引脚
LP3856	3.0	390	独立传感引脚
LP3871	0.8	240	错误标记引脚
LP3874	0.8	240	独立传感引脚
LP3872	1.5	380	错误标记引脚
LP3875	1.5	380	独立传感引脚
LP3873	3.0	800	错误标记引脚
LP3876	3.0	800	独立传感引脚

4.4.13　SI3000C/3000CA　1.5 A 输出电流低压差型稳压器芯片

SI3000C/3000CA 为低压差型(LDO)固定输出正电压集成稳压器。

主要性能如下：

- 输出电流为 1.5 A；
- 输出电压为 5.0 V/9.0 V/12 V/15 V/24 V(SI3050C/SI3090C/SI3120C/SI3150C/SI3240C/SI3050CA/SI3090CA/SI3120CA/SI3150CA/SI3240CA)；
- 最大输入电压为 35 V；
- 工作温度范围为 −30～100 ℃。

它们的封装如图 4.4.13 所示。

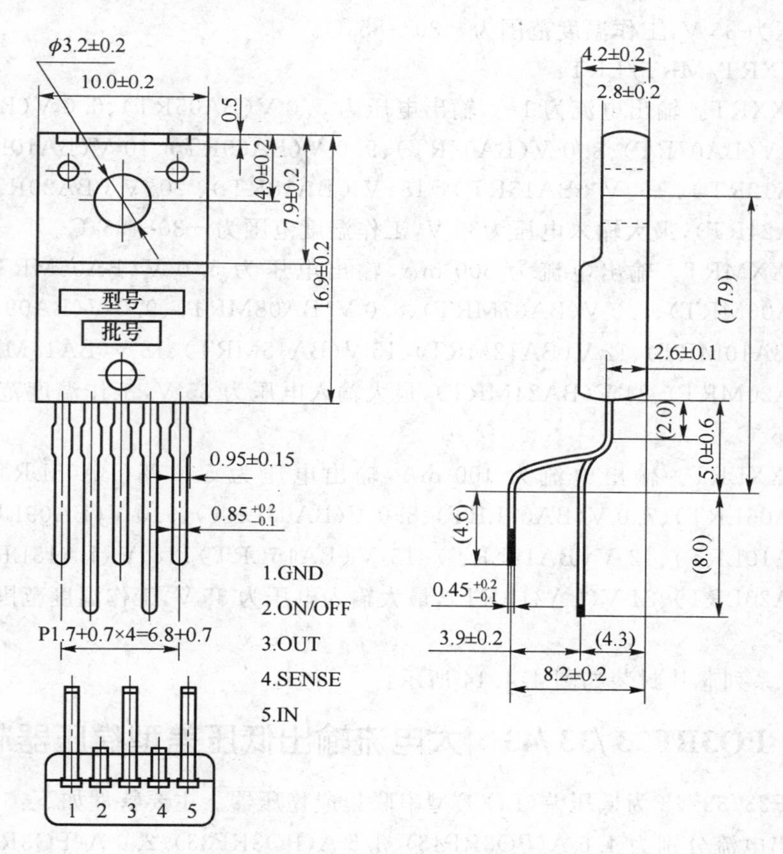

图 4.4.13　SI3000C/3000CA 封装(单位:mm)

4.4.14　BAXX　大电流输出低压差型稳压器系列芯片

BAXX 系列为低压差型固定输出正电压集成稳压器。它包括以下几个系列芯片。

① BAXXT/FP。输出电流为 1 A，输出电压为 3.0 V(BA03T/FP)、3.3 V

(BA033T/FP)、4.0 V(BAOT/FP)、5.0 V(BA05T/FP)、6.0 V(BA06T/FP)、7.0 V(BA07T/FP)、7.2 V(BA072T/FP)、8.0 V(BA08T/FP)、9.0 V(BA09T/FP)、10 V(BA10T/FP)、12 V(BA12T/FP)、15 V(BA15T/FP)、18 V(BA18T/FP)、20 V(BA20T/FP)、24 V(BA2T/FP),最大输入电压为35 V,工作温度范围为−30～85 ℃。

② BAXXST：

- BAXXST(固定输出电压)。输出电流为1 A,输出电压为3.0 V(BA03ST)、3.3 V(BA033ST)、4.0 V(BA04ST)、5.0 V(BA05ST)、6.0 V(BA06ST)、7.0 V(BA07ST)、7.2 V(BA072ST)、8.0 V(BA08ST)、9.0 V(BA09ST)、10 V(BA10ST)、12 V(BA12ST)、18 V(BA18ST)、20 V(BA20ST)、24 V(BA24ST),最大输入电压为35 V,工作温度范围为−30～85 ℃。
- BA00ST(可调输出电压)。输出电流为1 A,输出电压为1.27～24 V,最大输入电压为35 V,工作温度范围为−30～85 ℃。

③BAXXRT/MRT/LRT：

- BAXXRT。输出电流为1 A,输出电压为5.0 V(BA05RT)、6.0 V(BA06RT)、7.0 V(BA07RT)、8.0 V(BA08RT)、9.0 V(BA09RT)、10 V(BA10RT)、12 V(BA12RT)、15 V(BA15RT)、18 V(BA18RT)、20 V(BA20RT)、24 V(BA24RT),最大输入电压为35 V,工作温度范围为−30～85 ℃。
- BAXXMRT。输出电流为500 mA,输出电压为5.0 V(BA05MRT)、6.0 V(BA06MRT)、7.0 V(BA07MRT)、8.0 V(BA08MRT)、9.0 V(BA09MRT)、10 V(BA10MRT)、12 V(BA12MRT)、15 V(BA15MRT)、18 V(BA18MRT)、20 V(BA20MRT)、24 V(BA24MRT),最大输入电压为35 V,工作温度范围为−30～85 ℃。
- BAXXLRT。输出电流为100 mA,输出电压为5.0 V(BA05LRT)、6.0 V(BA06LRT)、7.0 V(BA07LRT)、8.0 V(BA08LRT)、9.0 V(BA09LRT)、10 V(BA10LRT)、12 V(BA12LRT)、15 V(BA15LRT)、18 V(BA18LRT)、20 V(BA20LRT)、24 V(BA24LRT),最大输入电压为35 V,工作温度范围为−30～85 ℃。

BAXX系列芯片封装如图4.4.14所示。

4.4.15　PQ3RF23/33/43　大电流输出低压差型稳压器芯片

PQ3RF23/33/43为低压差(LDO)型串联集成稳压器。主要特性如下：

- 输出电流分别为4.6 A(PQ3RF43)、3.5 A(PQ3RF33)、2.0 A(PQ3RF23)；
- 输出电压为3.3(1±2.5%)V；
- 最大输入电压为10 V；
- 工作温度范围为−20～80 ℃。

PQ3RF23/33/43芯片的内部接线及封装如图4.4.15所示。

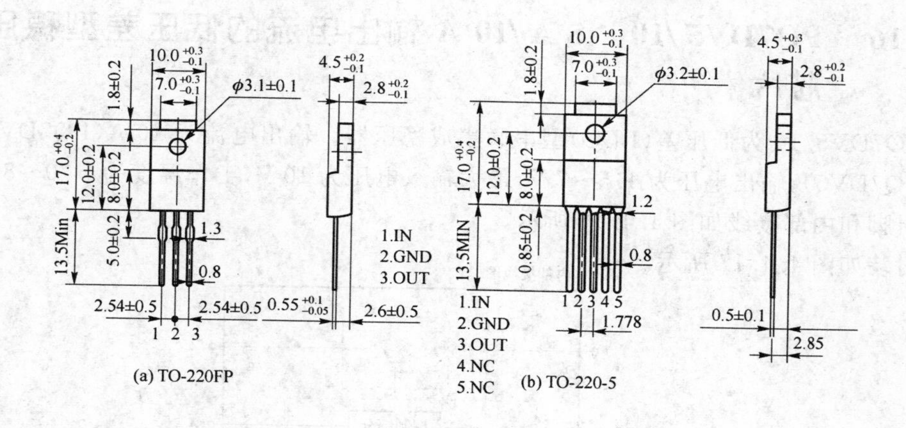

(a) TO-220FP (b) TO-220-5

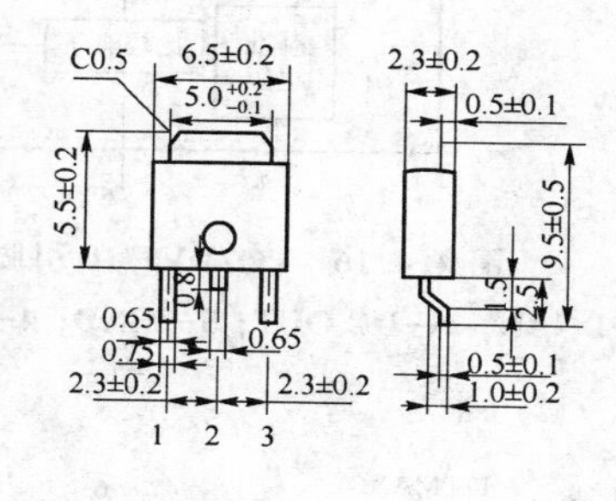
(c) TO-252

图 4.4.14 BAXX 系列芯片封装

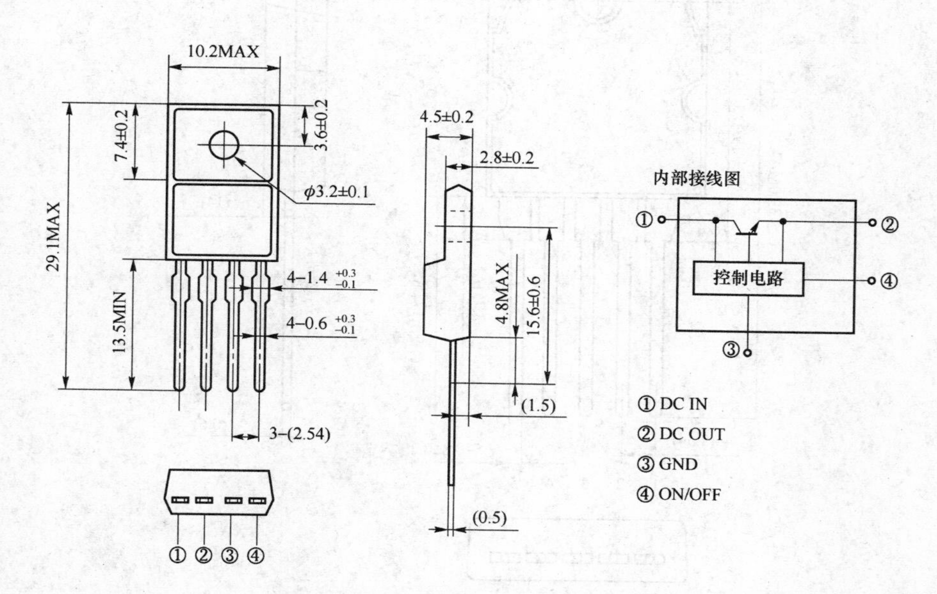

图 4.4.15 PQ3RF23/33/43 封装

4.4.16　PQ7DV5/10　5 A/10 A 输出电流的低压差型稳压器芯片

PQ7DV5/10 为低压差(LDO)型串联集成稳压器。输出电流为 10 A(PQ7DV10)、5 A(PQ7DV5),输出电压为 1.5～7 V,最大输入电压为 10 V,工作温度为－70～80 ℃。

引脚和内部接线如图 4.4.16 所示。

封装如图 4.4.17 所示。

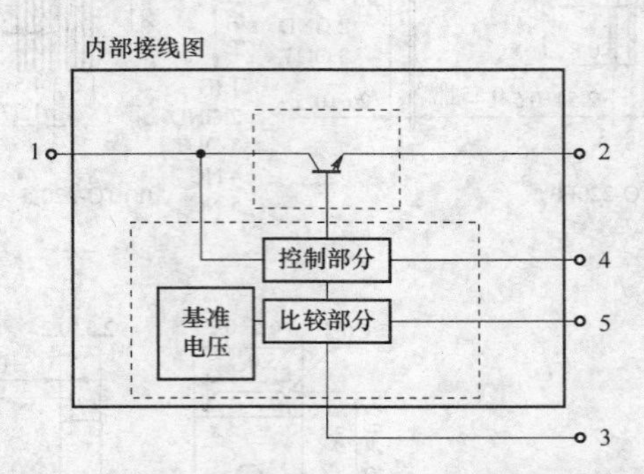

图 4.4.16　PQ7DV5/10 引脚和内部接线图

1—DC IN; 2—DC OUT; 3—GND; 4—ON/OFF; 5—V_{ADJ}

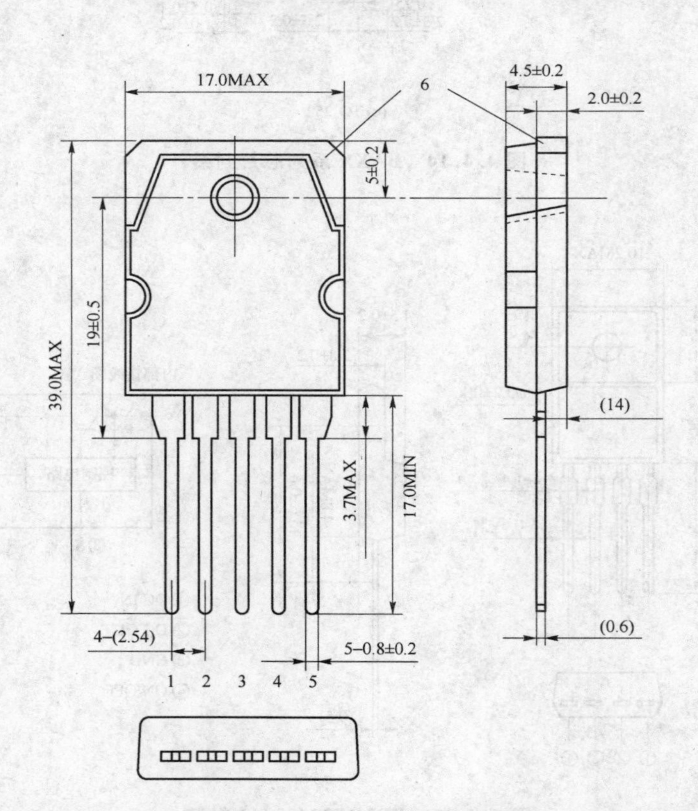

图 4.4.17　PQ7DV5/10 封装

4.4.17　ADP17××　可 1 A 电流输出的 LDO 线型稳压器芯片

ADI 公司的 ADP17xx 系列 LDO 稳压器采用标准引脚排列和多种小封装提供优异的高精度,包括 5 引脚 TSOT 封装、8 引脚散热增强型 MSOP 封装和 8 引脚 3 mm×3 mm LFCSP 封装。这些稳压器适合于负载精度达 1%的电源稳压。其他功能包括片内电压跟踪功能(无须独立的监控和时序控制器 IC),一个集成的反馈网络(外部元件数量最少)和一个低噪声选项。该系列降压型稳压器输入电压范围为 2.5～5.5 V,在 0.8～3.3 V 输出电压范围提供 16 个固定输出选择,并且在 150 mA～1 A 电流范围内可提供四种输出负载限流范围。其中 ADP1720 与同系列其他芯片不同,它具有 28 V 输入电压范围适合于始终加电的设备,并且仅需要 25 μA 极低的静态电流。

主要特点如下:

- 初始精度:±1%;
- 30 μA 静态电流;
- 超低压差:在额定负载电流时;
- 噪声:40 μV_{rms};
- 短路保护;
- 过热关机;
- 允许控制引脚;
- 片内电压跟踪;
- 软启动。

应用范围如下:

- 无线手持设备;
- 笔记本电脑和掌上电脑;
- 电池供电系统;
- 条形码扫描仪、照相机、摄像机;
- 后置开关稳压器波纹抑制。

典型用如图 4.4.18 所示。

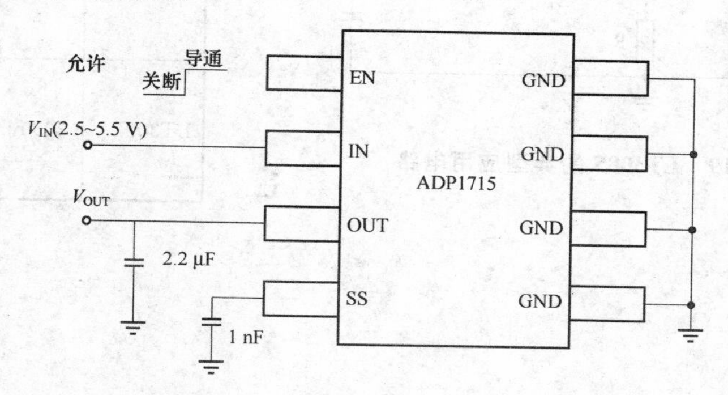

图 4.4.18　ADP1715 典型应用电路

4.4.18　LT308×　1.1 A 输出电流的 LDO 线型稳压器芯片

VINEAR(凌特)公司的线性稳压器 LT® 308x 系列是新式电路设计的理想选择。它们的输出可利用单个电阻器调节到低至 0 V。这些器件能够容易地并联起来，以提供较高的输出电流或散播热量。此外，它们还提供了高准确度的输出、快速瞬态响应、过流和过热保护，以及在 10 Hz～100 kHz 频率范围内的低输出噪声。

主要特点如下：

- 可以把输出并联以提供较高的电流和散热；
- 输出电流高达 1.1 A(LT3080)；
- 单个电阻器设置输出电压；
- 1% I_{SET} 准确度；
- 输出可调至 0 V；
- 宽输入电压范围：1.2～36 V；
- 低压差电压：300 mV；
- <1 mV 负载调节；
- <0.001%/V 电压调节；
- 采用 2.2 μF 陶瓷输出电容器可实现稳定；
- 最小负载电流：0.5 mA；
- 具折返电流限制和过热保护功能。

典型应用如图 4.4.19 所示。LT308×系列芯片性能如表 4.4.6 所列。

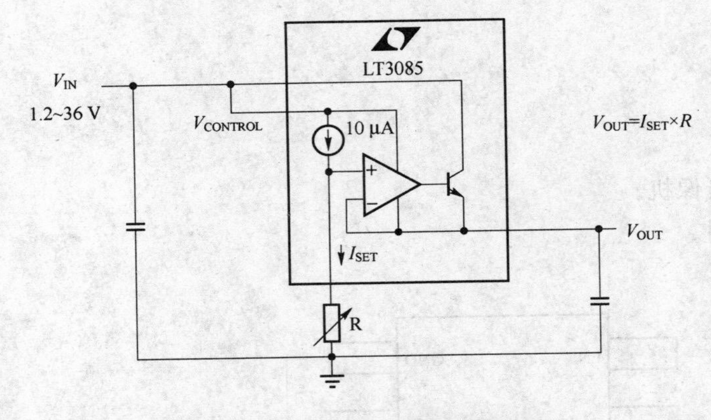

图 4.4.19　LT3085 的典型应用电路

表 4.4.6　LT308x 系列

器件型号	I_{OUT}	封装
LT3080/-1	1.1 A	MSOP-BE，3×3 DFN-8，TO-220，SOT-223-3
LT3085	500 mA	MSOP-8E，2×3 DFN-6
LT3082*	200 mA	3×3 DFN-8，SOT23-8，SOT-223

4.5　高电压输入小电流输出(mA 级)LDO 芯片

4.5.1　MAX1658　可调、低失调电压、低静态电流的线型稳压器芯片

MAXIM 公司的 MAX1658 是可调、低失调电压、低静态电流的线性稳压器，其引脚排列如图(图 4.5.1)所示。MAX1658 的典型静态电流为 30 μA，最大为 60 μA，3.3 V的失调电压为 650 mV(输出 350 mA)。可以在双模式下工作，预置输出为 3.3 V，加外部电阻器可设置 1.25～16 V 的可调输出。输入电压范围为 2.7～16.5 V。有限流保护、反向电流保护和热过保护等功能。当引脚$\overline{\text{SHDN}}$为低电平时，MAX1658 处于关断方式，输出引脚 OUT、基准电压和内部偏置等都被关断，输出引脚变成高阻，此时，最大静态电流小于 1 μA。不用关断方式时将引脚$\overline{\text{SHDN}}$接至电源输入端 IN。MAX1658 适用于手持仪器仪表、掌上电脑、移动通信等电子产品。

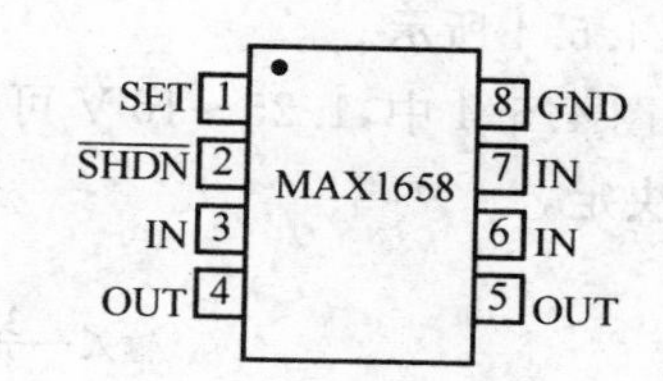

图 4.5.1　MAX1658 的引脚排列

MAX1658 的内部功能框图如图 4.5.2 所示。

引脚 SET 可以设置输出电压，如果将 SET 引脚连接到 GND，输出电压为预置的 3.3 V。如果将 SET 连接到 1 个外部电阻网络，则可获得 1.25～16 V 的可调输出。引脚 3、6、7 连在一起作为电压输入端 IN，在 MAX1658 的结构内部，该引脚还起散热端的作用，因此，应将 3 个 IN 引脚连接到较大的铜箔上，以利于稳压器的散热。引脚 4、5 为电压输出端 OUT，OUT 的输出电流不要超过 350 mA，实际使用时应对地接 1 个电容器。

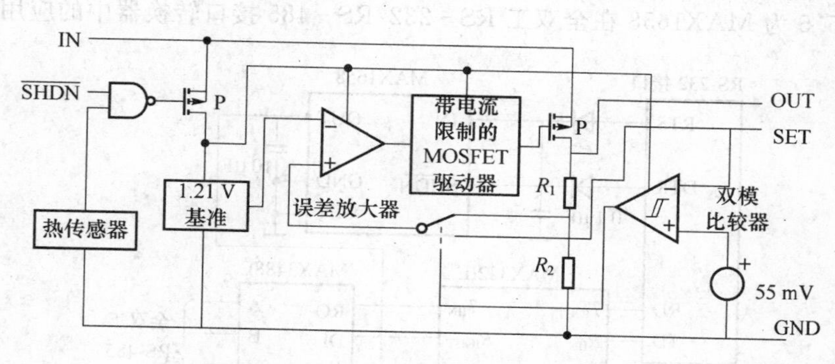

图 4.5.2　MAX1658 的功能框图

MAX1658 的主要极限参数如下：

- 引脚 IN 的输入电压范围是－17～＋17 V；
- 输出电流是 500 mA；

- 引脚 SET、SHDN 的输入电压范围是−17～+17 V；
- 引脚 OUT 的输出电压范围是−0.3 V−(V_{IN}+0.3 V)；
- 功耗(SO 型封装，+70 ℃以上按 14.5 mW/℃递减)是 1.2 W。

MAX1658 有 2 种工作模式：固定输出和可调输出。

固定输出的典型应用如图 4.5.3 所示。图中，引脚 SET 的电压低于 65 mV(或接地)时，MAX1658 输出设置固定电压为 3.3 V。

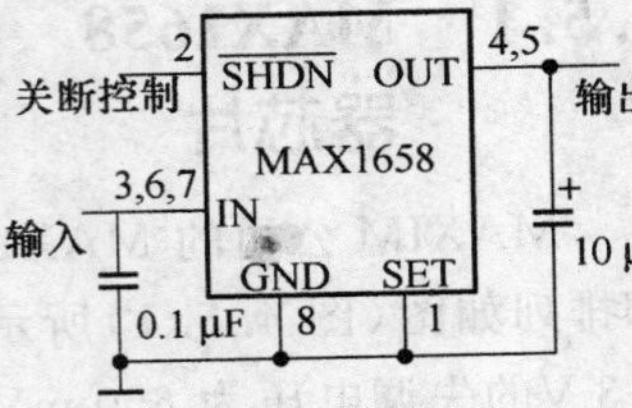

图 4.5.3　3.3 V 固定输出

MAX1658 用外部电阻器设置可调输出的典型应用如图 4.5.4 所示。

图 4.5.4 中，1.25～16 V 可调输出的电压由式(4-5-1)决定，

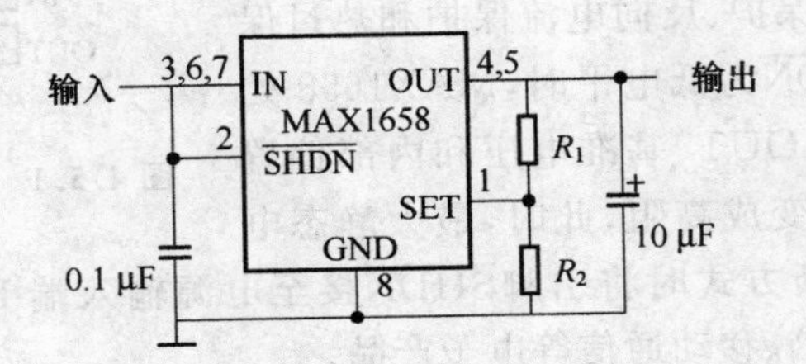

图 4.5.4　1.25～16 V 可调输出

$$V_{OUT}=V_{SET}(1+\frac{R_1}{R_2}) \qquad (4-5-1)$$

其中，V_{SET}=1.21 V，引脚 SET 的输入漏电流小于 25 nA。由式(4-5-2)可得

$$R_1=R_2(\frac{V_{OUT}}{V_{SET}}-1) \qquad (4-5-2)$$

为了减小输出电流，R_2 可以选择大些，但不要超过 500 kΩ。

图 4.5.5 为 MAX1658 在全双工 RS-232/RS-485 接口转换器中的应用。

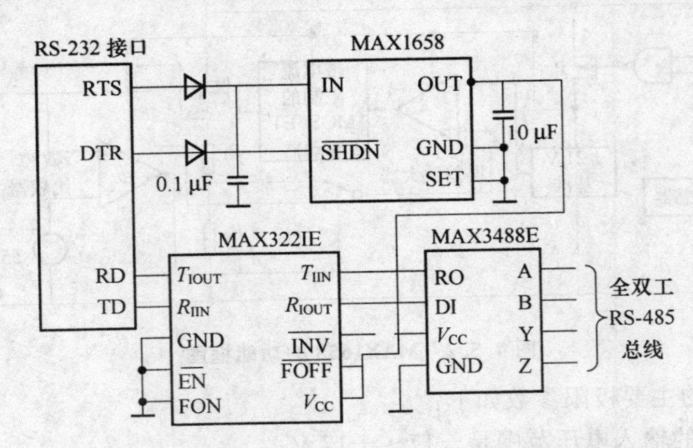

图 4.5.5　全双工 RS-232/RS-485 接口转换器

4.5.2 MAX1836/MAX1837/MAX1776 24 V输入的降压转化器芯片

MAXIM公司的MAX1836/MAX1837/MAX1776为内置24 V MOSFET开关的微型降压转换器。

主要特点如下：

- 内置24 V P沟道MOSFET；
- 直接从4.5～24 V转换(4节锂离子电池或AC/DC适配器)；
- MAX1836/MAX1837为6引脚SOT23封装 MAX1776为8引脚μMAX封装；
- 输出电流：MAX1836：125 mA；
  MAX1837：250 mA；
  MAX1776：500 mA。

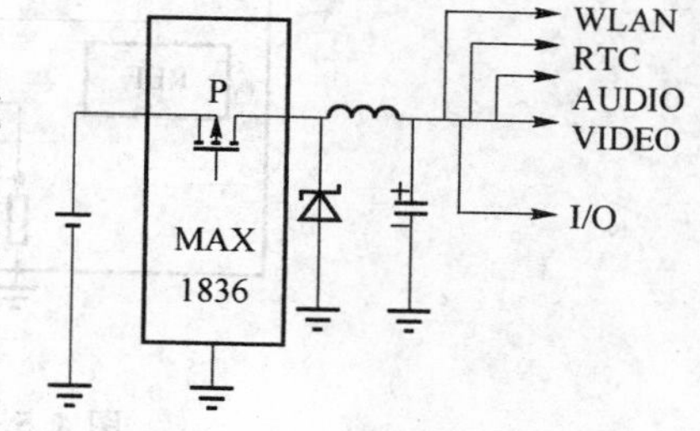

图4.5.6 MAX1836的典型应用

图4.5.6为MAX1836的典型应用，直接从24 V转换至3.3 V，避免了两次转换(先从24 V到5 V，然后从3.3～5 V)中的复合效率损失，可省出15%的功率。

4.5.3 MAX1615 28 V输入电压线型稳压器芯片

MAXIM公司的MAX1615是一款SOT23封装的微处理器线性稳压器。该器件可用于采用高电压电池供电的系统中，为CMOSRAM和微控制器提供一个常开的常备电源。它可以从高电压电池转换得到一个具有优异动态响应的输出电压。最后，你可以将它用于很宽的输入电压范围(4～28 V)，而不必对输出电流大打折扣(30 mA)！

对于其他输出电压，MAX1616的输出可用两只电阻在1.25 V至28 V间调节。

主要特点如下：

- 4～28 V输入范围；
- 8 μA电源电流，<1 μA关断电流；
- 引脚可选择的3.3 V/5 V输出；(MAX1615)；另备有可调节输出型器件(MAX1616)；
- ±3%输出精度；
- 过热保护；
- 5引脚SOT23封装；
- 30 mA输出电流。

MAX1615的典型应用如图4.5.7所示。

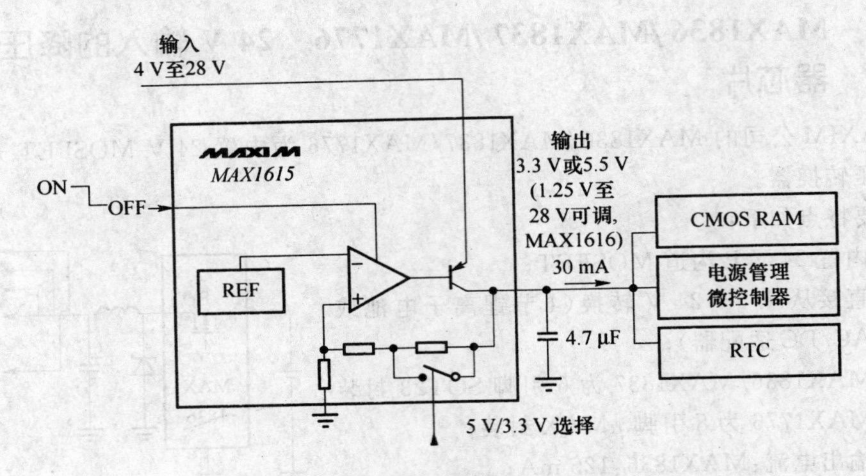

图 4.5.7 MAX1615 典型应用电路

4.5.4 MAX1725 / mAX1726 12 V 输入电压超低功耗 LDO 稳压器芯片

MAXIM 公司的 MAX1725/MAX1726 是当前功耗更低的低压差线性稳压器,专用于要求尽量延长电池寿命的低功耗应用,例如烟雾探测器、实时时钟(RTC)或 CMOS 备份电源等。这些 SOT23 封装的微型器件具有仅 2 μA 的超低电源电流,并内置有电池反接保护。

主要特性如下:

- 2 μA 超低静态电源电流;
- 1%输出电压精度;
- 2.5~12 V 输入;
- 1 μF 小输出电容;
- 自动电池反接保护—省去外部隔离二极管;
- 固定输出(1.8 V、2.5 V、3.3 V 或 5 V,MAX1726)或可调节输出(1.5~5.5 V,MAX1725)。

MAX1726 典型应用如图 4.5.8 所示。

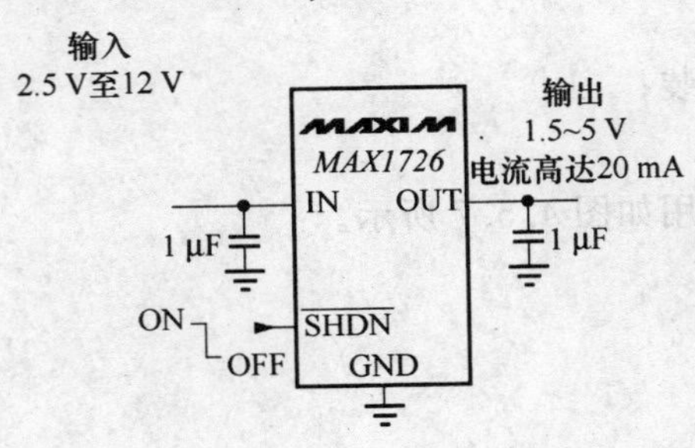

图 4.5.8 MAX1726 典型应用电路

4.5.5　MAX8880/MAX8881 12V 输入电压低压差线型稳压器芯片

MAX8880/MAX8881 为 SOT23 封装的 200 mA 低压差线性稳压器，具有特别低的 3.5 μA 静态电源电流，非常适合于要求待机时间尽可能长的便携应用。这些器件具有高至 12 V 的输入电压范围，并提供“电源好”输出(POK)用于提示输出电压是否位于稳定范围。

主要特性如下：

- 3.5 μA 超低静态电源电流；
- 200 mA 输出电流容量；
- 1%输出电压精度；
- 2.5～12 V 输入范围；
- 1 μF 小输出电容；
- 电池反接保护；
- 固定输出(1.8 V、2.5 V、3.3 V 或 5 V、MAX8881)或可调节输出(1.5 至 5.5 V、MAX8880)；
- “电源好”输出用于失调指示。

输入可以是积层电池、多节电池组、AC/DC 适配器，最高至 12 V。典型应用如下图 4.5.9 所示。

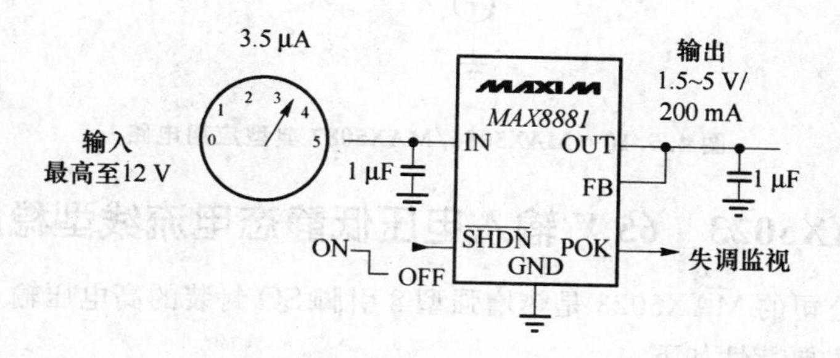

图 4.5.9　MAX8881 典型应用电路

4.5.6　MAX5086/MAX5087　65 V 输入电压线型稳压器芯片

MAXIM 公司的 MAX5086/ MAX5087 是最高达 65 V 输入电压、低静态电流的线型稳压器。其性能参数如表 4.5.1 所列。

主要特性如下：

- 6.5～65 V 输入；
- 可承受 70 V 汽车用负载；
- 仅 70 μA 无负载地引脚电流；
- 11 μA 关断电流；

- 更纤巧的大功率封装；
- 利用 OUTSENS 引脚可使远端供电电源在负载点保持精密稳定。

表 4.5.1 MAX5086/MAX5087 参数表

型号	工作温度范围/℃	I_{OUT}/mA	V_{OUT}/V	耗散能力（+70℃下，单位 W）	封装（mm×mm）
MAX5086	−40～+125	250	固定 3.3、5 或可调（2.5 至 11）	2.7 或 3.8	16-TQFN-EP(5×5) 或 56-TQFN-EP(7×7)
MAX5087		400			

MAX5086/MAX5087 的典型应用如图 4.5.10 所示。

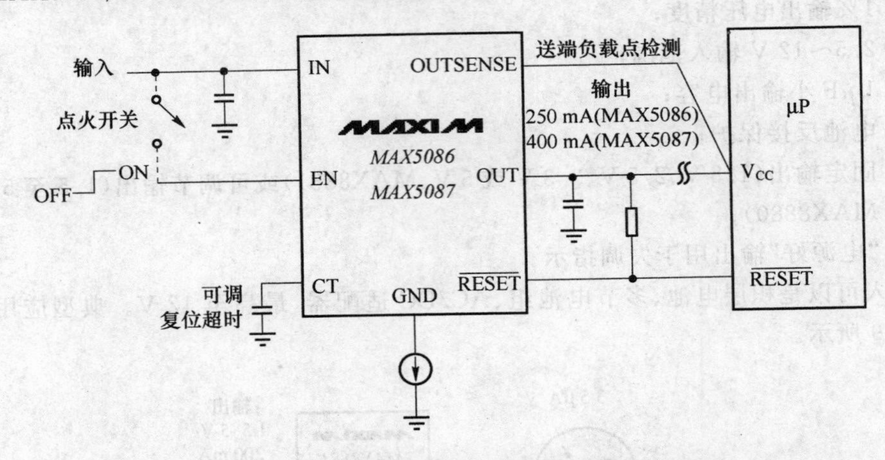

图 4.5.10 MAX5086/MAX5087 典型应用电路

4.5.7 MAX5023 65 V 输入电压低静态电流线型稳压器芯片

MAXIM 公司的 MAX5023 是热增强型 8 引脚 SO 封装的高电压输入、低静态电流线型稳压器。主要特性如下：

- 高电压 6.5～65 V 输入；
- 可承受 70 V 汽车甩载；
- −60 V 电池反接保护；
- 集成的 μP 复位和看门狗；
- 集成的自保持电路在启动开关关断时仍然保持稳压器开通；
- 低静态电流：空载地电流仅 60 μA；关断电流 7 μA；
- 热增强型 1.5 W 8 引脚 SO 封装易于散热；
- 工作于−40～125℃汽车级温度范围。

MAX5023 是汽车和工业应用的理想选择。

MAX5023 的典型应用如图 4.5.11 所示。

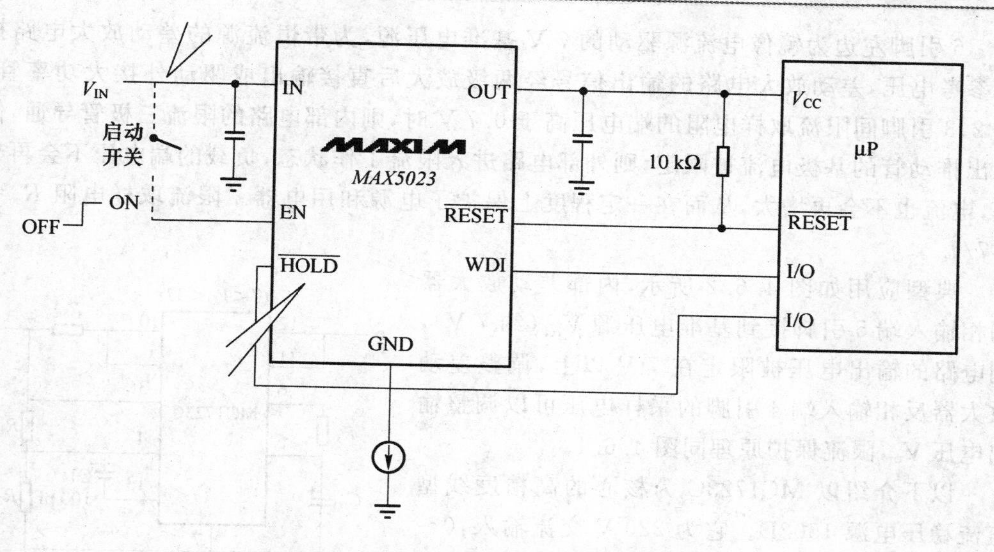

图 4.5.11 MAX5023 典型应用电路

4.6 高电压输入大电流输出(1 A以上)芯片

4.6.1 MC1723C 15 V 2 A 输出线型稳压器芯片

摩托罗拉公司的 MC1723C 是一款具有 150 mA 驱动电流的高性能稳压调整芯片，可以很方便地组成线型调压和开关电源等稳压电路。

MC1723C 的内部电路如图 4.6.1 所示。

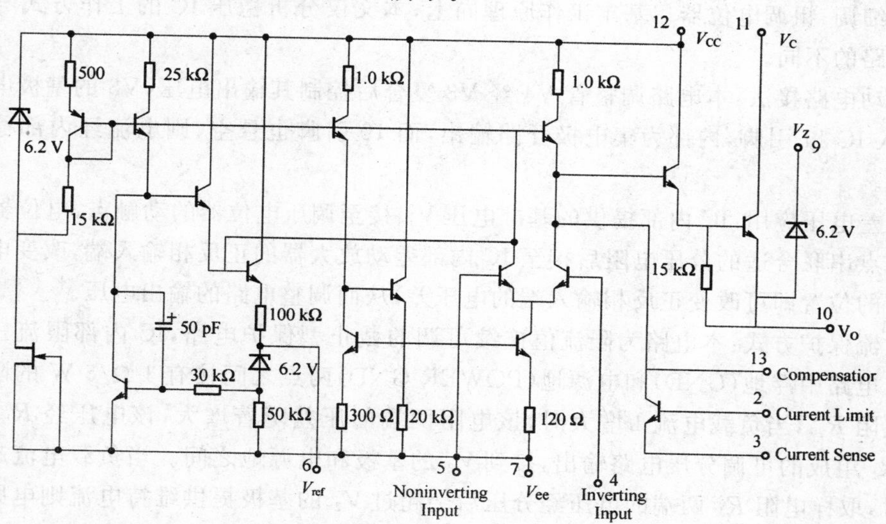

图 4.6.1 MC1723C 内部电路

6引脚左边为镜像电流源驱动的7 V基准电压源，为带恒流源的差动放大电路提供参考电压，差动放大电路的输出信号经两级放大后直接输出或驱动外接大功率管。当2、3引脚间限流取样电阻的端电压高于0.7 V时，则内部电路的限流三极管导通，使输出推动管的基极电流被限定，则外部电路进入限流工作状态，负载的端电压不会再升高，电流也不会再增大，从而在一定程度上保护了电源和用电器。限流取样电阻 $R_{sc}\approx 0.7/I_{sc}$。

典型应用如图4.6.2所示，内部差动放大器同相输入端5引脚接到基准电压源 V_{ref}（约7 V），则电路的输出电压被限定在7 V以上，调整差动放大器反相输入端4引脚的采样电压可以调整输出电压 V_o，限流保护原理同图4.6.1。

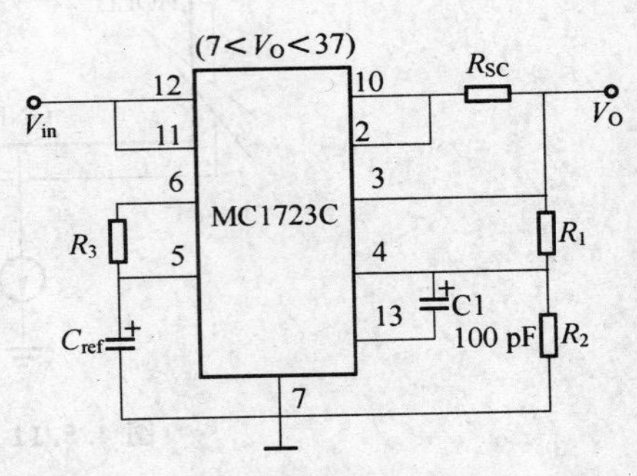

图4.6.2 MC1723C典型应用

以下介绍以MC1723C为核心的高精度线型直流稳压电源1502D。它为220 V交流输入，0～15.0 V/2.00 A直流稳压输出，配以粗调、细调两只电位器精细调整，并采用截止式保护电路，保护电流从0.6～2.0 A连续可调，具有防止瞬间大电流保护功能。该电源还专为手机及无线电维修设计了5种固定电压输出挡位，即1.5 V、3.6 V、4.8 V、6.0 V、7.2 V固定输出。本电源输出电压稳定度≤0.01% V_o+2 mV；负载稳定度≤0.05% V_o+2 mV；纹波噪声≤1 mVR_{ms}；温度系数≤300 10^{-6}/℃，电压/电流各三位LED数字显示。

1502D电源电路原理图如图4.6.3所示。

本电路中SW-6WAY为双联6波段开关旋钮，RP1为限流设置电位器，RP2、RP3为调压细调、粗调电位器。基本工作原理同上，本文仅分析稳压IC的工作方式与典型应用电路的不同。

驱动电路接法：本电路调整管V4经V3复合后控制其输出电压，V3的基极电流经R6进入IC 11引脚，内部为集电极开路输出，而10引脚也悬空，则电流经内部稳压管流入地。

误差电压应用：IC内部提供的基准电压 V_{ref} 接至调压电位器的动触点，电位器的两个动触点串联合适的分压电阻后接至IC内部差动放大器的正反相输入端，改变电位器动触点的位置即可改变正反相输入端的电压差，从而调整电路的输出电压。

过流保护方式：本电路为限流值连续可调的截止型保护电路，IC内部限流三极管未用。电路中浮地(GND)和电源地(POWER GND)两点之间接有1 Ω/5 W的限流及取样电阻 R_{25}，当负载电流I增大时，该电阻两端的压差随着增大，该电压经 R_{18}、R_{17}、RP1、R_4 组成的可调分压电路输出，接到 V_2 的基极和电源地之间。当负载电流超过设定值时，取样电阻 R_{25} 两端的电压经分压后会超过 V_2 的基极提供维持电流则电路进入锁定状态。此时将 V_1 发射极电位拉低，则红色发光管熄灭，绿色发光管的亮度可见，同时IC 13引脚即内部推动三极管的基极处于低电平使得电路输出截止。电解电容 C_1

防止开机时电压突然升高，C_2 对负载过流有一定延时作用，防止误动作。

本电路设计中，调压、驱动及保护电路设计较有特色，它对稳压IC的使用不同一般的应用电路。

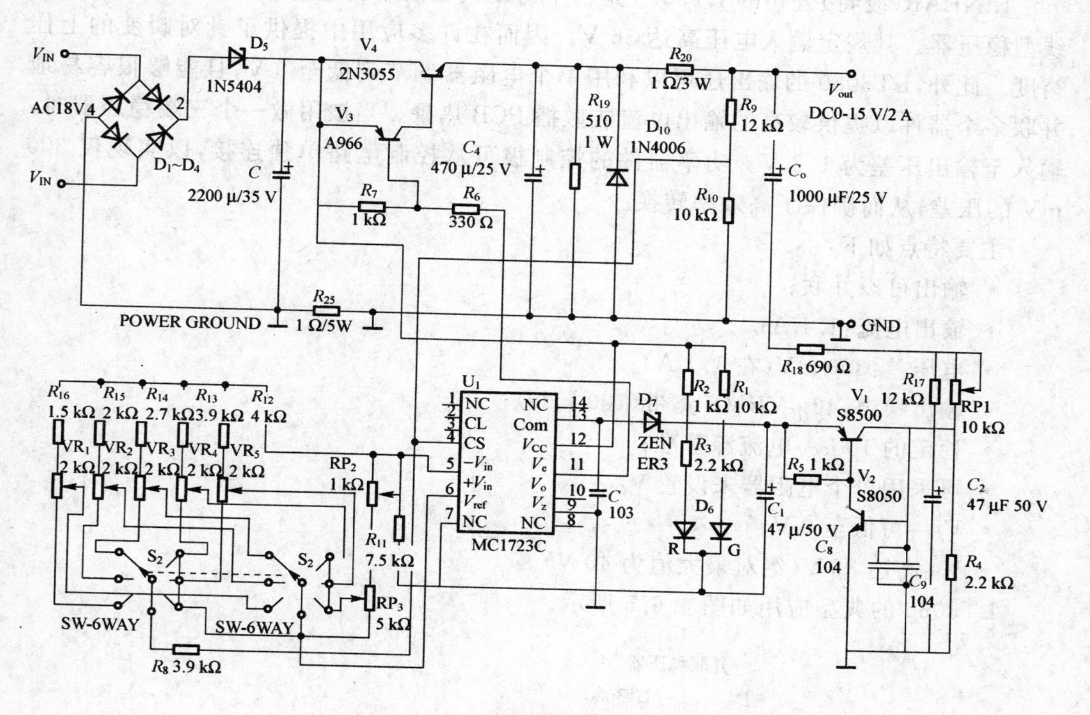

图 4.6.3 1502线型直流稳压电源电路图

以下为应用MC1723C的W－2B电源，电路如图4.6.4所示。它是一款简单实用的大电流精密可调稳压电源板，它性能十分优越，体积十分小巧，价格是分别低廉。输出电压为2～37 V，额定电流5 A。使用中请注意散热片的面积要满足散热的需要，必要时可加散热风扇。

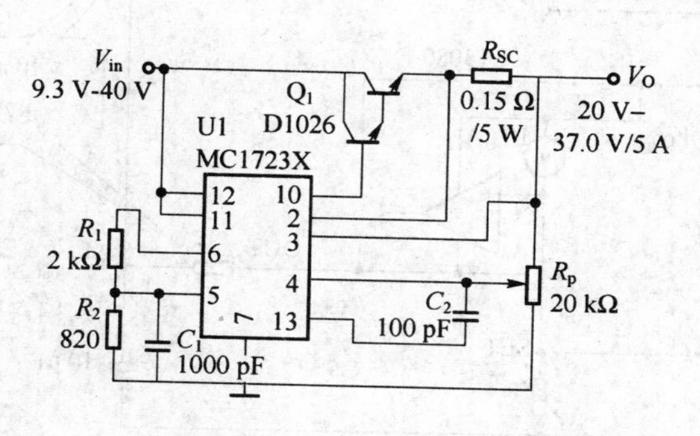

图 4.6.4 W－2B电源电路

4.6.2　LT3080　36 V 输入 1.1 A 输出电流的线型稳压器芯片

LINEAR(凌特)公司的 LT3080 是一个与新式表面贴装电路设计相兼容的新一代线型稳压器。其规定输入电压高达 36 V。因而在许多应用中提供了针对瞬变的上佳裕度。此外,LT3080 的输出还可以利用单个电阻器调节到低至 0 V,且能够很容易地并联多个器件以提供较高的输出电流或散播 PCB 热量。当被用做一个三端稳压器时,输入至输出压差为 1.3 V。功率器件的控制极可从控制电路单独连接,以实现仅 300 mV 的压差,从而确保了高效率转换。

主要特点如下:

- 输出可以并联;
- 输出电流:1.1 A;
- 电压差:300 mV(在 1.1 A);
- 输出噪声:40 μVRMS 宽带(100 kHz);
- 稳定的 10 μA 电流源基准;
- 可采用单个电阻器来设置 V_{OUT};
- V_{OUT} 可低至 0 V;
- V_{IN} 高达 36 V(绝对最大值为 40 V)。

LT3080 的典型应用如图 4.6.5 所示。

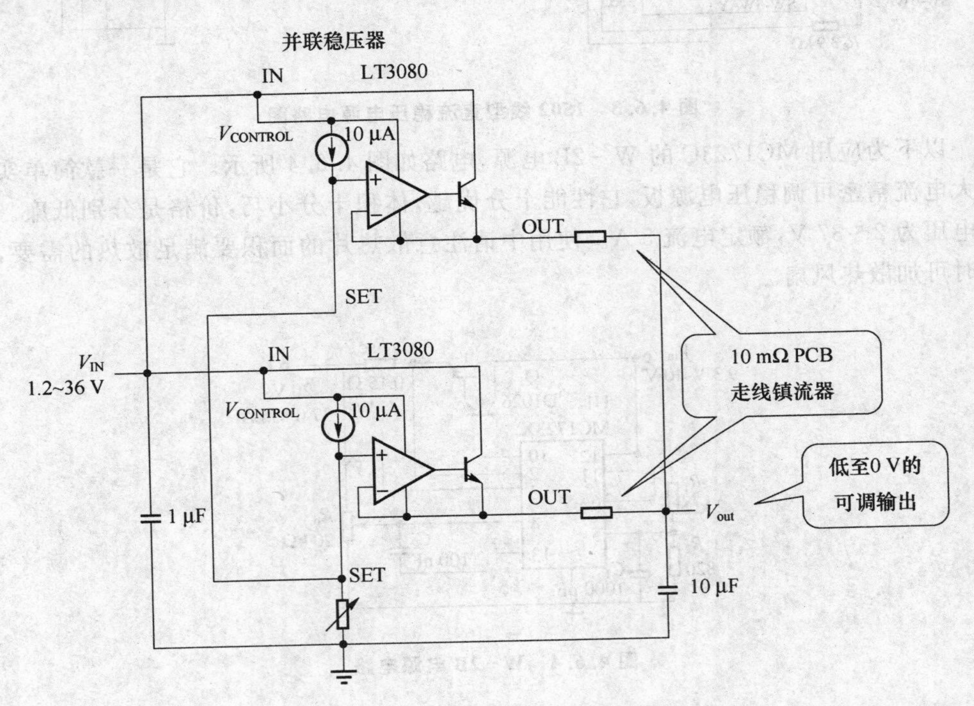

图 4.6.5　LT3080 的典型应用电路

4.6.3 LT3507 36 V输入三通道大电流输出LDO稳压器芯片

LINEAR(凌特)公司的LT3507是单IC电流模式三通道降压型稳压器,具有内部电源开关和一个低压差线性稳压驱动器。开关转换器能够产生一个2.4 A输出和两个1.5 A输出。所有三个转换器均被同步至一个振荡器,其中,2.4 A输出的工作相位与其他两个转换器相反,因而减小了输入纹波电流。每个转换器都具有独立的停机和软起动电路,并在其输出处于稳压状态时产生一个电源良好的信号,从而简化了电源排序以及采用微控制器和DSP的接口。用于每个稳压器的单独输入引脚提供了额外的灵活性;稳压器可以级联以缩小电路尺寸,或者每个稳压器也可从一个不同的输入电要吸取功率。采用单个电阻器将开关频率设定在250 kHz～2.5 MHz之间。高开关频率允许使用小的电感器和电容器,从而形成了一个非常紧凑的三通道输出电源。恒定开关频率与低阻抗陶瓷电容器结合可产生低输出纹波。凭借其4～36 V的宽输入电压范围,LT3507能够对多种电源实施稳压,包括5 V逻辑电源轨、未调整的墙上变压器、铅酸电池和分布式电源等。

LT3507把三个降压型稳压器和一个LDO驱动器集成在一个QFN(5 mm×7 mm)封装之中,从而提供了一款多电源轨系统的紧凑型解决方案。用于每个转换器的单独输入提供了宽松的设计自由度,而分离的PG(电源良好)指示器和TRK/SS引脚则进一步扩大了跟踪和排序的灵活性。

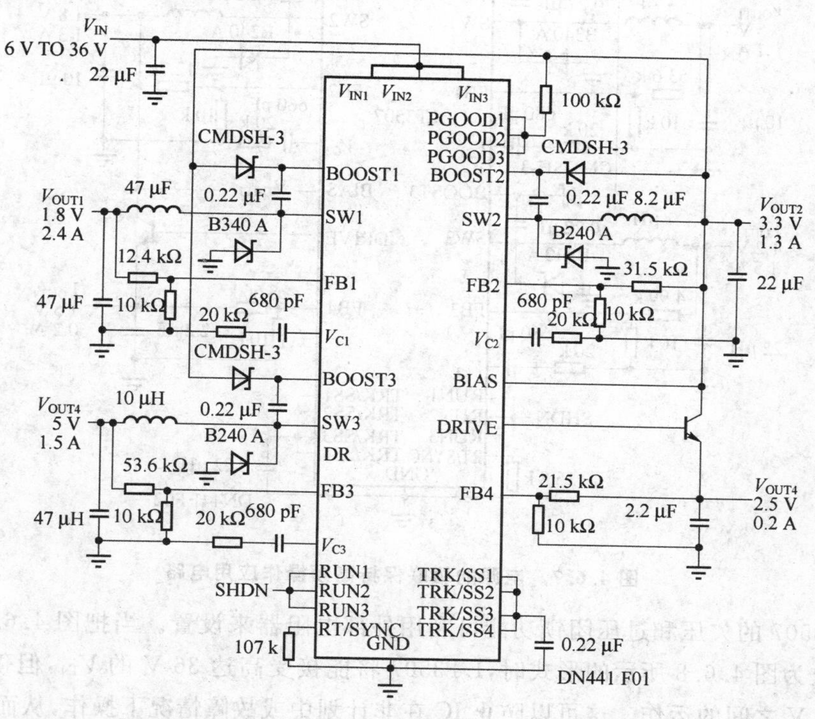

图4.6.6 噪声LDO-LT3507的四输出电源电路

图4.6.6显示出从一个6～36 V输入电源来提供四输出(1.8 V/2.4 A、3.3 V/1.3 A、5.0 V/1.5 A和2.5 V/0.2 A)的一种典型应用。该电路使用一个LT3507芯片来完成,20 mA LDO驱动器能驱动一个NPN晶体管,以提供第4个低噪声电源轨。

电源的级联可保持低纹波高频操作,即使在高V_{IN}/V_{OUT}比条件下也是如此。

高频操作最大限度地缩减了解决方案的外形尺寸,但是,单片式降压型稳压器实现高电压(36 V)、高频(MHz)操作的一个障碍小接通时间约束条件。由于存在一个内部逻辑传播延迟,因此降压型稳压器必须在一个最小时间间隔里保持接通状态,以实现正确的运作。否则,变换器在高输入至输出比条件下将工作于脉冲跳跃模式,这会产生不希望的副作用,即输出纹波有所增加。LT3507具有一个针对该问题的内置解决方案。通过把第一个转换器与其他两个变换器级联起来(图4.6.7),可使所有三个变换器均在2 MHz频率条件下运作,而不会进入脉冲跳跃模式。

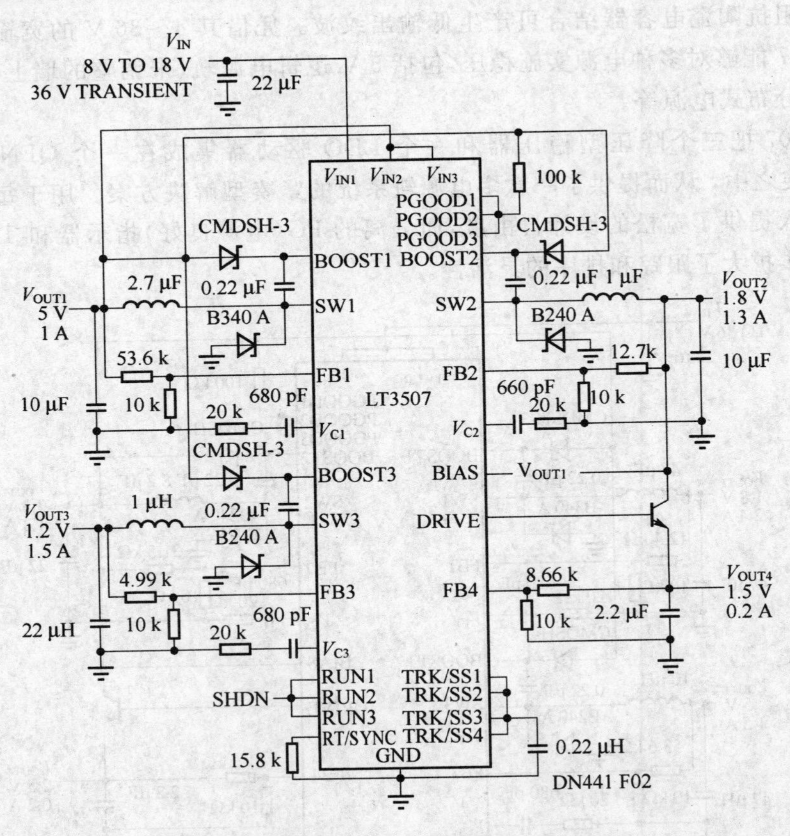

图4.6.7　电源的级联保持高频操作应用电路

LT3507的欠压和过压闭锁功能可利用外部电阻器来设置。当把图4.6.7中的电路图修改为图4.6.8所示的形式时,LT3507将能接受高达36 V的V_{IN},但仅在V_{IN}处于8～18 V之间的运作。这可以防止IC在非计划中或故障情况下操作,从而容许电路设计师减少外部元件的尺寸。图4.6.8还示出了一种简单的排序方案:通道1的电源良好指示器与其他三个通道的跟踪引脚相连。

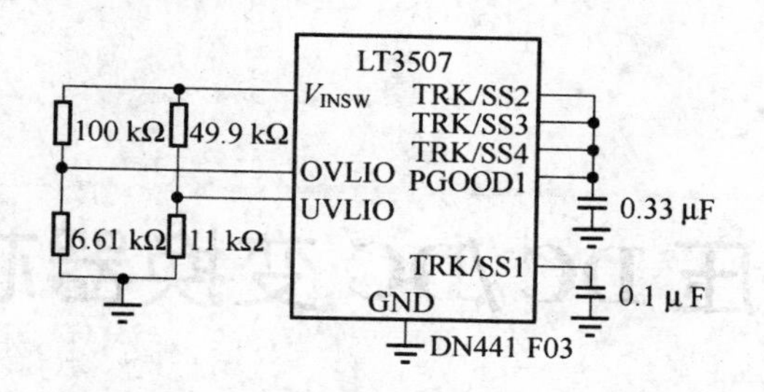

图 4.6.8　外部电阻器用于设置输入电压闭锁；PGOOD1 负责确定排序和跟踪

4.6.4　SP766X　22 V 输入 12 A 输出的线型稳压器芯片

由 Sipex 推出的 PowerBlox 包含 SP765X 和 SP766X 两个系列，其中 SP765X 需要外部提供 5 V 给芯片的电路供电，变换电压范围为 2.5～28 V。SP766X 集团成一个 5 V 稳压器，所以可以直接把变换电压接到芯片再通过 5 V 稳压器给芯片电路供电，变换电压范围是 4.75～22 V，如果外部有 5 V 直接给芯片供电，变换电压范围可以是 3～22 V。SP766X 还多了过流保护的功能。

图 4.6.9 为 SP766X 的应用电路图。可分为供电、软启动、输入、输出、反馈补偿几部分。

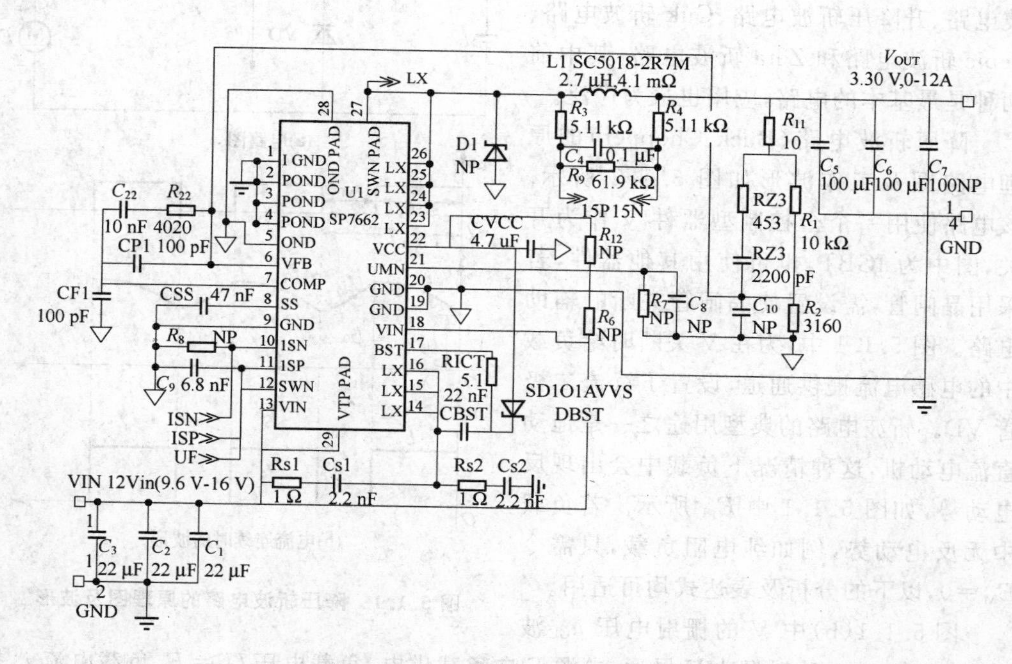

图 4.6.9　SP7662 应用电路图

第 5 章

开关型降压 DC/DC 变换器芯片

5.1 开关型降压 DC/DC 变换器芯片概述

将一种直流电压变换成另一种(固定或可调的)直流电压的过程称为 DC/DC 变换。下面介绍利用自关断器件构成的典型 DC/DC 变换电路。

线性稳压电源效率低,所以通常不适合于大电流或输入、输出电压相差大的情况。开关电源的效率相对较高,而且效率不随输入电压的升高而降低,电源通常不需要大散热器,体积较小,因此在很多应用场合成为必然之选。开关电源按转换方式可分为斩波型、变换器型和电荷泵式,按开关方式可分为软开关和硬开关。

斩波型开关电源的种类较多,包括 6 种基本辐波电路:降压斩波电路、升压斩波电路、升降压斩波电路、Cuk 斩波电路、Sepic 斩波电路和 Zeta 斩波电路,其中前两种是最基本的电路,应用也最为广泛。

降压斩波电路(Buck Chopper)的原理电路图及工作波形如图 5.1.1 所示。该电路使用一个全控制型器件 V 作为开关,图中为 IGBT,也可使用其他器件,若采用晶闸管,需设置使晶闸管关断的辅助电路。图 5.1.1 中,为在 V 关断时给负载中的电感电流提供通道,设置了续流二极管 VD。斩波电路的典型用途之一是拖动直流电动机,这种情况下负载中会出现反电动势,如图 5.1.1 中 E_M 所示。若负载中无反电动势,例如纯电阻负载,只需令 $E_M=0$,以下的分析及表达式均可适用。

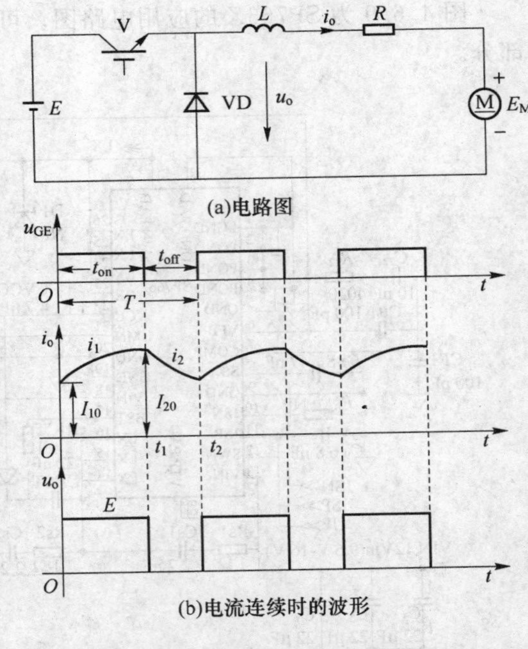

图 5.1.1　降压斩波电路的原理图及波形

图 5.1.1(b)中 V 的栅射电压 u_{GE} 波形可知,在 $t=0$ 时刻驱动 V 导通,电源 E 向负载供电,负载电压 $U_o=E$,负载电流 i_o 按指数曲线上升。

当 $t=t_1$ 时刻，控制V关断，电感电流不能突变，电感上的感应电动势使二极管导通，负载电流经二极管VD续流，负载电压 U_o 近似为零，负载电流呈指数曲线下降。为了使负载电流连续且脉动小，通常串接 L 值较大的电感。

至一个周期 T 结束，再驱动V导通，重复上一周期的过程。当电路工作于稳态时，负载电流在一个周期的初值和终值相等，如图5.1.1(b)所示。负载电压的平均值为

$$U_o=\frac{t_{on}}{t_{on}+t_{off}}E=\frac{t_{on}}{T}E=aE$$

式中：t_{on} 为V处于通态的时间；t_{off} 为V处于断态的时间；T 为开关周期；a 为导通占空比，简称占空比或导通比。

由此式知，输出到负载的电压平均值 U_o 最大为 E，若减小占空比 a，则 U_o 随之减小。因此将该电路称为降压斩波电路。也有很多文献中直接使用其英文名称，称为Buck变换器。

根据对输出电压平均值进行调制的方式不同，斩波电路可有三种控制方式：

① 保持开关周期 T 不变，调节开关导通时间 t_{on}，称为脉冲宽度调制(Pulse Width Modulation，PWM)或脉冲调宽型(调 t_{on})；

② 保持开关导通时间 t_{on} 不变，改变开关周期 T，称为频率调制或调频型(调 T)；

③ t_{on} 和 T 都可调，使占空比改变，称为混合型(调 $a=\frac{t_{on}}{T}$)。

其中第一种方式应用最多。

5.2 低压输入低压输出mA级DC/DC芯片

5.2.1 TPS60101 低压输入低压输出小电流DC/DC芯片

TPS60101具有以下性能特点：

① 最大输出电流为100 mA，可满足绝大多数低功耗单片机系统的要求。

② 输出电压波动低于5 mV，可提供3.3×(1±0.04)V的稳压输出。

③ 仅需少量外围元件，无需谐振线圈等元件，由TPS60101构成的应用电路体积很小。

④ 电荷泵的转换效率可达90%。

⑤ 具有较宽的输入电压范围，在1.8～8.6 V电压范围内均可正常工作，充分保证了在外接不同类型的电源以及电池电量状态发生变化时，也能获得稳定的电压输出。

⑥ 工作附加电流为50 μA，关断漏电流为0.05 μA，消耗电能很少。

⑦ 在关断模式下，稳压电源输出隔离，增加电源管理的可靠性。

⑧ 采用微型的TSSOP贴片封装，减小应用电路体积。这种封装形式在芯片底部集成了散热片，可直接与印制板相连，在没有增加电路体积的情况下有效地提高了散热性能。

1. 封装形式及引脚说明

TPS60101 芯片的封装为一种特殊的 TSSOP 贴片封装，其引脚排列如图 5.2.1 所示。TPS60101 的引脚功能如表 5.2.1 所列。

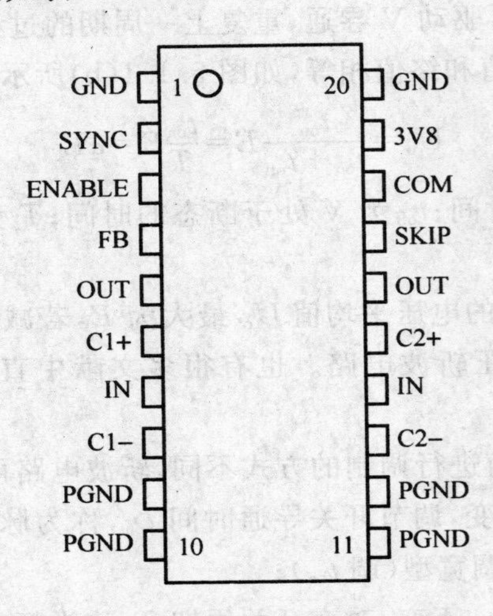

图 5.2.1 TPS60101 的引脚排列图

表 5.2.1 TPS60101 引脚功能

符 号	脚 号	功能描述
3V8	19	模式选择，接低电平时输出为标准的 3.3 V，外接 IN 端时输出为预置的 3.8 V
C1＋	6	外接电荷泵电容 C1 正极
C1－	8	外接电荷泵电容 C1 负极
C2＋	15	外接电荷泵电容 C2 正极
C2－	13	外接电荷泵电容 C2 负极
COM	18	模式选择。热电荷泵时工作于推挽模式，提供最佳的稳压性能；接 IN 端时工作于单端模式，只需一个外接电容
ENABLE	3	使能。接 IN 端时正常工作，接低电平时进入关断状态
FB	4	反馈输入。接输出端以获得最佳的稳压效果
GND	1,20	模拟地
IN	7,14	外电源输入
OUT	5,16	稳压电源输出
PGND	9～12	稳压电源地
SYNC	2	时钟信号选择。接地时使用片内时钟，接 IN 端时使用片外时钟同步

2. 电荷泵工作方式的选择

TPS60101 内部集成了两个升降压电荷泵，通过改变芯片引脚的外接电平可以选择电荷泵的两种工作方式，即 COM 接端地为推挽方式，接高电平为单端方式。在推挽方式中，片内的两个电荷泵的工作状态在时域上有 180°的相位差，各占据 50%的负载周期进行推挽输出。这种方式可以在最大限度上避免输出电压的波动，得到最好的稳压效果，但需要外接 4 个电解电容器。在单端模式中，两个电荷泵是无相位差的并行输出，这种方式仅需 1 个外接电容。图 5.2.2 给出了单端模式的应用电路。

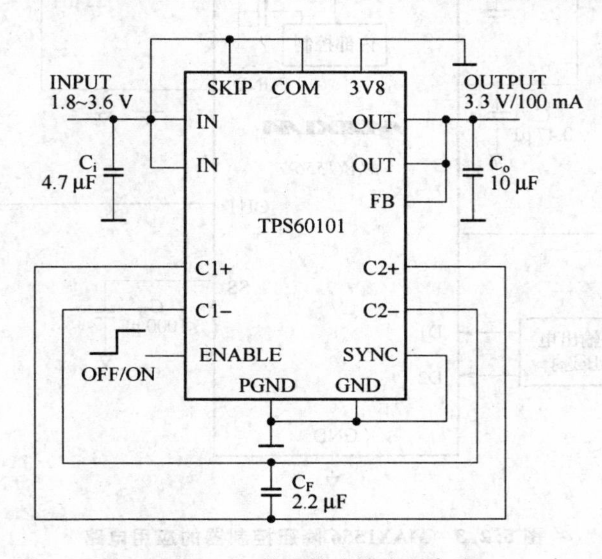

图 5.2.2 单端模式的应用电路

3. 输出工作方式的选择

通过改变 TPS60101 19 引脚 3V8 的外接电平可以选择适当的输出工作方式，3V8 端接低电平时为标准 3.3 V 输出，接高电平时为预置 3.8 V 输出。在一般的应用场合，均应使用标准 3.3 V 输出工作方式，只有在电压要求非常严格的情况下，才采取预置 3.8 V 输出工作方式。TPS60101 提供预置的 3.8 V 输出，其后级再外接一个低压差稳压器(例如 TPS7330 芯片)，以获得更加精确的 3.3 V 输出。

5.2.2 MAX1556 高效率低入低出(0.75 V)DC/DC 芯片

效率是任何开关电源的基本指标，任何开关电源的设计首先需要考虑的是效率优化，特别是便携式产品，因为高效率有助于延长电池的工作时间，消费者可以有更多时间享受便携产品的各种功能。

能量装换系统必定存在效率损耗，因此，在实际应用中只能尽可能地获得接近 100%的变换效率。目前市场上一些高质量开关电源的效率可以达到 95%左右。图 5.2.3所示电路的效率可以达到 97%，但在轻载时效率有所降低。

开关电源的损耗大部分来自开关器件(MOSFET 和二极管)，另外一部分损耗来自电感和电容。选择开关电源器件时，需要考虑控制器的架构和内部元件，以期获得高效指标。图 5.2.3 采用了多种方法来降低能量损耗，例如：同步整流，芯片内部集成低导通电阻的 MOSFET，低静态电流和跳脉冲控制模式。

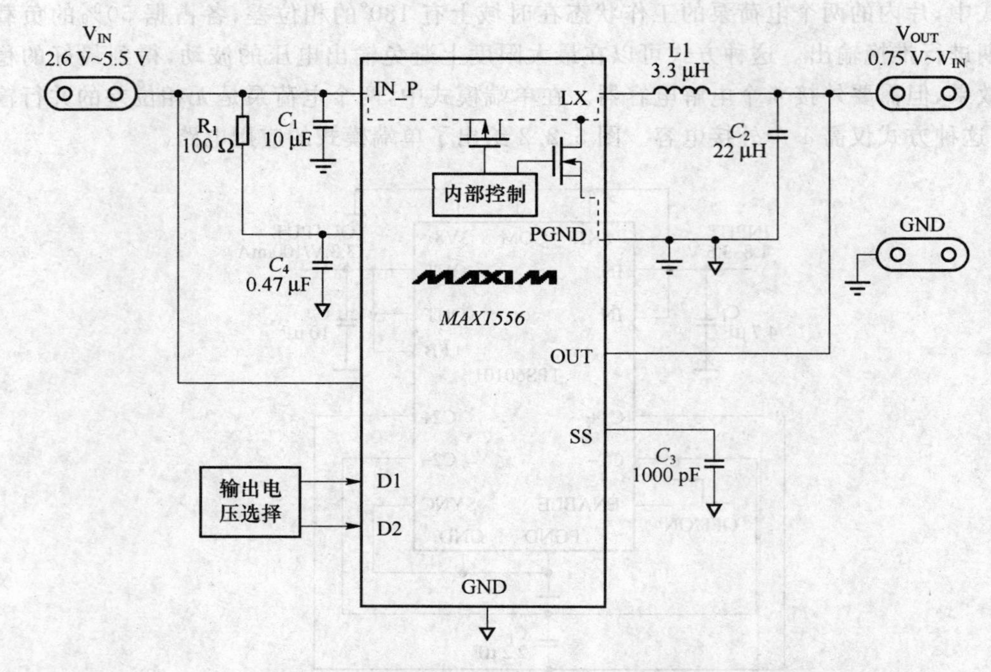

图 5.2.3 MAX1556 降压控制器的应用电路

5.2.3 PM6685 高效、低噪声双降压 DC/DC 芯片

采用高性能的 BCD5 技术(第 5 代 BiCMOS－DMOS),再加上先进的架构设计,PM6685 能够适合多种应用领域。

采用尺寸十分紧凑的 32 引脚 5 mm×5 mm 封装,整合了两个线性稳压器(5 V 和 3.3 V)和两个带驱动器的开关控制器。

两个线性稳压器可提供高达 100 mA 的负载电流,5 V 线性稳压器还能用于给开关控制器供电。

这两个开关控制器在所有的输入和负载范围内对两个固定输出电压(5 V 和 3.3 V)进行高精度的调整,每个开关控制器都基于一个恒定导通时间控制架构,这种架构的优点是可以保证快速的瞬间负载响应和伪固定开关频率操作。

PM6685 的开关频率可以选择,5 V/3.3 V 开关控制器的开关频率分别为 200 kHz/300 kHz、300 kHz/400 kHz 或 400 kHz/500 kHz。

为了在满负载范围内进一步提高能效,两个线性稳压器(5 V 和 3.3 V)准许在低功耗的状态下使各自的开关控制器进入省电状态。

图 5.2.4 是 PM6685 的一个典型应用电路。性能测试结果的详细内容见 EDN China 网站。

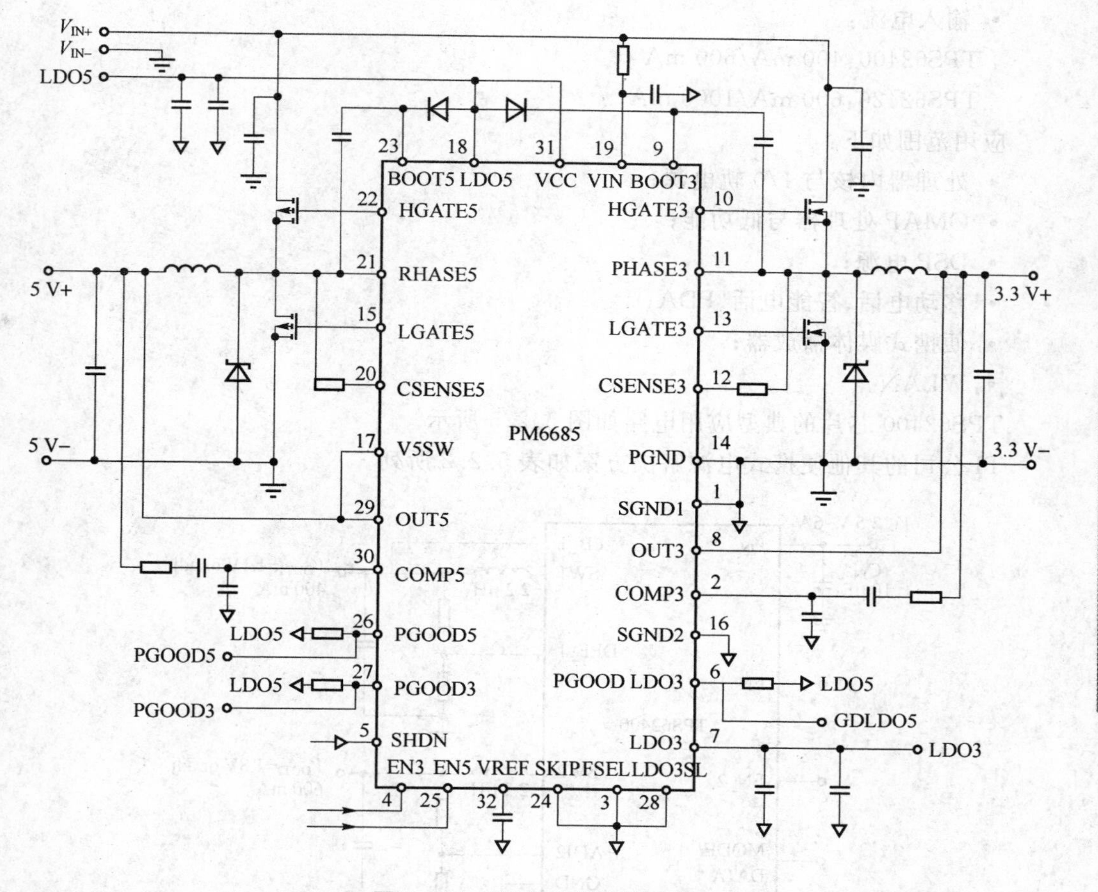

图 5.2.4　PM6685 的典型应用

5.2.4　TPS62400　单线接口的双通道降压 DC/DC 芯片

美国 IT 公司的 TPS62400 同步降压转换开关不仅内含 MOSFET，独特的单引脚 EasyScale 串行接口还能在工作中动态调节输出电压。凭借这项正在申请专利的新功能，双通道 TPS62400 可为 DSP 与 OMAP™ 便携式应用处理器供电时，支持动态数控功能。

TPS62400 特性如下：

- 单引脚 Easy Scale 接口；
- 动态电源缩放功能使步长达到 25.50 或 100 mV；
- 高达 95%的效率（最大值）；
- 2.25 MHz 固定频率；
- 静态电流：32 μA（典型值）；
- 输出电压：2.5～6 V；
- 输入电压：0.6～6.0 V；

- 输入电流：

  TPS62400：400 mA/600 mA

  TPS62420：600 mA/1000 mA

应用范围如下：

- 处理器内核与1/0轨电源；
- OMAP处理器与低功能；
- DSP电源；
- 移动电话、智能电话、PDA；
- 便携式媒体播放器；
- WLAN。

TPS62400芯片的典型应用电路如图5.2.5所示。

TI公司的其他便携式电源解决方案如表5.2.2所列。

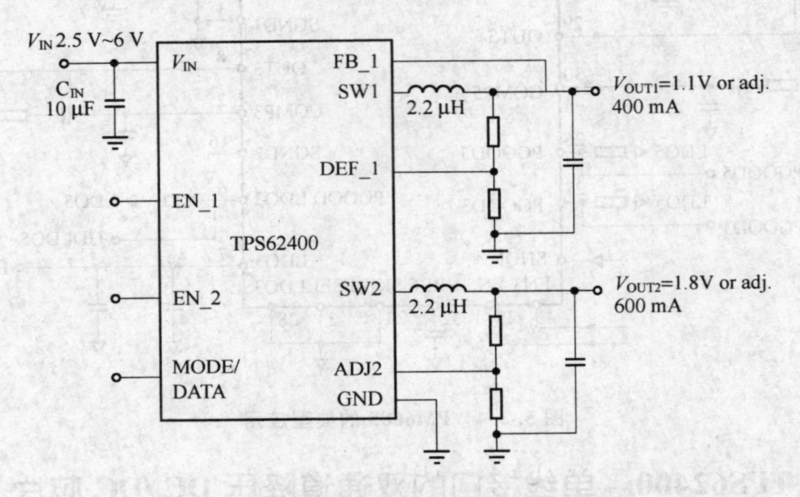

图5.2.5 TPS 62400典型应用电路

表5.2.2 其他便携式电源解决方案

器　件	输出电流/mA	输出电压/V	可调输出电压/V	开关频率/kHz(典型值)	封装
TPS63000	1200	1.8～5.5	1.2～5.5	1 500	10引脚 SON
TPS62350	800	2.7～6.0	0.75～1.537	3 000	12引脚 WCSP
TPS717xx	150	2.5～6.5	0.9～6.2	—	5引脚 SC70
TPS799xx	200	2.7～6.5	1.2～6.5	—	5引脚 WCSP

5.2.5 MAX1820 采用动态控制、高速、降压型 DC/DC 芯片

MAX1820是率先推出的、专为2.5G/3G蜂窝电话功放设计的降压型转换器。基带处理器根据功放所需的功率，动态调节转换器输出电压。高速转换器MAX1820能

够在 30 μs 以内将输出电压从 0.4 V 调节至 3.4 V,很好地跟踪功放发送功率包络。通过匹配功放电源电压包络,使功放尽可能地减少功率损耗,延长电池寿命。MAX1820 配有一个除 13 或除 18 的锁相环电路(PLL),用于同步 2.5G 或 3G 的系统时钟。利用 WCDMA 功放进行的实际测试表明,这种同步方式可避免给 RF 信号引入任何干扰噪声。

MAX1820 芯片应用电路如图 5.2.6 所示。

MAX1820 芯片特性如下:

- 更为直接的控制方式:由基带处理器提供 DAC 输入控制;
- 时钟同步,降低噪声。

  MAX1820Z➡无同步

  MAX1820Y* ➡÷18 PLL

  MAX1820X* ➡÷13 PLL

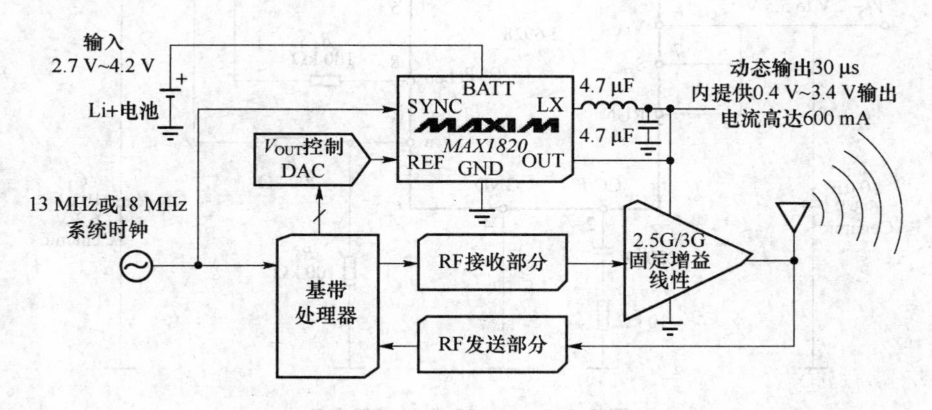

图 5.2.6 MAX1820 应用电路

5.2.6 L6928 高效、单片、同步、降压型 DC/DC 芯片

L6928 是一个为实现超高能效而专门设计的单片 DC/DC 稳压器,因为电源电压最低可达 2 V,所以该芯片可用于锂电池供电的设备。通过一个外部分压器,可以从 0.6 V 起调节输出电压,占空比可达到 100%,支持低压降操作。

L6928 芯片典型应用电路如图 5.2.7 所示。

L6928 芯片特性如下:

- 2～5.5 V 电池输入电压;
- 高效能:95%;
- 内部同步开关;
- 无需外部肖特基二极管;
- 静态电流极低;
- 最大关机电源电流 1 μA;
- 最大输出电流 800 mA;

- 输出电压从 0.6 V 起可调；
- 低压降操作：100%占空比；
- 在轻负载下可选择低噪/低功耗模式；
- 电源良好信号；
- 输出电压精度±1%；
- 电流式控制；
- 开关频率：1.4 MHz；
- 外部时钟同步范围：1～2 MHz；
- 过压和短路保护；
- MSOP8 和 QFN(3×3)封装。

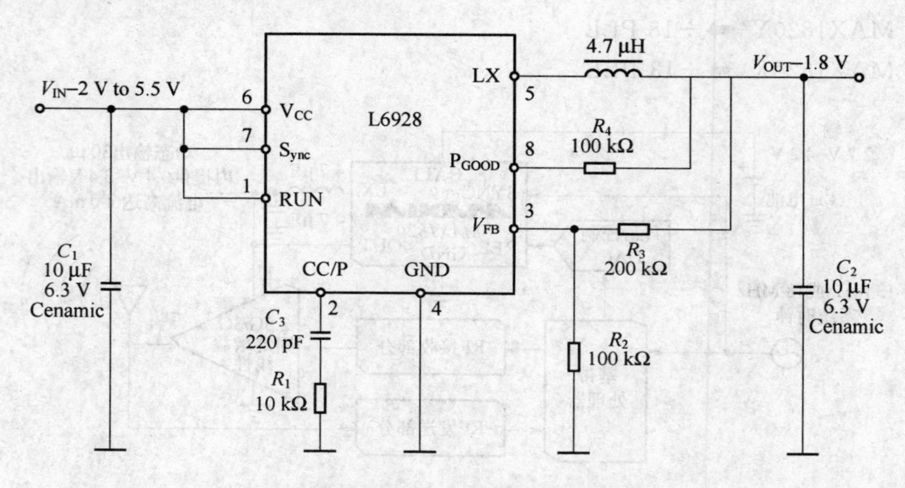

图 5.2.7 L6928 典型应用电路

5.2.7 STw4141 单线圈、双输出、同步、降压型 DC/DC 芯片

STw4141 是一个只需 4 个外部标准组件的单线圈双输出同步降压 DC/DC 变换器，在 PWM 模式下，开关频率固定在 900 kHz。

STw4141 芯片典型应用电路如图 5.2.8 所示。

STw4141 芯片特性如下：

- 数字内核电源和数字 I/O 电源用单线圈，双输出开关转换器；
- 多种固定输出电压配置；
- 能效高达 92%；
- 输出电压精度高±100 mV；
- 自动或可控制的 PWM/PFM 开关；
- 外部时钟同步频率范围 600 kHz～1.5 MHz；
- TFBGA16(3 mm×3 mm×1.2 mm，0.5 mm 引脚间距)封装。在闪光模式下，输出电流高达 600 mA。

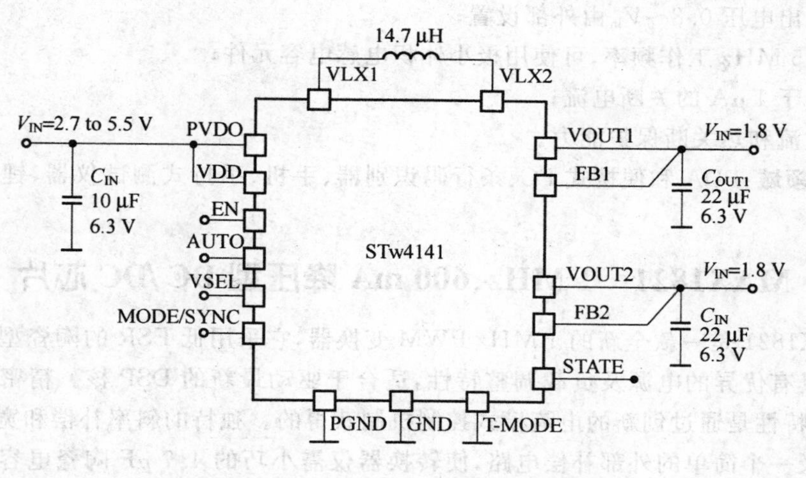

图 5.2.8　STw4141 典型应用电路

5.2.8　EL7534　600 mA 降压型 DC/DC 芯片

EL7534 芯片典型应用电路如图 5.2.9 所示。

EL7534 芯片特性如下：

- 脚位尺寸面积小于 0.97 cm^2；
- 100 ms 上电复位输出；
- 内部补偿电压模式控制；
- 高达 94%的变换效率；

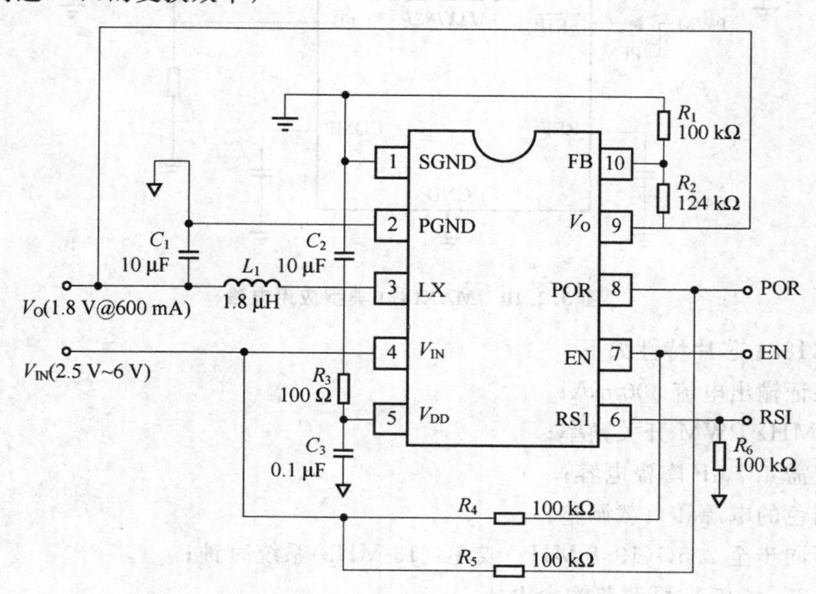

图 5.2.9　EL7534 典型应用电路

- 输出电压 0.8～V_{in}由外部设置；
- 1.5 MHz 工作频率，可使用极小体积电感电容元件；
- 小于 1 μA 的关断电流；
- 过流和热关断保护能力。

应用领域：PDA 和便携式 PC、条行码识别器、手机、手持式测试仪器、锂电池充电设备。

5.2.9 MAX1821 1 MHz、600 mA 降压型 DC/DC 芯片

MAX1821 是一款全新的 1 MHz PWM 变换器，它采用低 ESR 的陶瓷型输入和输出电容，具有优异的电源及负载调整特性，适合于驱动最新的 DSP 核。精密的电源及负载调整特性是通过创新的电流模式控制机制获得的。独特的斜率补偿和宽带误差放大器，以及一个简单的外部补偿电路，使转换器仅需小巧的 4.7 μF 陶瓷电容即可稳定工作。MAX1821 能够工作在 PWM 或 PFM 模式，以便获得最优化的待机和工作效率。为最大限度延长电池寿命，MAX1821 集成了低导通电阻的开关和同步整流器，提供>93%的效率。

MAX1821 芯片典型应用电路如图 5.2.10 所示。

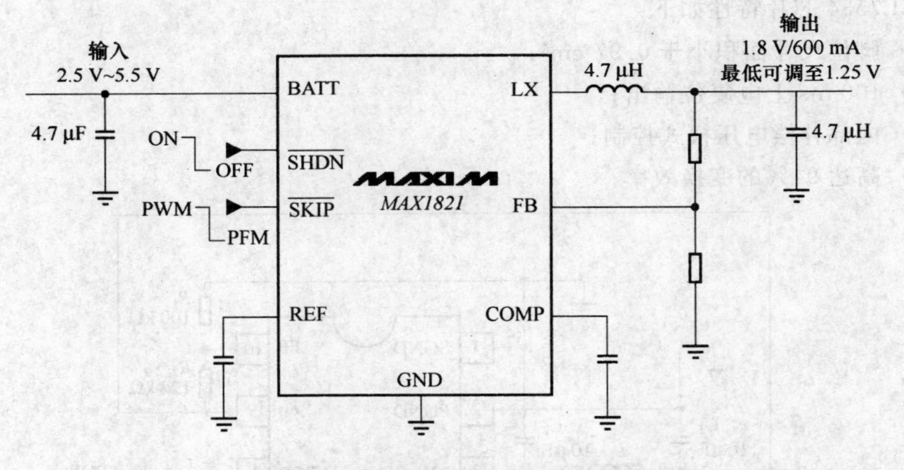

图 5.2.10 MAX1821 典型应用电路

MAX1821 芯片特性如下：

- 保证输出电流 600 mA；
- 1 MHz PWM 开关频率；
- 仅需 4.7 μF 陶瓷电容；
- 出色的电源和负载调整；
- 可同步至 2.5G(19.8 MHz)或 3G(13 MHz)系统时钟；
- 1.25～5.5 V 可调节输出电压；
- 无需肖特基二极管。

5.2.10 MAX1742/1842 内含1 A开关、1 MHz、降压型DC/DC芯片

MAX1742/1842芯片引脚及应用电路如图5.2.11所示。

MAX1742/1842芯片特性如下：

- 内部集成1 A开关，省去外部MOSFET；
- 同步整流：效率达95%；
- 节省空间：内置150 mΩ开关，无需肖特基二极管，无需检流电阻；
- 灵活：可调节输出1.1 V～V_{in}，引脚可选的固定输出1.5 V，1.8 V，2.5 V；
- 内部保护：过热关断，过流保护，输出短路保护；
- 16引脚QSOP封装。

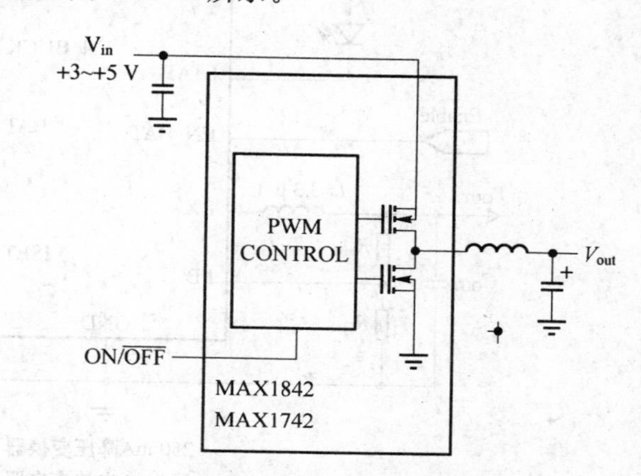

图5.2.11 MAX1742/1842引脚及应用电路

5.2.11 AAT2556 电池充电器＋降压变换器组合芯片

微型3 mm×3 mm封装的AnalogicTech AAT2556电源管理IC结合了500 mA电池充电器和250 mA降压变换器。AAT2556是超轻型式产品的理想选择，如蓝牙耳机、手持式卫星导航系统及便携式高级音乐播放器。通过将变换器相应地缩小并将电池充电器集成到AAT2556中，让设计者仅在9 mm^2的PCB占用面上即能有极大电功率效能。

AAT2556组合芯片主要技术参数如表5.2.3所列，该芯片典型应用电路如图5.2.12所示。

表5.2.3 AAT2556组合芯片主要技术参数

AAT2556	输入电压	操作频率/kHz	充电电流/mA(max)	输出电流/mA(max)	最高的效率	封装
Charger	4.0～6.5		500			TDFN 3 mm×3 mm 12pin
DC/DC	2.7～5.5	1500		250	96%	

AAT2556组合芯片特性(核心优势)如下：

① 电池充电器：

- 输入电压范围：4～6.5 V；
- 充电电流可编程至500 mA；
- 集成充电器件；
- 集成反向阻断二极管。

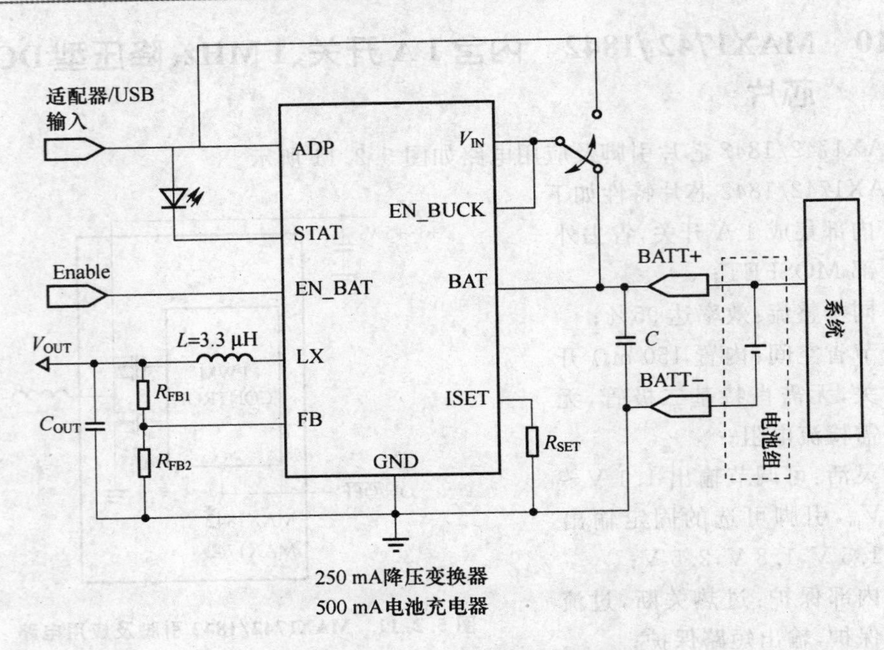

图 5.2.12 AAT2556 典型应用电路

② 降压变换器:

- 输入电压范围:2.7～5.5 V;
- 输出电压范围:0.6～V_{IN};
- 微型、低厚度(<1 mm)电感;
- 250 mA 输出电流;
- 效率高达 96%;
- 30 μA 静态电流;
- 1.5 MHz 开关频率;
- 100 μs 启动时间。

③−40～+85℃温度范围。

④3 mm×3 mm TDFN33－12 封装。

5.2.12 LTC3406 单片、同步、降压型 DC/DC 芯片

LTC3406 是凌特公司开发的一款单片同步降压型 DC/DC 芯片。

凌特公司的单片同步降压型变换器系列具有高达 96%的变换效率和小至 35 mm^2 的扁平占位面积。与线性稳压器相比,该开关变换器件在通过单节锂电池产生 1.xV 电压时具有极佳的变换效率。而采用 LDO 所产生的功率器耗与减少电池运行时间是相等同的。

LTC3406 芯片效率与输入电压关系曲线如图 5.2.13 所示,典型应用电路如图 5.2.14 所示。凌特公司其他同步降压型转换器系列如表 5.2.4 所列。

LTC3406 芯片特性如下：

LTC3406 效率＝87％　功率损耗＝0.12 W 相比 LDO 效率＝42％　功率损耗＝1.26 W

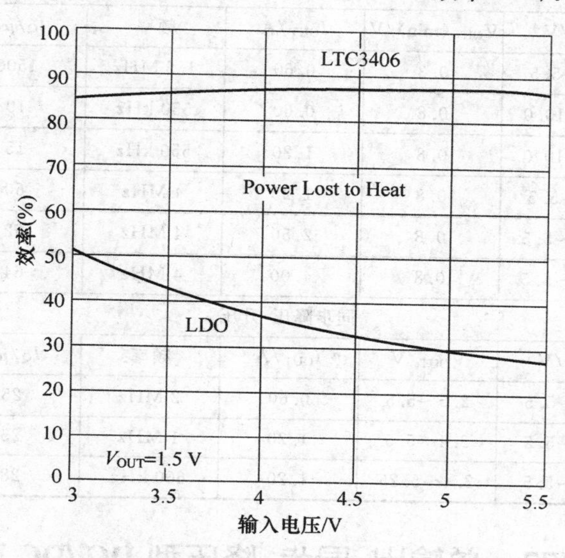

图 5.2.13　LTC3406 效率与输入电压关系曲线

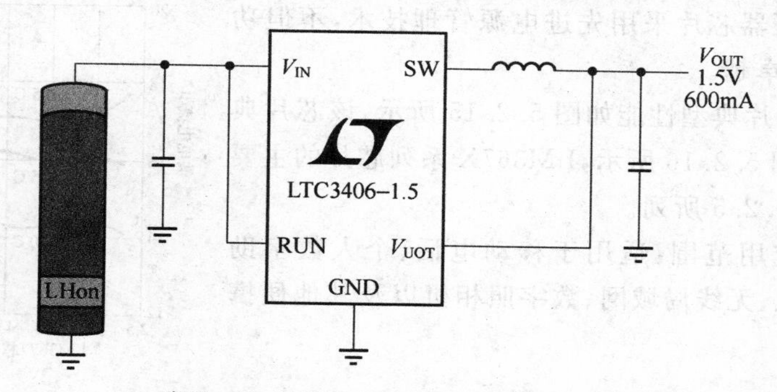

应用：V_{IN}=3.6 V　V_{OUT}=1.5 V@600mA

图 5.2.14　LTC3406 典型应用电路

表 5.2.4　同步降压型转换器系列

同步降压						
器件型号	V_{IN}/V	V_{OUT}(min)/V	I_{OUT}/A	频率	I_Q/μA	封装
LTC® 3405A	2.5～5.5	0.8	0.30	1.5 MHz	20	ThinSOT™
LTC3404	2.65～6.0	0.8	0.60	1.4 MHz	10	MSOP－8
LTC3406/B	2.5～5.5	0.6	0.60	1.5 MHz	20	ThinSOT
LTC3406B－2	2.5～5.5	0.6	0.60	2.25 MHz	20	ThinSOT
LTC3407	2.5～5.5	0.6	0.60×2	1.5 MHz	40	MSOP－10,DFN
LTC3407－2	2.5～5.5	0.6	0.80×2	2.25 MHz	40	MSOP－10,DFN

续表 5.2.4

同步降压						
器件型号	V_{IN}/V	V_{OUT}(min)/V	I_{OUT}/A	频率	I_Q/μA	封装
LTC3408	2.5～5.5	0.3	0.60	1.5 MHz	1500	DFN
LTC1877	2.6～10.0	0.8	0.60	550 kHz	10	MSOP-8
LTC1879	2.6～10.0	0.8	1.20	550 kHz	15	TSSOP-16
LTC3411	2.6～5.5	0.8	1.25	4 MHz	60	MSOP-10,DFN
LTC3412	2.65～5.5	0.8	2.50	4 MHz	62	TSSOP-16E
LTC3414	2.25～5.5	0.8	4.00	4 MHz	64	TSSOP-20E
同步降压-升压						
器件型号	V_{IN}/V	V_{OUT}/V	I_{OUT}/A	频率	I_Q/μA	封装
LTC3440	2.5～5.5	2.5～5.5	0.60	2 MHz	25	MSOP-10
LTC3441	2.4～5.5	2.4～5.5	1.20	1 MHz	25	DFN
LTC3443	2.4～5.5	2.4～5.25	1.20	600 kHz	28	DFN

5.2.13 LM3677 单输出、同步、降压型 DC/DC 芯片

该系列稳压器芯片采用先进电源管理技术，不但功能齐备，且性能卓越。

LM3677 芯片典型性能如图 5.2.15 所示，该芯片典型应用电路如图 5.2.16 所示，LM367X 系列芯片的主要技术参数如表 5.2.5 所列。

LM3677 应用范围：适用于移动电话、个人数字助理、MP3 播放机、无线局域网、数字照相机以及其他便携式电子产品。

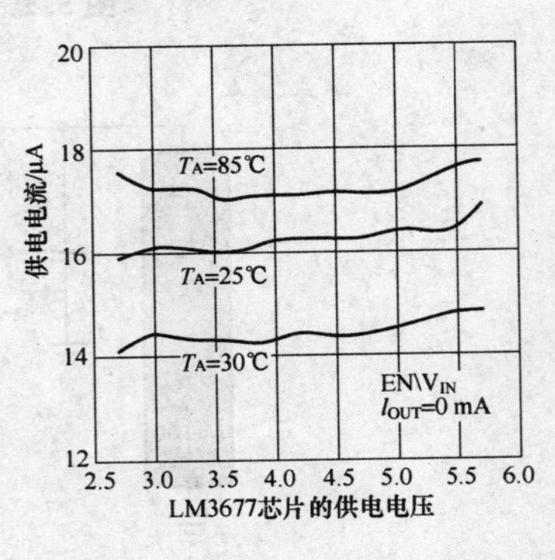

图 5.2.15 LM3677 芯片典型性能

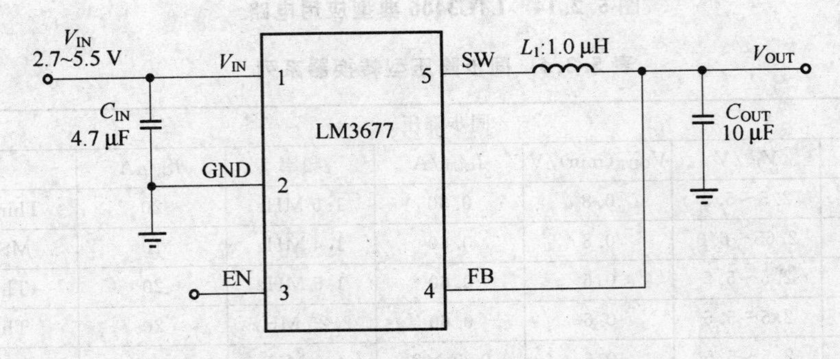

图 5.2.16 LM3677 典型应用电路

表 5.2.5 LM367X 系列芯片主要技术参数

零件编号	输入电压		输出电压（可调节电压范围）	开关频率（kHz）	停机	软启动	同步		时钟同步	WEBENCH模拟测试	温度范围/℃	其他功能/备注	封装
	最低	最高					整流	供电正常					
LM3677	2.7	5.5	1.3,1.5,1.8,2.5	3000	√	√	√	—	—	√	−30 至 125	16 μA 静态电流，自动切换 PWM/PFM 模式，方案尺寸 < 20 mm²	micro SMD-5
LM3676	2.9	5.5	1.5,1.8,3.3,Adj	2000	√	√	√	—	—	√	−30 至 125	16 μA 静态电流，自动切换 PWM/PFM 模式	LLP-8
LM3674	2.7	5.5	1.2，1.25，1.375，1.5，1.6，1.85，1.875，2.5，2.8，3.3 and Adj(1.1-3.3)	2000	√	√	√	—	—	√	−30 至 125	15 μA 静态电流，PWM 模式	micro SMD-5，SOT23-5
CM3673	2.7	5.5	Adj(1.1 to 3.3)	2000	√	√	√	—	—	√	−30 至 85	16 μA 静态电流，PWM/PFM 模式	—
LM3671	2.7	5.5	1.2，1.25，1.375，1.5，1.6，1.8，1.875，2.5，2.8，3.3 and Adj（1.1-3.3）	2000	√	√	√	—	—	√	−30 至 125	15 μA 静态电流，PWM/PFM 模式	micro SMD-5，SOT23-5
LM3670	2.5	5.5	1.2,1.5,1.6,1.8,1.875,2.5,3.3 and Adj (0.7 to 2.5)	1000	√	√	√	—	—	√	−40 至 125	15 μA 静态电流，PWM/PFM 模式	SOT23-5

5.2.14 LM3674 2 MHz、600 mA 降压型 DC/DC 芯片

LM3674 芯片采用先进的电源管理技术，功能齐备、便捷、精巧、高效，适合于医疗设备电源管理系统。LM3674 芯片主要技术参数如表 5.2.5 所列，该芯片典型应用电路如图 5.2.17 所示。

LM3674 芯片特性如下：

- 高达 600 mA 的负载电流；
- 2.7～5.5 V 的输入电压；
- 有固定输出电压及可调节输出电压可供选择，输出电压为 1.0～3.3 V；
- 只需一枚锂电池；
- 内部同步整流功能有助提高效率；
- 内部软启动；
- 停机电流只有 0.01 μA（典型值）；
- 2 MHz 的 PWM 固定开关频率（典型值）；
- 电流过载保护及过热停机保护；
- 采用 SOT23-5 封装。

相关应用如下：

- 移动电话；
- 个人数字助理；
- MP3 播放机；
- 便携式测量仪器；
- 无线局域网；

- 数字照相机；
- 便携式硬盘驱动器。

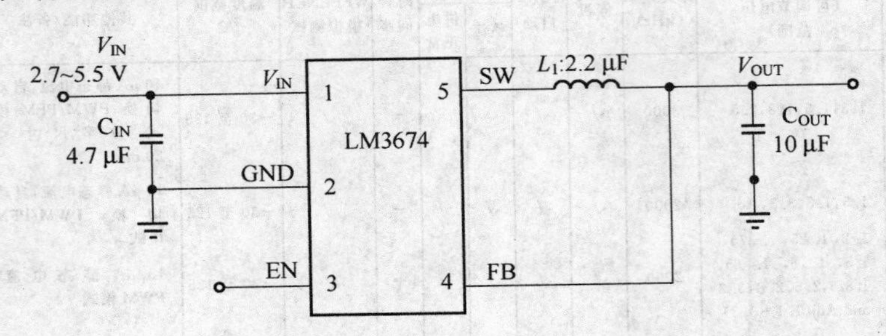

图 5.2.17 LM3674 典型应用电路

5.2.15 NCP605/606 CMOS、LDO、具有增强 ESD 保护、降压型 DC/DC 芯片

这两款器件通过固定电压选项或可调输出电压(5.0～1.25 V)提供超过 500 mA 的输出电流；具备高 PSRR 值、低噪声工作、短路及过热保护功能。这两款器件专为与低成本陶瓷电容器一起使用而设计。

NCP606 芯片简化框图如图 5.2.18 所示。

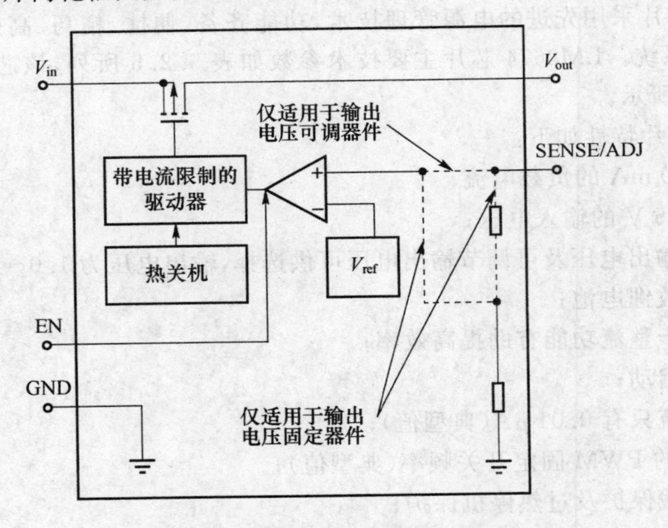

图 5.2.18 NCP606 简化框图

NCP605/606 芯片特性如下：

- NCP605 无启动(Enable)引脚；
- NCP606 有启动(Enable)引脚；
- 输出电压选项：可调 1.5 V、1.8 V、2.5 V、2.8 V、3.0 V、3.3 V、5.0 V。

应用范围如下：

- 电池供电电子设备与便携仪表设备；

• 硬盘驱动器；
• 笔记本电脑。

5.2.16 NCP1521 超高效率、降压型DC/DC芯片

NCP1521是安森美-半导体公司专为锂电池作输入设计的一款降压型DC/DC芯片。它内置低Rds(on)场效应功率管，尽管是小型的SOT23封装，但输出电流高达600 mA，开关频率达1.5 MHz，令外置元件变得更少。

NCP1521芯片引脚及典型应用电路如图5.2.19所示，安森美半导体公司其他降压变换器选择方案如表5.2.6所列。

NCP1521芯片特性如下：

• 效率高达95%；
• 锂电池或镍氢电池运行；
• 1.5 MHz开关频率，超少外置元件；
• 在低输出时自动转换为PFM达至省电功能；
• 超低shutdown电流(0.3 μA typ.)；
• 软启动。

应用范围如下：

• 电子手账；
• 移动电话；
• 手持音响；
• 数码照相机；
• 手持仪表；
• 手持电子游戏机。

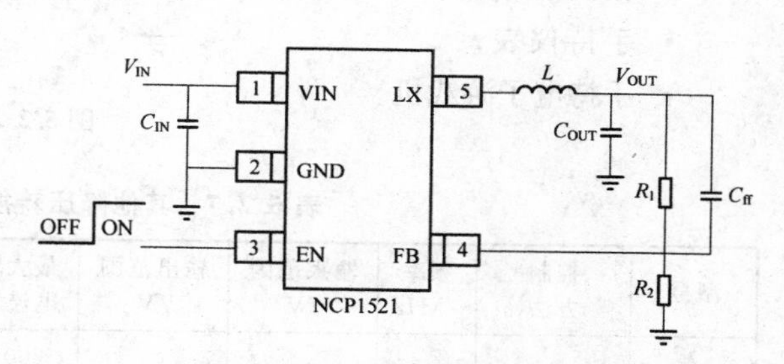

图5.2.19 NCP1521典型应用电路

表5.2.6 其他降压变换器选择方案

型号	控制方法	频率/kHz	输入范围/V	输出范围/V	最大输出电流/mA	最高效率	封装	特别功能
NCP1550	PWM/PFM	600	2.4～5.5	1.8～3.3	200(外置功率管)	92%	TSOP-5 (SOT23-5)	Enable输入脚
NCP1530	PWM/PFM	600或同步外频600～1200	2.75～5.5	2.5～3.3	600	92%	Micro8	可调软开关 同步外频至1.2 MHz
NCP1521	PWM/PFM	1500	2.7～5.5	0.9～3.3	600	95%	SOT23-5	超低shutdown电流(0.3 μA typ.)
NCP1522	PWM/PFM	3000	2.7～5.5	0.9～3.3	600	94%	SOT23-5	超低shutdown电流(0.3 μA typ.)

5.2.17 NCP1526 高效率、双输出、降压型DC/DC芯片

安森美半导体的NCP1526专为锂电池作输入的降压芯片，它内置低Rds(on)场效应功率管，尽管是小型的UDFN封装，但输出电流高达550 mA，开关频率达3.0 MHz，令外置元件变得更少。

NCP1526 芯片的典型应用电路如图 5.2.20 所示，安森美半导体公司其他降压变换器选择方案如表 5.2.7 所列。

NCP1526 芯片特性如下：

- 双输出：1.2 V/400 mA，2.8 V/150 mA；
- 高效率；
- 3.0 MHz 开关频率，超少外置元件；
- 超薄封装仅0.55 mm；
- 超低 shutdown 电流（0.2 μA typ.）；
- 软启动。

应用范围如下：

- 电子手账；
- 移动电话；
- 手持音响；
- 数码照相机；
- 手持仪表；
- 手持电子游戏机。

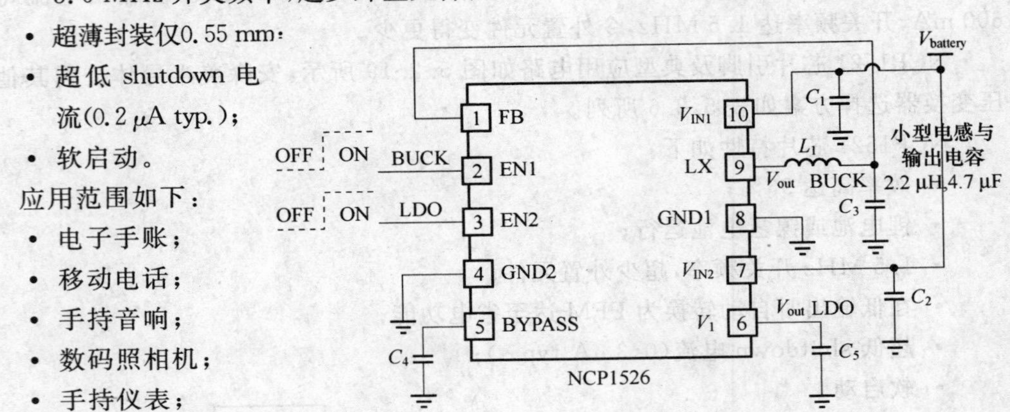

图 5.2.20 NCP1526 典型应用电路

表 5.2.7 其他降压转换器选择方案

型号	控制方法	频率/kHz	输入范围/V	输出范围/V	最大输出电流/mA	最高效率	封装	特别功能
NCP1550	PWM/PFM	600	2.4～5.5	1.8～3.3	200（外置功率管）	92%	TSOP－5（SOT23－5）	Enable 输入脚
NCP1521	PWM/PFM	1500	2.7～5.5	0.9～3.3	600	95%	SOT23－5 UDFN	超低 shutdown 电流（0.3 μA typ.）
NCP1522	PWM/PFM	3000	2.7～5.5	0.9～3.3	600	94%	SOT23－5	超低 shutdown 电流（0.3 μA typ.）
NCP1523	PWM/PFM	3000	2.7～5.5	0.9～2.3	600	93%	FlipChip－8	超低 shutdown 电流（0.3 μA typ.）

5.2.18 LTC3251 低噪声、无需电感器、降压型 DC/DC 芯片

从一个高度仅 1 mm 的 DC/DC 变换器在 1.5 V 或更低的电压提供高达 500 mA 电流，现在已成为可能了电感器件的减省可降低元件的高度，尽量减少与敏感无线接收器的电器干扰。LTC 3251 还是率先集合扩展频谱开关技术的稳压器件，可切实消除输入和输出的 RF 噪声。

LTC3251 芯片效率与输入电压关系曲线如图 5.2.21 所示，典型应用电路如图 5.2.22 所示。凌特公司其他无需电感器的降压系列器件如表 5.2.8 所列。

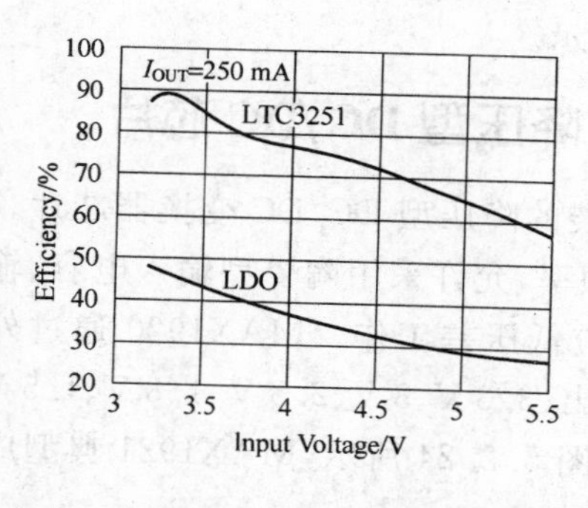

图 5.2.21 LTC3251 效率与输入电压关系曲线

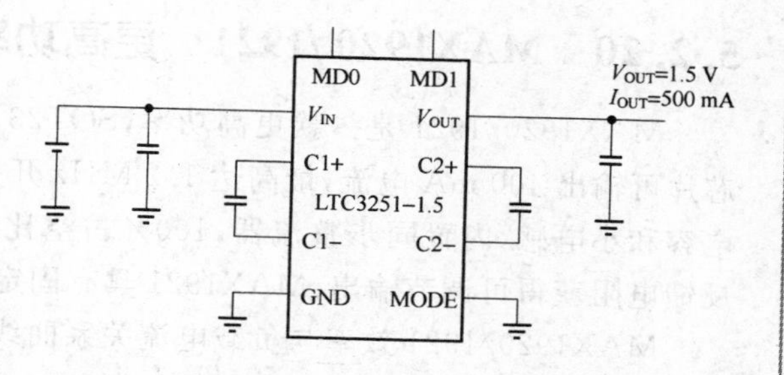

图 5.2.22 LTC3251 典型应用电路

表 5.2.8 无需电感器的降压系列器件

器件型号	V_{IN}/V	V_{OUT}/V	I_{OUT}/mA	I_o/μA	封 装	说明
LTC1514	2～10	3.3,5	50	60	SO－8	升压/降压
LTC1515	2～10	3,3.3,5,可调	50	60	SO－8	带复位功能的升压/降压
LTC1503	2.4～6	1.8,2	100	25	MSOP－8,SO－8	高效率
LTC1911	2.7～5.5	1.5,1.8	250	180	MSOP－8	适合宽输入电压范围
LTC3250	3.1～5.5	1.5	250	35	ThinSOT™	高效率,1.5 MHz 工作
LTC3251	2.7～5.5	1.5,可调	500	8	MSOP－10	适合超低噪声的扩展频谱

5.2.19 MAX1733/1734 超高效率、超小体积、降压型 DC/DC 芯片

MAX1733/MAX1734 降压型 DC/DC 变换器可向低至 1.25 V 的输出提供 250 mA 以上的电流，并具有 1.5%的输出电压精度，它们的输入电压范围为 2.7～5.5 V，非常适合于工作在单节锂电池、两到三节碱性电池或镍镉/镍氢电池、或者是稳定的 3.3 V 或 5 V 电源下。

这些变换器采用专有的限流控制原理，保持了较低的 40 μA 静态工作电流，同时，最高达 1.2 MHz 的开关频率和内部同步整流技术显著提高了效率。最大限度减小了整体方案的尺寸，外部元件的尺寸大幅减小，同时，传统降压型变换器所需的肖特基二极管也可以省掉了，仅需 3 个小型外部元件，即可实现一个完整的 DC/DC 方案。

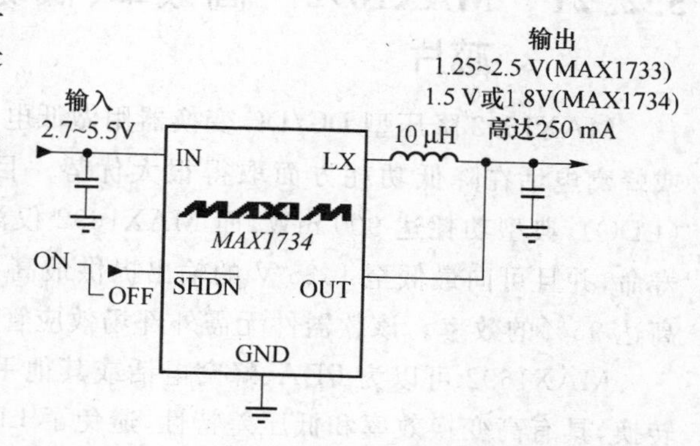

图 5.2.23 MAX1733/1734 典型应用电路

MAX1733 采用外部电阻设置输出电压，而 MAX1734 输出被预置在几种不同电压，两种器件均采用节省空间的 5 引脚 SOT23 封装。

MAX1733/1734 典型应用电路如图 5.2.23 所示。

5.2.20 MAX1920/1921 更高功率、降压型 DC/DC 芯片

MAX1920/1921 是一款更高功率，SOT23 封装的降压型 DC/DC 变换器芯片。该芯片可输出 400 mA 电流，最高达 1.2 MHz 开关频率，允许采用陶瓷型输入电容、输出电容和小电感，内置同步整流器，100% 占空比适应低压差工作。MAX1920 通过外部反馈电阻获得可调节输出；MAX1921 具有固定输出(3.3 V、3 V、2.5 V、1.8 V、1.5 V)。

MAX1920/1921 效率与负载电流关系曲线如图 5.2.24 所示，MAX1921 典型应用电路如图 5.2.25 所示。

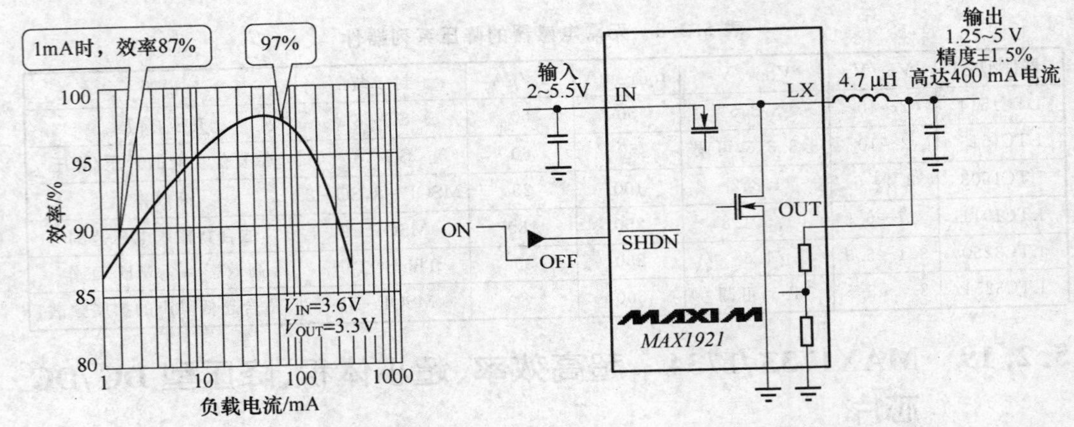

5.2.24 MAX1920/1921 效率与负载电流关系曲线

图 5.2.25 MAX1921 典型应用电路

5.2.21 MAX1692 高效率、低功耗、600 mA 降压型 DC/DC 芯片

MAX1692 降压型 DC/DC 变换器用做低电压(<1.8 V)内核逻辑电源，可使 PDA 或蜂窝电话在降低功耗方面取得很大优势。目前，许多系统采用低压差线性稳压器(LDO)，典型功耗达 900 mW，而 MAX1692 仅消耗 90 mW，减少发热并有效延长电池寿命，并且可向最低至 1.25 V 的输出提供最高 600 mA。内置的同步整流器使其具有高达 95%的效率。该款器件无需外部场效应管，采用微型 10 引脚 μMAX 封装。

MAX1692 可以为 PDA、蜂窝电话或其他手持设备中的低电压内核逻辑提供降压转换，具有高变换效率和低压差特性，避免了 LDO 固有的功率浪费和热量耗散问题。

MAX1692 芯片效率与输入电压关系如图 5.2.26 所示，应用电路如图 5.2.27 所示。

MAX1962 芯片特性如下：

- 无需外部场效应管和肖特基二极管；
- 同步整流，效率高达 95%；

- 低压差：输出 500 mA 时，压差 150 mV；
- 输出电压可调：1.25 V～V_{IN}；
- 保证输出电流可达 600 mA；
- 85 μA 静态电流。

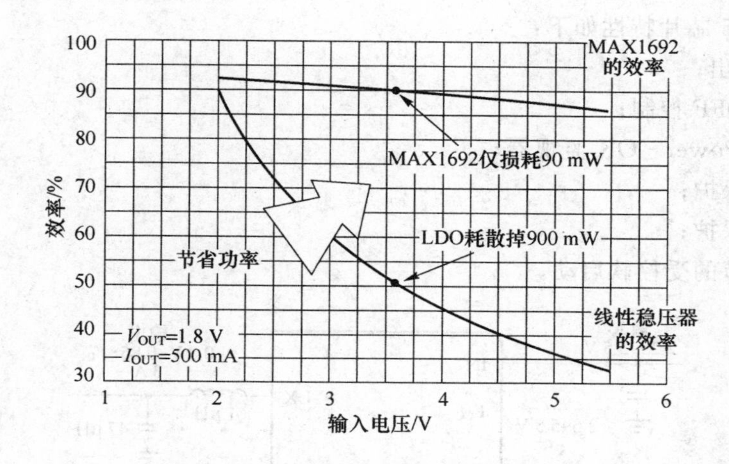

图 5.2.26　MAX1692 效率与输入电压关系

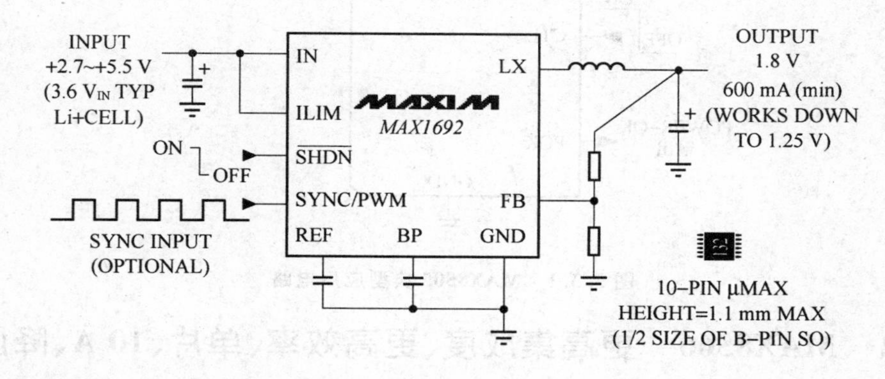

图 5.2.27　MAX1692 应用电路

5.3　低压输入低压输出大电流 DC/DC 芯片

5.3.1　MAX8505　内嵌 MOSFET、超小型、高性能、3 A 降压型 DC/DC 芯片

在蜂窝基站、服务器、网络、电信设备和存储等应用中，MAX8505 简化了降压 DC/DC 调节器的设计、布局和测试，因为它将高功率 MOSFET 开关集成在了内部。此外，它的电流模式 PWM 控制也简化了补偿设计，它的高开关频率可提供优越的瞬态响应。

输出电压精度达 1%，可满足低压 ASIC/DSP/μP 内核严格的供电要求。可安装于 0.59 英寸[2] 内，兼容陶瓷和电解电容。MAX8505 可保护敏感的 ASIC 和 FPGA 免受启动期间电压跌落的影响，防止锁定。

MAX8505 芯片典型应用电路如图 5.3.1 所示。

MAX8505 芯片特性如下：

- 1%输出；
- ON/OFF 控制；
- 输出 Power－OK 监视器；
- 短路保护；
- 过热保护；
- 可调节的受控软启动。

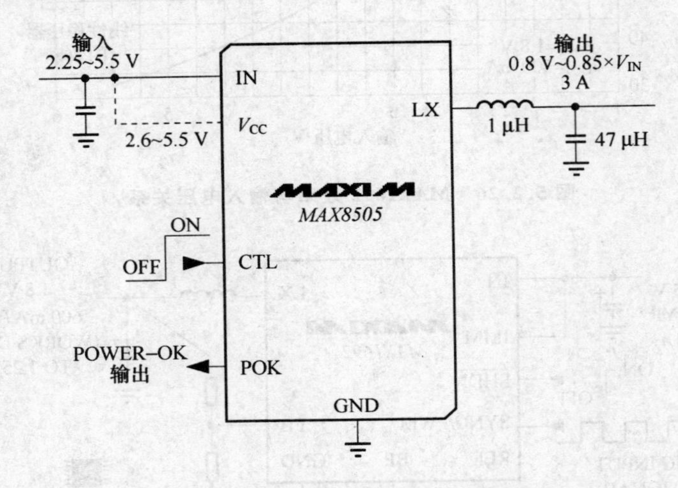

图 5.3.1　MAX8505 典型应用电路

5.3.2　MAX8566　更高集成度、更高效率、单片、10 A、降压型 DC/DC 芯片

MAX8566 是一款集成度极高的连续 10 A 降压式 DC/DC 变换器，它整合了低电阻内部开关和完备的过流和过热保护。这种高集成度使其使用非常容易，250 kHz～2.4 MHz 范围内可编程、可同步的开关频率也使其应用非常灵活。180° SYNC 输出可被用于第二个异相工作的变换器，以降低输入电容和噪声。利用 REFIN 可实现类似于 DDR 终端应用中的电压跟踪功能。利用 PGOOD 和 ENABLE 信号可方便地实现排序。单调启动特性可避免软启动期间的输出放电问题。

MAX8566 芯片效率与负载电流关系曲线如图 5.3.2 所示，典型应用电路如图 5.3.3 所示。

MAX8566 芯片特性如下：

- 效率高达 96%；

- 开关频率高达 2 MHz；
- $R_{DS(ON)}$ 低于 10 mΩ；
- <8 mΩ 导通阻抗开关；
- ±1%输出电压精度；
- 软启动降低电源浪涌电流；
- 全陶瓷电容设计；
- 5 mm×5 mm、32 引脚 TQFN 封装。

应用范围如下：

- ASIC/DSP/CPU 核电压；
- DDR 端接；
- 存储器、电信/数据通信以及 POL 电源；

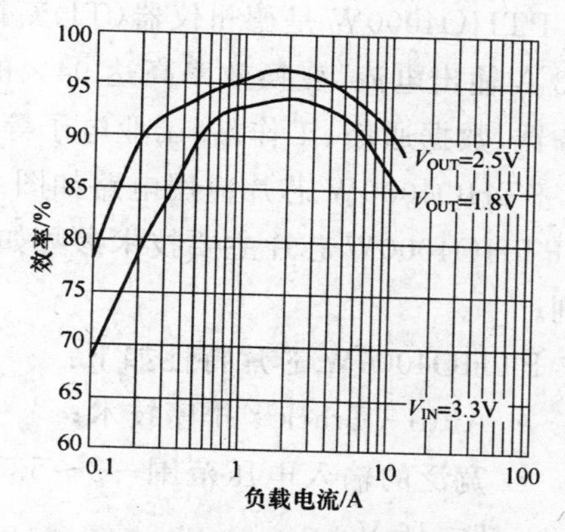

图 5.3.2 MAX8566 效率与负载电流关系曲线

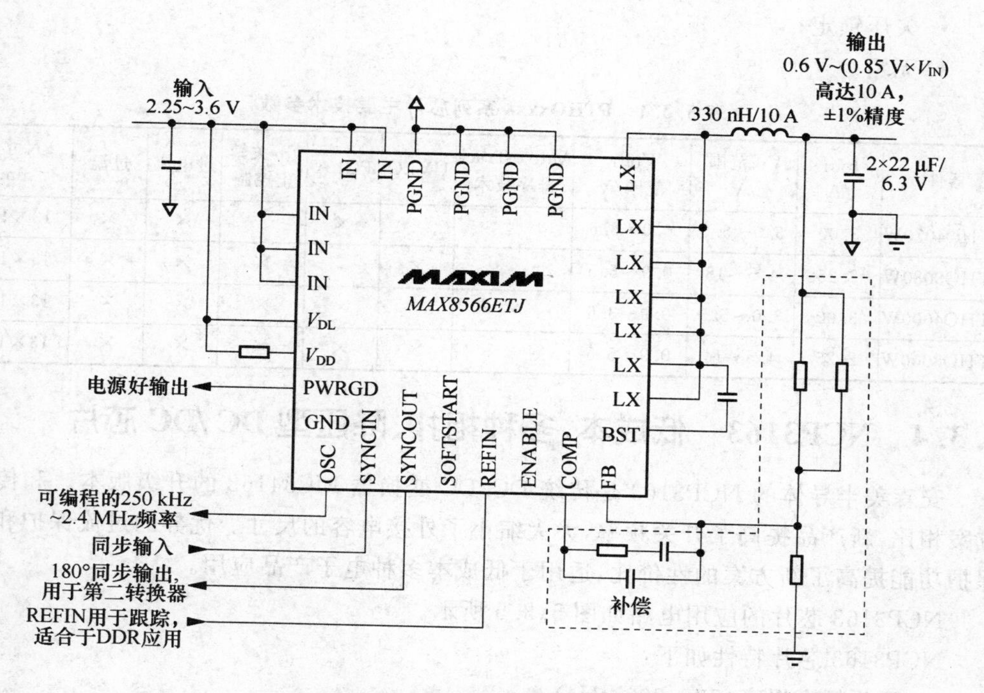

图 5.3.3 MAX8566ETJ 典型应用电路

5.3.3 DTHO4000W 高效率、极小型、3 A 降压型 DC/DC 芯片

德州仪器(TI)3 A POL 电源模块以超小型封装集成了多种强大特性。这些产品的尺寸几乎等同于 TO－220 封装，其输入电压为 3～14 V，输出电压为 0.9～5.5 V。TI 还提供包含和不包含 Auto－Track 排序技术的电源模块供客户选用，并且所有模块都包含开/关禁止控制、过电流与过温保护。

PTHO4000W是德州仪器(TI)新推出的一款产品,是极小型、3.0～5.5 V输入电压、3 A输出电流、变换效率高达94%的降压型DC/DC芯片,该产品广泛应用于网络、服务器、数据通信、工作站、工业电子等系统。

PTHO4000W芯片应用电路如图5.3.4所示,PTHO4000W芯片主要技术参数如表5.3.1所列。

PTHO4000W芯片特性如下:

- Auto-Track™排序技术;
- 宽泛的输入电压范围—3～5.5 V或4.5～16 V;
- 效率高达94%;
- 符合POLA™标准;
- 欠压锁定;
- 无铅。

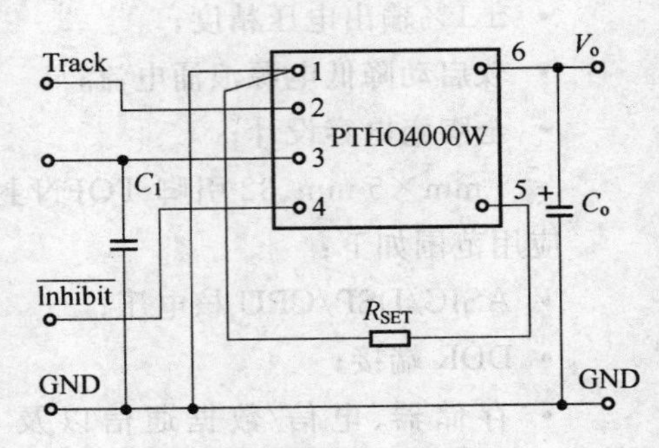

图5.3.4 PTHO4000W应用电路

表5.3.1 PTHOxxxx系列芯片主要技术参数

器件	I_{OUT} /A	V_{IN}范围 /V	V_{OUT} 范围/V	Auto-Track 排序技术	UVLO	POLA	开/关禁止控制	过电流	过温	尺寸 /mm
PTHO4070W	3.00	3.0～5.5	0.9～3.6			×		×	×	13×10
PTHO8080W	2.25	4.5～18	0.9～5.5		×		×	×	×	13×15
PTHO4000W	3.00	3.0～5.5	0.9～3.6	×		×	×	×	×	13×19
PTHO8000W	2.25	4.5～14	0.9～5.5	×	×	×	×	×	×	13×19

5.3.4 NCP3163 低成本、多种拓扑、降压型DC/DC芯片

安森美半导体的NCP3163是传统DC/DC变换器MC34163的升级版本。和传统方案相比,新产品提高了开关频率,大大缩小了外接电容的尺寸。优异的过流保护和热保护功能提高了新方案的性价比,适用于低成本多种电子产品应用。

NCP3163芯片的应用电路如图5.3.5所示。

NCP3163芯片特性如下:

- 开关频率提高(50～300 kHz);
- 输出峰值电流3.4 A;
- 输出电感减小;
- 输出电容减小;
- 逐电流的过流保护;
- 增强的热保护。

应用范围如下:

- LCD电视/显示器板上电源;

- ADSL,IP 电话,电信 DC/DC 变换器;
- 消费类电子设备。

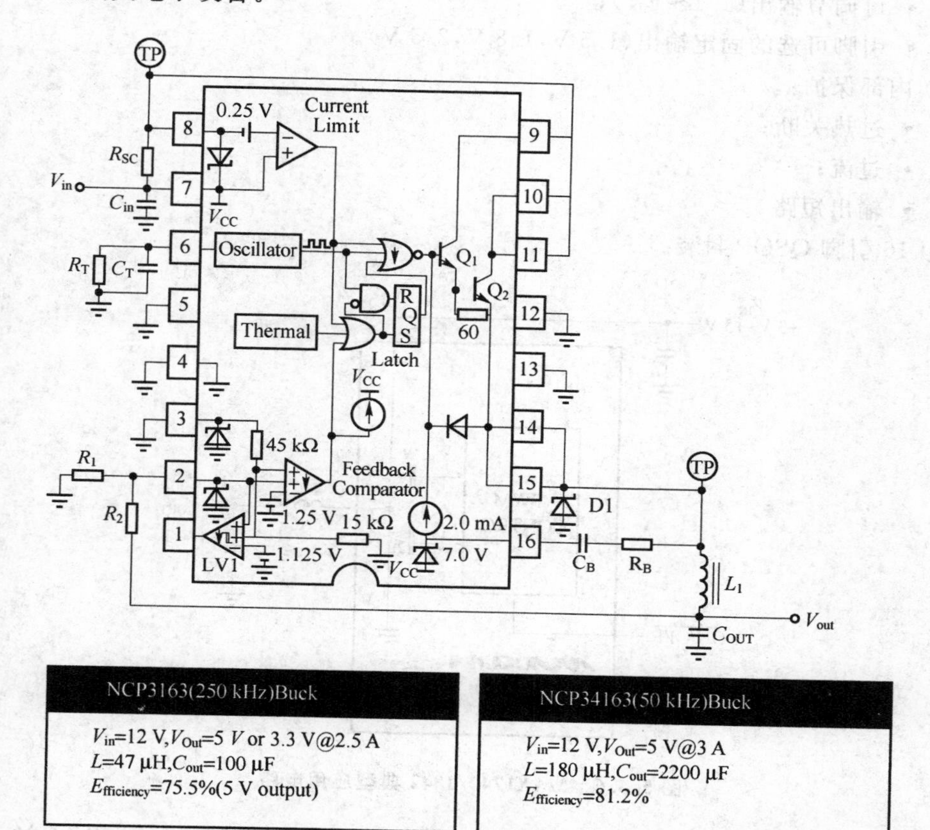

图 5.3.5　NCP3163 应用电路

5.3.5　MAX1742/1842　带内部开关、1 MHz、降压型 DC/DC 芯片

MAX1742/1842 是一款包含内部开关的降压型 DC/DC 变换器芯片。由于内置 150 mΩ开关,省去外部 MOSFET,因而节省了功率和空间。该芯片开关频率 1 MHz,效率可高达 95%。

MAX1742/1842 典型应用电路如图 5.3.6 所示。

MAX1742/1842 特性如下:

① 同步整流:效率达 95%。

② 节省空间:

- 内置 150 mΩ 开关;
- 无需肖特基二极管;
- 无需检流电阻。

③ 灵活：

- 可调节输出(1.1～V_{IN})；
- 引脚可选的固定输出(1.5 V,1.8 V,2.5 V)。

④ 内部保护：

- 过热关断；
- 过流；
- 输出短路。

⑤ 16引脚 QSOP 封装。

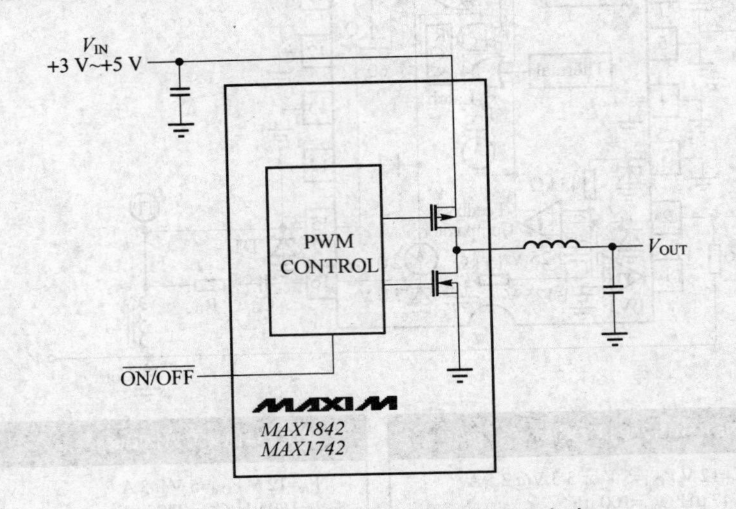

图 5.3.6 MAX1742/1842 典型应用电路

5.3.6 MAX8643 2.35 V 至 3.6 V 输入、3 A/6 A 内部开关、降压型 DC/DC 芯片

MAX8643 芯片特性如下：

- 38 mΩ/27 mΩ 导通阻抗的 MOSFET；
- 在整个负载和电源范围内±1%输出精度；
- 500 kHz～2 MHz 可调开关频率；
- 0.6 V～(0.85×V_{IN})的可调输出；
- VID 设置输出电压(0.6、0.7、0.8、1.0、1.2、1.5、1.8、2.0 以及 2.5 V)；
- 4 mm×4 mm、24 引脚 TQFN 封装。

MAX8643 应用电路如图 5.3.7 所示。

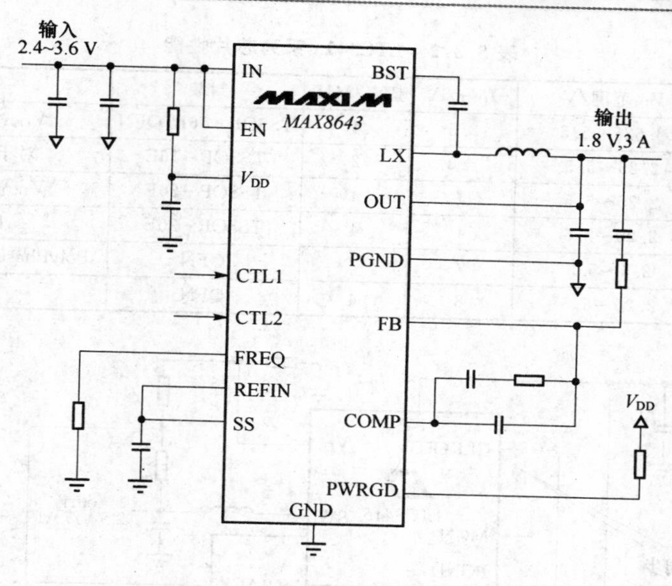

图 5.3.7 MAX8643 应用电路

5.3.7 LTC341x 具有跟踪和锁相能力的电流均分单片式 DC/DC 芯片

LTC341x 系列是凌特公司研发的一款高开关频率、同步单片式降压型 DC/DC 变换器系列芯片。该产品系列的主要特点包括：旨在获得超卓电压和负载瞬态响应的电流模式拓扑结构、用于实现低 EMI 的扩频操作、可从单个封装提供高达 8 A 的输出电流、用于极大限度地缓解散热问题的高变换效率、旨在实现简易型电源排序的输入跟踪、以及通过多个变换器的并联来实现高达 84 A 输出电流的准确电流均分能力。

LTC341x 系列芯片效率功耗与负载电流的关系曲线如图 5.3.8 所示，该系列芯片性能如表 5.3.2 所列，LTC3415 芯片典型应用电路如图 5.3.9 所示。

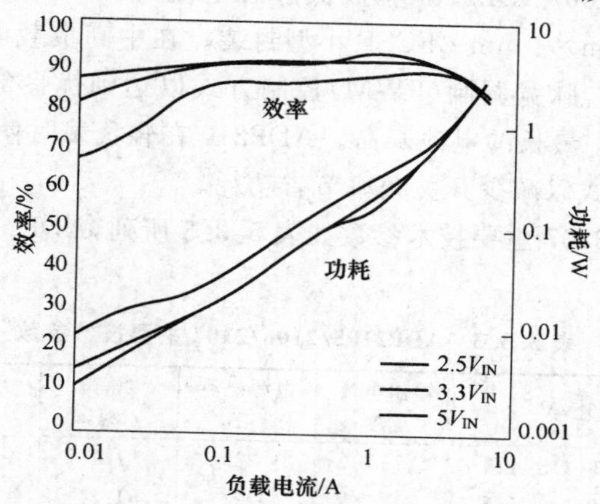

图 5.3.8 LTC341x 效率与负载电流关系曲线

表 5.3.2　LTC341x 系列芯片性能

器件型号	V_{IN}范围/V	I_{OUT}/A	频率/MHz	封装	特　点
LTC ® 3412	2.625～5.5	2.5	4	TSSOP - 16E/QFN	$V_{OUT(MIN)}=0.8$ V
LTC3413	2.25～5.5	±3	2	TSSOP - 16E	对于 DDR/QDR
LTC3414	2.25～5.5	4	4	TSSOP - 20E	$V_{OUT(MIN)}=0.8$ V
LTC3416	2.25～5.5	4	4	TSSOP - 20E	跟踪输入
LTC3415	2.5～5.5	7	2	QFN	PolyPhase ®(多相)、可堆叠
LTC3418	2.25～5.5	8	4	QFN	跟踪输入

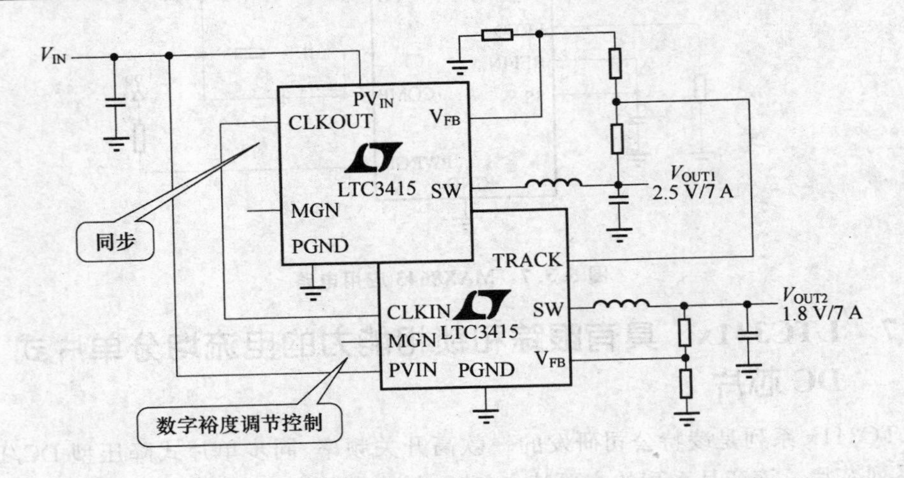

图 5.3.9　LTC3415 典型应用电路

5.3.8　ADP2105/2106/2107　带内部开关、高效降压型 DC/DC 芯片

ADP2105/ADP2106/ADP2107 构成低静态电流，同步、降压型 DC/DC 变换器产品系列，它们采用 4 mm×4 mm LFCSP 小型封装。在中高负载电流时，该系列芯片使用电流模式、恒定频率、脉宽调制(PWM)控制方式以达到优良的稳定性和瞬态响应。为了保证便携式应用中最长的电池寿命。ADP210 在轻负载时使用节省功耗的脉冲频率调制(PFM)控制模式以减少开关频率节省功耗。

ADP2105/2106/2107 主要技术参数如表 5.3.3 所列，ADP2107 - ADJ 典型应用电路如图 5.3.10 所示。

表 5.3.3　ADP2105/2106/2107 主要技术参数

产品型号	输出电压/V	输出电流/A	电源电流/μA	频率/MHz	封装
ADP2105	1.2,1.5,1.8,3.3 可调	1	22	1.2	4 mm×4 mm,16 引脚 LFCSP
ADP2106	1.2,1.5,1.8,3.3 可调	1.5	22	1.2	4 mm×4 mm,16 引脚 LFCSP
ADP2107	1.2,1.5,1.8,3.3 可调	2	22	1.2	4 mm×4 mm,16 引脚 LFCSP

应用范围如下：

- 个人数字助理(PDA)；
- 无线手机；
- 数字音频；
- 数码照相机；
- 1 枚锂离子电池和锂聚合电池以及 3 枚碱镍电池。

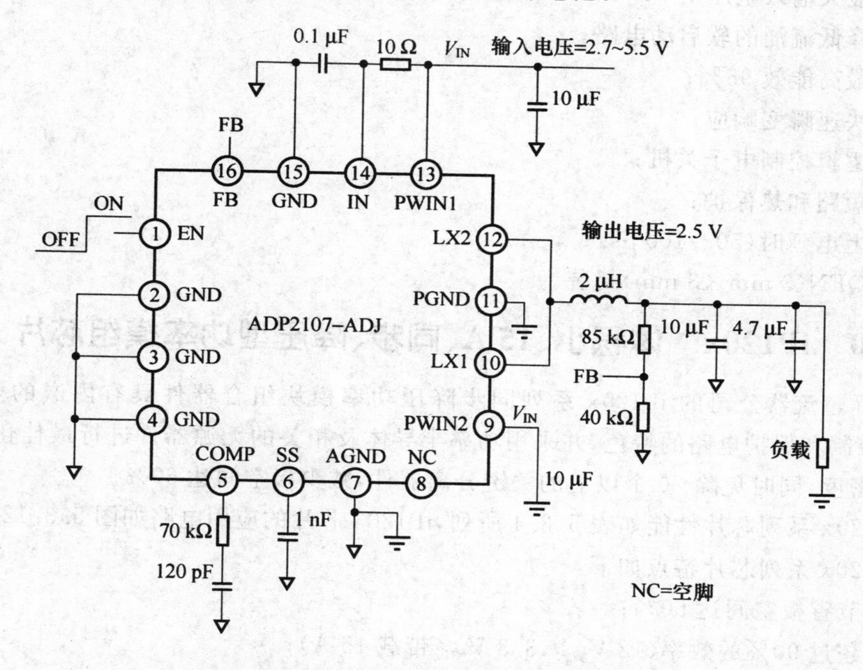

图 5.3.10 ADP2107 - ADJ 典型应用电路

5.3.9 ST1S06 同步、整流、降压型 DC /DC 芯片

ST1S06 是一个高频单片降压 DC/DC 变换器，在 2.7～6 V 的输入电压范围内，输出电流高达 1.5 A，输出电压从 0.8 V 起可调。

ST1S06 芯片典型应用电路如图 5.3.11 所示。

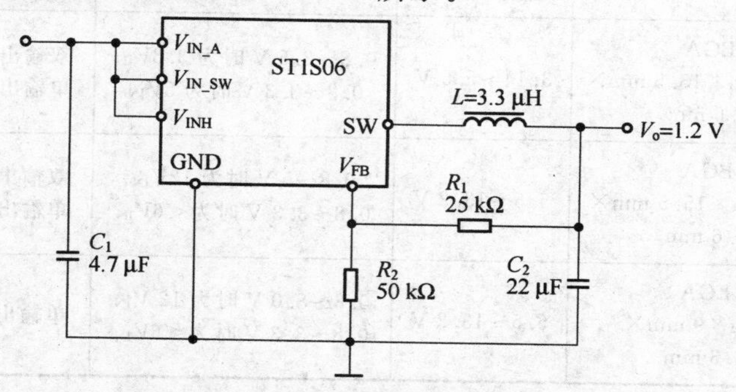

图 5.3.11 ST1S06 典型应用电路

ST1S06 芯片特性如下：

- 开关频率：1.5 MHz；
- 输出电流能力：在所有工作条件下，最大输出电流 1.5 A；
- 输出电压，从 0.8 V 起可调；
- 根据客户要求，输出电压可固定在 1.2 V、1.5 V、1.8 V、2.5 V、3 V、3.3 V；
- 最大输入电压 7 V；
- 降低流涌的软启动电路；
- 最高能效 95%；
- 快速瞬变响应；
- 逻辑控制电子关机；
- 短路和热保护；
- 上电延时(50～100 μs)；
- QFN(3 mm×3 mm)封装。

5.3.10 iP120x 体积小、15 A、同步、降压型功率模组芯片

国际整流器公司的 iP120x 系列同步降压功率模块组合器件具有内嵌的全功能 PWM 控制和保护电路的特色，并采用功率半导体及相关的无源器件进行最佳化，实现高功率密度，同时免除 20 个以上的关键分离器件，减少板空间达 60%。

iP120x 系列芯片性能如表 5.3.4 所列，iP1203 芯片的应用电路如图 5.3.12 所示。

iP120x 系列芯片特点如下：

- 节省板空间达 60%；
- 超过 90% 的效率(12 $V_{输入}$，3.3 $V_{输出}$ 带载 15 A)；
- 与分离器件的方案相比，降低了设计复杂度；
- 节省 3 个月的设计时间；
- 在高达 90 ℃的 PCB 和壳温度下，性能并没有降级。

表 5.3.4 iP120x 系列芯片性能

型号 #	封装	V_{IN} (最小/最大)	V_{OUT}	I_{OUT}	频率
iP1201	BGA 9.525 mm×15.5 mm×2.6 mm	3.14～5.5 V	0.8～2.5 V 时为 3.3V_{IN} 0.8～3.3 V 时为 5V_{IN}	双输出 15 A 单输出 30 A	200～400 kHz
iP1202	BGA 9.25 mm×15.5 mm×2.6 mm	5.5～13.2 V	0.8～5 V 时为 12V_{IN} 0.8～3.3 V 时为<6V_{IN}	双输出 15 A 单输出 30 A	200～400 kHz
iP1203	LGA 9 mm×9 mm×2.3 mm	5.5～13.2 V	0.8～8.0 V 时为 12 V_{IN} 0.8～3.3 V 时为<6V_{IN}	单输出 15 A	200～400 kHz

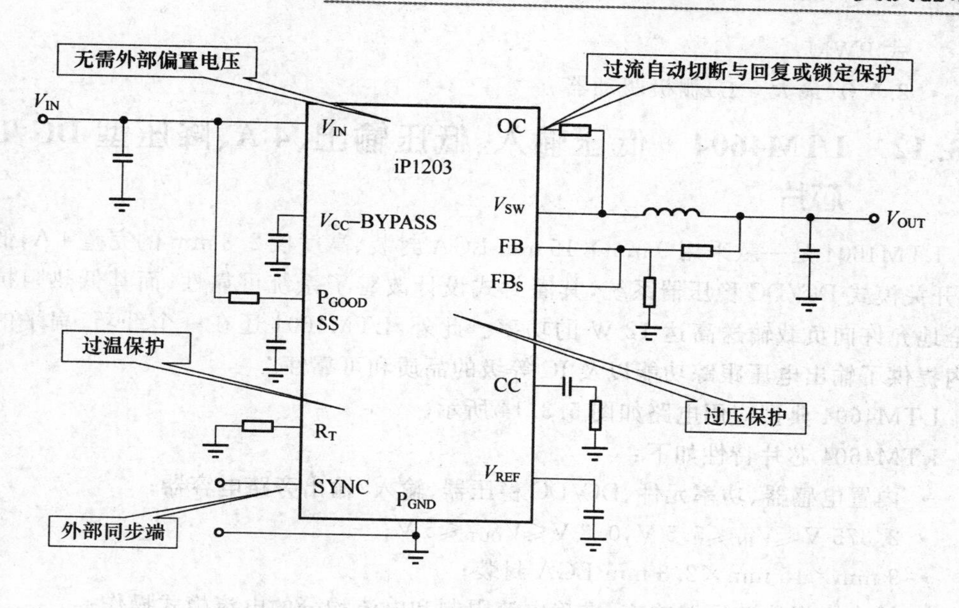

图 5.3.12　iP1203 典型应用电路

5.3.11　MAX1966/1967　更低成本、更高效率、1 A 至 15 A 降压型 DC/DC 芯片

MAX1966/MAX1967 是成本更低、效率更高的降压型 DC/DC 芯片。该芯片效率可高达 96%，输出电流 1 A 至 15 A，100 kHz 开关频率允许使用低成本元件，特别适合用于机顶盒和电信设备。

MAX1966 芯片 2.7～5.5 V 输入范围适合工作于 3.3 V/5 V 总线，MAX1967 芯片 2.7～28 V 输入范围适合工作于墙上适配器或 3.3 V/5 V/12 V/24 V 总线。

MAX1966/1967 芯片典型应用电路如图 5.3.13 所示。

MAX1966/1967 芯片特性如下：

- 更低成本的 N 沟道 FET；
- 低成本电解电容；
- 低成本电感；
- 更低成本的限流和短路保护—无需电流检测电阻；
- 数字软启动；
- 96%效率；
- 更具成本效益的高电流 LDO 替代品；
- 固定频率 100 kHz 电压模

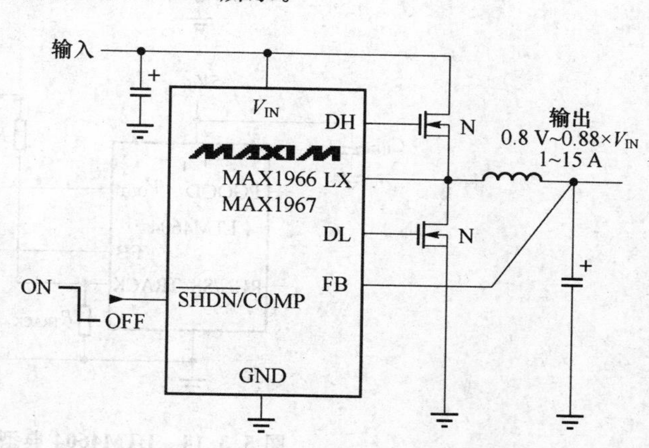

图 5.3.13　MAX1966/1967 典型应用电路

式 PWM；
- 2.5 Ω(最大 5 Ω)栅极驱动器。

5.3.12 LTM4604 低压输入、低压输出、4 A、降压型 DC/DC 芯片

LTM4604 是一款采用 9 mm×15 mm LGA 封装、高度仅 2.3 mm 的完整 4 A，低电压、开关模式 DC/DC 稳压器系统，其灌封式设计改善了系统可靠性，而其低热阻抗则安全地允许向负载输送高达 12 W 的功率。此外，LTM4604 还在一个纤巧、扁平的封装内提供了输出电压跟踪功能以及 IC 等级的品质和可靠性。

LTM4604 典型应用电路如图 5.3.14 所示。

LTM4604 芯片特性如下：
- 内置电感器、功率元件、DC/DC 稳压器、输入/输出旁路电容器；
- 2.375 V≤V_{IN}≤5.5 V，0.8 V≤V_{OUT}≤5 V；
- 9 mm×15 mm×2.3 mm LGA 封装；
- 旨在实现快速短路响应、准确电流限制和电流均分的电流模式操作；
- 输出电压跟踪；
- ±2% V_{OUT} 准确度(－40～85 ℃)。

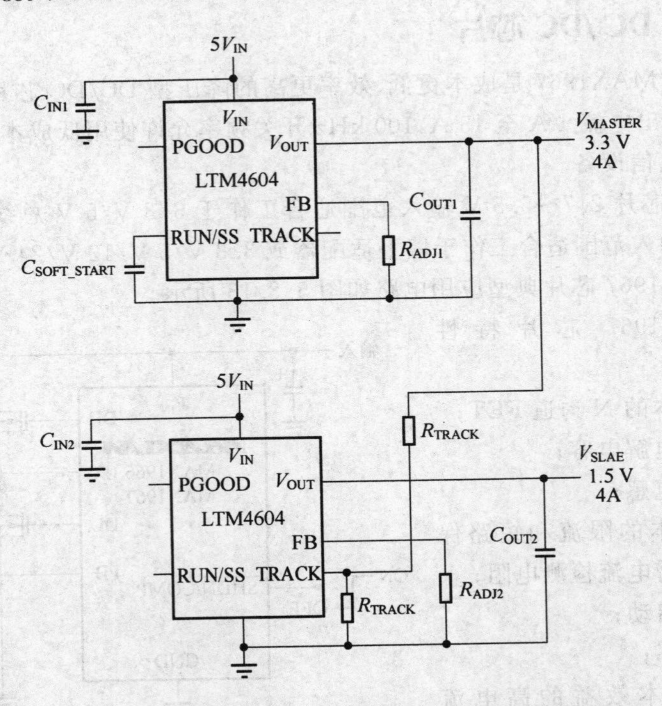

图 5.3.14 LTM4604 典型应用电路

5.3.13　MAX8833/8855　内置 MOSFET、双路 3 A/双路 5 A、降压型 DC/DC 芯片

MAX8833/8855 典型应用电路如图 5.3.15 所示。

MAX8833/8855 特性如下：

- 双路 3 A（MAX8833）或双路 5 A(MAX8855)输出；
- 0.5～2 MHz 可调开关频率或 FSYNC 输入；
- 全陶瓷电容设计；
- 180°错相工作降低了输入浪涌电流；
- 独立的使能输入和 POK 输出；
- 5 mm×5 mm、32 引脚 TQFN 封装。

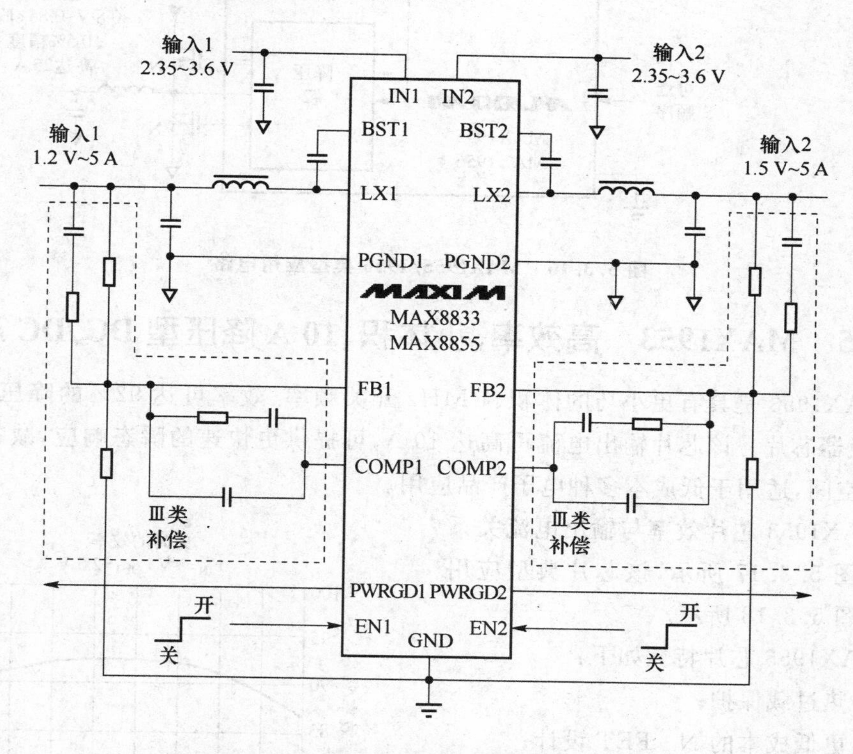

图 5.3.15　MAX8833/8855 典型应用电路

5.3.14　MAX1955/MAX1956　低压输入、25 A、双输出、降压型 DC/DC 芯片

MAX1955/MAX1956 是一款全新的 1.6～5.5 V 输入，输出电流高达 25 A 的双输出降压型 DC/DC 变换器芯片。该芯片为基站，网络和电信设备提供 0.8 V～0.85×V_{IN}±0.5%精度的输出电压。

MAX1955/1956 芯片的典型应用电路如图 5.3.16 所示。

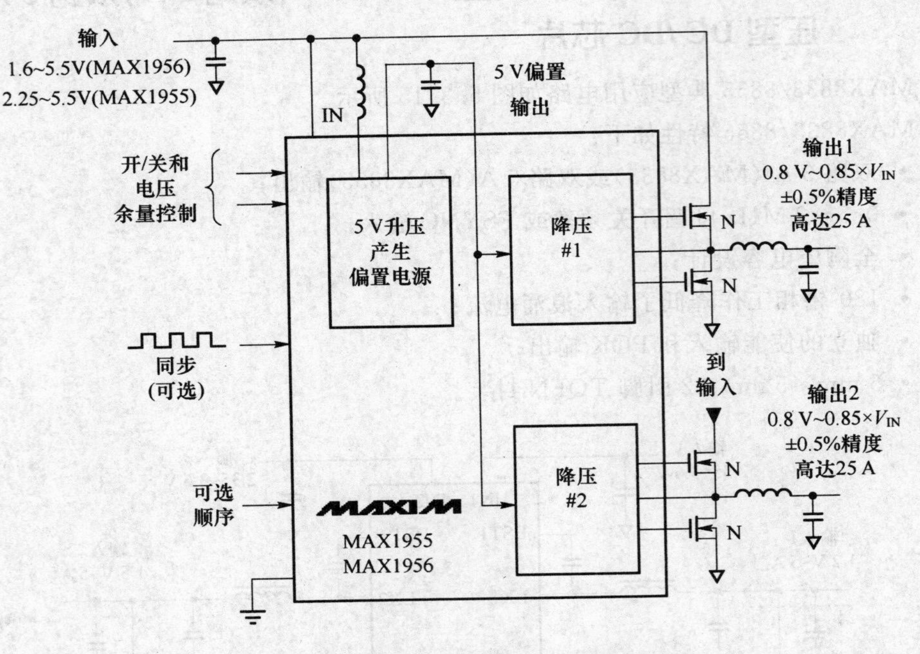

图 5.3.16　MAX1955/1956 典型应用电路

5.3.15　MAX1953　高效率、小体积、10 A 降压型 DC/DC 芯片

MAX1953 是具有更小巧的体积、1 MHz 开关频率、效率可达 92%的降压型 DC/DC 变换器芯片。该芯片输出电流可高达 10 A，可提供更快速的瞬态响应，减省电容、成本和空间，适用于低成本多种电子产品应用。

MAX1953 芯片效率与输出电流关系曲线如图 5.3.17 所示，该芯片典型应用电路如图 5.3.18 所示。

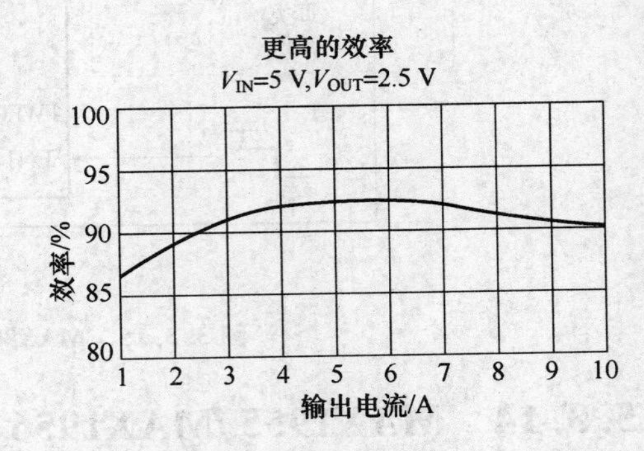

图 5.3.17　MAX1953 效率与输出电流关系曲线

MAX1953 芯片特性如下：

- 热过载保护；
- 更低成本的 N－FET 设计；
- 限流和短路保护无需电流检测电阻；
- 更小巧、全陶瓷设计；
- 内部数字软启动；
- 低成本：＄0.99⁺。

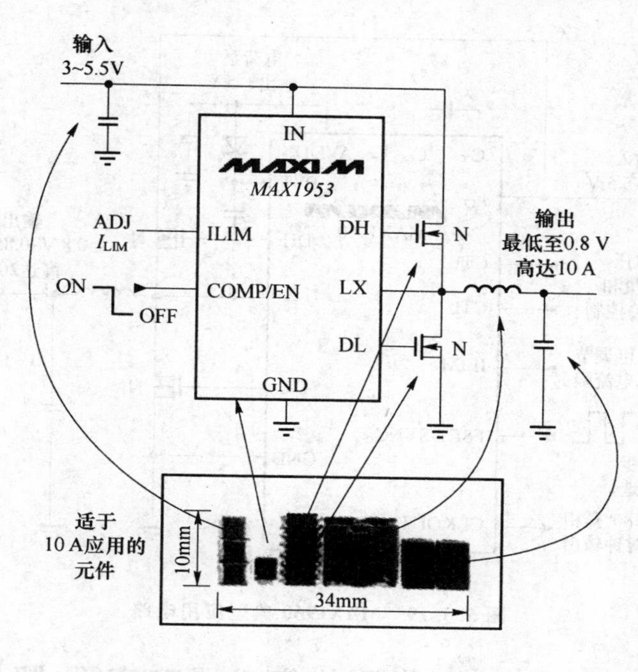

图 5.3.18 MAX1953 典型应用电路

5.3.16 MAX1960/1962 更高精度、低压输入、低压输出、20 A降压型DC/DC芯片

MAX1960/MAX1962是尺寸更小、效率更高的PWM降压型DC/DC方案，适用于网络、基站、服务器和电信系统，工作于1 MHz和陶瓷电容时具有更优化的尺寸，工作500 kHz和电解电容时具有更优化的效率，MAX1960/1962较高的精度降低了对于瞬态响应的要求，允许使用更少的输出电容，同时保持严格的3%处理器输入电压规范。

MAX1960典型应用电路如图5.3.19所示。

MAX1960/1962芯片特性如下：

- 利用集成电荷泵以5 V驱动低成本N-FET，改进效率；
- 允许两个转换器相差180°异相工作，降低输入电容；
- 10%精度的电流限，符合严格的电信要求(MAX1962)；
- ±4%电压余量简化生产线边角测试。

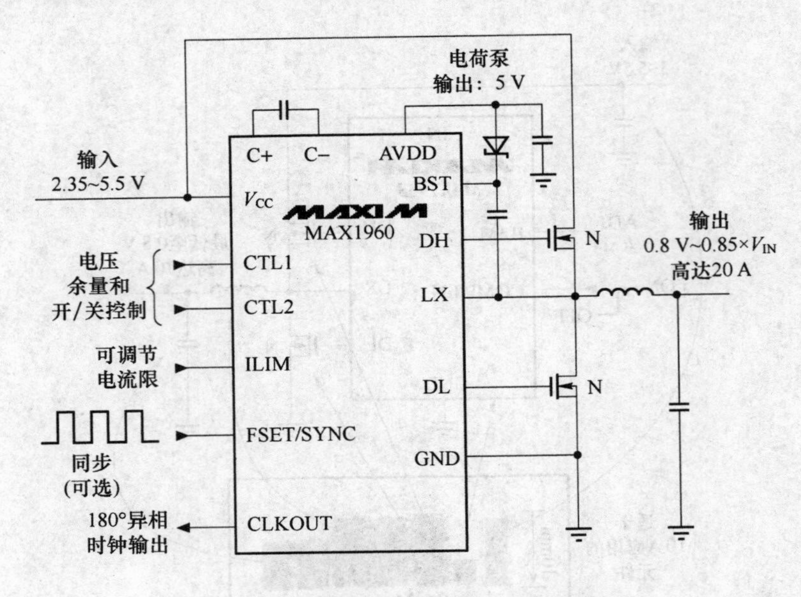

图 5.3.19 MAX1960典型应用电路

5.3.17 EL7554/7566 带耐热集成场效应管、降压型DC/DC芯片

EL7554/7566芯片特性如下：

- 4 A(EL7554)与6 A(EL7566)连续输出电流；
- 效率高达96%；
- 内置5%电压边限；
- 输入电压为3～6 V；
- 带元件占用印制电路板(PCB)一侧0.58 in^2(EL7554)与0.72 in^2(EL7566)的空间；
- 开关频率可调至1 MHz。

EL7554/7566芯片性能选项如表5.3.5所列，应用电路如图5.3.20所示。

表 5.3.5 EL7554/7566性能

设备	V_{IN}(最小值)/V	V_{IN}(最大值)/V	V_{OUT}(最小值)/V	V_{OUT}(最大值)/V	I_{OUT}(最大值)/A	频率	效率/%	物料成本占用空间	封装
EL7554	3	6	0.8	V_{IN}	4	200 kHz～1 MHz	95	0.8×0.72	28 Ld HTSSOP
EL7566	3	6	0.8	V_{IN}	6	200 kHz～1 MHz	95	1×0.72	28 Ld HTSSOP

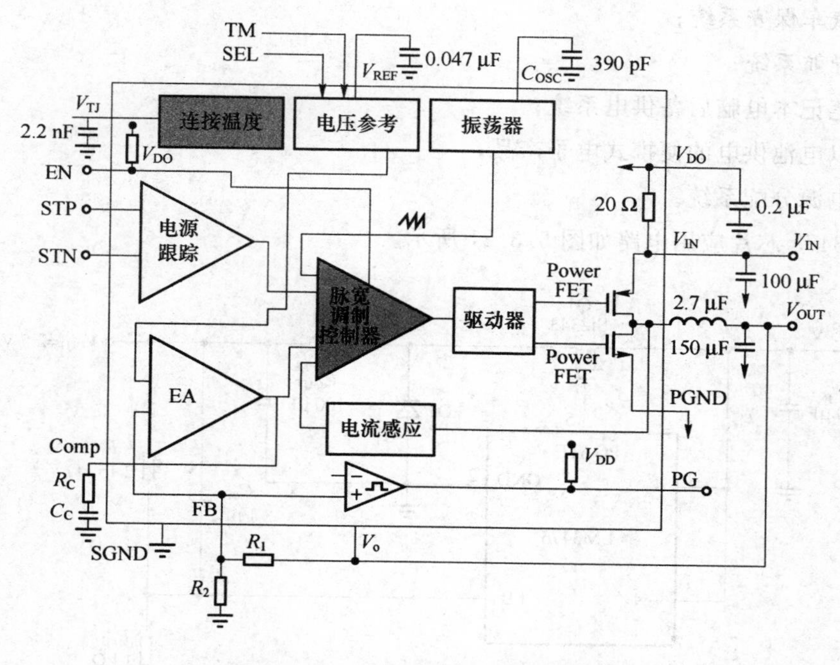

图 5.3.20 EL7554/7566 应用电路

注:1. VTJ 引脚是一个基于公式的内部硅连结温度精密的指示器。

2. 如果所有其他元件均失效要且温度传感器指示连接温度高于 135 ℃,脉宽调制稳压器将会关闭。

5.3.18 LM3475 迟滞 PFET 降压型 DC/DC 芯片

LM3475 芯片特性如下:

- 容易使用的控制方法;
- 可调节输出电压,调节范围介于 0.8 V 与输入电压之间;
- 效率高达 90%(典型值);
- 反馈电压精确度达±0.9%(即使温度有变也可达±1.5%);
- 100%的占空比;
- 操作频率最高可达 2 MHz;
- 内部软启动;
- 设有允许引脚;
- 采用 SOT23-5 封装。

应用范围如下:

- 薄膜晶体管(TFT)监视器;
- 汽车用个人计算机;

- 汽车保安系统；
- 导航系统；
- 笔记本电脑后备供电系统；
- 以电池供电的便携式电子产品；
- 电源分配系统。

LM3475 芯片应用电路如图 5.3.21 所示。

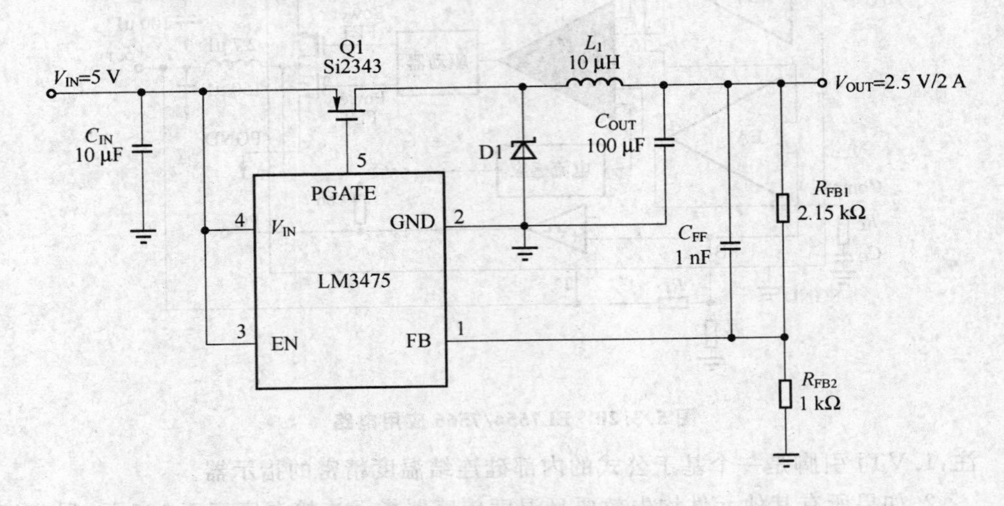

图 5.3.21　LM3475 应用电路

5.3.19　EL7536　1 A 降压型 DC/DC 芯片

EL7536 芯片特性如下：

- 100 ms 上电复位输出；
- 内部补偿电压模式控制；
- 高达 94%的转换效率；
- 输出电压 0.8－V_{in} 由外部设置；
- 1.4 MHz 工作频率，可使用极小体积电感电容元件；
- 小于 1 μA 的关断电流；
- 脚位尺寸面积小于 0.97 cm^2；
- 过流和热关断保护能力。

EL7536 芯片典型应用电路如图 5.3.22 所示。

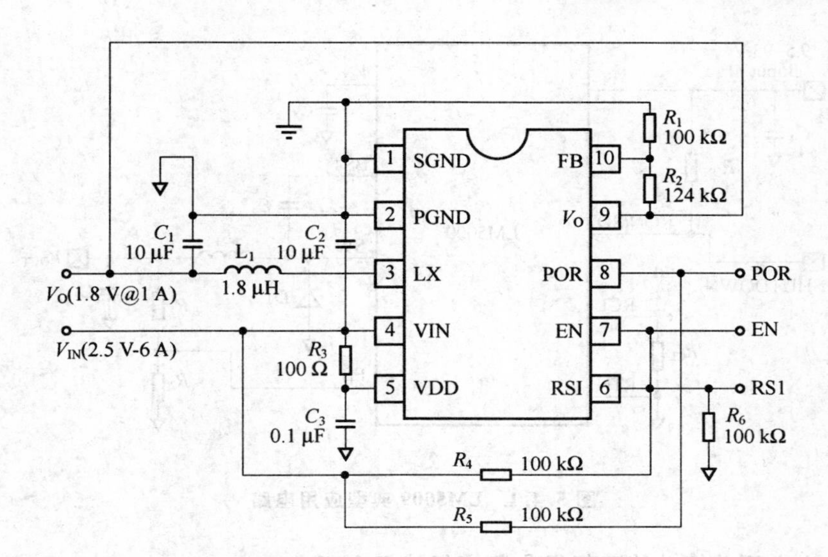

图 5.3.22　EL7536 典型应用电路

5.4　宽电压输入低电压输出 mA 级 DC/DC 芯片

5.4.1　LM5009　高性能、100 V、150 mA 降压型 DC/DC 芯片

美国国家半导体新推出的高集成度 100 V 降压开关稳压器 LM5009 芯片是高电压的电源管理系统解决方案，其优点是作为辅助电源供应系统，可以提供高达 150 mA 的电流，是取代损耗较大的线性稳压器的高性能方案选择。

LM5009 芯片性能选项如表 5.4.1 所列，典型应用电路如图 5.4.1 所示。

表 5.4.1　LM50xx 系列芯片性能表

产品编号	电压	输出电流	频率	封装
LM5007	75 V	500 mA	50 kHz～800 kHz	LLP－8，MSOP－8
LM5008	100 V	350 mA	50 kHz～600 kHz	LLP－8，MSOP－8
LM5009	100 V	150 mA	50 kHz～>600 kHz	LLP－8，MSOP－8
LM5010	75 V	1 A	50 kHz～－1 MHz	LLP－10，TSSOP－14EP
LM5010A	75 V	1 A	50 kHz～－1 MHz	LLP－10，TSSOP－14EP

LM5009 芯片特性如下：

- 内置 N 沟道 MOSFET；
- 保证可输出 150 mA 的电流；
- 超快的瞬态响应；
- 无需提供环路补偿；

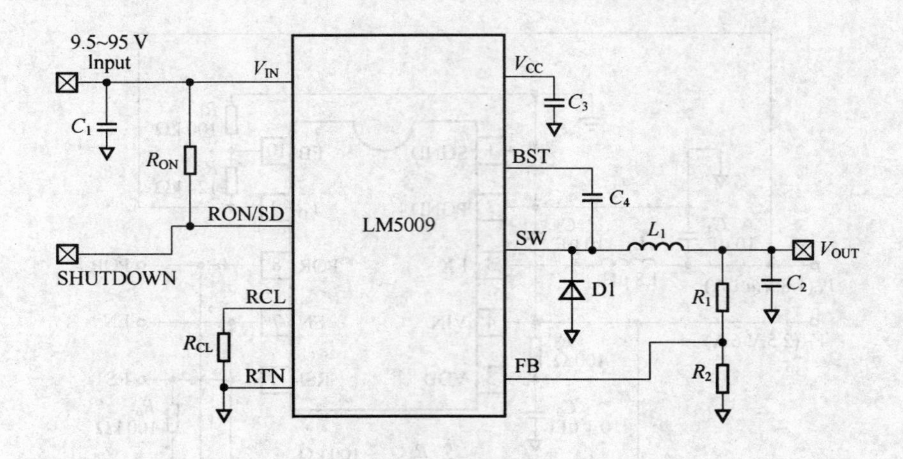

图 5.4.1 LM5009 典型应用电路

- 输入电压前馈功能确保操作频率保持恒定不变；
- 开关频率可超过 600 kHz；
- 高效率操作；
- 在−40～125 ℃的温度范围内反馈电压(2.5 V)精确度可达 2%；
- 内置启动稳压器；
- 智能的电流限幅保护；
- 外部停机控制；
- 过热停机；
- 有 MSOP−8 及散热能力更强的 LLP−8(4 mm×4 mm)两种封装可供选择。

应用范围：

适用于替代需要散热器的旧式线性稳压系统、12 V、24 V、36 V 及 48 V 已整流交流电供电系统、42 V 的汽车供电系统、非隔离式交流主干网的电荷耦合电源供应系统以及 LED 恒流源。

5.4.2 TNY263/268 高性价比、单片、降压型 DC/DC 芯片

TNY263/268 芯片具有以下性能：

- 自动重启动电路全部集成在芯片内部，不需要接外部元件；
- 输入欠压检测电路仅需外接一只电阻；
- 开关频率抖动功能，能降低电磁辐射，从而可减小 EMI 滤波器的成本；
- 开关频率高，其典型值为 132 kHz；
- 输入电压范围可达 85～265 V_{AC}；
- 控制方式简单；
- 外置电路简单；
- 高效、小功率输出，它适合于构成 0～16 W 的小功率、低成本开关电源，如手机

电池恒流充电器、微机、彩电、录像机以及摄象机等电器中的待机电源。

1. 产品分类及最大输出功率

TinySwitch－Ⅱ系列有两类封装形式，共 12 种型号，如表 5.4.2 所列，其最高结温 T_j＝135 ℃，使用时需加合适的散热器，也可将漏极直接焊在面积为 2.3 cm^2 的敷铜板上代替散热片。

表 5.4.2 Tiny Switch－Ⅱ系列产品型号及最大输出功率

产品型号	最大输出功率	
	$230V_{AC}$±15%输入	$85～265V_{AC}$输入
TNY263P/G	5 W	3.7 W
TNY264P/G	5.5 W	4 W
TNY265P/G	8.5 W	5.5 W
TNY266P/G	10 W	6 W
TNY267 P/G	13 W	8 W
TNY268P/G	16 W	10 W

2. 内部结构及引脚功能

TinySwitch－Ⅱ系列采用 8 引脚双列直插式(DIP－8)或表面安装式(SMD－8)封装形式，如图 5.4.2 所示。实际上只有 7 个有效引脚，其中第 6 引脚为空脚。D. S(HV RTN)分别为功率 MOSFET 的漏极和源极；S 为控制电路的公共端，在内部与 MOSFET 的源极相连。BP (BYPASS)为旁路端，该端与地(S 极)需接一只 0.1 μF 的旁路电容，通过漏极和内部电路产生 5.8 V 的电源电压给该芯片供电。EV/UV 为使能/欠压端，正常工作时由此端控制内部功率 MOSFET 管的通断，当 I_{EN}≥240 μA 时将功率 MOSFET 关断，该端还可用于输入欠压检测，具体方法是 EN/UV 端经一只 2 MΩ 电阻接 V_1，未接电阻时无此项功能。

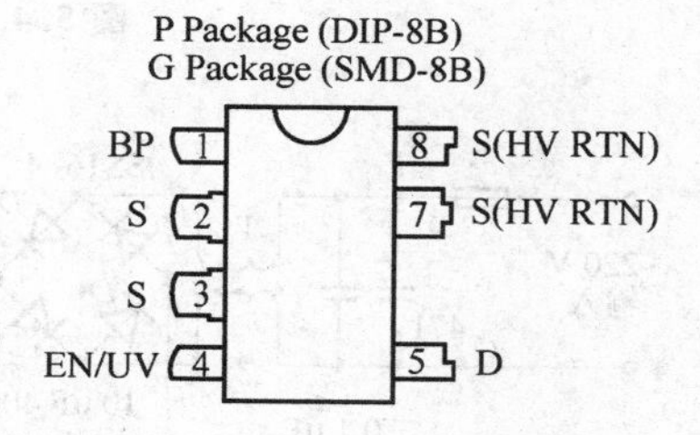

图 5.4.2 TNY2631/268 引脚

TNY263/268 芯片内部结构如图 5.4.3 所示。

3. 应用电路

由 TNY266P 组成的 6 W、12 VDC 电源适配器电路如图 5.4.4 所示，交流输入电压范围为 85～265 V。该电路共使用 IC1(TNY266P)、光电耦合器 IC2(817CP)两片集成电路。图中 F_1 为熔丝；R_1 为 470 V 压敏电阻。C_2 和 T_1 构成电磁干扰滤波器，可抑制从电网引入的电磁干扰，同时也可防止开关电源产生的噪声经电源线向外传输。85～265 V交流电经过 D_1－D_4 桥式整流和 C_5 滤波后，得到约 300 V 的直流高压 V_1。鉴于 TNY266P 内的功率 MOSFET 在关断的瞬间，脉冲变压器 T_2 的漏感会产生尖峰电压，由 TVS 二极管 D_2(MBJ130A)、C3 和超快恢复二极管 D_3(US1J)组成功率 MOSFET 漏极钳位保护电路，利用 TVS 响应速度极快且可承受瞬态高能量脉冲之优点，可

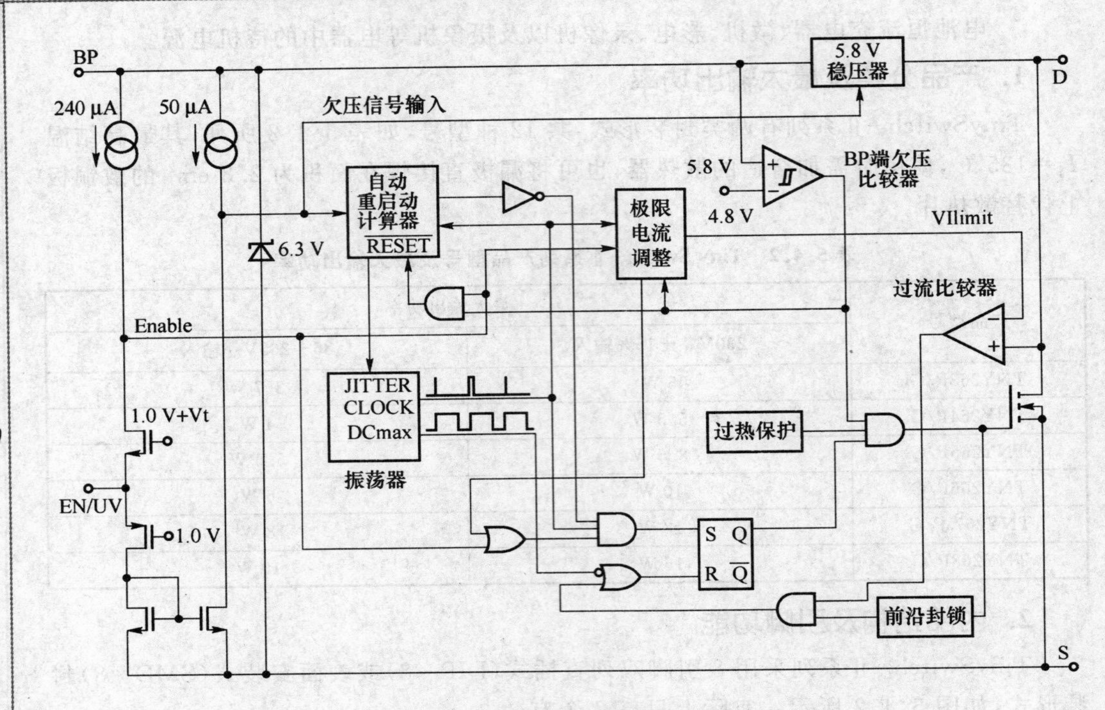

图 5.4.3　TNY263/268 内部结构

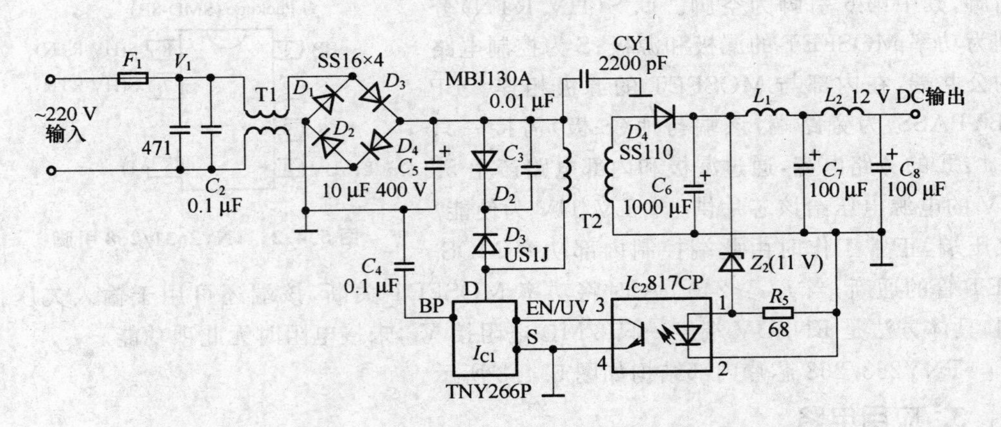

图 5.4.4　TNY266P 应用电路

有效地抑制漏极上的反向峰值电压，从而保护 TNY266P 内的功率 MOSFET 不受损坏。C_3 选 10000 pF/1 kV 的高压陶瓷电容。

次级电压通过 D_4、C_6、L_1、C_7、L_2 和 C_8 整流滤波后，得到 12 V、0.85 A 的直流输出。

Tiny Switch－Ⅱ系列产品型号及最大输出功率如表 5.4.2 所列。

5.4.3　LT3437　性能稳固、宽 V_{IN} 范围、低 I_Q、低 EMI、降压型 DC/DC 芯片

凌特公司不断发展并可接受 60～100 V 输入电压的稳压器产品线通过免除增设瞬变保护电路之需，造就了较为简单的 DC/DC 变换器设计。LT3437 是一款采用纤巧型 3 mm×3 mm DFN 封装，可接受 60 V/500 mA 输入的单片式降压型开关稳压器。其电流模式架构实现了快速瞬态响应和卓越的环路稳定性，是电信、汽车和工业应用的上佳选择。

LT3437 芯片性能选项如表 5.4.3 所列，应用电路如图 5.4.5 所示。

表 5.4.3　LTxxxx 系列芯片性能表

器件型号	器件构架	V_{IN}范围	V_{SW}/A	频率	I_Q	封装
LT3010	高电压 LDO	3.0～80 V	0.05⁺	N/A	30 μA	MS8E
LT3014/HV	高电压 LDO	3.0～80 V/100 V**	0.02⁺	N/A	7 μA	DFN，ThinSOT™
LT3012/13	高电压 LDO	4.0～80 V	0.25⁺	N/A	55/65 μA	DFN，TSSOP-16E
LT3433	降压-升压稳压器	4～60 V	0.50	200 kHz	100 μA	TSSOP-16E
LT3437	降压稳压器	3.3～60 V/80 V**	0.50	200 kHz	100 μA	DFN，TSSOP-16E
LT19786/77	降压稳压器	3.3～60 V	1.50	200/500 kHz	100 μA	TSSOP-16E
LT3434/35	降压稳压器	3.3～60 V	3.00	200/500 kHz	100 μA	TSSOP-16E
LT3800/LT3724	降压控制器	4.0～60 V	10.00*	200 kHz	100 μA	TSSOP-16E
LTC3703/-5	同步降压控制器	4.1～100 V	20.00*	600 kHz	1.5 mA	SSOP-16E

* 取决于 MOSFET 的选择；** 可承受的瞬变；⁺ 用于 LDO 的 I_{OUT}。

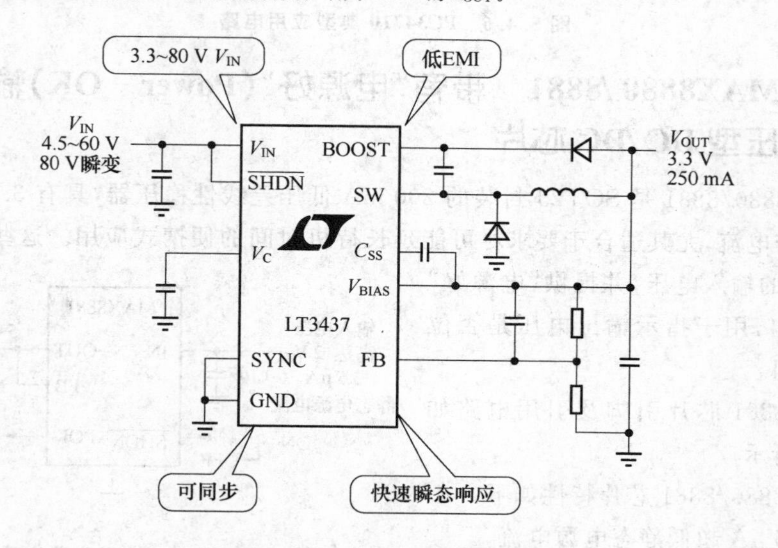

图 5.4.5　LT3437 应用电路

5.4.4　PC34710 可调节、双输出、降压型 DC/DC 芯片

PC34710 芯片特性如下：

- 大电流开关稳压器 5 V/3.3 V(1 A)输出可选；
- 低噪声线性电源 3.3 V/2.5 V/1.8 V/1.5 V(500 mA)输出可选；
- 具有过温关断和出错复位电路；
- 集成上电复位和出错复位等监控功能；
- 提供 I/O 和 CORE 电压；
- EW(Pb－Free)封装，利用散热。

应用：通信和工业控制应用的 MCU 供电电源。

PC34710 芯片典型应用电路如图 5.4.6 所示。

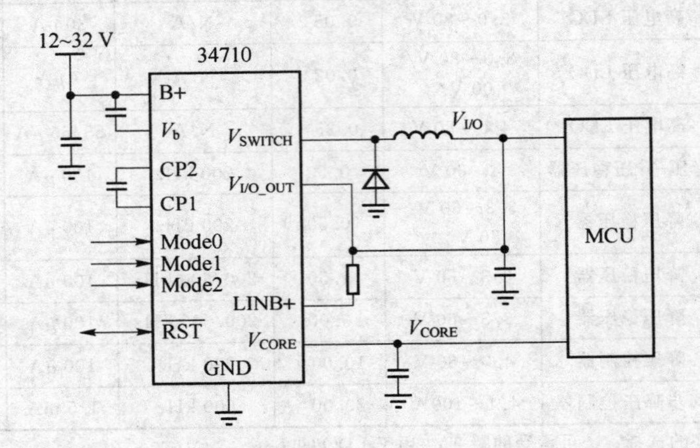

图 5.4.6　PC34710 典型应用电路

5.4.5　MAX8880/8881　带有“电源好”(Power－OK)输出的降压型 DC/DC 芯片

MAX8880/8881 是 SOT23 封装的 200 mA 低压差线性稳压器，具有 3.5 μA 极低的静态工作电流，尤其适合于要求尽可能延长待机时间的便携式应用。这些器件具有高至 12 V 的输入电压，并提供“电源好”(POK)输出，用于指示输出电压是否位于稳定范围。

MAX8881 芯片引脚及引用电路如图 5.4.7 所示。

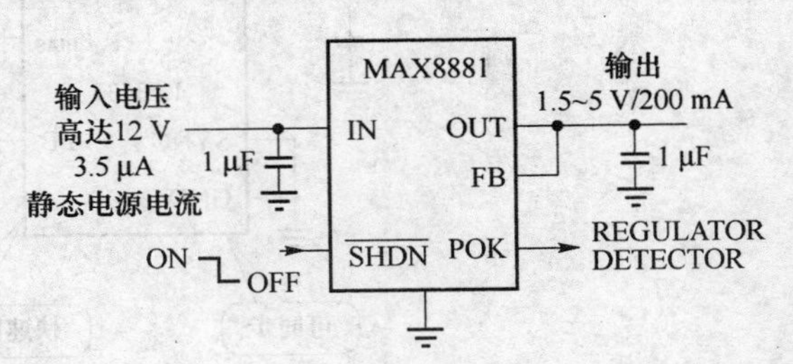

图 5.4.7　MAX8881 引脚及应用电路

MAX8880/8881 芯片特性如下：

- 3.5 μA 超低静态电源电流；
- 200 mA 输出电流；

- 1%输出电压精度；
- 2.5～12 V输入电压；
- 1 μF小输出电容；
- 具有电池反向保护；
- 固定输出(1.8 V,2.5 V,3.3 V或5 V,MAX8881)或可调输出(1.5～5.5 V,MAX8880)；
- "电源好"信号用于输出失调指示。

5.4.6 MAX887 高效率、600 mA、降压型DC/DC芯片

MAX887芯片特性如下：

- 紧凑的8引脚SO封装；
- 内部同步整流器；
- 效率＞95%；
- 300 kHz Idle Mode™ PWM工作方式；
- 可外部同步(10 kHz至400 kHz)；
- 2 μA逻辑控制关闭方式；
- 小型外部元件；
- 最低压差下占空比可达100%；
- MAX887EVKIT-SO评估组件。

MAX887芯片效率与负载电流关系如图5.4.8所示，应用电路如图5.4.9所示。

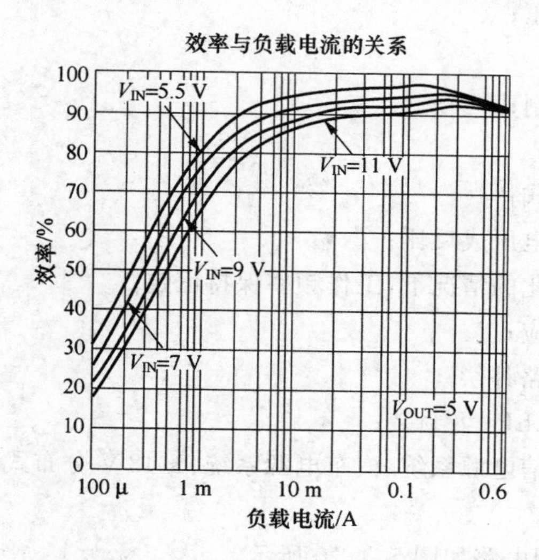

图5.4.8 MAX887效率与负载电流关系

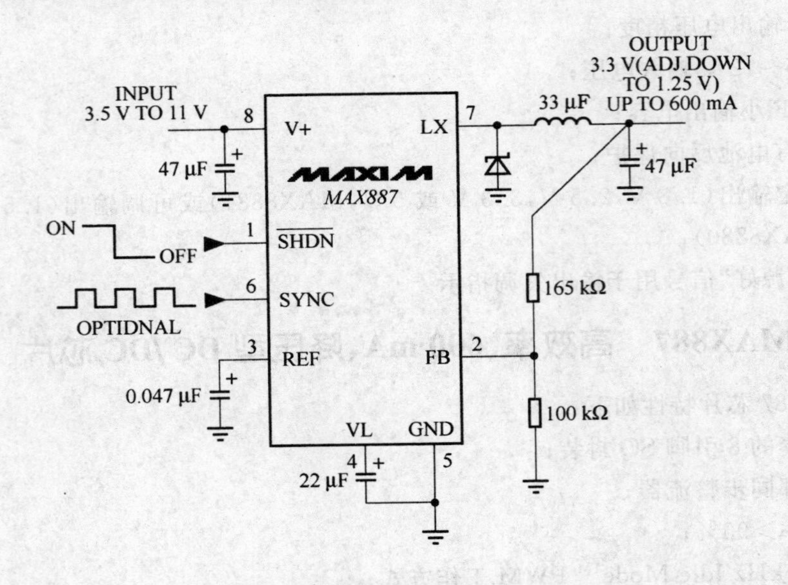

图 5.4.9　MAX887 应用电路

5.4.7　LM5007　微型高压、高频、降压型 DC/DC 芯片

LM5007 芯片特性如下：

- 80 V 电源 MOSFET 晶体管，0.5 A 峰值；
- 高压启动稳压器；
- 可编程输出电压；
- 过热停机；
- 可编程电流限制；
- 线路欠压锁定；
- 低功率停机模式；
- 计时器与线路电压成反比；
- 在线路电压变化的情况下，工作频率保持恒定；
- 超高速瞬时响应；
- 不需要控制环路补偿；
- MSOP-8 和 LLP-8 封装；
- 非常适合于电信电源系统、汽车电源系统、-48 V 分布式电源系统，以及电池供电的各种应用。

LM5007 芯片应用电路如图 5.4.10 所示。

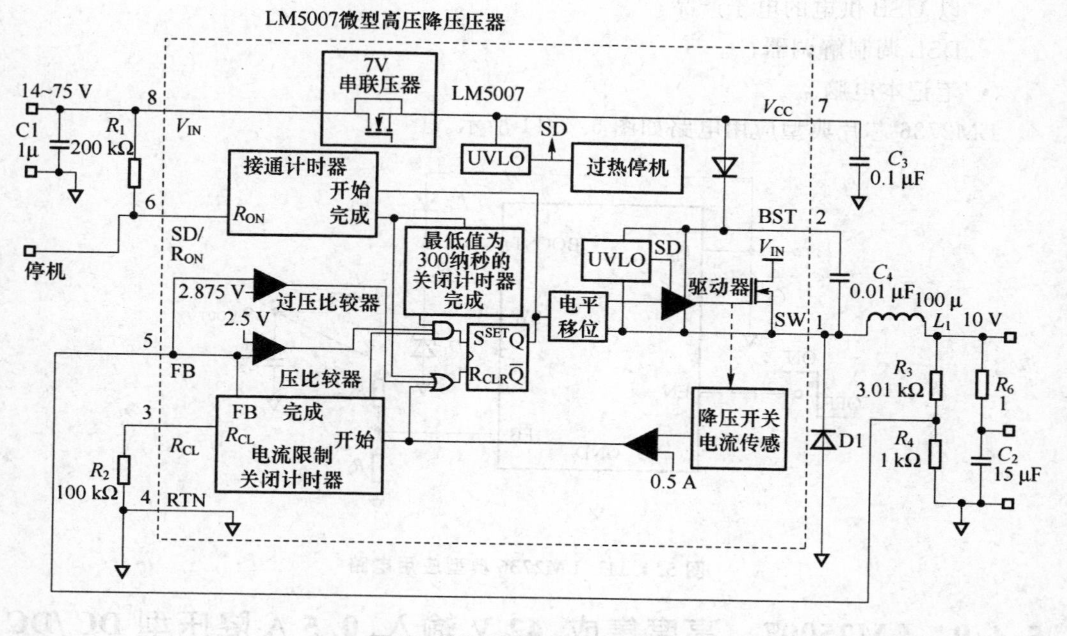

图 5.4.10　LM5007 应用电路

5.4.8　LM2736　750 mA 负载电流降压型 DC /DC 芯片

LM2736 芯片特性：

- 3.0～18 V 的输入电压范围；
- 1.25～16 V 的输出电压范围；
- 750 mA 的输出电流；
- 开关频率：550 kHz(LM2736Y)及 1.6 MHz(LM2736X)；
- 350 mΩ 的 NMOS 开关；
- 停机电流只有 30 nA；
- 1.25 V 的内部参考电压(误差不会超过 2%)；
- 内部软启动；
- 设有电流模式及 PWM 模式；
- 可获 WEBENCH ® 网上设计工具支持；
- 过热停机；
- 采用纤薄的 SOY23－6 封装。

应用范围如下：

- 负载点的本地稳压功能；
- 硬盘驱动器的核心供电；
- 机顶盒；
- 以电池供电的电子产品；

- 以 USB 供电的电子产品；
- DSL 调制解调器；
- 笔记本电脑。

LM2736 芯片典型应用电路如图 5.4.11 所示。

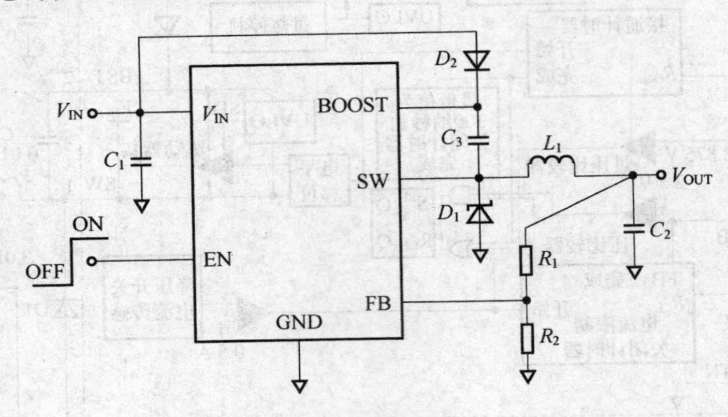

图 5.4.11　LM2736 典型应用电路

5.4.9　LM25007　高度集成、42 V 输入、0.5 A 降压型 DC/DC 芯片

LM25007 芯片采用固定导通时间结构，并设有输入电压前馈功能，因此瞬态响应极快，而且无需添加外置元件，最适合用于汽车电子系统、远程信息设备、工业系统、电子消费产品、电源分配式供电系统、高电压后置稳压器、工业用电源供应系统以及高效率的负载点稳压器。

LM25007 芯片应用电路如图 5.4.12 所示。

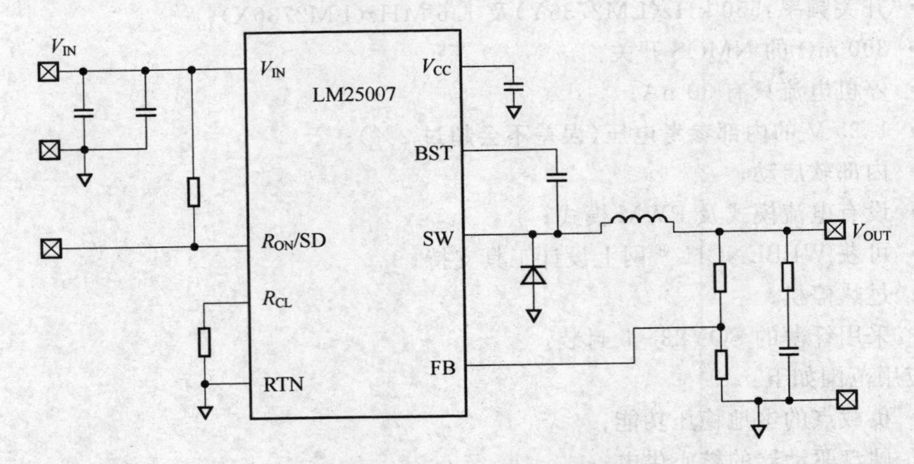

图 5.4.12　LM25007 应用电路

LM25007 芯片特性如下：

- 9～42 V 的广阔输入电压，可支持高达 0.5 A 的负载电流；
- 瞬态响应极快，有助降低滤波器的电容；
- 高达 800 kHz 的开关频率；
- 准确的直流电限幅；
- 在－40～125 ℃的温度范围内，反馈电压(2.5 V)的准确度可达±2%；
- 内置高电压偏压稳压器；
- 采用散热能力更强的 MSOP－8 及 LLP 封装。

5.4.10 MAX744A 低噪声、750 mA、降压型 DC/DC 芯片

MAX744A 芯片特性如下：

- 159～212.5 kHz 振荡器回避了 455 kHz 中频波段；
- 1.7 mA 低静态电源电流；
- 6 μA 关闭方式电流；
- MAX744AEVKIT－SO 评估组件；
- 另见：MAX730A，MAX738A(5 V)
  MAX763A，MAX748A(3.3 V)
  MAX750A，MAX758A(可调)。

MAX744A 芯片效率与负载电流关系如图 5.4.13 所示，应用电路如图 5.4.14 所示。

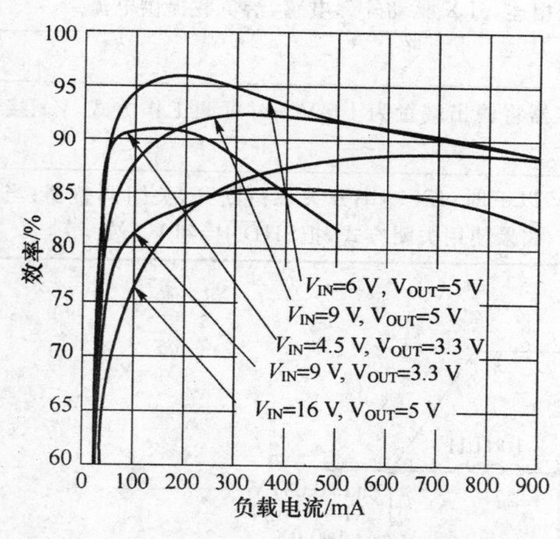

图 5.4.13 MAX744A 效率与负载电流关系

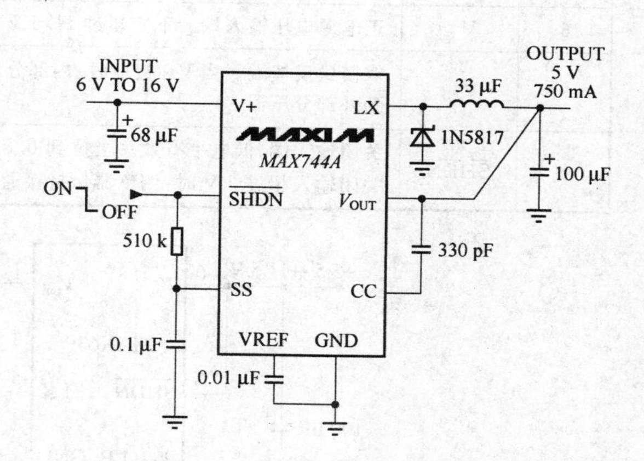

图 5.4.14 MAX744A 应用电路

5.4.11 MAX639 过低电压检测报警、高效率、降压型 DC/DC 芯片

MAX639 高效率降压变换稳压器把＋5.5～＋11.5 V 的电池电压变换为＋5 V 输

出,并在整个输入电压范围内提供100 mA的输出电流。因其静态电流仅为10 μA、效率高于90%,并仅有0.5 V压降(25 mA输出电流时压降为0.12 V),用于便携式设备中可大大延长电池的寿命。其他特点包括:逻辑电平关闭控制和过低电池电压检测电路。

MAX639仅需4个外部元件:1个小的廉价电感、1个二极管、1个输入旁路电容及1个输出滤波电容。不需要任何补偿元件。要得到+5 V以外的电压,只需增加2个电阻即可。

MAX639除增加了一个$\overline{\text{SHUTDOWN}}$输出端外,其引脚与MAX638兼容。可购到8引脚DIP或SO封装。

MAX639引脚如图5.4.15所示,引脚功能如表5.4.4所列,典型应用电路如图5.4.16所示。

图5.4.15 MAX639引脚

表5.4.4 MAX639引脚功能

引 脚	符 号	功 能
1	V_{out}	固定+5 V输出工作的检测端,它在内部连接到一个片内分压器,V_{out}还与可变占空比、随时可启振的振荡器相连;因此它必须连接到调整器的输出端,而无论输出是否由外部调整
2	LB_o	过低电池电压输出。当LB_i端电压降到+1.28 V以下时,开路漏极N沟道MOSFET吸入电流
3	LB_i	过低电池电压输入。当LB_i端电压降到+1.28 V以下时,LB_o吸入电流
4	GND	地端
5	LX	PMOS功率开关的漏极,其源极与V_+端相连。LX驱动外部电感,给负载提供电流
6	V_+	正电源电压输入端。不应超过11.5 V
7	V_{FB}	双模式反馈端。当V_{FB}接地时,内部分压器将输出端置为+5 V。对可调工作方式,V_{FB}接到外部分压器
8	$\overline{\text{SHDN}}$	关闭输入端,低电平有效。当拉到0.8 V以下时,LX功率开关保持断开,关闭调整器;当关闭输入超过2 V时,调整器保持接通。如果使用关闭方式,把$\overline{\text{SHDN}}$接到V_+端

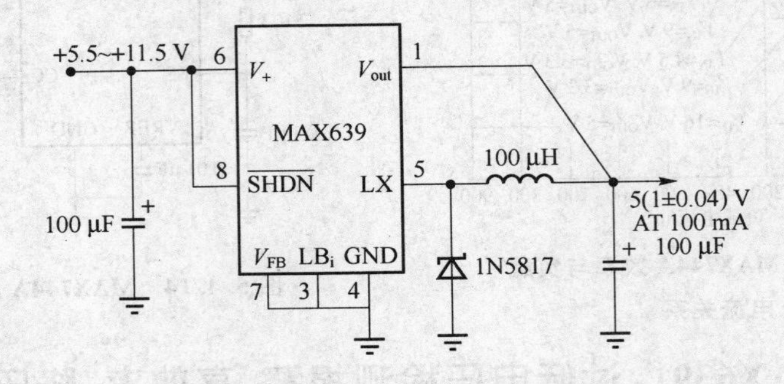

图5.4.16 MAX639典型应用电路

说明:输入旁路电容距V_+端(第6引脚)必须小于1 cm。如果这个主要旁路电容太远,那必须在距V_+端1 cm以内放置一个0.1 μF的高频陶瓷电容。

5.4.12 NCP3063 低成本多种拓扑降压型DC/DC芯片

森美半导体的NCP3063是传统DC/DC变换器MC34063的升级版本。和传统方案相比，新产品提高了开关频率，大大缩小了外接电容的尺寸。同时，NCP3063与MC334063引脚兼容，便于用户进行更新换代设计。优异的过流保护和热保护功能提高了新方案的性价比，适用于低成本多种电子产品应用。

NCP3063芯片性能如表5.4.5所列，典型应用电路如图5.4.17所示。

NCP3063芯片特性如下：

- 开关频率提高；
- 输出峰值电流1.5 A；
- 输出电感减小；
- 输出电容减小；
- 逐电流的过流保护；
- 增强的热保护。

表5.4.5 NCP3063的优异性能

开关频率	50～250 kHz
输出电流	1.5 A
拓扑结构	降压/升压/反相变换器
输入电压	2.5～40 V
输出电压	1.25～37 V

应用范围如下：

- 消费类电子，如DVD，VCR和TV；
- 汽车；
- 计算电源。

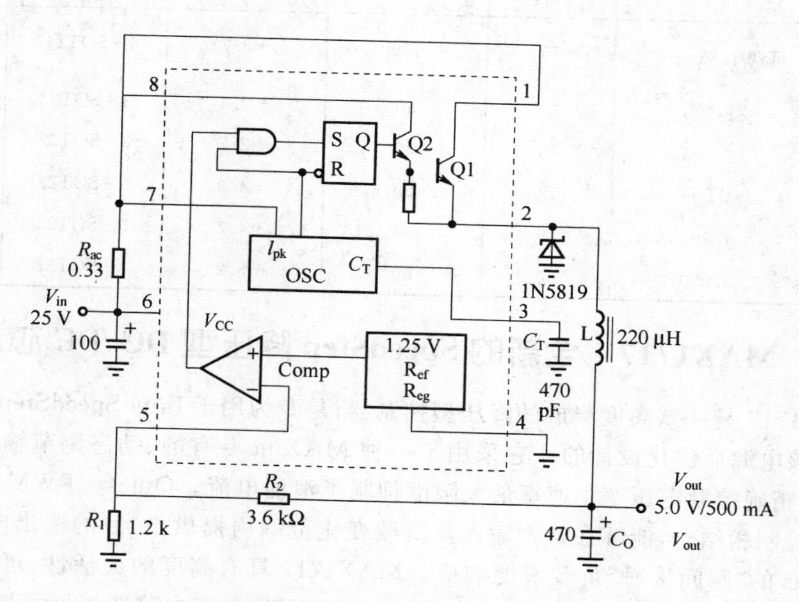

图5.4.17 NCP3063典型应用电路

5.4.13 MAX6125 微封装、微功耗、微漂移、降压型DC/DC芯片

MAXIM的MAX6125系列基准采用3引脚SOT23封装，旨在用于那些大批量、

苛求成本的+3 V 或+5 V 电池供电系统。这些系统的电源电压变化范围宽,而且要求极低的功耗,MAX6125 系列的超低电源电流和最多 200 mV 的压差,使它们尤其适合于便携式应用,例如:笔记本电脑、蜂窝电话、寻呼机、PDA、GPS、DMM 及手持医疗设备。

MAX6125 芯片应用电路如图 5.4.18 所示,系列产品如表 5.4.6 所列。

MAX6125 芯片特性如下:

- 低压差:<200 mV;
- 0~+70 ℃温度范围内保证 20×10^{-6}/℃电压漂移;
- 0.2%初始精度;
- 最大电源电流仅 35 μA;
- 超小型 3 引脚 SOT23 封装;
- 无须输出电容;
- 比并联基准省电。

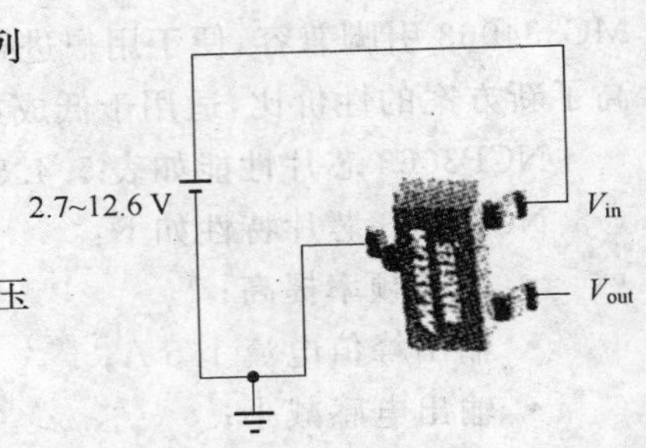

图 5.4.18 MAX6125 应用电路

表 5.4.6 MAX6125 系列产品

型 号	输出电压/V	电源电流/μA	最大电压漂移/(10^{-4}℃$^{-1}$)	最小电源电压/V	引脚-封装	价格/$
MAX6160	可调 1.23~12.4	75	100	+2.7	4-SOT143	0.95
MAX6520	1.200	50	50	+2.4	3-SOT23	0.95
MAX6125	2.500	75	50	+2.7	3-SOT23	0.95
MAX6141	4.096	78	50	+4.3	3-SOT23	0.95
MAX6145	4.500	79	50	+4.7	3-SOT23	0.95
MAX6150	5.000	80	50	+5.2	3-SOT23	0.95

5.4.14 MAX1717 全新的 SpeedStep 降压型 DC/DC 芯片

MAX1717 是一款高度集成的降压型控制器,是专为用于 Intel SpeedStep™移动处理器的内核电源而优化设计的。它采用了一种 MAXim 专有的、动态调节输出电压的技术,通过精确控制电压变化速率最大限度抑制了浪涌电流。Quick-PWM 工作模式和高精度控制相结合,能够在整个输入及负载变化范围内提供±1%的输出电压精度,以及 100 ns 的"瞬间接通"负载瞬变响应。MAX1717 具有高度的灵活性,可以选择采用或不用"电压定位",工作频率范围 200 kHz~1 MHz,内部多路选择器可以在两种 5 位 DAC 设定值之间切换,这两种设定值由同一个 5 引脚数字输入端口设置。MAX1717 采用小巧的 24 引脚 QSOP 封装。

MAX1717 SpeedStep 输出电压瞬态响应如图 5.4.19 所示,该芯片典型应用电路如图 5.4.20 所示。

MAX1717 芯片特性如下：

- 精确的可调 V_{OUT} 变化速率控制；
- 0.925 V～2 V V_{OUT} 动态调节范围；
- 具有可选输入的集成 5 位 DAC；
- 集成 2 通道 VID 多路选择器；
- Quick－PWM 工作模式提供 100 ns 的负载瞬态响应；
- 整个输入及负载范围内保证±1%的输出电压精度；
- 200/300/550/1000 kHz 开关频率选择；
- 2～28 V 输入电池电压范围；
- 500 μA 典型 I_{CC} 电源电流；10 μA 关断电流。

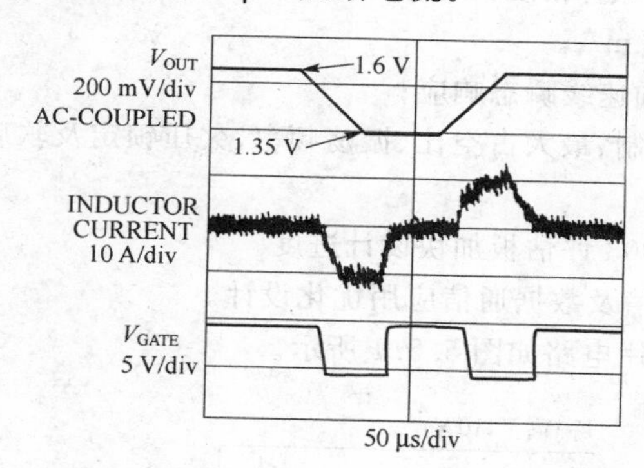

图 5.4.19 MAX1717 SpeedStep 输出电压瞬态响应

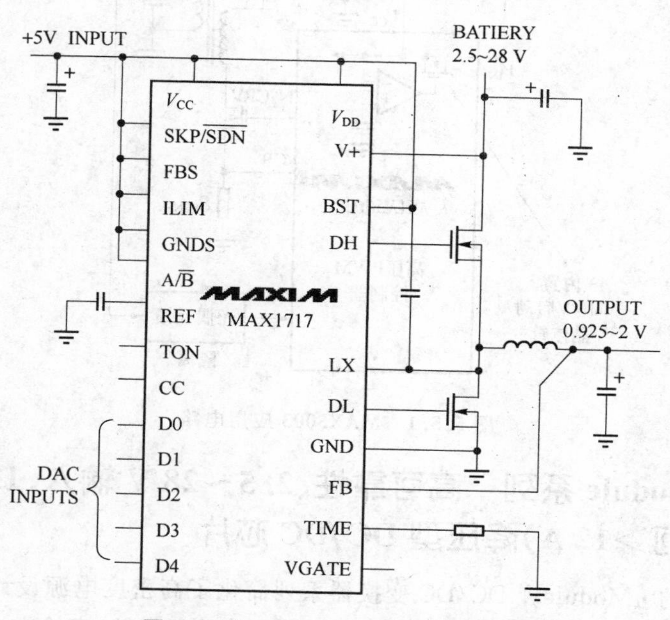

图 5.4.20 MAX1717 典型应用电路

5.5　宽电压输入低电压输出大电流 DC/DC 芯片

5.5.1　MAX5003　集成了高压启动晶体管、110 V、降压型 DC/DC 芯片

MAX5003 芯片特性如下：

- 高达 300 kHz 的运行频率利于减小磁性元件和电容器尺寸；
- 宽阔的 11～110 V 输入电压范围；
- 保证±2.5%的 V_{REF} 精度；
- 电源电流仅 2.2 mA；
- 输入前馈补偿加速线瞬态响应；
- 可设置：电流限制、最大占空比、振荡频率、欠压锁定及软启动；
- 外部频率同步；
- 可借助 MAX5003 评估板加快设计进度。

应用范围：专为电信及数据通信应用优化设计。

MAX5003 芯片应用电路如图 5.5.1 所示。

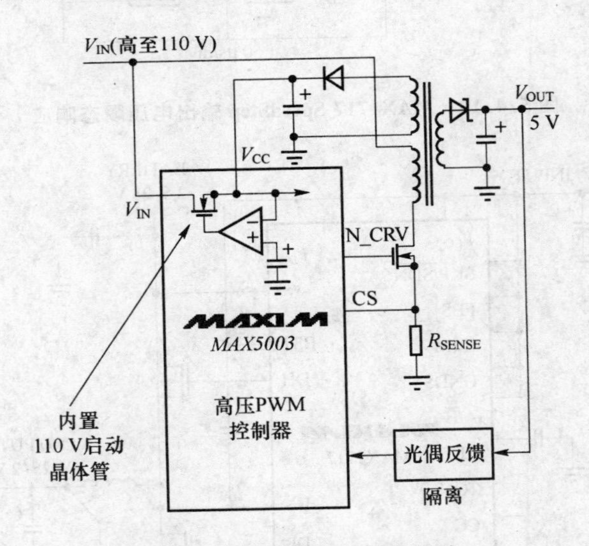

图 5.5.1　MAX5003 应用电路

5.5.2　μModule 系列　高可靠性、2.5～28 V 输入、12 A(采用多相可>12 A)降压型 DC/DC 芯片

不断成长的 μModule™ DC/DC 变换器系列简化了高密度电源设计和减少了外部元件。该系列采用紧凑且扁平的封装、具有信誉卓著的可靠性，宽输入电压范围和高输

出电流以及旨在实现真正可扩展性的多相操作功能，还增加了跟踪、裕度调节、频率同步和远端差分采样功能。

μModule 系列芯片性能选项如表 5.5.1 所列，应用电路如图 5.5.2 所示。

表 5.5.1　新型 DC/DC μModule 系列芯片性能

V_{IN}:4.5～28 V;V_{OUT}:0.6～5 V						LGA 封装	
器件型号	I_{OUT}(DC)	电流均分	PLL	跟踪、裕度调节	远端差分采样	高度	面积
LTM® 4602	6 A	组合两个器件以提供 12～24 A 或组合 4 个 LTM4601 以提供≤48 A				2.8 mm	15 mm×15 mm
LTM4603	6 A		√	√	√		
LTM4603-1	6 A		√	√			
LTM4600	10 A						
LTM4601	12 A		√	√			
V_{IN}:2.5 V～5.5 V;V_{OUT}:0.8 V～3.3 V							
LTM4604	4 A	组合 4 个器件以提供 16 A 至 32 A	√	√		2.3 mm	15 mm×9 mm
LTM4608*	8 A		√	√	√	2.8 mm	15 mm×9 mm

* 快将推出的产品。

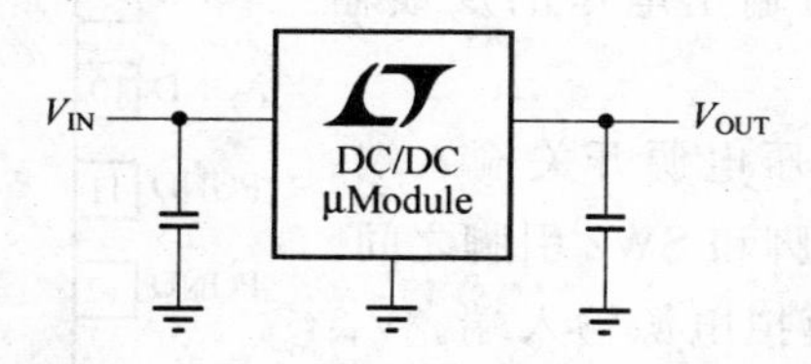

图 5.5.2　μModule 系列应用电路

5.5.3　LM2717　双降压、PWM、降压型 DC/DC 芯片

LM2717 是美国国家半导体公司推出的一款全新的高性能 DC/DC 变换器，内含 2 个降压脉宽调制(PWM)DC/DC 变换器，其中一个专门用来提供固定输出 3.3 V 电压，另一个专门用来提供可调输出电压。2 个变换器都设有导通电阻(R_{DSON})只有 0.16 Ω 的内部开关，确保变换效率最高，工作频率可以在 300～600 kHz 调节，系统可以采用较小巧的外部元件。每个变换器也可以用其关闭引脚单独关闭。该电路可广泛应用于薄膜晶体管液晶显示器(TFTLCD)、测控装置、便携式产品和掌上电脑。

LM2717 芯片特性如下：

- 3.3 V 固定输出降压变换器，内有一个电流为 2.2 A、电阻为 0.16 Ω 的内部开关；
- 可调降压变换器有一个电流为 3.2 A、电阻为 0.16 Ω 的内部开关；
- 工作输入电压范围是 4～20 V；
- 低电压输入保护；

- 可调工作频率范围为 300～600 kHz；
- 24 引脚 TSSOP 封装。

LM2717 的引脚排列如图 5.5.3 所示，内部结构如图 5.5.4 所示，各引脚功能如下：

- PGND(1,2,11,12)：电源地，AGND 和 PGND 必须直接连在一起。
- AGND(3,9,10)：模拟地，AGND 和 PGND 必须直接连在一起。
- FB1(4)：固定降压输出电压的反馈输入端。
- V_{C1}(5)：固定降压补偿网络连接引脚，接至电压误差放大器的输出端。
- V_{RC}(6)：带隙连接端。
- V_{C2}(7)：可调降压补偿网络连接引脚，接至电压误差放大器的输出端。
- FB2(8)：可调降压输出电压的反馈输入端。
- SW2(13)：可调降压电源开关输入端。开关连接在 V_{IN} 引脚和 SW2 引脚之间。
- V_{IN}(14,15,23)：模拟电源输入端。V_{IN} 引脚应该直接连在一起。
- CB2(16)：可调降压变换器自举电容器连接引脚。

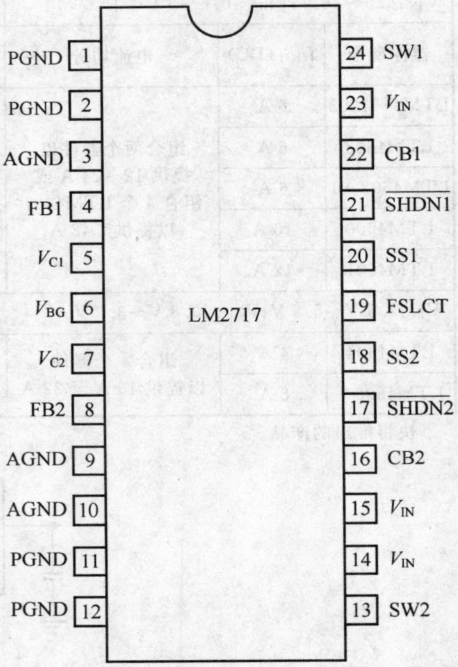

图 5.5.3　LM2717 引脚排列

- $\overline{\text{SHDN2}}$(17)：可调降压变换器的关闭引脚。低电压时激活。
- SS2(18)：可调降压软启动引脚。
- FSLCT(19)：转换频率选择输入端。利用一只电阻器可在 300～600 kHz 范围内设置频率。
- SS1(20)：固定降压软启动引脚。
- $\overline{\text{SHDN1}}$(21)：固定降压变换器的关闭引脚。低电压时激活。
- CB1(22)：固定降压变换器自举电容器连接引脚。
- SW1(24)：固定降压电源开关输入端。开关连接在 V_{IN} 引脚和 SW1 引脚之间。

图 5.5.5 所示是 LM2717 的典型应用电路。图中 V_{IN} 是整个应用电路的电压输入端，V_{OUT1} 是固定降压变换器的电压输出端，V_{OUT2} 是可调降压变换器的电压输出端。C_{IN}、C_{OUT}、C_{SS}、C_{BOOT}、L 分别是输入电容器，输出电容器、软启动电容器、自举电容器、电感，这几个元件在设计时应着重考虑。

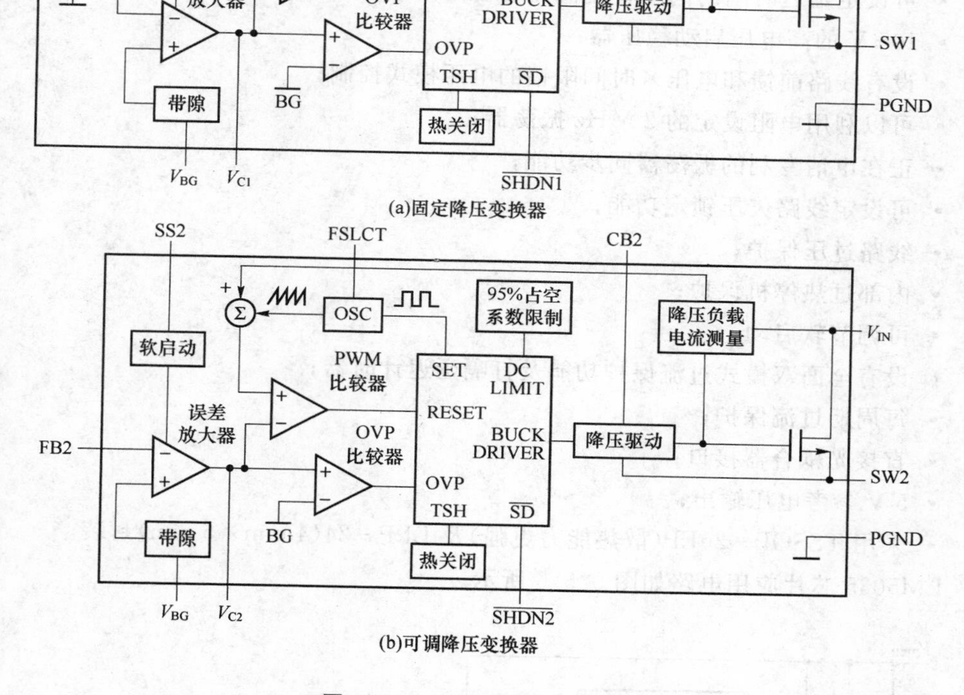

(a)固定降压变换器

(b)可调降压变换器

图 5.5.4　LM2717 内部结构

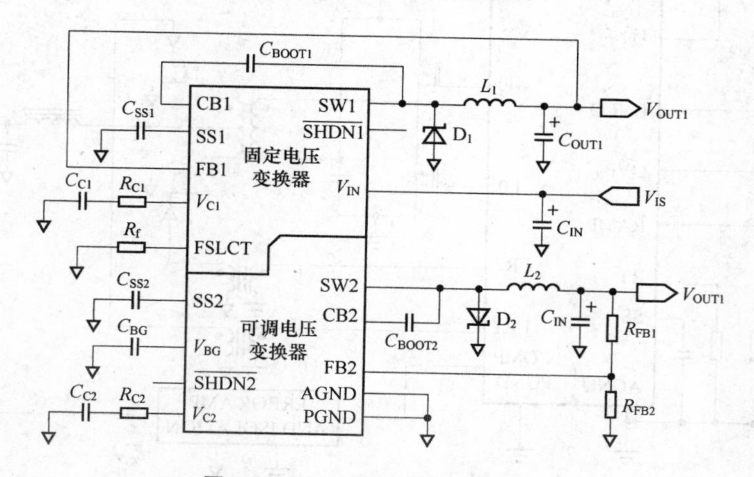

图 5.5.5　LM2717 典型应用电路

5.5.4 LM5035 内置半桥及同步FET驱动器、降压型DC/DC芯片

LM5035芯片特性如下：

- 105 V/2 A的半桥门驱动器；
- 可设定延迟时间的同步整流器控制输出；
- 105 V的高电压启动稳压器；
- 设有线路前馈和电压×时间限幅的电压模式控制；
- 可以利用电阻设定的2 MHz振荡器；
- 正在申请专利的振荡器同步功能；
- 可设定线路欠压锁定功能；
- 线路过压保护；
- 内部过热停机保护；
- 可调节软启动；
- 设有全面双模式过流保护功能及打嗝延迟计时器；
- 每周期过流保护；
- 直接光耦合器接口；
- 5 V参考电压输出；
- 采用TSSOP－20EP(散热能力更强)及LLP－24(4 mm×5 mm)封装。

LM5035芯片应用电路如图5.5.6所示。

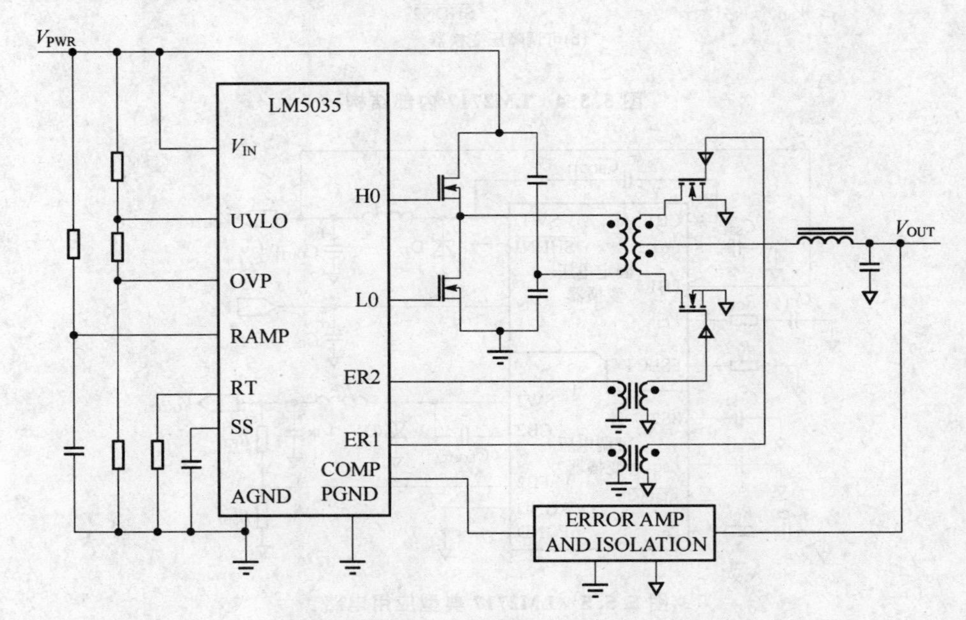

图5.5.6 LM5035应用电路

5.5.5　LM5034　100 V、双通道交错操作、有源钳位电流模式、降压型 DC/DC 芯片

LM5034 芯片特性如下：

- 完全独立的两路的电流模式控制器；
- 单或双通道交错输出；
- 复合式 2.5 A 主路场效应晶体管(FET)门驱动器；
- 有源钳位场效应晶体管门驱动器；
- 内置 100 V 启动稳压器；
- 开关频率高达 1 MHz,只需一个电阻便可将频率设定；
- 可编程的最高占空比；
- 可调节的软启动及输入欠压保护；
- 可调节主机及有源钳位门驱动器之间的死区时间；
- 采用 TSSOP－20 封装。

应用范围：

适用 200～500 W 的 DC/DC 变换器,有助提高这类转换器的效率及功率密度。

LM5034 芯片应用电路如图 5.5.7 所示。

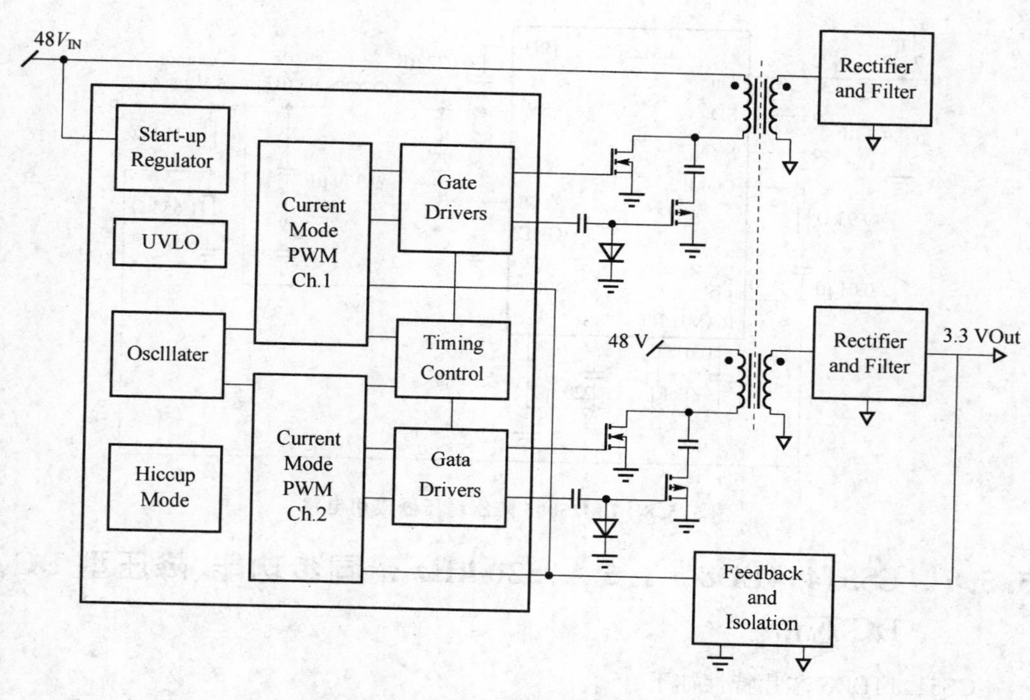

图 5.5.7　LM5034 应用电路

5.5.6 LM25005 高度集成、42 V、2.5 A 降压型 DC/DC 芯片

LM25005 芯片设有仿真电流模式的控制功能，有助降低对噪音干扰的敏感度，而且即使在高输入电压的操作情况下，也可将占空比稳定控制在较低的水平，避免了占空比因为前沿消隐丢失的问题。最适用于电子消费产品、电信设备、数据通信系统、汽车电源供应系统以及电源分配系统。

LM25005 芯片应用电路如图 5.5.8 所示。图 5.5.8 给出了一个 LM25005 受控降压稳压器，该稳压器的设计指标为：输入电压范围 7 V 至 42 V，输出电压 5 V，最大负载 2.5 A。

LM25005 芯片特性如下：

- 7～42 V 的极广阔输入电压，可支持高达 2.5 A 的负载电流；
- 输出电压可以由 1.225 V 起逐步调节；
- 反馈参考电压的准确度达 1.5%；
- 设有仿真电感器电流斜坡功能的电流模式控制；
- 可设定开关频率，另有双向同步功能，有助精简系统设计；
- 可以支持仿真测试；
- 采用 TSSOP-20EP(无掩蔽焊球)封装，另有不含铅封装可供选择。

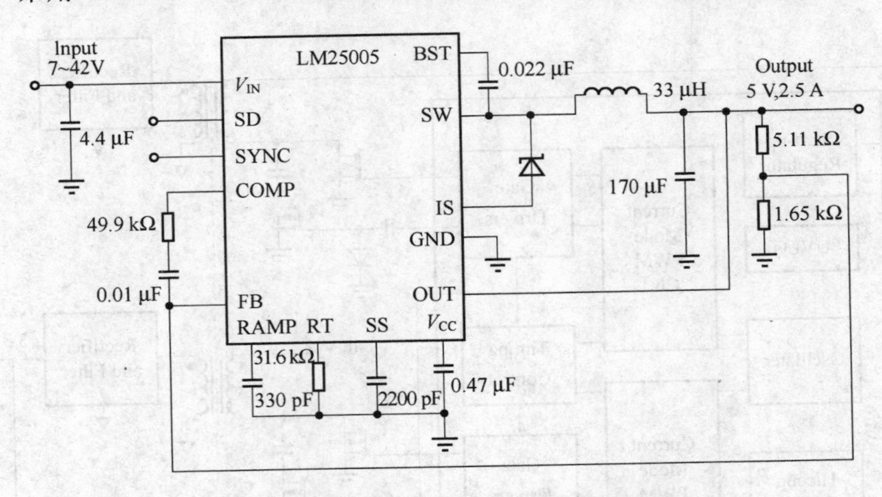

图 5.5.8 LM25005 降压稳压器应用电路

5.5.7 CS51414ED8 1.5 A，520 kHz 带同步功能、降压型 DC/DC 芯片

CS51414ED8 芯片特性如下：

- 独特的 V^2 结构提供快速的响应能力，提高了产品的性能并简化设计；
- 4.5～40 V 宽输入电压范围；
- 520 kHz 工作频率，可使用小体积电感电容元件；

- 2%纠错运放参考电压精度；
- 短路时频率减少到原来的 1/4，以减少电源损耗；
- 同步功能可使电源并行工作，减少电源噪声；
- 关断引脚提供电源关断能力；
- 于 LT1376 引脚兼容。

应用领域：税控收款机、工业控制、微型打印机。

CS51414ED8 芯片典型应用电路如图 5.5.9 所示。

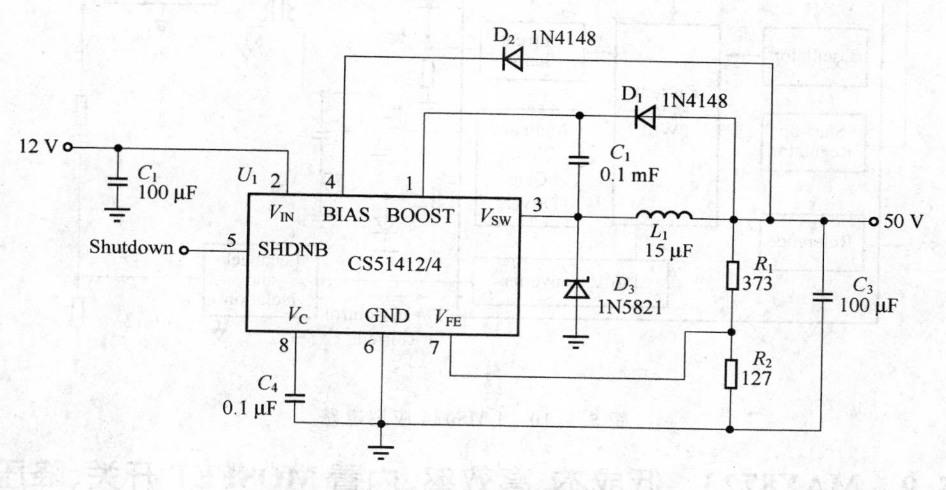

图 5.5.9　CS51414ED8 典型应用电路

5.5.8　LM5026　有源钳位电流模式、降压型 DC/DC 芯片

LM5026 芯片特性如下：

- 内置 14～100 V 的启动偏压稳压器；
- 设有斜率补偿的电流模式控制；
- 内置 3 A 复合门驱动器；
- 可设定线路欠压锁定，并可调节迟滞；
- 设有延迟时间的双模式过流保护；
- 高带宽的 OPTO 接口；
- 可设定重迭时间的计时器；
- 可设定最高占空比的钳位电路；
- 可设定的软启动/软停机功能；
- 先进的消隐功能；
- 可以利用一个电阻设定振荡器；
- 振荡器与输入/输出同步操作；
- 准确的 5 V 参考电压；

- 过热停机；
- 采用 TSSOP－16 及大小只有 5 mm×5 mm 的 LLP－16 封装。

LM5026 芯片应用电路如图 5.5.10 所示。

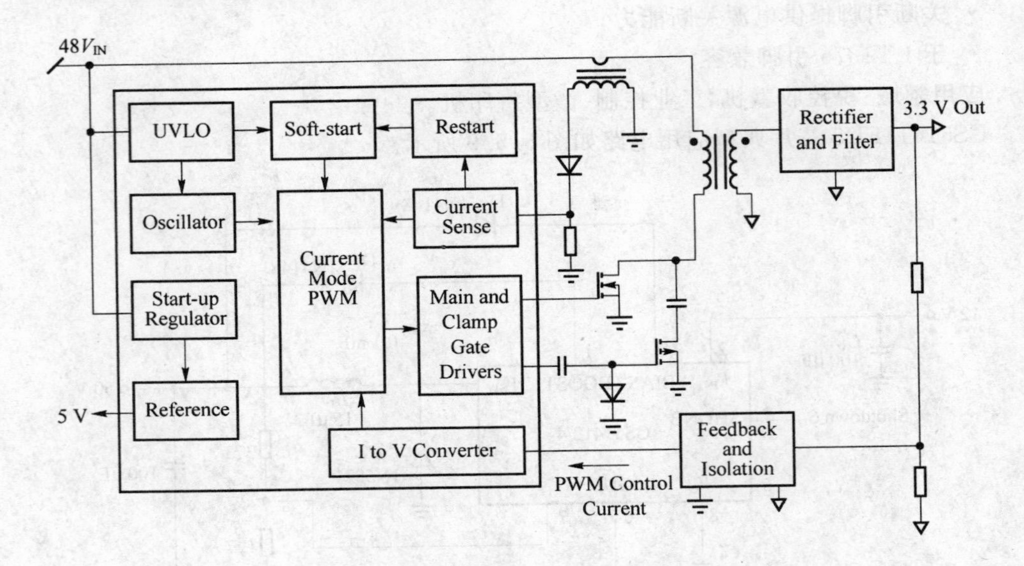

图 5.5.10 LM5026 应用电路

5.5.9 MAX8723 低成本、高效率、内置 MOSFET 开关、降压型 DC/DC 芯片

MAX8723 是一款高效率、开关模式、降压调节器，内置 14 V 功率开关。该低成本稳压器工作在 6～13.2 V 直流电源下，仅需少量外部无源器件，可产生 3.3 V 固定或 2.0～3.6 V 可调的直流输出电压（双模）。该器件的输入电压范围为 13.2 V，适合于 LCD 面板、点负载调节器以及其他 8 V/12 V 工业设备应用。

MAX8723 芯片应用电路如图 5.5.11 所示。

MAX8723 芯片特性如下：

- 6～13.2 V 输入电压范围；
- 内置 14 V、2 A、N 沟道 MOSFET 开关；
- 预设的、±1.5% 精度的 3.3 V固定输出，或 2.0～3.6 V可调输出（双模）；
- 电流模式 PWM 工作；
- 500 kHz/1 MHz/1.5 MHz 的可选频率；
- 内部 5 V 线性稳压器，支持

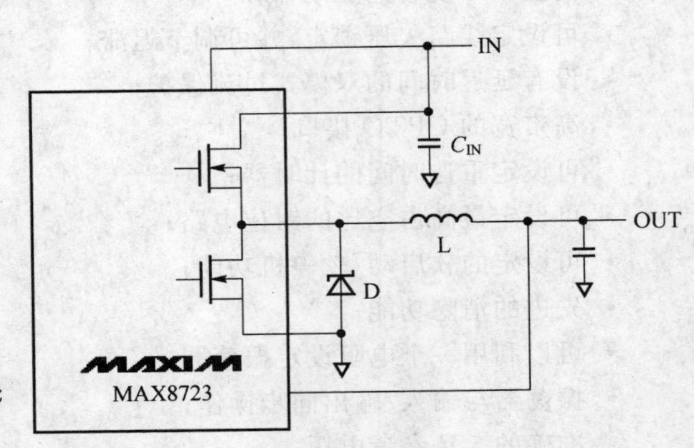

图 5.5.11 MAX8723 应用电路

高达 25 mA 的外部负载；

- 小尺寸、4 mm×4 mm、16 引脚 TQFN 封装。

5.5.10　MAX1744/1745　36 V 输入、10 W 输出、降压型 DC/DC 芯片

MAX1744 和 MAX1745 是外形小巧、线路简单、效率极高的降压控制器，具有宽输入范围、低电源电流、高输出功率及高效率等特性，非常适用于分布式电源、汽车、基站及固定电信等。它们采用 330 kHz 的高开关频率和特有的限流控制结构，大大缩小了外部元件的尺寸，它们的占空比可达 100%，可在很低压差下工作。

MAX1744/1745 引脚及应用电路如图 5.5.12 所示。效率与负载电流关系如图 5.5.13 所示。

MAX1744/1745 芯片特性如下：

- 4.5～36 V 输入；
- 驱动低成本 P 沟道开关；
- 仅 90 μA 静态电源电流；
- 效率高达 95%；
- 1.25～18 V 可调输出(MAX1745)；
- 固定 3.3 V 或 5 V 输出(MAX1744)；
- 小巧的 10 引脚 μMAX 封装；
- 备有评估板，缩短设计时间。

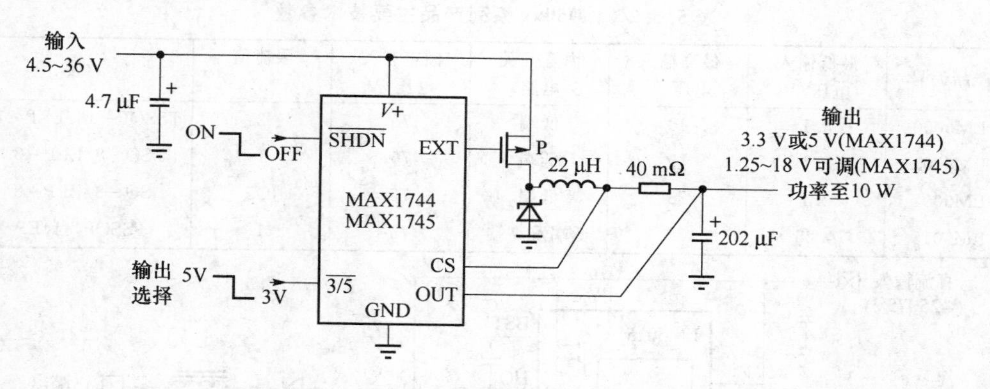

图 5.5.12　MAX1744/1745 引脚及应用电路

5.5.11　LM5015　高电压、双开关、单片、正向、降压型 DC/DC 芯片

LM5015 芯片特性如下：

- 内置两个 75 V 的 N 通道 MOSFET；
- 极广阔输入电压范围：4.25～75 V；

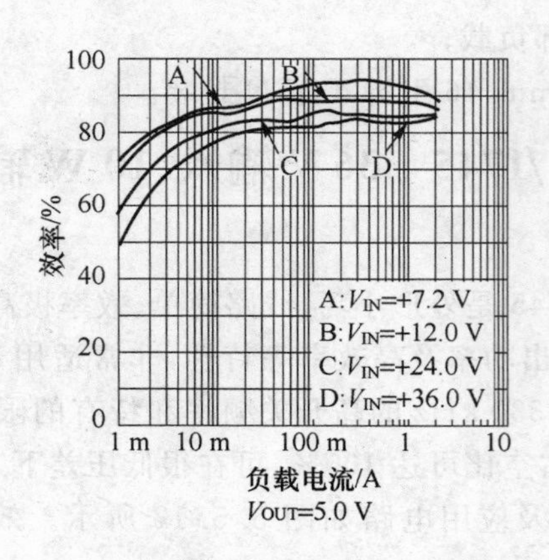

图 5.5.13 MAX1744/1745 效率与负载电流关系

- 可调整输出电压；
- 设有电流感测及限流功能；
- 电流模式控制；
- 振荡器同步功能；
- 可编程软启动。

相关应用:适用于通信设备、计算系统、工业设备、医疗设备、视频系统以及测试和测量仪表。

LM5015 芯片主要技术参数如表 5.5.2 所列,应用电路如图 5.5.14 所示。

表 5.5.2 LM50xx 系列产品主要技术参数

产品编号	最低输入电压/V	最高输入电压/V	内置开关电路	额定开关电压/V	限流值/A	封装
LM5000	3.1	40	低端	75	2	TSSOP-16/LLP-16
LM5001	3.1	75	低端	75	1	SO-8/LLP-8
LM5002	3.1	75	低端	75	0.5	SO-8/LLP-8
LM5015	4.25	75	低端及高端	75	1	TSSOP-14EP

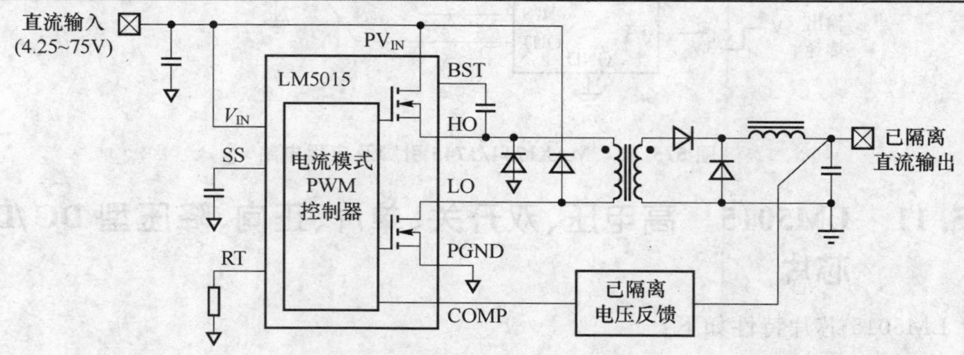

图 5.5.14 LM5015 应用电路

5.5.12 LM25010 非同步、固定导通时间、42 V、1 A、降压型DC/DC芯片

LM25010芯片采用固定导通时间结构，并设有输入电压前馈功能，因此瞬态响应极快，而且操作频率接近恒定，并集成了软启动和谷值电流限制功能。适用于非隔离电信设备稳压器，次级线圈后置稳压器以及汽车电子系统电源供应器。

LM25010芯片性能如表5.5.3所列，引脚及应用电路如图5.5.15所示。

LM25010芯片特性如下：

- 6～42 V的广阔输入电压范围；
- 谷值电流限幅设定于1.25 A；
- 可设定开关频率，最高可达1 MHz；
- 内置N通道降压开关；
- 内置高电压偏压稳压器；
- 在线路及负载变化的情况下，工作频率仍能大致保持恒定；
- 可调节输出电压；
- 准确度达±2%的2.5 V反馈参考电压；
- 可设定软启动；
- 过热关机。

固定导通时间(Constant On－Time，COT)结构的优点如下：

- 比PWM控制产品有更快的瞬态响应；
- 对输出电容量的要求较为宽松；
- 恒定的开关频率；
- 无需提供环路补偿；
- 负载较小时仍保证有极高的效率。

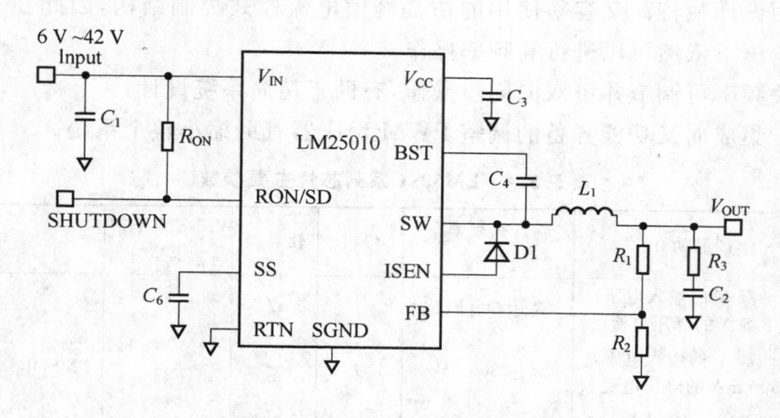

图5.5.15 LM25010引脚及应用电路

表 5.5.3 美国国家半导体固定导通时间芯片系列性能

零件编号	电路拓扑	最高 V_{in}/V	开关电流/A	频率	反馈 V_{ref}	软启动	封装
LM2694	非同步降压	30	0.6	<1 MHz(可设定)	2.5 V	有	LLP-14
LM2695	非同步降压	30	1.25	<1 MHz(可设定)	2.5 V	有	TSSOP-14,LLP-10
LM2696	非同步降压	24	3	500 kHz	1.254 V	有	TSSOP-16
LM3100	同步降压	36	1.5	<1 MHz	0.8 V	有	eTSSOP-20,LLP-16
LM5007	非同步降压	75	0.5	<1 MHz(可设定)	2.5 V	—	MSOP-8,LLP-8
LM5008	非同步降压	95	0.4	<1 MHz(可设定)	2.5 V	—	MSOP-,LLP-8
LM5009	非同步降压	95	0.15	<1 MHz(可设定)	2.5 V	—	MSOP-8,LLP-8
LM5010	非同步降压	75	1	1 MHz	2.5 V	有	TSSOP-14,LLP-10
LM5010A	非同步降压	75	1	1 MHz	2.5 V	有	TSSOP-14,LLP-10
LM25007	非同步降压	42	0.5	<1 MHz(可设定)	2.5 V	—	MSOP-8,LLP-8
LM25010	非同步降压	42	1	1 MHz	2.5 V	有	TSSOP-14,LLP-10

5.5.13 LM5005 7～75 V 输入、2.5 A、降压型 DC/DC 芯片

LM5005 芯片的结构不但可以精简系统设计，而且还可提高系统性能，是一款全新推出的 7～7.5 V 输入电压，可支持高达 2.5 A 负载电流的降压型 DC/DC 芯片。该芯片适用于电子消费产品、电信系统、数据通信系统、汽车电源系统以及分配式电源应用。

LM5005 芯片主要技术参数见表 5.5.4 所列，LM5005 芯片应用电路如图 5.5.16 所示。

LM5005 芯片特性如下：

- 内置的 75 V 功率 MOSFET 晶体管可支持高达 2.5 A 负载电流；
- 采用设计独特而又容易使用的仿真峰值电流模式控制结构，因此在 75 V 的输入电压下依然可以进行高频率操作；
- 开关频率可调节并可双向同步操作，有助于精简系统设计；
- 高度集成而又功能齐备的调整 PWM 稳压器有助缩小整个系统。

表 5.5.4 LM50xx 系列芯片主要参数

产品编号	产品简介	开头频率 (F_{SW})	停机	软启动	WEBENCH® 模拟	封装
LM5005	7～75 V 的输入电压，2.5 A 的降压电流	高达 500 kHz	√	√	√	TSSOP-20
LM5007	9～75 V 的输入电压，500 mA 的降压电流	高达 800 kHz	√	—	√	MSOP-8 LLP-8
LM5008	9～100 V 的输入电压，350 mA 的降压电流	高达 800 kHz	√	—	√	MSOP-8 LLP-8
LM5010	8～75 V 的输入电压，1 A 的降压电流	高达 1 MHz	√	√	√	TSSOP-14 LLP-10

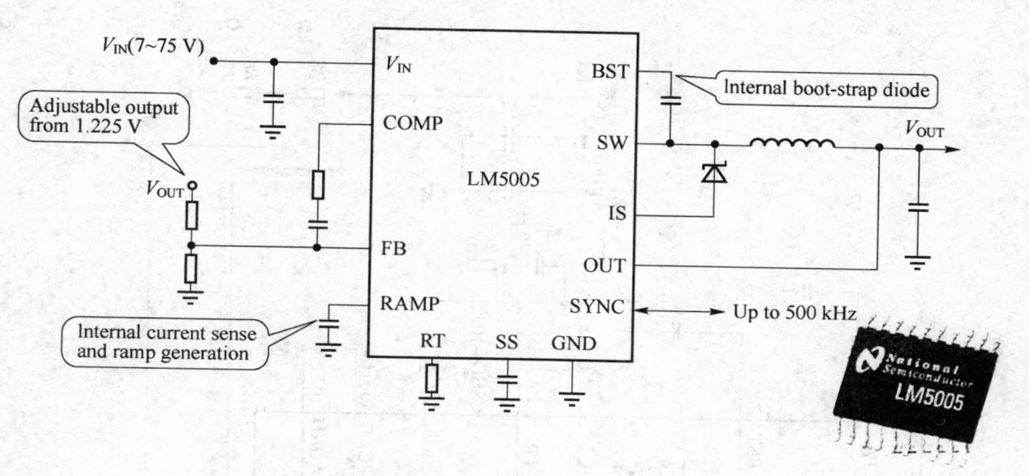

图 5.5.16 LM5005 应用电路

5.5.14 LM5576 75 V 输入、3 A、降压型 DC/DC 芯片

LM5576 芯片是一款 6～75 V 输入电压、3 A 输出电流、内置 N 沟道 MOSFET，降压型 DC/DC 芯片。该芯片具备高效率、高电压降压型稳压器的所有必要功能，而且只需添加极少的外置器件。

LM5576 芯片典型应用电路如图 5.5.17 所示。

LM5576 芯片特性如下：

- 内置 75 V、170 mΩ 的 N 通道 MOSFET；
- 6～75 V 的极广阔输入电压范围；
- 内部偏压稳压器；
- 可调节输出电压(1.225 V 以上)；
- 反馈参考电压的准确度达 1.5%；
- 电流模式控制功能可提供仿电感器电流斜波；
- 只需一个电阻便可设定振荡器频率；
- 振荡器同步输入；
- 可设定软启动；
- 停机/待机输入；
- 宽带误差信号放大器；
- 过热停机；
- 采用 TSSOP - 20EP(无掩蔽焊球)封装。

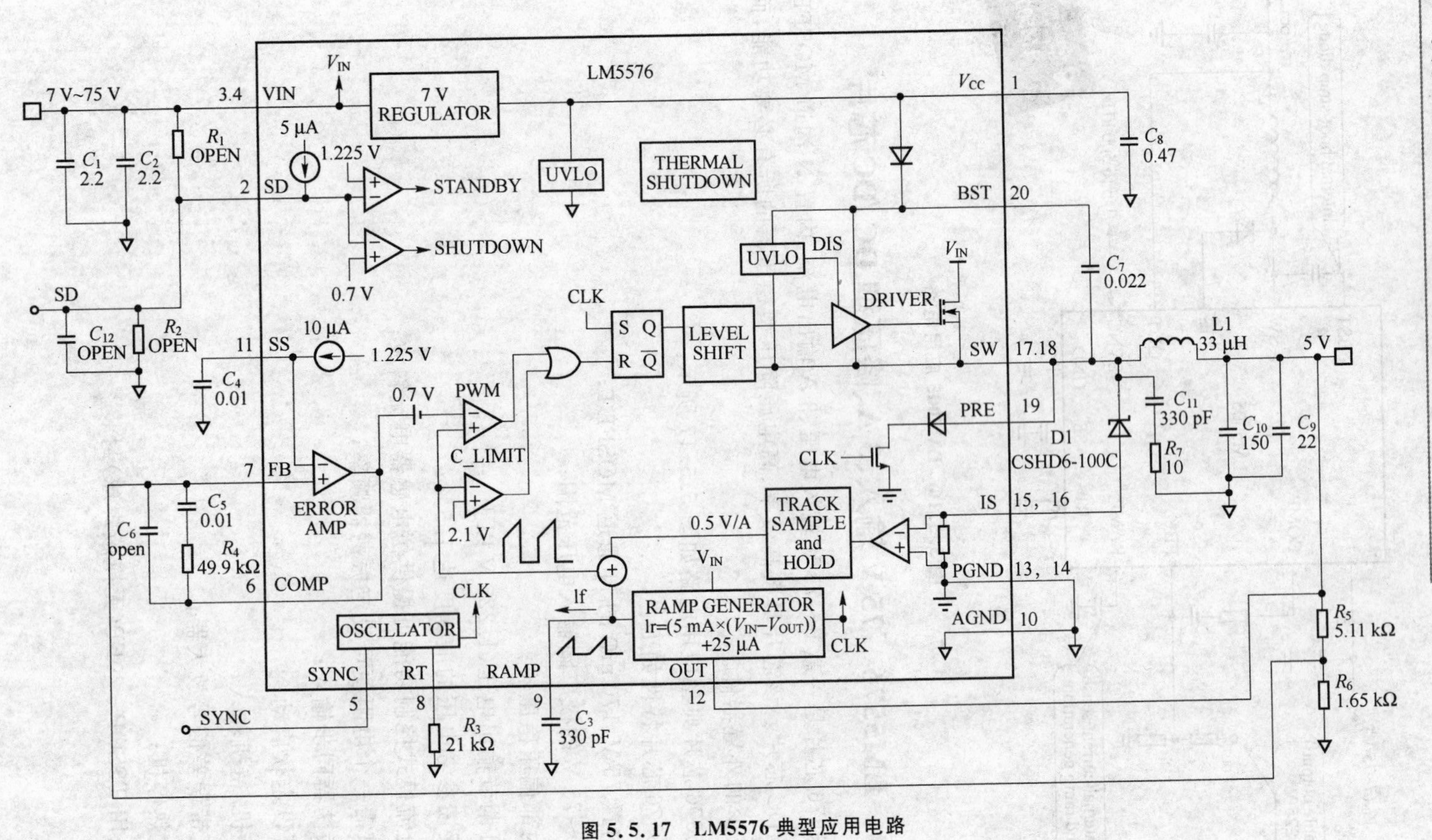

图 5.5.17 LM5576 典型应用电路

5.5.15　RT8265　异步、24 V 输入、3 A、降压型 DC/DC 芯片

Richtek 推出的 RT8265 高压高频 DC/DC 变换器，可提供高达 3 A 的输出电流，同时可工作在高达 1 MHz 的开关频率。高的开关频率以及内置的高边开关，缩减了整体方案所需的外部组件数和尺寸，也节省了电路板空间并降低了系统成本。

RT8265 芯片引脚及应用电路如图 5.5.18 所示。

RT8265 芯片特性如下：

- 提供高达 3 A 的输出电流；
- 效率高达 90%；
- 固定 1 MHz 工作频率；
- 5～24 V 输入电压；
- 0.8～15 V 可调式输出电压；
- 可使用 SOP－8 封装方式。

应用范围如下：

- 分散式电源供应系统；
- 电池充电器；
- 作为线性稳压器的预稳压器使用。

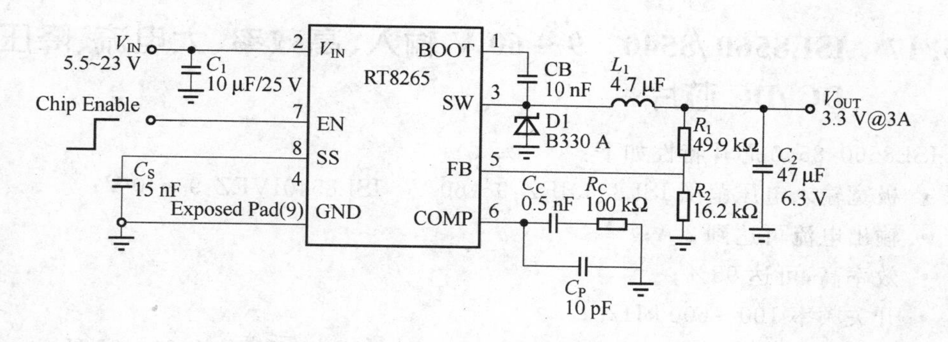

图 5.5.18　RT8265 引脚及应用电路

5.5.16　MAX8654　4.5～14 V 输入、8 A 内部开关、降压型 DC/DC 芯片

MAX8654 芯片特性如下：

- 25 mΩ 导通阻抗的 MOSFET；
- 8 A、PWM Buck 调节器，具有源出和吸入电流能力；
- 可调的 6～12 A 电流；
- 在整个负载和电源范围内 ±1% 输出精度；
- 软启动降压电源浪涌电流；
- 300 kHz～1 MHz 可调开关频率或同步输入；

- 6 mm×6 mm、36引脚TQFN封装。

MAX865x芯片引脚及应用电路如图5.5.19所示。

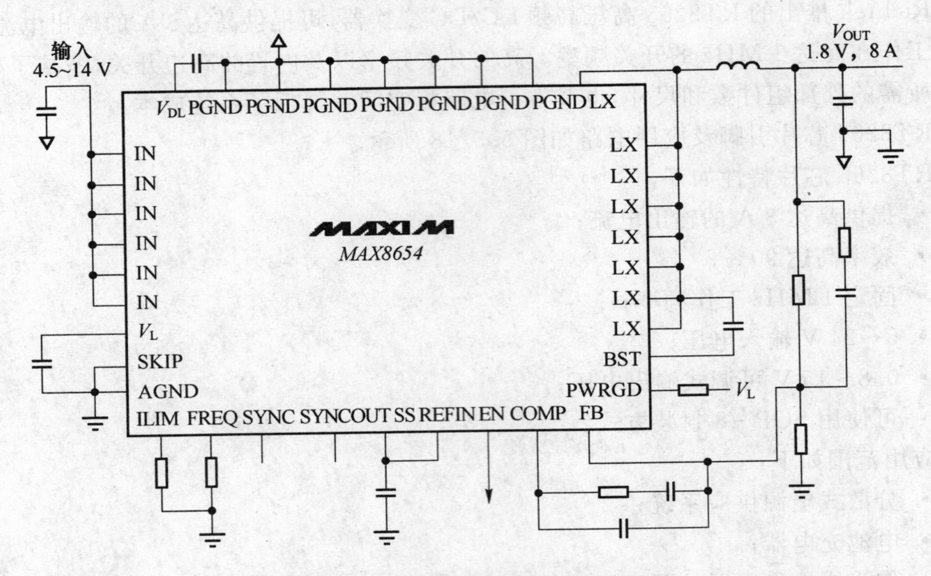

图5.5.19 MAX8654引脚及应用电路

5.5.17 ISL8560/8540 9～60 V输入、高效率、大电流、降压型DC/DC芯片

ISL8560/8540芯片特性如下：

- 极宽输入电压范围ISL8560IRZ：9～60 V ISL8540IVEZ：9～40 V；
- 输出电流可达到2 A；
- 效率高，可达95%；
- 开关频率100～600 kHz；
- 输出电压可调，ISL8560IRZ：1.21～55 V ISL8540IVEZ：1.21～35 V；
- 内部集成功率DMOS开头，无需外置MOSFET功率开关；
- 低的待机电流；
- 零负载电流工作；
- 过热保护；
- PGOOD指示；
- 工作温度范围：－40～＋85 ℃；
- 封装：ISL8560IRZ：20QFN
  ISL8540IVEZ：20HTSSOP。

应用领域如下：

- 非隔离式电信电源供电；
- 工业自动化电源供电；

- 便携式仪器；
- 电池充电供电系统；
- 医用电子设备；
- 车载电子设备；
- 监控摄像头。

ISL8560 芯片典型应用电路如图 5.5.20 所示。

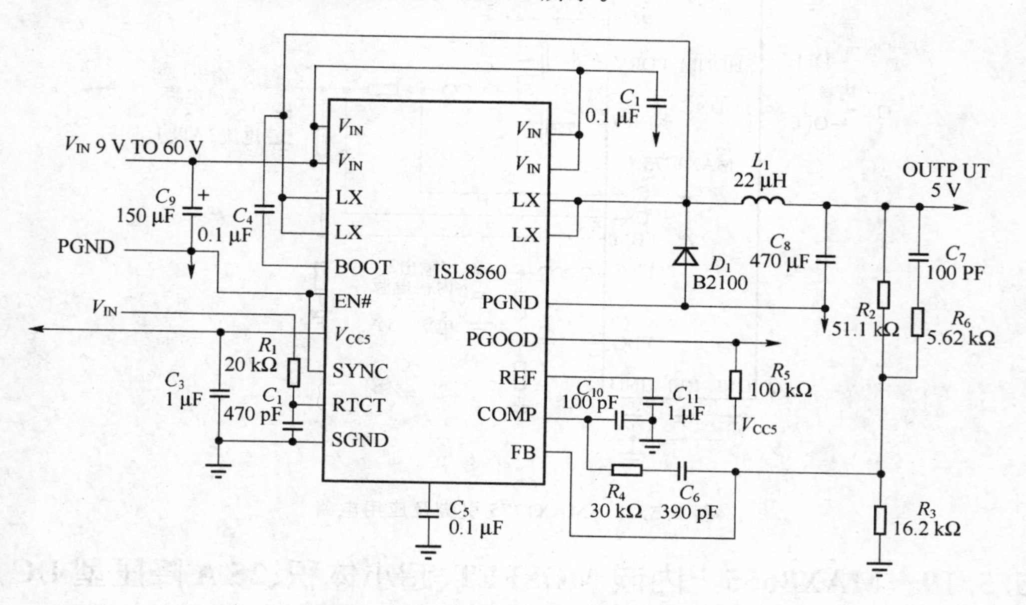

图 5.5.20 ISL8560 典型应用电路

5.5.18 MAX1775 双路、2 A 以上、降压型 DC/DC 芯片

MAX1775 允许 2.6～28 V 的输入。输出一路电流 2 A 以上、电压 2.5～5.5 V 可调的系统电源，另外一路电流 1.5 A，电压在 1～5 V 可调的内核电源。1.25 MHz 的开关频率缩小了外部元件的尺寸。

MAX1775 芯片引脚及应用电路如图 5.5.21 所示。

MAX1775 芯片特性如下：

- 2 路高效率降压转换器；
- 系统电源：2.5～5.5 V 可调，超过 2 A 的负载电流，效率高达 95%；
- 内核电源(内部开关)：1～5 V 可调，1.5 A 负载电流，效率高达 91%；
- 2.6～28 V 输入电压；
- 最大 100%占空比，适合于低压差应用；
- 高达 1.25 MHz 的开关频率；
- 系统和内核电源可独立关断；
- 170 μA 静态电流；

- 5 μA关断电流；
- 数字软启动。

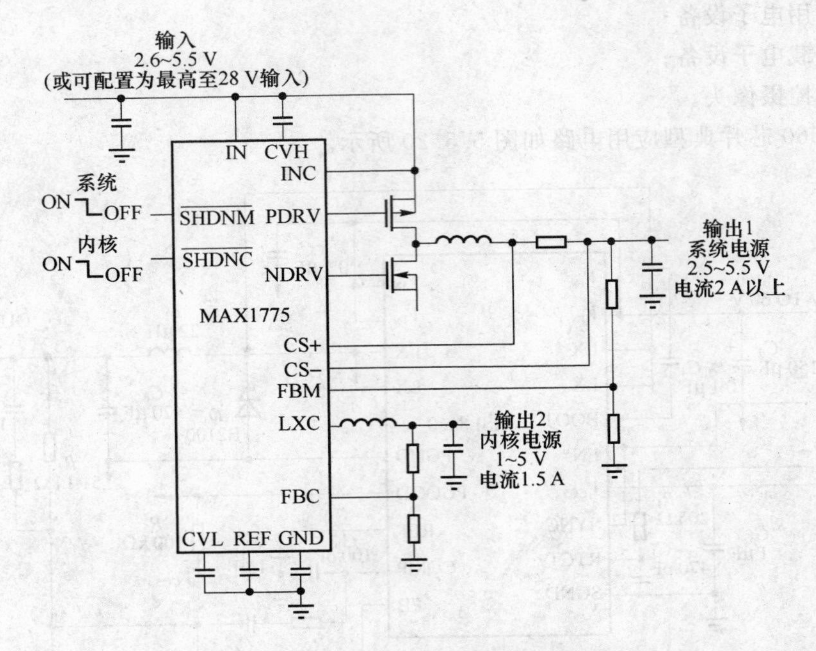

图 5.5.21　MAX1775引脚及应用电路

5.5.19　MAX8655　内嵌MOSFET、超小体积、25 A降压型DC/DC芯片

性能独特的MAX8655是完全集成的降压型DC/DC转换器，采用峰值电流控制模式，开关频率高达1.2 MHz，能够配合任何类型的输出电容工作。内部MOSFET有效减小电路板尺寸，降低EMI、简化设计。8 mm×8 mm TQFN封装，高度仅为0.8 mm，非常适合高功率密度应用。

MAX8655芯片性能如表5.5.5所列，引脚及应用电路如图5.5.22所示，效率与负载的关系曲线如图5.5.23所示。

表 5.5.5　MAX8655性能

特性	MAX8655	同类产品
输出电流/A	25	20
输入电压范围/V	4.5～28	12
封装(mm×mm)	8×8	14×14

MAX8655芯片特性如下：

- 25 A输出电流；
- 启动过程中输出电压单调上升；

- 整个温度范围内输出电压精度为±1%；
- 可调节过压保护；
- 180°相移的时钟输出；
- 外同步频率；
- 可编程斜波补偿；
- 可调节过流门限；
- 可调节折返式限流；
- 可选择限流模式：闭锁或自动恢复；
- 输出可源出或吸入电流；
- 短路保护与热保护；
- 精确的电流检测。

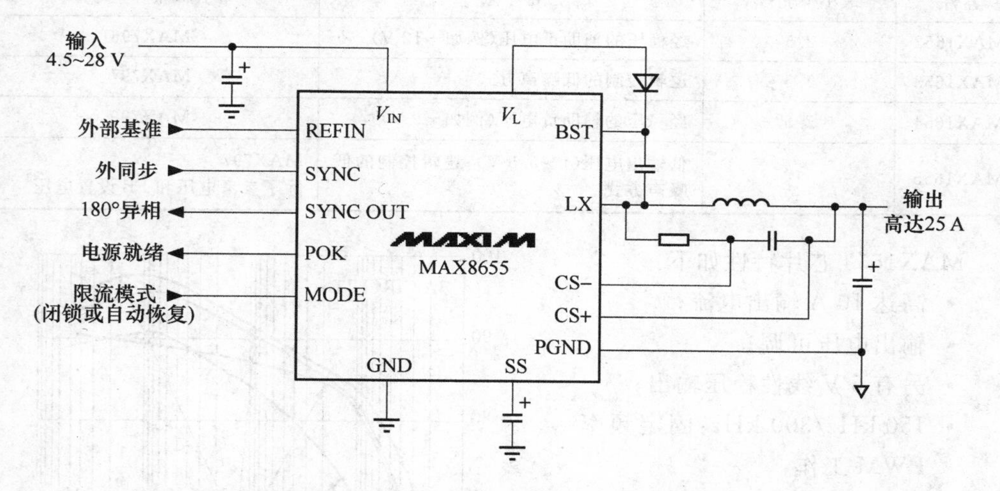

图 5.5.22 MAX8655 引脚及应用电路

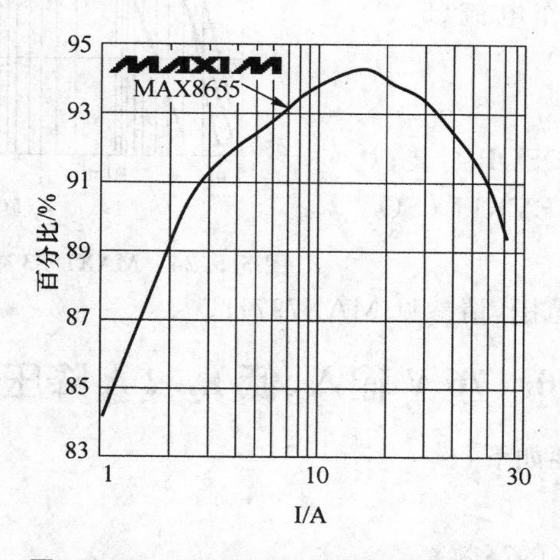

图 5.5.23 MAX8655 效率与负载的关系

5.5.20 MAX165x 升级MAX797系列、更低输出、更小封装、10 A降压型DC/DC芯片

这类高效率、PWM、步降型DC/DC控制器可接受28 V输入电压，并具有小巧的16引脚QSOP封装。MAX1653/MAX1655同时还有16引脚窄SO封装，以便升级管脚兼容的MAX797。改进内容包括：更高的工作占空比有利于更低的压差，更低的静态工作电流有利于提高轻负载时的效率，更低的输出电压范围。

MAX165x系列芯片性能如表5.5.6所列，MAX1653芯片效率与负载电流关系曲线如图5.5.24所示，典型应用电路如图5.5.25所示。

表5.5.6 MAX165x系列芯片性能

器件	最小 V_{OUT}/V	特 点	引脚兼容型号
MAX1652	2.5	经稳压的辅助正电压(例如+12 V)	MAX796
MAX1653	2.5	逻辑控制的低噪声方式	MAX797
MAX1654	2.5	经稳压的辅助负电压(例如−5 V)	MAX799
MAX1655	1	低输出电压(1～5.5 V)；逻辑控制的低噪声方式	MAX797 除了参考电压和FB设置电压

MAX1653芯片特性如下：

- 高达10 A输出电流；
- 输出电压可调；
- 另有5 V线性稳压输出；
- 150 kHz/300 kHz：固定频率PWM工作；
- 低成本，全部N沟道设计；
- 170 μA静态工作电流(5 V输出)；
- 1 μA关断模式；
- 小巧的16引脚QSOP封装；
- 备有MAX1653EVKIT(SO封装)评估套件；
- 对于40 V输入范围，请参见MAX797H。

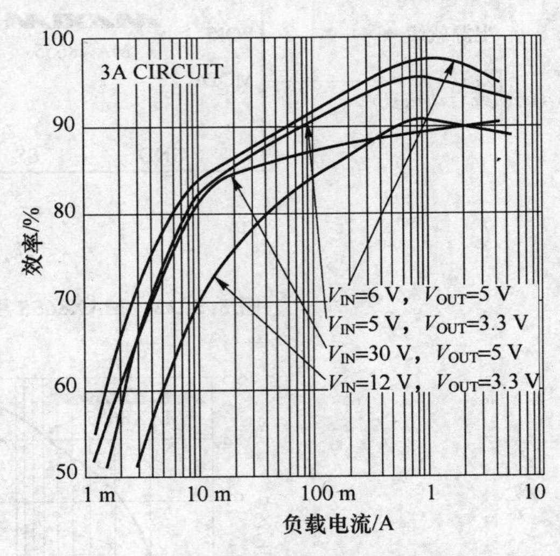

图5.5.24 MAX1653效率与负载电流关系

5.5.21 MAX5090 76 V输入、低 I_Q、2 A降压型DC/DC芯片

MAX5090芯片特性如下：

- 高性能；
- 满载下具有92%的高效率；
- 无负载时310 μA低静态电流；

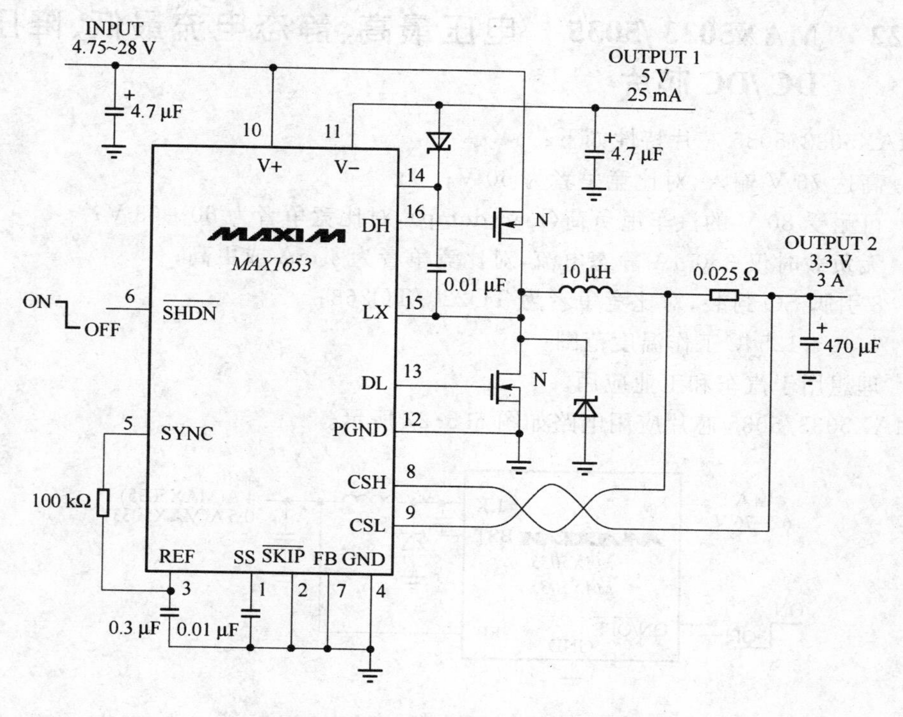

图 5.5.25 MAX1653 典型应用电路

- 19 μA 低关断电流：专为严酷的汽车环境而设计；
- 确保工作在 −40～125 ℃结温范围内；
- ＋70 ℃下，TQFN 可耗散 2.7 W 连续功率；
- 打嗝模式短路保护，避免器件发热；
- 热关断和短路限流。

MAX5090 芯片应用电路如图 5.5.26 所示。

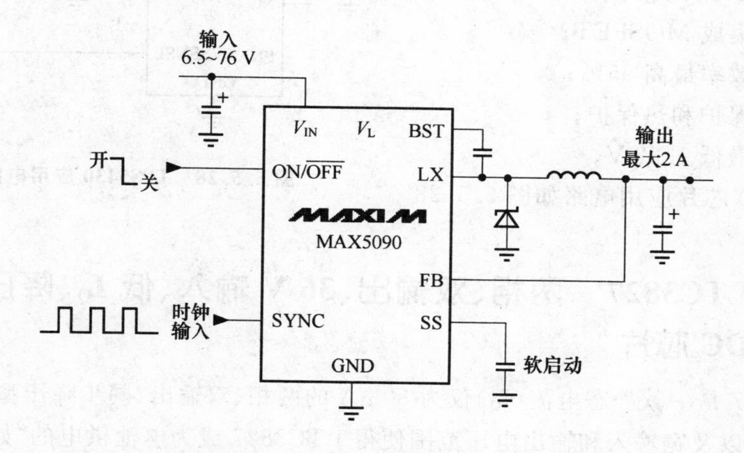

图 5.5.26 MAX5090 应用电路

5.5.22　MAX5033/5035　电压最高、静态电流最低、降压型 DC/DC 芯片

MAX5033/5035 芯片特性如下：

- 高达 76 V 输入，对比竞争者为 60 V；
- 可耐受 80 V 的汽车甩负荷(load dump)，对比竞争者为 60～63 V；
- 无负载时仅 350 μA 静态电流，对比竞争者为 4 mA 或更高；
- 8 引脚 SO 封装，对比竞争者为 TO220/TO263；
- －40～125 ℃工作温度范围；
- 理想用于汽车和工业应用。

MAX5033/5035 芯片应用电路如图 5.5.27 所示。

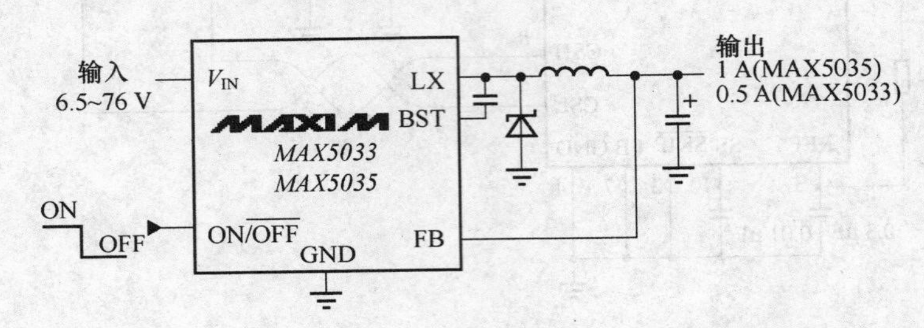

图 5.5.27　MAX5033/5035 应用电路

5.5.23　TPS5430/5420　5.5～3.6 V 输入、3 A/2 A 输出、降压型 DC/DC 芯片

TPS5430/5420 芯片特性如下：

- －40～125 ℃工作结温；
- 500 kHz 开关频率；
- 片内集成 MOSFET；
- 转换效率最高 95%；
- 过流保护和热保护；
- 输出最低 1.22 V。

TPS5430 芯片应用电路如图 5.5.28 所示。

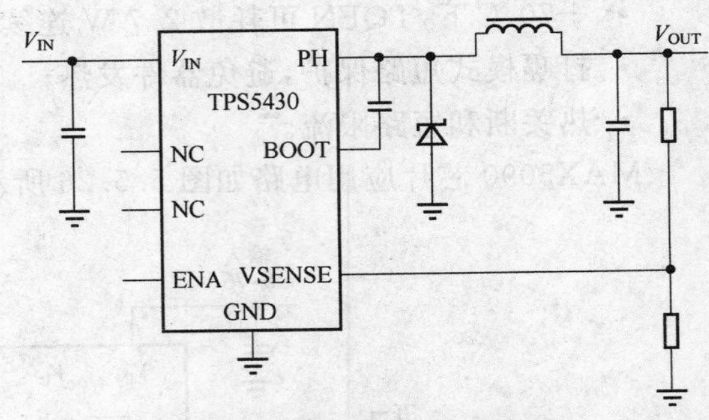

图 5.5.28　TPS5430 应用电路

5.5.24　LTC3827　两相、双输出、36 V 输入、低 I_Q、降压型 DC/DC 芯片

LTC3827 是一款静态电流(I_Q)仅为 80 μA 的两相、双输出、同步降压型 DC/DC 控制器。低 I_Q 以及宽输入和输出电压范围使得 LTC3827 成为电池供电的“始终导通”应用(例如：必须在系统处于待机模式时尽可能地节省电池储能的汽车系统)的理想选择。

利用 OPT1 - LOOP ® 补偿（旨在提高瞬态响应速度）和可锁相开关频率（用于降低系统噪声）可轻松地实现电路性能的优化。

LTC3827 芯片应用电路如图 5.5.29 所示。

LTC3827 芯片特性如下：

- 宽输入电压范围：4 V≤V_{IN}≤36 V；
- 宽输出电压范围：0.8 V≤V_{OUT}≤10 V；
- 低工作 I_Q：80 μA（一个通道接通）；
- 异相操作减小了输入电容以及由电源引发的噪声；
- ±1%输出电压准确度；
- 小外形、扁平 5 mm×5 mm QFN 和 28 引脚 SSOP 封装；
- 采用无铅封装并符合 RoHS 规范或采用标准的 SnPb 涂层。

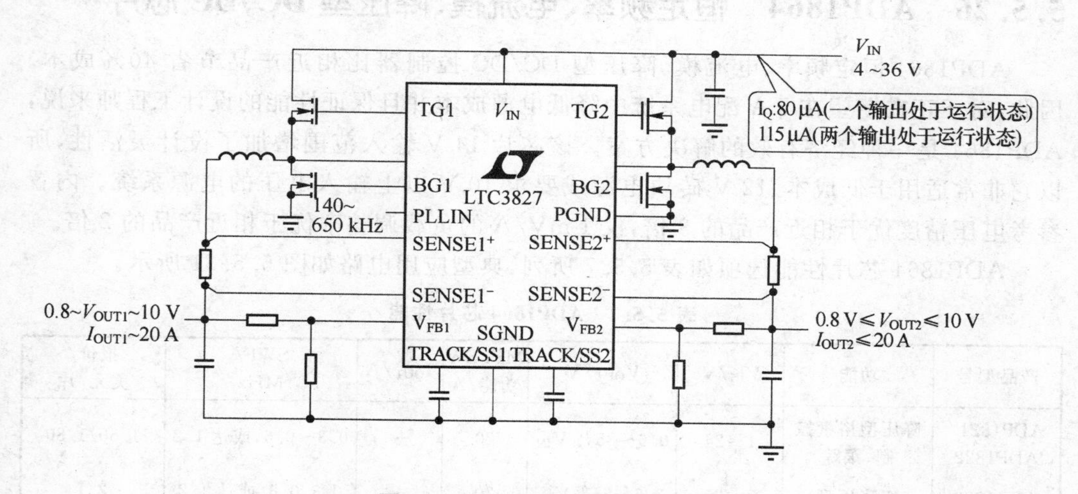

图 5.5.29　LTC3827 应用电路

5.5.25　MAX5089　频率最高、5～23 V 输入、2 A 降压型 DC/DC 芯片

MAX5089 芯片特性如下：

- 5 V±10%或 5.5～23 V 的宽 V_{IN} 范围；
- 适合宽广的汽车电压范围；
- 对 xDSL 和机顶盒的宽电压范围墙上适配器进行稳压；
- 用于控制 7～14 V 的粗调中间总线电压非常理想。
- 高效；
- 同步整流驱动器允许在宽 V_{IN} 范围内实现最高效率。
- 2.2 MHz 开关频率，避免噪声干扰敏感的 AM 波段或 ADSL2+ 频段。

MAX5089 芯片应用电路如图 5.5.30 所示。

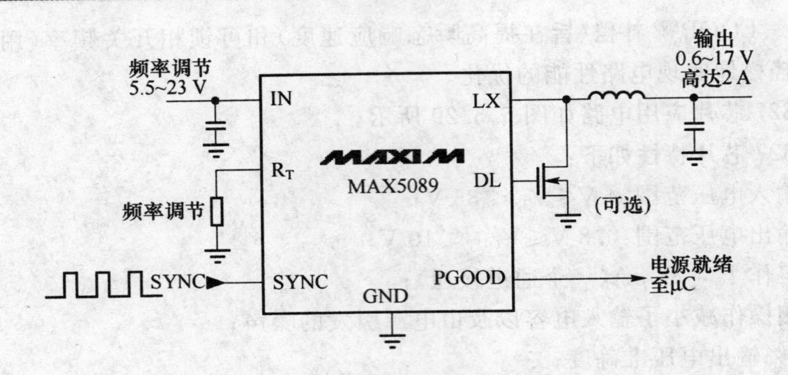

图 5.5.30　MAX5089 应用电路

5.5.26　ADP1864　恒定频率、电流模、降压型 DC/DC 芯片

ADP1864 恒定频率、电流模、降压型 DC/DC 控制器比相近产品节省 40％成本。因此，对于正在期望在 5 A 配电系统中降低电源成本并且保证性能的设计工程师来说，ADP1864 是一种经济有效的解决方案。该芯片 14 V 输入范围增加了设计灵活性，所以它非常适用于低成本、12 V 砖块电源或要求 10 V 以上输入电压的电源系统。内置参考电压精度优于相近产品的 3 倍，仅 1 mV/A 的负载调整率优于相近产品的 2 倍。

ADP1864 芯片性能选项如表 5.5.7 所列，典型应用电路如图 5.5.31 所示。

表 5.5.7　ADP1864 芯片性能

产品型号	功能	V_{IN}/V	V_{OUT}/V	Max SW 功能/A	I_{OUT}/A	SWF/MHz	报价/美元/片
ADP1821/ADP1822	降压型裕量控制、跟踪	1～24	0.6～85％ V_{IN}	20	—	0.3～0.6，或达 1.2	1.50/1.80
ADP1823	双降压型	3～20	0.6～85％V_{IN}	20	—	0.3，0.6，或达 1.2	2.1
ADP1864	降压型	3.15～14	降至 0.8	5	—	0.55	1.05

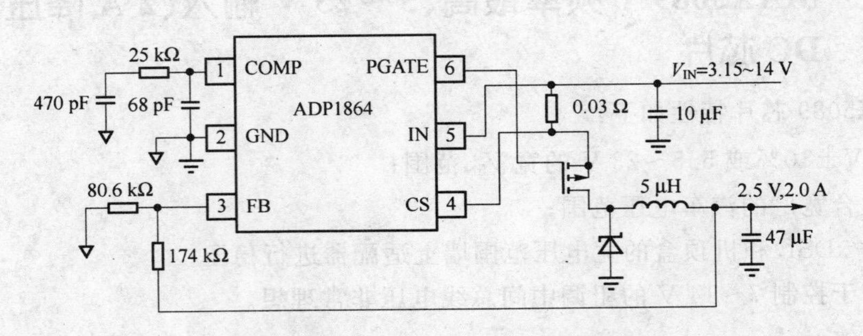

图 5.5.31　ADP1864 典型应用电路

ADP1864 芯片特性如下：

- 参考电压：±1.25％，0.8 V；
- 可编程电流门限；

- 内部软启动；
- 热过载保护；
- 过压保护；
- 欠压锁定；
- 待机电流：7 μA；
- 温度范围：－40～＋85 ℃；
- 输入范围：14 V。

应用范围如下：

- 高级电视电源；
- 医学图像处理系统；
- 微处理器内核电源；
- 移动通信基站；
- 分布式电源；
- DSP内核电源。

5.5.27 ST1S10 高效率、同步、3 A、降压型DC/DC芯片

ST1S10芯片特性：

- 降压电流模式PWM变换器；
- 输入电压范围：2.5～1.8 V；
- 同步开关频率：400 kHz～1.2 MHz；
- 输出电压可调：0.8 V；
- 内置软件开关；
- 典型效率：90%；
- 备用电源电流：最大6 μA；
- 动态短路保护；
- 封装：DFN8
  SO-8。

ST1S10芯片主要技术参数如表5.5.8所列，应用电路如图5.5.32所示。

表5.5.8 ST1S10芯片主要技术参数

Part number	Typology	I_{out}[A]	V_{in} range [V]	Frequency [MHz]	Additional functionality
ST1S03	Step-down	1.5	3～16	1.5	
ST1S09	Step-down	2	2.5～5.5	1.5	Power good or inhibit
ST1S10	Step-down	3	2.5～18	0.4～1.2	Inhibit
ST2S06A	Step-down	0.5(×channel)	2.5～5.5	1.5	Reset
ST2S06B	Step-down	0.5(×channel)	2.5～5.5	1.5	Inhibit
ST1S12	Step-down	0.7	2.5～6	1.7	Inhibit
ST8ROO	Step-up	1	4.5～6	1.2	True shut down

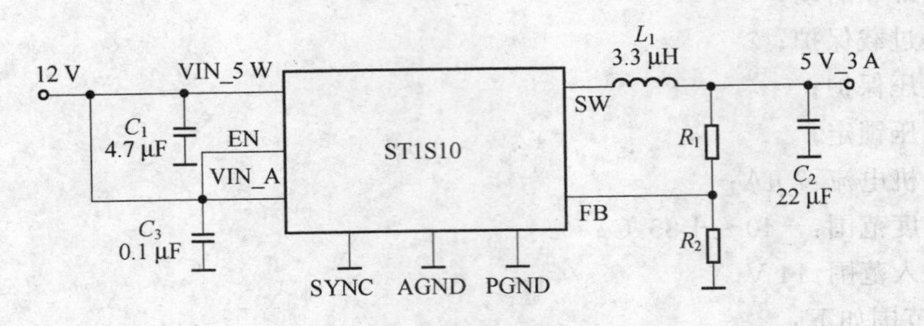

图 5.5.32　ST1S10 应用电路

5.5.28　MAX5037/5038/5041　双相、60 A、降压型 DC/DC 芯片

MAX5037/5038/5041 特性如下：

- 两相提供高达 60 A 输出，极少的外部元件，更低的系统成本；
- 更小的电感和更小(或更少)的外部 MOSFET，缩小了大尺寸元件；
- 利用无损耗有源自适应电压定位技术，仅需很少输出电容，便可实现 95%的峰值效率和优异的负载瞬态响应；
- 如果某一相失效，立即警告 μP，电源即将失效。

MAX5037/5038/5041 芯片效率与输出电流及输入电压关系如图 5.5.33 所示，应用电路如图 5.5.34 所示。

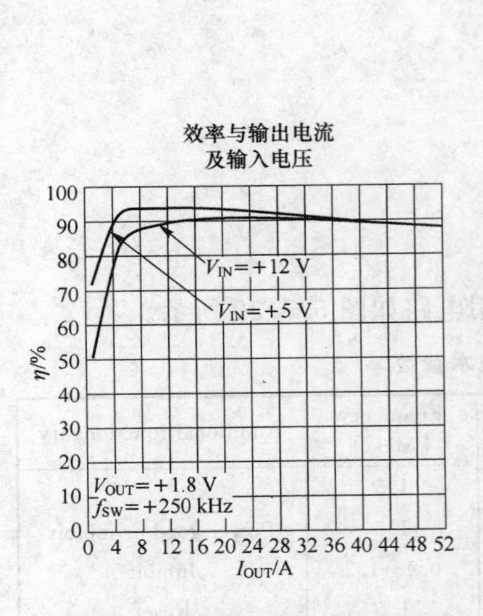

图 5.5.33　MAX5037/5038/5041 效率与输出电流及输入电压关系

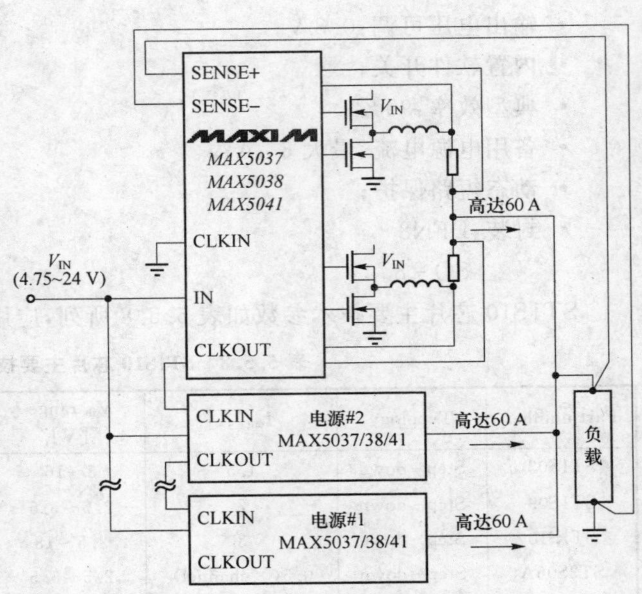

图 5.5.34　MAX5037/5038/5041 应用电路

5.5.29　MAX1626　2 A降压型DC/DC芯片

MAX1626芯片特性如下：

- 最低压差：100%占空比(2 A时为350 mV)；
- 从10 mA～2 A效率>90%；
- 70 μA电源电流；
- 1 μA(最大)逻辑控制关闭方式；
- 8引脚SO封装；
- 300 kHz限流PFM控制；
- MAX1626EVKIT－SO评估组件；
- 另见：MAX1627(可调输出)。

MAX1626效率与负载电流关系如图5.5.35所示，应用电路如图5.5.36所示。

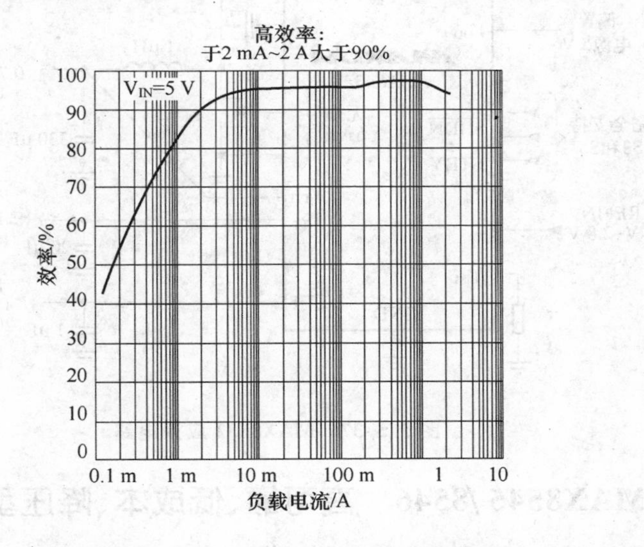

图5.5.35　MAX1626效率与负载电流关系

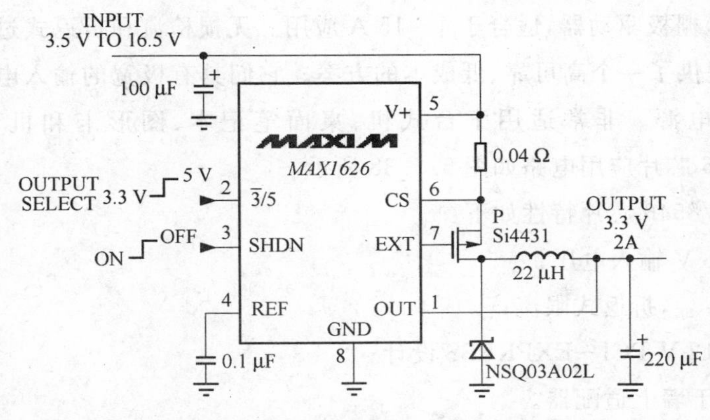

图5.5.36　MAX1626应用电路

5.5.30　MAX8632　最低成本、完全集成、15 A 降压型 DC/DC 芯片

MAX8632 降低了 V_{DDQ} 和 V_{TT} 电源输出电容的尺寸和成本，使其成为最低成本的 DDR 存储器电源方案。V_{DDQ} 电源是一个±15 A 的 DC/DC 控制器，采用 Maxim 专有的 Quick－PWM™快响应架构，能够在 100 ns 内响应负载瞬变，降低了输出电容要求。保护功能包括欠压(UVP)、过压(OVP)、过流和数字软启动。V_{TT} 电源是内置开关和可吸入/源出 3 A 电流的 LDO，只需要 20 μF 陶瓷电容即可稳定工作。

MAX8632 芯片应用电路如图 5.5.37 所示。

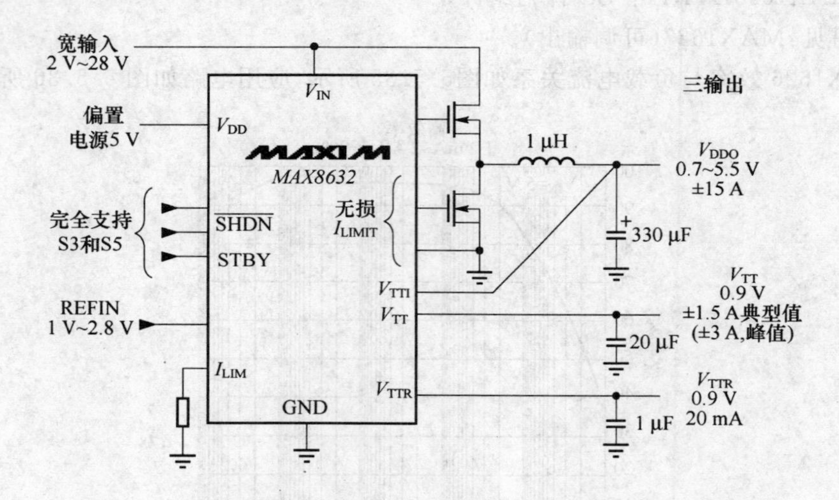

图 5.5.37　MAX8632 应用电路

5.5.31　MAX8545/8546　高可靠、低成本、降压型 DC/DC 芯片

MAX8545 和 MAX8546 电压模式、3000 kHz PWM 降压 DC/DC 控制器具有强劲的 2.5 Ω(典型)栅极驱动器，适合于 1～15 A 应用。无损检流和折返式过流保护(降低功耗达 80%)提供了一个高可靠、低成本的方案。它们具有极宽的输入电压范围，省掉了额外的偏置电源。非常适用于台式机、桌面笔记本、图形卡和机顶盒等设备。MAX8545/8546 芯片应用电路如图 5.5.38 所示。

MAX8545/8546 芯片特性如下：

- 2.7～28 V 输入电压；
- 无损 I_{SENSE}，折返式限流；
- 3.3 V/12 V PCI－EXPRESS 设计；
- 可工作于墙上适配器。

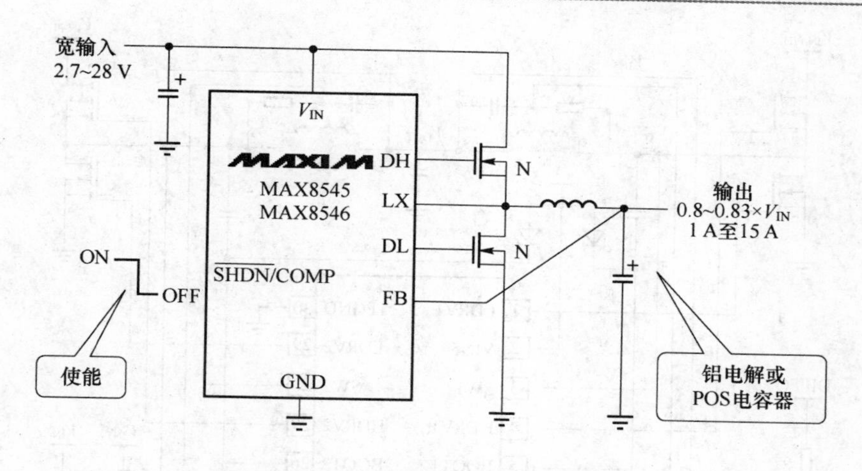

图 5.5.38 MAX8545/8546 应用电路

5.5.32 TPS40130 两相、30 A、降压型DC/DC芯片

TPS40130 芯片特性如下：

- 两相交错式(interleaved)操作；
- 集成的自适应栅极驱动器；
- 3～40 V 功率级的工作范围；
- 每相高达 1 MHz 的可编程开关频率；
- 带强制电流共享的电流控制；
- 真正的遥感差动放大器。

应用范围如下：

- DDR 存储体；
- 显卡；
- 因特网服务器；
- 网络设备；
- 电信设备；
- DC 电源分布式系统。

TPS40130 芯片引脚及应用电路如图 5.5.39 所示，TPS40130 芯片主要技术参数如表 5.5.9 所列。

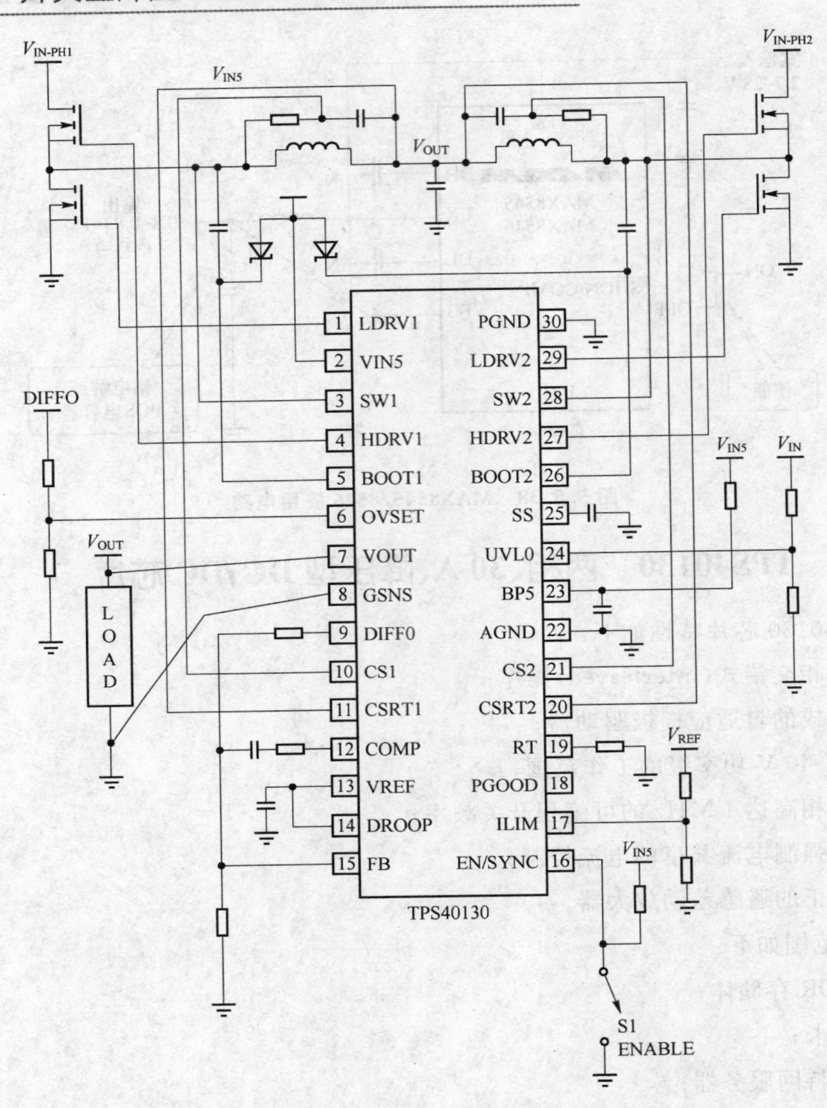

图 5.5.39 TPS40130引脚及应用电路

表 5.5.9 TPS40xxx系列芯片主要技术参数

器 件	V_{IN}（最小）	V_{IN}（最大）	每相 I_{OUT}/A	相数	引脚/封装
TPS40007/09	2.25	5.5	15	1	10-HTSSOP
TPS40020/21	2.25	5.5	25	1	16-HTSSOP
TPS40054/55/57	8	40	20	1	16-HTSSOP
TPS40060/61	10	55	10	1	16-HTSSOP
TPS40070/71	4.5	28	20	1	16-HTSSOP
TPS40090/91	4.5	15	30	4	24-TSSOP
TPS40130	3	40	30	2	30-TSSOP

5.5.33 MAX1685 高效率、2.7～14 V 输入、1 A 降压型 DC/DC 芯片

MAX1685 是一款高效率、内置低导通电阻功率开关及同步整流器。输入电压 2.7～14 V，最大输出电流为 1 A 的降压型 DC/DC 芯片。它具有电路简单、转换效率高达 96%，工作频率为 600 kHz、低噪声等特性，适用于蜂窝电话、具有通信功能的 PDA、手持终端等系统。

MAX1685 芯片主要特点如下：

- 输入电压范围为 2.7～14 V；
- 输出电压可调，范围为 1.25 V～V_{IN}，最大输出电流为 1 A；
- 内置 0.24 Ω P 沟道导通阻抗，转换效率高达 96%；
- 正常工作静态电流为 150 μA，停机模式下静态电流为 2 μA；
- 具有 4 种工作模式：固定频率 PWM 模式、正常工作模式、低功耗模式和停机模式；
- 工作频率与外部时钟同步；
- 采用节省空间的 16 引脚 QSOP 封装；
- 可提供 3 V/5 mA、精度为 1% 的电压基准。

MAX1685 的引脚排列如图 5.5.40 所示，内部结构如图 5.5.41 所示，各引脚功能如下：

- 1 引脚(CVH)：高端 MOSFET 管栅极偏置端，通过一个 0.1 μF 的电容旁路到 IN；
- 2 引脚(AIN)：模拟供电电压输入端；
- 3 引脚(IN)：供电电压输入端；
- 4 引脚(CVL)：逻辑电路供电输出端；
- 5 引脚(AGND)：模拟地；
- 6 引脚(REF)：1.25 V 电压基准输出端；
- 7 引脚(FB)：双模式工作反馈输入端；
- 8 引脚(CC)：积分电容连接端；
- 9 引脚(SYNC/PWM)：同步整流/脉宽调制输入端；
- 10 引脚(ILIM/SS)：电流限制/软启动输入端；
- 11 引脚($\overline{STBY}$)：备用控制输入端；
- 12 引脚(BOOT)：自举电路输入端，连至 V_{OUT} 时，输出电压小于 5.5 V，连至 AGND 时，输出电压大于 5.5 V；
- 13、14 引脚(LX)：电感连接端，在 LX 和 OUT 之间连接电感；
- 15 引脚($\overline{SHDN}$)：关断输入流，低电平有效；
- 16 引脚(PGND)：功率地。

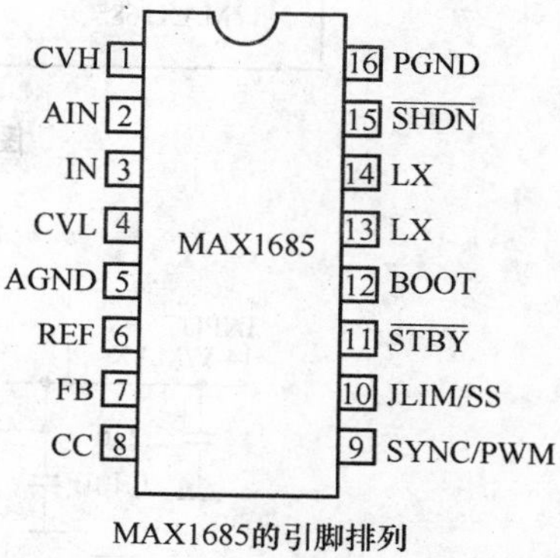

图 5.5.40 MAX1685 引脚排列

图 5.5.42 是 MAX1685 在便携式产品电源设计中的应用电路。

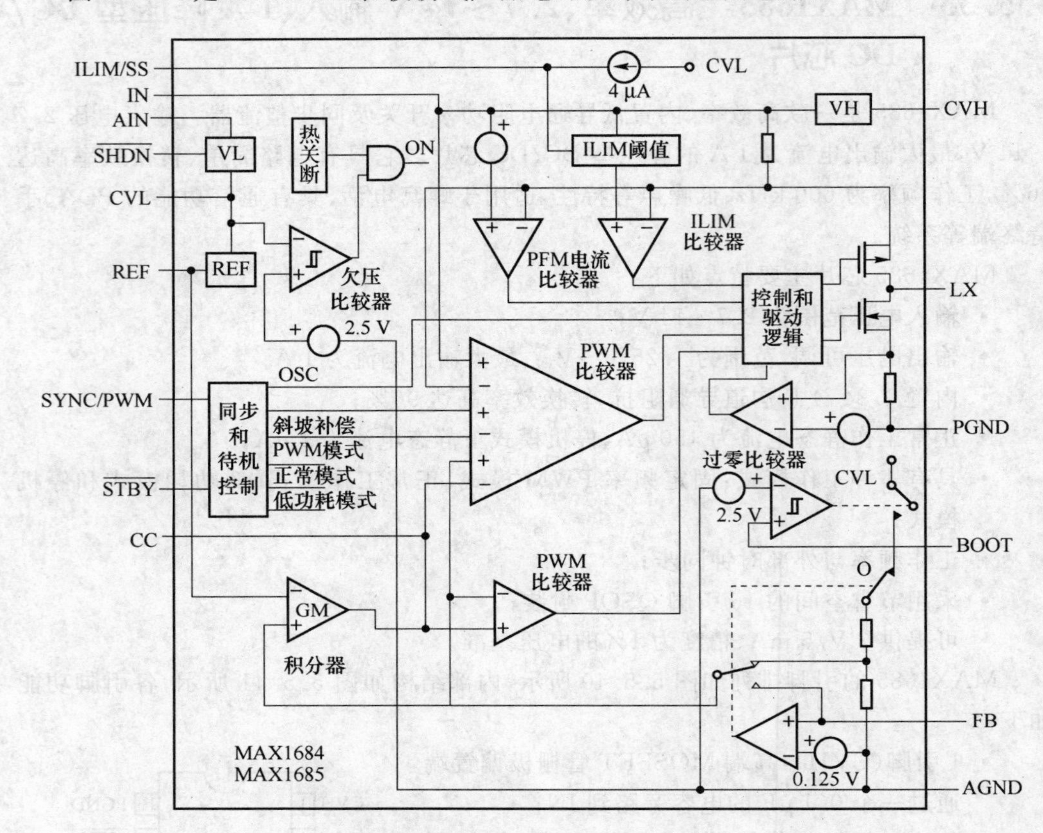

图 5.5.41　MAX1685 内部结构

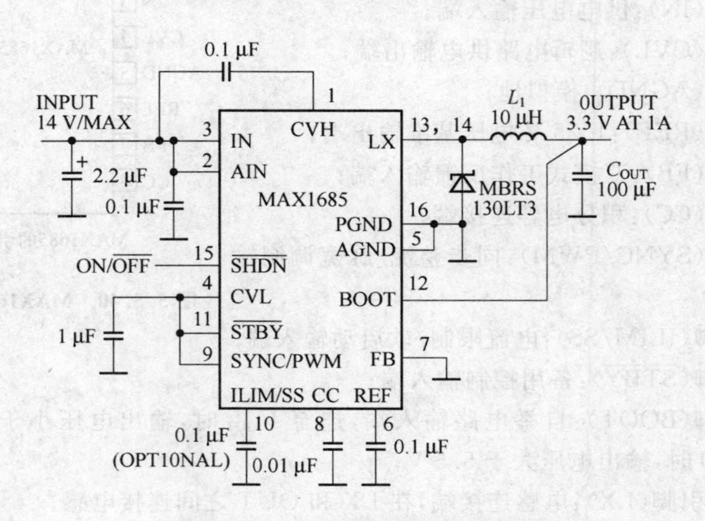

图 5.5.42　MAX1685 典型应用电路

由于输出电压为 3.3 V,所以 BOOT 引脚接 V_{OUT},FB 引脚接地。工作模式选择为正常模式,所以 CVL、SYNC/PWM 和 $\overline{STBY}$ 引脚通过一只 1 μF 电容接地。这样只需很少的外接元件,就可以构成输出电压为 3.3 V、电流为 1 A 的稳压电路。由于其 PWM 的工作频率达 600 kHz,因此可以使用体积很小的表面贴装元件,如电容、电感等,从而使器件小且轻。另外,在该应用电路中,由于转换效率最高可达 96%,因此不需要加散热片,只需使用 MAX1685 背面与 PCB 板接触部分的覆铜散热。

5.5.34 LT1936 低输出电压、降压型 DC/DC 芯片

Linear 技术公司的开关模式降压稳压器 LT1936 芯片(IC_1)在其输入 V_{IN} 和开关输出(SW)端之间有一个内部高侧 NPN 功率晶体管。为获得最高效率,高侧 NPN 晶体管需要一个高于输入电压的基极电压。图 5.5.43 所示电路可以在输出电压大于 3 V 时良好工作。

图中,由二极管 D_2 和电容器 C_5 构成的电荷泵维持 Boost 引脚的 3 V 电压高于 V_{IN}。当 LT1936 的内部功率晶体管关断时,SW 的电压通过 D_1 接地。升压电容器 C_5 由 V_{OUT} 通过 D_2 充电到 3 V。当功率晶体管导通时,SW 的电压跳至 V_{IN},Boost(升压)引脚的电压跳到 V_{IN}+3 V,因此有足够的裕度将功率晶体管驱动到饱和状态,以获得最大效率。

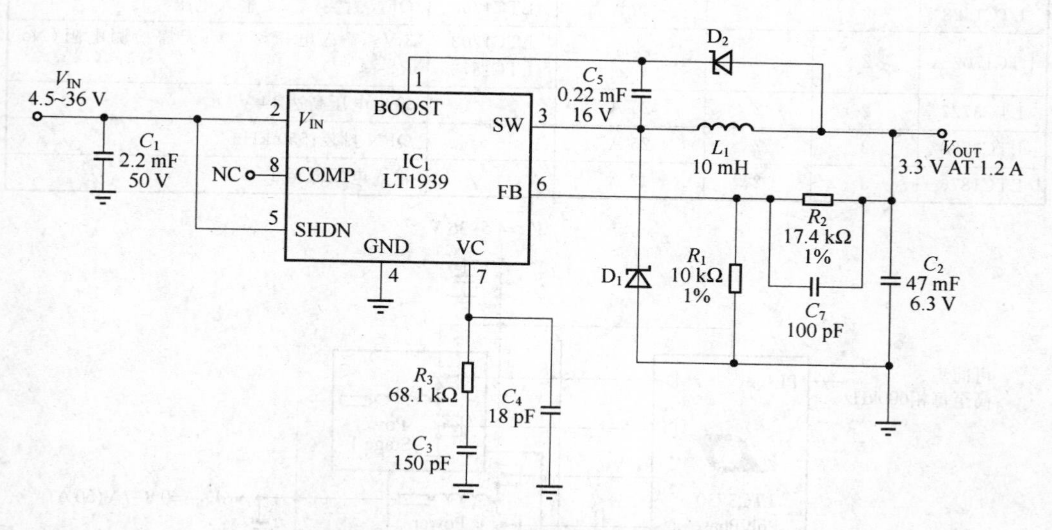

图 5.5.43 LT1936 芯片应用电路

为在 3.3 V 或 3.3 V 以上的输出电压下高效工作,由 D_2 和 C_5 组成的电荷泵产生一个电压提升,为 IC_1 内部的开关晶体管提供足够的驱动。

5.5.35 LTC3730 无需散热片、60 A 降压型 DC/DC 芯片

多相 DC/DC 转换能够大限度缩减电容器件的应用数目并优化瞬态响应。凌特公司的产品库中集合了 20 多种不同类型的多相器件,包括单路和双路输出控制器。除板

上带有MOSFET驱动器的单封装1、2或3相位控制器件之外4、6、8、9、10以及12相位配置可构造成为在低于1 V电压下处理高达240 A电流。电流模式结构还能确保功率级之间的精确电流平衡。

LTC3730芯片是凌特公司多相器件中的一款，该芯片支持3相运作，每相工作频率高至600 kHz，输入电压4～36 V，最大输出电流60 A。

LTC3730芯片性能选项如表5.5.10所列，应用电路如图5.5.44所示。

表5.5.10 LTCxxxx系列性能表

型号	输出数目	相位数目	最大输出电流	5位VID型号	特点
LTC1929	1	2	42 A	LTC1709	4 V≤输入电压≤36 V
LTC3716	1	2	42 A	包括在内	用于Intel Tualatin处理器
LTC3719	1	2	42 A	包括在内	用于AMD Hammer处理器
LTC1629	1	2～12	42～420 A		可扩展至6枚IC，12相
LTC3729	1	2～12	42～420 A		QFN封装；550 kHz；可扩展
LTC3730	1	3	60 A	包括在内	4 V≤输入电压≤36 V；IMVP Ⅲ
LT3732	1	3	60 A	包括在内	用于Intel VRM 9.0、9.1
LTC3731	1	3～12	60～240 A		4V≤输入电压≤36 V；可扩展
LTC3701	2	2	5 A		16引线SSOP封装
LTC1628	2	2	25 A	LTC1708	QFN封装；4 V≤输入电压≤36 V
LTC1702 A	2	2	25 A	LTC1703 LTC1873	3 V≤输入电压≤7 V；无需检测电阻（No R_{SENSE}™）
LTC3727	2	2	25 A		输出电压高达14 V
LTC3728	2	2	25 A		QFN封装；550 kHz
LTC1876	3	2	42 A		输入电压低至1.5 V

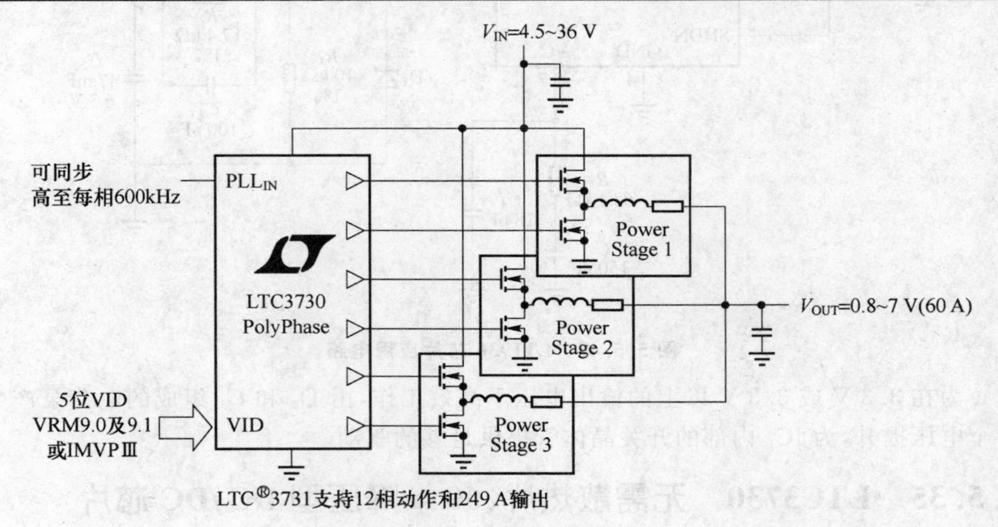

图5.5.44 LTC3730应用电路

LTC3730 芯片特性如下：

① 集成 MOSFET 驱动器：

- 极小型方案；
- 无需外部 FET 驱动器 IC。

② 固定频率动作：

低输出噪声和较小输出滤波。

③ ±5%电流平衡：

- 极低热应力；
- 细小电感器和 MOSFET。

5.5.36 LM25576 高集成度、3 A、降压型 DC/DC 芯片

LM25576 芯片是新推出的高集成度降压稳压器的其中一款，其特点是采用了仿电流模式控制设计。

LM25576 芯片可以检测输入电压及输出电压，以便产生驱动电流，为外置斜波电容器(C_{RAMP})充电。降压开关启动后的每一周期内，电容器电压都会以线性方式上升。降压开关关闭后，斜波电容器便会自行放电。为了确保正常操作，设定斜波电容器时，必须确保其电容值与输出电感器的电感值成正比。开始时最好选用以下的斜波电容值：$C_{RAMP}=L\times10^{-5}$，公式中的 L 以 Henry 为计算单位，而 C_{RAMP} 则以 Farad 为计算单位。产生模拟降压开关电流信号的最后一个必要步骤是将采样及保持电路传来的消隐电平信号与斜波电容器电压信号相加。这样控制器便可发挥类似峰值电流模式的控制，但电流检测信号又不会出现延迟及瞬态响应。

LM25576 芯片内置专用的限流比较器，可将每一周期的模拟峰值电流限定在固定的范围内，以便为芯片提供输出过载保护。

LM25576 芯片应用电路如图 5.5.45 所示。

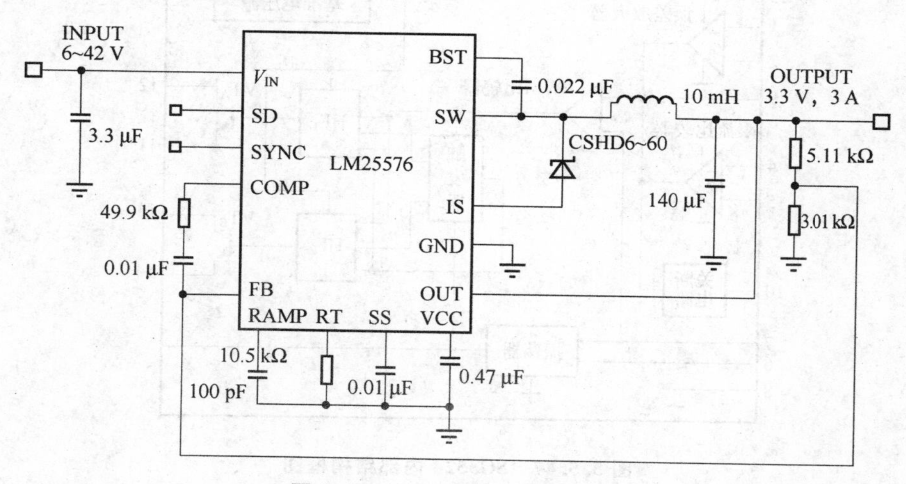

图 5.5.45 LM25576 应用电路

5.5.37 SG3524 双端输出、5 A、降压型 DC /DC 芯片

SG3524 是美国硅通用(Silicon General)公司生产的双端输出式脉宽调制器，其工作频率高于 100 kHz，工作温度为 0～70 ℃，适宜构成 100～500 W 中功率推挽输出式开关电源。SG3524 采用 DIP－16 型封装，引脚排列如图 5.5.46 所示，其内部结构如图5.5.47 所示。

图 5.5.46 SG3524 引脚排列图

图 5.5.48 是用 SG3524 构成的双端推挽输出式＋5 V、5 A 开关电源的电原理图。6 引脚和 7 引脚对地分别接有 R_5(2 kΩ)和 C_2(0.02 μF)，可计算出其振荡频率约为 30 kHz。＋5 V 输出电压经取样电阻器 R_1(5 kΩ)、R_2(5 kΩ)分压后获得＋2.5 V 的取样电压，并送至误差放大器反相输入端；＋5 V 基准电压由采样电阻器 R_3(5 kΩ)、R_4(5 kΩ)分压成＋2.5 V 电压，接同相输入端。当 U_o 上升时，SG3524 内部误差电压 U_r 将上升，U_B 的脉冲宽度将变窄，经输出电路迫使 U_o 下降，从而达到稳压目的。R_8(1 kΩ)、R_9(1 kΩ)是内部 VT_A、VT_B 的负载电阻器，推挽式功率输出电路由 VT_1、VT_2 组成。T 为高频变压器。过流检测电阻器 R_7(0.1 Ω)经 4、5 引脚引入过流保护电路，其大小决定着输出电流的极限值。VD_1、VD_2 均采用肖特基二极管(BYW51)组成全波整流器。L(100 μH)为滤波电感器，C_5(1500 μF)为滤波电容器。C_3(100 pF)、R_6(51 kΩ)是误差放大器的频率补偿元件。市电经电源变压器和整流滤波电路得到设计要求的未稳压的直流电并从 U_i 处输入，该电源即可正常运行，输出电压为 5 V，可提供 5 A 的稳定直流电压。

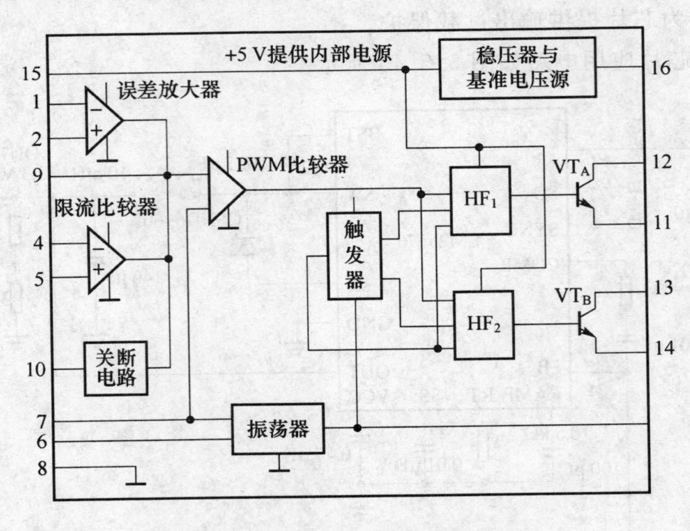

图 5.5.47 SG3524 内部结构框图

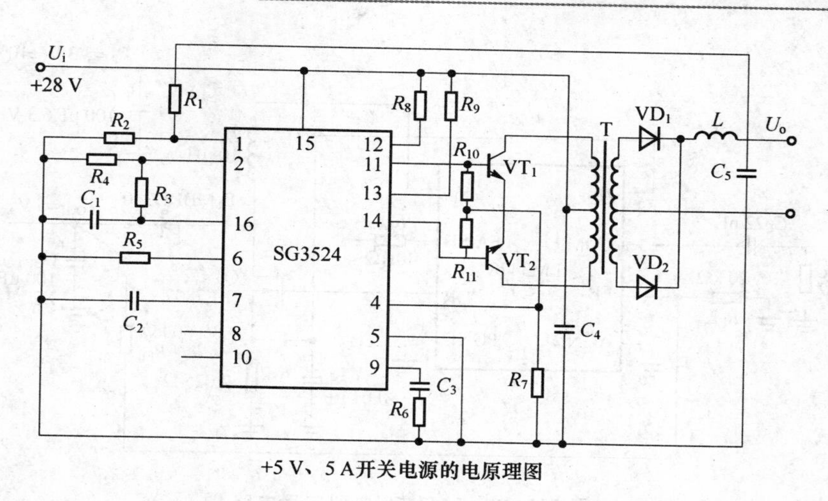

图 5.5.48　SG3524 应用电路

5.5.38　LM3478　高效率、2 A、降压型 DC/DC 芯片

LM3478 芯片特性如下：

- 2.97～40 V 的广阔供电电压范围；
- 100 kHz～1 MHz 的可调节时钟频率；
- 在广阔的温度范围内，内部参考电压的误差率不会超过±2.5%；
- 在广阔的温度范围内，停机电流不会超过 10 μA；
- 可输出 1 A 峰值电流的内置推挽式驱动器；
- 设有电流限幅及过热停机功能；
- 频率补偿功能另有电容器及电阻为其提供支持，因此可以发挥更高的性能；
- 内部软启动；
- 能以电流模式操作；
- 可提供磁滞的欠压锁定功能；
- 采用 8 引脚的 Mini-SO8(MSOP-8)封装。

应用范围如下：

- 分布式电源供应系统；
- 电池充电器；
- 后备电源供应系统；
- 电信设备电源供应系统；
- 汽车电源供应系统。

LM3478 芯片典型应用电路如图 5.5.49 所示。

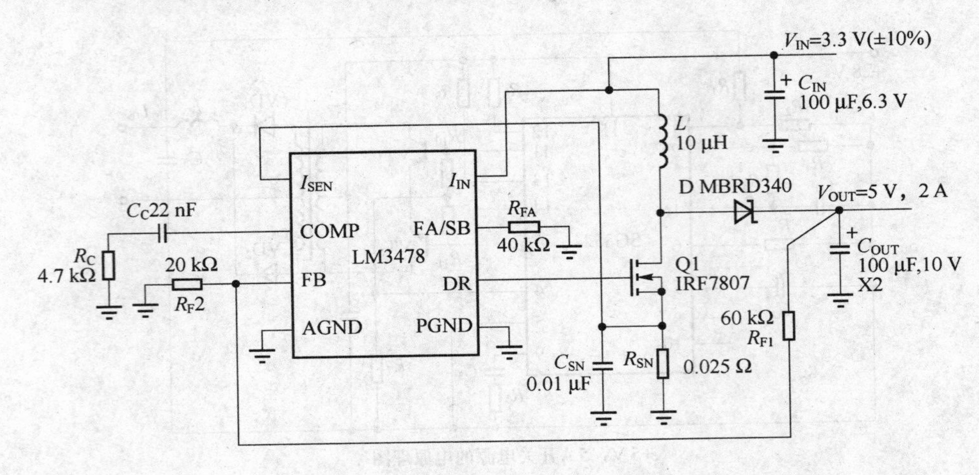

图 5.5.49　LM3478 典型应用电路

5.5.39　LTM4600　即用型、10 A、降压型 DC/DC 芯片

LTM4600 是一款具有一个内置电感器的完整 10 A 开关模式降压电源，可支援功率元件和补偿电路。凭借高集成度和同步电流模式操作，该 DC/DC μModule™ 在一个纤巧、扁平的表面贴封装中提供了高功率，并实现了高效率。在凌特公司的严格测试和高可靠性工艺的支持下，LTM4600 将使下一个电源的设计和布局加以简化。

LTM4600 芯片超快瞬态响应如图 5.5.50 所示，应用电路如图 5.5.51 所示。

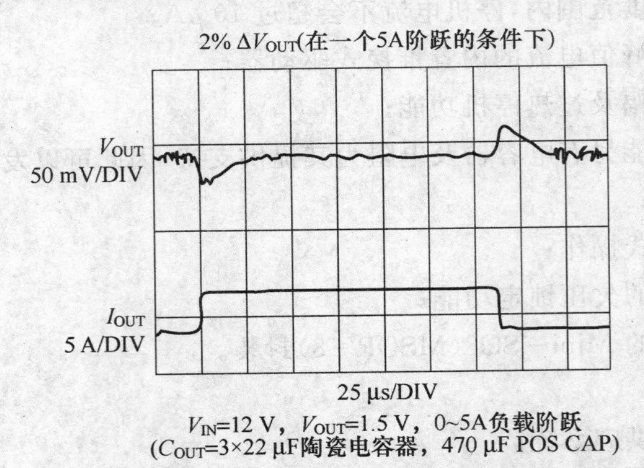

图 5.5.50　LTM4600 超快瞬态响应

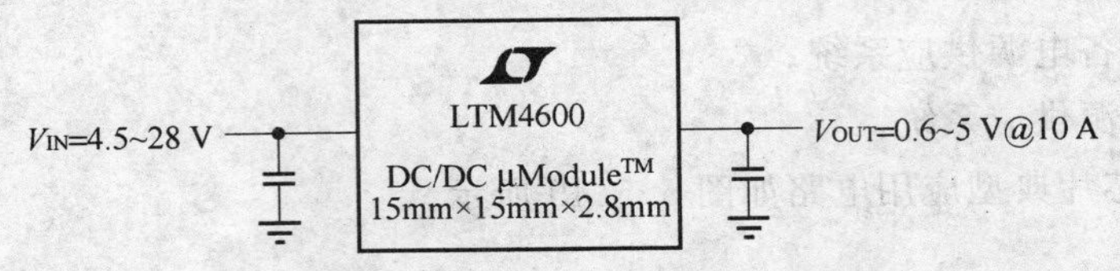

图 5.5.51　LTM4600 应用电路

LTM4600 芯片特性如下：

- 15 mm×15 mm×2.8 mm LGA 封装和 15 ℃/Wθ_{JA}；
- 无铅(e^4)，符合 RoHS 标准；
- 只需要 C_{BULK}；
- 标准版本和高压版本：
  LTM4600EV：4.5 V≤V_{IN}≤20 V
  LTM4600HVEV：4.5 V≤V_{IN}≤28 V；
- 0.6 V≤V_{OUT}≤5 V；
- I_{OUT}：10 A DC，14 A 峰值；
- 并联两个 μModule 可获得 20 A 输出。

5.5.40 LTM4600 10 A 降压型 DC/DC 芯片

凌特公司高性能、完整降压型 DC/DC 电源具有大功率密度、很好的耐热性能和电器性能等特点。LTM4600 是表面贴装的 10 A 微型模块(μModule)DC/DC 电源，具有板上电感器、MOSFET、DC/DC 控制器、补偿电路和输入/输出旁路电容器，内部结构及引脚如图 5.5.52 所示。

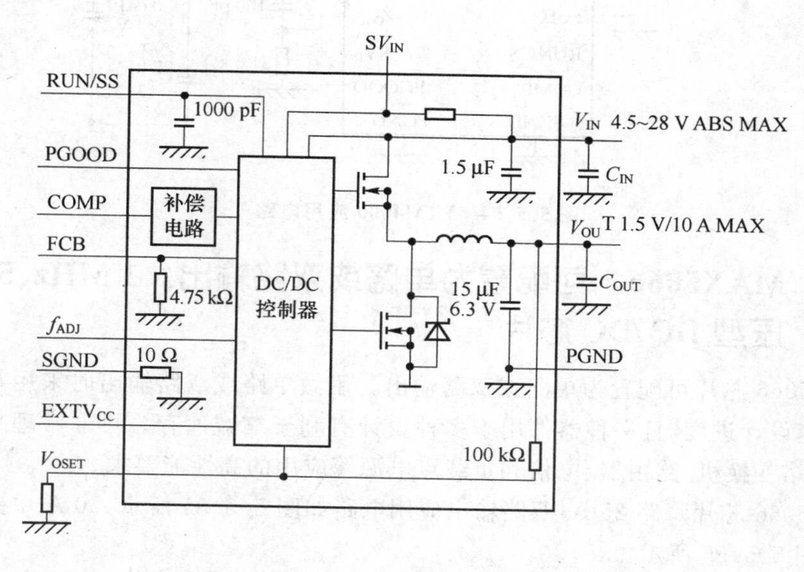

图 5.5.52 LTM4600 内部结构及引脚

LTM4600 采用 15 mm×15 mm×28 mm LGA 封装，重量仅为 1.73 克，可非常轻巧地焊接在系统板的背面。该微型模块在很宽的输出负载下，工作效率能保持在 89%～94%，同时具有快速的开关频率(800 kHz)和快速的瞬态响应，可调节 4.5～28 V 输入的负载。输出电压可通过一个外置电阻器简单地调节。

LTM4600 芯片效率与负载电流关系曲线如图 5.5.53 所示，应用电路如图 5.5.54 所示。

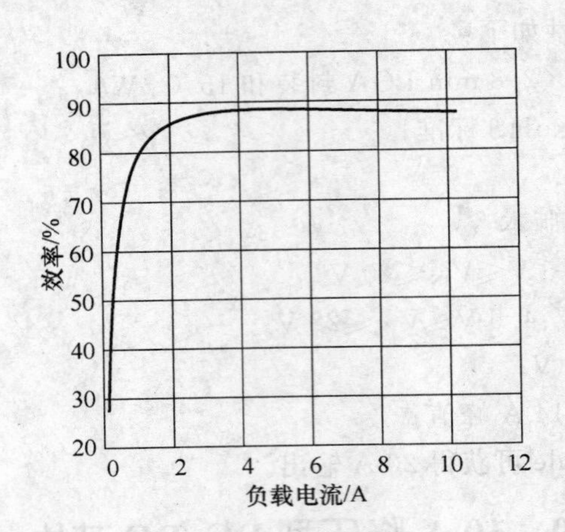

图 5.5.53　LTM4600 效率与负载电流关系

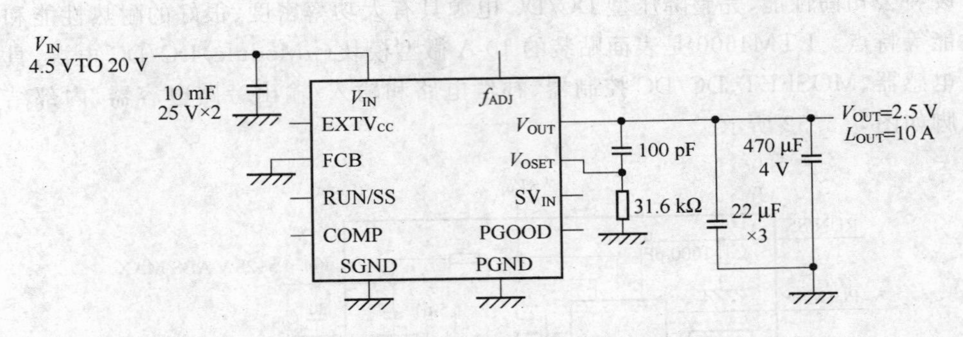

图 5.5.54　LTM4600 应用电路

5.5.41　MAX5066　可配置为单路或双路输出。1 MHz、50 A 降压型 DC/DC 芯片

MAX5066 芯片可配置为单路或双路输出。用做单路或双路输出时采用相同器件有利于加速设计进度，且一种器件用于多种设计有利于缩减库存。可非常理想地满足服务器、网络变换机/路由器、电信和负载点电源等应用的高性能要求。

MAX5066 芯片每路 25 A，双路输出应用电路如图 5.5.55 所示，50 A 单路输出应用电路如图 5.5.56 所示。

MAX5066 芯片特性如下：

- 180°错相工作降低了输入电容的尺寸；
- 5～28 V V_{IN}范围非常适合于只经过粗略调整的 12 V 中间总线；
- 22 mV 电流检测门限降低了功率耗散，并允许使用更小尺寸的电阻，比现有方案改进了 2 倍；
- 约 10％的限流精度使 MOSFET 和电感的尺寸缩减了 10％～20％，成本降低 10％～20％。

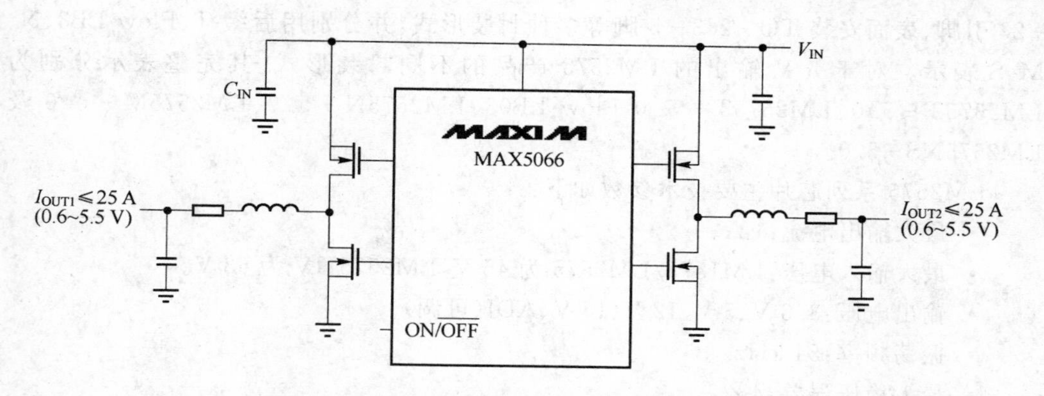

图 5.5.55 MAX5066 每路 25 A 双路输出应用电路

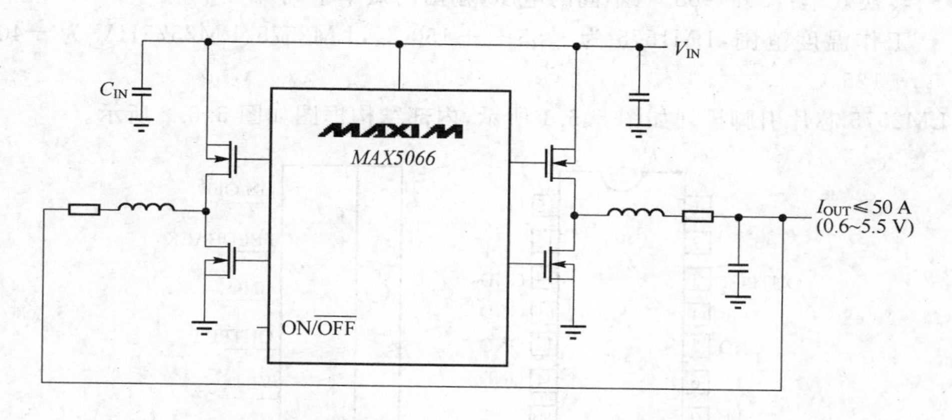

图 5.5.56 MAX5066 50 A 单路输出应用电路

5.6 宽电压输入宽电压输出大电流 DC/DC 芯片

5.6.1 LM2575 具有电流限制及热关断功能、1 A、降压型 DC/DC 芯片

LM2575 系列开关稳压集成电路是美国 NS 公司生产的 1 A 集成稳压电路。它内部集成了一个固定的振荡器，只需极少外围器件便可构成一种高效的稳压电路，可大大减小散热片的体积，而在大多数情况下不需散热片；内部有完善的保护电路，包括电流限制及热关断电路等；芯片可提供外部控制引脚，是传统三端式稳压集成电路的理想替代产品。

该产品分为 LM1575、LM2575 及 LM2575HV 三个系列，其中 LM1575 为军品级产品，LM2575 为标准电压产品，LM2575HV 为高电压输入产品。每一种产品系列均提供 3.3 V、5 V、12 V、15 V 及可调(ADJ)等多个电压挡产品。除军品级产品外，其余两个系列均提供 TO-200 直引脚、TO-220 弯引脚、塑封 DIP-16 引脚、表面安装 DIP

-24引脚、表面安装TO-263-5脚等多种封装形式,并分别用后缀T、Flow LB3、N、M、S表示。对于5 V输出的LM2575产品的不同封装形式,其完整表示分别为LM2575T-5.0、LM2575T-5.0 Flow LB03、LM2575N-5.0、LM2575M-5.0及LM2575NS-5.0。

LM2575系列芯片主要技术参数如下:

- 最大输出电流:1 A。
- 最大输入电压:LM1575/LM2575为45 V,LM2575HV为63 V。
- 输出电压:3.3 V、5 V、12 V、15 V、ADJ(可调)。
- 振荡频率:54 kHz。
- 最大稳压误差:4%。
- 转换效率:75%～88%(不同的电压,输出的效率不同)。
- 工作温度范围:LM1575为-55～+150 ℃,LM2575/LM2575HV为-40～+125 ℃。

LM2575芯片引脚排列如图5.6.1所示,内部结构框图如图5.6.2所示。

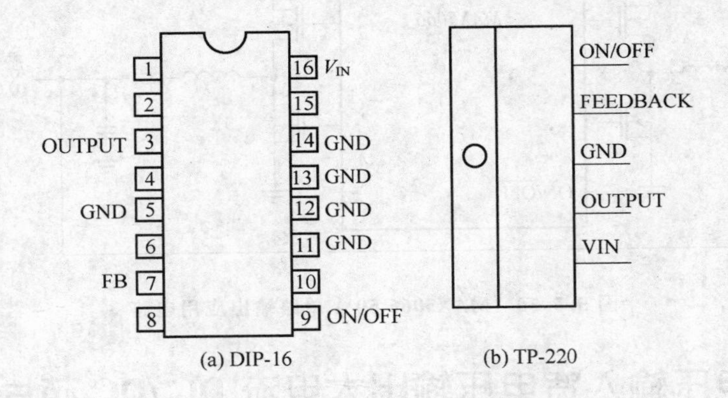

图5.6.1 LM2575引脚排列图

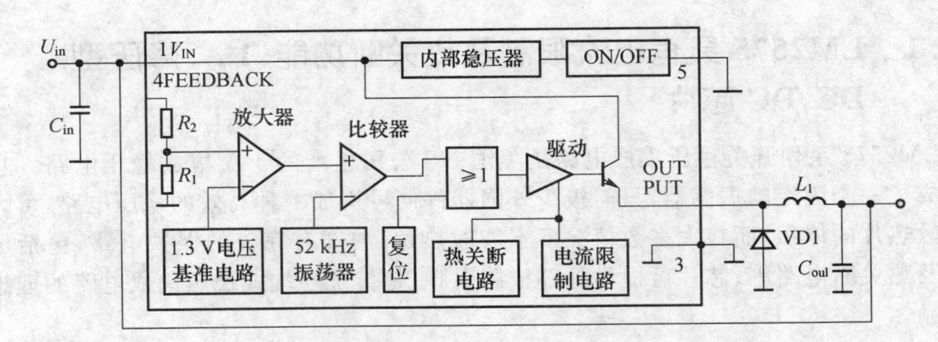

图5.6.2 LM2575内部结构框图

LM2575芯片引脚功能如下:

- V_{IN}:未稳压电压输入端。

- OUTPUT：开关电压输出端，接电感及快恢复二极管。
- GND：公共端。
- DIP-16封装FB：反馈输入端。
- TO-220封装FEEDBACK：反馈输入端。
- ON/OFF：控制输入端，接公共端时，稳压电路工作；接高电平时，稳压电路停止。

图5.6.3所示为LM2575的典型应用电路。它具有稳定的输出电压，如果需要负电压输出，可将其输出反接。

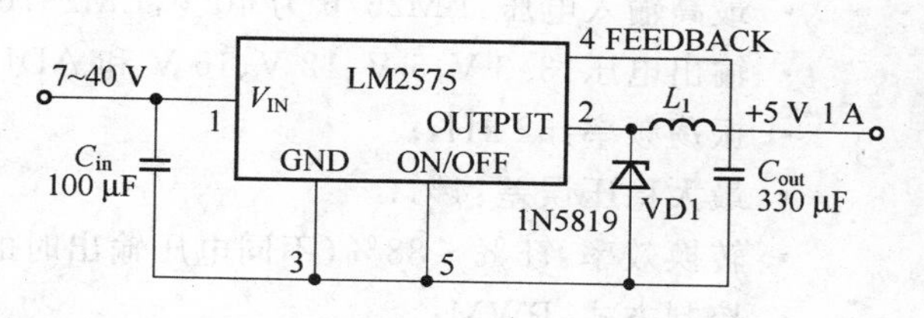

图5.6.3 LM2575典型应用电路

5.6.2 LM2576 具有电流限制及热关断功能、3 A、降压型DC/DC芯片

LM2576系列是美国NS公司生产的3 A电流输出降压开关型集成稳压电路，它内含固定频率振荡器(52 kHz)和基准稳压器(1.23 V)，并具有完善的保护电路，包括电流限制及热关断电路等，利用该器件只需极少的外围器件便可构成高效稳压电路。LM2576系列包括LM2576(最高输入电压40 V)及LM2576HV(最高输入电压60 V)两个系列。各系列产品均提供有3.3 V(-3.3)、5 V(-5.0)、12 V(-12)、15 V(-15)及可调(-ADJ)等多个电压档次产品。此外，该芯片还提供了工作状态的外部控制引脚。

LM2576-ADJ的引脚排列如图5.6.4所示，内部结构框图如图5.6.5所示。

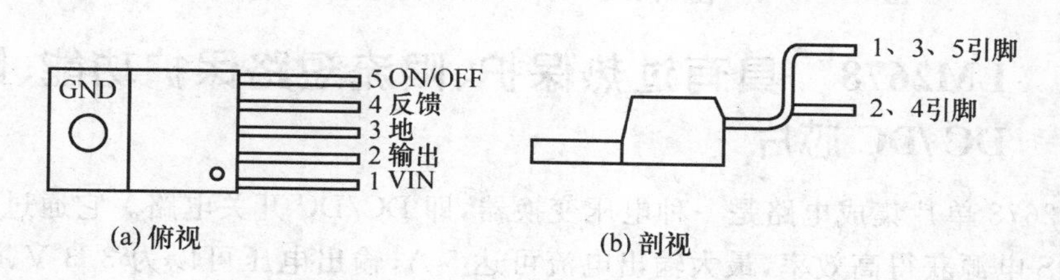

(a) 俯视　　(b) 剖视

图5.6.4 LM2576-ADJ引脚排列

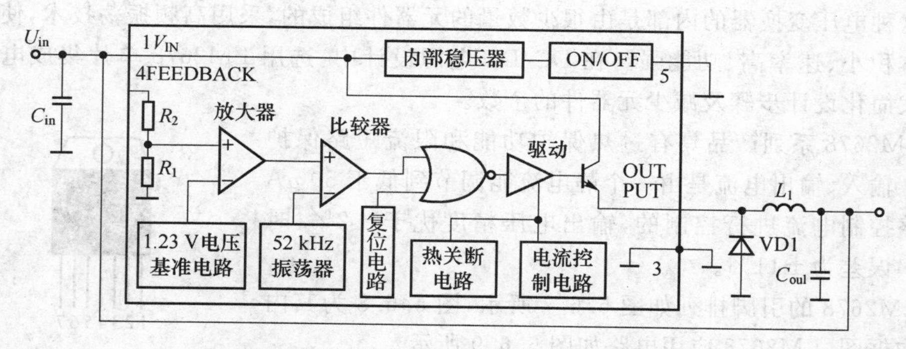

图5.6.5 LM2576-ADJ内部结构框图

由 LM2576 构成的基本稳压电路仅需 4 个外围器件，其电路如图 5.6.6 所示。

LM2576 芯片特性如下：

- 最大输出电流：3 A；
- 最高输入电压：LM2576 为 40 V，LM2576HV 为 60 V；
- 输出电压：3.3 V、5 V、12 V、15 V 和 ADJ(可调)等可选；
- 振荡频率：52 kHz；
- 最大稳压误差：4%；
- 转换效率：75%～88%(不同电压输出时的效率不同)；
- 控制方式：PWM；
- 工作温度范围：－40～＋125 ℃；
- 工作模式：低功耗/正常两种模式可外部控制；
- 工作模式控制：TTL 电平兼容；
- 所需外部元件：仅 4 个(不可调)或 6 个(可调)；
- 器件保护：热关断及电流限制；
- 封装形式：TO－220 或 TO－263。

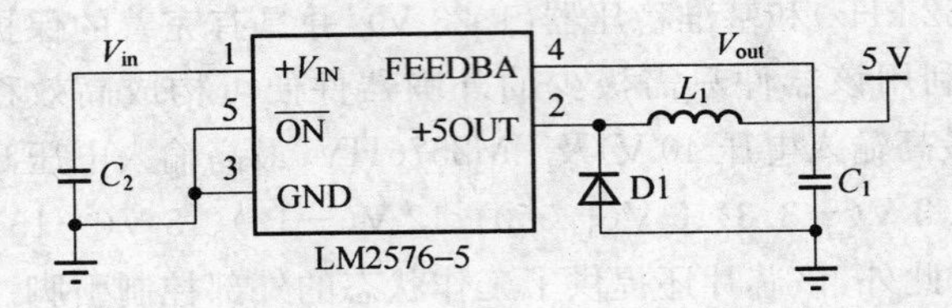

图 5.6.6　LM2576 应用电路

5.6.3　LM2678　具有过热保护、限流短路保护功能、降压型 DC/DC 芯片

LM2678 单片集成电路是一种电压变换器，即 DC/DC 开关电路。它通过一个低阻尼 DMOS 电源获得高效率，最大输出电流可达 5 A，输出电压可以为 3.3 V、5 V、12 V 或可调输出。

这种电压变换器的内部是由很少数量的元器件组成的，采用高频振荡技术，使该产品的体积小、速率高、功能强。在 DC/DC 电源设计中，选用 LM2678 单片集成电路可以大大简化设计步骤及减少元器件的个数。

LM2678 系列产品具有过热保护功能和限流短路保护功能。输入、输出电流是由一个静电流能调节到低于 50 μA 的旁路控制电流进行控制的，输出电压精度优于 ±2%，时钟频率误差为 ±11%。

LM2678 的引脚排列如图 5.6.7 所示，图 5.6.8 为其内部结构框图，LM2678 应用电路如图 5.6.9 所示。

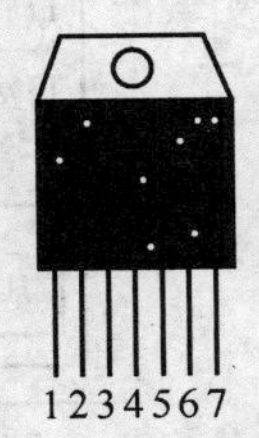

图 5.6.7　LM2678 引脚排列

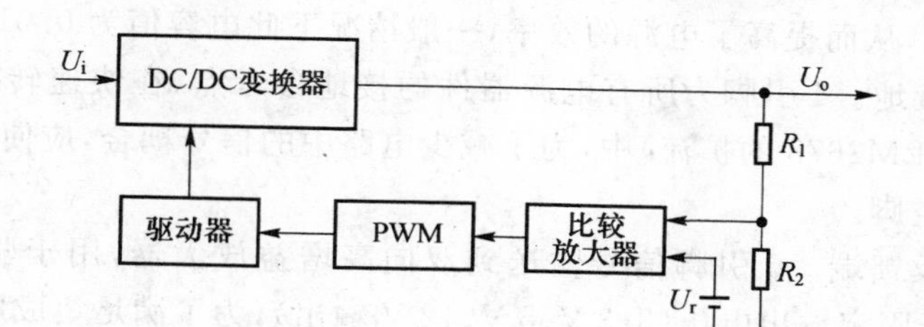

图 5.6.8 LM2678 内部结构框图

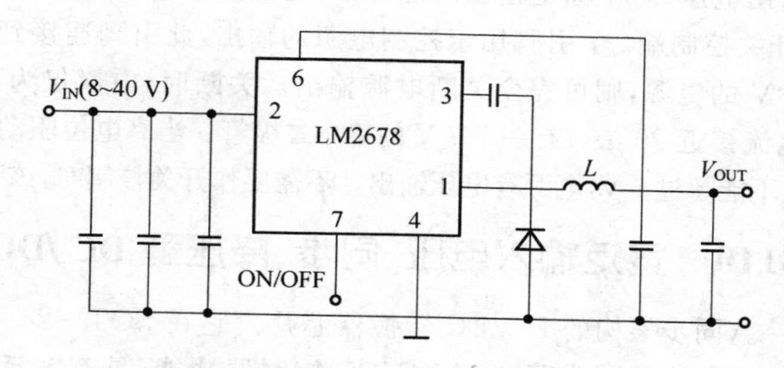

图 5.6.9 LM2678 典型应用电路

LM2678 芯片特性如下：

- 120 mΩ DMOS 开关输出；
- 3.3 V、5 V、12 V 的固定输出电压及 1.2～37 V 的可调输出电压；
- 开关关断时的待机电流为 50 μA；
- 输出最大误差±2%；
- 输入电压为 8～40 V；
- 固有振荡频率为 260 kHz；
- 工作点温度范围为－40～＋125 ℃；
- 效率高。

LM2678 芯片引脚定义及说明如下：

- 1 引脚：开关输出端。此管脚为电压输出端，通过功率 MOSFET 开关输出，且功率 MOSFET 的另一极同输入电压相连接，并为电感器、输出电容器和脉冲宽度调制器等负载电路提供电源，脉宽调制器内部振荡频率为 260 kHz，转换开关的导通时间和断开时间控制 1 引脚电压的输出。
- 2 引脚：开关输入端。2 引脚连接电源的输入电压，它除了对负载提供能量之外，也为 LM2678 的内部电路系统提供偏压，输入电压在 8～40 V 之间以确保其正常的工作特性。为了使电源开关具有最好的输出特性，通常在 2 引脚上接一个旁路电容。
- 3 引脚：接升压电容。在 3 引脚和 1 引脚之间连接一个电容器，此电容器可以提升输入电压使内部功率 MOSFET 开关管完全转换为开状态(ON)，内部损耗减小到最小,从而提高了电源的效率,一般情况下此电容值为 0.01 μF。

- 4 引脚:接地。4 引脚为所有电源器件的接地参考点,在快速转换、高电流的应用(例如 LM2678 的扩流)中,为了减少电路中的信号耦合,应使用宽的接地面。
- 5 引脚:空脚。
- 6 引脚:反馈端。6 引脚信号输送到双向高增益放大器,用于驱动 PWM 控制器。对于固定输出电压(3.3 V、5 V、12 V 输出),为了满足集成电路内部增益调节的要求,应将 6 引脚接到输出端。对于可调输出,需接 4 个外部电阻器以控制直流输出电压;对于固定输出的电源,一定要注意电磁干扰。
- 7 引脚:开关控制端。7 引脚用于控制电源的输出,此引脚连接到地或任何一个低于 0.8 V 的电源,则可完全关断电源输出。关断时,电流仅为 50 μA,它的内部关断电流接近 20 μA,有一个 7 V 的稳压二极管。当高电位驱动该引脚时,其高电位最大不能超过 6 V,电源有电压输出。不需要作开关控制时,该引脚悬空。

5.6.4　RT8110　宽泛输入电压、同步、降压型 DC/DC 芯片

RT8110 是一款同步架构的 DC/DC 转换器芯片。它在 SOT-23-8 这样的低成本、小封装里集成了完整的同步降压型 DC/DC 控制器功能,具有宽泛的输入电压范围,可以通过选配不同的外围器件获得不同的输出电流能力和响应特性,并能获得更好的转换效率和更大的灵活性,有效地缩减了整体方案所需的空间尺寸,并使系统成本也得到了有效的降低。

RT8110 芯片应用电路如图 5.6.10 所示。

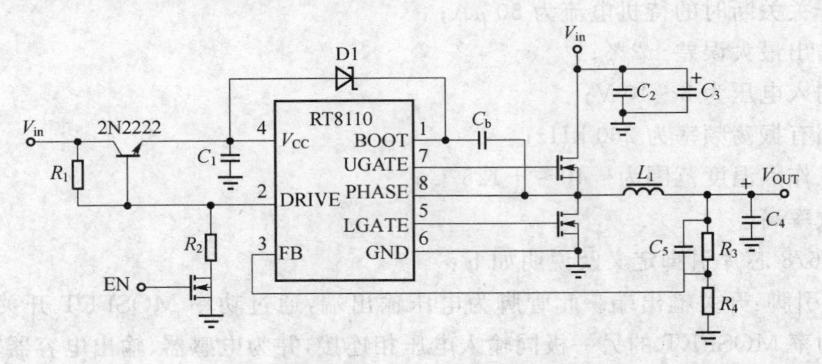

图 5.6.10　RT8110 应用电路

RT8110 芯片特性如下:

- 宽泛的输入电压范围:5～23 V;
- 驱动两个 N 沟道 MOSFET;
- 内部参考电压:0.8 V;
- 占空比最大值:80%;
- 高直流增益电压模式 PWM 控制回路;
- 快速的瞬态响应特性;

- 固定 400 kHz 工作频率；
- 内建软启动、过流保护和欠压保护功能；
- 自动防止两个 MOSFET 短路。

应用范围如下：

- 计算机主板电源变换器；
- 各种调制解调器；
- CPU/DSP/FPGA/存储器电源供应；
- 工业控制设备；
- 液晶电视；
- 低压分布式电源供应器。

5.6.5 PIP212－12M 具有热插拔功能、35 A、降压型 DC/DC 芯片

恩智浦半导体(NXP Semiconductors)功能强大的智能型 PIP212－12M 电压变换器，用 8 mm×8 mm 封装，符合高功率处理器的需求。该器件解决了变换效率、发热及可靠性问题，并大幅度削降成本。PIP212－12M 减少元器件数量，简化了设计，与分立解决方案相比，可以减少一半电路板面积，应用在需要体积紧凑、可提供动态负载的稳压器的设备中——如路由器、服务器与基站等，可节省电路板尺寸。PIP212－12M 适应较宽的输入电压，在提供高达 35 A 的输出电流下仍有 94%的效率，并具热插拔功能，兼容单相与多相 PWM 控制器的业界标准。

PIP212－12M 芯片应用电路如图 5.6.11 所示。

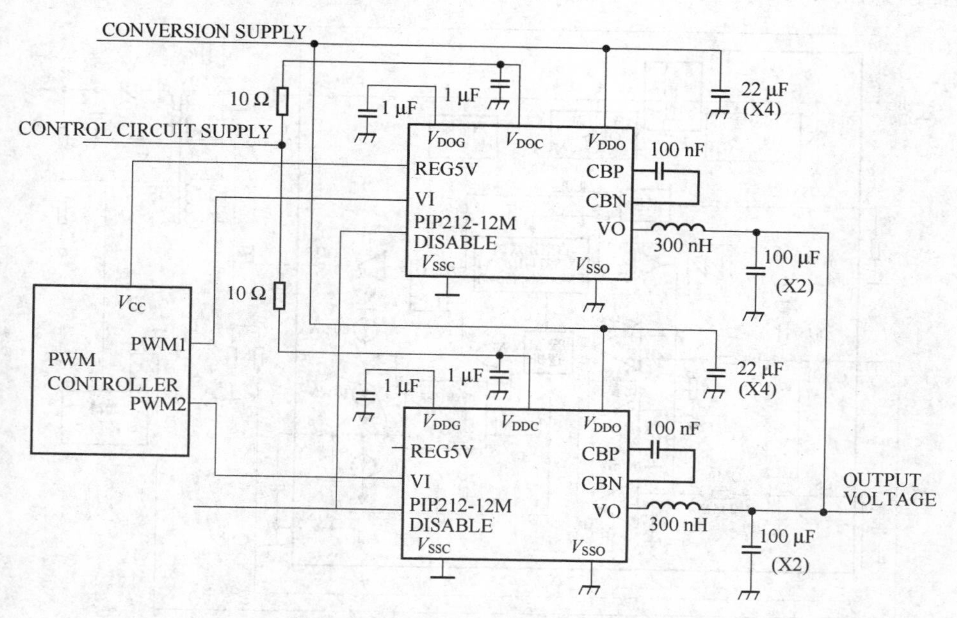

图 5.6.11 PIP212－12M 应用电路

5.6.6　LM5021　可800 V(DC)输入、2 A、降压型DC/DC芯片

LM5021芯片引脚功能如下：

- LM5021采用SOP-8和DIP-8封装，引脚排列如图5.6.12所示，各个引脚的功能如下：
- COMP：PWM控制输入端，COMP端内部接一只5 kΩ电阻器上拉到5 V电源，由输出反馈电压经光耦隔离后控制。
- V_{IN}：内部偏置电路输入端，该端输入电压达到阈值后启动内部调节器。该引脚被内部齐纳二极管钳位在36 V。
- V_{CC}：内部偏置电路输出端，该端与GND之间必须接1只电容器，其输出电压通常为8.5 V。
- OUT：PWM控制输出端。该端接MOSFET的驱动极。
- GND：公共地。
- CS：电流监测端，该端用于电流模式控制采样信号并起监测过流信号作用。
- RT/SYNC：时钟信号输入端，该端与GND之间外接1只电阻器来设定内部晶振频率，也可直接输入外部时钟脉冲信号。
- SS：软启动或“打嗝”工作模式定时输入。该端与GND之间外接的电容器决定软启动时间和“打嗝”工作模式重启动频率。

LM5021芯片引脚排列如图5.6.12所示，内部结构框图如图5.6.13所示。

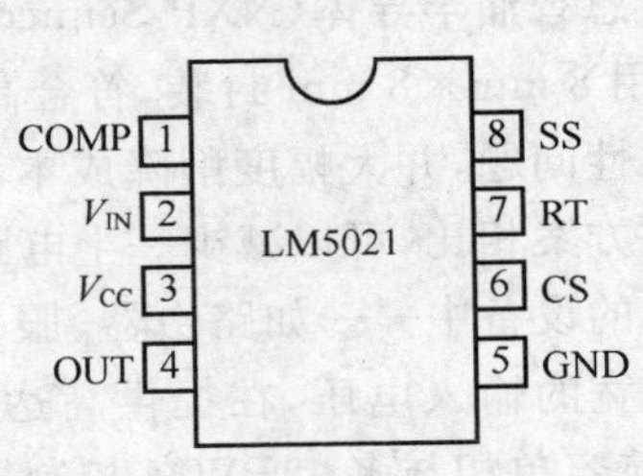

图5.6.12　LM5021的引脚排列

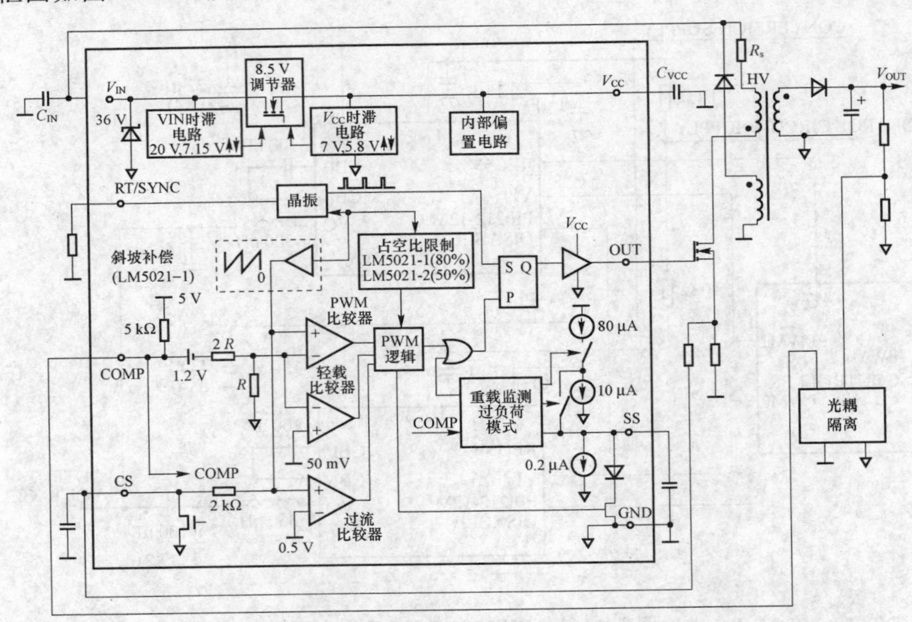

图5.6.13　LM5021的内部结构框图

图 5.6.14 所示 LM5021 应用电路是一款应用 LM5021 设计的便携式充电器，主电路拓扑为单端反激方式。

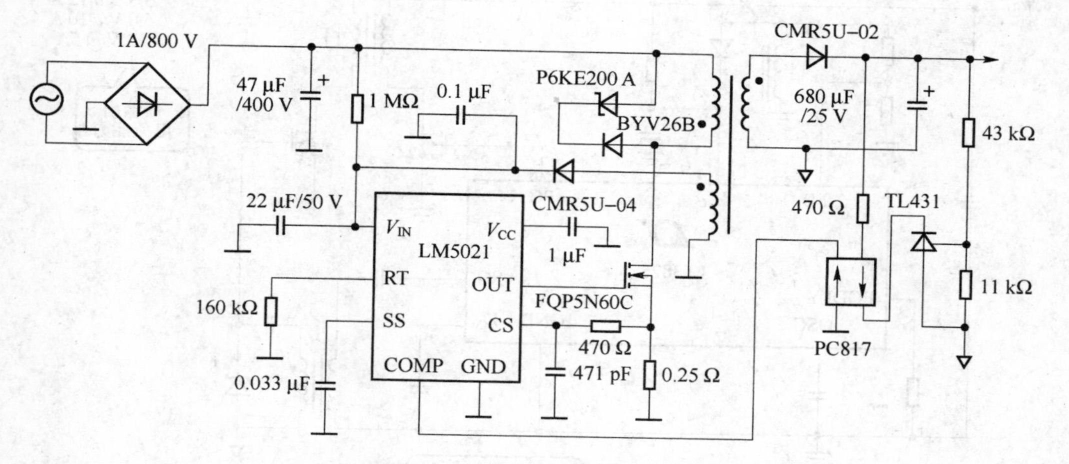

图 5.6.14　LM5021 应用电路

输入参数为市电 50 Hz，其范围为 85～265 V，输出为 12 V/2 A，电压调整率为±0.1%，负载调整率为±0.14%，输出电压纹波为 120 mV，输出功率为 24 W。该电源的高频变压器选用的是 Epcos 的 E25/13/7，材料为 N27，骨架为立式。

5.6.7　LT3825　12 A、同步反激式降压型 DC/DC 芯片

复杂的正激式转换器设计已经成为历史。凌力尔特的 LT® 3825 同步反激式控制器使 10～60 W 隔离型 DC/DC 变换器的设计简易性迈向了一个新台阶。它采用同步操作，以实现高效率和卓越的热管理性能、针对高速变化负载提供快速瞬态响应、以及可在未采用光耦合器反馈的情况下对多个输出进行稳压。当输入电压范围为 9～36 V 时，LT3837 可提供相似的功能。

LT3825 芯片输出电压与负载电流关系曲线如图 5.6.15 所示，典型应用电路如图 5.6.16 所示。

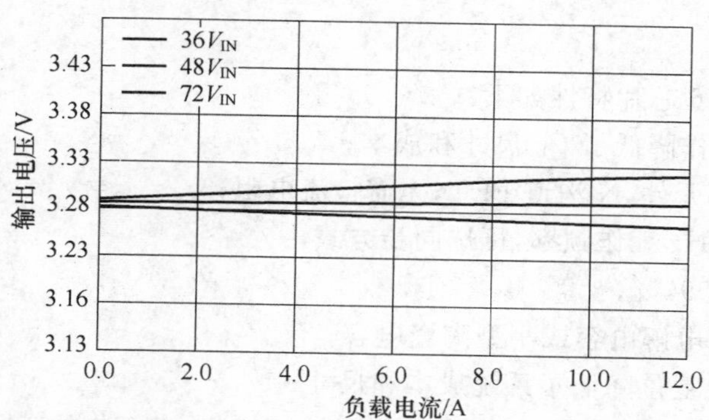

图 5.6.15　LT3825 输出电压与负载电流关系

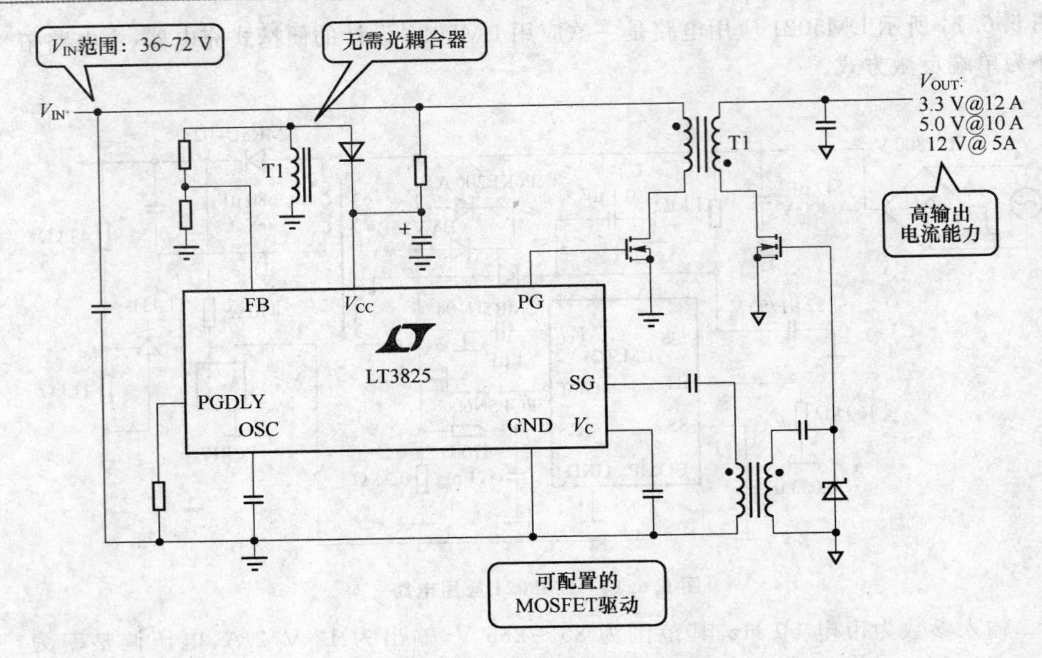

图 5.6.16 LT3825 典型应用电路

LT3825 芯片特性如下：

- 直接从主端绕组检测输出电压—无需光隔离器；
- 高效率的同步驱动器：90%(3.3 V_{OUT})；
- 无需用户微调的输出稳压：1%(3.3 V_{OUT})；
- 50～250 kHz 的开关频率范围；
- V_{IN} 范围：LT3825：36～72 V₊
LT3837：9～36 V；
- 多输出能力。

5.6.8 MAX1875/1876 更低成本、异相、双路、降压型 DC/DC 芯片

MAX1875/1876 芯片特性如下：

- 180°异相工作降低了 C_{IN}尺寸和成本；
- 低成本外部元件，N 沟道 FET，无需检流电阻；
- 100～600 kHz 工作频率，可选同步方式；
- 效率可高达 96%；
- 低成本 AC 电解电容或小型陶瓷电容；
- 集成的上电复位降低了系统成本和尺寸；
- 时钟输出：两只同步 MAX1875/1876 提供 4 个 90 异相工作的变换器，降低 C_{IN}。

应用范围如下：为宽带 CPE、机顶盒和数字电视提供效率极高的电源。

MAX1875/1876 应用电路如图 5.6.17 所示。

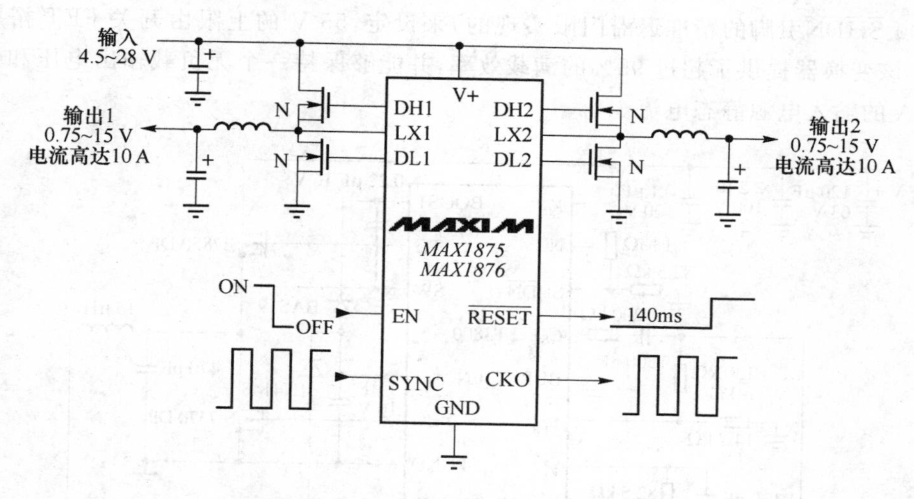

图 5.6.17　MAX1875/1876 应用电路

5.6.9　LT3800　具有低功耗待机能力、高电压、电流模式降压型 DC/DC 芯片

LT3800 是一款 $4V_{IN}$～$60V_{IN}$、200 kHz 固定频率控制器，它采用同步操作和 N 沟道 MOSFET 以最大限度提升高电流效率。电流模式操作和连续高压侧电感器电流检测的运用实现了快速瞬态响应和卓越的电压调节性能。低电流待机要求通过采用突发模式(Burst Mode ®)操作而得以满足。电感器电流反向禁止功能还提高了轻负载条件下的效率。LT3800 直接采用转换器输入电源动作，因而不需要用于给 IC 供电的本机电源。而且，该 IC 还是专为简化输出导出型电源的使用而设计的，因此进一步提升了转换效率。

LT3800 芯片效率与输出电流关系曲线如图 5.6.18 所示，应用电路如图 5.6.19 所示。

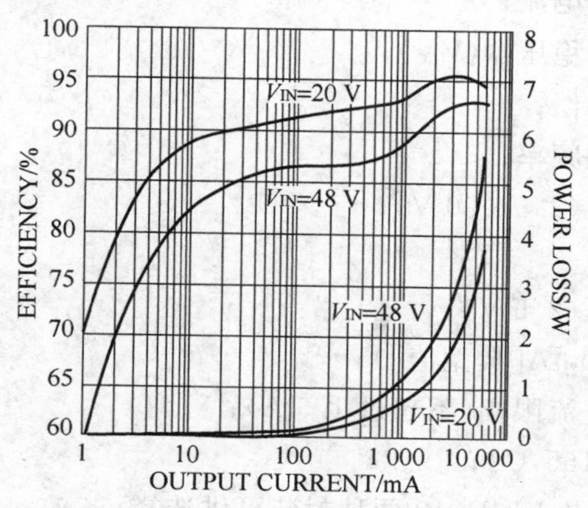

图 5.6.18　LT3800 效率与输出电流关系曲线

图 5.6.19 所示 LT3800 应用电路是一款能够在 20～55 V 输入电压范围内动作的

12 V、75 W DC/DC 变换器。20 V 的最小输入由一个可编程 UVLO 功能（采用 LT3800 $\overline{\text{SHDN}}$引脚的精准迟滞门限实现的）来设定，55 V 的上限由开关 FET 裕度来限制。该变换器提供了超过 95％的满载效率，并能够保持一个无负载输出电压和仅为 0.1 mA 的输入电源静态电流。

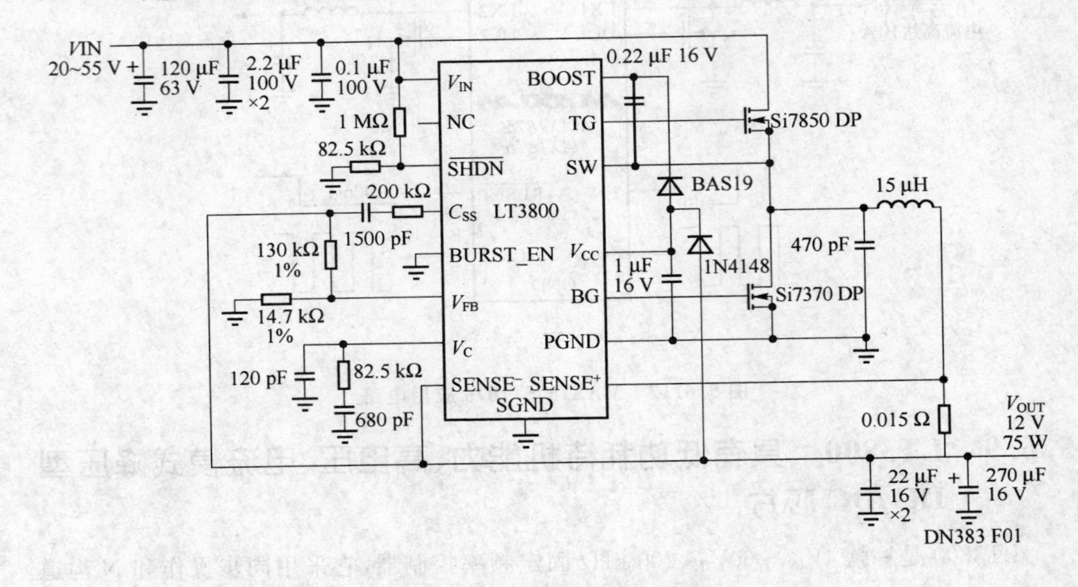

图 5.6.19　LT3800 应用电路

5.6.10　LM5010　高压、降压型 DC/DC 芯片

LM5010 芯片特性如下：

- 内置 80 V 或 40 V 降压开关；
- 能输出 1.0 A 的电流；
- 内置高电压起动稳压器（V_{CC}）；
- 无需控制环路补偿；
- 接近恒定的开关频率；
- 可调节输出电压（2.5～50 V）；
- 可调节软启动；
- 高精度参考电压（2.5 V）；
- 低偏压电流（350 μA［典型值］）；
- 可调节的谷值电流限幅（不超过 1.5 A）；
- 过热停机功能（165 ℃）；
- 有 TSSOP－14 及 LLP－10 两种封装可供选择。

应用范围如下：

- 高效率负载点（POL）稳压器；

- 非绝缘电信系统降压稳压器；
- 次级的后置式高压稳压器；
- 汽车电子系统。

LM5010 芯片应用电路如图 5.6.20 所示。

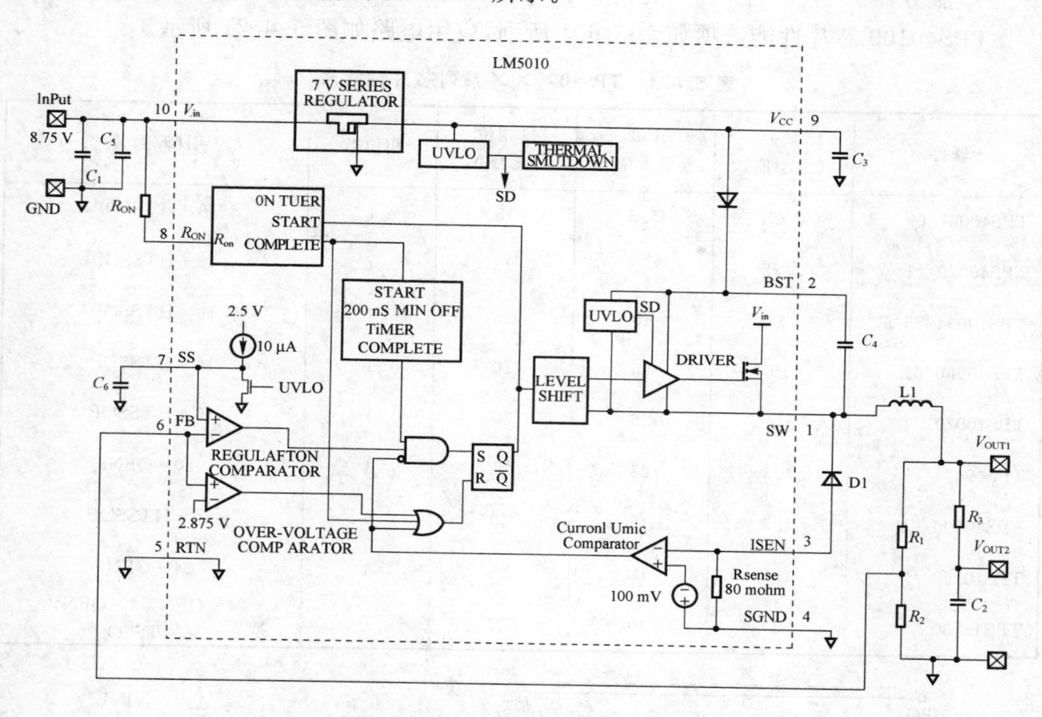

图 5.6.20　LM5010 应用电路

5.6.11　TPS40100　中等电压 V_{IN} 范围、降压型 DC/DC 芯片

TPS40100 芯片特性如下：

- 工作输入电压为 4.5 V～18 V；
- 频率可调(介于 100～600 kHz 之间)；
- 电流反馈控制；
- 输出电压范围为 0.7～5.5 V；
- 同步排序、比例排序以及顺序起动排序；
- 远距离感测(通过独立的 GND/PGND)；
- 内部 5 V 稳压器；
- 参考电压 690 mV，精确度为 1%；
- 输出容限为 3%或 5%；
- 频率同步。

应用范围如下：

- 电源模块；
- 电信设备；
- 网络设备；
- 服务器。

TPS40100芯片性能选项如表5.6.1所列，应用电路如图5.6.21所示。

表5.6.1 TPS40×××系列芯片性能表

器件	V_{IN}（最小值）	V_{IN}（最大值）	每相位 I_{OUT}/A	相位数	引脚/封装
TPS40007/09	2.25	5.5	15	1	10－HTSSOP
TPS40020/21	2.25	5.5	25	1	16－HTSSOP
TPS40054/55/57	8	40	20	1	16－HTSSOP
TPS40060/61	10	55	10	1	16－HTSSOP
TPS40070/71	4.5	28	20	1	16－HTSSOP
TPS40074	4.5	28	20	1	20－QFN
TPS40090/91	4.5	15	30	4	16－HTSSOP
TPS40100	4.5	18	20	1	24－QFN
TPS40130	3	40	30	2	24－QFN，32－QFN，30－TSSOP

图5.6.21 TPS40100应用电路

5.6.12 LM2734 1 A 降压型 DC/DC 芯片

LM2734 芯片特性如下：

- 3.0～20 V 的输入电压范围；
- 0.8～18 V 的输出电压范围；
- 1 A 的输出电流；
- 开关频率：550 kHz(LM2734Y)及 1.6 MHz(LM2734X)；
- 300 mΩ 的 NMOS 开关；
- 停机电流只有 30 nA；
- 0.8 V 的内部参考电压(误差不会超过 2%)；
- 内部软启动；
- 设有电流模式及 PWM 模式；
- 可获 WEBENCH ® 网上设计工具支持；
- 过热停机；
- 采用纤薄的 SOT23－6 封装。

应用范围如下：

- 负载点的本地稳压功能；
- 硬盘驱动器的核心供电；
- 机顶盒；
- 以电池供电的电子产品；
- 以 USB 供电的电子产品；
- DSL 调制解调器；
- 笔记本电脑。

LM2734×芯片应用电路如图 5.6.22 所示。

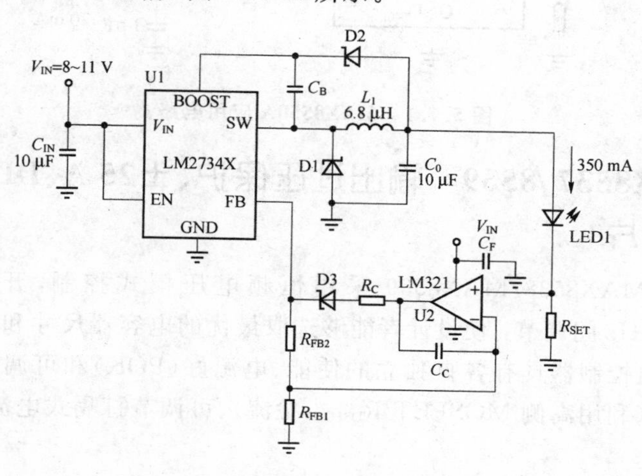

图 5.6.22 LM2734×应用电路

5.7 宽电压输入最低 0.6V_{out}大电流 DC/DC 芯片

5.7.1 MAX8550A 具有保护欠压、过压、过流和数字软启动功能、DDR 存储器电源芯片

MAX8550A 降低了 V_{DDQ} 和 V_{TT} 电源中输出电容的尺寸和成本，使其成为更低成本的 DDR 存储器电源方案。MAX8550A 还具有最高至 28 V 的宽输入电压范围。V_{DDQ} 电源是一个±12 A 的 DC/DC 控制器，采用 Maxim 专有的 QuickPWM™ 快响应架构，能够在 100 ns 内响应负载瞬变，降低了输出电容要求。V_{TT} 电源是一个内置的高带宽 LDO，具有±1.5 A 的吸收-源出能力(峰值±3 A)，只需 40 μF 的输出电容。保护功能包括欠压(UVP)、过压(OVP)、过流和数字软启动。V_{TTR} 参考 LDO 可输出最高 20 mA。所有使能控制相互独立。

MAX8550A 芯片应用电路如图 5.7.1 所示。

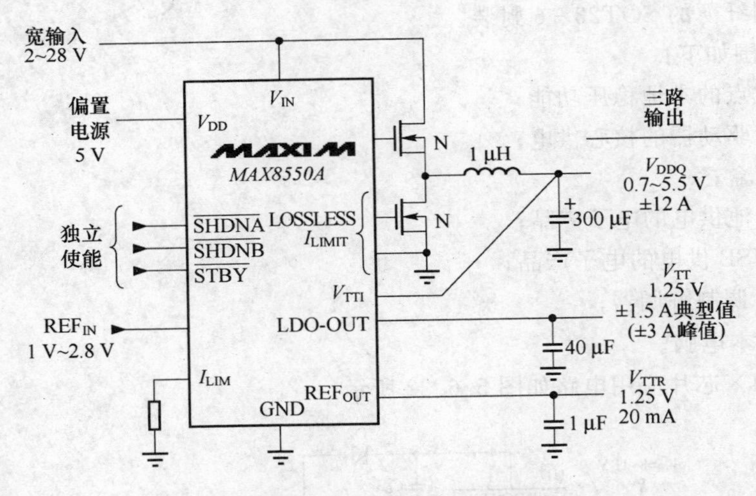

图 5.7.1 MAX8550A 应用电路

5.7.2 MAX8537/8539 输出过压保护、±25 A、DDR 存储器电源芯片

MAX8537/MAX8538/MAX8539 采用恒频电压模式控制，开关频率可以在 200 kHz～1.4 MHz 间调节，使设计者能够选取最优的电容器尺寸和成本。它们允许全陶瓷设计，每组控制器具有各自独立的使能、电源好(POK)和可调节软启动和软停机。都具有无损(利用高侧 MOSFET $R_{DS(ON)}$ 检流)、可调节打嗝式电流限制，以及输出过压保护。

MAX8537/8539 芯片特性如下：

- 低阻抗驱动器实现＞90％的效率；
- 快速瞬态响应只需更少的电容(25 MHz 误差放大器)；
- 大量集成的功能可降低成本和复杂度；
- MAX8537EEI 异相开关，跟踪式输出的 DDR 电源；
  MAX8538EEI 异相开关，非跟踪、双输出负载点电源；
  MAX8539EEI 同相开关，跟踪式输出的 DDR 电源。

MAX8537/8538 应用电路如图 5.7.2 所示。

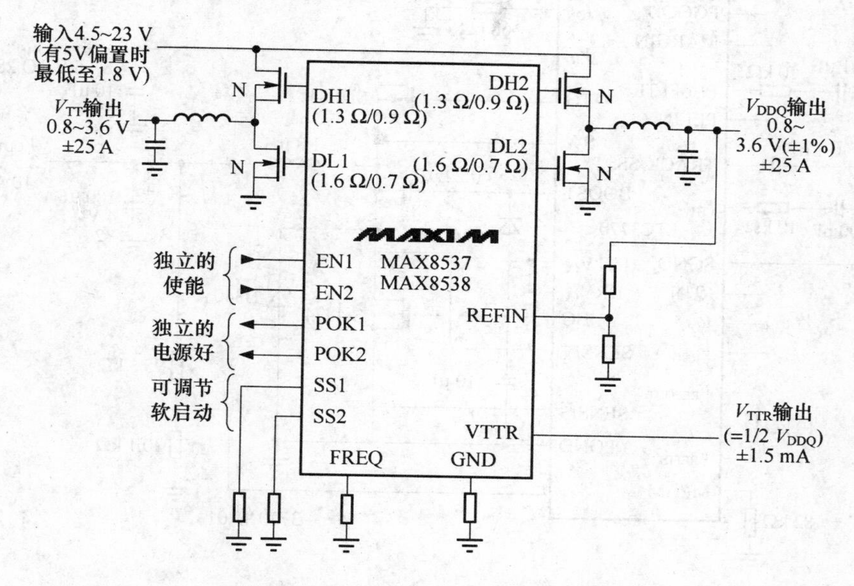

图 5.7.2　MAX8537/8538 应用电路

5.7.3　LTC3770　0.6 V_{OUT}、20 A、同步降压型 DC /DC 芯片

LTC3770 是一款具有输出电压上升/下降跟踪能力、电压裕度调节、高准确度基准和快速瞬态响应的同步降压型开关稳压控制器。这款电流模式控制器能够用 4 V 至 32 V 的输入电压工作，可以在电流高达 20 A 时产生降压输出。LTC3770 为电路设计应用要求提供了所需的全部性能。

LTC3770 芯片典型应用电路如图 5.7.3 所示。

LTC3770 芯片特性如下：

- 用于系统验证的输出裕度调节；
- 快速瞬态响应；
- 真正的锁相环频率同步；
- 宽 V_{IN} 范围：4～32 V；
- 输出电压跟踪能力；
- 真正的电流模式控制；

- 检测电阻器可任选；
- 2%≤90%的占空比范围；
- $T_{ON(MIN)}$≤100 ns；
- 可调开关频率；
- 可调逐个周期电流限值；
- 5 mm×5 mm QFN和28引脚SSOP封装。

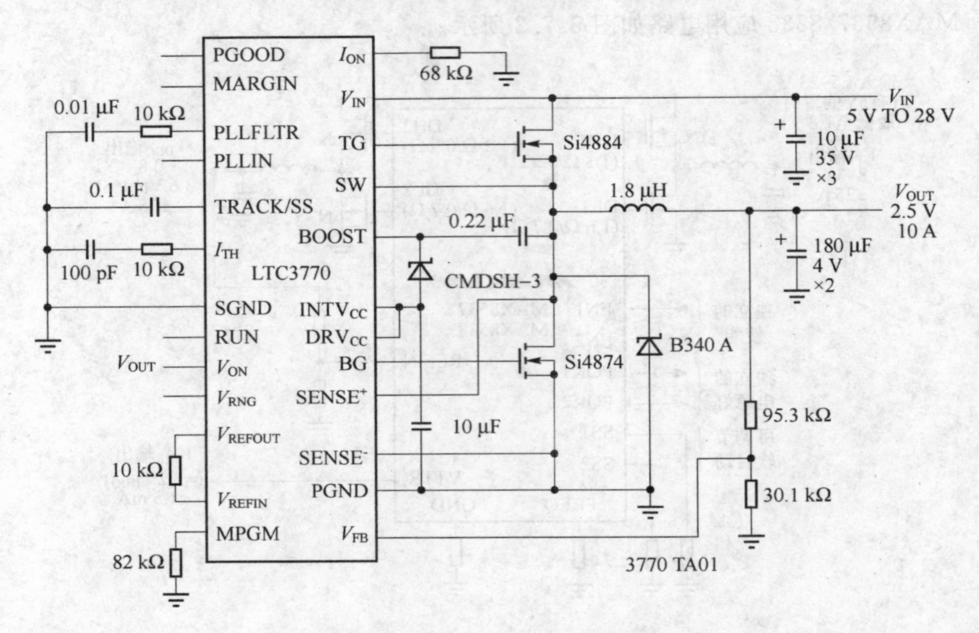

图5.7.3 LTC3770典型应用电路

5.7.4 ADP3051 带有同步整流器、500 mA、降压型DC/DC芯片

ADP3051是一种低噪声、电流型PWM降压式DC/DC转换器，对于低至0.8 V的输出电压能提供超过500 mA的输出电流。该器件集成了一个低导通电阻的电源开关和同步整流器，能够在整个输出电压范围内具有高效率，并且不需要体积很大、成本很高的外部肖特基整流管。它在550 kHz开关频率时，允许使用很小的外部元件。电流型控制和外部补偿的优点允许稳压器很容易适合各种工作条件。ADP3051在中等负载到重负载条件下能以550 kHz恒定的开关频率工作。同时在轻负载条件下能够平衡地过渡到Tri-Mode™工作模式，以便节省功耗。该器件还带有一个引脚控制的微功耗待机模式。

ADP3051的2.7～5.5 V输入工作范围使它非常适合电池供电的应用以及那些使用3.3 V或5 V电源总线的应用。它采用超小型8引脚MSOP封装。

ADP3051芯片效率与负载电流关系曲线如图5.7.4所示，应用电路如图5.7.5

所示。

ADP3051 芯片特性如下：

- 用于简单环路补偿的电流型控制；
- 2.7～5.5 V 输入电压范围；
- 0.8～5.5 V 输出电压范围；
- Tri-Mode™工作模式以高效工作；
- 550 kHz PWM 工作频率；
- 随输电线电压、负载和温度变化具有高精度；
- 微功耗待机模式；
- 超小型 8 引脚 MSOP 封装。

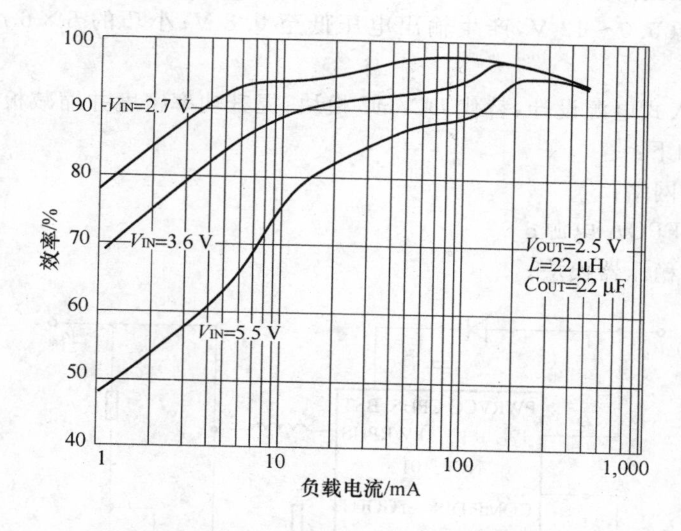

图 5.7.4 ADP3051 效率与负载电流关系曲线

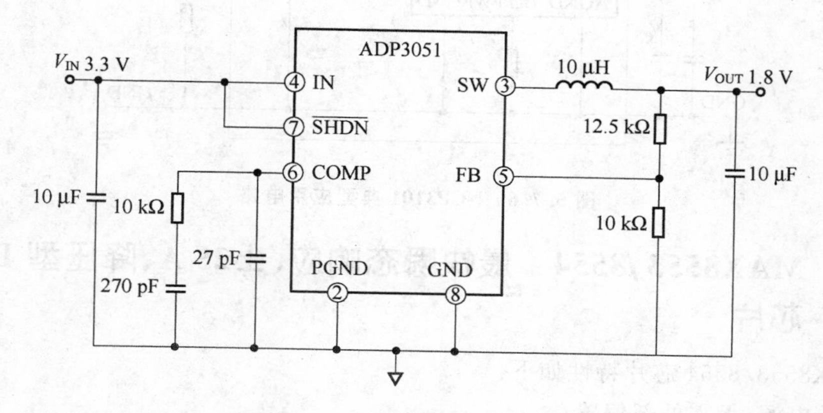

图 5.7.5 ADP3051 应用电路

5.7.5　NCP3101/3102　高能效、6 A/10 A、同步降压型 DC/DC 芯片

6.0 A NCP3101 与 10 A NCP3102 为高能效 DC/DC 同步降压转换器，专为工作于 4.5 V 至 13.2 V 电源而设计，输出电压低至 0.8 V。它们集成了一个外部补偿跨导误差放大器、一个可编程软启动的电容器、以及一个固定频率 275 kHz 振荡器。其它功能包括可编程短路保护与欠压闭锁。

NCP3101 典型应用电路如图 5.7.6 所示。

NCP3101/3102 芯片特性如下：

- 高能效完全同步 PWM 降压稳压器；+12 V 输入+3.3 V 输出时，效率>92%；
- 工作电源 5.0～12 V，产生输出电压低至 0.8 V；小巧的 6×6 mm QFN－40 封装；
- 简化嵌入式电源设计，替代 DC/DC 模块；提升功率密度并缩减板面积。

应用范围如下：

- 服务器/网络；
- DSP 与 FPGA 电源；
- DC/DC 稳压器模块。

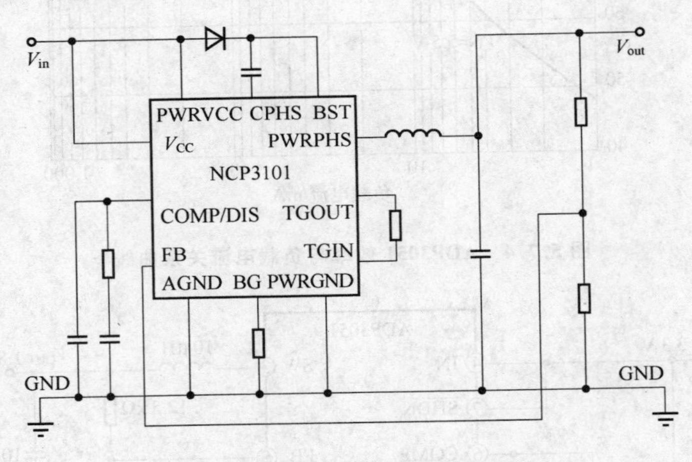

图 5.7.6　NCP3101 典型应用电路

5.7.6　MAX8553/8554　最快瞬态响应、±25 A、降压型 DC/DC 芯片

MAX8553/8554 芯片特性如下：

- 单电源，无需外部偏置；
- 200～550 kHz 可选频率；
- 低压输出 0.6～1.8 V(MAX8553)，输出电流高达±25 A。

MAX8553/8554 芯片应用电路如图 5.7.7 所示。

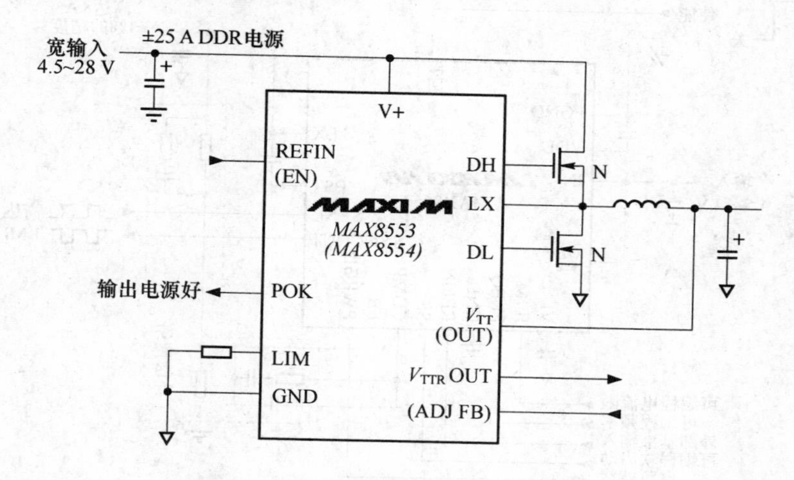

图 5.7.7 MAX8553/8554 应用电路

5.7.7 MAX8654 含有内置开关、8 A、降压型 DC/DC 芯片

MAX8654 芯片应用范围如下：

- ASIC/DSP/CPU 核电压；
- DDR 端接；
- 存储器电源；
- 电信/数据通信电源；
- 工业电源；
- 负载点电源。

MAX8654 芯片效率与负载电流关系曲线如图 5.7.8 所示，应用电路如图 5.7.9 所示。

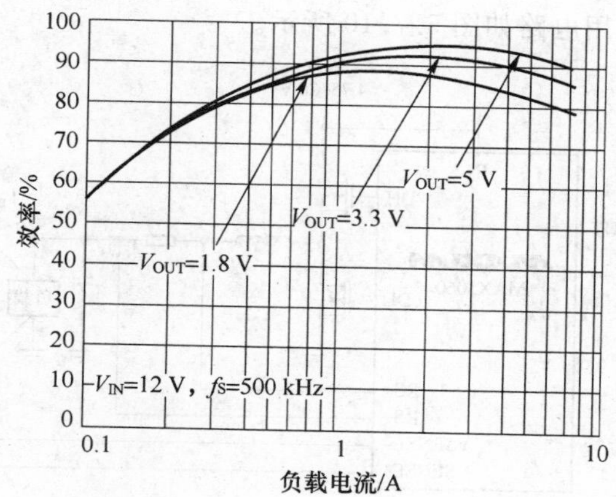

图 5.7.8 MAX8654 效率与负载电流关系曲线

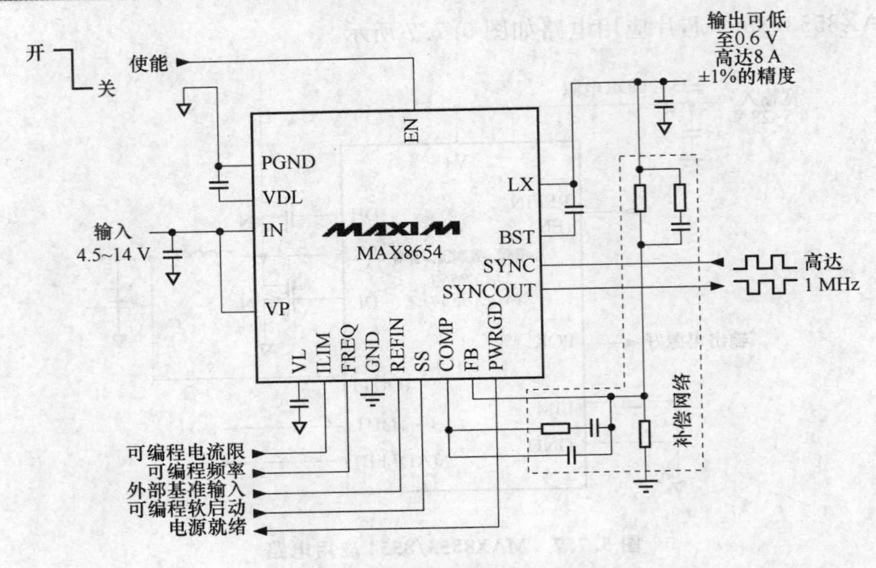

图 5.7.9 MAX8654 应用电路

5.7.8 MAX5060 更高效率、30 A、降压型 DC/DC 芯片

MAX5060 芯片特性如下：

- 内部电路限制反向电流，多模块并联时可防止 V_{BUS} 被拉低；
- V－IOUT 正比于 I_{OUT}，可用于输出电流监视；
- 25 mV 检流门限降低了功率耗散，并允许使用更小的电阻；
- 差分遥感确保精确的负载点输出电压；
- 高达 1.5 MHz 的开关频率缩减了电源尺寸；
- 并联多个电源模块可提供更高输出电流；
- 5 V 输入、3.3 V 输出时高达 96％的峰值效率。

MAX5060 芯片应用电路如图 5.7.10 所示。

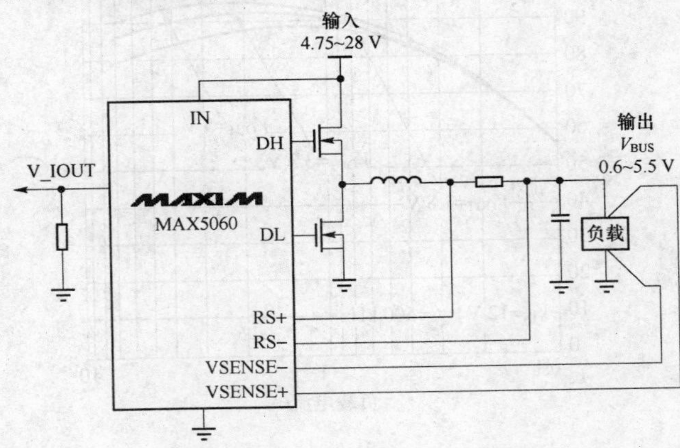

图 5.7.10 MAX5060 应用电路

5.7.9　MAX8640Z　首款 SC70 封装、500 mA、降压型 DC/DC 芯片

MAX8640Z* 降压型转换器能够提供高达 500 mA 的输出电流和最低至 0.6 V 的输出电压，并且采用微型 SC70 封装。它的开关频率高达 4 MHz，大幅降低了外部元件的尺寸，仅吸收 24 μA 的静态电流，实现了优异的轻载效率。

MAX8640Y/Z 效率与负载电流关系曲线如图 5.7.11 所示，应用电路如图 5.7.12 所示。

MAX8640Y/Z 芯片特性如下：

- 高达 4 MHz 的开关频率；
- 24 μA 低静态电流；
- 可借助评估板加速设计进度。

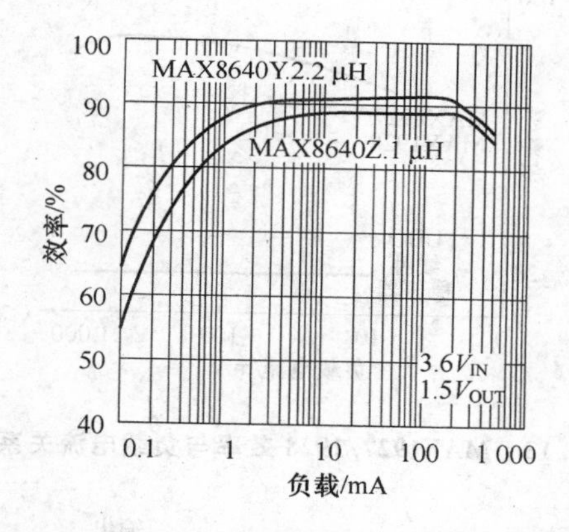

图 5.7.11　MAX8640Y/Z 效率与负载电流关系曲线

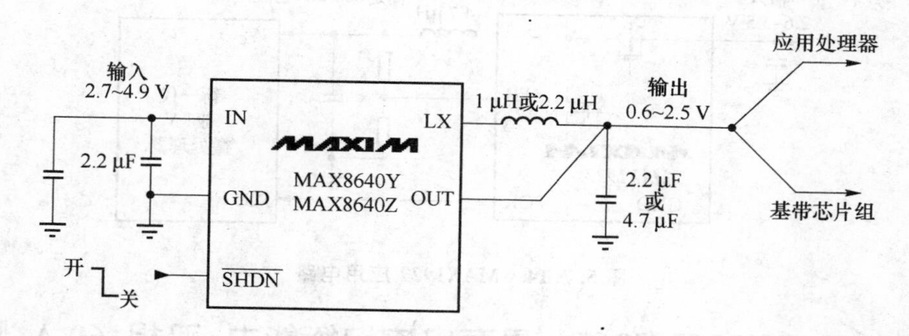

图 5.7.12　MAX8640Y/Z 应用电路

5.7.10　MAX1927/1928　高效率、内置“电源好”和同步整流器、800 mA 降压型 DC/DC 芯片

MAX1927/MAX1928 是目前仅有的，能够输出 800 mA 电流，且输出低至 0.75 V 的降压型 DC/DC 转换器，适合于低电压微处理器。这两款器件工作于 1 MHz 的开关

频率,以降低外围元件的尺寸,并且能够为便携式设备,如3G电话和PDA,提供低噪声输出、MAX1927/MAX1928同传统的LDO线性稳压器相比,可延长通话时间62%。另外,也可使用更小的电池以降低重量和成本。

MAX1927/1928芯片效率与负载电流关系曲线如图5.7.13所示,应用电路如图5.7.14所示。

MAX1927/1928芯片特性如下:

- 内置同步整流器,无需肖特基二极管;
- 集成的"电源好",省去外部复位;
- 1 MHz PWM低噪声工作,更小的外围元件。

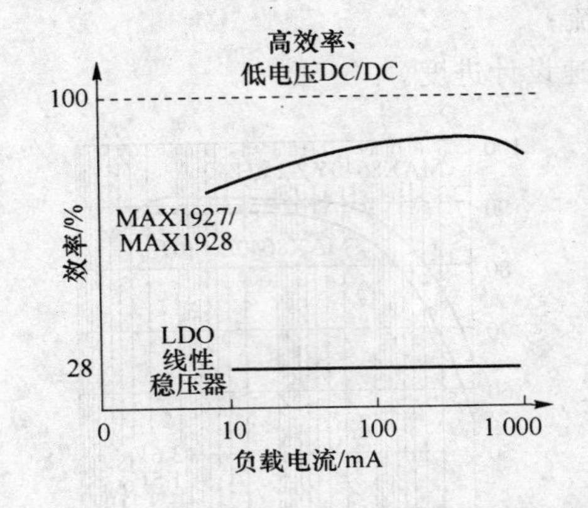

图5.7.13 MAX1927/1928效率与负载电流关系曲线

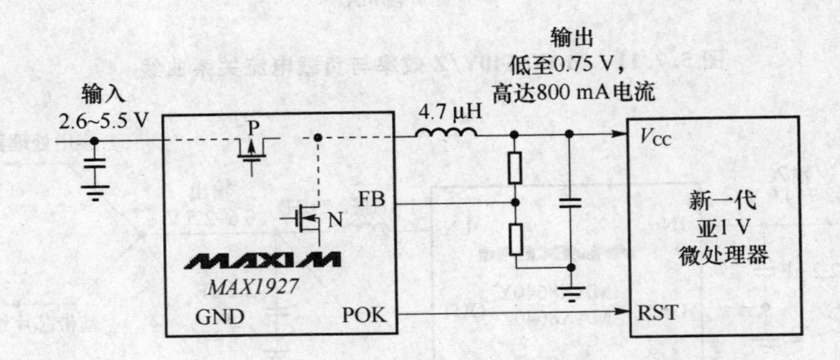

图5.7.14 MAX1927应用电路

5.7.11 MAX5065/5067 具有电流均衡能力、双相、60 A、降压型DC/DC芯片

MAX5065/5067芯片特性如下:

- 180°异相工作减小了C_{IN};
- ±5%高精度电流限制和电流均衡;
- 每相具有可选的250 kHz或500 kHz工作频率;

- 并联模块提供更高 I_{OUT}。

MAX5065/5067 芯片效率与输出电流和输入电压关系曲线如图 5.7.15 所示，应用电路如图 5.7.16 所示。

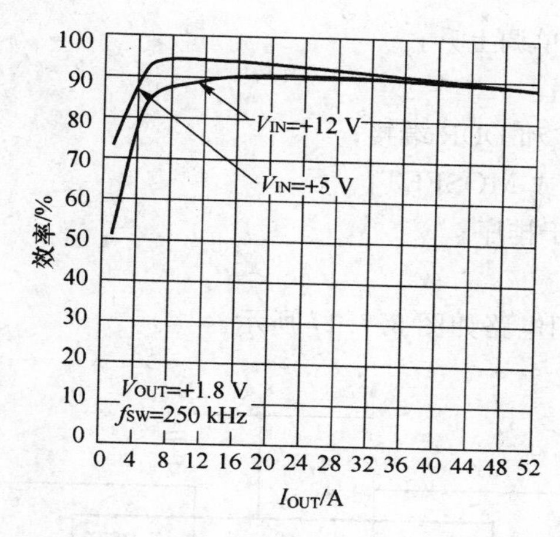

图 5.7.15 MAX5065/5067 效率与输出电流和输入电压关系曲线

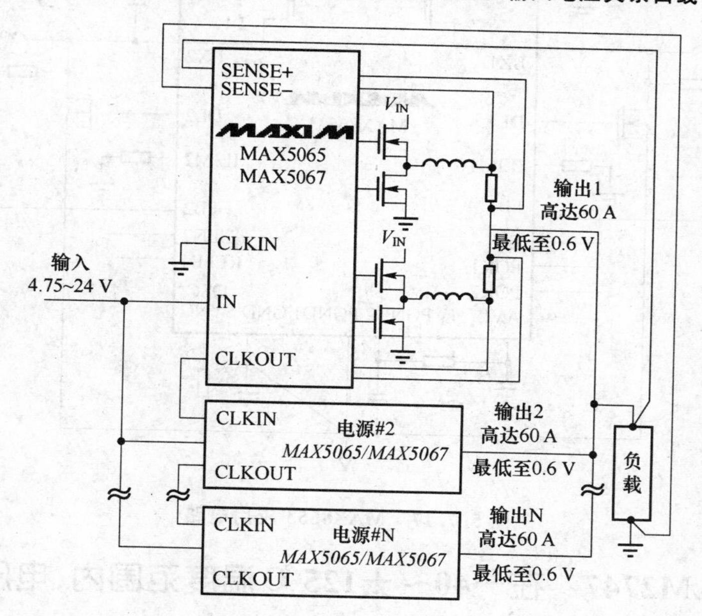

图 5.7.16 MAX5065/5067 应用电路

5.7.12 MAX8653 9 V 至 14 V 输入、双路 3~5 A 内部开关、降压型 DC/DC 芯片

MAX8653 芯片特性如下：

- 整个温度范围内 1%精度、0.6 V 反馈；

- 可调的输出电压可低至0.6 V或REFIN；
- 可调的开关频率或外同步到200 kHz～1.5 MHz；
- 可调的限流；
- 启动时输出电压单调上升；
- 源出或吸入电流；
- REFIN用于跟踪和DDR端接；
- 外部低边肖特基或MOSFET；
- 使能或POK用于排序；
- 软启动。

MAX8653芯片应用电路如图5.7.17所示。

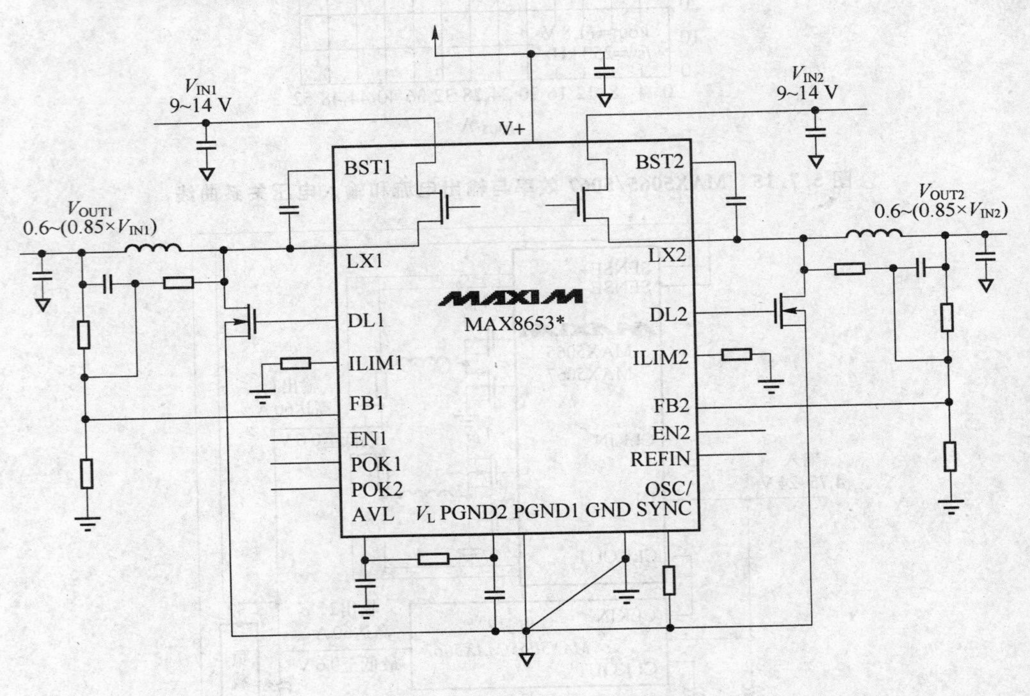

图5.7.17 MAX8653应用电路

5.7.13 LM2747 在－40～＋125 ℃温度范围内，电压反馈精度达1%，同步降压型DC/DC芯片

LM2747降压型DC/DC芯片是一款全新产品，该芯片可将输入电压转换为低至0.6 V的输出电压，输出电流最高可达16 A，操作频率50 kHz～1 MHz，在－40～＋125 ℃的温度范围内精度可达1%，设有预先偏压、外置时钟及可设定软启动等功能，适用于线缆调制解调器、DSL和ADSL、激光和喷墨打印机、低电压电源模块、数字信号处理器、专用集成电路、数字核心以及便携式计算系统。

LM2747 性能选项如表 5.7.1 所列，输出电压精度曲线如图 5.7.18 所示，典型应用电路如图 5.7.19 所示。

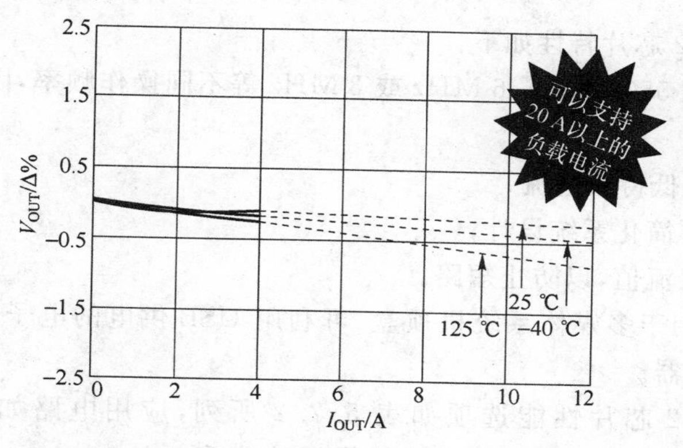

图 5.7.18　LM2747 输出电压精度曲线（$V_{IN}=12\ V, V_o=1.2\ V$）

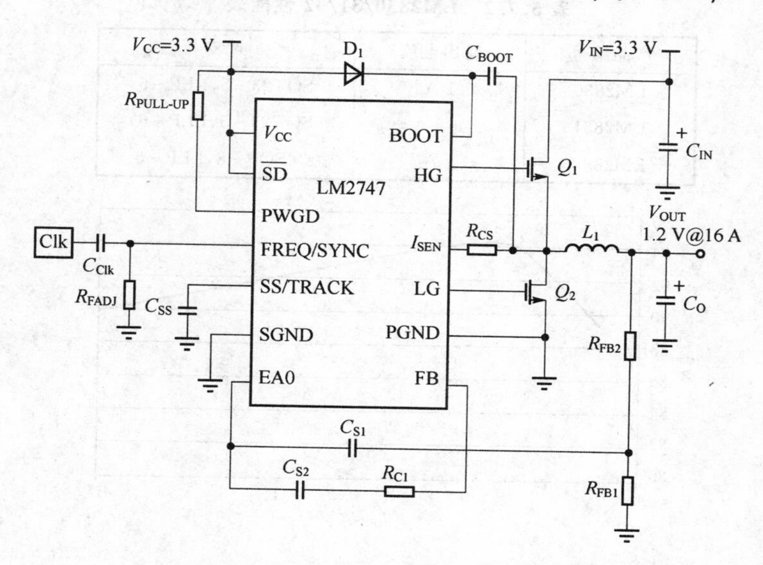

图 5.7.19　LM2747 典型应用电路

表 5.7.1　LM274x 系列芯片性能表

产品编号	操作频率	产品特色	封装
LM2742	50 kHz～2 MHz	40 ns 的最低导通时间	TSSOP－14
LM2743	50 kHz～1 MHz	设有跟踪功能	TSSOP－14
LM2744	50 kHz～1 MHz	外置电压参考，并设有跟踪功能	TSSOP－14
LM2745	50 kHz～1 MHz	设有预偏压功能，可支持 250 kHz～1 MHz 的外置时钟	TSSOP－14
LM2746	50 kHz～1 MHz	在 0～85 ℃的温度范围内精度可达 1%，设有启动延迟	散热能力更强的 TSSOP－14
LM2747	50 kHz～1 MHz	在－40～125 ℃的温度范围内精度可达 1%，设有预先偏压、外置时钟及可设定软启动等功能	TSSOP－14
LM2748	50 kHz～1 MHz	设有预偏压功能，精度达 1.5%	TSSOP－14

5.7.14 LM2830/31/32 高功率密度、2 A、降压型DC/DC芯片

LM2830/31/32芯片特性如下：

- 由于可选用550 kHz、1.6 MHz或3 MHz等不同操作频率，因此可采用小巧的无源元件；
- 30 nA的超低待机电流；
- 内部补偿可简化系统设计；
- 每周期的限流值，以防止短路。

应用范围：适用于多媒体系统机顶盒、可利用USB供电的电子产品、DSL调制解调器以及硬盘驱动器。

LM2830/31/32芯片性能选项如表5.7.2所列，应用电路如图5.7.20所示，LM2831芯片效率与输出电流关系曲线如图5.7.21所示。

表5.7.2 LM2830/31/32性能表

产品编号	输出电流	封装
LM2830	1 A	SOT23-5，LLP-6
LM2831	1.5 A	SOT23-5，LLP-6
LM2832	2 A	eMSOP-8，LLP-6

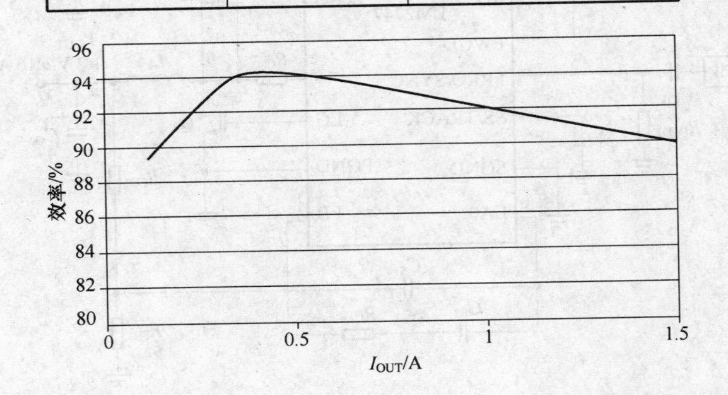

图5.7.20 LM2831效率与输出电流关系曲线

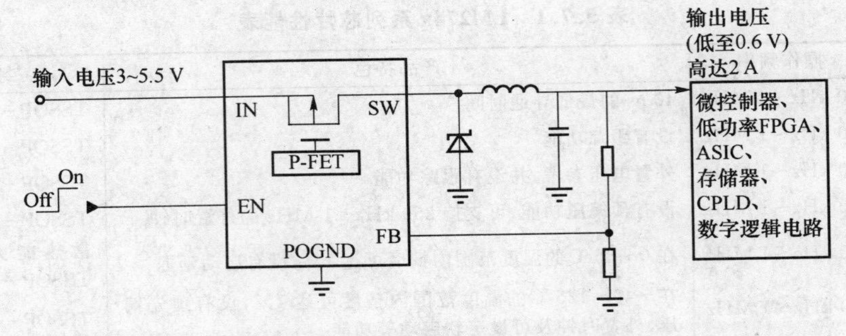

图5.7.21 LM2830/31/32应用电路

5.7.15 LM2745/8 设有预先偏压启动功能、同步降压型DC/DC芯片

LM2745/8是一款高速同步降压型DC/DC芯片，可以输出低至0.6 V的电压，输出电流高达16 A，而且在0～75 ℃的温度范围内，反馈电压准确度也可保持在1.5%之内，设有预先偏压启动并另有时钟同步功能，适用于有线调制解调器、DSL和ADSL线路、激光和喷墨打印机、低电压电源模块、数字信号处理器、特殊应用集成电路、核心和输入/输出、以及需要将3.3 V电压调低的系统。

LM2745/8芯片性能选项如下表5.7.3所列，LM2745芯片典型应用电路如图5.7.22所示。

表5.7.3 LM2745/8芯片性能表

零件编号	时钟频率	输入电压范围/V	最低输出电压/V	封装
LM2742	50 kHz～2 MHz	4.5～5.5 V	0.6	TSSOP-14
LM2743	50 kHz～2 MHz	3～6 V	0.6	TSSOP-14
LM2744	50 kHz～2 MHz	3～6 V	0.6	TSSOP-14
LM2745	250 kHz～1 MHz	3～6 V	0.6	TSSOP-14
LM2746	300 kHz～1 MHz	3～5.5 V	0.6	TSSOP-14 无掩蔽 DAP
LM2748	50 kHz～1 MHz	3～6 V	0.6	TSSOP-14 无掩蔽 DAP

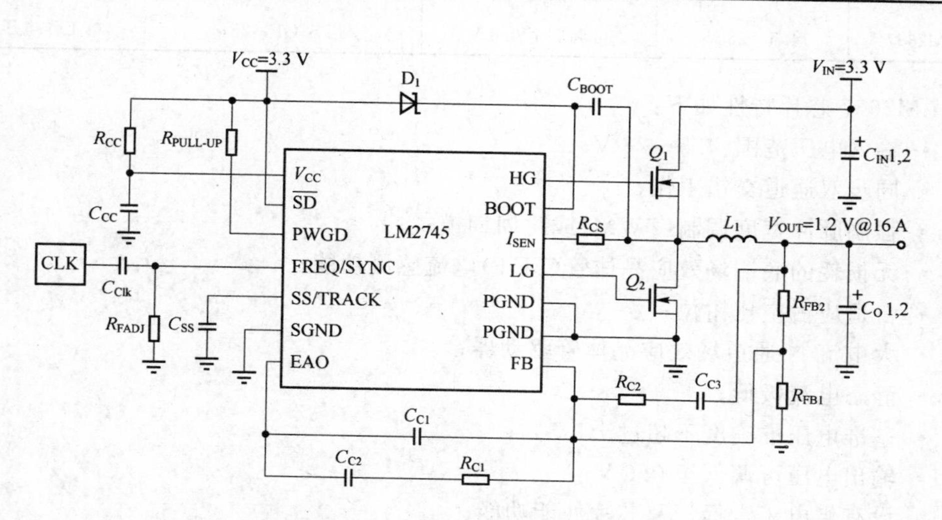

图5.7.22 LM2745典型应用电路

LM2745/8芯片特性如下：

- 开关频率：50 kHz～1 MHz；
- 开关频率同步操作范围：250 kHz～1 MHz（只适用于LM2745）；
- 设有预先偏压输出负载的启动功能；

- 功率级输入电压：1～14 V；
- 控制级输入电压：3～6 V；
- 可调节的输出电压低至 0.6 V；
- 供电正常标记及停机；
- 输出过压及欠压保护；
- 在指定的温度范围内，反馈电压准确度可保持在±1.5%之内；
- 低端可调节电流感测；
- 可调节软启动；
- 可支持跟踪及排序功能，另有停机及软启动引脚；
- 采用 TSSOP－14 封装。

5.7.16　LM2657　适用于高电流系统、双通道、同步降压型 DC/DC 芯片

全新推出的 LM2657 降压稳压控制器设有丝路前馈功能，有助改善输入瞬态响应，适用于低输出电压的高效率降压稳压器。

LM2657 芯片性能选项如表 5.7.4 所列，典型应用电路如图 5.7.23 所示。

表 5.7.4　LM2657 性能表

零件编号	输入电压	输出电压	封装	备注
LM2647	5.5～28 V	可调低至 0.6 V	LLP－28 及 TSSOP－28	双工作电压
LM2657	4.5～28 V	可调低至 0.6 V	TSSOP－28	单工作电压

LM2657 芯片特性如下：

- 输入电压范围：4.5～28 V；
- 同步双通道交错工作；
- 强制脉冲宽度调制(PWM)或跳周期模式；
- 无损耗的底端场效应晶体管(FET)电流感测功能；
- 自适应占空比钳位；
- 大电流 N 通道场效应晶体管驱动器；
- 静态电流极低；
- 基准电压准确度不超过±1.5%；
- 输出电压可调低至 0.6 V；
- 设有供电正常标记及芯片使能功能；
- 欠压锁定功能；
- 过压/欠压保护功能；
- 软启动；
- 可调节的开关频率(200～500 kHz)；
- 采用 TSSOP－28 封装。

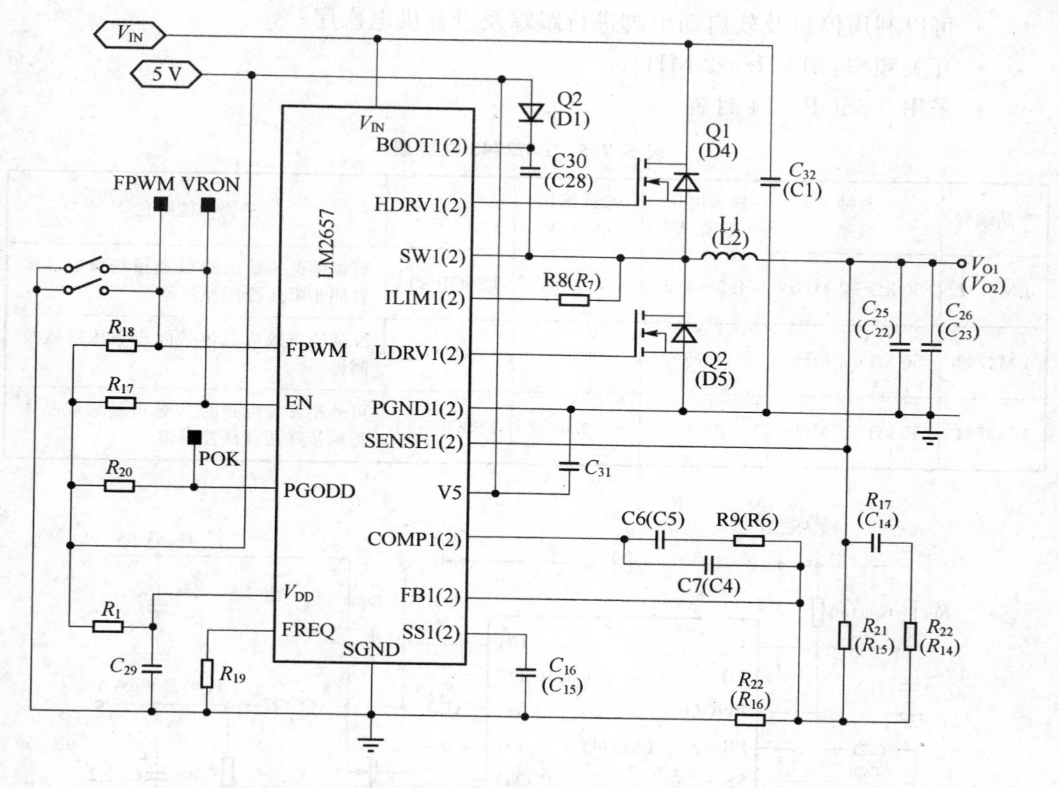

图 5.7.23　LM2657 典型应用电路(括号内为通道 2)

5.7.17　LM2743　可从 3.3 V 电压降压、N 沟道场效应管、同步降压型 DC/DC 芯片

美国国家半导体的全新 LM2743 降压控制器可以提供低至 0.6 V 的输出电压，在 −40～125 ℃的温度范围内其反馈电压准确度可达 2%。适用于 3～6 V 降压稳压、机顶盒/家庭网关、磁心逻辑稳压器、高效率降压稳压等电子系统。

LM2743 芯片性能选项如表 5.7.5 所列，典型应用电路如图 5.7.24 所示。

LM2743 芯片特性如下：

- MOSFET(金属氧化半导体场效应晶体管)的输入电压(V_{IN})：1～6 V；
- 集成电路工作电压(V_{CC})：3～6 V；
- 输出电压可调低至 0.6 V；
- 供电良好标记及输出启动；
- 输出过压及输出判断功能欠压信号；
- 反馈电压准确度：2%(在指定温度范围内)；
- 限流点设置无需外加电阻；
- 可调整软启动；

- 可以利用停机及软启动引脚进行跟踪及设置供电次序；
- 开关频率：50 kHz～2 MHz；
- 采用 TSSOP－14 封装。

表 5.7.5　LM2743 性能表

产品编号	时钟频率	输入电压范围/V	最低输出电压/V	封装	主要功能特色
LM2742	50 kΩ～2 MHz	4.5～5.5	0.6	TSSOP－14	可提供低压输出的 N 通道场效应晶体管同步降压稳压控制器
LM2743	50 kΩ～2 MHz	3～6	0.6	TSSOP－14	N 通道场效应晶体管同步降压稳压控制器
LM2744	50 kΩ～2 MHz	3～6	0.6	TSSOP－14	可外接参考电路的 N 通道场效应晶体管同步降压稳压控制器

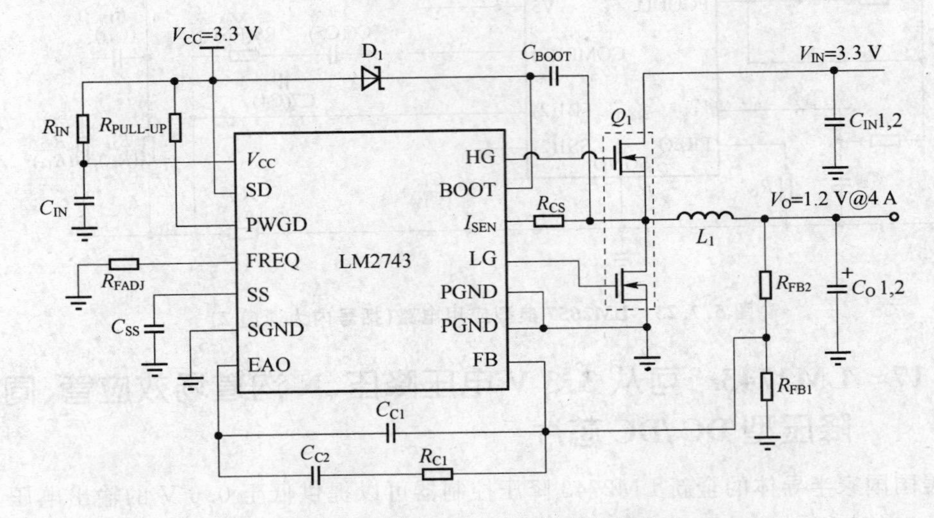

图 5.7.24　LM2743 典型应用电路

5.7.18　LM3100　1.5 A、36 V SIMPLE SWITCHER、同步降压型 DC/DC 芯片

LM3100 是采用恒导通时间(COT)结构的降压型 DC/DC 芯片。该芯片可在 3.3 V 以下的输出电压进行同步转换，以提高操作效率；无需外部补偿，有助减少外置元件数目；适用于嵌入式系统、工业控制系统、汽车远程信息设备及汽车电子系统、负载点稳压器、储存系统以及宽带通

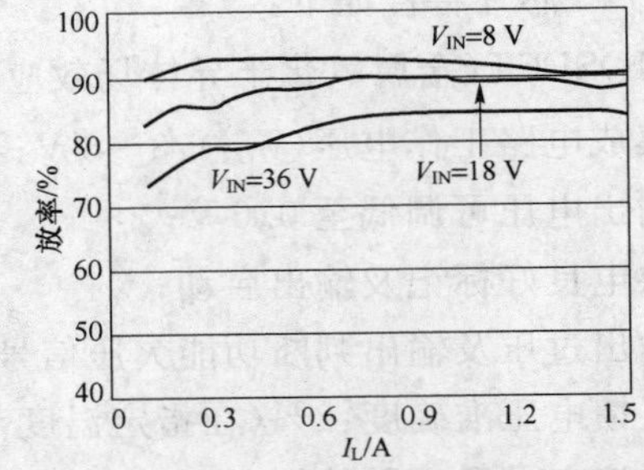

图 5.7.25　LM3100 效率与负载电流关系曲线 (V_{OUT}＝3.3 V)

信基建设施。

LM3100 芯片性能如表 5.7.6 所列，效率与负载电流关系曲线如图 5.7.25 所示，应用电路如图 5.7.26 所示。

LM3100 芯片特性如下：

- 可在 3.3 V 以下的输出电压进行同步转换，以提高操作效率；
- 采用固定导通时间(COT)结构，因此瞬态响应极快；
- 采用陶瓷电容器，性能仍可保持稳定；
- 即使采用未经稳压的电源供应，频率几乎可以保持恒定不变；
- 无需外部补偿，有助减少外置元件数目；
- 频率可调高至 1 MHz。

表 5.7.6　美国国家半导体的恒导通时间芯片系列

零件编号	电路布局	最高输入电压/V	开关电流	频率	反馈参考电压/V	软启动	封装
LM1770	同步降压	5.5	高达 4 A(大小取决于外置 MOSFET)	<1 MHz	0.8	有	SOT23 - 5
LM1771	同步降压	5.5	高达 4 A(大小取决于外置 MOSFET)	<1 MHz	0.8	有	LLP - 6, MSOP - 8
LM2694	非同步降压	30	0.6 A	<1 MHz	2.5	有	LLP - 14
LM2695	非同步降压	30	1.25 A	<1 MHz	2.5	有	TSSOP - 14, LLP - 10
LM2696	非同步降压	24	3 A	<500 kHz	1.254	有	TSSOP - 16
LM3100	同步降压	36	1.5 A	<1 MHz	0.8	有	eTSSOP - 20, LLP - 16
LM5007	非同步降压	75	0.5 A	<800 kHz	2.5	—	MSOP - 8, LLP - 8
LM5008	非同步降压	95	0.4 A	<600 kHz	2.5	—	MSOP - 8, LLP - 8
LM5009	非同步降压	95	0.15 A	<1.2 MHz	2.5	—	MSOP - 8, LLP - 8
LM5010	非同步降压	75	1 A	<1 MHz	2.5	有	TSSOP - 14, LLP - 10
LM5010A	非同步降压	75	1 A	<1 MHz	2.5	有	TSSOP - 14, LLP - 10
LM25007	非同步降压	42	0.5 A	<800 kHz	2.5	—	MSOP - 8, LLP - 8
LM25010	非同步降压	42	1 A	<1 MHz	2.5	有	TSSOP - 14, LLP - 10

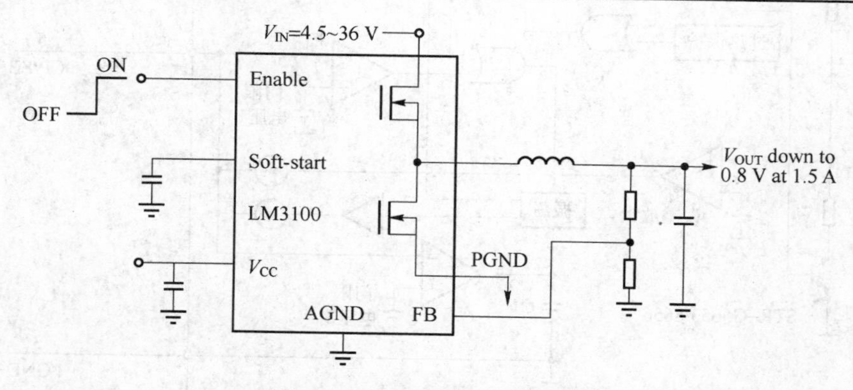

图 5.7.26　LM3100 应用电路

5.8 多功能多电压输出 DC/DC 芯片

5.8.1 STR-G5653/8656 可多组输出(5~135 V)大功率降压 DC/DC 芯片

STR-G5653/8656 是日本三肯公司推出的电源厚膜集成块，属于 STR-G56xx/86xx 系列芯片中的一款，STR-G5653 与 STR-G8656 的内部结构相同，引脚功能也完全一样，但输出功率不同。STR-G5653 的输出功率为 120 W 左右，常用于小屏幕彩电，而 STR-G8656 的输出功率为 200 W 左右，常用于大屏幕彩电。

STR-G5653/8656 芯片引脚及内部结构如图 5.8.1 所示，STR-G8656 应用电路如图 5.8.2 所示。

STR-G5653/8656 芯片特性如下：

- 具有准谐振和 PRC 两种工作模式，在 PRC 模式下，通过调节导通脉冲宽度来控制输出电压；
- 采用最新叠层结构制造工艺，使其体积更小、电路成本更低、电路性能更高；
- 起动电流小，小于 100 μA；
- 待机功耗小，待机状态下，工作稳定；
- 具有多种保护功能：过流保护、过压保护、过热保护；
- 采用 5 脚封装方式。

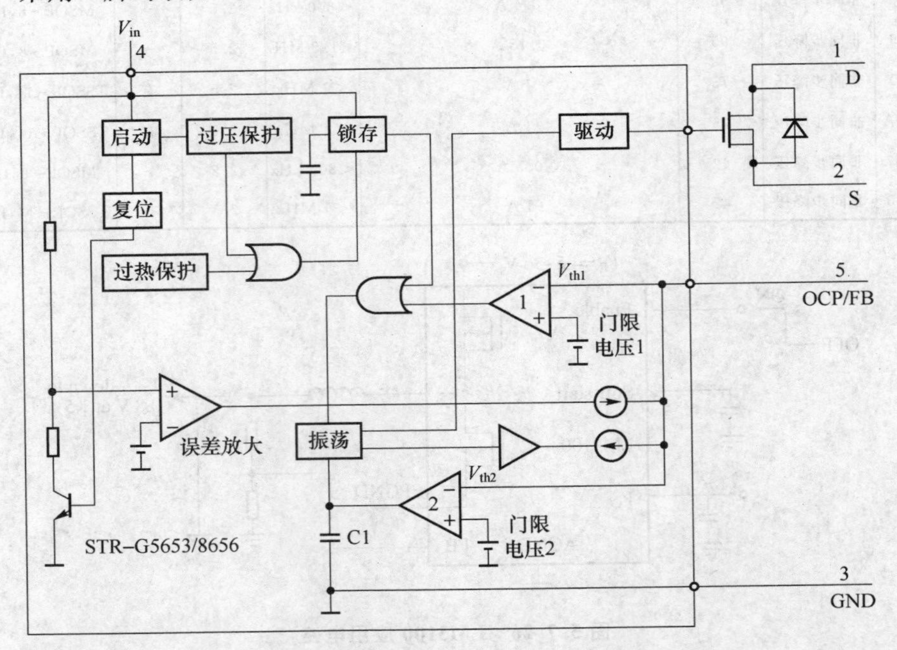

图 5.8.1 STR-G5653/8656 引脚及内部结构框图

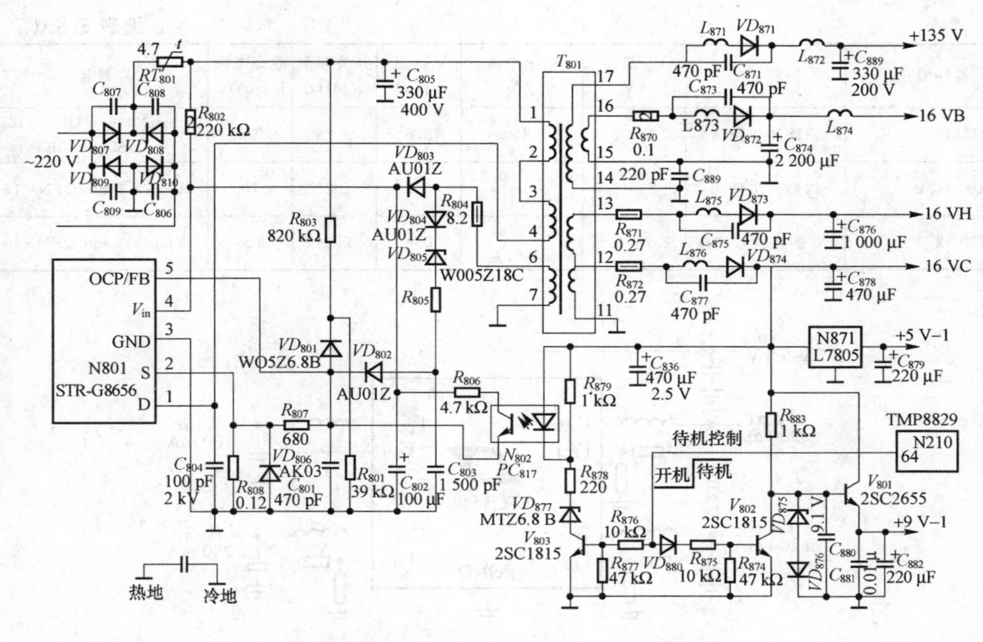

图 5.8.2 STR-G8656 应用电路

（长虹 SF2591F 大屏幕彩电）

5.8.2 LTC3544 单片式、四路、同步降压型 DC/DC 芯片

LTC3544 是同步降压型稳压器系列中最新面市的一款器件，这个高集成度四路输出的降压型稳压器可以从单个输入提供 300 mA、2×200 mA 和 100 mA 输出。该系列的所有器件均提供了高效率、低静态电流、低噪声操作与扁平、紧凑小尺寸的优化组合，它们是支持手持式应用高品质的可靠保证。

LTC3544 芯片性能选项如表 5.8.1 所列，应用电路如图 5.8.3 所示。

表 5.8.1 LTC34xx、LTC35xx 系列芯片性能表

器件型号	配置	V_{IN} 范围 /V	输出电流 /A	V_{OUT} 最小值/V	开关频率 /MHz	静态电流 I_Q(μA)	封装
LTC3547/8	双路同步降压	2.5～5.5	0.3×2	0.6	2.25	40	2 mm×3 mm DFN-8
LTC3407/A	双路同步降压	2.5～5.5	0.6×2	0.6	1.5	40	3 mm×3 mm DFN-10, MSOP-10E
LTC3419	双路同步降压	2.5～5.5	0.6×2	0.6	2.25	35	3 mm×3 mm DFN-8, MSOP-10
LTC3548/-1/-2	双路同步降压	2.5～5.5	0.8,0.4	0.6	2.25	40	3 mm×3 mm DFN-10, MSOP-10E
LTC3407-2/-3	双路同步降压	2.5～5.5	0.8×2	0.6	2.25	40	3 mm×3 mm DFN-10, MSOP-10E
LTC3417A	双路同步降压	2.25～5.5	1.5,1	0.8	2.25	125	3 mm×5 mm DFN-20, TSSOP-20E
LTC3446	单路同步降压＋双路 VLDO	2.7～5.5	1.0,0.3,0.3	0.4	2.25	140	3 mm×4 mm DFN-14

续表 5.8.1

器件型号	配置	V_{IN} 范围 /V	输出电流 /A	V_{OUT} 最小值/V	开关频率 /MHz	静态电流 I_Q(μA)*	封装
LTC3545	三路同步降压	2.25～5.5	0.6×3	0.6	2.25	58	3 mm×3 mm QFN-16, MSOP-10E
LTC3544/B	四路同步降压	2.25～5.5	0.3,2×0.2, 0.1	0.8	2.25	70	3 mm×3 mm QFN-16
LTC3562	I²C 四路同步降压	2.7～5.5	2×0.6, 2×0.4	0.6	2.25	100	3 mm×3 mm QFN-20

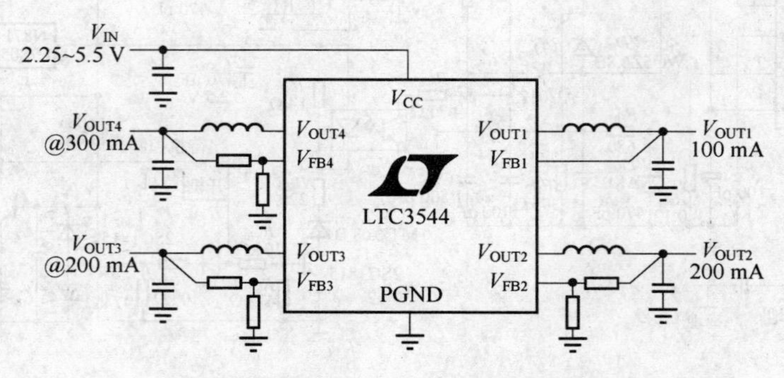

图 5.8.3　LTC3544 应用电路

5.8.3　ISL6441/6443　宽输入(5.6～24 V)三输出电压、DC/DC 芯片

ISL6441/6443 芯片特性如下：

- 宽输入电压范围为 5.6～24 V 或 4.5～5.6 V；
- PWM 工作频率 300 kHz(ISL6443),1.4 MHz(ISL6441)
  二路 PWM180°错相工作,有效降低输入端纹波电流；
- 可编程软启动功能；
- 多种电路保护功能；
- 电源好指示输出 PGOOD；
- 欠压保护,可编程的输出过流保护及短路保护；
- 过热保护；
- 每路 PWM 有独立关闭控制端；
- 优良的动态响应特性；
- 28 脚 QFN 封装,可提供无铅类型,工业级操作温度。

应用范围如下：

- POS 机；
- GPS 系统；
- 无线公话；
- 便携式仪器仪表；
- 电力监控系统；

- 通信系统；
- 基于 DSP，ASIC，FPGA 和 ARM 的应用系统；
- 机顶盒。

ISL6441/6443 芯片应用电路示意图如图 5.8.4 所示。

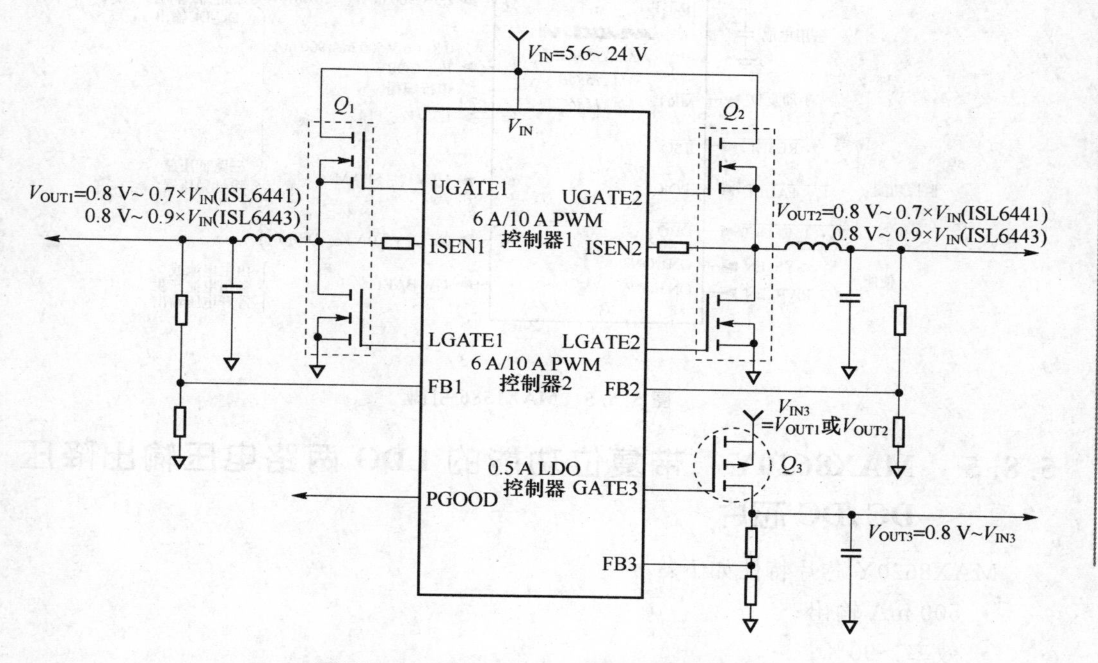

图 5.8.4　ISL6441/6443 应用电路示意图

5.8.4　MAX1586/1587　高效低 I_Q 7 输出降压型 DC/DC 芯片

MAX1586/MAX1587 电源管理 IC 整合七路高性能、低工作电流电源，同时内置监控和管理功能。调节器输出包括三路超高效率降压型 DC/DC 输出、三路线性稳压器和一路常开输出(V7)。

MAX1586/1587 芯片特性如下：

- 七输出，内置所有开关，1 MHz PWM；
- 低工作电流；
- 60 μA 休眠模式(休眠 LDO 打开)；
- 5 μA 关断电流；
- 高达 900 mA 的 $V_{CC_}$CORE；电源可驱动 624 MHz 处理器；
- 微型、6 mm×6 mm、40 引脚和7 mm ×7 mm、48 引脚 TQFN。

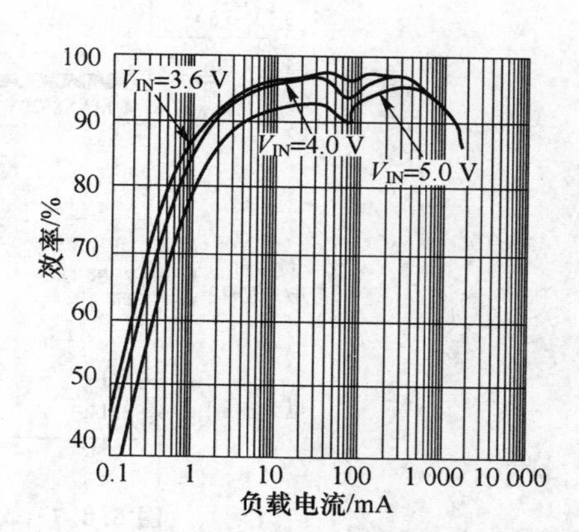

图 5.8.6　MAX1586 效率与负载电流关系曲线

MAX1586 芯片引脚如图 5.8.5 所示，

效率与负载电流关系曲线如图 5.8.6 所示。

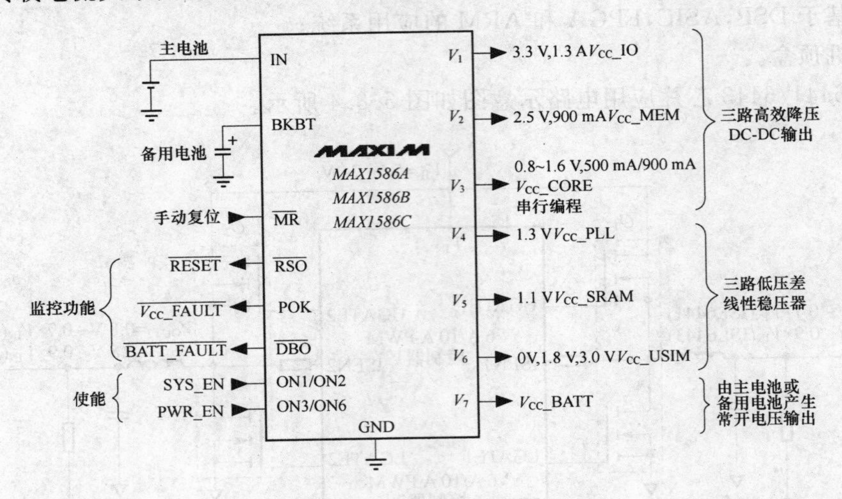

图 5.8.5 MAX1586 引脚

5.8.5 MAX8620Y 带复位功能的 LDO 两路电压输出降压 DC/DC 芯片

MAX8620Y 芯片特性如下：

- 500 mA 输出；
- 效率＞90％；
- 集成两路 LDO 及复位功能；
- 采用 TDFN 封装。

应用范围如下：特别适合基于低电压 μP 的便携设备。

MAX8620Y 芯片应用电路如图 5.8.7 所示。

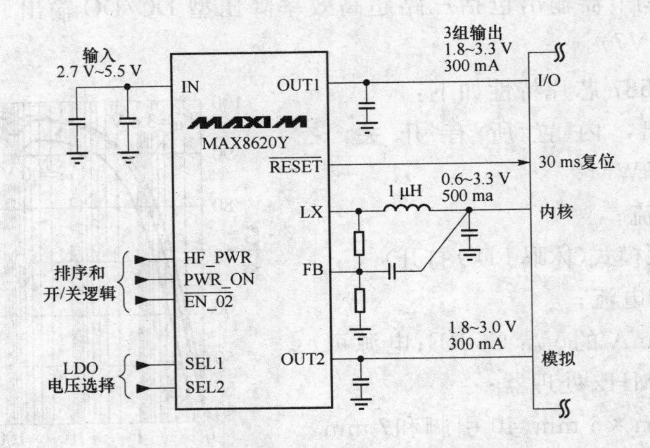

图 5.8.7 MAX8620Y 应用电路

5.8.6 MAX8781 4路宽输出(0.8～10 V)降压型DC/DC芯片

MAX8781芯片特性如下：

- 两组交错式、固定频率、跳脉冲模式Buck开关调节器，两路高效率线性调节器；
- 创新的内部自举变换器，冷启动过程提供优越的低压工作性能；
- 宽输出电压范围：0.8 V<V_{OUT}<10 V；
- 最高28 V输入电压范围，支持两种电池；
- 独立的ON/OFF，PGOOD I/O；
- ±1%输出电压精度；
- 内部自举二极管；
- 利用电感直流电阻(DCR)或检流电阻限流；
- 可编程软启动、软关断；
- 常开、低功耗线性稳压器。

MAX8781芯片应用电路如图5.8.8所示。

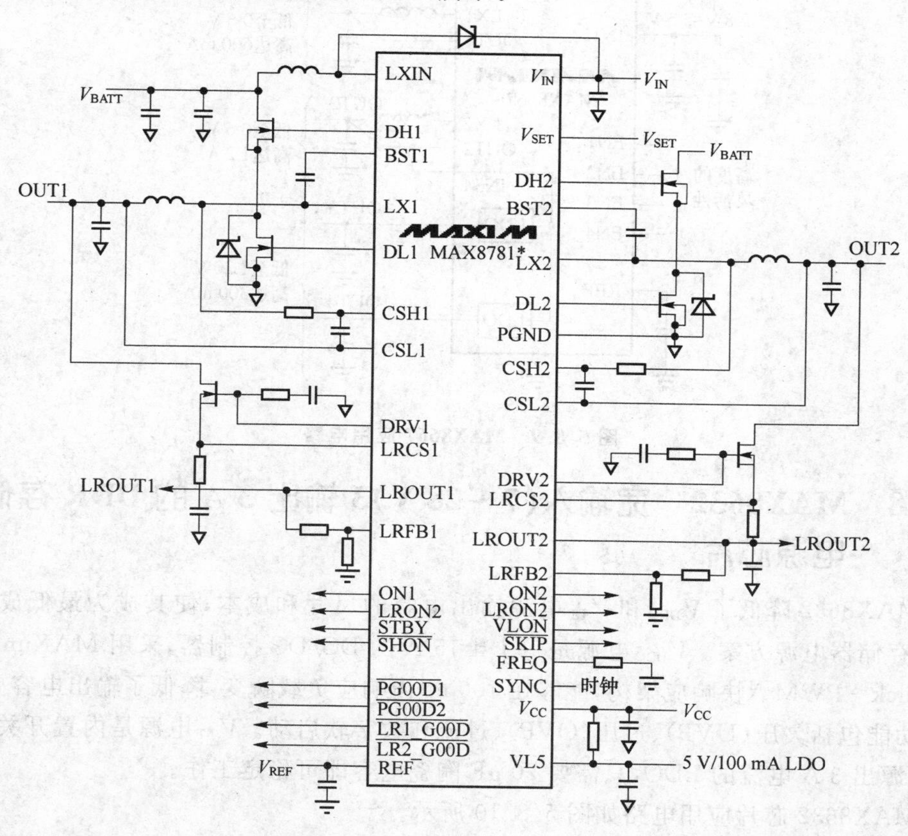

图5.8.8 MAX8781应用电路

5.8.7　MAX8667　2 路低输入 LDO 的 4 通道电压输出降压 DC/DC 芯片

MAX8667 芯片特性如下：

- 集成的 1.2 A 和 600 mA 降压 DC/DC 变换器；
- 内部同步整流器，可提供高达 93%的效率；
- 可调降压 DC/DC 输出（MAX8668）；
- 采用 0805 2.2 μH 片式电感；
- 内部软启动消除浪涌电流；
- 两路 300 mA 低输入电压（1.7 V）LDO；
- 低达 45 μ V_{RMS} 输出噪声；
- 独立使能所有输出；
- 工厂编程 LDO 输出电压。

MAX8667 芯片应用电路如图 5.8.9 所示。

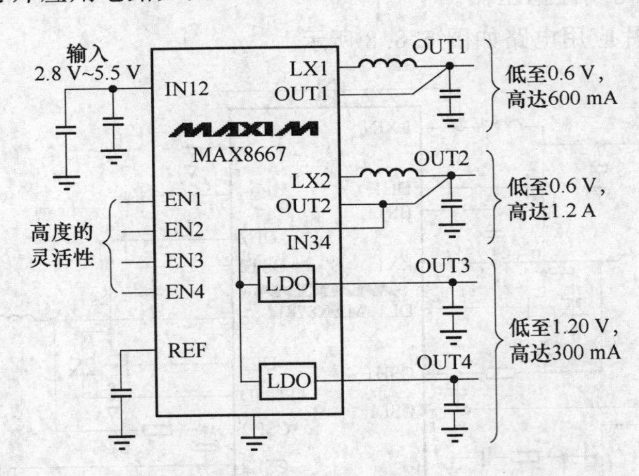

图 5.8.9　MAX8667 应用电路

5.8.8　MAX8632　宽输入(7～28 V)3 输出 3 A 的 DDR 存储器电源芯片

MAX8632 降低了 V_{DDQ} 和 V_{TT} 电源输出电容的尺寸和成本，使其成为最低成本的 DDR 存储器电源方案。V_{DDQ} 电源是一个±15 A 的 DC/DC 控制器，采用 MAXim 专有的 Quick－PWM™ 快响应架构，能够在 100 ns 内响应负载瞬变，降低了输出电容要求。保护功能包括欠压（UVP）、过压（OVP）、过流和数字软启动。V_{TT} 电源是内置开关和可吸入/源出 3 A 电流的 LDO，只需要 20 μF 陶瓷电容即可稳定工作。

MAX8632 芯片应用电路如图 5.8.10 所示。

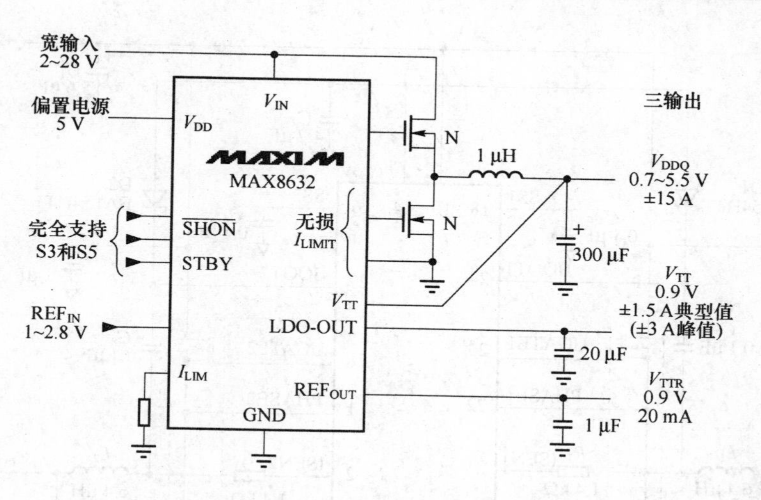

图 5.8.10　MAX8632 应用电路

5.8.9　ISL6440/1/2/3/4/5　多路输出大电流降压 DC/DC 芯片

ISL644x 系列 PWM 芯片内部结构、引脚及应用电路如图 5.8.11 所示。ISL6443/5 芯片典型应用电路如图 5.8.12 和图 5.8.13 所示。

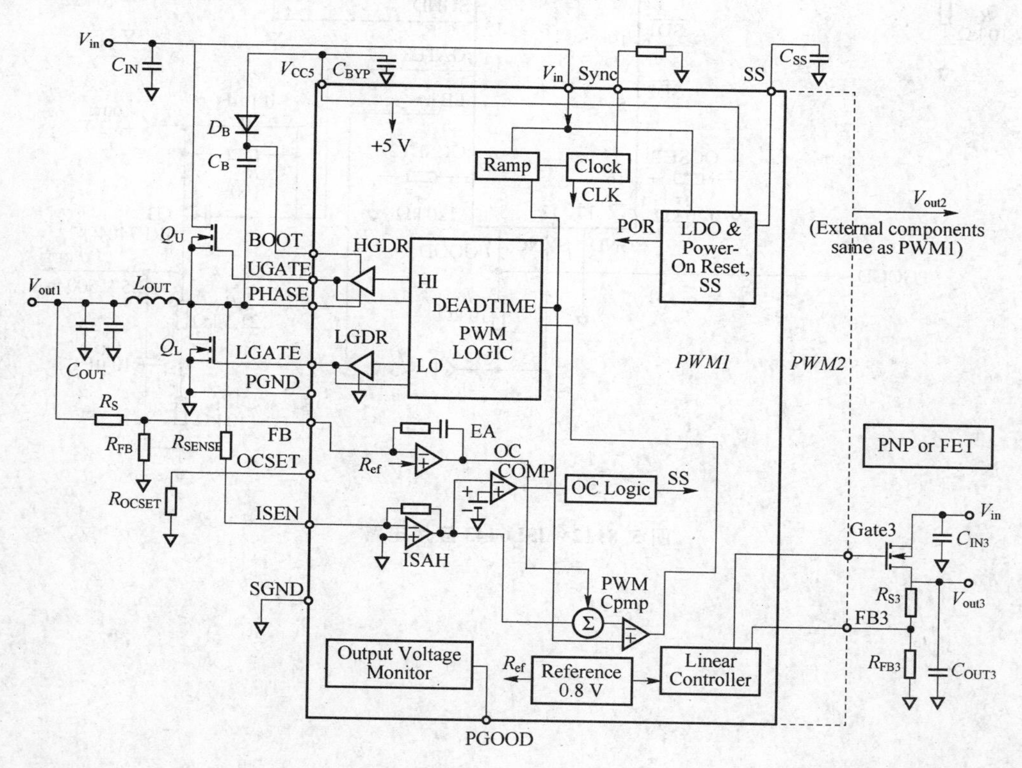

图 5.8.11　ISL6440/1/2/3/4/5 芯片应用电路

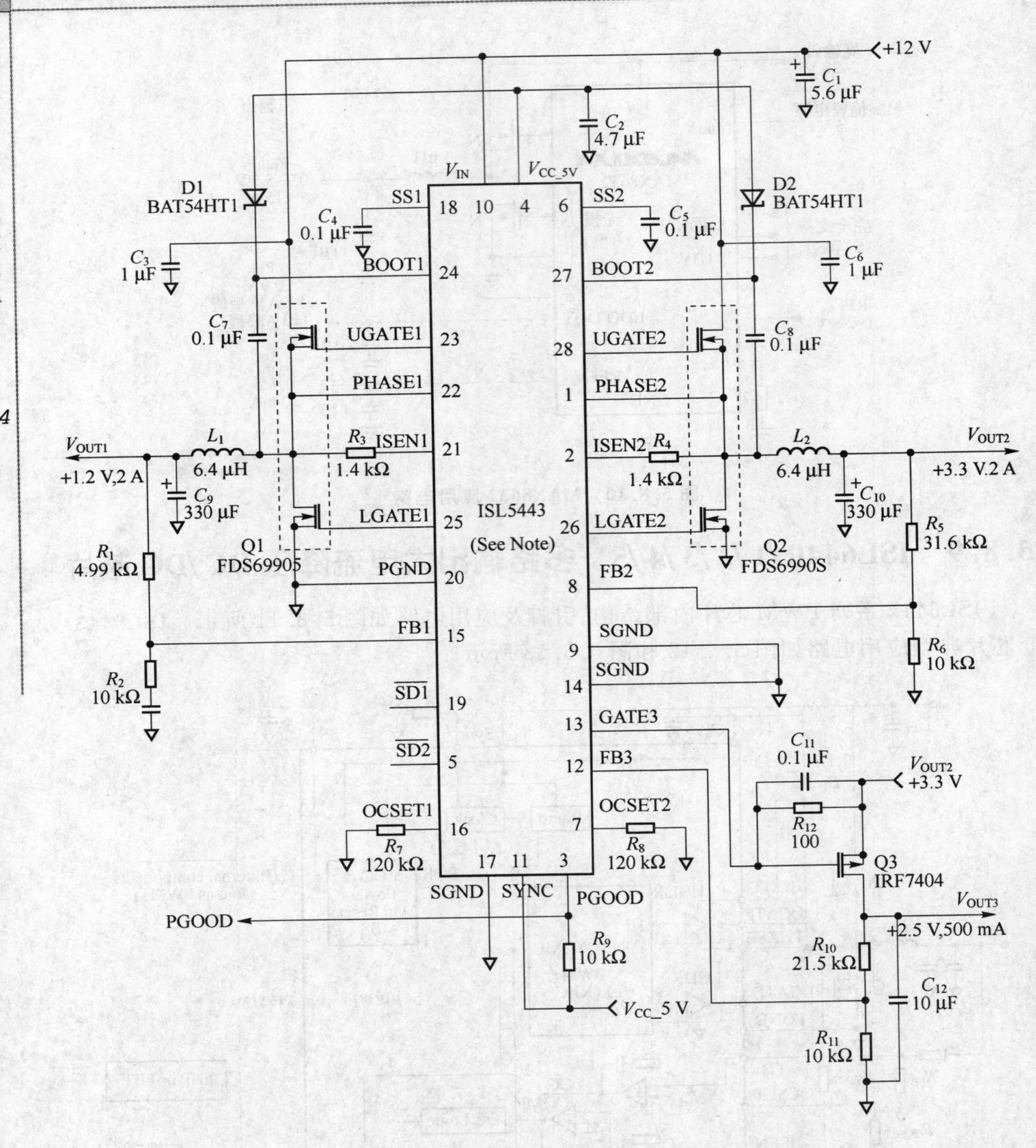

图 5.8.12 ISL6443 应用电路

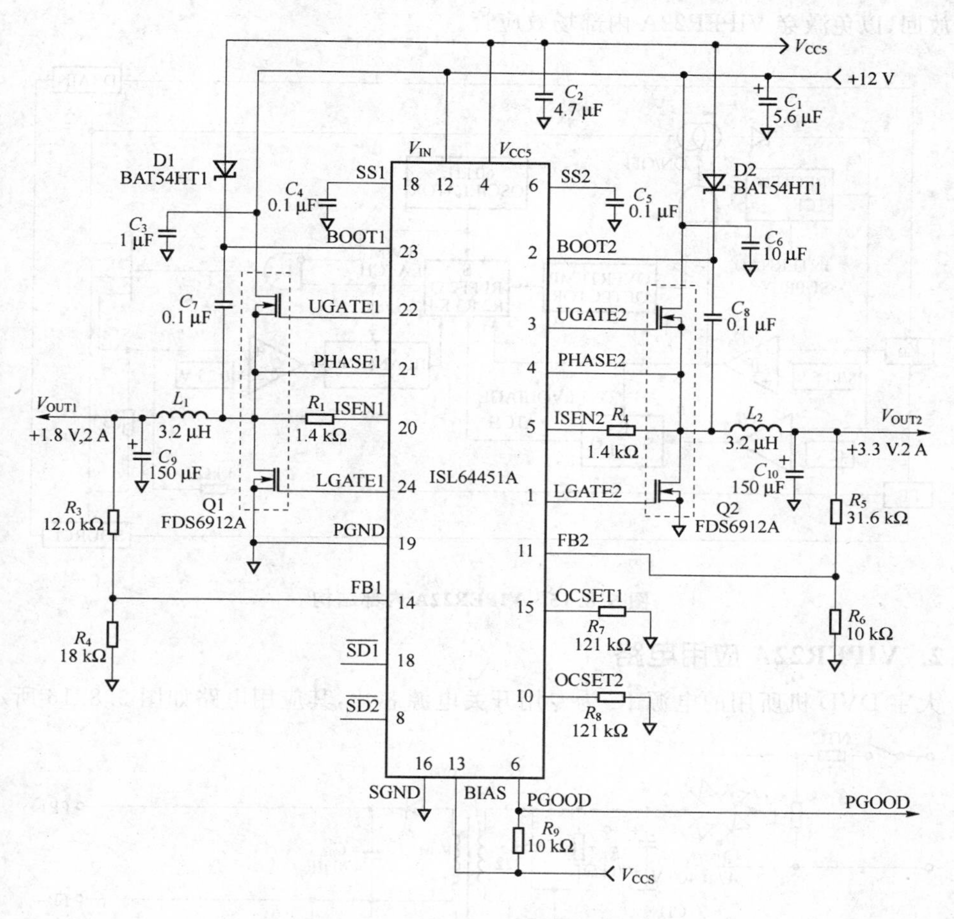

图 5.8.13　ISL6445A 应用电路

5.8.10　VIPER22A　具有过热过压保护功能开关型多组正负输出的 DC/DC 芯片

1. VIPER22A 引脚排列及内部结构

图 5.8.14 是其外引脚图，图中，第 1、2 引脚 SOURCE 是内部场效应管源极的表示，在使用中通常接地，3 引脚 FB 是取样电压输入端、4 脚 V_{DD}是供电电压端，第 5、6、7、8 引脚的 DRAIN 表示接通内部场效应管的栅极。图 5.8.15 是其内部结构图。

SOURCE 1　8 DRAIN
SOURCE　DRAIN
FB　DIP8　DRAIN
V_{DD} 4　5 DRAIN

图 5.8.14　VIPER22A 引脚图

220 V 的交流电源经开关输入后，经 4 个二极管构成的桥式整流电路整流、C1 滤波后输出一个 300 V 左右的直流信号。由于 VIPER22A 处于工作状态，在其内部场效应管截止时，会在变压器初级(L 左 1)两端产生大于 300 V 的电压，利用 R_1、C_2 和 D5 构成防冲激电路，使其电压有一个释放回，以免激穿 VIPER22A 内部场效应管。

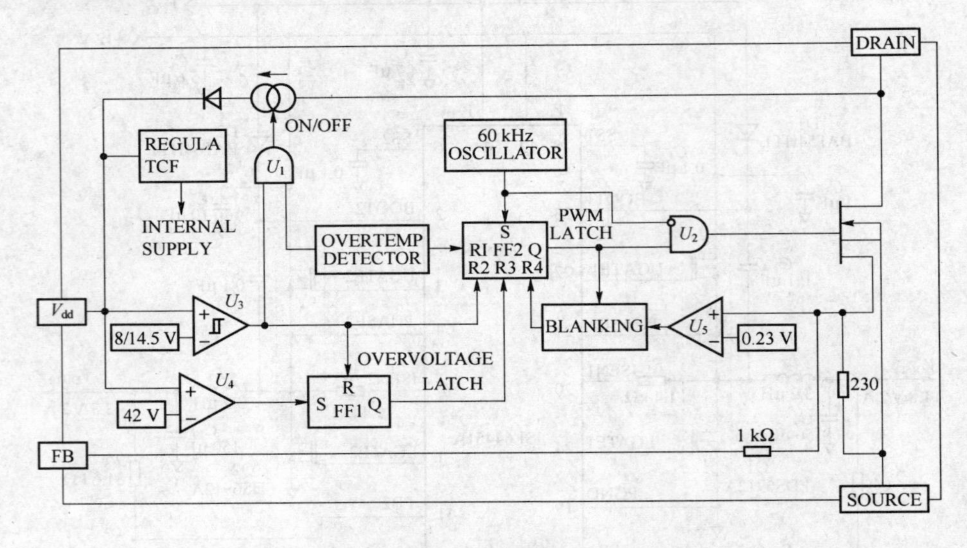

图 5.8.15 VIPER22A 内部结构

2. VIPER22A 应用电路

大宇 DVD 机所用的电源 IC 为专用开关电源芯片，其应用电路如图 5.8.16 所示。

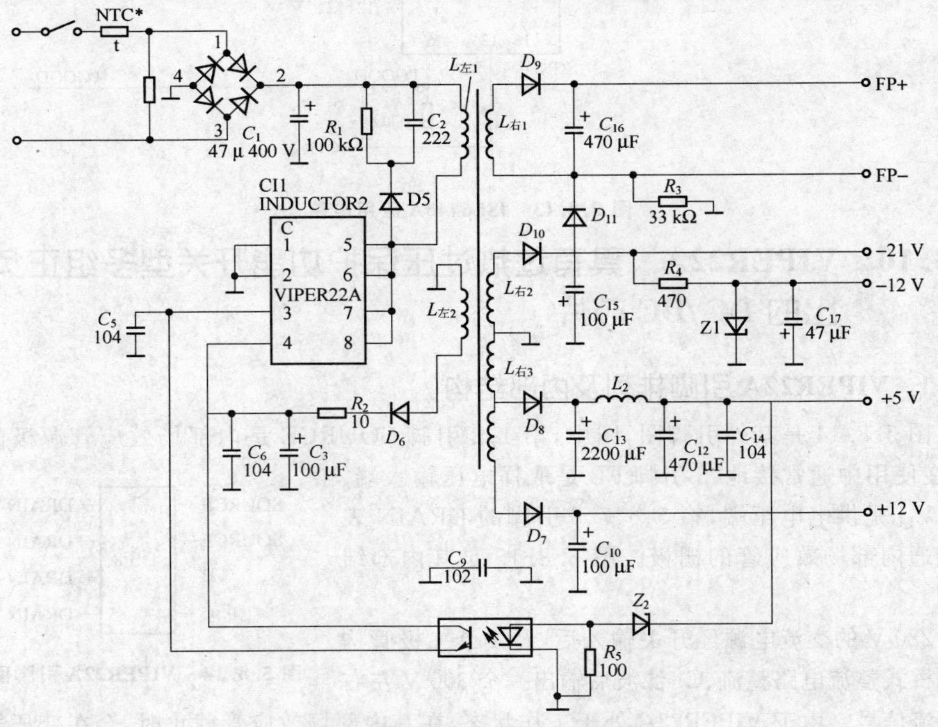

图 5.8.16 VIPER22A 应用电路

第 6 章

开关型升压、升压/降压、反相型 DC/DC 变换器芯片

6.1 开关型升压、升压/降压 DC/DC 变换器原理

6.6.1 升压斩波电路的基本原理

升压斩波电路的原理图及工作波形如图 6.6.1 所示。该电路也是使用一个全控制器件。

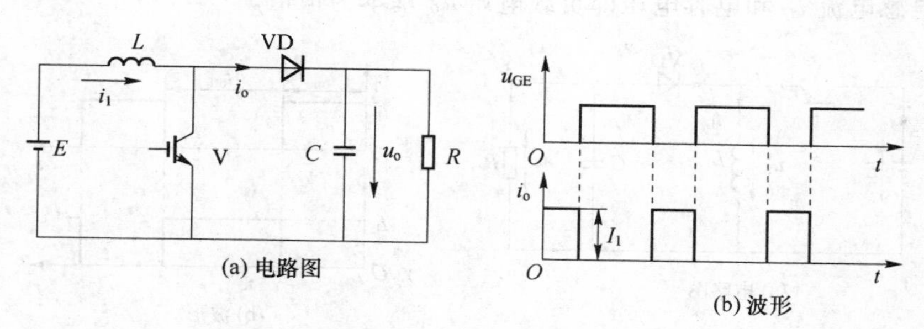

图 6.1.1 升压斩波电路及其工作波形

分析升压斩波电路的工作原理时，首先假设电路中电感 L 值很大，电容 C 值也很大。当 V 处于通态时，电源 E 向电感 L 充电，充电电流基本恒定为 I_1，同时电容 C 上的电压向负载 R 供电，因 C 值很大，基本保持输出电压 u_0 为恒值，记为 U_o。设 V 处于通态的时间为 t_{on}，此阶段电感 L 上积蓄的能量为 EI_1t_{on}。当 V 处于断态时 E 和 L 共同向电容 C 充电，并向负载 R 提供能量。设 V 处于断态的时间为 t_{off}，则在此期间电感 L 释放的能量为 $(U_o-E)I_1t_{on}$ 当电路工作于稳态时，一个周期 T 中电感 L 积蓄的能量与翻译的能量相等，即

$$EI_1t_{on}=(U_o-E)I_1t_{off} \tag{6.1.1}$$

化简得

$$U_o=\frac{t_{on}+t_{off}}{t_{off}}E=\frac{T}{t_{off}}E \tag{6.1.2}$$

上式中的 $T/t_{off}\geqslant 1$，输出电压高于电源电压，故称该电路为升压斩波电路。也有的文献中直接采用英文名称，称为 boost 变换器。

式(6.2.1)中 T/t_{off} 表示升压比，调节其大小，即可改变输出电压 U_o 的大小，调节的方法与改变导通比 a 的方法类似。

由式(6.1.1)

$$a=\frac{t_{on}}{T} \tag{6.1.3}$$

且

$$T=t_{on}+t_{off} \tag{6.1.4}$$

则

$$t_{off}=(1-a)T \tag{6.1.5}$$

因此式(6.1.2)可表示为

$$U_o=\frac{1}{1-a}E \tag{6.1.6}$$

升压斩波电路之所以能使输出电压高于电源电压，关键有两个原因：一是 L 储能之后具有使电压泵升的作用，二是电容 C 可将输出电压保持住。在以上分析中，认为 V 处于通态期间因电容 C 的作用使得输出电压 U_o 不变，但实际上 C 值不可能为无穷大，在此阶段其向负载放电，U_o 必然会有所下降，故实际输出电压会略低于式(6.1.6)所得结果，不过，在电容 C 值足够大时，误差很小，基本可以忽略。

6.1.2　升降压斩波电路基本原理

升降压斩波电路的原理图如图 6.1.2 所示，该电路中电感 L 值很大，电容 C 值也很大，使电感电流 i_L 和电容电压即负载电压 u_0 基本为恒值。

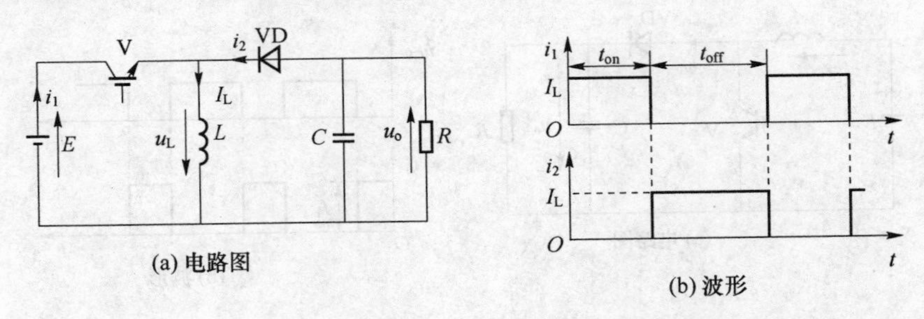

图 6.1.2　升降压斩波电路及其波形

该电路的基本工作原理是：当可控开关 V 处于通态时，电源经 V 向电感 L 供电使其贮存能量，此时电流为 i_1，方向如图 6.1.2 中所示。同时，电容 C 维持输出电压基本恒定并向负载 R 供电。此后，使 V 关断，电感 L 中存储的能量向负载释放，电流为 i_2，方向如图 6.1.2 所示。可见，负载电压极性为上负下正，与电源电压极性相反，与前面介绍的降压斩波电路和升压斩波电路的情况正好相反，因此该电路也称做反极性斩波电路。

稳态时，一个周期 T 内电感 L 两端电压 u_L 对时间和积分为零，即

$$\int_0^T u_L \mathrm{d}t=0 \tag{6.1.7}$$

当 V 处于通态器件时，$u_L=E$；而当 V 处于断态其间时，$u_L=-u_0$ 于是

$$Et_{on}=U_o t_{off} \tag{6.1.8}$$

所以输出电压为

$$U_o=\frac{t_{on}}{t_{off}}E=\frac{t_{on}}{T-t_{on}}E=\frac{\alpha}{1-\alpha}E \tag{6.1.9}$$

若改变导通比 a，则输出电压既可以比电源电压高，也可以比电源电压低。当 $0<a<1/2$ 时为降压，当 $1/2<a<1$ 时为升压，因此将该电路称做升降压斩波电路。也有文献直接按英文称为 Boost-Buck 变换器(Boost-Buck Chopper)。

6.2　低压输入低压输出升压 DC/DC 芯片

6.2.1　AS1322 单节全里电池同步升压 DC/DC 芯片

AS1322 是奥地利微电子公司的同步升压转换器，在 3 mm×3 mm×1 mm、6 引脚 SOT 封装内集成了固定频率操作和内部补偿功能。该器件的 1.2 MHz 开关频率和集成特性可最大限度变缩减整体占位尺寸，并可采用微型、小尺寸电感和陶瓷电容。

AS1322 采用薄型封装，加上几个外部元件，即可构成单节 AA 电池至 3.3 V/150 mA 的升压转换器，电路板面积仅为 7 mm×9 mm，同时具有 90%以上。

如图 6.2.1 所示，AS1322 集成了低栅极电荷的内部开关，典型额定阻值分别为 0.35 Ω(N)和 0.45 Ω(P)，这些特性有助于转换器实现高效工作。在整个工作温度范围内，开关电流限的典型值 850 mA，使用新的单节碱性 AA 电池时输出功率可达 0.66 W，使和两节电池可达 2.5 W。电流模式控制功能可提供出色的输入及输出负载瞬态响应。内置斜坡补偿(可防止占空比大于 50%时导致次谐波不稳)电路，可以在任何输入电压下保持恒定的电流限。

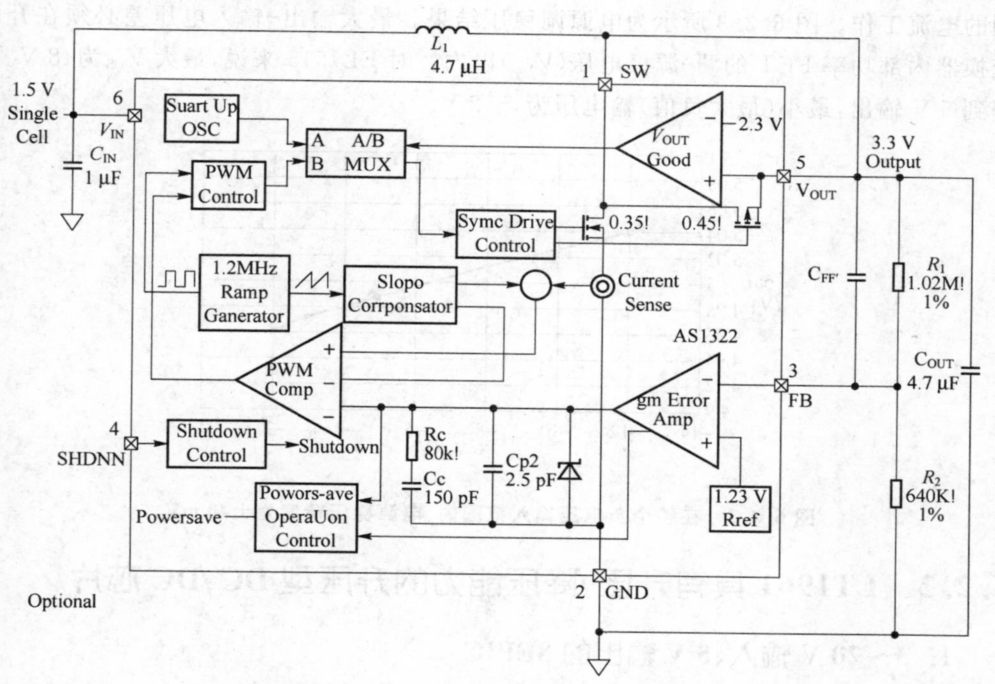

图 6.2.1　AS1322 内部框图及应用电路

图 6.2.2 所示电路使用 EL7515，这是一个标准的升压变换器。变换器 IC 的接地脚连接到负输入电源上。地线就成了“正”的输入电源。

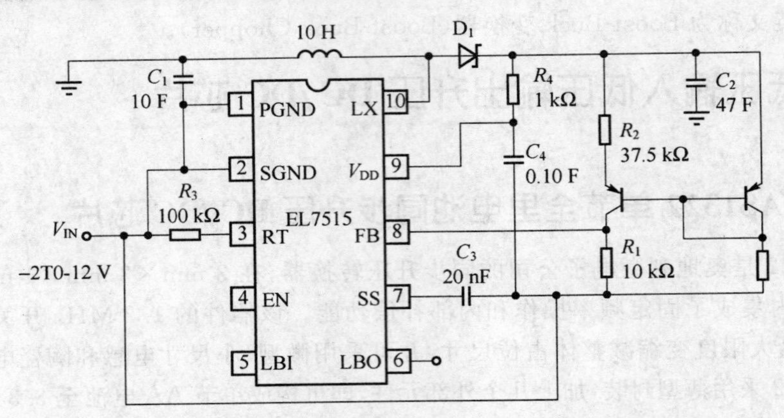

图 6.2.2　只要将其地引脚用作负电压输入，升压变换器就可以高效地产生一个正输出电压

$V_{OUT}=-VFB(R_2/R_1)=-1.33\ V(37.5\ k\Omega/10\ k\Omega)=-5\ V$。PNP 晶体管 Q_1 和 Q_2 构成了一个转换器，将 5 V 输出电压（对地）转换成相对于负输入的反馈电压。两只晶体管也能减少温度变化和电压下降的影响。当负输入电压下降时，Q_2 的电流逐渐高于 Q_1 的电流，造成晶体管补偿失配。

为了达到最佳电源稳压精度，应该在加上标称输入电压的情况下使 Q_1 和 Q_2 以相同的电流工作。图 6.2.3 所示为电源调稳压结果。最大输出-输入电压差必须在升压变换器内部功率 FET 的漏-源极电压（V_{DS}）以内。对 EL7515 来说，最大 V_{DS} 为18 V。要得到 5 V 输出，最小（最大负值）输电压为 −12 V。

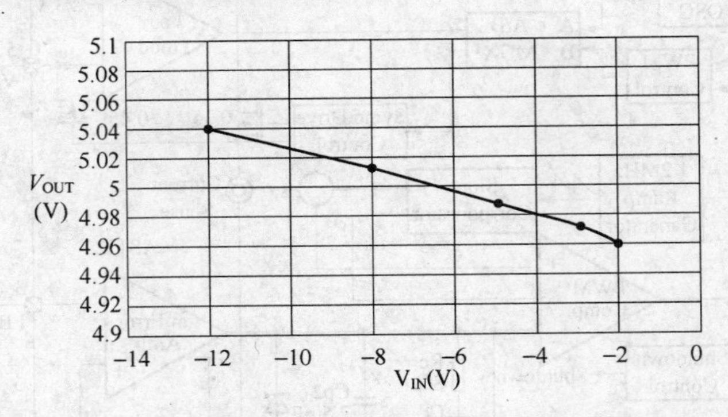

图 6.2.3　在整个负电压输入范围内，电源稳压精度为±40 mV

6.2.2　LT1961 具有升压/降压能力的升压型 DC/DC 芯片

1. 3～20 V 输入、5 V 输出的 SEPIC

图 6.2.4 示出了一个采用 LT1961 的 3 V 到 20 V 输入、5 V 输出、最大高度为了

3 mm 的 SEPIC(单端电感变换器)，LT1961 是一款 1.25 MHz、电流模式、1.5A 峰值开关电流的单片升压转换器。该电路的输出电流性能随输入电压的变化而改变。如图 6.2.5 所示，当输入电压为 3 V 时，该转换能够提供高达 410 mA 的负载电流；而当输入电压为 20 V 时，负载电流将高达 830 mA。这里所采用的纤巧型耦合电容器有足够大的数值，能对电路的初级和次级之间处理 RMS 波纹电流的转移，并保持一个与输入电压相等的电荷量，以提供良好的稳压和最大输出功率。LT1961 所采用的电流模式控制拓扑结构以及 10 μF 的小陶瓷输出电容器可在宽输入电压范围内提供优越的瞬态响应。

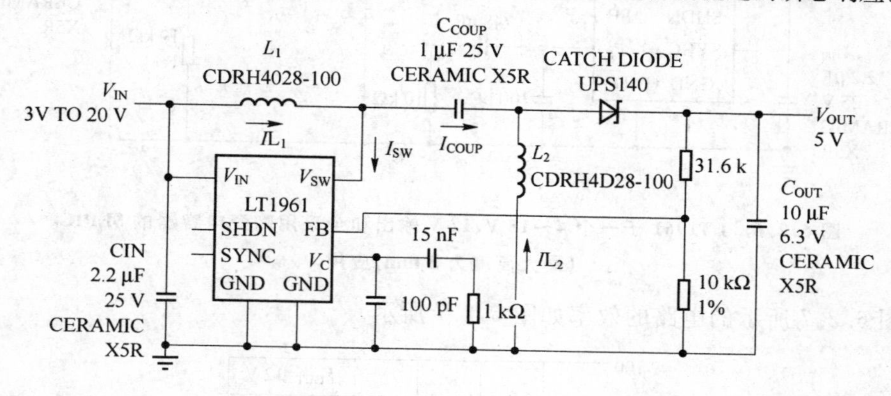

图 6.2.4　LT1961 于一个 3～20 V 输入、5 V 输出和采用陶瓷电容器的 SEPIC
(最大高度为 3 mm 应用)

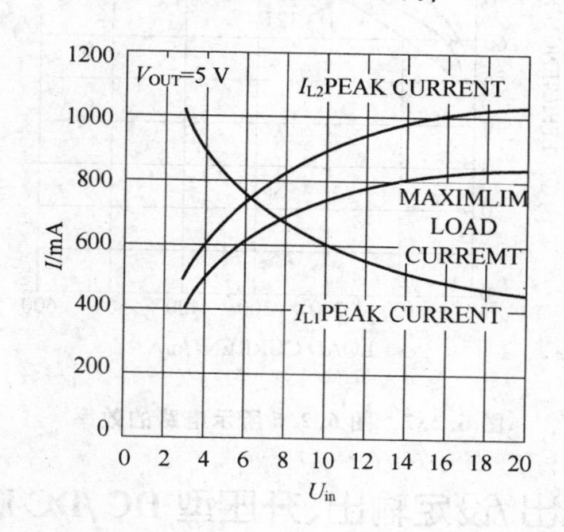

图 6.2.5　L1 和 L2 的峰值电器电流之和为 1.5A，即峰值开关电流
最大输出电流为峰值开关电流条件下在 L2 的平均电流

2. 4～18 V 输入、12 V 输出的 SEPIC

12 V 总线电压常常取自具有宽输入电压范围的电源。例如对于冷起动情况的汽车解决方案就可以具有高至 18 V 和低至 4 V 的稳压工作电压。图 6.2.6 示出了一种简单、低成本且外形扁平(≤3 mm)的解决方案，它避免了由于需要同时采用一个升压和降压型转换器所导致的高成本,并在冷起动状态下维持12 V的系统电源。

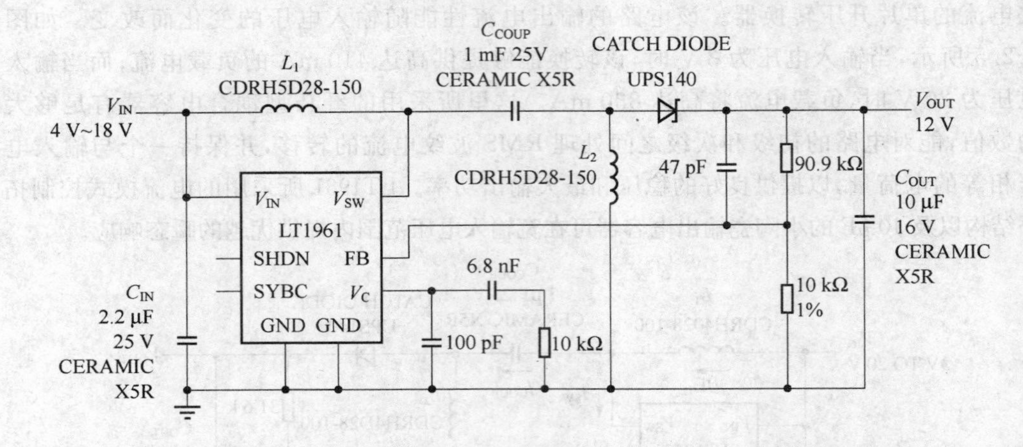

图 6.2.6 LT1961于一个4~18 V、12 V输出和全采用陶瓷电容器的SEPIC (最大高度为3 mm)应用

图6.2.7所示的电路的效率如图6.2.7所示。

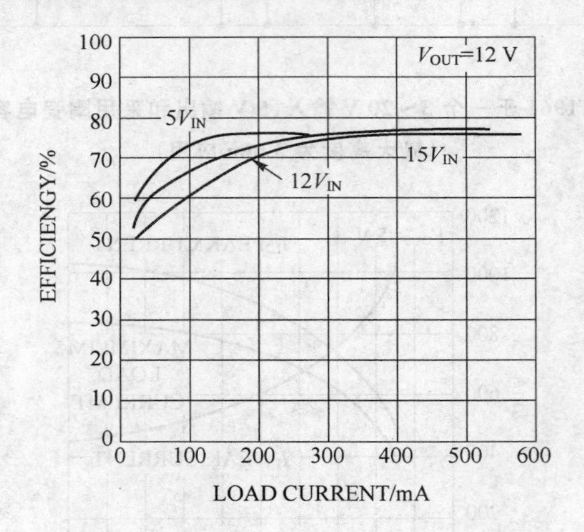

图 6.2.7 图6.2.6所示电路的效率

6.2.3 可固定输出/设定输出、升压型DC/DC芯片

S-435系列是一种适用于便携式电子产品的升压式DC/DC变换器,它也适用于电子仪器、设备用作辅助电源。

S-435系列芯片主要特点是工作电压范围宽,从1.2 V~10 V;最低工作电压0.9 V;功率低,工作电流典型值为5 μA,最大值为15 μA;输出电压精度高,可达±3%;有3.0 V、5.0 V及12 V三种固定输出电压,若外接两个电阻可设定输出电压;输出电压温度系数在3~5 V时为0.38 mV/℃,12 V时为0.91 mV/℃;输出电流可达60 mA;若外接一个三极管可扩大输出电流到150 mA；振荡器频率典型值为30 kHz；工作温度范围为－45～＋85℃；小尺寸SOT－89－5封装。

S－435系列芯片引脚排列如图6.2.8所示，引脚功能如表6.2.1所列。

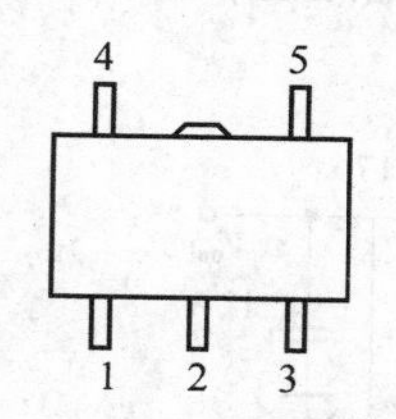

图6.2.8　S－435系列引脚排列（顶视图）

表6.2.1　S－435系列芯片引脚功能

引　号	符　号	功　能
1	EXL	外接电感L端
2	GND	地
3	V_{in}	电源输入端，3引脚与4引脚必须连接在一起
4	V_{out}	输出电压反馈端，使输出电压稳定

S－435系列有固定输出电压3.0 V、5.0 V、12 V三种，其型号分别为S－43503、S－43505、S－43512。S－435系列固定输出电压电路如图6.2.9所示。

S－435系列输出电压也可以设定，输出电压可设定电路由S－435系列外加两个电阻R_1及R_2来实现。S－435系列输出电压可设定电路如图6.2.10所示。由S－435系列实现的常用各种输出电压，其V_{out}与R1、R2的值如表6.2.1所列。

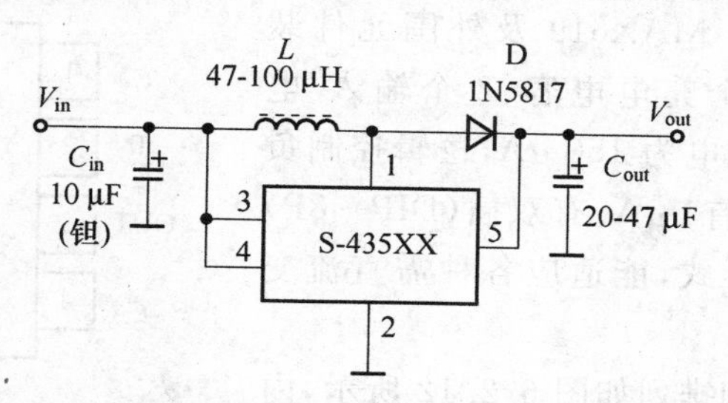

图6.2.9　S－435系列固定输出电压电路

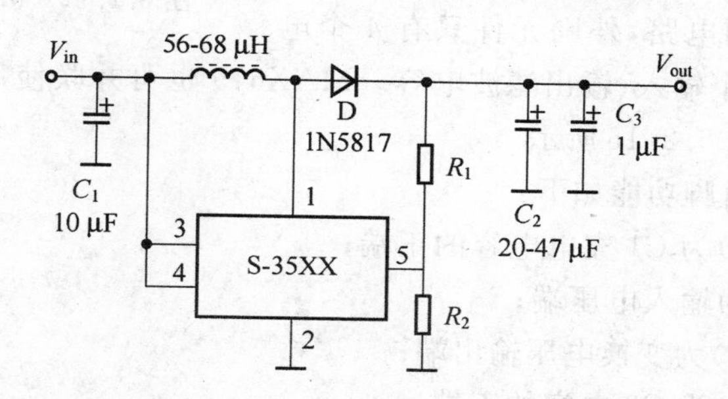

图6.2.10　S－435系列输出电压可设定电路

图6.2.11是S－435系列应用电路，这是一种双输出电源，5 V是主电源，输出电流120 mA，12 V是辅电源，输出电流10 mA。它采用2SB1114来扩流，采用了节镍氢电池供电，适合于便携式仪器使用。

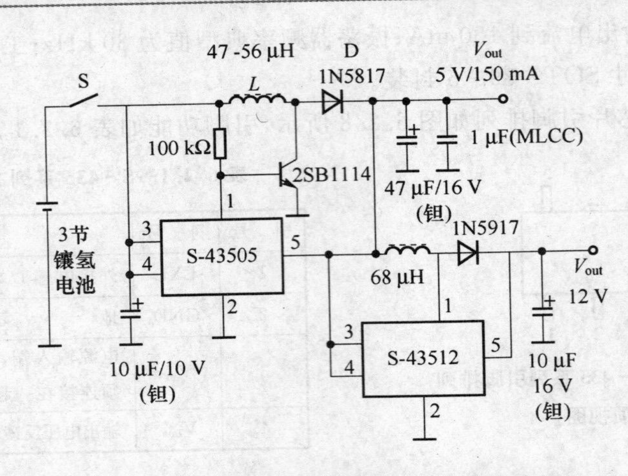

图 6.2.11　S-435 系列应用电路(双输出电源)

6.2.4　输入 2 V、输出 5 V、充电器升压型 DC/DC 芯片

MAXIM公司研制的可调节 5 V 充电泵直流变换器 MAX619，由 2 节电池(2～3.6 V)输入，就可转换成 5(1±0.04) V 的电压输出；并且外围元件极少，在 64.5 mm^2 (0.1 in^2) 的板上，即可把整个的 MAX619 及外围元件装下。外围元件只有 2 个充电电容、2 个输入/电容。变换器自身最大耗电为 150 μA，逻辑控制负载开路时，耗电最大只有1 μA。有双插(DIP-8P)和 SO 封装 2 种封装形式，能适应各种需直流变换和备用的产品。

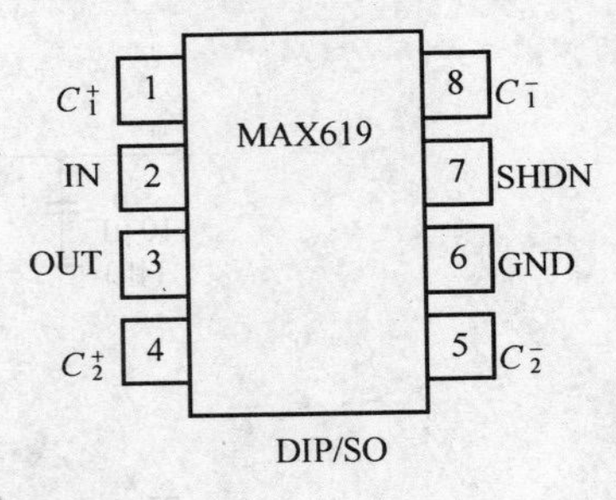

图 6.2.12　MAX619 引脚排列

MAX619 芯片引脚排列如图 6.2.12 所示，内部结构框图如图 6.2.13 所示。图 6.2.14 是 MAX619 的典型应用电路，外围元件只有 4 个电容：2 个充电电容，2 个输入、输出滤波电容。MAX619 也可并联使用，以便提高输出电压、电流的能力，如图 6.2.15 所示。

MAX619 芯片引脚功能如下：

- 引脚 1(C1＋)为 C1 充电电容的正端；
- 引脚 2(IN)为输入电压端；
- 引脚 3(OUT)为变换电压输出端；
- 引脚 4(C2＋)为 C2 电容的正端；
- 引脚 5(C2－)为 C2 电容的负端；
- 引脚 6(GND)为地端；
- 引脚 7(SHDN)为逻辑控制开关端；
- 引脚 8(C1－)为 C1 充电电容的负端。

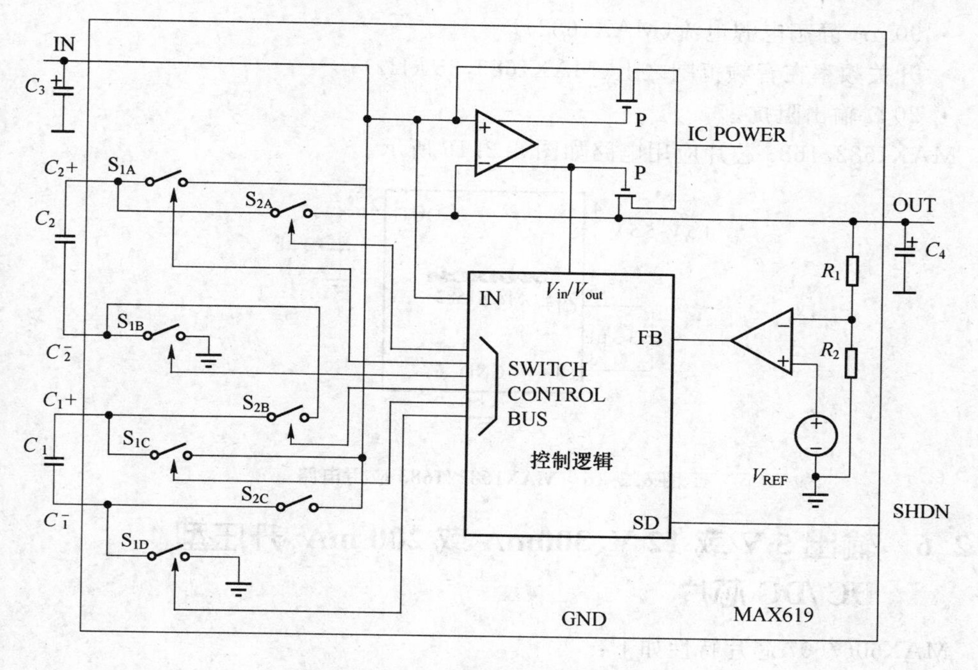

图 6.2.13　MAX619 内部结构框图

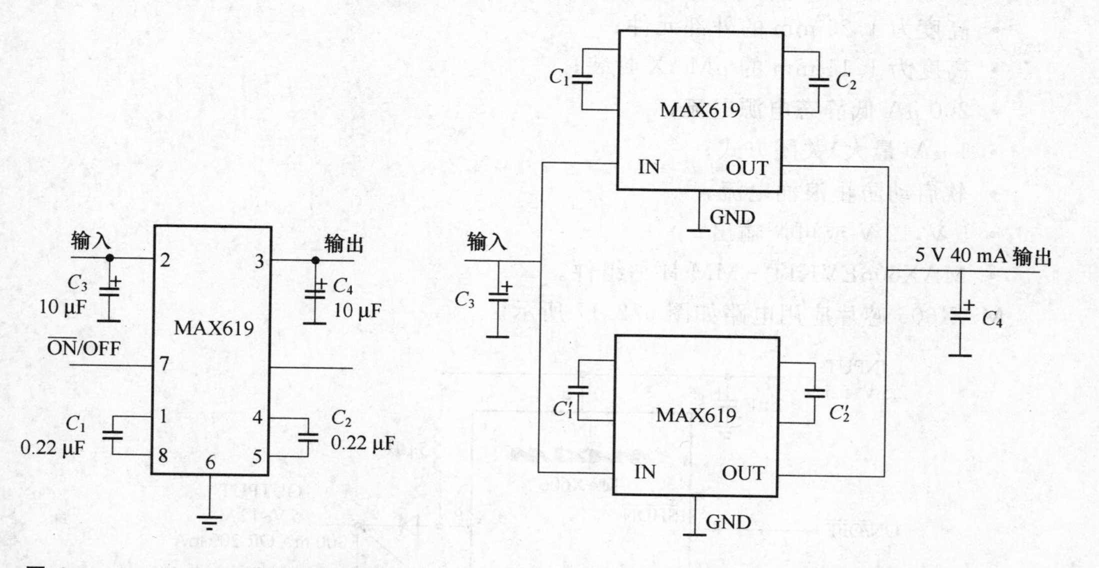

图 6.2.14　MAX619 典型应用电路

图 6.2.15　MAX619 并联使用电路

6.2.5　更小的电荷泵倍压器 DC/DC 芯片

MAX1682/1683 芯片特性如下：

- 更小的电路 SOT23－5 封装，3.3 μF 电容器；

• 90 μA 静态电源电流(MAX1682)；
• 开关频率在音频范围之上(MAX1683,35 kHz)；
• 20 Ω 输出阻抗。

MAX1682/1683 芯片应用电路如图 6.2.16 所示。

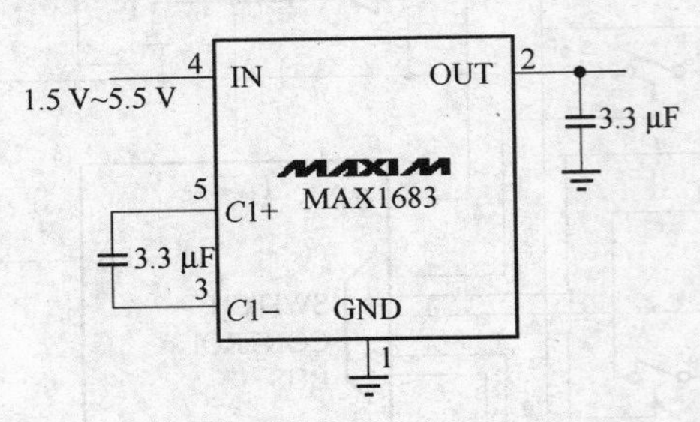

图 6.2.16　MAX1682/1683 应用电路

6.2.6　输出 5 V 或 12 V、300mA 或 200 mA,升压型 DC/DC 芯片

MAX606/607 芯片特性如下：

• 1 MHz 开关频率(MAX606)；
• 高度为 1.25 mm 的外部元件；
• 高度为 1.11 mm 的 μMAX 封装；
• 200 μA 低静态电源电流；
• 1 μA(最大)关闭方式；
• 软启动防止浪涌电流；
• 5 V,12 V 或可调输出；
• MAX606EVKIT－MM 评估组件。

MAX606 芯片应用电路如图 6.2.17 所示。

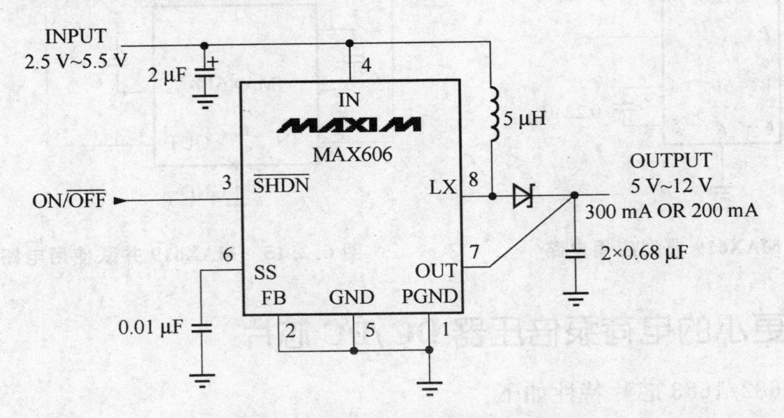

图 6.2.17　MAX606 应用电路

6.2.7 固定5 V输出升压型DC/DC芯片

LM2623是国家半导体公司生产的一款单片升压式DC/DC变换器。该器件包括两种型号,它们的不同之处在于LM2623是标准型号产品,输出电流1.2A,LM2623A是高端型号产品,输出电流2.2A。

LM2623的显著特点是外围元件少。体积小巧、输出电压精度高、变换纹波系数低及过热、短路保护等,广泛应用于电池供电的各种精密电子产品,如数码照相机、蜂窝式移动电话、掌上计算机、GPS载导航系统、白色发光二极管驱动器、薄膜晶体管/扫描液晶显示器等。

LM2623芯片引脚排列如图6.2.18(a)、(b)所示,内部结构框图如图6.2.19所示,引脚功能如表6.2.2所列,典型应用电路如图6.2.20所示。

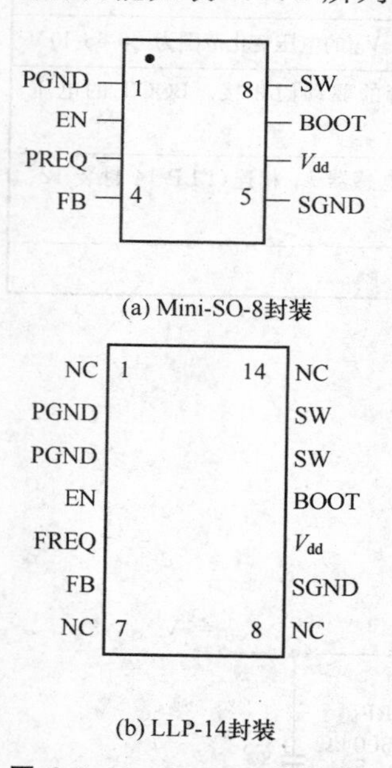

图6.2.18 LM2623引脚排列(顶视图)

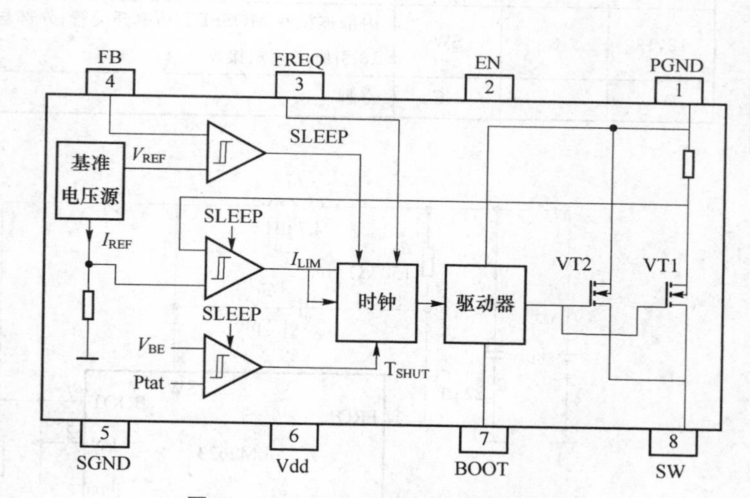

图6.2.19 LM2623内部结构框图

表6.2.2 LM2623引脚功能表

引脚号		引脚名	功能
LLP-14封装	Mini-SO-8封装		
1		NC	空脚
2,3	1	PGND	功率地(LLP-14封装2、3引脚必须短接)
4	2	EN	关闭(待机)控制端,EN为输入逻辑低电平时,内部基准电压源、MOSFET功率开关管及自激振荡器都关闭。电源正常工作时,EN接V_{OUT},关闭时可接GND

续表 6.2.2

引脚号		引脚名	功　能
LLP-14 封装	Mini-SO-8 封装		
5	3	FREQ	频率调整端。FREQ 输入电流最大值仅为 100 μA，故 FREQ 的偏置电阻可取较大值(R_3=150 kΩ)。FREQ 与 SW 之间连接一定时电容 C3，改变其参数，可设置器件内部振荡器的工作频率
6	4	FB	输出电压调整端。外接电阻分压器，中间点接 FB，其分压比决定输出电压。FB 的电压变化范围 为 0～V_{dd}
7		NC	空脚
8		NC	空脚
9	5	SGND	信号地
10	6	V_{dd}	内部电路偏置电源，该引脚与输出端 V_{OUT} 相接。V_{dd} 的电压变化范围为 −0.5～10 V
11	7	BOOT	自举端。该脚与内部 MOSFET 功率开关管的驱动门相接。BOOT 的电压变化范围为 0～10 V
12,13	8	SW	内部连接双 MOSFET 功率开关管，外部与电感器 L_1 相连(LLP-14 封装 12、13 引脚必须短接)
14		NC	空脚

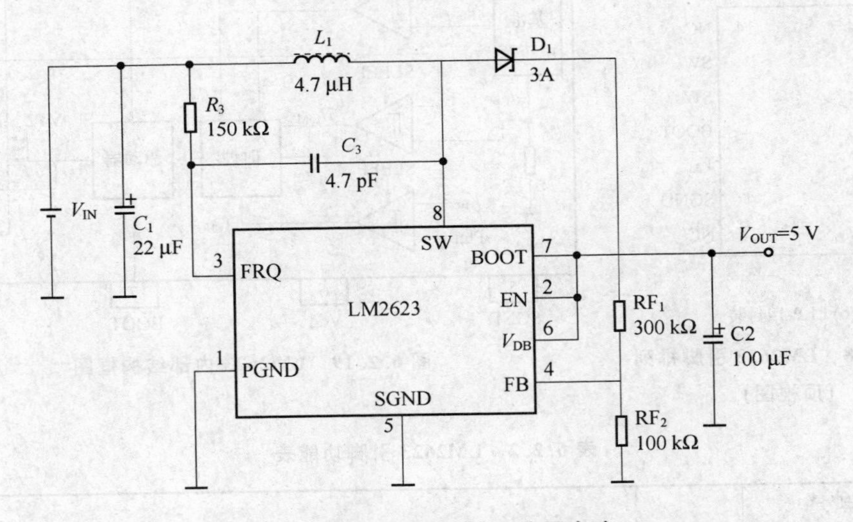

图 6.2.20　LM2623 典型应用电路

LM2623 芯片特性如下：

- 输入电源电压 V_{IN} 为 0.8～14 V，最小值可低至 0.65 V；
- 不加负载时，工作电流 I_{dd} 为 80 μA；
- 在关闭(待机)模式下，耗电仅为 0.01 μA(典型值)；
- 最高振荡频率 2 MHz；
- 最大输出峰值电流 2A；

- 电源为单节锂离子电池或两节镍氢电池时，LM2623A 输出功率 3 W，效率高达 90%，电源为单节镍氢电池时，LM2623 输出功率 0.5 W，效率高达 80%；
- 采用 Min－So－8 和 LLP－14 两种封装。

6.2.8　MAX1832/1833/1834/1835 含电池反接保护、升压型 DC/DC 芯片

MAX1832/1833/1834/1835 升压转换器内部集成了电池反接保护，当电池极性接反能够为系统提供保护。它们工作于 1.5～5.5 V 的输入电压，能够以高达 90%的效率 150 mA 输入供应负载。MAX1833 与 MAX1835 提供 3.3 V 的固定电压输出；MAX18MAX1834 的输出电压可在 2～5.5 V 范围内调节。关断状态下，MAX1832/1833 的电压端与电池输入连通，使电池在转换器关断时可作为备份电池或为实时时钟供电。

MAX1832/1833/1834/1835 芯片性能选项如表 6.2.3 所列，应用电路如图 6.2.21 所示。

表 6.2.3　MAX1832/1833/1834/1835 性能

型　号	关断状态	输　出
MAX1832	电池与负载相连	可调(2～5.5 V)
MAX1833	电池与负载相连	固定 3.3 V
MAX1834	电池与负载断开	可调(2～5.5 V)
MAX1835	电池与负载断开	固定 3.3 V

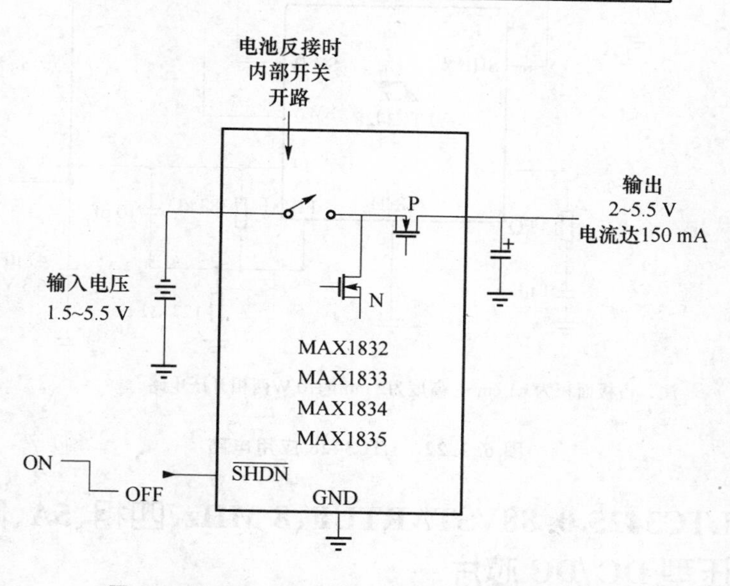

图 6.2.21　MAX1832/1833/1834/1835 应用电路

MAX1832/1833/1834/1835 芯片特性如下：

- 电池反接保护；
- 静态电流 4 μA；

- 内置EFT节省成本与空间；
- 内置同步整流器，提供高达90%的转换效率；
- 输入电压1.5～5.5 V；
- 可提供150 mA负载电流；
- 微型6引脚SOT23封装；
- 关断电流<1 μA。

6.2.9 LTC3428两相、4A、单片升压型DC/DC芯片

LTC3428是一款两相、4A、单片式DC/DC变换器，具有小尺寸、高效率、低躁声和简单性等特点。它采用两个93 mΩ、N沟道内部MOSFET开关，使其可以从一个3.3 V输出来提供5 V电压和2 A电流。该器件还能够提供极小的输出纹波和组件数目。能够在低至1.5 V的电压条件下启动，并在输入电压高达4.5 V的情况下运作，其两相架构实现了一个2 MHz(每相1 MHz)的有效开关频率，从而最大限度地减小电感器和电容器的尺寸，因而成为电池供电型应用和低电压系统中应用的上佳选择。

LTC3428芯片应用电路如图6.2.22所示。

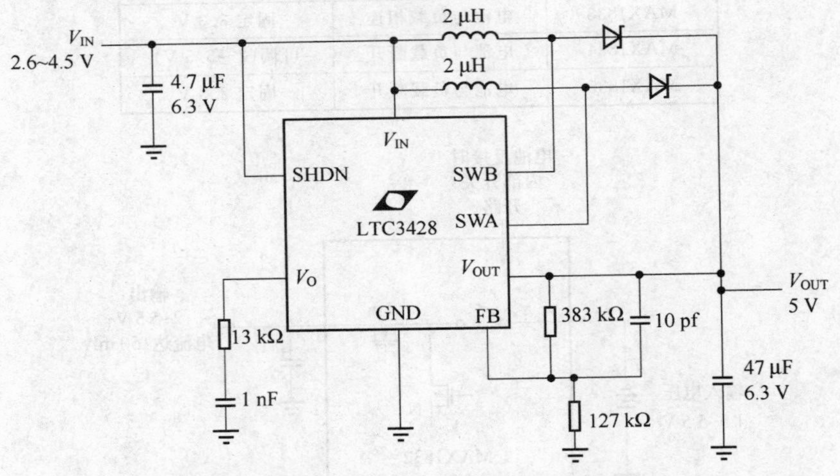

图6.2.22 LTC3428应用电路

6.2.10 LTC3425 0.88VSTARTUP、8 MHz、四相、5A、同步升压型DC/DC芯片

LTC3425是一款多相单片式DC/DC转换器，具有同步操作功能、真正的输出断接功能和高达3A的连续输出电流(5A开关电流)。它采用了一个专为低至0.88 V的输入电压条件下启动而设计的独立启动振荡器。最小工作电压为0.5 V。5 mm×5 mm QFN封装。

LTC3425 可作为两相、三相或四相升压型 DC/DC 转换器来运作，若将其配置为四相转换器，不仅输出纹波频率是采用单相设计时的 4 倍，可高达 8 MHz，而且输出电容器纹波电流也大为减小。尽管该架构需要采用 4 个小型电感器，但它拥有很多重要优点，非常适用于需要使用扁平组件以及空间受限的电路板和便携式设备。

LTC3425 芯片应用电路如图 6.2.23 所示。

多相操作的优点如下：

- 较低峰值的电感器电流允许采用较小型、更扁平和更低成本的电感器；
- 输出纹波电流的减小可尽量降低对输出电容的要求；
- 对于低噪声应用来说，较高频率的输出纹波更容易滤除；
- 输入纹波电流为降低在 V_{in} 引脚上的噪声而减小。

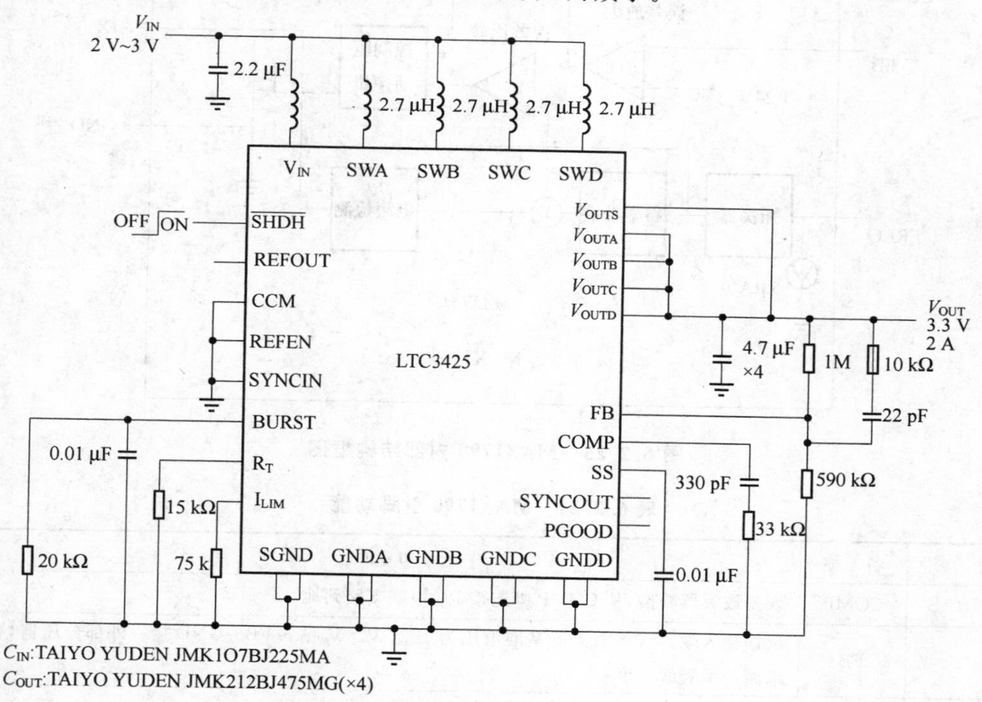

图 6.2.23　LTC3425 应用电路将两节镍镉/镍氢金属电池里提高到 3.3 V

6.2.11　MAX1790 高效率、低噪声、固定频率、升压型 DC/DC 芯片

MAX1790 是电流型、固定频率、脉冲宽度调制(PWM)DC/DC 升压转换器。它内置 1.6A N 沟道场效应功率管；具有较高的开关频率(640 kHz 或 1.2 MHz)便于滤出纹波；有一个外部补偿引脚提供给用户，使其方便地决定驱动支路；允许使用小型、低等效串联电阻(ESR)的陶瓷输出电容；有效的稳压性能和快速的瞬间响应，转换效率为 90%；输出电压 V_{IN}～12 V，输入电压可低至 2.6 V；在关闭模式下，电流消耗可低达 0.1

μA；采用8引脚 μAMAX 封装。

MAX1790 广泛应用于 PCMCIA 卡、LCD 显示电路、手提设备、便携式仪器等许多电子设备中。

MAX1790 芯片引脚排列如图 6.2.24 所示，内部结构框图如图 6.2.25 所示，引脚功能如表 6.2.4 所列，应用电路如图 6.2.26 所示。

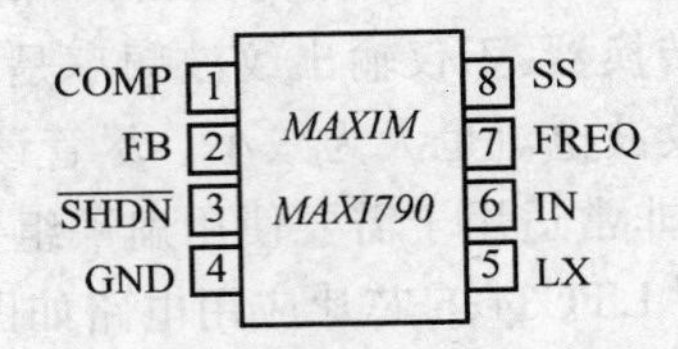

图 6.2.24　MAX1790 引脚排列

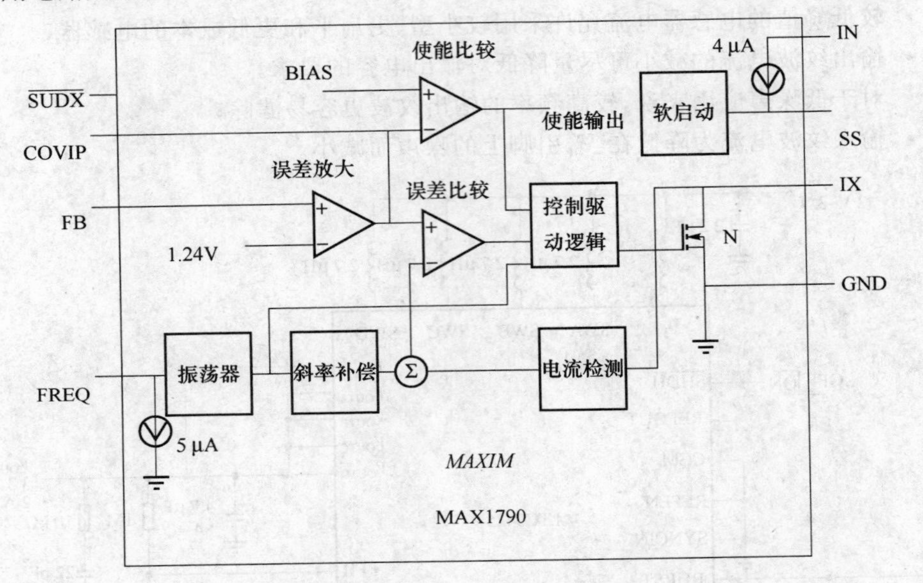

图 6.2.25　MAX1790 内部结构框图

表 6.2.24　MAX1790 引脚功能

序　号	名　称	功　能
1	COMP	误差放大器补偿，从 COMP 脚连接 RC 串联支路到地
2	FB	反馈输入端。误差放大器基准电压为 1.24 V。V_{OUT}～FB～GND 接一外部分压器，要求减小引脚线长度
3	SHDN	Shutdown 控制输入端。SHDN 脚低电平时关闭 MAX1790
4	GND	接地端
5	LX	内部 N 沟道功率管 MOSFET 的漏极端。该脚连接外部电感的二极管。为了将 EMI 将至最小，应减小引线长度。
6	IN	电源输入端。应接一不低于 1 μF 的陶瓷电容到地
7	FREQ	频率选择输入端。FREQ 低电平时，振荡频率为 640 kHz，FREQ 高电平时，振荡频率为 1.2 MHz。该引脚有一个 5 μA 的下拉电流
8	SS	软启动控制端。该引脚连接一个软启动电容 Css 到地。SS 引脚悬空时无软启动功能。Css 充电时，充电电流为 4 μA 恒流。SHDN 低电平时，Css 放电；SHDN 高电平时，Css 被充电到 0.5 V 时软启动开始。

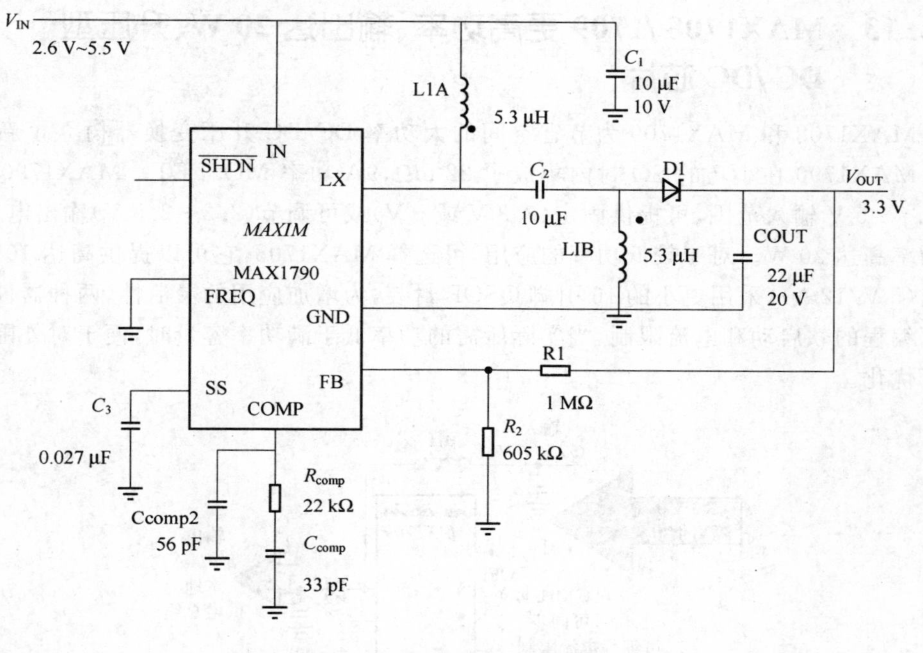

图 6.2.26　MAX1790 应用电路

6.1.12　MAX1522/1523/1524 简单、小巧、升压型 DC/DC 芯片

利用 MAX1522/MAX1523/MAX1524 DC/DC 控制器可构成更为简单和小巧的升压电路。这些 SOT23 封装控制器具有内置的数字软启动电路，消除了缩短电池使用寿命的输入浪涌电流。软启动特性还允许采用比较小的电容。这些控制器省掉了检流电阻，不但增加了效率，同时还节省了空间和成本。它们的工作频率高达 1 MHz，选用极为小巧的电感。

MAX1522/1523/1524 芯片应用电路如图 6.2.27 所示。

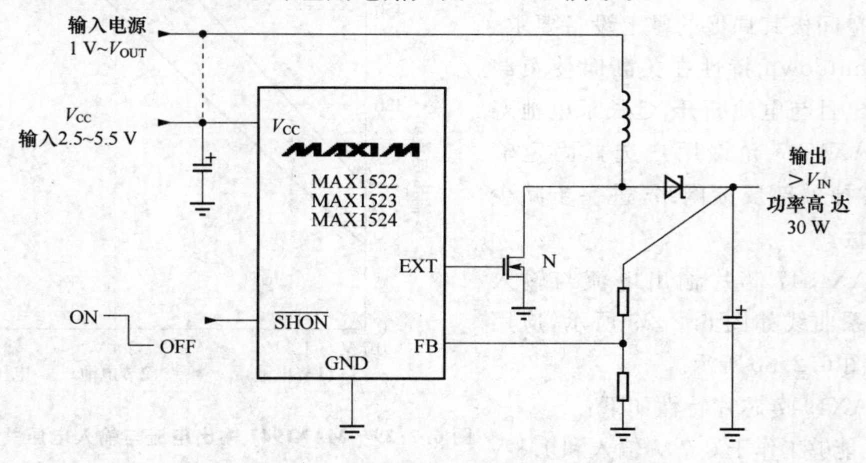

图 6.2.27　MAX1522/1523/1524 应用电路

6.2.13　MAX1708/1709 更高功率、输出达 20 W、升压型 DC/DC 芯片

MAX1708 和 MAX1709 为节省空间的大功率 DC/DC 升压变换器树立了新的典范。MAX1790 在小巧的 SO 封内集成了 22 mΩ,9A 功率 MOSFET。MAX1790 工作于 0.7～5 V 输入范围,可提供固定(3.3 V 或 5 V)或可调节(2.2～2.5 V)输出电压、输出功率高达 20 W。对于较低功率的应用,可选择 MAX1708,它可以提供高达 10 W 的输出(5 V/12 A),采用更小的 16 引脚 QSOP 封装,为增加应用的灵活性,两种器件还具有可编程的软启动和电流限制,当实际所需的功率低于满功率容量时,便于对外围电路进行优化。

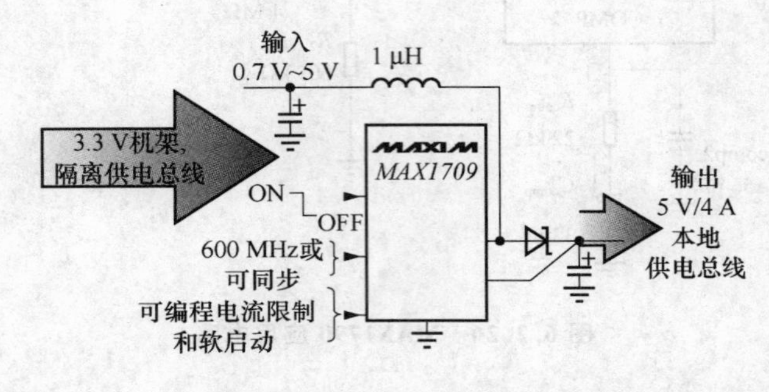

图 6.2.28　MAX1790 应用电路

6.2.14　MAX1947 尺寸更小、1.8 V 输出、升压型 DC/DC 芯片

MAX1947 是尺寸更小、1 节/2 节电池输入的升压型 DC/DC 转换器。它的 2 MHz 开关电流模式控制方案减小了元件的尺寸,赢得高达 94%的效率,并提供高速瞬态响应。它集成了所有必要的开关(功率开关、同步整流器和反向电流阻隔器),以便适应空间极其局促的掌上设备要求。True Shutdown 特性在关断时使负载完全放电且与电池断开,延长了电池寿命。MAX1947 允许用户选择固定输出,以省掉外部反馈网络,进一步减少元件数量。

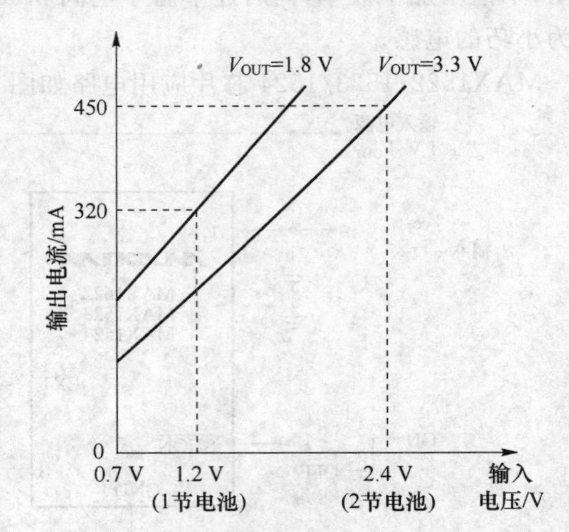

图 6.2.29　MAX1947 输出电流与输入电压关系曲线

MAX1947 芯片输出电流与输入电压关系曲线如图 6.2.29 所示,应用电路如图 6.2.30 所示。

MAX1947 芯片特性如下:

- 能够工作于 0.7 V 输入和 1.8 V

输出的低电压下；

- 800 mA，0.15 Ω 内部 N 沟道开关；
- 内置的100 ms $\overline{\text{RESET}}$输出；
- 集成的同步整流器；
- 94%的高效率；
- 1.8 V，2.5 V，3.0 V 和 3.3 V 固定输出电压；
- 小巧的 4.7 μH 电感；
- 轻载下自动进入跳脉冲模式以延长电池寿命。

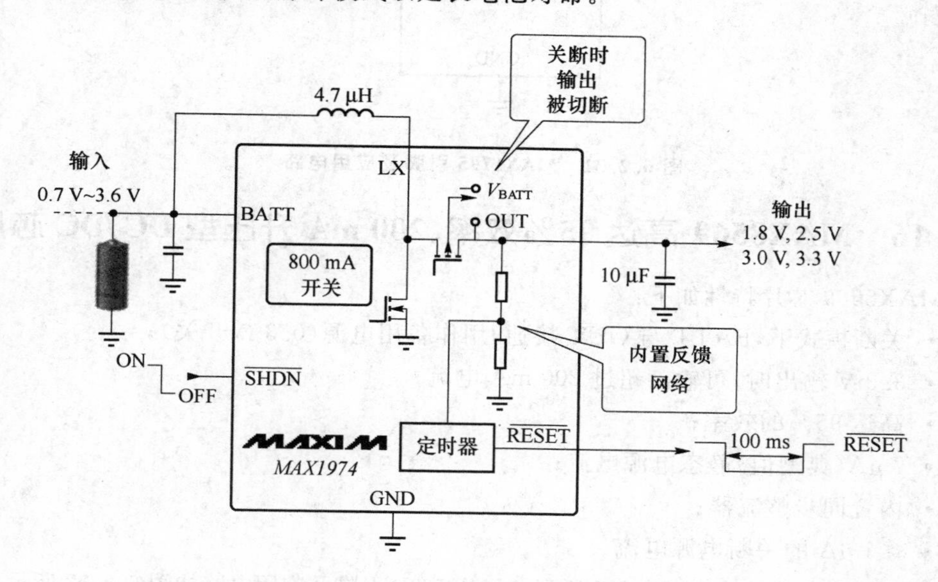

图 6.2.30　MAX1947 应用电路

6.2.15　MAX1795 低价格、低噪声、升压型DC/DC芯片

MAX1795 芯片特性如下：

- 转换效率高达95%；
- 仅消耗 25 μA 电源电流；
- 低电池检测器，自动关断 DC/DC，防止电池深度放电；
- 无须肖特基二极管；
- 电路关断状态下切断输出和输入；
- 小巧、超薄 8-PIN μMAX 封装。

MAX1795 芯片引脚及应用电路如图 6.2.31 所示。

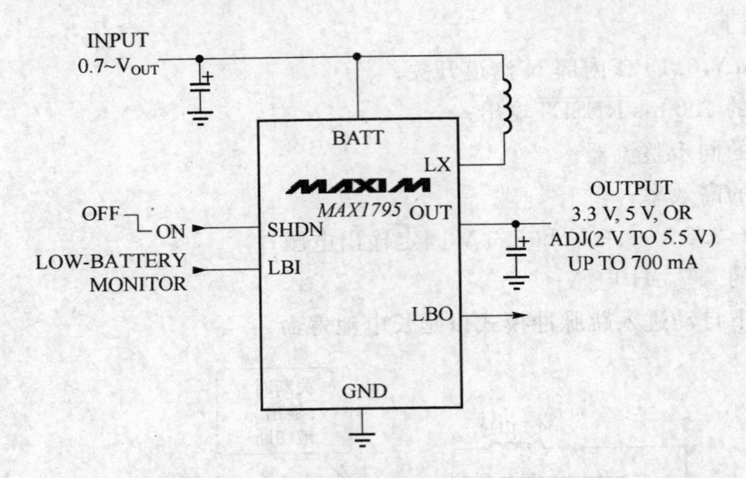

图 6.2.31　MAX1795 引脚及应用电路

6.2.16　MAX8569 高达 95%效率、200 mA 升压型 DC/DC 芯片

MAX8569 芯片特性如下：

- 关断模式下，BATT 与 OUT 接通，用作备用电源(0.3 Ω 开关)；
- 3.3 V 输出时，可输出超过 200 mA 电流；
- 高达 95%的效率；
- 7 μA(典型值)静态电源电流；
- 内置同步整流器；
- <1 μA 的关断电源电流。

MAX8569 芯片性能如表 6.2.5 所列，MAX8569B 引脚及应用电路如图 6.2.32 所示。

表 6.2.5　MAX8569 性能

型　号	复位功能	输出电压/V
MAX8569A	—	2.0～5.5 可调
MAX8569B	有	3.3 或 3.0 固定

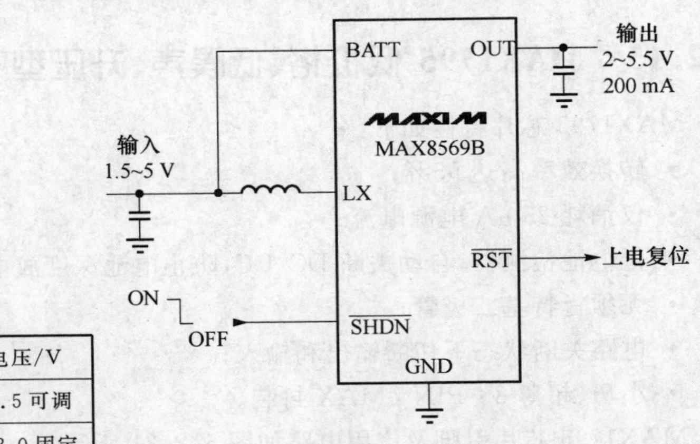

图 6.2.32　MAX8569B 引脚及应用电路

6.2.17　MAX1642/1643低压输入(0.8～1.6 V)、升压型DC/DC芯片

MAX1642/1643是输入电压极低的DC/DC变换器。由于采用PFM和PWM技术,所以具有功耗低、效率高的特点。利用它能方便地组成各种实用的升压变换器,因芯片是各种小型电子设备和笔记本电脑首选的电源器件。低输入电压是MAX1642/1643的重要特点之一,它能简化激励电源的设计和减小芯片的体积,从而为微型和掌上电脑提供小型电源。

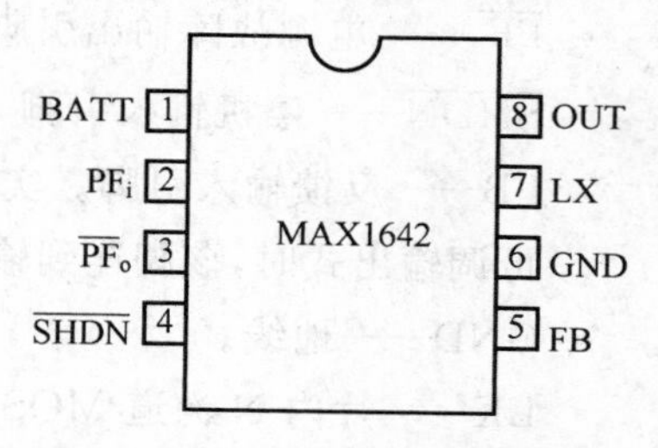

图6.2.33　MAX1642引脚排列

MAX1642是芯片引脚排列如图6.3.33所示,应用电路较多,固定输出升压电路如图5.2.34所示,输出电压可调电路如图6.2.35所示。

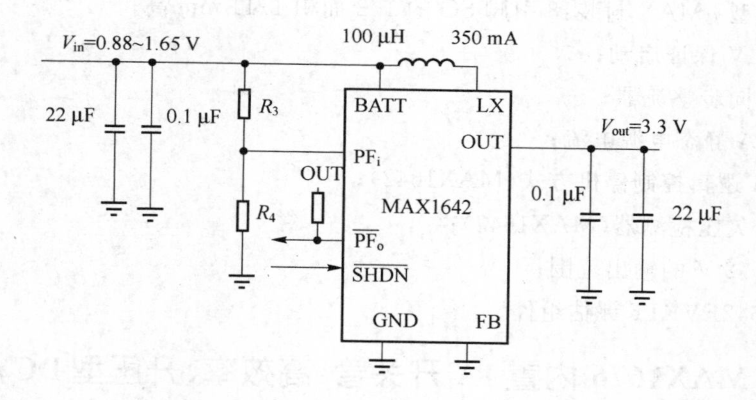

图6.2.34　MAX1642固定输出升压电路

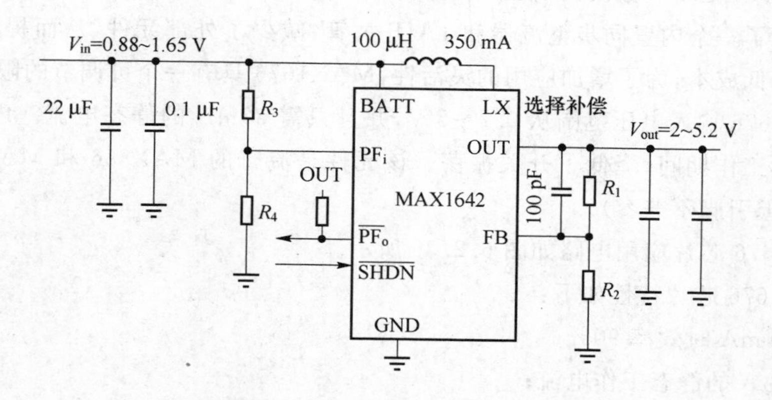

图6.2.35　MAX1642输出电压可调电路

MAX1642 芯片引脚功能如下：

- BATT——芯片输入电压引脚。
- PF_i——电源故障输入引脚。当该引脚电压低于 614 mV 时，则 $\overline{PF_o}$ 为为吸电流。
- $\overline{PF_o}$——电源故障输出引脚。当 V_{PF_i}<614 mV 时，则 $\overline{PF_o}$ 为吸电流。
- $\overline{SHDN}$——停机输入引脚，低电平有效。正常工作时，该引脚与 BATT 相连。
- FB——反馈输入引脚。实际应用电路中，固定输出方式时，该脚直接接地；在可调输出式时，该脚连到输出和地的分压电阻之间。
- GND——地线。
- LX——片内 N 沟道 MOSFET 开关漏极和 P 沟道同步整流器漏极引脚。
- OUT——输出引脚。

MAX1642/1643 芯片特性如下：

- 效率 83%；
- 超小型 μMAX 封装：8 引脚 SO 的 1/2 面积 1.11 mm 高；
- 0.88 V 保证启动；
- 内部同步整流器；
- 11 μA 静态电源电流；
- 2 μA 逻辑控制停机方式(MAX1642)；
- 两个欠压检测器(MAX1643)；
- 2～5.2 V 的输出范围；

MAX1642EVKIT 评估组件。

6.2.18 MAX1676 内置 1A 开关管、高效率、升压型 DC/DC 芯片

MAX1676 是一种紧凑的、高效率、升压型 DC/DC 变换器，采用小巧的 μMAX 封装。它包含了一个内置同步整流器和 1A 开关管，减少了外部元件，从而提高效率、减少尺寸和降低成本，为了增加应用的灵活性，MAX1676 具有一个可调节的限制电流。

MAX1676 输入电压范围从 0.7～5 V，并且只需 30 μA 的静态电流。内部特殊电路在非连续工作期间，降低了开关振荡。该元件是流行的 MAX856 和 MAX756 系列的改进型(但引脚不兼容)。

MZX1676 芯片应用电路如图 6.2.36 所示。

MAX1676 芯片特性如下：

- 200 mA 时效率 90%
- 30 μA 的静态工作电流；
- 内置同步整流器(无需外部二极管)；
- 1 μA 逻辑控制关断模式；

- 电池欠压检测器；
- 可调限制电流；
- 低噪声，抗振荡电路；
- 10 引脚 μMAX 封装；
- 备有评估套件。

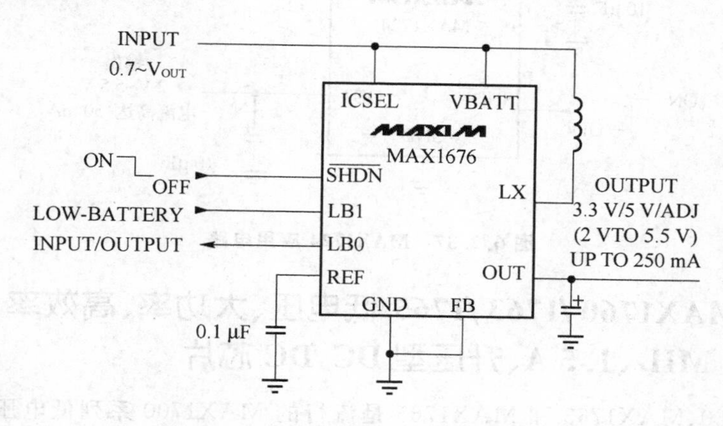

图 6.2.36　MAX1676 应用电路

6.2.19　MAX1724 更小巧、更成本、150 mA、升压型 DC/DC 芯片

MAX1724 芯片特性如下：

- 超低 1.5 μA 静态电源电流；
- 仅需 3 个细小的外部元件；
- 保证 0.91 V 启动；
- 内置 EMI 抑制电路；
- 0.1 μA 关断电源电流；
- 薄型 5 引脚 SOT23 封装(1 mm 高)；
- 可借助评估板加速设计进度。

MAX1724 芯片性能选项如表 6.2.6 所列，应用电路如图 6.2.37 所示。

表 6.2.6　MAX1724 系列芯片性能表

型号	输出 V	SHDN	低 EMI 电路
MAX1722EZK	可调节	无	有
MAX1723EZK	可调节	有	有
EAM1724EZK27	固定 2.7	无	有
EAM1724EZK30	固定 3.0	有	有
EAM1724EZK33	固定 3.3	无	有
EAM1724EZK50	固定 5.0	有	有

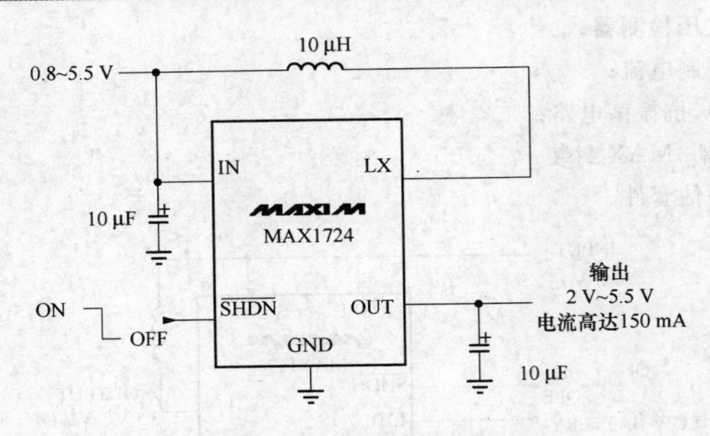

图 6.2.37　MAX1724 应用电路

6.2.20　MAX1760/1763/1765 低电压、大功率、高效率、1 MHz、1.5 A、升压型 DC/DC 芯片

MAX1760、MAX1763 和 MAX1765 是流行的 MAX1700 系列低电压、大功率、高效率 PWM 升压型 DC/DC 变换器的升级产品，尺寸缩小了 50%。MAX1760 系列具有外部元件小、限流可调以及软启动等特性。在低电压工作时，它们能够给出比其他升压电路更高的功率：3.6V_{IN}（单节锂离子）时 1.5 A、1.2V_{IN}（单节镍氢或碱性电池）时 400 mA。采用 MAX1760、MAX1763 和 MAX1765 可以减少电池节数，使 MP3 播放器、蜂窝电话或 PDA 等产品更小巧、更轻便。MAX1763 与 MAX165 内部还包含一个线性稳压器，可提供第二路输出。

MAX1760/1763/1765 芯片应用电路（原理性示意图，未包括全部元件）如图 5.2.38 所示。

MAX1760/1763/1765 芯片特性如下：

- 0.7～5.5 V 输入；
- 1 MHz 固定开关频率或可同步至 500～1.2 MHz 外部信号；
- 可调节限流及软启动；
- 固定 3.3 V 或可调节输出（2.5～5.5 V）；
- 内置 500 mA LDO 线性稳压器（MAX1765）；
- 内含可用于组成更高功率线性稳压器的增益单元（MAX1763）；
- 备有评估板，可加速设计进度。

6.2.21　超低待机电流、300 mA、升压型 DC/DC 芯片

AS1325 具有精确的输出电压和大电流输出能力，且极低的关断电流提高了更携式应用系统的电池使用寿命，是体积小但对性能要求苛刻的应用系统的理想选择。如：医疗诊断设备、PC 卡、数码照相机、寻呼机、蜂窝电话以及其他手持式设备。

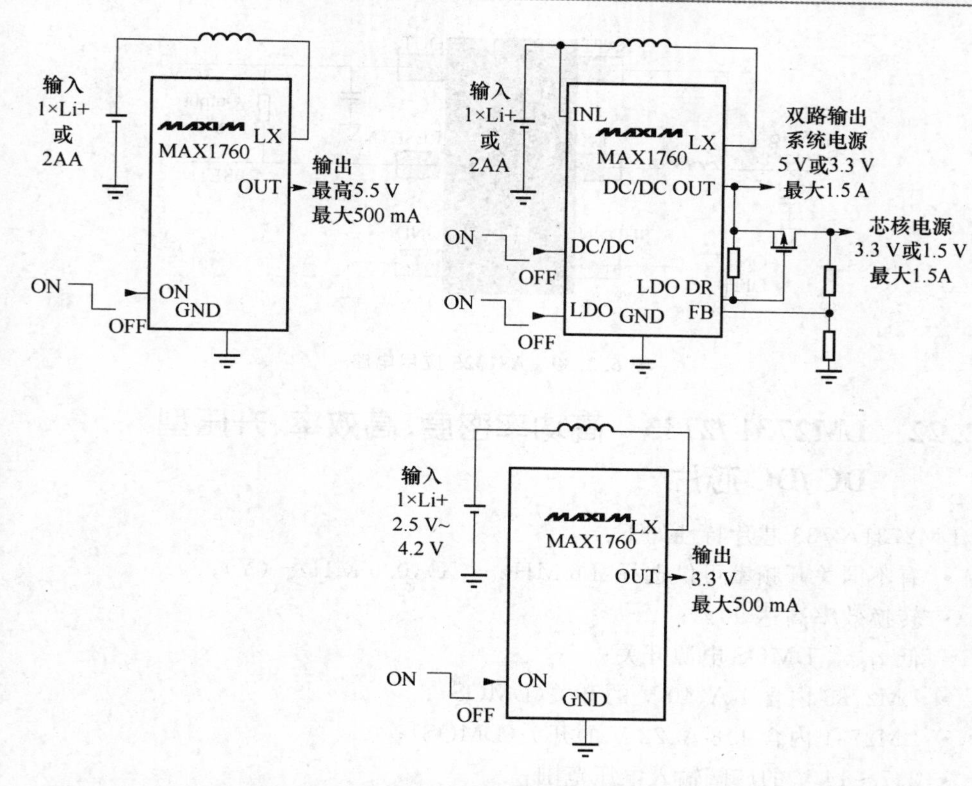

图 6.2.38　MAX1760/1763/1765 应用电路(原理性示意图 未包括全部元件)

AS1325 芯片性能选项如表 6.2.7 所列,应用电路如图 6.2.39 所示。

表 6.2.7　AS132X 系列芯片性能表

产品型号	输出电流	效率	电池馈通	无需外部肖特基二极管	供电电压范围	输出电压	封装形式
AS1320	200	90	√	√	1.5～35	3.3	SOT23-6
AS1321	130	96	√	—	1.5～50	5.0	SOT23-6
AS1325-33	300	96	√	√	1.5～35	3.3	SOT23-6
AS1325-50	185	91	√	—	1.5～50	5.0	SOT23-6

AS1325 芯片特性如下:

- 96%高效率;
- 输出电流 300 mA;
- 最小输入电压 1.5 V;
- 关断电流小于 1 μA。

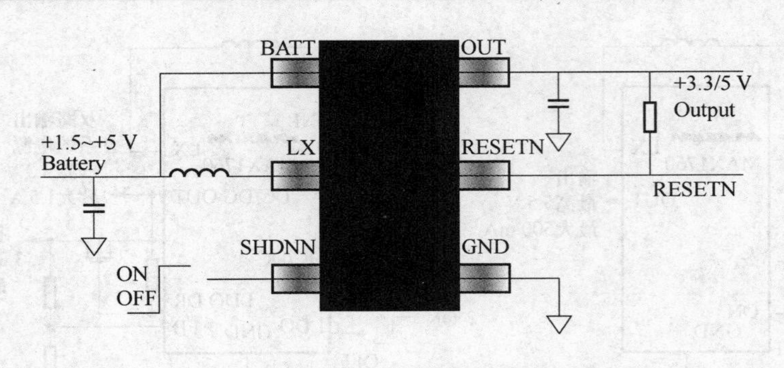

图 6.2.39　AS1325 应用电路

6.2.22　LM2731/2733　高功率密度、高效率、升压型DC/DC芯片

LM2731/2733 芯片特性如下：

- 有不同关开频率可供选择：L6 MHz－(X)，0.6 MHz－(Y)；
- 转换效率高达90%；
- 低 $r_{DS(ON)}$ DMOS电源开关；
- LM2733 内含 1 A、40 V 的开关(DMOS)；
- LM2731 内含 1.8 A、22 V 的开关(DMOS)；
- 2.7～14 V 的广阔输入电压范围；
- 低至 1 μA 以下的停机电流；
- 设有电流模式控制功能，可以较广阔的输入电压范围内发挥卓越的性能。

应用范围：适用于通用串行总线(USB)/xDSL调制解调器、数字照相机及移动电话(尤其是白色发光二极管背光及闪灯)。

LM2371 芯片应用电路如图 6.2.40 所示。

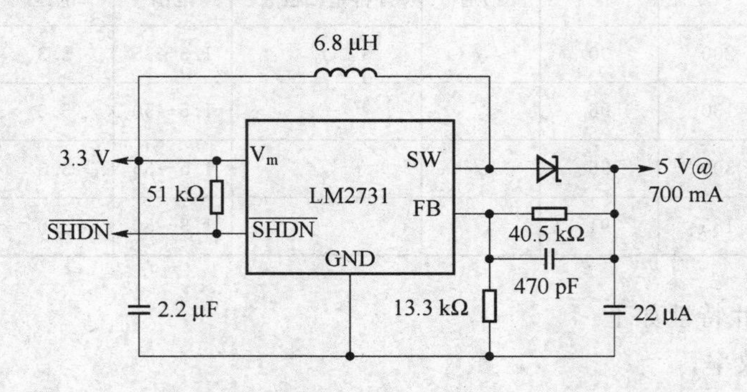

图 6.2.40　LM2731 典型应用电路

6.2.23 LM3224 615 kHz/1.25 MHz、脉冲宽度调制(PWM)、升压型 DC/DC 芯片

LM3224 芯片特性如下：

- 操作电压：2.7 V～7 V；
- 可以通过引脚选择 615 kHz/1.25MHz 的操作频率；
- 过热保护；
- 采用 8 引脚 MSOP 封装。

应用范围如下：

- TFT 偏压电源供应系统；
- 手持式设备；
- 便携式产品；
- GSM/CDMA 移动电话；
- 数字照相机；
- 白光发光二极管闪灯/电筒。

LM3224 芯片应用电路如图 6.2.41 所示。

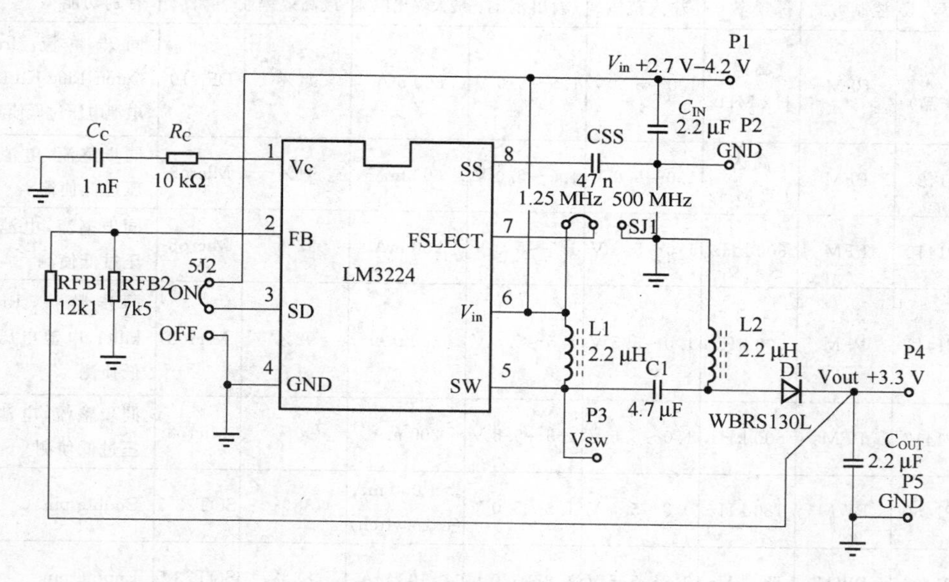

图 6.2.41 LM3224 应用电路

6.2.24 NCP1422 高效率 800 mA、同步升压型 DC/DC 芯片

NCP1422 是专为单、双碱性电池或镍氢充电池作输入的升压变换器，最大输出电流为 800 mA。此变换器用同步整流，效率可达至 94%。而当 IC 被关闭时(Disabled)，OUT 脚与电池完全分隔(True-Cutoff)，令电池漏电几乎等于零，这两方面均能延长电池寿命。此芯片更具备 Ping-Killer 电路，消除在不连续电感电流状态所出现之振荡，

及电池电压过低侦测功能。

NCP1422芯片性能选项如表6.2.8所列，典型应用电路如图6.2.42所示。

NCP1422芯片特性如下：

- 高达94%效率；
- 单或双电池运作；
- 高达1.2 MHz开关频率；
- Ring-Killer线路改善EMI；
- True-Cutoff线路消除电池漏电；
- 电池电压过低检测。

应用范围如下：

- 手机拍照闪灯；
- 电子手账；
- 数码照相机；
- 手持音响。

表6.2.8 NCP1422系列芯片性能表

型号	控制方式	频率	输入范围	输出范围	最大输出电流	最高效率	封装	特别功能
NCP1422（新产品）	PFM	高达1.2 MHz	1.0～5.0 V	1.5～5.0 V	800 mA	94%	DFN10	同步整流，True-Cutoff,Ring-KILLE电池电压过低侦测
NCP1421	PFM	高达1.2 MHz	1.0～5.0 V	1.5～5.0 V	600 mA	94%	Micro8	同步整流，电池电压过低侦测
NCP1410	PFM	600 kHz	1.0～5.5 V	1.5～5.5 V	250 mA	92%	Micro8	同步整流，电池电压过低侦测
NCP1411	PFM	600 kHz	1.0～5.5 V	1.5～5.5 V	250 mA	92%	Micro8	同步整流，Ring-killer,电池电压过低侦测
NCP1417	PFM	600 kHz	1.0～5.5 V	1.5～5.5 V	200 mA	90%	Micro8	同步整流，电池电压过低侦测
NCP1450	PWM	180 kHz	0.8～5.5 V	1.8～5.0 V	>1 000 mA (ext swltch)	88%	SOT23-5	Enoble pin
NCP1400	PWM	180 kHz	0.8～5.5 V	1.8～5.0 V	>100 mA	88%	SOT23-5	Enoble pin
NCP1402	PFM	180 kHz	0.8～5.5 V	1.8～5.0 V	>200 mA	85%	SOT23-5	Enoble pin
NCP1404（新产品）	PWM/PFM	600 kHz	0.8～5.0 V	3.0～5.0 V	350 mA	90%	SOT23-6	电池电压过低侦测

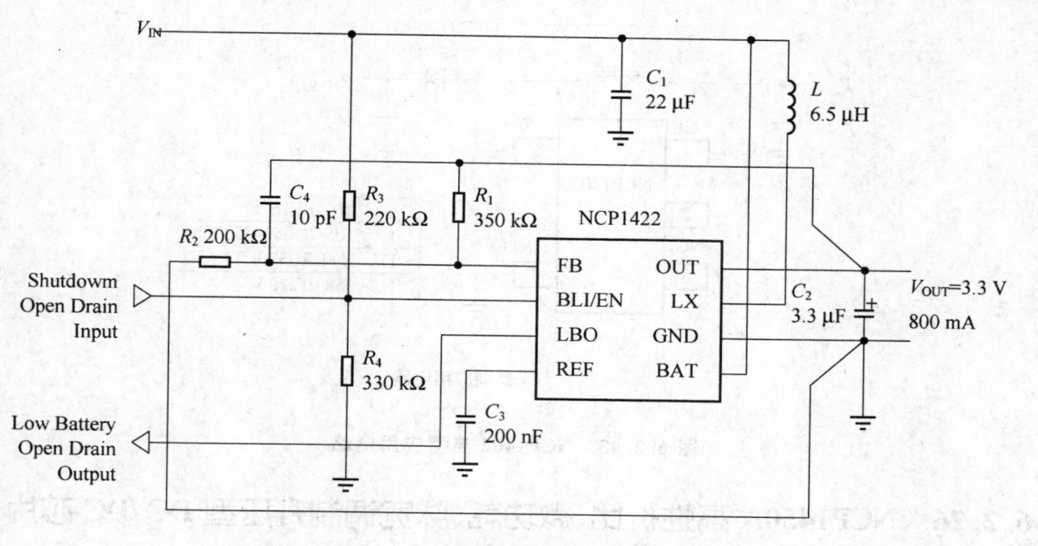

图 6.2.42　NCP1422 典型应用电路

6.2.25　NCP1402　高性价比、微功耗、脉宽调制升压型 DC/DC 芯片

NCP1402 芯片特性如下：

- 极低的启动电压 0.8 V；
- 工作电压可低至 0.3 V；
- 85%高转换效率；
- 30 μA 低工作电流(V_{out}=1.9 V)；
- 输出电压精度：2.5%；
- 低转换纹波，典型值：30 mV；
- 仅需三个外部元件；
- PWM 工作方式；
- 掉电使能功能，延长电池的使用寿命；
- 工作温度范围：−40～+85℃；
- 封装：SOT23-5。

应用范围：手机、PB 机、PDA、电子游戏机、MP3、数码照相机、手持式仪器、仪表。

NCP1402 芯片典型启用电路如图 6.2.43 所示。

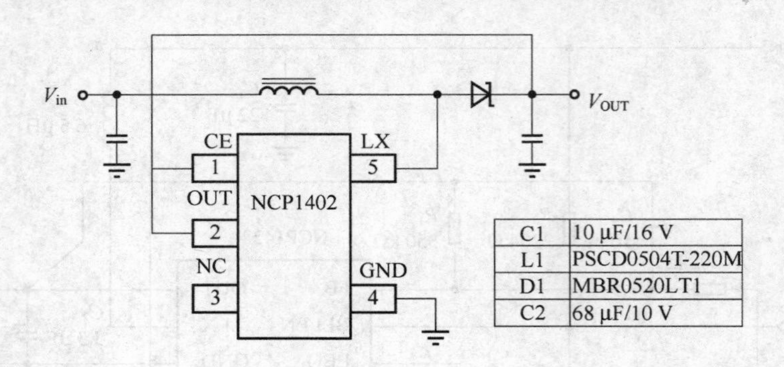

C1	10 μF/16 V
L1	PSCD0504T-220M
D1	MBR0520LT1
C2	68 μF/10 V

图 6.2.43　NCP1402 典型应用电路

6.2.26　NCP1450A 高性价比、微功耗、脉宽调制升压型 DC/DC 芯片

NCP1450A 芯片特性如下：

- 极低的启动电压 0.9 V；
- 工作电压可低至 0.6 V；
- 88%高转换效率；
- 55 μA 低工作电流(V_{out} = 1.9 V)；
- 输出电压精度：2.5%；
- 低转换纹波，典型值：30 mV；
- PWM 工作方式；
- 掉电使能功能，延长电池的使用寿命；
- 工作温度范围：－40～＋85℃；
- 封装：SOT23-5。

NCP1450A 芯片应用电路如图 6.2.44 所示。

C_1	220 μF/6.0 V
C_2	10 μF/16 V
Q_2	NTGS3446T1
D_2	MBRM110LT1
L_1	PSCDS135T-100M-S或其它

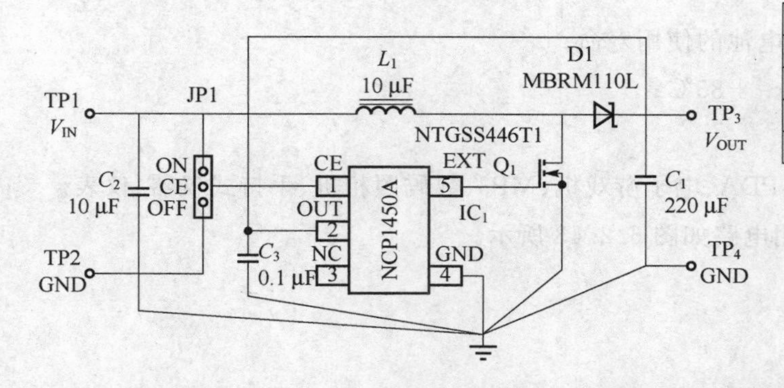

图 6.2.44　NCP1450A 典型应用电路

6.2.27 STM6600 1 V、高效、同步、升压型DC/DC芯片

STM6600芯片特性如下：

- 工作电压：1.6 V～5.5 V；
- 低功耗电流：6 μA(待机状态最大1 μA)；
- 可调SMART复位延时时长；
- 防反跳PB和SR输入；
- PB和SRESD输入电压±15 kV(空气放电)
  ±8 kV(接触放电)；
- 安全可靠的由按键触发的处理器启动和中断响应；
- 外设无响应下的按键复位；
- 工业级温度：－40～＋85℃；
- 封装：TDFN10 2 mm×2.5 mm和TDFN12 2 mm×3 mm。

应用范围如下：

- 便携式产品；
- 终端；
- 音/视频播放器；
- 蜂窝电话；
- 智能手机；
- PDA。

STM6600/6601应用电路如图6.2.45所示。

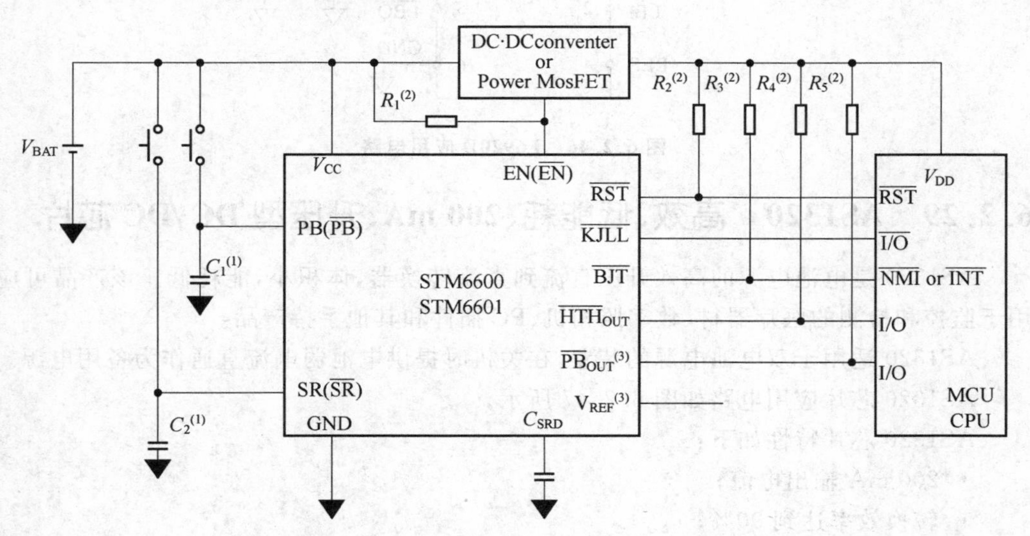

图6.2.45 STM6600/6601应用电路

6.2.28　L6920D　1 V、高效、同步、升压型 DC/DC 芯片

L6920D 芯片特性如下：

- 输入电压范围：0.6～5.5 V；
- 启动输入电压：1 V；
- 内置同步整流器；
- 零关断电流；
- 3.3/5 V 自适应电压(2～5.2 V)；
- 内部主动开关，120 mΩ；
- 电池低电压检测；
- 反相电池保护；
- 封装：TSSOP8。

应用范围如下：

- 便携式产品；
- 单电池供应；
- 数据备份。

L6920D 芯片应用电路如图 6.2.46 所示。

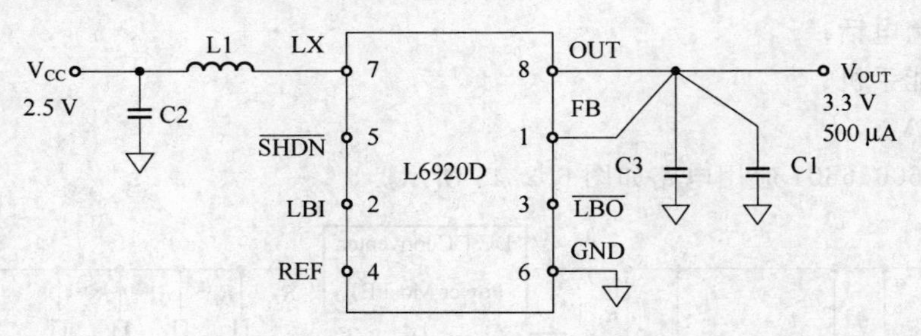

图 6.2.46　L6920D 应用电路

6.2.29　AS1320　高效、低能耗、200 mA、升压型 DC/DC 芯片

AS1320 是电池电源的高效升压直流到直流转换器，体积小，能耗低。该产品可应用于监控和检测的医疗器材、数字照相机、PC 插件和其他手持产品。

AS1320 适用于双电池电源的装置，在关机时提供电池弱电流直通作为备用电源。

AS1320 芯片应用电路如图 6.2.47 所示。

AS1320 芯片特性如下：

- 200 mA 输出电流；
- 转换效率达到 90%；
- 3.3 V 固定输出电压；
- <1 μA 关机电流；
- 上电复位；

• 电池弱电流直通。

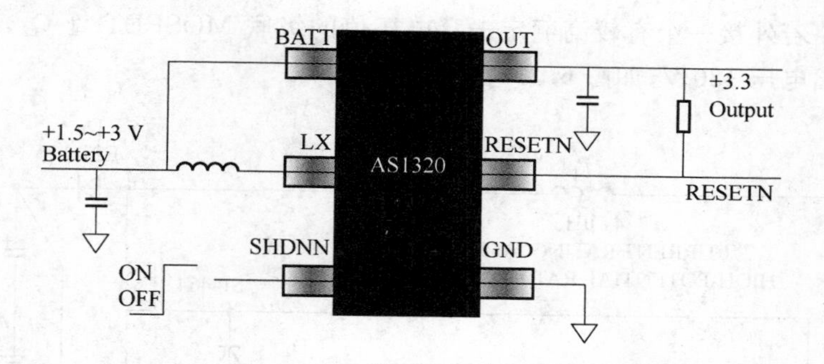

图 6.2.47　AS1320 应用电路

6.3　低压输入高压输出升压 DC/DC 芯片

6.3.1　TPS61040　可产生 28 V/128 V 输出的升压 DC/DC 芯片

图 6.3.1 所示应用电路显示了一款基于 TPS61040 升压控制器(IC_1)的 28 V 升压电器，该电路使用了峰值电流控制。

在 IC_1 的 V_{CC} 脚和电感上 L_1 的一只引脚上加上输出电压 V_{IN} 使 IC_1 的内部 MOSFET 开关 Q_1 导通。于是逐步增加了从 V_{IN} 通过 L_1，Q_1 和内部电流检测电阻 R_1 的电流量。当电路内部的控制器监测到检则电阻 R_1 上的电压并达到一个预设的电流限值时，就关断 Q_1。

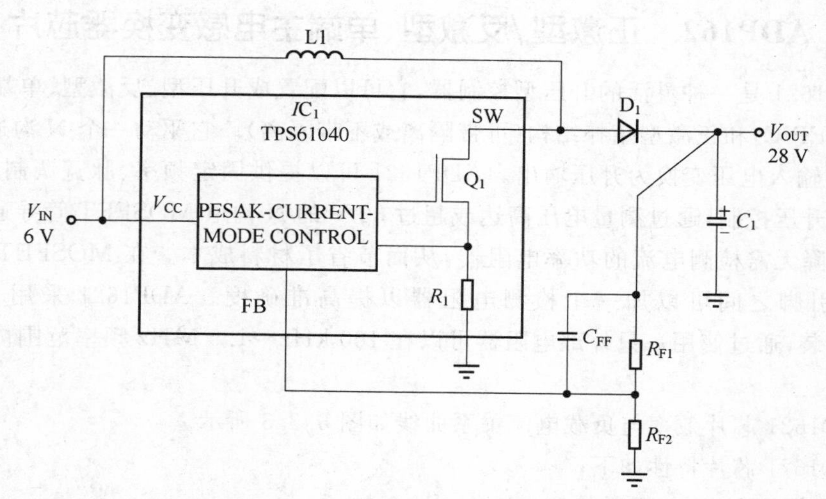

图 6.3.1　使用 TPS61040 的基础上，这上 DC/DC 升压转换器的输出电压只能在 IC_1 的额定范围内

流过 L_1 电流的中断会升高电感上的电压，使二极管 D_1 正偏，D_1 导通，为输出电容

C_1 充电至一个较高电压。

上述电路若外接一个有较高额定击穿电压值的级联 MOSFET 管 Q_2，电路就能产生更高的输出电压 180 V，如图 6.3.2 所示。

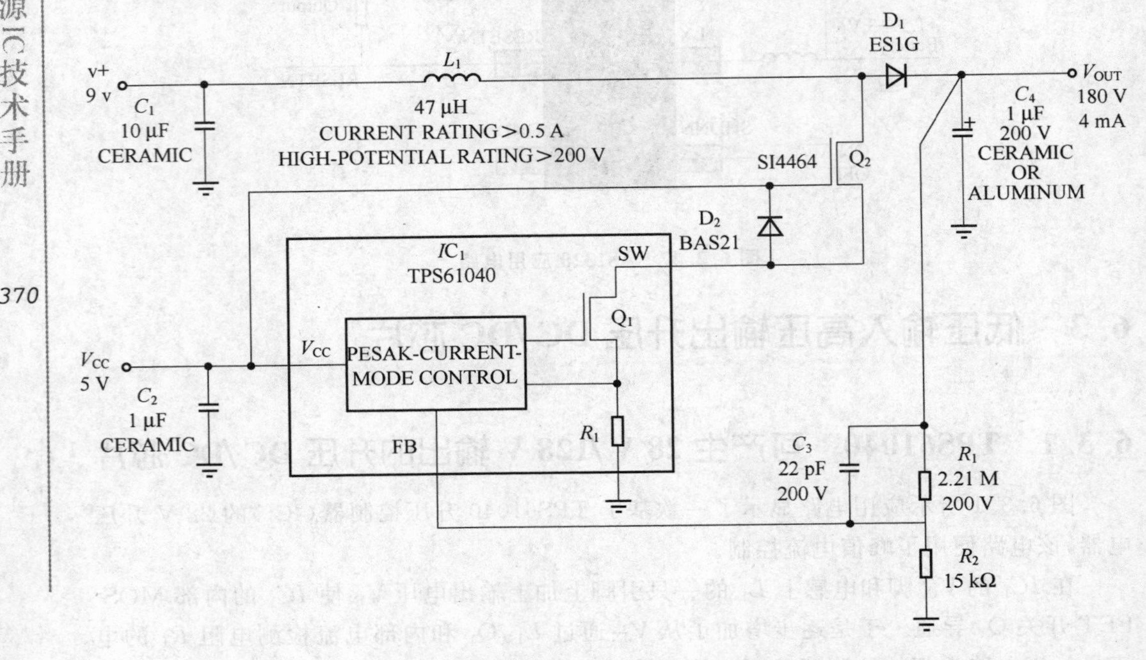

图 6.3.2 可产生 180 V 的升压电路

6.3.2 ADP162 正激型/反激型、单端主电感变换器芯片

ADP1621 是一种灵活的升压型控制器，它可以配置成升压型、反激型、单端主电感变换器(SEPIC)和正激型拓扑结构(可带隔离或不带隔离)。它驱动一个 N 沟通 MOSFET 管将输入电压变换为升压输出。ADP1621 可以提供固定频率、脉宽调制(PWM)电流模式升压控制，通过测量电压高达或超过 30 V 的 N 沟道 MOSFET 管导通电阻两端的电压降无需检测电流的功率电阻器，从而节省了材料成本。在 MOSFET 管的源极和 CS 引脚之间可以加一个检测电阻器以提高准确度。ADP1621 采用 10 引脚 MSOP 封装，通过使用一只外部电阻器可以在 100 kHz～1.5 MHz 频率范围内设置开关频率。

ADD1621 芯片效率与负载电流关系曲线如图 6.3.3 所示。

ADD1621 芯片特性如下：

- 效率高达 92%，无需检测电阻；
- 初始精度：±1%；
- 输入电压：2.9～5.5 V；
- 待机电流：10 μA；

- 限流和热过载保护；
- 封装：3 mm×3 mm，10引脚MSOP封装。

应用范围如下：

- 光电检测器(ADD)偏置；
- 便携式电子设备；
- 带隔离的DC/DC变换器，升压和降压型DC/DC变换器；
- 用于笔记本电脑和导航系统的LED驱动器；
- 液晶显示器(LCD)背光。

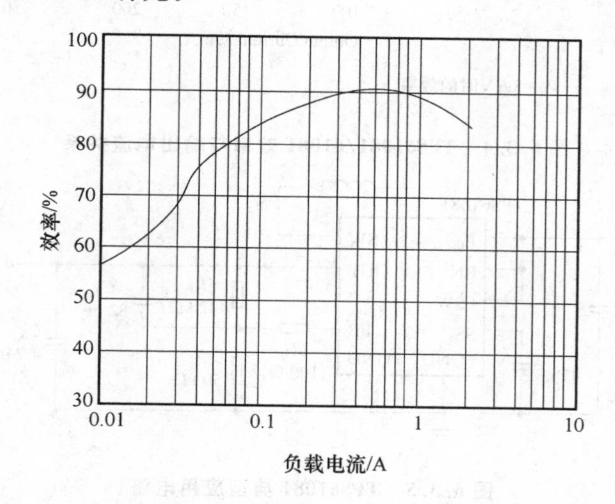

图6.3.3 ADD1621效率与负载电流关系

6.3.3 TPS61080/61081 低压输入(2.5 V)、高压输出(27 V)、升压型DC/DC芯片

TPS61080与TPS61081是高集成度升压转换器，这两种器件的可调输出电压可达27 V，而输入电压则可低至2.5 V。两个版本的区别在于集成式电源开关的额定限流，通常分别为0.5 A与1.3 A。TPS6108x升压转换器采用传统电流模式控制技术与恒定脉宽调制(PWM)频率，进行低噪声工作。开关频率可根据轻负载效率配置为600 kHz，也可根据较小外部组件要求配置为1.2 MHz。通过将反馈补偿、内部电源开关及快速PWM开关相集成，3 mm×3 mmOFN封装实现了体积极小的升压转换器，可满足多种应用的要求。采用3.3 V或5 V总线的12 V或24 V工业电源轨就是这样一款产品。其他特性还包括高效率、可调基准电压以及冗余保护电路等，这些都使TPS6108x理想适用于3.6 V锂离子电池电压的升压工作，满足大多数便携式应用的需求。上述转换器还支持更高的电压，可满足TFT LCD显示屏、OLED显示屏、WLED背光以及照相机闪光灯等应用的供电需求。

TPS61080/61081芯片效率与输出电流之间的关系曲线如图6.3.4所示，TPS61081典型应用电路如图6.3.5所示。

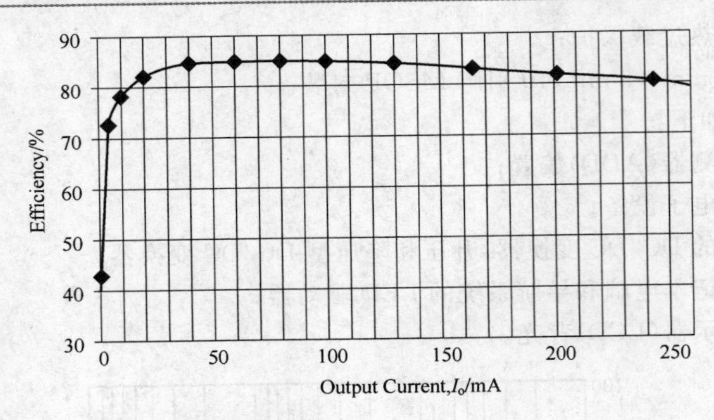

图 6.3.4 TPS61081/61081 效率与输出电流关系

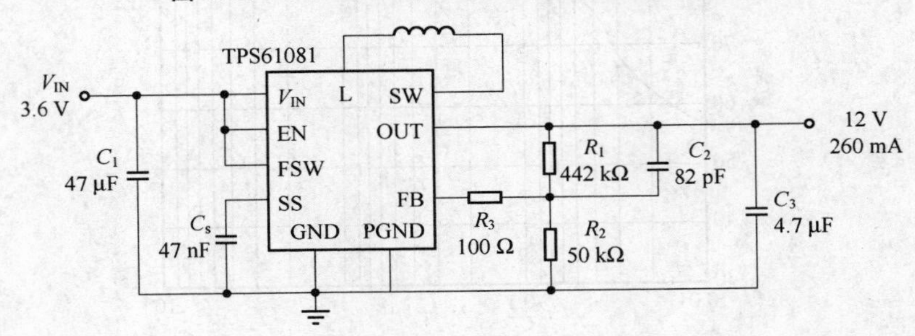

图 6.3.5 TPS61081 典型应用电路

6.3.4 LT3489 高频、高效和、单片式、38 V、2.5 A、升压型 DC/DC 芯片

LT3489 是一款高效率、高频率、单片式升压型 DC/DC 转换器，具有快速、简单、纤巧等特点。片内高电压、高电流功率器件和集成可编程软启动等常见功能可使外部元件数目减少。高达 2.2 MHz 的开关频率减小了电容器和电感器的外形尺寸和数值。这些专有设计技术实现了高效转按，极大限度地降低了功耗。

LT3489 芯片特性如表 6.3.1 所列，应用电路如图 6.3.6 所示。

表 6.3.1 LT3489 及相关产品特性表

器件型号	V_{IN}范围/V	V_{OUT}/(最大值)	I_{SW}/A	开关频率	封装
LT®1935	2.3～16	38.0	2	1.2 MHz	ThinSOT™
LT3489	2.4～16	38.0	2.5	2.2 MHz	MS8E
LT3477	2.5～25	40.0	3	3.5 MHz	4 mm×4 mm QFN-20，TSSOP-20E
LT3479	2.5～24	40.0	3	3.5 MHz	4 mm×3 mm DFN-14，TSSOP-16E
LT1370HV	2.7～30	40.0	6	500 kHz	TO-220，TO-263

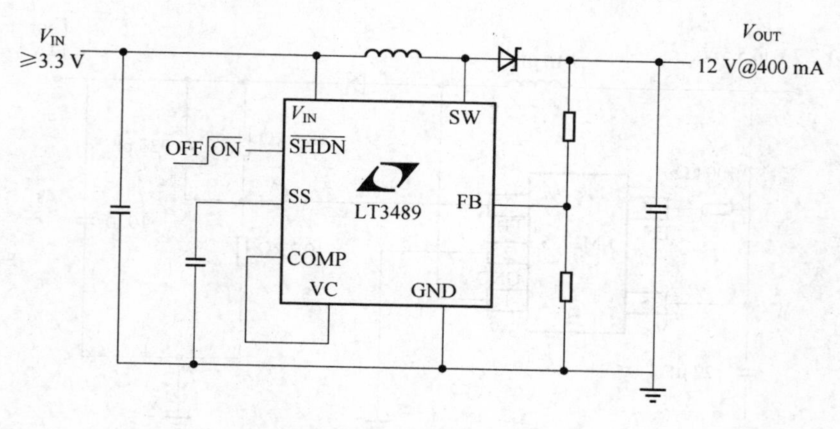

图 6.3.6　LT3489 应用电路

6.3.5　LM2735　高输出电流 2.1 A、升压型 DC/DC 芯片

LM2735 芯片特性如下：

- 高输出电流，在整个温度范围内都可提供 2.1 A 开关电流；
- 以 700 mA 电流操作时，可将 5 V 电压提高至 12 V；
- 设有内部补偿，因此更容易使用，而且只需极少外置元件；
- 操作频率高达 1.6 MHz，因此可采用小巧的无源元件；
- 有 SOT23－5、LLP－6 及 eMSOP8 三种封装可供选择，最适用于空间极为有限的系统。

LM2735 芯片效率与负载电流之间函数关系曲线如图 6.3.7 所示，典型应用电路如图 6.3.8 所示。该芯片性能选项如表 6.3.2 所列。

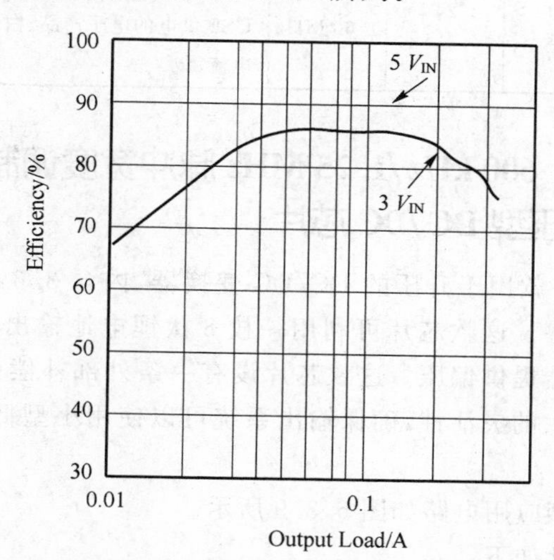

图 6.3.7　LM2735 效率与负载电流之间函数关系（V_{OUT}＝12 V）

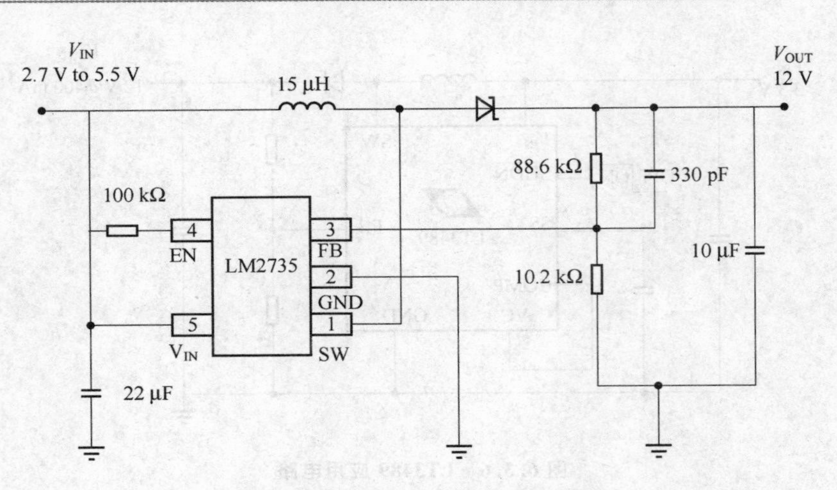

图 6.3.8　LM2735 典型应用电路

表 6.3.2　LM2735x 系列芯片性能表

产品编号	输入电压范围/V	开关电流/A	最高输出电压/V	频率	应用范围	封装
LM2731	2.7～14	1.4	22	600 KHz 160 MHz	XDSL 调制解调器、便携式电子产品、白光发光二极管电流源电视机调谐器、机顶盒、白光发光二极管电流源	SOT23-5
LM2733	2.7～14	1	40	600 KHz 1.6 MHz	电视机调谐器、机顶盒、白光发光二极管电流源	SOT23-5
LM2735	2.7～5.5	2.1	24	520 KHz 1.60 MHz	便携式电子产品的液晶显示器及有机发光二极管(OLED)显示器、可利用 USB 供电的电子产品、白光发光二极管电流源	SOT23-5, LLP-6, eMSOP-8

6.3.6　LM2700　600 kHz/1.25 MHz 脉冲宽度调制(PWM) 2.5 A 升压型 DC/DC 芯片

LM2700 芯片是一款用于升压的 DC/DC 变换器，内含 3.6 A、800 mΩ 开关，并可利用引脚选择操作频率。这款芯片可利用一枚 8 伏锂电池输出 500 mA/8 V 的电流，最适用于为液晶显示器提供偏压。这款芯片设有一条外部补偿引脚，使用户在设定频率补偿时可以发挥更大的灵活性，确保输出系统可以使用小型低等效串联电阻(ESR)陶瓷电容器。

LM2700 芯片典型应用电路如图 6.3.9 所示。

LM2700 芯片特性如下：

- 3.6 A、0.08 Ω 的内置式开关；

- 2.2～12 V 的输入电压范围；
- 具有输入电压不足保护功能；
- 可调节的输出电压高达 17.5 V；
- 可通过引脚选择操作频率(600 kHz/1.25 MHz)；
- 具有过热保护功能；
- 采用 TSSOP－14 或 LLP－14 封装。

应用范围如下：

- 以电池供电/便携式的设备；
- 诊断用的医疗器材；
- 数字照相机；
- 全球定位系统(GPS)接收器；
- GSM/CDMA 移动电话；
- 液晶显示器偏压电源供应器。

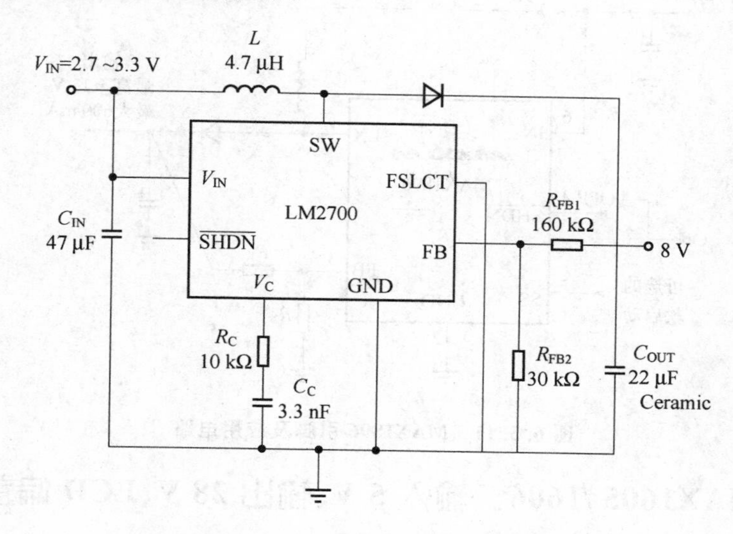

图 6.3.9　LM2700 典型应用电路

6.3.7　MAX1896　更高效、更小巧、1.4 MHz、13 V、升压型 DC/DC 芯片

MAX1896 采用电流模式控制机制和 1.4 MHz 固定频率脉宽调制(PWM)技术，提供高于 90％的效率，快速瞬态响应，以及能够配合物理尺寸更小的元件工作。它具有 200 μA 的静态电源电流，低 R_{ON}(导通电阻)，0.01 μA 逻辑可控的关断电流，以及可编程软启动等特点。MAX1896 适用于 PDA、LCD 面板和其他手持设备。

MAX1896 芯片效率与输出电流关系曲线如图 6.3.10 所示，引脚及应用电路如图 6.2.11 所示。

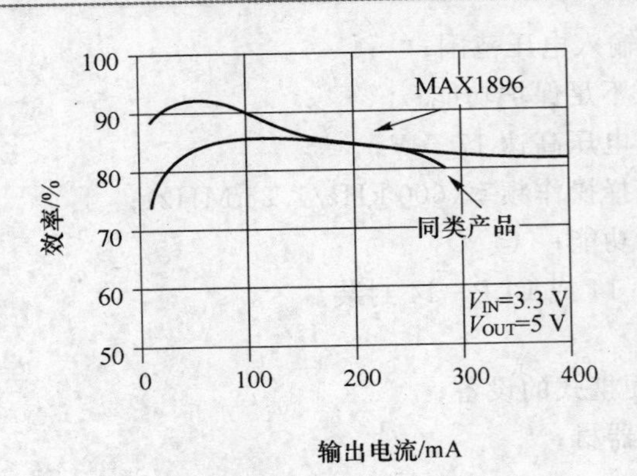

图 6.3.10 MAX1896效率与输出电流关系

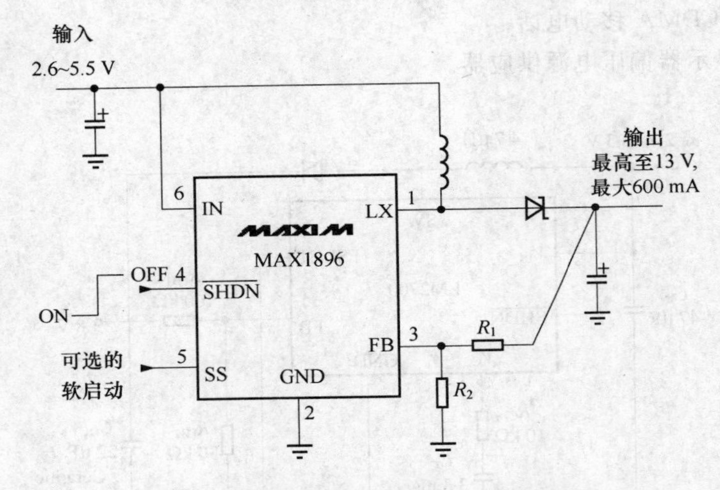

图 6.3.11 MAX1896引脚及应用电路

6.3.8 MAX1605/1606 输入5 V、输出28 V、LCD偏置电源DC/DC芯片

MAX1605/1606为升压型变换器，能够为LCD显示器提供高效率的输出。高开关频率(500 kHz)和外部设定的电流限等特点允许设计者根据具体应用优化外部元件，减小外部元件尺寸。MAX1606还具有True Shutdown特性，能够在关断期间输出与电池真正断开，节省电池能量。MAX1605备有微小的6引脚SOT23封装；而MAX1606提供了节省空间的8引脚μMAX封装。

MAX1606芯片引脚及应用电路如图6.3.12所示。

MAX1605/1606芯片特性如下：

- True Shutdown(MAX1606)结构切断电池到负载的直流通路；
- 高达88%的效率；
- 500 kHz开关频率；

- 可调节限流值(500 mA,250 mA,125 mA);
- 微小的封装:

  MAX1605,6 引脚 SOT23;

  MAX1606,8 引脚 μMAX。

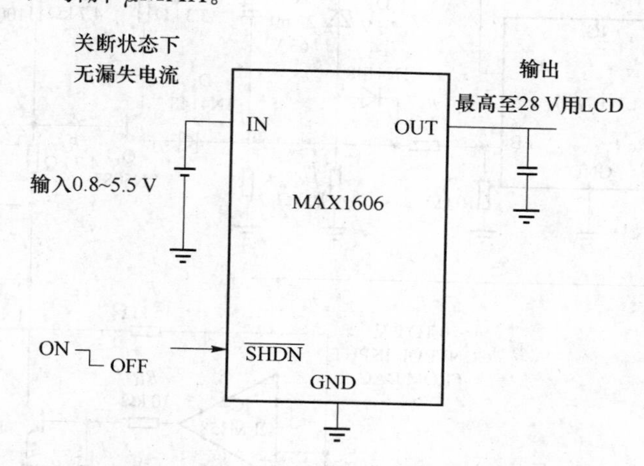

图 6.3.12　MAX1606 引脚及应用电路

6.3.9　LT1072HV　可自动选择工作模式的宽范围(0~32 V)DC/DC 芯片

凌特科技公司(Linear Technology)的 LT1072HV 型可变升压开关稳压器 IC_1,驱动一个由运放 IC_2、升压级 Q_3 及发射极跟随器达灵顿晶体管 Q_2 组成的 A 类放大器。电阻器 R_9 和 R_{10} 将放大器的正相环路增益设定为 $1+(R_9/R_{10})$。

当输出电压低于 8 V 时,开关稳压器 IC_1 保持在关机模式,输出级通过 L_1 及 D_1 拽取电流。Q 的集电极电压 V_C 测得近似为 11.4 V,即 12 V 减去 D_1 的正向压降。晶体管 Q_1 监视 R_7 两端的压降,它只测量 Q_2 的一部分集电极—基极电压 V_{CB}。一旦 V_{CB} 超过 1 V,Q_1 的集电极电流即保持高得足以使驱动 1 G 的反馈输入高于 1.25 V,该电压反过来又使 IC_1 关机。

电阻分压器 R_9 和 R_{10} 以及 IC_2 确定输出电压的范围。除选择 Q_1 及 Q_3 的 V_{CE} 额定值以承受所需的最高输出电压外,其它元件值并不重要。如果您用 D_5、Q_1 及 Q_3 来替换适当的元件,则电路可提供与 IC_1 最大输出开关额定电压(对于 LT1072HV 变体产品为 75 V)一样高的输出电压——−3 V。

如图 6.3.13 所示的应用电路,该稳压器电路可提供很宽的电压输出范围,并能根据需要自动选择线性或开关工作模式。

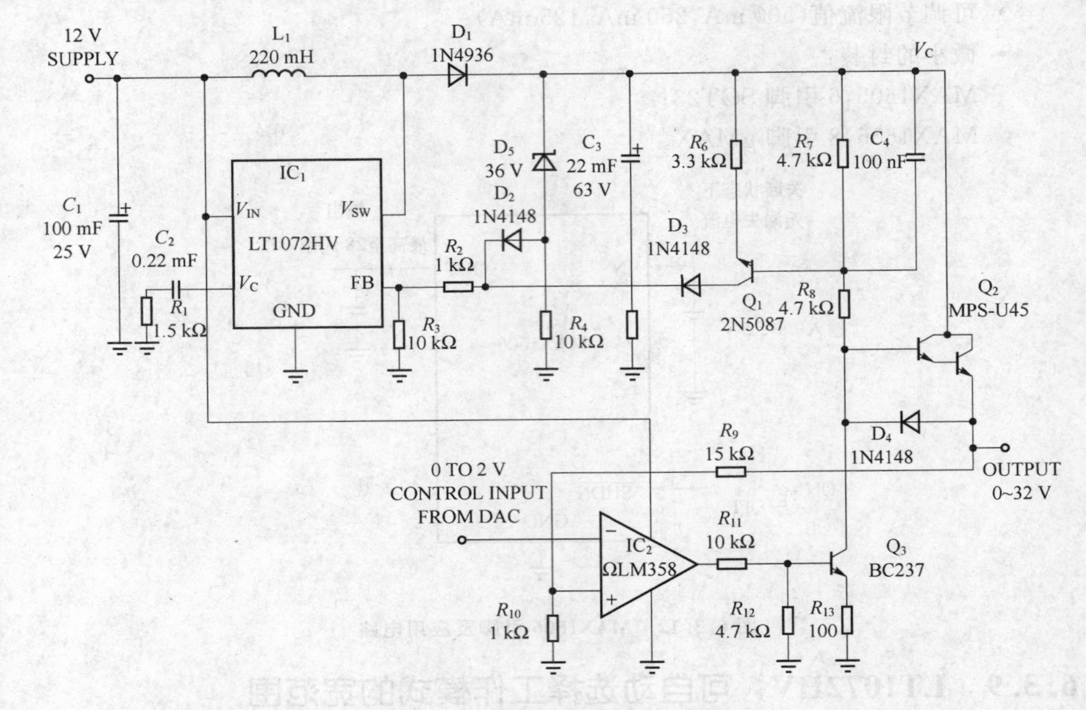

图 6.3.13　LT1072HV 的应用电路

6.4　宽电压输入宽电压输出升压,DC/DC 芯片

6.4.1　MAX668 宽电压输入、宽电压输出(最高 28 V)、升压型 DC/DC

MAX668 在 Maxim 公司众多的 DC/DC 变换器中是应用范围较广的一种产品。它具有较宽的输入、输出电压范围,由于采用了低至 100 mV 的电流检测电压和 Maxim 公司特有的空闲模式(Idle Mode™),转换效率可达 90%以上。当为中等负载或中等以上负载供电时,MAX668 工作于 PWM 模式以获得更低的噪声和更高的转换效率;轻载时控制器工作于空闲模式,以保证轻载下的高效率转换。MAX668 个有低静电流(220 μA)工作频率可调(100～500 kHz)、软启动等特点;带有可逻辑控制的停机模式,停机电流为 3.5 μA;输入电压范围为 3～28 V(与 MAX668 引脚兼容的 MAX669 可提供 1.8～28 V 的的输入范围);输出电压可高至 28 V。利用 MAX668 不仅可以构成升压型 DC/DC 变换器,还可以根据需要构成其他类型的 DC/DC 变换器,如 SEPIC、Flyback、隔离电源等。

MAX668 芯片引脚排列如图 6.4.1 所示,引脚功能如下:

- LDO:内置 5 V 线性稳压器输出,该稳压器为片内电路供电,LDO 的旁路电容选用 1 μF 或大于 1 μF 的陶瓷电容。

- FREQ：工作频率设置输入端。
- GND：模拟地。
- REF：1.25 V 基准输出，可提供 50 μA 电流，旁路电容选用 0.22 μF 的陶瓷电容。
- FB：反馈输入端，FB 门限电压为 1.25 V。
- CS+：电流检测输入正极，电流检测电阻连接在 CS+ 与 PGND 端之间。
- PGND：电源地。
- EXT：外部功率 MOSFET 的门极驱动输出端。
- V_{CC}：电源输入端，旁路电容选用 0.1 μF 陶瓷电容。

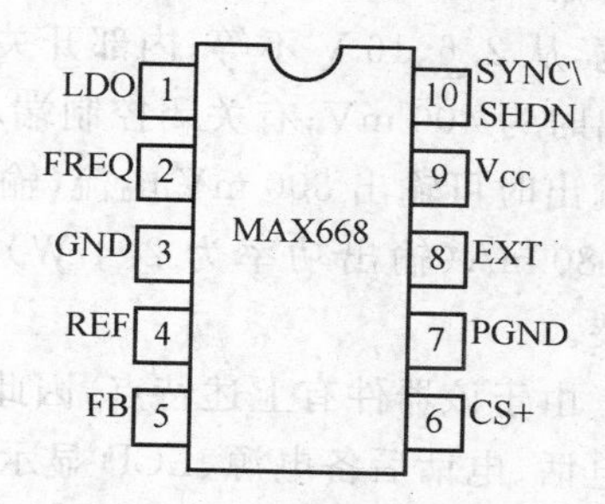

图 6.4.1 MAX668 引脚排列

- SYNC/SHDN：停机控制与同步输入端，有 3 种控制状态，即低电平输入、DC/DC 关断及高电平输入。DC/DC 工作频率由 FREQ 端的外接电阻 R_{OCS} 确定，时钟输入、DC/DC 的工作频率由输入同步时钟确定。

MAX668 芯片应用电路如图 6.4.2 所示，图 6.4.2 所示电路是利用 MAX668 将 5 V 输入电压提升到 12 V 输出的电路，其输出电流高于 1 A 时，保证转换效率高于 92%。MAX668 工作于非自举方式，具有较低的电源电流。当输入电压较低时，应采用自举方式，以获得较好的低电压特性。

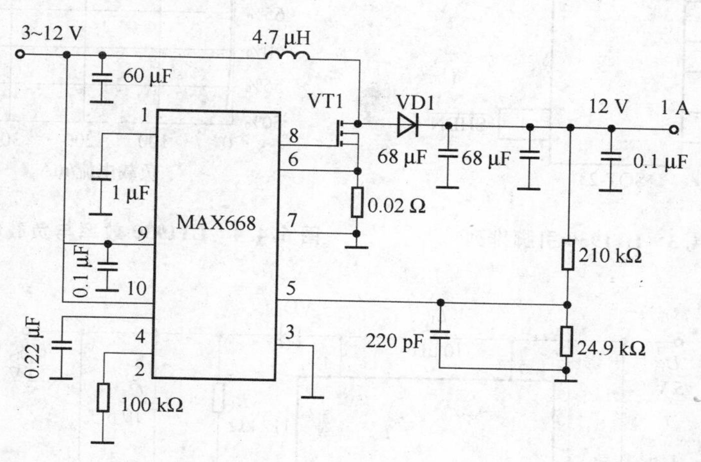

图 6.4.2 MAX668 应用电路(5 V～12 V 电路)

6.4.2 LT1930 输出电压可设定(最高 34 V)升压型 DC/DC 芯片

LT1930 是小尺寸 SOT-23 封装器件中输出功率最大的开关式稳压器。此外，该器件的特点还有：开关频率为 1.2 MHz，允许采用小尺寸电容器及电感器等，例如可采用仅2 mm高的电感器，电容器可采用贴片式陶瓷电容器，使整个DC/DC变换器电路占印制板的空间极小，并且减轻了重量；采用固定频率、内部补偿的电流型PWM技术，可使输出噪声低并容易被滤掉；输出电压可由用户来设定，最高可达34 V；输入电压范围宽，从2.6、16 V不等；内部开关管的最大开关电流可达1 A，其饱和管压降小，在1 A输出时为400 mV；有关闭控制端，关闭时耗电小于20 μA；输出功率大，在5 V输入、12 V输出时可输出300 mV电流（输出功率可达3.6 W），在3.3 V输入、5 V输出时可输出480 mA（输出功率为2.4 W）；工作温度范围为40～85℃；采用小尺寸SOT－23封装。

由于该器件有上述特点，因此主要适用于便携式电子产品。例如，数码照相机、无绳电话、电话后备电源、LCD显示器的偏置电路、医疗诊断仪器、PC卡及XDSL等。另外，它也可替换LT1613，管脚兼容。

LT1930芯片引脚排列如图6.4.3所示，效率与负载电流关系曲线如图6.4.4所示，典型应用电路如图6.4.5所示。该电路输入电压5 V，输出电压12 V，输出电流可达300 mA。

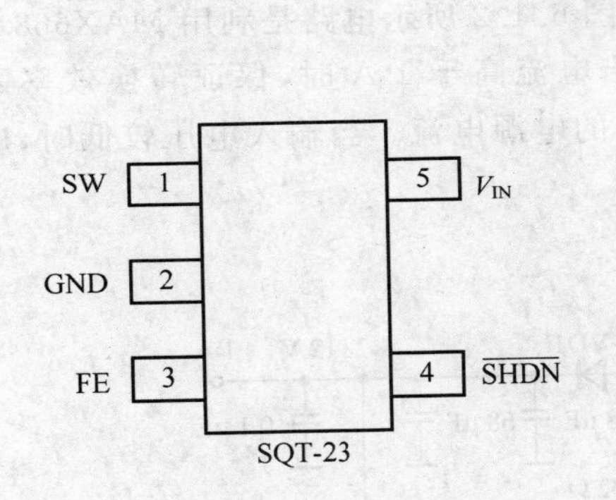

图6.4.3 LT1930引脚排列

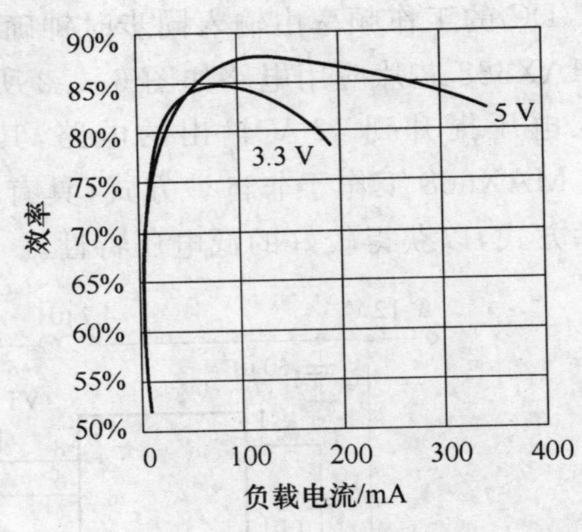

图6.4.4 LT1930效率与负载电流关系

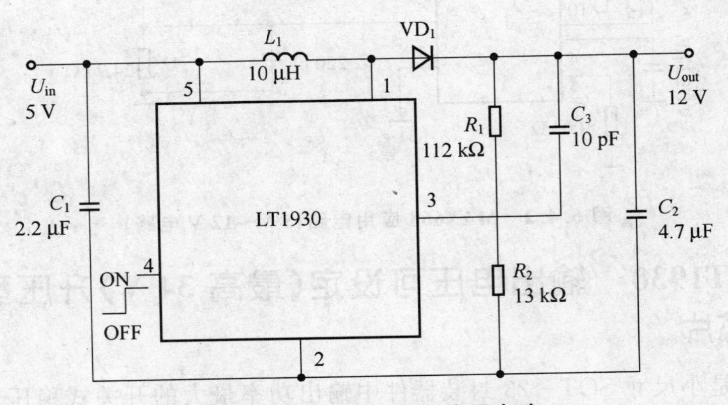

图6.4.5 LT1930典型应用电路

另外一种5 V输入、28 V输出、输出电流100 mA的电路如图6.4.6所示。

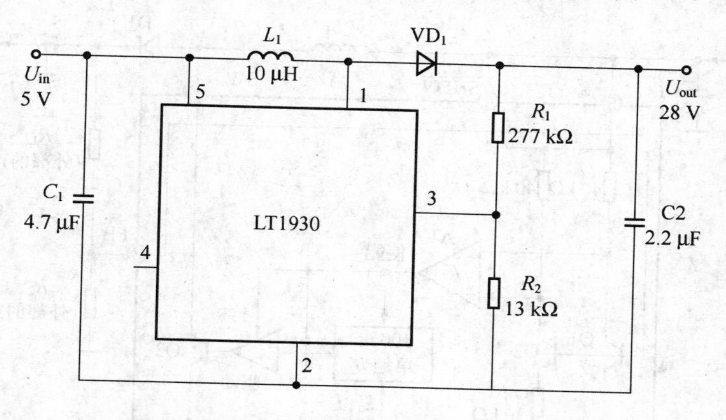

图6.4.6 5 V输入、28输出/100 mA的电路

6.4.3 LT1615/1615-1 微功率、增强型、升压型DC/DC芯片

LT1615/1615-1是一款微功率增强型DC/DC升压变换器，5个单元电路封装在一个微型片状SOT贴片器件内。LT1615芯片设计用于电流限制在350 mA和输入电压在1.2～15 V范围的高功率系统；LT1615-1芯片单个单元则用于电流限制在100 mA和扩展和输入电压在1～15 V范围的低功率系统。LT1615/LT1615－1两种芯片装置，功能作用相似。两个装置无载状态下的静电流均为20 mA，关闭状态下的电流可低至0.5 mA。采用单触发脉冲方式(而不使用昂贵的变压器)可使电压峰值达36 V，经电容器形成高电压输出，直流电压(叠加在输入电压上)可高达34 V。LT1615/LT1615－1芯片的脉冲关断时间为400 ns，导通时间可自动微调，允许使用极微小的电感和电容器，从而大幅度降低贴片元件的体积和应用电路所需费用。

LT1615芯片内部结构框图如图6.4.7所示，引脚功能如表6.4.1所列。

图6.4.8是LT1615芯片的实际应用电路，在该电路中，康佳及国内各厂家生产的15、17、20、30 in液晶电视上的频率合成式高频头9引脚调谐电压(＋33 V)供电，皆由LT1615微功率DC/DC升压率变换器升压，由其引脚出后，再经二极管整流，阻容滤波后得到。

表6.4.1 LT1615芯片引脚功能

位号与型号	引脚号	符 号	功 能	直流电压/V	对地电阻/kΩ		备 注
					红笔接地	黑笔接地	
N9010 LT1615	1	SW	升压输出端	11.5	11	5.5	
	2	GND	接地	0	0	0	
	3	FB	反馈取样	1.2	11.5	8.5	
	4	SD	电源输入	11.5	11.5	5.5	
	5	VIN	电源输入	11.5	11.5	5.5	

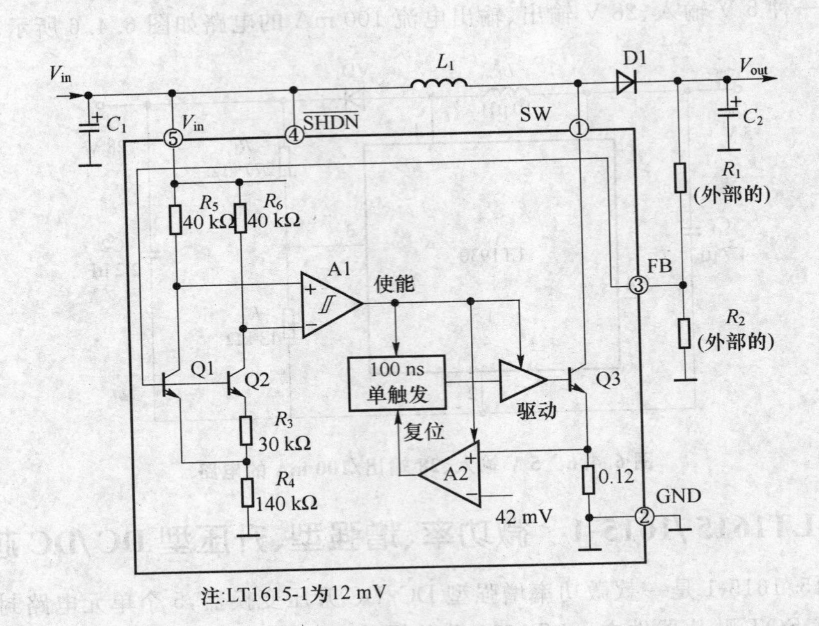

注:LT1615-1为12 mV

图 6.4.7 LT1615 内部结构框图

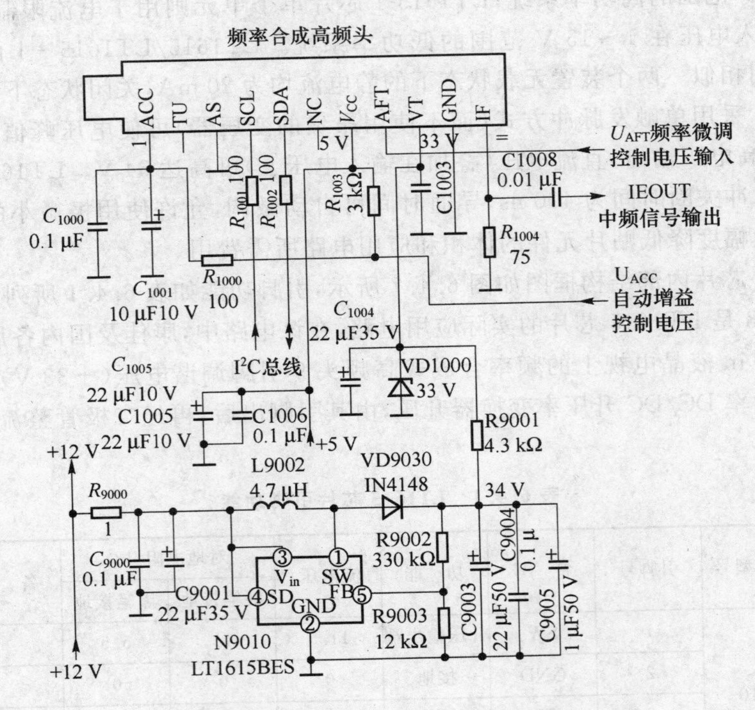

图 6.4.8 LT1615 实际应用电路

6.4.4　TL499AC　可调线性串联稳压器和升压型开关稳压器（合成稳压器）芯片

TL499AC 是 TI 公司生产的、将可调线性稳压器与升压型开关稳压器两者合二为一的单电源集成电路。

它内部同时具有可调线性串联稳压器和升压型开关稳压器两套完整电路。该集成电路除了外接反馈取样电阻（用于调节输出电压）以及电感、电容等少数元件外，两种类型的稳压器所必需的其他部件均集成在了内部，所以使用非常方便。

TL499AC 芯片采用 8 引脚双列直插式封装，引脚排列如图 6.4.9 所示，内部结构框图如图 6.4.10 所示。

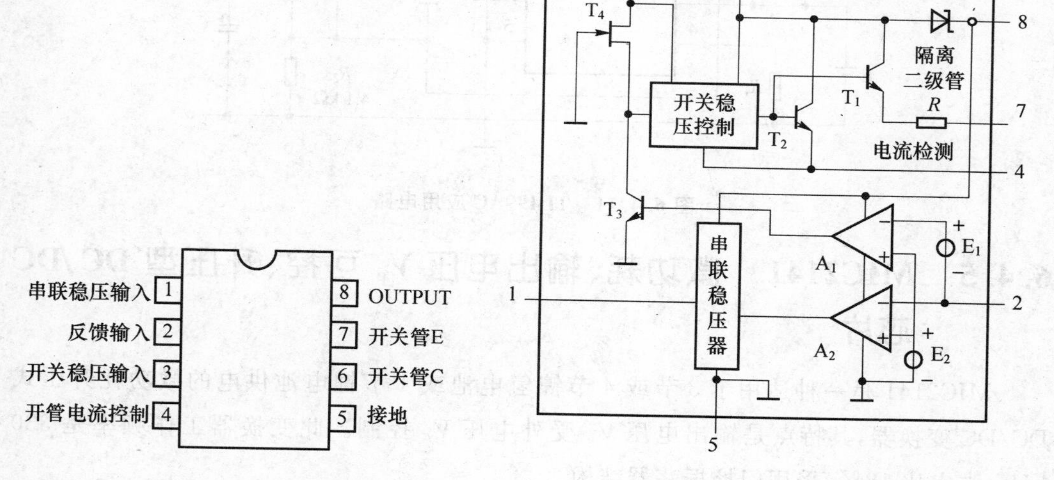

图 6.4.9　TL499AC 引脚排列图　　图 6.4.10　TL499AC 内部结构框图

TL499AC 芯片特性如下：

- 串联稳压器输入 4.5～32 V；
- 开关稳压器输入 1.1～10 V；
- 输出电压均为 2.9～30 V 可调；
- 当串联稳压器因输入电压过低而失去稳压作用时，开关稳压器将自动投入工作，在有备用电源的条件下，可保证供电不会间断；
- 内设过流、过压、过热等多种保护，具有很高的可靠性；
- 内置开关管/隔离二极管电流：1 A；
- 连续总功耗，T_a≤25℃时，为 1 W；当 T_a＞25℃时，降额系数为 8 mW/℃；
- 工作环境温度范围：－20～85℃；

- 储存温度范围：−65～150℃。

TL499AC 芯片应用电路如图 6.4.11 所示。该电路是由 TL499AC 组成的实际稳压电路。在该电路中，V_{CC}（该电压通常由交流电经整流、滤波获得）经串联稳压器向负载供电；因此，正常时 V_{CC} 应高于输出电压至少 2 V。E 为备用电源，在要求不间断供电的电路中一般为可充电电池。当交流供电正常时，对其进行消流充电（图 6.4.11 电路中，在 TL499AC 的 1、3 引脚之间加接一电阻即可）；当停电时，开关电源立即自行启动，由备用电源向负载供电。

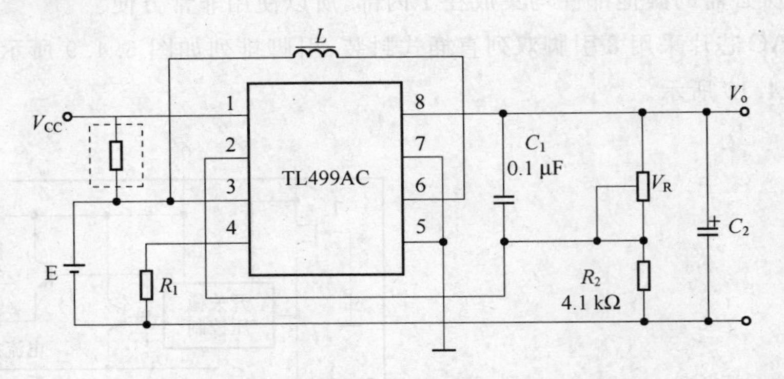

图 6.4.11　TL499AC 应用电路

6.4.5　MIC2141　微功耗、输出电压 V_o 可控、升压型 DC/DC 芯片

MIC2141 是一种适用于 3 节或 4 节镍氢电池或 1 节锂电池供电的微功耗升压式 DC/DC 变换器，其特点是输出电压 V_o 受外电压 V_c 控制。此变换器工作频率是 330 kHz，占空比 18%，采用门控振荡器结构。

该变换器适合于输出电压必须动态调整的应用。输出电压 V_{out} 与控制电压 V_c 的关系为 $V_{out}=6V_c$，即 V_c 在 0.8～3.6 V 时，输出电压 V_{out} 为 4.8～22 V。外部仅需 3 个元件就可以工作，静态电流为 70 μA，既节省空间，又满足便携式产品对功耗的要求。典型输出电流为 1～10 mA，工作温度为 −40～+85℃，转换效率超过 85%。关断状态时，典型耗电小于 2 μA。

MIC2141 应用广泛，可用于 LCD 的偏置电源、CCD 数码相机电源、升压式开关电源、12 V 闪存器电源等。

MIC2141 芯片采用 5 引脚 SOT－23－5 封装，内部结构如图 6.4.12 所示，引脚功能如表 6.4.2 所列，典型应用电路（升压式开关电源典型电路）如图 6.4.13 所示。

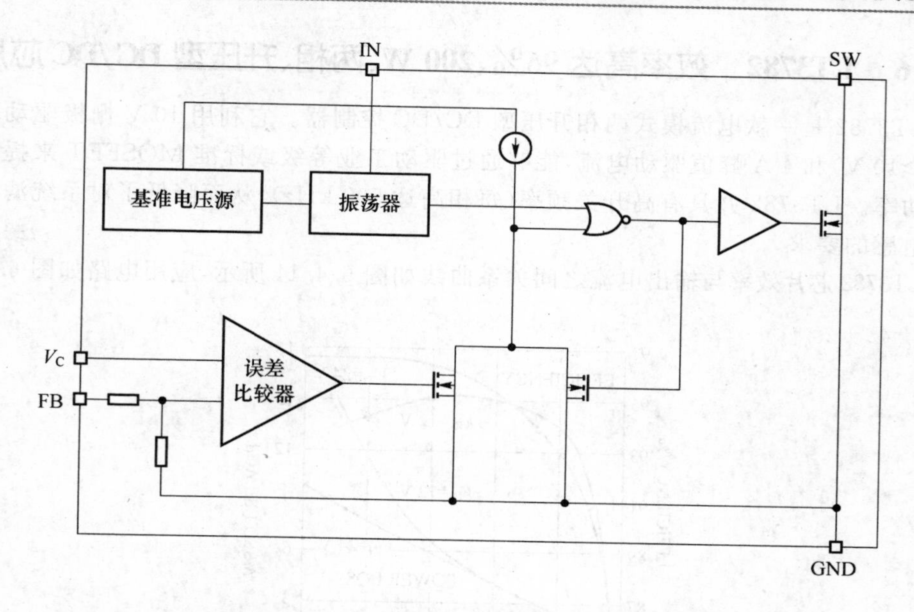

图 6.4.12　MIC2141 内部结构框图

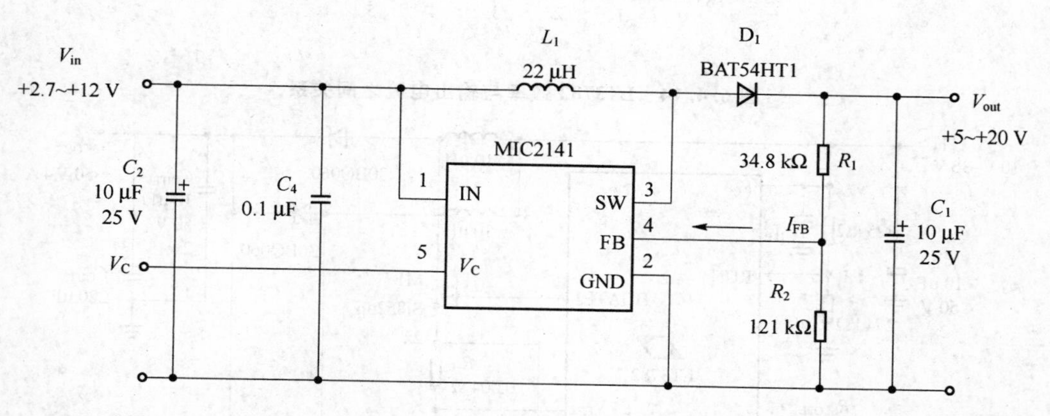

$V_{out}=6V_C(R_1+R_2)/R_2+I_{FB}\times R_1;I_{FB}=15\ \mu A$

图 6.4.13　MIC2141 典型应用电路

表 6.4.2　MIC2141 引脚功能

引　脚	符　号	功　能
1	IN	电压输入端，电压为 2.5～14 V
2	GND	接地端，返回到内部回路和内部 MOSFET 开关管的源极
3	SW	开关输入端，内部 MOSFET 引管的漏极，最大电压是 22 V
4	FB	反馈输入端，输出电压读出节点，与 V_c 相比较控制输入电压
5	V_c	控制信号输入端，输出电压控制信号输入。输入电压为 0.8～3.6 V，相应的输出电压为 4.8～22 V。如果此引脚没有连接，输出电压为 $V_{in}-0.5$ V

6.4.6　LT3782　效率高达 96%、200 W、两相、升压型 DC/DC 芯片

LT3782 是一款电流模式两相升压型 DC/DC 控制器。它利用 10 V 栅极驱动电压($V_{CC} \geq 10$ V)和 4 A 峰值驱动电流，能够通过驱动工业等级或标准 MOSFET 来提供高输出功率。LT3782 并具有高开关频率(每相高达 500 kHz)，从而降低了对系统滤波电容和电感的要求。

LT3782 芯片效率与输出电流之间关系曲线如图 6.4.14 所示，应用电路如图 6.4.15 所示。

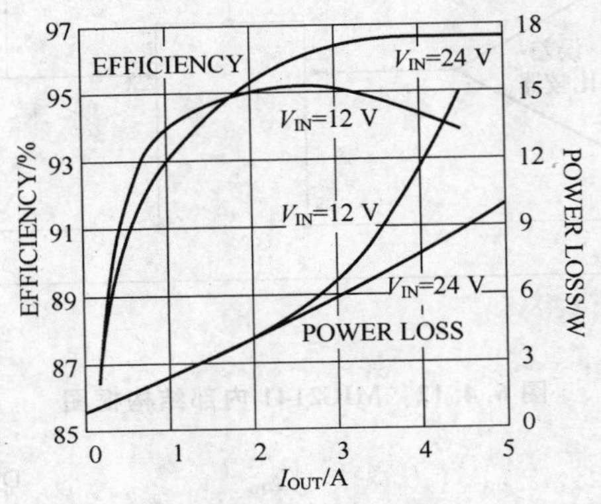

图 6.4.14　LT3782 效率与输出电流之间关系

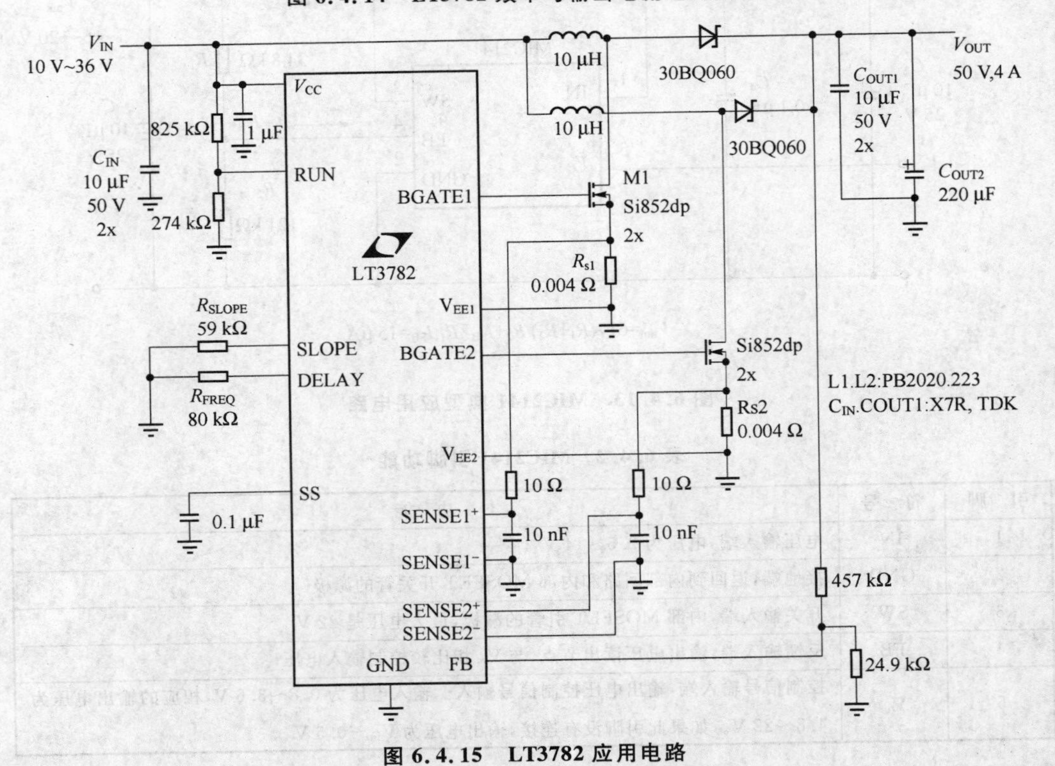

图 6.4.15　LT3782 应用电路

6.4.7 LM5000 高功率、高电压、升压型 DC/DC 芯片

LM5000 芯片特性如下：

- 80 V 的内部开关；
- 3.1～40 V 的输入电压范围；
- 可以利用引脚选择操作频率
  300 kHz/700 kHz(−3)
  600 kHz/1.3 MHz(−6)；
- 可调节输出电压；
- 外部补偿；
- 输入欠压锁定功能；
- 软启动；
- 电流限幅；
- 过热保护；
- 外部停机；
- 采用小型的 16 引脚 TSSOP 封装或 16 引脚 LLP 封装。

应用范围如下：

- 回扫稳压器；
- 正向稳压器；
- 升压稳压器；
- DSL 调制解调器；
- 分布式功率转换器。

LM5000 芯片应用电路如图 6.4.16 所示。

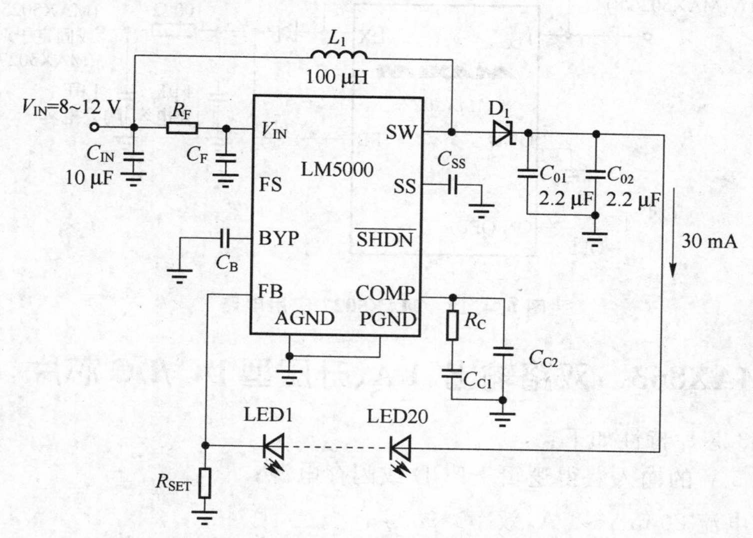

图 6.4.16 LM5000 应用电路

6.4.8　MAX5027　为变容二极管提供偏置、输出电压可调、升压型 DC/DC 芯片

MAX5027 芯片特性如下：

- 固定的 500 kHz 功率模式易于滤波；
- LX 引脚受控的摆动速率降低了噪声；
- 噪声和输出纹波小于 1 mV_{P-P}；
- 更小的表面贴装元件。

MAX5027 芯片输出电流与输入电压之间的关系曲线如图 6.4.17 所示，应用电路如图 6.4.18 所示。

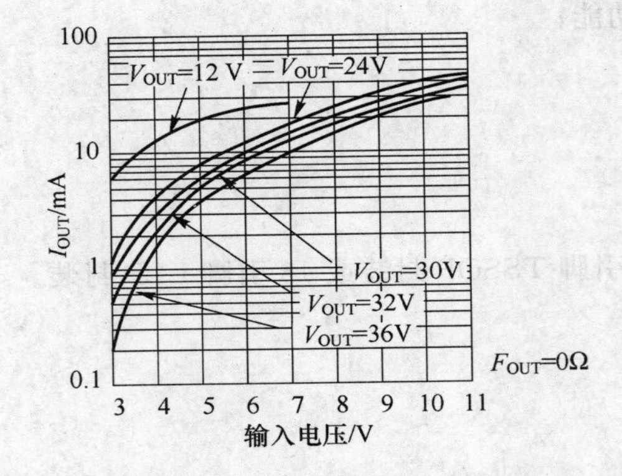

图 6.4.17　MAX5027 输出电流与输入电压之间的关系

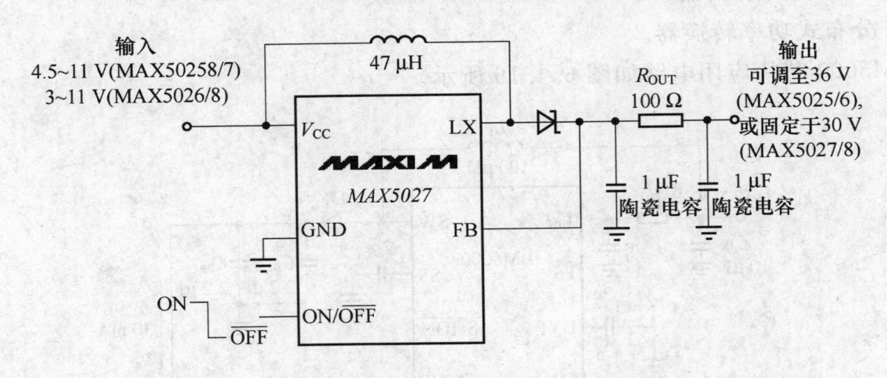

图 6.4.18　MAX5027 应用电路

6.4.9　MAX863　双路输出、1 A、升压型 DC/DC 芯片

MAX863 芯片特性如下：

- 从 1.5 V 的输入获得逻辑＋LCD 或闪存电源；
- 输出电流 20 mA～1 A，效率＞90％；
- 每个控制器 45 μA 电源电流；

- 独立的 1 μA 关闭方式；
- 可配置为升/降压型；
- 电流控制；
- 安装在小型 16 脚 QSOP 内(尺寸与 8 引脚 SO 相同)。

MAX863 芯片应用电路如图 6.4.19 所示。

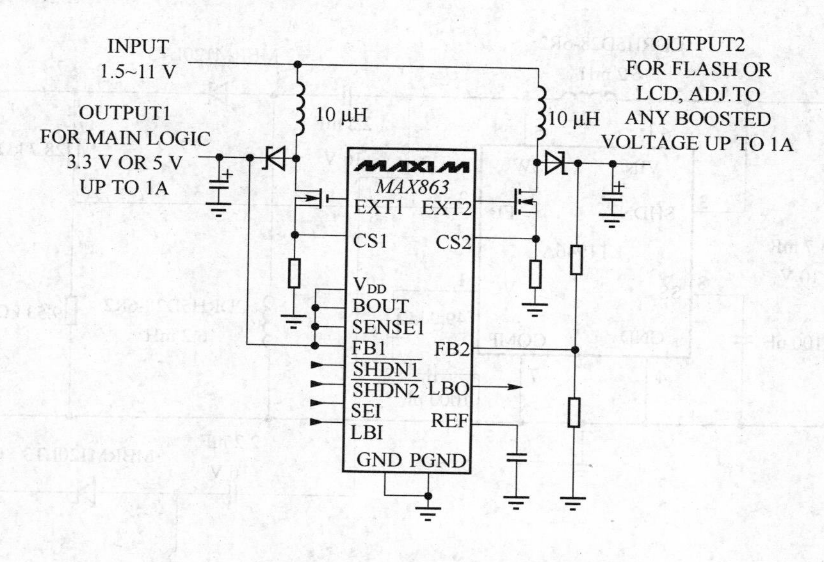

图 6.4.19　MAX863 应用电路

6.5　正/负两路输出升压 DC/DC 芯片

6.5.1　LT1946A　可产生双极性输出的无变压器的±5 V DC/DC 芯片

要从单个正极性输入产生双极性(正和负)输出的常见方法是采用变压器。虽然这种设计比较简单，但变压器本身会带来体积问题。把一个变压器装入一台要求减小电路占用面积和高度的设备中，这是具有挑战性的。图 6.5.1 所示电路可以从由 3～10 V输入产生±5 V 输出，适用于没有地方安装变压器的设备。该电路所用的一种结构，能在 DC/DC 变换器处于关机模式时切断两个输出，这样就使处于关机(待机)模式时的静态电流很小。此外，无论输入电压高于或低于 5 V。因此，该电路都能提供稳压的正 5 V 和负 5 V 。因此，该电路可以多种输入电源供电，如一块 3～4.2 V 锂离子电池，或一个 3.3～10 V 墙上电源适配器。如果对电路稍作修改，你还可以将输入电压范围扩大到 2.5～16 V，将输出范围扩大到 3～12 V。

该DC/DC变换器使用2.7 MHz的开关频率，因而可以使用小而低矮的外部元件(输入/输出电容器和电感器)。使用三只小电感器来代替体积大的变压器，不仅能减小变换器的尺寸和高度，而且还能将功耗平均分配到整个电路板上，从而消除集中的热点。该电路的电流输出能力随输入电压的增加而增大(输入电压越高，输出电流就越小)。

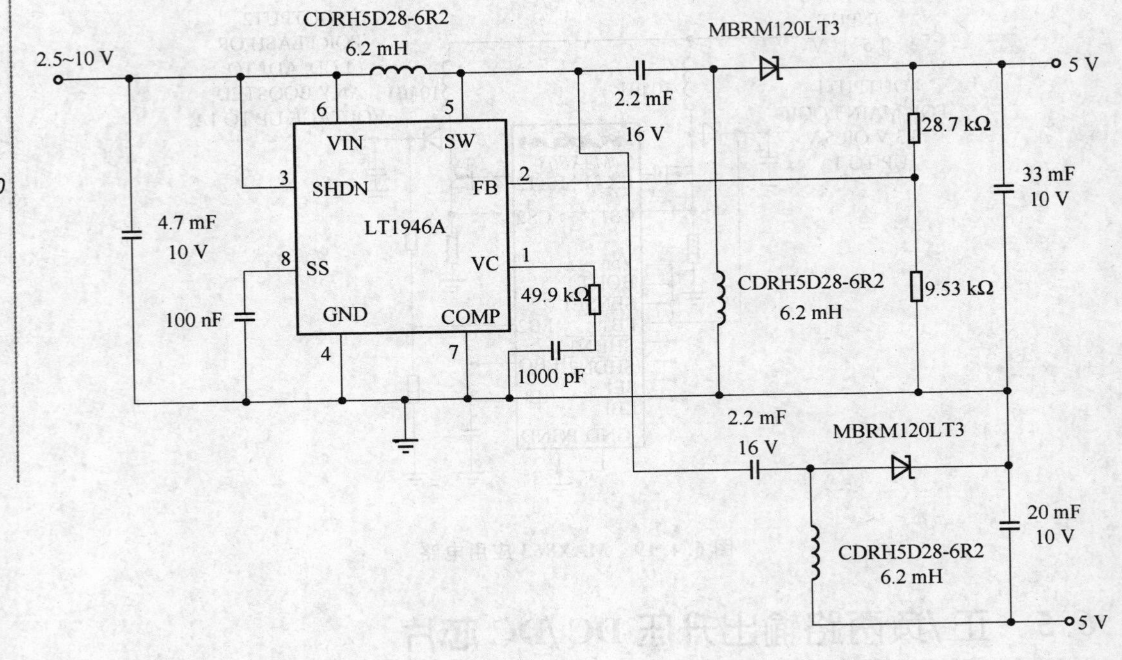

图6.5.1 LT1946的应用电路

6.5.2 LT3463 可产生±40 V的输出双通道DC/DC芯片

1. 双输出±20 V变换器

图6.5.2示出了一个采用LT3463的±20 V LCD偏压电源。该电路可以从单节锂离子电池产生正和负20 V输出，扁平的电感器和电容器把该电路的外形尺寸保持在9 mm×9.5 mm×1.2mm以下，从而使其成为诸如蜂窝电话或DSC(数码照相机)等小型无线设备的绝佳选择。

该设计能够从一个2.7 V输入产生±20 V/9 mA输出，并可从一个5 V输入产生高达20 mA的电流。其效率(图6.5.2)在一个很宽的负载电流范围内超过了70%，并可在20 mA的电流条件下达到75%，LT3463的恒定关断时间架构可为每个输出提供20 μA的静态电流操作，因而使得该LCD偏压电路即使在100 μA的负载电流条件下也能够实现高效率。鉴于LCD偏置电压会因制造商的不同而存在差异(通常为9~25 V)，因此该电路能够适应不同的负载电压。

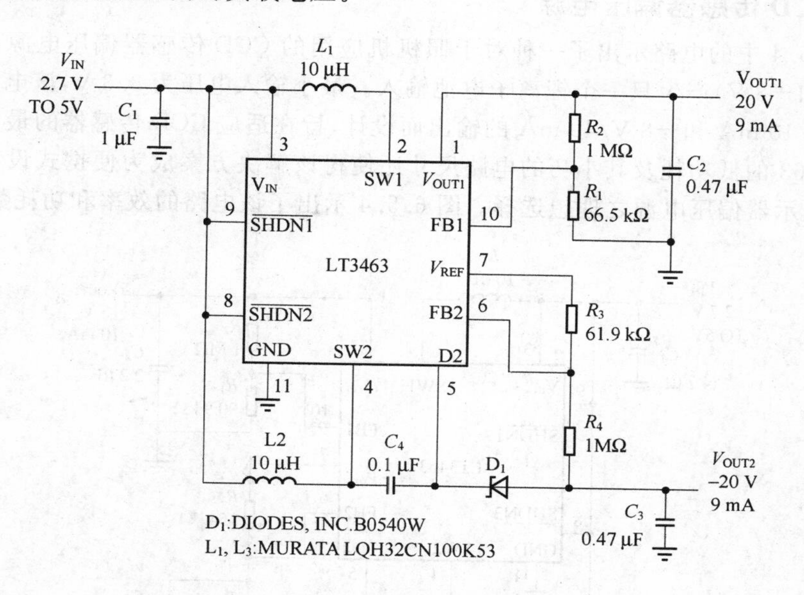

图 6.5.2 双输出±20 V 变换器

2. 双输出(±40 V)变换器

图 6.5.3 中电路展现了 LT3463 令人难忘的输入和输出电压范围。如图所示，42 V 内部开关可在未采用变压器或一系二极管和电容器的情况下提供高达±40 V 的输出。输出电压的调节可通过改变 R_1 和 R_3 的阻值得以轻松实现。该电路是专为采用单节锂离子电池或两节碱性电池(低至 2.4 V)作为工作电源而设计。

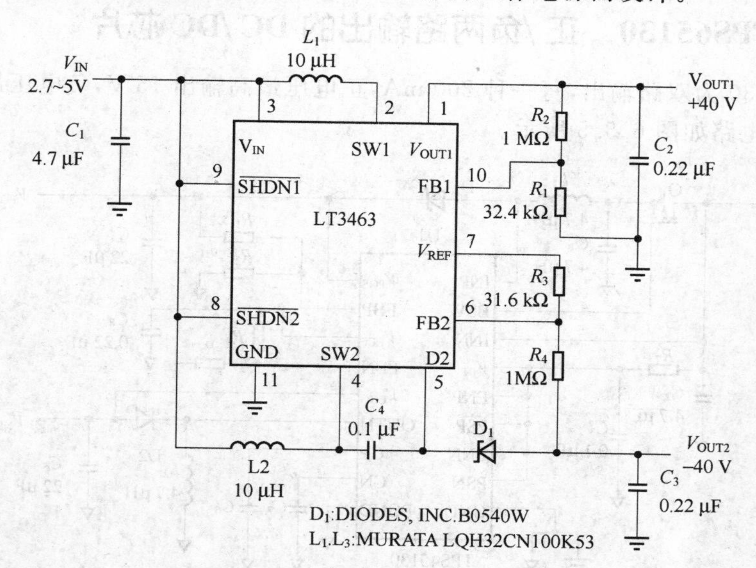

图 6.5.3 2.7 V～±40 V 双输出转换器

3. CCD 传感器偏压电源

图 6.5.4 中的电路示出了一种对于照机机应用的 CCD 传感器偏压电源。两个输出(15 V 和－8 V)产生只一个锂离子电池输入。最小输入电压为 3.3 V,该电路是专为提供 15 V/10 mA 和－8 V/40 mA 的输出而设计,旨在适应 CCD 传感器的最大电流消耗。LT3463 的低功耗及其小巧的电路尺寸还使得该解决方案成为便携式设备的通用型 TFT 显示器偏压电源之理想选择。图 6.5.4 示出了该电路的效率和功耗数据。

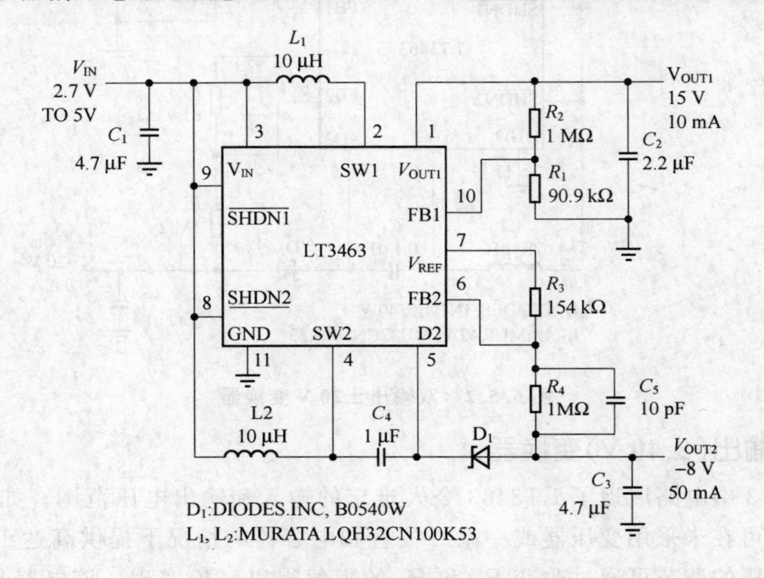

图 6.5.4　CCD 传感器偏压电源

6.5.3　TPS65130　正/负两路输出的 DC/DC 芯片

TPS65130 为双路输出,每一种 200 mA,正电压最高输出 15 V,负电压最低输出－12 V。应用电路如图 6.5.5 所示。

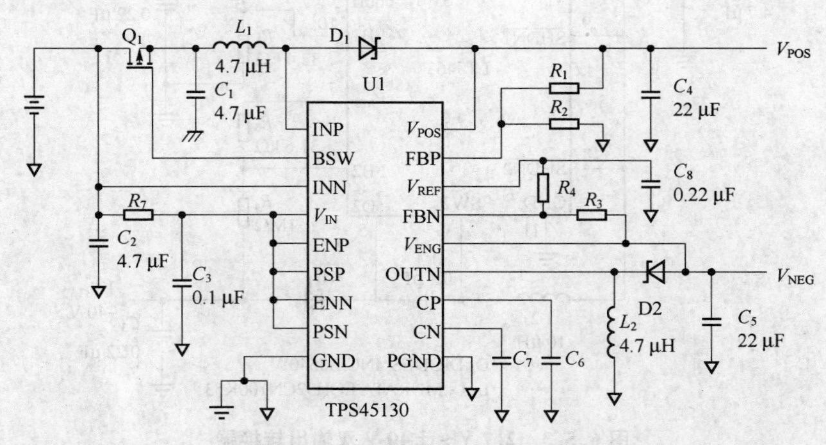

图 6.5.5　TPS65130 的应用电路

6.5.4　MAX8615　为CCD和OLED提供双输出(+/−)DC/DC芯片

MAX8615为1 MHz PWM,减小了元件尺寸。内部开关产生高至+28 V,低至−16 V的双输出。应用电路如图6.5.6所示,芯片性能如表6.5.1所列。

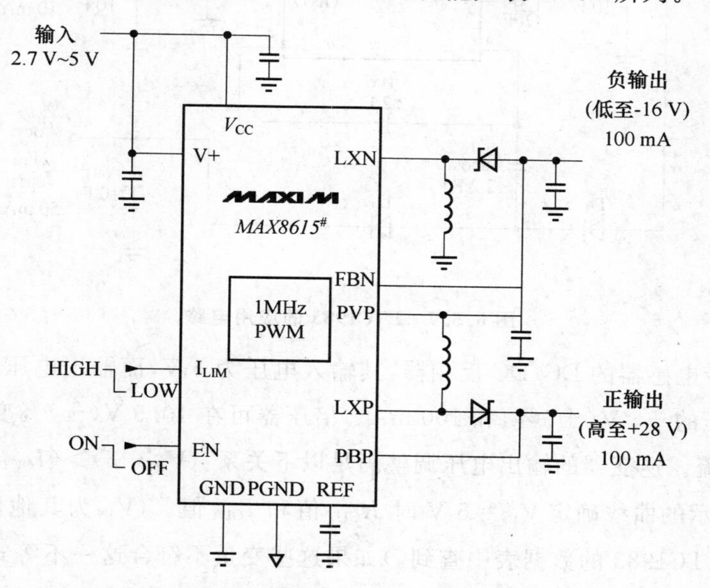

图6.5.6　MAX8615的应用电路

表6.5.1　MAX8615性能

参　数	更小且更好 MAX8614/MAX8615	竞争者
封装尺寸	3 mm×3 mm TDFN	4 mm×4 mm QFN
输出电容	每路输出4.7 μF	每路输出22 μF
补偿	内部	外部电容
电流限	引脚可编程	固定
受真关断功能控制的软启动浪涌电流	无,控制	无控制
True Shutdown	内部FET	外部FET

6.5.5　LTC1983　输出一个反相和一个倍压的DC/DC芯片

图6.5.7示出了一个基于LTC1983芯片的电压反相器和一个倍压器组合成一个电荷泵电路。该电路能利用一个5~6 V的输入电压来产生一个−5 V稳压输出电压

和一个10 V非稳压输出电压。它除了需要一个SOT-23封装的电荷泵集成电路之外，只需5只很小的表面安装陶瓷电容器和两只二极管。

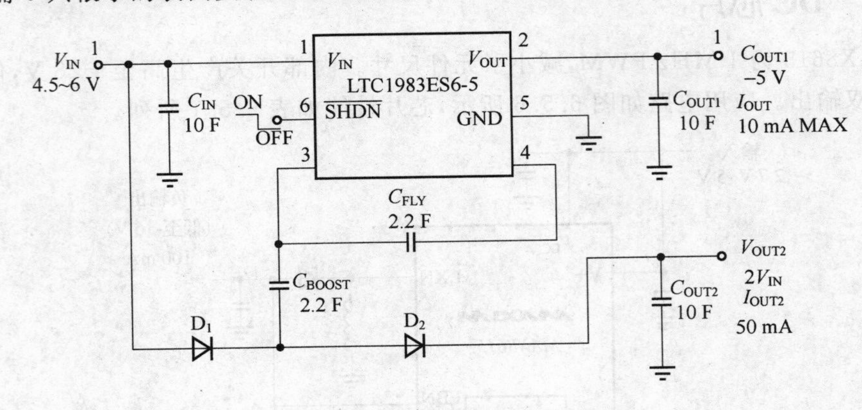

图6.5.7 LTC1983的应用电路

这个不带电感器的DC/DC反相器，其输入电压为5 V，而输出电压和输出电流分别为经过稳压的−5 V(±5%)和100 mA。倍压器可在10.5 V(±7%变动范围)下输出50 mA电流。逆变器的输出电压调整满足以下关系：$(V_{IN}-5)>(I_{OUT}\times R_{OUT})$；可以按图5-8所示的曲线确定$V_{IN}=5$ V时R_{OUT}值和I_{OUT}值。(V_{IN}为其他值的R_{OUT}值和I_{OUT}值可从LTC1983的数据表中查到。)如果这些变量不符合这一不等式条件，则逆变器就以开环模式工作，并成为一种输出电压$V_{OUT1}=-[V_{IN}-(I_{OUT}\times R_{OUT})]$的低输出阻抗逆变器。可以把倍压器的输出电压定义为

$$V_{OUT2}=2V_{IN}-2V_D$$

式中，V_D是二极管的正向电压降。图6.5.9示出了该电路的效率在81%以上，最大约为85%。

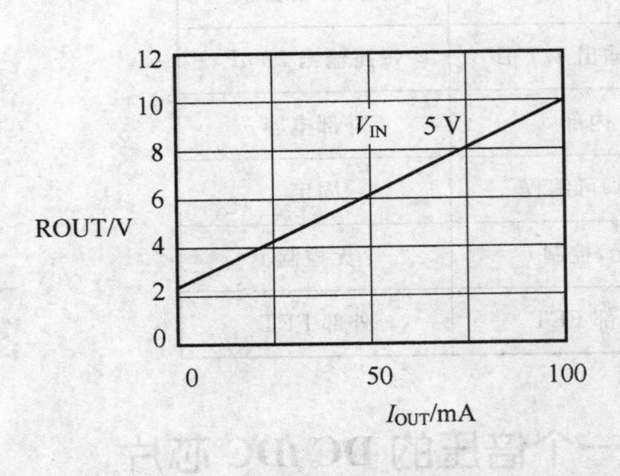

图6.5.8 该曲线表示图6.5.7所示电路的R_{OUT}和I_{OUT}之间的关系

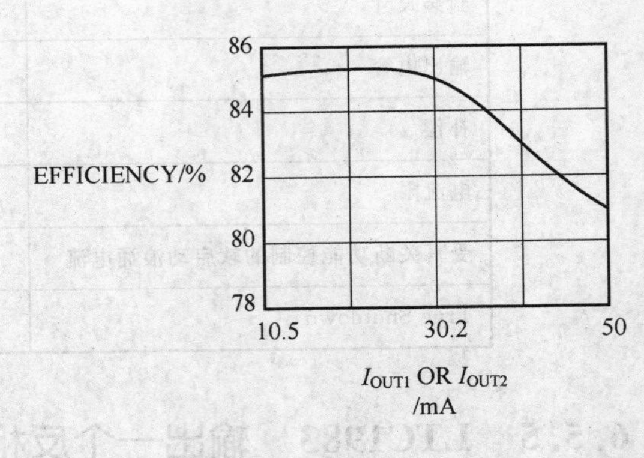

图6.5.9 该曲线表示效率与两个输出电流的关系

6.5.6 TPS2331 可实现双极性(±5 V)输出的热插拔DC/DC芯片

有些应用场合需要使用一个热插拔控制器,一个断路器或两者都要使用,以适应双极性直流输入电源干线。在某些使用热插拔控制器的情况下,这种要求仅仅出于对起动电流的考虑。要消除连接器的应力和电源干线的干扰,就必须控制起动电流。另外一些应用场合在某一电源因某咱原因发生故障时就会出现问题。砷化镓FET放大器的偏置电源就是一个范例,如果去掉负的栅极偏压,那也得去除正的漏极电源;否则,放大器就会因漏极电流过大而自行毁坏。但只要使用一个单通道热插控制器,就可满足上述这两个要求。

图6.5.10所示电路以浮动方式使用TPS2331热插拔控制器实现±5 V双极性输出电路。

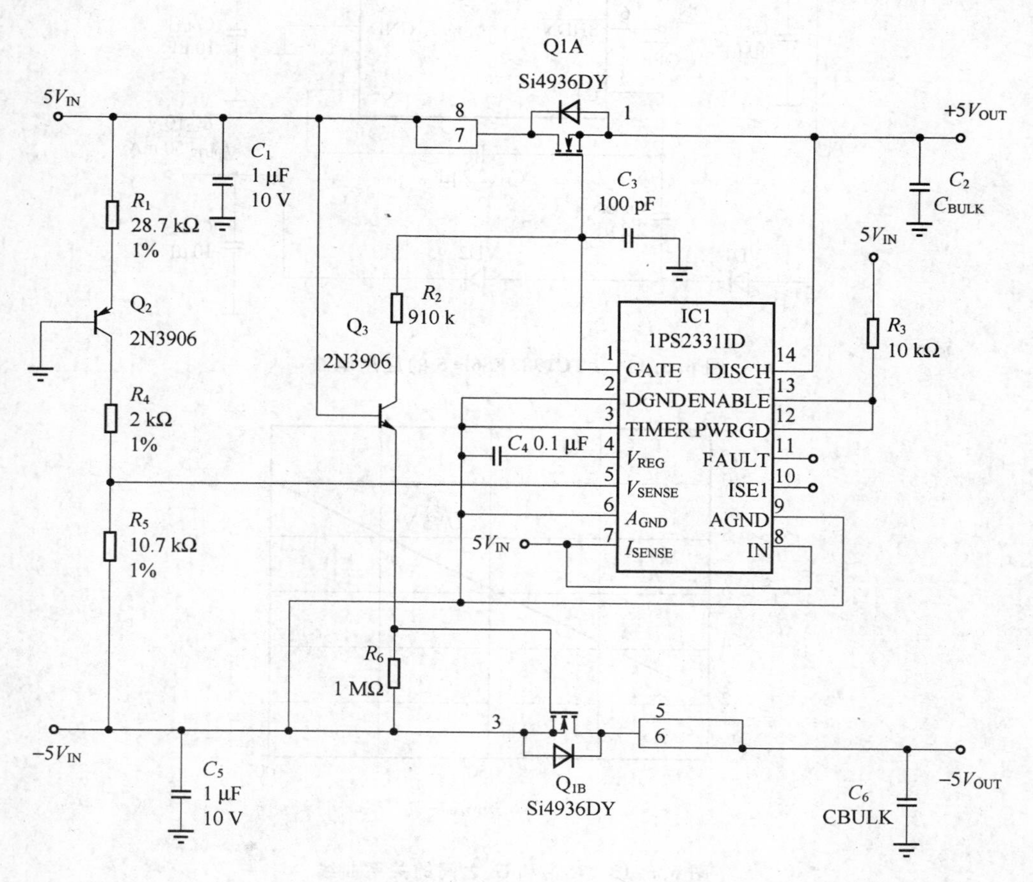

图6.5.10 双通道±5 V输出电路

6.5.7 LT1983ES6－5 电荷泵±5 V 输出 DC/DC 芯片

图 6.5.11 所示是采用 LTC1983ES6－5 电荷泵的电路，该电路能利用一个 5～6 V 的输入电压来产生一个－5 V 的稳定输出电压和一个 10 V 的非稳定输出电压。该电路只需 1 个 SOT－23 封装的 LTC1983ES6－5 电荷泵集成电路，5 只很小的装面安装陶瓷电容器和 2 只二极管。

图 6.5.11 所示 DC/DC 变换器的输入电压为 5 V，而输出电压为经过稳压的－5 V(±5%)电压，输出电流为 100 mA。而倍压器可在输出电压为 10.5 V(±7%变动范围)时输出 50 mA 电流。变换器的输出电压满足以下关系：$U_i-5>I_o\times R_{OUT}$。可以按图 6.5.12 所示的曲线确定 $U_i=5$ V 时的 R_{OUT} 值和 U_o 值

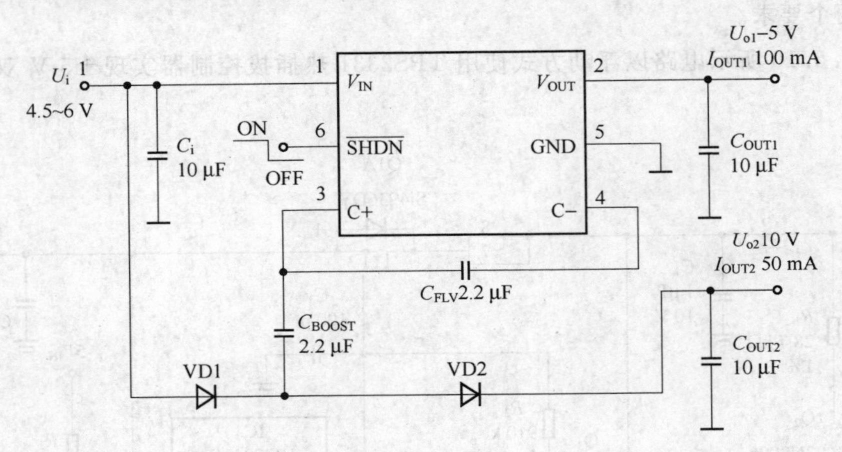

图 6.5.11 LTC1983ES6－5 的应用电路

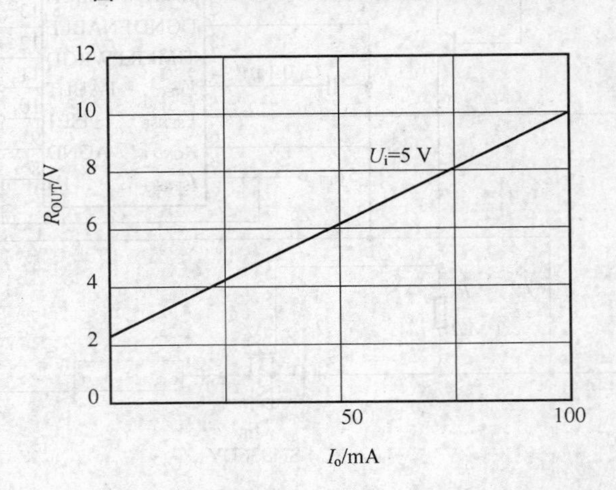

图 6.5.12 R_{OUT} 和 U_o 之间的关系曲线

如果这些变量不符合这一不等式条件，则变换器就以开环模式工作，其输出电压 $U_{o1}=-(U_i-I_o\times R_{OUT})$。图 6.5.11 所示电路中倍压器的输出电压定义为

$$U_{o2}=2U_i-2U_D$$

式中:U_D——二极管的正向电压降。

图 6.5.13 示出了该电路的效率在 81%以上,最大约为 85%。图 6.5.14 示出了变换器的输出电压与输出电流之间的关系。该集成电路具有短路保护和过热保护功能。

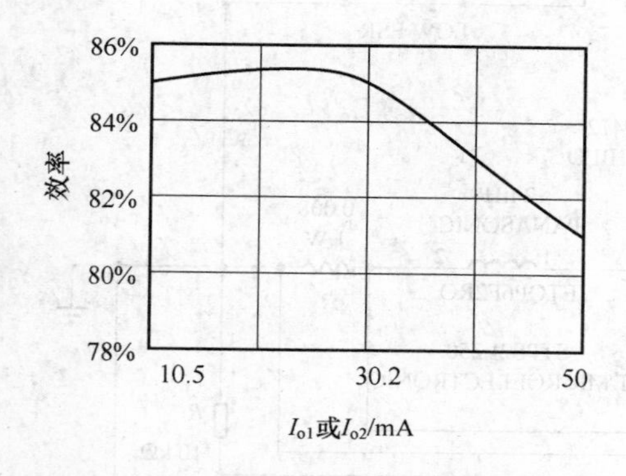

图 6.5.13　效率与两个输出电流的关系曲线

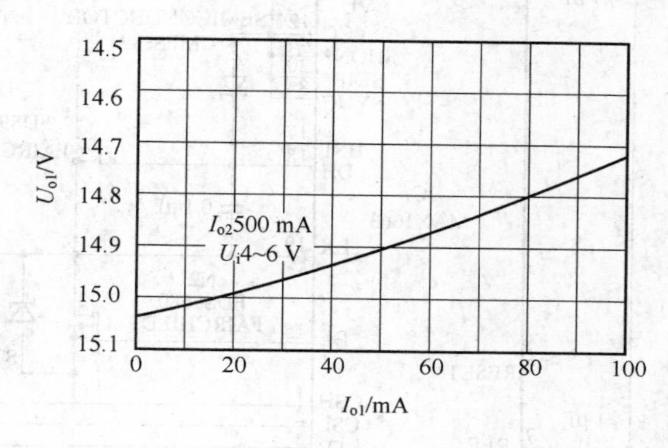

图 6.5.14　输出电压与输出电流的关系曲线

6.6　反相(倒相、反转)型 DC/DC 芯片

6.6.1　MAX1836/63/46/47　大功率反相－5 V 电源的降压型 DC/DC 芯片

将降压型开关转换器 IC 配置成反相器,便可获得一个高效大功率－5 V 电源,其输出电流在输入电压为 12 V 时高达 4.5 V,在输入电压为 5 V 时为 3.2 A(图 6.6.1)。常见的反相电源用一个 P 沟道 MOSTET 进行开关切换(图 6.6.2)。这种电路配置在输电流很上时能运转正常,但在输出电流超过 2 A 左右时,其使用受到限制,这要视输入、输出电压电平和使用的 MOSFET 而定。如果将一个降压电路与图 6.6.1 所示电路进行比较,就会看到图 6.6.1 所示变换器的“输出端”是接地的,而原来的接地端变成为－5 V 输出端(图 6.1.3)因为 n 沟道 MOSFET 的导通电阻比同规格 P 沟道器件小。所以,采用 N 沟道 MOSFET 的电源一般能以较高的效率输出较大的电流。然而,要使 N 沟道器件导通,就要求栅极电压比源极电压,亦即电源电压高大约 4 V。

只要将大功率降压变换器 IC_1 重新配置成反相器,利用一种全 N 沟道器件设计,就可实现大电流输出和高效率。当输入电压为 12.35 V,输出电压为－5.02 V,负载电流为 4.7 A 时该电路的效率为 90%;当输入电压为 4.56 V,输出电压为－5.02 V,负载电流为 3.3 A 时,该电路的效率则为 84%。只要改变 R_1 和 R_2 的阻值,就可方便地满足－5.2 V 设备的要求。

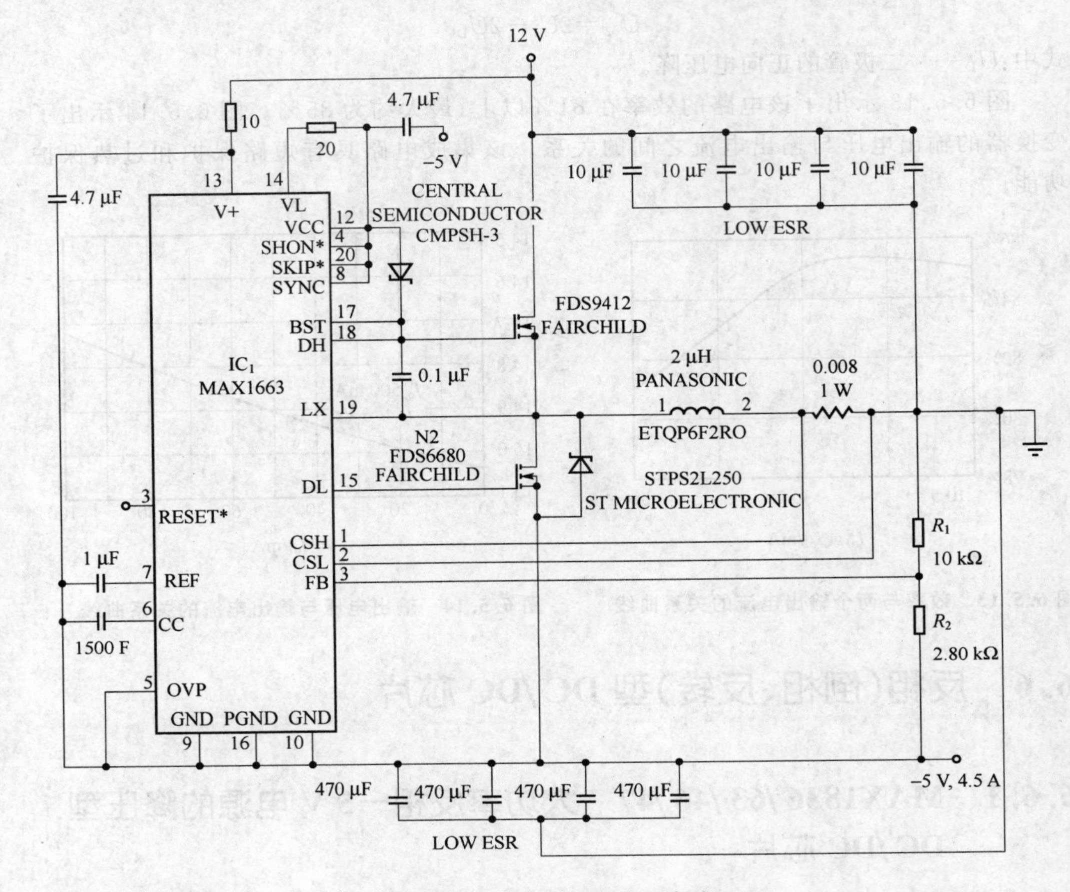

图 6.6.1 MAX1663 应用电路

6.6.2 MAX828/829 充电泵、反相型、DC/DC芯片

MAX828和MAX829是同类产品中体积更小的反相(反转)型DC/DC变换器。它们具有SOT23-5封装,可将正输入电压转换为负电压输出,适用于蜂窝电话、LCD显示、数据采集及模拟信号测量等应用。只需2只小巧的外接电容,即可构成一个完整的电源电路。典型输出阻抗为20 Ω,允许工作在最大25 mA的负载下。

MAX828/829芯片引脚及应用电路如图6.6.4所示。

MAX828/829芯片特性如下:

- 更为紧凑的电路:SOT23-5封装,3.3 μF电容,无需电感;
- 60 μA静态电流(MAX828);
- 开关频率超出声频(35 kHz,MAX829);
- 20 Ω输出阻抗;
- 1.5～5.5 V输入电压;
- −40～+85℃温度范围。

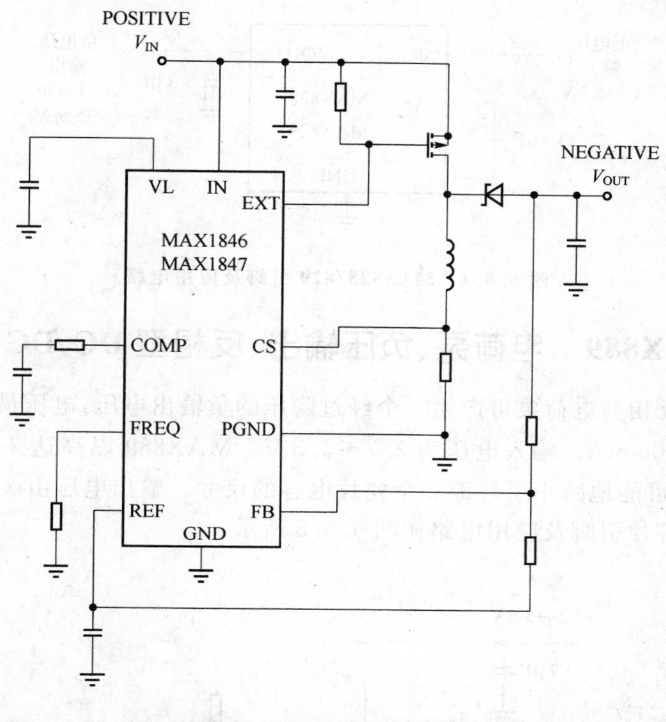

图 6.6.2　这一普通反相电源使用效率较低的 P 沟道 MOSFET

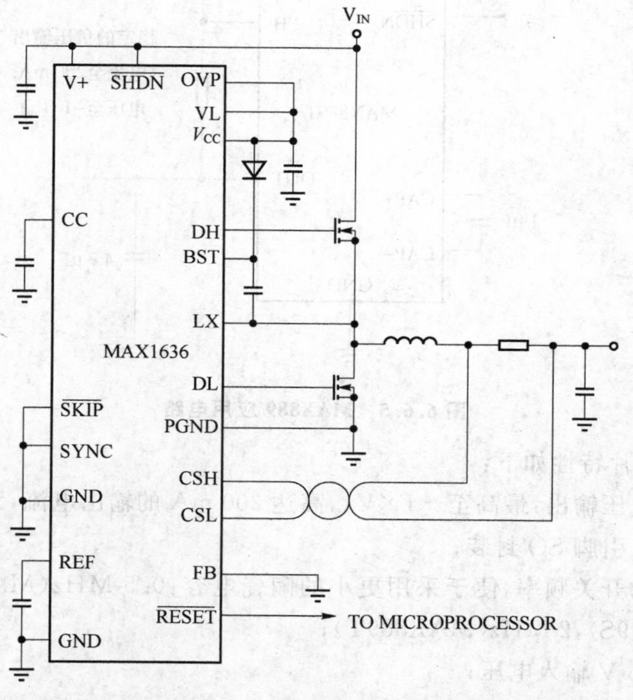

图 6.6.3　图 6.6 所示 IC_1 一般用作大功率降压型变换器

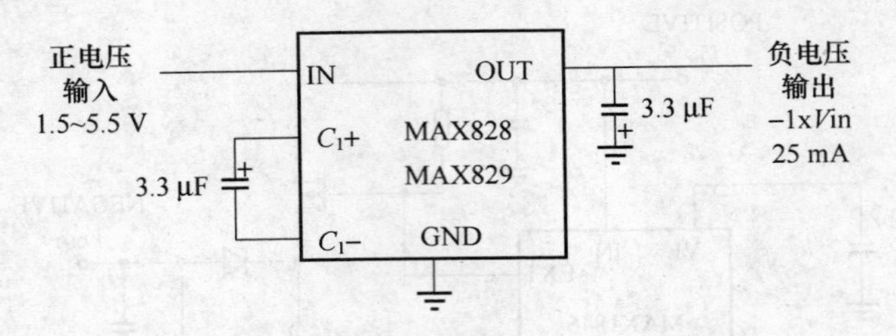

图 6.6.4　MAX828/829 引脚及应用电路

6.6.3　MAX889　电荷泵、负压输出、反相型DC/DC芯片

MAX889 反相型电荷泵可产生一个经过隐压的负输出电压，电压最高至 $-1\times V_{in}$，输出电流高达 200 mA。输入电压为 2.7～5.5 V。MAX889 以高达 2 MHz 的固定频率工作，从而尽可能地减小了外部 3 个瓷片电容的尺寸。输出电压由 2 个电阻设定。

MAX889 芯片引脚及应用电路如图 6.6.5 所示。

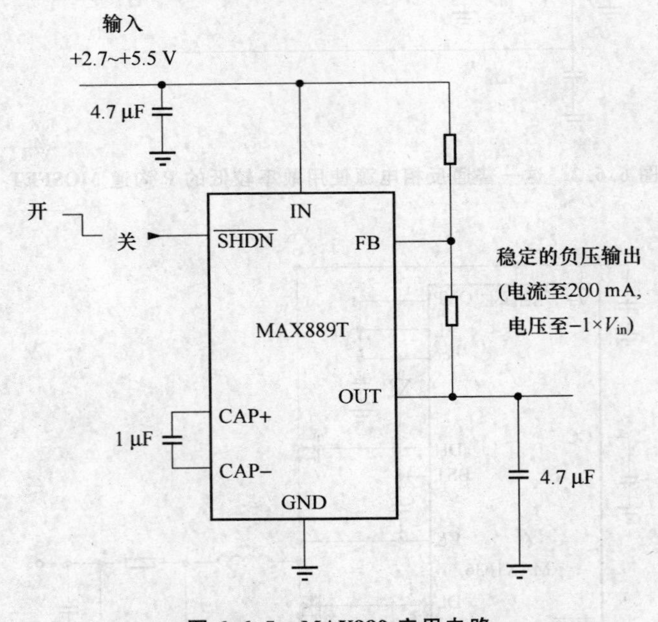

图 6.6.5　MAX889 应用电路

MAX889 芯片特性如下：

- 稳定的负压输出：最高至 $-1\times V_{in}$，高达 200 mA 的输出电流，无需电感；
- 微小的 8 引脚 SO 封装；
- 非常高的开关频率，便于采用更小的陶瓷电容：0.5 MHz(MAX889R)，1 MHz(MAX889S)，2 MHz(MAX889T)；
- 2.7～5.5 V 输入电压；
- 1 μA 关断电流。

MAX889 芯片另外一种应用电路可将其输入电压反相的同时将所得负电压加倍，如图 6.6.6 所示。

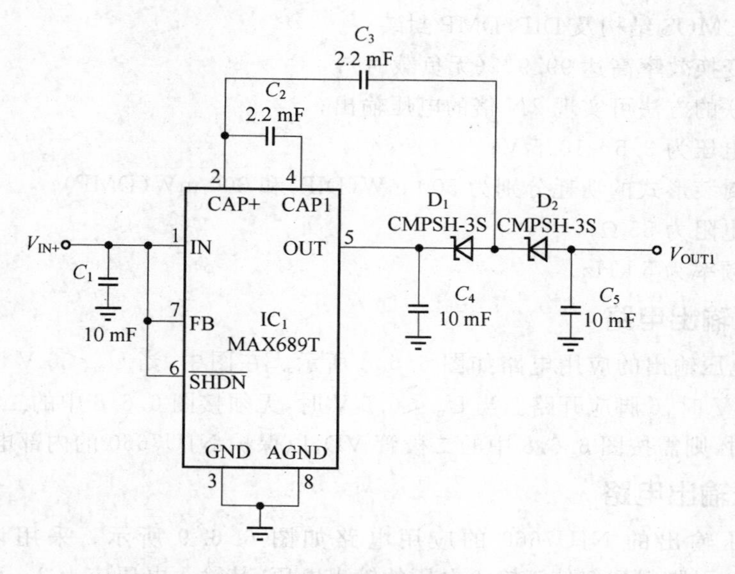

图 6.6.6　此开关电容反相器能将 5 V 转换成 −10 V

6.6.4　NJU7660　NXU$_{IN}$反相和 NU$_{IN}$倍压 DC/DC 芯片

NJU7660 是 New Japan Radio 公司生产的一个带 RC 振荡器的 DC/DC 变换器，具有电平移动和倍压功能，其典型应用电路最多只需外接两个电容、两个电阻和一个二极管。它采用 CMOS 结构，功耗非常低。几片 NJU7660 串联可实现 N 倍、$2N$ 倍、$(2N-1)$倍等电平转换。NJU7660 的内部结构和引脚排列如图 6.6.7 所示。

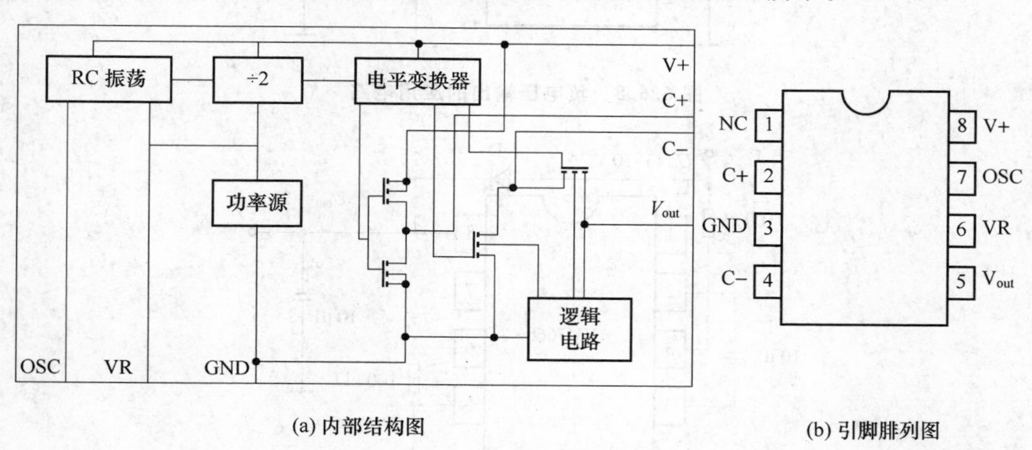

(a) 内部结构图　　(b) 引脚排列图

图 6.6.7　NJU7660 的内部结构框图和引脚排列图

NJU7660 的主要特点如下：

- 可进行电平反相变换；
- 可进行倍压变换；
- 采用 CMOS 结构及 DIP/DMP 封装；
- 电压变换效率高达 99.9%（无负载时）；
- 用级联的方法可实现 2*N* 倍的电压输出；
- 工作电压为 3.5～10.5 V；
- 两种封装形式的功耗分别为 500 mW(DIP) 和 300 mW(DMP)；
- 输出电阻为 55 Ω；
- 振荡频率为 5 kHz。

1. 负压输出电路

具有负电压输出的应用电路如图 6.6.8 所示。在图中，当 U_m＜6 V 时，6 引脚接地；当 U_m＞6 V 时，6 脚应开路。当 U_m＜6.5 V 时，无须接图 6.6.8 中的二极管 VD；当 U_m＞6.5 V 时，则需按图 6.6.8 中的二极管 VD，以保护 NJU7660 的内部电路。

2. 倍压输出电路

具有倍压输出的 NJU7660 的应用电路如图 6.6.9 所示。采用该电路可在 NJU7660 的 8 引脚得到 2 倍于输入电压的输出电压，其输入电压应为 3～10 V。

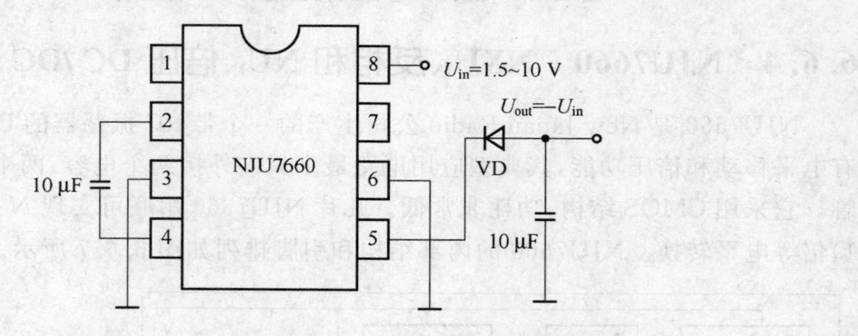

图 6.6.8　负电压输出的应用电路

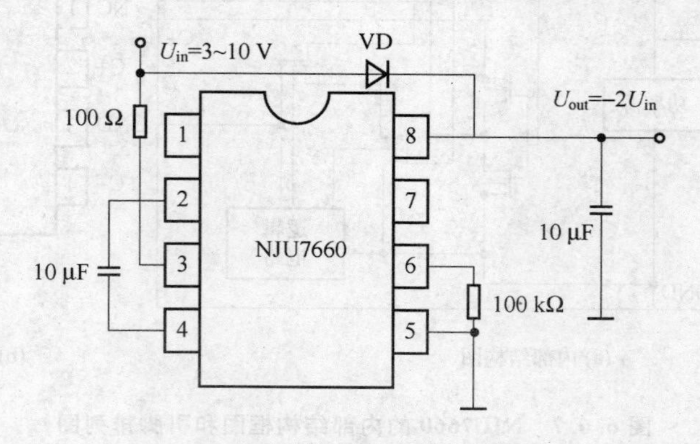

图 6.6.9　倍压输出的应用电路

3. N倍负压输出电路

多个NJU7660采用级联的方法可实现N倍负电压输出。图6.6.10所示是N倍负电压输出的应用电路。当$U_m<3.5$ V时，6引脚应接地；当$U_m\geqslant3.5$ V时，6引脚应开路。当$U_m<6.5$ V时，无需接二极管VD；当$U_m\geqslant6.5$ V时，则应将二极管VD按图示方法接上，以保护NJU7660。当开关K置于"1"时，输出电压$U_{out}=-(2N-1)U_m$；当开关K置于"2"时输出电压$U_{out}=-NU_m$。

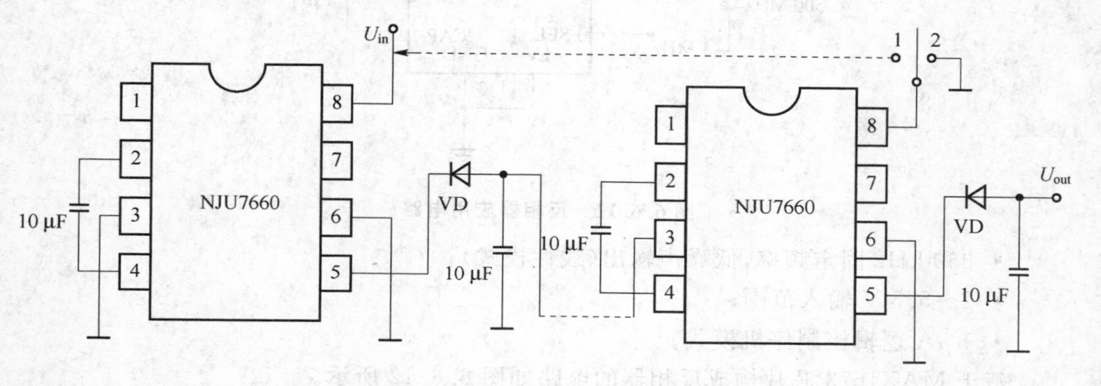

图6.6.10 N倍负电压输出的应用电路

6.6.5 MAX1680/81 无需电感的电荷泵反相器DC/DC芯片

MAX1680/81芯片是更小的50 mA/125 mA电荷泵，工作频率高达1 MHz，使用1 μF电容。其特性如下：

- 125 mA输出；
- 高达1 MHz开关频率；
- 安装在8引脚SO封装内；
- 使用1 μF电容器；
- 输出阻抗3.5 Ω；
- 使输入反相或倍压；
- 1 μA关闭方式；
- 引脚与MAX660兼容。

MAX1681反相器应用电路如图6.6.11所示。

6.6.6 MAX1673 无需电感稳压型反压充电泵反相器DC/DC芯片

MAX1673芯片可输出125 mA电流，提供固定频率工作方式。该芯片特性如下：

- 负稳压输出(至$-1\text{x}V_{IN}$)；
- 125 mA输出电流；
- 35 μA静态电流；

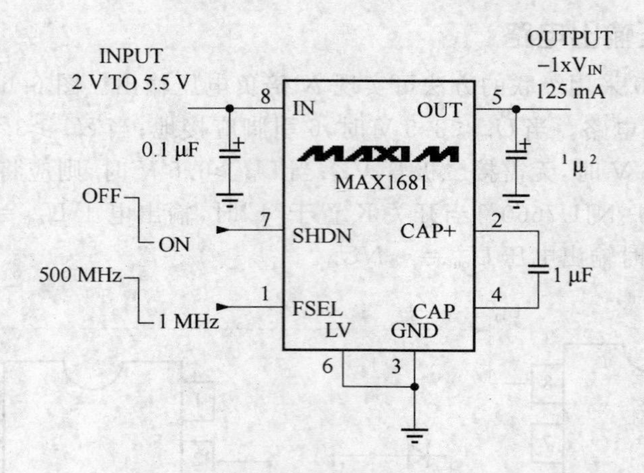

图 6.6.11　反相器应用电路

- 350 kHz 固定频率，低噪声输出（线性模式）；
- 2～5.5 V 输入范围；
- 1 μA 逻辑控制停机模式。

基于 MAX1673 芯片构成反相器的电路如图 6.6.12 所示。

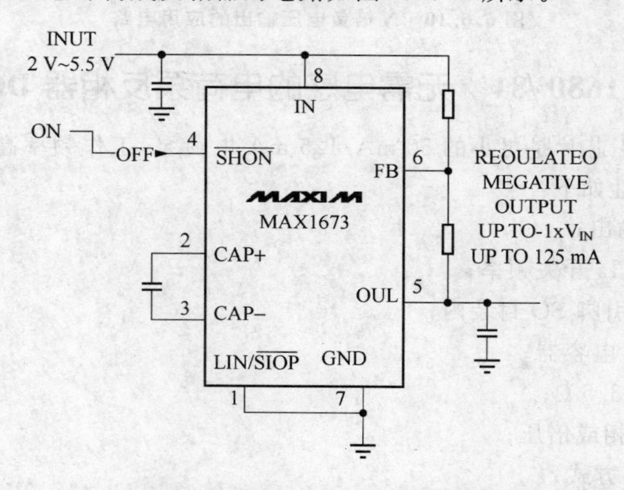

图 6.6.12　MAX1673 应用电路

6.6.7　MAX868　无需电感稳压型充电泵反相器 DC/DC 芯片

MAX868 芯片是 μMAX 封装的稳压型充电泵，能够以高至 $-2\times V_{IN}$ 的输出电压提供 30 mA。其芯片特点如下。

- 输出可调（0～$-2xV_{IN}$）；
- 小巧的 0.1 μF 电容；
- 极低的 35 μA 电源电流；
- 0.1 μF 逻辑控制关闭方式；

• 10 引脚 μMAX 封装，(8 引脚 SO 的 1/2 尺寸，1.11 mm 高)。

MAX868 构成的反相器应用电路如图 6.6.13 所示。

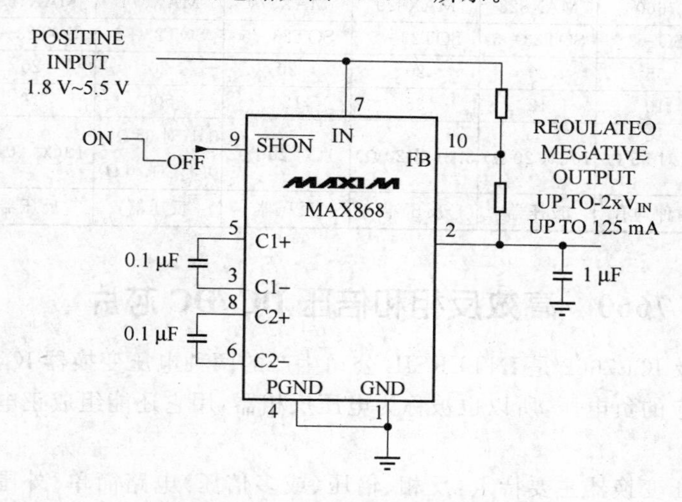

图 6.6.13　MAX868 应用电路

6.6.8　MAX871　仅用 0.1 μF 电容的反相器 DC/DC 芯片

MAX871 芯片用 Maxin 的 SOT23 器件替换您庞大的 7660 电路。

件替换您庞大的 7660 电路。

MAX870/MAX871 芯片特点如下：

• 更小的电路：SOT23－5 封装；0.1 μF 电容器(0805 尺寸)；
• 25 mA 输出电流；
• 20 Ω 输出阻抗；
• 0.5 MHz 开关频率；
• 关闭方式。

MAX87 构成的反相器电路如图 6.6.14 所示。

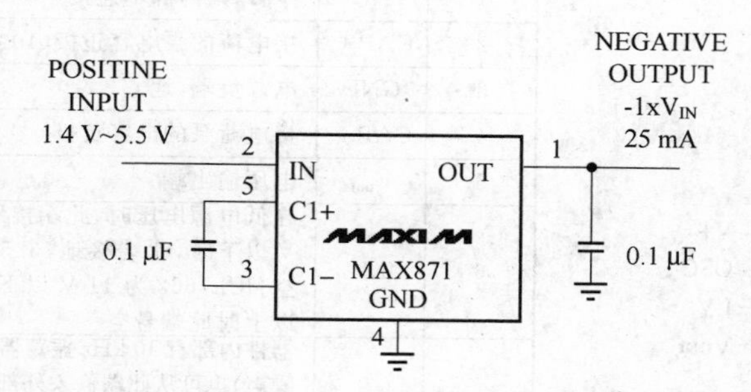

图 6.6.14　MAX817 应用电路

MAXIM 公司分反相器 IC 芯片性能如表 6.6.1 所列。

表 6.6.1　MAX1M 部分反相器芯片性能

参　数	7660	MAX828	MAX829	MAX870	MAX871	MAX1682	MAX1683
封装	SO－8	SOT23－5	SOT23－5	SOT23－5	SOT23－5	SOT23－5	SOT23－5
输出阻抗/Ω	55	20	20	20	20	20	20
振荡频率/kHz	10	12	35	125	500	12	35
电容器/μF	10(对 55 Ω)	10(对 20 Ω)	3.3(对 20 Ω)	1(对 20 Ω)	0.1(对 35 Ω), 0.33(对 20 Ω)	10(对 20 Ω)	3.3(对 20 Ω)
配置	两种均有	反压器	反压器	反压器	反压器	反压器	反压器

6.6.9　ICL7660　高效反相和倍压 DC/DC 芯片

ICL7660 及 ICL7662 是 INTERSIL 公司生产的两种电压变换器 IC，主要用于将正电压转换成相应的负电压，所以也被称为电压反相器，用它还能组成正电压倍压电路及其他功能电路。

这两种电压变换器主要特点：反相、倍压（或多倍压）电路简单、外围 元器件少；电压转换率高达 99.9%（电压反相）；工作电压范围宽，ICL7660 为 1.5～10 V，ICL7662 为 4.5～20 V；工作电流小，ICL7660 典型值为 170 μA，ICL7662 典型值为 250 μA；输出电流大于 20 mA；输出负压、倍压不稳压，内阻典型值：ICL7660 为 55 Ω，ICL7662 为 65 Ω；8 引脚 SO－8 封装；工作温度范围为 0～70℃。

这两种电压变换器主要应用于电池供电的便携式仪器、仪表中，可产生负压、倍压辅助电源，如将＋5 V 产生－5 V 或＋9 V 电压。

1. 引脚排列与功能

这两种器件的引脚排列与功能都相同，引脚排列如图 6.6.15 所示，各引脚功能如表 6.6.2 所列。

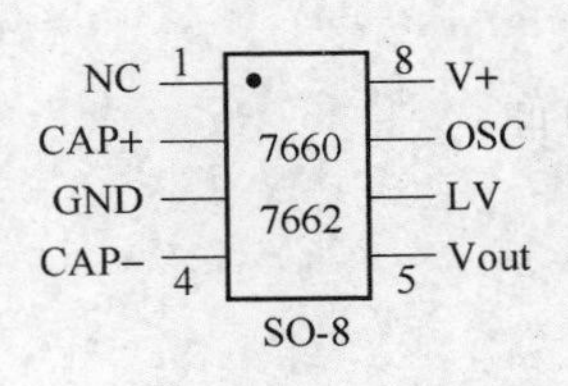

图 6.6.15　引脚排列(预视图)

表 6.6.2　ICL1660/2 引脚功能

管　脚	符　号	功　能
1	NC	空脚，与内部不连接
2	CAP＋	接电荷的泵电容正极(10 μF)
3	GND	电源负端，地
4	CAP－	接电荷泵的电容负极
5	V_{out}	电压输出端
6	LV	在低电源电压时，此端接地：ICL7660 为 3.5 V 以下时，此端接地，3.5 V 以上时此端悬空；ICL7662 为 11 V 以下时此端接地，11 V 以上时此端悬空
7	OSC	器件内部有 10 kHz 振荡器，若有需要（如减小噪声）也可从此端输入外部的振荡频率；另外，此端接一个电容到 V＋可降低内部振荡器频率，若仅用内部振荡器，则此引脚悬空
8	V＋	电源正端，ICL7660 为 1.5～10 V，ICL7662 为 4.5～20 V

2. 电压反相基本电路

电压反相电路如图 6.6.16 所示，输入 V_+、输出 $-V_+$、在 ICL7660 组成的反转电路中，若 $V_+ \geqslant 6.5$ V 时，在 5 引脚与 C_2（10 μF）之间串接一个二极管 D_x，其输出电压 $V_{out} = -(V_+ - V_{FDX})$，$V_{FDX}$ 为 D_x 二极管的正向压降。ICL7662 无须串妆此二极管。

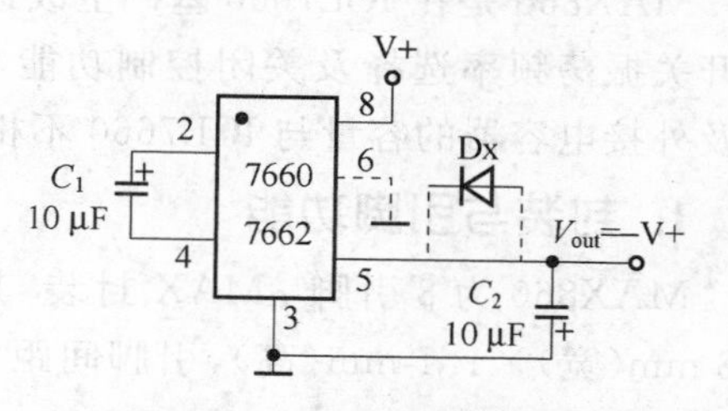

图 6.6.16　电压反相电路

3. 多输出电源电路

用一个低压差线性稳压器集成电路 STP11550 及一个 ICL7660 就可简单地组成一个多输出电源电路，如图 6.6.17 所示。它适合于电池供电的仪器、仪表。

STP11550 是一种输出 +5 V 的低压差线性稳压器 IC，工作电流为 0.5 mA，输入电压为 6 V，输出 60 mA 时压差典型值为 170 mV（最大为 350 mV），最大输出电流为 100 mA；有关闭控制（2 引脚接低电平 ≤0.5 V 或 3 引脚接高电平 $\geqslant V_{CC} - 0.2$ mV），在关闭状态时耗电 0.1 μA；MFP-8 封装，引脚排列如图 6.6.18 所示；该器件 7 引脚可输出偏置电流供外接三极管未扩流；5 引脚可外接电阻实现输出电压调整。

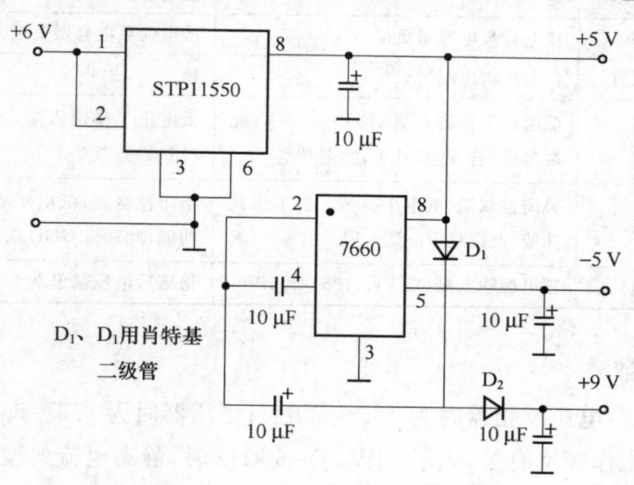

图 6.6.17　多输出电源电路

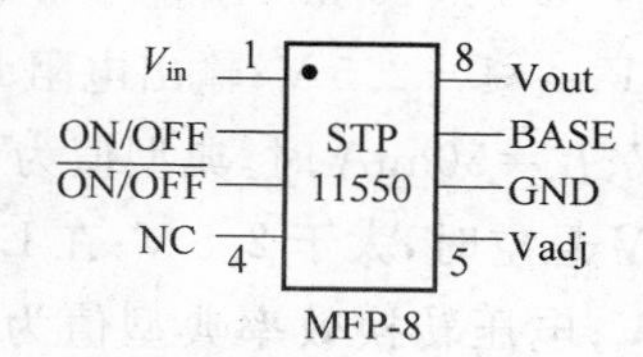

图 6.6.18　STP11550 引脚排列（顶视图）

6.6.10　MAX860　高效反相和倍压 DC/DC 芯片

MAX860 是在 ICL7660 基础上改进的器件，它们的基本功能是相同的，但它增加了开关振荡频率选择及关闭控制功能，因此器件的引脚排列及外接电容器的容量与 ICL7660 不相同。

1. 封装与引脚功能

MAX860 为 8 引脚 μMAX 封装，其尺寸为 3 mm(长)×3 mm(宽)×1.1 mm(高)，引脚间距为 0.65 mm，引脚排列如图 6.6.19 所示，各引脚功能如表 6.6.3 所列。

1　8
MAXB60
4　5

图 6.6.19　MAX860 引脚排列（预视图）

表 6.6.3　MAX860 引脚功能

引脚	符号	功能	
		反转	倍压
1	FC	频率控制端	频率控制端
2	Cl+	接电荷泵电容器正极	接电荷泵电容器正极
3	GND	地	正电压输入端
4	Cl−	接电荷泵电容器负极	接电荷泵电容器负极
5	OUT	负电压输出端	地
6	LV	低电压工作输入端，若 V_{DD}<3 V，此端接地；若 V_{DD}>3 V，此端悬空	低电压工作输入端。此端与 5 引脚(LUT)连接
7	$\overline{SHDN}$	关闭控制端，低电平有效。若不用此功能，此端接 V_{DD}端	半闭控制端，低电平有效，若不用此功能，此端接 GND 端
8	$V_{DD}(V_{IN})$	正电源输入端(即 V_{IN}，1.5～1.5 V)	倍压后电压输出端

2. 主要参数

电源电压 V_{DD}：电压反相器时为 1.5～5.5 V；倍压器时为 2.5～5.5 V；静态电流大小与 V_{DD}大小及工作频率有关，V_{DD}=3 V，f=6 kHz 时，静态电流典型值为 0.07 mA；f=130 kHz 时，静态电流典型值为 1.4 mA(V_{DD}=5 V 时，静态电流典型值为 200 μA)；输出电流最小值为 50 mA(V_{DD}=5 V)、10 mA(V_{DD}=3 V)；输出电压：V_{DD}=5 V 时，V_{OUT}≤−3.75 V，V_{DD}=3 V 时，V_{OUT}≤−2.5 V；输出电阻 R_{OUT}在 V_{DD}=5 V、I_L=50 mA 时，典型值为 12 Ω；在 V_{DD}=3 V、I_L=50 mA 时，典型值为 20 Ω；在关断时耗电 0.1 μA，关断控制电压高电平 V_{IH}：在 LV 悬空时，大于 2.5 V；在 LV 接 GND 时，大于 1.2 V；关断电压低电平 V_{IL}为小于 0.3 V；电压转换效率典型值为 99.9%；功率为 90%～96%(FC 接 V_{dd})；工作温度范围为 0～+70℃。

3. 电压反相电路

电压反相电路如图 6.6.20 所示。图中输入电压范围 1.5～3.0 V，则其 6 引脚

(LV)要接GND。图中FC端接GND,则选择振荡器频率为50 kHz,其泵电容C_1及输出电容C_2取10 μF。

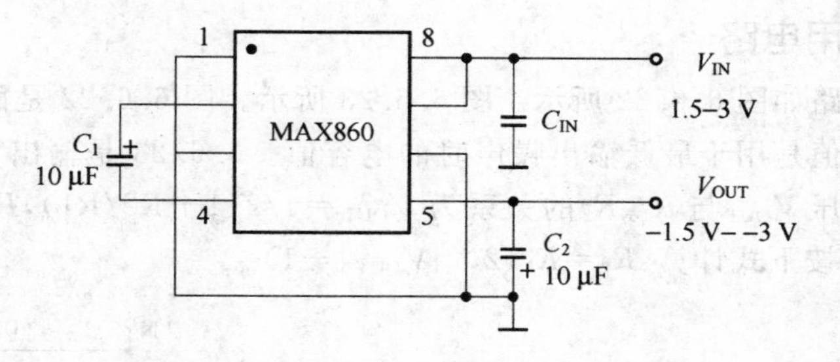

图 6.6.20　电压反相电路

3.6.11　MAX881R　低噪声反相DC/DC芯片

MAX881R是一种供砷化镓场效应管功率放大器的低噪声篇置电源电路,主要应用于手机、移动通信、手持式无线设备及调制解调器等。它除输出稳压的−2 V/4 mA、1 mV_{P-P}纹波电压外,还可以用来调节输出负压,从−0.5 V～($-V_{IN}$+0.6 V),最大输出电流为4 mA。该器件有一个POK端,它用来控制GaAsFET功放。

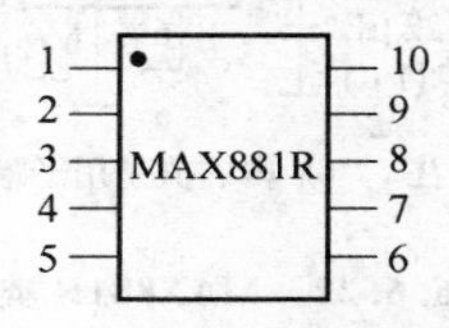

图 6.6.21　MAX881R引脚排列

1. 引脚功能

MAX881R为10引脚μMAX封装,其引脚排列如图6.6.21所示,各引脚功能如表6.6.4所列。

表 6.6.4　MAX881R引脚功能

引　脚	符　号	功　能
1	C1+	接C1正极
2	C−	接C1负极
3	NEGOUT	负电压输出(不稳压)
4	$\overline{POK}$	低电平有效,开漏输出。当OUT端到设定的电压值92.5%时,此端输出低电平
5	$\overline{SHDN}$	低电平有效,不用此功能时此端与IN连接,但不允许悬空
6	FB	此端接GND时,输出−2 V,若选择其他输出电压时,外接R1、R2电阻
7	OUT	稳压的负压输出
8	GND	地
9	NC	空脚
10	IN	正电源输入端

2. 主要参数

MAX881R主要参数:电源电压范围2.5～5.5 V;输出固定电压−2±0.1 V,可调输出电压−0.5～$-V_{IN}$+0.6 V;输出电流范围为0～4 mA;静态电流为0.5 mA;振荡器频率为100 kHz；POK输出低电平时最大电压为100 mV；关闭控制输入低电平小于0.35 V，高电平大小2.2 V；工作温度范围为−40～+85℃。

3. 典型应用电路

典型应用电路如图6.6.22所示。图6.6.23所示。图6.6.22是固定−2 V输出，其括号内的电容值是用于最低输出噪声时的电容值。6.6.23是输出负电压可设定电路。输出的负电压V_{OUT}与R_1、R_2的关系为$V_{OUT}=1/2(1+R2/R1)$，R_1可在100～400 kΩ间取值，R_2可按下式计算：$R_2=R_1(2\times|V_{OUT}|-1)$。

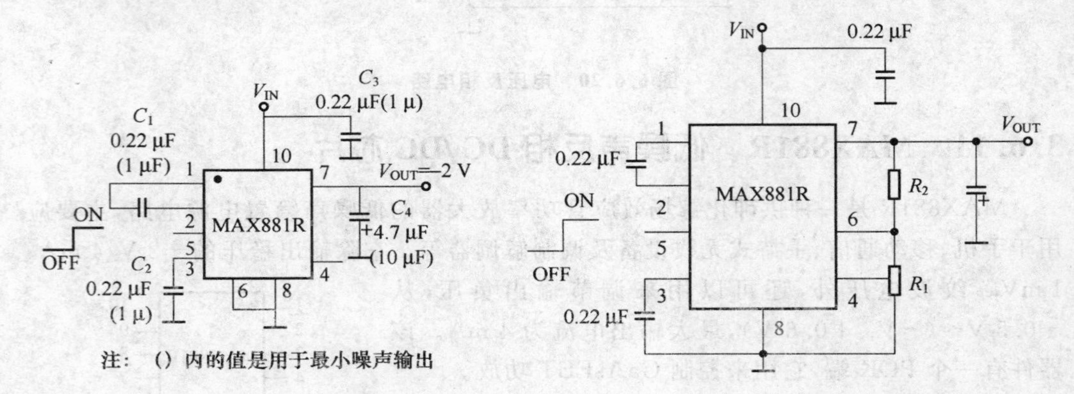

图6.6.22 MAX881R典型应用电路　　图6.6.23 输出负压可设定电路

6.6.12 MAX629 低压输入入升压型反相器DC/DC芯片

MAX629是低压转换高压的DC/DC转换芯片。它的输入电压可低至0.8 V，最高不超过$|V_{out}|$；输出电压可根据外围电路参数变化，在−28～+28 V之间转换。它是一种成本低廉、使用灵活、设计简单的芯片。在普通单片机控制电路中，主要供电电源为5 V；因此可以5 V作为MAX629的输入电压，通过DC/DC转换获得所需的电压。

此外，它还具有可编程的限流功能。MAX629可以根据需要设计为升压式、反相式和SEPIC电路。

MAX629有效地解决了高压偏置电源的问题，可以用于正相或反相LCD偏置电源、高效DC/DC升压变换器、变容调谐二极管的偏压电路、掌上电脑和用2节或3节电池供电的设备。

1. MAX629的主要特性

MAX629能够提供正相或反相输出电压，内置500 mA、28 V的N沟道开关管(无需外接FET)，电源电流为80 μA，最大静态电流为1 μA，限流值可调(允许使用小型廉价的电感线圈)，采用8引脚SO封装。MAX629的结构如图6.6.24所示。引脚排列如图6.6.25所示。

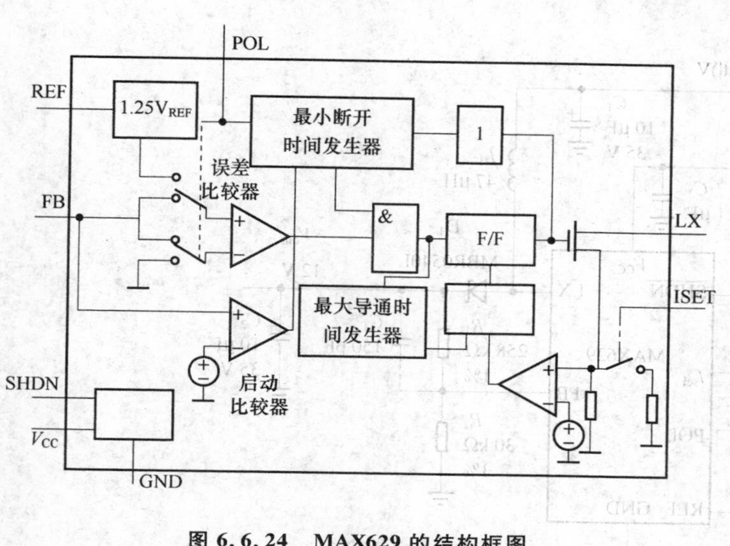

图 6.6.24 MAX629 的结构框图

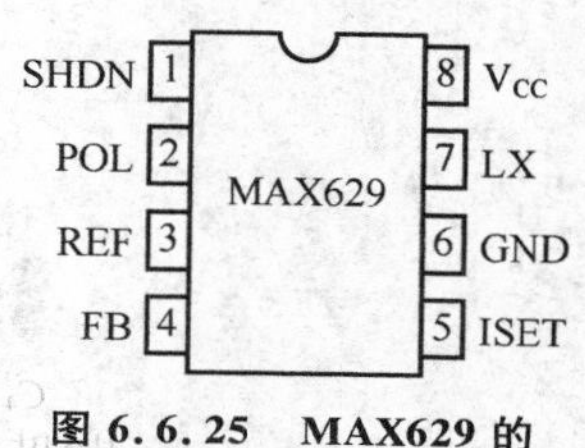

图 6.6.25 MAX629 的引脚排列图

MAX629 包含 MAX629C/D 和 MAX629ESA 两种型号。通常选用 MAX629ESA。它是一种 8 引脚贴片集成芯片，封装形式为 SD－8，各引脚功能如表 6.6.5 所列。

表 6.6.5 MAX629 各引脚 说明

引 脚	符 号	功 能
1	$\overline{SHDN}$	该引脚置低，可使 MAX629 关闭且电源仅需 1 μA
2	POL	POL＝GND，输出为正电压；POL＝V_{CC}，输出为负电压
3	REF	1.25 V 基准电压输出，向外提供电流 I，其范围为：10 μA＜I＜100 μA
4	FB	输出电压反馈，随时检测输出电压值
5	I_{set}	输出电流设置：$I_{set}=I_{CC}$，$I_{imax}=500$ mA；$I_{set}=$GND，$I_{min}=250$ mA
6	GND	芯片电源地
7	IY	内部 N 沟道 MOSEFT 漏极

2. 在 DC/DC 转换中的应用

(1) 正电压变正电压

应用电路如图 6.6.26 所示。

输入电压 V_{in} 可在 0.8～$|V_{out}|$ 之间选取，芯片的工作电压为 2.7～5.5 V。对一般的单片机控制电路，供电主要电源电压为 5 V；因此在输出电压 $|V_{out}|>5$ V 的情况下，可将 V_{CC} 与 V_{in} 同时接到 5 V 电源上，如图 6.6.26 中虚线所示。输出电压 V_{out} 由 R_1，R_2 确定。

$$R_1=R_2(V_{out}/V_{ref}-1)$$

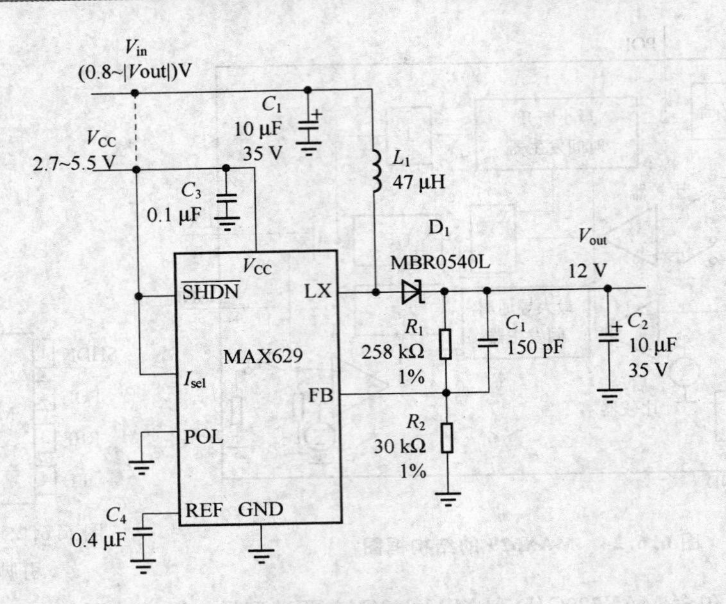

图 6.6.26 正电压变正电压电路

(2) 正电压变负电压

图 6.6.27 所示为正电压变负电压的应用电路。元件参数的选择与图 6.6.26 相同(注意 POL 接 V_{CC}),输出电压同样由 R_1,R_2 的关系确定。

$$R_1 = R_2 \times |V_{out}|/V_{ref}$$

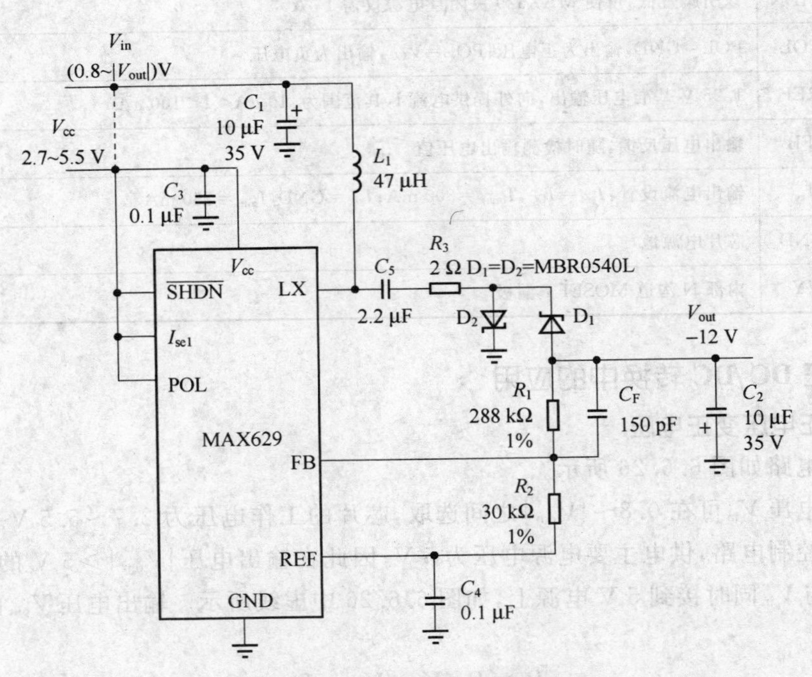

图 6.6.27 正电压变负电压电路

(3) 输出电流选择

MAX629 提供了一个输出电流选择引脚 I_{set}。无论是正电压变负电压或正电压变正电压，都可以改变 I_{set} 与 V_{CC}，GND 的连接，得到最大 500 mA、最小 250 mA 的输出电流。

6.7 升压/降压型 DC/DC 转换芯片

6.7.1 LTM4605/07 宽输入、宽输出、大电流、升压/降压型 DC/DC 芯片

LTM4605 和 LTM4607 是高效率开关模式降压-升压型电源模块。LTM4605 能够在一个 4.5～20 V 的输入电压范围内运作，并支持任何处于 0.8～16 V 范围之内的输出电压(利用单个电阻器来设定)。

LTM4607 支持 4.5～36 V 输入和 0.8～16 V 输出。这两款器件均能够在输入范围内提供 92%～98%的效率。这种高效型设计在升压模式中提供了高达 5 A 的连续电流(在降压模式中则可提供 12 A 电流)。只需电感器、检测电阻器以及大容量输入和输出电容器即可完成设计。图 6.7.1 示出了 LTM4605 的一种典型应用(输出为 12 V/5 A)。这里，增设了一个可选的 RC 吸振器，旨在降低那些顾虑辐射 EMI 噪声应用中的开关噪声。

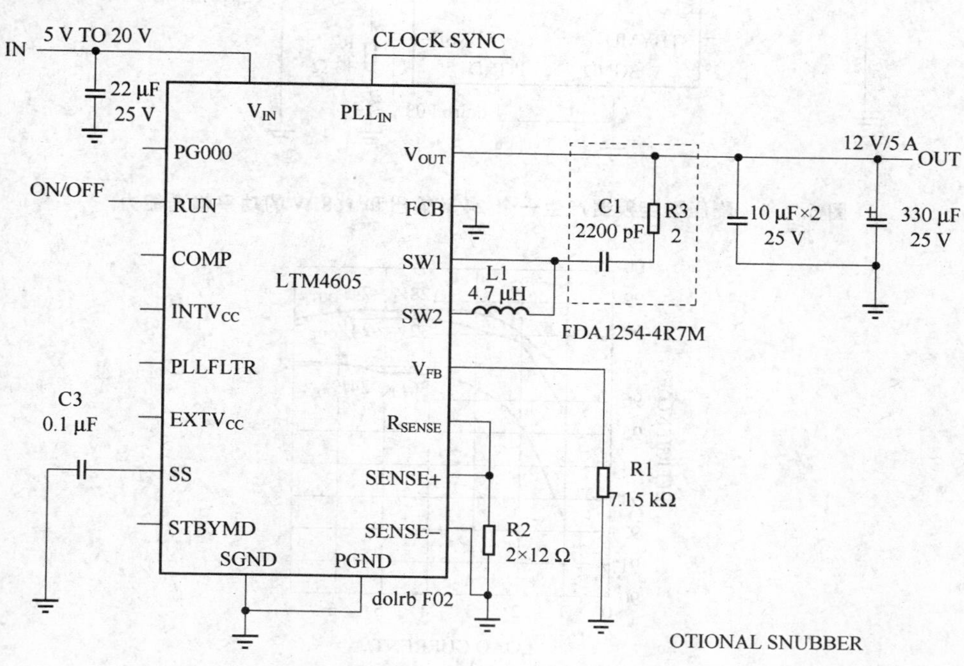

图 6.7.1　降压-升压型变换器从一个 5～20 V 输入范围在 5 A 产生 12 V_{OUT}

LTM4605107 都包括开关控制器、4 个功率 FET、补偿电路和支持元件。四开关拓扑结构在全部三种操作模式(降压、降压/升压和升压)中均提供了高效率,并在各种操作模式之间实现平滑的自动变换。图 6.7.1 示出了一实际的降压/升压型设计和所选的外部元件以满足升压模式的 5A 最大负载电流。对于只降压型应用,在采用相同外部元件的情况下,最大负载电流在 $12V_{OUT}$ 可达 12 A。例如:在一种只降压型配置中(图 6.7.2),负载电流在 $12V_{OUT}$ 可增加至高达 7 A,以实现 168 W 的功率输送能力。如图 6.7.3 所示,该应用能够实现优于 98%的效率。

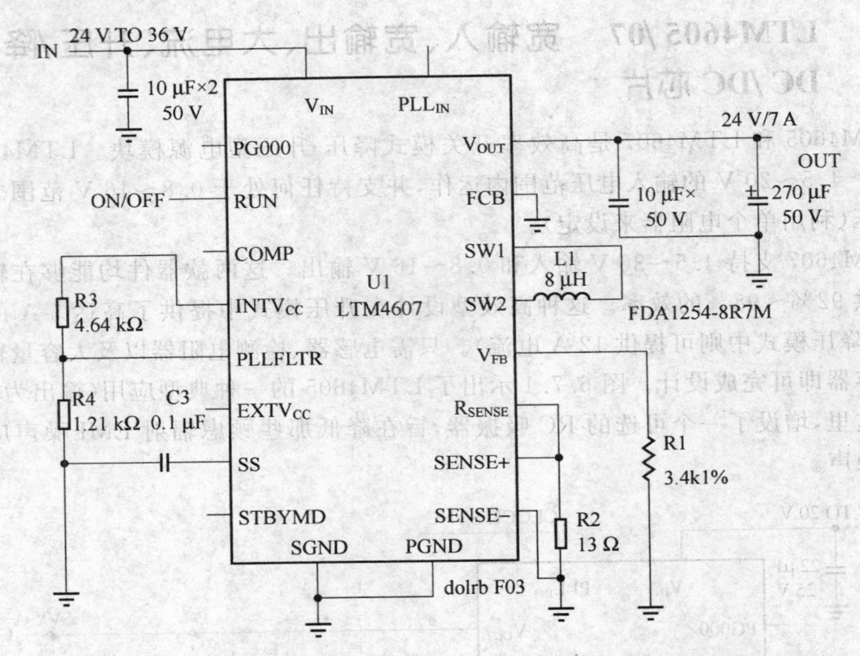

图 6.7.2　降压型变换器产生一个 24 V 输出和 168 W 的功率输送能力

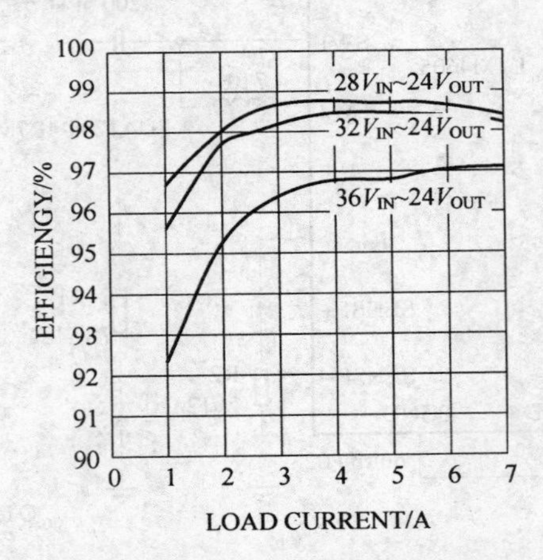

图 6.7.3　图中 $24V_{OUT}$ 转换器的效率曲线

6.7.2 TPS63000 单一电感升压/降压型 DC/DC 芯片

TPS63000 芯片特点如下：

- 1.8～5.5 V 输入，高效率、单一电感；
- 电源效率高达 95%；
- 降压输出 1 200 mA；升压输出 800 mA；
- 升压/降压模式之间自动转换。

TPS63000 芯片升压/降压应用电路如图 6.7.4 所示。

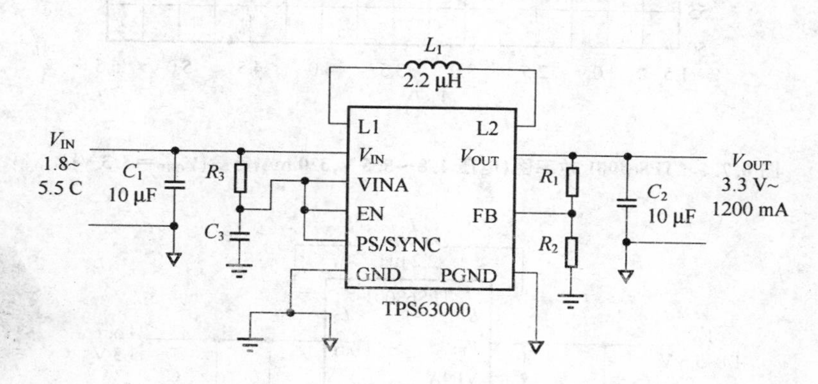

图 6.7.4 TPS63000 应用电路

6.7.3 TPS63001 可延长锂离子电池寿命的升压/降压 DC/DC 芯片

TPS63001 具有部件数最少、电路板面积小、成本较低等特点，且能够将锂离子电池输入电压高效转换为 3.3 V 总线电压。单个 3 mm×3 mm OFN 封装中除集成了升压与降压两种功能外，还包括开关 FET、补偿与保护功能等。只需 3 个外部部件即可保证工作：输入与输出电容器及电感器。该转换器的峰值效率为 96%如图 6.7.5 所示，峰值输电流为 800 mA，其电流是以为大多数便携式负载供电。宽范的输入电压范围(4.8～5.5 V)能够配合许多常见电源工作，如 2～3 节碱性电池及 NiMH 电池或 3.3 V 与 5 V 总线。

图 6.7.6 为单个锂离子电池供电的典型 3.3 V 电源。由于开关频率为 1.5 MHz，因此可以使用小型的 2.2 μH 电感器及 0603 体积的小型陶瓷输入、输出电容器。

6.7.4 MAX710/11/MA1762 无需电感、低噪、高效升压/降压型 DC/DC 芯片

芯片输入/输出特性如下：

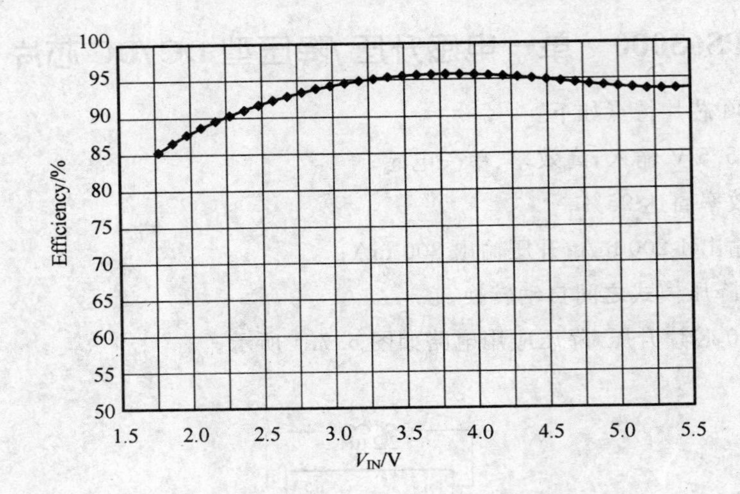

图 6.7.5　TPS63001 效率图(电压 1.8～5.5 V,320 mA 负载(V_{OUT}=3.3 V))

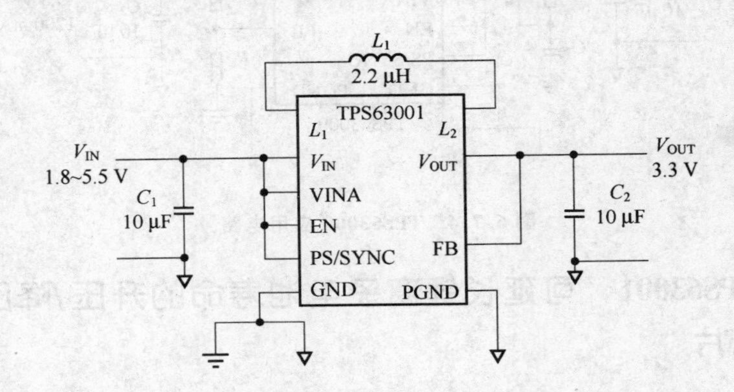

图 6.7.6　典型应用电路

- 输入:1.8～11 V;
- 输出:3.3 V/5 V 或可调(2.7～5 V);

  500 mA(MAX710/711);300 mA(MAX1672)。

MAX710/MAX711/MAX1672 芯片特点如下:

- 不用变压器的升/降变换;
- 体积很小的单个电感;
- 低输出纹波;
- 100 μA 静态电流;
- 16 引脚 QSOP 封装(MAX1672);
- 可提供评估板。

MAX710/11 芯片升压/降压应用电路如图 6.7.7 所示。

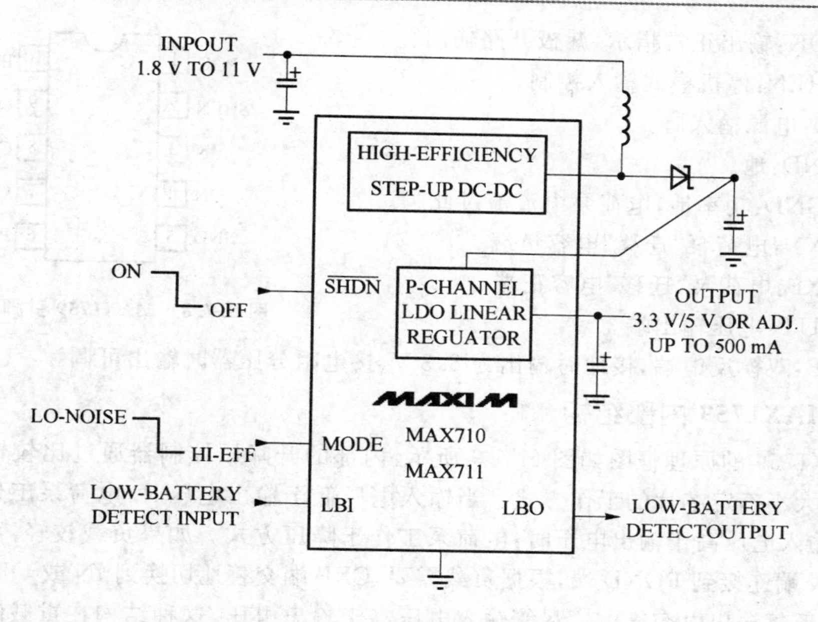

图 6.7.7　MAX710/11 应用电路

6.7.5　MAX1759　电荷泵、输出可调升压/降压型 DC/DC 芯片

MAX1759 是升/降压稳压型电荷泵，能够由单节锂电池、2～3 节镍氢或碱性电池产生稳定的 3.3 V(或 2.5～5.5 V 可调)输出，适用于小型手持设备。作为一个极为紧凑的升/降压转换器，该器件仅需 3 只小尺寸陶瓷电容，即可构成一个完整的 DC/DC 转换器，能够保证最低 100 mA 的输出电流。尽管工作频率高达 1.5 MHz，MAX1759 仍能保持极低的 50 μA 静态电源电流。为增加设计的灵活性，MAX1759 还带有一个漏极开路“电源好”(POK)输出，用以指示输出电压是否就绪。

1. MAX1759 特点如下：

- 稳压输出(固定为 3.3 V 或 2.5～5.5 V 可调)；
- 保证输出电流达 100 mA；
- +1.6～+5.5 V 输入电压；
- 静态电流低至 50 μA；
- 1 μA 关断模式；
- 关断时输出与输入完全断开；
- 工作频率高达 1.5 MHz；
- 可选用小尺寸陶瓷电容；
- 短路及热关断保护；
- 微型 10 引脚 μMAX 封装。

2. 引脚排列及引脚功能

MAX1759 的引脚排列如图 6.7.8 所示，引脚功能说明如下：

- POK：输出正常指示，漏极开路输出。
- SHEN：停机模式输入控制。
- IN：电源输入脚。
- GND：地。
- PGND：功率地，电荷泵电流流过此脚。
- CXN：电荷泵“迁移”电容负端。
- CXP：电荷泵“迁移”电容正端。
- OUT：电压输出端。
- FB：双模反馈端，接地时输出为3.3 V，接电阻分压器时输出可调。

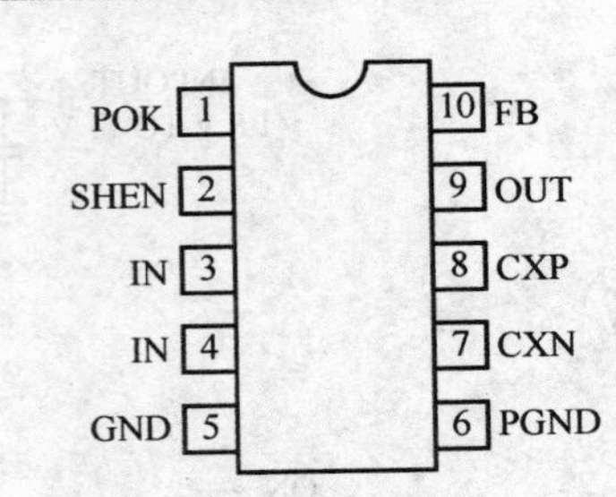

图6.7.8　MAX1759引脚排列图

3. MAX1759内部结构

MAX1759的原理框图如图6.7.9所示，内部的升降压控制器通过比较输入与输出电压的大小确定芯片的工作方式。当输入电压低于输出电压时，电荷泵工作于倍压方式；当输入电压高于输出电压时，电荷泵工作于降压方式。如果负载较轻，可将控制器的CXN端连接到PGND端，根据负载需要，CXP端交替地切换到IN或OUT端，使输入电压反复输出电容充电。尽管输入电压高于输出电压，这种结构在重载时仍无法提供稳定的输出。在重载时，MAX1759内部将自动切换到升压模式，通过调节“迁移”电容(CX)提供给负载的电荷来获取稳定的输出电压。

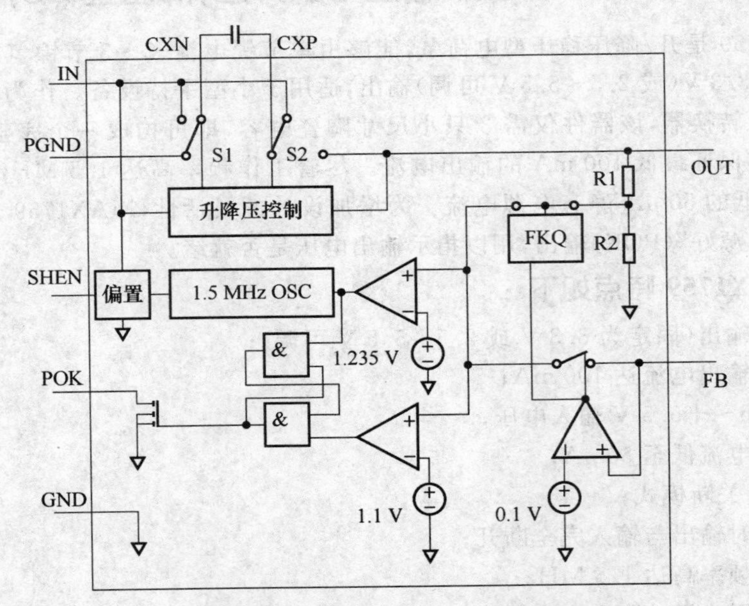

图6.7.9　MAX1759的原理框图

当SHEN端为低电平时，MAX1759处于停机模式，此时电荷泵的开关、振荡器以及控制逻辑均被关闭，静态电流降低到1 μA以内，输出端与输入端之间被断开，输出为高阻态，POK端输出也为高阻态。POK为漏开路输出，当稳压器反馈电压跌落到1.1 V以下时灌入电流。反馈电压可以由内部电阻分压器（固定输出模式，FB端接GND端）或外部电阻分压器（输出可调）提供，POK与OUT端之间需接10 kΩ～1 MΩ的上拉电阻，以提供适当的逻辑输出。POK端不用时可以接GND端或浮空。

MAX1759内部带有短路保护和过热保护电路，上电时，保护电路可通过限制浪涌电流提供软启动功能，输出短路时保护电路将输出电流限制到110 mA（典型值）；管芯温度超过160℃时，过热保护电路将芯片内部电路关断，直到管芯温度恢复到20℃时，MAX1759才重新开启工作。如果造成管芯过热的原因是输出过载，则在负载断开之前MAX1759将工作于脉动状态，产生脉冲输出。

4. 应用电器

MAX1759应用电路如图6.7.10所示。

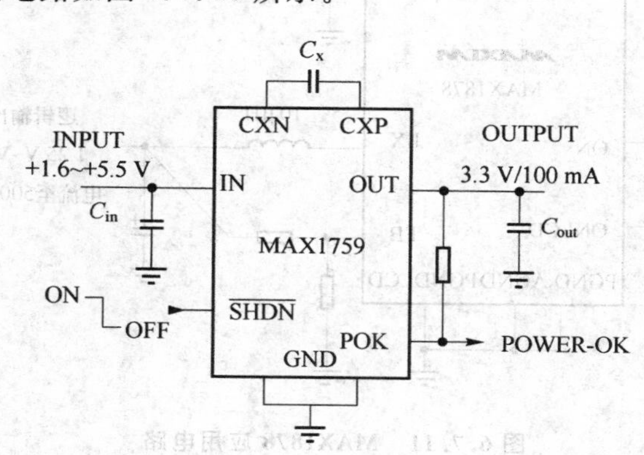

图6.7.10　MAX1759应用电路

6.7.11　MAX1878　双输出升压/降压型DC/DC芯片

采用0.85 mm高、4 mm×4 mm QFN封装的MAX1878能够为PDA和手持产品同时提供逻辑和LCD电源，是目前更为简单和小巧的方案。逻辑电源采用带同步整流的高效率（90%）降压型DC/DC变换器，省掉了外部二极管，有利于缩减成本和尺寸。LCD电源采用的内部开关容许输出电压高达28 V。每路输出具有各自的使能逻辑控制。

MAX1878芯片特点如下：

- 双输出：
- 降压：逻辑电源最低至1.25 V；
- 升压：LCD电源最高至28 V；
- 更小的封装：4 mm×4 mm 12引脚QFN；
- 小型外部元件：10 μF和10 μH；

- 效率90%；
- 极低的19 μA静态电源电流；
- 可借助评估板加快设计进度；
- 起价＄1.57†。

MAX1878构成的降压型逻辑电源和升压型LCD电源电路如图6.7.11所示。

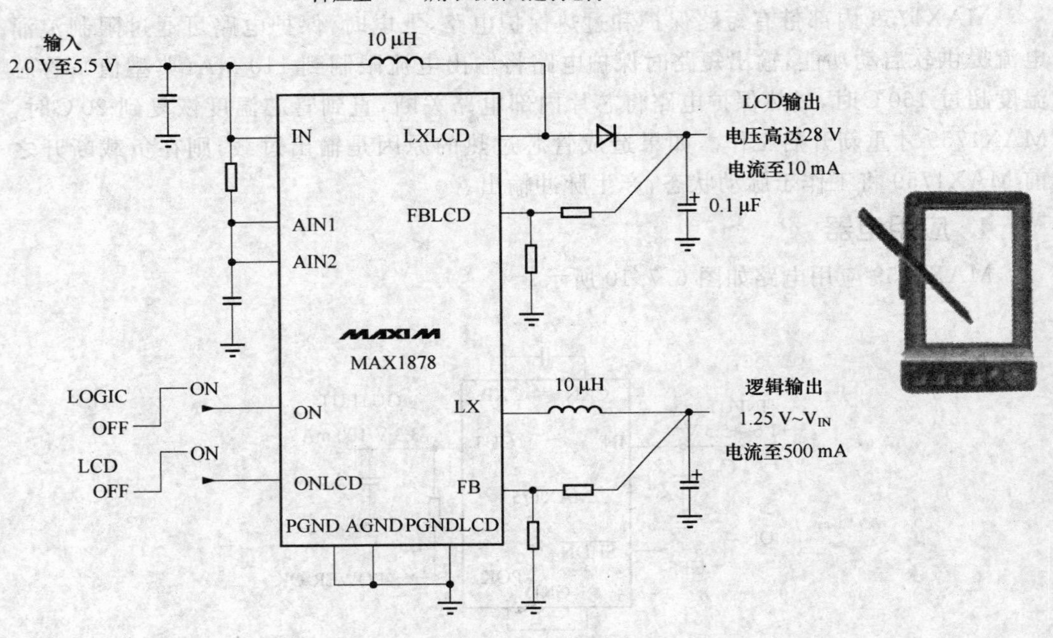

图 6.7.11　MAX1878 应用电路

6.7.7　LM3354　开关电容升压/降压 DC/DC 芯片

LM3354是一款采用CMOS技术的开关电容DC/DC转换器，可自动提升(升压)或调低(降压)输入电压，因此有助稳定电压输出。LM3354芯片适用于2.5～5.5 V的输入电压，而且由于分别有1.8 V、3.3 V及4.1 V等标准输出电压可供选择，因此可支持采用白色发光二极管(LED)的应用方案。

LM3354芯片特点如下：

- 稳压器输出电压(V_{OUT})准确度为±3%(可选用4.1 V及3.3 V)或±4%(只可选用1.8 V)；
- 标准输出电压为1.8 V、3.3 V及4.1 V；
- 2.5～5.5 V的输入电压范围；
- 高达90 mA(可选用4.1 V及1.8 V)或70 mA(只可选用3.3 V)的输出电流：
- 平均效率超过75%；
- 休积极小的解决方案；
- 典型开关频率为1 MHz；

- 采用 MSOP-10 封装；
- 温度过热保护功能；
- 典型操作电流为 375 A；
- 典型停机电流为 2.3 A。

应用范围如下：

- 白色发光地管显示器背光；
- 只采用一枚锂电池的设备，其中包括个人数字助理、笔记本型电脑、蜂窝式移动电话；
- 以锂、镍镉、镍氢或硷性电池供电的系统；
- 平面显示器。

LM3354 芯片的构成的自动升压或自动降压输入电压电路如图 6.7.12 所示。

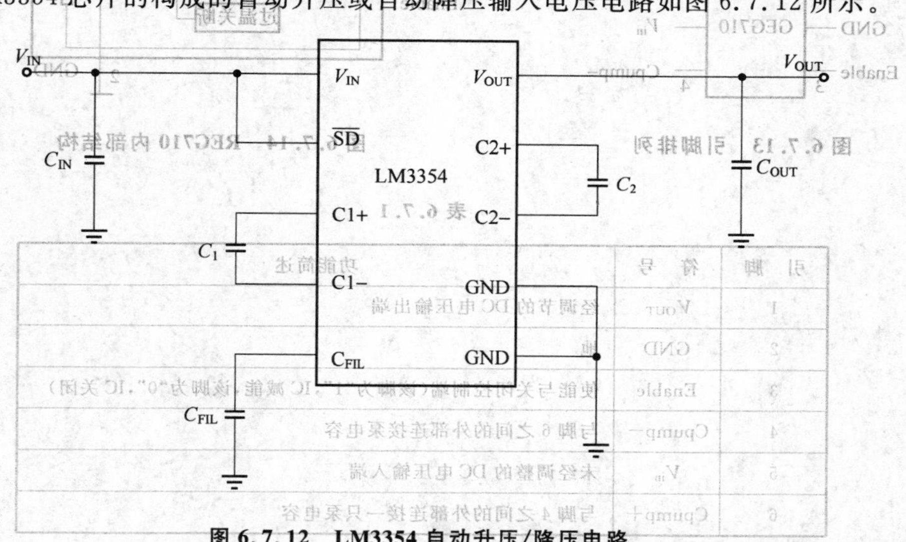

图 6.7.12 LM3354 自动升压/降压电路

6.7.8 REG710 开关电容降压/升压 DC/DC 芯片

美国德州仪器公司生产的 REG710 系列开关电容器电压变换器芯片无需电感元件，可将 1.8～5.5 V 的未调节的 DC 电压变换成低纹波和 EMI 的稳定输出电压。REG710 系列器件的输入电压范围，使其对于单节锂离子、两节或三节镍电池或碱性化学电池这样的电池源是非常理想的。REG710 系列 IC 的应用领域相当广泛，例如智能卡读出器、SIM 卡电源、蜂窝电话、便携式通信装置、个人数字助理、笔记本和掌上电脑、调制解调器、电子游戏机、手持仪表、PCMCIA 卡、白色 LED 驱动器和 LCD 显示器等。

1. 内部结构及引脚功能

REG710 采用 6 引脚 SOT23 和 TSOT23(仅 REG71055)封装，引脚 排列如图 6.7.13 所示，图 6.7.14 为其芯片电路组成框图。

REG710各引脚功能如表6.7.1所列。

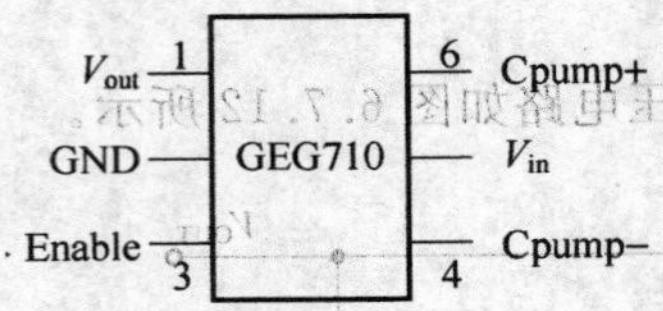

图6.7.13 引脚排列

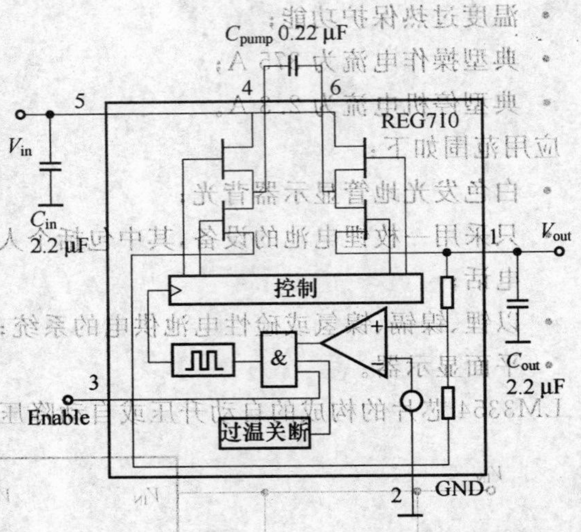

图6.7.14 REG710内部结构

表6.7.1

引 脚	符 号	功能简述
1	V_{OUT}	经调节的DC电压输出端
2	GND	地
3	Enable	使能与关闭控制端(该脚为"1",IC减能,该脚为"0",IC关闭)
4	Cpump−	与脚6之间的外部连接泵电容
5	V_{in}	未经调整的DC电压输入端
6	Cpump+	与脚4之间的外部连接一只泵电容

2. 应用电路

REG710仅需外加一只输入电容C_m、一只输出电容C_{out}和一只泵电容C_{pump},即可组成如图6.7.15所示的典型电路。

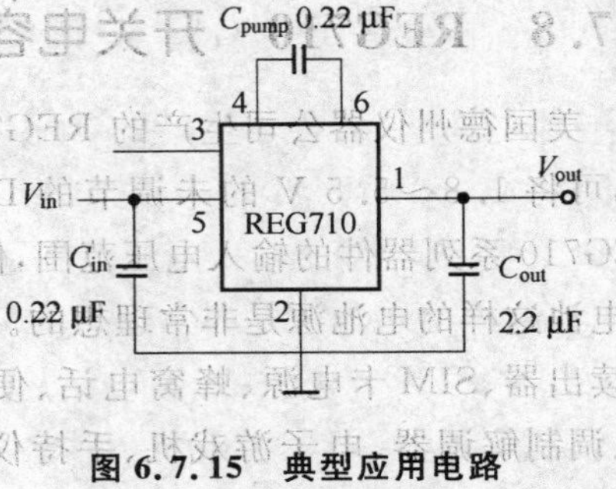

由RERG710-3.3或REG710-3.0与REG710-5.0相级联组成的升压电路如图6.7.16所示。系统输入电压为1.8 V,输出电压是5 V,输出电流为10 mA。

两块REG710输入与输出并接在一起,可以得到双倍的输出电流(≥60 mA),如图6.7.17所示。

图6.7.15 典型应用电路

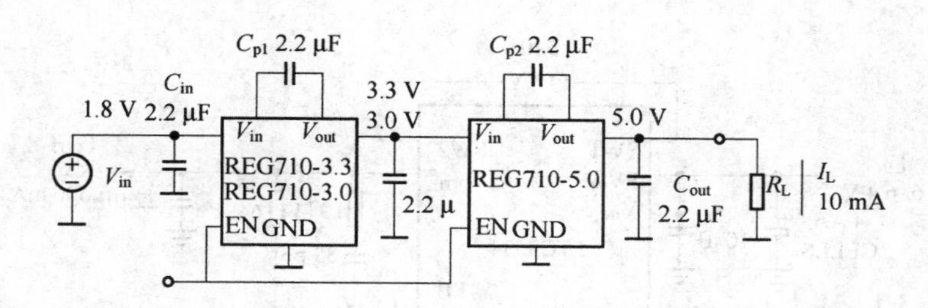

图 6.7.16 级联升压电路

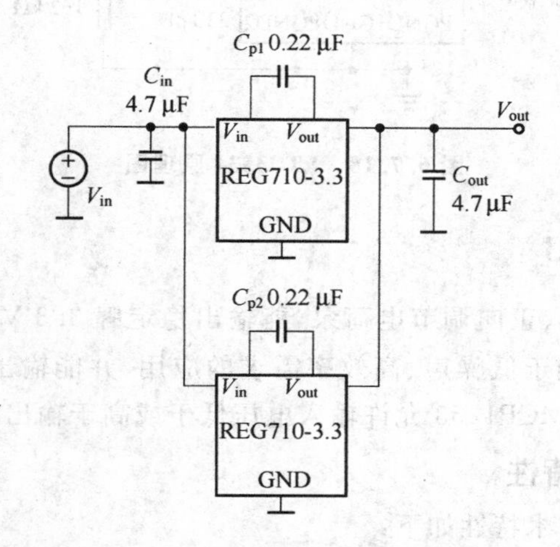

图 6.7.17 双倍输出电流电路

6.7.9 固步降压/升压DC/DC芯片

LTC3534含有四个N沟道以及两个P沟道MOSFET(分别为215 mΩ/275 mΩ和260 mΩ),提供高达94%的效率。突发模式工作仅需要25 μA的静态电流,而停机电流低于1 μA,以进一步延长电池运行时间。

由于便携或无线仪表需执行大量数据处理任务,而由3或4节AA电池供电的情形并非罕见。同步降压-升压型转换器LTC3534就是为此而设计的,该器件具有2.4～7 V的扩展输入电压范围,可向固定稳压输出提供高达500 mA的输出电流。它的输入可以高于、等于或低于输出。LTC3534采用的拓扑在所有工作模式时都提供连续输送模式,从而使其非常适用于3或4节碱性电池应用。

例如,考虑一个输入电压范围为3.6～6.4 V以提供一个固定5 V输出的4节碱性(AA或AAA)电池应用(图6.7.18)。在很多情况下,当与更加传统的SEPIC方法比较时,这用LTC3534可以使电池运行时间延长25%。LTC3534的1 MHz恒定开关频率在最大限度地减小外部组件尺寸的同时提供作输出噪声。纤巧外部组件结合3 mm×5 mm DFN(或SSOP－16)封装提供了一个纤巧的解决方案占板面积,非常适用于很多手持式设备。

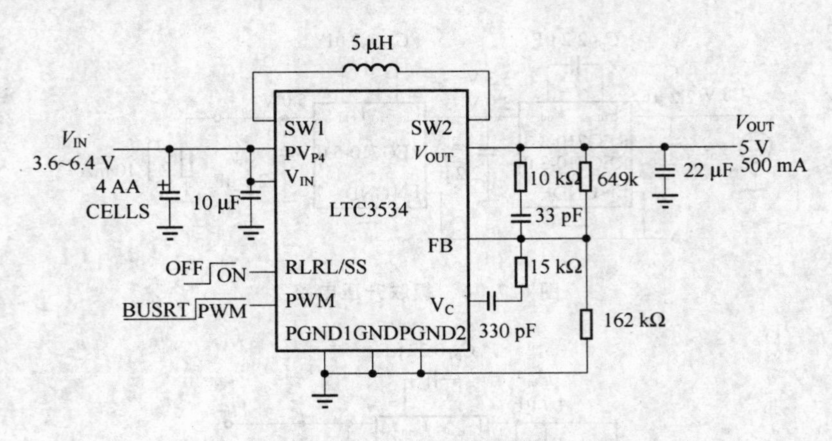

图 6.7.18 LTC3534原理图

6.7.10 MCP1253

MCP1253是无电感、正向调节电荷泵，能输出稳定睥3.3 V或5.0 V固事实上电压或可调电压，特别适用于低噪声、高效率需求的应用，并能输出120 mA电流。通过升/降工作的自动转换，MCP1253允许输入电压低于或高于输出电压。

1. MCP1253的特性

MCP1253的主要技术特性如下：

- MCP1253为无电感、降压/升压DC/DC变换器；
- MCP1253具有极低的工作电流，典型值为80 μA；
- 高输出电压时的准确度为±2.5%；
- 最大输出电流为120 mA；
- 工作温度范围为－40～＋85℃；
- 具有热关断及短路保护功能；
- 外接元件仅为3个小型陶瓷电容；
- 开关工作频率为1 MHz，允许使用很小的电容器，以节省电路板的空间和费用；
- 关断模式能使功耗进一步降低，低功耗关断模式的电流典型值为0.1 μA；
- 关断输入兼容1.8 V逻辑电平；
- 输入电压范围为20～5.5 V；
- 可选的输出电压为3.3 V或5.0 V，可调式输入电压范围为1.5～5.5 V；
- 采用8引脚MSOP封装，节省安排空间；
- 软启动电路可最小化浪涌电流。

2. 引脚排列

MCP1253的引脚排列如图6.7.19所示。PGOOD引脚为电路状态检测端；V_{OUT}引脚为电压输出端；V_{IN}引脚为电压输入端；GND引脚为接地端；C－、C＋引脚为泵电容接入端；$\overline{SHDN}$引脚为停机模式输入控制端，低电平有效；SELECT 引脚为输出电压选择端。

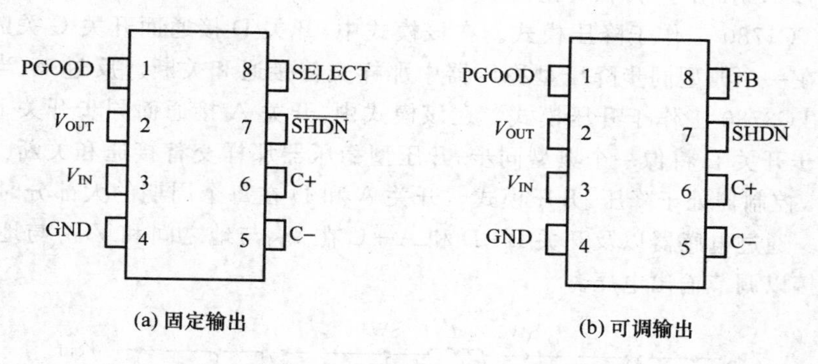

图 6.7.19 MCP1253 的引脚排列图

3. MCP1253 的应用电路

MCP1253 有功率正常指示功能，可检测出失调状态，输出电压误差最大值为±2.5%，典型值为±0.5%。与其他低压差调节器相比，该器件可以自动地采用升压或降压方式工作，这就意味着输入电压可以高于或低于输出电压，适用于白光 LED 背光、彩色显示偏压、局部 3～5 V 转换、闪速存储器供电、GSM 移动电话 SIM 卡接口供电、智能卡读写器和 PCMCIA 等领域。MCP1253 的典型应用电路如图 6.7.20 所示。

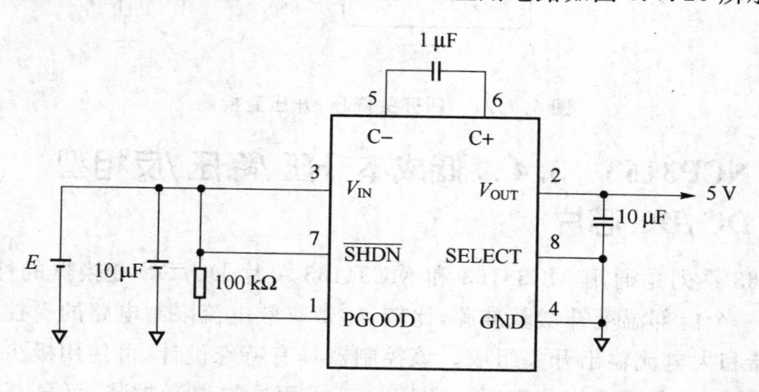

图 6.7.20 MCP1253 的典型应用电路

6.7.11 LTC3780 业界首款四开关降压/升压型 DC/DC 芯片

LTC3780 采用一种恒定频率电流模式架构，可在一个 4～30 V(最大值为 36 V)的宽输入和输出范围内实现降压、升压和降压/升压模式之间的无缝切换。突发模式(Burst Mode®)操作和跳周期模式可在轻负载条件下提供高工作效率，而强制连续模式和不连结模式则通过在一个恒定频率上运作以减小输出电压纹波。软起动功能减小了启动期间的输出过冲和涌入电流。过压保护、电流折返和接通时间限制提供了针对故障情况(包括短路、过压和电感器电流失控)的防护措施。LTC3780 采用扁平 24 引脚 TSSOP 和 32 引线 5 mm×5 mm QFN 封装。

图 6.7.21 示出了一个简化的 LTC3780 四开关降压-升压型电路。当 V_{IN} 超过 V_{OUT} 时，LTC1780 工作于降压模式。在该模式中，开关 D 接通而开关 C 关断，开关 A 和 B 将像在一个典型同步降压型稳压器中那样交替接通和关断。反过来，当 V_{IN} 低于 V_{OUT} 时，LTC3780 工作于升压模式。在该模式中，开关 A 接通而同步开关 B 关断，开关 C 和同步开关 D 将像一个典型同步-升压型稳压器那样交替接通和关断。当 V_{IN} 接近 V_{OUT} 时，控制器处于降压-升压模式。开关 A 和 D 在每个周期的大部分时间里处于导通状态。通过电感器以及开关 B－D 和 A－C 在 V_{IN} 与地之间和 V_{OUT} 与地之间形成简短的连接以调节输出电压。

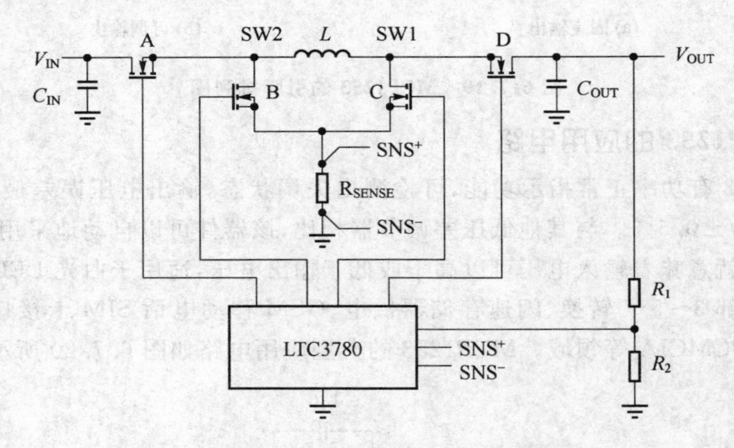

图 6.7.21　四开关降压-升压变换器

6.7.12　NCP3163　3.4 A 低成本升压/降压/反相型 DC/DC 芯片

NCP3163 系列是通用 MC33163 和 MC34163 单片 DC/DC 变换器的性能增强版。这些器件由一个内部温度补偿基准源，比较器，带有效电流限制电路的受控占空周期振荡器，驱动器和大电流输出开关组成。该控制器具有特殊设计，可使用极少的外部元件构成降压，升压，或电压反相的应用。NCP3163 采用外露焊盘封装，可显著增强内部功率开关的散热。NCP3163 应用电路如图 6.7.22 所示。

NCP3163 芯片特性如下：

- 输出开关电流超过 3.0 A；
- 3.4 A 峰值开关电流；
- 频率在 50～300 kHz 内可调；
- 工作输入电压：2.5～40 V；
- 外部可调工作频率；
- 精度 2%的基准进行准确的输出电压控制；
- 具有自举能力的驱动器可增加效率；

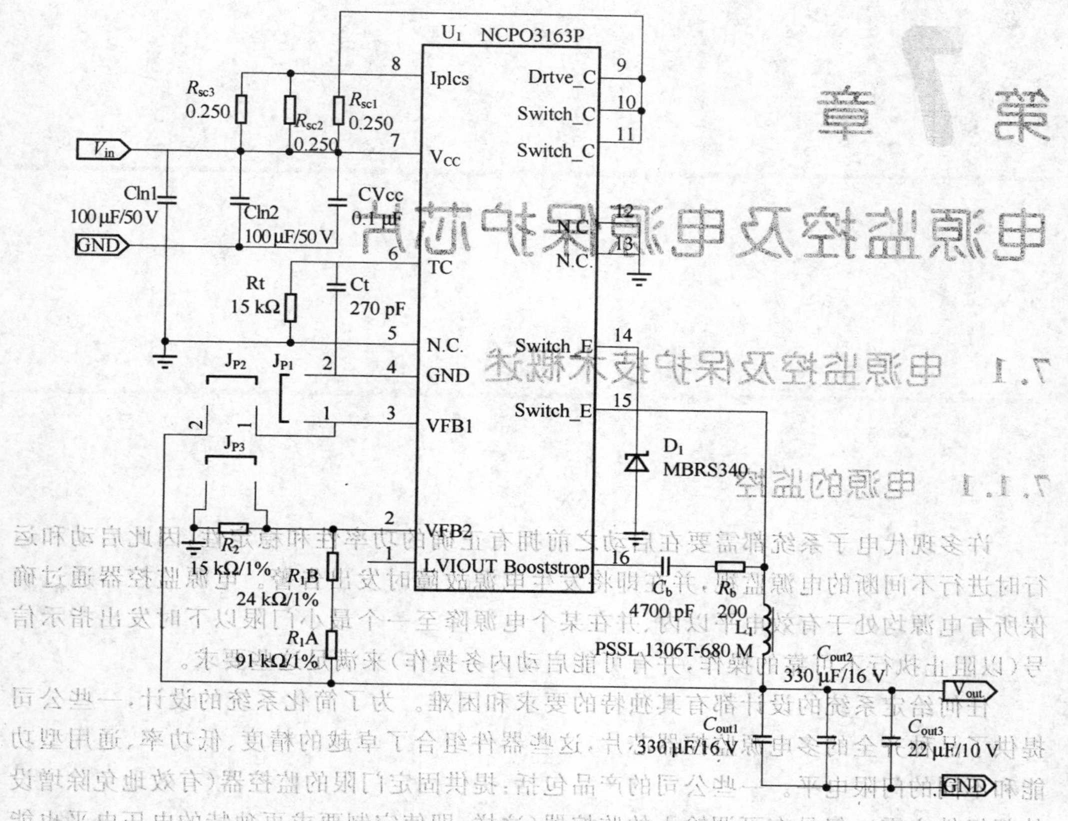

图 6.7.22　NCP3163_Buck_EVB 应用原理图

- 逐周期电流控制；
- 内部热关断保护；
- 低压表示器输出用于直接微处理器接口；
- 低待机电流；
- NCV 前缀的器件用于汽车和其他地点及控制需要改变的应用；
- 均为无铅器件。

芯片的应用领域如下：

- 便携式仪器仪表；
- 各种电池供电的系统；
- 电池充电器；
- 分布式电源；
- 税控收款机；
- 微型打印机；
- 工业控制系统；
- 车载设备。

第7章 电源监控及电源保护芯片

7.1 电源监控及保护技术概述

7.1.1 电源的监控

许多现代电子系统都需要在启动之前拥有正确的功率性和稳定性,因此启动和运行时进行不间断的电源监视,并在即将发生电源故障时发出告警。电源监控器通过确保所有电源均处于有效电平以内、并在某个电源降至一个最小门限以下时发出指示信号(以阻止执行不可靠的操作,并有可能启动内务操作)来满足这些要求。

任何给定系统的设计都有其独特的要求和困难。为了简化系统的设计,一些公司提供了品种齐全的多电源监控器芯片,这些器件组合了卓越的精度、低功率、通用型功能和不同的门限电平。一些公司的产品包括:提供固定门限的监控器(有效地免除增设外部组件之需),仅具有可调输入的监控器(这样,即使定制要求再独特的电压电平也能够适应);而有些器件则兼具上述两种选项。在品种丰富的产品库中,包括用于欠压和过压监视的监控器,这些器件也可以针对负电源来配置。

在大多数电子设备中,对系统电压进行监视是非常重要的,这样可保证处理器和其他 IC 在系统上电时被复位,还可以监测到电压的下降。这种监视可以把代码执行过程中出现问题的概率降到最小,避免存储器发生错乱或者系统工作不正常。在高端产品中,确保系统中各电源具有正确的上电顺序也很关键,正确的上电顺序可以避免闭锁(Latch - up)现象的发生,从而防止系统出现问题而导致一些重要元件的损坏,如微控制器(μC)、DSP、ASIC 和微处理器等。通常要实现这里所说的正确加电次序和监视功能,往往需要一个或多个监控芯片。

基本的监视如图 7.1.1 所示,使用比较器和基准电压源电路监视多个电源电压。每监视一个电压需要一个比较器和基准电压源。电阻分压器与每一个电压成比例,其为每个电源设置最低电压点。在这种情况下,所有的输出连接起来产生一个共同的电源标准信号。这是监视电源的传统方法。

7.1.2 电源保护

很多公司推出的多种通用过压保护芯片。该器件主要特点:一旦出现输入过压,关

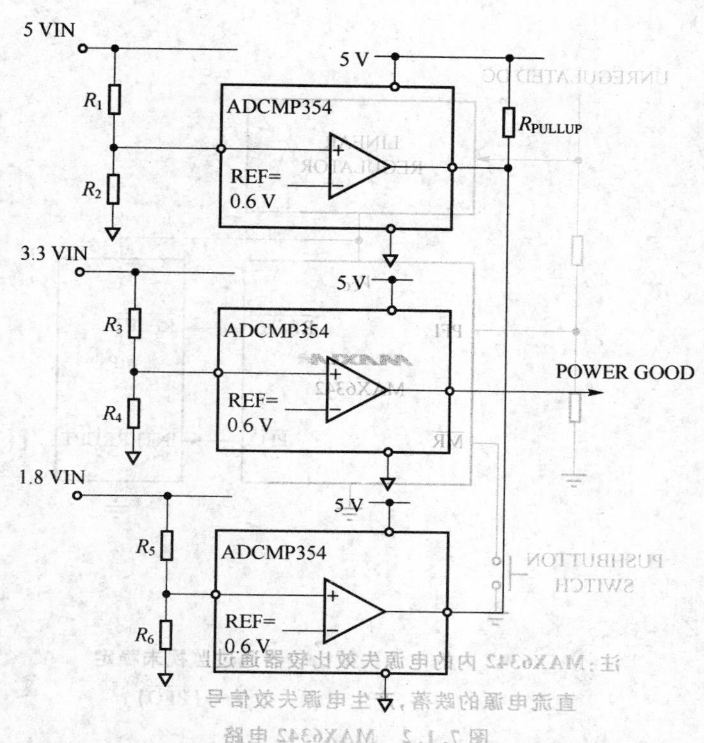

图 7.1.1　用于三电源系统的欠压检测的比较器

断输入电压的时间小于 1 μs，使负载电路得到保护；精确的过压阈值电压 V_{TH}；它可外接两个电阻，实现提升过压阈值；内有输入电压欠压锁存功能；有输入逻辑电平可以控制关断输入电压。

该器件主要应用于手机、数码照相机、便携式计算机及 PDA；便携式 CD 及其他消费类电子产品等。

另外一种保护是电源失效或欠压信号的监控电路可警告处理器，即将发生电网欠压或电源失效。当这些信号中的任意一个中断处理器时，处理器进入一个掉电子程序。在这个子程序中，处理器中止当前的活动，并在复位处理器之前备份重要的数据。为产生电源失效信号，监控器的电源失效比较器监视未稳压的直流电压（或某些上游的稳定电压）。这个电压被送入调节器，并用来产生为处理器和监控电路供电的电源。未稳定电压会在调节器输出电压之前跌落，因为调节器的输出电容会维持其输出电压（图 7.1.2）。因此，未稳定电压的跌落预示着调节器电压可能会发生跌落。检测这个跌落并中断处理器，使处理器在被复位之前进入掉电子程序，如果电源电压的跌幅足够大的话，如果无法检测未稳定电压（或一个上游的稳定电压），处理器仍有可能收到一个电源即将失效的告警。提供欠压信号输出的监控器可以提供这个信号，当被监视电源电压跌落至某个略高于复位门限的电平时（例如高 150 mV）这个信号变为有效。因此，欠压信号可用来警告处理器，发出复位（由于电网欠压或电源失效），处理器备份重要数据。

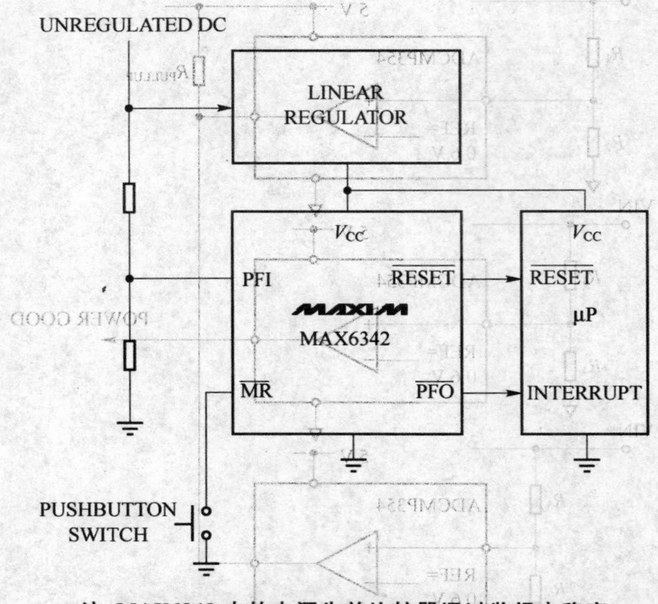

注:MAX6342 内的电源失效比较器通过监视未稳定直流电源的跌落,产生电源失效信号($\overline{PFO}$)

图 7.1.2　MAX6342 电路

7.1.3　微控制器(MCU)上电复位顺序的控制

多年以来,监控电路始终担负着确保微处理器和微控制器正确工作的任务,尽管电路设计者们已经习惯于使用最为流行的监控功能:上电复位,对于如何选择和应用监控电路的理解常常并不准确。

1. 上电复位的任务

上电复位(POR)的任务之一是确保电源刚被打开时,处理器从一个已知的地址开始运行。为此,POR 逻辑输出在处理器电源刚被打开时将处理器锁定在复位态。POR 的第二个任务是,在以下三件事情完成以前,阻止处理器从已知地址开始运行:系统电源已稳定在适当的水平;处理器的时钟已经建立;以及内部寄存器已经正确装载。

2. 复位顺序控制

当一个电路中包含两个处理器时,常常需要其中一个处理器先于另一个脱离复位状态。原先,设计者采用将两个 POR 连接在一起的方式满足此要求。第一个 POR 的输出同时控制着第一个处理器的复位和第二个的手动复位输入。第二个 POR 的输出复位第二个处理器(或者,有些情况下是存储器)。现在,用于此任务的、具有时间交错的复位输出的双 POR 如图 7.1.3 所示。这些 POR 只要发现主电源电压(图 7.1.3 中为 3.3 V)跌落至内部设定的门限以下即可发出两路复位输出(从 POR 的触发略微提

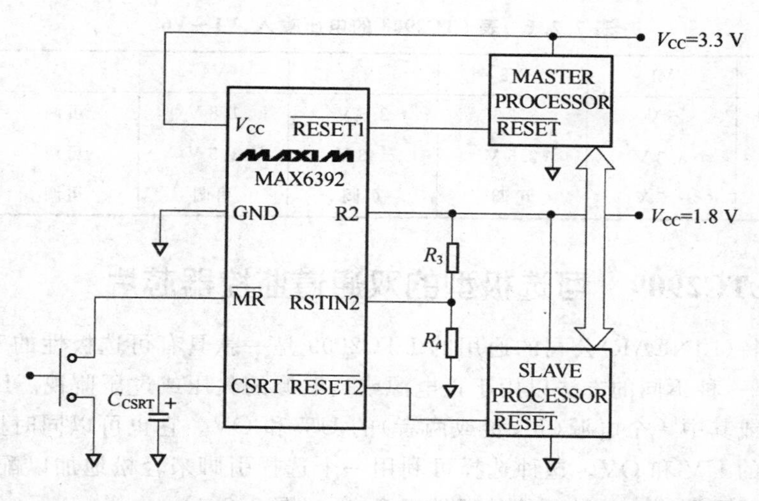

图 7.1.3　通过监视为两个处理器供电的电源，该电路使主处理器先于从处理器脱离复位状态

前一点)。一旦电源恢复到门限以上，两路复位输出中的一路在其定时器计满后撤销(图7.1.3 的中$\overline{\text{RESET1}}$)。对于第二个 POR，起动其定时器和撤销其输出需满足两个条件：$\overline{\text{RESET1}}$必须被撤销；第二个 POR 所监视的从电源电压必须高于由外部电阻所设定的门限。如果两个处理器由同一电源供电，RSTIN2 可直接连到电源，不必再使用分压器。对于图 7.1.3 所示的 MAX6392，第二个 POR 输出总是在第一个之后脱离复位。事实上，它脱离复位的时间，是由第一路复位输出撤销开始计算的。这样，图7.1.3电路迫使从处理器在主处理器已开始工作后才脱离复位。第二个 POR 的延迟时间可通过增加电容来加以延长。

如果需要排序三个处理器，可以考虑 DS1830。该器件内的三个 POR 分别工作于10 ms、50 ms 和 100 ms 的最短复位时间(从电源电压越过 POR 门限计起)。通过单一逻辑引脚可将这些复位时间增加 2～5 倍。

7.2　μp 复位监控 /电源电压监控 IC 芯片

7.2.1　LTC2908　6 通道电源监控器的芯片

凌力尔特(LINEAR)公司的 LTC2908 是采用小型 SOT－23 和 DFN 封装的 6 通道电源监控器，它通过组合传统的固定门限和低电压可调输入(表 7.2.1)，适应了具有多个电源轨的最新一代系统需要。这款 IC 为实现紧凑而精准的监视创造了条件，它确保复位将在输入电源电压低至 500 mV 的情况下保持低电平。该器件在整个工作温度范围内(－400～＋850 ℃)具有严格的门限准确度(±1.5%)，这为设计师提供了额外的精度，因为它确保了可靠的复位操作，而不会发生误触发。

表 7.2.1 表 LTC2908 的电压输入，V1～V6

器件	V1	V2	V3	V4	V5	V6
LTC2908-A1	5 V	3.3 V	2.5 V	1.8 V	可调	可调
LTC2908-B1	3.3 V	2.5 V	1.8 V	1.5 V	可调	可调
LTC2908-C1	2.5 V	可调	可调	可调	可调	可调

7.2.2 LTC2909 可选极型的双通道监控器芯片

凌力尔特(LINEAR)公司的通用的 LTC2909 是一款具有可选极性的双通道监控器，它提供了一种不同的方法以用于正电源或负电源的欠压或过压监视。LTC2909 可以监视两个或其中一个电源(正、负或两者)的 UV 和 OV。它也可以同时监视一个电源(正或负)的 UV 和 OV。这种选择可利用一个选择引脚来轻松地加以配置，该引脚负责选择用于可调输入 3 种可能的极性组合之一(图 7.2.1)。

LTC2909 的用户可调输入具有一个 0.5 V 的低电压门限，而且，欠压闭锁电路使得能够把 V_{CC} 用做第三个准确固定的 10%UV 电源监视器。共通复位输出延迟可被配置以采用一个预设的 200 ms 超时，也能利用一个外部电容器进行编程或停用。

除了提供一种面向电源监视的智能型多用途解决方案之外，50 μA 的低静态电流和纤巧型 DFN 封装使得 LTC2909 成为低电压和空间受限型应用的理想选择。然而，板载 6.5 V 并联稳压器还允许其在采用高电压电源的条件下运作。因此，LTC2909 非常适台于小型和便携式设备以及网络服务器和汽车的应用。

LTC2909 的工作原理如图 7.2.1 所示。

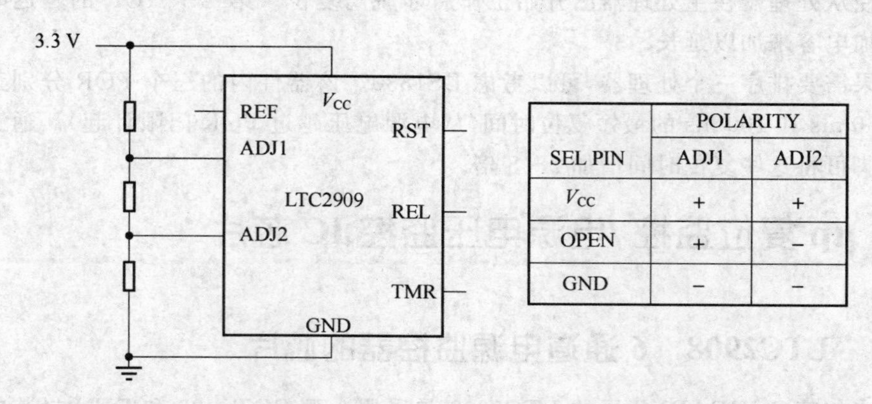

图 7.2.1 LTC2909 工作原理

7.2.3 LTC2910 8 通道低功率电压监控器芯片

凌力尔特(LINEAR)公司的 LTC2910 是一款具有 8 个单独可调输入(0.5 V)的低功率电压监视电路，它缩减了具有很多电源及高安装密度系统的电压监视所需的板级空间。图 7.2.2 示出了 LTC2910 的典型应用示意图。布设于每个输入端上的两个外部电阻器用于确定欠压监视器的期望跳变点，而一个三态选择引脚则负责设置输入门限的极性组合。负电源可采用 1.0 V 基准输出来监视。两个互补复位输出将在任何电源降至其工作范围以下时发出指示信号，而输入干扰滤波器则确保不会发生误触发或噪声触发。一个停用输入负责对复位输出进行屏蔽，而且可在电源裕度测试中发挥作用。

LTC2910 采用了一个用于高电压操作的内部并联稳压器，从而确保了该 IC 能够在任何电压条件下工作，并且只是需要增设一个电阻器。

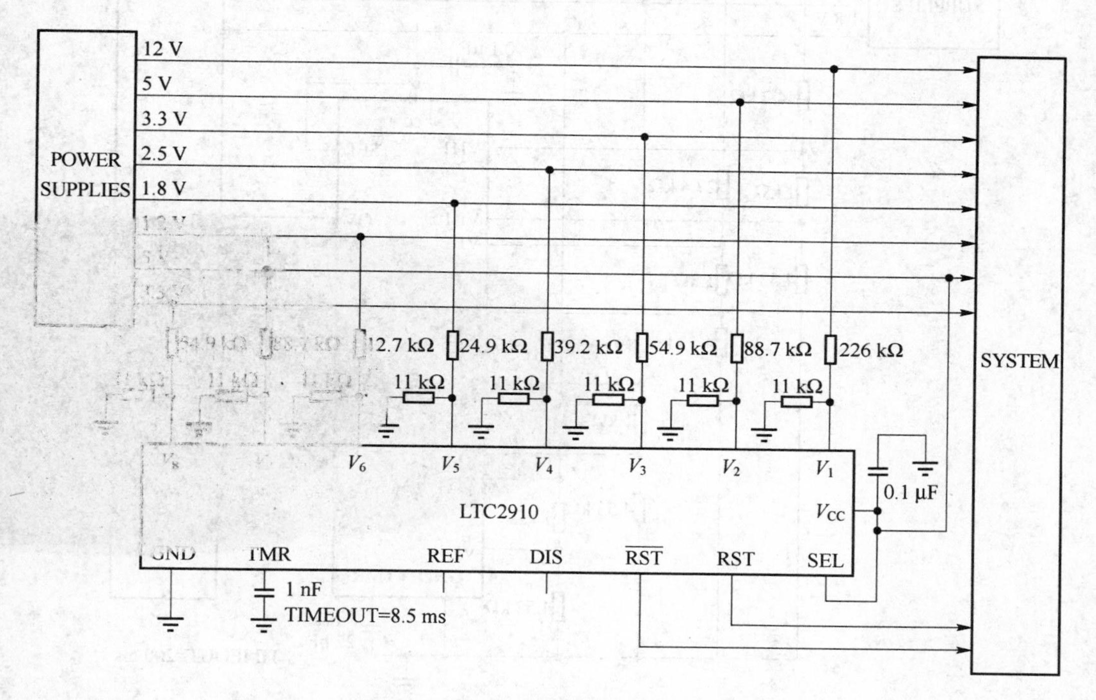

图 7.2.2 LTC2910 的典型应用

7.2.4 LTC2912～LTC2914 单/双/四通道电压监控器芯片

凌力尔特(LINEAR)公司的 LTC2912、LTC2913 和 LTC2914 形成了一个具有分离欠压(UV)和过压(OV)输入的单、双和四通道电压监视器系列。这些 IC 的设计目标是为用户提供最佳的灵活性以设定定制的 UV 和 OV 跳变门限，同时分享共用的 UV 和 OV 漏极开路输出，这些输出可被“线或”连接起来以指示一个故障。这几款 IC 都具有两个版本：LTC291×-1 拥有用于过压输出的闭锁功能，而 LTC291×-2 则具有一种用于帮助裕度调节的输出停用功能。

四通道 LTC2914(图 7.2.3)有一组扩展功能。一个缓冲基准输出和一个三态输入极性选择引脚可在无需使用外部组件的情况下监视多达 2 个独立的负电压，从而极大地简化设计和布局。

凭借不受限制的门限选择、简单的配置以及分别为 40 μA、60 μA 和 70 μA 的低静态电流，LTC2912、LTC2913 和 LTC2914 非常适合于那些需要进行可靠且准确的电压监视系统。单通道和双通道器件是便携式设备和应用的理想选择，而四通道器件则可轻松地通过修整而适合于较大的电信/网络设备和存储服务器。

TCL2914 的典型应用如图 7.2.3 所示。

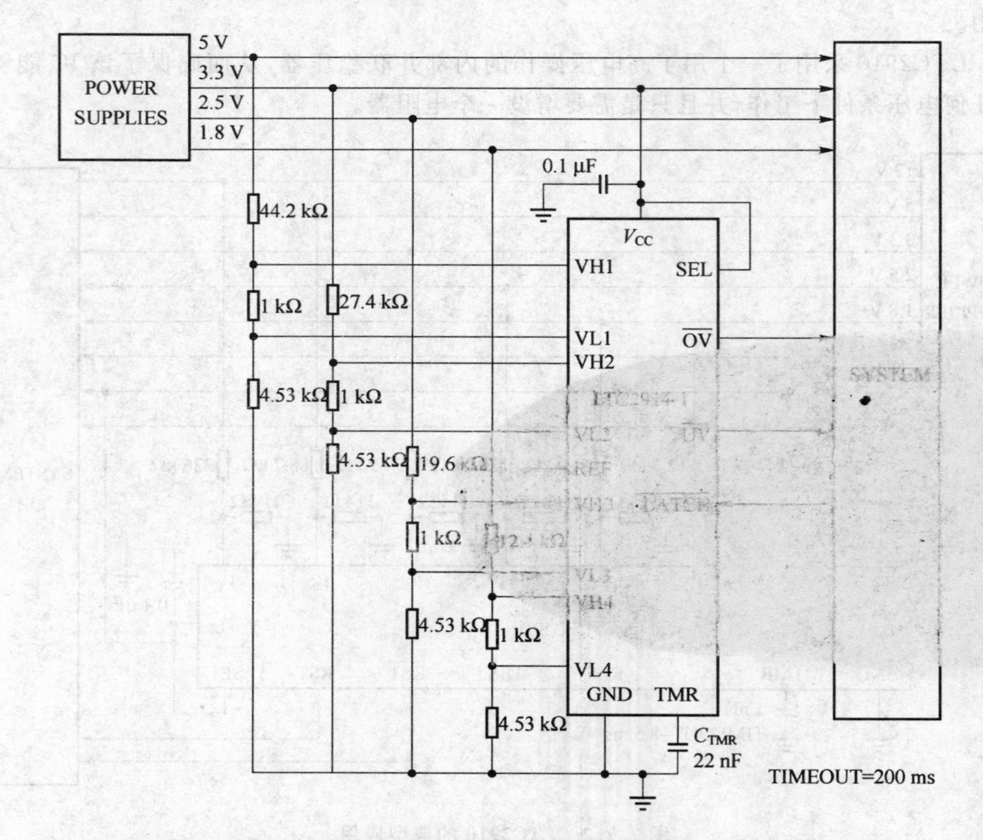

图 7.2.3　四通道 UV/OV 电源监视器，10%容差，5 V、3.3 V、2.5 V、1.8 V

7.2.5　LTC2917　门限可选的 μp 复位/电压监控器芯片

凌力尔特(LINEAR)公司的 LTC2917 是一个可利用引脚和电阻器进行选择的电压监控器。一个监控器可以监视全部电压，可作为 27 个引脚可选门限、按钮输入、可调看门狗和复位定时器。

通用的 LTC ® 2917 单通道电压监控器系列采用了 3 个三态电压选择引脚，以选择多达 27 个可选门限(从 0.5～12 V 或更高)。将不再需要为每个电压轨进行一款不同监控器的品质认证和存货。凭借±1.5%的门限准确度、高达＋125 ℃的工作温度、一个用于高电压操作的 6.2 V 并联稳压器和 30 μA 的低电源电流，一个监控器确实能够监视所有的电压轨。

LTC2917 的应用如图 7.2.4 所示。LTC29××系列芯片性能如表 7.2.2 所列。

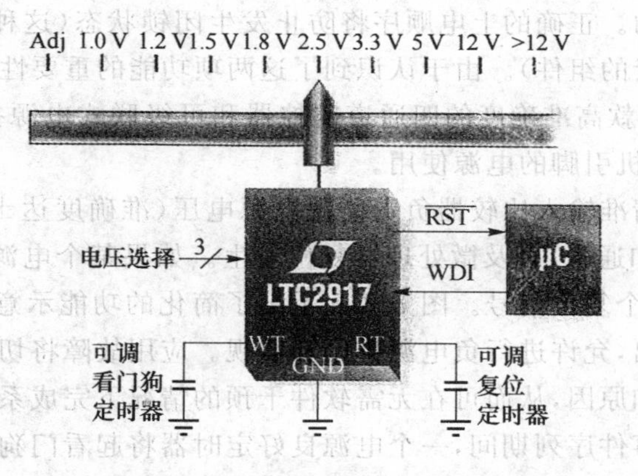

图 7.2.4 LTC2917 的应用电路

表 7.2.2 可多项选择的 LTC29××电压监控器

器件型号	监视电压的数目	门限选择	特 点	封装(mm)
LTC2915	1	引脚可选	27 个引脚可选门限,引脚可选容差:5%、10%或 15%	TSOT23 - 8, 3 × 2 DFN - 8
LTC2916	1	引脚可选	按钮输入,5%容差,9 个引脚可选门限	TSOT23 - 8, 3 × 2 DFN - 8
LTC2917	1	引脚可选	看门狗,27 个引脚可选门限,引脚可选容差:5%、10%或 15%	MSOP - 10, 3 × 2 DFN - 10
LTC2918	1	引脚可选	看门狗,按钮输入,5%容差,9 个引脚可选门限	MSOP - 10, 3 × 2 DFN - 10
LTC2904/ LTC2905	2	引脚可选	27 个引脚可选门限,引脚可选容差:5%、10%或 15%	TSOT23 - 8, 3 × 2 DFN - 8
LTC2909	3	采用 3 个电阻器	欠压/过压监视器	TSOT23 - 8, 3 × 2 DFN - 8
LTC2900/LTC2901/ LTC2902	4	采用 2 个电阻器	看门狗,单独的电源比较器输出,引脚可选容差:5%、7.5%、10%或 12.5%	MSOP - 10, 3 × 3 DFN - 10/SSOP - 16
LTC2908	6	采用 2 个电阻器	2~5 个可调输入,纤巧型封装	TSOT23 - 8, 3 × 2 DFN - 8
LTC2930/LTC2931/ LTC2932	6	采用 2 个电阻器	按钮输入,看门狗,单独的电源比较器输出,引脚可选容差:5%、7.5%、10%或 12.5%	3 × 3 DFN - 12/ TSSOP - 20
LTC2910	8	采用 2 个电阻器	8 个可调输入	SSOP - 16, 5 × 3 DFN - 16

7.2.6 LTC2928 电源排序的高精度四通道电压监控器芯片

对于许多高端应用而言,除了不间断的电源监视之外,确保系统内部各电源的正确排序也是至关重要的。正确的上电顺序将防止发生闭锁状态(这种状态会引发系统问题或损坏重要和昂贵的组件)。由于认识到了这两项功能的重要性,凌力尔特公司推出了 LTC2928,这是一款高准确度的四通道监控器和可级联式电源排序器,可供外部 N 沟通 FET 或具有停机引脚的电源使用。

具单独输出的精准输入比较器负责监视电源电压(准确度达±1.5%)。监控功能包括 UV/OV 监视和通告,以及微处理器复位发生。如果某个电源电压降至其监视数值以下,则将发出一个复位信号。图 7.2.5 示出了简化的功能示意图。LTC2928 还具有一个缓冲基准输出,允许进行负电源排序和监视。应用故障将切断所有的系统电源,并通告故障的类型和原因,从而可在无需软件干预的情况下完成系统诊断。

在上电或断电事件序列期间,一个电源良好定时器将起看门狗的作用,负责监视停转的电源。只需采用少量的外部组件即可对电源的排序和定时进行配置,使得不费吹灰之力便可在系统开发期间完成设计变更。此外,LTC2928 还可以轻松地实现级联,因而能够平稳且简单地对数目不限的电源进行排序和监视。

LTC2928 采用 3.3~16.5 V 工作电源,从而使其适合于众多需要对多个 I/O 和内核电压进行排序和监视的应用。

LTC2928 具有商用和工业温度范围规格,采用了 5 mm×7 mm38 引脚 QFN 封装和 36 引脚 SSOP 封装。

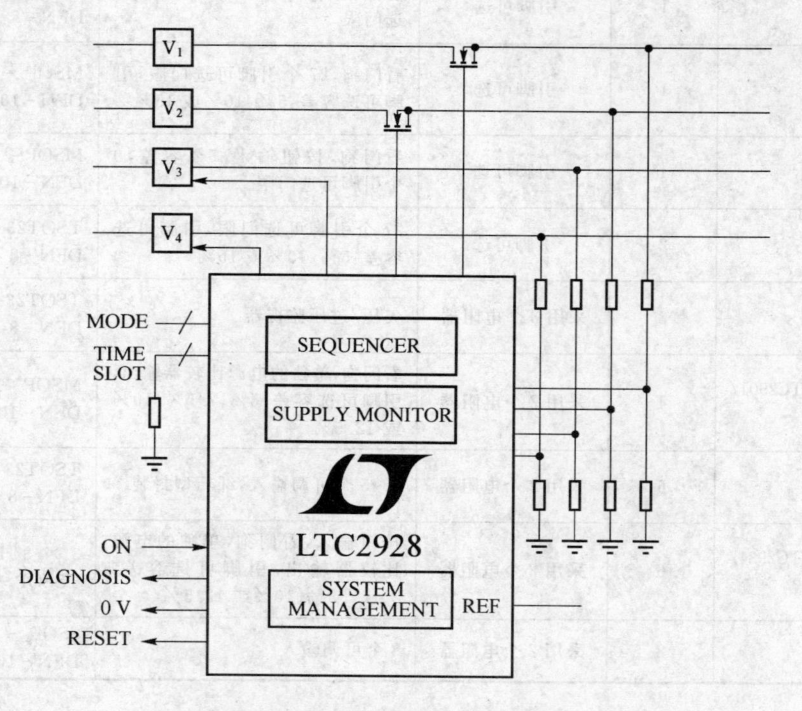

图 7.2.5 LTC2929 功能示意图

7.2.7 LTC2935 毫微功率电压监控器芯片

凌力尔特(LINEAR)公司的 LTC2935 是其超低功率电压监控器 IC 系列中的一个,目的是为了节能应用。该电压监控器仅吸收 500 nA 静态电流,因而非常适合监视单节锂离子电池或多达三节 AA 电池,而对功率预算的影响则微乎其微。三个电压选择引脚负责把内部精准电阻衰减器设定为 8 种电压复位和预警门限组合之一,以确保实现平稳的系统停机。LTC2935 采用超纤巧的 8 引脚 TSOT23 和 2 mm×2 mm DFN 无引线封装,可造就环保性能更佳的设计方案。

LTC2935 的应用如图 7.2.6 所示,其性能如表 7.2.3 所列。

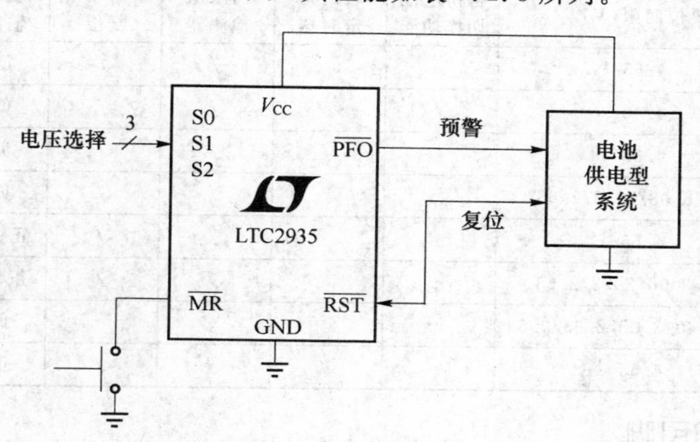

图 7.2.6 LTC2935 的应用

表 7.2.3 低功率的 LTC 系列芯片

器件型号	功能	电源电流	特 点	封装
LTC2934/LTC2935	电压监控器	I_Q=0.5 μA	预警电源故障输出,手动复位输入,±2.5%准确度	TSOT23-8,DFN-8(2×2)
LTC2453	模数转换器	I_{SHDN}=0.5 μA	16 位 ΔΣADC,±V_{CC}差分输入范围,I^2C兼容型 I/O	TSOT23-8,DFN-8(3×2)
LTC1540	比较器+基准	I_Q=1.5 μA	宽电源范围:2～11 V,1.2 V 基准,可调迟滞	MSOP-8,DFN-8(3×3),SO-8
LT ® 3009	线性稳压器	I_Q=3 μA	20 mA 低压差稳压器,无负载:I_Q=3 μA;20 mA 负载,I_Q=450 μA	SC70-8,DFN-6(2×2)
LT3481	降压型开关稳压器	I_Q=50 μA	36 V、2 A、2.8 MHz 开关稳压器,50 μA I_Q(在 12V_{IN}～3.3V_{OUT})	MSOP-10,DFN-10(3×3)
LTC3834	同步降压型控制器	I_Q=30 μA	宽 0.8～10 V、20 A 输出范围,±1%输出电压准确度、可锁相固定频率:140～650 kHz	TSSOP-20,QFN-20(4×5)
LT6003	放大器	I_Q=1 μA	单/双/四通道系列,每个放大器的电源电流为 1 μA(最大值),1.6～16 V 电源范围,-40～+125 ℃	TSOT23-5,DFN-4(2×2)

7.2.8 MAX703～709/813L单行机系统监控集成电路芯片

MAX703～709/813L是美国MAXIM公司推出的微处理机/单片机系统监控集成电路。它们具有系统复位、备份电池切换、"看门狗"定时输出、电源电压监测等多种功能,价格低,可靠性高。此系列集成电路共有8种器件,每种器件具有的功能如表7.2.4所列。下面按功能介绍这些器件。如果不特别指明某一种器件,则所述内容适用于所有器件。

表7.2.4 MAX703～709/813L的主要功能

器件名称	复位门限(V)	备份电池切换功能	看门狗定时器	门限值检测器	手动复位	复位脉冲输出波形	复位脉冲/ms
MAX703	4.65	√		√	√	负脉冲	200
MAX704	4.40	√		√	√	负脉冲	200
MAX705	4.65		√	√	√	负脉冲	200
MAX705	4.40/3.08/2.93/2.63		√	√	√	负脉冲	200
MAX707	4.65			√	√	正、负脉冲	200
MAX708	4.40/3.08/2.93/2.63			√	√	正、负脉冲	200
MAX709	4.65/4.40/3.08/2.93/2.63					负脉冲	280
MAX813L	4.65		√	√	√	正脉冲	200

1. 封装和引脚

MAX703～709/813L都是8个引脚的双列直插式封装,引脚如图7.2.7所示。

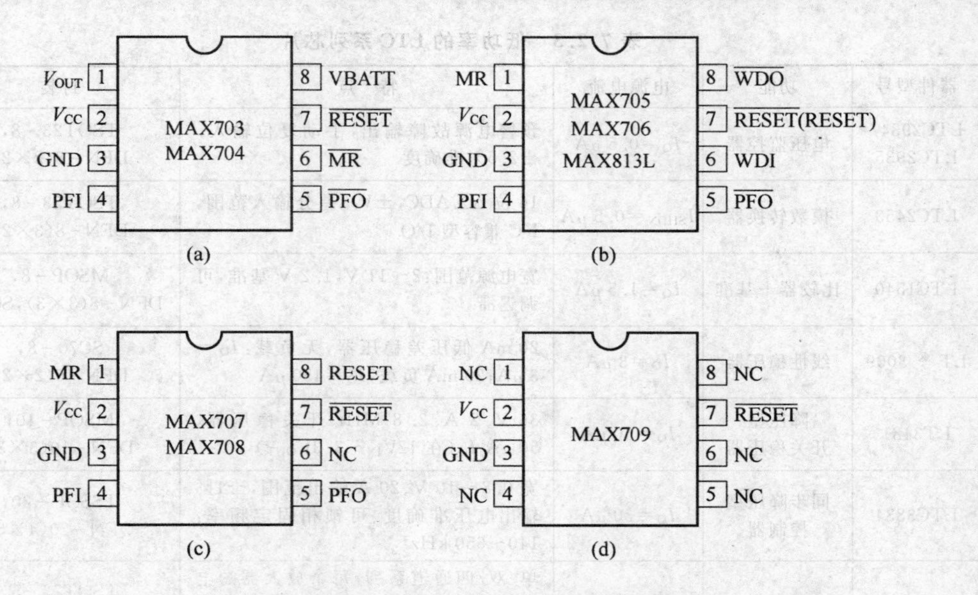

图7.2.7 MAX703～709/8131引脚图

2. 功 能

供电电压：应在 V_{CC} 和GND两引脚间加5 V供电电压，V_{CC} 接正，GHD为地。

(1) 复位时序(所有MAX器件均有此功能)。

对于表7.2.5所示复位时输出负脉冲复位信号的器件(MAX703/704/705/706/707/708/709)，复位时序如图7.2.8所示。现对复位时序说明如下：

①当 V_{CC} 和低于复位门限(各器件复位门限见表7.2.4)时，对于复位信号输出为负脉冲的器件，此时 $\overline{RESET}$ 引脚为低电平；而对于复位输出信号为正脉冲的器件(MAX707/708/81 3L)，此时RESET引脚为高电平。

②当 V_{CC} 由低于复位门限上升为高于复位门限时，对于复位输出为负脉冲的器件，先保持20 ms的低电平(对于MAX709为280 ms)，然后上升并保持为高电平；而对于复位输出为正脉冲的器件，先保持200 ms的高电平，然后下降并保持低电平。

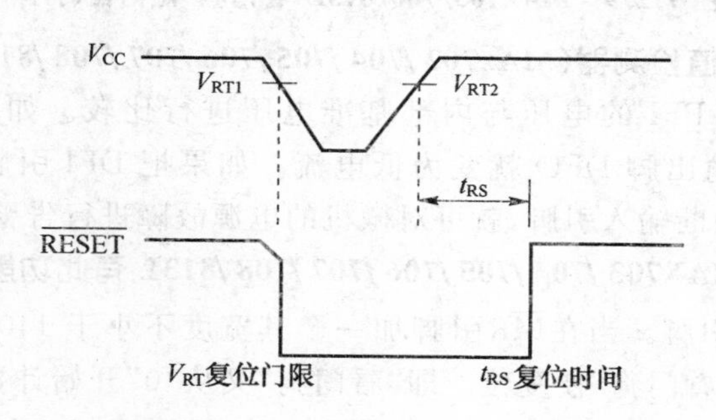

图7.2.8　MAX703～709复位输出时序

(2) 备份电池切换(MAX703和MAX704有此功能)

芯片内部的切换比较器控制备份电池的切换。只要 V_{CC} 超过复位门限电压，V_{CC} 便通过芯片内部开关接到 V_{OUT}，而断开备用电池 V_{BTT} 与 V_{OUT} 的连接；一旦 V_{CC} 降到复位门限电压以下，便使 $\overline{RESET}$ 变低(对于MAX813L使 $\overline{RESET}$ 变高)。此时若加于引脚V BATT的电压 V_{BATT} 高于 V_{CC}，则 V_{BATT} 就被切换到 V_{OUT} 引脚)。若把 V_{OUT} 引脚接到CMOSRAM的供电源引脚，那么在电源故障的情况下，仍可维持对CMOSRAM的供电，使此RAM成为非易失性RAM。

(3)“看门狗”定时器(仅MAX705、MAX706和MAX813L有此功能)

如果在时间 T_{WD} 等于1.6 s之内微机不触发“看门狗”输入引脚WDI，且WDI引脚不处于浮空状态，则“看门狗”的输出引脚 $\overline{WDO}$ 将变为低电流。触发“看门狗”的方法。是在WDI引脚加一个正脉冲。通常把WDO引脚接到微机的中断输入引脚(最好是不可屏蔽中断输入引脚)。若微机响应“看门狗”定时器中断(由引脚WDO发出)后，立即触发WDI，则“看门狗”的WDO引脚回到高电平并又从“0”开始计时。可用这种方法防止程序飞跑，提高微机测控系统的可靠性。MAX705/706/813L的“看门狗”定时器的时序如图7.2.9所示。若在RESET引脚由复位信号输出(负脉冲)，也使WDO变为高电平。

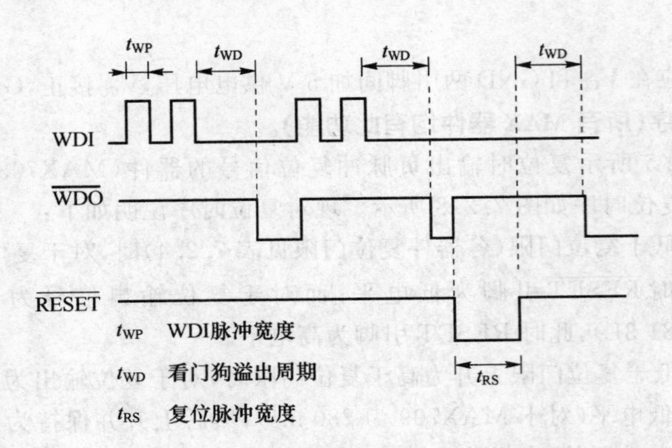

图 7.2.9　MAX705/706/813L“看门狗”定时器时序

(4) 1.25 V 门限值检测器(MAx703 /704 /705 /706 /707 /708 /813L 有此功能)

电源故障输入端 PFI 的电压与内部基准电压进行比较。如果 PFI 处电压低于 1.25 V,则电源故障输出脚 DFO 就变为低电流。如果把 DFI 引脚接电源分压器,把 DFO 引脚接微机的中断输入引脚,就可对微机的电源故障进行告警。

(5) 手动复位(MAX703 /704 /705 /706 /707 /708 /813L 有此功能)

$\overline{MR}$是手动复位引脚。当在$\overline{MR}$引脚加一个其宽度不小于 140 ms 的低电平,而不论是否回到高电平,“看门狗”便复位。即“看门狗”又从“0”开始计数,在$\overline{RESET}$引脚输出其宽度不小于 200 ms(对 MAX709 为 280 ms)的负脉冲(对于复位时输出负脉冲的器件),或在$\overline{RESET}$引脚输出宽度不小于 200 ms 的正脉冲(对于复位时输出正脉冲的器件)。从“看门狗”复位开始,在 1.6 s 以内$\overline{RESET}$不会输出负脉冲。之所以要求从$\overline{MR}$引脚输入的复位脉冲宽度不小于 140 ms,是要保证能有效消除机械开关抖动的影响。$\overline{MR}$是与 TTL/CMOS 电平兼容的,因此也可以用外部逻辑电路在 MR 引脚加上低电平来复位。

3. 典型应用举例

(1) 主电源检测和备用电池切换

电路如图 7.2.10 所示。此电路利用 MAX703 或 MAX704 实现两个功能,一个是对主电源 V_{CC}进行检测,另一个功能是及时切换备用电池,保证 RAM 中数据不会丢失。

1)主电源检测

在图 7.2.10 中,微机处理机和存储器 COMS RAM 主要由 V_{CC} 供电,称 V_{CC}为主电源。稳压后的+5 V

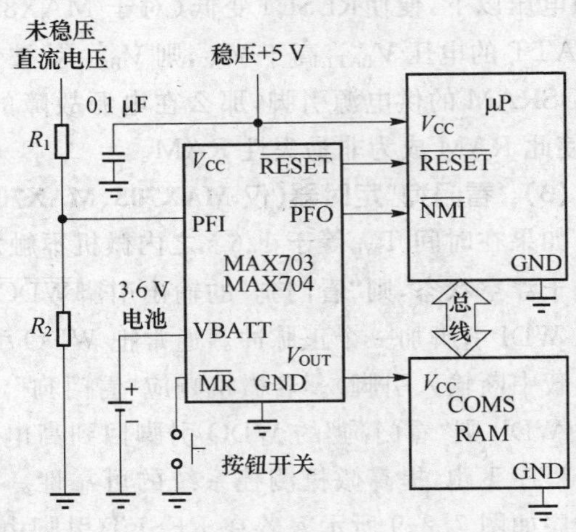

图 7.2.10　利用 MAX703/704 在微机测控系统中的应用

(V_{CC})电源是由未稳压的直流电源经稳压后得到。V_{CC}的降低是在“未稳压直流电压”降低之后延迟一段时间才会发生。为了及时发现V_{CC}即将降低，在图7.2.10中把“未稳压直流电压”分压后接到PFI引脚。当DFI引脚电压低于1.25 V时，门限检测器便检测到并把DFO引脚变为低电平，向微机请求中断。DFO引脚接在微机的不可屏蔽中断输入引脚NMI(对于MCS－51可接到INTO，对MCS－96可以接到EXINT)。微机响应此中断后可以进行必要的紧急处理。

如果V_{CC}降到复位门限(各型号复位门限电压值如表7.2.4所列)，RESET引脚变为低电平，微机停止任何操作，防止事故扩大。而在V_{CC}从低上升到复位门限以上时，$\overline{\text{RESET}}$引脚先是保持200 ms低电平，然后上升为高电平，使微机复位。应该说明，对于MCS－96单片机，$\overline{\text{RESET}}$引脚接法应按图7.2.10接法。对于MCS－51单片机，应把MAX703/704的$\overline{\text{RESET}}$经反相器反相后再接到MCS－51的RST引脚。

(2) 备份电池切换

在图7.2.10中，当V_{CC}高于复位门限电压时，芯片内部自动把V_{CC}与V_{OUT}引脚接通。若V_{CC}低于复位门限电压，则芯片内部自动把V_{CC}与V_{BATT}两者中大的一个接通到V_{OUT}引脚。这样促使图中RAM的供电永下间断，数据不会丢失。

在图7.2.10中把$\overline{\text{MR}}$引脚通过按钮开关接地，以提供手动复位功能。

(3) “看门狗”功能的实现

应用电路如图7.2.11所示。在图7.2.11中不仅有图7.2.10相似的对主电源检测、备用电池切换和手动复位功能，还有“看门狗”功能。在图7.2.11中，微机不断地通过“I/OLINE”(如单片机8051的PO口的任意引脚)加给WDI脚正脉冲，两次脉冲时间间隔不大于1.6 s，则$\overline{\text{WDO}}$引脚永远为高电平，说明微机程序执行正常。但是如果微机的程序跑飞(这一般是由于干扰信号改变了程序计数器内容引起的)，就不可能按时在“I/OLINE”引脚发出正脉冲。当两次发出正脉冲的时间间隔大于1.6 s时，“看门狗”便使$\overline{\text{WDO}}$引脚变为低电平，向微机请求中断。一般地，即使程序跑飞，使程序进入死循环，微机也能够响应中断。微机响应$\overline{\text{NMI}}$中断后，进入程序跑飞中断服务程序，使程序正常运行。

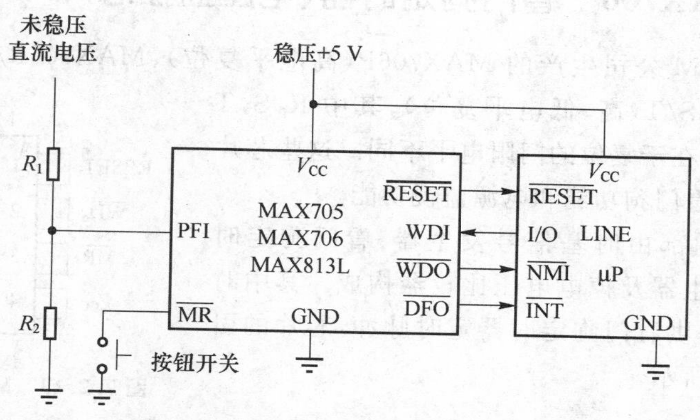

图7.2.11 利用MAX705/706/813L在微机测控系统中的应用

7.2.9 MAX704 具有电池切换功能的μP电源监控芯片

该芯片比MAX708多了备用电池切换功能。在某些要求系统不间断供电，还有备用电池的场合，使用MAX704芯片可保证主电源和备用电池自动无痕迹切换，如图7.2.12所示。

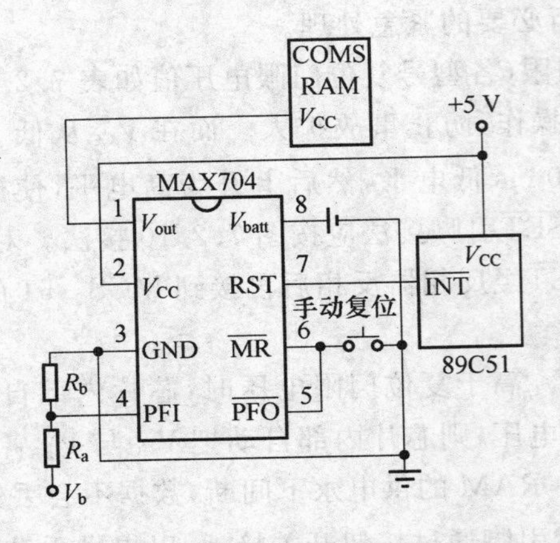

图 7.2.12 MAX704 引脚图及与 89C51 的接口

引脚说明如下：

- V_{out}：外部COMS RAM供电；
- V_{batt}：备用电池输入。

COMS RAM平时由V_{CC}供电。当V_{CC}低于复位门限电平4.40 V时，芯片内的模拟开关自动将1引脚V_{out}与内部的V_{CC}断开，和8引脚V_{batt}接通，电池为COMS RAM供电，从而保证信息不丢失，同时7脚$\overline{RST}$输出复位信号。

当V_{CC}高于复位电平4.40 V时，芯片内的模拟开关自动将1引脚V_{out}与8引脚V_{batt}的连接断开，使COMS RAM继续由主电源V_{CC}供电。

7.2.10 MAX706 看门狗定时器、电压监控芯片

美国MAXIM公司生产的MAX706P(高电平复位)、MAX706R/S/T(低电平复位)、MAX708R/S/T(高、低电平复位)，其中R，S，T三种型号的差别在于复位的门限电平不同。这些芯片具有复位功能、看门狗功能和电源监视功能。

MAX706内部由时基信号发生器、看门狗定时器、复位信号发生器及掉电电压比较器构成。其中时基信号发生器提供看门狗定时器定时脉冲，芯片的引脚如图7.2.13所示。

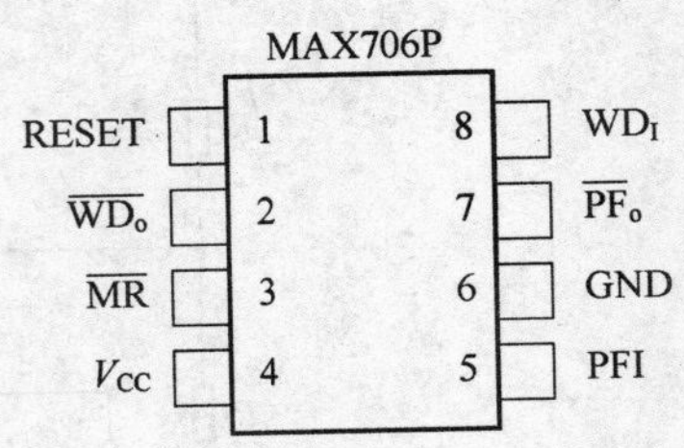

图 7.2.13 MAX706P 引脚

1. 引脚功能

PF_I:电源故障电压监控输入。

$\overline{PF_O}$:电源故障输出,当监控电压 PFI<1.25 V 时,$\overline{PF_O}$变低。

WD_I:看门狗输入。

$\overline{WD_O}$:看门狗输出。

RESET:高电平复位信号输出端。

$\overline{MR}$:手动复位输出。

2. 接口电路

MAX706 的典型应用电路如图 7.2.14 所示。

(1) 复位功能

手动复位:当接在$\overline{MR}$引脚上的按键按下时,$\overline{MR}$接收低电平信号,RESET 变为高电平,延时时间为 200 ms,使 89C51 复位。当电源电压降至 4.4 V 以下时,内部电压比较器使 RESET 变为高电平,使单片机复位,直到 V_{CC}上升到正常值。

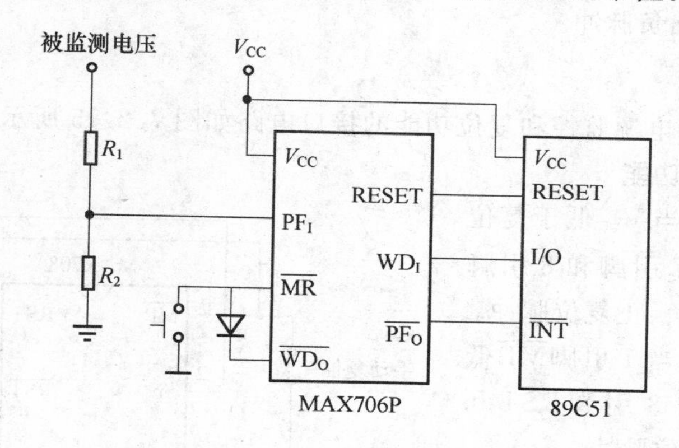

图 7.2.14 MAX706P 和 89C51 的连接

(2) 看门狗功能

MAX706P 的内部看门狗定时器的定时时间为 1.6 s。如果在 1.6 s 内 WDI 引脚保持为固定电平(高电平或低电平),则看门狗定时器输出端$\overline{WD_O}$变为低电平,二极管导通,使低电平加到$\overline{MR}$端,MAX706P 产生 RESET 信号,使 89C51 复位,直到复位后看门狗被清零,$\overline{WD_O}$才变为高电平。当 WD_I 有一个跳变沿(上升沿或下降沿)信号时,看门狗定时器被清零。如图 7.2.14 所示,将 WD_I 接到 89C51 的某根并行口线上,在程序中只要在短于 1.6 s 时间内将该口线取反一次,即能使定时器清零而重新计数,不产生超时溢出,程序正常运行。当程序跑飞时,不能执行产生 WD_I 的跳变指令,到 1.6 s $\overline{WD_O}$因超时溢出而变低,产生复位信号,使程序复位。

看门狗定时器有三种情况被清零:发生复位;WD_I 处于三态;WD_I 检测到一个上升沿或一个下降沿。

(3) 电压监控功能

当电源(如电池)电压下降,监测点低于 1.25 V(即 PF_I<1.25 V)时,$\overline{PF_O}$变为低电平,产生中断请求。在中断服务中,可以采用相应的措施。

7.2.11 MAX708 μP 电源监控(无看门狗)、系统复位芯片

1. 引脚功能

$\overline{MR}$:手动复位;

V_{CC}:+5 V 电源输入,主电源监测;

GND:地(信号基准地);

PF_I:电源故障监测输入;

$\overline{PF_O}$:电源故障监测输出;

NC:空脚;

RST:复位输出正脉冲;

$\overline{RST}$:复位输出负脉冲。

2. 接口电路

具有对 89C51 电源监控和复位功能的接口电路如图 7.2.15 所示。

(1) 系统复位功能

① 自动复位:当 V_{CC} 低于复位门限(4.40 V)时,7 引脚和 8 引脚$\overline{RST}$和 RST 输出负、正复位脉冲。

② 手动复位:当 1 引脚$\overline{MR}$低电平时,7 引脚和 8 引脚$\overline{RST}$和 RST 输出负、正复位脉冲。

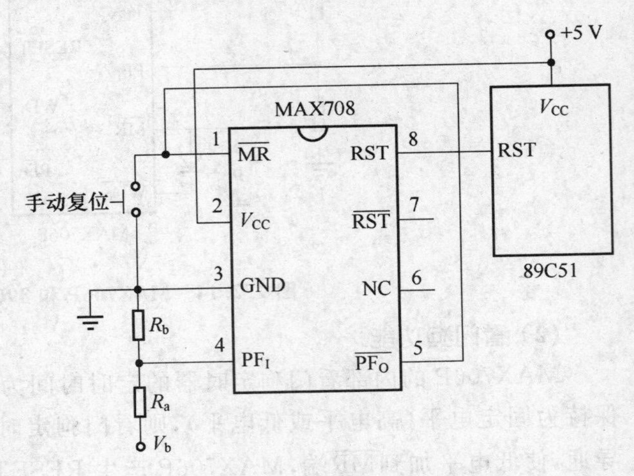

图 7.2.15 MAX708 引脚图及与 89C51 的接口

(2) 电源监测功能

① 主电源监测:在智能化系统中,微处理器 μP 和 COMS RAM 主要由 V_{CC}(+5 V)供电,称为主电源。MAX708 芯片的 2 引脚 V_{CC}接+5 V,不仅为芯片提供工作电压,而且实时监测 V_{CC}。当 V_{CC}降至 4.40 V 时,7 引脚和 8 引脚输出复位脉冲。

某些系统对主电源的要求很高,要求在发现主电源即将下降之前采取措施。+5 V 电压的降低比未稳压之前的直流电压延迟十几毫秒,因此可以将未稳压的直流电压经电阻分压后接到 4 脚 PF_I。当电压低于 1.25 V 时,5 引脚$\overline{PF_O}$立即输出低电平。将此信号接于 89C51 的不可屏蔽中断$\overline{INT}$,微处理器响应此中断进行紧急处理。

② 第二电源监测:在智能化系统中,除了主电源 V_{CC}(+5 V)外,可能有执行部件如继电器、显示器等需要第二电源 V_b。若第二电源过低,会造成系统失灵,因此要求监测

第二电源 V_b。MAX708 可满足这一要求。被监测的第二电源 V_b 经电阻分压后接到芯片的 4 引脚 PF_I，当电压低于 1.25 V 时，芯片的 5 脚$\overline{PF_O}$输出低电平。可以将此信号作为告警信号，也可以如图 7.2.15 所示连接到 1 引脚，对系统产生复位信号。

7.2.12　MAX813L　看门狗、电压监控 IC 芯片

MAX813L 是 MAXIM 公司推出的低成本微处理器监控芯片。封装形式为 8 引脚双列直插式(DIP)和小型(SO)式封装，引脚图如图 7.2.16 所示。

① MR——手工复位输入端。可连接复位按钮。

② V_{CC}——+5 V 电源。

③ GND——电源地。

④ PF_i——电源检测输入端。可将需要检测的电源连接于此，不用时接地或电源。

⑤ PF_o——电源检测输出端。被检测电源正常时，输出高电平，否则输出低电平。

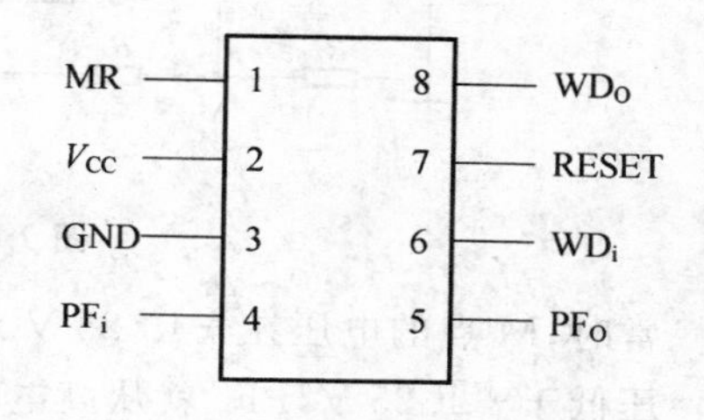

图 7.2.16　MAX813L 引脚图

⑥ WD_i——“看门狗”输入端，俗称“喂狗”信号。

⑦ RESET——复位输出端。高电平有效，可输出 200 ms 的正脉冲。当电源 V_{CC}<4.65 V时，RESET 保持高电平。

⑧ WD_o——“看门狗”输出端。当“喂狗”信号在 1.6 s 内不能及时送入时，该脚即产生 1 个低电平信号。

1. 主要功能

- 上电、掉电以及降压情况下具有 RESET 输出；
- 独立的“看门狗”电路，“看门狗”定时时间为 1.6 s；
- 1.25 V 门限检测器，用于低压报警，还可监视+5 V 以外的电源电压；
- 具有手工复位输入端。

2. 在实际系统中的应用

电路连接如图 7.2.17 所示。

在这个系统中，$P_{1.0}$作为看门狗的“喂狗”信号；WD_o经反相处理后与 RESET 输出通过个或门和单片机的 RST 连接；MR 连接 1 个对地的手工复位按钮；V_{CC} 接+5 V；+12 V经 2 个分压电阻 R_2 和 R_3 送入 PF_i；PF_o 送入+12 V 后备电池，切换电路的输入端。

这个电路的主要功能如下：

(1) 对+5 V，+12 V 同时进行监视

当+5 V 电源正常时，RESET 为低电平，单片机正常运行；当+5 V 电源电压降至+4.65 V以下时，RESET 输出变为高电平，对单片机进行复位。

图 7.2.17 中 M 点的电压经 R_2 和 R_3 对+12 V 分压所得，R_2 和 R_3 可根据实际需要和被检测的电压值选定。因为 PF_i 的门限电压为 1.25 V，所以只要保证在+12 V 正

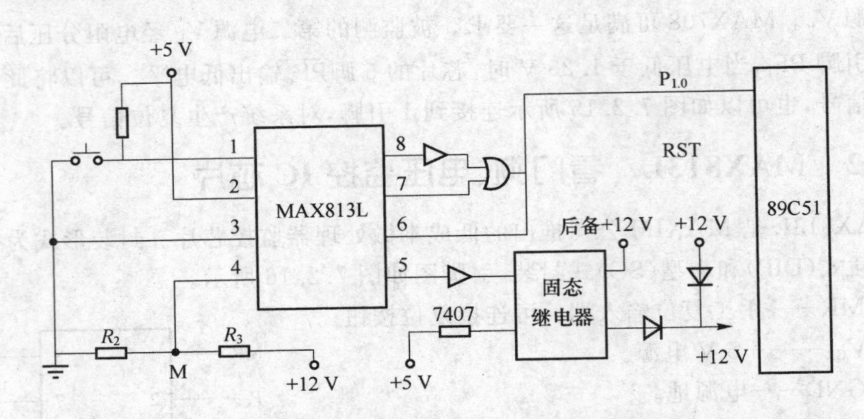

图 7.2.17 MAX813L 与 89C51 连接

常时，M 点的电压在＋1.25 V 或者稍高一点即可。一旦＋12 V 电压降低，M 点的电压低于＋1.25 V，PF_0 就从高电平跳变成低电平，触发＋12 V 后备电源切换电路，以切换电源。

R_2 和 R_3 的电阻值需要根据被监控电源的正常波动范围来确定。如果要求被监控的＋12 V 电源降低 1 V 时就要切换到后备电源，那么，M 点的电压值为：

$$V_M = R_2 \times (12.0 - 1.0)/(R_2 + R_3)$$

$$V_M = 1.25\ \text{V}$$

选定 $R_2 = 1\ \text{M}\Omega$，可以算出 $R_3 \approx 130\ \text{k}\Omega$。

(2) 看门狗

$P_{1.0}$ 作为“喂狗”信号，CPU 只要在 1.6 s 内给 $P_{1.0}$ 一个正脉冲，看门狗定时器被清零，WD_0 维持高电平；当程序跑飞或死机时，CPU 不能在 1.6 s 内给出“喂狗”信号，WD_0 立即跳变为低电平，经反相，变为高电平，对单片机进行复位。

(3) 手工复位

如果需要对系统进行手工复位，只要按图 7.2.17 中的复位按钮，就能对系统进行有效的复位。

7.2.13 MXD1810～MXD1818 降低功耗 33%的工业标准监控器芯片

DALLAS 公司的 MXD1810～MXD1813/MXD1815～MXD1818 是可节省 33%功率和板上空间的 μp 监控 IC。它们既有工业标准的 SOT23 引出脚，可用于现有设计，又可提供新型 SC70 封装，可用于下一代设计。

主要特性如下：

- 降低功率 33%以上；
- SC70 封装(相比 SOT23)节省板上空间 35%；
- 监视 2.5 V 系统；

- 完全规范于－40～＋105 ℃；
- 可定制的门限电压(间隔 100 mV)。

和其他同类产品比较,降低功率消耗 33%以上,如图 7.2.18 所示。其性能如表 7.2.5所列。

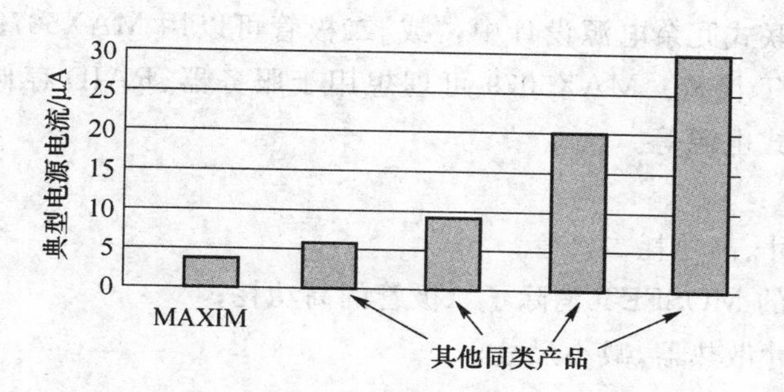

图 7.2.18 MAXIM 产品降低功率 33%以上

表 7.2.5 MXD1810～MXD1818 性能

型号	复位输出	手动复位功能	门限电压/V	引脚-封装
MXD1810/MXD1815	推挽$\overline{\text{RESET}}$		4.62,4.37,4.12 (MXD1810～MXD1813) 3.06,2.88,2.55,2.31,2.18 (MXD1815－MXD1818)	3－SC70/SOT23
MXD1811/MXD1816	开漏$\overline{\text{RESET}}$			3－SC70/SOT23
MXD1812/MXD1817	推挽 RESET			3－SC70/SOT23
MXD1813/MXD1818	推挽$\overline{\text{RESET}}$	√		3－SC70/SOT23

图 7.2.19 为以 MXD1813 为例的功能说明。

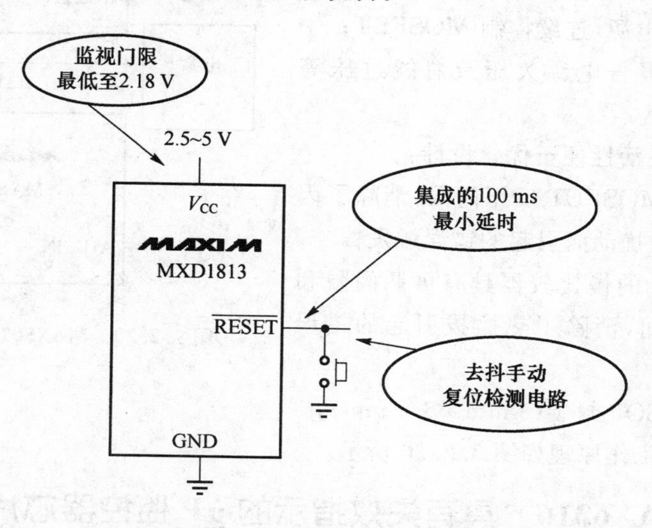

图 7.2.19 MXD1813 功能说明

7.2.14　MAX5079　能更快关断MOSFET的电源监控器芯片

DALLAS公司的MAX5079在“或”MOSFET控制器中能够更快(200 ns)地关断MOSFET,有更高的容错能力。

在高电流、并联式冗余电源设计中,“或”二极管可以用MAX5079控制之下的、更低压降的MOSFET代替。MAX5079可理想用于服务器、RAID存储系统、网络交换机/路由器和银盒式电源等。

主要性能如下:

① 取代大尺寸、高功耗二极管;

- 低 $R_{DS(ON)}$ 的MOSFET消除了二极管的高功耗;
- 省去大尺寸散热器,减小尺寸;
- 降低成本。

② 发生故障时更快地关断MOSFET:

- 一旦 V_{IN} 下降到 V_{BUS} 以下,在200 ns内完成关断,防止 V_{BUS} 被拉低;
- 高达3 A的栅极下拉电流,确保超快速关断MOSFET。

③ 更高的容错能力:

- 当 $V_{IN}<V_{BUS}$ 时关断MOSFET;
- 从 V_{BUS}(或者当 V_{IN} 失效时从辅助电源)获取电源,连续控制MOSFET;
- 检测并报告电源欠压及总线过压等故障。

④ 高度的灵活性便于优化设计:

- 可调节MOSFET反压门限;消除了因 V_{BUS} 上的扰动而引起的错误触发;
- 额外增加的慢比较器具有可调门限和消隐时间,消除了热插拔引起的错误触发。

⑤ 14-TSSOP封装(5 mm×6.5 mm)。

MAX5079工作原理如图7.2.20所示。

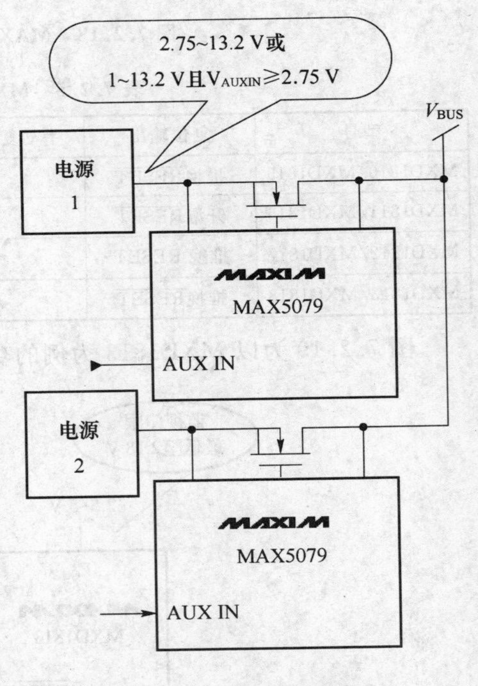

图7.2.20　MAX5079工作原理

7.2.15　MAX6316　具有失效指示的μP监控器芯片

MAXIM的MAX6316为一款μP监控器,图7.2.21为利用MAX6316 μP监控器来监控风扇的转速计输出的电路图。

在许多设备中应用的无刷直流风扇对设备的性能和寿命都至关重要。对风扇故障及时提示以防止严重损害是基本的要求。在众多识别和提示风扇停转的方案中，图 7.2.21 所示电路是非常简单可靠的一种。

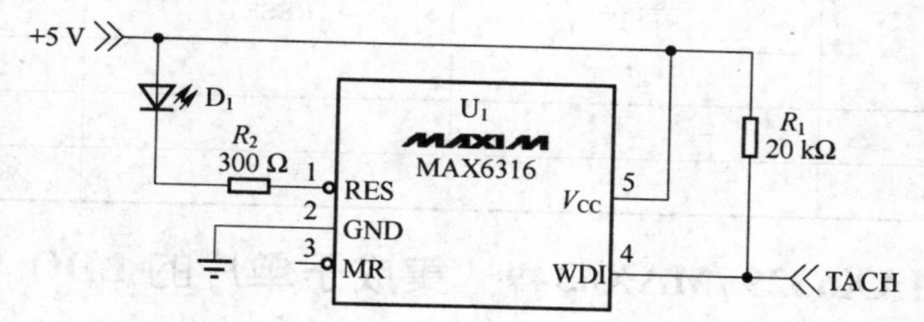

图 7.2.21　MAX6316 监控风扇转速计输出电路

风扇的转速计输出连接到 μP 监视器（U1）的看门狗输入端。正常工作时 LED 保持关断。如果在一个看门狗停顿周期内测速信号没有改变状态，U1 即通过复位输出点亮 LED。结果是，LED 随着监控 IC 的看门狗/复位循环而闪烁。此例中的 LED 点亮时间为 200 ms，闪烁周期为 1.6 秒。能够满足大多数的用途。

7.2.16　MAX6326－MAX6348　精密型上电复位监控器芯片

MAXIM 的 MAX6326－MAX6348 是仅消耗 500 nA 的 SOT 复位 IC。可监视 2.5 V 电压，对于便携式仪器和电池供电系统极为理想。

MAX6326/MAX6327/MAX6328 和 MAX6346/MAX6347/MAX6348 可为您的便携式 2.5 V/3 V/3.3 V/5 V 系统节省宝贵的空间和有限的电池能量。这种精密型上电复位 IC 在全温度范围内仅消耗 500 nA 的电源电流（3.3 V 电源）。复位门限具有 2.2～4.63 V 之间，100 mV 级差的各种电压规格。

主要性能如下：

- 500 nA 电源电流（MAX6326/6327/6328）；
- 精密的 100 ms 延迟；
- 无需任何外部元件；
- 精确监侧 2.5 V/3 V/3.3 V/5 V 电源电压；
- 低价格；
- 全温度范围内保证满足规范；
- 保证复位有效至 V_{CC}＝1 V；
- 引脚兼容于 MAX809/MAX810；
- 3 引脚 SOT23 封装（2.5 mm×3.05 mm）。

MAX6326/46～28/48 系列芯片性能如表 7.2.6 所列。

表 7.2.6　MAX6326～MAX6348 功能

器件	低电平有效 $\overline{\text{RESET}}$	高电平有效 RESET	漏极开路输出 $\overline{\text{RESET}}$
MAX6326/46	√		
MAX6327/47		√	
MAX6328/48			√

7.2.17　MAX6329/MAX6349　集成于单片的 LDO 与 μP 复位监控器芯片

MAXIM 的 MAX6329/MAX6349 将 LDO(低压差电源)与 μP 监控复位集成于单片 SOT 封装(3 mm×3 mm)内。它可提供 150 mA 输出电流,是便携式产品的理想选择,可用于蜂窝电话、无绳电话、笔记本电脑、PDA、PCMCIA/MODEMS 等。

主要性能如下:

- ＋3.3 V、＋2.5 V 或＋1.8 V 预定输出电压;
- 低静态电流(25 μA);
- 1 μF 小电容节省线路板空间;
- 无反向电流,保护电池安全;
- 内置热关断保护;
- 5%或 10%预置复位门限满足处理器容差;
- 140 ms(最小)复位延时;
- 3 种复位输出方式任选。

MAX6329/MAX6349 的工作原理如图 7.2.22 所示。

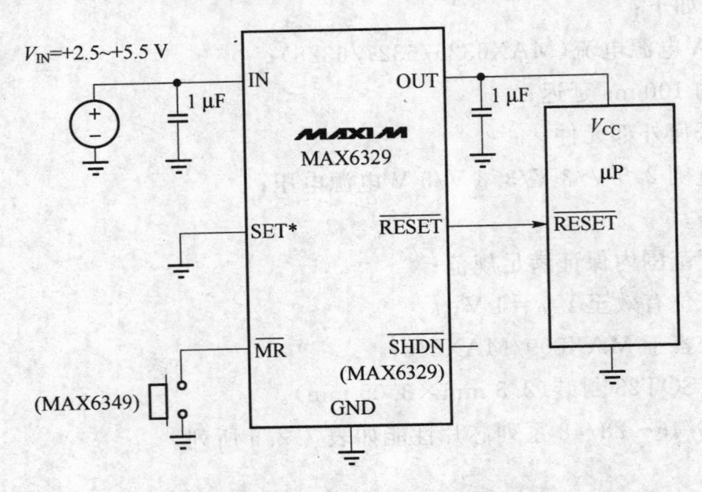

图 7.2.22　MAX6329 工作原理

注:SET 引脚用于调节输出电压(最低至 1.23 V),接地时选择预定输出电压。

7.2.18 MAX6332～MAX6337 低至1.6 V监视电压的μp复位监控器芯片

MAXIM的MAX6332～MAX6337是监视电压可低至1.6 V的单片复位IC,无需任何外接元件。

主要性能如下：

- 具备1.6～2.5 V之间,间隔100 mV的各种触发门限；
- 易于使用,无需外部元件；
- 3种复位输出方式；
- 具备手动复位(MAX6335/6336/6337)；
- 引脚兼容于MAX809～MAX812；
- 3种精确的复位延时:1 ms、20 ms和100 ms；
- 具备SOT23和SOT143封装；
- 低价格。

延长2节电池系统工作时间的工作原理如图7.2.23所示。

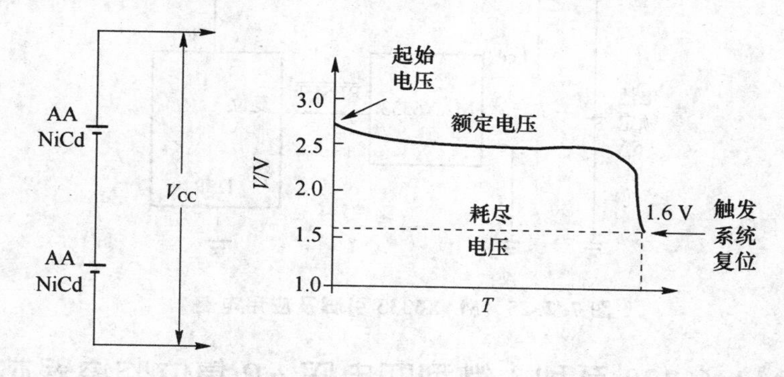

图7.2.23 延长电池工作时间的工作原理

MAX6332～MAX6337的典型应用如图7.2.24所示。

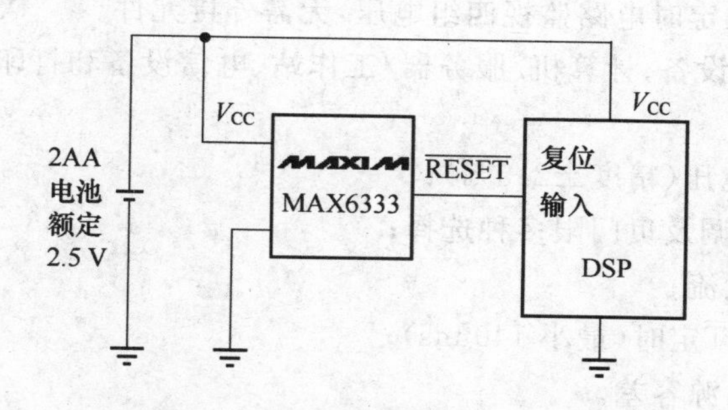

图7.2.24 MAX6333典型应用

7.2.19 MAX6333 监视电压低至1.6 V的μP复位监控器芯片

MAXIM的MAX6333是一款监视电压可低至1.6 V的新型单片机复位和电源监控IC芯片。

主要特性如下：

- 具备1.6～2.5 V之间间隔100 mV的各种触发门限；
- 易于使用，无需外部元件；
- 3种复位输出方式；
- 具备手动复位(MAX6335/6336/6337)；
- 引脚兼容于MAX809～812；
- 3种精确的复位延时：1 ms、20 ms及100 ms；
- 具备SOT23和SOT143封装；
- 低价格。

MAX6333引脚及应用电路如图7.2.25所示。

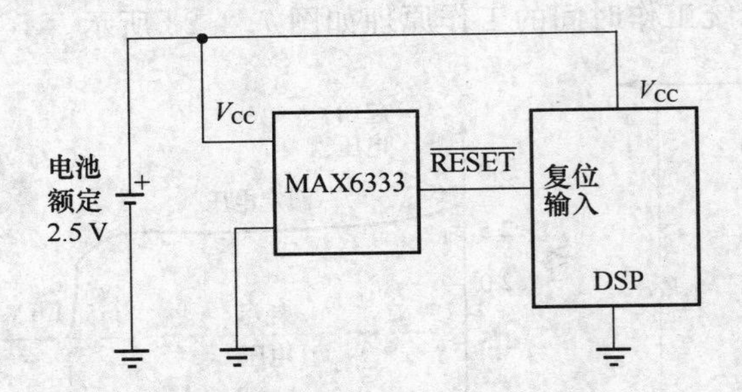

图7.2.25 MAX6333引脚及应用电路

7.2.20 MAX6339系列 微型四电压μP复位监控器芯片

DALLAS公司的MAX6339系列是微型四电压复位IC，利用集成于微型6引脚SOT23封装内的复位定时电路监视四组电压，无需外接元件。

应用于数据存储设备、计算机/服务器/工作站、电信设备和打印机等。

主要性能如下：

- 精确的门限电压(精度±2.5%)；
- 提供固定、可调及负门限多种选择；
- 25 μA电源电流；
- 内置的$\overline{RESET}$定时(最小140 ms)；
- 5%或10%电源容差。

MAX6339的工作原理如图7.2.26所示。其性能如表7.2.7所列。

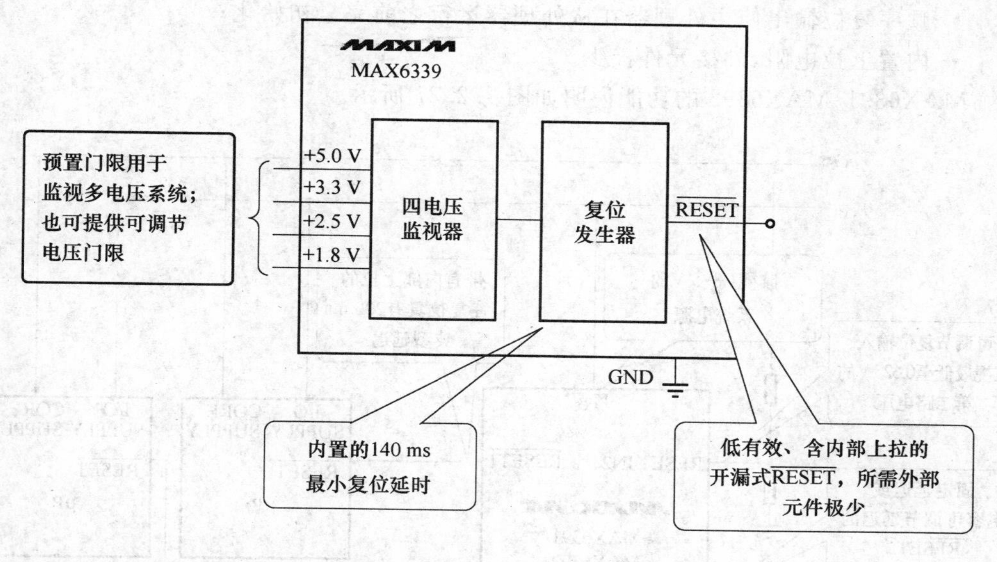

图 7.2.26　MAX6339 工作原理

表 7.2.7　MAX6339 系列性能

器件	监视电压(额定值)						电源容差(%)		
	5 V	3.3 V	3.0 V	2.5 V	1.8 V	−5 V	可调节输入*	10%	5%
MAX6339A/B	√	√		√			1	A	B
MAX6339C/D	√	√			√		1	C	D
MAX6339E/F	√		√	√			1	E	F
MAX6339G/H	√		√		√		1	G	H
MAX6339I/J	√	√		√	√		0	I	J
MAX6339K/L		√		√			2	K	L

7.2.21　MAX6391/MAX6392　具有顺序复位输出的双电压 μP 监控器芯片

DALLAS 公司的 MAX6391/MAX6392 是具有顺序复位输出的新型双电压 μP 监控器，它使主处理器在从处理器运行之前完成初始化，保证系统具有正确的工作状态。

主要特性如下：

- 内置的固定门限(精度为±2.5%)监视主电源；
- 固定的 V_{CC} 复位延迟(140 ms，最小)；
- 固定的(140 ms，最小)或用户可调节的 RESET IN2 延迟；
- 极低的 15 μA 功耗减少元件数量、提升系统可靠性；
- 8 引脚 SOT23 器件监视两路电源电压，并具有独立的复位输出；

- 顺序复位输出使主处理器在从处理器运行之前完全初始化；
- 内置上拉电阻，外接元件极少。

MAX6391/MAX6392 的功能说明如图 7.2.27 所示。

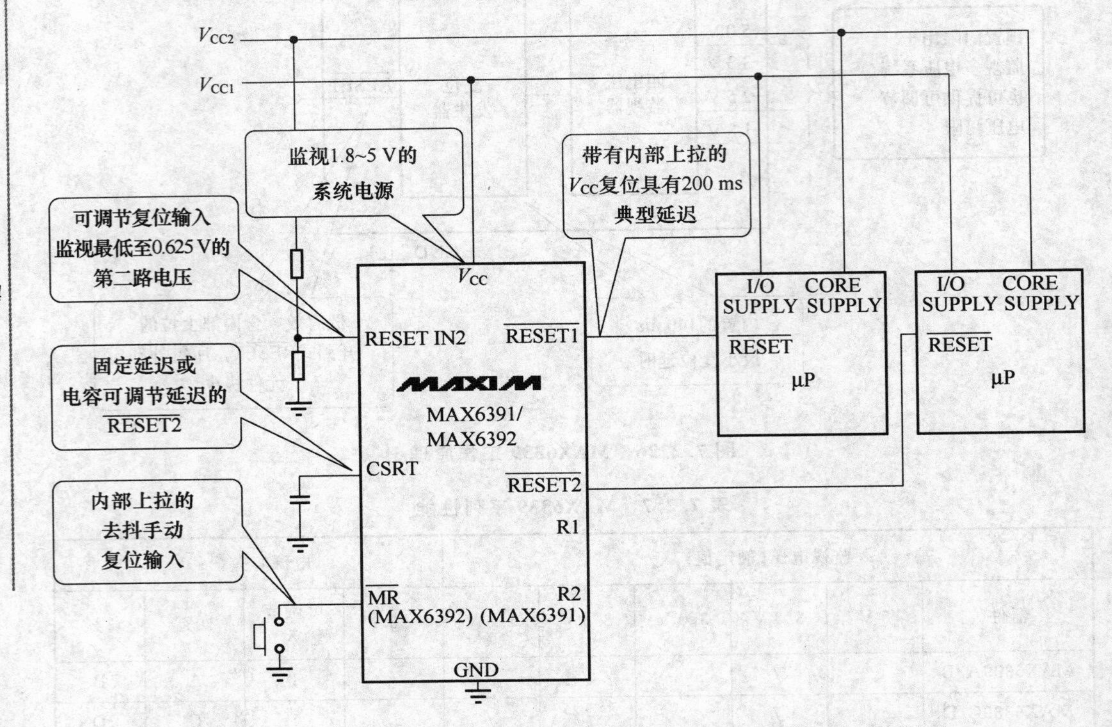

图 7.2.27 MAX6391/MAX6392 功能说明

7.2.22 MAX6381～MAX6390 专为监视 1.8 V 系统的监控电路芯片

MAXIM 的 MAX6381～MAX6390 是专为监视 1.8 V 系统设计的监控电路。它们低电压、3 μA 电源电流、SC70（2.0 mm×2.1 mm）微封装，用于便携式设备非常理想。

主要性能如下：

- 复位门限由 1.58～4.63 V，间隔约 100 mV（整个额定温度范围内精度 2.5%）；
- 低静态电流（典型 3 μA）；
- 附加的复位输入可用于监视第二路电压（MAX6387/88/89）；
- MAX6390：V_{CC}复位延时 1120 ms（或 1200 ms），手动复位延时则为更短的 140 ms（或 150 ms）；
- 1.2 s（最小）延时满足新型 DragonBall™ VZ 处理器（MC68VZ328）要求。

MAX6381～6390 的工作原理如图 7.2.28 所示。其性能如表 7.2.8 所列。

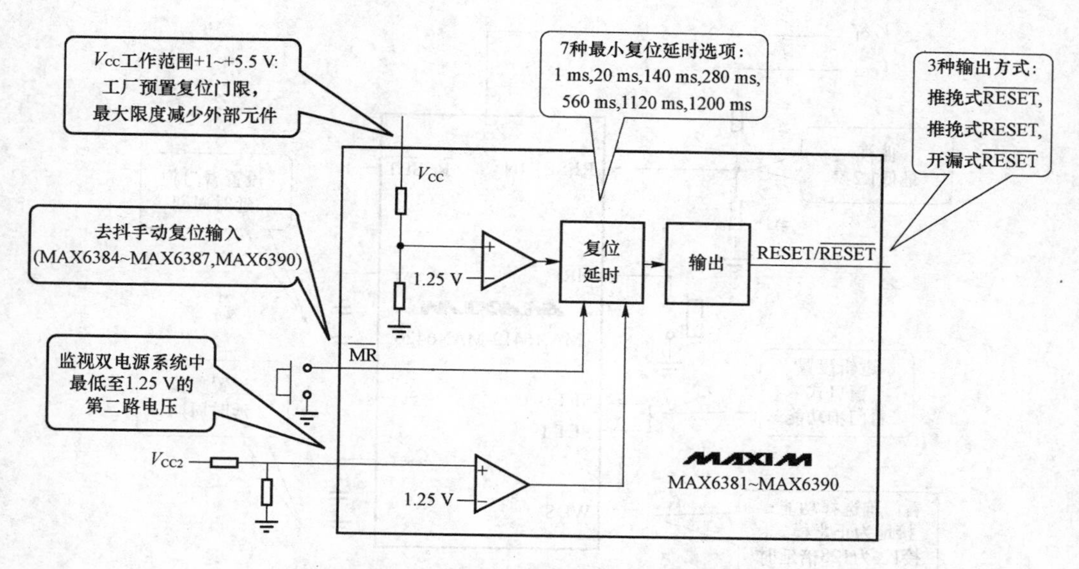

图 7.2.28 MAX6381～MAX6390 工作原理

表 7.2.8 MAX6381～MAX6390 功能

器件	推挽式 $\overline{RESET}$	推挽式 RESET	开漏式 $\overline{RESET}$	手动复位输入	附加复位输入
MAX6381/84/87	√			MAX6384	MAX6387
MAX6382/85/88		√		MAX6385	MAX6388
MAX6383/86/89/90			√	MAX6386/90	MAX6389

7.2.23 MAX6412－MAX6426 小尺寸、低功耗、单/双电压监控器芯片

DALLAS公司的MAX6412－MAX6426是小尺寸、低功耗(1.6 μA)、单/双电压μP监控器,具有电容可调的复位延时。MAX6746－MAX6753还提供一个电容可调的看门狗定时器,用于系统监视。

主要性能如下:

- 1.6 μA超低电源电流,理想用于电池供电设备;
- 工厂设定门限(间隔100 mV),监视1.8～5 V系统;
- 看门狗选择功能可增加看门狗延时128倍,减小电容尺寸;
- 窗口式看门狗功能,提供更高可靠性;
- 完全规范于－40～＋125 ℃;
- 提供小巧的SC70、SOT23或SOT143封装。

MAX6412－MAX6426的工作原理如图7.2.29所示。芯片的功能如表7.2.9所列。

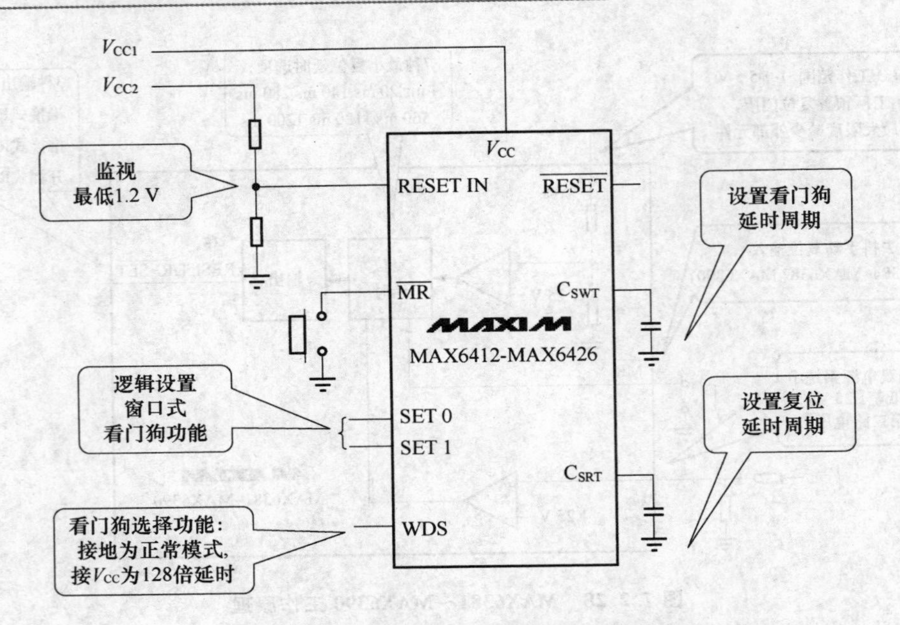

图 7.2.29 MAX6412－MAX6426 工作原理

表 7.2.9 MAX6412～MAX6426 功能

型号	固定电压	可调电压	手动复位输入	看门狗选择功能	窗口式看门狗功能	引脚-封装
MAX6412/MAX6413/MAX6414	√		√			5－SOT23
MAX6415/MAX6416/MAX6417		√				5－SOT23
MAX6418/MAX6419/MAX6420	√	√				5－SOT23
MAX6421/MAX6422/MAX6423	√					4－SC70/4－SOT143
MAX6424/MAX6425/MAX6426	√					5－SOT23
MAX6746/MAX6747	√		√	√		8－SOT23
MAX6748/MAX6749	√	√		√		8－SOT23
MAX6750/MAX6751	√	√		√		8－SOT23
MAX6752/MAX6753	√				√	8－SOT23
MAX6340	√					5－SOT23

7.2.24 MAX6427－MAX6438 具有内置回差的单/双电平电池监控器芯片

DALLAS 公司的 MAX6427－MAX6438 是无需外接元件、具有内置回差的单/双电平电池监控器。可消除电池供电设备的振荡问题，理想用于单体锂电池或 2 至 3 节镍氢、镍镉或碱性电池。

主要性能如下：

- 单/双电池欠压指示器；
- 单(MAX6427－MAX6429,MAX6433－MAX6435)；
- 双(MAX6430－MAX6432,MAX6436－MAX6438)；
- 48 种工厂预调校的门限(MAX6427－MAX6433)；
- 集成的延迟定时(140 ms,最小)；
- 可调门限型器件引脚兼容于 MIC2778/MIC2779(MAX6433－MAX6438)；
- 精度达±2.5％的电压门限；
- 3 种电池欠压输出结构；
- 小巧的 SOT23/SOT143 封装。

MAX6427－MAX6438 消除电池供电设备振荡如图 7.2.30 所示。

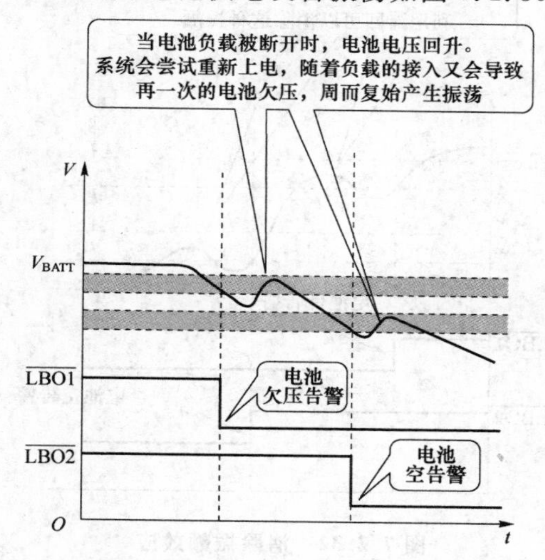

图 7.2.30　消除供电设备振荡

它们的应用如图 7.2.31 所示。

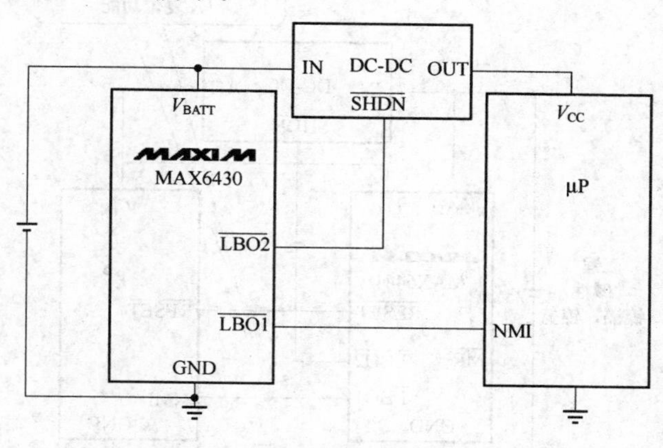

图 7.2.31　MAX6430 典型应用

7.2.25 MAX6439～MAX6442 单/双电平电池监控器芯片

DALLAS公司的MAX6439～MAX6442是单/双电平电池监控器，无需外部元件，利用内部滞回消除振颤效应。

消除振颤效应的曲线如图7.2.32所示。

MAX6439－MAX6442的工作原理如图7.2.33所示，其性能如表7.2.10所列。

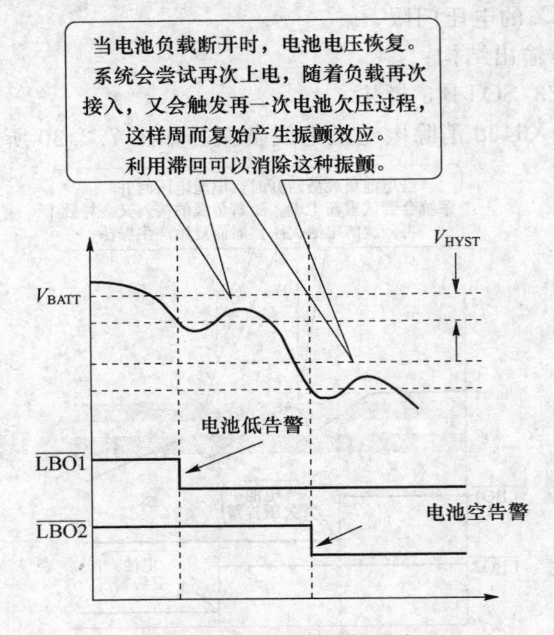

图7.2.32 消除振颤效应

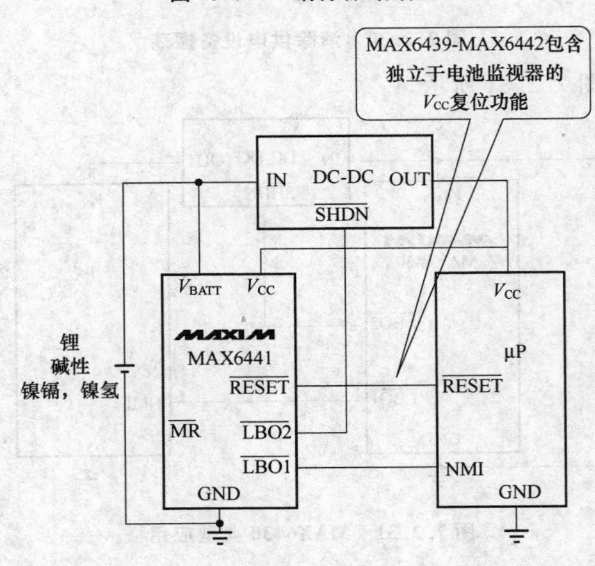

图7.2.33 MAX6441工作原理

表 7.2.10 Maxim 为便携式应用提供全线的微型、超低功耗电池监视器

型号	功能	电源电流/μA	引脚-封装
MAX6427/MAX6428/MAX6429	固定门限的单电平电池监视器	1	3-SOT23
MAX6430/MAX6431/MAX6432	固定门限的双电平电池监视器	1	4-SOT143
MAX6433/MAX6434/MAX6435	可调门限的单电平电池监视器	1	5-SOT23
MAX6436/MAX6437/MAX6438	可调门限的双电平电池监视器	1	6-SOT23
MAX6439/MAX6440	具有固定门限和独立的 V_{CC} 复位输出的单电平电池监视器	2.5	6-SOT23
MAX6441/MAX6442	具有固定门限和独立的 V_{CC} 复位输出的双电平电池监视器	2.5	8-SOT23
MAX6461/MAX6462/MAX6463	电压门限从 1.6～5.5 V(间隔 100 mV),并具有5%滞回的电压检测器	1	3-SC70
MAX6464/MAX6465/MAX6466	复位门限从 1.6～5.5 V(间隔 100 mV),并具有5%滞回的 μP 监控器	1	3-SC70

7.2.26 MAX6457 - MAX6460 单/双通道的高电压检测器芯片

DALLAS 公司的 MAX6457 - MAX6460 是一组监视电压高达 28 V 的欠压/过压检测器。它们具有 2 μA 电源电流,采用细小的 SOT23 封装。

主要特性如下:

- 宽广的 4～28 V V_{CC} 工作电源范围;
- 开漏输出可独立于 V_{CC} 驱动 0～28 V;
- 精确的 2.5%内部基准;
- 欠压锁定保证正确的输出状态,直到低至 1.2 V;
- MAX6457/MAX6458 可作为电压检测器(50 μs,典型)或复位电路(90 ms,最短);
- 0.5%、5%或 8%滞回可选;
- 完全规范于－40～＋125 ℃;
- 小巧的 SOT23 封装。

其功能如表 7.2.11 所列。

表 7.2.11 MAX6457 - MAX6460 功能

型号	特性
MAX6457	单输入/输出,欠压或过压监视
MAX6458	双输入/单输出,窗口监视
MAX6459	双输入/输出,独立的欠压/过压监视
MAX6460	可外部连接的基准输出、IN_+ 和 IN_-,增加了灵活性(可监视负电压)

MAX6457 的欠压/过压检测电路如图 7.2.34 所示。

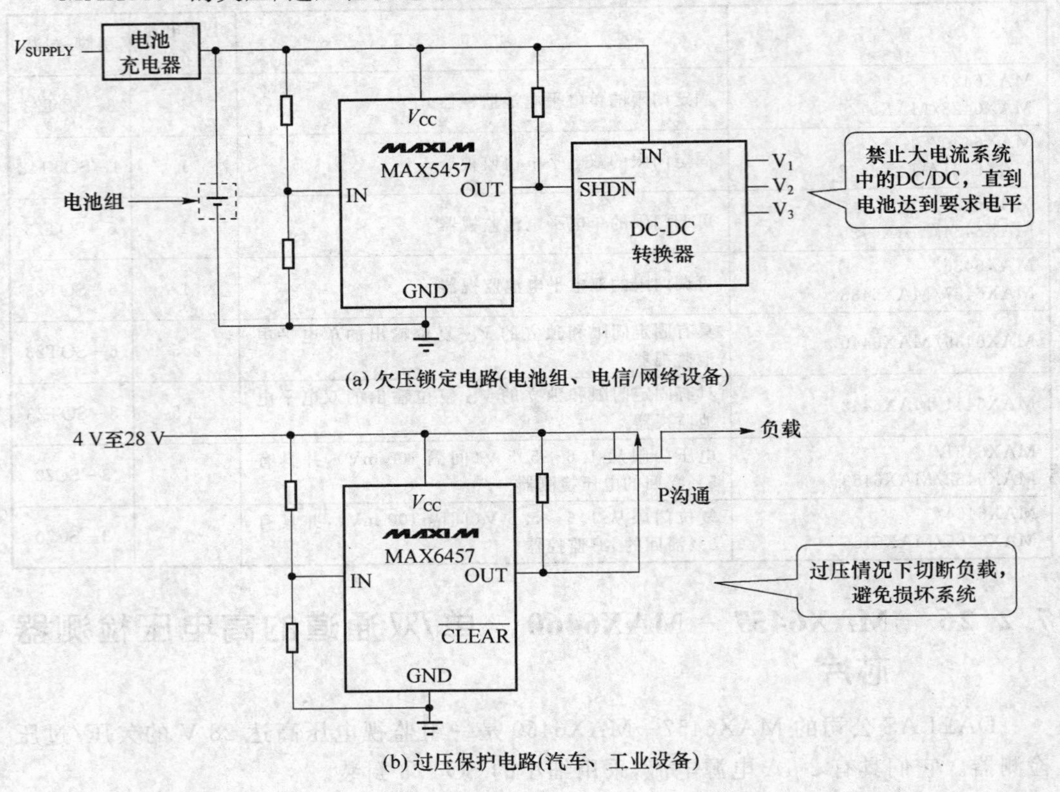

图 7.2.34 MAX6457 欠压/过压检测电路

注：这些高电压检测器用于多节电池组(笔记本)、汽车、工业、电信和网络设备非常理想。

7.2.26 MAX67×× /MAX64×× 超小型、高精度电池监控器芯片

DALLAS 公司的 MAX6775 - MAX6781 和 MAX6427 - MAX6438 是超小型、高精度的电池监控器。它们理想用于便携式应用，如血糖仪、蜂窝电话、MP3 播放器、GPS、PDA 等，延长便携式设备中的电池寿命。

由于±1%的高门限精度，MAX6775 - MAX6781 允许电池工作至尽可能低的电平，因而赢得了尽可能长的工作时间。这些微型 IC 是全新提供 1 mm×1.5 mmμDFN 封装的电池监视器。

较之原有产品的优势如下：

- 缩小了 64%(μDFN 对比 SC70)；
- 门限精度提高了 42%(全温范围内±1%对比±1.75%)；
- 固定或可调滞回；
- 单或双电平监视。

MAX6779 的工作原理如图 7.2.35 所示，其性能如表 7.2.12 所列。

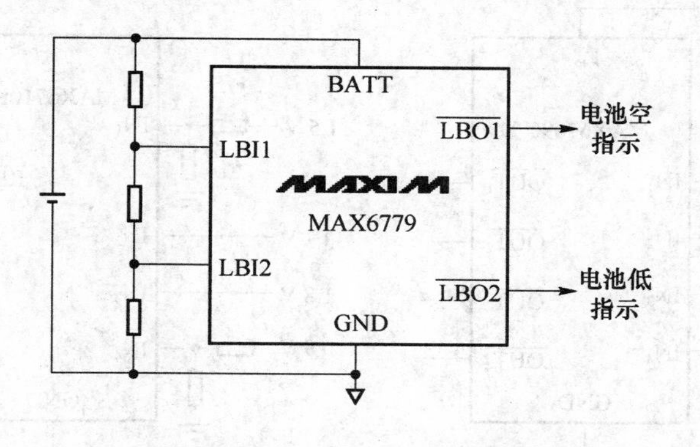

图 7.2.35 MAX6779 工作原理

表 7.2.12 MAX67××/MAX64××功能

型号	电池低输出	门限精度/(%)	滞回/(%)	电源电流/μA	封装
MAX6775/MAX6776	单	±1	0.5、5 或 10	3	6-μDFN/5-SC70
MAX6777/MAX6778	单		可调		
MAX6779/MAX6780/MAX6781	双		0.5、5 或 10		
MAX6427/MAX6428/MAX6429	单	±2.5	可选	1	3-SOT23
MAX6430/MAX6431/MAX6432	双		可选		4-SOT143
MAX6433/MAX6434/MAX6435	单		可调		5-SOT23
MAX6436/MAX6437/MAX6438	双		可调		6-SOT23

7.2.28 MAX6700/6709/6710/6714 更小的四电压 μP 监控器芯片

MAX6700/6709/6710/6714 可为网络、电信、服务器和数据存储中的下一代低电压设计提供更多的灵活性和更高的可靠性；固定门限用于监视 5 V、3.3 V、2.5 V 和 1.8 V；可调输入监视电压最低可至 0.62 V。

其引脚及工作电路如图 7.2.36 所示。

MAX6709 四电压监视器特性如下：

- 开漏输出的 4 路独立电压监视器；
- 内置 10 μA 上拉电流，省去上拉电阻；
- 可提供 15 种门限组合；
- 备有 10 引脚 μMAX 封装。

MAX6710 四电压 μP 监控器具有集成的复位定时：

- 单一的开漏复位输出；
- 140 ms(最小)复位延时；

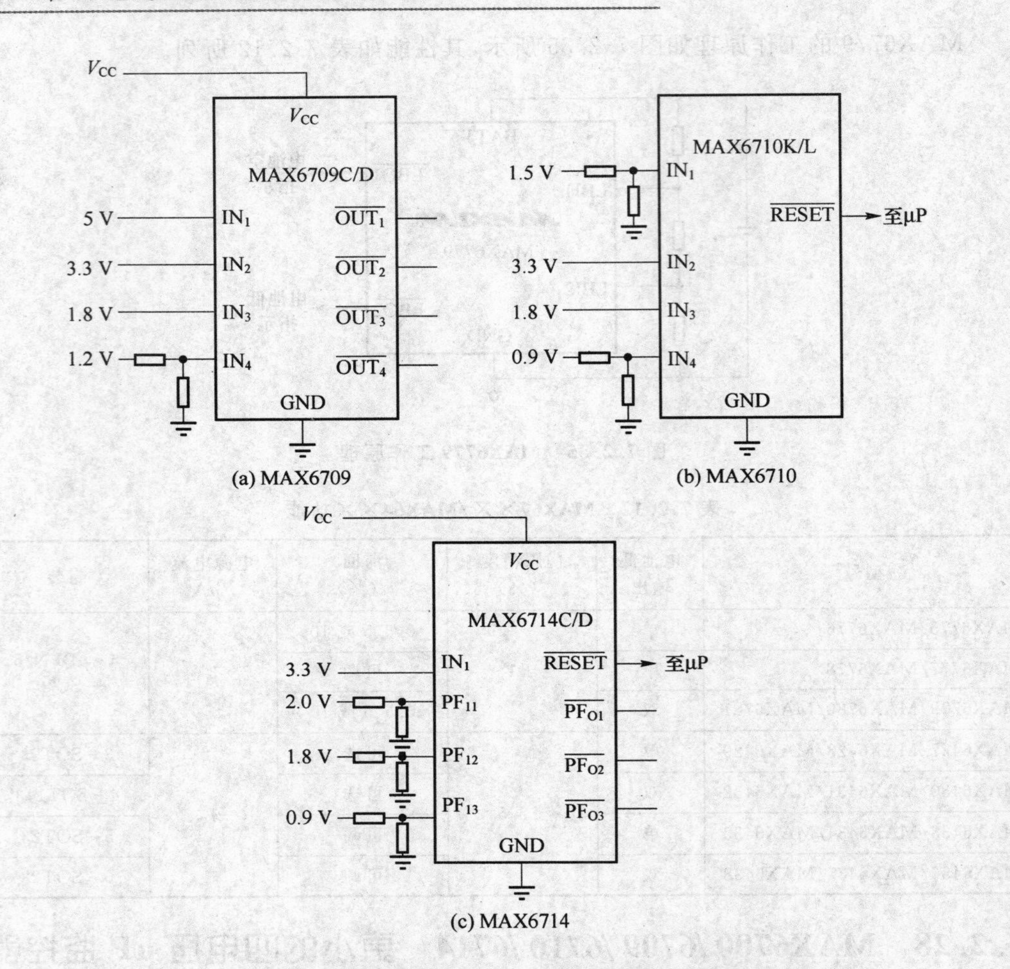

图 7.2.36　MAX6709/6710/6714 引脚及工作电路

- 内置 10 μA 上拉电流，省去上拉电阻；
- 可提供 15 种门限组合；
- 备有 6 引脚 SOT23 封装；
- MAX6700：具有单一开漏输出的可调节三电压监视器（无复位定时）。

MAX6714μP 复位电路带有 3 个电源失效比较器：

- 系统复位适用于 3.3 V 和 5 V 系统；
- 三个电源失效比较器监视电压最低可至 0.62 V；
- 提供开漏复位输出和电源失效输出；
- 4 种门限电压可选；
- 提供 10 引脚 μMAX 封装。

7.2.29　MAX6700～MAX6831　双/三/四电压监控器芯片

DALLAS 公司的 MAX6700～MAX6831 是一组多电压 μP 监控集成电路。监控电压可低至 0.62 V,它们是双/三/四电压监控器,提供更高的集成度,更好的性能和更高的灵活性,可应用于电信/基站、数据存储系统、工作站/服务器和网络系统等。

主要性能如下:

①更高集成度。

- 在细小的 SOT23 和 μMAX 封装内监视多达四组电压;
- 具备排序功能;
- 可选择看门狗(WDI/WDO),手动复位,PFI/PFO。

②更高性能。

- 监视电压可低至 0.62 V;
- ±2.5%门限精度;
- 电源电流低至 6 μA。

③更灵巧。

- 多种固定的和可调节的门限;
- 复位门限从 0.62~4.63 V;
- 复位延时从 1~1200 ms。

MAX6700~MAX6831 系列芯片功能如表 7.2.13 所列。

表 7.2.13 MAX6700~MAX6831 功能

型号	类型	功 能
MAX6700	三	3 路可调节输入,电源好输出
MAX6709/MAX6710	四	4 路独立的输出/单路复位输出(140 ms,最小)
MAX6714	四	单路复位输出(140 ms,最小)和 3 路电源好输出
MAX6736 - MAX6745	双/三	手动复位输入,PFI/PFO,POK 输出,SC70 封装
MAX6715 - MAX6735	单/双/三	手动复位,看门狗定时器,PFI/PFO,双输出,独立的看门狗输出
MAX6701 - MAX6708	双/三	手动复位输入,看门狗定时器和 PFI/PFO
MAX6819/MAX6820	双	为多电压系统提供电源排序
MAX6391/MAX6392	双	具有顺序时序的双复位输出
MAX6826 - MAX6831	双	手动复位输入和看门狗定时器

7.2.30 MAX6736~MAX6845 更低功耗的 μP 监控电路芯片

DALLAS 公司的 MAX6736~MAX6845 则一组更小巧、更低功耗的 μP 监控 IC,可监控最低至 0.9 V 的电源。采用单/双/三电压方案,用于低电压设计非常理想。

5 引脚的 SC70 封装(2.0 mm×2.1 mm)应用于笔记本电脑、PDA、服务器/工作站/台式机、网络/电信设备等。

主要性能如下:

①更高性能。

- 固定的 0.788~4.63 V 复位门限;
- 整个温度范围内门限精度达±2.5%;

- 5 μA 电源电流。

②更高集成度。

- 监视单/双/三电压系统；
- 完全集成的复位延时；
- 细小的 SC70 和 SOT23 封装。

③更灵巧。

- 3 种复位输出结构；
- 电压检测器或四种复位延时选项；
- 可提供的功能包括手动复位输入，PFI/PFO，便于排序的电源好(POK)，互补复位输出。

MAX6736～MAX6845 的功能如表 7.2.14 所列。

表 7.2.14 MAX6736～MAX6845 功能

型号	监视电压/V	固定	可调	功 能	引脚-封装
MAX6841/MAX6842	0.9～1.5	√		手动复位输入	5 - SOT23
MAX6842/MAX6844/MAX6845	0.9～1.5		√	RESET 和 $\overline{RESET}$ 输出	5 - SOT23
MAX6832/MAX6833/MAX6834	1.2～1.8	√		手动复位输入	3 - SC70
MAX6835/MAX6836/MAX6837	1.2～1.8		√	手动复位输入	4 - SC70
MAX6838/MAX6839/MAX6840	0.44～3.6		√		4 - SC70
MAX6736/MAX6737	0.9～5	√		双电压监视，手动复位	5 - SC70
MAX6738/MAX6739	0.5～5	√	√	双电压监视，手动复位	5 - SC70
MAX6740/MAX6743	0.5～5	√	√	三电压监视	5 - SC70
MAX6741/MAX6744	0.9～5	√		双电压监视，用于排序的 POK	5 - SC70
MAX6742/MAX6745	0.9～5	√		独立的电源失效比较器	5 - SC70

7.2.30 MAX6736～MAX6745 三通道电压 μP 监控器芯片

DALLAS 公司的 MAX6736～MAX6745 是 SC70 封装的三通道电压 μP 监控器，它们的小尺寸、低至 6 μA 的低功耗，是专为便携设备中监视 I/O 和内核电源而优化设计。

主要特性如下：

- 极低的 6 μA 电源电流；
- 2.5%精度的工厂设定门限，减少外部元件数量；
- 1.5%精度的门限用于可调节复位/电源失效输入；
- 完全规范于－40～＋85 ℃；
- 5 引脚 SC70 封装比 S0T23 封装节省 50%的板上空间；
- 手动复位输入(MAX6736 - MAX6739)；

- $\overline{\text{RESET}}$上的按钮监测电路触发手动复位(MAX6740/MAX6741/MAX6742)。

MAX6736－MAX6745 的功能如表 7.2.15 所列。

表 7.2.15　MAX6736－MAX6745 功能

型号	电压监视器数	$\overline{\text{RESET}}$	特性
MAX6736/MAX6337	2 固定	开漏/推挽	手动复位输入
MAX6738/MAX6739	1 固定,1 可调	开漏/推挽	手动复位输入
MAX6740/MAX6743	2 固定,1 可调	开漏/推挽	三电压
MAX6741/MAX6744	2 固定	开漏/推挽	POK 用于电源排序
MAX6742/MAX6745	1 固定	开漏/推挽	PFI/PFO

MAX6736－MAX6745 的说明如图 7.2.37 所示。

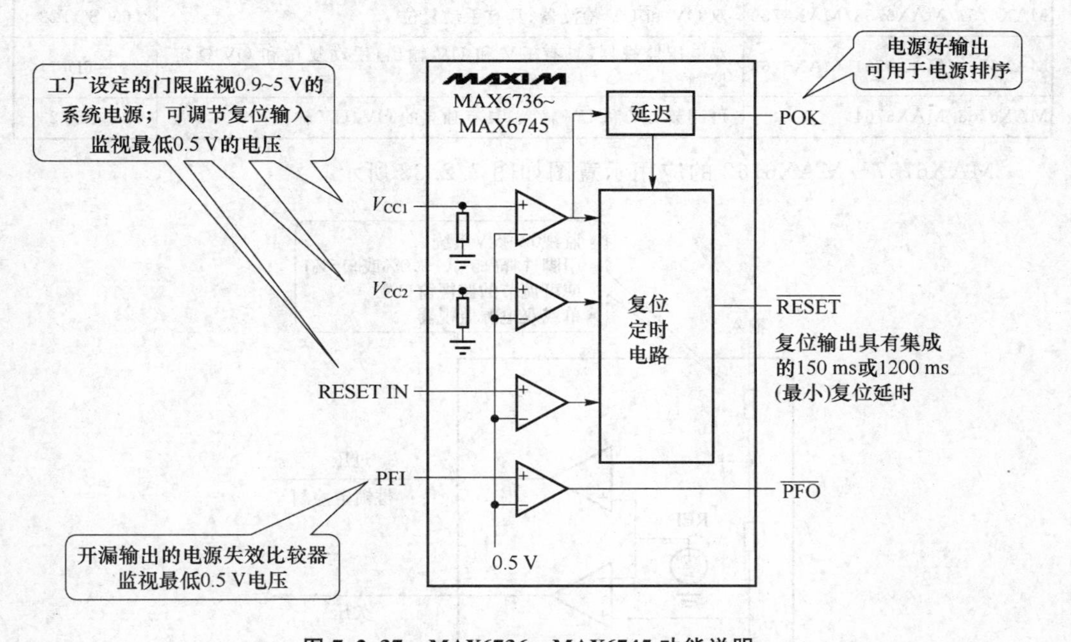

图 7.2.37　MAX6736－MAX6745 功能说明

7.2.32　MAX6754－MAX6764　单/双通道的低功耗电压检测器芯片

DALLAS 公司的 MAX6754－MAX6764 是一组体积更小、更低功耗的单/双过压和欠压检测器。它们可用于电信/基站、工作站/服务器、数据存储系统和网络系统等，提高系统的可靠性。

主要特性如下：

- 更小的封装，完全集成于 SOT23/TDFN 封装；
- 更低的电源电流，低至 30 μA 电源电流；

- 更高的精度,±1.5%门限精度;
- 更低的监视电压,低至0.4 V;
- 更宽的温度范围,保证工作于−40～+125 ℃;
- 手动复位输入;
- 增加附加功能,有过压输出锁定控制。

其功能如表7.2.16所列。

表7.2.16　MAX6754～MAX6764功能

型　号	特　性	引脚-封装
MAX6457 - MAX6460	高压(28 V)监视器,具有独立的OV/UV输出,锁定控制或基准输出	5 -/6 - SOT23
MAX6754/MAX6755/MAX6756	单输出UV/OV检测器,具有手动复位	5 - SOT23
MAX6757/MAX6758/MAX6759	双OV和UV检测器,具有手动复位	6 - SOT23
MAX6760/MAX6761/MAX6762	双电压监视器,具有OV和UV输出,手动复位和OV锁定控制	8 - TDFN
MAX6763/MAX6764	可调节OV和UV输入,具有独立的OV/UV输出	6 - SOT23

MAX6757～MAX6762的应用示意图如图7.2.38所示。

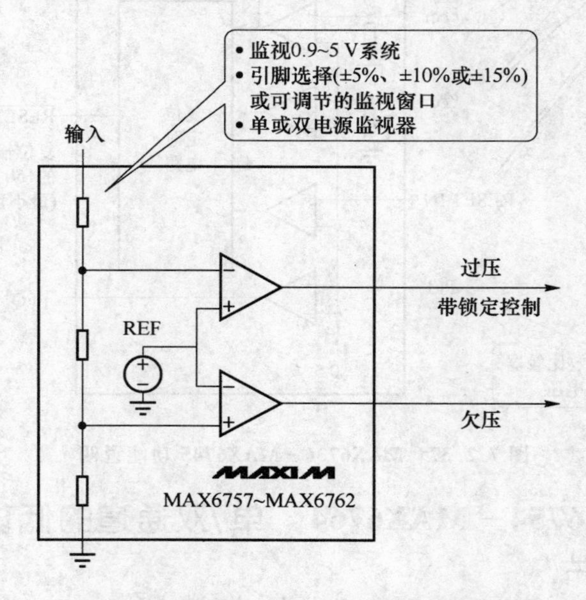

图7.2.38　MAX6757 - 6762应用示意图

7.2.33　MAX6775 - MAX6781　超小型、高精度电池监控器芯片

DALLAS公司MAXIM的MAX6775 - MAX6781是超小型、高精度的电池监控器,延长便携式设备中的电池寿命。

由于1%的高门限精度，MAX6775－MAX6781允许电池工作至尽可能低的电平，因而赢得了尽可能长的工作时间。这些微型IC是全新提供1 mm×1.5 mm μDFN封装的电池监视器。

理想用于便携式应用：PDA、MP3播放器、血糖仪、GPS等

较之原有产品的优势如下：

- 缩小了64%（μDFN对比SC70）；
- 门限精度提高了42%（全温范围内1%对比1.75%）；
- 固定或可调滞回；
- 单或双电平监视。

MAX6775－MAX6781的典型应用如图7.2.39所示。

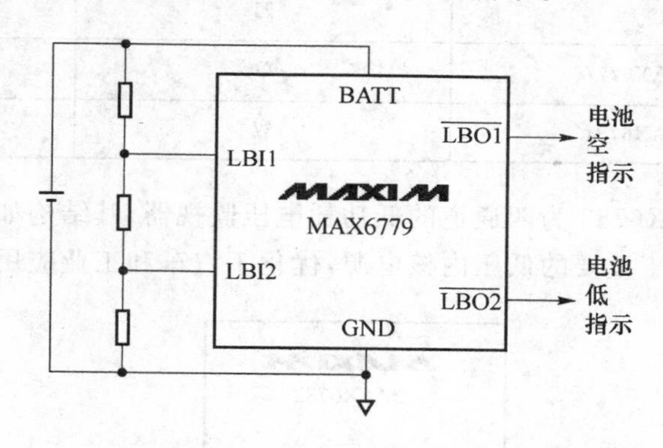

图7.2.39 MAX6779典型应用

MAX6775～MAX6781的功能如表7.2.17所列。

表7.2.17 MAX6775－MAX6781功能

型号	电池低输出	门限精度/(%)	滞回/(%)	电源电流/μA	封装
MAX6775/MAX6776	单	1	0.5,5或10	3	6－μDFN/5－SC70
MAX6777/MAX6778	单	1	可调	3	6－μDFN/5－SC70
MAX6779/MAX6780/MAX6781	双	1	0.5,5或10	3	6－μDFN

7.2.34 MAX6782/MAX6783 低功耗、四通道电压监控器芯片

MAX6782－MAX6790是MAXIM公司的单、双、三、四通道的高精度、低功耗的电池电压监视器。

主要特性如下：

- 高精度，门限精度达±1%；
- 低功耗，5.7 μA电源电流；
- 低电压监视，监视电压低至0.6 V；
- 电池地接保护；

- 滞回可调，设计更灵活；
- 最大化便携式电子产品的电池寿命。

MAX6782～MAX6790 的功能如表 7.2.18 所列。

表 7.2.18　MAX6782 - MAX6790 功能

型号	监视的电压数	监视配置
MAX6782/MAX6783	四	UV
MAX6784* /MAX6785	三	UV
MAX6786* /MAX6787* /MAX6788*	双	UV
MAX6789* /MAX6790*	四	OV
MAX6775/MAX6776/MAX6777	单	UV
MAX6778/MAX6779/MAX6781	双	UV

MAX6782/MAX6783 为四通道的低功耗电压监视器，其结构如图 7.2.40 所示。该组 IC 理想用于重要的低压内核电源，优化于汽车和工业应用等高瞬态系统。

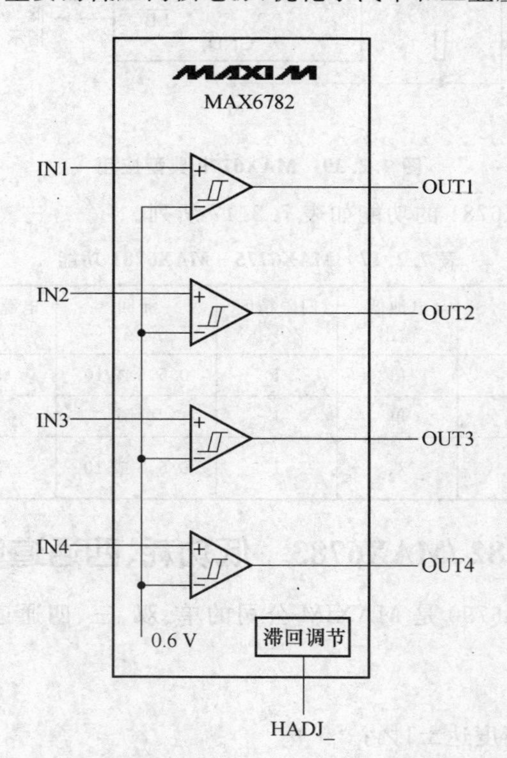

图 7.2.40　MAX6782 结构

7.2.35 MAX6821－6825 低功耗 μP 复位监控电路芯片

MAXIM 的 MAX6821－6825 是一组集手动复位、"看门狗"定时器、低功耗和 μP 监控电路于一体的芯片。

主要特性如下：

- 监视＋1.8～＋5.0 V 的系统电源；
- 9 种工厂预设的门限（梢度 2.5％）；
- 3 种可选的复位输出；
- 5 μA 电源电流；
- 140 ms 最短复位延时；
- 1.6 s"看门狗"定时周期；
- 手动复位输入；
- 推挽式$\overline{\text{RESET}}$和 RESET 输出（MAX6824/6825）；
- 引脚兼容于工业标准器件 MAX823/824/825；
- 无偏外部元件；
- SOT23－5 封装。

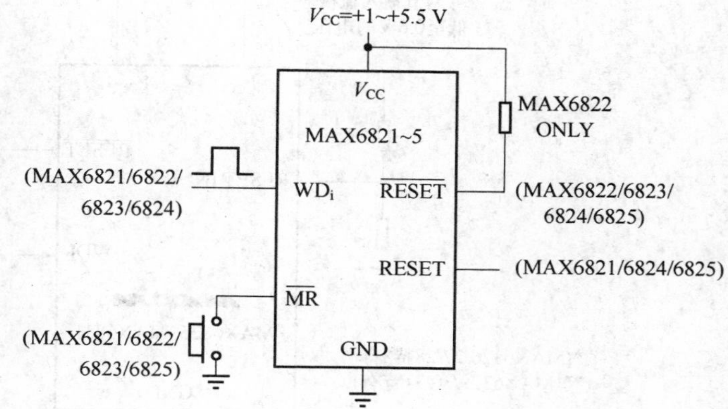

图 7.2.41 MAX6821～6825 引脚及应用电路

MAX6821/6822/6823/6825 引脚图及应用电路如图 7.2.41 所示。

7.2.36 MAX6826～MAX6831 超低门限的双电压 μP 监控器芯片

DALLAS 公司的 MAX6826～MAX6831 为双电压 μP 监控电路，可监视低至 0.9 V 的电源。超低门限，适用于下一代的 μP/μC/DSP/ASIC。

主要性能如下：

- 主监视电压从＋1.8～＋5.0 V，包含 9 种复位门限；
- 第二路监视电压从＋0.9～＋2.5 V，共有 10 种预置门限（MAX6829/30/31）；
- 可调节复位输入可监视最低至＋0.6 V 的第二路电压（MAX6826/27/28）；
- 去抖手动复位输入；
- 1.6 s 延时的看门狗定时器；
- 140 ms（最小）复位延时；
- 5 μA（典型）电源电流；
- 6 引脚 SOT23 封装。

MAX6826－MAX6831 工作原理如图 7.2.42 所示，其功能如表 7.2.19 所列。

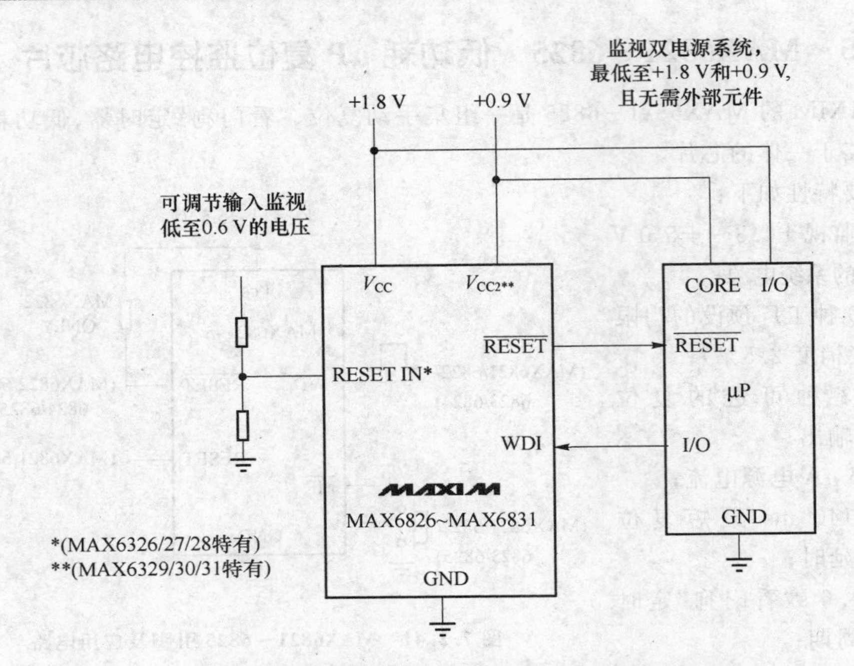

图 7.2.42　MAX6826～MAX6831 工作原理

表 7.2.19　MAX6826～MAX6831 功能

<table>
<tr><th>器件</th><th>推挽式 $\overline{\text{RESET}}$</th><th>推挽式 RESET</th><th>开漏式 $\overline{\text{RESET}}$</th><th>看门狗输入</th><th>手动复位输入</th><th>工厂预设的第二电压门限/V</th><th>主电压门限/V</th></tr>
<tr><td>MAX6826</td><td>√</td><td></td><td></td><td>√</td><td>√</td><td rowspan="3">可调低至＋0.6</td><td rowspan="6">4.63，4.38，3.08，2.93，2.63，2.32，2.19，1.67，1.58</td></tr>
<tr><td>MAX6827</td><td></td><td>√</td><td></td><td>√</td><td>√</td></tr>
<tr><td>MAX6828</td><td></td><td></td><td>√</td><td>√</td><td>√</td></tr>
<tr><td>MAX6829</td><td>√</td><td></td><td></td><td>√</td><td>√</td><td rowspan="3">2.313，2.188，1.665，1.575，1.388，1.313，1.11，1.050，0.833，0.788</td></tr>
<tr><td>MAX6830</td><td></td><td>√</td><td></td><td>√</td><td>√</td></tr>
<tr><td>MAX6831</td><td></td><td></td><td>√</td><td>√</td><td>√</td></tr>
</table>

7.2.37　MAX6832－MAX6840　监视 1.2 V 的 μP 监控电路芯片

DALLAS 公司的 MAX6832－MAX6840 是一组新型 SC70 封装的 μP 监控电路，监视 1.2 V 无需外接元件。它们小封装、低功耗和低门限，特别适合于便携设备。

主要性能如下：

- 7.5 μA 的电源电流比同类产品低 55％；
- SC70 封装比其他同类产品的 SOT 封装小 35％；

- 6种可选门限适用于监视1.2～1.8 V系统；
- 5种可选定时适合各类处理器的要求；
- 可调节门限监视电压最低至0.44 V；
- 整个温度范围内门限精度达±2.5%；
- 保证有效复位最低至0.55 V；
- 同时还备有电压检测器型器件；
- 引脚兼容于工业标准器件；

MAX803/MAX809/MAX810和MAX6711～MAX6713。

MAX6832～MAX6840的工作原理如图7.2.43所示，其功能如表7.2.20所列。

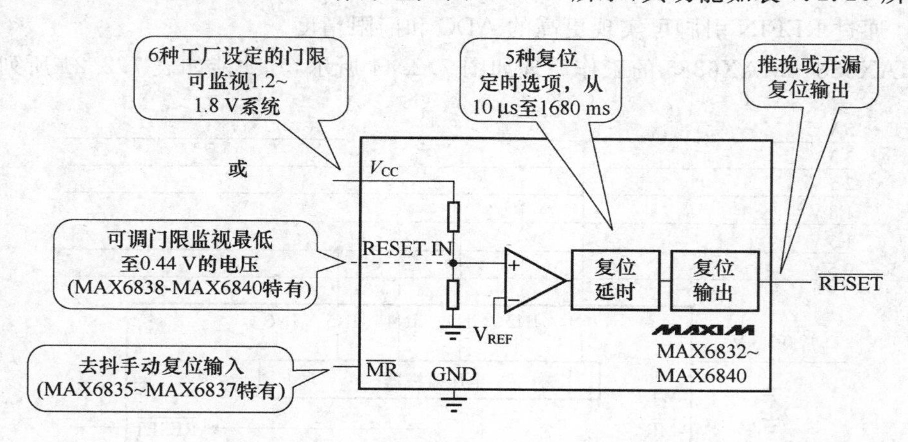

图7.2.43 MAX6832～MAX6840工作原理

表7.2.20 MAX6832～MAX6840功能

型号	推挽 $\overline{\text{RESET}}$	推挽 RESET	开漏 $\overline{\text{RESET}}$	手动复位输入($\overline{\text{MR}}$)	可调复位输入
MAX6832	√				
MAX6833		√			
MAX6834			√		
MAX6835	√			√	
MAX6836		√		√	
MAX6837			√	√	
MAX6838	√				√
MAX6839		√			√
MAX6840			√		√

7.2.38 MAX6884/MAX6885 六电压、集成10位ADC的μP监控器芯片

MAXIM的MAX6884/MAX6885是六电压通道、可通过EEPROM配置、集成了10位ADC的μP监控器，精确(1%)的电压回读可用来预测和监视系统故障。

主要性能如下：

①可配置的电压监视功能。

- 1%的高精度门限为0.5～5.8 V,间隔10 mV或20 mV；
- 双比较器输入用于过压和欠压检测；
- 定时延迟从25 μs～1600 ms；
- 附加功能——$\overline{\text{MR}}$、$\overline{\text{MARGIN}}$和看门狗定时器。

②10倍ADC。

- 回读电源电压,用于系统故障预测和现场维护；
- ADC总非调节误差为±1% FSR；
- 通过REFIN引脚可实现更高的ADC和门限精度。

MAX6884/MAX6885的工作原理如图7.2.44所示,其功能如表7.2.21所列。

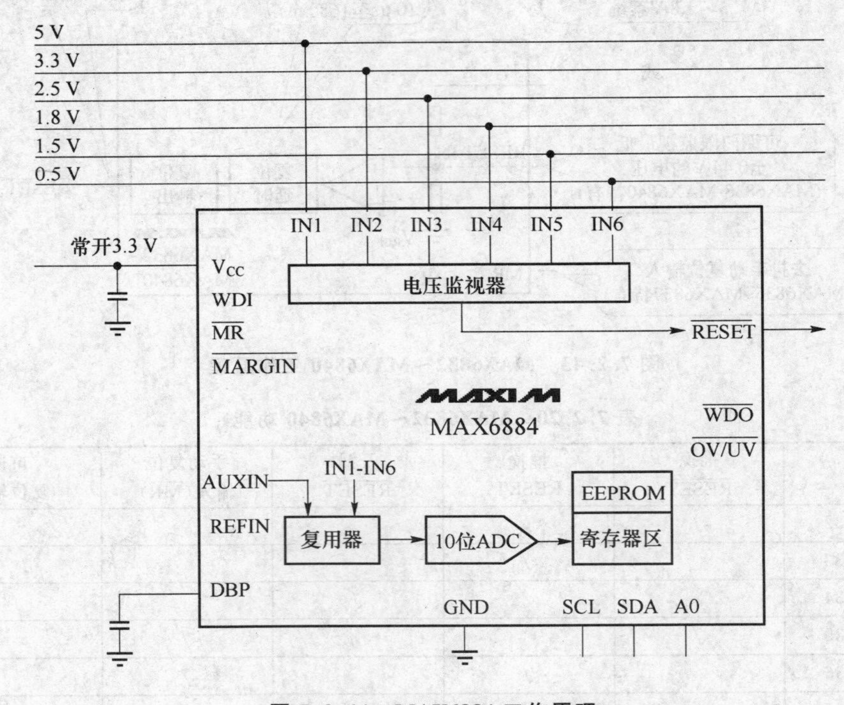

图7.2.44 MAX6884工作原理

表7.2.21 MAX6884/MAX6885功能

型号	说明	接口	监视电压组数	ADC
MAX6884	I²C可配置,六通道μP监控器加ADC	I²C	6	√
MAX6885	I²C可配置,六通道μP监控器	I²C	6	

7.2.39　MAX6886～MAX6888　1%门限精度的六电压 μP 监控器芯片

MAXIM 的 MAX6886～MAX6888 是 1%门限精度的六通道电压、引脚可选的 μP 监控器。

主要性能如下：

- 高精度——1%门限精度；
- 灵活——利用电容可调节复位和看门狗延时；
- 低电压——可监视最低至 0.6 V 的电压；
- 附加功能—$\overline{\text{MR}}$、$\overline{\text{MARGIN}}$和过压监视(MAX6887/MAX6888)。

MAX6886～MAX6888 的工作原理如图 7.2.45 所示，其功能如表 7.2.22 所列。

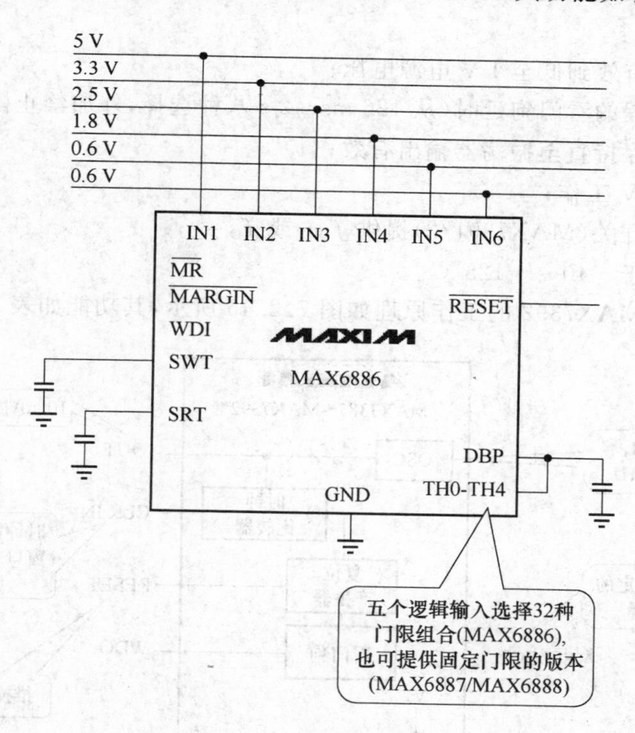

图 7.2.45　MAX6886 工作原理

表 7.2.22　MAX6886～MAX6888 功能

型号	说明	监视电压数	看门狗输入	看门狗输出	过压输出
MAX6886	引脚可选，六通道 μP 监控器	6	√		
MAX6887*	固定门限，六通道 μP 监控器	6	√	√	√
MAX6888*	固定门线，四通道 μP 监控器	4	√	√	√

7.2.40　MAX7387～MAX7392　集成了振荡器、μP 复位的电源监控器芯片

DALLAS 公司的 MAX7387～MAX7392 系列用单器件方案解决监控器和振荡器需求，将硅振荡器、复位、看门狗和电源失效功能全部集成于一片微型 μMAX 封装内。

MAX7387*－MAX7392* 系列在单片表贴封装内集成了所有流行的监控器功能和中等精度的硅振荡器。这些器件用于高可靠性系列非常理想。硅振荡器没有常见于陶瓷谐振电路的外部高阻抗节点，因而对于脏污、潮湿或高 EMI/ESD 等环境条件不敏感。还有，由于这种振荡器不依赖于机械方式，因而振动或冲击等环境因素对于它的影响极小。由于增加了时钟检测电路，MAX7392 能够最大限度地覆盖多种不同的失效模式，省去了窗口式看门狗定时器。

主要性能如下：

- 复位保持有效到低至 1 V 电源电压；
- 引脚可编程的看门狗延时(从 126 ms～2 s 八种选择，外加禁止模式)；
- 复位信号保持直至振荡器输出有效；
- 3.0～5.5 V 工作；
- 时钟速度开关(MAX7391/2)提供 f_{OUT} 或 $f_{OUT/2}$；
- 完全规范于－40～＋125 ℃。

MAX7387～MAX7392 的工作原理如图 7.2.46 所示，其功能如表 7.2.23 所列。

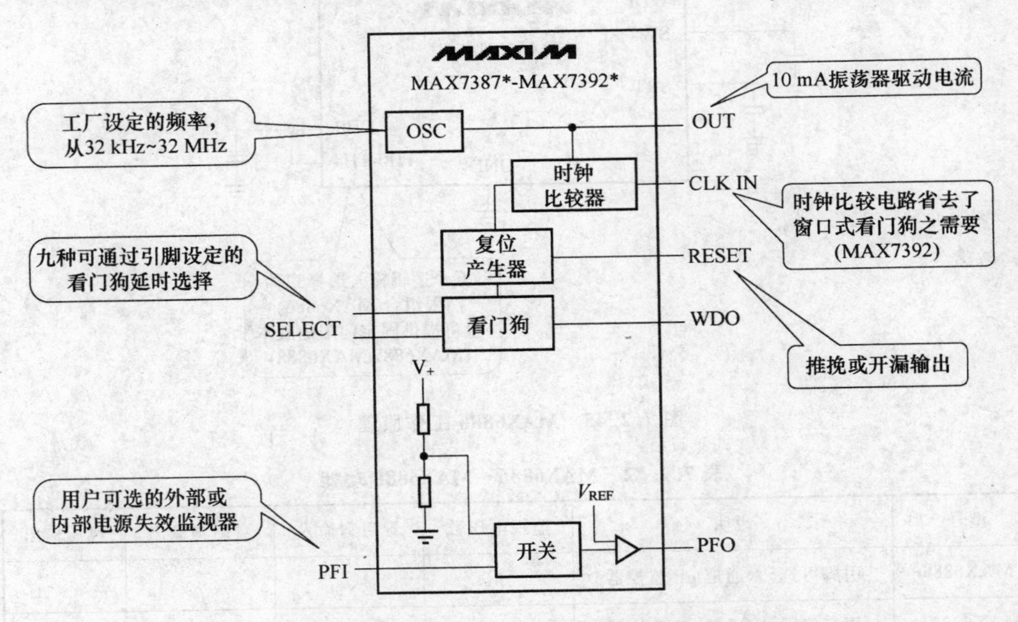

图 7.2.46　MAX7387～MAX7392 工作原理

表 7.2.23 MAX7387－MAX7392 功能

型号	WDI	WDO	PFI	PFO	速度开关	时钟比较器	引脚-封装
MAX7387*	√	√	√	√			10－μMAX
MAX7388*	√			√			8－μMAX,8－DIP
MAX7389*	√	√					8－μMAX,8－DIP
MAX7390*	√						8－μMAX,8－DIP
MAX7391*			√	√	√		8－μMAX,8－DIP
MAX7392*	√		√	√	√	√	10－μMAX

7.2.41 MAX16010～MAX16030 72 V 电压监控器芯片

MAXIM 的 MAX16010～MAX16030 是可达 72 V 高电压的监控器，它使用更低功耗、更可靠的单芯片方案代替分立元件方案。它们可理想地用于汽车、工业和电信系统。

主要特性如下：

- 5.5～72 V 宽工作电压范围；
- 开漏输出可耐受 72 V 电压；
- 内部滞回选项(0.5%、5%和 10%)；
- 完全规范在－40～＋125 ℃温度范围；
- 低功耗：20 μA；
- 快速传输延迟：2 μs；
- 细小的 3 mm×3 mm TDFN 封装。

MAX16010～MAX16030 的功能如表 7.2.24 所列。

表 7.2.24 MAX16010～MAX16030 功能

型号	工作电压范围/V	电源电流/μA	功能	封装(mm×mm)
MAX16010	5.5～72	20	窗口监视器	TDFN(3×3)
MAX16011			窗口监视器或双 UV 比较器	
MAX16012			比较器，带基准	
MAX6457	4～28	2	OV/UV 比较器，带闭锁功能	SOT23
MAX6458/MAX6460			比较器，带基准	
MAX6459			窗口监测器	
MAX16025/MAX16026	2.2～28	40	双通道排序器/监视器	TQFN(4×4)
MAX16027/MAX16028			三通道排序器/监视器	
MAX16029/MAX16030			四通道排序器/监视器	

MAX16010－MAX16012的功能说明图如图7.2.47所示。

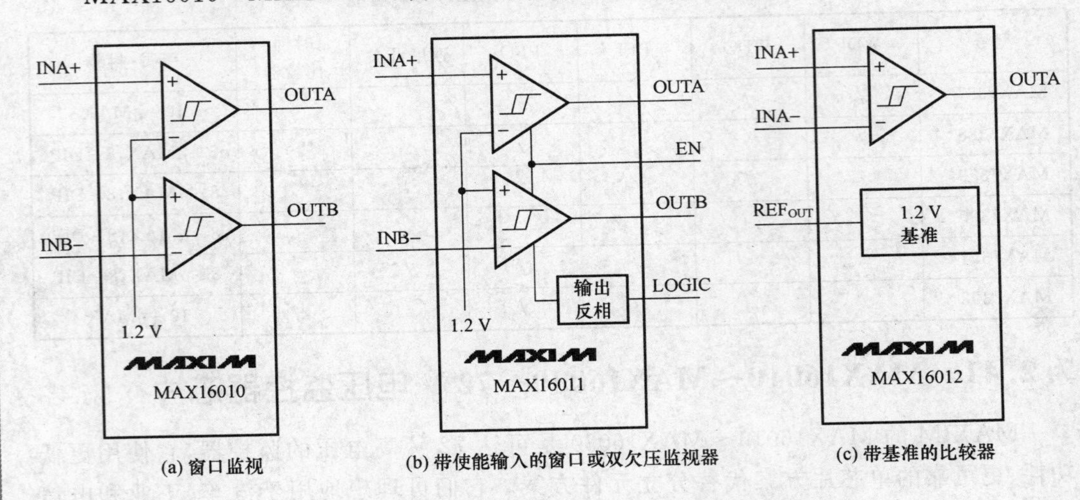

(a) 窗口监视　(b) 带使能输入的窗口或双欠压监视器　(c) 带基准的比较器

图7.2.47　MAX16010、16011、16012功能说明

7.2.42　DS1831　多电压电源监控器芯片

DALLAS公司的DS1831系列是用于多电源系统的多电压监控器。DS1831多电源微监控器可以同时监视四路系统电压，同时还在同一芯片内集成了三路手动复位输入。在多电源系统设计中，该方案允许用户按照需要对各自独立的电源进行控制，并减少元件数量、简化系统、节省空间。在端口适配器、工作站、RAID系统、电信基站、集线器与路由设备以及热插卡等系统中，DS1831能够控制复杂的起动过程。

DS1831A用一个“看门狗”定时器取代了一路电压监控器。DS1831B省掉了3.3 V按钮复位，而增加了一路延迟复位输出。

主要性能如下：

- 5 V和3.3 V上电复位；
- 两路带基准的比较器；
- 可监视多达四路系统电压；
- 用户可选择复位时间10 ms、100 ms成1 s；
- 复位按钮及“看门狗”；
- 可工作于−40～＋85 ℃；
- 16引脚DIP及SO封装。

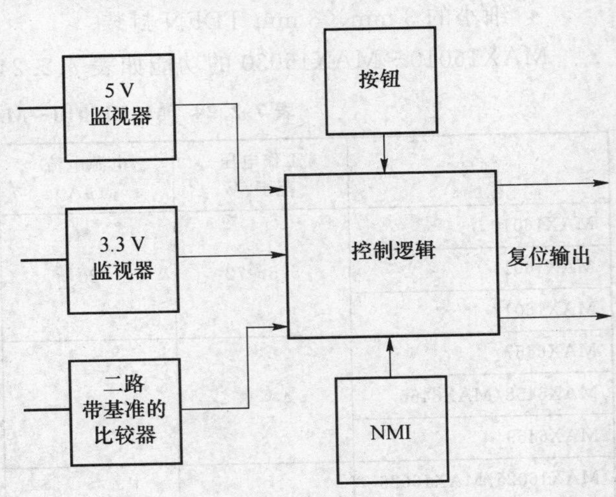

图7.2.48　DS1831工作原理

DS1831多电源微监控器的工作原理如图7.2.48所示，其性能如表7.2.25所列。

表 7.2.25　DS1831 系列多电源微监控器

型号	5 V 系统	3.3 V 系统	复位按钮	带基准的比较器	"看门狗"定时器	低有效
DS1831	√	√	√	2		√
DS1831A	√	√	√	1	√	√
DS1831B	√	√	√	2		√

7.2.43　DS1863/DS1865　集成的 PON 控制器/监测器芯片

DALLAS 公司的 DS1863 和 DS1865 是完全集成的 PON 控制器/监测器，单一芯片包含了所有控制、监测功能。

DS1863 和 DS1865* 提供了一个高性能的 PON 三工器、双工器控制/监测方案。这些器件集成了 13 位 DAC、ADC，针对突发模式下的光控制、监测而优化。只需一个寄存器用于调节，大大简化了 GPON 功率设计。DS1865 的三工器视频通道控制、监测功能进一步减少了元件数量，有助于简化三工器设计，缩小电路板尺寸。

DS1863、DS1865 的工作原理如图 7.2.49 所示，其功能如表 7.2.26 所列。

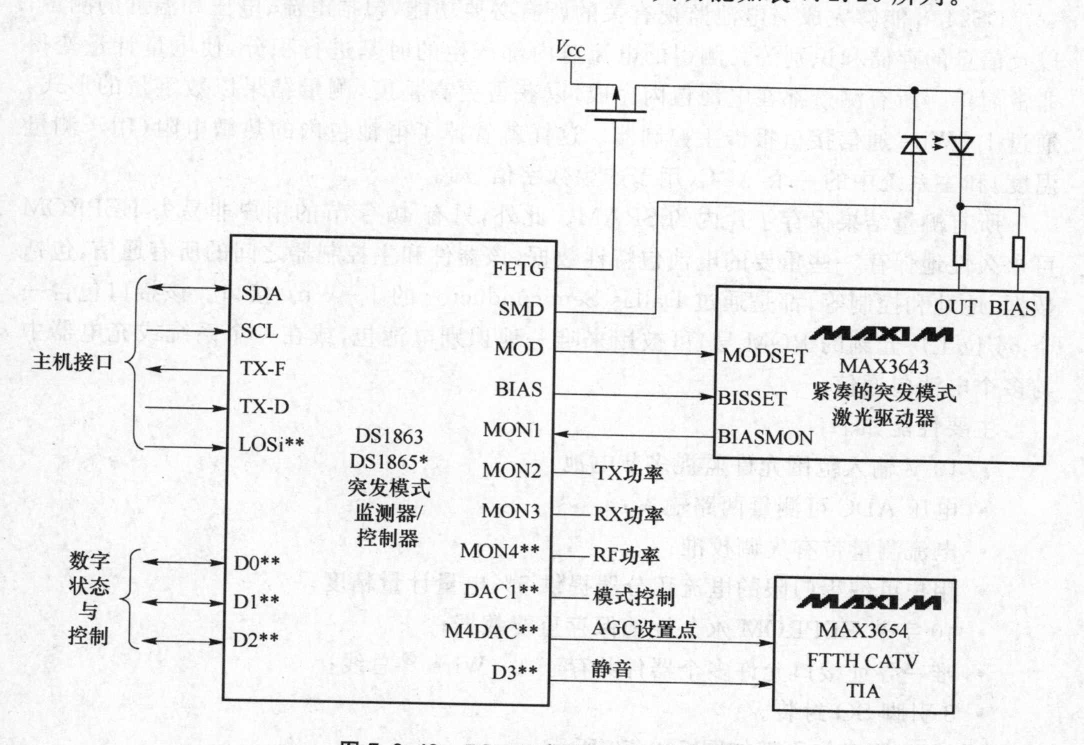

图 7.2.49　DS1863/DS1865 工作原理

表 7.2.26 DS1863/DS1865 功能

特性	DS1863	DS1865
ADC 通道,所有通道(内部)	5(温度,V_{CC})	6(温度,V_{CC})
DAC 通道,所有通道(内部)	3(APC 设置)	5(APC 设置)
激光器偏置 APC	√	√
激光器调制电流温度索引查找表(LUT)	√	√
双工器/三工器	双工器	双工器/三工器
I^2C 主机接口	√	√
视觉保护	√	√
GPIO、LOS 输入数	—	5
用户 EEPROM(字节)	128	256
封装	16 - TSSOP	28 - TQFN

7.2.44 DS2438 精密型多电池监控芯片

DALLAS 公司的 DS2438 是廉价、完备的精密型多电池监控器,采用小巧的 8 - SO 封装,可监视 1 到 2 节锂电池或 3 到 6 节镍基电池。

DS2438 能够完成与电池监视有关的所有必要功能,包括电流、电压和温度的测量,以及信息的存储和识别等。测得的电流对内部产生的时基进行积分,使电量计量变得非常简单。所有测量都在电池包内完成,以获得更高精度,测量结果以数字量的形式,通过 1 - Wire 通信接口报告主控制器。这样就省掉了电池包内的热敏电阻(用于测量温度)和主系统中的一个 ADC(用于产生数字信号)。

所有测量结果保存于片内的 SRAM。此外,另有 40 字节的用户非易失 EEPROM 可永久性地保存一些重要的电池包特性数据,该器件和主控制器之间的所有通信,包括数据、地址和控制等,都是通过 Dallas Semiconductor 的 1 - Wire 接口。该接口包含一个 64 位工厂光刻的 ROM 号,可被用来唯一地识别电池包,或在一个系统或充电器中与多个电池包通信。

主要性能如下:

- 10 V 输入范围允许监视多节电池;
- 电压 ADC 可测量两路输入;
- 电流测量带有失调校准;
- 用户可编程门限的电流积分器提供 5%电量计量精度;
- 40 字节 EEPROM 永久性地保存重要数据;
- 唯一寻址接口允许多个器件共存于 1 - Wire ® 总线;
- 8 引脚 SO 封装。

DS2438 的工作原理如图 7.2.50 所示。

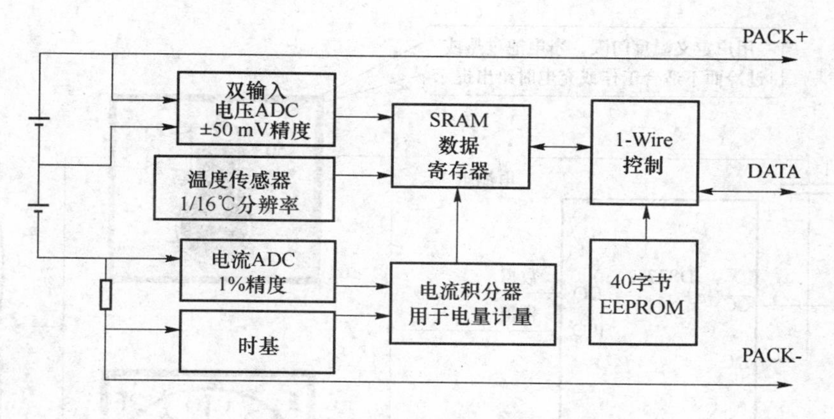

图 7.2.50 DS2438 工作原理

7.2.45 DS2761/62 自动故障报警的高精密电池监控芯片

DALLAS公司的DS2761/DS2762无需CPU开销，自动警告故障情况的电池监控器。

DS2761和DS2762高精密电池监视器为Li+电池提供监视和保护。这些器件有两种功率模式：工作和休眠。工作模式下，该器件连续监视系统并提供Li+保护。休眠模式下这些活动终止。有几种情况可使器件从工作模式转入休眠模式：低电平DQ，欠压，以及主机发出交换命令。另外一些情况可使器件从休眠模式转入工作模式：DQ上的上升沿，PS上的下降沿，接入充电器，以及主机发出交换命令。PMOD位、SWEN位、DQ引脚以及电池电压的状态影响器件被唤醒时充电控制(CC)和放电控制(DC)引脚的反应。

当剩余电池电量或温度到达用户定义的门限时，DS2762向用户发出告警。这样就不用再去不停地查询是否有等待处理的电源故障。这些功能节省了宝贵的处理器开销，同时更加安全和可靠，并且使可充电电池系统具有可预见的性能。

主要性能如下：

- 过压精度±25 mV的单节锂电池保护器；
- 整个温度和电压范围内提供精度3%的高精密电流测量；
- 电量计精度优于5%(针对GSM负载，经过五次50%不完全充电/放电循环)；
- 1-Wire ® 多节点数字接口；
- 32字节可锁定的EEPROM；16字节SRAM；64位ROM；
- 很低的最大功耗：工作<90 μA，休眠<2 μA；
- 可选的集成25 mΩ检测电阻，每个DS2762经过单独修正；
- 倒装片或16引脚TSSOP封装，两者均可选择带或不带检测电阻。

DS2761/DS2762的工作原理如图7.2.51所示。

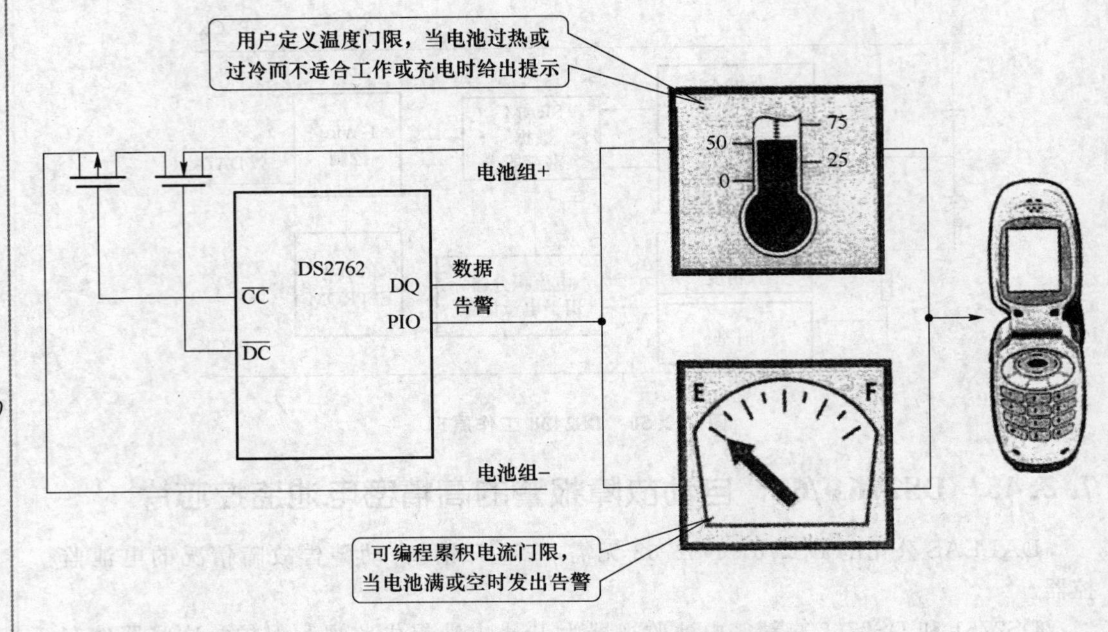

图 7.2.51　DS2762 工作原理图

7.2.46　DS2762　自动故障报警的电池监控芯片

DALLAS 公司的 DS2762 是无需 CPU 开销、自动警告故障情况的电池监视器。

当剩余电池电量或温度到达用户定义的门限时，DS2762 向用户发出警告，这样就不用再去不停地查询是否有等待处理的电源故障。这些功能节省了宝贵的处理器开销，同时更加安全和可靠，并且使可充电电池系统具有可预见的性能。

主要性能如下：

- 过压精度±25 mV 的单节锂电池保护器；
- 整个温度和电压范围内提供精度 3%的高精密电流测量；
- 电量计精度优于 5%（针对 GSM 负载，经过五次 50%不完全充电/放电循环）；
- 1 - Wire 多节点数字接口；
- 32 字节可锁定的 EEPROM；16 字节 SRAM；64 位 ROM；
- 很低的最大功耗：工作<90 μA，休眠<2 μA；
- 可选的集成 25 mΩ 检测电阻，每个 DS2762 经过单独修正；
- 倒装片或 16 引脚 TSSOP 封装，两者均可选择带或不带检测电阻。

DS2762 的工作原理如图 7.5.52 所示。

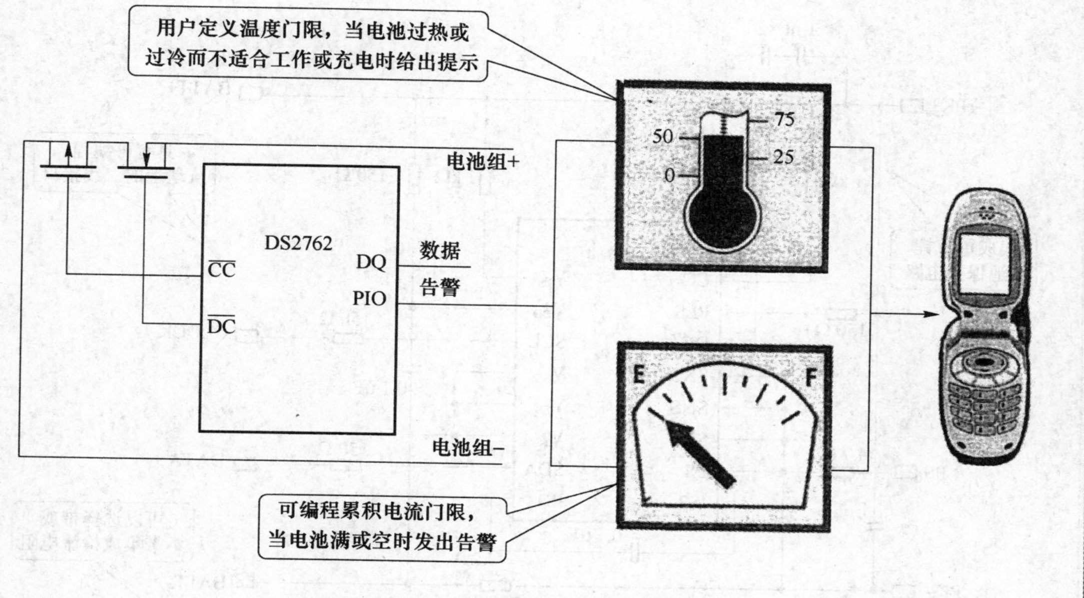

图 7.2.52 DS2762 工作原理图

7.2.47 DS2764 二线接口的高精密锂电池监控器芯片

DS2764 高精密锂电池监视器是一款专为低成本电池量身定做的数据采集、信息存储和安全保护器件。在极其细小的封装内（TSSOP 或倒装片），这款低功耗器件集成了：精密温度、电压和电流测量，非易失（NV）数据存储，以及锂电池保护功能。DS2764 和主系统的所有通信通过工业标准的二线接口完成。对于那些需要对电池进行：剩余电量估计、安全监视和特性参数存储的应用，DS2764 正是其最佳选择。

主要性能如下：

- 12 位、双向电流测量：
- 0.625 mA LSB（内部检流电阻）；
- 15.625 μV LSB（外部检流电阻）；
- 电压测量具有 4.88 mV 分辨率；
- 温度测量具有 0.125 ℃分辨率；
- 0 V 电池恢复充电；
- 40 字节可锁定 EEPROM；
- 低功耗：
- 90 μA 工作电流（最大）；
- 2 μA 待机电流（最大）。

DS2764 的典型应用如图 7.2.53 所示。

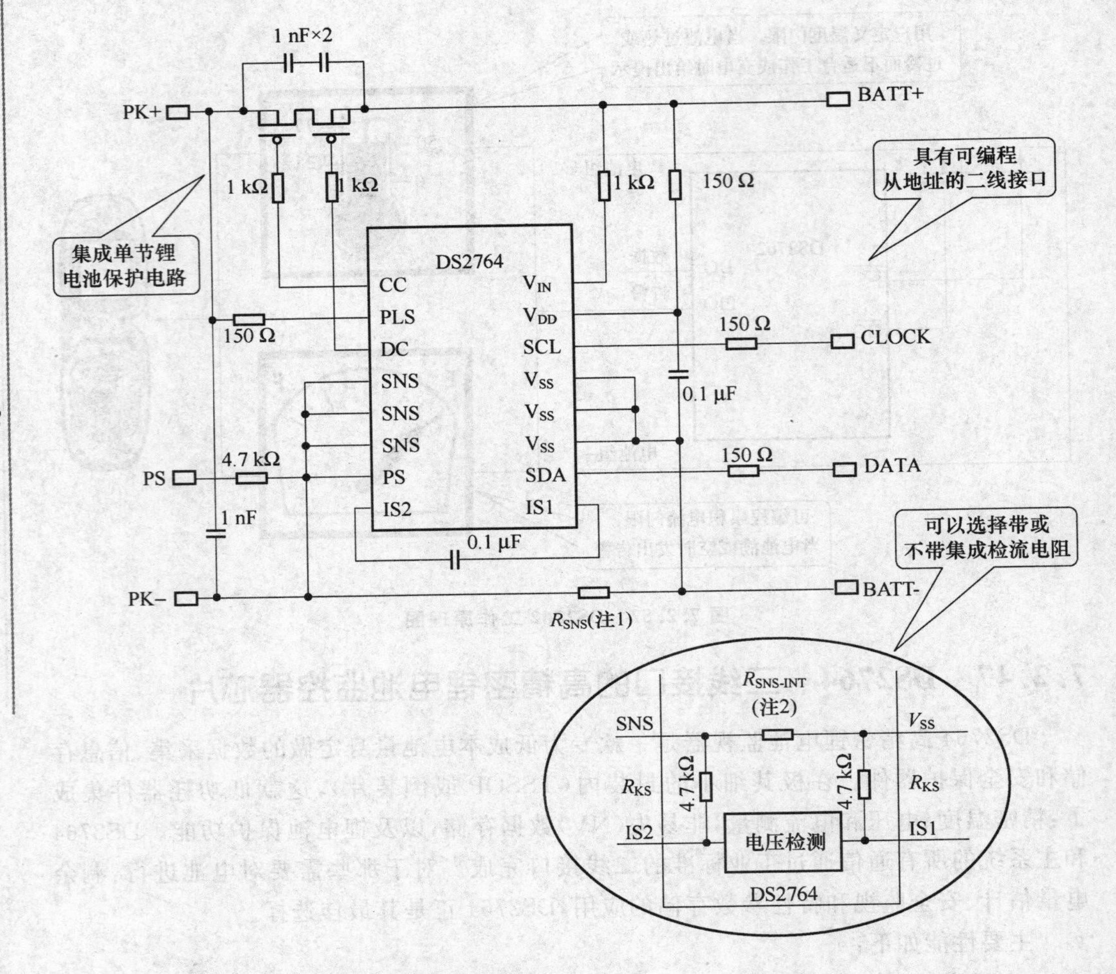

注：1. R_{SNS}仅用于外接检流电阻的配置中。

2. $R_{SNS\text{-}INT}$为集成检流电阻的配置中仅有。

图 7.2.53 DS2764 典型应用

7.2.48 AS1910－AS1918 双/单电压的μP监控器芯片

奥地利微电子公司(austria microsystems)的AS1910－18 μP监控系列对于对监控有着严格要求的单电压和偶电压系统来说，是极为理想的选择。该产品功耗低，是便携式和电池电源系统、嵌入式控制器和智能仪器仪表的最佳解决方案。该系统的温度范围是－40～125 ℃，适用于各种工业环境。

主要特性如下：

- 适用于双电压或单电压；
- 手动复位；
- 监视-超时 1.5 s；

- 5.5 μA 低功耗；
- −40～125 ℃温度范围。

AS1913 的应用电路如图 7.2.54 所示，其功能如表 7.2.27 所列。

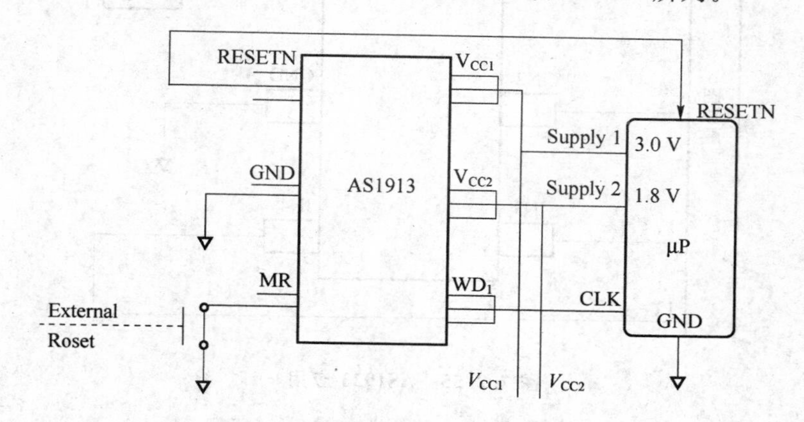

图 7.2.54　AS1913 应用电路

表 7.2.27　AS1913 功能

零件号	描述	复位类型	一次电压范围 V（一般情况下）	二次电压范围 V（一般情况下）	电源电压 /V	封装
AS1910	对双 μP 监控电路	低电平有效	1.58～3.6	可调	1～3.6	SOT23-6
AS1911	对双 μP 监控电路	高电平有效	1.58～3.6	可调	1～3.6	SOT23-6
AS1912	对双 μP 监控电路	漏极电路	1.58～3.6	可调	1～3.6	SOT23-6
AS1913	对双 μP 监控电路	低电平有效	1.58～3.6	0.9～2.5	1～3.6	SOT23-6
AS1914	对双 μP 监控电路	高电平有效	1.58～3.6	0.9～2.5	1～3.6	SOT23-6
AS1915	对双 μP 监控电路	漏极电路	1.58～3.6	0.9～2.5	1～3.6	SOT23-6
AS1916	μP 监控电路	低电平有效	1.58～3.6	—	1～3.6	SOT23-5
AS1917	μP 监控电路	高电平有效	1.58～3.6	—	1～3.6	SOT23-5
AS1918	μP 监控电路	漏极电路	1.58～3.6	—	1～3.6	SOT23-5

7.2.49　AS1923　四通道电压监控器芯片

奥地利微电子公司的 AS1923 为四通道电压监控器。

主要特性如下：

- 1.0～5.5 V 供电电压；
- 四通道感应—单独复位；
- 可调式或固定阈值；
- 小型 SOT23 封装。

如果 4 个监测通道中的其中一个低于特定阈值，AS1923 可以单独复位。

AS1923 的应用如图 7.2.55 所示，其功能如表 7.2.28 所列。

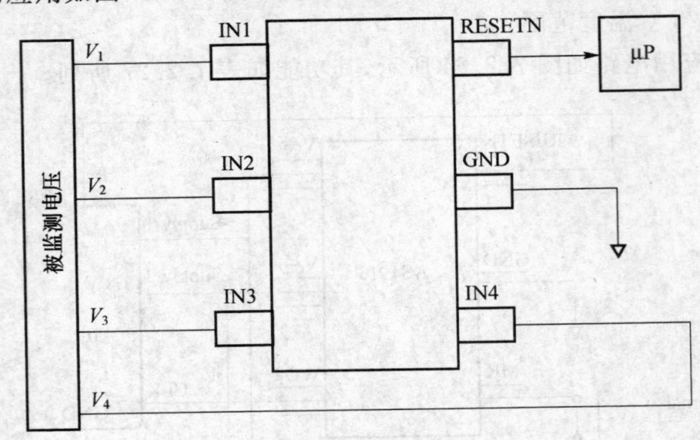

图 7.2.55　AS1923 应用

表 7.2.28　AS1923 功能

元器件型号	阈值(16 个变量)				供电电压	供电电流	封装方式
	V(1)	V(2)	V(3)	V(4)	V	μA(典型)	
AS1923	5,可调节	3.0,3.3	2.5,1.8,可调节	−5,1.8,可调节	1.0～5.5	55	SOT23-6

AS1923 适合用于小尺寸、高性能要求的多供电电压应用，比如，基于现场可编程门阵列电路(FPGA)与数字信号处理器(DSP)的智能仪器以及所有的关键 CPU 监控。

7.2.50　STC809～STC6345　STC 单片机复位/电源监控电路芯片

宏晶科技公司的 STC89 系列单片机是以 8051 微处理器为内核高速、高可靠性和在线编程的(ISP)8 位单片机，该公司的 STC809－STC6345 为 STC 单片机复位和电源监控电路。

STC 单片机复位/电源监控芯片如表 7.2.29 所列。

表 7.2.29　STC 单片机复位/电源监控芯片

STC	Maxim Dallas	IMP	ADI ADM	封装	复位极性	手动复位	看门狗	掉电检测	电池切换	复位门槛电压：L：4.63；M：4.38；J：4.00；T：3.08；S：2.93；R：2.63；Z：2.32；Y：2.20 常用：M,S
STC809	MAX809	IMP809	ADM 809	SOT-23-3	低					L,M,S,R
STC810	MAX810	IMP810	ADM 810	SOT-23-3	高					L,M,S,R
STC811	MAX811	IMP811	ADM 811	SOT-23-5	低	有				L,M,S,R 不常用
STC812	MAX812	IMP812	ADM 812	SOT-23-5	高	有				L,M,S,R 不常用
STC823	MAX823			SOT23-5	低	有	有			L,M,T,S,R,Z,Y
STC824	MAX824			SOT23-5	低/高		有			L,M,T,S,R,Z,Y

续表 7.2.29

STC	Maxim Dallas	IMP	ADI ADM	封装	复位极性	手动复位	看门狗	掉电检测	电池切换	复位门槛电压：L：4.63；M：4.38；J：4.00；T：3.08；S：2.93；R：2.63；Z：2.32；Y：2.20 常用：M，S
STC825	MAX825			SOT23－5	低/高	有				L，M，T，S，R，Z，Y
STC6342	MAX6342			SOT23－6	低	有		有		L，M，T，S，R，Z，Y
STC6344	MAX6344			SOT23－6	高	有		有		L，M，T，S，R，Z，Y
STC6345	MAX6345			SOT23－6	低/高			有		L，M，T，S，R，Z，Y
STC813L	MAX813L	IMP813L		SOP－8/DIP	高	有	有	有		4.65
STC705	MAX705	IMP705	ADM 705	SOP－8/DIP	低	有	有	有		4.65 不常用
STC706	MAX706	IMP706	ADM 706	SOP－8/DIP	低	有	有	有		4.40，T，S，R(P：2.63，高)
STC707	MAX707	IMP707	ADM 707	SOP－8/DIP	低/高	有		有		4.65 不常用
STC708	MAX708	IMP708	ADM 708	SOP－8/DIP	低/高	有		有		4.40，T，S，R

STC809～STC6345 的引脚如图 7.2.56 所示。

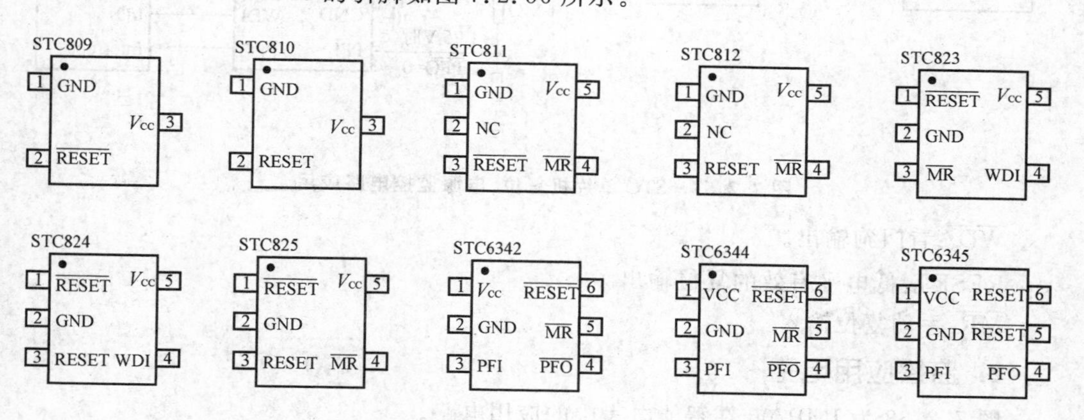

注：复位门槛电压　L：4.63；M：4.38　T：3.08；S：2.93　R：2.63；Z：2.32　Y：2.20

5 V 系统尽量选 M　3.3 V 系统选 S 挡。

图 7.2.56　STC 单片机复位/电源监控芯片

STC810、824、6345、813 芯片的应用电路如图 7.2.57 所示。

7.2.51　IMPT06 低功耗、μP 电源监控 IC 芯片

IMP706 是 IMP 公司推出的 μP 监控系列产品。该系列产品以低功耗、高性能价格比见长，自推向中国市场以来，备受用户青睐，现已广泛应用于各种智能仪器、仪表、电子设备及消费类电子产品中。

1. 引脚功能

PF_i：电源故障电压监控输入。

$\overline{PF_o}$：电源故障输出。

WD_i：看门狗输入。

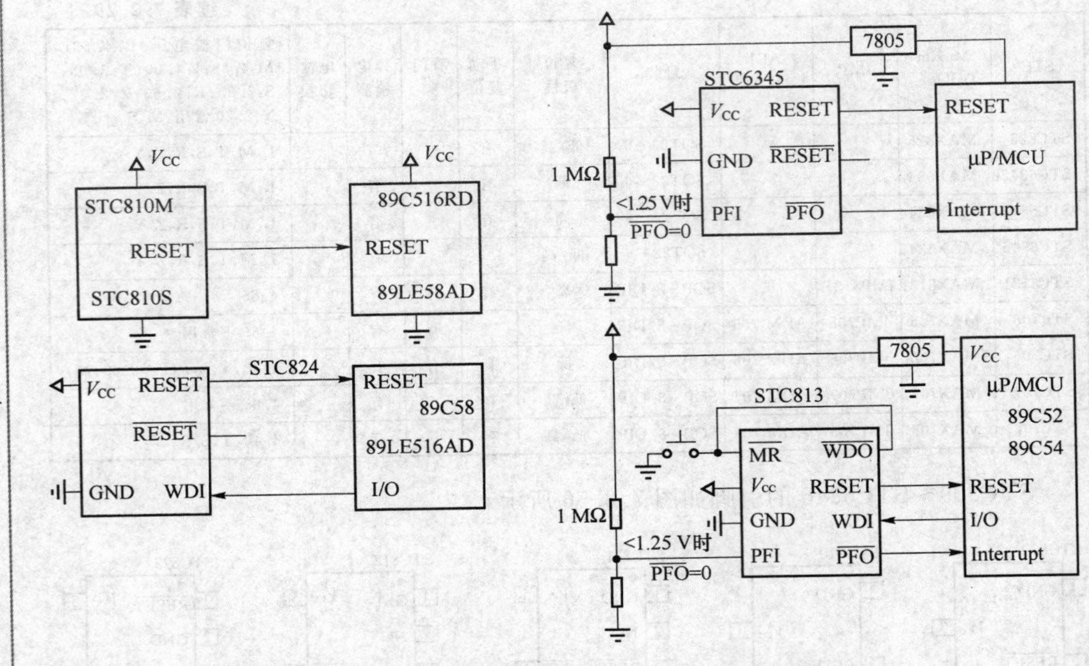

图 7.2.57 STC 单片机复位，电源监控电路应用

$\overline{WD_o}$：看门狗输出。

$\overline{RESET}$：低电平有效的复位输出。

$\overline{MR}$：手动复位输入。

2. 监控应用电路

图 7.2.58 为 IMP706 在智能电表中的应用电路。

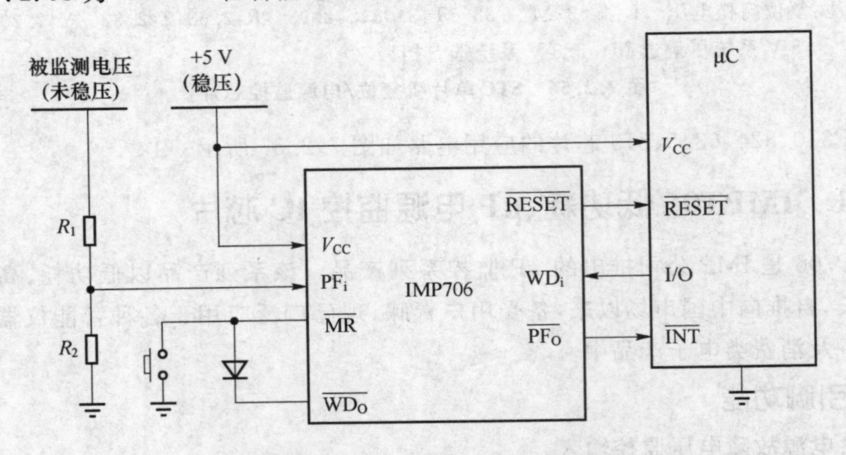

图 7.2.58 单片机电源监控应用电路

当电源电压出现故障时，监测点电压小于 1.25 V(即 PF_i<1.25 V)，PF_o 变为低电

平，产生中断请求信号，单片机应采取相应保护措施；看门狗定时器 WDT 的输入 WD_i，可接单片机——I/O 口，若 1.6 s 内 WD_i 保持高电平或低电平不变，则 WDT 超时溢出并将$\overline{WD_o}$变为低电平，并直到看门狗定时器被清零才变为高电平。WDT 被清零时有 3 种的情况：发生复位；WD_i 处于 3 态；WD_i 检测到一个上升沿或下降沿。本例 WD_i 检测单片机 I/O 口的脉冲变化，当单片机运行有故障，I/O 口 1.6 s 无上升沿或下降沿变化时，$\overline{WD_o}$输出低电平。由于$\overline{WD_o}$通过二极管接$\overline{MR}$，相当于手动产生复位信号，使单片机复位后重断进入正常运行。

当电源电压降至 4.40 V 以下时，$\overline{RESET}$变为低电平，单片机复位；直到 V_{CC} 升到 4.40 V 以上，$\overline{RESET}$仍保持低电平 200 ms，保证单片机的可靠复位；然后升为高电平，单片机正常工作。

7.2.52　S42WD42　具有第二电源监控、看门狗、E^2PROM 的多功能芯片

该芯片是美国 Summit 公司的产品。它的功能与 X5045 相比，增加了第二电源监测和手动复位功能。图 7.2.59 为 S42WD42 与 89C51 的接口电路。

该产品有两个版本，一个是工作电压为 2.7～5.5 V，另一个是工作电压为 4.5～5.5 V。因此它的复位电压门限有三种选择：2.55 V、4.25 V 和 4.5 V。看门狗超时周期为 1.6 s。

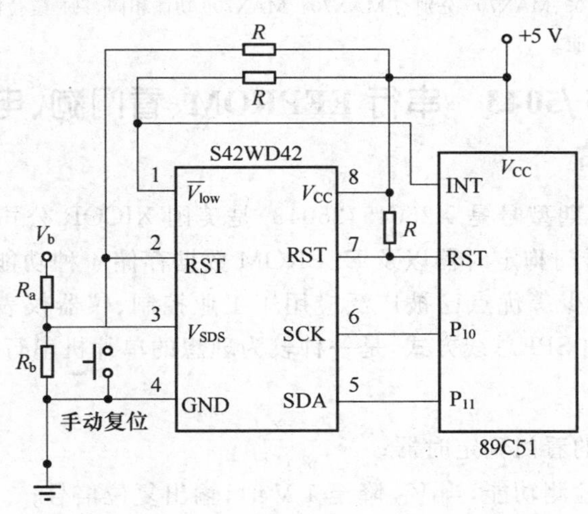

图 7.2.59　S42WD42 引脚图及与 89C51 的接口

引脚说明如下：

- RST：具有高电平复位输入和漏极开路输出双向功能。当该引脚手动复位输入一个高电平时，对应的 2 脚$\overline{RST}$输出低电平复位信号。
- $\overline{RST}$：具有低电平复位输入和漏极开路输出双向功能。当该引脚手动复位输入一个低电平时，对应的 7 引脚 RST 输出高电平复位信号。
- $\overline{V}_{low}$：第二电源监测输出，漏极开路输出。

- $\overline{V}_{sns}$：第二电源监测输入，当监测的电源电压低于1.24 V时，$\overline{V}_{low}$输出低电平。
- SDA：串行数据输入/输出。
- SCK：串行时钟输入。

几种μp电源监控芯片功能比较如表7.2.30所列。

表7.2.30 μp电源监控功能比较

功能 \ 名称	MAX704	MAX706	MAX707	MAX708	X25043	X25045	S42WD42
复位门限/V	4.40	4.40	4.65	4.40	4.50	4.50	4.50
手动复位	*	*	*	*			*
上电/掉电复位	*	*	*	*	*	*	*
复位脉冲	－	－	＋、－	＋、－	－	＋	＋、－
看门狗超时周期		1.60 s			1.40 s 600 ms 200 ms	1.40 s 600 ms 200 ms	1.60 s
备用电池切换	*						
主电源监测	*	*	*	*	*	*	*
第二电源监测	*	*	*	*			*
E^2PROM					*	*	*

注：表中未列出的MAX703、MAX705分别与MAX704、MAX706功能相同，只是复位门限电压为4.65 V。

*表示芯片具有该功能。

7.2.53 X5045/5043 串行EEPROM、看门狗、电压监控等多功能芯片

X5045/5043(早期型号是X25045/25043)是美国XICOR公司生产的具有上电复位控制、电压监控、看门狗定时器以及EEPROM数据存储4种功能的多用途芯片。因体积小，占用I/O口少等优点已被广泛应用于工业控制、仪器仪表等领城。它与单片机的接口采用流行的SPI总线方式，是一种较为理想的单片机串行外围芯片。

1. 特点

- 带有可编程的看门狗定时器；
- 具有低电压检测功能，当V_{CC}降至1 V时，输出复位信号；
- 1 MHz时钟速率；
- 512×8位串行EEPROM——4字节页方式；
- 低功耗CMOS——10 μA备用电流，3 mA工作电流；
- 2.7～5.5 V电源电压；
- 块锁定(Block Lock)——保护1/4，1/2或所有EEPROM阵列；
- 内建偶然性的(inadvertent)写保护——上电/掉电保护电路、写锁存、写保护引线；
- 高可靠性——使用期限为100 000周期/字节，数据保存期为100年，ESD保护为所有引脚2 000 V。

2. 内部结构及引脚功能

X5045/5043 为 8 引脚 DIP 或 SOIC 封装。其引脚图如图 7.2.60 所示，内部结构如图 7.2.61 所示，引脚功能见表 7.2.31。其中，$\overline{CS}$ 为芯片选择输入端，当$\overline{CS}$为低电平时，芯片处于工作状态；SO 为串行数据输出端，在串行时钟的下降沿，数据通过 SO 端移位输出；SI 为串行数据输入端，所有地址和数据的写入操作均通过 SI 输入；数据在串行时钟的上升沿锁存，SCK 为串行时钟，为数据读/写提供串行总线定时；WP 为写保护输入端，当 WP 为低电平时，向 X5045 的写操作被禁止，但器件的其他功能正常；RESET 为复位信号输出端。

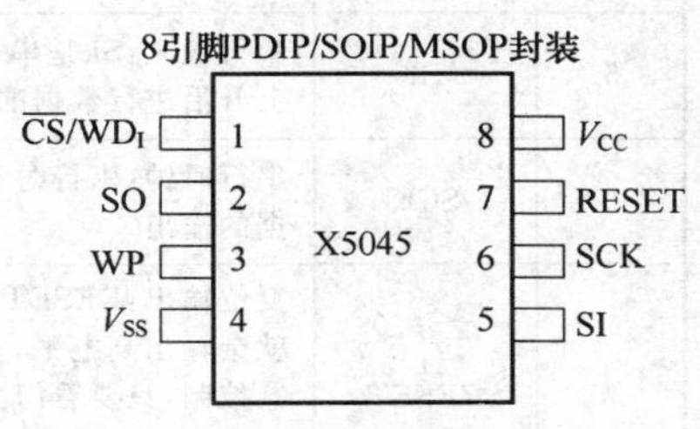

图 7.2.60 X5045 引脚图

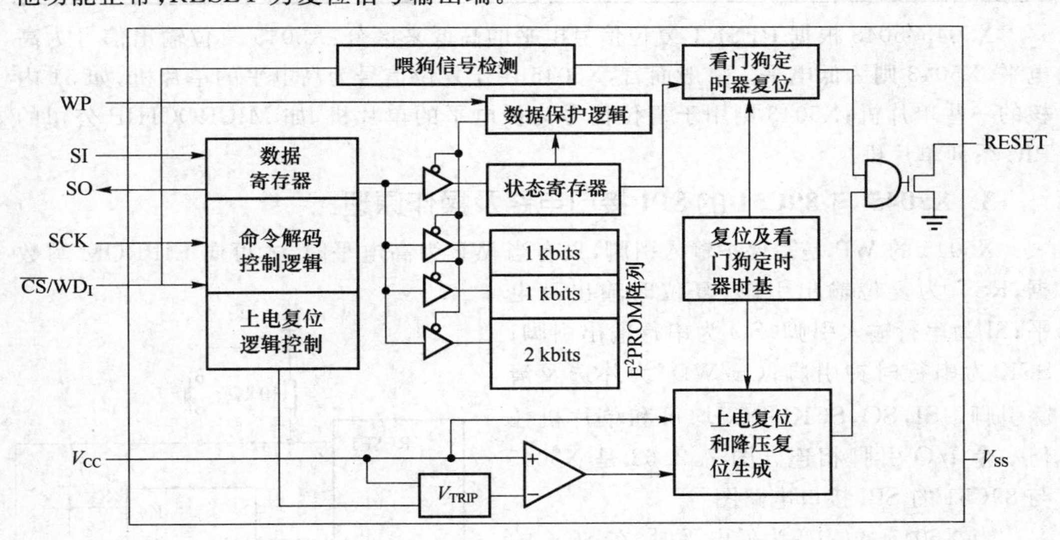

图 7.2.61 X5045 芯片内部结构

表 7.2.31 X5045 引脚功能

引 脚	名 称	功 能
1	$\overline{CS}$/WD$_I$	芯片选择输入：当$\overline{CS}$为高电平时，芯片未选中，并将 SO 置为高阻态。器件处于标准的功耗模式，除非一个向非易失单元写的周期开始。当$\overline{CS}$为高电平时，将$\overline{CS}$拉低将使器件处于选择状态，器件将工作于工作功耗状态。在上电后任何操作之前，$\overline{CS}$必须有一个高变低的过程 看门狗输入：在看门狗定时器超时并产生复位 CPU 之前，一个加在 WD$_I$ 引脚上的由高到低的电平变化将清零看门狗定时器
2	SO	串行输出：SO 是一个推/拉串行数据输出引脚，在读数据时，数据在 SCK 脉冲的下降沿由这个引脚送出
3	WP	写保护：当 WP 引脚为低电平时，向 X5045 中写的操作被禁止，但是其他功能正常；当引脚为高电平时，所有操作正常，包括写操作。如果在$\overline{CS}$为低时，WP 变为低电平，则会中断向 X5045 中写的操作。但是，如果此时内部的非易失性写周期已经初始化了，则 WP 变为低电平不起作用

续表 7.2.31

引 脚	名 称	功 能
4	V_{SS}	地
5	SI	串行输入：SI是串行数据输入端，指令码、地址、数据都通过这个引脚输入。在SCK的上升沿进行数据的输入，并且高位(MSB)在前
6	SCK	串行时钟：串行时钟的上升沿通过SI引脚进行数据的输入，下降沿通过SO引脚进行数据的输出
7	RESET	复位输出：RESET是一个开漏型输出引脚。只要V_{CC}下降到最小允许V_{CC}值，这个引脚就会输出高电平，一直到V_{CC}上升超过最小允许值之后200 ms。同时它也受看门狗定时器控制，只要看门狗处于激活状态，并且WD_I引脚上电平保持为高或者为低超过了定时的时间，就会产生复位信号。$\overline{CS}$引脚上的一个下降沿将会复位看门狗定时器。由于这是一个开漏型的输出引脚，所以在使用时必须接上拉电阻
8	V_{CC}	正电源

X5045/5043根据RESET复位信号电平的高低来区分：X5045复位输出信号为高电平，X5043则为低电平。一般而言，X5045用于复位信号为高电平的单片机，如51内核的一些单片机；X5043则用于复位信号为低电平的单片机，如MICROCHIP公司的PIC系列单片机。

3. X5045与89C51的SPI接口电路及操作原理

X5045的WP是写保护输入引脚，只有当WP为高电平时，才可向E^2PROM写数据；RST为复位输出引脚，复位时输出高电平；SI为串行输入引脚；SO为串行输出引脚；SCK为串行时钟引脚；$\overline{CS}/WD_I$为片选及清除引脚。SI，SO，SCK和$\overline{CS}$均可和单片机任何一个I/O引脚相连。图7.2.62是X5045与89C51的SPI接口电路图。

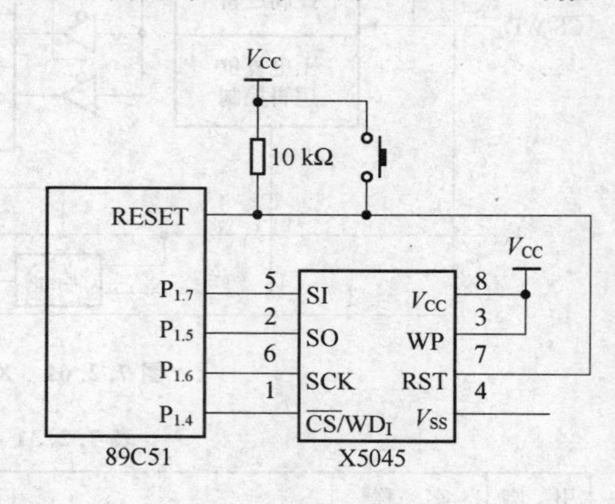

图7.2.62 X5045与89C51 SPI接口电路

当X5045的$\overline{CS}$变为低电平时，在SCK的上升沿采样从SI引脚输入的数据，在SCK的下降沿输出数据到SO引脚。整个工作期间，$\overline{CS}$必须是低电平，WP必须是高电平。在预置的定时周期内，当$\overline{CS}$没有从1到0的跳变时，RST输出复位信号。

当X5045用于看门狗时，在看门狗定时器超时并产生复位CPU之前，一个加在WD_I引脚上的由高到低的电平变化(即$P_{1.4}$的输出由高到低)将清零看门狗定时器，即如此“喂狗”。

4. X5045/5043的指令

X5045/5043包括一个写允许锁存器和2个8位的寄存器：指令寄存器和状态寄存器。对X5045/5043的所有操作都必须首先将一条指令写入指令寄存器。X5045/5043的指令、指令操作码及其操作如表7.2.32所列。

表 7.2.32　X5045/5043 的指令集

指令名	指令操作码	指令的操作
WREN	0000 0110	设置写允许锁存器，允许写操作
WRDI	0000 0100	复位写允许锁存器，禁止写操作
RDSR	0000 0101	读状态寄存器
WRSR	0000 0001	写状态寄存器
READ	0000 $A_8$011	从该指令中的第 9 位地址及其后写入的低 8 位地址开始读出数据
WRITE	0000 $A_8$010	把 1～4 字节数据写入从写入的地址(同上)开始的 E^2PROM 阵列

注：A_8 表示 X5045/5043 片内存储器的高地址位。

指令说明如下：

①发送指令或读/写字节数据时，都是高位在先。

②E^2PROM 存储器地址范围为 000H～1FFH。A_8 为 0，表示操作的地址范围为 000H～0FFH；A_8 为 1，表示操作的地址范围为 100H～1FFH。

X5045 的写允许锁存器在进行操作前必须被设置。状态寄存器的各位功能如下所列(默认值为 30H)。

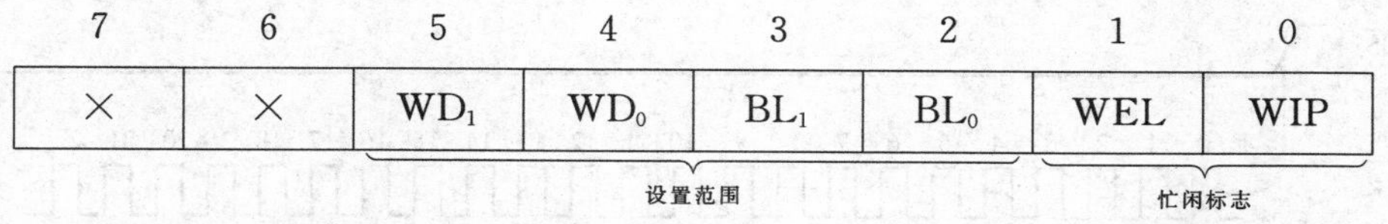

WIP：写操作状态位，只读。WIP＝1 时，表示芯片正忙于写操作；WIP＝0 时，表示没有进行写操作。

WEL：写使能锁存器状态位，只读。WEL＝1 时，表示锁存器被设置；WEL＝0 时，表示锁存器已复位。

BL_1，BL_0：数据块保护位(意义如表 7.2.33 所列)，可读/写。

WD_1，WD_0：看门狗定时器超时选择设定位(意义如表 7.2.34 所列)，可读/写。

表 7.2.33　块地址保护范围

BL_1	BL_0	受保护的块地址
0	0	无
0	1	180H～1FFH
1	0	100H～1FFH
1	1	000H～1FFH

表 7.2.34　看门狗超时周期

WD_1	WD_0	看门狗超时周期/s
0	0	1.4
0	1	0.6
1	0	0.2
1	1	禁　止

5. X5045 的读/写时序

X5045 的读/写包括对内部寄存器和数据的操作。其区别在于，当选中芯片后，其后的操作是指令还是数据地址。典型的 E^2PROM 读数据的时序如图 7.2.63 所示。当单片机或 CPU 从 X5045 内部的 E^2PROM 存储器读数据时，首先将$\overline{CS}$引脚拉低，表示已选中芯片；接着发送 READ 读指令；然后是 8 位的字节地址。当芯片接收到这些指令后，被选定地址的存储器的数据内容将被移出到SO线上。当一个数据字节移出之后，地址自动加1，如果SCK时钟持续提供，则可读出一个地址的数据内容。状态寄存器的读/写时序与数据的读/写时序基本相同，只是当单片机发送RDSR(读状态寄存器)指令结束后，紧接着状态寄存器的内容便被移出至SO引线上。

X5045写状态寄存器和数据的时序与读时序的过程相似。

E^2PROM的字节和页写入时序如图7.2.64和图7.2.65所示。

在写入时序之前，必须写入WREN指令，使写允许锁存器置位。首先将$\overline{CS}$从高电平拉至低电平，以选择芯片；然后写入WRITE指令和E^2PROM存储矩阵写入单元的地址；接着写入1～4字节数据；最后将$\overline{CS}$从低电平拉回至高电平，结束写入操作并启动内部写周期，将写入页缓冲器中的数据写入E^2PROM存储矩阵。每个写入周期只能在第24(写1字节)、第32(写2字节)、第40(写3字节)或第48(写4字节)个时钟之后结束，其他时间都不能结束写操作。写入的字节必须驻留在同一个页上，页地址从地址××××××××00开始，至××××××××11的结束。如果地址计数器达到××××××××11而时钟仍继续，那么地址计数器将翻转至页的首地址，继续写入的数据将从页的首地址开始写入。

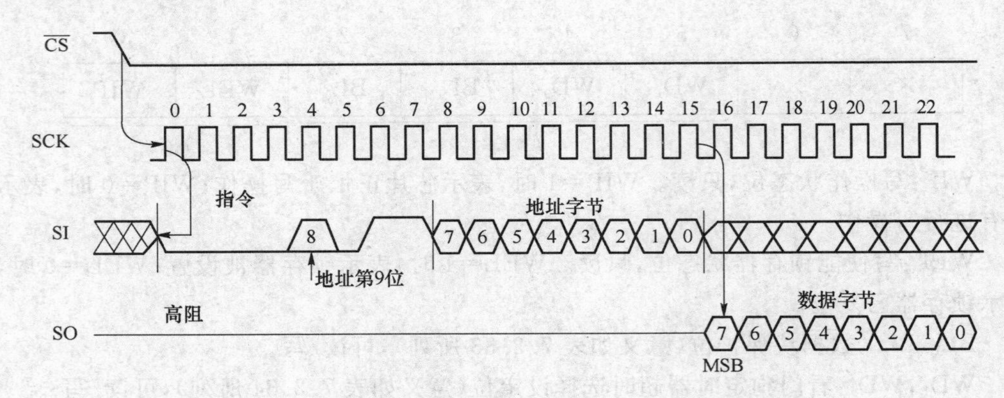

图7.2.63 E^2PROM存储矩阵的读时序

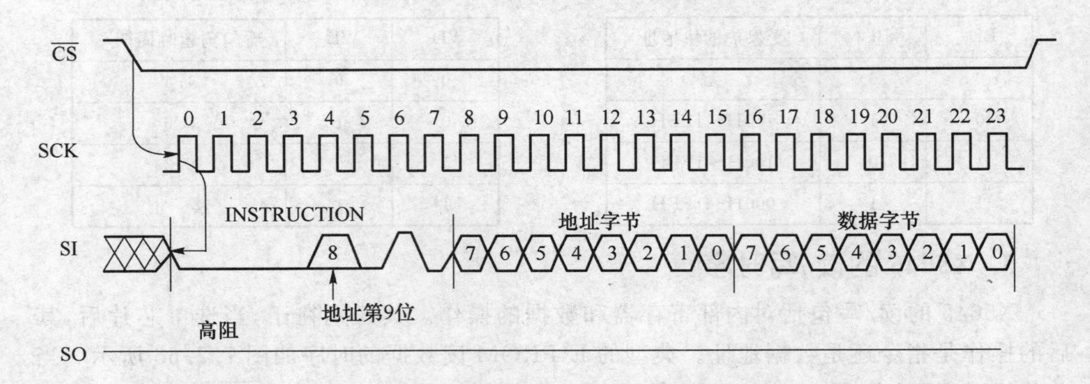

图7.2.64 E^2PROM存储矩阵的字节写时序

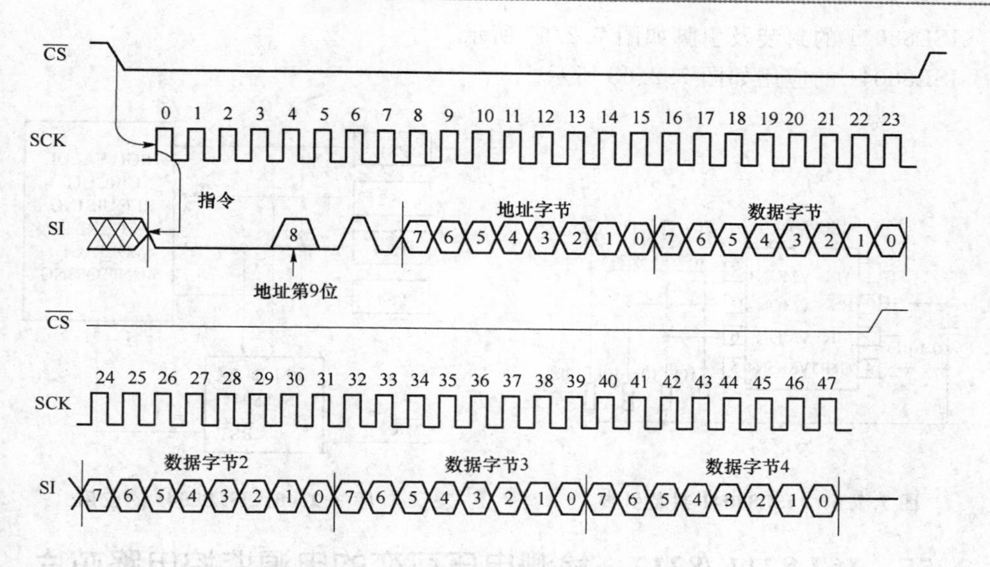

图 7.2.65　E^2PROM 存储矩阵的页写入时序

7.2.54　ISL88041　4 路窗口电压监控器芯片

intersil 公司的 ISL88041 为 4 路窗口电压监控电路。其内部结构如图 7.2.66 所示。

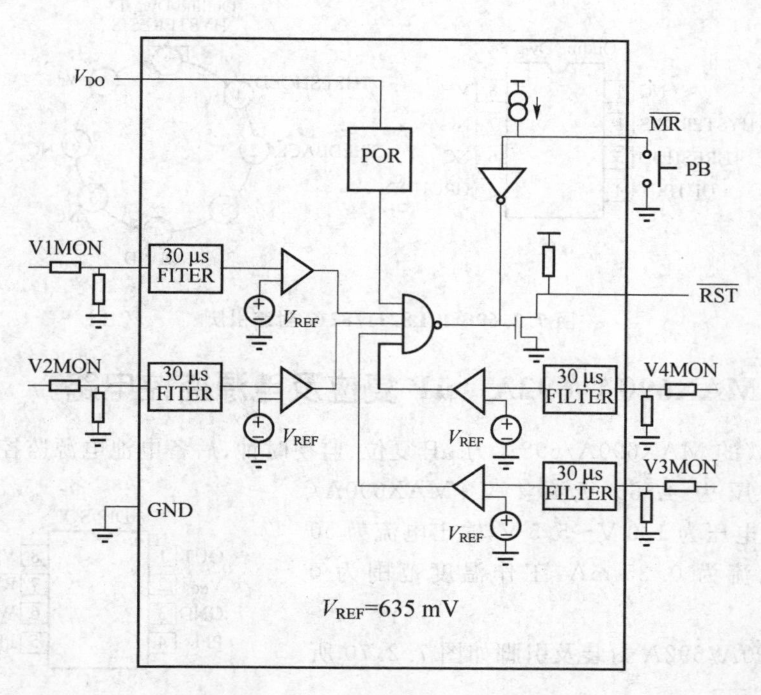

图 7.2.66　ISL88041 内部结构

ISL88041 的封装及引脚如图 7.2.67 所示。

ISL88041 的应用如图 7.2.68 所示。

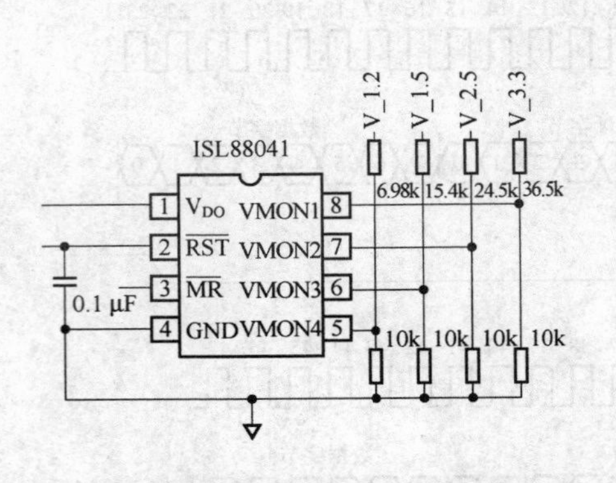

图 7.2.67　ISL88041 封装引脚

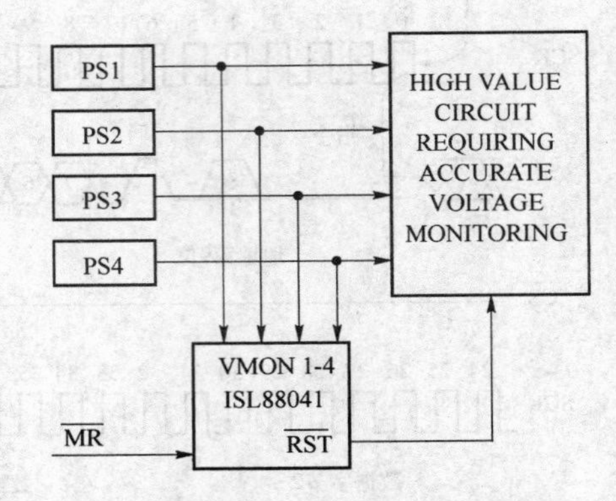

图 7.2.68　ISL88041 的应用

7.2.55　ICL8211/8212　检测电压可变的电源监控电路芯片

检测电压可变，工作电压为 1.8～30 V，消耗电流为 0.25 mA，工作温度范围为0～70 ℃。

ICL8211/8212 封装及引脚如图 7.2.69 所示。

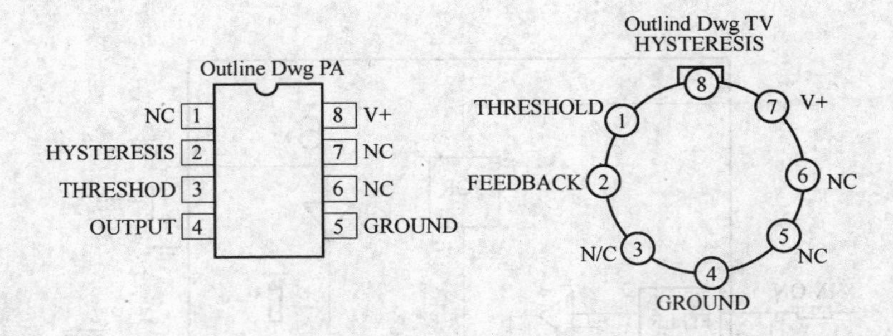

图 7.2.69　ICL8211/8212 封装引脚

7.2.56　MAX690A/692A　μP 复位及电源监控电路

MAXIM 的 MAX690A/692A 为 μP 复位、监视时钟、后备电池电源监控电路。

检测电压为 4.65 V/4.4 V（MAX690A/692A），工作电压为 1.0 V～5.5 V，输出电流为 50 mA，工作电流为 0.35 mA，工作温度范围为 0～70 ℃。

MAX690A/692A 封装及引脚如图 7.2.70 所示。

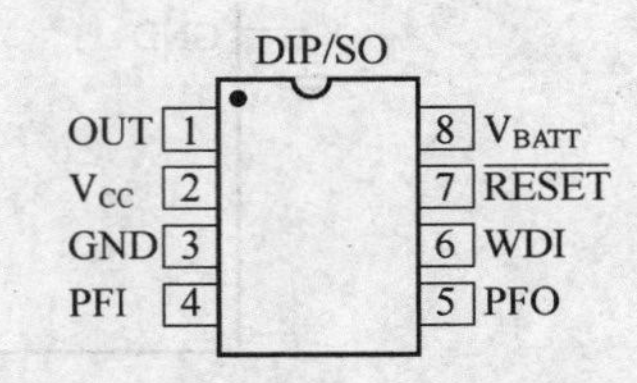

图 7.2.70　MAX690A/692A 封装引脚

7.2.57　MAX691A/693A　μP 复位及电源监控电路芯片

MAXIM 的 MAX691A/693A 为 μP 复位、监视时钟、后备电池电源监控电路。

检测电流为 4.65 V/4.4 V(MAX690A/692A)，工作电压为 1.0～5.5 V，输出电流为 50 mA，工作电流为 0.35 mA，工作温度范围为 0～70 ℃。

MAX691A/693A 封装及引脚如图 7.2.71 所示。

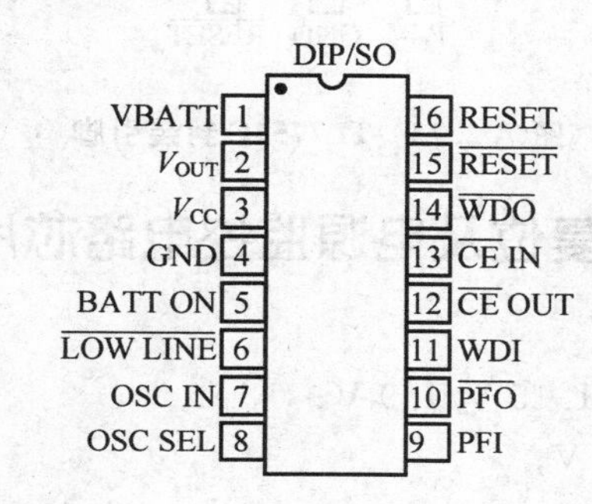

图 7.2.71　MAX691A/693A 封装引脚

7.2.58　TL7705C－B/7705AC　μP 复位及电源监控电路芯片

主要性能如下：

- 检测电压：4.5 V；
- 工作电压：3.5～18 V；
- 消耗电流：3.0 mA；
- 工作温度范围：0～70 ℃(C)
  －40～80 ℃(AC)

TL7705C－B/7705AC 封装及引脚如图 7.2.72 所示。

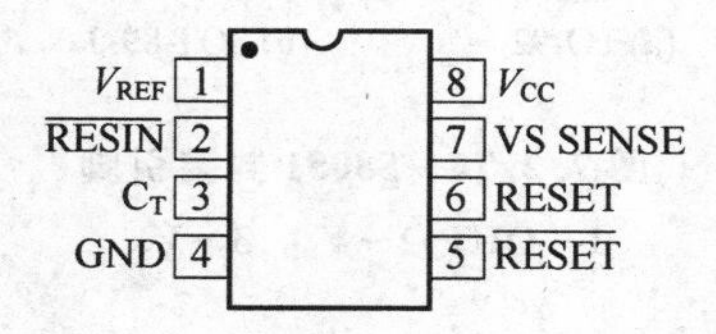

图 7.2.72　TL7705C－B/7705AC 封装引脚

7.2.59　TL7757C　μP 复位及电源监控电路芯片

主要性能如下：

- 检测电压为 4.55 V；
- 工作电压为 1.0～7.0 V；
- 消耗电流为 2.0 mA；

- 工作温度范围为−40～85 ℃。

TL7757C 封装及引脚如图 7.2.73 所示。

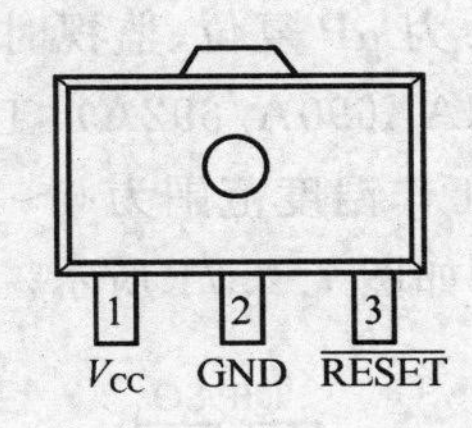

图 7.2.73　TL7757C 封装引脚

7.2.60　S8051　μP 复位及电源监控电路芯片

主要性能如下：

- 检测电压为 1.05 V/1.15 V/1.9 V；
- 工作电压为 1.6～10 V；
- 消耗电流：0.004 mA；
- 工作温度范围为−20～70 ℃。

S8051 的封装及引脚如图 7.2.74 所示。

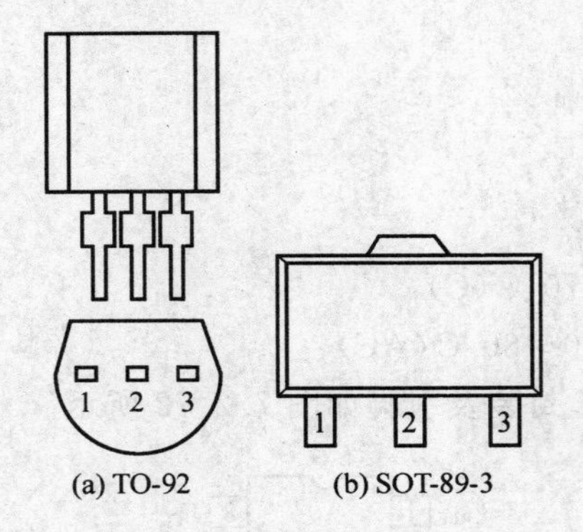

图 7.2.74　S8051 封装引脚

1 - OUT；2 - V_{DD}；3 - V_{SS}

7.2.61　S8052　μP 复位及电源监控电路芯片

主要性能如下：

- 检测电压为 2.1 V/2.4 V/2.7 V；
- 工作电压为 1.6～10 V；
- 消耗电流为 0.006 mA；
- 工作温度范围为−20～70 ℃。

S8052 的封装及引脚如图 7.2.75 所示。

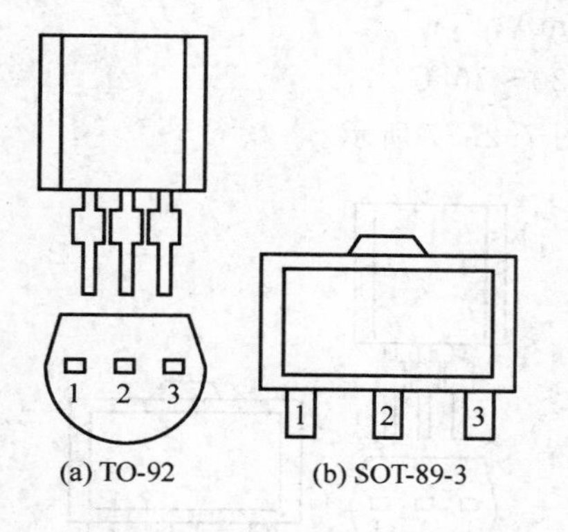

图 7.2.75　S8052 封装引脚

1 – OUT；2 – V_{DD}；3 – V_{SS}

7.2.62　S8053　μP 复位及电源监控电路芯片

主要性能如下：

- 检测电压为 3 V/3.55 V；
- 工作电压为 1.6～10 V；
- 消耗电流为 0.005 mA；
- 工作温度范围为－20～70 ℃。

S8053 封装及引脚如图 7.2.76 所示。

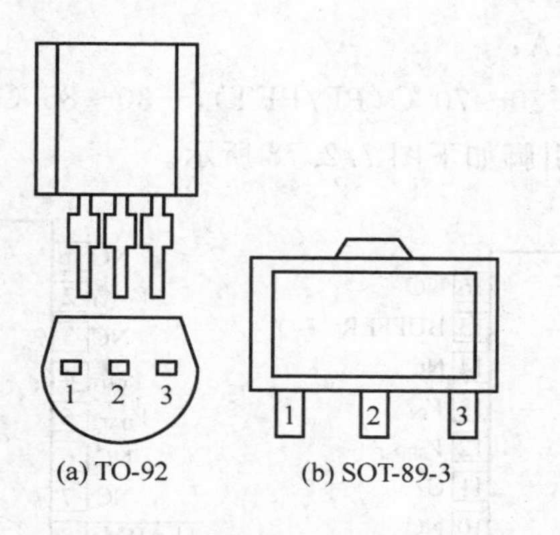

图 7.2.76　S8053 封装引脚

1 – OUT；2 – V_{DD}；3 – V_{SS}

7.2.63　S8054　μP 复位及电源监控电路芯片

主要性能如下：

- 检测电压为 4 V/4.6 V；
- 工作电压为 1.6 V～10 V；

- 消耗电压为0.006 mA；
- 工作温度范围为－20～70 ℃。

S8054 封装及引脚如图7.2.77所示。

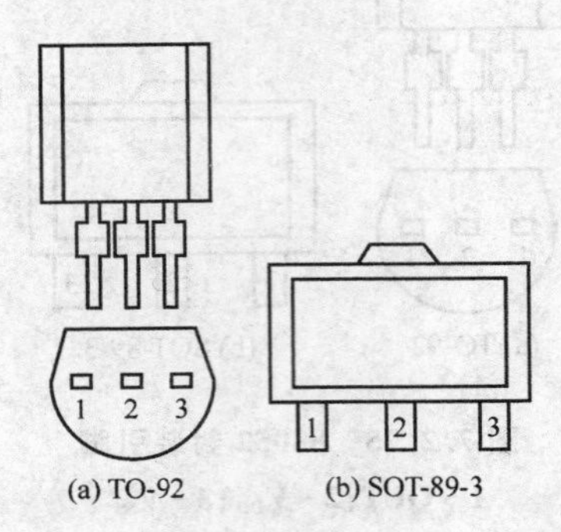

图7.2.77　S8054 封装引脚

1－OUT；2－V_{DD}；3－V_{SS}

7.2.64　MB3780A　μP 复位、后备电池电源监控电路芯片

主要性能如下：

- 检测电压为4.2 V；
- 工作电压为6.0 V；
- 输出电流为200 mA；
- 工作电流为1.5 mA；
- 工作温度范围为－30～70 ℃(PF/PFT)，－30～85 ℃(P)。

MB3780A 的封装及引脚如下图7.2.78所示。

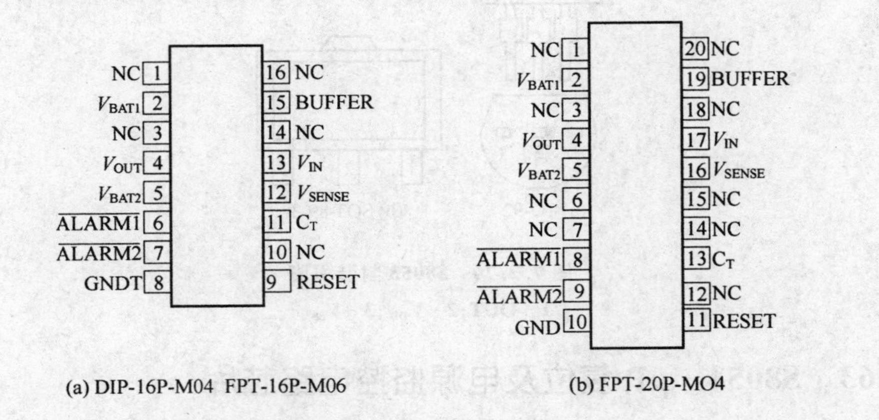

图7.2.78　MB3780A 封装引脚

7.2.65　MB3790　μP 复位及后备电池电源监控电路芯片

主要性能如下：

- 检测电压为 4.2 V；
- 工作电压为 5.5 V；
- 输出电流为 200 mA；
- 工作电流为 0.1 mA；
- 工作温度范围为 −30～70 ℃。

MB3790 的封装及引脚如图 7.2.79 所示。

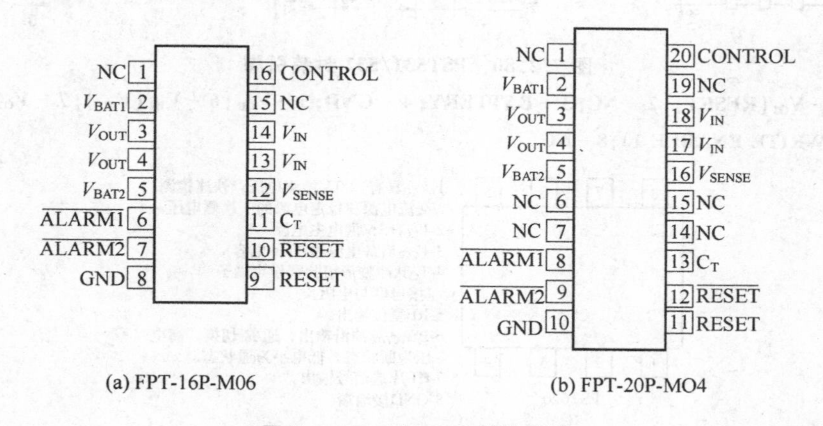

图 7.2.79　MB3790 封装引脚

7.2.66　PST531/532　μP 复位、后备电池电源监控电路芯片

主要性能如下：

- 检测电压为 4.2 V(RST/WP)，3.3 V(BAT)；
- 工作电压为 1.0～10 V；
- 输出电流为 30 mA；
- 工作电流为 38 mA；
- 工作温度范围为 −25～75 ℃。

PST531/532 的封装及引脚如图 7.2.80 所示。

7.2.67　PST620　μP 复位/后备电池电源监控电路芯片

主要性能如下：

- 检测电压为 4.2 V(WP)，2.15 V(RST)；
- 工作电压为 1.0 V～10 V；
- 工作电流为 0.015 mA；
- 工作温度范围为 −20～70 ℃。

PST620 的封装及引脚功能如下图 7.2.81 所示。

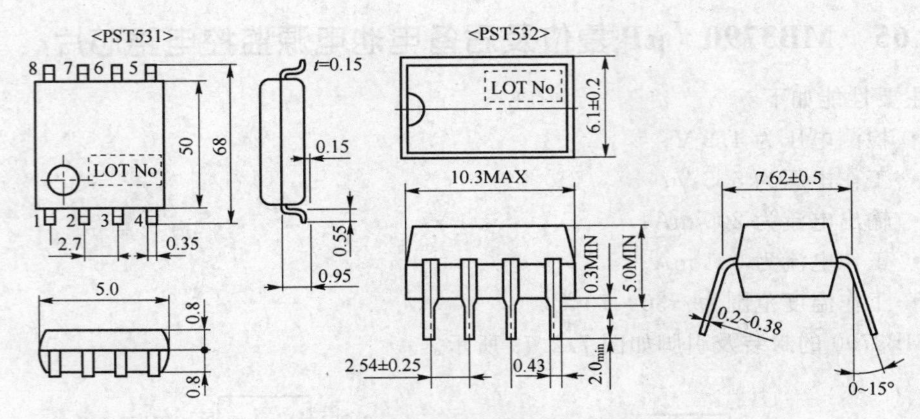

图 7.2.80　PST531/532 封装引脚

1 - V_{O2}(RESET); 2 - NC; 3 - BATTERY; 4 - GND; 5 - V_{OB}; 6 - V_{IN}(V_{CC}); 7 - V_{O1}(WRITE ENABLE 1); 8 - NC

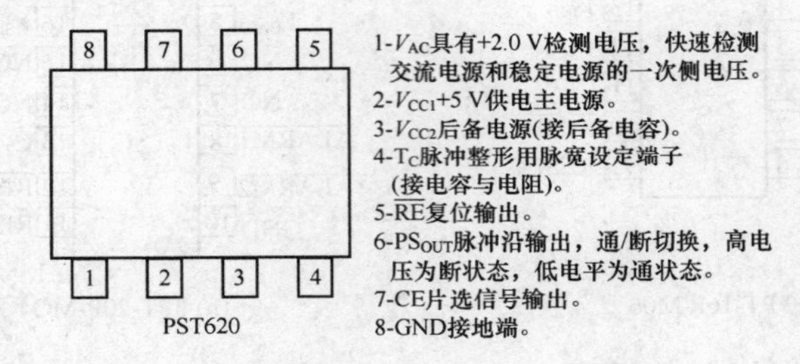

图 7.2.81　PST620 封装及引脚功能

7.2.68　PST621　μP 复位/后备电池电源监控电路芯片

主要性能如下：

检测电压为 4.2 (WP), 3.1 V(RST)；

- 工作电压为 1.0～10 V；
- 工作电流为 0.015 mA；
- 工作温度范围为 −20～70 ℃。

PST621 的封装及引脚功能如图 7.2.82 所示。

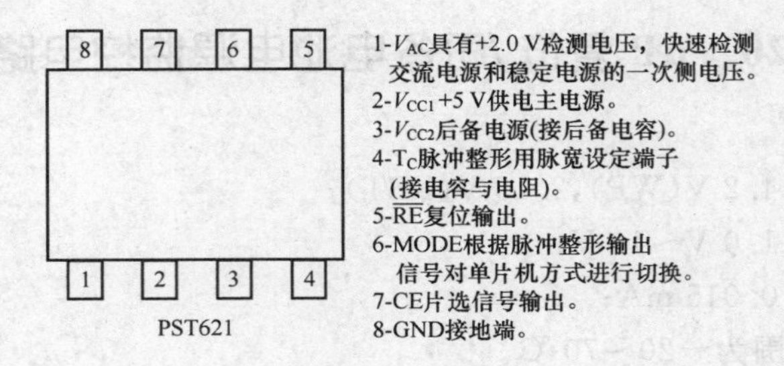

图 7.2.82　PST621 封装及引脚功能

7.2.69　PST90XX　μP 复位/电源监控电路芯片

主要性能如下：

- 检测电压为 0.8 V/0.9 V/…/1.7 V/1.8 V；
- 工作电压为 0.7～10 V；
- 消耗电流为 0.002 mA；
- 工作温度范围为－20～75 ℃。

PST90XX 封装引脚如图 7.2.83 所示。

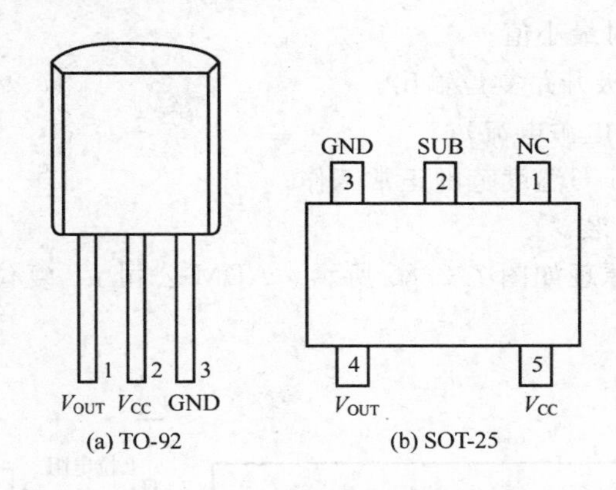

图 7.2.83　PST90XX 封装引脚

7.2.70　RX5VL　μP 复位/电源监控电路芯片

主要性能如下：

- 检测电压为 2 V/2.1 V/…/5.9 V/6 V；
- 工作电压为 1.5～10 V；
- 消耗电流为 0.005 mA；
- 工作温度范围为－30～80 ℃。

RX5VL 封装及引脚如图 7.2.84 所示。

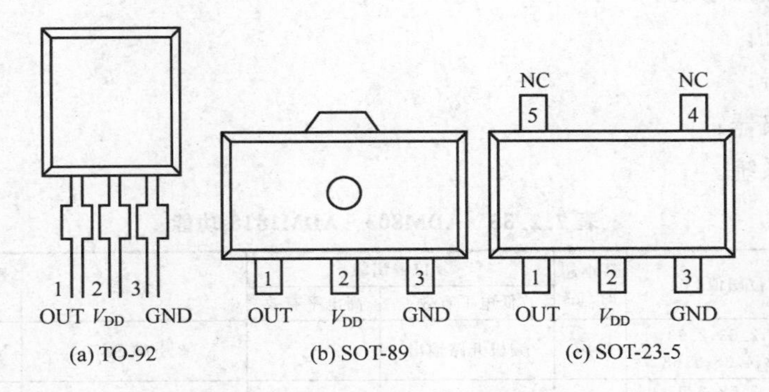

图 7.2.84　RX5VL 封装引脚

7.2.71 ADM803 低成本 μP 复位/电源电压监控器芯片

ADI公司提供适合基于微处理器系统应用的多种低成本复位发生电路以监视电源电压从5 V降低到2.5 V。当被监视的电源电压跌落到预置阈值以下时,复位发生电路产生复位输出信号。当该电源电压返回到正常值之后,在一固定超时周期内复位保持有效,从而保证该微处理器在再次启动之前处于稳定状态。用户可从多种工作方式中选择低电平有效或高电平有效,以及推拉输出级或漏极开路输出级。

主要性能如下:

- 30 ms 复位超时最小值;
- 低电平有效漏极开路复位输出;
- 低功耗(10 μA 电源电流);
- 在−40～+125 ℃温度范围正常工作;
- 3引脚 SC70 封装。

ADM803 的工作原理如图 7.2.85 所示。ADM 公司 μP 复位/电压监控系列芯片如表 7.2.35 所列。

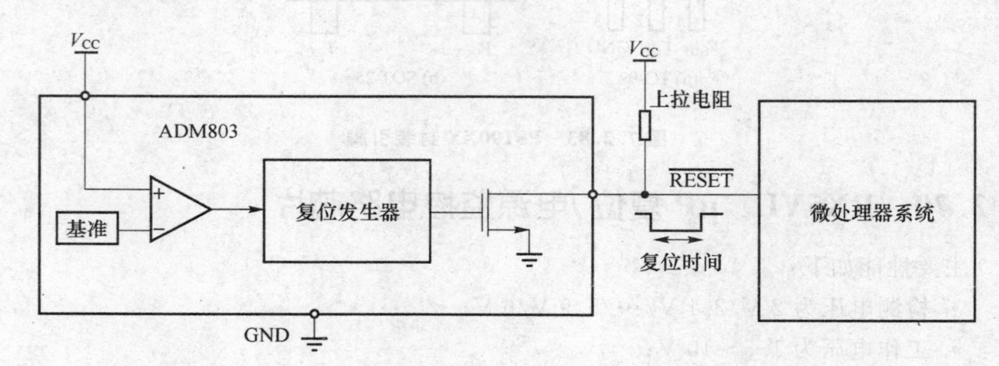

图 7.2.85 ADM803 工作原理

应用范围如下:

- 微处理器系统;
- 计算机;
- 控制器;
- 智能仪器;
- 汽车系统。

表 7.2.35 ADM803 - ADM1818 功能

产品型号	复位阈值/V	最小超时/ms	复位输出级		封装	替换产品型号	报价(美元/片)
			低电平有效	高电平有效			
ADM803	2.32,2.63,2.93,3.08,4.38,4.63	140	漏极开路输出	—	3引脚 SC70	MAX803	0.26
ADM809	2.32,2.63,2.93,3.08,4.00,4.38,4.63	140	推拉输出	—	3引脚 SOT-23/SC70	MAX809	0.24

续表 7.2.35

产品型号	复位阈值/V	最小超时/ms	复位输出级		封装	替换产品型号	报价(美元/片)
			低电平有效	高电平有效			
ADM810	2.32,2.63,2.93,3.08,4.00,4.38,4.63	140	—	推拉输出	3 引脚 SOT-23/SC70	MAX810	0.24
ADM809-5	2.93,4.63	30	推拉输出	—	3 引脚 SOT-23/SC70	—	0.25
ADM1810	4.35,4.62	100	推拉输出	—	3 引脚 SOT-23/SC70	MXD1810	0.45
ADM1811	4.35,4.62	100	内置 5.5 kΩ 上拉	—	3 引脚 SOT-23/SC70	MXD1811	0.45
ADM1812	4.35,4.62	100	—	推拉输出	3 引脚 SOT-23/SC70	MXD1812	0.45
ADM1813*	4.35,4.62	100	内置 5.5 kΩ 上拉	—	3 引脚 SOT-23/SC70	MXD1813	0.39
ADM1815	2.18,2.31,2.55,2.88,3.06	100	推拉输出	—	3 引脚 SOT-23/SC70	MXD1815	0.39
ADM1816	2.18,2.31,2.55,2.88,3.06	100	内置 5.5 kΩ 上拉	—	3 引脚 SOT-23/SC70	MXD1816	0.45
ADM1817	2.18,2.31,2.55,2.88,3.06	100	—	推拉输出	3 引脚 SOT-23/SC70	MXD1817	0.45
ADM1818*	2.18,2.31,2.55,2.88,3.06	100	内置 5.5 kΩ 上拉	—	3 引脚 SOT-23/SC70	MXD1818	0.45
ADM709	2.63,2.93,3.08,4.40,4.65	140	推拉输出	—	DIP/SOIC	MAX709	0.55

* ADM1813 和 ADM1818 还具有手动复位能力。

7.2.72　ADM809TART　标准的三脚复位/电源监控器芯片

利用 ADM809TART μP 复位/电源监控器，只需一对小电阻、一只电容和一个按键开关，就可以为标准的三脚复位监控器增加一个手动复位功能。工作原理如图 7.2.86所示。

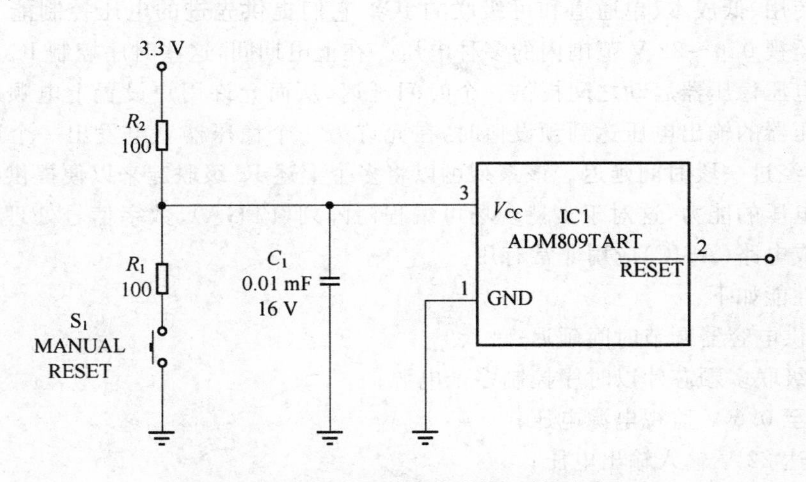

图 7.2.86　标准三脚复位监控工作原理图

为设计增加手动复位时一般采用一只带手动复位输入的新器件。但是，只要增加几只小电阻，一个标准的三脚复位监控器就足以应付多数应用。图 7.2.86 中的电路可在按下手动复位键期间和按下以后能保证一个干净的 RESET 信号。当激活手动复位按键时，供电电压掉到复位监控器的最小复位阈值以下。因为当 S_1 激活时，R_1/R_2 组成分压器。这个动作使复位监控器能激活它的 RESET 输出。当释放 S_1 时，电源电压回到复位监控器最大复位阈值以上，RESET 在复位监控器超时周期内仍保持激活。

在未按下 S_1 时，复位监控器的电源电流和输出负载在 $-R_2$ 上产生一个压降。对多数复位监控器，最大电源电流为 50 μA。对多数设计，RESET 输出接到一个或多个 CMOS 输入上，每个需大约 10 μA。在两只 CMOS 器件接到 RESET 时，通过 R_2 的总电流将为(2×10 μA)+50 μA=70 μA。电流在 R_2 上造成的电压降实际上在复位监控器的复位阈值电压上增加了 70 μA×100 Ω=7 mV。

在选择 R_1、R_2 和 C_1 值时，应考虑做出各种折衷。复位监控器局部旁路电容 C_1 的值应足够小，使复位监控器能够检测到电源电压的瞬时下降。R_2 和 C_1 的时间常数确定了这个值，在本例中，该时间常数为 100 Ω×0.01 μF=1 μs。这个数字一般远远高于有功率损耗的稳压电源的衰减速率。

当 S_1 被激活时，电流流过 R_1 和 R_2。在图 7.2.86 的电路中，激活 S_1 时的电流为 3.3 V/(100 Ω+100 Ω)=16.5 mA 对线性电源系统来说，这个电流量可能正常，但对电池供电的系统就有问题了。可以通过增加 R_1 的值来减小电流，并确保复位监控器的供电电压降低到最小复位阈值以下。另外也可以随 R_1 一起增加 R_2 的值，但这样会增加电压降，减缓对瞬变的响应。注意，只有当手动复位为激活状态时，才会出现手动复位电流的增加，当 RESET 有效时，典型系统电流会下降。

7.2.73 ADM1085～ADM1088 时序控制的电压监控器芯片

ADI 公司的 ADM1085、ADM1086、ADM1087 和 ADM1088 Simple Sequencer™系列都是易使用、低成本、单通道和可级联的 IC。它们提供先进的电压控制能力并且能够调整以监视 0.6～22 V 范围内的多种电压。在上电期间，这些时序控制 IC 能够在两个独立的电压稳压器启动之间提供一个时间延迟，从而允许用户设置上电顺序。当其中一个稳压器的输出电压达到预设值时，在允许另一个稳压器上电发出一个启动信号之后，开始经过一段时间延迟。该系列可以将多个上述 IC 级联起来以便提供时序控制多个电源电压的能力，这对于支持现场可编程门阵列(FPGA)、数字信号处理器(DSP)和专用集成电路(ASIC)应用非常有用。

主要性能如下：

- 提供电容器调节时间延迟；
- 可级联多颗芯片以时序控制多个电源；
- 低至 0.6 V 监视电源电压；
- 高达 22 V 输入输出电压；
- 超小型 6 引脚 SC70 封装；
- 15 μA 功耗电流。

ADM1085～ADM1088 的工作原理如图 7.2.87 所示。其性能如表 7.2.36 所列。

应用范围如下：

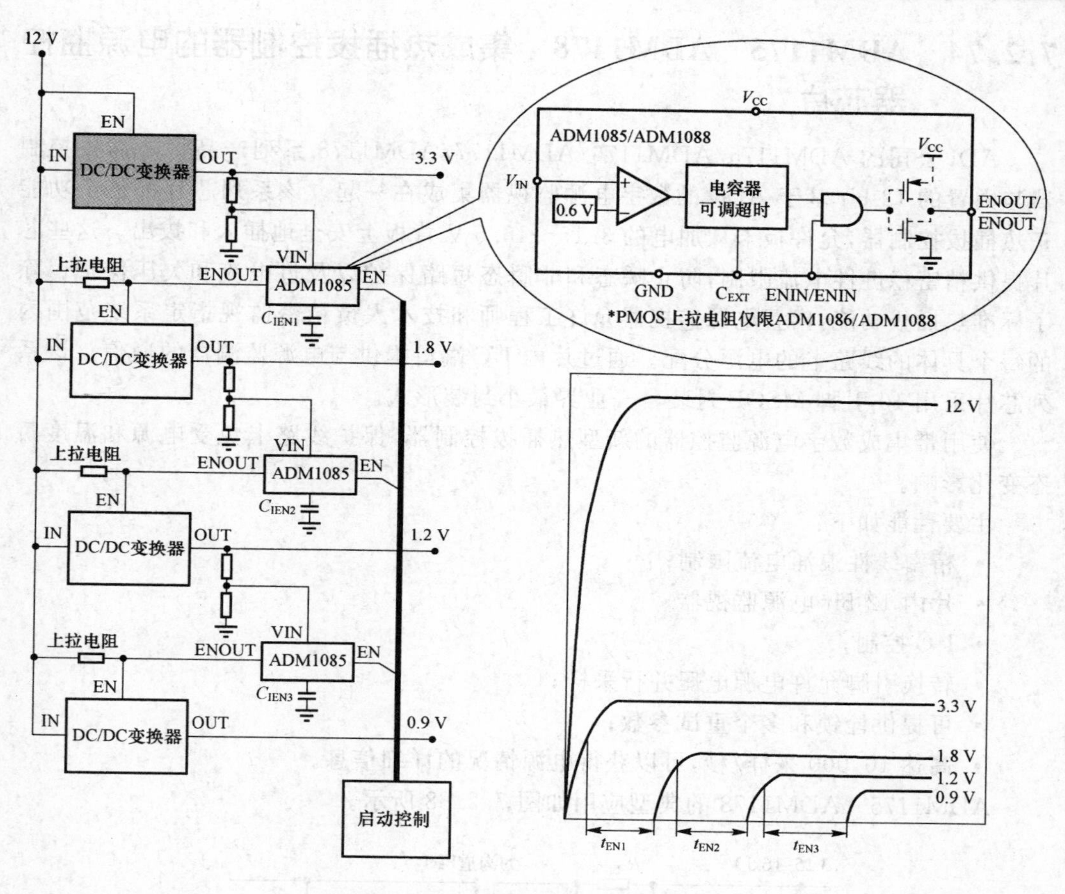

图 7.2.87　ADM1085 工作原理

- 移动电话；
- 笔记本计算机；
- 台式计算机；
- 机顶盒。

表 7.2.36　ADM1085 - ADM1088 功能

产品型号	启动输入电平	启动输出电平	启动输出级
ADM1085	高电平有效 ENIN	高电平有效 ENOUT	高电压漏极开路输出
ADM1086	高电平有效 ENIN	高电平有效 ENOUT	推拉输出
ADM1087	低电平有效 $\overline{\text{ENIN}}$	低电平有效 $\overline{\text{ENOUT}}$	高电压漏极开路输出
ADM1088	低电平有效 $\overline{\text{ENIN}}$	低电平有效 $\overline{\text{ENOUT}}$	推拉输出

7.2.74 ADM1175－ADM1178 集成热插拔控制器的电源监控器芯片

ADI公司的ADM1175/ADM1176/ADM1177/ADM1178系列产品将热插拔控制器与内置的12 bit基于ADC的数字电源监视器集成在一起。该系列芯片都是全功能正热插拔控制器，允许板卡从加电的3.15～16.5 V背板上安全地插入和拔出。这些芯片提供精密稳健性电流限制，防止瞬态和非瞬态短路保护以及过电流和欠压保护。除了标准热插拔功能，内置电源监视器允许工程师和技术人员精密监视指定系统范围内的每个具体的线路卡的电源分配。通过片内I^2C端口提供与电源监测器的通信。该系列芯片采用10引脚MSOP封装——业界最小封装形式。

使用带集成数字电源监控器的新型热插拔控制器，保护线路卡免受电源和温度瞬态变化影响。

主要性能如下：

- 精密线性浪涌电流限制；
- 片内12 bit电源监视器；
- I^2C控制；
- 转换引脚允许电源电压并行采样；
- 可提供栓锁和多个重试参数；
- 高达10,000采样/秒，可以获得电源情况的详细信息。

ADM1175－ADM1178的典型应用如图7.2.88所示。

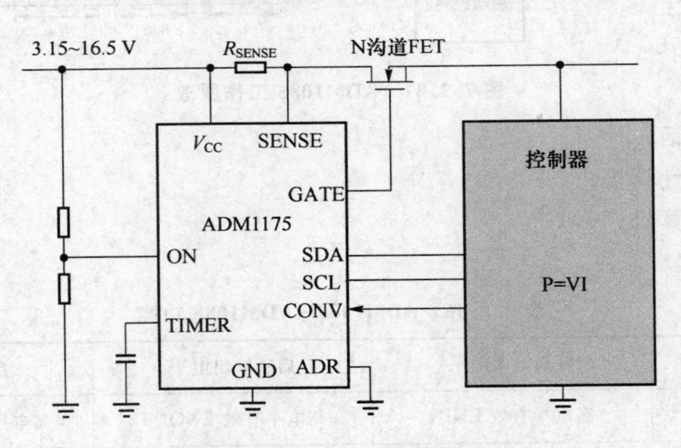

图7.2.88 ADM1175典型应用

应用范围如下：

- 电源监视和电源预算；
- 中心办公设备；
- 电信和数据通信设备；
- 个人计算机和服务器。

7.2.75　ADM1185　四通道电压监控器和时序控制器芯片

ADI公司的ADM1185四通道电压监视器和时序控制器适用于多电源供电的系统。典型应用包括无线基站和交换台。这些系统需要稳健性时序控制器产品确保按照某种控制方式施加电源电压，防止设备损坏和网络停机时间。由于ADM1185能为四个电源电压提供电压监视和时序控制功能，所以它有效地控制电源电压的上电顺序以及监视其供电系统，以确保当系统出现故障时迅速断电。除了监控功能，该路件还可以提供用户可编程能力，允许电源设计工程师通过选择一个特定的电源的输出电压和输入电压能够简化电源的上电顺序。用户还可以使用外部电容器来设置时间延迟。该器件采用10引脚MSOP超小封装，从而使它成为业界最小的四通道时序控制器。ADI公司还提供ADM106x，ADM108x，ADM6819和ADM6820电压监视器和时序控制器系列，它们支持2～10个电源电压范围。

主要性能如下：

- V_{CC}引脚电源电压：2.7～5.5 V；
- 通过0.8%精度的比较器监视四通道电源电压；
- 使用电阻器分压器监测不同的电压幅度；
- 3通道开漏允许输出；
- 1个电源准备好(PWRGD)输出；
- 封装：10引脚MSOP封装。

ADM1185工作原理如图7.2.89所示。

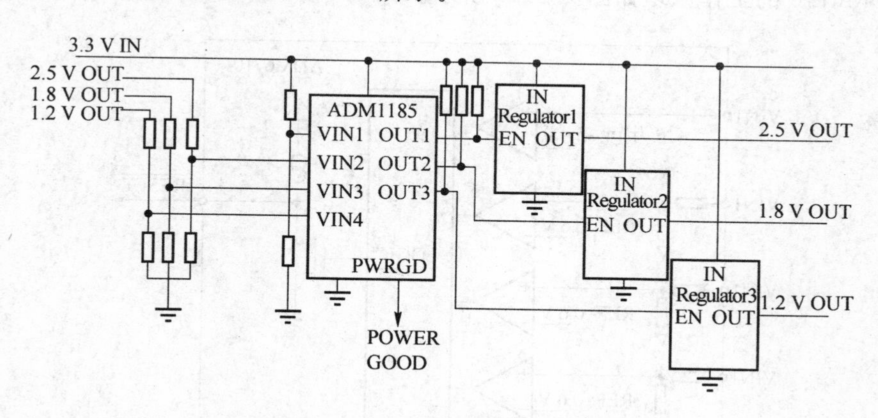

图7.2.89　ADM1185工作原理

典型应用如下：

- 监视和报警功能；
- 电源时序控制器；
- 电信和数据通信设备；
- 个人计算机和服务器。

7.2.76　ADM6710　监视四电源电压的μP监控器芯片

ADI公司的ADM6710是一种能够监视4个电源电压的低压、高精度、微处理器监测电路。当输入电压低于设定门限时，产生一个低电平有效逻辑输出。输出级提供开漏输出，内部上拉到被监测的IN2引脚电压或V_{CC}电源引脚，电源电流很小通常仅为10 μA。如果所有电压超过选择门限，复位引脚在复位超时周期(最小140 ms)内保持低电平。只要IN1或IN2引脚电压超过1 V，ADM6710输出将保持有效；当V_{CC}超过2 V时，ADM6710输出也会保持有效。

主要性能如下：

- 准确地监测4个电源电压；
- 5个复位门限选择：1.8～5 V；
- 监视电压低至0.62 V(1.5%精度)；
- 复位超时：140 ms(最小值)；
- 开漏复位输出：10 μA内部上拉；
- 复位输出级：低电平有效，IN1=1 V或IN2=1 V时有效；
- 低功耗：35 μA；
- 电源抗尖峰脉冲干扰；
- 规定温度范围：－40～＋85 ℃；
- 封装：6引脚SOT－23。

ADM6710的工作原理如图7.2.90所示。

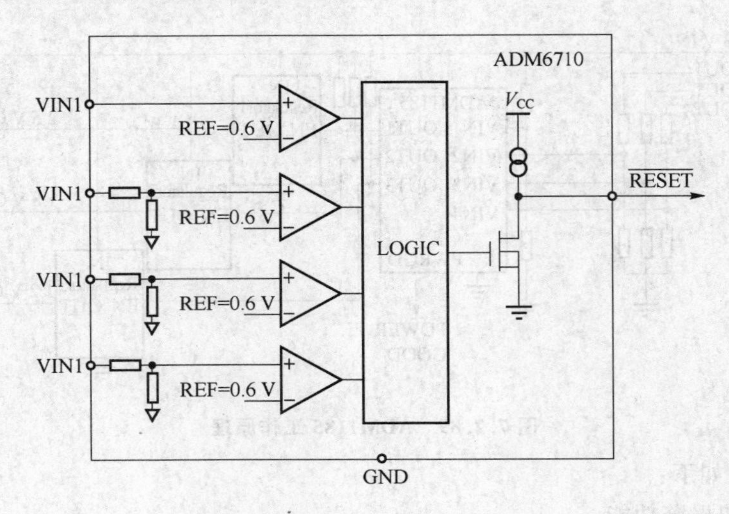

图7.2.90　ADM6710工作原理

应用范围如下：

- 微处理器系统；
- 台式计算机和笔记本电脑；

- 控制器；
- 数据存储设备；
- 服务器和工作站。

7.2.77 NCP30X 超低工作电流的电压监控电路芯片

安森美半导体公司的 NCP30X 系列是超低工作电流的电压监控器件。

μP 监控器件通常用于对单片机的上/掉电复位，系统电压监控，软硬件看门狗的设置、电池切换、比较等功能，广泛应用在通信、能源、电力、消费类产品、仪器仪表等各个领域。安森美半导体提供的监控产品可以兼容于 MAXIM、IMP、ST 等公司的产品，并且具有更低的功耗，更高的性价比。

NCP30X 应用于微处理器复位控制器，电池电压监测，供电电源监测，备用电池切换。

主要性能如下：

- NCP30X 系列包括 NCP300，NCP301，NCP302，NCP303，NCP304，NCP305；
- NCP302，NCP303 外部通过连接一个电容构成可编程时间延迟发生器；
- 静态电流典型值 0.5 μA（NCP300，NCP301，NCP302，NCP303），1 μA（NCP304，NCP305）；
- 高精度阈值电压以下的 2.0%；
- 宽工作电压范围 0.8～10 V；
- 互补型漏极开路的复位输出(Reset Output)脚；
- 激活后输出高，低电平可供选择（如 NCP304HSQ30 激活后输出高，NCP304LSQ30 激活后输出低）；
- 无铅封装。

NCP30X 系列的封装及引脚如图 7.2.91 所示。

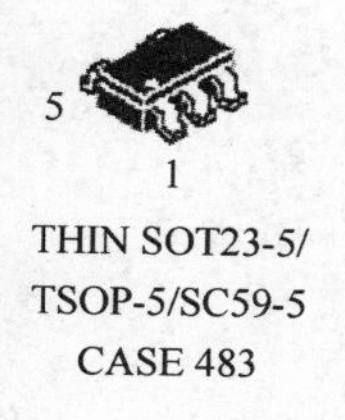

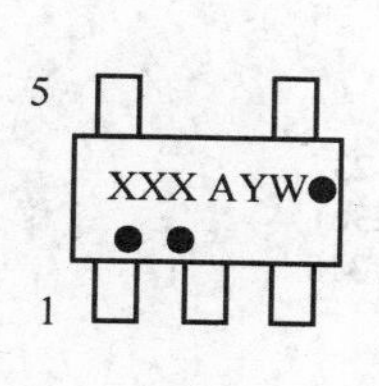

(a) NCP300,NCP301,NCP302,NCP303

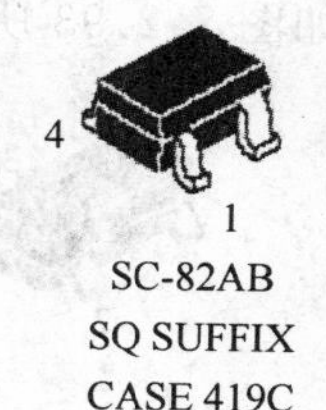

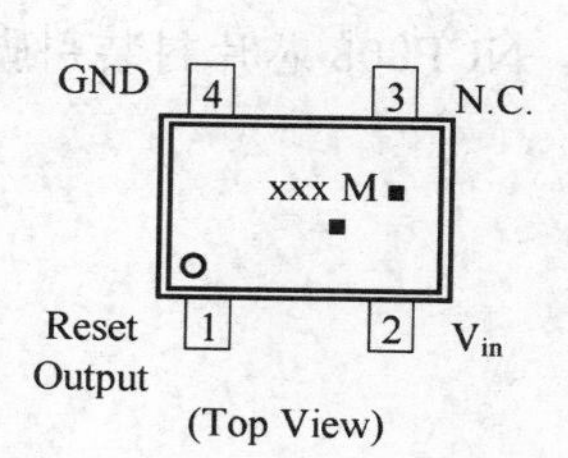

(b) NCP304,NCP305

图 7.2.91 NCP30X 芯片封装引脚

NCP30X 的典型应用如图 7.2.92 所示。

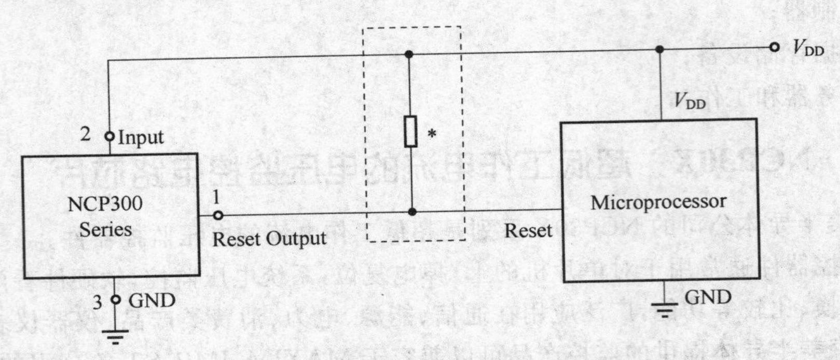

图 7.2.92　NCP301 典型应用电路

注:Required for NCP301

7.2.78　NCP803　极低电流 3 脚 μP 监控器芯片

NCP803 为极低电流 3 脚封装的 μP 监控器，其应用于计算机、嵌入式系统、电池供电设备、关键单片机电源电压监控、汽车应用电路等。

主要性能如下：

- 高精度 V_{CC} 监控，可对额定电压为 1.5 V，1.8 V，2.5 V，3.0 V，3.3 V 和 5.0 V 的系统电源进行监控；
- 上电复位脉冲宽度 1 ms，20 ms，100 ms，140 ms；
- 输出有效直至 V_{CC}＝1.0 V；
- 低供电电流，0.5 μA(V_{CC}＝3.2 V)；
- V_{CC} 瞬间变化不会导致复位；
- 无需外部元件；
- 宽的温度范围为－40～＋105 ℃；
- 无铅封装。

NCP803 芯片封装引脚如图 7.2.93 所示。

SOT-23
(TO-236)
CASE 318

SC-70
(SOT-323)
CASE 419

图 7.2.93　NCP803 封装引脚

NCP803 的典型应用如图 7.2.94 所示。

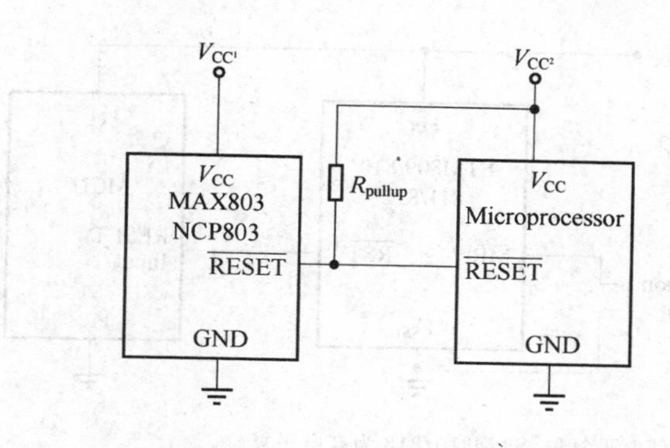

图 7.2.94 NCP803 典型应用

7.2.79 STM809/810 系列 高精度的单路 μP 监控器芯片

ST 公司的 STM809/810 系列是高性价比的单路 μP 监控器。

主要性能如下：

- 高精度 V_{DD} 监控电路，可对额定电压为 3.0 V、3.3 V 和 5.0 V 的系统电源进行监控；
- 140 ms 最小复位超时周期；
- 输出有效直至 V_{DD}＝1.0 V；
- 低供电电流，6 μA(典型值)；
- V_{DD} 瞬间变化不会导致复位；
- 小型 3 引脚 SOT23 (809/810 系列)和 SOT143(811/812 系列)封装；
- 带手动复位功能(811/812 系列)；
- 无需外部元件；
- 推挽式复位输出；
- 温度范围：工业级－40～＋85 ℃。

STM809/810 系列芯片的封装如图 7.2.95 所示。

SOT23-3(WX)

SOT143-4(W1)

图 7.2.95 STM809/810 系列封装外形

STM809/810 系列的典型应用如图 7.2.96 所示。

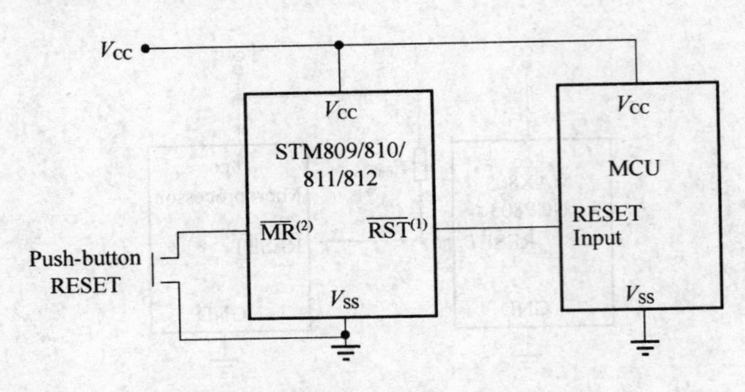

注：1. STM809/811 为低电平复位，STM810/812 为高电平复位。
　　2. 手动功能仅限 STM811/812 系列。

图 7.2.96　典型应用图

ST、MAXIM、ADI 等公司电源电压监控/复位控制芯片如表 7.2.37 所列。

表 7.2.37　STM809－STM812 功能

ST 型号	MAXIM 型号	ADI 型号	IMP 型号	Alliance 型号	典型复位门限	适用系统电压
STM809LWX6F STM810LWX6F	MAX809LEUR MAX810LEUR	ADM809LAR ADM810LAR	IMP809LEUR IMP810LEUR	ASM809LEUR ASM810LEUR	4.63 V	5.0 V±5%
STM809MWX6F STM810MWX6F	MAX809MEUB MAX810MEUB	ADM809MAR ADM810MAR	IMP809MEUB IMP810MEUB	ASM809MEUB ASM810MEUB	4.38 V	5.0 V±10%
STM809TWX6F STM810TWX6F	MAX809TEUB MAX810TEUB	ADM809TAR ADM810TAR	IMP809TEUB IMP810TEUB	ASM809TEUB ASM810TEUB	3.08 V	3.3 V±5%
STMB09SWX6F STM810SWX6F	MAX809SEUB MAX810SEUB	ADM809SAR ADM810SAR	IMP809SEUB IMP810SEUB	ASM809SEUB ASM810SEUB	2.93 V	3.3 V±10%
STM809RWX6F STM810RWX6F	MAX809REUB MAX810REUB	ADM809RAR ADM810RAR	IMP809REUB IMP810REUB	ASM809REUB ASM810REUB	2.36 V	3.0 V±10%
STM811LW16F STM812LW16F	MAX811LEUS MAX812LEUS	ADM811LART ADM812LART	IMP811LEUS IMP812LEUS	ASM811LEUS ASM812LEUS	4.63 V	5.0 V±5%
STM811MW16F STM812MW16F	MAX811MEUS MAX812MEUS	ADM811MART ADM812MART	IMP811MEUS IMP812MEUS	ASM811MEUS ASM812MEUS	4.38 V	5.0 V±10%
STM811TW16F STM812TW16F	MAX811TEUS MAX812TEUS	ADM811TART ADM812TART	IMP811TEUS IMP812TEUS	ASM811TEUS ASM812TEUS	3.08 V	3.3 V±5%
STM811SW16F STM812SW16F	MAX811SEUS MAX812SEUS	ADM811SART ADM812SART	IMP811SEUS IMP812SEUS	ASM811SEUS ASM812SEUS	2.93 V	3.3 V±10%
STM81IRW16F STM812RW16F	MAX811REUS MAX812REUS	ADM811RART ADM812RART	IMP811REUS IMP812REUS	ASM811REUS ASM812REUS	2.36 V	3.0 V±10%

7.3 电池电量测量电路IC芯片

7.3.1 DS2438 测量电量的多电池精密监控电路IC芯片

DALLAS公司的DS2438作为完整的多电池精密监控器，被封装于细小的8引脚SO中，监视1～2节锂电池或3至6节镍基电池。

DS2438完成所有必要的电池监视功能，包括电流、电压和温度测量，以及信息的存储和识别等。为了实现电量计量，将所测得的电流对内部产生的时基进行积分。所有测量都在电池组内部完成，这样可以获得尽可能高的精度，测量结果以数字方式通过1－Wire通信接口报告主控制器，或者保存在片上的SRAM存储器内。此外，还提供40字节的用户EEPROM存储器以便保存一些重要的电池组专有数据。

主要性能如下：

- 10 V输入电压范围适合多电池监视；
- 电压ADC可测量两路电压；
- 具有用户可编程门限的电流累计器提供5%的电量计量精度；
- 40字节用户EEPROM永久保存重要数据；
- 唯一寻址接口允许多个器件共存于1－Wire总线；
- 带失调纠正的电流测量。

DS2438的工作原理如图7.3.1所示。

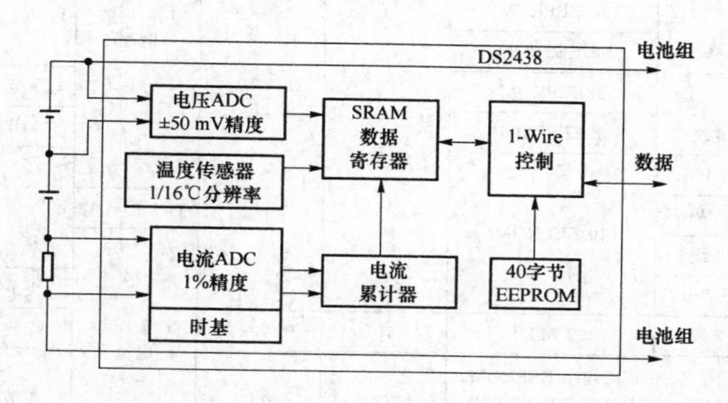

图7.3.1　DS2438工作原理

7.3.2 DS2740～DS2764 通用的电池电量测量电路芯片

Dallas Semiconductor提供种类丰富的电量计IC，用户可从中选取合适的功能器件，以优化产品的性价比。利用电量计IC测量的电池参数，这种分离式架构允许用户在主机内定制电量计量算法。从而省去电池组内嵌处理器的成本。

DALLAS公司通用电量测量电路的工作原理如图7.3.2所示。该公司测量系列芯片功能如表 7.3.1 所列。

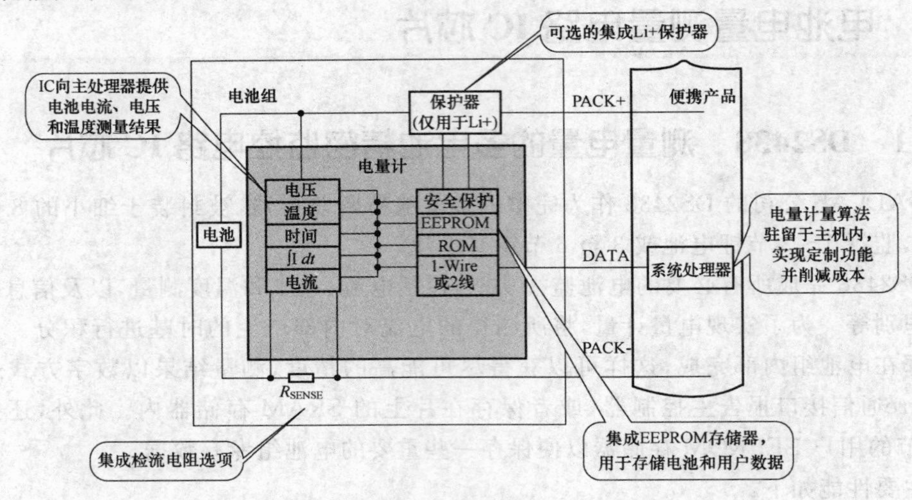

图 7.3.2　DALLAS 电量测量电路工作原理图

表 7.3.1　电池电量测量 IC 功能

<table>
<tr><th>型号</th><th>64 位 ROM</th><th>接口</th><th>存储器/字节</th><th>本地温度传感器/位</th><th>电压 ADC/位</th><th>电量计</th><th>内置 Li+电池保护器</th><th>评估板</th><th>封装 (mm×mm)</th></tr>
<tr><td>DS2740</td><td>√</td><td>1 - Wire ®</td><td>—</td><td>—</td><td>—</td><td rowspan="8">1 节 Li+电池</td><td rowspan="5">—</td><td rowspan="14">√</td><td>8 - μMAX</td></tr>
<tr><td>DS2745</td><td></td><td>2 线</td><td>—</td><td>11</td><td rowspan="10">11</td><td>8 - μMAX</td></tr>
<tr><td>DS2746</td><td></td><td>2 线</td><td>—</td><td>11(辅助输入)</td><td>10 - TDFN(3×3)</td></tr>
<tr><td>DS2751</td><td rowspan="8">√</td><td rowspan="3">1 - Wire</td><td>32 EEPROM</td><td rowspan="8">11</td><td>8 - TSSOP</td></tr>
<tr><td>DS2756</td><td>96 EEPROM</td><td>8 - TSSOP</td></tr>
<tr><td>DS2762</td><td>32EEPROM</td><td>1 节</td><td>16 - TSSOP,倒装片(2.5×2.7)</td></tr>
<tr><td>DS2764</td><td>2 线</td><td>32EEPROM</td><td>1 节</td><td>16 - TSSOP,倒装片(2.5×2.7)</td></tr>
<tr><td>DS2780</td><td>1 - Wire</td><td rowspan="4">40 EEPROM</td><td rowspan="3">—</td><td rowspan="3">8 - TSSOP</td></tr>
<tr><td>DS2781</td><td>1 - Wire</td><td>1 节或 2 节 Li+电池</td></tr>
<tr><td>DS2782</td><td>2 线</td><td rowspan="4">1 节 Li+电池</td></tr>
<tr><td>DS2784</td><td>1 - Wire</td><td>1 节</td><td>14 - TDFN(3×3)</td></tr>
<tr><td>DS2786</td><td rowspan="7"></td><td>2 线</td><td>32 MTP</td><td>10</td><td>12</td><td>—</td><td>10 - TDFN(3×5)</td></tr>
<tr><td>DS2790</td><td>2 线</td><td>8 K 程序 EEPROM，8K 程序 ROM 以及 128 字节用户 EEPROM</td><td>11</td><td>11</td><td>1 节</td><td>28 - TDFN (8×4)</td></tr>
<tr><td>DS2792</td><td>UART</td><td>8K 程序 EEPROM、8K 程序 ROM 以及 128 字节用户 EEPROM</td><td>11</td><td>11</td><td>1 节或 2 节 Li+电池</td><td>—</td><td>28 - TDFN (8×4)</td></tr>
<tr><td>MAX1781/82</td><td>SMBus</td><td>1.5k ROM</td><td>11,13,15 和 16</td><td>11,13,15 和 16</td><td>2 节至 4 节 Li+电池</td><td>2,3 或 4 节</td><td>√/—</td><td>48 - QFN</td></tr>
<tr><td>MAX1785 *</td><td>SMBus</td><td>32k 闪存</td><td>11,13,15 和 16</td><td>11,13,15 和 16</td><td>2 节至 4 节 Li+电池</td><td>2,3 或 4 节</td><td>√</td><td>38 - TSSOP</td></tr>
<tr><td>MAX1894/MAX1924</td><td>—</td><td>—</td><td>—</td><td>—</td><td></td><td>3 或 4 节</td><td>√</td><td>16 - QSOP</td></tr>
<tr><td>MAX1906</td><td>—</td><td>—</td><td>—</td><td>—</td><td></td><td>2,3 或 4 节</td><td>√</td><td>16 - QFN</td></tr>
</table>

7.3.3 DS2740 低成本高性能的电池电量测量电路芯片

DALLAS公司的DS2740可构成高性能、低成本的电量计，它基于低失调、低增益误差ADC构建的库仑计数器，为便携产品运行时间的不确定问题提供理想解决方案。

当采用20 mΩ检测电阻时，DS2740的15位电流测量电路具有78 μA的分辨率和2.56 A的动态范围。如果采用一个模拟输入滤波器，动态范围还可进一步扩展，以适应脉冲负载应用。凭借失调低于2 μV，增益误差低于1%的电流测量ADC，DS2740能够高度精确地预报剩余电池电量。

主要性能如下：

- 采用20 mΩ检测电阻时，电流以0.3125mAhr分辨率进行累积；
- ADC典型失调误差2 μV；
- 低功耗：待机＜1 μA，工作＜65 μA；
- 具有唯一64位序列号的1-Wire接口；
- 微型8引脚μMAX封装。

DS2740的工作原理如图7.3.3所示，其功能如表7.3.2所列。

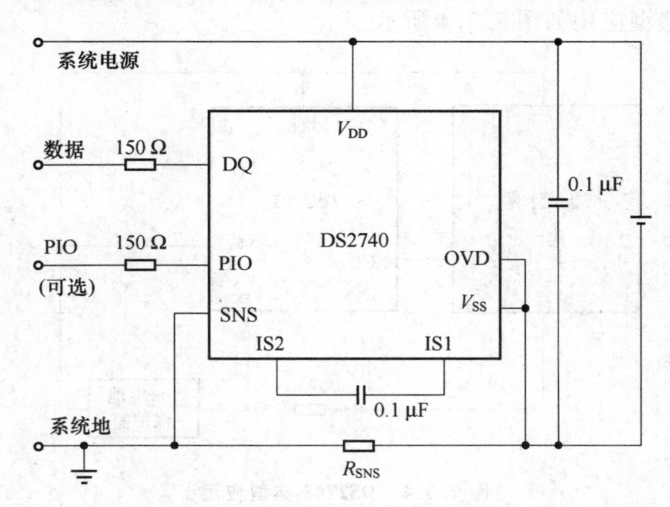

图7.3.3 DS2740工作原理图

表7.3.2 DS2740功能

型号	电池类型	接口	测量参数	电源电压/V	引脚-封装
DS2740	1节锂电 3节镍氢	1-Wire	电流	＋2.7至＋5.5	8-μMAX

7.3.4　DS2745　监测电池电流、电压和温度的监控器芯片

DALLAS 公司的 DS2745 作为性价比最高的电量计，以低成本监视电流、电压和温度。应用于手机、PDA、MP4 等设备。

DS2745 能够监测电池的电流、电压和温度，并据此估算出电池电量，特别适合于对于成本敏感的应用。DS2745 可以安装在系统的主机侧或者电池侧。该器件通过监测一只外部检流电阻上的压降，实理电流测量和库仑计数。通过独立的电压检测输入测量电池电压，温度测量在片内完成。

主要性能如下：

- 16 位双向电流测量，采用 15 mΩ R_{SENSE} 时分辨率 104μA/LSB；
- 采用 15 mΩ R_{SENSE} 时，电流累积分辨率 0.417 mAhr/LSB；
- 11 位电压测量，分辨率 4.88 mV/LSB；
- 11 位温度测量，分辨率 0.125 ℃；
- 工业标准二线接口；
- 低功耗；
- 微型 8 引脚 μMAX 封装（3 mm×5 mm）。

DS2745 的典型应用如图 7.3.4 所示。

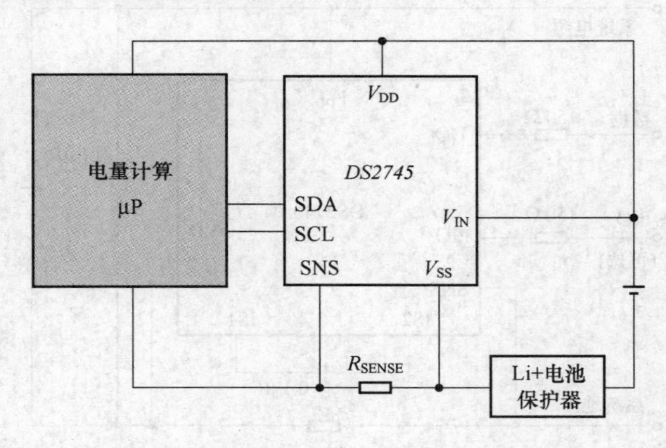

图 7.3.4　DS2745 典型应用

7.3.5　DS2746　电池电流、电压、温度测量和电量监控器芯片

DALLAS 公司的 DS2746 可作为低成本数据采集单元，理想用于基于电压方式的电池电量计。

DS2746 完成电池电流、温度和电压测量，适用于成本敏感型应用的电池电量监视。此外，该器件还可测量以 V_{SS} 为参考的两路辅助电压输入 AIN0 和 AIN1。这些输入为测量电阻比值而设计，尤其适合测量热敏电阻。微型、3 mm×3 mm TDFN 封装使 DS2746 可理想安装在应用的主机侧或电池包侧。

主要性能如下：

- 14 位双向电流测量；
- 11 位电池电压测量；
- 两路 11 位辅助输入电压测量；
- 比例输入免除电源精度的制约。

DS2746 的工作原理如图 7.3.5 所示。

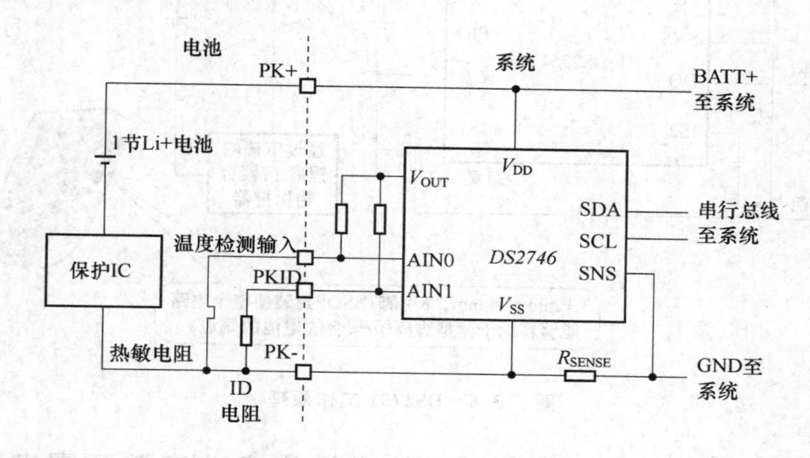

图 7.3.5　DS2746 工作原理

7.3.6　DS2751　电池电量计量监控电路芯片

DALLAS 公司的 DS2751 锂离子/聚合物电池电量计 IC 专为监视单节锂离子或 3 节镍氢电池组而设计。不过通过适当的电路调整，DS2751 电量计也可被用于监视 2 节锂离子电池组。

现在，你可以非常简单地添加更高级的电池管理功能到已经过审核的电池组保护电路中了。DS2751 无需安全认证，封装于细小的 3.1 mm×4.4 mm TSSOP，使产品的整合更容易。

主要性能如下：

- 可选的 25 mΩ 检流电阻集成于芯片之上；
- 使用 25 mΩ 检流电阻时，失调所致的误差小于±15 mAhr/天；
- 3.1 mm×4.4 mm，8 引脚 TSSOP；
- 90 μA(最大)工作电流，2 μA 待机；
- 用户可编程 I/O；
- 1 - Wire 多节点数字通信接口；
- 32 字节非易失 EEPROM；

- 特别适合于 DSC、PDA、WiFi ®、GSM 和 CDMA 功能的手机。

DS2751 的工作原理如图 7.3.6 所示。

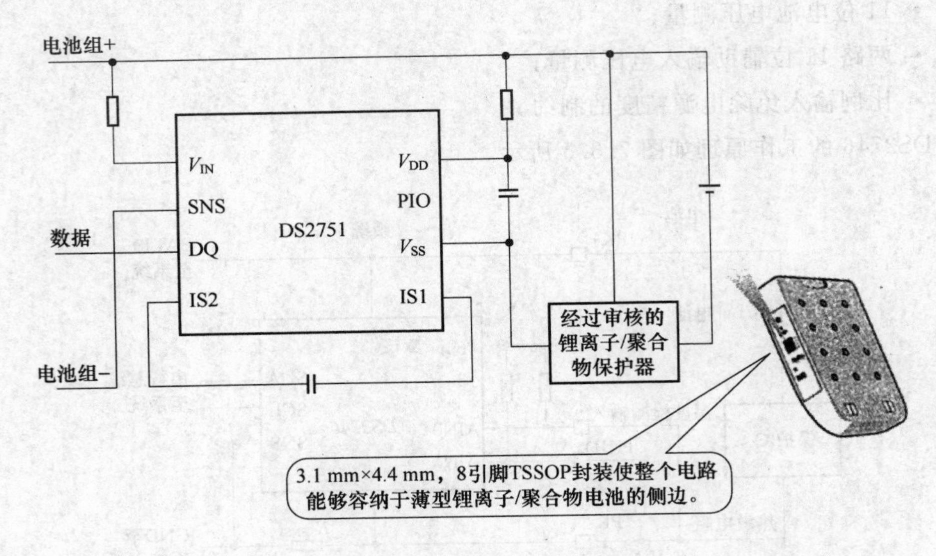

图 7.3.6　DS2751 工作原理

7.3.7　DS2756　具有挂起模式的高精度电池电量测量电路芯片

DALLAS 公司的 DS2756 可作为具有挂起模式的高精度电池电量计，可延长电池工作时间。

DS2756 高精度电池电量计在单片 IC 内集成了非易失性数据存储器和精密的电流、电压和温度测量功能。当累计电流和温度测量值超过用户选择的门限时，将向主机发出告警。DS2756 具有三种供电模式：工作、休眠和独特的“挂起”模式。当主机系统中的其他器件进入低功耗停机状态时，DS2756 的挂起模式可优化自身的电流消耗，从而延长电池和主机系统的工作时间，DS2756 采用 8 引脚 TSSOP 封装，可以轻松地安装在薄型棱柱 Li+电池的侧面。

主要性能如下：

- 可编程挂起模式；
- 快照模式实现瞬时功率测量；
- 精确累计电流；
- 采用 20 mΩ 检流电阻时，±3.2 A 范围内精度达 2% ±200 μA；
- 12/15 位电流测量；
- 11 位电压测量；
- 96 字节可锁定 EEPROM。

DS2756 工作原理如图 7.3.7 所示。

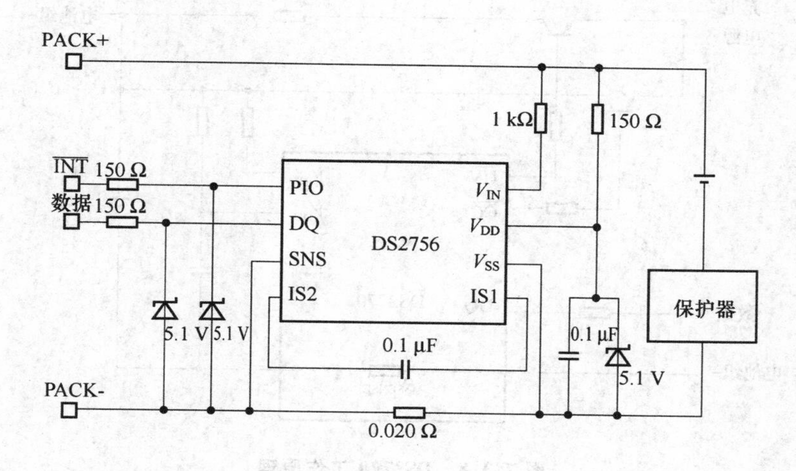

图 7.3.7　DS2756 工作原理图

7.3.8　DS2770　集成充电控制器的电量检测电路

DALLAS 公司的 DS2770 是一款电池电量计和锂/镍化学电池充电控制器集成器件。它包含了一个选配的 25 mΩ 检测电阻，可供电量计量单元进行电流测量。DS2770 在内部进行电压和温度的测量，以便作为充电终止条件的判据和安全充电环境的判据。所有测量结果可保存在 DS2770 的 SRAM 存储器内，而其 EEPROM 存储器则供用户编程使用。所以信息都通过 1－Wire 通信接口向主系统报告。

主要性能如下：

- 用户可选的锂脉冲充电或镍充电（dT/dt 充电终止方式）；
- 带有实时失调纠正的高精密电流测量，实现 5％精度的电量计量；
- 以 5 mV 分辨率测量电压，0.125 ℃分辨率测量温度；
- 可选的集成 25 mΩ 检测电阻，每个 DS2770 经过单独微调；
- 32 字节可锁定的 EEPROM；
- 16 字节 SRAM，64 位 ROM；
- 1－Wire，多节点，数字通信接口；
- 16 引脚 TSSOP，含或不含可选病检测电阻。

DS2770 的工作原理如图 7.3.8 所示。DS27××等系列电池组检测电路芯片性能如表 7.3.3 所列。

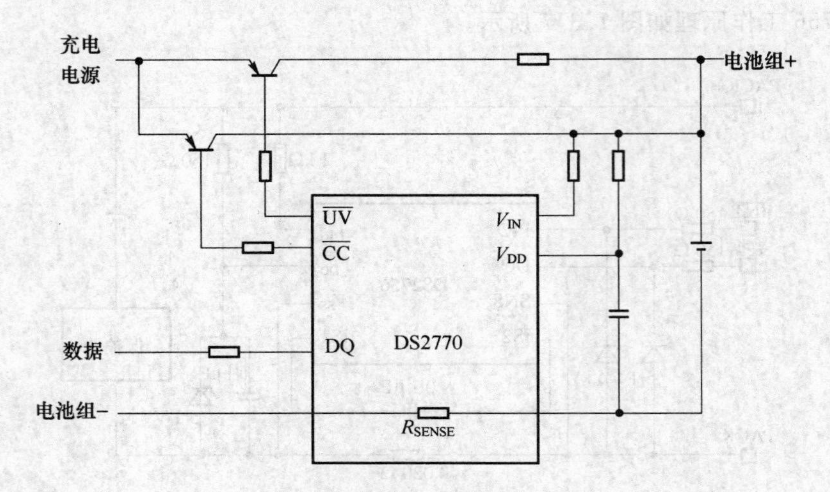

图 7.3.8　DS2770 工作原理

表 7.3.3　电池组检测电路功能

型号	64 位 ROM	实时时钟	接口	存储器（字节）	本地温度传感器（位）	电压 ADC（位）	电量计	锂电池保护器	评估板	引脚-封装（mm²）
DS2415	√	√	1 - Wire	—	—	—	—	—	—	6 - TSOC，倒装片（1.4×1.1）
DS2436	√	—	1 - Wire	32 EEPROM	13	10	—	—	DS2436K	TO - 92，8 - SO
DS2438	√	√	1 - Wire	40 EEPROM	13	10	√	—	DS2438K	8 - SO
DS2720	√	—	1 - Wire	8 EEPROM	—	—	—	单电池	DS2720K	8 - μSOP
DS2740	√	—	1 - Wire	—	—	—	√	—	DS2740K	8 - μMAX
DS2751	√	—	1 - Wire	32 EEPROM	11	11	√	—	DS2751K	8 - TSSOP
DS2762	√	—	1 - Wire	32 EEPROM	11	11	√	单电池	DS2761K	16 - TSSOP，倒装片（2.5×2.7）
DS2770	√	—	1 - Wire	32 EEPROM	11	11	√	—	DS2770K	16 - TSSOP
MAX1780	—	—	SMBus	1.5k ROM	11，13，15 和 16	11，13，15 和 16	√	2，3 或 4 节	MAX1780 评估板	48 - TQFP
MAX1894/MAX1924	—	—	—	—	—	—	—	3 或 4 节	MAX894 评估板	16 - QSOP
MAX1906	—	—	—	—	—	—	—	2，3 或 4 节	MAX1906 评估板	16 - QFN

7.3.9　DX278X　适合 Li^+ 电池组的电量测量电路芯片

DALLAS 公司的 DS278x 系列独立式电量计可为 1～2 节可充电 Li+电池提供剩余电量估算结果，无需开发软件。只需要写入电池参数，所有其他工作均由片上算法完成。

主要性能如下：

- 专有算法根据库仑计数、放电速率、温度、电压和电池特性参数估算剩余电量；
- 16 位电流测量，具有 1.56 μV 分辨率，允许使用宽范围的检流电阻值；
- 40 字节 EEPROM(24 字节参数数据，16 字节用户数据)；
- 采用 8 引脚 TSSOP 和 3 mm×4 mm TDFN 封装，可轻松嵌入方形电池。

DS278X 电路的工作原理如图 7.3.9 所示。DS2781/2/3 芯片功能如表 7.3.4 所列。

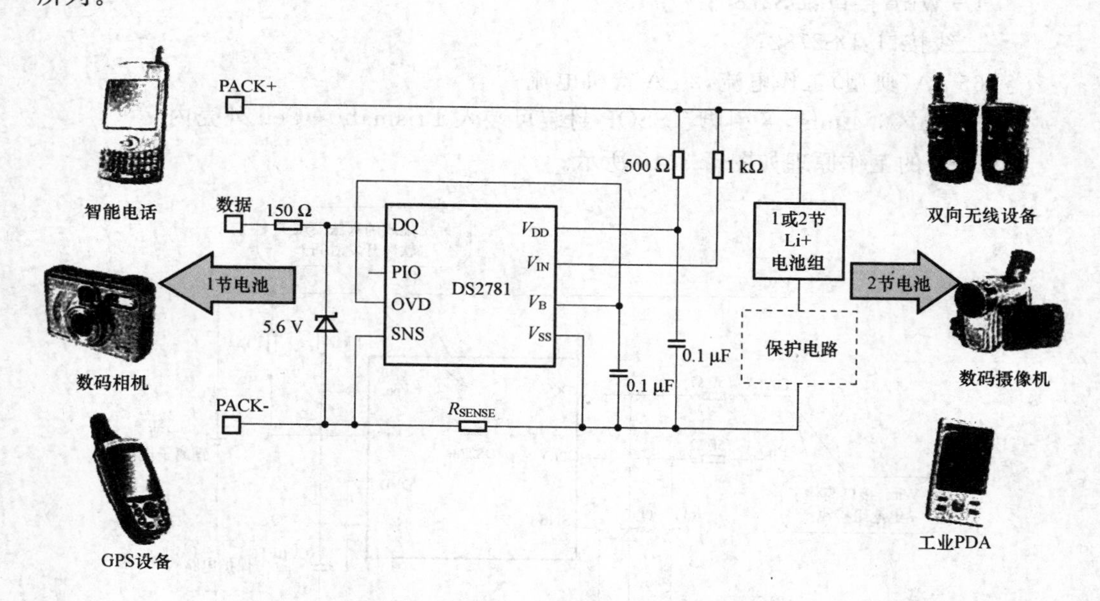

图 7.3.9　DS2781 工作原理

表 7.3.4　DS278X 功能

型号	Li+电池组的节数	通信接口
DS2780	1	1 - Wire ®
DS2781	1 或 2	1 - Wire
DS2782	1	2 线

7.3.10　DS2780　锂电池电量测量电路芯片

DALLAS 公司的 DS2780/DS2782 是用于测量单节锂离子电池的独立式电量计，能够测量电池的电压、温度和电流。它们能够估算出单节可充电锂离子或锂聚合物电池的剩余电量。另外还有 40 字节的 EEPROM 用来存储电池特性参数和应用参数。

根据全部测量得到的数据和所存储的参数，以及当前的环境和应用情况，DS2780/DS2782 能够对电池中剩余的可用电量给出一个保守的估计。与主系统处理器的通信通过 1－Wire 接口(DS2780)或二线接口(DS2782)完成。

主要性能如下：

- 精密的电压、温度和电流测量；
- 16 位电流测量具有 1.56 μV 的分辨率，支持很宽范围的检流电阻值；
- 使用专有算法根据库仑计数、放电速率、温度、电压和电池特性估计剩余电量；
- 以优于 3%* 的精度报告剩余电池容量；
- 40 字节 EEPROM 提供非易失数据存储(24 字节特性参数，16 字节用户数据)；
- 多节点 1－Wire 接口具有唯一的网络 ID
  1－Wire 接口：DS2780；
  二线接口：DS2782；
- 65 μA(典型)工作电流，2 μA 待机电流；
- 3 mm×6.4 mm，8 引脚 TSSOP 封装可装入 Prismatic－Cell 外壳内。

DS2780 的工作原理如图 7.3.10 所示。

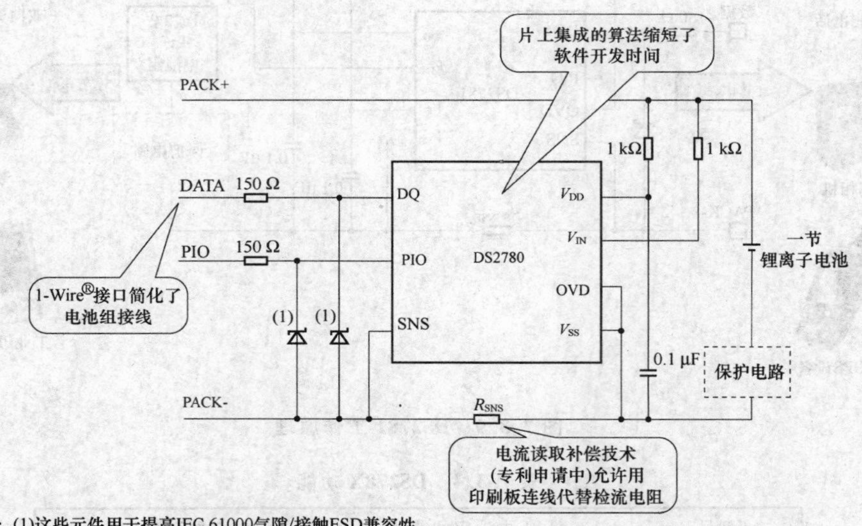

注：(1)这些元件用于提高IEC 61000气隙/接触ESD兼容性。

图 7.3.10　DS2780 工作原理

7.3.11　DS2784　微型封装的单锂电池电量测量电路芯片

DALLA5 公司的 DS2784，采用微型 TDFN 封装，可靠、安全且精确，适用于 1 节 Li＋电池。

DS2784* 在微小的 15 mm² 封装面积内提供了完整的电量计解决方案。DS2784 独立式电量计集成单节 Li＋电池保护器以及基于 SHA－1 的质询-响应认证系统。

主要性能如下：

- Li+安全监视器，内置可编程过压和过流门限；
- SHA－1安全算法，内置64位质询、64位密钥以及32位内部总线；
- 精确的电压、温度和电流测量；
- 以剩余电量的百分比成剩余的mAh两种方式报告电池容量；
- 增益和温度系数校准，可采用低成本的检流电阻；
- 32字节参数EEPROM、16字节的用户EEPROM；
- 微型、3 mm×5 mm、14引脚TDFN无铅封装。

DS2784工作原理如图7.3.11所示。

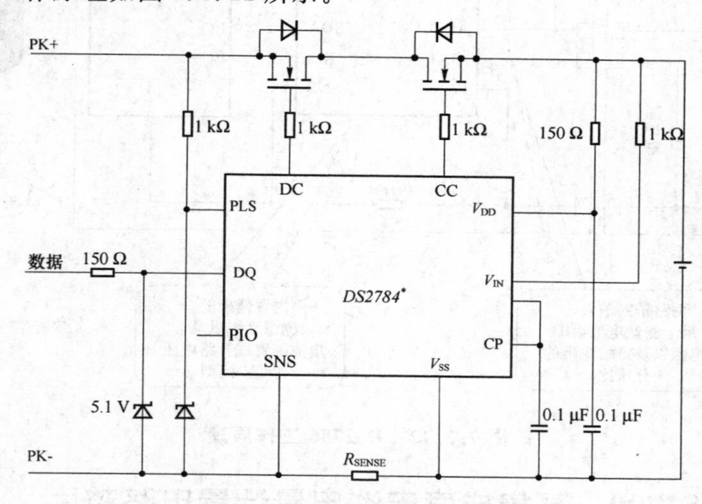

图7.3.11 DS2784工作原理图

7.3.12 DS2786 可精确报告电池容量的电压测量电路芯片

DALLAS公司的DS2786作为电量计可在主机侧精确报告电池容量。

使用DS2786时，蜂窝电话、智能手机、数码相机以及MP3播放器可以选择使用标准“裸”Li+电池组，并仍然能够获得精确的充电状态信息。一旦电池组接入时，可立即获取电池容量的信息。

主要性能如下：

- 以满容量的百分比报告电池容量；
- 可适用于不同的电池容量；
- 片内EEPROM用于储存OCV电池模型和配置参数；
- I^2C接口，兼容于1.5 V系统总线逻辑电平；
- 0.2%(绝对值)精度的电池电压测量；
- 双向电流测量和累积；
- ±3℃精度的温度测量；

• 微型、3 mm×3 mm、无铅 TDFN 封装。

DS2786 的工作原理如图 7.3.12 所示。

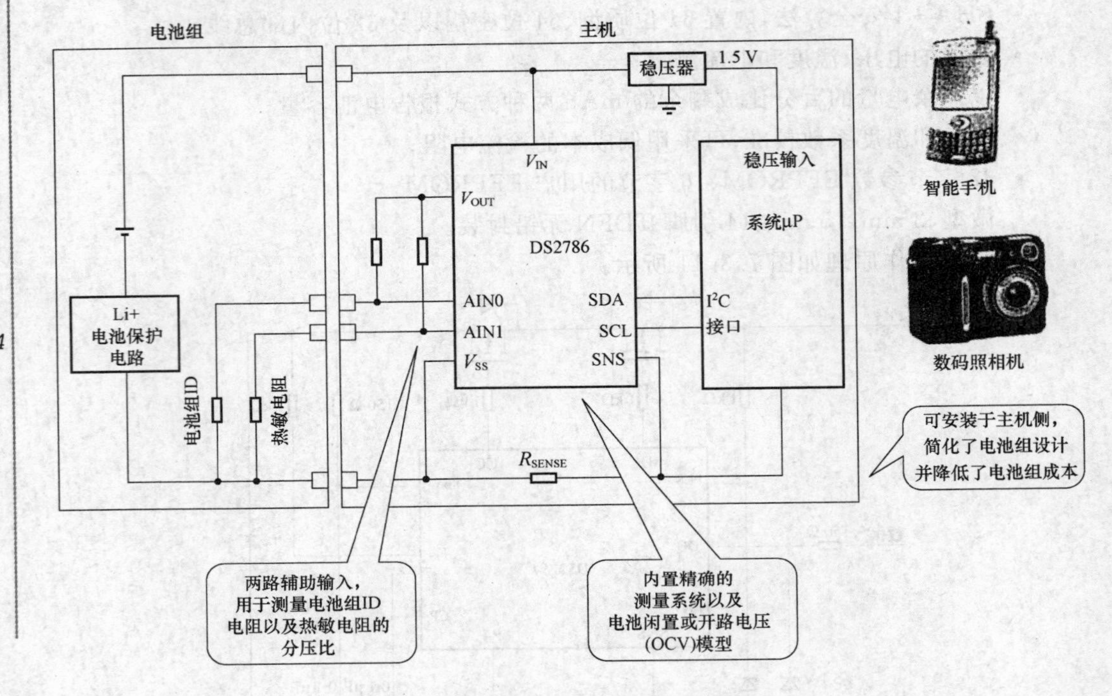

图 7.3.12　DS2786 工作原理

7.3.13　DS2790　高集成度电池电量计量电路芯片

DALLAS 公司的 DS2790 可作为高集成度电量计提供了最大的灵活性，理想用于电池包应用。

DS2790 整合了可编程微控制器的灵活性，兼有能够预测 5%以内剩余电池电量所要求的精度，非常适合蜂窝手机、相机和 MP3 播放器等可充电的消费类产品。内置的 Li＋电池保护功能控制高边 n 沟道晶体管，降低了电池包阻抗，轻松实现电源管理和安全保护。

主要性能如下：

- 提供开发工具和 C 编译器；
- 通过 2 线接口实现在线编程；
- 内置 SHA－1、加载器和在线调试器程序；
- 工作时间更长；
- 最低阻抗的保护方案；
- 加密保护；
- 小尺寸：4 mm×8 mm TDFN 封装。

DS2790 工作原理如图 7.3.13 所示。

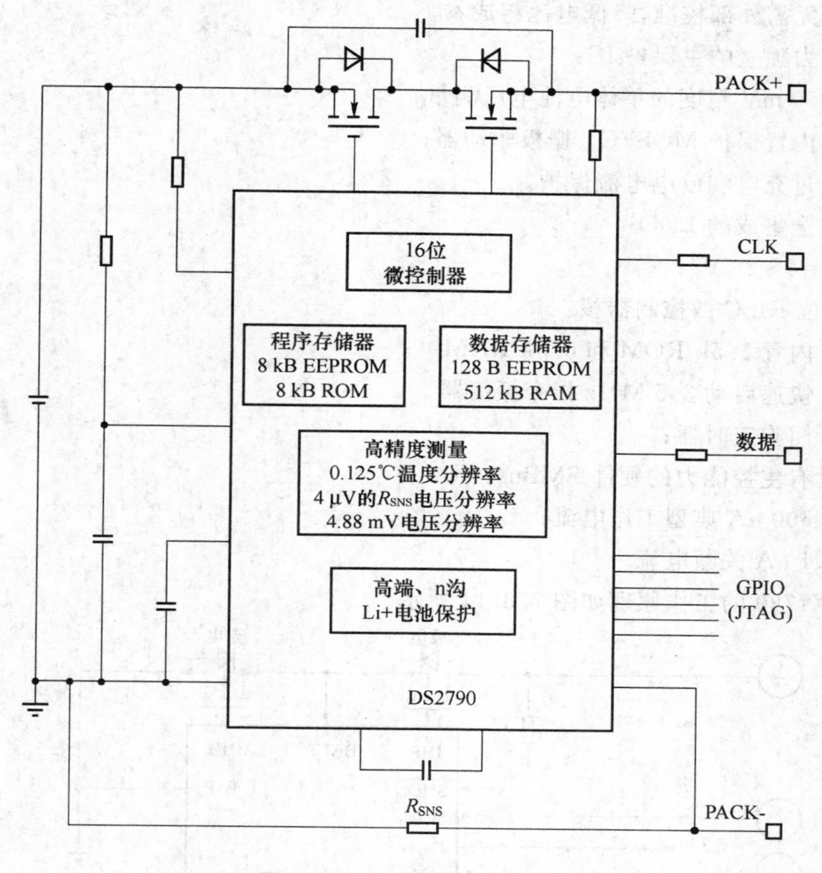

图 7.3.13 DS2790 工作原理

7.3.14 MAX1780 智能电池组控制器芯片

DALLAS公司的MAX1780电池组控制器利用更精确的电量计,更大限度扩充电池组容量。

MAX1780电池组控制器是一种智能电池组管理器,集成了一个用户可编程的微控制器核,一个基于库仑计数器的电量计,一个多通道数据采集单元,和一个主/从式SMBus接口。8位RISC控制器可由用户编程,为电池组设计者开发电量计量和控制算法提供了充分的灵活性。数据采集单元可测量单体电池的电压(精确至50 mV以内)、电池组总电压(最高至20.48 V)和芯片内/外的温度。利用其用户可调节的电流比较器和单体电池测量功能,MAX1780不再需要单独的电池组保护IC。

主要性能如下:

- 用户可通过外部EEPROM进行编程;
- 基于电压-频率(V-F)转换技术的高精度电量计:
  - 输入失调电压<1 μV

- 无需外部校准，降低电池组成本。
- 省去独立的主保护 IC：
  - 50 mV 精度的单体电池电压测量；
  - 内置保护 MOSFET 栅极驱动器；
  - 过充电和放电电流保护。
- 完全集成的 LDO

(V_{IN}=4～28 V)；

- 8 位 RISC 微控制器核：
  - 内置 1.5k ROM 和 0.5k RAM
  - 快速启动 3.5 MHz 指令振荡器
- 看门狗定时器；
- 具有主控能力的硬件 SMBus；
- <500 μA 典型工作电流；
- <1 μA 关断电流。

MAX1780 的工作原理如图 7.3.14 所示。

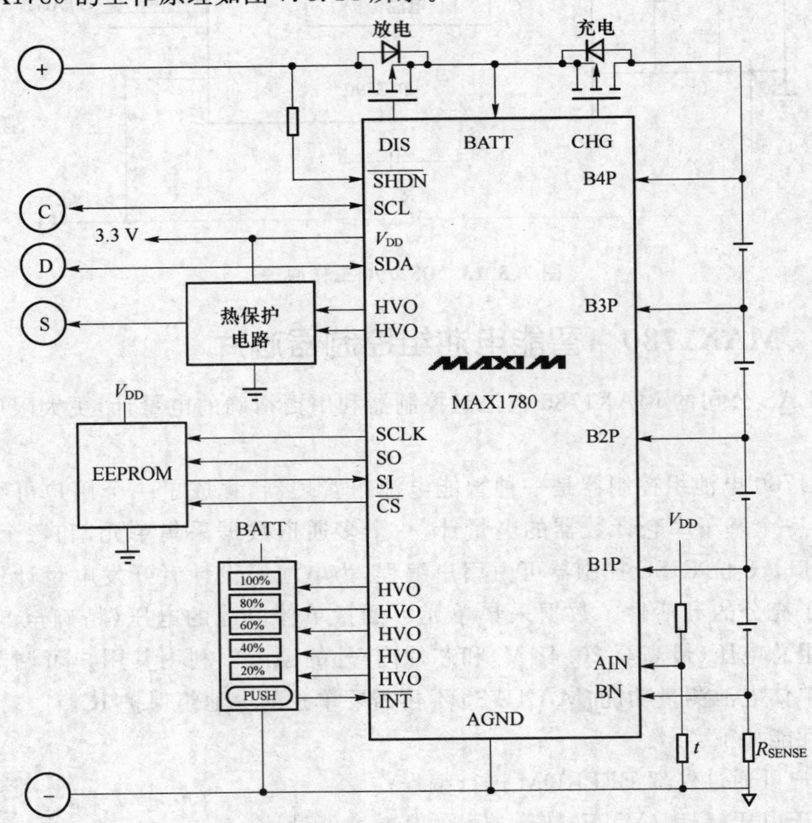

图 7.3.14 MAX1780 工作原理

7.3.15 MAX1781 精确测量电量的智能电池组监控器芯片

MAX1781是一款智能电池组监控器,集成了一个用户可编程的8位微控制器核、EEPROM程序存储器、一个基于库伦计数器的电量计、一个多通道数据采集单元和一个主/从SMBus™接口。利用一整套强大的软件开发工具,包括C编译器和在线仿真器(ICE),MAX1781所提供的彻底的机动性使电池组设计者能够迅速完成电量计量和控制算法的开发和验证。精确的用户可调节电流比较器和0.5%精度的单电池电压测量能力省去了单独的电池组保护IC。

主要性能如下:

① 最精确的电量计:

- 采用电压-频率方式;
- 输入失调电压<1 μV;
- 无需外部校准,使电池组成本最小化。

② 最小方案:

- 集成的保护功能省去单独的主保护IC;
- 集成的程序和数据存储器;

精确的内部振荡器,省去外部石英晶体;

- 7 mm×7 mm QFN封装;

③ 高级软件开发工具:

- 集成开发环境可方便地访问所有软件工具;
- 优化的C编译器;
- 在线仿真器(ICE);
- SMBus监视工具。

④ 极低的电流消耗,最大限度延长电池寿命:

- 典型电流消耗<200 μA;
- 关断电流<1 μA。

MAX1781工作原理如图7.3.15所示。

7.3.16 MAX1785 用于笔记本计算机的电量测量电路芯片

DALLAS公司的MAX1785尺寸小、效率高、灵活,作为笔记本计算机电量计的解决方案。

MAX1785*结合先进的软件工具套件以及可编程控制器,可为笔记本计算机提供灵活的电量计开发平台。MAX1785内置的Li+保护电路,具有超低的静态功耗、精确

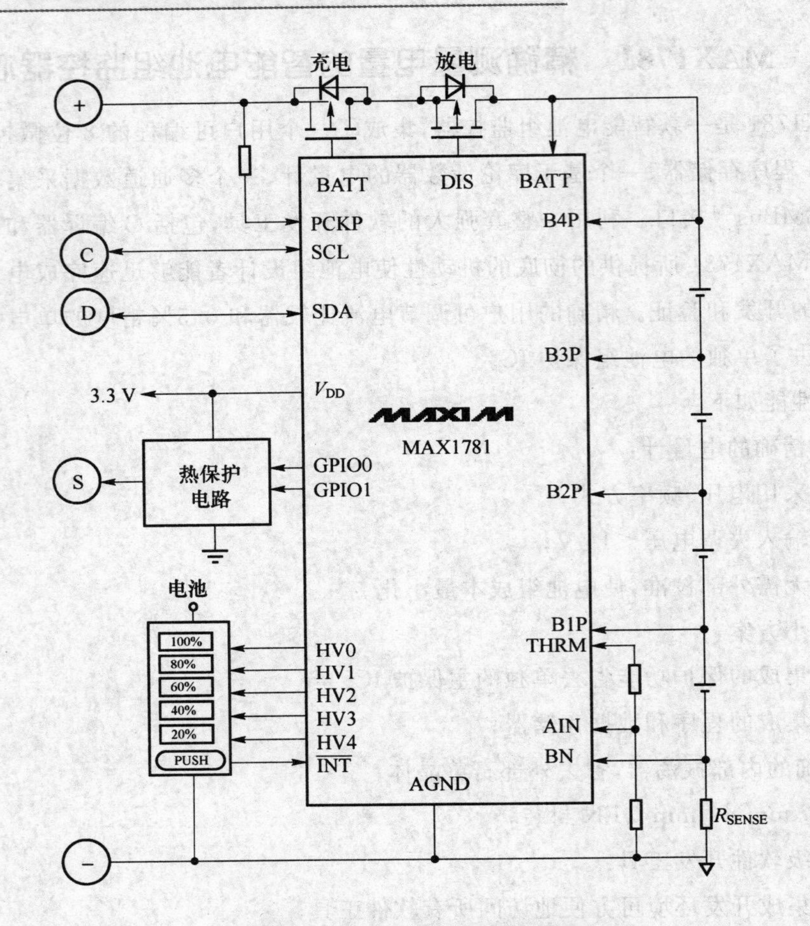

图 7.3.15 MAX1781 工作原理

的电量计以及防篡改硬件，方便设计人员为笔记本应用构建高效安全的电池包控制方案。

主要性能如下：

- 采用小尺寸 6.5 mm×9.8 mm TSSOP 封装的单芯片解决方案；
- 提供 C 编译器以及在系统调试器；
- 主/从 SMBus™ 接口；
- 低功耗，具有最长的工作时间；
- 安全解决方案：硬件随机数发生器，提供 DES3 或 SHA－1。

MAX1785 工作原理如图 7.3.16 所示。

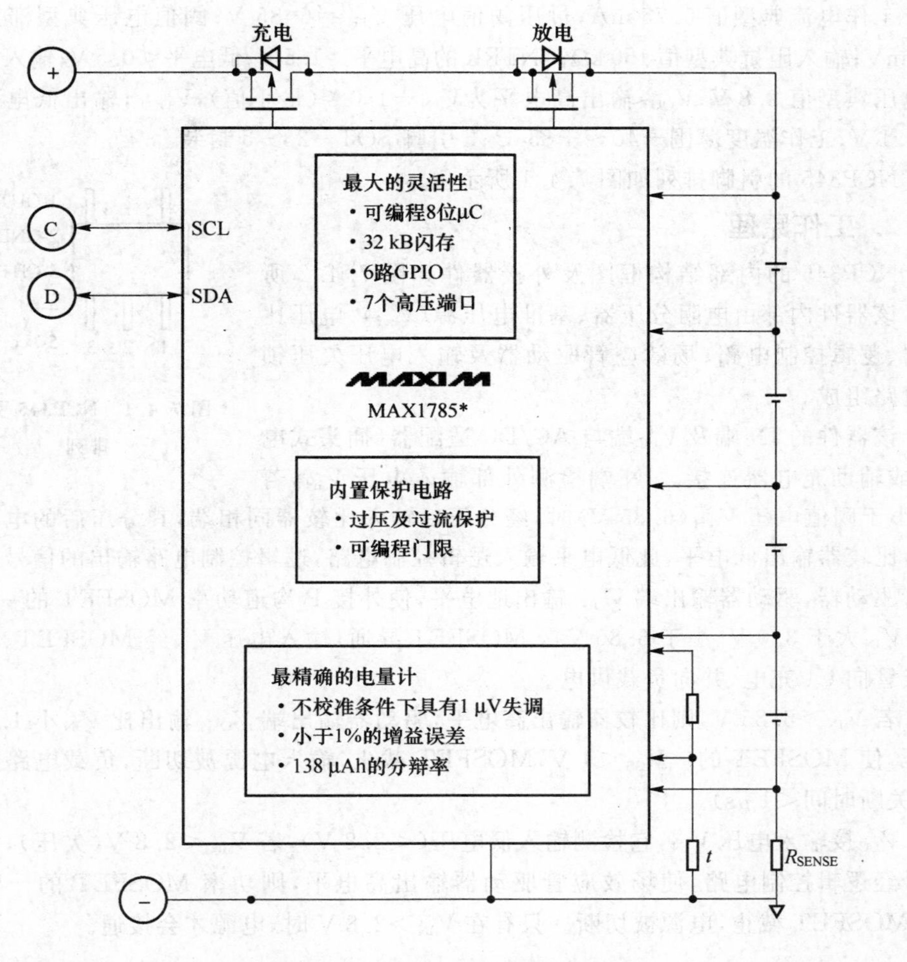

图 7.3.16 MAX1785 工作原理

7.4 电源保护 IC 芯片

7.4.1 NCP345 过压保护器电路 IC 芯片

便携式产品有可拆装的电池组供电，为方便用户，可用充电器直接插入产品中或产品放在充电器中充电。如果用户已将产品中的电池拆掉，这时插入充电器，则充电电压过高会损坏产品。由于家庭中有多个不同输出电压的适配器，不小心错用适配器也很有可能，所以为保证产品不因适配器损坏或使用不当，保证产品不受损还是很需要的，必须进行过压保护。

1. NCP345 性能

NCP345 的主要技术参数：工作电压范围 3～25 V(典型值为 4.8 V)；

工作电流典型值0.75 mA；过压阈值电压 V_{TH} = 6.85 V；阈值电压典型滞后电压100 mV；输入阻抗典型值150 kΩ；CNTRL的高电平>1.5 V，低电平<0.5 V；输入欠压锁存电压典型值2.8 V；V_{OUT} 输出高电平为 V_{IN} −1.0 V(最小值)，V_{OUT}，输出低电平最大值0.1 V；工作温度薄围−40～+85 ℃；5引脚SOT-23-5封装。

NCP345的引脚排列如图7.4.1所示。

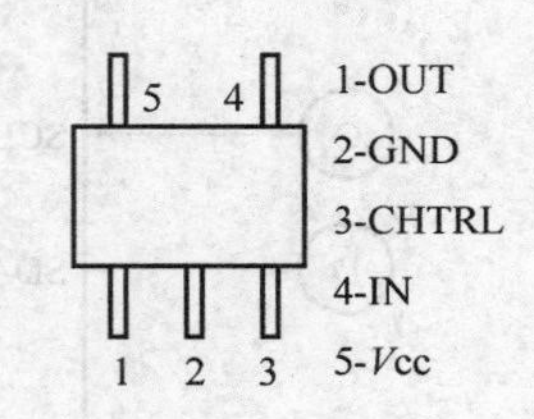

图7.4.1 NCP345引脚排列

2. 工作原理

NCP345的内部结构框图及外接器件如图7.4.2所示。该器件内部由电阻分压器、基准电压源(V_{ref})、电压比较器、逻辑控制电路、场效应管驱动器及输入电压欠压锁存电路组成。

该器件的IN端及 V_{CC} 端与AC/DC适配器(插头式电源)或辅助充电器连接。IN端检测外部输入电压 V_{IN}，若 V_{IN} 小于阈值电压 V_{TH}(6.85 V)时，经分压后输入比较器同相端，其分压后的电压小于 V_{ref}，比较器输出低电平，此低电平输入逻辑控制电路，逻辑控制电路输出的信号经场效应管驱动器，驱动器输出端 V_{OUT} 输出地电平，使外接P沟道功率MOSFET的 $-V_{GS}=V_{IN}$(V_{IN} 大于3.0 V、小于6.85 V)，MOSFET导通，输入电压 V_{IN} 经MOSFET、肖特基二极管向C1充电，并向负载供电。

若 V_{IN}>6.85 V，则比较器输出高电平，驱动器输出端 V_{OUT} 输出比 V_{IN} 小1.0 V的电压，使MOSFET的 $-V_{GS}$<1 V，MOSFET截止，输入电源被切断，负载电路得以保护(关断时间<1 μs)。

V_{CC} 接输入电压 V_{IN}，它检测输入低电压(<2.8 V)，若 V_{IN}<2.8 V(欠压)，则输出信号经逻辑控制电路，使场效应管驱动器输出高电平，则功率MOSFET的 $-V_{GS}$<1 V，MOSFET截止，电源被切断。只有在 V_{IN}>2.8 V时，电源才会接通。

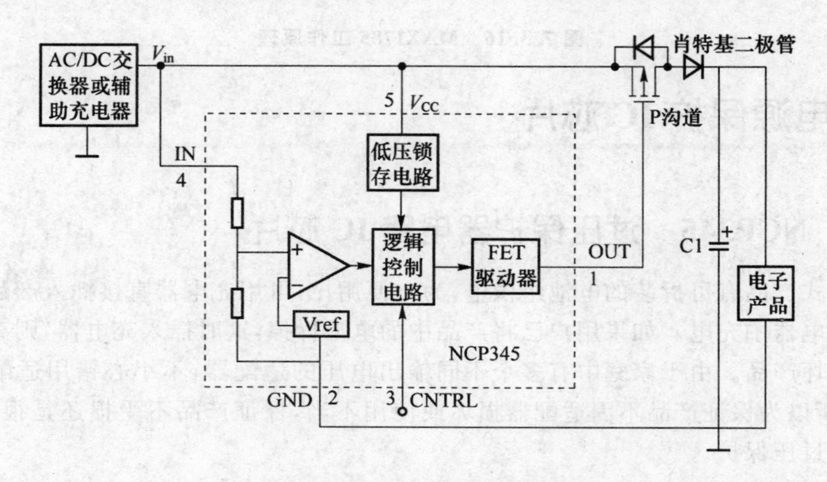

图7.4.2 NCP345工作原理

CNTRL 端外接 1.8 V 逻辑电平信号来控制功率 MOSFET 的通断：当 CNTRL 端输入高电平（>1.5 V）时，使 V_{out} 输出比 V_{IN} 小 1.0 V，则 MOSFET 截止，电源被切断；当 CNTRL 端输入低电平（<0.5 V），则 V_{OUT} 输出低电平，MOSFET 导通。CNTRL 一般由微处理器来控制。

电路中串接一个肖特基二极管是防止带电池的产品在输入端短路时，电池经 MOSFET 中的二极管到地形成短路，使电池短路放电。

输入电压 V_{IN} 的值与 CNTRL 输入的电平与 OUT 关系如表 7.4.1 所列。

表 7.4.1 NCP345 电压关系

V_{IN}	CNTRL 的电平	OUG
$<V_{TH}$	L	≈GND
$<V_{TH}$	H	$\approx V_{CC}$
$<V_{TH}$	L	$\approx V_{CC}$
$<V_{TH}$	H	$\approx V_{CC}$

注：$V_{TH}=6.85$ V

7.4.2 UCx86x 谐振型电源控制芯片

UCx861～UCx868 系列是为控制零电压零电流开关而优化设计的准谐振变换器。不同型号产品的区别在于欠压闭锁（UVL0）极限值和输出值。UC186x 系列为军用品，工作温度范围为 −55～120 ℃；UC286x 系列为工业品，工作温度范围为和 −25～85 ℃；UC386x 为民用品，工作温度范围为 0～70 ℃。

1. Ucx86x 特点

- 它是控制软开关的准谐振变换器；
- 单次计数其过零终止；
- 精度为 1%，软启动基准电压 5 V；
- 出错后可编程重启延时；
- 压控振荡器频率在 10 kHz～1 MHz 可编程；
- 低启动电流典型值为 150 μA；
- 峰值为 1 A 的双场效应管驱动。
- UCx86x 系列的性能如表 7.4.2 所列。

表 7.4.2 UCX86X 系列性能

类型	欠压闭锁和恢复欠压值/V	2 路输出的关系	固定时间	适用开关
UCx861	16.5/10.5	交替	OFF	ZVS
UCx862	16.5/10.5	并联	OFF	
UCx863	8/7	交替	OFF	
UCx864	8/7	并联	OFF	
UCx865	16.5/10.5	交替	ON	ZCS
UCx866	16.5/10.5	并联	ON	
UCx867	8/7	交替	ON	
UCx868	8/7	并联	ON	

2. 内部结构

UC3861～UC3868 系列的内部结构如图 7.4.3 所示。误差放大器 E/A 用于谐振变换器反馈回路补偿，并且控制压控振荡器(VCO)的频率。压控振荡器触发单稳脉冲发生器。单稳脉冲发生器输出脉冲的宽度由过零检测比较器(ZDC)调整。在控制零电流开关的电路中，控制逻辑电路通过 MOSFET 驱动器调整谐振变换器主开关管的导通时间。在控制零电压开关的电路中，控制逻辑电路通过 MOSFET 驱动器调整谐振变换器主开关的关断时间。控制逻辑电路由单稳脉冲发生器触发。

欠压闭锁(UVIO)电路也控制 MOSFET 驱动器。在工作过程中，当电源电压 V_{CC} 低于 10.5 V 或 7 V 时，MOSFET 驱动器的所有输出端都变为低窄平，谐振变换器停止工作，V_{CC}输出电流只有 150 μA，当 V_{CC}上升到 16.5 V 或 8 V 时，5 V 偏压源产生的 5 V 电压给内部电路供电，MOSFET 驱动器输出正常驱动信号，谐振变换器正常工作。5 V 偏压源还可为外部电路提供 10 mA 电流。故障检测比较器用于检测故障状态。当取样信号超过 3 V 时，故障检测比较器输出高电平。该信号通过故障逻辑电路使 MOSFET 驭动器的所有输出都变为低电平，因此，谐振变换器停止工作。MOSFET 驱动器可输出 2 路推拉驱动信号，每路的峰值电流为 1 A。输出端可以直接与 MOSFET 相连，两路输出并联时(如 UC3862、3864、3866、3868)，峰值输出电流可达 2 A。

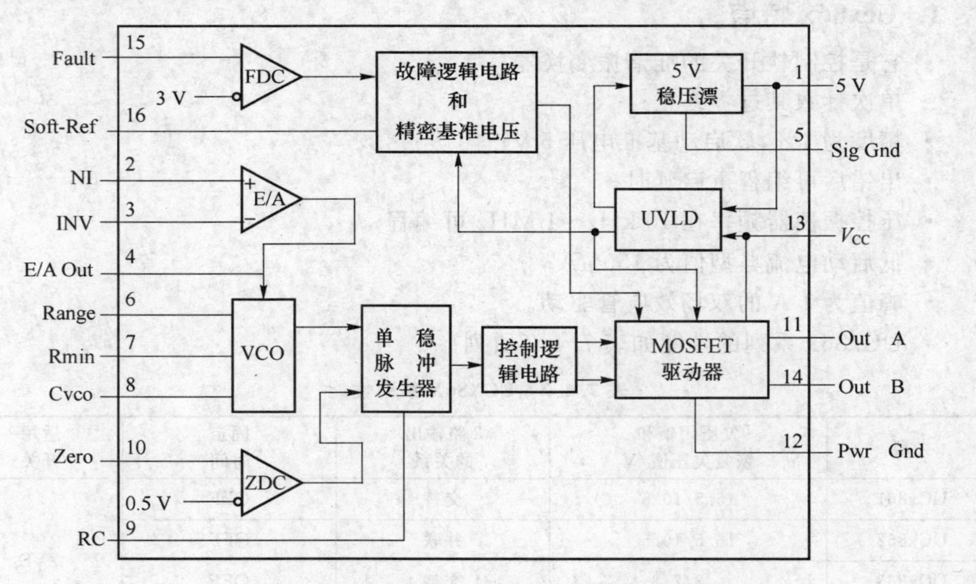

图 7.4.3　UC3861～UC3868 系列的内部结构

3. 引脚排列及引脚功能

采用 DIL－16 封装的 UC3861～UC3868 的引脚排列如图 7.4.4 所示。引脚功能如下：

- 1 引脚(5 V)：输出 5 V 基准电压，精度为 1%。
- 2 引脚(NI)：误差放大器同相输入端。

- 3 引脚(INV):误差放大器反相输入端。
- 4 引脚(E/A Out):误差放大器输出端,最大输出电流为±2 mA。
- 5 引脚(Sig Gnd):信号电路接地端。应与功率地在输入端汇合。
- 6 引脚(Range):外接电阻器,设定压控振荡器频率范围,决定 f_{max}/f_{mai} 的比值。
- 7 引脚(Rmin):外接电阻器,设定压控振荡器最低频率。
- 8 引脚(Cvco):压控振荡器外接电容器。压控振荡器工作频率范围为 10 kHz～1 MHz。
- 9 引脚(RC):单稳脉冲发生 DE 的外接定时电阻器和定时电容器。
- 10 引脚(Zero):过零检测输入端。
- 11 引脚(A Out):驱动器 A 路输出端,推拉式输出电流可达 1 A。
- 12 引脚(PWTGnd):功率电路接地端,最大电压为±0.2 V。
- 13 引脚(V_{CC}):外接电源电压,通常为 12 V～20 V,极限电压为 22 V。
- 14 引脚(B Out):驱动器 B 路输出端。推拉式输出电流可达 1 A。
- 15 引脚(FauLT):故障检测比较器输入端。

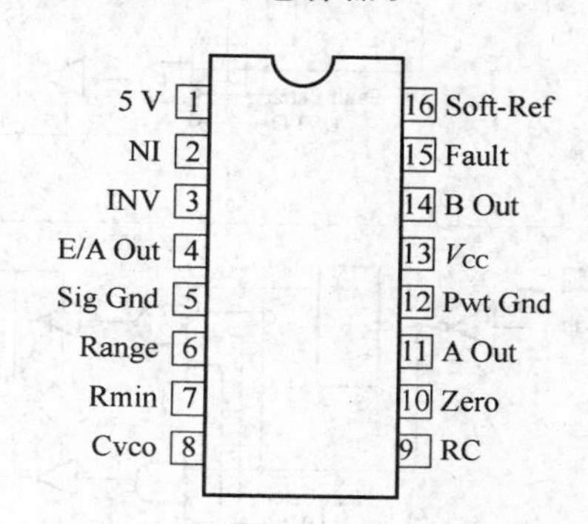

图 7.4.4　UC3861～3868 型谐振控制器的引脚排列

- 16 引脚(Soft－Ref):该引脚有三种功能:向误差放大器提供 5.00 V 的基准电压;此端对地之间接上软启动电容器,可完成软启动功能;重新启动功能。

4. 应用逻辑

各种控制器的应用逻辑电路如图 7.4.6 所示,基本波形如图 7.4.5 所示。

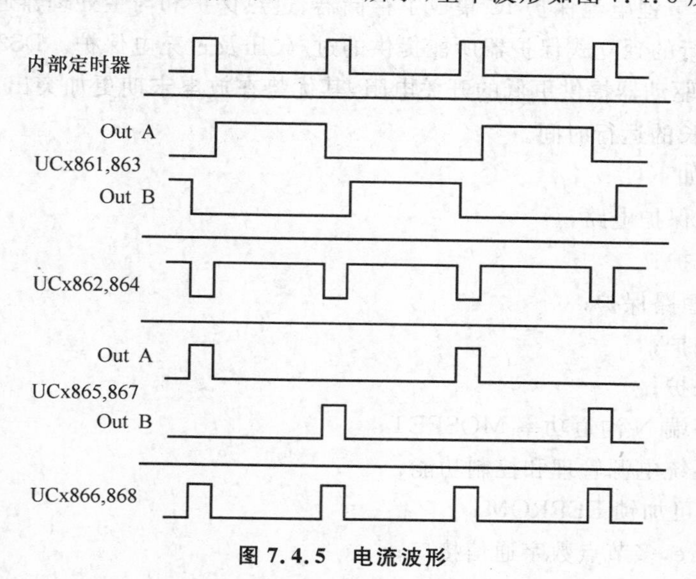

图 7.4.5　电流波形

由波形图不难看出：UCx861,863 A 和 B 两路输出不重叠脉冲，用于驱动双开关ZVS 系统；UCx862,864 用于驱动单开关 ZCS 系统，2 路输出可用来驱动相同的 MOSFET；UCx865,867 A 和 B 两路输出交替脉冲用于驱动双开关 ZCS 系统；UCx866,868 用于驱动单开关 ZCS 系统，2 路输出可用来驱动相同的 MOSFET。

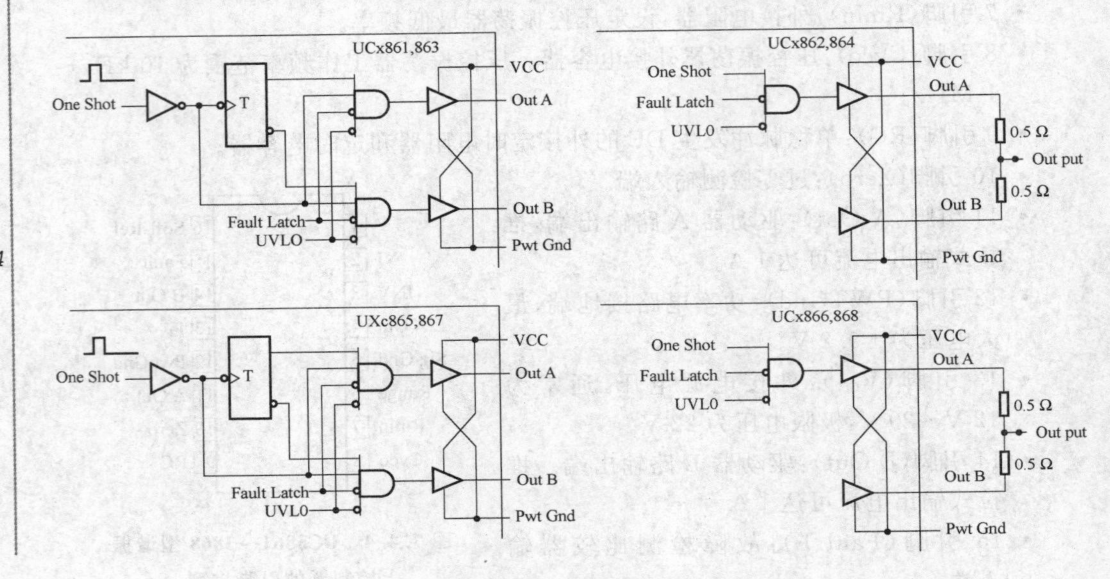

图 7.4.6　应用逻辑电路

7.4.3　DS2720　单节锂电池保护器电路 IC 芯片

DALLAS 公司的 DS2720 为随着电池消耗降低电池组内阻的单节锂电池保护器。

DS2720 单节锂电池保护 IC 集成了存储器、过热保护和与主处理器通信的能力，当然还有其他流行的独立式保护器所能提供的过/欠压及过充电保护。DS2720 的调节式高侧 N－FET 驱动器提供更低的开关电阻，其优势在放电末期更加突出。这将为便携式设备带来更长的运行时间。

主要性能如下：

- 锂电池保护电路；
- 过压保护；
- 过流/短路保护；
- 欠压保护；
- 过温保护；
- 控制高端 N 沟道功率 MOSFET；
- 支持系统电源管理和控制功能；
- 8 字节可加锁 EEPROM；
- 1－Wire，多节点数字通信接口；

• 8引脚 μSOP 或倒装片封装。

DS2720 的工作原理如图 7.4.7 所示。

图 7.4.8 为 DS2720 的工作曲线。

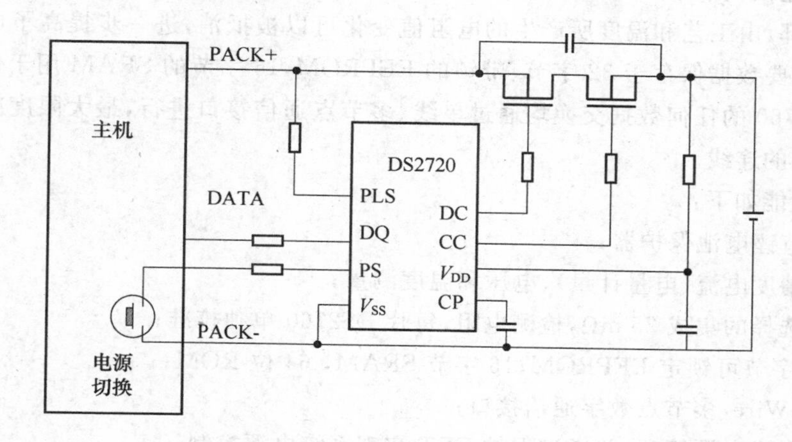

图 7.4.7 DS2720 工作原理

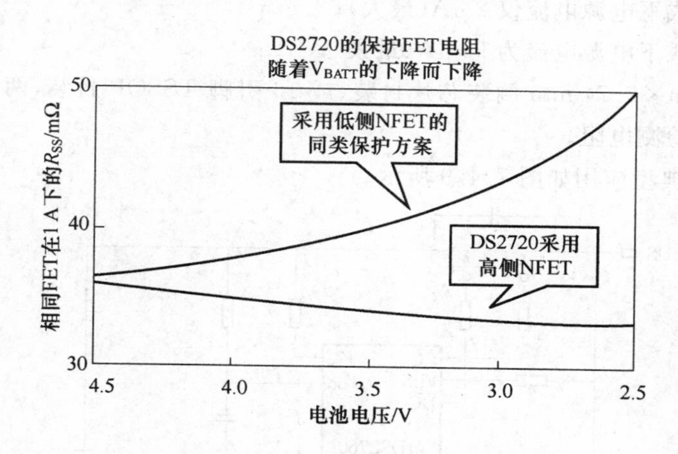

图 7.4.8 DS2720 工作曲线

7.4.4 DS2760 单节锂电池电量计量与保护器芯片

DS2760 是一款单节锂电池电量计与保护电路，集成于一片微小的 3.25 mm×2.74 mm 倒装片封装。由于内部集成了用于电量检测的高精密电阻，该款器件非常节省空间。它所具有的小尺寸和无可比拟的高集成度，对于移动电话电池包及其他类似的手持产品，如 PDA 等，都非常理想。集成的保护电路连续地监视电池的过压、欠压和过流故障(充电或放电期间)。保护器在必要时控制外部场效应管终止电池的充电或放电，为电池提供安全防护。不同于独立的保护 IC，DS2760 允许主处理器监视/控制保护场效应管的导通状态，这样，可以通过 DS2760 的保护电路实现系统电源控制。

DS2760能够精确监视电池电流、电压和温度，其动态范围与分辨率满足任何通行的移动通信产品的测试标准。测得的电流对内部产生的时基进行积分，实现电量计量。通过实时、连续的自动校准偏差，电量计量的精度得以提高。由于检测电阻集成在DS2760内部，由工艺和温度所产生的电阻值变化可以被抵消，进一步提高了电量计量的精度。重要数据保存于32字节、带锁的EEPROM，16字节的SRAM用于保存动态数据。DS2760的任何数据交换均通过单线、多节点通信接口进行，最大限度减少了电池包与主机的连线。

主要性能如下：

- 单节锂电池保护器；
- 高精度电流(电量计量)、电压和温度测量；
- 可选择的集成25 mΩ，检测电阻，每片DS2760单独校准；
- 32字节可锁定EEPROM；16字节SRAM，64位ROM；
- 1-Wire，多节点数字通信接口；
- 持多组电源管理，并通过保护FET实现系统电源控制；
- 休眠模式下电源电流仅2 μA(最大)；
- 工作模式下电源电流为90 μA(最大)；
- 3.25 mm×2.74 mm倒装芯片封装、或16引脚TSSOP封装，两者均可选择带或不带检测电阻。

DS2720的典型应用如图7.4.9所示。

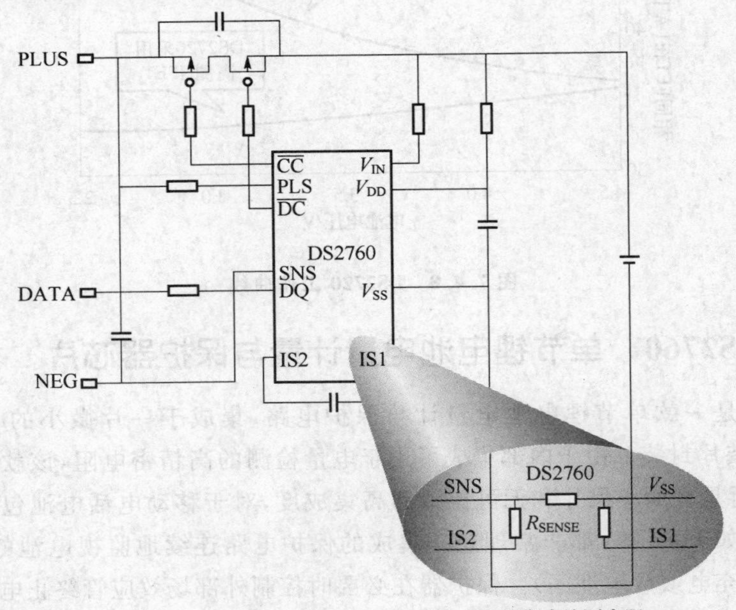

图7.4.9 DS2760应用电路

7.4.5 DS2762 单节锂电池保护器芯片

DALLAS公司的DS2762是一款单节锂电池电量计与保护电路，集成于一片微小的2.46 mm×2.74 mm倒装片封装。由于内部集成了用于电量检侧的高精密电阻，该款器件非常节省空间。它所具有的小尺寸和无可比拟的高集成度，对于移动电话电池组及其他类似的手持产品，如PDA等，都非常理想。集成的保护电路连续地监视电池的过压、欠压和过流故障(充电或放电期间)。不同于独立的保护IC，DS2762允许主处理器监视/控制保护FET的导通状态，这样，可以通过DS2762的保护电路实现系统电源控制。DS2762也可以充电一个已深度消耗的电池，当电池电压不足3 V时，提供一条限制电流的恢复充电路径。

DS2762能够精确监视电池电流、电压和温度，其动态范围与分辨率满足任何通行的移动通信产品的测试标准。测得的电流对内部产生的时基进行积分，实现电最计量.通过实时、连续的自动失调纠正，电量计量的精度得以提高。内置的检测电阻消除了因制造工艺和温度而造成的电阻变化，进一步提高了电最计的精度。重要数据保存于32字节、可加锁的EEPROM；16字节的SRAM用于保存动态数据。与DS2762的所有通信均通过1-Wire、多节点通信接口进行，最大限度减少了电池组与主机的连线。

主要特性如下：

- 单节锂电池保护器；
- 高精度电流(电量计量)、电压和温度测量；
- 可选的集成25 mΩ检测电阻，每个DS2762经过单独微调；
- 0 V电池恢复充电；
- 32字节可加锁EEPROM，16字节SRAM，64位ROM；
- 1-Wire，多节点，数字通信接口；
- 支持多电池组电源管理，并通过保护FET实现系统电源控制；
- 休眠模式下电源电流仅2 μA(最大)；
- 工作模式下电源电流为901 μA(最大)；
- 2.46 mm×2.74 mm倒装片封装或16引脚TSSOP封装.两者均可选择带或不带检测电阻。

DS2762的典型应用电路如图7.4.10所示。

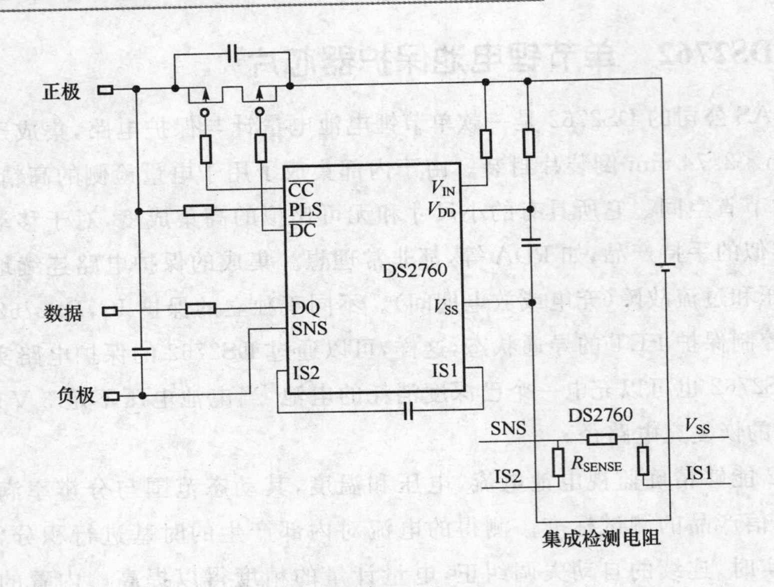

图 7.4.10　DS2762 典型应用

7.4.6　DS2784　微型单节锂电池保护器芯片

DALLAS 公司的 DS2784 可靠、安全且精确，适用于 1 节 Li＋电池保护，用微型 TDFN 封装。

DS2784* 在微小的 15 mm² 封装面积内提供了完整的电量计解决方案。DS2784 独立式电量计集成单节 Li＋电池保护器以及基于 SHA－1 的质询-响应认证系统。

主要特性如下：

- Li＋安全监视器，内置可编程过压和过流门限；
- SHA－1 安全算法，内置 64 位质询、64 位密钥以及 32 位内部总线；
- 精确的电压、温度和电流测量；
- 以剩余电量的百分比或剩余的 mAh 两种方式报告电池容量；
- 增益和温度系数校准，可采用低成本的检流电阻；
- 32 字节参数 EEPROM、16 字节的用户 EEPROM；
- 微型、3 mm×5 mm，14 引脚 TDFN 无铅封装。

DS2784 的工作原理图如图 7.4.11 所示。其性能如表 7.4.3 所列。

7.4.7　MAX1666　锂电池组织保护器 IC 芯片

DALLAS 公司的 MAX1666 为现进的锂电池组保护器，可安全地增加电池组容量。

先进的锂电池组保护器 MAX1666 可以为可充电锂电池提供过压、欠压、电池间不平衡和充放电过流等多种保护。该系列保护器包含 3 种型号：MAX1666S 用于 2 节串联电池，MAX1666V 用于 3 节串联电池，MAx1666X 用于 4 节串联电池的电池组。MAx1666S 双电池保护器采用 16 引脚 QSOP 封装，MAX1666V 三电池和 MAX1666X

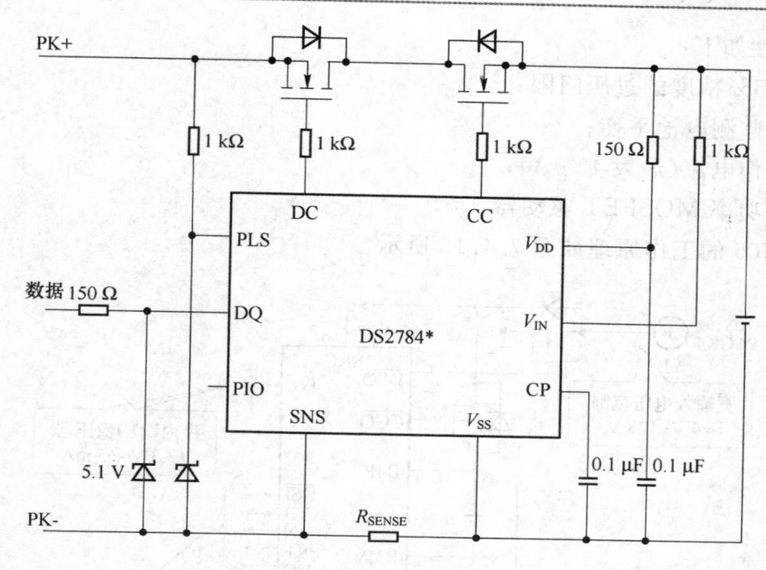

图 7.4.11 DS2784 工作原理

四电池保护器采用20引脚QSOP封装。

表 7.4.3 电池电量测量、保护电路功能

型号	64位ROM	接口	存储器/字节	本地温度传感器/位	电压ADC/位	电量计	内置Li+电池保护器	评估板	封装(mm×mm)
DS2740	√	1-Wire	—	—	—				8-μMAX
DS2745		2线	—	11					8-μMAX
DS2746		2线	—	11(辅助输入)			—		10-TDFN(3×3)
DS2751		1-Wire	32 EEPROM						8-TSSOP
DS2756		1-Wire	96 EEPROM			1节Li+电池			8-TSSOP
DS2762		1-Wire	32EEPROM				1节		16-TSSOP,倒装片(2.5×2.7)
DS2764	√	2线	32EEPROM		11		1节		16-TSSOP,倒装片(2.5×2.7)
DS2780		1-Wire	40 EEPROM	11					8-TSSOP
DS2781		1-Wire	40 EEPROM			1节或2节Li+电池	—	√	8-TSSOP
DS2782		2线	40 EEPROM						8-TSSOP
DS2784*		1-Wire	40 EEPROM				1节		14-TDFN(3×3)
DS2786		2线	32 MTP	10	12	1节Li+电池	—		10-TDFN(3×5)
DS2790		2线	8K程序EEPROM,8K程序ROM以及128字节用户EEPROM	11	11		1节		28-TDFN(8×4)
DS2792		UART	8K程序EEPROM、8K程序ROM以及128字节用户EEPROM	11	11	1节或2节Li+电池	—		28-TDFN(8×4)
MAX1781/MAX1782		SMBus	1.5k ROM	11,13,15和16	11,13,15和16	2节至4节Li+电池	2,3或4节	√	48-QFN
MAX1785*		SMbus	32k闪存	11,13,15和16	11,13,15和16	2节至4节Li+电池	2,3或4节	√	38-TSSOP

主要特性如下：

- ±0.5%精度的过压门限；
- 精密监测电池平衡；
- 低工作电流(最大45 μA)；
- 内置功率MOSFET驱动器。

MAX1666的工作原理如图7.4.12所示。

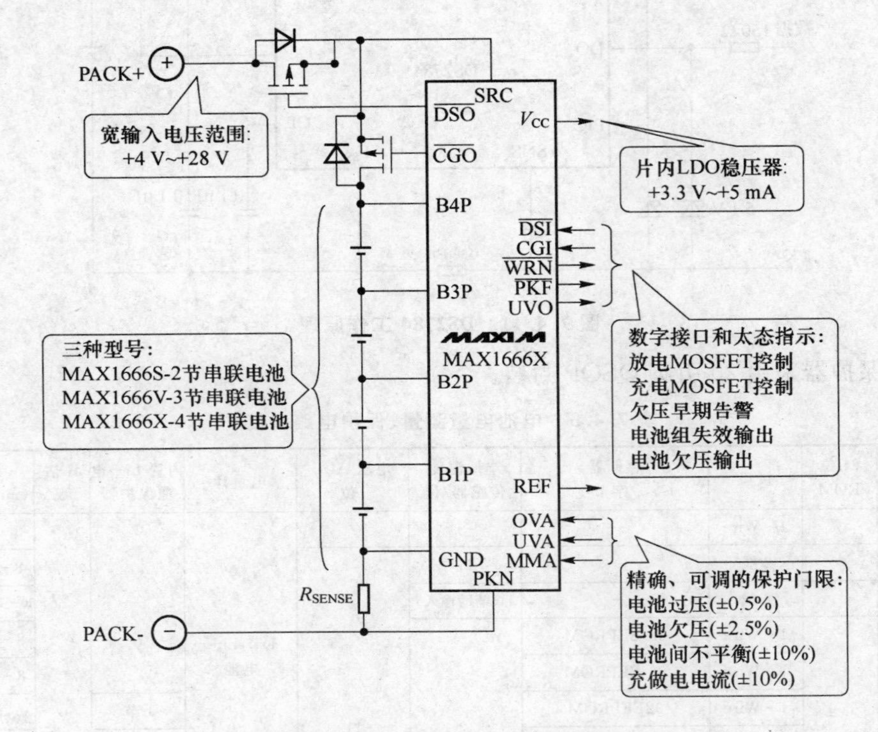

图7.4.12 MAX1666工作原理

7.4.8 MAX1874 具有过压保护和热调整的锂电池充电器芯片

DALLAS公司的MAX1874为具有USB和交流适配器双输入、过压保护和热调整的锂电池充电器。简单、低成本的应用电路为单节锂电池充电。

MAX1874可利用USB和交流适配器为单节锂电池充电，不必完全依靠笨重的墙上适配器。在最简应用中，MAX1874无需外部MOSFET或二极管，可接受最高至6.5 V的输入电压。利用单个SOT PFET，可为直流输入添加最高至18 V的过压保护(0VP)。当到达MAX1874的热极限时，充电器将降低——并非停止——充电电流。

主要性能如下：

- 由USB或交流适配器充电；
- 插入交流适配器时自动切换；
- 片上限热简化印制板设计；

- 小巧、高功率16引脚QFN封装；
- 软启动降低USB或交流适配器上的负载浪涌；
- 自动切换负载由电池到直流电源(PON引脚)。

MAX1874的工作原理如图7.4.13所示。

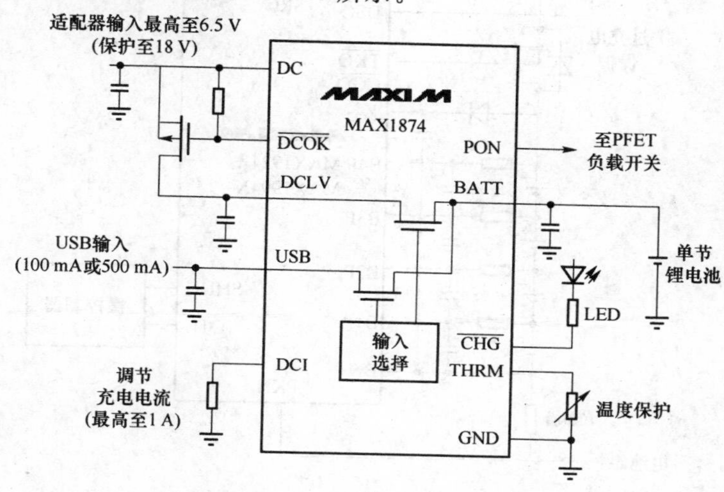

图7.4.13 MAX1874工作原理

7.4.9 MAX1894/MAX1924 锂电池组保护器电路芯片

DALLAS公司的MAX1894/MAX1924为先进的锂电池组保护器,可以更安全地增加电池组容量。

先进的锂电池组保护器MAX1894/MAX1924为可充电锂电池提供过压、欠压、充电电流、放电和电池组短路等故障保护。完全集成的MOSFET驱动器无需外部上拉电阻。保护器包括两种类型:一种用于3节串联电池(MAX1924V),另一种用于4节串联(MAX1894X, MAX1924X)的锂电池组。采用小巧16引脚QSOP封装。

主要性能如下:

- ±0.5%精度的过压门限;
- ±10%精度的放电电流故障门限;
- 独立的电池组短路和放电电流故障门限;
- 30 μA典型工作电流和0.7 μA关断电流。

MAX1894/MAX1924的工作原理如图7.4.14所示。

7.4.10 MAX1906 集成熔丝的锂电池组保护器芯片

DALLAS公司的MAX1906为集成了熔丝驱动器的锂电池组保护器。

当出现过压时,MAX1906迅速熔断三端熔丝,达到保护锂离子/聚合物电池组的目的。MAX1906通过触发内部SCR或驱动外部MOSFET的栅极使熔丝熔断。MAX1906可用于2、3或4节电池组,采用热增强型16引脚QFN封装。

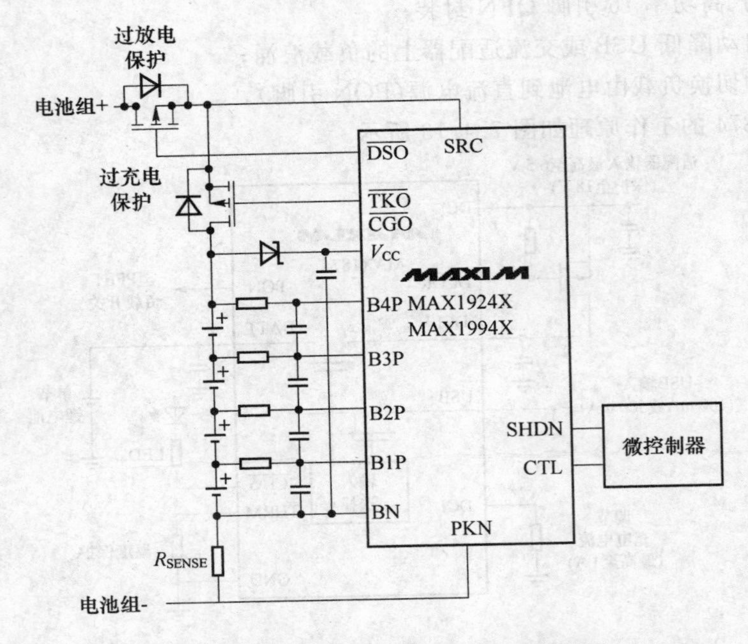

图 7.4.14　MAX1924/MAX1874 工作原理

主要性能如下：

- 过压保护；
- ±1%精度的保护门限；
- 集成的 2.25 s 故障延迟定时器；
- 内置 1.5 A SCR 熔驱动器；
- 用于电池组功能验证的测试模式；
- 5 μA 电源电流；
- 800 μA 待机电流；
- B1P－B4P 引脚断保护。

MAX1906 的工作原理如图 7.4.15 所示。

7.4.11　MAX5079　"或"MOSFET 的电源保护器芯片

DALLAS 公司 MAX5079 为"或"逻辑 MOSFET 控制器，具有最快(200 ns)MOSFET 导通时间和最佳的故障容限，对电源应用提供高灵活性和保护功能。

MAX5079 采用低压差 MOSFET 替代"或"逻辑二极管，用于大电流、并联、冗余电源设计。MAX5079 对于服务器、RAID 储存、网络交换机/路由器和银盒非常理想。

主要性能如下：

- 替代大尺寸、大功耗二极管；
- 采用低 $R_{DS(ON)}$ MOSFET 替代大功耗二极管；
- 省去了大尺寸散热装置并减小了尺寸；

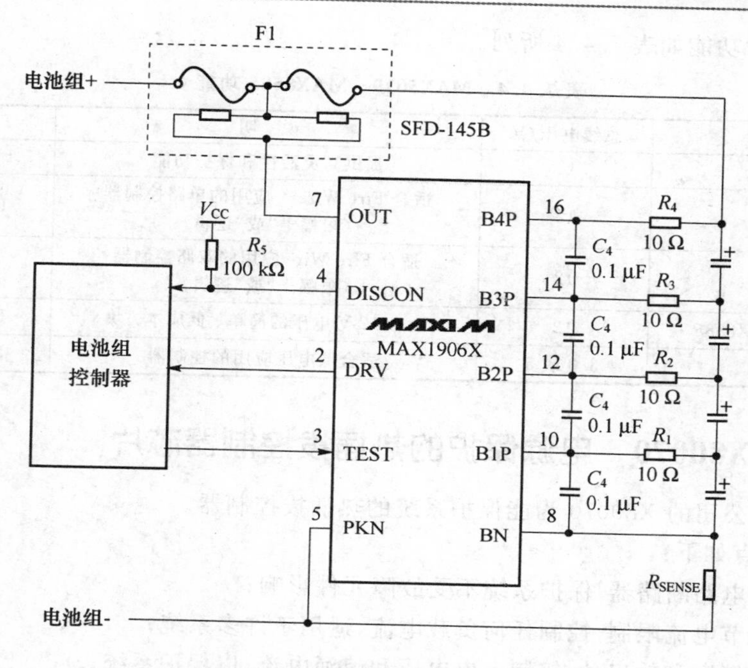

图 7.4.15　MAX1906 工作原理

- 降低成本故障状态下能够以最快速度关闭 MOSFET；
- 一旦 V_{IN} 低于 V_{BUS}，能够在 200 ns 内关断，防止拉低 V_{BUS}；
- 高达 3 A 的栅极下拉电流，确保快速关闭 MOSFET 最高等级的故障容限；
- 当 $V_{IN}<V_{BUS}$ 的时候关断 MOSFET；
- 当 V_{IN} 失效时，通过 V_{BUS} 辅助电源取电保持对 MOSFET 连续控制；
- 检洲并报告电源的 UV 和总线 OV 状态高灵活性优化设计；
- 可调的 MOSFET 反向电压门限，消除 V_{BUS} 上由于脉冲干扰所产生的扰人的过冲；
- 附加的慢比较器，内置可调门限和消隐时间，消除了热插拔时所产生的扰人的过冲；
- 14 脚- TSSOP 封装(5 mm×6.5 mm)。

MAX5079 典型应用如图 7.4.16 所示。

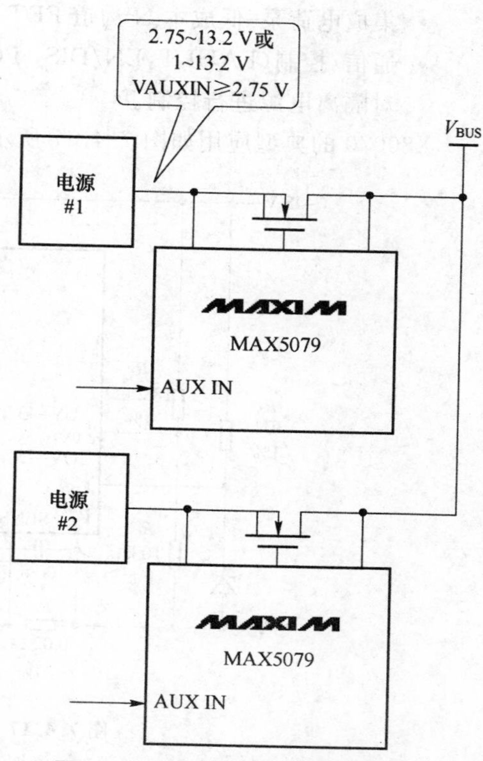

图 7.4.16　MAX5079 典型应用

保护系列芯片功能如表7.4.4所列。

表7.4.4 MAX5079-MAX8585功能

型号	总线电压/V	说明	封装
MAX5079	12	提供高灵活性和保护功能	14-TSSOP
MAX5943	12	适合Fire Wire®应用的单路控制器（限幅+"或"逻辑）	16-QSOP
MAX5944	12	适合Fire Wire应用的双路控制器（限幅+"或"逻辑）	16-SO
MAX8535/MAX8585	12	适合12 V电压的简单、低成本方案	8-μMAX
MAX8536	3.3或5	适合低电压应用的控制器	8-μMAX

7.4.12 X80070 电源保护的热插拔控制器芯片

Intersil公司的X80070为能保护系统的热插拔控制器。

主要特点如下：

- 电子电路断路器-保护系统不受故障元件影响；
- 自调节电流限制-控制任何负载电流，适用于许多系统；
- 欠压锁定和软启动-控制上电电压和浪涌电流，以保护系统；
- 有源电流调节-限制短路来保护系统；
- 集成电荷泵-低成本N沟道FET开关应用；
- 通信/控制(FAULT，EN/DIS，PGood)-元件故障时与系统控制器保持通信并对隔离电源进行控制。

X80070的典型应用如图7.4.17所示。

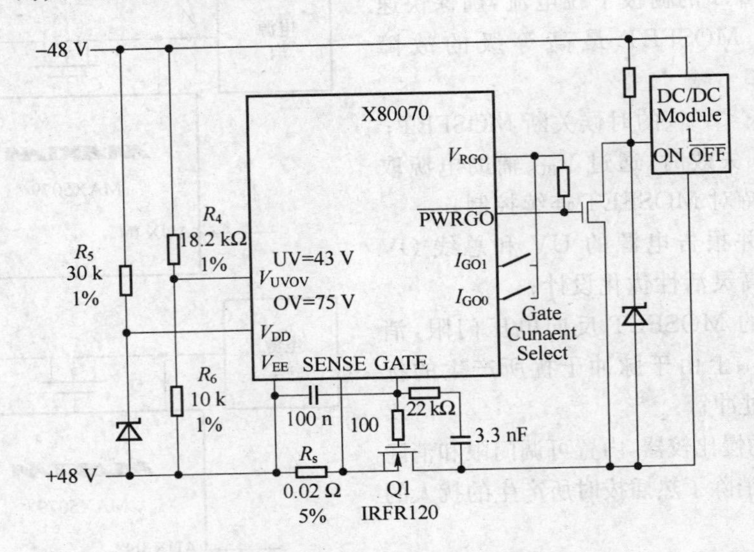

图7.4.17 X80070典型应用

7.4.13 LTC3225/LTM4616 电源故障保护应用电路芯片

凌力尔特(LINEAR)公司的 LTC3225 为一款超级电容充电器,LTM4616 为双通道输出 DC/DC 稳压器。由它们可组成 5 V 电源故障保护应用电路。

在越来越多的短时间能量存贮应用以及那些需要间歇式高能量脉冲的应用中,超级电容器找到了自己的用武之地。电源故障保护电路便是此类应用之一,在该电路中,如果主电源发生短时间故障,则接入一个后备电源,用于给负载供电。这种应用通常以使用电池为主,但由于双电层电容器(EDIC)每法拉的价格、外形尺寸以及每个电容的等效串联电阻(ESR/C)持续地减低,因此它正在迅速地渗入到该领域之中。图 7.4.18 示出了一种 5 V 电源故障保护应用,这里,两个被充电至 4.8 V 的串联 10 F、2.7 V 超级电容器能够支持 20 W 的功率达 1 s 以上。LTC3225(一款基于充电泵的新型超级电容器充电器)可被用于以 150 mA 的电流来给超级电容器充电,并保持电池平衡,而 LTC4412 则在超级电容器和主电源之间实现了自动切换。LTMM4616 双通道输出 DC/DC μ Module™稳压器负责产生 1.8 V 和 1.2 V 输出。当采用一个 20 W 负载时,输出电压将在主电源被拿掉之后保持稳压状态达 1.42 s。

电源故障保护电路如图 7.4.18 所示。

7.4.14 TOP258PN 开关电源保护电路芯片

该电源以 Power Integrations 公司生产的 TOPSwitch - HX 控制器为设计核心,电路如图 7.4.19 所示。

TOPSwitch - HX 能够根据负载条件在 4 种不同的工作模式之间平滑切换。这使得电源能够在很宽的功率范围内高效工作,并且仍能在待机模式下 1 W 输入功率时提供超过 600 mW 的输出功率。

TOPSwitch - HX 还具有增强的用户自定义保护功能,以便在输入欠压、过压及输出过载条件下为电源提供保护。TOPSwitch - HX 提供可针对傲存或自动恢复模式、热关断和自动重启动进行配置的输出过压(OVP)保护。精确控制关健参数也可以大幅降低最大过载功率。这样可以使用较小的无源器件(MOSFET、变压器、输出整流管)来降低电源成本。该器件使用塑料 DIP 封装和一个导通电阻为 1.8 Ω 的 MOSFET (TOP258P),开关频率为 66 kHz,因此完全可以省去散热片。

该设计满足 EN55022 和 CISPR - 22 B 级传导 EMI 要求,且 EMI 裕量非常大。× 电容 C_1 执行差模 EMI 滤波,而共模 EMI 滤波则由共模扼流圈 L_1 和具有安全额定电压的 Y 电容 C_8 共同执行。C_4 是一种金属膜类型的电容,毗邻开关电路,用于对 DC 总线的高频噪音进行去耦,改善差模 EMI。

D_2、R_{17} 和 C_{34} 形成 RCD 箝位,可防止漏极电压尖峰对 U_4 内集成的 MOSFET 造成损坏。二极管 VR1 可随时确保最大箝位电压且在正常工作条件下不会导通。

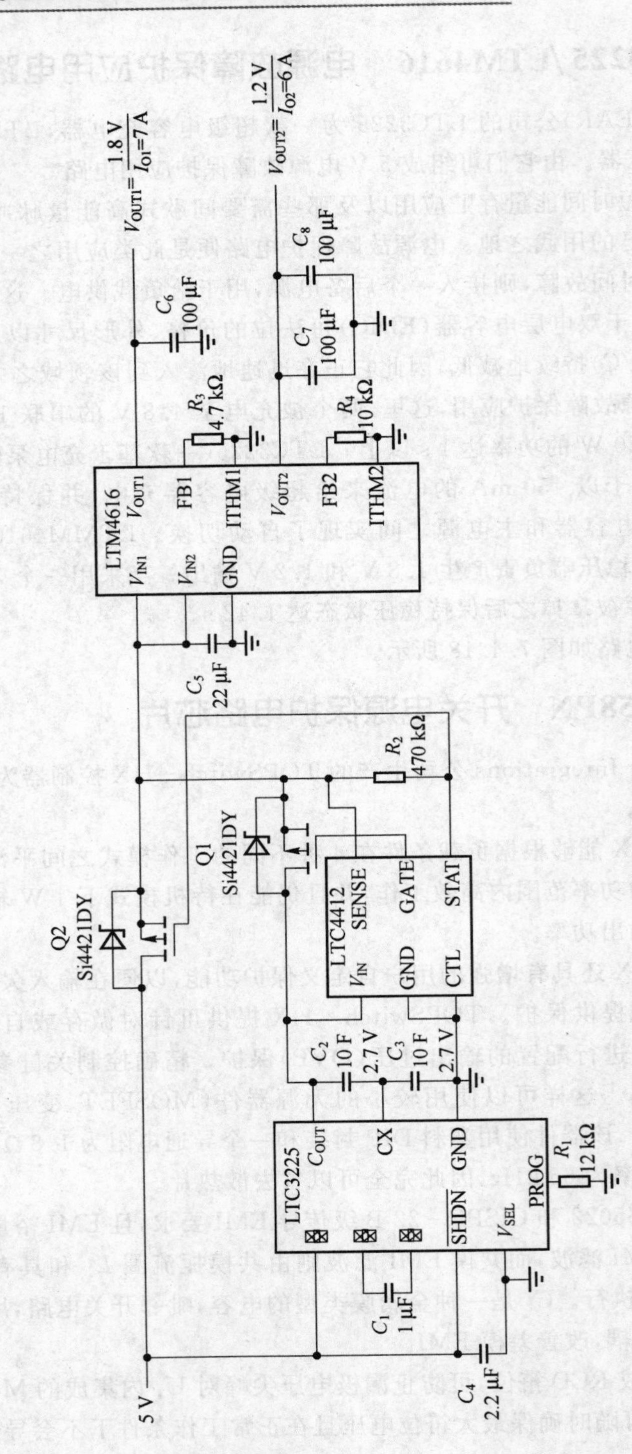

图 7.4.18　5 V 电源故障保护应用电路可提供 20 W 功率达 1.42 s

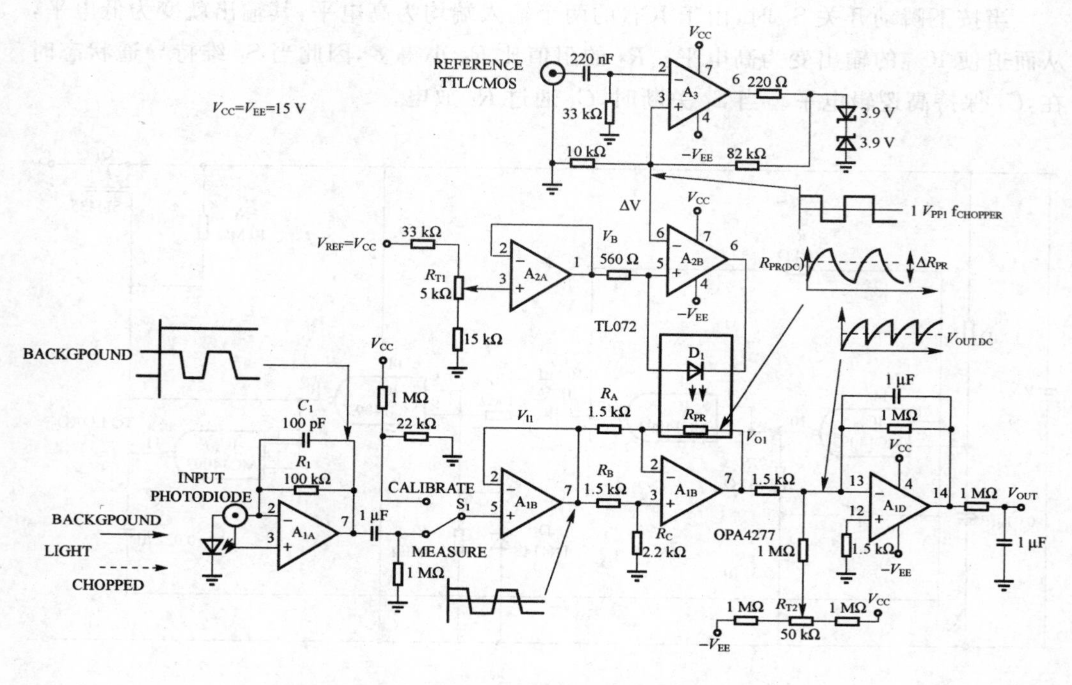

图 7.4.19 采用 TOP258PN 的开关电源设计电路

T1 变压器上的偏置绕组经 D_{13} 整流、C_{13} 滤波，然后为 TOPSwitch 提供电源，并且通过光敏晶体管 U2B 控制电流。

通过光敏二极管 U_2A，输出端提供反馈电路，U_2A 的偏置点可以通过 TL431 可编程的并联稳压器 U_3 进行设置。电阻 R_{25} 和 R_{11} 形成分压网络，将输出电压限制在 24 V。电阻 R_{10} 和 C_{36} 为反馈电路提供补偿。电容 R_{27} 和电容 C_{35} 形成相位提升网络，可提高系统的相位裕量。电阻 R_9 为并联稳压器 U_3 提供偏置电流，此时光敏二极管 U_2A 不会导通。电阻 R_{26} 设置整个回路增益，并通过 U2A 限制瞬态时的电流。

该电源可以在 185～265 V 的宽输入电压范围内进行工作，在 25%、50%、75%和 100%负载条件下，效率基本上都在 90%左右。

7.4.15 MC14093 利用 MOSFET 的电池自动关断电路芯片

MC14093 为四重双输入与非门(NAND)施密特触发器，利用它可以设计一个电源关断电路，在一个预定的时间后自动关断电池，以延长电池寿命，如图 7.4.20 所示。

四重双输入 NAND 施密特触发器 IC_1 的两个门组成一个改进的触发器。当电路加上 9 V 电池电压时，IC_{1A} 的输出变为高电平，因为 C_1 上的初始电压为零。IC_{1B} 的输出变为低电平，并通过 R_2 反馈到 IC_{1A}。C_3 通过 R_3 充电。IC_{1C} 的输出变为高电平，因为 R_6 接地。P 沟道 MOSFET 开关 Q_1 关断。IC_{1D} 输出变为高电平，并通过 R_2 给 C_4 充电。

当按下瞬动开关 S_1 时，由于 IC_{1A} 的两个输入端均为高电平，其输出就变为低电平，从而迫使 IC_{1B} 的输出变为高电平。R_2 的阻值比 R_3 小得多，因此当 S_1 维持导通状态时在，C_3 保持高逻辑电平。当 S_1 关断时，C_3 通过 R_3 放电。

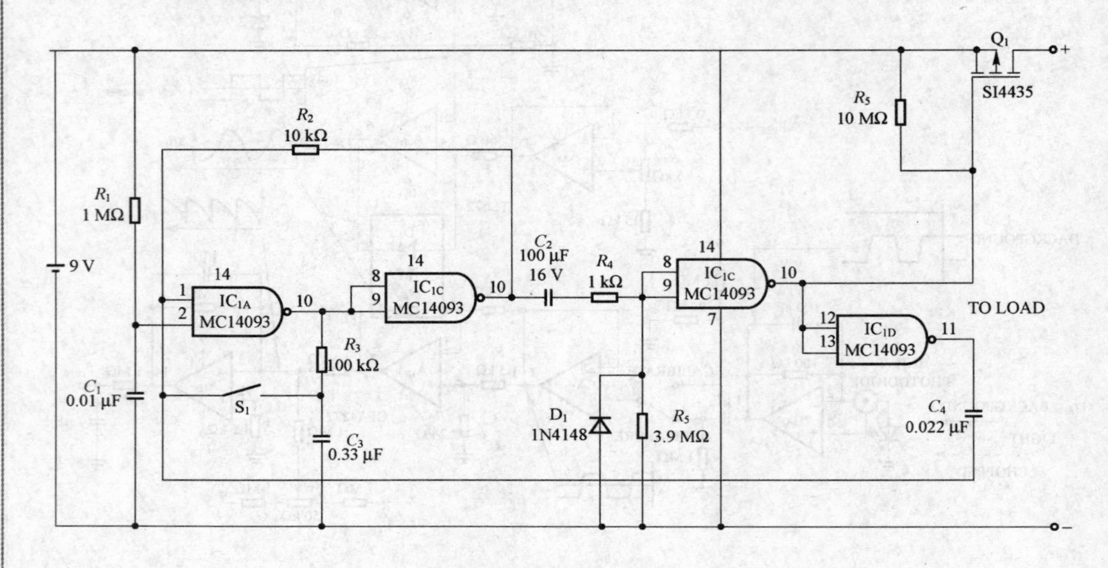

图 7.4.20　电源关断电路

MOSFET 开关可以用两种方法来关断。当钽电容 C_2 充电充到 IC_{1C} 的输入端电压低于其阈值 V_- 时，IC_{1C} 的输出从低电平变为高电平：这一电平变化使 MOSFET 开关关断。C_2 和 R_6 决定这种自动关断的持续时间。如果 C_2 的电容值和 R_6 的阻值如图 7.4.20 所示，则关断大约需要 6 min。同时，IC_{1D} 输出从高至低的变化可通过 C_4 迫使 IC_{1A} 和 IC_{1B} 回到待机状态。

另一种方法是，按下 S_1 关断 MOSFET 开关。因为 C_3 上的电压很低，所以 S_1 的闭合使 IC_{1A} 的输出变为高电平，而 IC_{1B} 的输出变为低电平。IC_{1B} 输出由高至低的变化迫使 IC_{1C} 的输出变为高电平，从而使 MOSFET 关断。由于 C_2 的电容值相当大。所以用 D_1 来提供一条快速放电通路，并用 R_4 限制放电电流。

这个电路在待机状态下消耗不到 0.21 μA 的电流。MOSFET 开关的导通电阻很小，所以在负载电流为 100 mA 时，该开关只降低 2 mV 电压。如果需要一个通电指示灯，可以在负载一侧串接一个限流电阻的情况下增加一只 LED。

7.4.16　CD4023～555　用于限时操作的电池自动关断电路 IC 芯片

图 7.4.21 所示电路既简单又花钱不多。可以用来保护便携设备中最值钱的元件之一：电池。该电路的应用范围包括所有需要限时操作的便携设备，如测试仪器、吉他定弦器和电动玩具。按下通断瞬时软开关即可起动一个周期，该电路就为设备供电。

当在任何时刻再次按下开关时，电路就关断，进入“睡眠”状态直到下一个周期为止。万一忘记切断本电路电源，电路中有一个自动断电功能，延时周期是预设时间常数的函数。

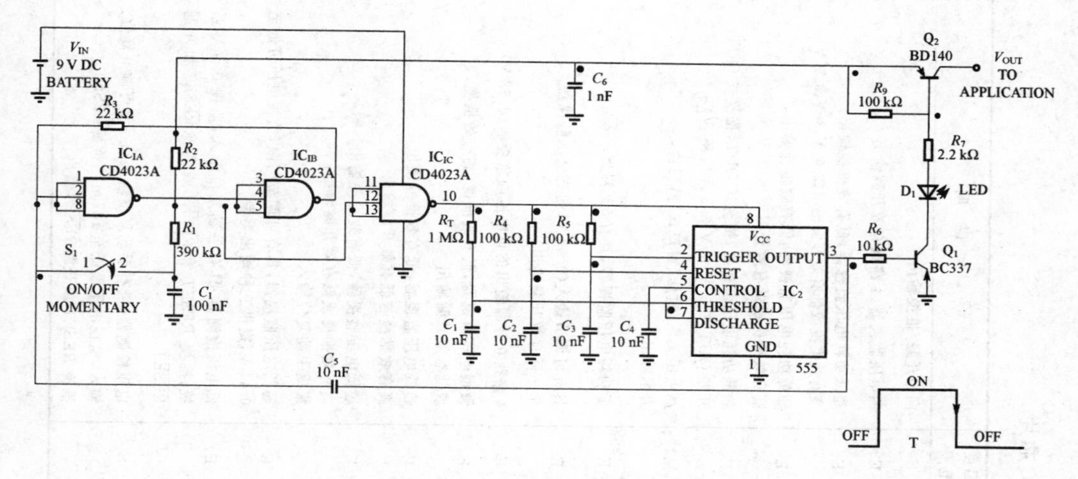

图 7.4.21 自动关断电池电路

1C_1 及相关元件具有一种双稳态切换功能，并预防开关触点回跳。1C_{1C} 缓存切换的信号，并隔离 R_1～C_1 充电电流。这一信号按照公式 $t=1.1\times R_T G$ 馈送给 1C_2 定时器，1C_2 配置成一个单稳多谐振荡器，处于激活状态直到其暂停为止。t 为自动断电时间。在本例中，这个时间间隔大的为 6 min。定时器输出信号馈送给 Q_1 倒相器。Q_1 激活中功率旁通式晶体管 Q_2。这一电路配置成一个 PNP 块. 以保证负载损耗很小。功耗只来自 V_{CE}(SAT)，大约 100 mAx 0.2 V，即 20 mW 如果设备需要更大的电流，可以另选一个合适的晶体管。如果要求静态损耗较小，或电池和应用电路之间电压降较小，MOSFET 可能是一种高效的方法。

关断状态下的静态损耗可以忽略不计，因为电路只从处于非激活状态的 CMOS 栅极获得功率。LEDD 指示电路的开关状态。无需从电池为 LED 提供额外功率。因为它连接在驱动晶体管的电流源支路中。在暂停期间，输出向 OV 过渡，这就确保用 C_5 反馈回路来定时断电，因为 C_5 反馈回路把双稳态电路切换到关断状态，起到与使用的通断开关相同的作用。这一简单电路在设备不需要使用橄控制答时是很有用的。

7.5 μP 监控电路及复位 IC 芯片表

MAXIM 和 DALLAS 公司的电压监视器、电池监视器、多电压监视器、μP 监控器、复位和看门狗 IC 和保护器 IC 等芯片性能如表 7.5.1～表 7.5.5 所列。

表 7.5.1 MAXIM电压监视器IC芯片

型号	电源电压/V	电源电流(μA),最大(典型)	门限精度(%)	引脚-封装	温度范围	说明	价格1,000片以上($)
MAX836/7	2.5～11	10(3.5)	±1.25	SOT143	E	同相开漏/推挽输出	0.90**
MAX6338	2.5～5.5	50(25)	±2.5	μMAX	E	四电压监视器,4路低有效开翻输出	2.50
MAX6375/6/7	1～5.5	1(0.5)	±1.5	3-SC70	E	超低功耗电压监视器,低有效推挽输出,高有效推挽或低有效开漏输出(2.5 V,3 V,3.3 V)	0.90**
MAX6378/79/80	1～5.5	1.75(1)	±1.5	3-SC70	E	超低功耗电压监视器,低有效推挽输出,高有效推挽或低有效开漏输出(5 V)	0.90**
MAX6406/7/8/9/10/11	1～5.5	1(0.5),60(35)	±1.5,±2	4-UCSP	E	超低功耗电压监视器,推挽式OUT,推挽式OUT,开漏OUT(2.5 V,3 V,3.3 V),(5 V)	0.99**
MAX6457-60	4～28	(4)12	1.5	5-SOT23	M	高电压欠压/过压(窗口式)监视器,开漏输出	1.50**
MAX6461/2/3	1～5.5	(0.8)2	1.5	5-SOT23,3-SC70,3-SOT	E	低功耗电压监视器,具有5%滞回	0.90**
MAX6700	2～5.5	(55)115	1.5	6-SOT23	E	具有可调节输入(0.62 V)的三电压监视器,单一低有效开漏输出	1.56**
MAX6709	1～5.5	(55)115	2.5	10-μMAX	E	4路独立开漏输出的低电压四监视器(0.62 V)	2.50
MAX6806/7/8	1～5.5	60(35)	±2	3-SC70,3-SOT23/SOT143	E	微型电压监视器,低有效推挽,高有效推挽,或低有效开漏输出	0.87**
MAX6832/3/4	0.55～3.6	13(6.5)	±2.5	3-SC70	E	超低电压监视器,低有效推挽输出,高有效推挽若低有效开漏输出	0.96**
MAX6835/6/7	0.55～3.6	13(6.5)	±2.5	4-SC70	E	超低电压监视器,低有效推挽输出,高有效推挽或低有效开漏输出,集成手动复位输入	0.96**
MAX6838/9/40	0.55～3.6	13(6.5)	±2.5	4-SC70	E	超低电压监视器,具有可调节门限,监视电压可低至0.44 V,提供三种输出类型	0.96**
MAX6841/2	0.55～1.8	20(8.1)	±2.5	5-SOT	E	低电压检测器,具有手动复位输入,监视0.9 V系统;推挽RESET和$\overline{\text{RESET}}$或推挽$\overline{\text{RESET}}$和开漏$\overline{\text{RESET}}$	1.16**
MAX6843/4/5	0.56～1.8	20(8.1)	±2.5	5-SOT	E	电压检侧器,带有手动复位输入和一路可调节复位输入,监视电压最低至187 mV;推挽$\overline{\text{RESET}}$,推挽RESET或开漏$\overline{\text{RESET}}$输出	1.16**

表 7.5.2 MAXIM 电池监视器 IC 芯片

型号	工作电压范围/V	电源电流(μA,典型值)	门限范围/V	输出数	温度范围(℃)	特 性	封装
MAX6427-32	1.2 至 5.5	1.0	工厂微调	单/双	−40～+85	单输出(MAX6427/28/29),双电平输出(MAX6430/31/32)	3-SOT23/4-SOT143
MAX6433-38	1.5 至 5.5	1.0	可调(0.6)	单/双	−40～+85	单输出(MAX6433/34/35),双电平输(MAX6436/37/38)	5-/6-SOT23
MAX6439-42	1.0 至 5.5	2.5	工厂微调	单/双	−40～+85	单输出(MAX6439/40),双电平输出(MAX6441/42),独立的 V_{CC} 复位功能	6-/8-SOT23
MAX6461/62/63	1.0 至 5.5	1.0	1.6 至 5.5(100 mV 增量)	单	−40～+125	内部 5%滞回	3-/5-SOT23,3-SC70
MAX6775/76	1.0 至 5.5	3.2	可调(1.22)	单	−40～+85	0.5%、5%或 10%固定滞回,±1%精度	5-SC70/6-μDFN
MAX6777/78	1.0 至 5.5	3.2	可调(1.22)	单	−40～+85	可调滞回,±1%精度	5-SC70/6-μDFN
MAX6779/80/81	1.0 至 5.5	3.2	可调(1.22)	双	−40～+85	0.5%、5%或 10%固定滞回,±1%精度	6-μDFN
MAX6782/83	1.0 至 5.5	5.7	可调(0.6)	四	−40～+85	四输出,±1%精度	16-TQFN
MAX6784*/85	1.0 至 5.5	5.7	可调(0.6)	三	−40～+85	三输出,±1%精度	12-TQFN
MAX6846-49	1.2 至 5.5	2.5	可调(0.6)	单/双	−40～+85	单输出(MAX6846/47),双电平输出(MAX6848/49),独立的 V_{CC} 复位功能	8-SOT23

表 7.5.3 MAXIM 多电压监视器 IC 芯片

型号	输入数	输出数	接口	看门狗定时器	UV/OV输出	ADC	其他特性
MAX6892	8	10	引脚可选	√			高电压输入、$\overline{ENABLE}$、$\overline{MR}$、$\overline{MARGIN}$、电容可调复位和看门狗超时
MAX16006/07	8	9/1	固定/可调	√			RESET、$\overline{MR}$、MARGIN
MAX6893	6	8	引脚可选	√			高电压输入、$\overline{ENABLE}$、$\overline{MR}$、$\overline{MARGIN}$、电容可调复位和看门狗超时
MAX16004	6	7	固定/可调	√			$\overline{RESET}$、$\overline{MR}$、$\overline{MARGIN}$
MAX16003	6	6	固定/可调				$\overline{MARGIN}$
MAX6884/85	6	3	I^2C	√	√	√/—	$\overline{MR}$、$\overline{MARGIN}$、REFIN 和 AUXIN(MAX6884)
MAX6887	6	3	固定/可调	√	√		$\overline{MR}$、$\overline{MARGIN}$
MAX6886	6	1	引脚可选	√			$\overline{MR}$、$\overline{MARGIN}$、电容可调复位和看门狗超时
MAX16005	6	1	固定/可调	√			$\overline{RESET}$、$\overline{MR}$、$\overline{MARGIN}$
MAX6894	4	6	引脚可选	√			高电压输入、$\overline{ENABLE}$、$\overline{MR}$、$\overline{MARGIN}$、电容可调复位和看门狗超时

续表 7.5.3

型号	输入数	输出数	接口	看门狗定时器	UV/OV输出	ADC	其他特性
MAX16001	4	5	固定/可调	√			$\overline{\text{RESET}}$、$\overline{\text{MR}}$、$\overline{\text{MARGIN}}$
MAX16009	4	5	可调		√		$\overline{\text{RESET}}$、$\overline{\text{MR}}$、$\overline{\text{MARGIN}}$
MAX6709/14	4	4	固定/可调				低电压监视(0.62V_{REF})、$\overline{\text{MR}}$和$\overline{\text{RESET}}$
MAX6782/83	4	4	可调				四通道,±1%精度
MAX6789*/90*	4	4	可调				过压,±1%精度
MAX16000	4	4	固定/可调				$\overline{\text{MARGIN}}$
MAX16008	4	4	可调		√		$\overline{\text{MARGIN}}$
MAX16029/30	4	4	固定/可调				四通道监视器/排序器
MAX6888	4	3	固定/可调	√	√		$\overline{\text{MR}}$、$\overline{\text{MARGIN}}$
MAX6700/10	3/4	1	固定/可调				低电压监视(0.62V_{REF})
MAX16002	4	1	固定/可调	√			$\overline{\text{RESET}}$、$\overline{\text{MR}}$、$\overline{\text{MARGIN}}$
MAX16027/28	3	3	固定/可调				三通道监视器/排序器
MAX16025/26	2	2	固定/可调				双通道监视器/排序器

表 7.5.4 MAXIM 保护器 IC 芯片

型号	V_{IN}范围(V)	OV/UV配置	检测	电荷泵	特 性	封装
MAX6397/98	5.5 至 72	控制器/限制器	OV	√	常开 LDO(MAX6397)	6 -/8 - TDFN
MAX6399	5.75 至 72	控制器/限制器	OV/UV	√	栅极闭锁、POK 指示	8 - TDFN
MAX6495/96	5.5 至 72	控制器/限制器	OV	√	pFET 逻辑,电池反接时提供保护(MA6496)	6 - TDFN
MAX6497/98	5.5 至 72	控制器	OV	√	POK 指示、闭锁(MAX6497)和自动重试(MAX6498)	8 - TDFN
MAX6499	5.5 至 72	控制器/限制器	OV/UV	√	闭锁	8 - TDFN
MAX16010/11	5.5 至 72	双比较器	OV/UV		使能输入,通过输入选择输出逻辑(MAX16011)	8 - TDFN
MAX16012	5.5 至 72	比较器	OV/UV		基准输出	6 - TDFN
MAX16013/14	5.5 至 72	控制器/限制器	OV		p 沟 MOSFET,电池反接时具有闭锁保护功能(MAX16014)	8 - TDFN

* 未来产品—供货状况请联络厂方。

表 7.5.5 MAXIMμP 监控电路芯片

型号	额定复位门限(V)	最小复位脉冲宽度(ms)	推挽 $\overline{RESET}$ 输出	推挽 RESET 输出	开漏 $\overline{RESET}$ 输出	额定看门狗延时周期	独立的看门狗输出	备用电池切换	$\overline{CE}$ 写保护	电源失效比较器复位输入	手动复位输入	“电源低”输出	“电池通”输出	工作电流(μA)最大(典型)	引脚-封装	价格 1,000 以上($)
高精度复位 IC(1.0%,1.5%)																
MAX801L/N/M	4.68/4.58/4.43	140	√/±1.5%	√/±1.5%		1.6		√				√		110(68)	8-DIP/SO	3.17
MAX801L/N/M	4.68/4.58/4.43	140	√/±1.5%	√/±1.5%		1.6	√	√	√/8ns	√	√	√	√	110(70)	16-DIP/SO	3.29
MAX801L/N/M	4.68/4.58/4.44	140	√/±1.5%					√	√/8ns			√		90(48)	8-DIP/SO	3.17
MAX814K/L/N/T	4.80/4.70/4.55/3.03	140	√/±1%	√/±1%						√/±2%	√	√		75	8-DIP/SO	4.39
MAX815K/L/N/T	4.80/4.70/4.55/3.03	140	√/±1%			1.6	√			√/±2%	√			75	8-DIP/SO	4.74
MAX816	Adj	140	√/±1%	√/±1%						√/±2%	√			75	8-DIP/SO	4.39
电池切换 IC																
DS1238/A	4.37/4.62	40/adj	√	√		170ms/2.7 adj	√	√	√	√	√			4000	16-DIP/SO	4.25
DS1632	4.37/4.62	95/190	√	√				√		√	√			2000(500)	16-DIP/SO	3.03
DS1236/A/B/C/D	2.72/2.88/4.37/4.63	200	√	√				√		√				40(25)	8-DIP/SO	2.28
MAX739T/S/R	3.08/2.93/2.63	140		√	√	1.6	√	√	√	√	√	√	√	60(46)	16-DIP/SO	3.48
MAX794	Adj	140		√	√	1.6	√	√	√	√	√	√	√	60(46)	16-DIP/SO	3.48
MAX795T/S/R	3.08/2.93/2.63	140			√			√	√				√	50(35)	8-DIP/SO	3.41
MAX6361/2/3/4	4.63/4.38/3.08/2.93/2.63/2.33	150	√	√	√	6362(1.6)		√	√	6364	6361		6363	30(10)	6-SOT	1.50**
MAX6365/6/7/8	4.63/4.38/3.08/2.93/2.63/2.33	150	√	√	√	6366(1.6)		√	√	6368	6365		6367	30(10)	6-SOT	1.88**
复位和看门狗 IC																
DS1832	2.55/2.88	250	√	√		0.15/0.60/1.2	√				√			35	8-DIP/SO/μSOP	1.17
DS1814/19A/B	4.63/4.38/3.08/2.93/2.63	140	√	(B only)		1.6					√			12(8)	5-SOT	0.72
MAX823L/M/T/S R/Z/Y,MAX824L/M/T/S/R/Z/Y	4.63/4.38/3.08/2.93 2.63/2.32/2.19	140	√	824		1.6					823			12(5)	5-SOT/SC70	1.20**
MAX6301/2/3/4	Adj	Adj	6303	6304	6301/2	Adj								7(4)	8-DIP/SO	1.51
MAX6316L/M*	2.5 to 5.0 customized	1 to 1120 customized	(L only)			0.0063 to 25.6 customized					√			12(5)	5-SOT	1.20**
MAX6317H	2.5 to 5.0 customized	1 to 1120 customized		√		0.0063 to 25.6 customized					√			12(5)	5-SOT	1.20**
MAX6318LH/MH*	2.5 to 5.0	1 to 1120	(LH only)	√		0.0063 to 25.6								12(5)	5-SOT	1.20**

续表 7.5.5

型号	额定复位门限(V)	最小复位脉冲宽度(ms)	推挽 $\overline{RESET}$ 输出	推挽 RESET 输出	开漏 $\overline{RESET}$ 输出	额定看门狗延时周期	独立的看门狗输出	备用电池切换	$\overline{CE}$ 写保护	电源失效比较器复位输入	手动复位输入	“电源低”输出	“电池通”输出	工作电流(μA)最大(典型)	引脚-封装	价格 1,000以上($)
MAX6320P/ MAX6321HP	customized 2.5 to 5.0 customized	customized 1 to 1120 customized		6321	√	customized 0.0063 to 25.6 customized					6320			12(5)	5-SOT	1.20**
MAX6323/4	4.63/4.38/3.08/2.93/ 2.63/2.33	100	6323		6324	Customized (window)	√				√			35(23)	6-SOT	1.50**
MAX6730/1/2/ 3/4/5	4.63/4.38/3.08/2.93/2.63/ 2.31/2.12/1.67/1.58/1.39/	1.1,8.8, 140, 2,805,601, 120	6731/3/5		6730/2/4	1.12(normal), 35(long)	√				6730/ 1/4/5			50(19)	6-SOT	1.31**
	1.32/1.11/1.05/0.83/0.79										√			7.5(4)	8-SOT	1.20**
MAX6746/7	1.6 to 5.0 customized	Adj	6746		6747	Adj								7.5(4)	8-SOT	1.20**
MAX6748/9	Adj	Adj	6748		6749	Adj								7.5(4)	8-SOT	1.50**
MAX6750/1	1.6 to 5.0 customized and 0.63	Adj	6750		6751	Adj										
MAX6752/3	1.6 to 5.0 customized	Adj	6752		6753	Adj,min/max								7.5(4)	8-SOT	1.50**
MAX6821/2/3/4	4.63/4.38/3.08/2.93/ 2.63/2.32/2.19/1.67/1.58	140	6823/4	6821/4	6822	1.6					6821/2 /3				5-SOT	1.15**
复位和手动复位 IC																
DS1233/A/D	4.625/4.375/4.125/ 2.72/2.88	250			√						√			50	3/4-SOT	0.72
DS1813/18	4.62/4.35/4.13/3.06/ 2.88/2.55	100			√						√			40(30)	3-SOT	0.58
DS1814/19A/C	4.63/4.38/3.08/2.93/2.63	140	√	√(C only)		1.6(A only)					√			12(8)	5-SOT	0.72
MAX825L/M/T/S/ R/Z/Y	4.63/4.38/3.08/2.93/ 2.63/2.32/2.19	140	√	√							√			8(3)	5-SOT/ SC70	1.15**
MAX6319LH/ MH*	2.5 to 5.0 customized	1 to 1120 customized	(LH only)	√					√					12(5)	5-SOT	1.20**
MAX6322HP	2.5 to 5.0 customized	1 to 1120 customized		√	√				√					12(5)	5-SOT	1.20**
MAX6335/6/7	1.6 to 2.5 customized	1,20,100 customized	6336	6335	6337				√					7(3.3)	4-SOT	1.05**
MAX6384/5/6/90	1.58 to 4.63 customized	1 to 1200 customized	6384	6385	6386/ 6390				√					6(3)	4-SC70	0.96**

续表 7.5.5

型号	额定复位门限(V)	最小复位脉冲宽度(ms)	推挽 $\overline{RESET}$ 输出	推挽 RESET 输出	开漏 $\overline{RESET}$ 输出	额定看门狗延时周期	独立的看门狗输出	电源失效比较器复位输入	手动复位输入	“电源低”输出	工作电流(μA)最大(典型)	引脚-封装	价格 1,000 以上($)
MAX6400-05	2.20 to 3.08 customized	100	6400/3	6401/4	6402/5				√		1(0.5), 1.75(1)	4-UCSP	0.98**
MAX6412/3/4	1.6 to 5 customized	Adj	6412	6413	6414					√	4.5(2.7)	5-SOT	0.91**
MAX6443/4	1.58/1.67/2.19/2.32/ 2.63/2.93/3.08/4.38/4.63	140	6443		6444					(long setup)	20(7)	4-SOT143	0.99**
MAX6445/6	1.58/1.67/2.19/2.32/ 2.63/2.93/3.08/4.38/4.63	140	6445		6446					2(long setup)	20(7)	5-SOT	1.09**
MAX6447/8	1.58/1.67/2.19/2.32/ 2.63/2.93/3.08/4.38/4.63	140	6447		6448					2(long setup)	20(7)	5-SOT	1.09**
MAX6449/50 (Dual)	1.58/1.67/2.19/2.32/ 2.63/2.93/3.08/4.38/ 4.63/0.63	140	6449		6450					2(long setup)	20(7)	6-SOT	1.50**
MAX6451/2	1.58/1.67/2.19/2.32/ 2.63/2.93/3.08/4.38/ 4.63/0.63	140	6451		6452					2(long/ short)	20(7)	6-SOT	1.50**
MAX6453/4	1.58/1.67/2.19/2.32/ 2.63/2.93/3.08/4.38/ 4.63/0.63	140	6453		6454					With mr_out	20(7)	6-SOT	1.38**
MAX6455/6	1.58/1.67/2.19/2.32/ 2.63/2.93/3.08/4.38/ 4.63/0.63	140	6455		6456					With mr_out	20(7)	6-SOT	1.38**
MAX6467/8	1.58 to 4.63 in 100mV increments	1,20,140, 1120,1200	6468		6467				One-shot		7.5(3)	4-SOT143/ 4-SC70	0.96**
MAX6711/2/3	4.63/4.38/3.08/2.93/ 2.63/2.33	140	6711	6712	6713				√		30(12)	4-SC70	0.98**
MAX6803/4/5	2.63 to 4.80 customized	1,20,or 100	6805	6803	6804				√		10(4)	4-SOT143	0.98**
MAX6835/6/7	1.665/1.575/1.388/1.313/ 1.110/1.050	1,20,140, 1120	6835	6836	6837				√		13(7.5)	4-SC70	0.96**
MAX6841/2	0.79/0.83/1.05/1.11/ 1.31/1.39	1,20,140, 1120		6841	6841/2	6842			√		20(8.1)	5-SOT	1.16**
MAX6843/4/5	0.79/0.83/1.05/1.11/ 1.31/1.39	1,20,140, 1120		6843	6844	6845		√			20(8.1)	5-SOT	1.16**
MXD1813/18	4.62/4.37/4.12/3.06/ 2.88/2.55/2.31/2.18	100				√			√		10(4)	3-SOT23/ SC70	1.00**

续表 7.5.5

型号	额定复位门限(V)	最小复位脉冲宽度(ms)	推挽 $\overline{RESET}$ 输出	推挽 RESET 输出	开漏 $\overline{RESET}$ 输出	额定看门狗延时周期	独立的看门狗输出	电源失效比较器复位输入	手动复位输入	"电源低"输出	工作电流(μA)最大(典型)	引脚-封装	价格 1,000以上($)
复位 IC													
DS1810/11/12/15/16/17	4.62/4.37/4.12/3.06/2.88/2.55	100	1810/15	1812/17	1811/16						40(30)	3-SOT	0.58**
MAX803L/M/T/S/R/Z	4.63/4.38/3.08/2.93/2.63/2.33	140			√						30(12)	3-SC70	0.94**
MAX809L/M/J/T/S/R/Z, MAX810L/M/T/S/R/Z	4.63/4.38/4.00/3.08/2.93/2.63/2.33	140	809	810							30(12)	3-SOT/3-SC70	0.98**
MAX6314/5*	2.5 to 5.0 customized	1 to 1120 customized			6315					√	12(5)	4-SOT	0.99**
MAX6326/7/8	2.2 to 3.08 customized	100	6326	6327	6328						1(0.5)	3-SOT/SC70	0.98**
MAX6332/3/4	1.6 to 2.5 customized	1,20,100	6333	6332	6334						7(3.3)	3-SOT	0.98**
MAX6340	1.6 to 5 customized	Adj			√						4.2(2.5)	5-SOT	0.91**
MAX6346/7/8	3.3 to 4.63 customized	100	6346	6347	6348						1.75(1)	3-SOT/3-SC70	0.99**
MAX6381/2/3	1.6 to 4.63 customized	1,20,140,2080,560,1120,1200	6381	6382	6383						6(3)	3-SC70	0.96**
MAX6412-17	1.58 to 4.63 in 100mV increments or adj(1.2 V)	adj	6412/5	6413/6	6414/7					6412/3/6	2.5(1.6)	5-SOT	0.96**
MAX6421-26	1.58 to 4.63 in 100mV increments	adj	6418/24	6419	6420/25/26						2.5(1.6)	4-SC70/4-SOT143/5-SOT	0.91**
MAX6457-60	Adj(1.25 V)(over/under)	150			√(up to 28 V)						12(4)	5-SOT	1.50**
MAX6464/5/6	1.6 to 5.5 V 100mV increments	150	6464	6465	6466						2(1)	3-SOT,5-SOT,3-SC70	0.90**
MAX6832/33/34	1.665/1.575/1.388/1.313/1.110/1.050	1,20,140,1120	6832	6833	6834						13(7.5)	3-SC70	0.96**
MAX6838/39/40	Adj down to 0.44 V	1,20,140,1120	6838	6839	6840						13(7.5)	4-SC70	0.96**
多电压复位 IC													
DS1830/A/B	4.02/4.37/4.13/3.06/2.88/2.55/2.31/2.18/2.062	10/50/100/20/100/200/50/250/500			√(3, sequenced)				√		6(3)	8-DIP/SO/μSOP	1.33
DS18314/A/B/C/D/E(Quad)	4.63/4.38/4.15/3.06/2.88/2.55	10/100/1000			√	16/160/1600	√	√	√		85(60)	16-DIP/SO	2.85

续表 7.5.5

型号	额定复位门限(V)	最小复位脉冲宽度(ms)	推挽 $\overline{\text{RESET}}$ 输出	推挽 RESET 输出	开漏 $\overline{\text{RESET}}$ 输出	额定看门狗延时周期	独立的看门狗输出	电源失效比较器复位输入	手动复位输入	“电源低”输出	工作电流(μA)最大(典型)	引脚-封装	价格 1,000 以上($)
DS1834(Dual)	4.63/4.38/2.88/2.55	200			√				√		35	8-DIP/SO/μMAX	1.35
MAX6305/08/11(Dual)	Adj	1 to 1120 customized	6308	6311	6305						16(8)	5-SOT	1.20**
MAX6306/07/09/10/12/13(Dual)	2.5 to 5.0 customized	1 to 1120 customized	6309/6310	6312/6313	6306/6307				6306/09/12		16(8)	5-SOT	1.20**
MAX6339(Quad)	4.63/4.38/3.08/2.93/2.78/2.63/2.19/1.58/−4.63/−4.38/adj	140			√						40(25)	6-SOT	1.88**
MAX6342/43L/M/T/S/R/Z, MAX6344/45L/M/T/S/R/Z(Dual)	4.63/4.38/3.08/2.93/2.63/2.33	100	6342/5	6344/5	6343			√	√ 6342/3/4		40(25)	6-SOT	1.23**
MAX6351-4(Dual)	4.63/4.38/3.08/2.93/2.63/2.19/1.67/1.58	100	6351/34 (5 V,3 V)			—			√		50(20)	5-SOT/6-SOT	1.38**
MAX6355/6(Dual)	4.63/4.38/3.08/2.93/	100	6356(5 V)		6355	—			√		50(20)	6-SOT	1.38**
MAX6357(Triple)	2.63/2.19/1.67/1.58		6357(3 V)										
MAX6358/59/60(Dual) 60(Dual)	4.63/4.38/3.08/2.93/2.63/2.19/1.67/1.58	100	6359(5 V) 6360(3V)		6358	2.9			√		50(20)	6-SOT	1.38**
MAX6387/8/9(Dual)	1.58 to 4.63 customized	1 to 1200 cutomized	6387	6388	6389	—		√			6(3)	4-SOT70	0.96**
MAX6391/2(Dual)	4.63/4.38/3.08/2.93/2.63/2.32/2.19/1.67/1.58/adj	140 or adj	6392		RESET1, RESET2 (sequenced)						25(15)	8-SOT23	1.50**
MAX6418/19/20(Dual)	1.58 to 4.63 in 100mV increments or adj (1.2 V)	Adj	6418	6419	6420						2.5(1.6)	5-SOT	0.91**
MAX6701/2/3(Triple)	4.63/4.38/3.08/2.93/2.63/2.32/2.19	140	6701	6702	6703	11.6	√	√(2)	√		20(9)	8-SOT	1.38**
MAX6704-8(Dual)	4.63/4.38/3.08/2.93/2.63/2.32/2.19	140	√ 6704/5/8	√ 6704/6/8	6707	1.6(6704)		√	√		20(9)/30(6)	8-SOT	1.38**
MAX6710(Quad)	4.63/4.38/3.08/2.93/2.78/2.63/2.32/2.19/1.67/1.58/0.62	140			√						115(55)	6-SOT	1.67**
MAX6714(Quad)	4.63/4.38/3.08/2.93/0.62	140			√			√	√		115(55)	10-μMAX	2.50
MAX6715/6/7/8/21/22(Dual)	4.625/4.375/3.075/2.925/2.625/2.313/2.188/1.665/1.575/1.388/1.313/1.11/1.05/0.833/0.788	1.1,8.8,140,280,560,1120	6716(dual), 6718/22		6715(dual), 6717/21	1.6(6421/22 only)			√		37(13)	6-SOT	1.38**

续表 7.5.5

型号	额定复位门限(V)	最小复位脉冲宽度(ms)	推挽 $\overline{RESET}$ 输出	推挽 RESET 输出	开漏 $\overline{RESET}$ 输出	额定看门狗延时周期	独立的看门狗输出	电源失效比较器复位输入	手动复位输入	"电源低"输出	工作电流(μA)最大(典型)	引脚-封装	价格 1,000以上($)
MAX6719/20/22-27(Triple)	4.625/4.375/3.075/2.925/2.625/2.313/2.188/1.665/1.575/1.388/1.313/1.11/1.05/0.833/0.788/0.62	1.1,8.8,140,280,560,1120	6714/20/26	6726	6719/23,6327(dual)	1.6(6423-27 only)			6719/20/25/26/27 only		37(13)	6-SOT	1.50**
MAX6728/9(Dual)	4.625/4.375/3.075/2.925/2.625/2.313/2.188/1.665/1.575/0.62	1.1,8.8,140,280,560,1120	6729		6728	1.6		√	√		37(13)	8-SOT	1.50
MAX6732/3(Dual)	4.63/4.38/3.08/2.93/2.63/2.31/2.12/1.67/1.58/1.39/1.32/1.11/1.05/0.83/0.79	1.1,8.8,140,280,560,1120	6733		6732	1.12(normal),35(long)	√				50(19)	6-SOT	1.31**
MAX6734/5(Triple)	4.63/4.38/3.08/2.93/2.63/2.31/2.12/1.67/1.58/1.39/1.32/1.11/1.05/0.83/0.79/0.63	1.1,8.8,140,280,560,1120	6735		6736	1.12(normal),35(long)	√		√		50(19)	8-SOT	1.79**
MAX6736/7/8/9(Dual)	4.625/4.375/3.075/2.925/2.625/2.313/2.188/1.665/1.575/1.388/1.313/1.11/1.05/0.833/0.788/0.62	150,1200	6737/9		6736/8				√		12(6)	5-SC70	1.38**
MAX6740/43(Triple),MAX6741/2/4/5(Dual)	4.625/4.375/3.075/2.925/2.625/2.313/2.188/1.665/1.575/1.388/1.313/1.11/1.05/0.833/0.788/0.62	150,1200	6741/3/5		6740/2/4			6742/5	√	Power-ok for 6741/4	12(6)	5-SC70	1.50**
MAX6826/7/8(Dual)	4.63/4.38/3.08/2.93/2.63/2.32/2.19/1.67/1.58/adj	140	6826	6827	6728	1.6		√	√		16(7)	6-SOT	1.73**
MAX6829/30/31(Dual)	0.9 to 4.63	140	6829	6830	6831	1.6			√		16(7)	6-SOT	1.73**

第8章

电源排序、跟踪及电源管理芯片

8.1 电源排序、跟踪、管理技术概述

多年来，监视各种驱动电压一直是许多电子系统的一项主要任务。简单的电阻分压器加比较器和基准电压源方案可以用于确定驱动电压是否在某电平之上。当需要监视多电源时，需要多个器件（或多通道比较器等）并行工作。但是，一些最新发展已经显著改变了这种情形。首先，FPGA 上电时应该在 5V I/O 电压之前 20 ms 施加 3.3 V 的内核电压。如果未按该顺序上电，器件可能会损坏。其次，局域网和蜂窝基站等复杂系统通常具有需 10 个以上电源电压的线路卡，但等离子电视等消费类应用有 15 个独立的电压。最后，单系统中的多电源器件（例如 FPGA、ASIC、DSP 芯片、微处理器和微控制器）都需要多电压驱动。虽然，系统中通常可共享标准电压（例如 3.3 V），但许多器件还需要特定的电压。所有这些因素都导致了电源数量的增加。

如果系统必需支持上电时序、关断时序和响应工作中不同电源电压所有可能故障情形的多种处理模式，中央电源管理控制器是解决这种问题的有效方法。电源供电部分出错的风险随着电源数量、器件数量以及系统复杂性的增加而增大。电源设计工程师必需能改变电压监视的阈值和时序控制器的时序以适应 ASIC 发展的变化。

因此，调整电源的方法对于任何中央电源系统管理器都非常有用。对于电源设计如何使用灵活的电源监视、时序控制和调正电源管理一个电子系统，是我们要讨论的课题。

8.1.1 电源排序

当今的大多数电子产品（从手持式消费电子设备到庞大的电信系统）都需要使用多个电源电压。电源电压数目的增加带来了一项设计难题，即需要对电源的相对上电和断电特性进行控制，以消除数字系统遭受损坏或发生闭锁的可能性。

微处理器、PFGA，HASIC 在上电和断电期间通常要求内核与 I/O 电压之间具有某种特定的关系，而这种关系在实际操作中是很难控制的，尤其是当电源的数目较多的时候。当不同类型的电源（模块、开关稳压器和负载点变换器）混合使用时，该问题会进一步复杂化。最简单的解决方案就是将电源按序排列，但是，在某些场合，这种做法是

不足够的。一种更受青睐而且往往是强制性的解决方案是使各个电源在上电和断电期间彼此跟踪。

简单地按某种预先确定的顺序来接通或关断电源的做法一般被称为“排序”。排序通常能够通过采用电源监控器或简单的数字逻辑电路来控制电源的接通/关断（或RUN/SS）引脚而得以实现。图 8.1.1(a)和图 8.1.1(b)出示了采用一个 LTC2902 四通道电源监控器来对 4 个电源进行排序的情形。

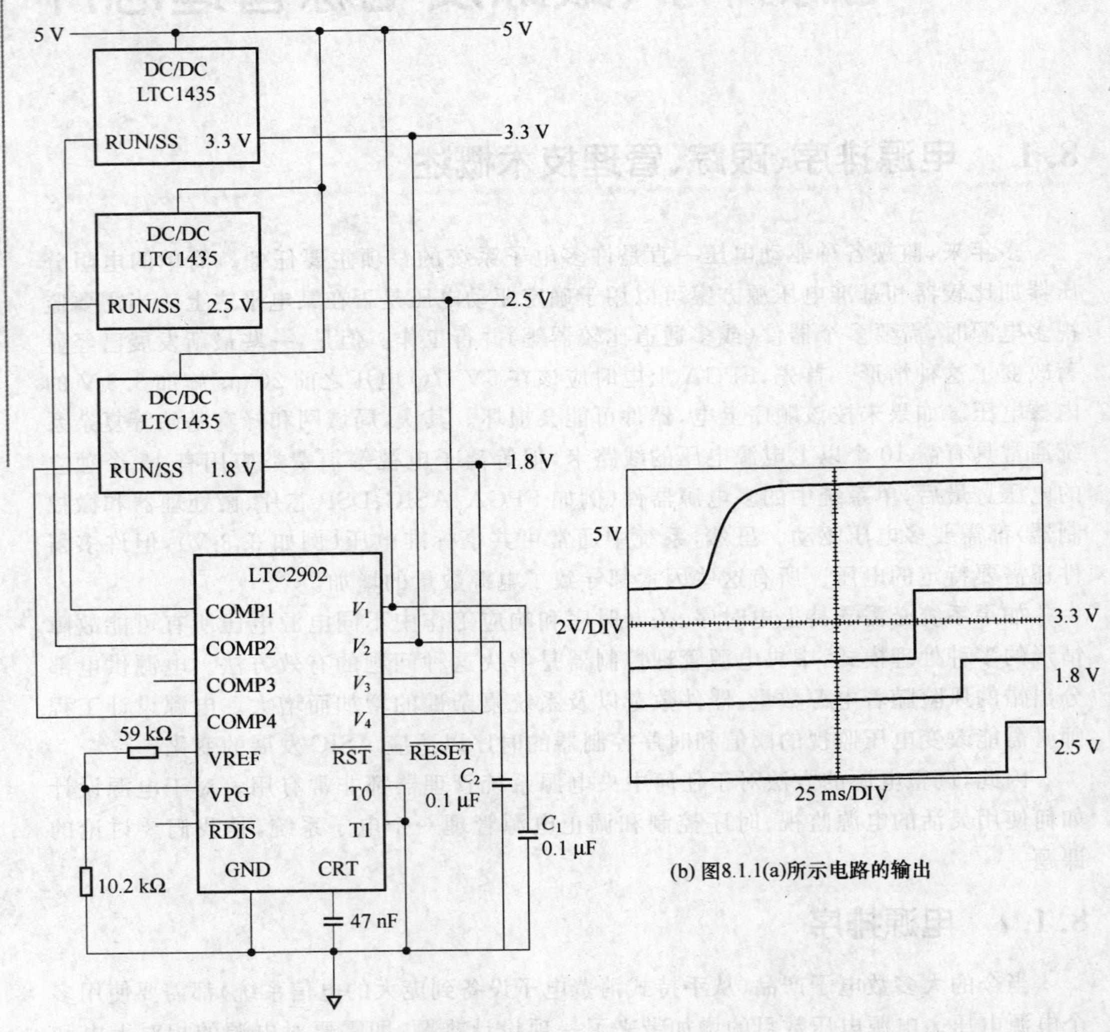

(a) 采用LTC2902来对5 V、3.3 V 1.8 V和2.5 V电源进行排序

(b) 图8.1.1(a)所示电路的输出

图 8.1.1　LTC2902 四通道电源监控器对 4 个电源进行排序

不幸的是，单靠排序有时是不够的。许多数字 IC 都在其 I/O 和内核电源之间规定了一个最大电压差，一旦它被超过则 IC 将会受损。在这些场合，对应的解决方案是使

电源电压彼此跟踪。

8.1.2 电源跟踪

排序只是简单地规定了电源斜坡上升或斜坡下降的顺序，并且假定每个电源都在下一个电源开始变化之前转换。电源跟踪可确保电源之间的关系在整个上电和断电过程中都是可以预测。

图 8.1.2(a)、(b)、(c)示出了 3 种不同的电源跟踪形式。最常见是重合跟踪(图 8.1.2(a))，此时，各电压在达到其调节值之前是相等的。

当采用偏移跟踪时(图 8.1.2(b))，各电压以相同的速率斜坡上升，但被预先设定的电压偏移或延时所分离。最后，当采用比例制跟踪时(图 8.1.2(c))，各电压同时开始斜坡上升，但速率不同。

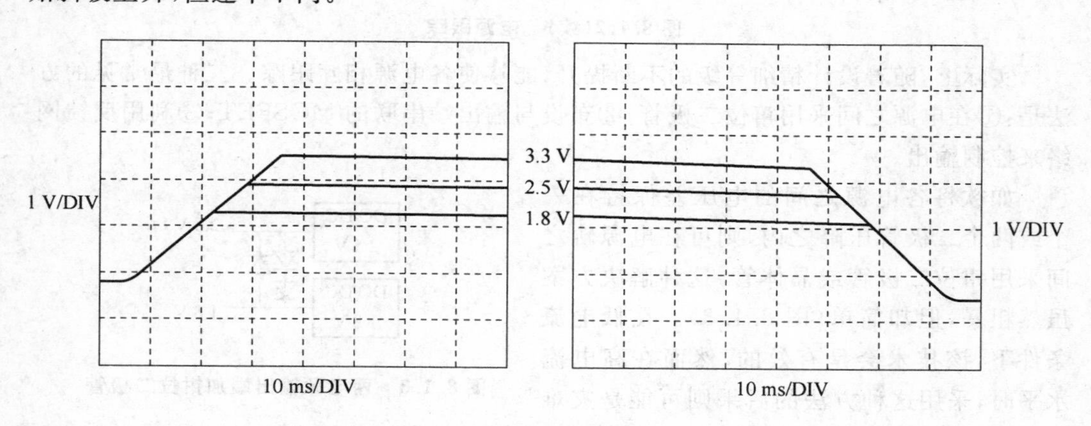

(a) 重合跟踪

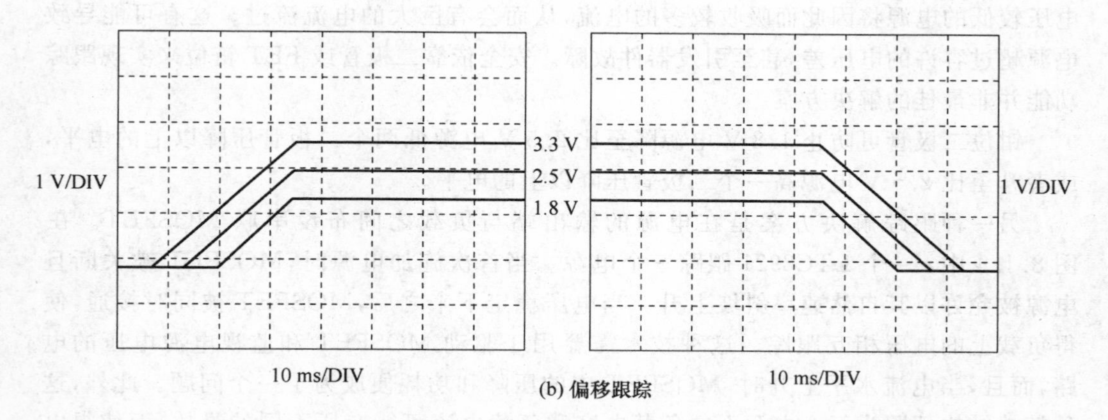

(b) 偏移跟踪

图 8.1.2 电源跟踪

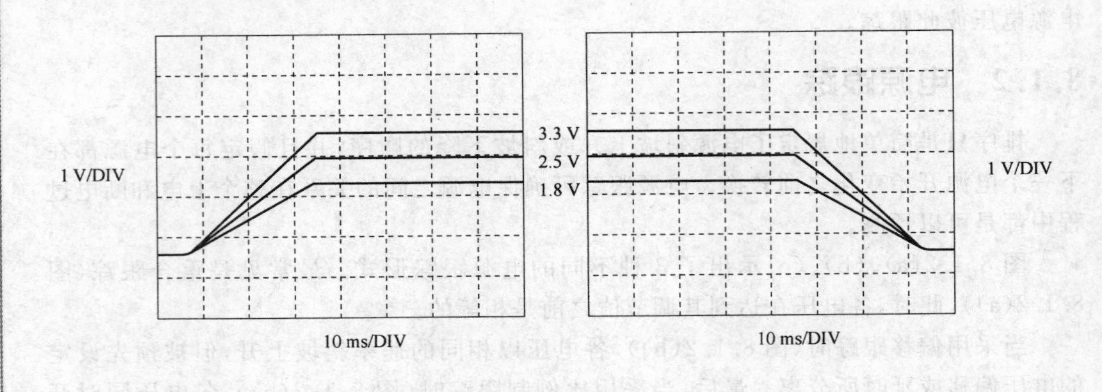

(c) 比例制跟踪

图 8.1.2(续) 电源跟踪

实际上,随着设计精细等级的不断提升,能够使各电源相互跟踪。三种最常见的方法是:①在电源之间采用箝位二极管;②布设与输出端串联的 MOSFET;③利用反馈网络来控制输出。

如欲将各电源之间的电压差保持在一个或两个二极管压降之内,则可在电源轨之间采用钳位二极管或晶体管,这种解决方案虽然粗暴,但却简单(图 8.1.3)。在低电流条件下,该技术会是有效的,然而在高电流水平时,采用这种方法的后果则可能是灾难性的。同步开关电源能够供应和吸收大量的电流。如果电压较高的电源斜坡上升速率高于电压较低的电源,则二极管或 FET 将接通,以便对电压较低电源进行上拉操作。电压较低的电源将因此而吸收较多的电流,从而会有巨大的电流流过。这有可能导致电源超过容许的电压差,甚至引发器件故障。安全依靠二极管或 FET 箝位来实现跟踪功能并非最佳的解决方案。

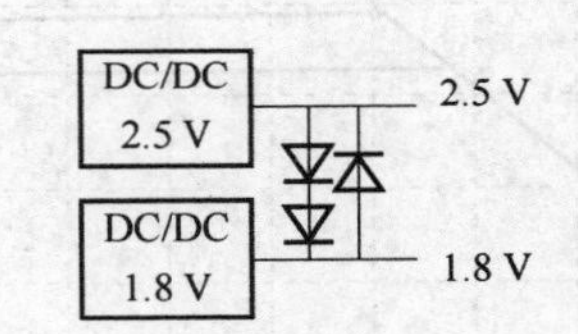

图 8.1.3 两电源输出端加钳位二极管

钳位二极管可防止 1.8 V 电源降至比 2.5 V 电源低两个二板管压降以上的电平,或者升至比 2.5 V 电源高一个二极管压降以上的电平。

另一种跟踪解决方案是在电源的输出端与负载之间布设串联 MOSFET。在图 8.1.4 中,一个 LTC2921 跟踪三个电源。当首次施加电源时,MOSFET 被关断且电源被允许以其自然速率斜坡上升。当电压稳定下来之后,MOSFET 被同时接通,使得负载上的电压相互跟踪。这种技术需要用于驱动 MOSFET 和监视电源电压的电路,而且,当电流水平上升时,MOSFET 中的压降和功耗便成为了一个问题。此外,这种拓扑结构还因为每个电源上的负载电容和负载电流可能有所不同的缘故,而使得电压的同步斜坡下降比较难以实现。

例如 LTC2921 采用串联 FET 来跟踪 5 V、3.3 V 和 2.5 V 电源。输入电源监控器可确保所有的电源在跟踪输出之前均被完全上电。

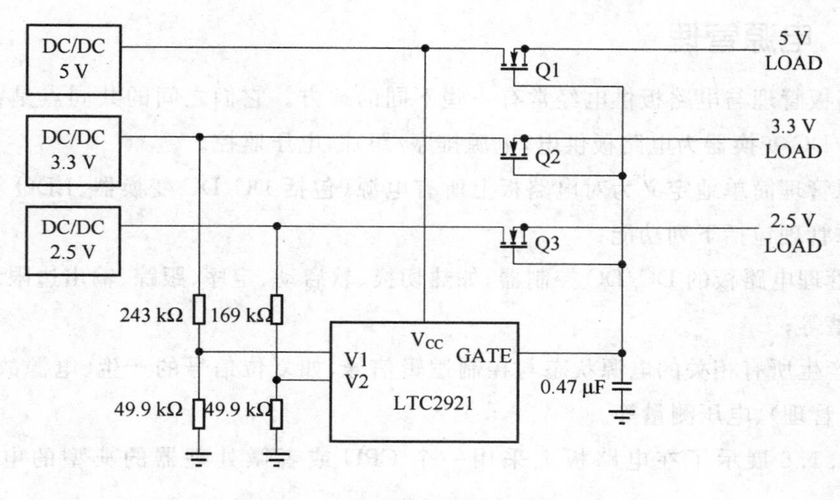

图 8.1.4 简化的串联 FET 应用电路

第三种方法是利用反馈网络来调节输出电压，以此来使电源相互跟踪。最简单的实现方法是将电流注入电源的反馈节点。在图 8.1.5 中，一个 LTC2923 跟踪两个电源。生成了一个主斜坡，而且电路被连接至其他从属电源的误差放大器反馈节点，从而使其输出跟随该主斜坡。该电路还使得电压能够一同斜坡下降。该技术是最精巧的，因为它不需要采用串联 MOSFET 或钳位二极管。然而，并不是所有的电源都具有可以使用的反馈节点，而且，虽然许多电源模块都具有一个修整引脚，但是一般来说，输出电压只能在一个很小的范围内调节。因此，大多数实际解决方案均要求采用了上述几类技术的某种组合。

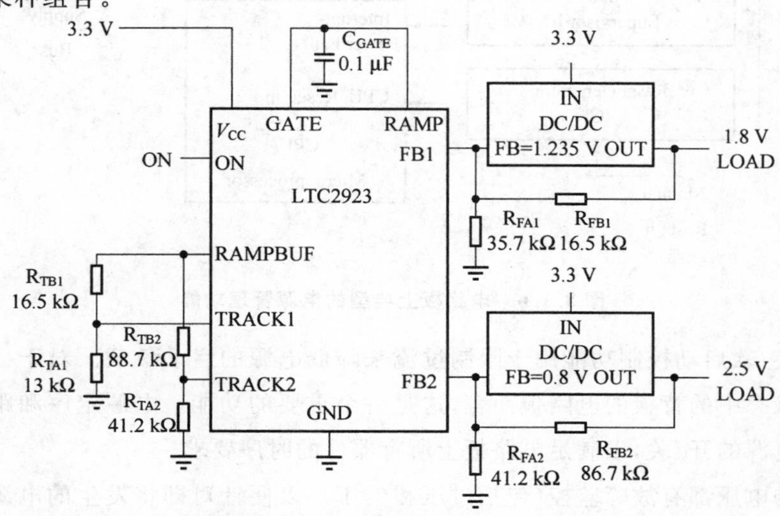

图 8.1.5 LTC2923 通过将电流注入 DC/DC 变换器的反馈节点来跟踪 1.8 V 和 2.5 V 电源

8.1.3 电源管理

电路板管理与电路板供电经常有一些不同的地方。它们之间的共同点是：选择不同的 DC/DC 变换器为电路板供电，电源排序/跟踪，电压监控。

电源管理简单地定义为对电路板上所有电源（包括 DC/DC 变换器、LDO 等）的管理。电源管理包括下列功能：

- 管理电路板的 DC/DC 控制器，如热切换、软启动、定序、跟踪、输出边限调整、修整等；
- 产生所有相关的电源状态与控制逻辑信号，如复位信号的产生、电源故障指示（管理）、电压测量等。

图 8.1.6 展示了在电路板上采用一个 CPU 或者微处理器的典型的电源管理功能。

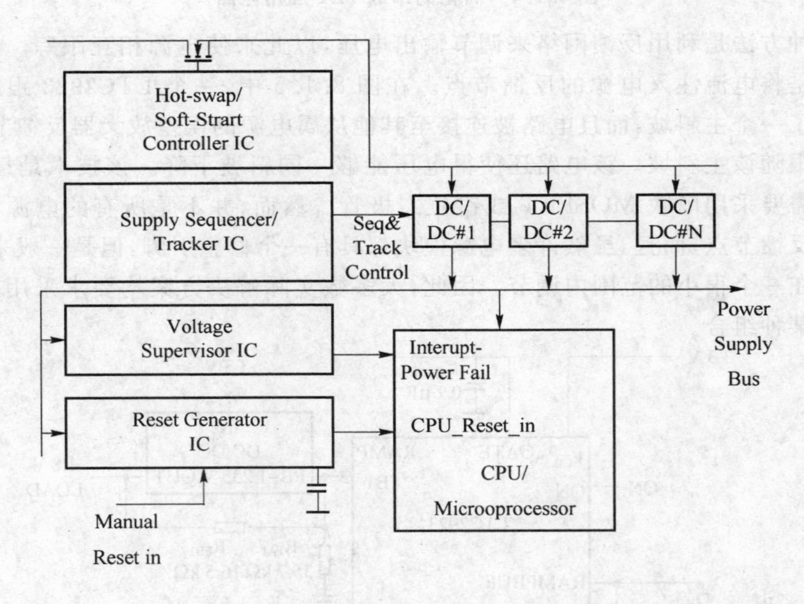

图 8.1.6 电路板上典型的电源管理功能

热切换/软启动控制功能用于限制过流来降低电源的启动负载。对于一块插入到处于工作状态中的背板的电路板而言，这是一个重要的功能。电源定序和跟踪功能控制着多组电源的开/关，以满足电路板上所有器件的时序要求。

所有的电压都有故障监控（包括过压和欠压），以便针对即将发生的电源故障向处理器发出警报，此功能也被称为监管功能。

复位发生功能在上电时为处理器提供了一种可靠的启动机制。一些处理器需要复位信号，在所有为它供电的电源达到稳定之后的更长的时间内有效，这也称为复位脉冲展宽。然而，标准化的可编程电源管理是大势所趋。

图8.1.7展示了一种采用单个可编程电源管理器件的典型的电路板电源管理实现方法。一个可编程电源管理器件需要可编程的模拟和数字部分，用以集成多个传统的单一功能的电源管理器件。设计者可以配置可编程模拟部分监控多个电压，而无需采用一种专门配置的、由工厂编完程的单一功能的器件。

需要用电源管理器件的可编程数字部分来定义电路板专用的逻辑，将从可编程电源监控部分获取的结果与要实现的功能整合在一起。这些功能包括复位发生、电源故障中断的生成以及各个电源的定序。一种可编程的、基于软件的设计方法使电源管理器件得以提供多种基于电路板的电源管理功能。

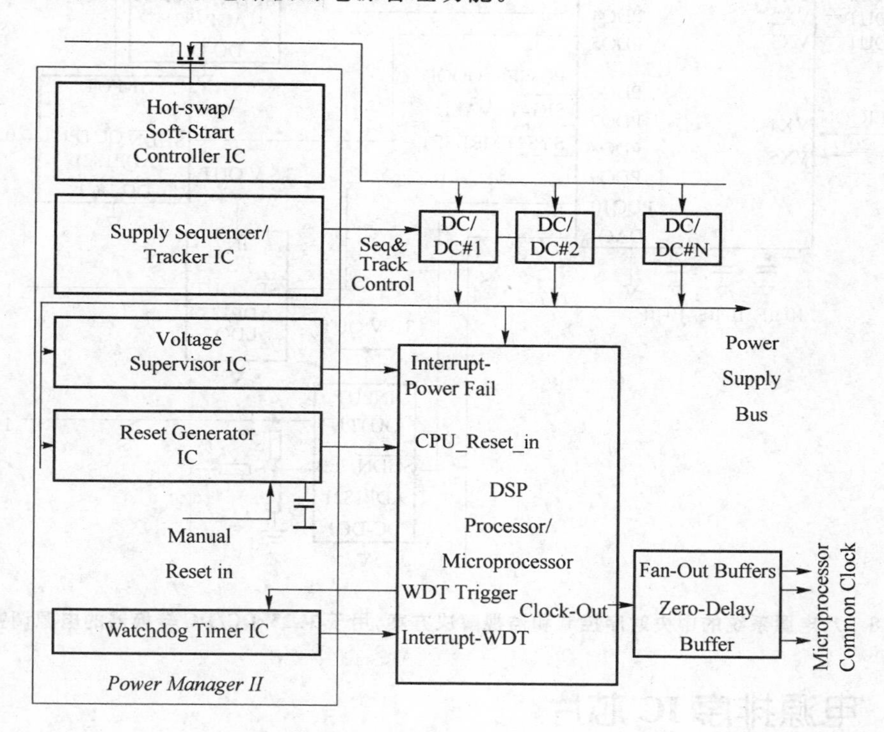

图8.1.7 可编程电源管理器件代替多个单一功能的集成电路

例如，AD1066芯片可完成8电源系统的中央时序控制和监视的解决方案。

有些系统需要如此多的电源电压以致于RC时序控制和单通道IC时序控制两种模拟方案都无法解决。需要4个以上电压驱动的系统使用中央器件管理电源电压如图8.1.8所示。

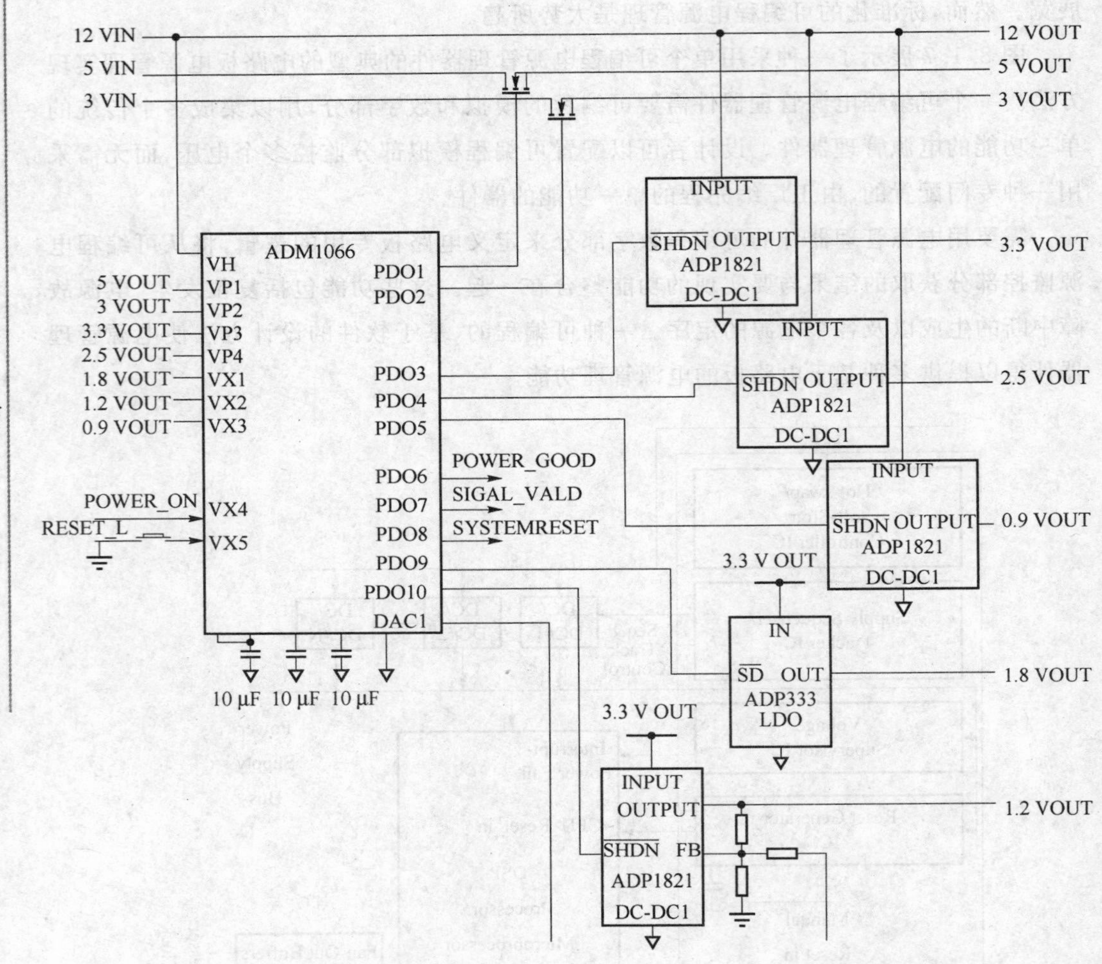

图 8.1.8　八电源系统的中央时序控制和监视解决方案，用于1.2V DC/DC转换器的电源调整电路

8.2　电源排序IC芯片

8.2.1　MAX16029 控制电源上电和断电的排序器芯片

当某个设计使用了多个负载点DC/DC变换器，并需要一个特定的电源上电顺序时，将每个转换器的电源正常工作的输出连接到下一个转换器的使能输入端，就能得到所需的电压级联。虽然这种方案可以用于简单设计，但无法满足很多现代微处理器和DSP的需求。因为它们在关断期间，要求电源线路以相反顺序逐个切断。尽管很多供应商也提供顺序可编程IC，但这些器件对成本敏感的应用来说通常太贵。

图 8.2.1 中的电路为顺序可编程 IC 提供了一种方案，它可以作排序，廉价而有效地监控 4 个电源线路。

图 8.2.1 电路由一对廉价 MAX16029 组成，在上电时按规定次序接入 4 个电源，而在断电时以相反顺序逐个去除。

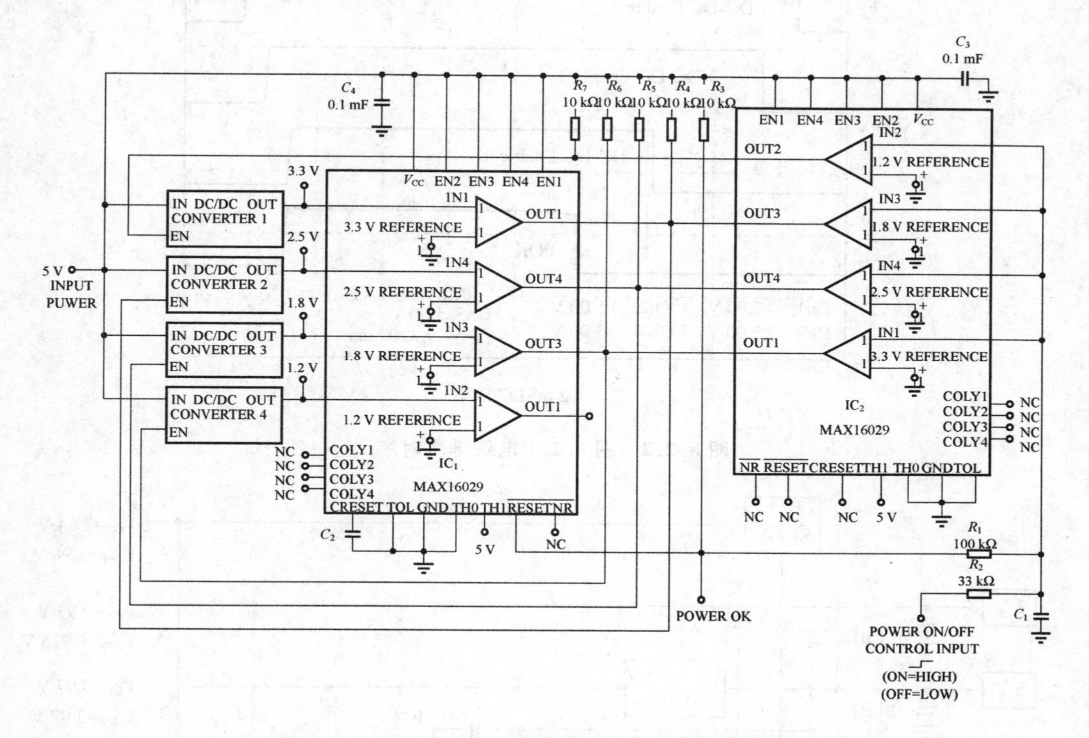

图 8.2.1　由一对 MAX16029 构成的 4 电源排序电路

图 8.2.1 中的电路以一只 DC/DC 变换器开始，按顺序打开另外 3 只变换器并产生了一个 POK(电源准备好)信号。将电路的通/断输入拉低可以去掉 POK 信号，并以相反顺序关断所有 4 只变换器。

图 8.2.2 为图 8.2.1 应用电路排序的时序图。

8.2.2　LTC2924　单个芯片可完成 4 个电源排序的芯片

采用单个 LTC2924 便可轻松完成 4 个电源的排序任务，而且，同样可以很容易地把多个 LTC2924 级联起来用于对数目不限的电源进行排序。典型的两种电源排序方案如图 8.2.3 和图 8.2.4 所示。

LTC2924 通过输入引脚(OUT1 至 OUT4)来控制 4 个电源的启动和停机顺序以及斜坡速率。每个 OUT 引脚采用了一个与内部充电泵相连的 10 μA 电流源和一个与 GND 相连的低电阻开关。这种组合使得这些输出拥有足够的灵活性，以将其直接与多个电源停机引脚或外部 N 沟道 MOSFET 开关相连。

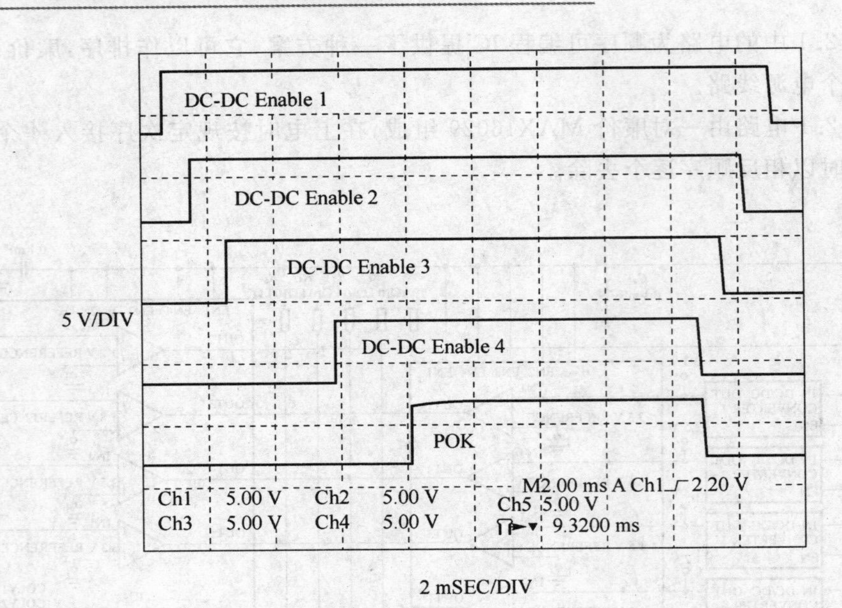

图 8.2.2　图 8.2.1 电路排序时序

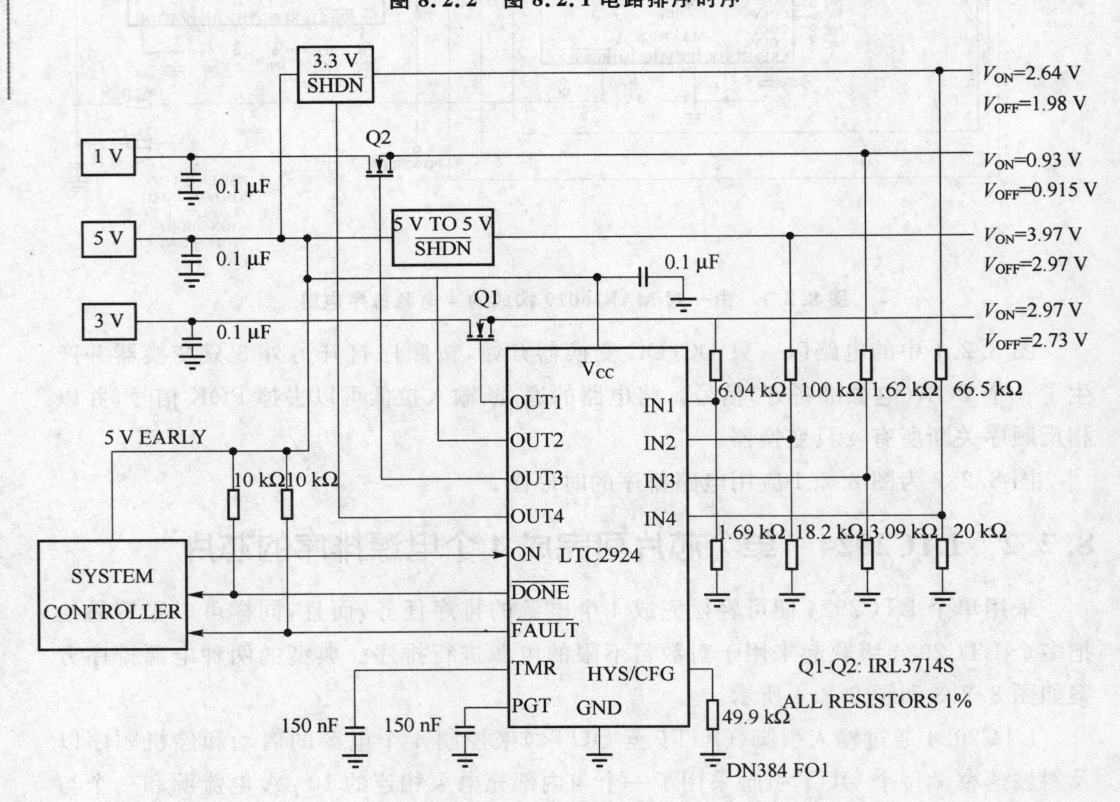

图 8.2.3　采用外部 N 沟道 MOSFET 的典型应用

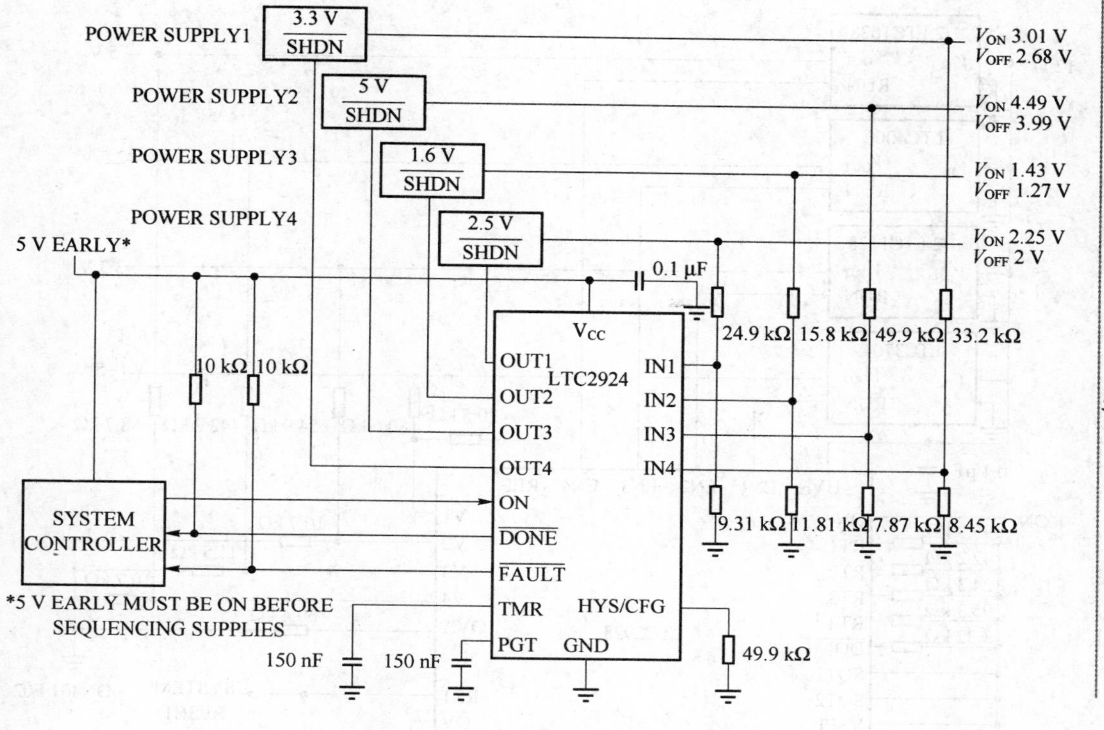

图 8.2.4 采用停机引脚的 4 个电源排序器

LTC2924 通过 4 个输入引脚(IN1 至 IN4)来监视每个被排序电源的输出电压。这些输入采用精准比较器和一个经过修整的带隙电压基准来提供优于 1% 的准确度。4 个通道的上电和断电电压门限均采用阻性分压器来设定。每个通道的上电门限和断电门限可单独地进行选择(详见数据表中的"选择迟滞电流和 IN 引脚反馈电阻器")。

LTC2924 适合众多的电源排序和监视应用。由于所需的外部元件极少采用了 16 引脚窄式 SSOP 封装,因此,基于 LTC2924 的电源排序解决方案占用的板级空间极小。

8.2.3 LTC2928 4 通道可级联电源排序器芯片

LTC®2928 是一个四通道可级联电源排序器和高准确度监控器。可以很容易地把多个 LTC2928 连接起来,以对数目不限的电源进行排序。级联是通过单个引脚的搭接来完成,并在电源上升和下降排序操作期间生效。只需少量的外部元件即可对排序门限、次序和定时进行配置,从而免除了在系统开发过程中进行 PC 板布局或软件变更的需要。排序输出负责控制电源使能引脚或 N 沟道传输晶体管栅极。具单独输出的精准输入比较器用于监视电源电压(准确度达 1.5%)。监控功能包括欠压和过压监视和报告以及产生复位。可以强制复位输出为高电平以补充裕度测试。

LTC2928 应用电路如图 8.2.5 所示。

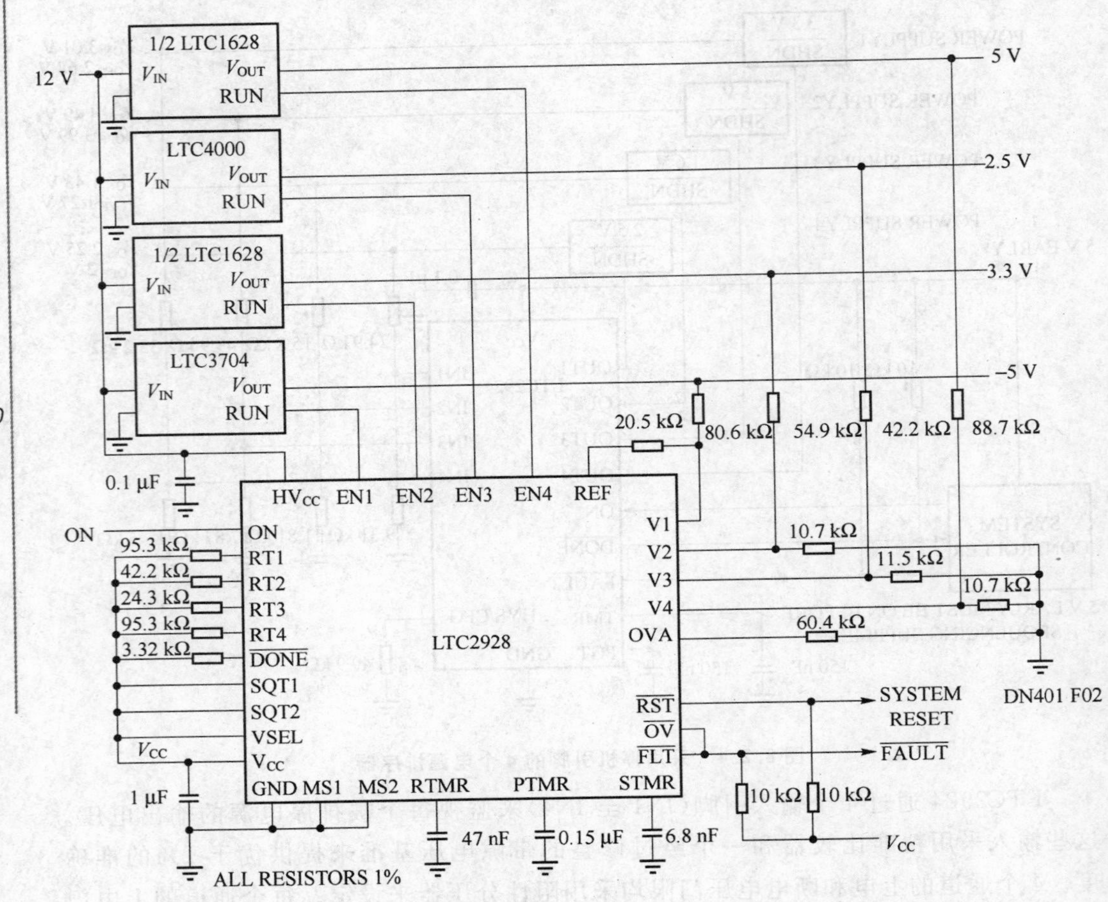

图 8.2.5 LTC2928 应用示意图(利用 LTC2928 配置器工具来计算元件参数值)

如图 8.2.6 所示,一个完整的电源管理周期被分为三个阶段。采用一个逻辑信号或电源把 ON 引脚电压变换至门限以上,即可启动电源上升排序阶段。利用用户设置的次序和定时来完成受控电源的上升排序。所有电源均必须在设定的“电源良好”时间之内超过用户规定的上升排序门限。如果任何电源未能正确地接通,则将发生一个排序故障,且全部受控电源都将被关断。一旦所有的电源都达到了其上升排序门限,则电源监视阶段开始。

为了使设计师的工作真正地简单,凌力尔特公司提供了免费的配置软件,该软件可计算所有的电阻值、电容值和所需的逻辑连线。这种工具还能够产生原理图和无源元件清单。用户需要知晓的就只剩下电源参数和排序的次序了。详情请咨询凌力尔特公司。

通过免除在后端测试中进行固件开发、校验和装入的需要,LTC2928 极大地缩减了电源管理设计的时间和成本。诸如排序次序、定时、产生复位、电源监视和故障管理等系统控制问题均可利用 LTC2928 来处理。

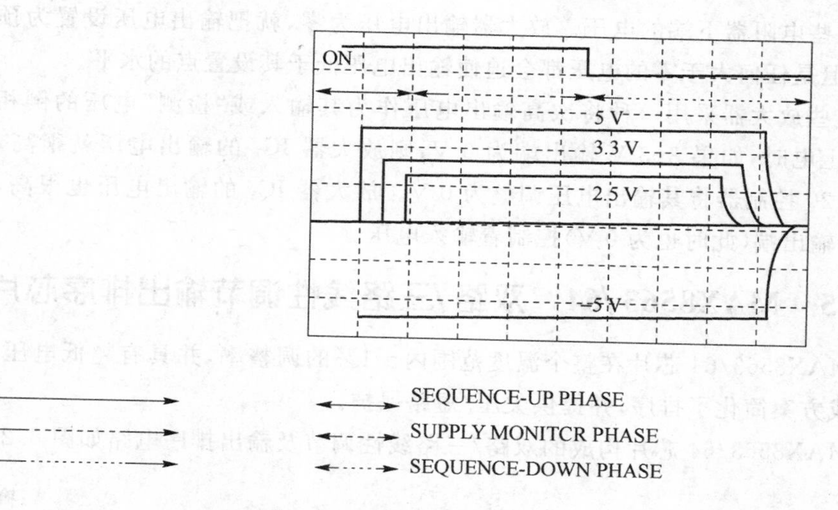

图 8.2.6 排序应用波形

8.2.4 TPS5120 电源控制器排序芯片

IT 公司的 TPS5120 芯片应用于图 8.2.7 示出的一个简单运放电路集成有一个双重开关电源，以提供并行的输出电压排序。

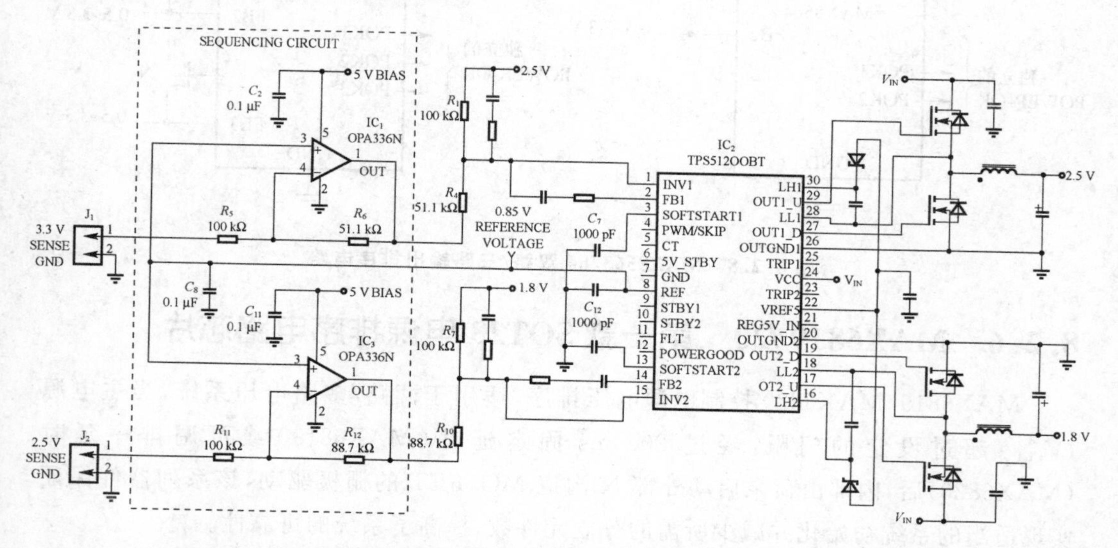

图 8.2.7 放大器电路迫使转换器的输出电压在启动过程中进行排序和跟踪

在这一电源排序电路中，三个输出电压按顺序启动，启动过程中，每个输出电压跟踪次高电压，直到它到达固定的稳定电压。假定一个 3.3 V“主”I/O 电压（未画出）正常上电，该电压的控制器使用其软启动功能来提供其电压的平滑线性斜波。TPS5120 型双重开关稳压器产生另外两个电压，即 2.5 V 和 1.8 V。在大多数标准开关稳压电路中，R_4 和 R_{10} 的下端接地，从而固定输出电压的设置点。在这一电路中，放大器输出控制这些电阻器下端的电压。放大器输出电压为零，就把输出电压设置为预定的固定电压，但是任何大于零的电压都会迫使输出电压低于其设置点的水平。

这些放大器采用一种将次高输出电压作为其输入或"检测"电压的倒相电路。因此，在上电时，如果 3.3 V 输出端为 0 V，则放大器 IC_1 的输出电压就很高，也会迫使 TPS5120 控制器将其输出电压调整为 0 V。放大器 IC_3 的输出电压也很高，这是因为 2.5 V 输出端（此时也为 0 V）控制着输入电压。

8.2.5　MAX8563/64　双路/三路线性调节输出排序芯片

MAX8563/64 芯片在整个温度范围内±1%的调整率，并具有超低电压输出能力。该集成方案简化了排序，并提供欠压/短路保护。

MAX8563/64 芯片构成的双路/三路线性调节及输出排序电路如图 8.2.8 所示。

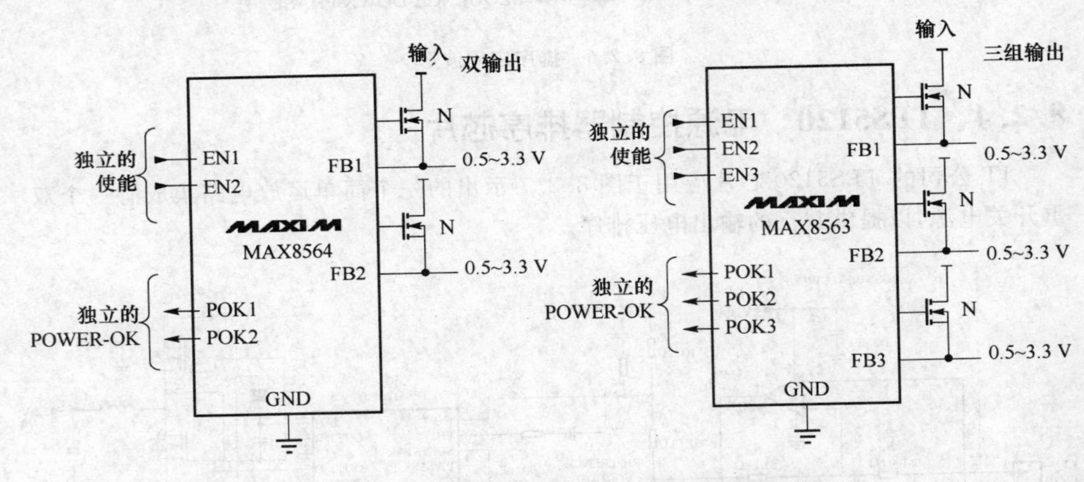

图 8.2.8　MAX8563/64 双路/三路输出排序电路

8.2.6　MAX6819/20　第一款 SOT23 电源排序电路芯片

MAX6819/MAX6820 控制电源电压排序，适用于两路/多路电压系统，当主电源（V_{CC1}）超过设定的门限，经过 200 ms 固定延时（MAX6819）或可调排序延时（MAX6820）后，内部由荷泵启动外部 N 沟道 MOSFET 的栅极驱动，该系列器件保证实现适当的系统初始化并减少所需的分立元件数，提高了系统的可靠性。

MAX6819/20 特点如下：

- 排序 I/O 和内核电压；
- 允许菊链方式用于多电压系统，例如电信和网络；
- 减少元件数；
- 免受闭锁损坏；
- 规定工作在－40～＋125℃；

• 小尺寸、6引脚 SOT23 封装。

MAX6819/20 的应用电路如图 8.2.9 所示。

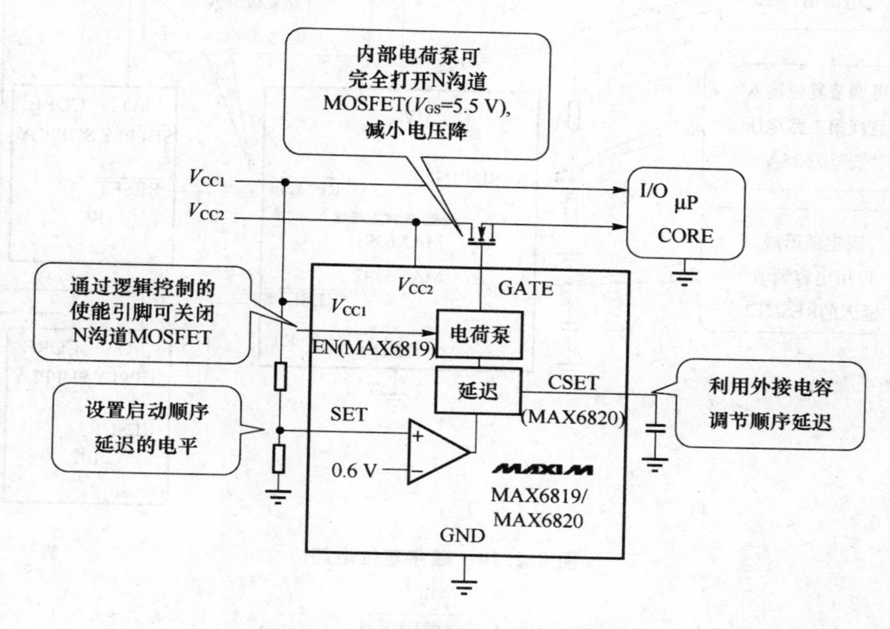

图 8.2.9 MAX6819/20 应用电路

8.2.7 MAX6391/92 双电压 μP 监控具有顺序复位输出芯片

MAX6391/92 特点如下：

• 减少元件数量并提高系统可靠性；
• 监视二路电压，具有独立的复位输出；
• 确保主处理器先于从处理器完全初始化；
• 8引脚 SOT23 封装。

MAX6391/92 可对两个 μP 监控，并具有顺序复位输出功能，其应用电路如图 8.2.10 所示。

8.2.8 DS1830 对 μP 监控具有三路顺序复位输出芯片

DS1830 可对 μP 监控，具有三路顺序复位输出，三路复位输出具有 3 种复位延时。其复位延时性能如表 8.2.1 所列，其应用电路如图 8.2.11 所示。

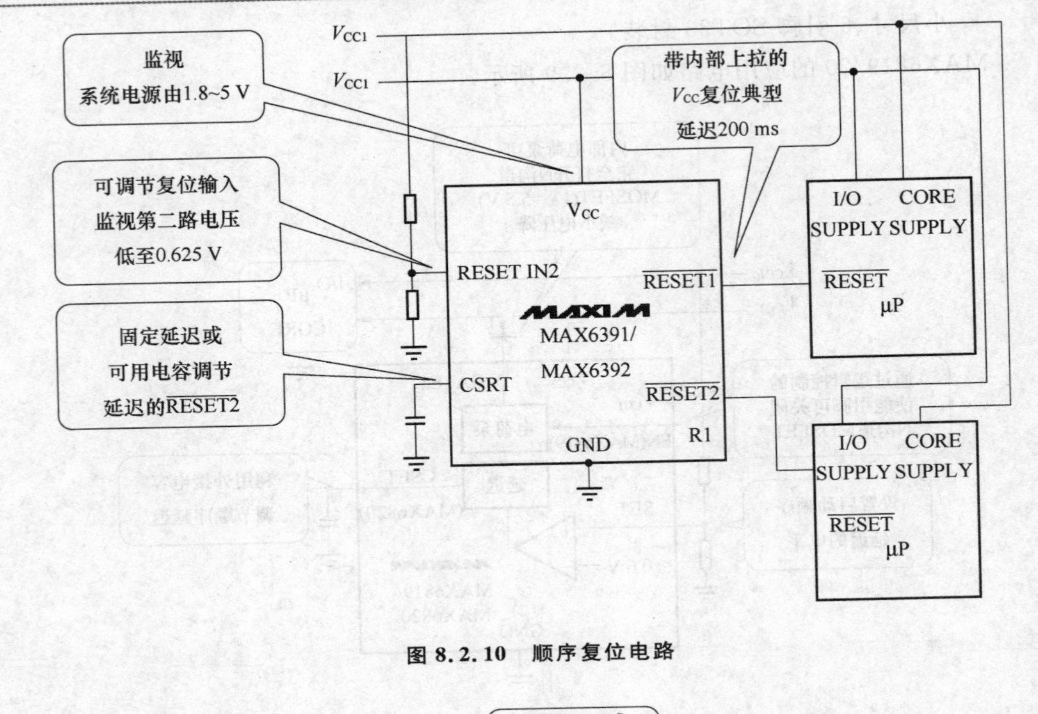

图 8.2.10 顺序复位电路

表 8.2.1 DS1830 复位延时

选择 T_D	复位延时/ms		
	GND	开路	V_{CC}
RESET1	10	50	100
RESET2	20	100	200
RESET3	50	250	500

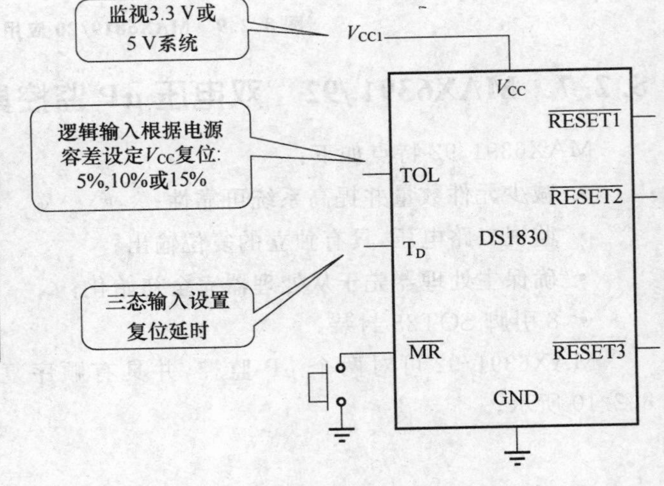

图 8.2.11 DS1830 顺序复位电路

8.2.9 MAX6870 六通道电源排序器/监控电路芯片

MAX6870 专为高可靠系统设计，其灵活性满足不断变化的客户需求。而且 MAX6870 * 胜出其他同类产品。

MAX6870 特点如下：

- 利用集成 10 位 ADC 可读回电压值；

- 监视门限最低至 0.5 V；
- 总体精度±1.5%，REFIN 引脚可用于更高精度要求；
- 7 mm×7 mmQFN 封装比其他同类产品小 25%。

六通道排序电路如图 8.2.12 所示。MAX6870～75 性能如表 8.2.2 所列。

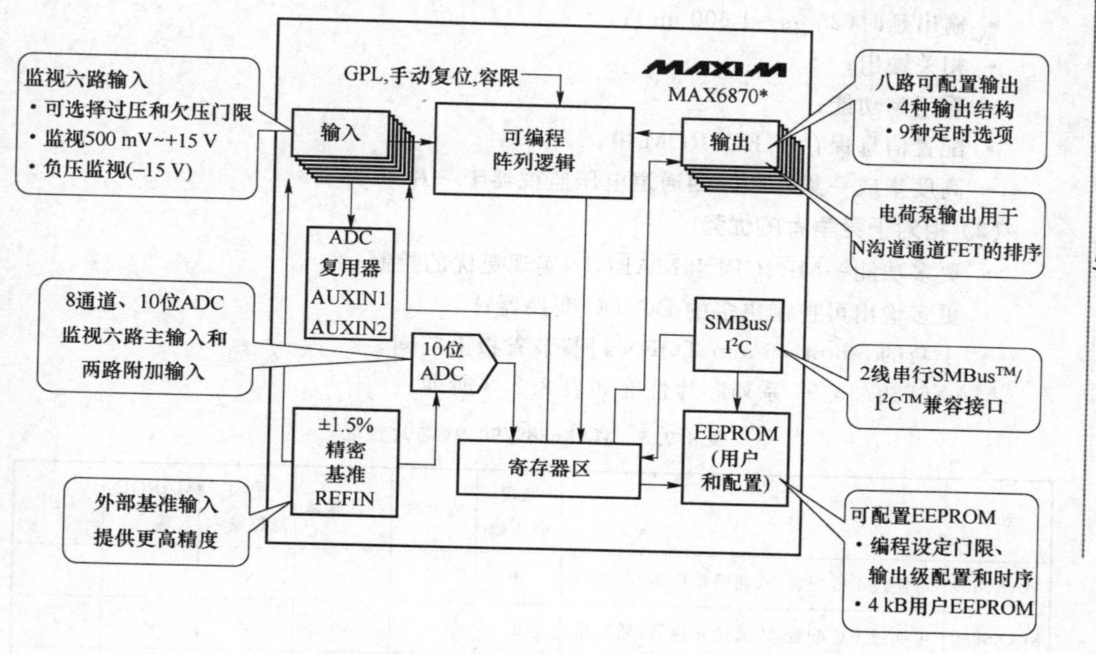

图 8.2.12 六通道排序电路图

表 8.2.2 MAX6870～75 性能

型号	模拟输入	ADC	可编程输出（开漏和推挽）
MAX6870*	6	✓	8(带电荷泵)
MAX6871*	4	✓	5(带电荷泵)
MAX6872*	6		8(带电荷泵)
MAX6873*	4		5(带电荷泵)
MAX6874*	6		8
MAX6875*	4		5

8.2.10 MAX689X 八/六/四通道电源排序器/监控器系列芯片

1. 可通过 EEPROM/I²C 配置的排序器/监控器

(MAX6889/MAX6890/MAX6891)

(1) 主要优势

- 出色的设计灵活性,具有可配置的;
- 欠压门限;
- 输出级结构(推挽、开漏);
- 输出延时(25 μs~1 600 ms);
- 相关输出;
- 看门狗功能;
- 配置信息保存于 EEPROM 中;
- 高度集成—集八/六/四通道电压监视器于一片 IC。

(2) 相对于竞争者的优势

- 更多功能—$\overline{MR}$、GPI 和$\overline{MARGIN}$实现更优的控制;
- 更多输出可控制更多的 DC/DC 变换器;
- 小巧的 5 mm×5 mm TQFN 封装节省板上空间。

MAX6889/90/91 系列芯片性能如表 8.2.3 所列。

表 8.2.3 MAX6889/90/91 芯片性能

型号	说 明	监视电压数	输出数	高压输入	手动复位输入	$\overline{MARGIN}$输入	GPI
MAX6889	可通过 I²C 配置,八通道排序器/监控器	8	10	√	√	√	4
MAX6890	可通过 I²C 配置,六通道排序器/监控器	6	8	√	√	√	4
MAX6891	可通过 I²C 配置,四通道排序器/监控器	4	5	√	√	√	3

2. 可通过引脚选择的排序器/监控器

(MAX6892/MAX6893/MAX6894)

(1) 主要优势

- 易于使用—简单,通过硬件接线配置电压监视/排序功能;
- 灵活:
  - 通过 THO - TH4 引脚选择 32 种配置之一;
  - 可通过电容调节 RESET 和看门狗延时;
  - 高度集成—集八/六/四通道电压监视器于一片 IC。

(2) 相对于竞争者的优势

- 更高的精度—±1%门限精度提高了可靠性;
- 更多的门限选择 32 种可通过引脚选择的配置,应用更灵活;
- 更多输出可控制更多的 DC/DC 变换器;
- 小巧的 5 mm×5 mm TQFN 封装节省板上空间。

MAX6892/93/94 系列芯片性能如表 8.2.4 所列。

表 8.2.4　MAX6892/93/94 芯片性能

型号	说　明	监视电压数	输出数
MAX6892	可通过引脚选择，八通道排序器/监控器	8	10
MAX6893	可通过引脚选择，六通道排序器/监控器	6	8
MAX6894	可通过引脚选择，四通道排序器/监控器	4	6

3. MAX689X　系列芯片应用电路

MAX689X 系列芯片电源排序电路及时序如图 8.2.13 所示。

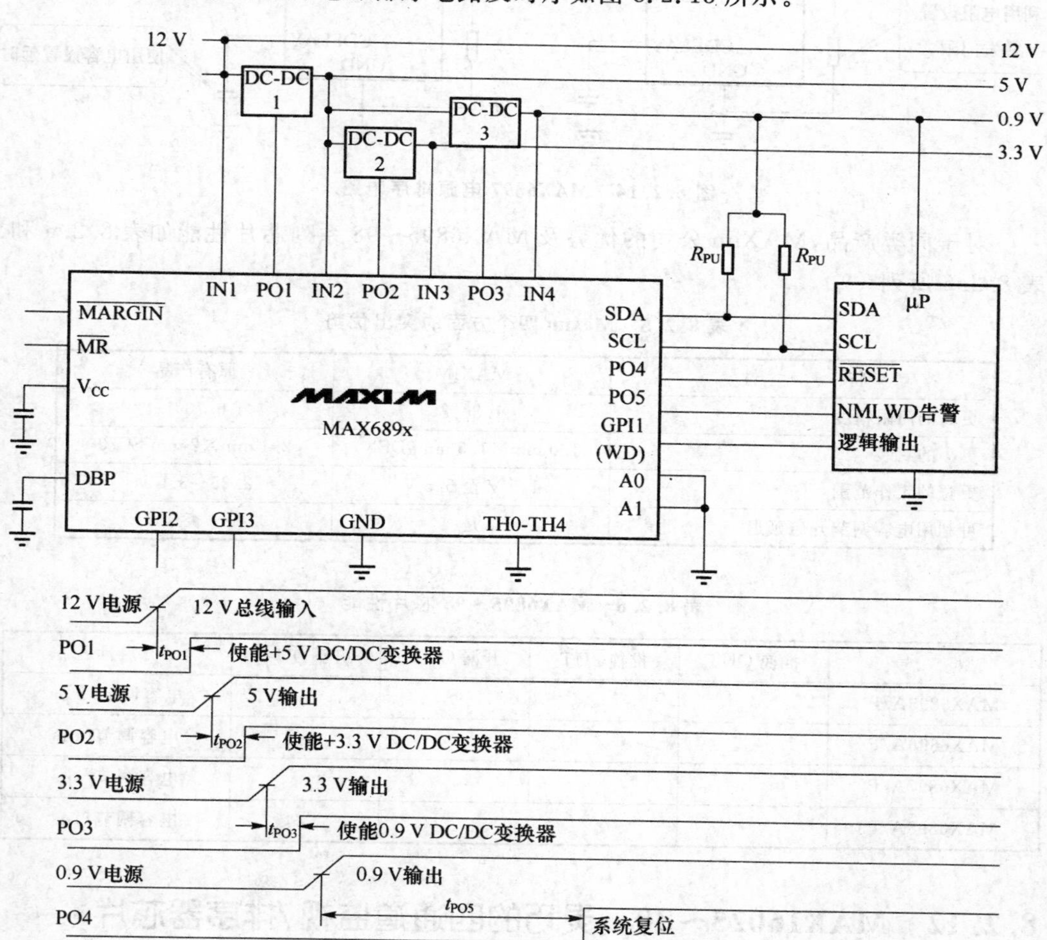

图 8.2.13　MAX689X 系列芯片电源排序电路及时序图

8.2.11 MAX6897 超小型、高精密排序和监视器芯片

对于低功耗、空间局促的应用 MAX6897 芯片非常理想。

MAX6897 电源排序电路如图 8.2.14 所示。

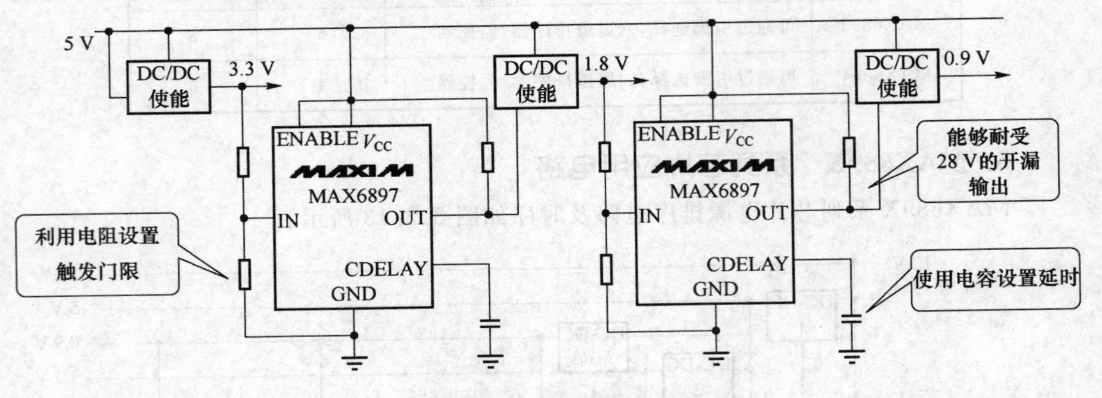

图 8.2.14 MAX6897 电源排序电路

对于同类产品，MAXim 公司的优势及 MAX6895～98 系列芯片性能如表 8.2.5 和表 8.2.6 所列。

表 8.2.5 Maxim 四个方面的突出优势

特　性	MAXIM	原有产品
更高的门限精度	1.80%	6.70%
更小的封装	1.0 mm×1.5 mmμDFN	2.1 mm×2 mm SC70
更宽的工作范围	1.5 V 至 5.5 V	2.25～3.6 V
可利用电容调节开启延迟	是	否

表 8.2.6 MAX6895～98 芯片性能

型　号	推挽 OUT	推挽 $\overline{OUT}$	开漏 OUT	开漏 $\overline{OUT}$	开启延迟
MAX6895A/P	√				电容调节/1 μs
MAX6896A/P		√			电容调节/1μs
MAX6897A/P			√		电容调节/1μs
MAX6898A/P				√	电容调节/1μs

8.2.12 MAX16025～30 灵巧的四通道监视/排序器芯片

MAX16025～30 可配置为 4 电压监视器/排序器或 4 个独立的监控器。通用方案可用于多种平台，简化库存管理。

MAX16025～30 特点如下：

- 固定或可调门限(低至 0.5 V)；

- ±1.5%门限精度；
- 完全规范在−40～+125℃温度范围；
- 细小的4 mm×4 mm TQFN封装。

电源监视/排序电路及时序如图8.2.15所示。

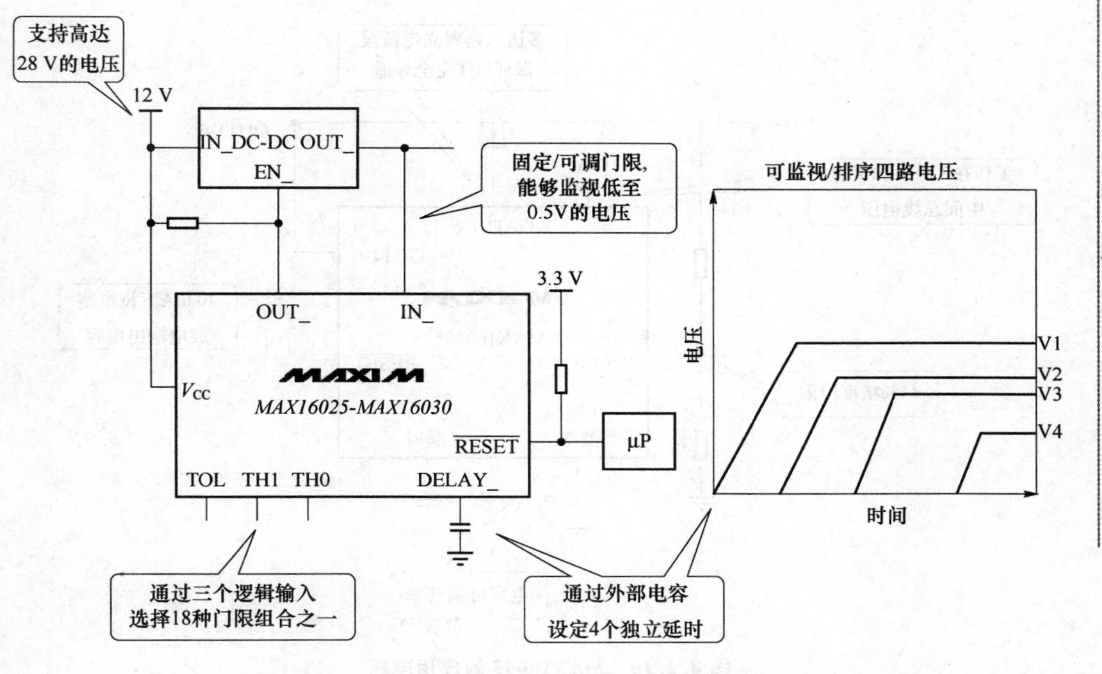

图8.2.15 MAX16025～30电源排序电路及时序图。

MAX16025～43芯片性能如表8.2.7所列。

表8.2.7 MAX16025～43芯片性能

型号	监视的电压数	输出	RESET输出	封装
MAX16025/MAX16027/MAX16029	双/三/四	漏极开路	漏极开路	4 mm×4 mm TQFN
MAX16026/MAX16028/MAX16030		推挽	推挽	
MAX16041/MAX16042/MAX16043		漏极开路	推挽	

8.2.13 MAX16045 排序/反向排序以及跟踪最多六路电压的芯片

- 相对竞争产品的优势；
- 跟踪和排序混合模式；
- 反向排序/跟踪；
- 引脚可配置排序和跟踪受控于3个三态引脚；

• 菊链多个器件控制上电或断电；
• 监视多达六路电源。

MAX16045 对多器件之间的排序和跟踪的应用电路如图 8.2.16 所示，MAX16044/45 芯片性能如表 8.2.8 所列。

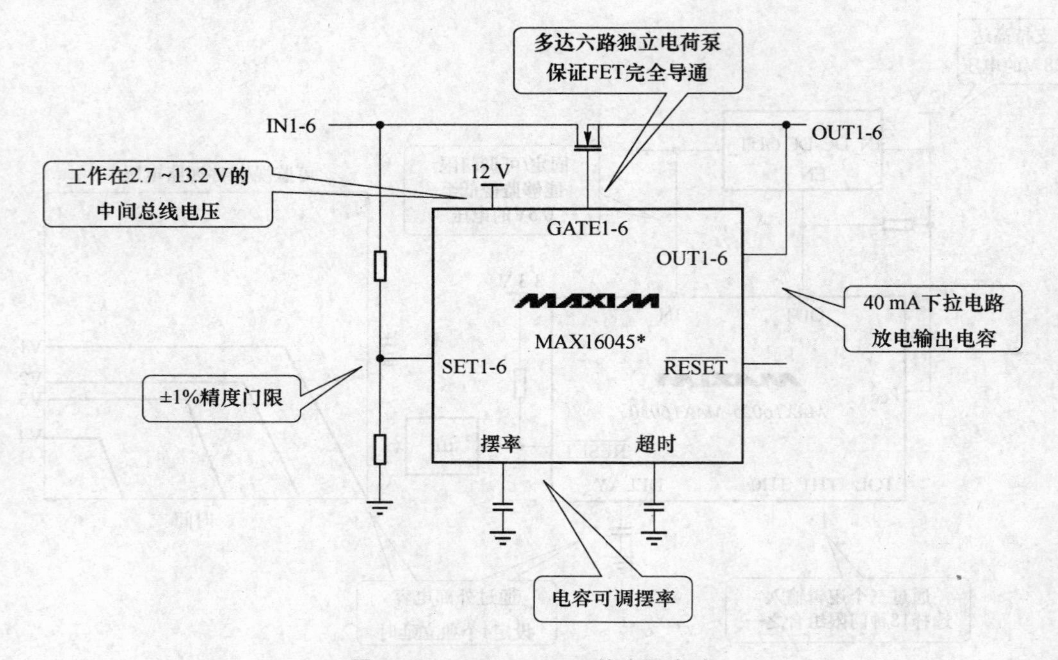

图 8.2.16　MAX16045 的应用电路

表 8.2.8　MAX16044/45 芯片性能

型号	监视的电压数	输出路数/FET 驱动器数	反向排序	电压跟踪	能否工作在中间总线电压	封装（mm×mm）
MAX16044*	4	4/4	√	4	√	40－TQFN（6×6）
MAX16045*	6	6/6		6		

8.2.14　MAX16046　故障监视、排序及余量控制 IC 芯片

MAX16046 具有非易失故障寄存器保存系统故障时的 12 通道数据。其工作时序如图 8.2.17 所示，应用电路如图 8.2.18 所示。

MAX16046 相对竞争产品有 8 点优势，如图 8.2.18 中的 1）～8）所述。MAX16046/47/48/49 性能如表 8.2.9 所列。

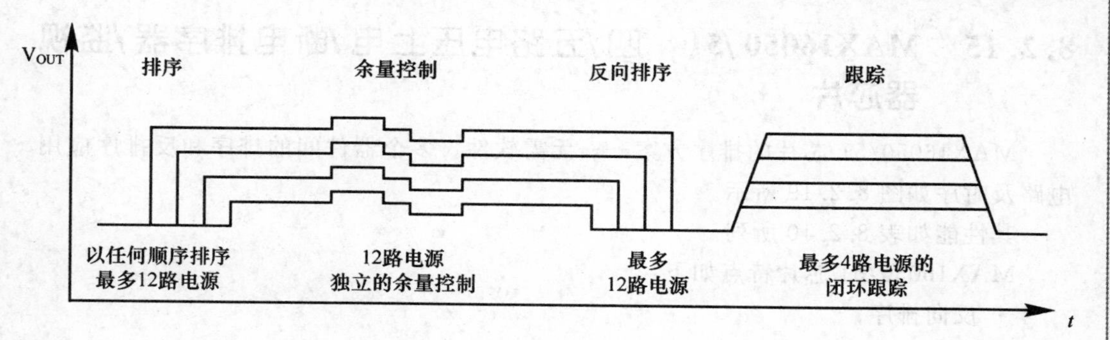

图 8.2.17 MAX16046 工作时序

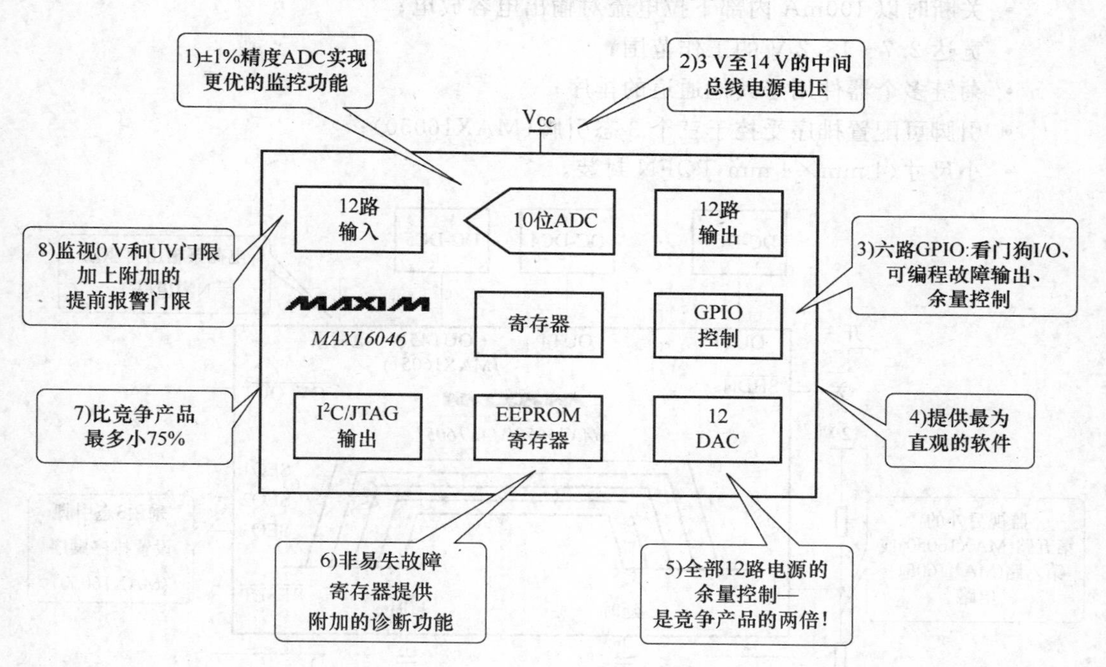

图 8.2.18 MAX16046 应用电路

表 8.2.9 MAX16046/47/48/49 性能

型号	监视的电压数	输出数路/FET驱动器数	反向排序	电源电压调节/余量控制	ADC用于电压回读	跟踪的电压数	OV 监视	能否工作在中间总线电压	GPIO 数	封装(mm×mm)
MAX16046	12	12/6	✓	12 DAC	✓	4	✓	✓	6	56 - TQFN (8×8)
MAX16047	12	12/6		—						
MAX16048 *	8	8/6		8 DAC						
MAX16049 *	8	8/6		—						

8.2.15 MAX16050/51 四/五路电压上电/断电排序器/监视器芯片

MAX16050/51 芯片的排序方案——无需软件。多个器件间的排序和反排序应用电路及时序如图 8.2.19 所示。

其性能如表 8.2.10 所列。

MAX16050/51 芯片特点如下：

- 反向排序；
- 监视五/六路过压和欠压门限；
- 关断时以 100mA 内部下拉电流对输出电容放电；
- 宽达 2.7～13.2 V 的工作范围；
- 菊链多个器件用于其他通道的排序；
- 引脚可配置排序受控于三个 3 态引脚(MAX16050)；
- 小尺寸、4 mm×4 mm TQFN 封装。

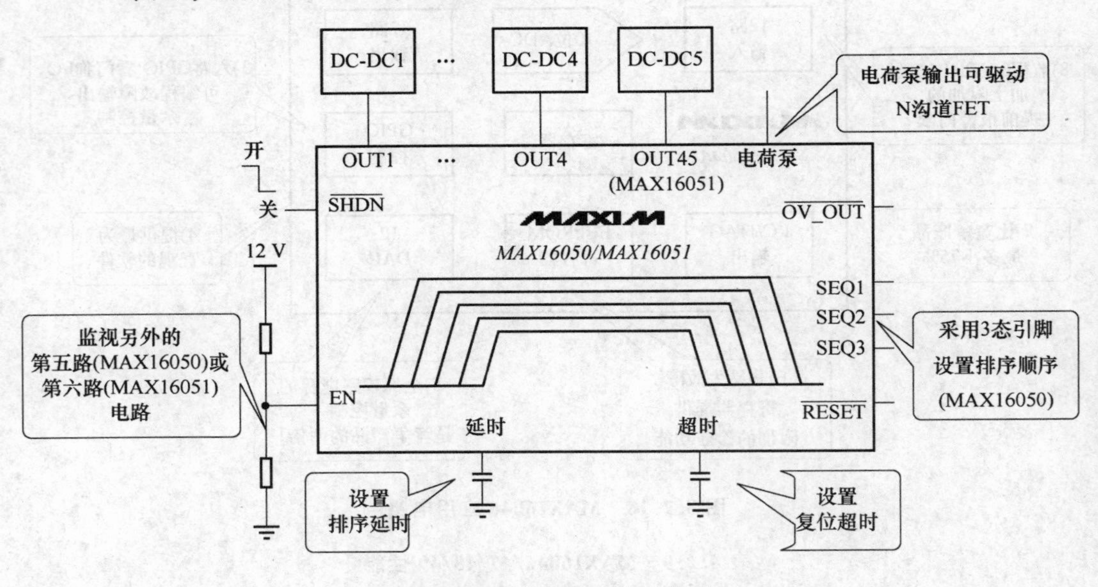

图 8.2.19 排序电路及时序图

表 8.2.10 MAX16050/45 芯片性能

型号	监视的电压数	输出路数/FET 驱动器数	反向排序	电压跟踪	能否工作在中间总线电压	封装(mm×mm)
MAX16044*	4	4/4	√	4	√	40-TQFN (6×6)
MAX16045*	6	6/6		6		

8.3 电源跟踪 IC 芯片

8.3.1 LT3501 具有 V_{OUT} 跟踪和排序功能的双通道降压 DC/DC 芯片

LT®3501 双通道降压型转换器既紧凑又便宜，因而对于上述许多应用（尤其是那些在尺寸方面受到约束的应用）而言是一款颇具吸引力的解决方案。该双通道转换器可适应 3～25 V 的输入电压范围，而且，每个通道能够提供高达 3A 的电流。图 8.3.1 所示的电路可产生 3.3 V 和 1.8 V 输出。

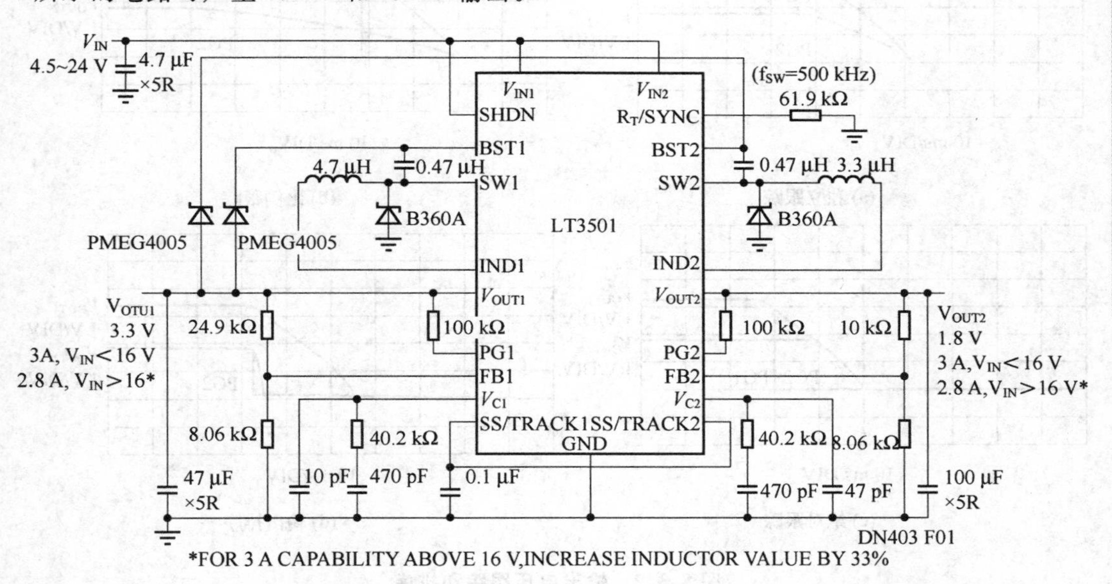

图 8.3.1 采用陶瓷电容器的紧凑型双通道 3A 降压变换器

1. LT3501 双通道转换器的特点

- LT3501 功能丰富，并具有内部 3.5A 开关和检测电阻器，旨在最大限度地缩减解决方案的外形尺寸和成本。
- LT3501 工作于 250kHz～1.5MHz 之间的某一固定频率（可采用单个电阻器来设置或同步至一个外部时钟），从而优化了效率和解决方案外形尺寸。
- 在通道之间保持 180°的相移，以减小输入电压纹波和输入电容器尺寸。
- 每个交换器独立的输入电压、反馈、软起动和电源良好功能简化了所有可用跟踪和排序选项的实现。
- 通过允许开关在多个时钟周期内保持接通来扩大最小输入至输出电压比，从而提供了 95％的最大占空比，而这与开关频率无关。
- 如果输出降至稳压范围以外，则 LT3501 将自动使软起动功能复位，这样，短路或严重问题将平缓且受控。

- 不用时，可随时关断转换器（一个或两个）以降低输入功率消耗。
- LT3501 采用具裸露衬垫的 20 引脚 TSSOP 封装，旨在实现低热阻。

2. 跟踪和排序

如图 8.3.2（a）或图 8.3.2（c）所示，通道之间的输出电压跟踪和排序可采用 LT3501 的软起动和电源良好引脚来实现。还可实现输出排序，如图 8.3.2（d）所示。

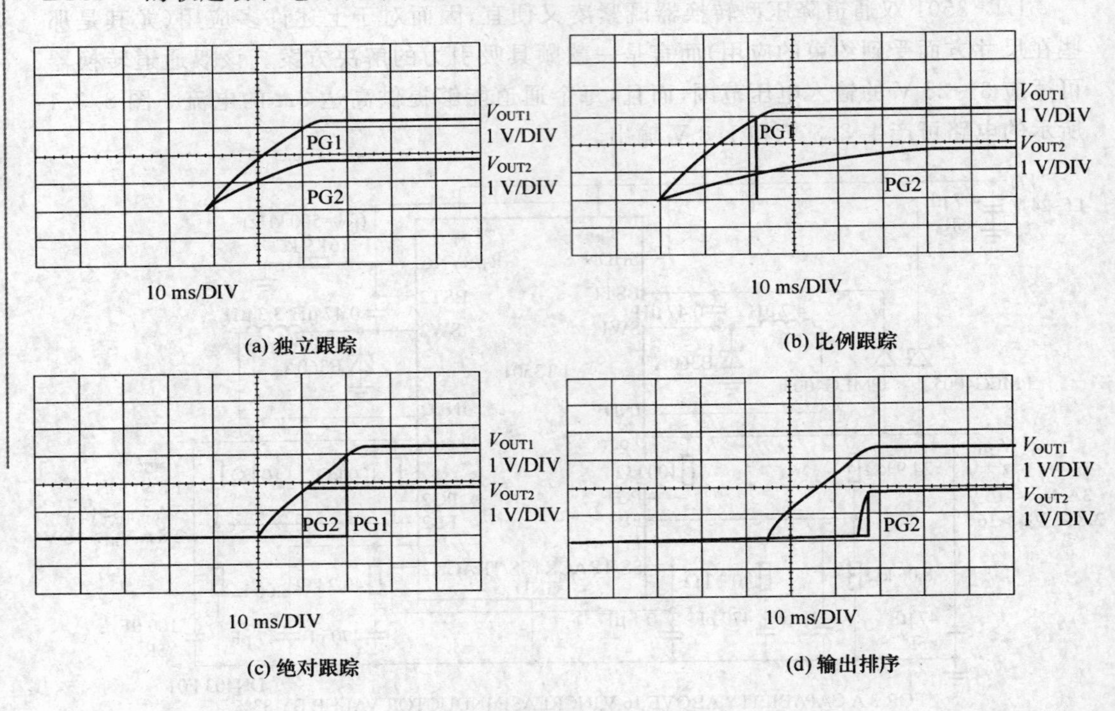

图 8.3.2 输出电压跟踪和排序

3. 高电流单 V_{OUT}、低纹波 6A 输出

如图 8.3.3 所示，LT3501 能够产生单路、低纹波 6A 输出，且双通道变换器共用一个输出电容器。借助该解决方案，输入和输出端上的纹波电流有所减小，因而减小了电压纹波，并允许采用较小和较便宜的电容器。

8.3.2 LTC2921/23 采用 3.3 V 主电源对 3 个/2 个电源排序跟踪芯片

采用 3.5 V 电源作为基准电压斜坡来对 1.8 V 和 2.5 V 电源进行排序（图 8.3.4）对于需要 3 个以上电源数目不限的电源。

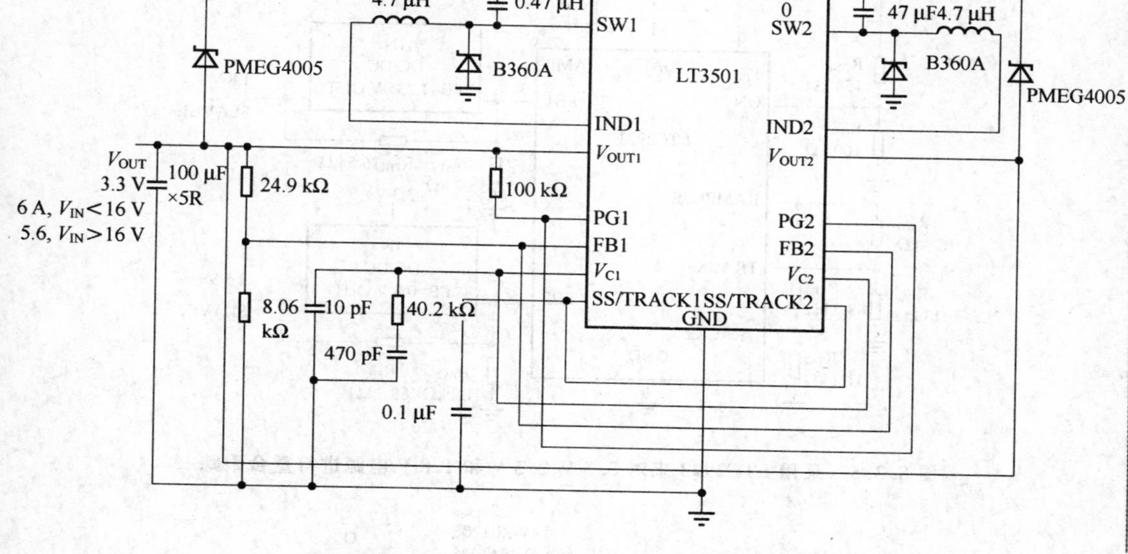

图 8.3.3　4.5~24V_{IN}、3.3V_{OUT}/6A 降压型变换器

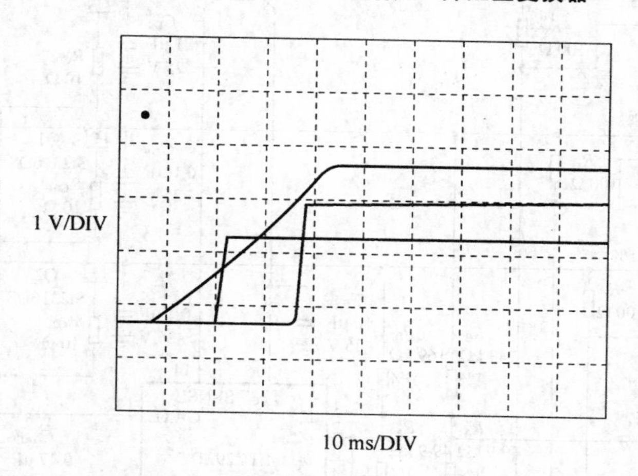

图 8.3.4　LTC2923　采用 2.3 V 电源作为主电压来对 1.8 V 和 2.5 V 电源进行排序

图 8.3.5 的电路在利用 3.3 V 主电源生成 2.5 V 和 1.8 V 电源的情况下实现了电源跟踪。在本例中采用了 LT2923，3.3 V 电源受控于一个 N 沟道 MOSFET，而当不能使用 DC/DC 变换器模块的反馈节点时，可采用串联 MOSFET 来对电源进行跟踪，图 8.3.6 中的电源采用 LTC2921 来跟踪 3 个电源。

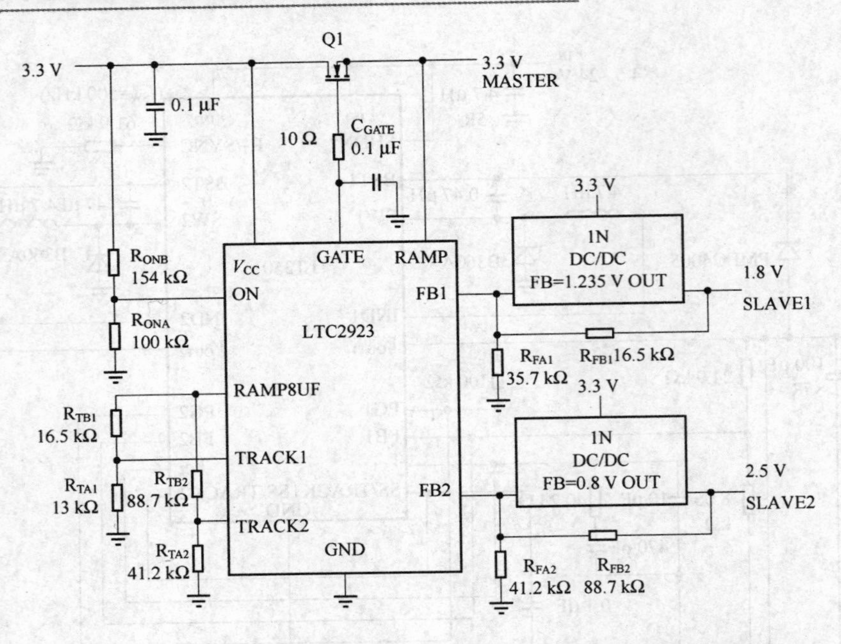

图 8.3.5 采用 LTC2923 来对 3.3 V、2.5 V 和 1.8 V 电源进行重合跟踪

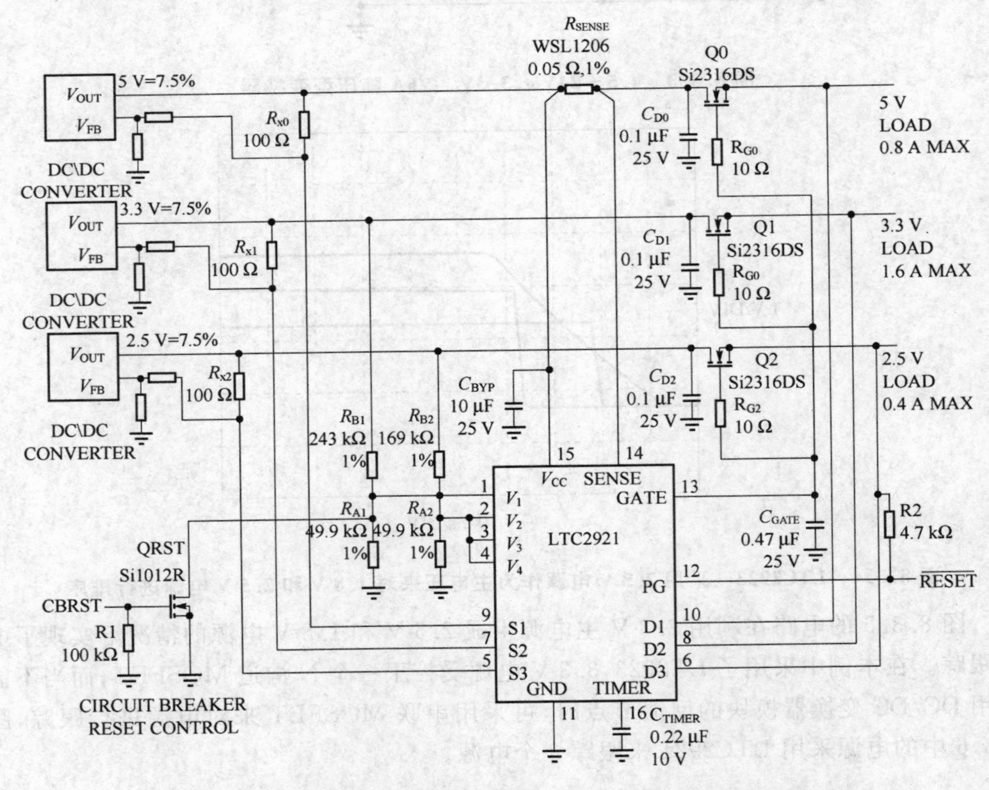

图 8.3.6 LTC2921 采用串联 FET 来对三个电源进行重合跟踪

图 8.3.7 示出了该电路的输出。当首次施加电源时,串联 MOSFET 被关断,且 5 V、3.3 V 和 2.5 V 电源被允许上电。当电压稳定后,MOSFET 被接通,输出电压一起上电。当输出电压达到其终值时,内部开关从输出端回接至模块上的正检测引脚。这将迫使模块对 MOSFET 的负载侧进行调节,以补偿 FET 两端的压降。采用一个检测电阻器来提供电路断路器功能,以保护主电源免遭短路故障的损坏,而一个电源良好(PowerGood)引脚用于指示跟踪已完成。

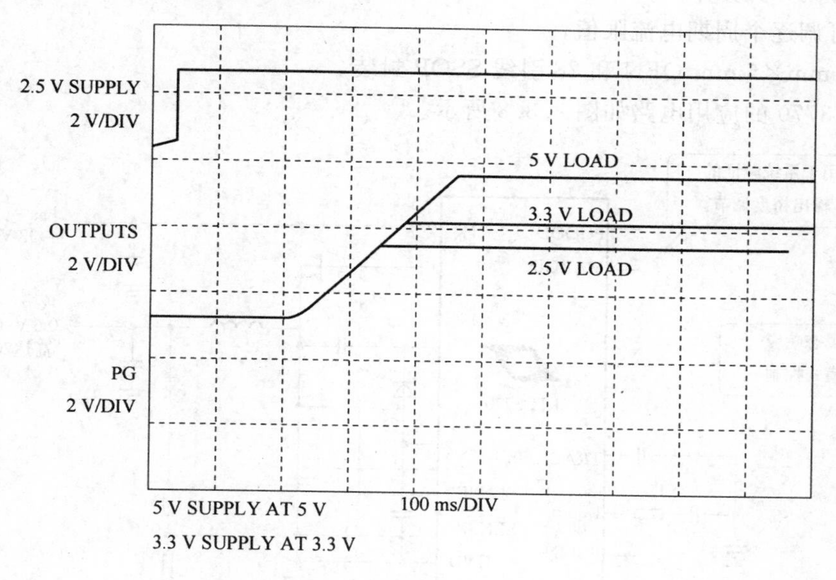

图 8.3.7　电路的输出

对于大多数多电源设计来说,相比简单的电源排序,使各电源的电压执行同步上升和下降跟踪是更加可取的解决方案。虽然从理论上讲这样做较为困难,但已经有了专用器件,这些器件能够极大地简化跟踪电路的设计——即使在采用了大量特性迥然不同的电源系统中也是如此。

8.3.3　LTC3770　具有输出电压上升/下降跟踪能力、电压裕度调节 IC 芯片

高性能伺服器、ASIC 和计算机存储系统需要非常准确和低电压输出。在这些应用中,快速瞬态响应、电压上升和下降跟踪以及高效操作也是必不可少的。直到最近,唯一可用的解决方案仍然需要使用多个 IC。如今,LTC® 3770 面市了,这是多功能控制器系列的最新成员。它是一款具有输出电压上升/下降跟踪能力、电压裕度调节、高准确度基准和快速瞬态响应的同步降压型开关稳压控制器。LTC3770 拥有这些苛刻应用所要求的全部性能。

LTC3770 的特点如下:

- 宽 V_{IN} 范围:4～32 V;

- 输出电压跟踪能力；
- 真正的电流模式控制；
- 检测电阻器可任选；
- 2%～90%的占空比范围；
- $T_{ON(MIN)} \leqslant 100$ ns；
- 可调开关频率；
- 可调逐个周期电流限值；
- 5 mm×5 mm QFN 和 28 引线 SSOP 封装。

LTC3770 的应用电路如图 8.3.8 所示。

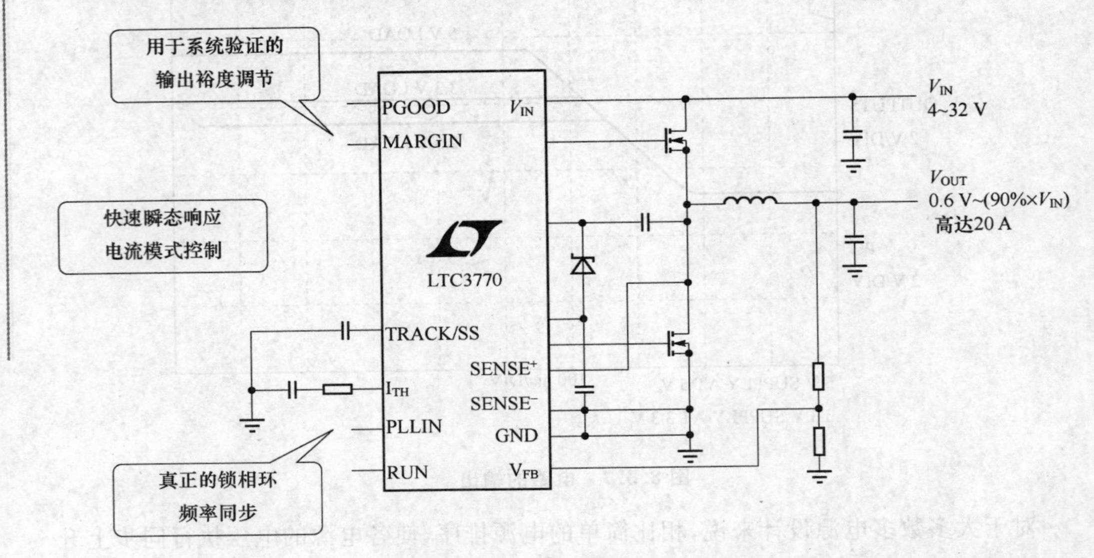

图 8.3.8　LTC3770 的应用电路

8.3.4　ADM1202　能控制上电/断电次序跟踪芯片

有些系统需要更强大的时序控制(图 8.3.9)。除了上电次序外，还需要控制电源的关断次序。电源必须以电源上电相同次序或相反次序或完全不同的次序关断。每一个电源的上电或关断斜波的转换率也需要控制。在某些情况下，电源可能需要相互"跟踪"，这意味着它们必须在斜波周期内相互保持在某电平。该方案也可能集成其他功能，例如离散电源故障检测电路可完成监视功能。

8.3.5　MAX5039　用于 PC 和 DSP 的电压跟踪控制器 IC 芯片

MAX5039 取代了运放、基准、比较器和分立元件。在上电和掉电期间，将 I/O 和内核之间的电压差控制在 220 mV 以内，这样可以确保系统的长期可靠性，杜绝了锁定的发生。

MAX5039 的特点如下：

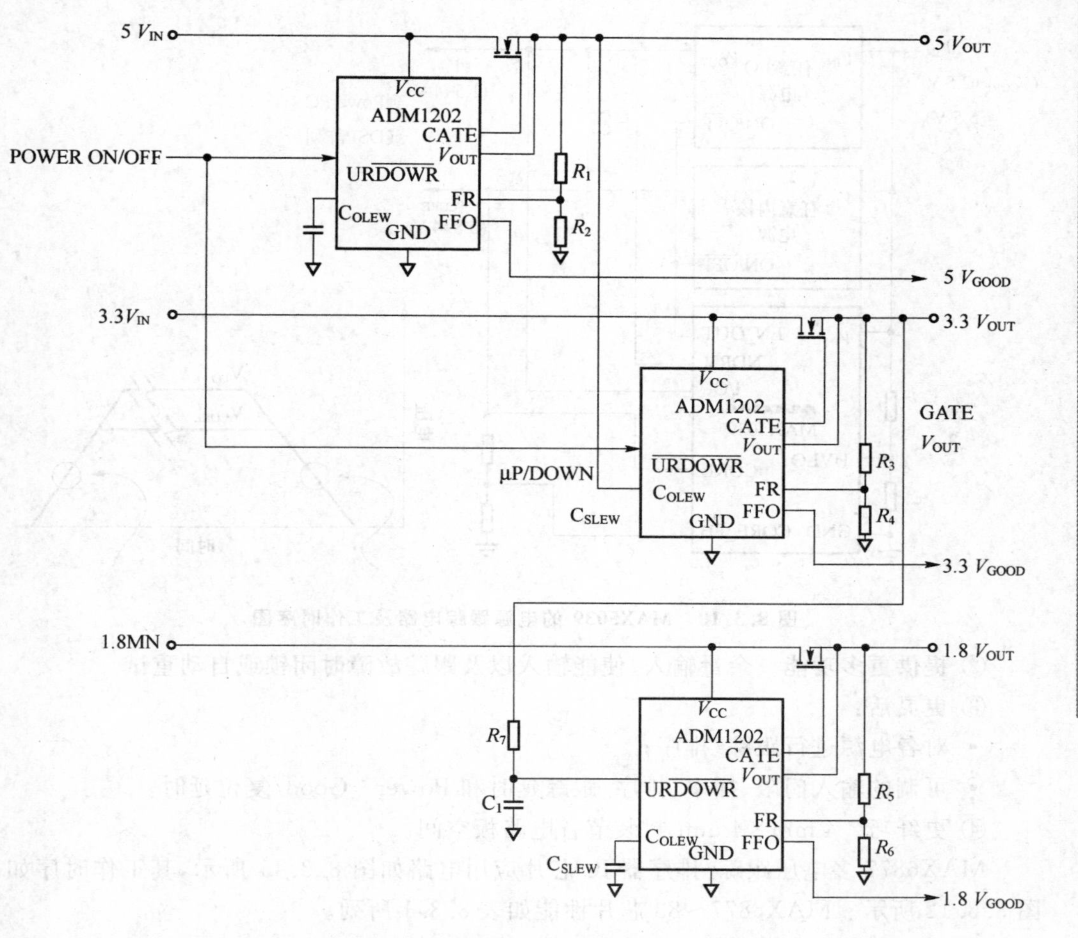

图 8.3.9 用于三电源系统的时序控制和跟踪解决方案

① 确保系统高度可靠：

- 电压跟踪偏差小于 200 mV；
- 检测 $V_{I/O}$ 和 V_{CORE} 上的短路故障，并禁止电源，保护 μP。

② 应用灵活：为任何 I/O 和内核电源提供智能控制和电压跟踪。

③ 降低成本：

- 极少的外部元件；
- 低价格：$1.051。

MAX5039 芯片的电源跟踪电路及工作时序如图 8.3.10 所示。

8.3.6 MAX6877 多电压跟踪/排序器 IC 芯片

MAX6877 特点如下：

① 更低的系统总成本。每通道独立的电荷泵允许使用低成本逻辑电平 MOSFET。

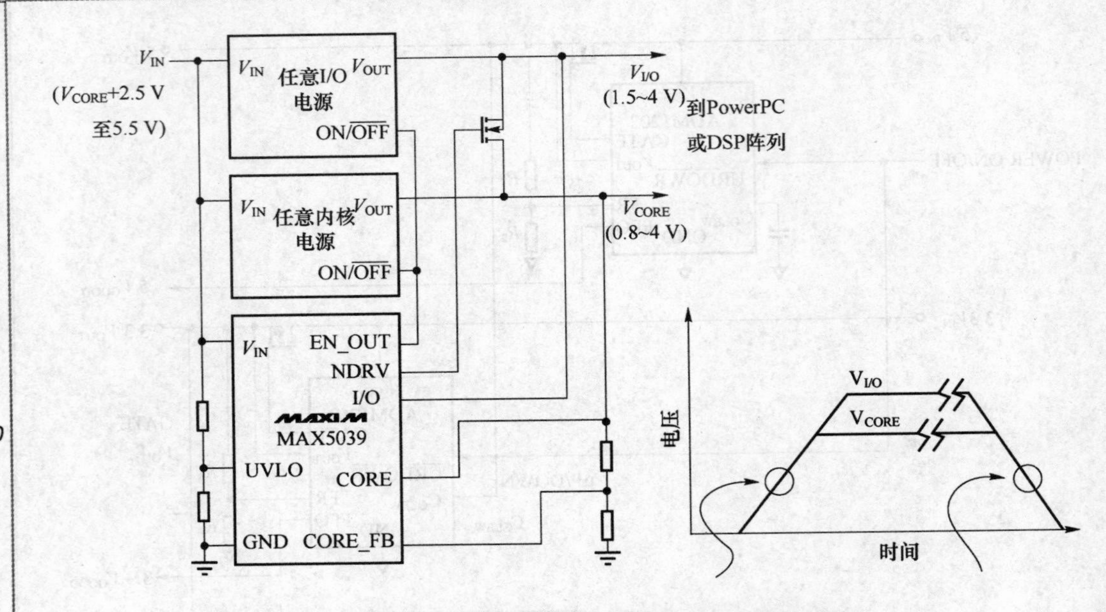

图 8.3.10　MAX5039 的电源跟踪电路及工作时序图

② 提供更多功能。余量输入、使能输入以及跟踪故障时闭锁或自动重试。

③ 更灵活：

- 对各电源进行跟踪/排序；
- 可调的输入门限、摆率、排序/跟踪延时和 Power－Good/复位延时。

④ 更纤巧。4 mm×4 mm 封装节省电路板空间。

MAX6877 多电压跟踪/排序器 IC 芯片应用电路如图 8.3.11 所示，其工作时序如图 8.3.12 所示。MAX6877～83 芯片性能如表 8.3.1 所列。

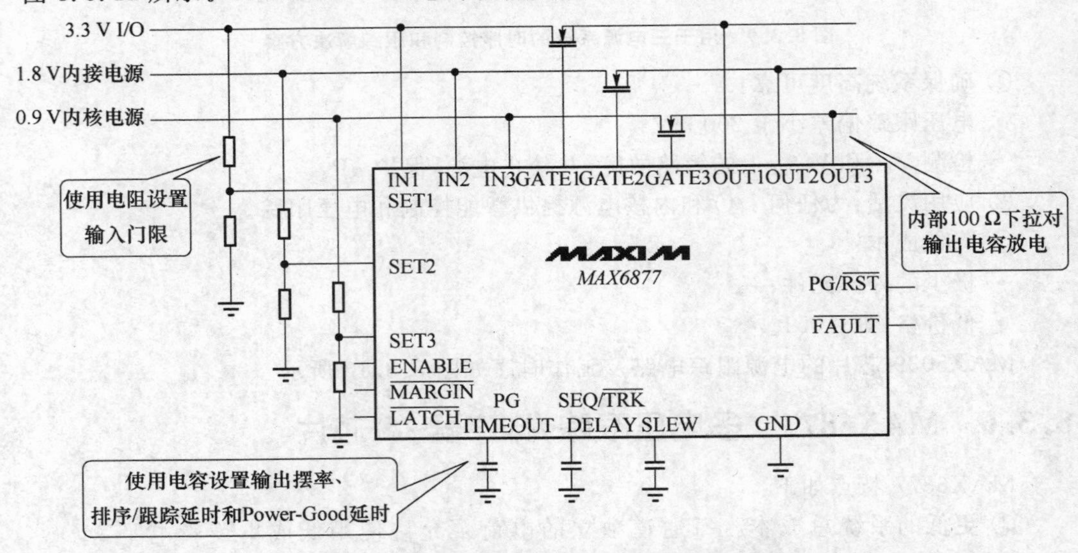

图 8.3.11　MAX6877 多电压跟踪/排序应用电路

表 8.3.1 MAX6877 芯片性能

型号	电压数	跟踪或排序	Power - Good 输出	余量输入	闭锁/自动重试
MAX6877	3	跟踪或排序	√	√	√
MAX6878	2	跟踪或排序	√	√	√
MAX6879	2	跟踪或排序			
MAX6880	3	仅排序	√	√	
MAX6881	3	仅排序			
MAX6882	2	仅排序	√	√	
MAX6883	2				

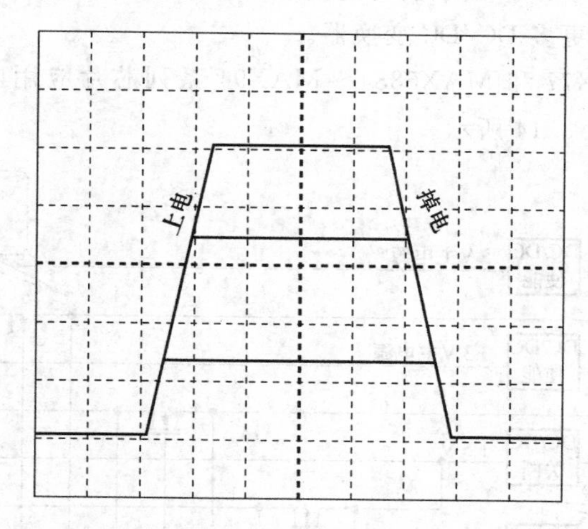

图 8.3.12 MAX6877 工作时序
(实现最多三组电压的上电和掉电跟踪)

8.3.7 MAX6870～77 MAX6884～94 具有监视、排序和跟踪功能的系列 IC 芯片

MAX6870～MAX6877 和 MAX6884～MAX6894 系列芯片具有监视、排序和跟踪功能,并提高系统的可靠性及简化设计。

上述系列芯片具有如下特点:

① 六路 EEPROM 排序器/监视器。(MAX6870 - MAX6875):

- 内置 10 位 ADC;
- 八路可编程输出控制 DC/DC 使能和关断引脚;
- 采用内部电荷泵控制外部 N 沟道通道 FET;
- ASIC/FPGA/DSP/RESET。

② 四路EEPROM跟踪器(MAX6876)：

- 检测欠压、过压和过流状态；
- 内部电荷泵确保外部nFET导通；
- 上电和掉电过程中进行有序地跟踪或排序。

③ 带10位ADC的六路监控器(MAX6884－MAX6888)：

- 可通过I²C设置过压和欠压门限；
- ADC监视输入电压和辅助输入；
- 看门狗定时器。

④ 八通道、引脚可选的排序器/监控器(MAX6889－MAX6894)(在以下三方面胜出竞争者)：

- 精度更高——1%门限精度，提高了可靠性；
- 更多门限选项——32种引脚可选配置；
- 更多输出控制更多DC/DC变换器。

MAX6870～MAX77和MAX6884～MAX94系列芯片应用电路如图8.3.13所示，其工作时序如图8.3.14所示。

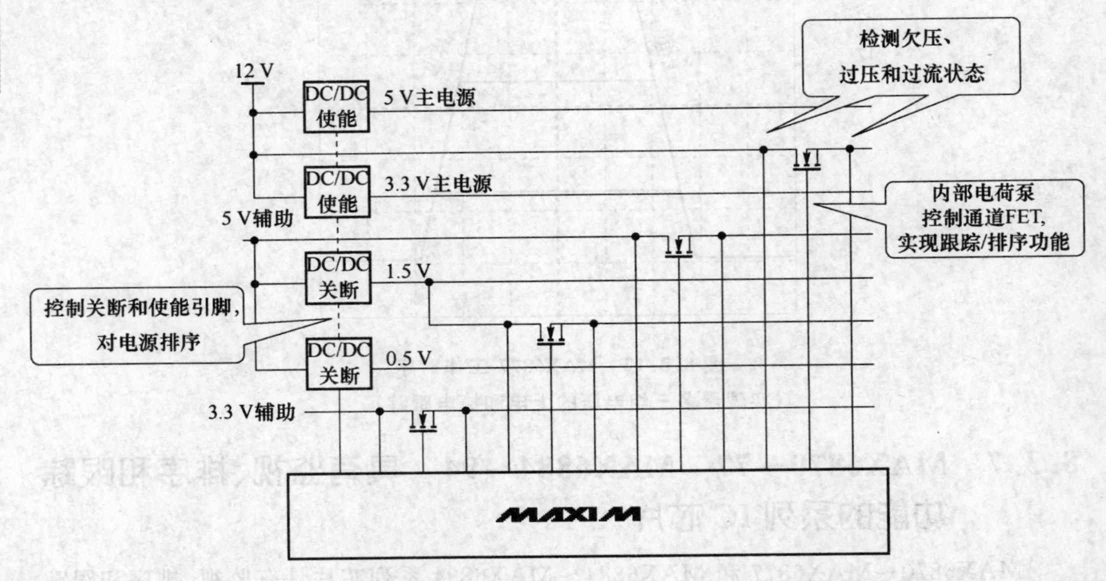

图8.3.13 MAX6870～MAX77和MAX6884～MAX94芯片应用电路

8.3.8 MAX6876 可通过EEPROM配置的电压跟踪器/排序器IC芯片

MAX6876是可编程的上电和掉电工作模式，为电信、网络和存储设备提供最大的设计灵活性。

MAX6876特点如下：

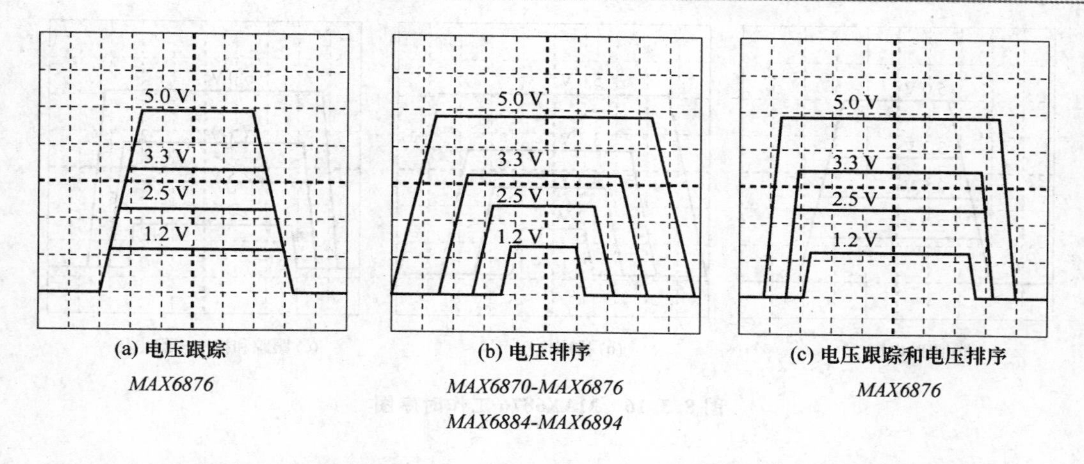

图 8.3.14　MAX6870～76/84～94 工作时序（在高可靠性系统中控制上电/掉电）

- 总系统成本最低—每个通道有独立的电荷泵，允许采用小巧、低成本的逻辑电平 MOSFET；
- 封装最小—TQFN 节省 55％的板上空间；
- 电压最低—可跟踪最低至 0.5 V 的电压（最高 5.5 V）；
- 排序、跟踪或混合（跟踪加排序）工作模式；
- 可通过 I^2C 配置的欠压/过压（UV/OV）门限、摆率、故障输出和超时延迟；
- 最多 4 个器件可组合起来跟踪多达 16 组电压。

MAX6876 电压跟踪器/排序器应用电路如图 8.3.15 所示，其工作时序如图 8.3.16 所示。

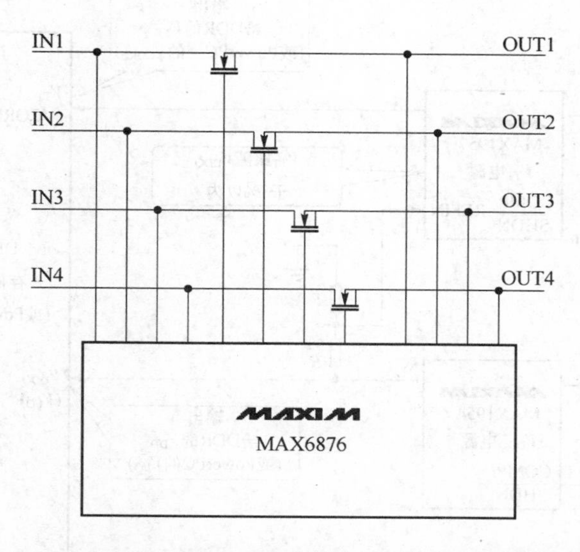

图 8.3.15　MAX6876 跟踪/排序应用电路（闭环控制确保可靠跟踪）

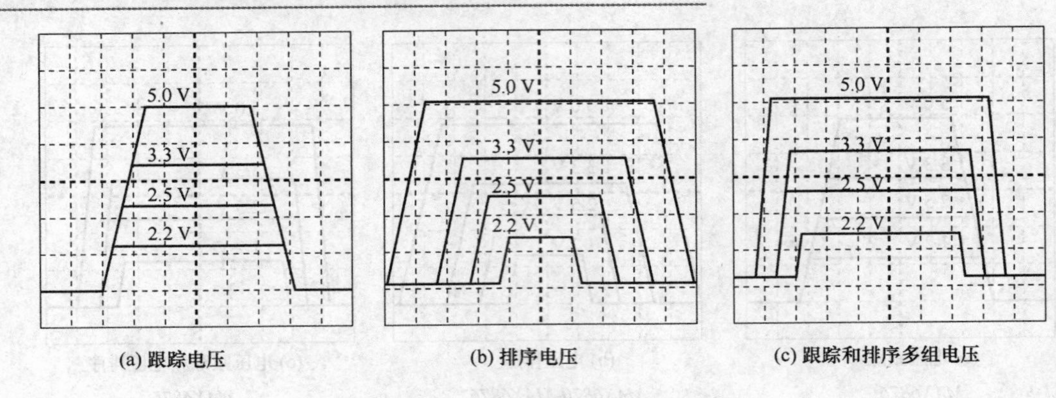

图 8.3.16　MAX6876 工作时序图

8.3.9　MAX1954/57　为 DDR 或 PowerPC 提供跟踪的 IC 芯片

MAX1954/57 为 DDR 和 PowerPC 提供更低成本的跟踪、源出和吸收控制。

MAX1954/57 芯片特点如下：

- 低输入电压(低至 3 V)；
- 低成本：＄0.95＊；
- 限流和短路保护无需电流检测电阻；
- 内部数字软启动；
- 热关断。

MAX1954/57 芯片跟踪应用电路如图 8.3.17 所示。

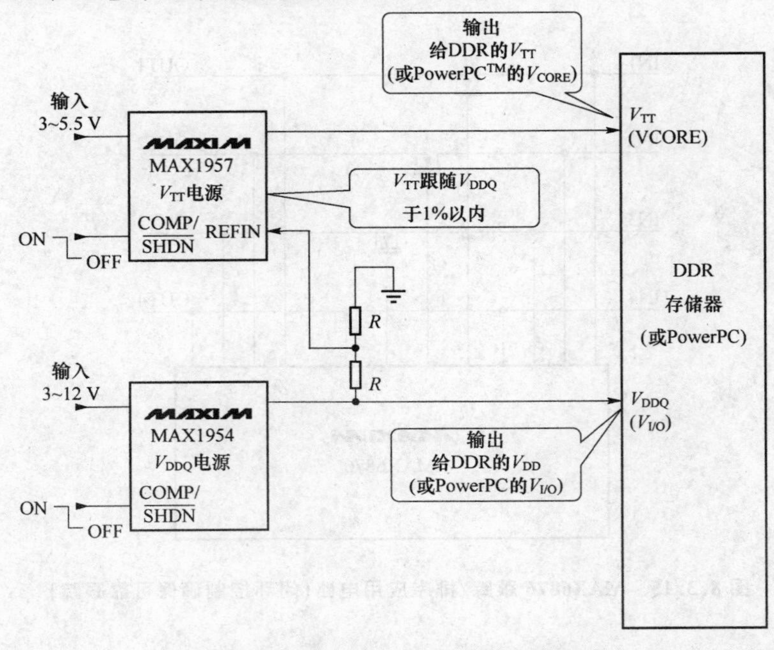

图 8.3.17　MAX1954/57 跟踪应用电路

8.3.10 MAX8513 监视、跟踪/排序三输出电源芯片

MAX8513 产生三路正压输出(MAX8514 产生二路正压,一路负压 LDO 输出),整合了监视和跟踪/排序功能的 IC 芯片。可降低 XDSL 调制解调器,路电器和网关中电源的成本和噪声干扰。

MAX8513 芯片特点如下:

① 降低成本;

② 非稳定输入;

③ 集成关键功能;

- 跟踪/排序;
- 输出上电复位;
- 输入失效监视器。

④ 低成本外部元件:

- 无检测电阻;
- 无 P 沟道 MOSFET 电解、聚合物或陶瓷电容。

⑤ 定价 12.3 元。

⑥ 1.4 MHz 开关频率降低了对 XDSL 的噪声干扰;

⑦ 可选择同步工作;

⑧ 陶瓷电容降低输出电压纹波。

MAX8513 跟踪/排序三输出电源应用电路如图 8.3.18 所示。

8.3.11 MAX15003 内置排序/跟踪控制的三路电源芯片

MAX15003 具有高性能、多相、三路降压控制,排序和跟踪控制。灵巧的控制器,每路输出可提供最高 15A 电流。

MAX15003 芯片特点如下:

① 高集成度:

- 单芯片集成三路同步降压控制器;
- 复位和独立的电源好输出;
- 打嗝式限流、电流检测以及热关断保护高性能。

② 高性能:

- 大电流驱动器,每路输出可提供最高 15 A 电流;
- 120°错相工作,降低输入纹波电流并减小输入电容;
- ±1%精度的内部基准;
- 高开关频率(最高 2.2 MHz),使无源元件最小化。

③ 灵活性:

- 可调输出电压、限流、补偿和开关频率,可优化设计;

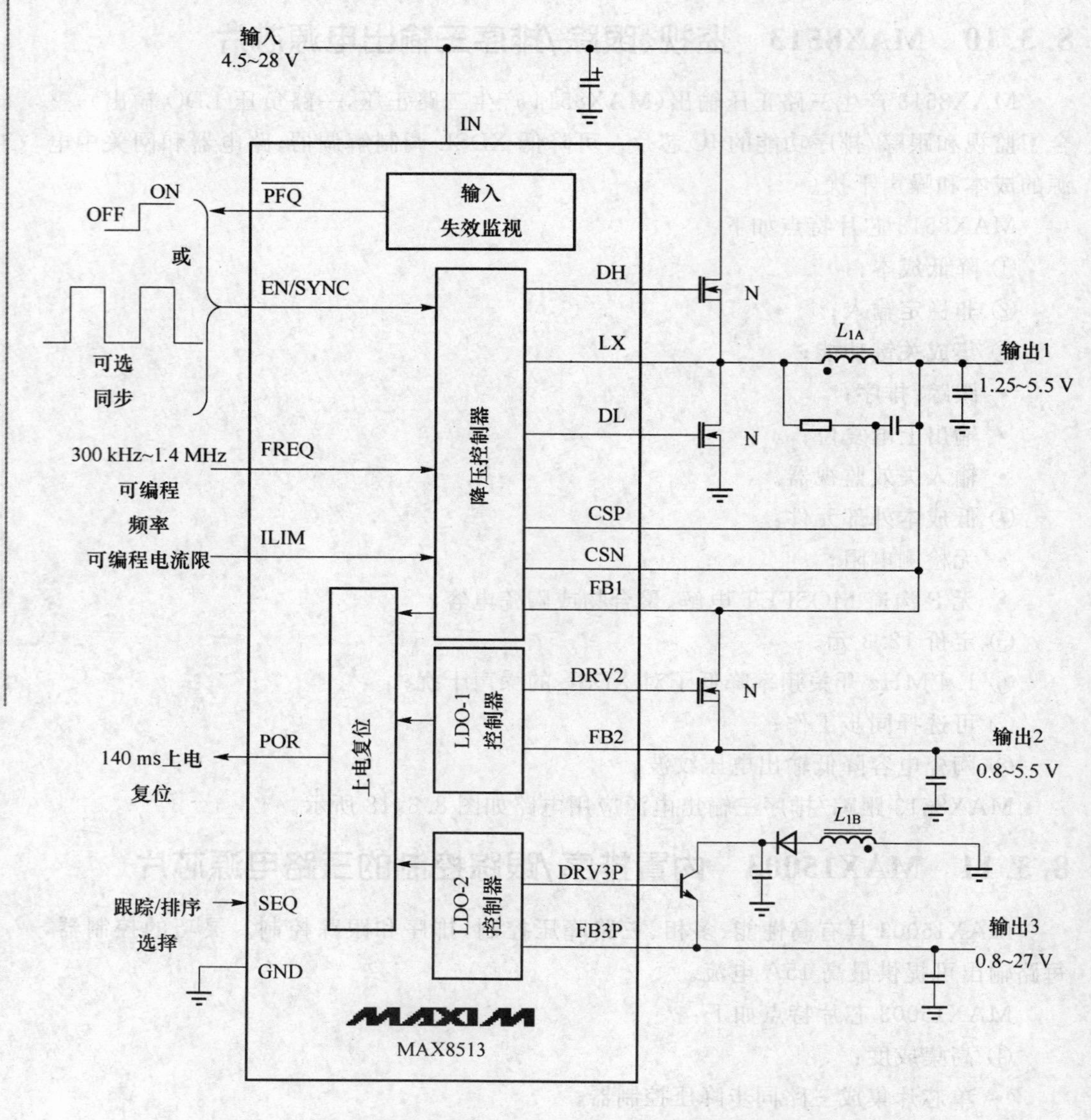

图 8.3.18　MAX8513 跟踪/排序应用电路

- 外部同步输入,可采用外部时钟信号。

MAX15003 芯片排序/跟踪 3 路控制输出应用电路如图 8.3.19 所示。

8.3.12　LTC2970－1　对多个电源跟踪/排序 IC 芯片

给 LTC2970－1 加上几个外部组件就可以实现电源跟踪。一个特殊的全局地址和同步指令允许多个 LTC2970－1 对多对电源进行跟踪和排序。

典型的 LTC2970－1 跟踪应用电路如图 8.3.20 所示。GPIO－0 和 GPIO－1 引

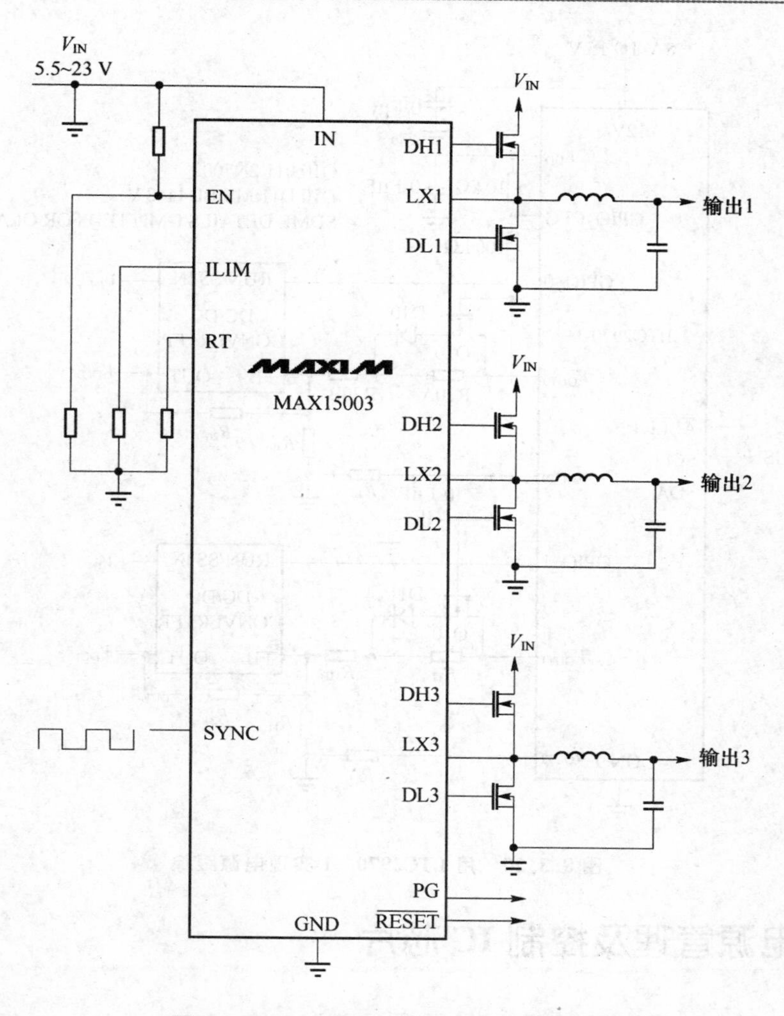

图 8.3.19　MAX8513 排序/跟踪应用电路

脚直接连接到各自的 DC/DC 变换器 RUN/SS 引脚。当 GPIO CFG 被拉高到 V_{DD}时，LTC2970－1 在加电后自动推迟 DC/DC 变换器的启动。GPIO－CFG 为高电平时，N 沟道 FET Q_{10} 和 Q_{11} 以及二极管 D_{10} 和 ID_{11} 围绕电阻 R_{30A} 和 R_{31A}形成单向模式转换开关，这允许 V_{OUT0} 和 V_{OUT1} 引脚通过电阻 R_{30B} 和 R_{31B} 驱动变换器的输出一直到地电平或从地电平开始驱动。当 GPIO－CFG 拉低时，FET Q_{10} 和 Q_{11} 断开。然后 R_{30A} 和 R_{31A} 与 R_{30B} 和 R_{31B} 串联，实现常规裕度工作。100k Ω/0.1μF 低通滤波器与 Q_{10} 和 Q_{11} 的栅极串联，可最大限度地减少 GPIO－CFG 拉低时注入 DC/DC 变换器反馈节点的电荷。

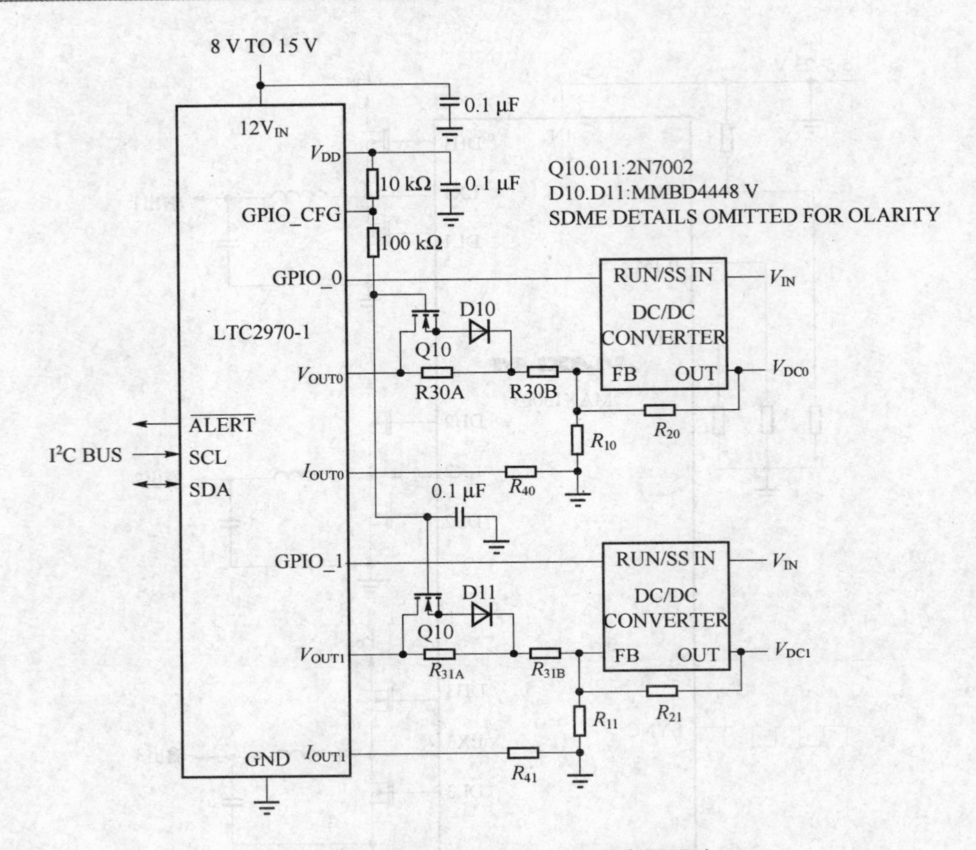

图 8.3.20　用 LTC2970－1 实现电源跟踪

8.4　电源管理及控制 IC 芯片

8.4.1　LTC2970　双通道监视、控制和管理 IC 芯片

LTC2970 是一个双通道电源监视器和控制器。通过将几项重要功能纳入到单个易于使用的芯片中，该器件简化了电源数字化管理的设计。

LTC2970 突出显示了以下特点：

- 14 位、差分输入、ΔΣADC，使用片上基准时，在整个工业温度范围内的总调整误差（TUE）最大值为±0.5%。
- 7 通道 ADC 多路复用器，具有 4 个外部差分输入、一个 12 V 输入、一个 $5V_{VDD}$ 输入和一个用于片上温度传感器的输入。
- 两个具有电压缓冲输出的连续时间、8 位电流输出 DAC，电压缓冲器输出可以置为低泄漏、高阻抗状态。
- 内置闭环伺服算法，将 DC/DC 变换器的负载点电压调整到所希望的值。用户可用两个外部电阻调整电压伺服环路的范围和分辨率。

- 大量的、用户可配置的过压和欠压故障监视方法。
- 一个 I^2C 和 SM 总线兼容的两线串行总线接口，两个 GPIO 引脚和一个 ALERT 引脚。
- 一个片上 5 V 线性稳压器，允许 LTC2970 用 8～15 V 的外部电源工作。
- 这个系列的另一个器件 LTC2970－1 增加了跟踪算法，允许两个或更多电源以控制方式斜坡上升或下降。

图 8.4.1 显示的是用外部反馈电阻对 DC/DC 变换器进行监视和裕度控制的典型应用电路。

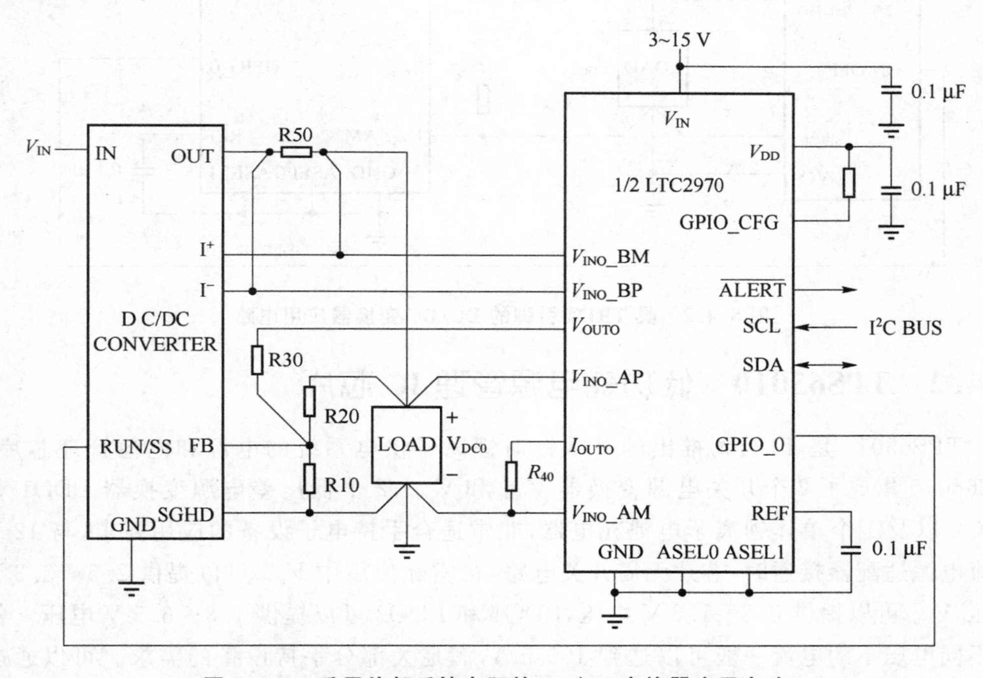

图 8.4.1 采用外部反馈电阻的 DC/DC 变换器应用电路

图 8.4.2 显示的是将 LTC2970 应用到一个具有 TRIM 引脚的 DC/DC 变换器上。如图 8.4.1 所示，需要两个外部电阻 V_{OUT0} 通过电阻 R_{30} 连接到 TRIM 引脚，而 I_{OUT0} 由 R_{40} 终接到 DC/DC 变换器的负载点地。加电后，V_{OUT0} 引脚进入缺省设置的高阻抗状态，允许 DC/DC 变换器加电至其标称输出电压。加电后 LTC2970 的软连接功能可用来在启动 V_{OUT0} 之前自动找出最接近 TRIM 引脚开路电压的 IDAC 代码。

在需要排序的应用中，可通过将 GPIO－CFG 引脚置为高电平而将 LTC2970 配置成在加电时推迟 DC/DC 变换器的启动。这导致 GPIO－0 引脚自动拉低 DC/DC 变换器的 RUN 引脚，这种低电平状一直保持到 SM 总线兼容 I^2C 接口释放 RUN 引脚为止。

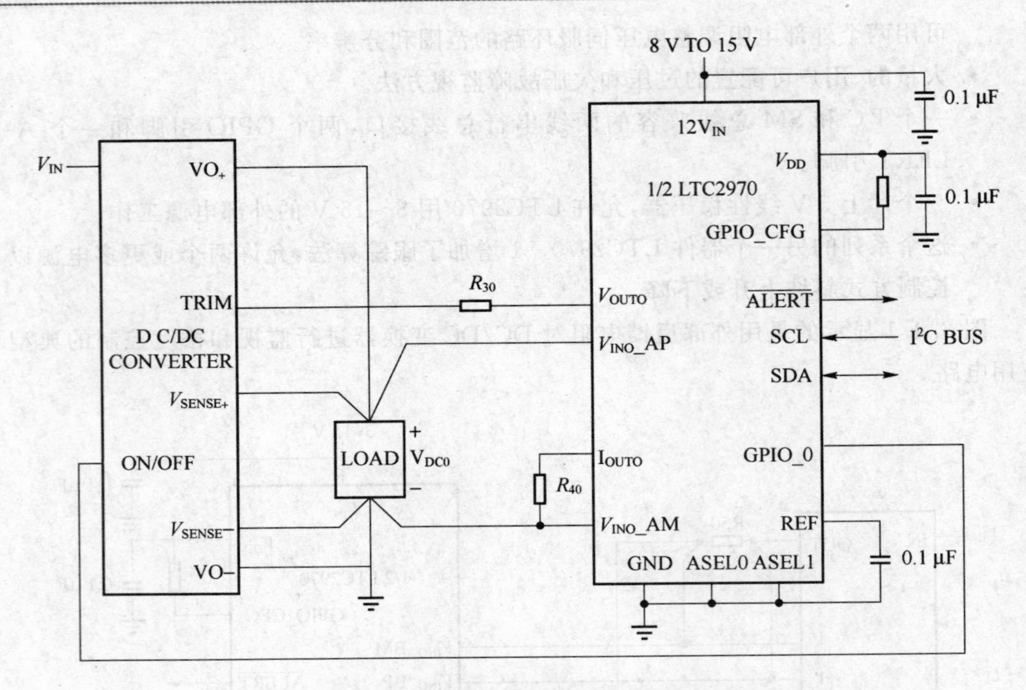

图 8.4.2　具 TRIM 引脚的 DC/DC 变换器应用电路

8.4.2　TPS65010　低功耗电源管理 IC 芯片

TPS65010 是 TI 公司推出的一款针对锂离子供电系统的电源和电池管理芯片，IPS65010 集成了 2 个开关电源变换器 V_{main} 和 V_{core}、2 个低压差电源变换器 LDO1 和 LDO2 以及 1 个单体锂离子电池充电器，非常适合手持电子设备的应用要求，与 12 V 直流电源适配器接通时，芯片无需开关电路，在实际使用中 V_{main} 可以提供 2.5～3.3 V 电压，V_{core} 可以提供 0.8～1.6 V 电压，LDO1 和 LDO2 可以提供 1.3～6.5 V 电压。各个不同电压下的电流一般可以达到 100 mA，满足大部分手持设备的需求。可以通过 I^2C 总线对 TPS65010 的各种寄存器进行设置，也可以通过通用的引脚将重要的信息通知 TPS65010，例如可以通过 LOW－POWER 引脚使 TPS65010 输出低功率模式下的工作电压。

TPS65010 和 OMAP5912(DSP)的连接是实现系统低功耗设计的关键，具体硬件连接如图 8.4.3 所示。TPS65010 可以提供 OMAP5912 所需的各种电压。

TPS65010 的 V_{core} 输出 1.6 V 电压提供给 OMAP 的其他核电压，这些核电压在低功耗状态下均可以降低到 1.1 V。TPS65010 的 V_{LDO1} 和 V_{LDO2} 输出 2.75 V 电压提供给 OMAP 的其他外设，这些电压和常规的 3.3 V 存在一定的电压差，但不影响数据传输。一般情况下，高电平只要达到 2 V 以上就可以了；低功耗状态下，V_{LDO1} 和 V_{LDO2} 都降低到 1.1 V。使用 2 个 LDO 给不同的外设提供电压，是为了在 Big Sleep 状态下关闭某些外设并同时能够使能其他外设。如果不进行低功耗设计，可以使用同一个 LDO 提供电压。

TPS65010 的 I^2C 总线连接到 OMAP，便于 OMAP 对 TPS65010 的寄存器进行设置。TPS65010 的 RESPWRON 引脚连接到 OMAP 的 Power－Reset 引脚，上电复位后由 TPS65010 复位 OMAP；TPS65010 的 LOW－PWR 引脚连接到 OMAP 的 LOW－PWR 引脚，OMAP 进入低功耗状态由该引脚通知 TPS65010，TPS65010 将设定的各种电压降低，从而降低系统功耗。

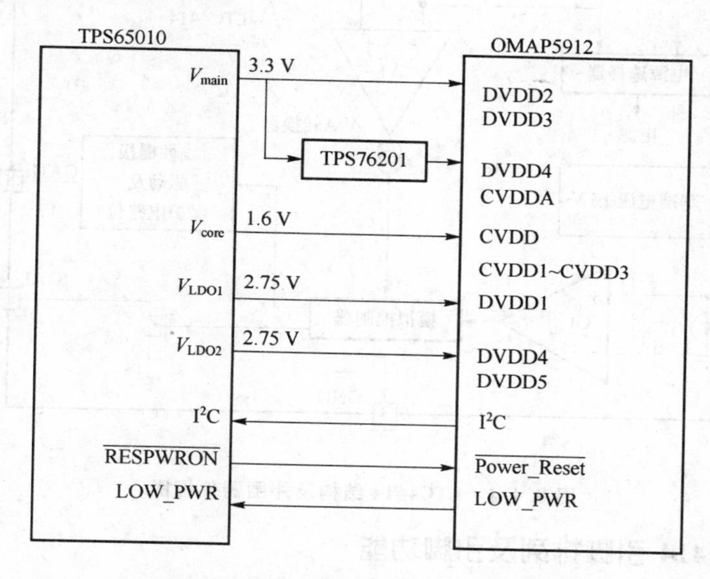

图 8.4.3 TPS65010 和 OMAP5912(DSP)的连接

8.4.3 LTC4414 用于电源通、断及自动切换的功率控制芯片

LTC4414 是一种功率 P－EFT 控制器，主要用于控制电源的通、断及自动切换，也可用作高端功率开关。该器件主要特点：工作电压范围宽，为 3.5～36 V；电路简单，外围元器件少；静态电流小，典型值为 30 μA；能驱动大电流 P 沟道功率 MOSFET；有电池反极性保护及外接 P－MOSFET 的栅极钳位保护；可采用微控制器进行控制或采用手动控制；节省空间的 8 引脚 MSOP 封装；工作温度范围为－40～＋125 ℃。

1. LTC4414 内部结构

内部结构框图及外围元器件组成的电路如图 8.4.4 所示。其内部结构是由放大器 A1、电压/电流转换电路、电源选择器(可由 V_{IN} 端或 SENSE 端给内部电路供电)、模拟控制器、比较器 C1、基准电压器源(0.5 V)、线性栅极驱动器和栅极电压钳位保护电路、开漏输出 FET 及在 CTL 内部有 3.5 μA 的下拉电流源等组成。外围元器件有 P 沟道功率 MOSFET、肖特基二级管 D1、上拉电阻 R_{PU}、输入电容 C_{IN} 及输出电容 C_{OUT}。

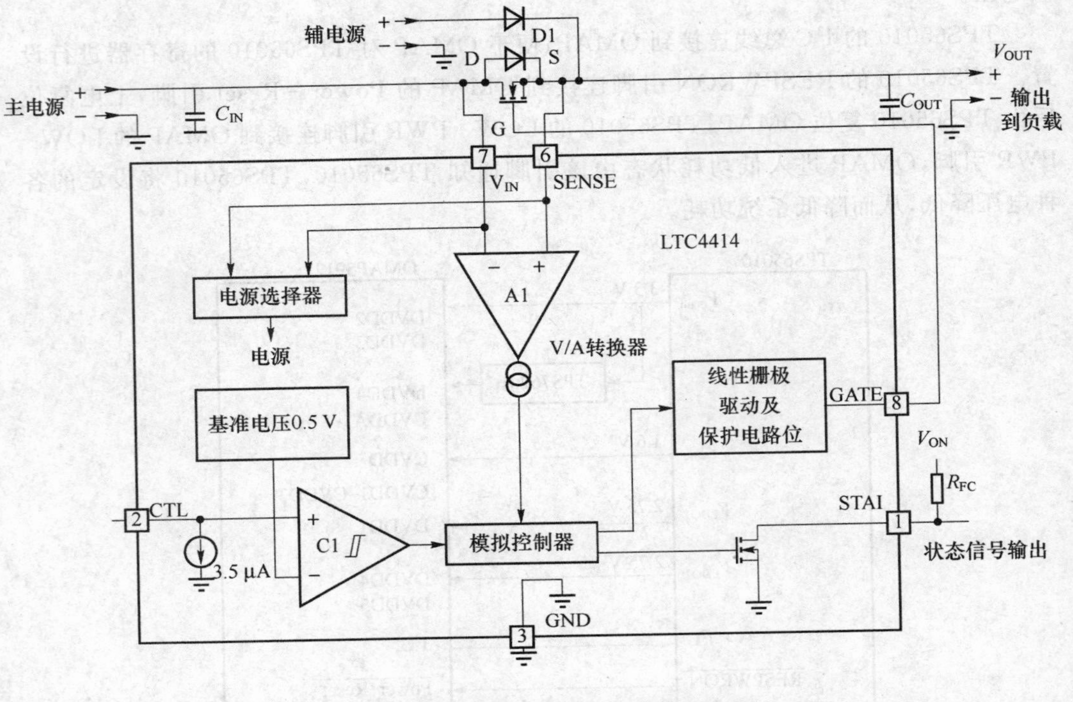

图 8.4.4 LTC4414 结构及外围器件框图

2. LTC4414 引脚排列及引脚功能

LTC4414 的引脚排列如图 8.4.5 所示，各引脚功能如表 8.4.1 所列。

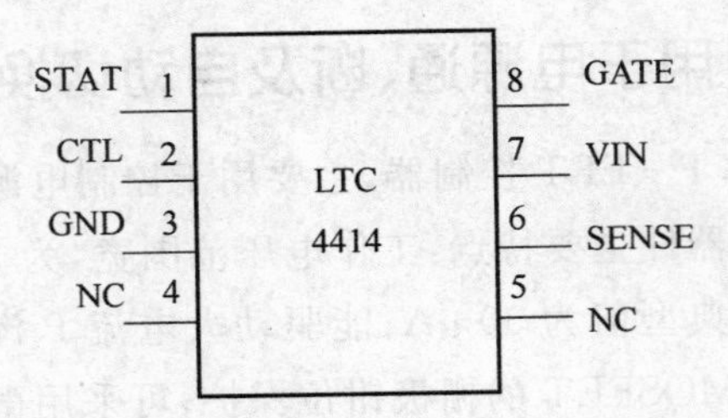

图 8.4.5 LTC4414 的引脚排列

表 8.4.1 LTC4414 各引脚功能

引脚	符号	功 能
1	STAT	内部为开漏输出结构，需外接上拉电阻，输出状态信号。内部 FET 导通时，输出为低电平；内部 FET 截止时，输出为高电平
2	CTL	逻辑电平控制信号输入端，控制外接 P－MOSFET 的通断。此端加高电平时，P－MOSFET 由导通转截止

续表 8.4.1

引脚	符号	功　能
3	GND	电源负极、地
4、5	N、C	空脚
6	SENSE	它有两个功能：电源电压输入端，给内部电路供电；电源电压检测输入端，此端往往是辅助电源输入端
7	VIN	主电源输入端，一般由电池供电。电源通过外接 P－MOSFET 后向负载供电。外接一个 0.1～10μF 旁路电容器
8	GATE	外接 P－MOSFET 后的 GATE 驱动端。当无辅助电源时，此端直接由模拟控制器控制，使外接 P－MOSFET 导通；当辅助电源供电时，GATE 端电压升到 SENSE 端电压，即 $V_{GATE}=V_{SENSE}$，使 $-V_{GS}=0$，P－MOSFET 截止

3. 应用电路

(1) 主、辅电源自动切换电路

图 8.4.6 是一种减少功耗的主、辅电源自动切换电器，其功能与图 8.4.4 电路相通，不同之处是用一只辅 P－MOSFET(Q2)替代了图 8.4.4 中的 D1，可减少电压降及损耗。其工作原理与图 8.4.4 完全相同。

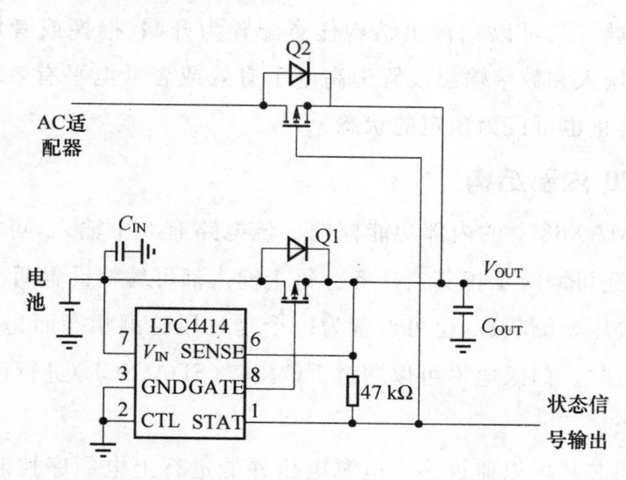

图 8.4.6　主、辅电源自动切换电路

(2) 由微控制器控制的电源切换电路

由微控制器(μC)控制的电源切换电路如图 8.4.7 所示。此图中的主、辅 P－MOSFET 都采用了两个背对背的 P－MOSFET 组成，其目的是主电源或辅电源中的 P－MOSFET 截止时，均不会通过 P－MOSFET 内部的二极管向负载供电。其缺点是电源要通过两个 P－MOSFET 才能向负载供电，损耗增加一倍，并增加成本。

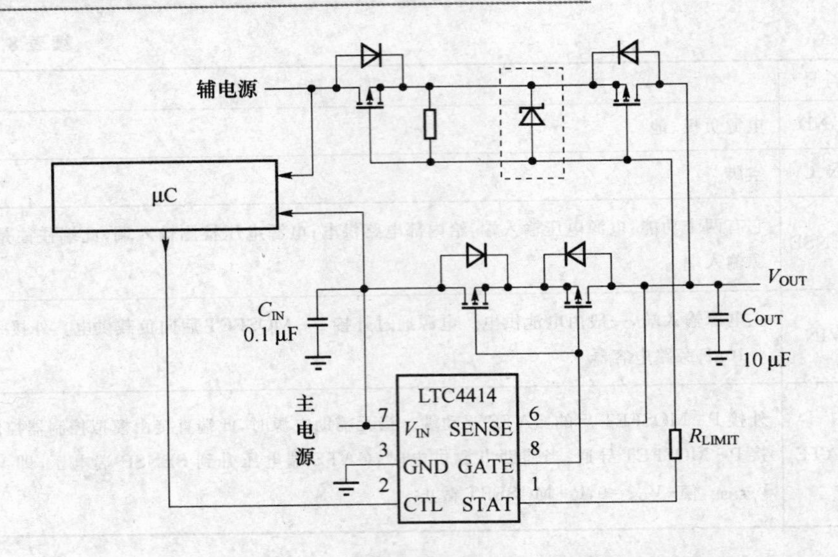

图 8.4.7　由微控制器控制的电源切换电路

8.4.4　MAX6870/1　多电压系统管理 IC 芯片

MAX6870 芯片集成了电源电压监视、电源上电顺序控制和简化余量过程所需的全部功能。MAX6870 的灵活性体现在：可以很方便地改变多个输入的电压门限、可以任意改变电源上电顺序、可以把输出结构任意配置为开漏、推挽或者加强型电荷泵结构、可以把其数字输入和数字输出设置为高电平有效或者低电平有效，此外，在余量过程中输出既可被禁止也可设为预定的状态。

1. MAX6870 内部结构

图 8.4.8 为 MAX6870 的内部功能框图。该电路有 6 个输入，可用于监视系统中各个电源的电压，还可同时承担其它任务。每个输入都可编程设置两个门限电平，既可设置为两个都是欠压检测状态，也可设置为一个是过压检测状态而另一个是欠压检测状态(即窗口检测器)。门限电平可以通过 I^2C 接口(SDA、SCL)进行设置，并保存在配置 EEPROM 中。

图 8.4.8 中的芯片可以监视多个电源电压并能进行上电顺序控制，可以读出被监视电压经 ADC 后的值，内带 EEPROM，一些关键参数如门限、电平、定时、逻辑关系、输出结构都可以很方便的进行调整。

2. MAX6870/1 应用电路

可编程系统管理芯片提供了一种灵活的手段，来监视和排序系统内的多组电源电压。MAX6870 芯片的应用电路如图 8.4.9 所示。

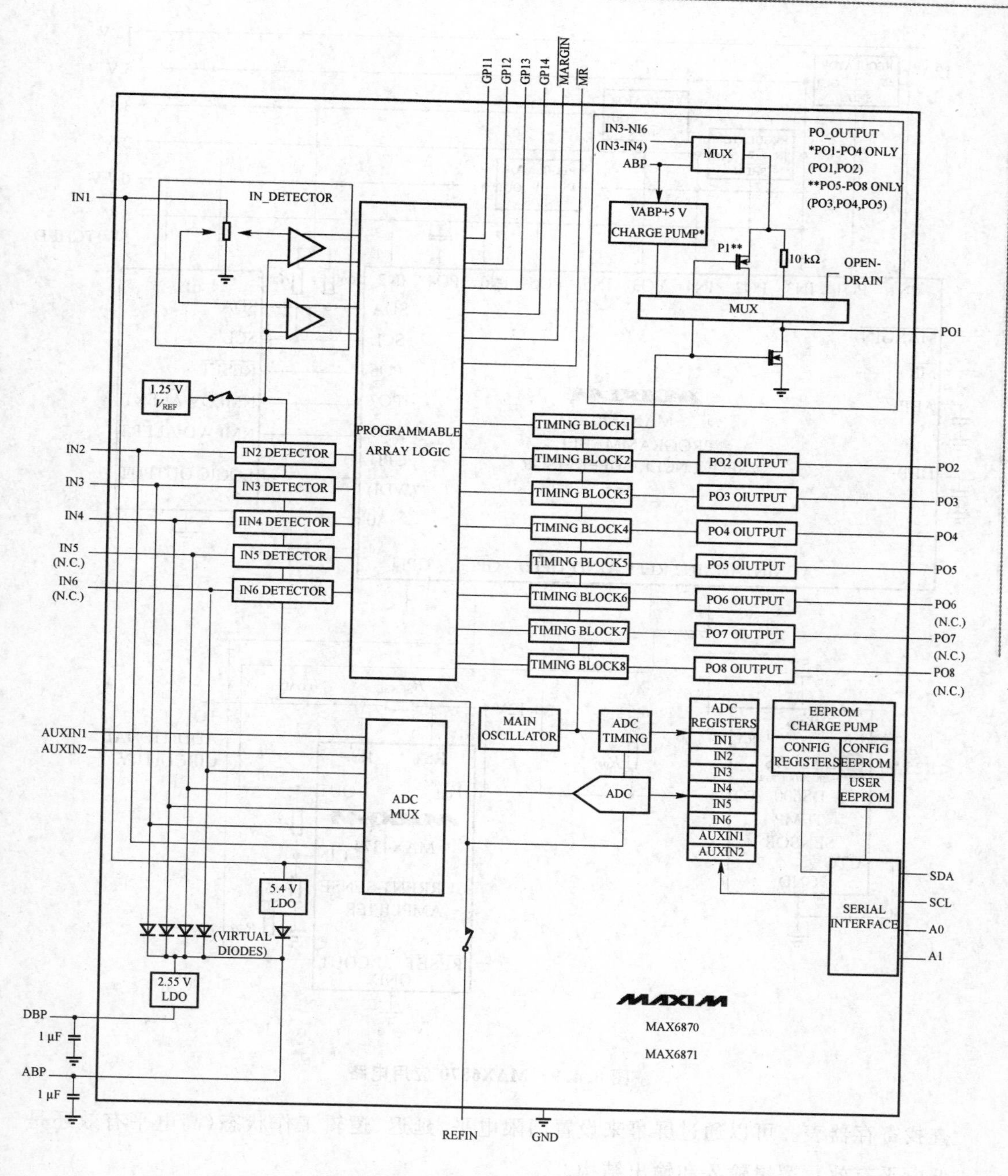

图 8.4.8　MAX6870 内部功能框图

3. MAX6870 评估板

为简化 MAX6870 的配置过程，MAX 公司提供了一个评估板，通过点击计算机屏幕即可输入正确的配置信息，每一个页面都可以对器件的部分参数进行设置，而不需要

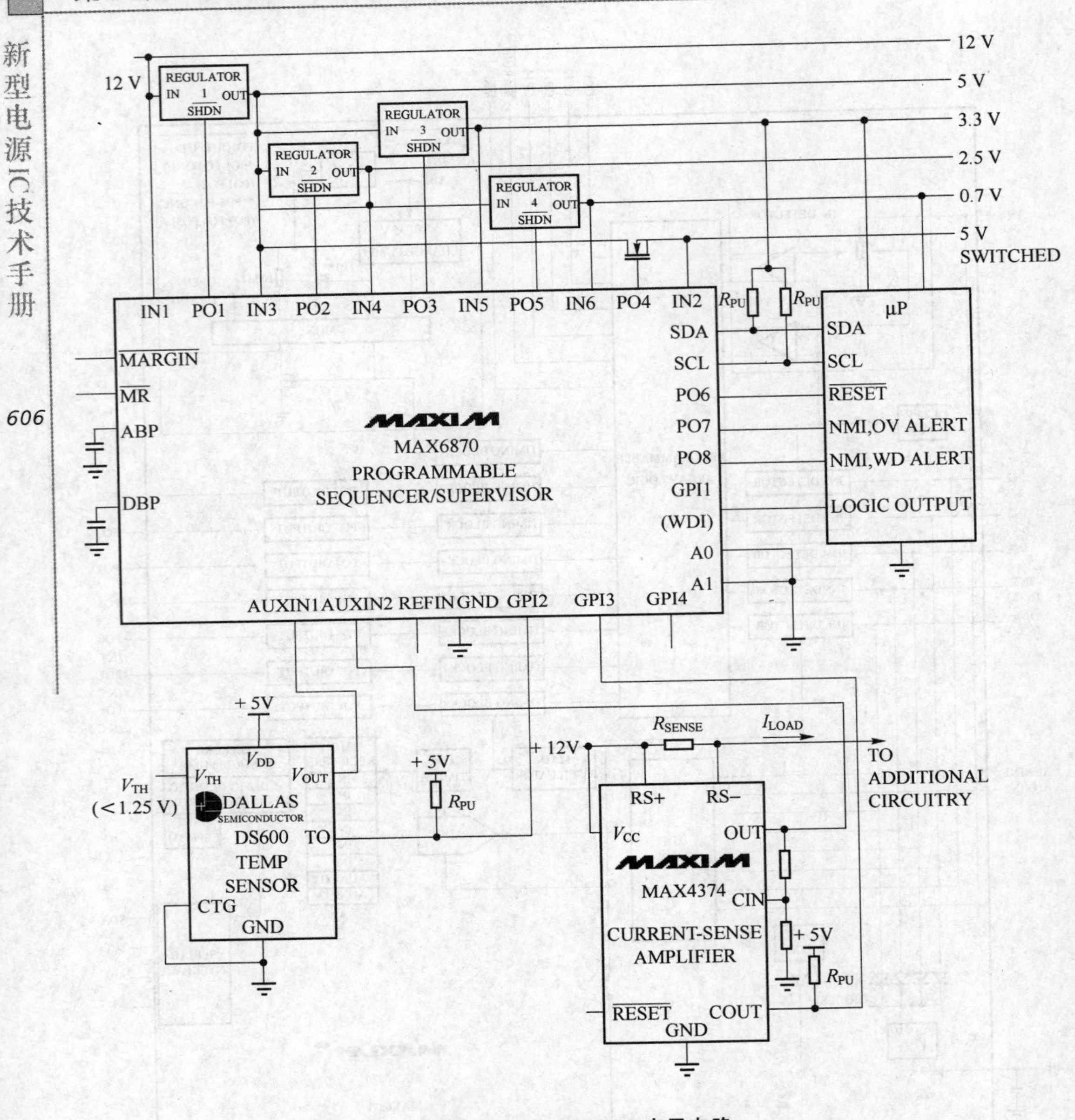

图 8.4.9 MAX6870 应用电路

查找寄存器表。可以通过屏幕来设置门限电平、延迟、逻辑工作状态(高电平有效还是低电平有效)、逻辑输入和输出结构。

图 8.4.10 是 MAX6870 Evaluation Software 的主配置界面。可以单击框图或标签中的某一个框对其进行设置。点击某一标签可打开对应的功能界面。例如,单击 Voltage Monitor 标签(图 8.4.11),可在随后显示的界面上轻松选择门限电平以及对输入进行配置;单击 Output 标签(图 8.4.12),可以把输出类型设置为开漏、推挽或加

强型电荷泵,还可以设置法定输出状态的输出逻辑。

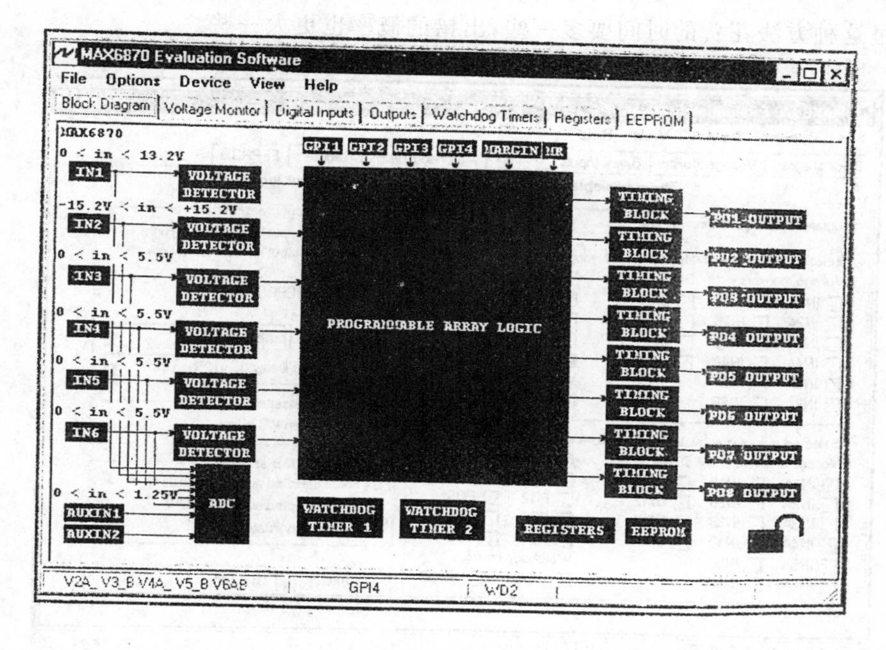

图 8.4.10 MAX6870 Evaluation Softuare 主配置界面

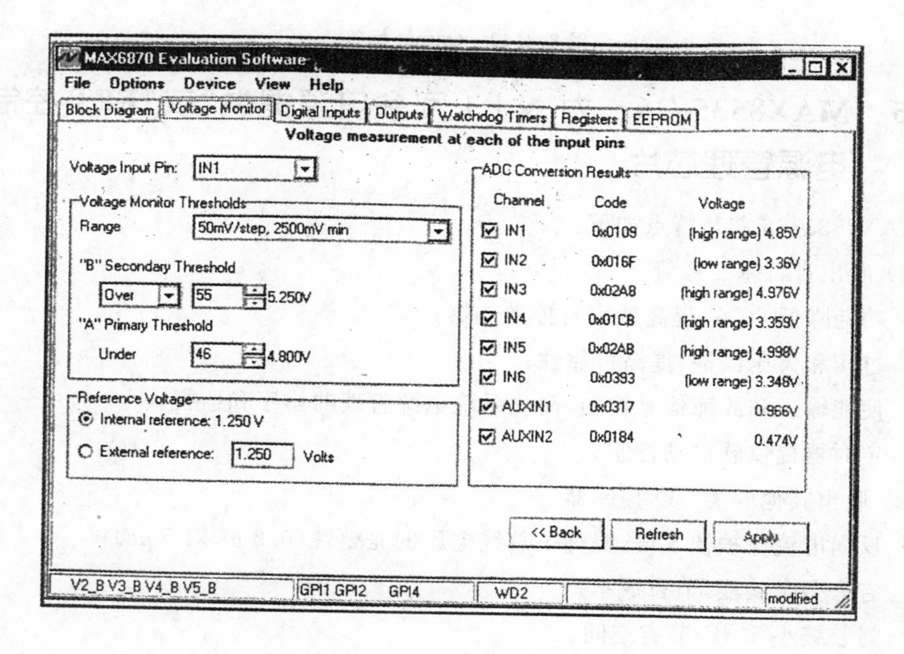

图 8.4.11 Voltage Monitor 标签

一旦完成了器件的配置,可以把这些配置数据保存到 EEPROM 中。此外这些配置数据还可以写成文件,调入到另外一个 MAX6870 中。当然,也可以通过 I^2C 接口直接写所有的配置寄存器和EEPROM。MAX6870数据手册中给出了这样做需要的参数。不过这种方法花费的时间要多一些，出错的概率也更大一些。

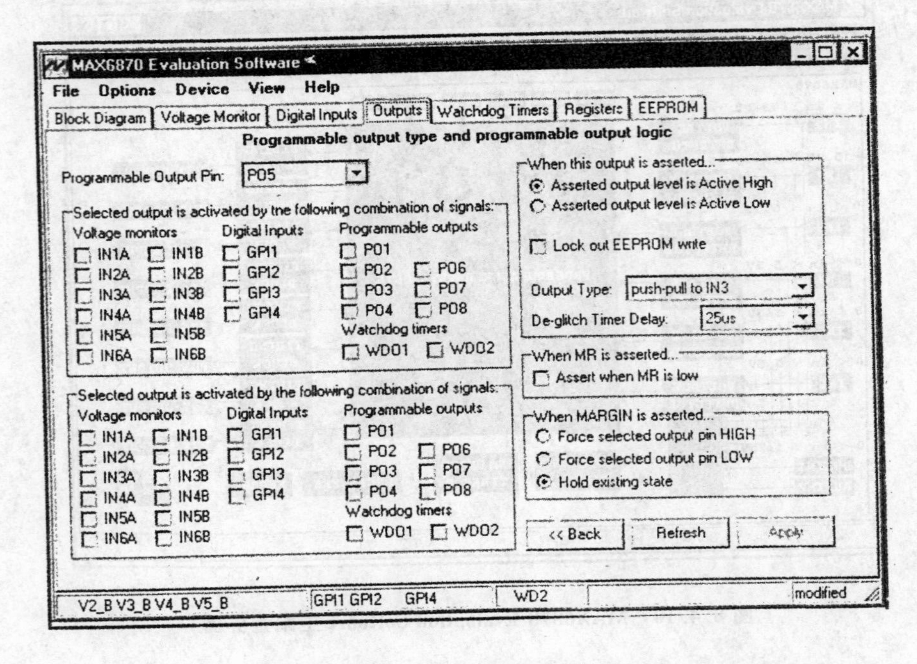

图 8.4.12 Output 标签

8.4.5 MAX8535/36 为 *N*+1 冗余电源提供"或"FET控制的电源管理芯片

MAX8535/36芯片特点如下：

(1) 胜出肖特基二极管

- 功耗降低80%，提高效率省掉散热器；
- 过压和欠压保护，提高可靠性；
- 使能输入和故障信号输出，简化系统电源管理的排序和监视；
- 定时器提供软启动控制。

(2) 胜出其他同类"或"控制器

- 反向电流保护快5倍，提高了总线电压的完整性(0.8 μs对5 μs)；
- 省去多余功能，节省成本；
- 封装缩小50%，节省空间。

MAX8535/36的应用电路如图8.4.13所示。

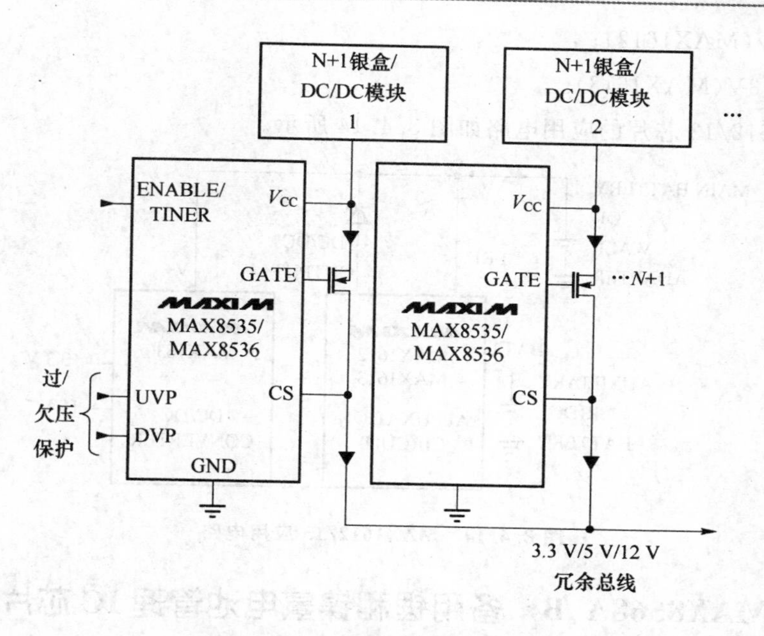

图 8.4.13　MAX8535/36 应用电路

8.4.6　MAX1612/13　笔记本电脑中桥接电池管理的备用控制器芯片

MAX1612/MAX1613 桥接电池备用控制器专用于笔记本电脑或其他便携式系统中桥接电池(又称为热交换或辅助电池)的管理。器件内部的升压型 DC/DC 变换器可将 2 或 3 节桥接电池的电压提升到主电池的高度。相比于 6 节电池加二极管“或”的桥接方式,这种技术大大减少了电池节数,因而也就降低了总体尺寸和成本。另外一个重要功能是涓充定时器,这项功能避免了持续不断的涓流充电造成的电流浪费,并最大限度降低了过量充电对电池造成的损伤。

芯片特点如下:

- 降低电池数量和成本;
- 可调节升压型 DC/DC 变换器;
- 涓充镍镉/镍氢电池;
- 常开的线性调节器(+28 V 输入);
- 低电池检测器;
- 18 μA 低电源电流;
- 可选择充电/放电速率;
- 预先设定的线性调节器输出电压:

• ＋5V(MAX1612)；

• ＋3.3V(MAX1613)。

MAX1612/13 芯片的应用电路如图 8.4.14 所示。

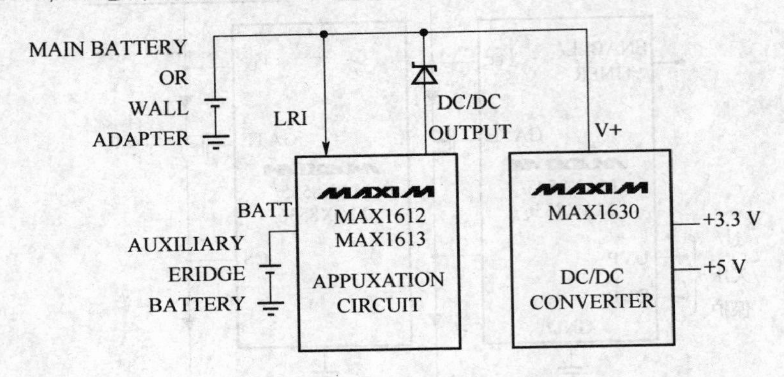

图 8.4.14 MAX1612/13 应用电路

8.4.7 MAX8568A /B 备用锂和镍氢电池管理 IC 芯片

MAX8568A 和 MAX8568B 是专为 PDA、智能电话和其他智能便携设备优选的充电和备用电源切换 IC。它们能够为锂和镍氢电池充电。利用一个低电流升压 DC/DC 变换器，仅靠单个镍氢电池就可为 2.5～3.3 V 逻辑提供备用电源。当片上电压监视器检测到主电失效时，该器件可以为最多两组系统电源(通常是 I/O 和存储器电源)提供备份。

原来的方案需要一个升压转换器、两个 LDO、一个电压基准、两个比较器和大量无源元件。

MAX8568A/B 芯片特点如下：

• 一片 IC 内包含了备用电池切换和充电功能；

• 可以为镍氢和锂电池充电；

• 备用电池升压转换器；

• 两路备份输出；

• 定价 12.3 元$^+$。

MAX8568A/B 的应用电路如图 8.4.15 所示。

8.4.8 MAX8594 五通道电源管理 IC 芯片

MAX8594 为低成本 PDA(个人数字助理)和智能电话提供完整的五通道电源管理方案。

芯片特点如下：

• 五组调节器具有内容开关和独立的使能引脚；

• 内置的电池欠压和电池空检测电路；

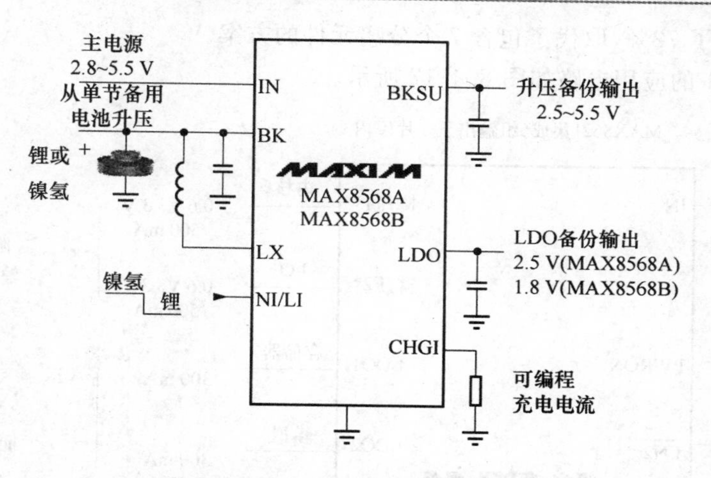

图 8.4.15 MAX8568A/B 应用电路

- 46 μA 静态电流；
- 外部元件数最少；
- 细小的 4 mm×4 mm TQFN 封装。

MAX8594 应用电路(简化图)如图 8.4.16 所示。

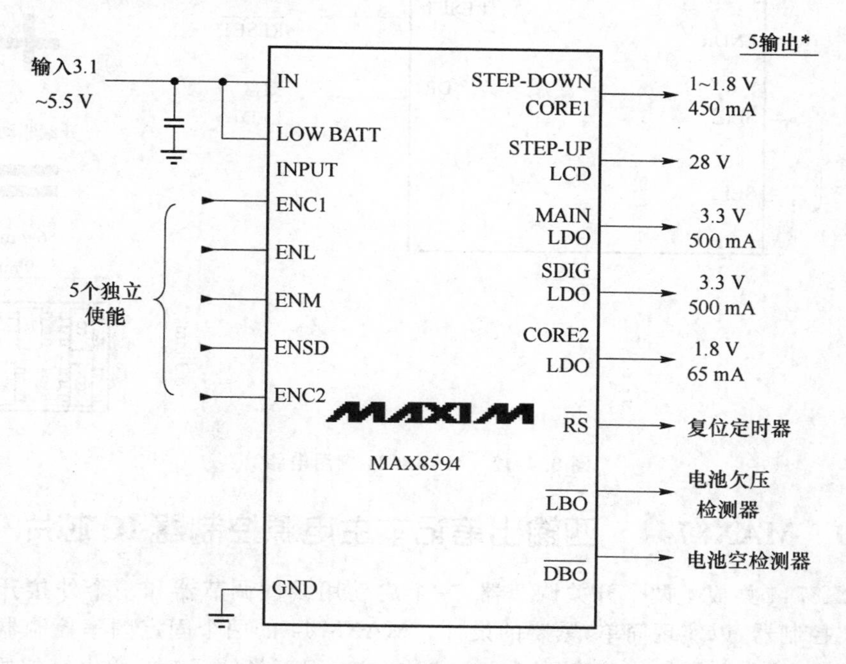

图 8.4.16 MAX8594 应用电路图

8.4.9 MAX8621 6 输出智能电话电源管理 IC 芯片

MAX8621 简化了基于 MSM™/OMAP™/Samsung 处理器的智能电话设计。使占用面积缩小了 72%，取代了包含 7 个分离元件的方案。

MAX8621 的应用电路如图 8.4.17 所示。

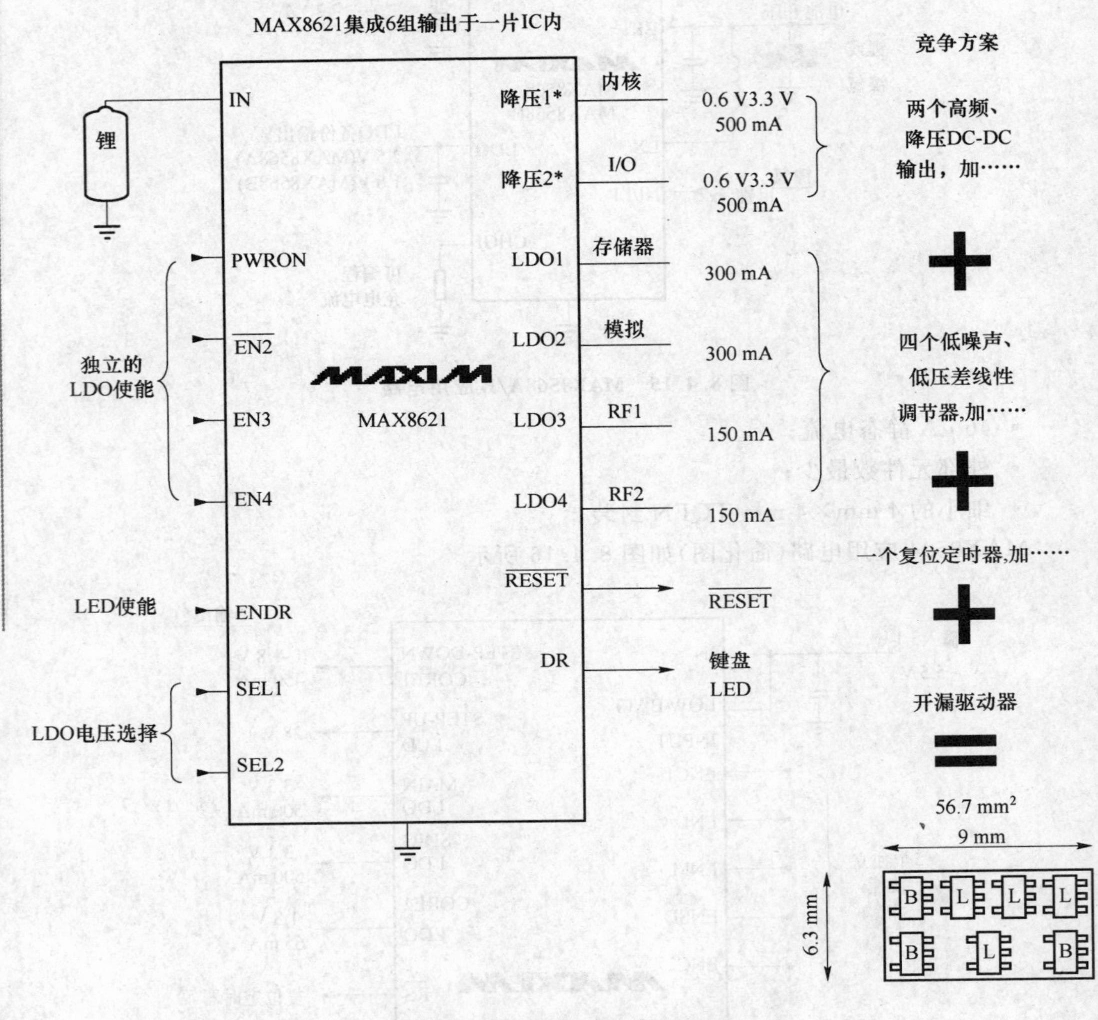

图 8.4.17　MAX8621 应用电路

8.4.10　MAX8744　四输出笔记本主电源控制器 IC 芯片

MAX8744 集成了两个开关调节器、一个启动用线性调节器和一个外接开关的线性调节器控制器，以实现简单、紧凑的设计。MAX8744 的两个固定频率控制器采用优化(40/60)交错机制尽可能地降低了输入纹波电流，因而降低了对输入电容的要求。集成的自举二极管、Dual Mode™ 反馈模式以及简化的控制逻辑等特性减少了外部元件的数量，降低了应用电路的成本。

芯片特点如下：

- 集成自举二极管，减少外部元件；

- 内部启动用 5 V 线性调节器具有 100mA 负载能力；
- 40/60 交错方式减少了输入电容数量；
- 精确的差分检流输入；
- 优化交错机制极大地降低了对输入电容的要求；
- 辅助的 12 V 或可调节外置开关线性调节器具有可调节的电流；
- Dual Mode 反馈——固定 5 V/3.3 V 或可调节输出电压；
- 200kHz/300kHz/500kHz 开关频率。

MAX8744 芯片的应用电路如图 8.4.18 所示。

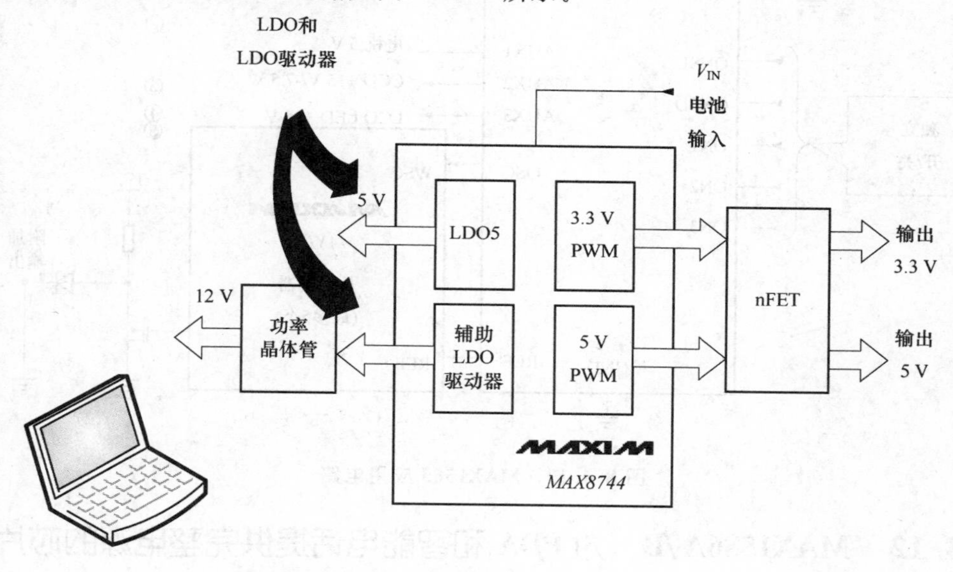

图 8.4.18　MAX8744 应用电路

8.4.11　MAX1565　数码照相机电源管理 IC 芯片

MAX1565 是一款完整的数码相机电源方案。它集成了高效率升压和降压 DC/DC 变换器以及三个辅助 PWM 控制器。两类变换器均采用内部 MOSFET 和同步整流器以实现高达 95％的效率，并降低了元件成本和尺寸。辅助 PWM 控制器采用外部 MOSFET，可用于驱动 CCD、LCD、执行电动机和背光电路等。MAX1565 还可配合 SOT23 封装的 MAX1801 PWM 从控制器以很低的成本进行扩展。

芯片特点如下：

- 效率 95％；
- 5 通道，可扩展 SOT23 从控制器；
- 32 引脚 QFN(5 mm×5 mm×0.8 mm)；
- 外部元件少；
- 可借助评估板加速设计进步；
- 售价＄2.60⁺。

MAX1565 应用电路如图 8.4.19 所示。

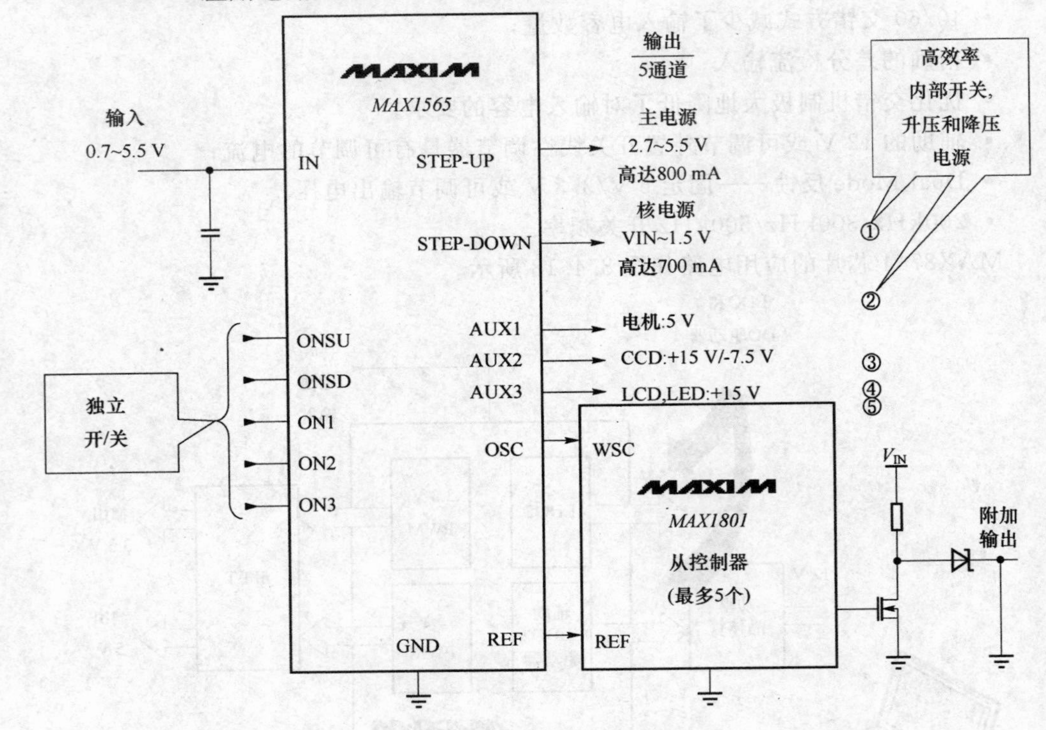

图 8.4.19　MAX1565 应用电路

8.4.12　MAX1586A/B　为 PDA 和智能电话提供完整电源的芯片

MAX1586/MAX1587 电源管理 IC 将七组高性能、低工作电流的电源和监控及管理功能集成在了一起，电源调节器包括三组超高效率降压型 DC/DC，三组线性调节器和一路常备输出(V7)。

为 PDA 和智能电话提供高效率、低 I_Q、具有动态内核，为采用 Intel XScale™微处理器的设备提供的完整电源。

芯片特点如下：

- 低工作电源；
- 60 μA 休眠模式(休眠 LDO 开通)；
- 5 μA 关断电流；
- 微型 6 mm×6 mm，40 引脚和 7 mm ×7 mm，48 引脚 TQFN 封装；
- 售价 44.0 元⁺。

MAX1586A/B 效率与负载电流的关系如图 8.4.20 所示，应用电路如图 8.4.21 所示。

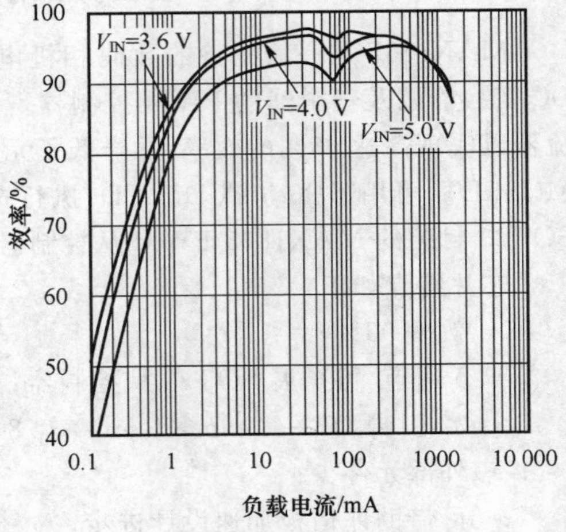

图 8.4.20　效率与负载电流关系

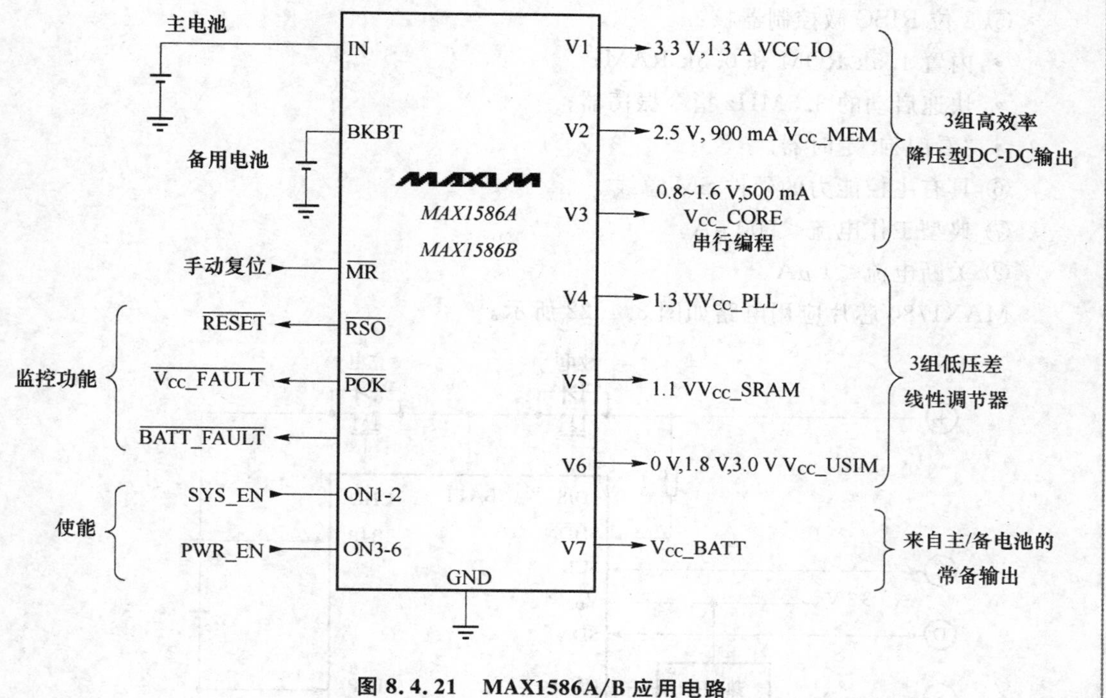

图 8.4.21 MAX1586A/B 应用电路

8.4.13 MAX1780 电池包管理器 IC 芯片

MAX1780 电池包控制器是一种智能电池包管理器，集成了一个用户可编程的微控制器核，一个基于库仑计数器的电量计，一个多通道数据采集单元和一个主/从式 SMBus™接口。8 位 RISC 控制器可由用户编程，并为电池包设计者开发电量计量和控制算法提供充分的机动性。数据采集单元可测量单体电池的电压(精确至 50 mV 以内)、电池组总电压(最高至 20.48 V)和芯片内/外的温度。利用其用户可调节的电流比较器和单体电池测量功能，MAX1780 不再需要单独的电池包保护 IC。

MAX1780 芯片特点如下：

① 用户可通过外部 EEPROM 进行编程。

② 基于电压-频率(V－F)转换技术的高精度电量计：

- 输入失调电压<1 μV；
- 无需外部校准，利于降低电池包成本。

③ 省去独立的保护 IC：

- 50 mV 精度的单体电池电压测量；
- 内置的保护 MOSFET 栅极驱动；
- 过充电和放电电流保护。

④ 完全集成的 LDO(V_{IN}＝4～28 V)。

⑤ 8 位 RISC 微控制器核：

- 内置 1.5k ROM 和 0.5k RAM；
- 快速启动的 3.5MHz 指令振荡器；
- “看门狗”定时器。

⑥ 具有主控能力的硬件 SM 总线。

⑦ 典型工作电流<500 μA。

⑧ 关断电流<1 μA。

MAX1780 芯片应用电路如图 8.4.22 所示。

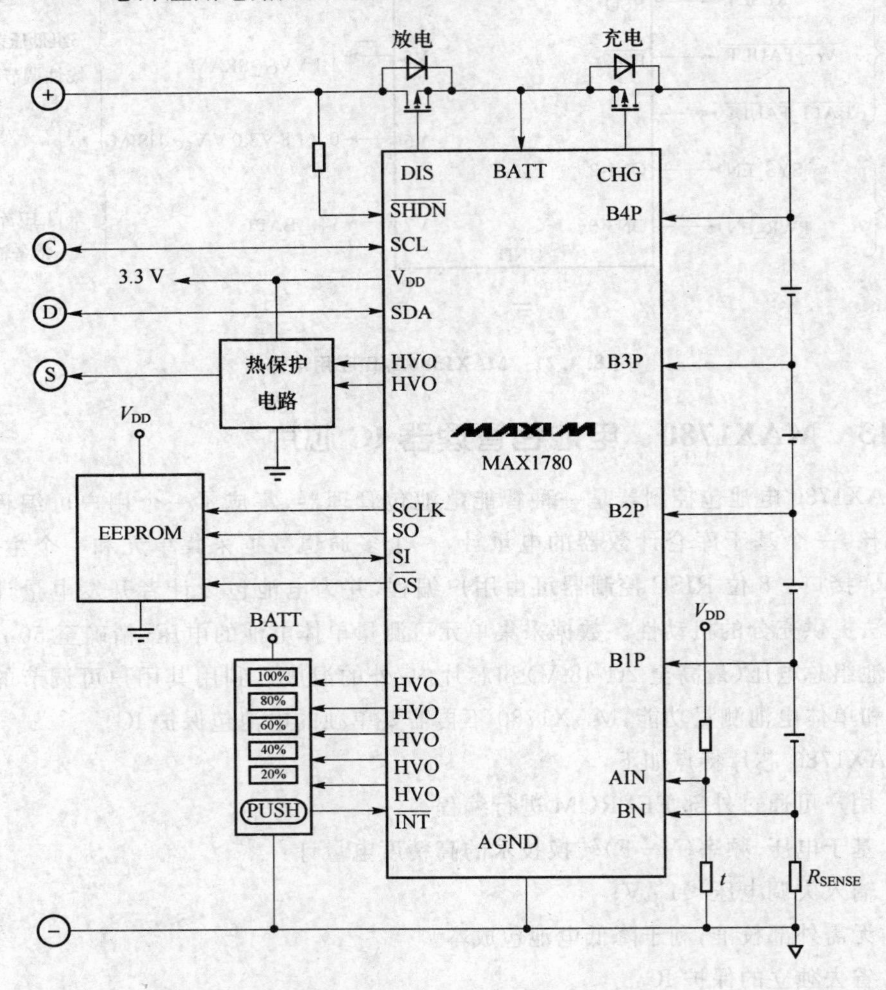

图 8.4.22　MAX1780 应用电路

8.4.14　ADM1184　±0.8%精度电压监控/时序控制 IC 芯片

多年来，工程师依靠 ADI 公司的模拟和混合信号 IC 实现电信、数据通信、医疗以及仪器仪表设计。通过将这些设计经验用于电源管理，ADI的解决方案不仅能提供相比同类产品而言更优越的功能，还可以改善模拟电路的性能。比如：ADM1184采用ADI公司±0.8%精度的基准电压源技术，提供了极佳的精度，防止在高性能应用中出现数据丢失和故障。

欲了解ADI公司在模拟领域40余年的领先经验如何帮助用户进行电源设计，请联系ADI公司电源产品技术支持，发送Email至power. management@analog. com。

ADM1184芯片内部结构及引脚如图8.4.23所示。

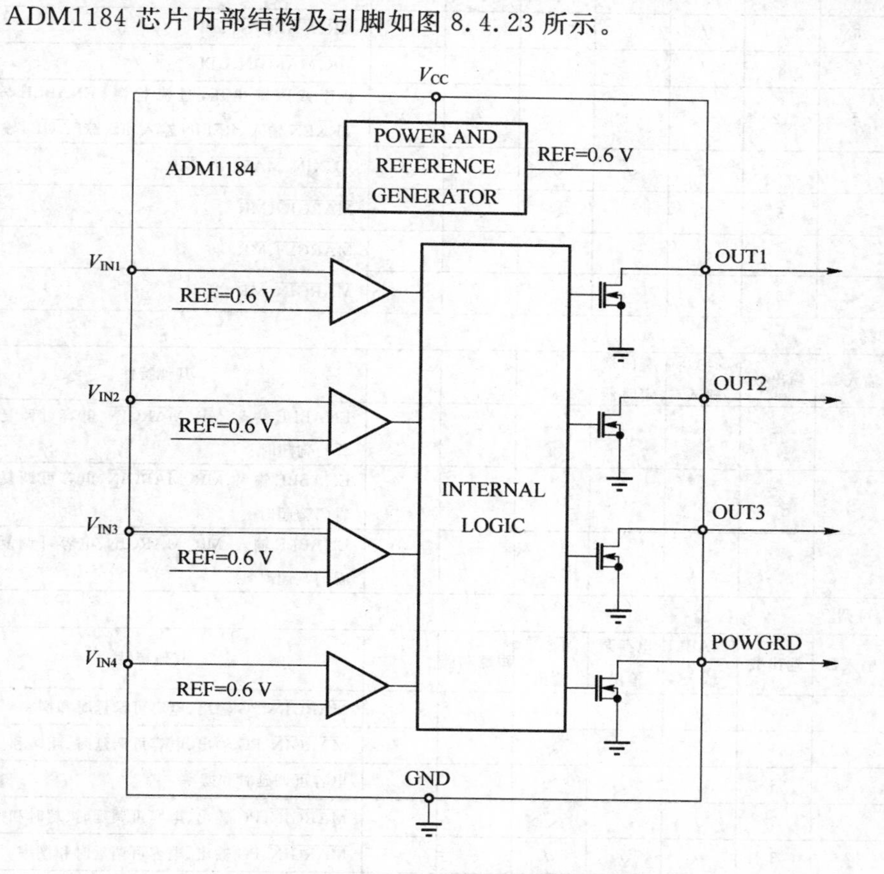

图8.4.23　MAX1184内部结构及引脚图

8.5　电源管理芯片树及表

电源排序、跟踪及管理芯片资料如表8.5.1、8.5.2和表8.5.3所列。

表8.5.1 MAX1M的电源排序器芯片

I^2C 可编程

型号	输入数	输出数	高电压输入	双极性输入	过压检测	电荷泵输出	ADC	其他特性
MAX6889	8	10	√					$\overline{\text{MR}}$、$\overline{\text{MARGIN}}$、GPI
MAX6870	6	8	√	√	√	√	√	AUXIN、$\overline{\text{MARGIN}}$、$\overline{\text{MR}}$
MAX6872	6	8	√	√	√	√		$\overline{\text{MARGIN}}$、$\overline{\text{MR}}$
MAX6874	6	8	√					$\overline{\text{MR}}$、$\overline{\text{MARGIN}}$、GPI
MAX6890	6	8	√					$\overline{\text{MR}}$、$\overline{\text{MARGIN}}$、GPI
MAX6876	4	12			√	√		排序或跟踪电压，过流检测、ENABLE输入、TRKEN输入、REFIN输入和跟踪$\overline{\text{FAULT}}$输出
MAX6871	4	5	√	√	√	√	√	AUXIN、$\overline{\text{MARGIN}}$、$\overline{\text{MR}}$
MAX6873	4	5	√	√	√	√		$\overline{\text{MARGIN}}$、$\overline{\text{MR}}$
MAX6875	4	5	√					$\overline{\text{MARGIN}}$、$\overline{\text{MR}}$
MAX6891	4	5	√					$\overline{\text{MARGIN}}$、$\overline{\text{MR}}$

通过引脚选择

型号	输入数	输出数	高电压输入	看门狗定时器				其他特性
MAX6892	8	10	√	√				ENABLE输入、$\overline{\text{MR}}$、$\overline{\text{MARGIN}}$、电容可调复位和看门狗超时
MAX6893	6	8	√	√				ENABLE输入、$\overline{\text{MR}}$、$\overline{\text{MARGIN}}$、电容可调复位和看门狗超时
MAX6894	4	6	√	√				ENABLE输入、$\overline{\text{MR}}$、$\overline{\text{MARGIN}}$、电容可调复位和看门狗超时

电阻和电容可调

型号	输入数	输出数	ENABLE输入	电荷泵输出	$\overline{\text{RESET}}$输出	跟踪功能		其他特性
MAX6877	3	4	√	√	√	√		$\overline{\text{MARGIN}}$、PG输出、电容可调延时和摆率
MAX6880	3	4	√	√	√			$\overline{\text{MARGIN}}$、PG输出、电容可调延时、超时和摆率
MAX6881	3	3	√	√				电容可调延时和摆率
MAX6882	2	3	√	√	√			$\overline{\text{MARGIN}}$、PG输出、电容可调延时、超时和摆率
MAX6878	2	3	√	√	√			$\overline{\text{MARGIN}}$、PG输出、电容可调延时和摆率
MAX6883	2	2	√	√				电容可调延时和摆率
MAX6879	2	2	√	√		√		电容可调延时和摆率

小巧型

型号	输入数	输出数	ENABLE输入	电荷泵输出	$\overline{\text{RESET}}$输出	跟踪功能	其他特性
MAX6741/44	2	2			√		Power-OK输出
MAX6391/92	2	2			√		$\overline{\text{RESET1}}$和$\overline{\text{RESET2}}$排序输出
MAX6819	2	1	√	√			200ms GATE延时
MAX6820	2	1		√			电容可调GATE延时
MAX6895-98	1	1	√				微型、1 mm×1.5 mm μDFN、电容可调延时

表 8.5.2 MAX1M 的电源跟踪器芯片

型号	输入数	输出数	ENABLE 输入	$\overline{\text{MARGIN}}$ 输入	PG 输出	过压检测	其他特性
MAX6876	4	I^2C	√	√	√	√	跟踪$\overline{\text{FAULT}}$输出、过流检测、TRKEN 输入和 REFIN 输入
MAX6877	3	可调	√	√	√		跟踪$\overline{\text{FAULT}}$输出、电容可调延时、超时和摆率
MAX6878	2	可调	√	√	√		跟踪$\overline{\text{FAULT}}$输出、电容可调延时、超时和摆率
MAX6879	2	可调	√				跟踪$\overline{\text{FAULT}}$输出、电容可调延时、超时和摆率

表 8.5.3 MAX1M 管理芯片树

电池管理 IC

电池组保护器

- ☆DS2720 1 节 Li+电池
- ☆DS2764 DS2760/DS2761/DS2762 Li+电池电量计和电池组保护器
- ★☆DS2790 可编程电量计，Li+电池保护器
- ☆MAX1666 2 至 4 节 Li+电池 SMBus
- ☆MAX1894X 4 节 Li+电池
- ☆MAX1906S 2 节锂电池
- ☆MAX1906 V 3 节 Li+电池
- ☆MAX1906X 4 节 Li+电池
- ☆MAX1924 V 3 节 Li+电池
- ☆MAX1924X 4 节 Li+电池

电池组控制器

- ★☆DS2790 可编程电量计，Li+电池保护器
- ☆MAX1780 基于 RISC 核的电量计，V-F，电压 ADC，SMBus
- ☆MAX1781/MAX1782 基于 RISC 核的电量计，V-F，电压 ADC，

电池组 ID

- ☆DS2436 数字温度计，EEPROM，电压 ADC
- ☆DS2438 电量计，电压 ADC，数字温度计 EEPROM
- ★DS25LV02 ID 和 1024 字节 EPROM
- ☆DS2703 ID 和 SHA-1 加密
- ★DS2704 ID 和 SHA-1 加密、1280 字节 EEPROM
- ☆DS2740 电量计
- ☆DS2751 多化学类型电量计
- ☆DS2755 电量计和快照模式
- ★☆DS2756 电量计和挂起模式
- ☆DS2764，DS2760/DS2761/DS2762 Li+电池电量计和电池组保护器
- ☆DS2770 电量计和 Li+/NiMH 充电器
- ★☆DS2780/DS2781/DS2782 独立式电量计

电量计

- ☆DS2438 电量计，电压 ADC，数字温度计，EEPROM
- ☆DS2703 ID 和 SHA-1 加密
- ☆DS2740 电量计
- ☆DS2745 2 线电量计
- ☆DS2751 多化学类型电量计
- ☆DS2755 电量计和快照模式
- ★DS2756 电量计和挂起模式
- ☆DS2764，DS2760/DS2761/DS2762 Li+电池电量计和电池组保护
- ☆DS2770 电量计和 Li+/NiMH 充电器
- ★☆DS2780/DS2781/DS2782 独立式电量计
- ★☆DS2790 可编程电量计，Li+电池保护器
- ☆MAX1780/MAX1781/MAX1782 基于 RISC 核的电量计，V-F，电压 ADC，SMBus

辅助电源

- ☆MAX1538 电源选择器，双电池系统
- MAX1615 备用 LDO，28V_{IN}，8μA_{IQ}
- MAX1725/MAX1726 备用 LDO，12 V_{IN}，2μA_{IQ}
- ☆MAX1776 备用降压变换器，8 引脚 μMAX 封装，24V_{IN}，500mA 输出，15μA_{IQ}
- ☆MAX1836/MAX1837 备用降压，6-SOT23，24V_{IN}，125mA/250mA 输出，12μA_{IQ}
- ☆MAX8568A/MAX8568B 完备的备用电池管理 IC，适用于 Li+离子和 NiMH 钮扣电池

电池充电器

- ☆DS2711/DS2712 1 至 2 节 NiMH 充电器 碱性电池检测
- ☆DS2715 1 至 10 节 NiMH 充电器
- ☆DS2770 带电量计的 Li+/NiMH 脉冲式充电器
- ☆MAX1501 14V_{IN}，线性，Li+电池，温度调整，内置定时器
- ☆MAX1507/MAX1508 14V_{IN}，线性，Li+电池，温度调整，小尺寸，$\overline{\text{ACOK}}$(MAX1508)
- ☆MAX1535C 1~4 节 Li+/NiMH
- ☆MAX1551/MAX1555 双输入，单节 Li+电池线性充电器，高达 350 mA 充电电流
- ☆MAX1645B 2 至 4 节 Li+/NiMH 开关型，充电器
- ☆MAX1737 1 至 4 节 Li+离子开关充电器，最小的充电电流容差
- ☆MAX1772 2 至 4 节 Li+/NiMH 开关型充电器，不带 SMBus
- ☆MAX1811 1 节 Li+电池线性充电器，由 USB 端口供电
- ☆MAX1870A 升/降压，多化学类型，可编程
- ☆MAX1783 2~4 节 Li+电池开关式，更低成本
- ☆MAX1874 1 节 Li+电池线性充电器，双输入，由 USB 或交流适配器供电
- ☆MAX1879 1 节 Li+电池脉冲式充电器
- ☆MAX1898 1 节 Li+电池线性充电器，12V_{IN}
- ☆MAX1908/MAX8724/MAX8765 2~4 节 Li+电池双电池系统开关充电器
- ☆MAX1909/MAX8725/MAX8730 2~4 节 Li+电池单电池系统开关充电器
- ☆MAX1925/MAX1926 1~4 节 Li+电池开关型，12V_{IN}，温度传感器和定时器
- ☆MAX8600/MAX8601 单/双（USB/适配器），1A Li+电池，温度调整
- ★☆MAX8606 1 节 Li+、线性、双输入、USB/交流适配器、集成电池断开开关
- ☆MAX8713 1~4 节 Li+电池，SMBus 智能充电器，多化学类型
- ★☆MAX8731 1~4 节 Li+/NiMH SMBus 充电器

★新产品
☆备有评估板

表8.5.4 Intersil的DC/DC稳压器、脉宽调制器与低压降(LDO)稳压控制器用电源管理芯片

3.3 V输入	V_{IN}(V)		I_{OUT}(最大值)/A	输出号	内部场效应管	V_{OUT}(V)		设备说明	封装
	最小值	最大值				最小值	最大值		
ISL6410	3	3.6	0.6	1	有	1.2	1.8	0.6A脉宽调制稳压器,V_{OUT}为1.8、1.5或1.2 V可选,f_{sw}为750 KHz,可调的POR延时,QFN封装	10 MSOP, 16 QFN
ISL6455	3	3.6	0.6	3	有	0.8	2.5	0.6A脉宽调制稳压器和双0.3A低压降(LDO)稳压器与复位	24 QFN
ISL8011	2.5	5.5	1	1	有	0.8	V_{IN}	1.2A脉宽调制稳压器f_{sw}为1.4 MHz	DFN-10
EL7536	2.5	5.5	1	1	有	0.8	V_{IN}	1A脉宽调制稳压器,上电复位时间为100 ms功率,f_{sw}为1.5 MHz	10 MSOP
EL7532	2.5	5.5	2	1	有	0.8	V_{IN}	2A脉宽调制稳压器,上电复位时间为100 ms功率,f_{sw}为1.5 MHz	10 MSOP
ISL8013	2.5	5.5	3	1	有	0.8	V_{IN}	3A脉宽调制稳压器,上电复位时间为100ms	14HTSSOP
EL7554	3	6	4	1	有	0.8	V_{IN}	4A脉宽调制稳压器,±5%电压边限与顺序	28HTSSOP
EL7566	3	6	6	1	有	0.8	V_{IN}	6A脉宽调制稳压器,±5%电压边限与顺序	28HTSSOP
ISL65424	2.375	5.5	4	2	有	0.6	V_{IN}	双4AI_{OUT}、f_{sw}为1.5 MHz;可编程I_{OUT}与V_{OUT}	50 QFN
ISL65426	2.375	5.5	6	2	有	0.6	V_{IN}	双6AI_{OUT}、f_{sw}为1.5 MHz;可编程I_{OUT}与V_{OUT}	50 QFN
ISL6406	3	3.6	20	1		0.8	0.95×V_{IN}	脉宽调制控制器、f_{sw}为100 kHz至770 kHz可调,带外部频率同步	16 SOIC; 16 TSSOP, 16 QFN
ISL6439	3	3.6	20	1		0.8	V_{IN}	脉宽调制控制器、f_{sw}为300或600kHz	14 SOIC, 16 QFN
ISL6527/A	3	3.6	20	1		0.8	V_{IN}	脉宽调制控制器、f_{sw}为300或600kHz,外部参考电压	14 SOIC, 16 QFN
ISL8104	1.2	12	20	1		0.6	V_{IN}	脉宽调制控制器、f_{sw}为50kHz至1.5 MHz	14 SOIC
ISL8105/A	1	12	20	1		0.6	V_{IN}	脉宽调制控制器、f_{sw}为300kHz或600kHz	14 SOIC
ISL8502*	4.5	5.5	2	1	有	0.6	V_{IN}	2A脉宽调制稳压器,带集成MOSFET(金属氧化物半导体场效应管)	24 QFN
ISL8501*	4.5	5.5	1	1	有	0.6	V_{IN}	1A脉宽调制稳压器,双0.45A低压降(LDO)稳压器	24 QFN
ISL6440	4.5	5.5	10	2		0.8	0.9×V_{IN}	双脉宽调制控制器,宽输入电压,f_{sw}为300kHz	24 QSOP
ISL6445	4.5	5.5	10	2		0.8	5.5	双同步Buck型脉宽调制控制器,宽输入电压,f_{sw}为1.4 MHz	24 QSOP
ISL6441	4.5	5.5	6	3		0.8	0.7×V_{IN}	双脉宽调制控制器,宽输入电压,f_{sw}为1.4 MHz与线性控制器	28 QFN
ISL6410A	4.5	5.5	0.6	1	有	1.2	3.3	0.6A脉宽调制稳压器,V_{OUT}可选3.3、1.8或1.2V,f_{sw}为750 kHz,可调的POR延时,QFN封装	10MSOP, 16 QFN

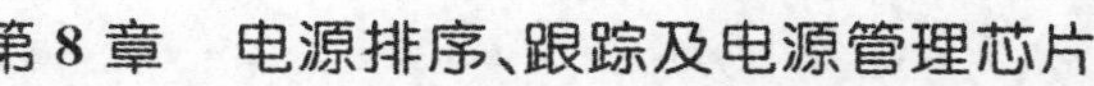

续表 8.5.4

3.3 V 输入	V_{IN}(V)		I_{OUT}(最大值)/A	输出号	内部场效应管	V_{OUT}(V)		设备说明	封装
	最小值	最大值				最小值	最大值		
ISL6455A	4.5	5.5	0.6	3	有	0.8	3.3	0.6A 脉宽调制稳压器与双 0.3A 低压降,(LDO)稳压器与复位	24 QFN
ISL8101	5	12	≥60	1		0.6	2.3	两相 Buck 型脉宽调制控制器,带 MOSFET(金属氧化物半导体场效应管)驱动器,f_{sw}为 250kHz/相	24 QFN
ISL8102	5	12	80	1		0.6	2.3	两相 Buck 型脉宽调制控制器,带高电流 MOSFET(金属氧化物半导体场效应管)驱动器,f_{sw}为 1.5 MHz/相	32 QFN
ISL8103	5	12	100	1		0.6	2.3	三相 Buck 型脉宽调制控制器,带高电流 MOSFET(金属氧化物半导体场效应管)驱动器,f_{sw}为 1.5 MHz/相	40 QFN

第 9 章

LED 驱动器电源芯片

9.1 发光二极管(LED)驱动器概述

9.1.1 LED 简介

早期的发光二极管(LED)的发光强度很弱。随着半导体材料及半导体工艺技术，设备的发展，LED 的亮度不断提高，近 30 年 LED 的发光强度提高了 8000 倍左右。发光效率提高了 250 倍以上。

白光 LED 的诞生更是一个突破，它是小型彩色 LCD 背光照明的最佳选择，这是因为它能使 LCD 色彩更逼真、色度更饱和，并且电路简单、占印制板体积小、耗电省、价格较便宜的缘故。

白光是复合光，可以用红、绿、蓝(R、G、B)三基色 LED 混合成白光。这种三基色灯用单片机来控制可发出七色光及白光的变色灯，另外，采用 RGB 三种管芯组成的 RGB LED 常用于手机的变色背光。采用 R、G、B 三色 LED 也可以组成彩色 LED 显示屏的像素，用它组成彩色 LED 显示屏，这也称作 RGB 技术。它能支持丰富的色彩和可调色温的白光。

在高亮度蓝光 LED 管芯上加一层荧光粉，用蓝光激发荧光粉发出白光的白光 LED。采用不同的荧光粉，可发出冷白光(色温为 4500～10 000 K)及暖白光(色温为 2 850～3 800 K)的白光 LED。

调节 LED 的亮度(明暗)，有两种驱动方式，一种是改变 LED 的电流的大小，称为模拟调制，另一种是向 LED 提供幅度不变的脉冲电流，改变脉冲的占空比，成为脉冲宽度调制(PWM)。

也可以用以上方式分别调节绿、蓝(R、G、B)三基色 LED 的电流，从而改变 LED 或 LED 显示屏的像素颜色。

白光 LED 和 RGB 三色 LED 现已广泛应用于家庭、商业或公共场所明、DVD、笔记本电脑、手机面板和键盘、数码照相机的闪光灯、电视机的彩色显示屏的背光，广场上的超大屏幕的彩色 LED 显示屏；广告灯、路灯及交通标志灯五彩缤纷的各种 LED 装饰灯；汽车及运输工具的内外照明等。

有机发光二极管(OLED)作为一种新兴的显示技术，近年来也逐渐应用在便携设备及至大中尺寸平板显示屏之中。最初的无源矩阵 LED(PMOLED)的显示尺寸局限在 1.8 in 以下,后来又出现有源矩阵 LED(AMOLED)就没有尺寸方面的限制和普通 LED 相比,OLED 有很多优势,它的每个像素都可自行发光,不需要背光,所以视角宽、对比度高、响应快、更轻更薄更省电。

9.1.2 对发光二极管(LED)驱动器的要求

LED 驱动电路是 LED 产品的重要组成部分.其主要功能是将电源电压转换为恒流电源,同时按照 LED 器件的要求完成与 LED 的电压和电流的匹配。

白光 LED 驱动器除可驱动白光 LED 外,它也可驱动蓝色 LED 或其他颜色 LED。另外,由于它具有稳定输出或可编程恒流输出的特点,也可用作稳压电源或可编程恒流源。

对白光 LED 驱动器的主要要求,是可以驱动正向压降 3.0～4.3 V 的白光 LED,并满足驱动电流的要求。还要根据需要驱动串联、并联或串并联的多个白光 LED。具体的性能要求如下:

① 驱动器有高的功率转换效率,以提高电池的寿命或两次充电之间的时间间隔;目前高的可达 80%～90%,一般可达到 60%～80%;

② 在多个 LED 并联使用时,要求各 LED 的电流相匹配,使亮度均匀;

③ 低功耗,静态电流小,并且有关闭控制,在关闭状态时一般耗电小于 1 μA;

④ LED 的最大电流可设定,使用过程中可调节(亮度调节);

⑤ 有完善的保护电路,如低压锁存、过压保护、过热保护、输出开路或短路保护;

⑥ 小尺寸封装,并要求外围元件少而小,使占印制板体积小;

⑦ 对其他电路干扰影响小;

⑧ 使用方便,价位低。

9.1.3 发光二极管(LED)驱动器的分类

依电路结构可以将驱动器分成线性稳压器(LDO)和开关稳压器:

① 线性稳压器(LDO)结构简单、成本低、噪声低、尺寸小、设计简单、静态电流低。用于供给有少量 LED 的装置中。

② 开关稳压器的效率高,可达 70%～85%。又可分为电感型和电荷泵型。

电感升压驱动器能效高达 90%,大多能驱动多达 5 个以上的串联 LED(输出电压达 21 V 以上)。具有理想的照明/电流匹配特性。

电荷泵型驱动器不需要电感,只需配备电容和电阻,所以成本低尺寸小,适合用于 LCD 屏的 LED 背光驱动器等。

依供电电压的高低可以将驱动器分成三类:

① 由电池供电,大多数便携式电子产品都采用锂离子电池作电源,它们在充满电之后约为 4.2 V,安全放完电后约为 2.8 V,显然白光 LED 不能由电池直接驱动,因而需要使用升压电路在整个电池使用周期内不间断地为 LED 稳定供电。

这种驱动器的供电电压一般低于 5 V,主要用于便携式电子产品,驱动小功率及中功率白色 LED,主要采用电感升压式 DC/DC 变换器或升压式(或升降压式)电荷泵转换器,少数采用线性稳压器 LDO 电路的驱动器。

② 由稳压电源或电瓶电,大于 5 V 电,如 6 V、9 V、12 V、24 V(或更高),它主要用降压式或升降式 DC/DC 变换器,主要驱动 LED 灯。

③ 由市电电交流(110 V 或 220 V)或相应的高压直流电,如 40～400 V,主要用于驱动大功率白色 LED 灯,采用降压式 DC/DC 变换器驱动电路。

依驱动器的复杂程度也可分成单个 LED 驱动器、多功能 LED 驱动器、和智能 LED 驱动器(LED 灯光管理器)。后者是利用微机通过编程实行控制的。

9.1.4 LED 驱动器的参数

LED 驱动器的主要参数如下:

- 输入电压(包括最大输入电压和最小输入电压),单位为 V;
- 工作电流,单位为 mA;
- 输出电压(部分产品输出电压可调),单位为为 V;
- 典型输出电流(实际值与负载有关),单位为 mA;
- 工作频率(部分产品内 PWM 调光),单位为 Hz;
- 最大变换器(与输出电流等条件有关),单位为%。

此外还有封装类型、封装尺寸、工作温度、保护方式(热保护、开路保护、过压保护等)。

9.1.5 发光二极管(LED)驱动器的发展趋势

目前,用小功率白色 LED 做 LCD 背光照明的驱动器在数量上是占首位的,产量极大。作为照明灯、闪光灯的白色 LED 驱动器由于应用时间不长,还有很大的发展空间。驱动器是随着白色 LED 的应用发展而发展的,最有发展前途的是将现有汽车上的白炽灯更换成 LED 灯。现在汽车上已有制动灯、转弯灯、散雾灯采用 LED 来代替白炽灯。从发展来看,车内的照明灯、倒车灯及前车灯都有可能用大功率 LED 来代替。虽然其中有不少是红色 LED 或黄色 LED,但目前,用这种超亮度白色 LED 配上红色或黄色 LED 透明塑料罩代替红色 LED 或黄色 LED,可能会有更好的效果。

OLED 驱动器的品种和型号也随着 AMOLED 的发展而与日俱增。

由于 LED 机械强度大,抗振能力引、寿命长、耗电省,可组成节电的免维修的汽车灯(因为它的寿命比汽车本身的寿命还长)。

汽车的电瓶电压目前是 12 V,由于汽车的用电量越来越大,将来的标准电压是 42 V,则开发 42 V 供电的汽车用驱动器将是一种发展的新产品。汽车照明灯是白色 LED 的一个大用户,大功率驱动器有很大的发展空间。

近年来,逐步推广节能荧光灯有较好的节电效果。从国外资料看,采用市电(110 V_{AC}或 220 V_{AC})供电的白色 LED 灯(螺扣灯泡)已上市。有一种 LED 的功率为 2.2 W,而亮度却相当于 25～30 W 的白炽灯,驱动器电路做在灯头里,使用十分方便,省电效果比节能的荧光灯更好,并且寿命长达 10 000～50 000 h。

从发展来看，用市电供电的驱动器是发展的大方向，目前这种驱动器数量不多，提高 220 Vac 供电的效率是一个新课题。

9.2 电感升压式 LED 驱动器

9.2.1 BL8532 可驱动 32 个 LED 的驱动器芯片

BL8532 用于 LED 驱动的 PWM 控制模式的开关型 DC/DC 升压，恒流芯片，输出电流可恒定在 0～500 mA，可驱动多达 32 个小功率 LED，图 9.2.1 是基应用电路实例。

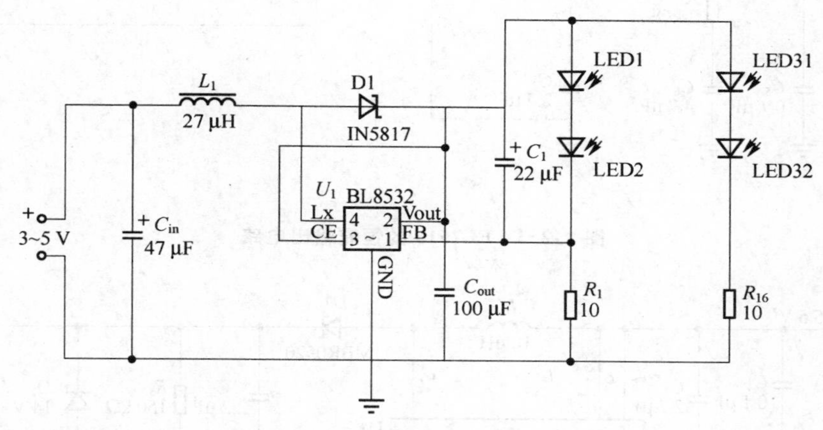

图 9.2.1　BL8532 背光驱动电路原理图

9.2.2 EL7516 高效、大电流 LED 驱动器

EL7516 工作于 1.2 MH 定频 PWM 模式，内置 1.5 A、200 mΩ MOSFET 可实现对大电流 LED 的驱动。图 9.2.2 是典型应用电路，图 9.2.3 是用于驱动 4 个 300 mA WLED 的恒流电路，图 9.2.4 是图 9.2.3 的改进电路，它可以减少 R_L 的功耗。

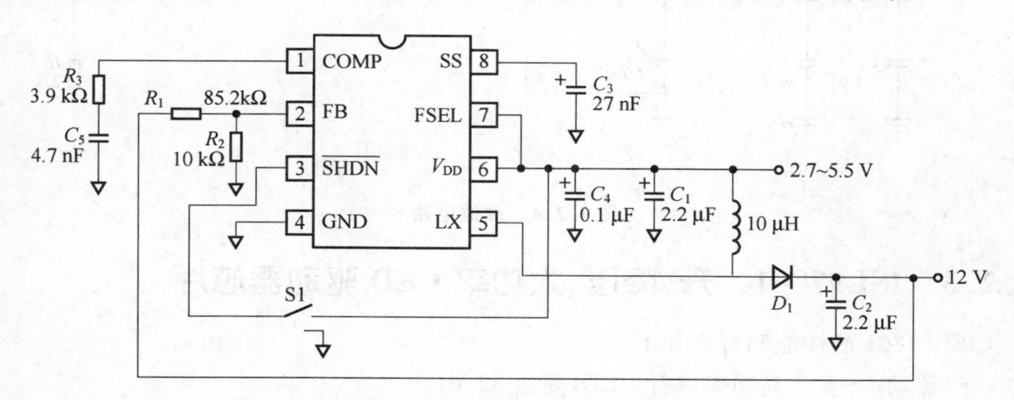

图 9.2.2　EL7516 的恒压输出电路

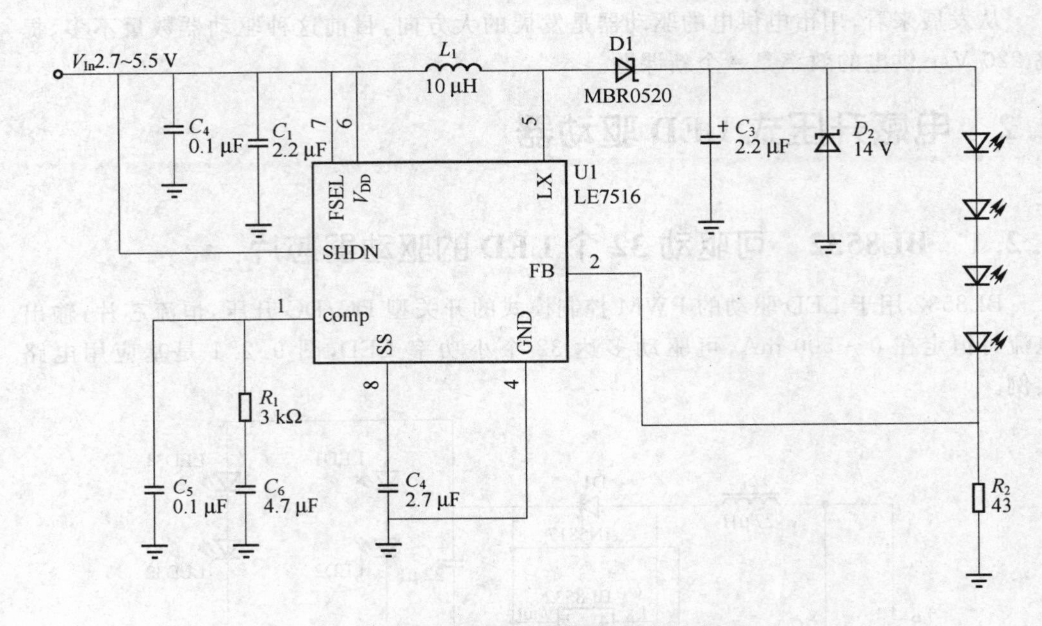

图 9.2.3 EL7516 的恒流输出电路

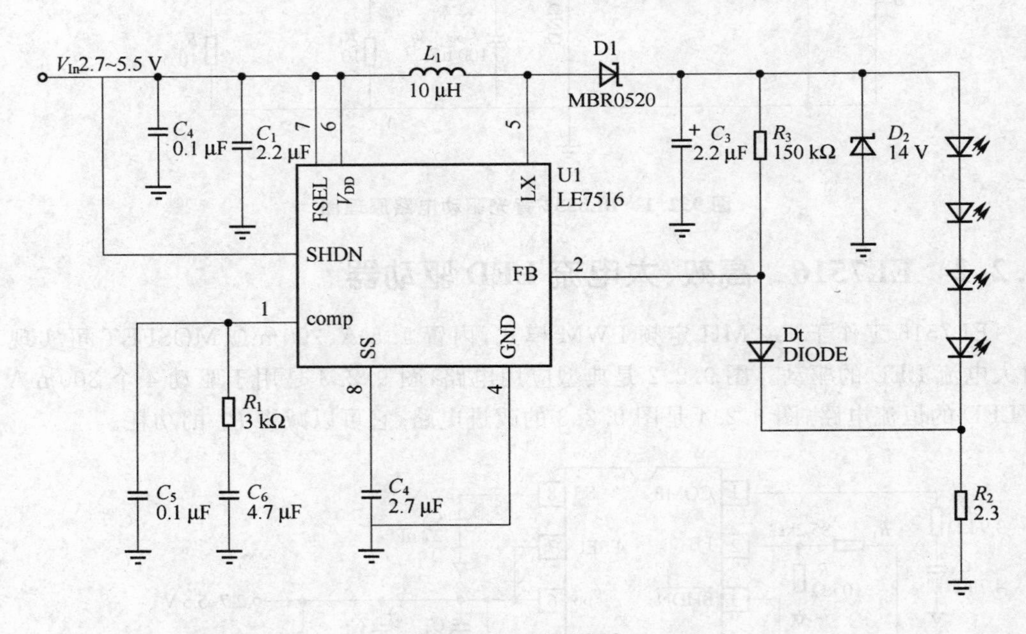

图 9.2.4 改进电路

9.2.3 ISL97801 升/降压、大功率 LED 驱动器芯片

ISL97801 的性能和特点如下：

- 驱动 1～8 个高功率串行 LED，高达 32 V；

- 2.7～16 V 的输入电压范围；
- 升压、降压或降/升压应用；
- 3 A 集成型 FET；
- 自动卸载保护；
- 光输出温度保护；
- LED 过温保护；
- LED 隔离开关；
- PWM/模拟亮度调节；
- 小型、20 引脚 QFN 封装。

应用范围如下：

- DC/DC 便携式照明设备；
- LED 手电筒；
- 离网型照明；
- 便携式投影仪；
- 汽车照明。
- 显示器背光。

ISL97801 的典型应用电路如图 9.2.5 所示。

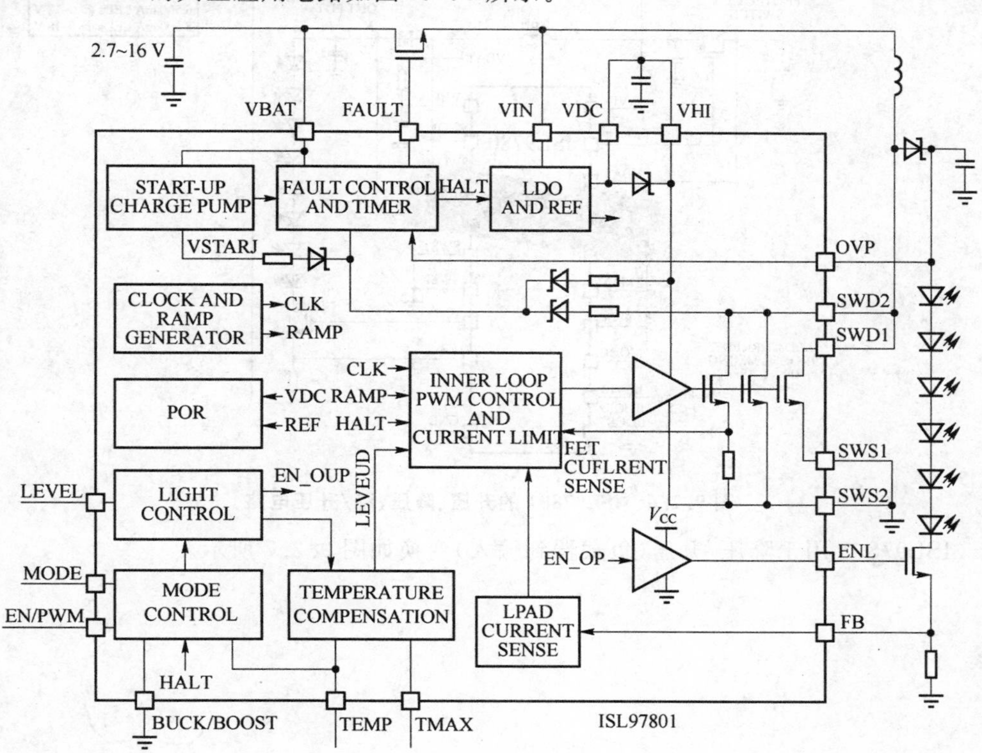

图 9.2.5　ISL97801 的典型应用电路

ISL97801的升压、降压、降/升压应用电路如图9.2.6所示。

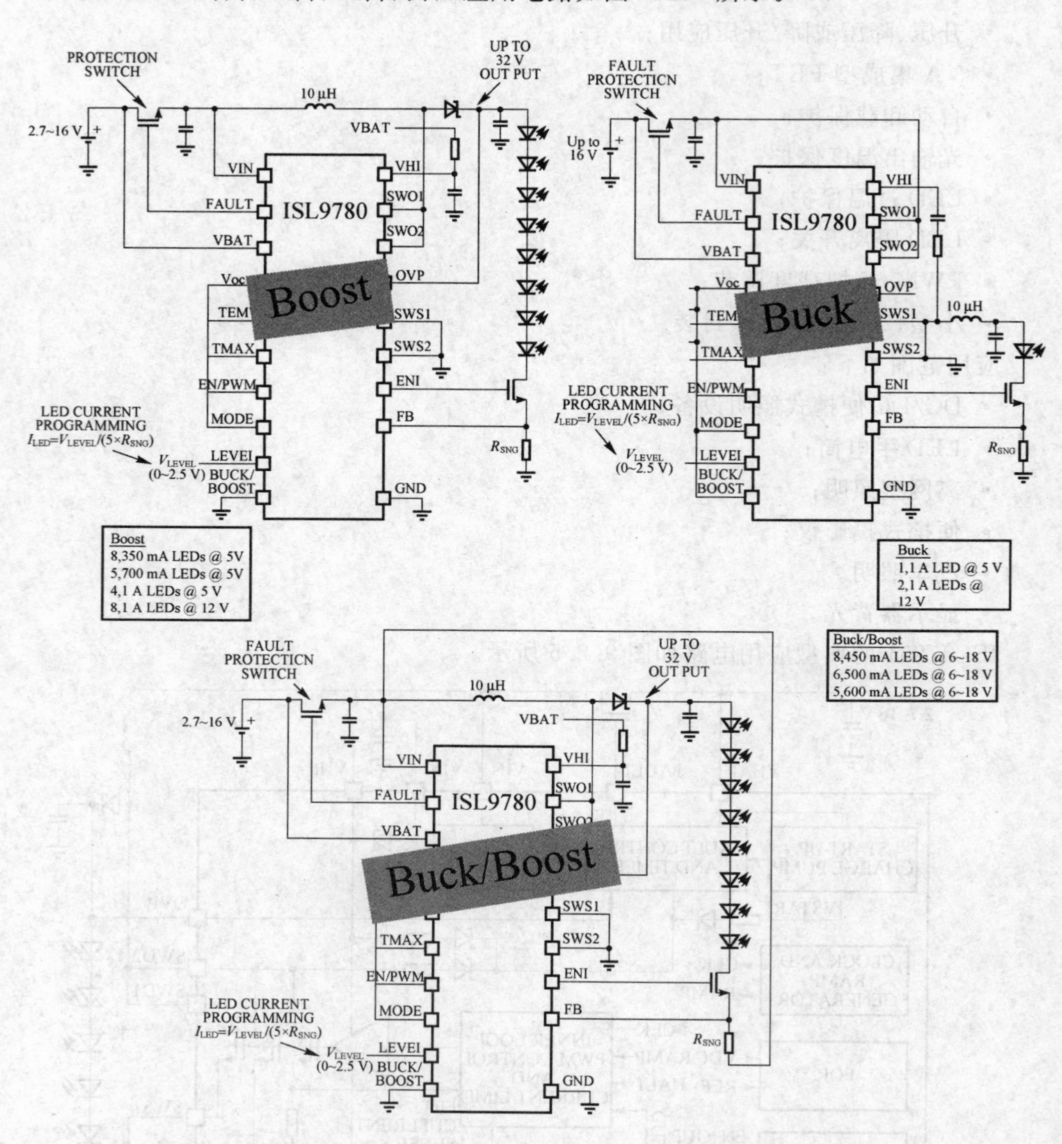

图9.2.6 ISL97801的升压、降压、降/升压电路

ISL97801用于降压/升压(负载器到输入)变换如图9.2.7所示。

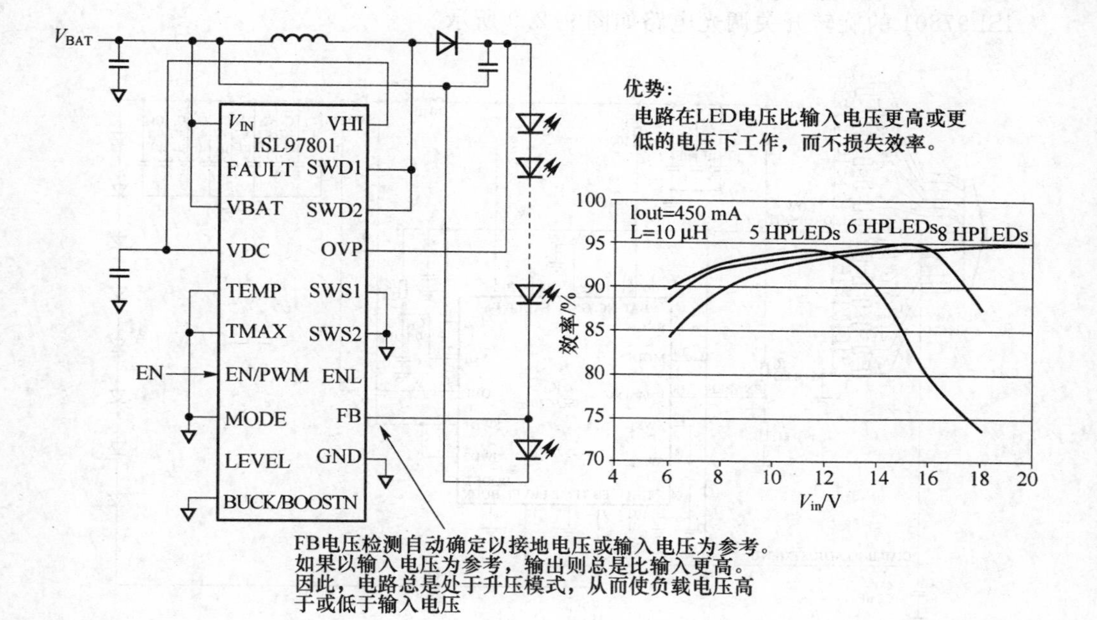

图 9.2.7 ISL97801 用于降压/升压 LED 变换器电路

ISL97801 LED 驱动器评估板原理电路如图 9.2.8 所示。

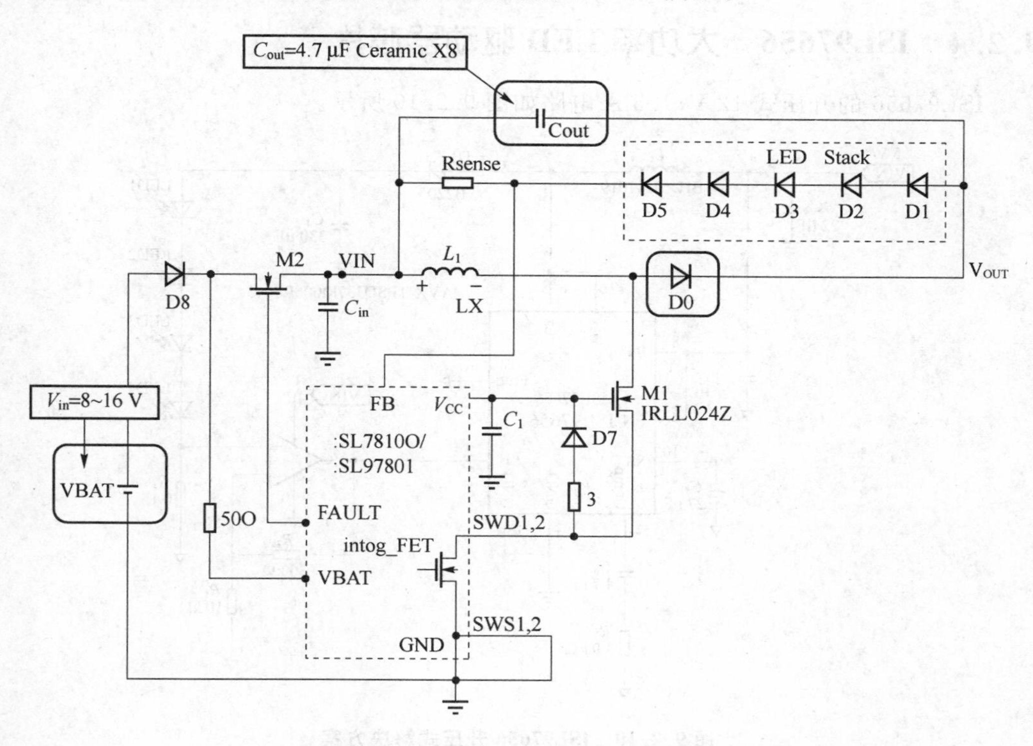

图 9.2.8 ISL97801 评估板原理电路图

ISL97801 的旋转开关调光电路如图 9.2.9 所示。

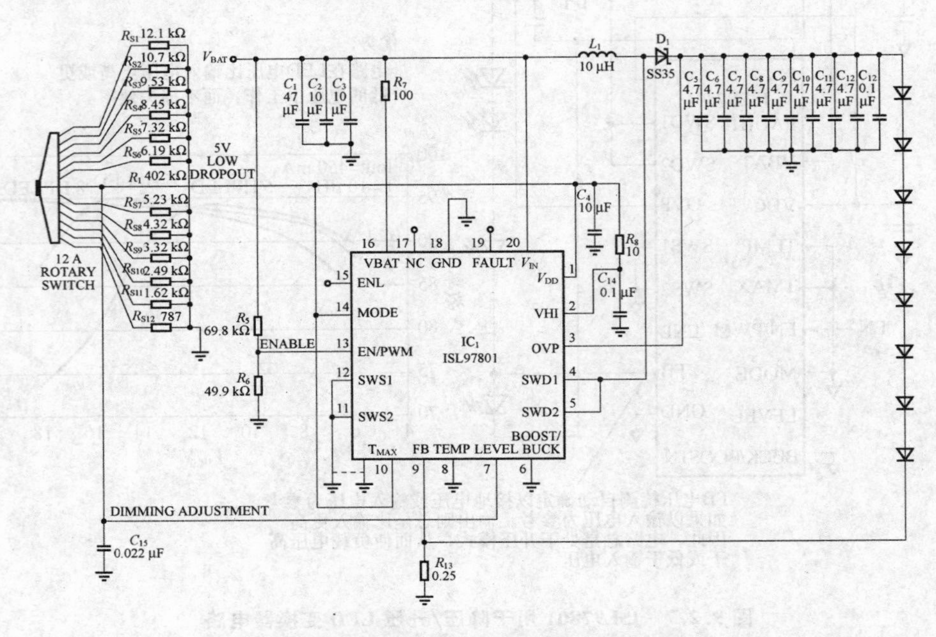

图 9.2.9 ISL97801 的旋转开关调光电路

9.2.4 ISL97656 大功率 LED 驱动器芯片

ISL97656 的升压式 12 V/1.5 A 电路如图 9.2.10 所示。

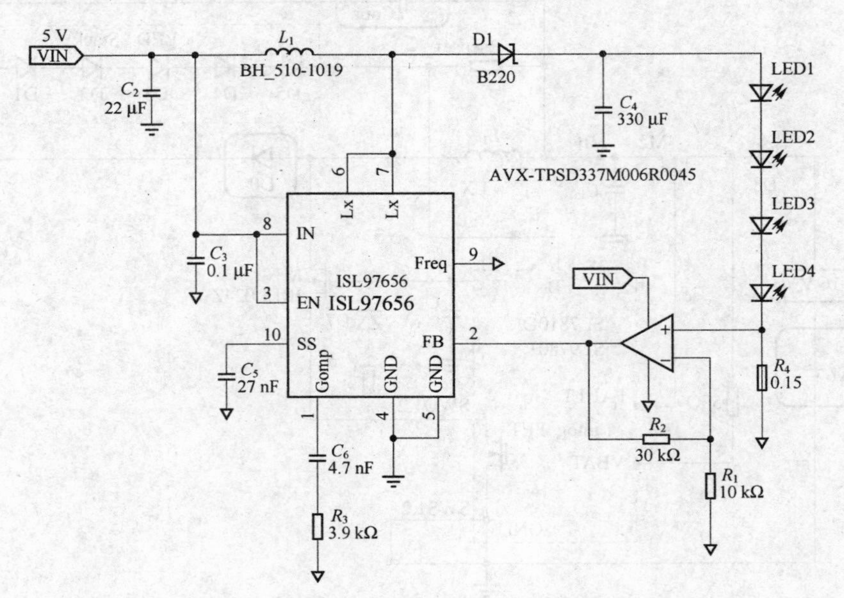

图 9.2.10 ISL97656 升压式解决方案

ISL97656 3.3 V/1 A 电路如图 9.2.11 所示。

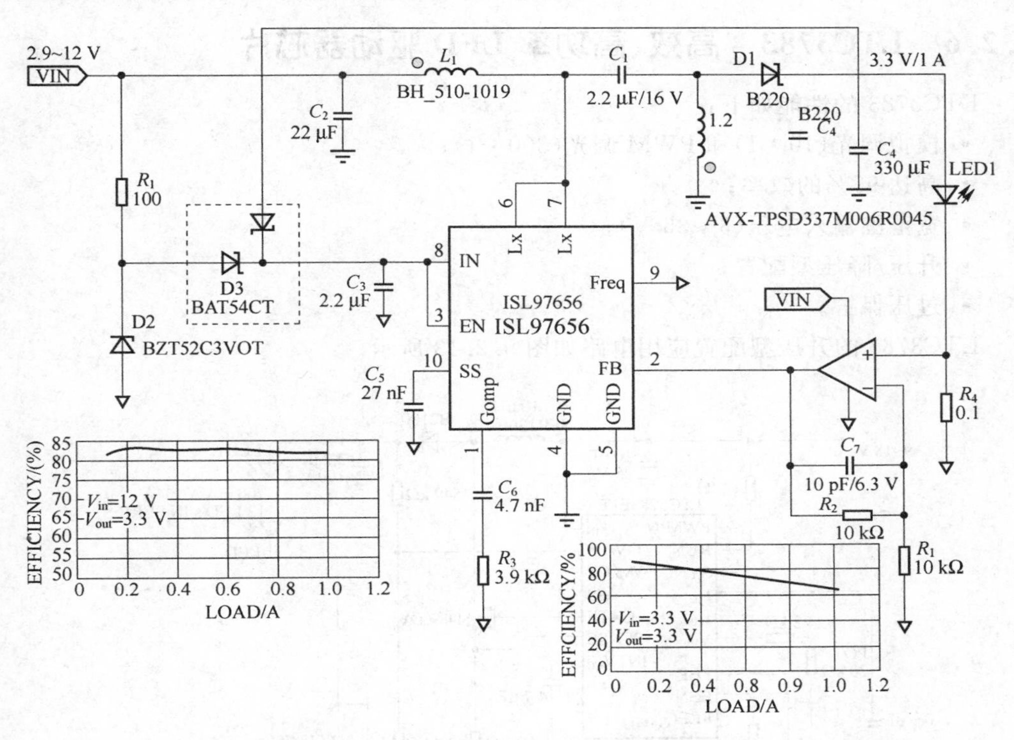

图 9.2.11　ISL97656 3.3 V/1 A 解决方案

9.2.5　LT1932　升压式背光恒流驱动器芯片

Linear Technology 公司为了实现为白光 LED 背景光提供高效恒定的驱动电流，专门设计了 LT1932 升压式 DC/DC 变换器。为了取得最好的亮度匹配，LT1932 采用驱动串联成列的发光二极管组的方式，保障串列中所有 LED 的电流是匹配的，因而它们的亮度是相同的。应用 LT1932 构成的白光 LED 背景光驱动器的转换效率一般为 75%～80%。

目前白光 LED 背景光设计中面对的问题是，必须以更高的效率和更低的成本来设计 LCD 背光源驱动器。虽然升压式 DC/DC 变换器和电荷泵两者都能具有效率高、占用路板面积小和噪音低的优点，但采用电荷泵方案可使所设计的电路具有更高的效率和更低的成本。图 9.2.12 所示为采

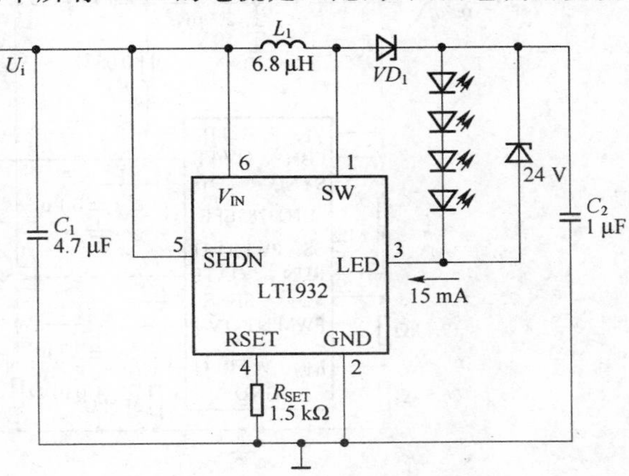

图 9.2.12　LT1932 的典型应用电路

用恒流输出串联供电的 LT1932 应用电路。

9.2.6　LTC3783　高效、高功率 LED 驱动器芯片

LTC3783 的性能如下：

- 模拟调光(10：1)和 PWM 调光(300：1)；
- 高达 95%的效率；
- 宽范围输入电压(3～36 V)；
- 升压/降压型配置；
- 过压保护。

LTC3783 的升压型配置应用电路如图 9.2.13 所示。

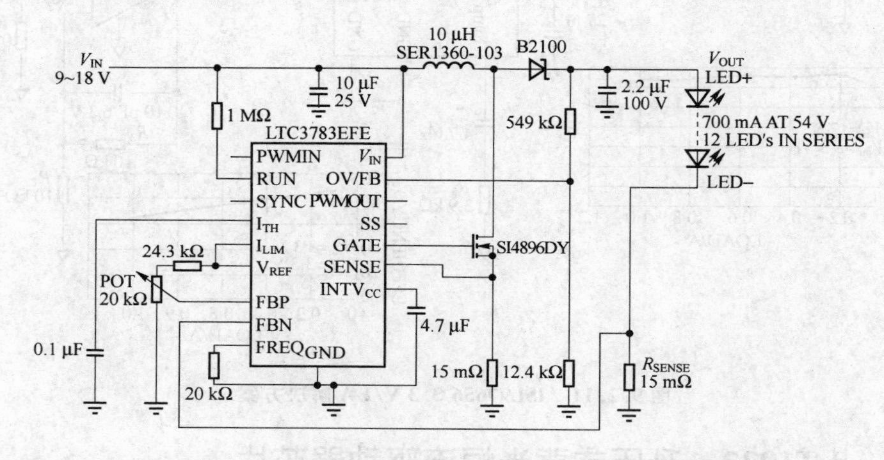

图 9.2.13　LTC3783 处于升压型配置以驱动 12 个串联 LED

LTC3783 的降压-升压型配置应用电路如图 9.2.14 所示。

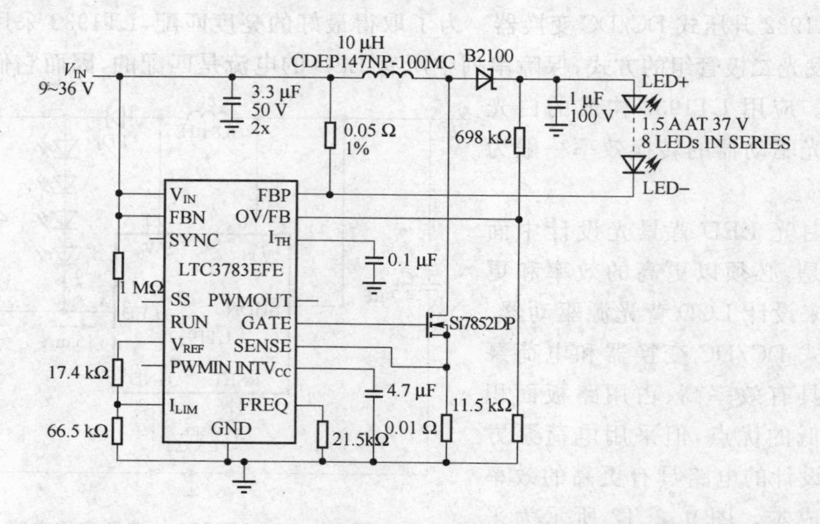

图 9.2.14　LTC3783 处于降压-升压型配置以驱动 8 个串联 LED

9.2.7 LM3509 高效率双输出恒流白光LED驱动器芯片

LM3509的性能及特点如下：

- 32个按指数分隔的光暗变化状态，发光二极管电流比率为800：1(参见图9.2.15)；

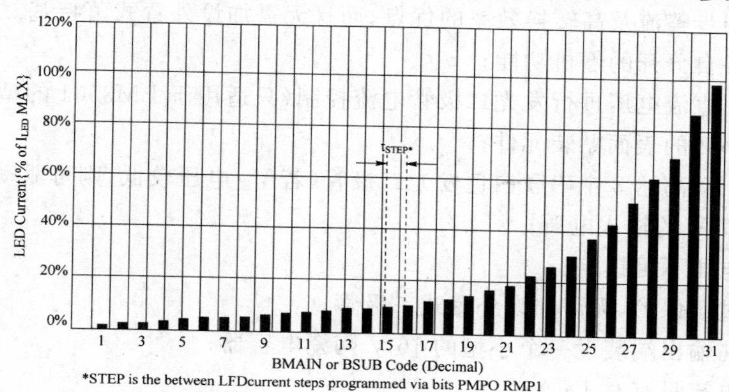

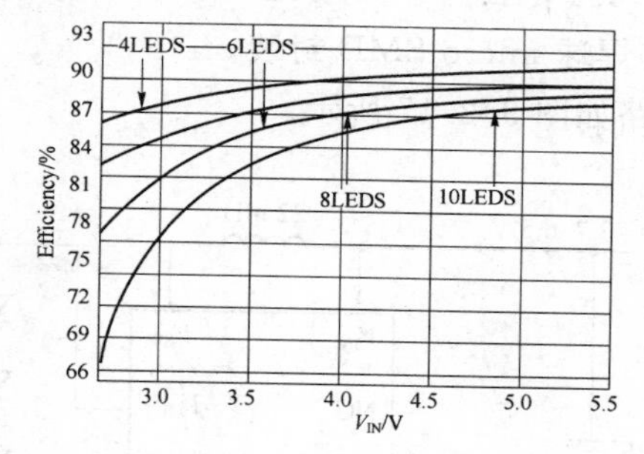

图9.2.15 非线性亮度步级

- 自动光暗控制功能确保能以不同速度从某一亮度逐渐转为另一亮度；
- 内置有机发光二极管(OLED)电源供应；
- 两个独立控制的恒流输出，分别驱动主及副显示器；
- 可为10个发光二极管分别提供30 mA的驱动电流，并确保不同电流大小一致，相差不超过0.15%；
- 可同时为5个发光二极管分别提供20 mA的驱动电流，也可为OLED提供21 V的供电电压及40 mA的供电电流；
- I^2C兼容的可设定亮度控制；
- 高达90%的效率。

LM3509的应用电路如图9.2.16所示。

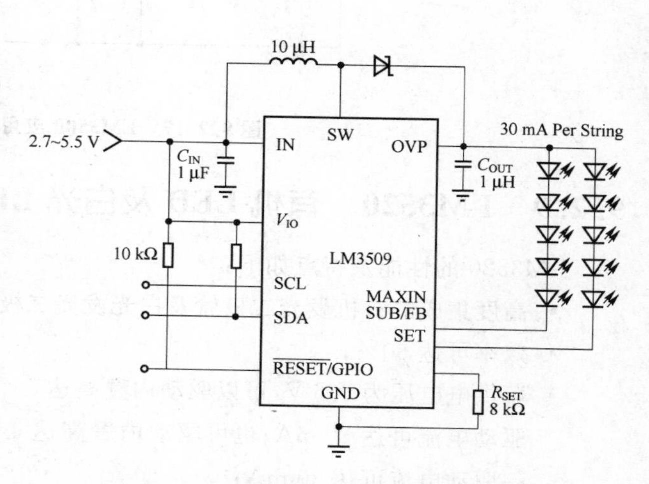

图9.2.16 LM3509的应用电路

9.2.8 LM3500 /3501 升压转换白光 LED 驱动器芯片

LM3500 性能及特点如下：

- 具有同步整流及高转换效率的优点，而且无需加设外置式萧特基二极管；
- 真正各自分开的停机功能；
- 可以用直流电压进行发光二极管电流控制(只适用于 LM3501 的型号)；
- 采用小巧的表面贴装元件；
- 可以驱动高达 3 个串联白色发光二极管(若 V_F 电压较低，则可驱动 4 个)；
- 2.7～7 V 的输入电压；
- 输入电压不足锁定；
- 输出过压保护，无需加设外置式二极管；
- 只需在输出端装设一个小型的 16 V 陶瓷电容器；
- 停机电流只有 0.1 μA；
- 采用小型的 8 焊球 micro SMD 封装。

LM3500 应用电路如图 9.2.17 所示。

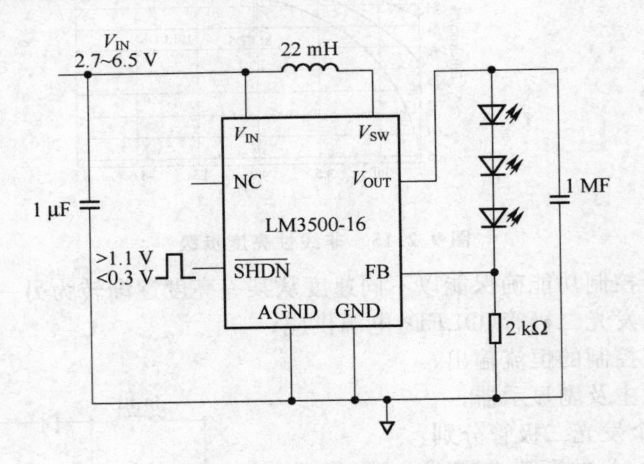

图 9.2.17 LM3500 应用电路

9.2.9 LM3520 有机 LED 及白光 LED 驱动器

LM3520 的性能及特点如下：

- 高度集成的有机发光二极管及白光发光二极管驱动器；
- 效率可达 80%；
- 若供电电压为 3.6 V，可以驱动内置高达 5 个发光二极管的主显示器，而且每一驱动电流可达 20 mA；也可驱动内置高达 4 个发光二极管的主显示器，而且每一驱动电流可达 30 mA；
- 若供电电压为 3.6 V，而驱动电流为 50 mA，可为副显示器提供高达 20 V 的输出电压；

- 停机后可确保输入及输出真正隔离；
- 外置元件极为小巧；
- 1 MHz 的开关频率；
- 2.3 V 的过压保护功能；
- 2.7～5.5 V 的广阔输入电压范围；
- 每一周期的电流限幅；
- PWM 光暗控制功能；
- 采用小巧的 14 引脚 LLP 封装(大小只有 3 mm×4mm×0.8 mm)。

LM3520 的应用电路如图 9.2.18 所示。

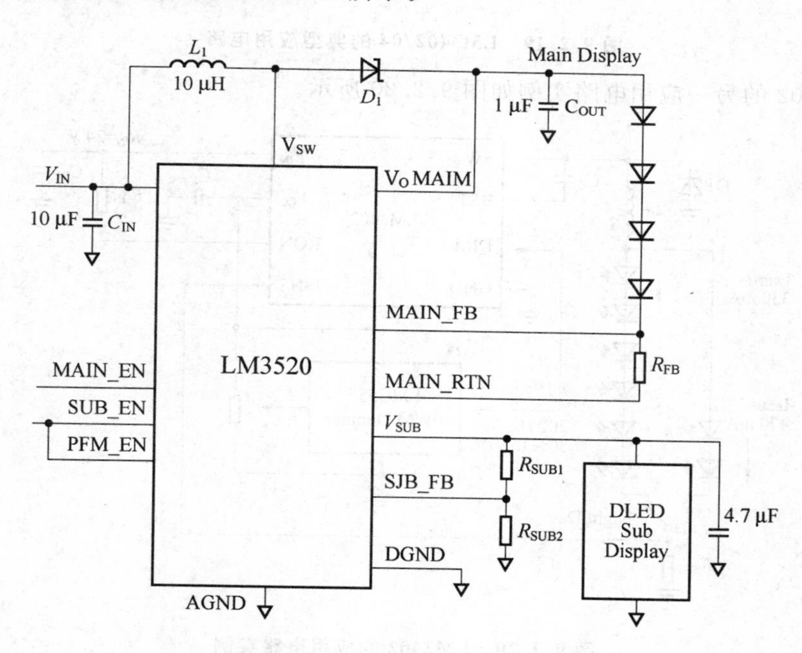

图 9.2.18　LM3520 的应用电路

9.2.10　LM3402/04　高效低功耗 LED 驱动器芯片

LM3402/04 性能及特点如下：

- 6～42 V 的输入电压(LM3402)；
- 6～75 V 的输入电压(LM3402HV)；
- 在指定温度范围内输出电流可达 500 mA；
- 低至 0.2 V 的反馈参考电压，可将功耗降至最低；
- 有 0.5 A 或 1.0 A 的峰值电流可供选择(LM3402/LM3404)；
- 效率高达 95%。

LM3402/04 的典型应用电路如图 9.2.19 所示。

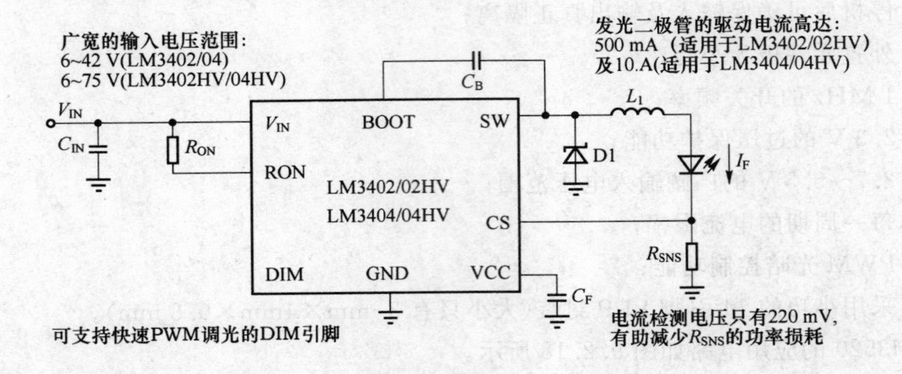

图 9.2.19 LM3402/04 的典型应用电路

LM3402 的另一应用电路实例如图 9.2.20 所示。

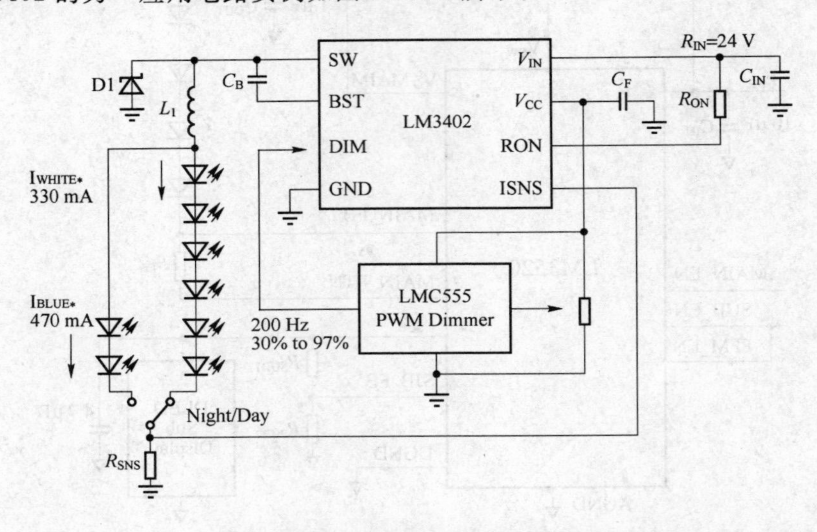

图 9.2.20 LM3402 的应用电路实例

9.2.11 LM3405 恒流电压 LED 驱动器芯片

LM3405 的性能如下：

- 1 A 输出电流；
- 参数电压低(205 mV)；
- 内部电流限幅；
- 过压保护、过热停机。

LM3405 典型应用电路如图 9.2.21 所示。

LM3405PWM 光暗控制如图 9.2.22 所示。

LM3405 供两个以上 LED 的电路如图 9.2.23 所示。

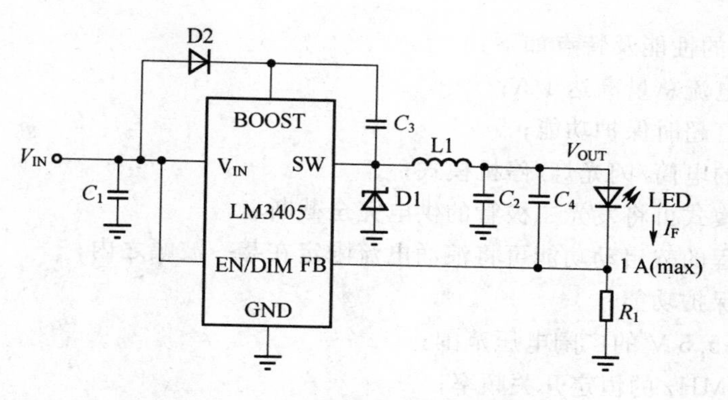

图 9.2.21　LM3405 典型应用电路

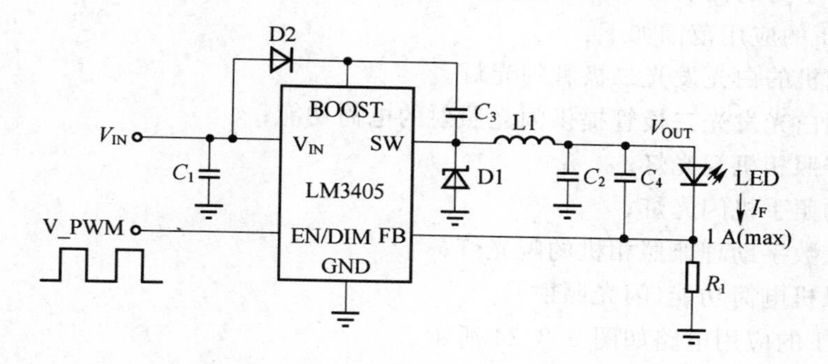

图 9.2.22　只要将 PWM 信号输入 EN/DIM 引脚便可利用 PWM 的方式控制发光二极管的光暗

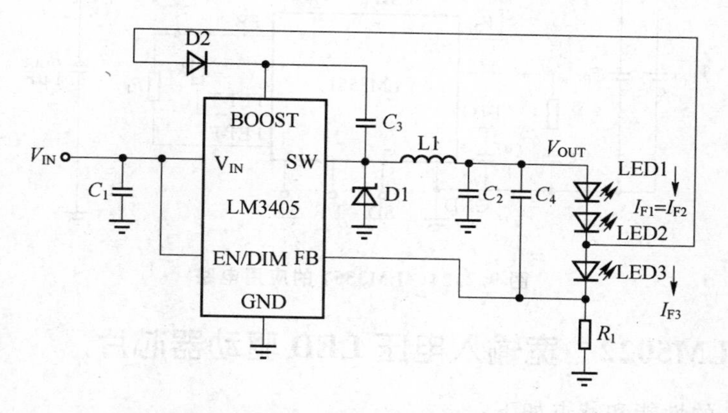

图 9.2.23　若驱动两个或以上的串联发光二极管，采用这个方法可让串联发光二极管为自己提供自我偏压的升压供电

9.2.12 LM3551 高电流LED驱动器芯片

LM3551的性能及特点如下：

- 驱动电流总量高达1 A；
- 闪光灯超时保护功能；
- 独立的电筒/闪光灯/停机模式；
- 停机模式可将发光二极管的供电完全截断；
- 可编程的软启动功能可将浪涌电流限定在某一波幅之内；
- 过压保护功能；
- 2.7～5.5 V的广阔电压范围；
- 1.25 MHz的恒定开关频率；
- 采用小巧的无后拉LLP14封装(大小只有4 mm×4 mm)。

LM3551的应用范围如下：

- 照相机的白光发光二极管闪光灯；
- 利用白光发光二极管提供闪光照射的电筒功能；
- 数字照相机闪光灯；
- 可拍照手机闪光灯；
- 个人数字助理兼照相机的闪光灯；
- 摄录机电筒功能(闪光照射)。

LM3551的应用电路如图9.2.24所示。

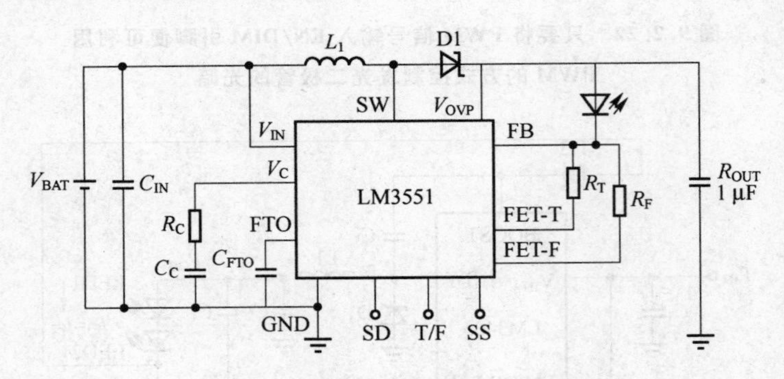

图9.2.24 LM3551的应用电路

9.2.13 LM5022 宽输入电压LED驱动器芯片

LM5022的性能和特点如下：

- 内置60 V的启动稳压器；
- 1 A峰值电流的N沟道MOSFET栅极驱动器；
- 6～60 V的输入电压；
- 最高占空比达90%以上；

- 可设定迟滞欠压锁定；
- 逐个周期电流限制；
- 只需一个电阻便可设定振荡器频率；
- 斜率补偿；
- 可调节软启动；
- 采用 MSOP－10 封装。

LM5022 的应用电路如图 9.2.25 所示。

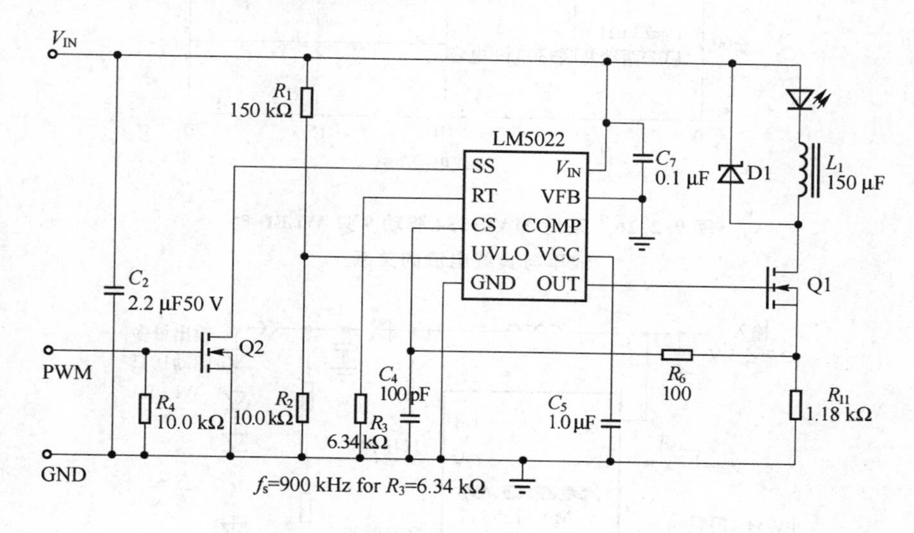

图 9.2.25　LM5022 的典型应用电路

9.2.14　MAX1553/MAX1554　高效升压 WLED 驱动器芯片

MAX1553/MAX1554 是最小的、最高效率的升压 DC/DC 变换器，用于驱动 2～10 只 WLED 串联。电流调节可提供高效的背光，用于 PDA、蜂窝电话以及其他手持设备。MAX1553 具有 480 mA 的电流限制，可以在 3.6 V 输入电压下以 20 mA 的电流驱动 2～6 只 WLED，效率高达 88%。MAX1554 具有 970 mA 的电流限制，可以驱动 10 只 WLED，效率高达 82%，两个转换器均具有可调输出过压保护（OVP）电路。

MAX1553/54 的性能如下：

- 恒流调节保证具有一致的 LED 亮度；
- 小尺寸、薄型外部元件，3 mm×3 mm；
- 模拟或 PWM 控制 LED 亮度。

其效率与负载电流的关系如图 9.2.26 所示。

MAX1553/54 的应用电路如图 9.2.27 所示。

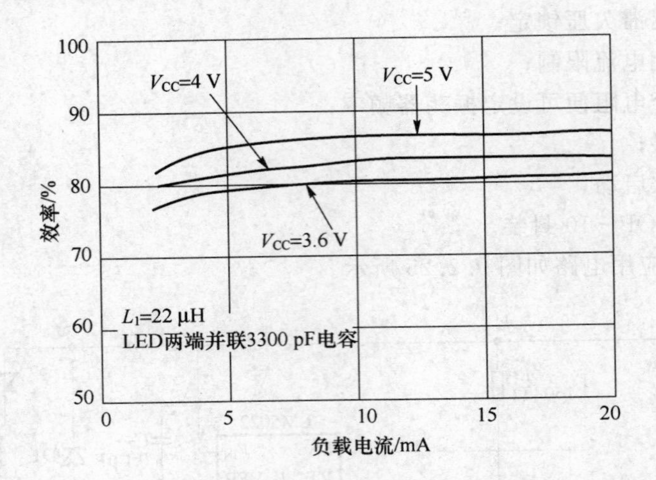

图 9.2.26 采用 MAX1554 驱动 9 只 WLED 时效率与负载电流的关系

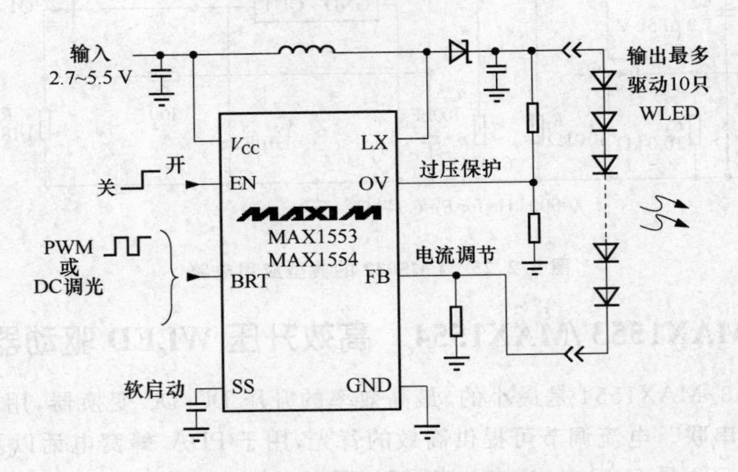

图 9.2.27 MAX1553/54 应用电路

9.2.15 MAX1561 高效率白色 LED 电流源芯片

MAX1561 的性能及特点如下：

- 内置 30 V MOSFET 开关；
- 驱动 2～12 只白色 LED(每串最多 6 只 LED)；
- 微型 3 mm×3 mm×0.8 mm QFN 封装；
- 84％的效率；
- 零输入浪涌电流；
- 使用小尺寸、低截面电感；
- 0.3 μA 关断电流；

• 固定的 1 MHz PWM 开关频率。

MAX1561 的应用电路如图 9.2.28 所示。

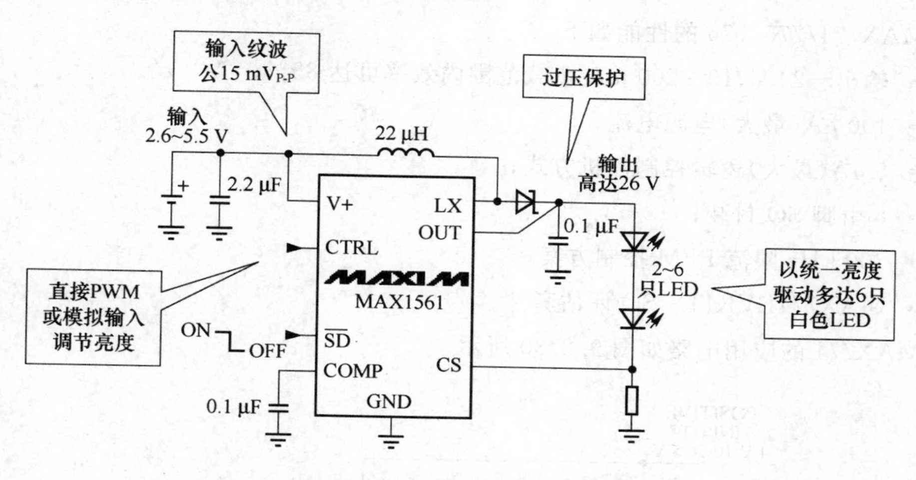

图 9.2.28 MAX1561 的应用电路

9.2.16 MAX1583 白光 LED 驱动器芯片

MAX1583 是首枚驱动多达 5 只串联的大电流白光 LED 的升压型 DC/DC 转换器，两个逻辑输入控制着 4 种工作模式：关断模式(最大 0.5 μA)；80% 效率电影模式(最高 100 mA)；LED 关闭将储备电容充电至 24 V 的预充模式；以及点亮闪光灯的闪光模式(高达 300 mA)。

MAX1583 的应用电路如图 9.2.29 所示。

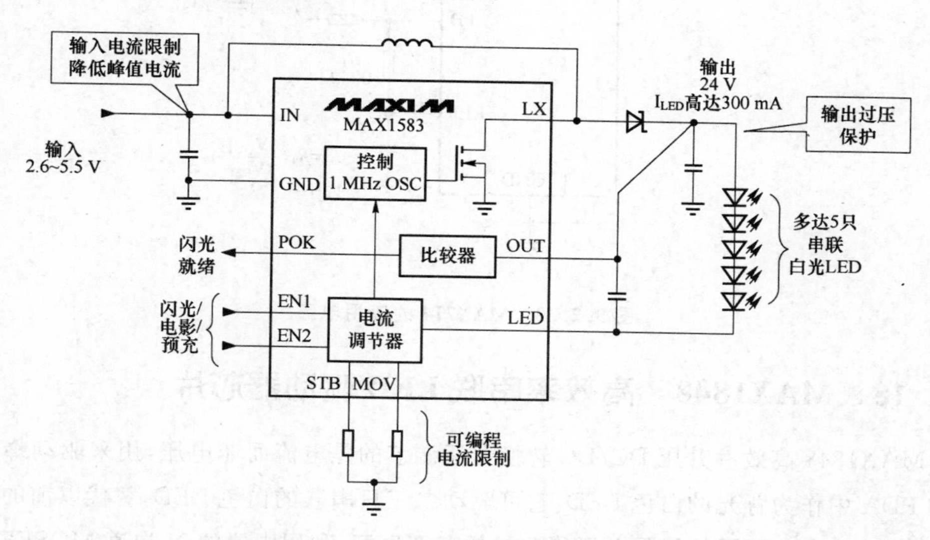

图 9.2.29 MAX1583 的应用电路

9.2.17 MAX774/775/776 负输出(−24 V)反相DC/DC芯片

MAX774/775/776的性能如下：

- 输出−24 V,10～200 mA负载范围内效率可达83%；
- 100 μA(最大)电源电流；
- 5 μA(最大)逻辑控制停机方式；
- 8引脚SO封装；
- 300 kHz限流PFM控制方案；
- MAX774EVKIT-SO评估套件。

MAX774的应用电路如图9.2.30所示。

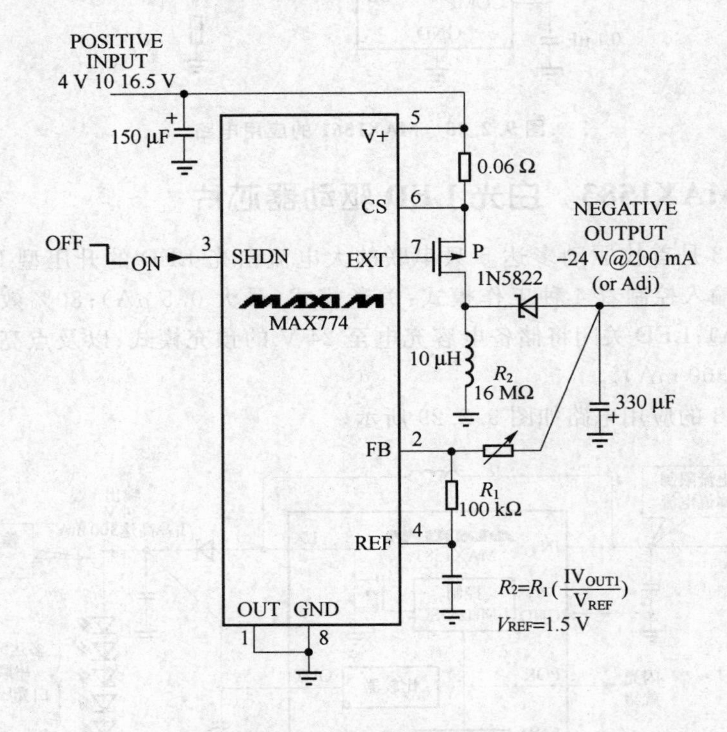

图9.2.30 MAX774的应用电路

9.2.18 MAX1848 高效率串联LED驱动器芯片

MAX1848高效率升压DC/DC转换器所调节的是电流而非电压，用来驱动蜂窝电话和PDA中作为背光的白色LED，它可驱动二三只串联的白色LED，替代以前的并联方式，以消除由于不同的门限电压所造成的亮度失配，利用内置的N沟道MOSFET开关，可提供85%的高效率，比传统的倍压电荷泵方案高出了40%。

MAX1848 的应用电路如图 9.2.31 所示。

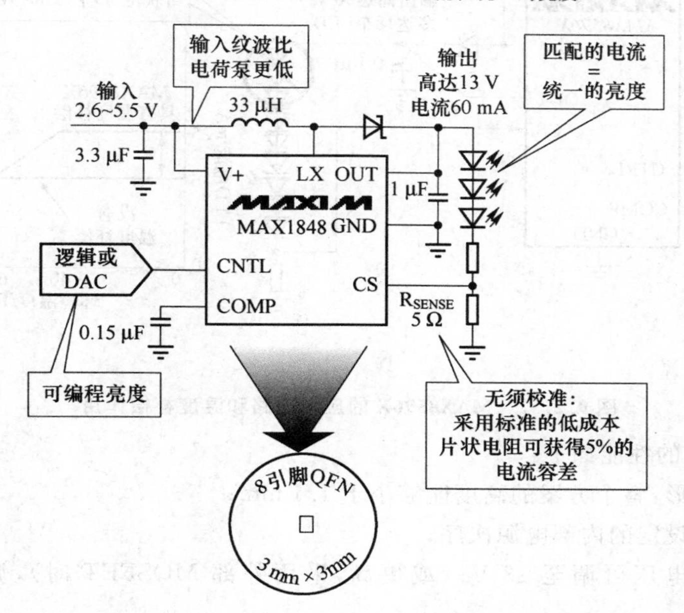

图 9.2.31 MAX1848 的应用电路图

9.2.19 MAX8596X 高效率温度补偿型 LED 驱动器芯片

MAX8596X 的性能及特点如下：

- 自动温度补偿使效率高达 86%；
- 驱动 2～18 个白光 LED(每串最多 9 个 LED)；
- 引脚兼容于 MAX1561/MAX1599；
- 零浪涌电流；
- 1 MHz 开关频率允许采用薄型电感和 C_{OUT}；
- 0.3 μA 关断电。

MAZ8596X 的应用电路和温度补偿作用如图 9.2.32 所示。

9.2.20 MAX1748 三输出 LED 驱动器芯片

MAX1748 在一个超薄(最大 1.1 mm)TSSOP 封装内提供三个稳压器，尤其适合于 TFT LCD 应用，它包括一个 1 MHz、内置 MOSFET 的升压型稳压器和两个稳压型电荷泵控制器(+30 V 和－15 V)，构成了一个采用小型储能元件(电感、电容)的高集成度解决方案。MAX1748 具有较高的灵活性，具备可选的输出电压、用户可设定的内部电源次序和较宽的输入电压范围。它还具有较高的输出精度、快速瞬变响应和较高的效率等特性。

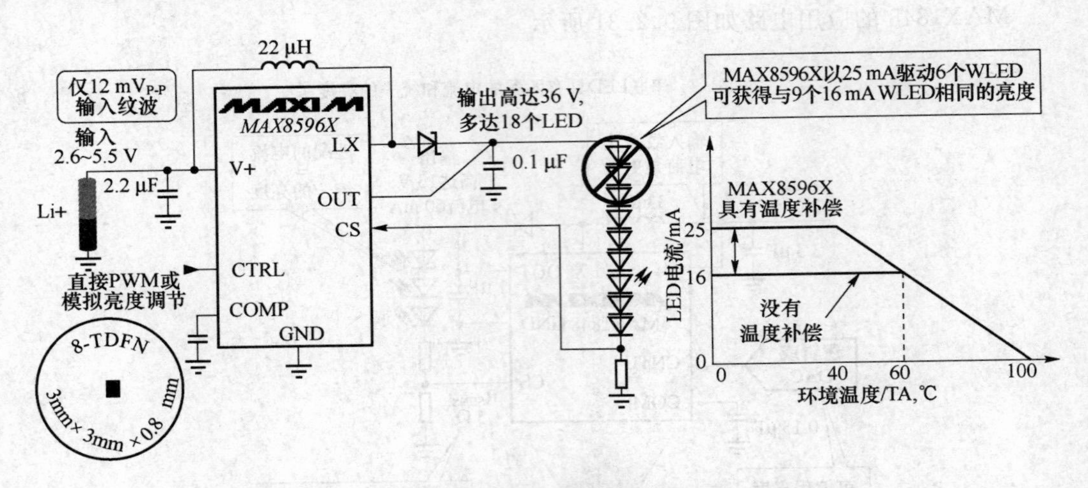

图 9.2.32 MAX8596X 的应用电路和温度补偿作用

MAX1748 的性能如下：

- 超薄外形：整个方案的高度能够小于 1.1 mm；
- 用户可设定的内部电源次序；
- 主输出电压可调至 13 V；(或更高，采用外部 MOSFET 时)，调节精度可达 ±1%；
- 内置 1.3 A 功率 MOSFET；
- +2.7~5.5 V 的输入电压范围；
- 1 MHz 的电流型 PWM 控制；
- >85%的转换效率；
- 0.6 mA 的静态电流，0.1 μA 的关断电流；
- 电源"就绪"输出指示。

MAX1748 的应用电路如图 9.2.33 所示。

9.2.21 MAX1582 主副显示独立调光的白色 LED 电荷泵(串联型)芯片

MAX1582 的性能和特点如下：

- 优异的 LED 间电流匹配；
- 功耗比最接近的竞争产品低 25%(471 mW 对 678 mW)；
- 分两段点亮多达 6 只 LED；
- 高达 85%的高效率；
- 过压保护和独立的显示使能；
- 1 MHz PWM 开关频率；
- 提供节省空间的 2 mm×2 mm×0.6 mm UCSP 和 4 mm×4 mm×0.8 mm TQFN 封装。

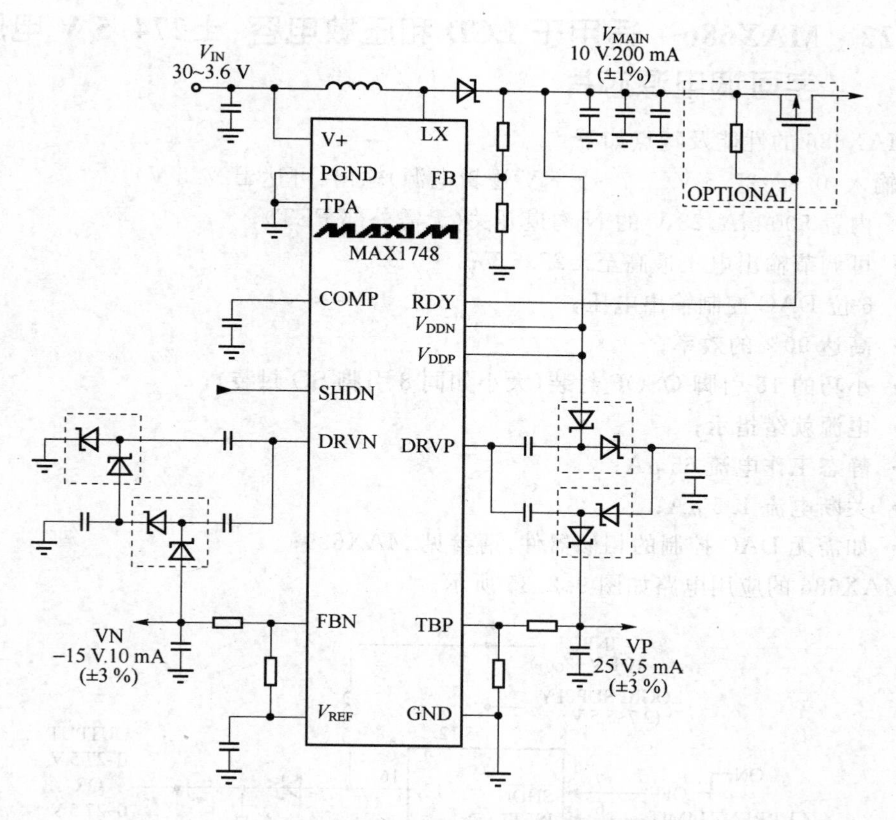

图 9.2.33 MAX1748 的应用电路

MAX1582 的应用电路如图 9.2.34 所示。

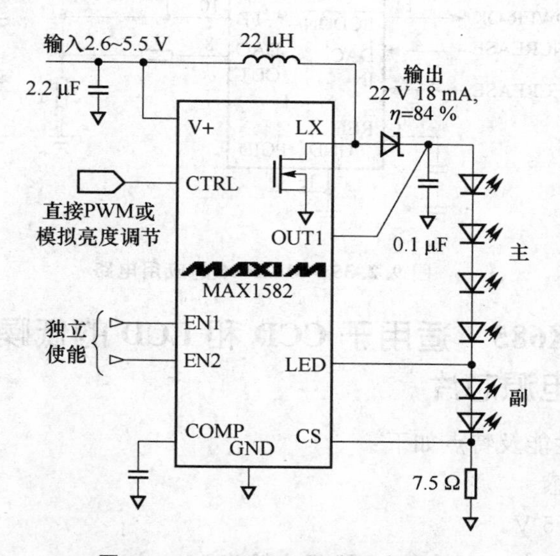

图 9.2.34 MAX1582 应用电路

9.2.22 MAX686 适用于LCD和压敏电容,±274.5 V电压数字可调电源芯片

MAX686的性能及特点如下:

(输入:0.8～27.5 V(2.7～5.5 V逻辑电源)输出:可达±27.5 V)

- 内置500 mA,28 V的N沟道开关(无需外部FET);
- 可调节输出电压最高至±27.5 V;
- 6位DAC控制输出电压;
- 高达90%的效率;
- 小巧的16引脚QSOP封装(大小如同8引脚SO封装);
- 电源就绪指示;
- 静态工作电流65 μA;
- 关断电流1.5 μA;
- 如需无DAC控制的相似器件,请参见MAX629;

MAX686的应用电路如图9.2.35所示。

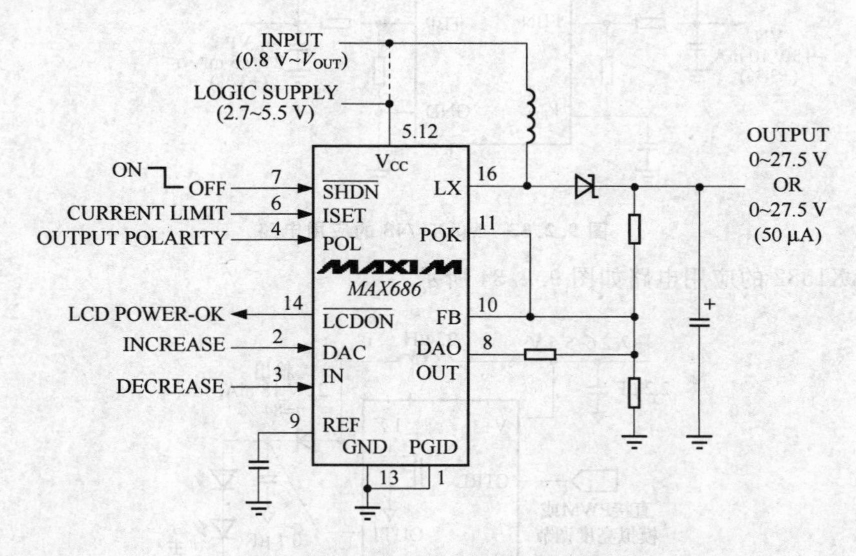

图9.2.35 MAX686的应用电路

9.2.23 MAX685 适用于CCD和LCD的低噪声双输出(正与负)电源芯片

MAX685的性能及特点如下:

(仅用一个电感

输入:2.7～5.5 V

输出:电压高达+45 V和-16 V每个输出10 mA)

- 使用单个电感,双输出;
- 低噪声,40 mV_{P-P} 输出纹波;
- 220 kHz/400 kHz 固定频率 PWM 工作方式;
- 内部开关;
- 小型 16 引脚 QSOP 封装(尺寸与 8 引脚 SO 相同);
- Power-OK(电源好)指示;
- 电源接通顺序选择;
- 0.1 μA 逻辑控制停机方式;
- MAX685EVKIT 评估套件。

MAX685 的应用电路如图 9.2.36 所示。

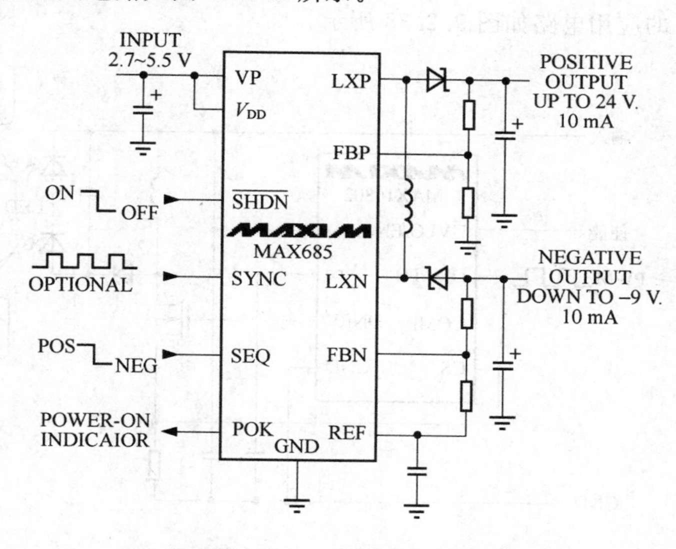

图 9.2.36 MAX685 的应用电路

9.2.24 MAX764 80%效率,250 mA 的反压型稳压器芯片

MAX764 的性能及特点如下:

(输出:3~16 V

输出:-5 V、-12 V、-15 V 或可调(-1~16 V))

- 输出电流 250 mA;
- 工作电流 90 μA;
- 输入范围 3~16 V;
- -5 V(MAX764)、-12 V(MAX765)、-15 V(MAX766)或可调输出;
- 备有 MAX764EVKIT 评估套件。

MAX764 的应用电路如图 9.2.37 所示。

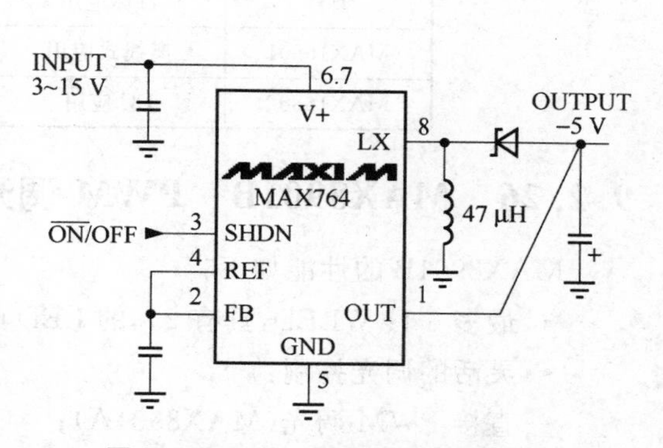

图 9.2.37 MAX764 的应用电路

9.2.25 MAX16802 通用高亮度LED驱动器芯片

新一代高亮度(HB)LED能够提供越来越高的亮度,因此在包括LCD背光在内的照明领域得到越来越广泛的应用MAX16801/MAX16802采用外部MOSFET来构建高效LED驱动器,能够提供更大功率的LED输出。这些器件具有较宽的输入电压范围、高精度LED电流和PWM亮度调节功能,理想用于对性价比具有较高要求的离线式和DC/DC应用。采用PWM或线性亮度控制方式,多列HB LED可提供较宽的(0至100%)亮度调节范围。设计者可采用片上提供的额外误差放大器以及精度达±1%的基准,以实现更高的LED电流精度。这些器件是构建buck、boost、SEPIC和隔离或非隔离反激拓扑的理想选择,为LCD提供LED背光照明。

MAX16802的应用电路如图9.2.38所示。

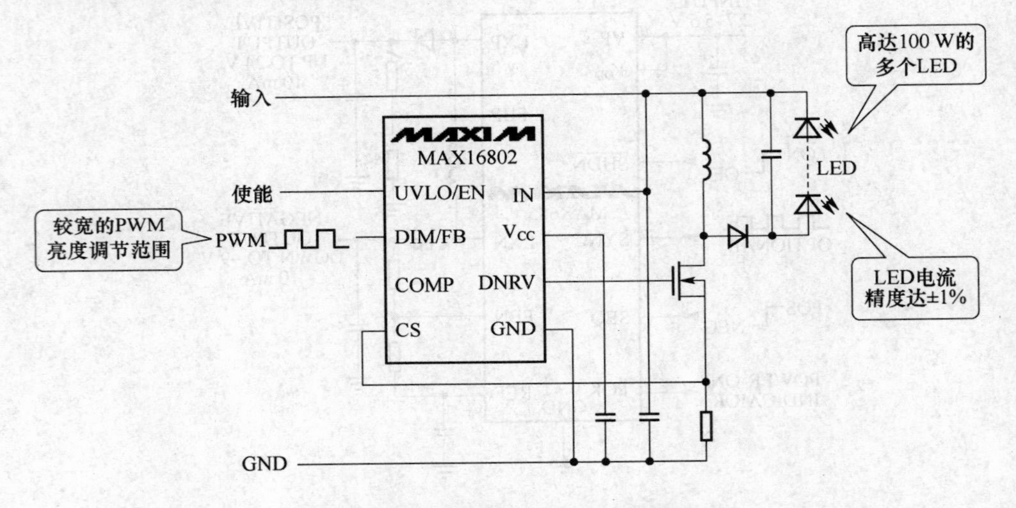

图9.2.38 MAX16802的应用电路

MAX16802的同类产品如表9.2.1所列。

表9.2.1 同类产品

型号	目标应用	电源电压
MAX16801	离线式应用	85VAC至265VAC整流电压
MAX16802	DC应用	高达40VDC

9.2.26 MAX8901B PWM调光LED驱动器芯片

MAX8901B的性能如下:

- 最多6只WLED,具有2%的LED电流精度;
- 灵活的调光控制:
- 直接PWM调光(MAX8901A);
- 32级,单线串行调光(MAX8901B);

- 1 MHz 频率，可使用 1 μF 输入电容和 0.1 μF 输出电容；
- 输入过压锁定(6.5 V，最大值)；
- LED 过压保护。

MAX8901B 的应用电路如图 9.2.39 所示，其效率与 DIM 级的关系如图 9.2.40 所示。

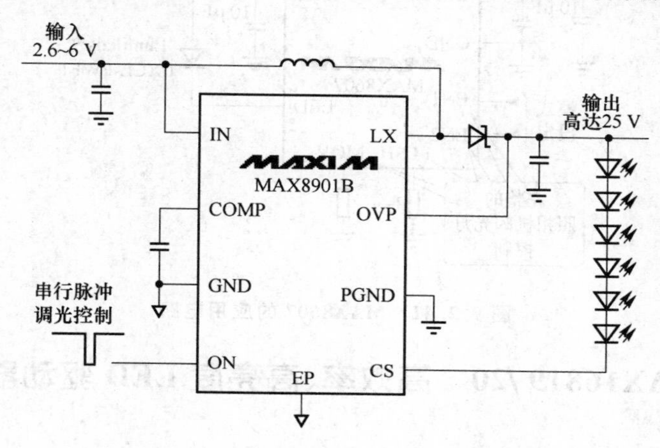

图 9.2.39 MAX8901B 的应用电路

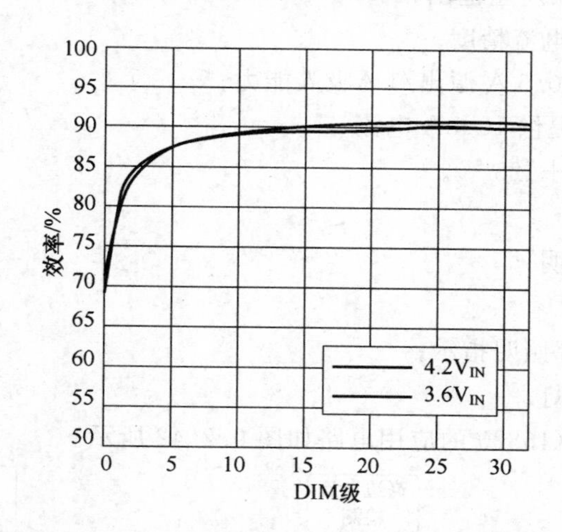

图 9.2.40 效率与 DIM 级的关系

9.2.27 MAX8607 升压 WLED 驱动器芯片

MAX8607 的性能如下：

- 300 mA 电影模式或 1.5 A 闪光灯模式；
- 过压保护至 5.5 V；
- 输入电压 2.7～5.5 V；
- 尺寸规格 3 mm×3 mm；
- 完态的相机闪光灯控制。

MAX8607 的应用电路如图 9.2.41 所示。

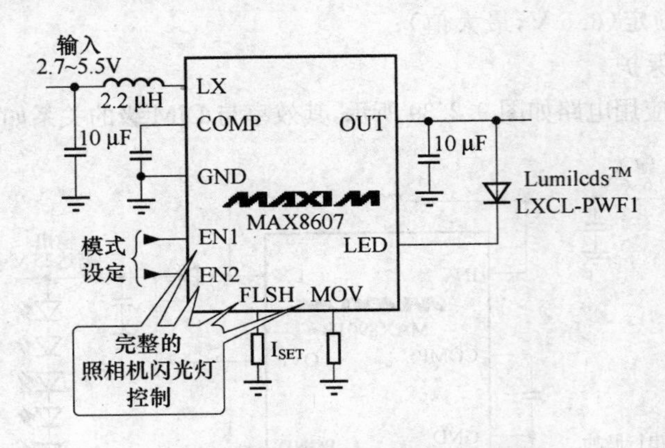

图 9.2.41　MAX8607 的应用电路

9.2.28　MAX16819/20　高效率、高亮度 LED 驱动器芯片

特性如下：

- 4.5～28 V 输入电压范围；
- ±5％的 LED 电流精度；
- 栅极驱动具有 0.5 A 源出/1 A吸入能力；
- 5 V 稳压器可提供 10 mA 电流；
- 工作在－40～＋125 ℃。

应用范围如下：

- 建筑与工业照明；
- MR16 射灯；
- 汽车内部/外部照明指示；
- 指示灯和应急灯。

MAX16819/MAX16820 的应用电路如图 9.2.42 所示。

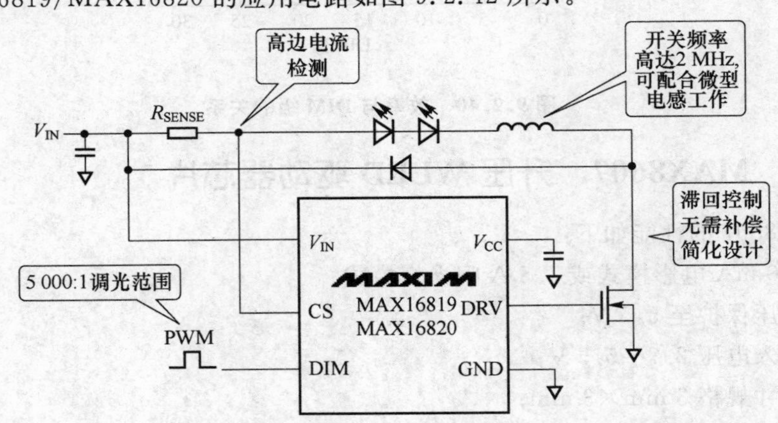

图 9.2.42　MAX16819/20 的应用电路

9.2.29 MAX16801/02 宽输入电压高亮度 LED 背光驱动器芯片

MAX10801/02 的性能如下：

- 85～265 V 通用交流输入电压范围(MAX16801)；
- 宽直流输入电压范围(MAX16802)；
- 固定频率 LED 电流控制；
- PWM 和线性亮度调节。

MAX16801 的应用领域如下：

- 平板和 RGB 显示器背光照明；
- 户外和工业照明；
- 建筑物和装饰灯照明；
- 内部误差放大器可实现精密电流调节；
- 驱动多串 LED；
- 热关断；
- 采用纤小的 8 引脚 μMAX ® 封装。

MAX16801 的应用电路如图 9.2.43 所示。

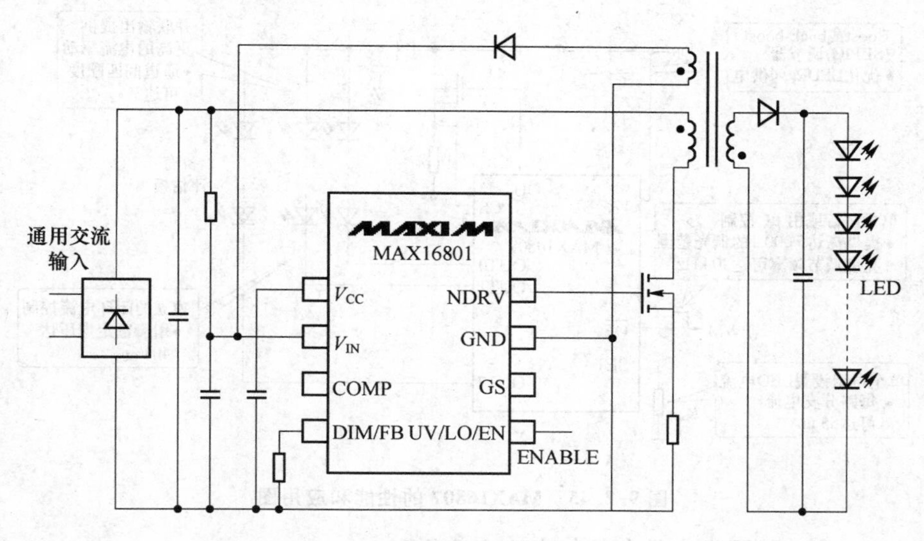

图 9.2.43 MAX16801 应用电路

MAX16802 的应用领域如下：

- LED 轨迹照明；
- LED 和 LCD 背光照明；
- 通用照明。

MAX16802 的应用电路如图 9.2.44 所示。

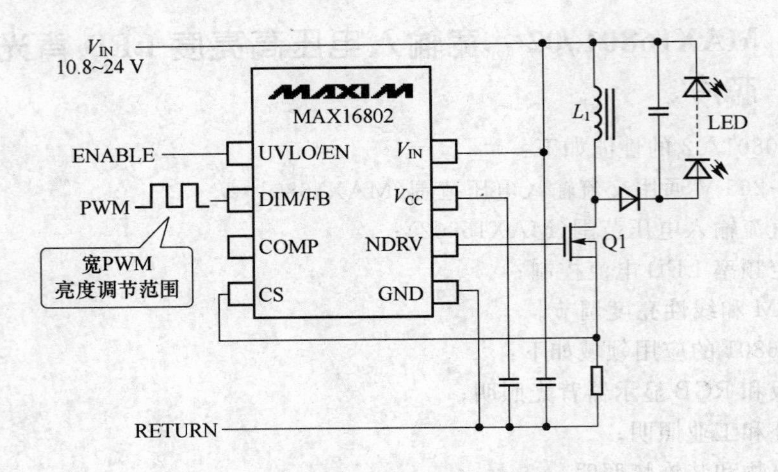

图 9.2.44　MAX16802 应用电路

9.2.30　MAX6807　RGB 或白光 LED 驱动器芯片

MAX16807 具有高效 PWM 控制器可提供 8 路或 16 路恒流调节，其性能和应用简图如图 9.2.45 所示。

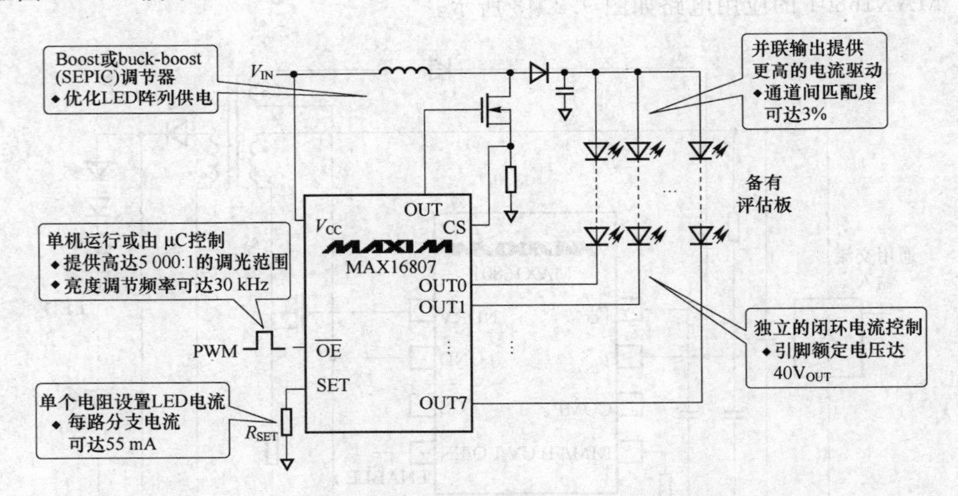

图 9.2.45　MAX16807 的性能和应用图

MAX16807 的同类产品参数如表 9.2.2 所列。

表 9.2.2　MAX16807 的同类产品参数

型号	LED 开路检测	通道数	封装(mm×mm)
MAX16807		8	28 - TSSOP - EP(6.4×9.7)
MAX16808*	√	8	28 - TSSOP - EP(6.4×9.7)
MAX16809		16	38 - TQFN(5×7)
MAX16810*	√	16	38 - TQFN(5×7)

9.2.31 MAX17061 白光LED驱动器(适用于LCD背光)芯片

MAX17061的特点如下：

- 采用SMBus、PWM接口实现精确的调光控制；
- 256级分辨率的调光范围；
- ±3%的串电流调整精度；
- 满电流时反馈电压低达800 mV,提高了效率；
- 15～30 mA满量程LED电流；
- 升压控制器将输出电压稳定到最高的LED串电压之上；
- 开路和短路LED保护；输出过压保护；
- 500 kHz/750 kHz/1 MHz开关频率,允许采用小尺寸外部元件；
- 8串WLED驱动器。

MAX17061的应用电路如图9.2.46所示。

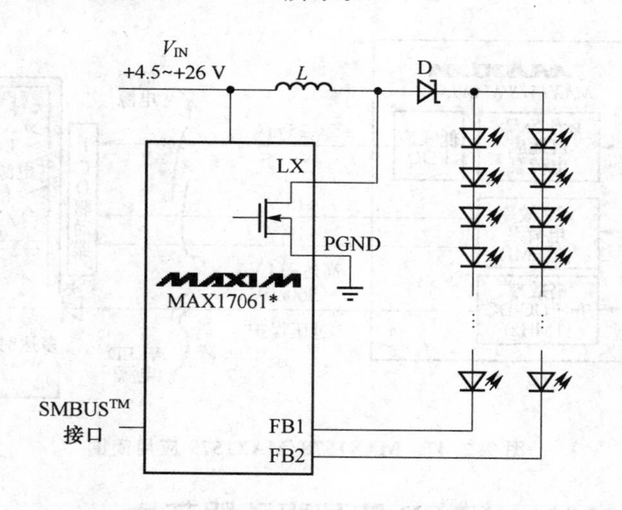

图9.2.46 MAX17061应用电路

表9.2.3列出两种适用于LCD笔记本应用的驱动器。

表9.2.3 WLED驱动器面向LCD笔记本应用

型号	调光控制接口	升压MOSFET	串数	封装
MAX8790	模拟/DPWM	外部	6	20-TQFN
MAX17061*	SMBus/PWM	内部	8	28-TQFN

9.2.32 MAX1578 多功能、LCD电源和LED驱动电源芯片

MAX1578/MAX1579具有四路稳压输出,提供小型有源矩阵薄膜晶体管(TFT)LCD所需的体部电压,极适合于掌上设备,用尽可能少的外部元件,仅需一只电感且无

需电荷泵二极管。两款器件均集成了三个先进的电荷泵，提供固定的+5 V、+15 V和−10 V，用于LCD偏置电路，另外一个34 V的升压DC/DC，用于驱动最多8只串联的白光LED，电荷泵只需外接陶瓷电容，不需要二极管。上电和断电期间，所有输出经过了排序。关断期间，输出被切断而且主动放电至零。MAX1579具有温度补偿，以避免在较高温度下过度驱动LED。其特点如下：

- 4个调节器在一个封装内；
- 紧凑的4 mm×4 mm薄型QFN封装；
- 零输入浪涌电流软启动；
- 15 mV_{P-P}输入纹波；
- 白光LED输出具有过压保护；
- 定价29.6元；
- 备有评估板。

MAX1578/MAX1579的应用简图如图9.2.47所示。

完整的四输出FET-LCD电源(偏置和WLED)；只需一个电感

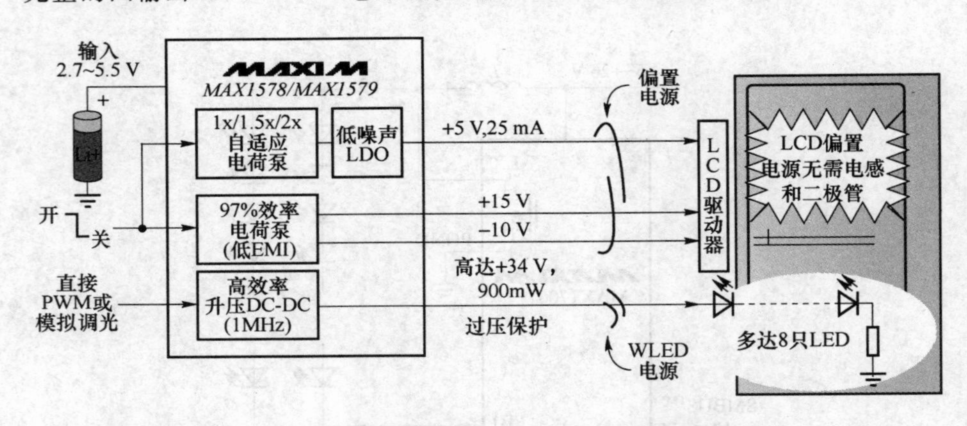

图9.2.47 MAX1578/MAX1579应用简图

9.2.33 MP3202 WLED阵列驱动器芯片

MP3202的性能和特点如下：

- 可驱动高达39颗白光LED灯；
- 1.3 MHz开关频率；
- 内部1.3 A限流；
- 模拟和数字调光；
- 输出开路保护；
- 0.104 V反馈电压；
- 输入欠压保护，软启动，过温保护等；
- TSOT23-6或者2×2 QFN6封装。

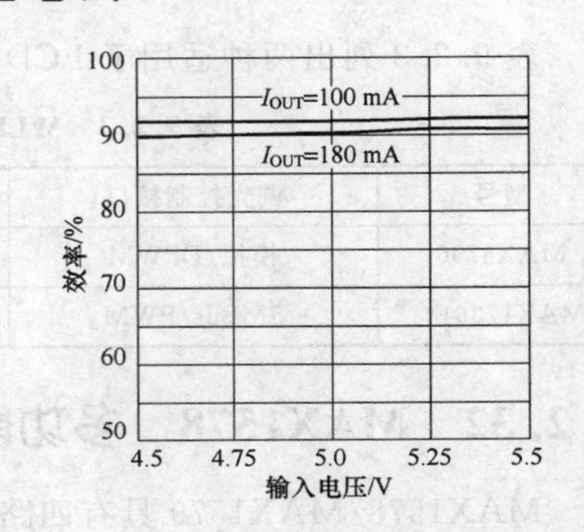

图9.2.48 MP3202效率VS输入电压

MP3202 的输入电压与效率的关系如图 9.2.48 所示。

MP3202 的应用电路如图 9.2.49 所示。

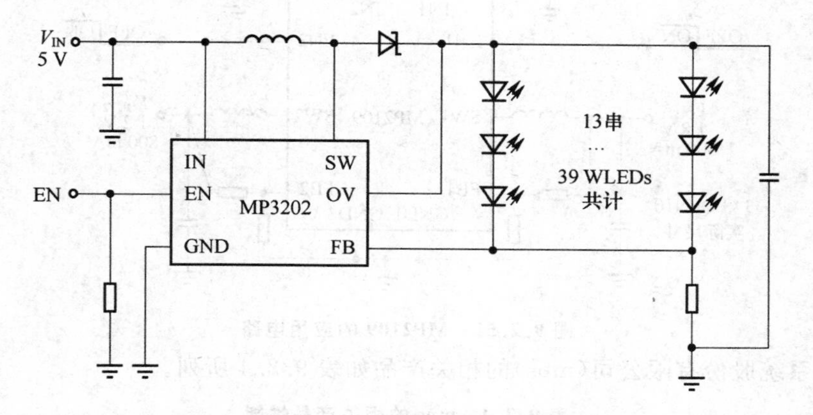

图 9.2.49 MP3202 的应用电路

9.2.34 MP1529 单电感背光+Flash 驱动器芯片

MP1529 的应用电路如图 9.2.50 所示。

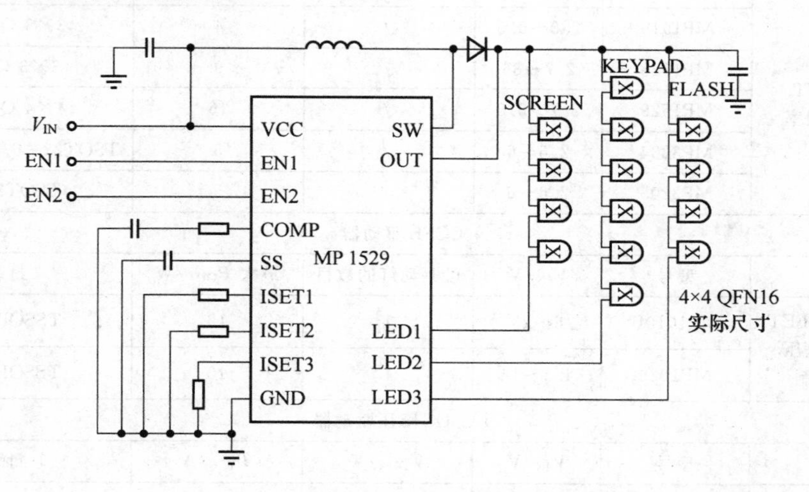

图 9.2.50 MP1529 的应用电路

9.2.35 MP2109 双输出 DC/DC 驱动器芯片

MP2109 应用电路如图 9.2.51 所示。

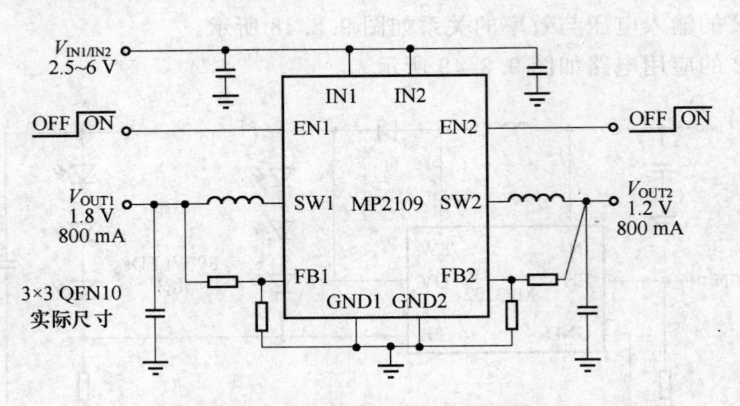

图 9.2.51 MP2109 的应用电路

美国芯源系统股份有限公司(mps)的相关产品如表 9.2.4 所列。

表 9.2.4 mps 的相关产品性能

白光 LED 驱动器					
特点	型号	V_{IN}/V	开路 LED 保护	可驱动 WLED 的数目	封装
高效集成 MOSFET 高开关频率	MP1518	2.5~6	√	6	TSOT23-6/2×2 QFN8
	MP1519	2.5~5.5	√	4	3×3 QFN16
	MP1528	2.7~36	√	9	3×3 QFN6
	MP1529	2.7~5.5	√	16	4×4 QFN16
	MP3204	2.6~6	√	5	TSOT23-6/2×2 QFN8
	MP3205	2.6~6		5	TSOT23-5
CCFL 驱动器					
特点	型号	V_{IN}/V	可驱动灯的数目	最大 P_{OUT}/W	封装
集成 MOSFET 电流及电压反馈控制	MP1010B	6~23	1	12	TSSOP20/E
	MP1026	4.5~14	1	10	TSSOP20/E
DC/DC 降压驱动器					
特点	型号	V_{IN}/V	V_{OUT}/V	I_{OUT}/A	封装
高效集成 MOSFET 高开关频率	MP1567	2.6~6	0.9~4.5	1.2	MSOP10/3×3 QFN10
	MP1591	6.5~32	1.2~21	2	SOIC8/E
	MP2104	2.5~6	0.6~6	0.6	TSOT23-5
	MP2104-1.5	2.5~6	1.5	0.6	TSOT23-5
	MP2104-1.8	2.5~6	1.8	0.6	TSOT23-5
	MP2105	2.5~6	0.6~6	0.8	TSOT23-5
	MP2109	2.5~6	0.6~6	2×0.8	3×3 QFN10
	MP2106	2.6~15	0.9~5.5	1.5	MSOP10/3×3 QFN10

9.2.36　NCP5005　白光 LED 驱动器芯片

NCP5005 的性能及特点如下：

- 高输出电压：22 V；
- 恒流控制保证光度一致；
- 超低静态电流：0.3 μA；
- 效率可高达 90%；
- 可调光亮度；
- 只需 5 个外部元件；
- 高开关频率令外部元件更细小；
- 微型 SOT－23 五脚封装；
- 与 LT1937、LM2703、TPS61040 引脚位兼容；

NCP5005 的应用电路如图 9.2.52 所示。

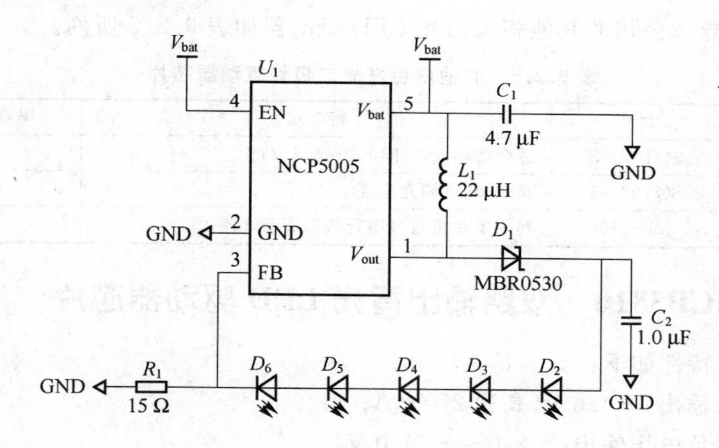

图 9.2.52　NCP5005 的应用电路

9.2.37　NCP5006　白光 LED 驱动器芯片

NCP5006 的性能及特点如下：

- 高输出电压：22 V；
- 恒流控制保证光度一致；
- 超低静态电流：0.3 μA；
- 高效率达 86%；
- 可调光亮度；
- 只需 5 个外部元件；
- 高开关频率令外部元件更细小；
- 微型 SOT－23 五脚封装；
- 与 LT1937、LM2703、TPS61040 引脚位兼容。

NCP5006 的应用电路如图 9.2.53 所示。

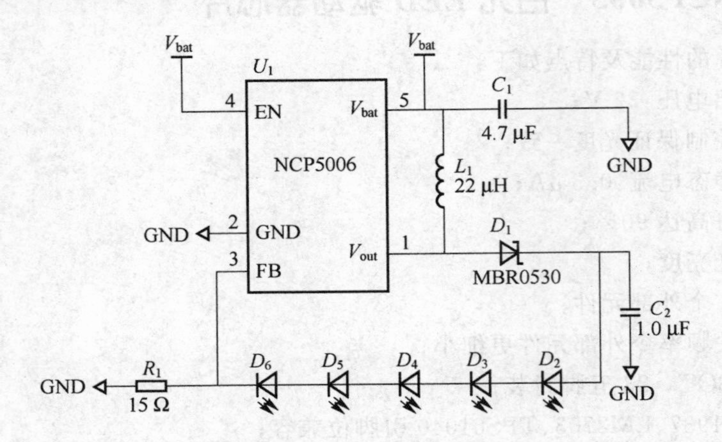

图 9.2.53 NCP5006 应用电路

安森美半导体公司的其他相关白光 LED 驱动器如表 9.2.5 所列。

表 9.2.5 其他白色发光二极管驱动器芯片

型号	封装	特 点	串联 LED 数量
NCP1403	SOT23-5	适合低输入电压(1.2～5.5 V)	4
NCP5007	SOT23-5	高效率、可调光亮度	5
NCP5008	Micro10	利用单片机通过串行数据调节光暗	4

9.2.38 NCP5810 双路输出背光 LED 驱动器芯片

NCP5810 特性如下：

- 正电压输出：+4.6 V,高达 270 mA；
- 可调的负电压输出：-2.0～-15.0 V；
- 低噪声和内建电源瞬变抑制,优化画面质量；
- 内建肖特基二极管供正电压输出,减少一颗外挂元件；
- 高开关频率,减少电容和电感值；
- 内建软启动,减少浪涌电流；
- 高效率达 83%；
- 微型化封装,3 mm×3 mm×0.55 mm。

NCP5810 应用电路如图 9.2.54 所示。

NCP5810 的相关产品如表 9.2.6 所列。

表 9.2.6 NCP5810 的相关产品-液晶显示屏的背光 LED 电源芯片

产品型号	封装	特点
NCP5005	SOT23-5,3 mm×3 mm×1 mm	使用电感,可驱动五颗串联 LED,最大输出功率 1 W
NCP5010	CSP8,1.7 mm×1.7 mm×0.6 mm	使用电感,可驱动五颗串联 LED,最大输出功率 0.5 W
NCP5050	TDFN10,3 mm×3 mm×0.8 mm	使用电感,可驱动多颗串联并联 LED,最大输出功率 4.5 W

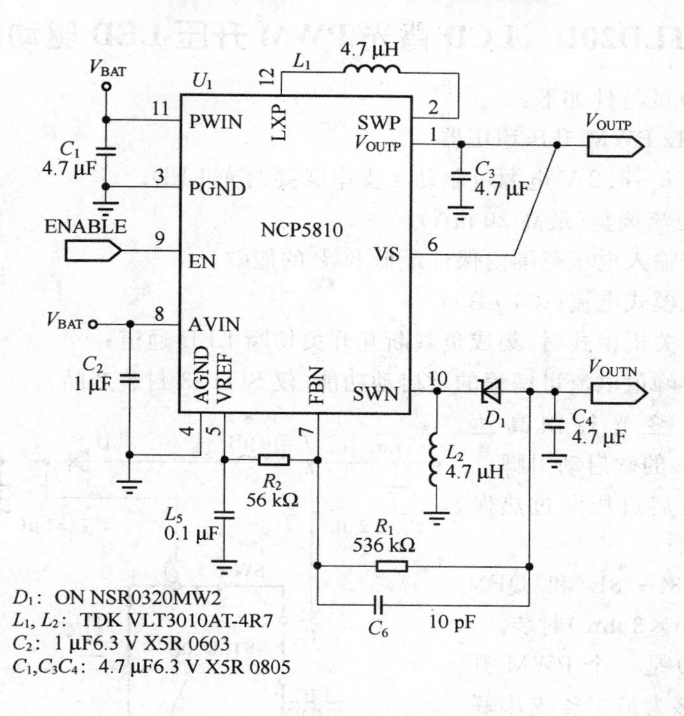

图 9.2.54 NCP5810 应用电路

9.2.39 RT9285 串联式白光 LED 驱动器芯片

RT9285 的性能如下：

- 集成肖特基二极管 PWM/脉冲调光方式可选，无须多余的外部元件；
- 脉冲宽度决定亮度调节方向；
- 调光不会带来多余的 EMI；
- 20 V 过压保护及输出能力确保可驱动 5 只白光 LED；
- 转换效率高达 85％；
- 符合 RoHS 规范的 WDFN2×2 超小型封装及 TSOT-23-6 封装。

典型应用领域如下：

- 手机；
- 数码照相机；
- PDA；
- 便携式设备；
- 音乐/图像播放器。

RT9285 的应用电路如图 9.2.55 所示。

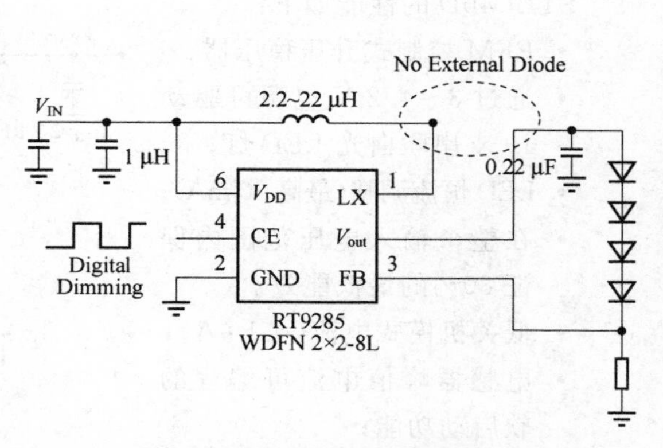

图 9.2.55 RT9285 的应用电路

9.2.40 STLD20D LCD背光PWM升压LED驱动器芯片

STLD20D的特性如下：

- 500 kHz PWM升压稳压器；
- 通过2.8～4.2 V电源可驱动4支串联要白光LED；
- LED恒流调整(最高20 mA)；
- 在整个输入电压范围内保证最低80％的能效；
- 低关机模式电流(＜1 μA)；
- 当进入关机模式时,集成负载断开开关切断LED通道；
- 电感器峰值电流可编程的软启动功能(仅SOT23封装产品)；
- PWM变光控制高达10 kHz的软启动引脚；
- 自动重启过压和过热保护功能；
- SOT23－8L和QFN(3 mm×3 mm)封装。

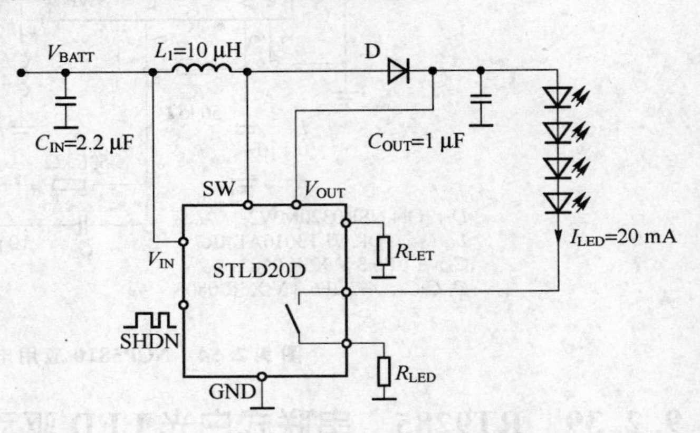

图9.2.56 STLD20D应用电路

STLD20D是一个PWM升压稳压器,能够为最多4支串联的白光LED供电,并具有LCD显示器所需的背光功能。为防止显示器在输入电源电压变化时屏幕闪烁,这款产品集成一个电源电压抑制比电路。在关机模式下,集成的负载断开开关将会切断LED通道,消除电流损耗。它的应用电路如图9.2.56所示。

9.2.41 STLD40D LCD背光PFM升压LED驱动器芯片

STLD40D的性能如下：

- PFM控制式升压稳压器；
- 通过3～4.2 V电源可驱动10支串联白光LED灯；
- LED恒流调整(最高20 mA)；
- 在整个输入电压范围内保证80％的最低能效；
- 低关机模式电流(＜1 μA)；
- 电感器峰值电流可编程的软启动功能；
- PWM变光控制高达10 kHz的

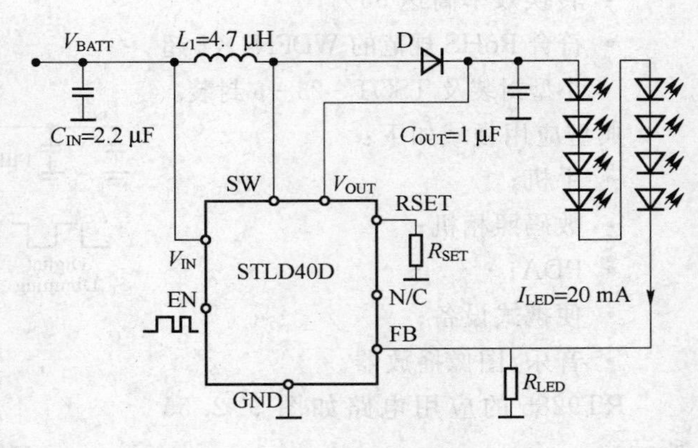

图9.2.57 STLD40D应用电路

关机引脚；

- 自动重启过压和过热保护功能；
- QFN8(3×3)封装。

STLD40D 是一个 PFM 升压稳压器，能够为最多 10 支串联的白光 LED 供电，并具有 LCD 显示器所需的背光功能。电流输出能力高达 20 mA，最高输出电压 38 V。

STLD40D 的应用电路如图 9.2.57 所示。

9.2.42　STCF01　相机闪光灯升压 LED 驱动器芯片

STCF01 是一个高效的电源解决方案，在手机、PDA 和数码照相机内，能够驱动由多支白光 LED 组成的照相机闪光灯。

STCF01 的性能如下：

- 1.5 MHz PWM 升压稳压器；
- 2.6～5.5 V 电源电压；
- 驱动 2 支到 4 支 LED（最高输出电压 17 V）；
- 输出电流可调，支持闪光和火炬模式；
- 负载真正断开的关机引脚；
- 能将 90%@100 mA；80%@300 mA；
- QFN10(3×3)封装。

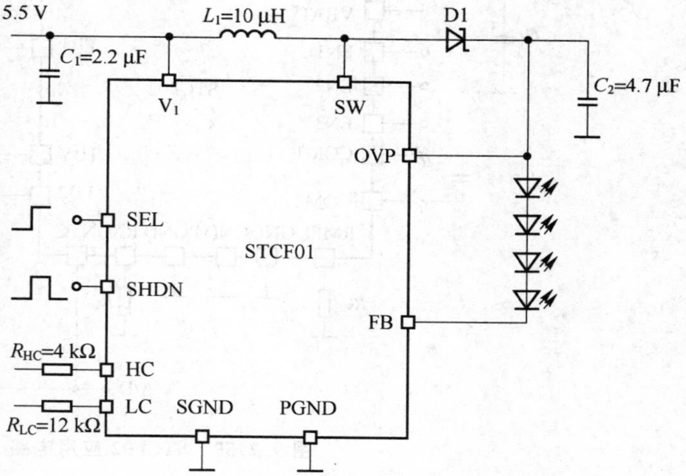

图 9.2.58　STCF01 的应用电路

STCF01 的应用电路如图 9.2.58 所示。

9.2.43　STCF02　照相机闪光灯双核 LED 升降压驱动器芯片

F02 是一个高效的电源解决方案，在手机、PDA 和数码照相机内，能够驱动由一支白光 LED 组成的闪光灯。在整个电池电压的变化条件，这个升降压变换器保证对 LED 电流进行正确的控制。

STCF02 的性能如下：

- 2.7～5.5 V 电源电压；
- 1.8 MHz(典型)固定频率 PWM 控制器；
- 在 2.7 V 到 5.5 V 电源电压下，可驱动 1 支 600 mA 的大功率 LED；
- 在关机模式下，LED 与电池断开连接；
- 通过三个逻辑输入信号可以选择 5 种操作模式。

— 关机模式；

— 关机模式＋NTC；

— 闪光模式(最高电流 600 mA)；

— 中等闪光模式(最高电流 500 mA)；

— 火炬模式(最高电流 250 mA)。

STCF02 的应用电路如图 9.2.59 所示。

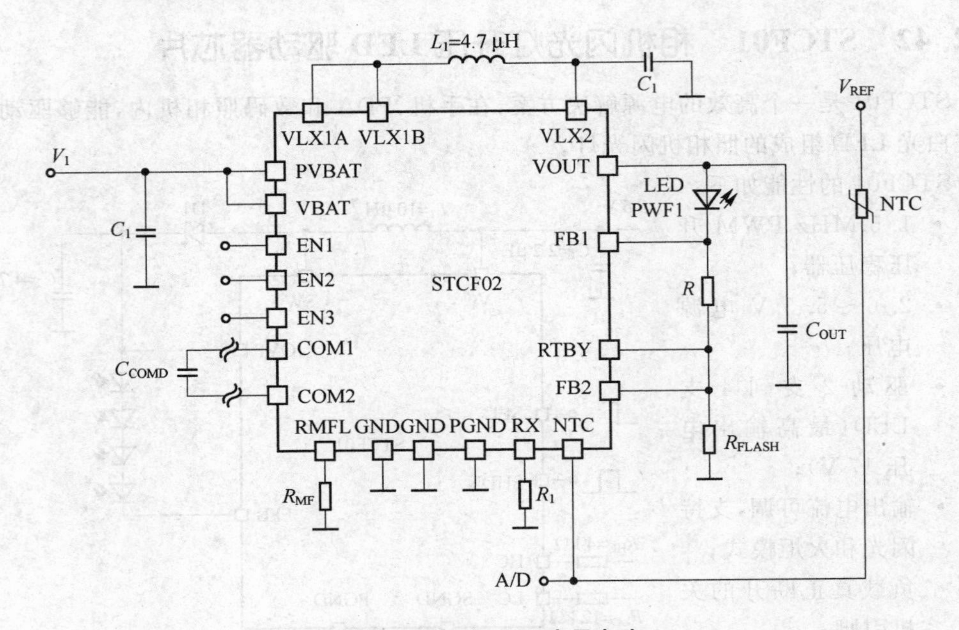

图 9.2.59 STCF02 应用电路

9.2.44 STCF03 内置增强诊断功能和 I²C 接口的 LED 闪光灯驱动器芯片

STCF03 是带有 I²C 接口的照相机闪光灯双模升降压变换器，在整个电池电压和输出电压条件下，能够保证对 LED 电流进行正确的控制。

STCF03 的性能如下：

- 在 3.3～5.5 V 电源电压下，可驱动 1 支 800 mA 的大功率 LED；
- 1.8 MHz(典型)固定频率 PWM 控制器；
- 完整的 I²C 控制功能；
- 闪光和火炬模式 16 步变光调节；
- 亮度可调的红光 LED 指示器的辅助输出；
- 内部和外部定时闪光操作；
- 数字编程安全超时闪光模式；
- LED 过热检测；

- 外部 NTC 保护；
- 开路和短路 LED 保障检测及保护。

STCF03 的应用电路如图 9.2.60 所示。

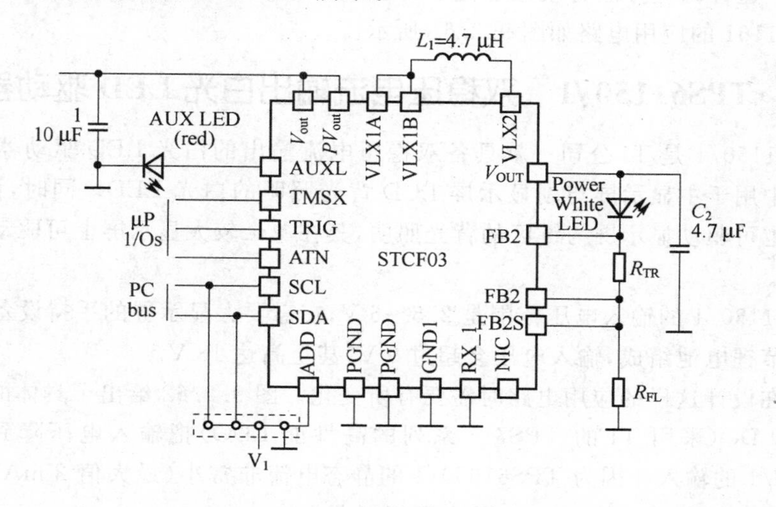

图 9.2.60 STCF03 应用电路

9.2.45 TPS61161 抗电磁干扰(EMI)的白光 LED 驱动器芯片

德州仪器推出的 TPS61161 升压转换器除了提供 10 颗 LED 的驱动能力外，在 EMI 问题上也有相应的设计考虑，其典型应用如图 9.2.61 所示。在 TPS61161 开关设计上采取两次开关过程，有效降低了 EMI 的辐射强度，从而避免驱动器对手机其他模块的影响。

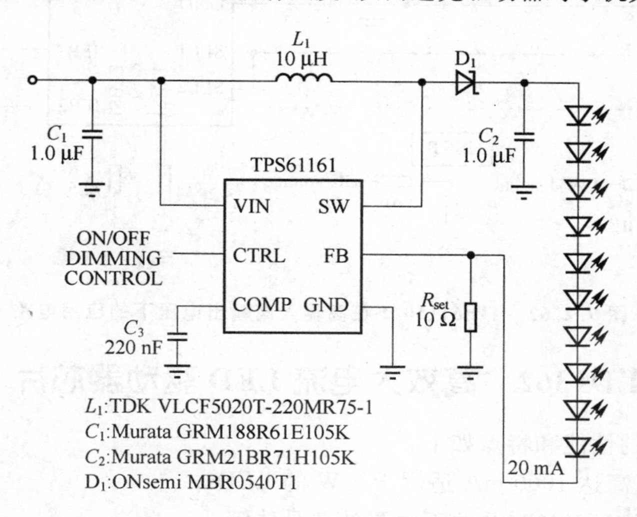

图 9.2.61 TPS61161 的典型应用

传统的开关技术和二次开关技术在实际 EMI 测试结果证明。TPS61161 的二次开关技术减低了 EMI 辐射能量。

另外,TPS61161 支持线性调光技术——通过调节 LED 的导通电流,改变 LED 的发光强度。这种调光方法有效地避免了由于 LED 调光所引起的 EMI 干扰。

TPS61161 的应用电路如图 9.2.61 所示。

9.2.46 TPS61150/1 双稳压电流输出白光 LED 驱动器芯片

TPS61150/1 是 TI 公司一款具备双稳压电流输出的白光 LED 驱动器,能够驱动翻盖手机中用于主显示屏与副显示屏 LCD 背光照明的白光 LED。同时,该器件的双通道输出也可驱动显示屏与键区的背光照明,其在单个较大显示屏上可驱动多达 14 个白光 LED。

TPS61150/1 的输入电压范围是 2.5~6 V,在需要大显示屏的手持设备中,其电源可能由三节锂电池组成,输入电压会超过 9 V,甚至高达 18 V。

因此在设计这样的应用电路时需要有所变化。图 9.2.62 给出了具体的实现电路。通过一个 LDO(采用 TI 的 TPS715 系列的高性能 LDO)把输入电压降到 5 V,作为 TPS61150/1 的输入。因为 TPS61550/1 的静态电流非常小(最大值 2 mA)。所以,相对于高输出电压 24 V,在 LDO 上的电源损耗非常小。

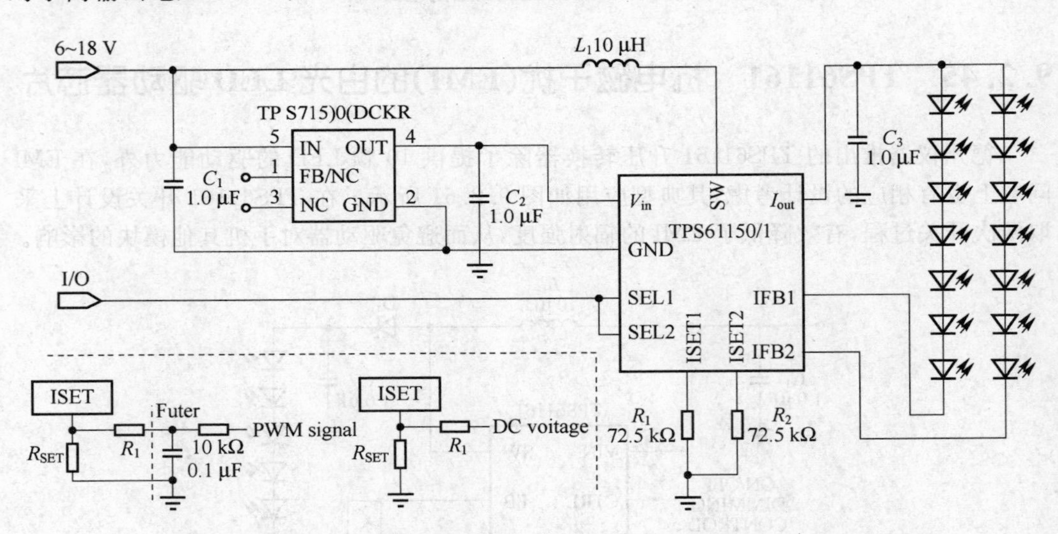

图 9.2.62 TPS61150/1 在高输入高输出电压下的应用电路

9.2.47 ZXLD1362 高效大电流 LED 驱动器芯片

ZXLD1362 的性能和特点如下:

- 输出电流高达 1000 mA 适用于 3 W 的 LEDs;
- 内部 60 V NDMOS 开关不需要外部晶体管;
- 软起动功能

  起动时不会产生大冲击电流;

- 调光比－1000：1
  适用于精确的亮度控制；
- 具有多功能 ADJ 引脚；
- 降压 6～60 V；
- 超小型封装(TSOT23－5)解决方案尺寸细小；
- 只需要 4 个外部元件操作简单。

ZXLD1362 应用于街灯、隧道灯、汽车照明、台灯等，其应用电路如图 9.2.63 所示。

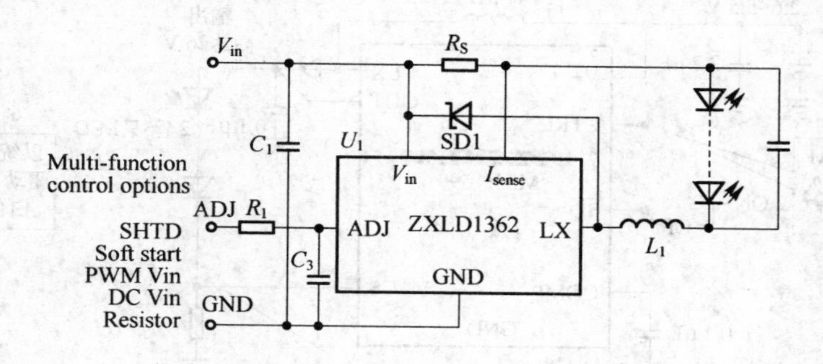

图 9.2.63 ZXLD1362 的应用电路

ZETEX 公司的同类产品如表 9.2.7 所列。

表 9.2.7 ZXLD1362 的同类产品

产品型号	输出电流 /mA	操作电压 /V	驱动集成电路数目	调光方法
ZXLD1362	0～1000	6～60	1～16	PWM 或电压
ZXLD1360	0～1000	7～30	1～8	PWM 或电压
ZXLD1350	0～350	7～30	1～8	PWM 或电压

9.2.48 MAX1599 驱动 6 只 WLED 的高效率升压 DC/DC 芯片

MAX1599 是大功率、升压型 DC/DC 变换器，能够以稳定的电流驱动白色 LED，为 PDA 或蜂窝电话提供背光，它可驱动 2 到 6 只的 LED 串，或最多 12 只的多串 LED，内部 30 V MOSFET 开关可提供 87％的转换效率，比传统的电荷泵倍压方案高 40 个百分点，固定的 500 kHz PWM 开关频率，允许 MAX1599 采用小尺寸电感和微型 0.1 μF 输出电容，而且输入纹波只有 15 mV_{P-P}。

MAX1599 特点如下：

- 内置 30 V MOSFET 开关；
- 驱动 2～12 只白色 LED(每串最多 6 只 LED)；
- 零输入浪涌电流；
- 使用小尺寸、低截面电感；

- 0.3 μA 关断电流；
- 提供微波的 3 mm×3 mm×0.8 mm TQFN 封装；
- 低价格：$1.30[t]。

MAX1599 应用电路如图 9.2.64 所示。

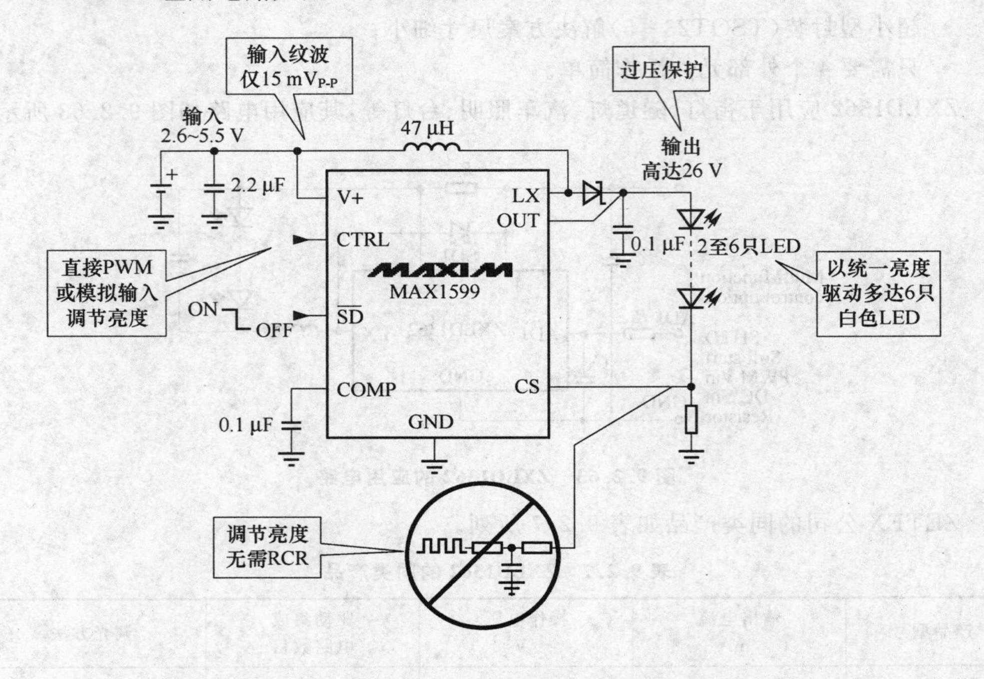

图 9.2.64　MAX1599 应用电路

9.3　电容升/降压式电荷泵 LED 驱动器

9.3.1　AAT3110　微功率升压白、蓝光 LED 驱动器芯片

AAT3110 是美国研诺逻辑科技有限公司(AATI)开发的微功率电荷泵 DC/DC 芯片。

AAT3110 电荷泵的性能如下：

- 输入电压：U_i=2.7～5.5 V。
- 输出电压：U_o=5.0 V/100 mA。
- 静态电流：I_q=13 μA。
- 停机状态电流：I_{SHDN}=1 μA。
- 工作效率：90%以上。
- 工作频率：750 kHz。
- 封装：SOT-28、SC70JW。

AAT3110 的应用如图 9.3.1 所示。

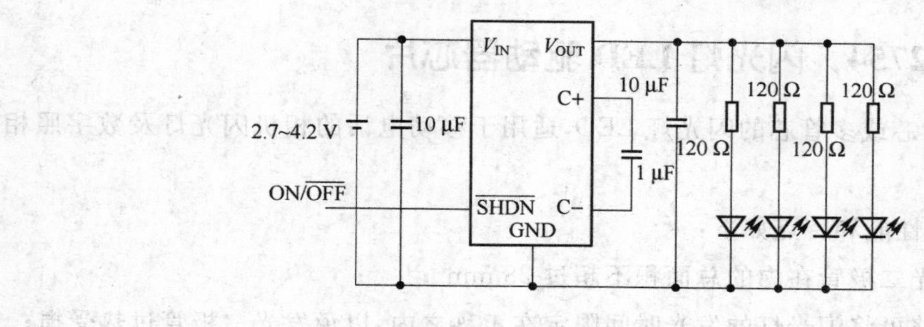

图 9.3.1 AAT3110 应用图

另一种手机闪光灯应用电路如图 9.3.2 所示，FDG335N 型功率 MOSFET 作为闪光开关，峰值电流经它形成回路。

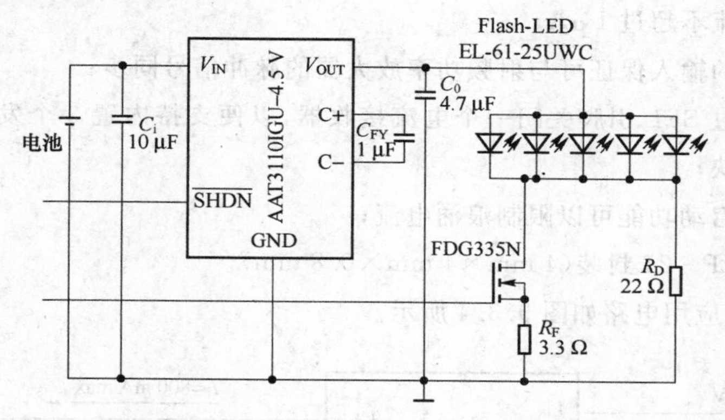

图 9.3.2 100～200 mA 峰值电流的手机照相机闪光灯电路图

数码照相机的闪光灯驱动电路如图 9.3.3 所示，它能提供 300～400 mA 的峰值电流因此需要两只 AAT3110。

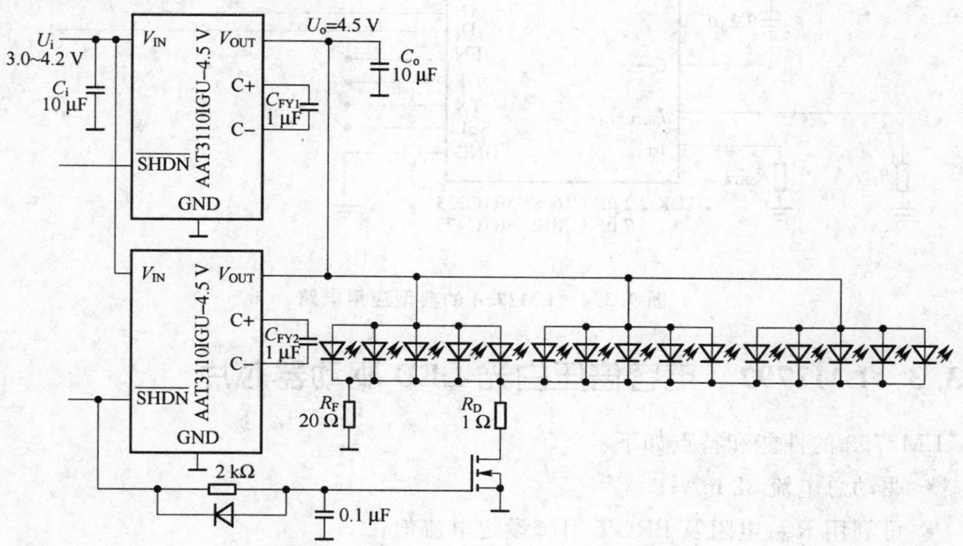

图 9.3.3 数码照相机闪光灯典型电路图

9.3.2　LM2754　闪光灯 LED 驱动器芯片

可驱动单管芯或多管芯的闪光灯 LED,适用于移动电话的相机闪光灯及数字照相机的闪光灯。

LM2754 的性能和特点如下：

- 不计发光二极管在内的总面积不超过 28 mm²；
- 超时电路可将闪光灯的发光时间限定在 1 秒之内,以免发光二极管过热受损；
- 无需加设电感器；
- 真正停机的输出断电功能；
- 停机电流不超过 1 μA；
- 发送器的输入保证可与射频功率放大器的脉冲信号同步；
- 能够通过 SEL 引脚关闭一个电流接收器,以便支持内置 3 个发光二极管的闪光灯模块；
- 内置软启动功能可以限制浪涌电流；
- 采用 LLP－24 封装(4 mm×4 mm×0.8 mm)。

LM2754 的应用电路如图 9.3.4 所示。

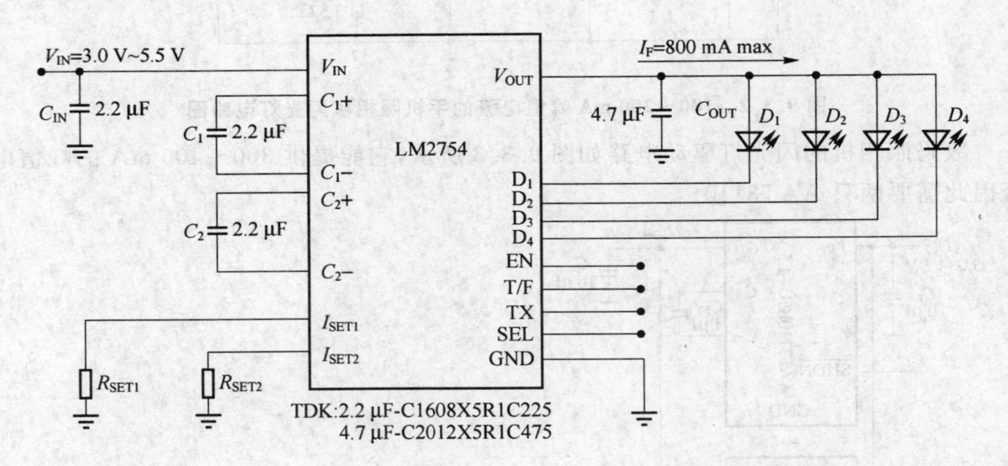

图 9.3.4　LM2754 的典型应用电路

9.3.3　LM2792　电容倍压白光 LED 驱动器芯片

LM2792 的性能和特点如下：

- 驱动总电流 32 mA；
- 可利用 R_{SET} 电阻及 BRGT 引脚设定电流值；
- 一致性误差不超过 1%；

- 亮度控制：在停机引脚上加 100～1000 Hz 的 PWM 信号或在 BRGT 引脚上加仿真电压。

LM2792 应用电路如图 9.3.5 所示。

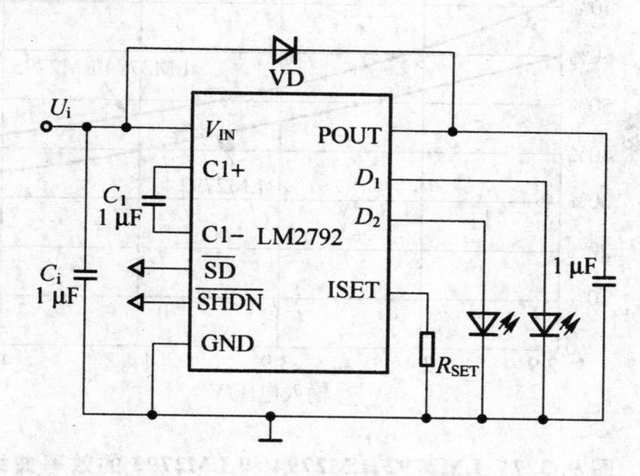

图 9.3.5　LM2792 应用电路

LM2794/LM2795　电容倍压 LED 驱动器芯片

LM2794 性能与 LM2792 相似，但它可驱动 4 个 LED，驱动总电流达 60 mA。

LM2795 性能与 LM2794 相同但停机引脚极性相反。

LM2794 的应用电路如图 9.3.6 所示。

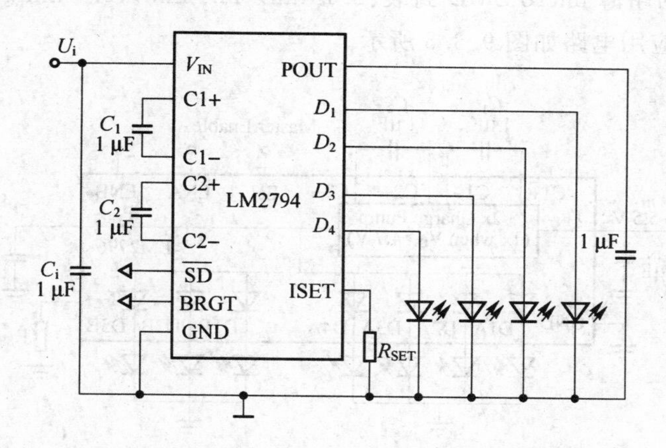

图 9.3.6　LM2794 的应用电路

LM2792 与 LM2794/95 的效率如图 9.3.7 所示。

9.3.4　LM2796　适合双屏幕的白光 LED 驱动器芯片

LM2796 的性能与特点如下：

- 可驱动高达 7 个发光二极管，每一发光二极管的驱动电流高达 20 mA；
- 把 7 个发光二极管分为两组加以控制(ENA 及 ENB)，以便为两个显示器(主液

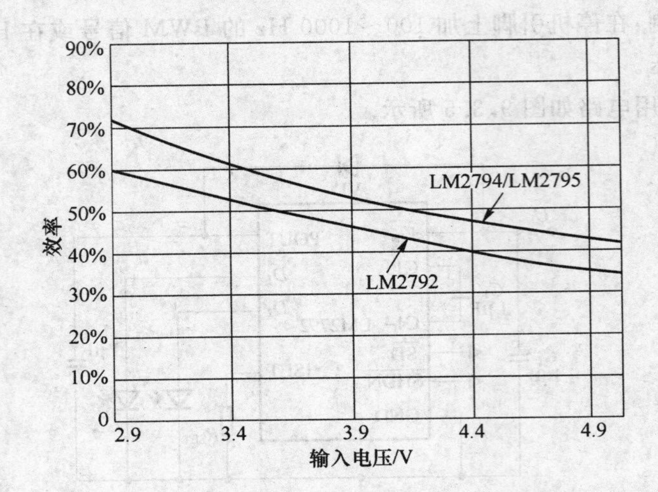

图 9.3.7 LM2792、LM2794 和 LM2795 的效率曲线

晶显示屏及小型液晶显示屏)提供背光;

- 可以仔细调校电流以确保亮度均匀;
- 高效率的 3/2 倍电荷泵;
- 范围更广阔的锂电池输入电压:2.7～5.5 V;
- 脉宽调制(PWM)亮度控制:100 Hz～1 kHz;
- 18 焊球的超薄 micro SMD 封装:2.1 mm×2.4 mm×0.6 mm。

LM2796 的应用电路如图 9.3.8 所示。

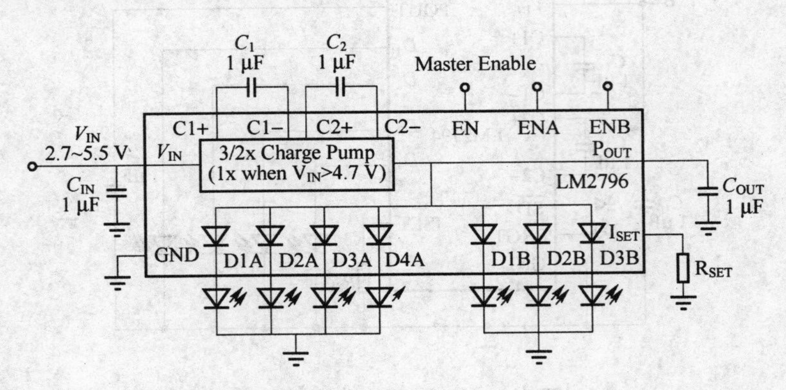

图 9.3.8 LM2796 的应用电路

9.3.5 LM27952 白光 LED 自适应 1.5 倍/1 倍开关电容电流驱动器芯片

LM27952 的性能及特点如下:

- 可驱动高达 4 个发光二极管,每一驱动电流高达 30 mA;

- 可以互相对准的稳定电流，误差不会超过0.2%（典型值）；
- 根据发光二极管的 V_F 而变动的3/2倍及1倍增益；
- 最高效率达85%以上；
- 输入电压范围：3.0～5.5 V；
- PWM亮度控制；
- 无需加设电感器，因此体积极为小巧；
- 750 kHz的固定开关频率；
- 停机电流不会超过1 μA；
- 采用14引脚LLP封装（大小只有4.0 mm×3.0 mm×0.8 mm）。

LM27952的应用电路如图9.3.9所示。

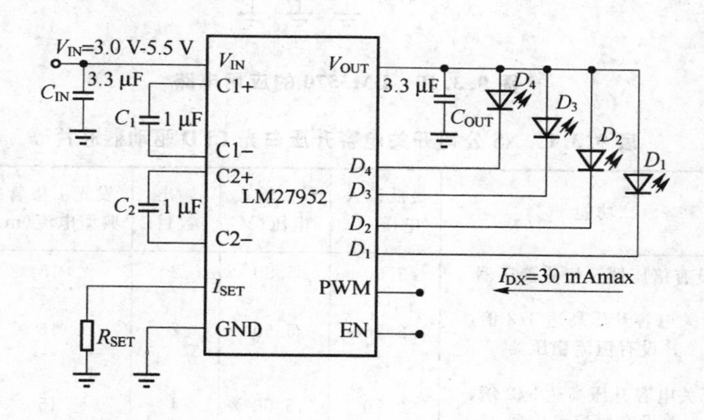

图9.3.9　LM27952的应用电路

9.3.6　LM3570　升压式白光LED驱动器芯片

LM3570的性能及特点如下：

- 2.7～5.5 V的输入电压范围；
- 稳压输出（V_{OUT}=4.35 V）；
- 稳定的 I_{Dx}，确保各恒流输出之间的差异稳定在±0.3%之内；
- 高效率的3/2倍升压功能；
- 以电压模式操作时可以驱动辅助键盘的发光二极管；
- 高达80 mA的总输出电流；
- 高电平有效脉冲宽度调制（PWM）控制引脚，以便独立控制电源；
- 停机电流不超过1 μA；
- 500 kHz的开关频率（典型值）；
- 线性的稳压效果令噪声频普范围可以预测；

• 采用大小只有 4.0 mm×3.0 mm×0.8 mm 的 LLP－14 封装。

LM3570 的应用电路如图 9.3.10 所示。NS 公司的其他白光 LED 驱动器如表 9.3.1 所示。

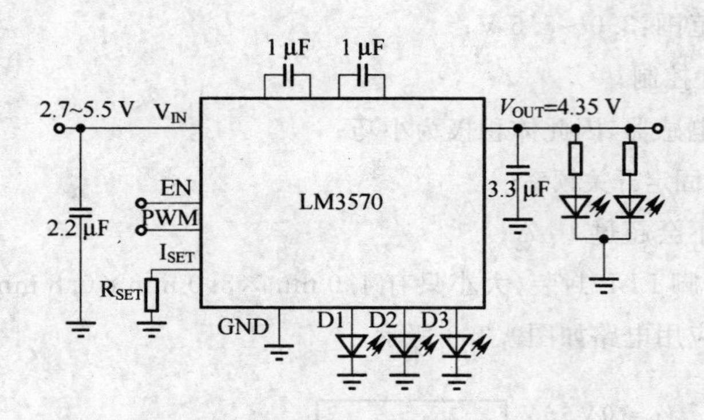

图 9.3.10　LM3570 的应用电路

表 9.3.1　NS 公司开关电容升压白光 LED 驱动器芯片

零件编号	功能	最低输入电压/V	最高输入电压/V	输出数目	发光二极管的典型电流(mA)	封装
LM2791/92	设有倍压器及恒流稳压器	3.00	5.80	2	15	LLP－10
LM2793	开关电容升压高达 3/2 倍，并设有恒流稳压器	2.70	5.50	2	16	LLP－10
LM2794/95	开关电容升压高达 3/2 倍，并设有恒流稳压器	2.70	5.50	4	15	micro SMD－14
LM2796	开关电容升压高达 3/2 倍，并设有恒流稳压器	2.70	5.50	7	20	micro SMD－18

9.3.7　LM3554　电容倍压(电荷泵)白光 LED 驱动器芯片

LM3554 性能及特点如下：

• 输入电压范围 2.5～5.5 V；
• 输出 4.1 V 稳定电压；
• 过热保护；
• 静态电流 475 μA；
• 关态电流 5 μA；
• 可用 R_{SET} 电阻设定电流，$I_D=(4.1-U_c)/R_{SET}$；
• 可在停机(SD)端控制亮度：加 60～200 Hz PWM 信号；
• 总驱动电流 90 mA。

LM3554 的应用电路如图 9.3.11 所示。

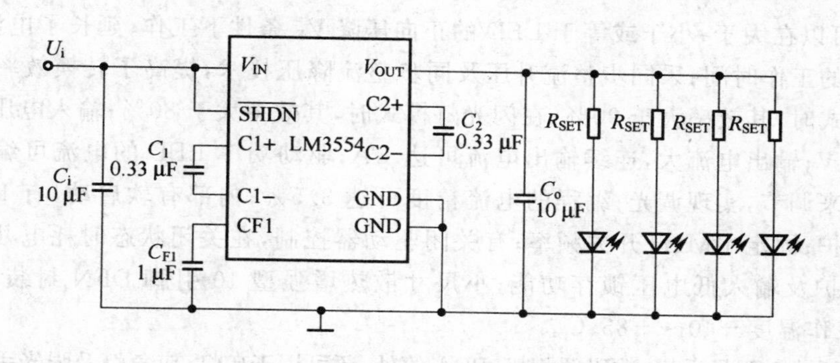

图 9.3.11 LM3554 应用电路

9.3.8 LTC3216 大电流 LED 电荷泵驱动器芯片

凌特公司的高灵活性和低噪声大电流 LED 驱动器可让电池供电的手持式产品采用大电流 LED 作为一种高亮度的光源。这些器件具有超过 90% 的工作效率,可实现更长的电池使用寿命。它们纤巧和小外形的占位体积使其适合于极为小型化的设计,并可尽量减少使用外部元件,凌特公司的 LED 驱动器可轻松地从 100 mA～1 A 以上的电流对来自众多制造商的白光 LED 进行驱动。

LTC3216 应用电路如图 9.3.12所示。

图 9.3.12 LTC3216 应用电路

凌特公司的同类产品如表 9.3.2 所列。

表 9.3.2 凌特公司的同类产品

器件型号	拓扑结构	V_{IN}范围/V	V_{OUT}最大电压/V	效率(最大值)	输出电流(最大值)	封装
LTC ® 3216	充电泵	2.9～4.4	5.1	92%	1 A	3 mm×4 mm DFN
LT ® 1618	升压、降压-升压	1.6～18	34	80%	500 mA	MS-10, 3 mm×3 mm DFN
LTC3453	同步、降压-升压	2.7～5.5	4.5	90%	500 mA	4 mm×4 mm QFN
LT3479	升压	2.5～24	40	85%	1 A+	TSSOP, 3 mm×4 mm DFN

9.3.9 LTC3454 大电流 LED 驱动器芯片

LTC3454 的内部是一种开关型升/降压式 DC/DC 变换器。该器件主要特点:输入

电压 V_{IN} 可以在大于、小于或等于 LED 的正向压降 V_F 条件下工作，延长了电池在两次充电之间的工作时间；采同步整流升压及同步整流降压技术，提高了转换效率；在手电筒工作模式时，其效率大于 90%；在闪光灯模式时，其效率大于 80%；输入电压范围宽，2.7～5.5 V；输出电流大，连续输出电流可达 1 A；驱动功率 LED 的电流可编程，并可通过外部来调节，实现调光；编程的电流精度可达 3.5%；内部有软启动，有 LED 开路及短路保护；固定 1 MHz 开关频率；有关闭驱动器控制，在关闭状态时耗电几乎为零；有过热保护及输入低电压锁存功能；小尺寸散热增强型 10 引脚 DFN 封装（3 mm×3 mm）；工作温度－40～＋85 ℃。

应用领域主要是手机、数码照相机、PDA 等处，还可用于矿灯、应急灯及强光手电筒。

1. LTC3454 的主要参数

LTC3454 的输入电压 V_{IN}＝2.7～5.5 V（1 节锂电池）；工作电流典型值为 825 μA；关闭状态时耗电小于 1 μA；低压存锁存时耗电 5 μA（输入低压锁存阈值电压约 2 V）；V_{EN1}、V_{EN2} 的高电平阈值为 0.68～1.2 V，V_{EN1}、V_{EN2} 低电平阈值为 0.2～0.68 V；调节后的最大输出电压 V_{OUT}＝5.15 V（典型值）；振荡频率 f_{SW}＝1 MHz；软启动时间典型值为200 μs。

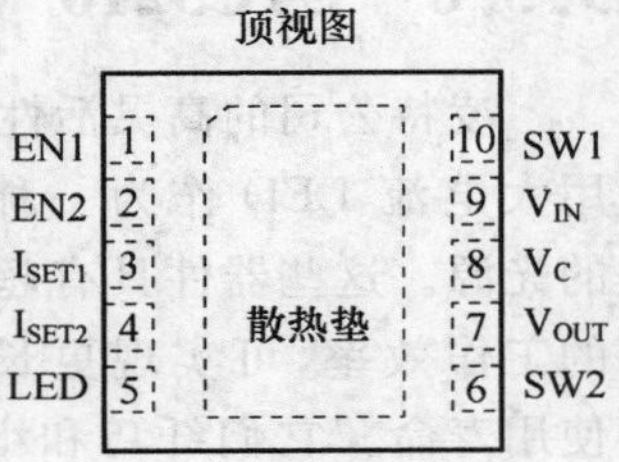

顶视图

EN1	1	散热垫	10	SW1
EN2	2		9	V_{IN}
I_{SET1}	3		8	V_C
I_{SET2}	4		7	V_{OUT}
LED	5		6	SW2

图 9.3.13 LTC3454 的引脚排列

2. 引脚排列及功能

LTC3454 的引脚排列如图 9.3.13 所示。各引脚功能如表 9.3.3 所列。

表 9.3.3 LTC3454 引脚功能详解

引脚	符号	功能
1	EN1	驱动电流 I_{SET1} 的使能端，高电平有效（>0.68 V，<1.2 V）低电平（<0.68 V，>0.2 V）关闭
2	EN2	驱动电流 I_{SET2} 的使能端，高低电平与 END1 同
3	I_{SET1}	LED 电流 I_{SET1} 的设定端，外接电阻 R_{1SET1} 到地来设定 LED 的电流 I_{LED}，I_{LED}＝3850 (0.8 V/R_{1SET1})
4	I_{SET2}	LED 电流 I_{SET2} 的设定端，外接电阻 R_{1SET2} 到地来设定 LED 的电流 I_{LED}，I_{LEF}＝3850 (0.8 V/R_{1SET2})。若 I_{SET1} 设有 R_{1SET1}，并且 EN1 端为高电平，则 LED 的电流为 $I_{SET1}+I_{SET2}$
5	LED	接 LED 的阴极。LED 接在 V_{OUT} 与 LED 端之间，电流从 V_{OUT} 经 LED 后流入 LED 端
6	SW2	开关的结点。外部的电感器 L1 接在 SW1 与 SW2 之间。电感器 L_1＝4.7～5 μH
7	V_{OUT}	升/降压式 DC/DC 变换器的输出端。此端需外接 1 个 4.7～10 μF 片状多层陶瓷电容（MLCC）到地
8	V_C	内部误差放大器输出端的补偿点。此点连接 1 个 0.1 μF 的 MLCC 到地。VC 的电压高低能控制内部开关组成升压式或降压式工作
9	V_{IN}	电源输入端（2.7～5.5 V）。此端外接 1 个 2.2～10 μF 电容（MLCC）到地
10	SW1	开关结点，此端连接一个电感器 L1，另一端接 SW2 端
11	散热垫及 GND	电源的接地点。散热垫接地可改善散热效果

3. 应用电路

图 9.3.14～图 9.3.16 是 LTC3454 应用的例子：

图 9.3.14 是有闪光灯及手电筒功能的白光 LED 驱动电路。

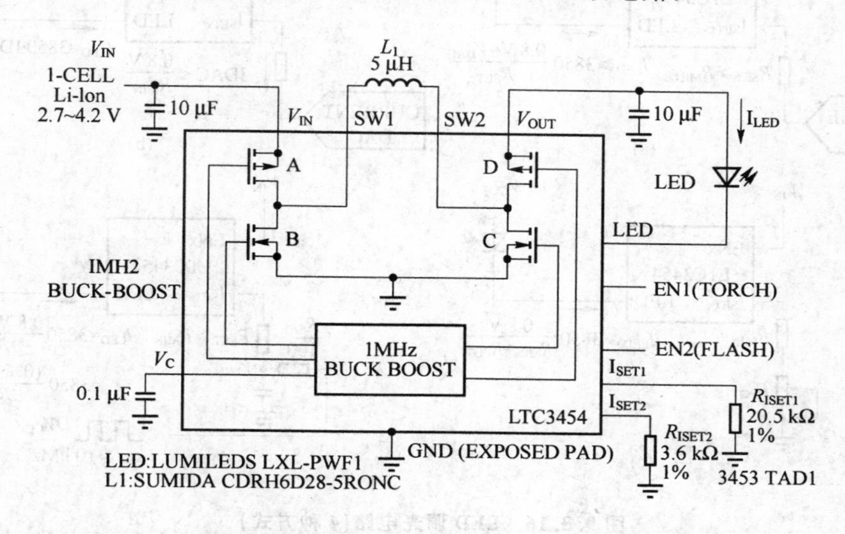

图 9.3.14　有闪光灯及手电筒功能的白光 LED 驱动电路

图 9.3.15 是由 3 节镍氢电池驱动 I_{LED}＝500 mA 的电路。图 9.3.16 给出了 4 种不同的调光方法。

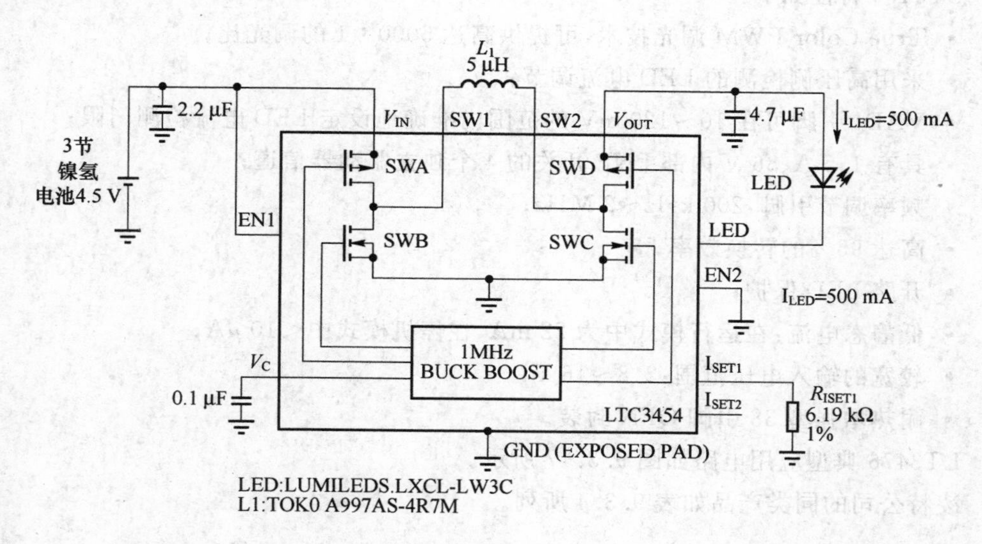

图 9.3.15　由 3 节镍氢电池驱动白光 LED 电路

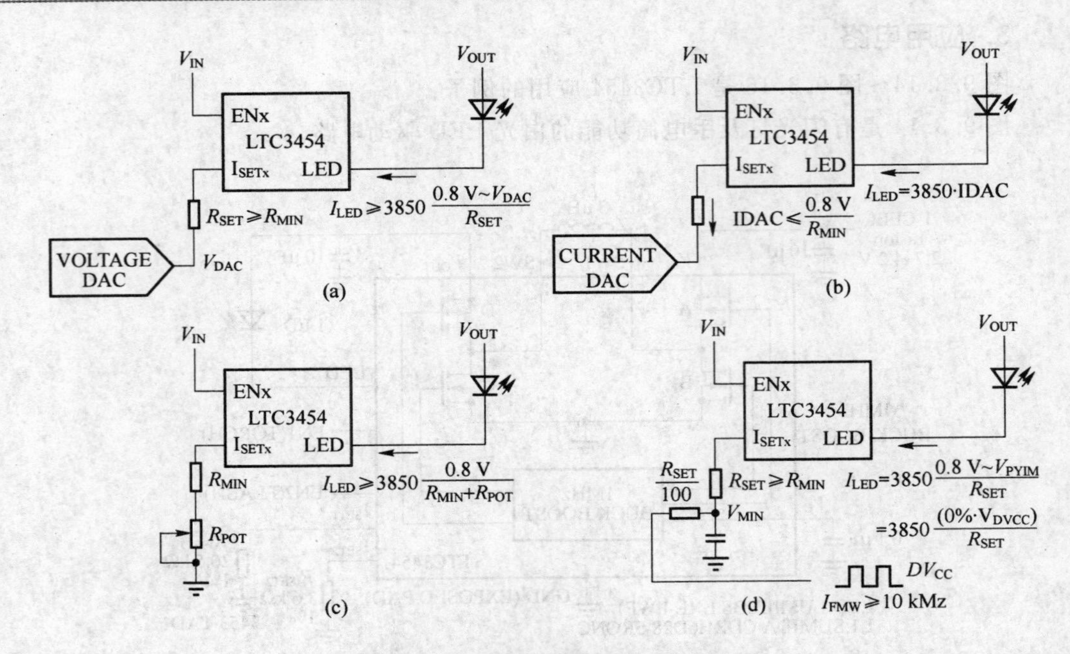

图 9.3.16 LED调光电路(4种方式)

9.3.10 LT3476 大电流LED驱动器芯片

LT3476特性如下：

- True Color PWM调光技术，可提供高达5000：1的调光比；
- 采用高压侧检测的LED电流调节；
- VADJ引脚可在10～120 mV的范围内准确地设定LED电流检测门限；
- 具有1.5 A、36 V内部PNP开关的4个独立驱动器信道；
- 频率调节引脚：200 kHz～2 MHz；
- 高达96%的转换效率；
- 开路LED保护；
- 低静态电流：在运行模式中为22 mA，在停机模式中<10 μA；
- 较宽的输入电压范围：2.8～16 V；
- 耐热增强型38引脚QFN封装。

LT3476典型应用电路如图9.3.17所示。

凌特公司的同类产品如表9.3.4所列。

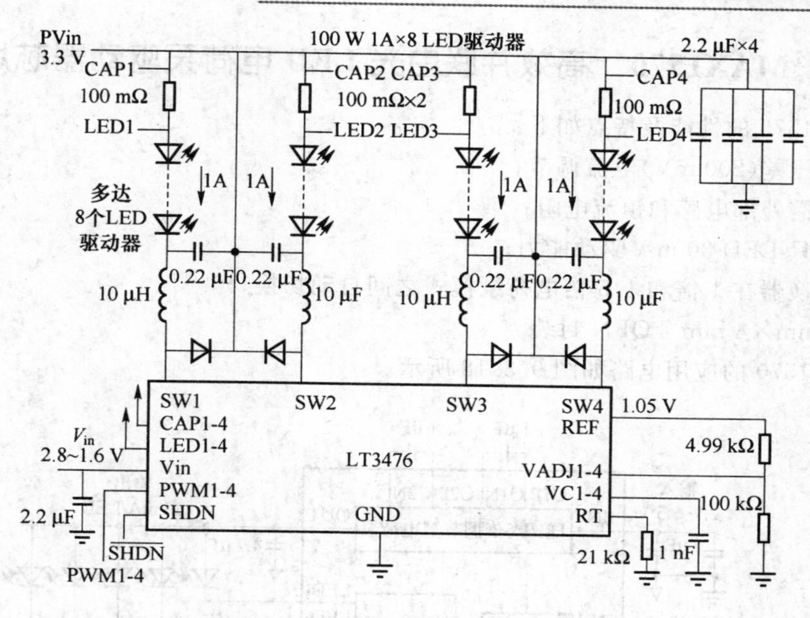

图 9.3.17 LT3476 驱动器典型应用电路

表 9.3.4 凌特公司的同类产品性能

器件型号	拓扑结构	调光范围	输入电压范围/V	最大输出电压/V	I_{LED}(MAX)/A*	封装
LT ® 1618	降压、升压、降压/升压模式	DC/PWM	16~18	36	1.00	3 mm×3 mm DFN-10，MSOP-10
LT3466	双通道升压	DC/PWM	2.7~24	39	0.02×2	3 mm×3 mm DFN-10
LT3474/-1	降压	400：1 PWM	4~36	9/25	1.00	TSSOP-16E
LT3475/-1	双通道降压	3000：1 PWM	4~36（最大值为40）	9/25	1.50×2	TSSOP-20E
LT3476	四通道降压、升压、降压/升压模式	1000：1 PWM	2.8~16	36	1.00×4	5 mm×7 mm QFN-38
LT3477	降压、升压、降压/升压模式	DC/PWM	2.5~25	40	2.00	4 mm×4 mm QFN-20 TSSOP-20E
LT3478/-1	降压、升压、降压/升压模式	3000：1 PWM	2.8~36（最大值为40）	40	4.00	TSSOP-16E
LT3486	双通道升压	1000：1 PWM	2.7~24	35	0.10×2	3 mm×5 mm DFN-16
LT3496	三通道降压、升压、降压/升压模式	3000：1 PWM	3~30(40)	45	0.50×3	4 mm×5 mm QFN-28
LT3517/18	降压、升压、降压/升压模式	5000：1 PWM	3~30（最大值为40）	45	1.0/2.0	4 mm×4 mm QFN-16
LT3590	降压模式	200：1 PWM	4.5~55	不适用	0.05	2 mm×2 mm DFN-6，SC-70
LT3595	降压模式	3000：1 PWM	4.5~45	不适用	0.05×16	5 mm×9 mm QFN-56
LT3755/56	降压、升压、降压/升压模式	3000：1 PWM	4.5~40/6~100	60/100	外部 FET	3 mm×3 mm QFN-16，MSOP-16E
LTC ® 3783	降压、升压、降压/升压模式	3000：1 PWM	3~36	40	外部 FET	4 mm×5 mm DFN-16，TSSOP-16E

注：实际的输出电流将取决于 V_{IN}、V_{OUT} 和拓扑结构。

9.3.11 MAX1570 高效并联白光 LED 电荷泵驱动器芯片

MAX1570 的性能及特点如下：

- 低压差(200 mV)电流调节；
- 无需外部电感和镇流电阻；
- 每只 LED 30 mA 驱动能力；
- 转换器在 1 倍和 1.5 倍电荷泵模式之间自动切换；
- 4 mm×4 mm TQFN 封装。

MAX1570 的应用电路如图 9.3.18 所示。

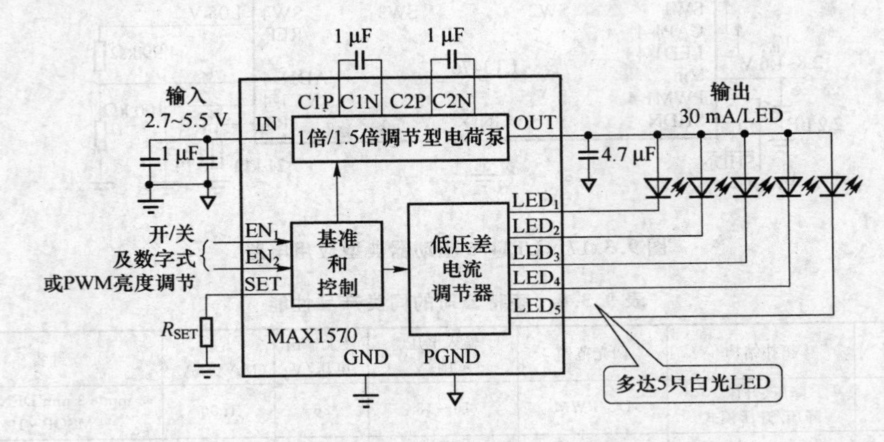

图 9.3.18 MAX1570 应用电路

9.3.12 MAX1573 高效并联型白光 LED 驱动器芯片

MAX1573 的性能和特点如下：

- LED 电流匹配至 2%；
- 低输入纹波，低 EMI 和软启动；
- 输出过压保护；
- 无需肖特基二极管；
- 还备有 4 mm×4 mm TQFN。

MAX1573 的应用电路如图 9.3.19 所示，其效率与电池电压的关系如图 9.3.20 所示。

9.3.13 MAX1574 高效 LED 电荷泵芯片

MAX1574 为薄型 DFN 封装(3 mm×3 mm×0.8 mm)，用 0402 陶瓷电容，占用 PCB 空间小，效率高。其应用电路和效率与电池电压关系如图 9.3.21 和图 9.3.22 所示。

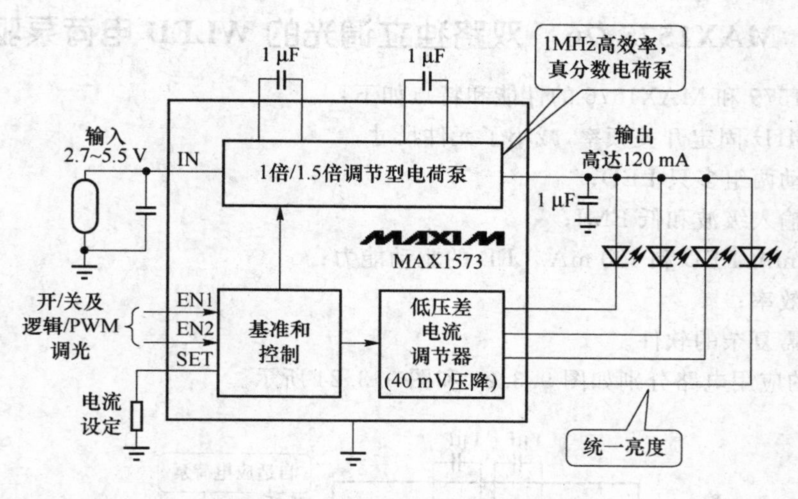

图 9.3.19　MAX1573 的应用电路

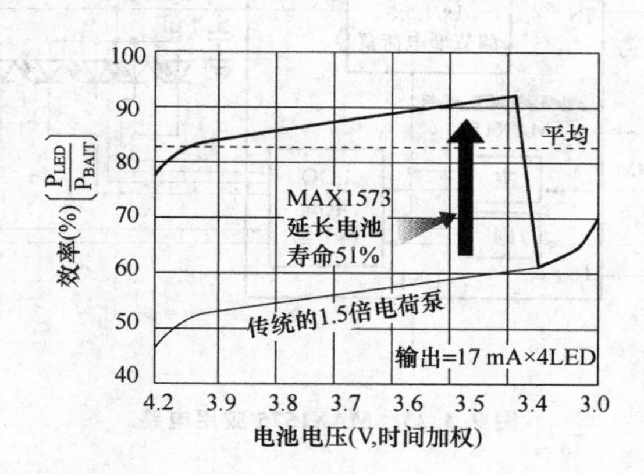

图 9.3.20　MAX1573 的效率与电池寿命的关系

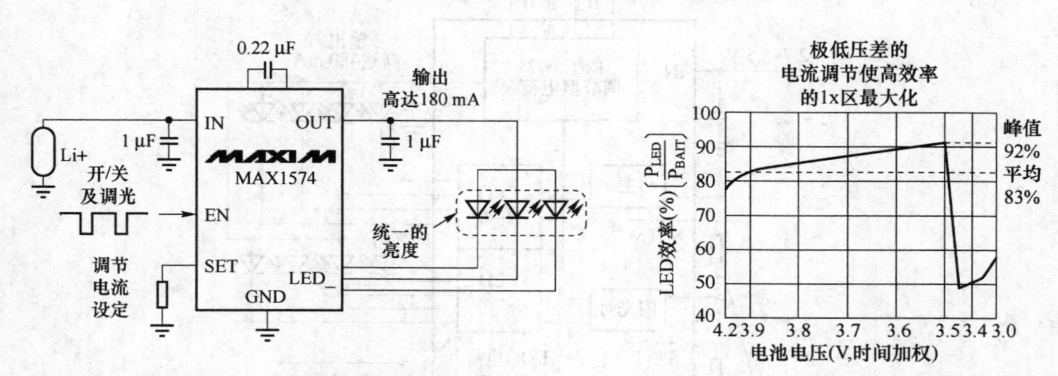

图 9.3.21　MAX1574 应用电路

图 9.3.22　效率与电池电压的关系

9.3.14 MAX1575/76 双路独立调光的 WLED 电荷泵驱动器

MAX1575 和 MAX1576 的性能和特点如下：

- 1 MHz 固定开关频率，减小了元件尺寸；
- 驱动两组多只 LED；
- 低输入级波和低 EMI；
- 30 mA/LED 和 120 mA/LED 的驱动能力；
- 高效率；
- 无需复杂的软件。

它们的应用电路分别如图 9.3.23 和图 9.3.24 所示。

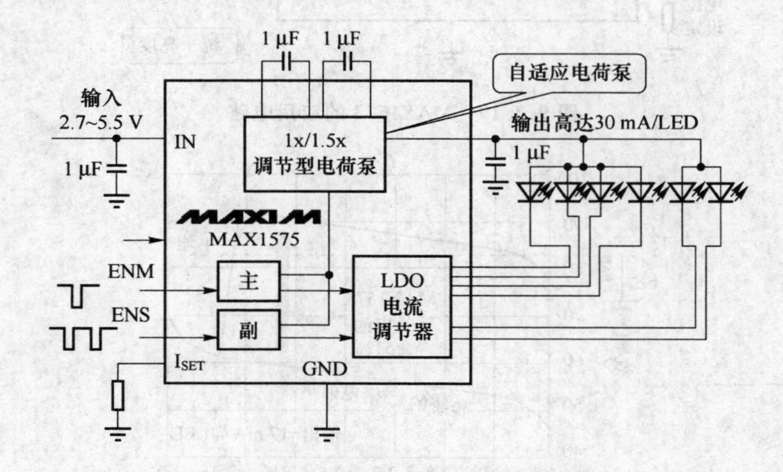

图 9.3.23 MAX1575 应用电路

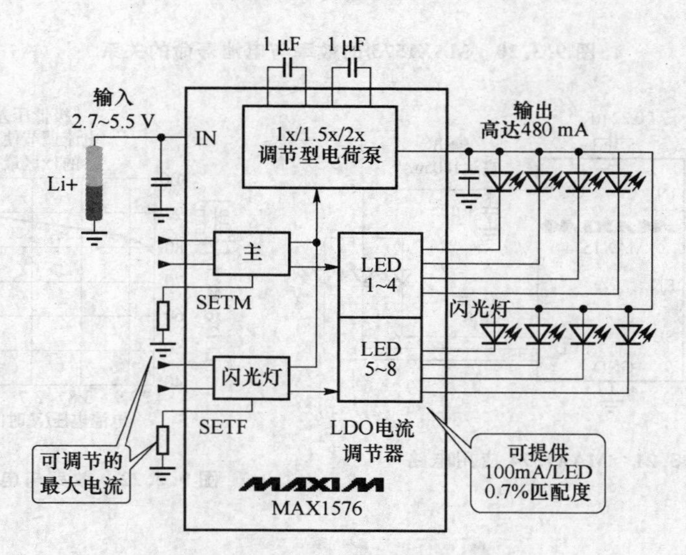

图 9.3.24 MAX1576 应用电路

9.3.15 MAX1577Z 大电流 WLED 电荷泵驱动器芯片

MAX1577Z 的性能和特点如下：

- 提供高达 1.2 A 的稳定电流；
- 低输出电阻(0.6 Ω)；
- 自适应 1×/2×调节；
- 高效率达 92%；
- 小尺寸(3 mm×3 mm×0.8 mm)。

MAX1577Z 的应用电路如图 9.3.25 所示。

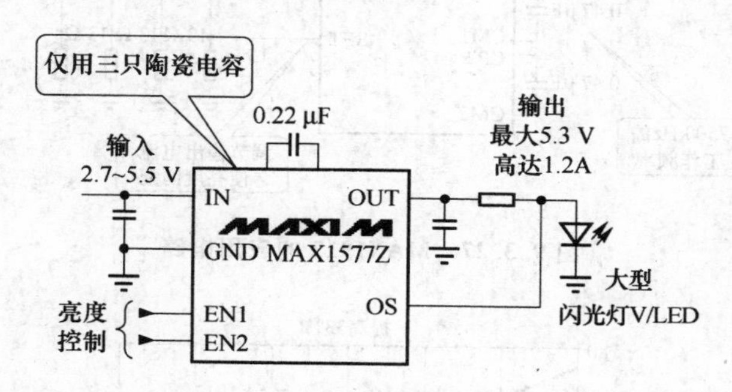

图 9.3.25 MAX1577Z 应用电路

9.3.16 MAX1759 稳压型升/降压 LED 电荷泵驱动器芯片

MAX1759 的性能和特点如下：

- 适合驱动白光 LED；
- 不受电池电压影响地设节 LED 电压；
- 电池电压可低于或高于所设定的 LED 电压；
- 可在待机或关断模式下完全切断 LED 与电池的连接，消除 LED 的正向偏流；
- 提供最达 75 mA 电流；
- 驱动多达 5 个 LED；
- 仅外接 3 个很小的陶瓷电容。

MAX1759 的应用电路如图 9.3.26 所示。

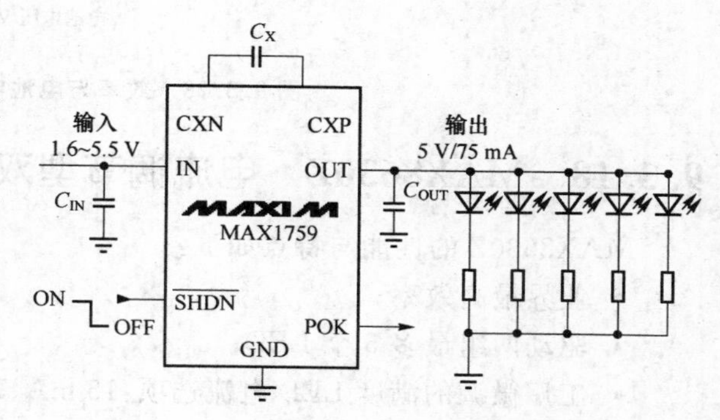

图 9.3.26 MAX1759 的应用电路

9.3.17 MAX1912 高效率WLED电荷泵驱动器芯片

MAX1912的应用电路如图9.3.27所示，其效率和电池电压的关系如图9.3.28所示。

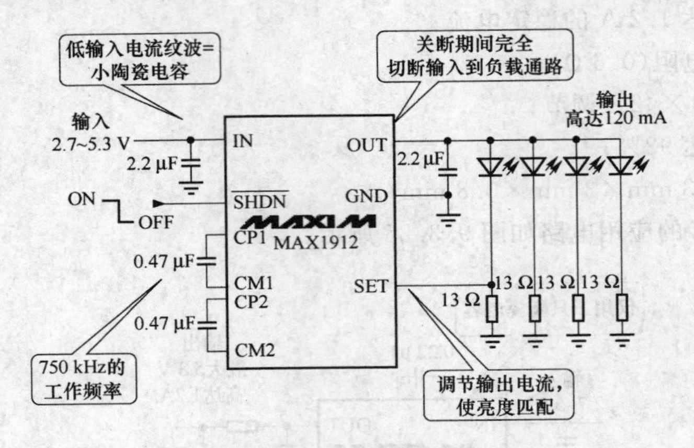

图9.3.27 MAX1912的应用电路

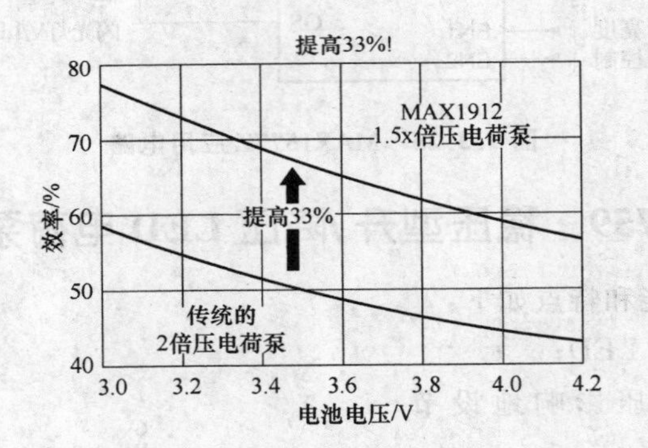

图9.3.28 效率与电池电压的关系

9.3.18 MAX8630Z 电流调节型双路LED驱动器芯片

MAX8630Z的性能与特点如下：

- 业界最高效率；
- 驱动两组最多5个LED；
- 工厂微调的满度LED电流选项：15 mA、18 mA、20 mA和25 mA；
- 可选的单路、直接PWM输入控制所有5个LED的亮度(MAX8630Y)；
- 关断模式下输入和输出断开；
- 1 MHz固定开关频率，可选用小型元件；
- 软启动限制浪涌电流；
- 输出过压保护和热保护；
- 低输入纹波和低EMI；

- 备有评估板；
- 售价为＄1.60'。

MAX8630Z采用自适应1倍/1.5倍模式和超低压差有源电流调节器，在整个单节锂(Li+)电池输入电压范围内，可获得93%的峰值效率和85%的平均效率。LED电流精度为1.0%(最大值)，可实现均匀背光。其应用电路如图9.3.29所示。

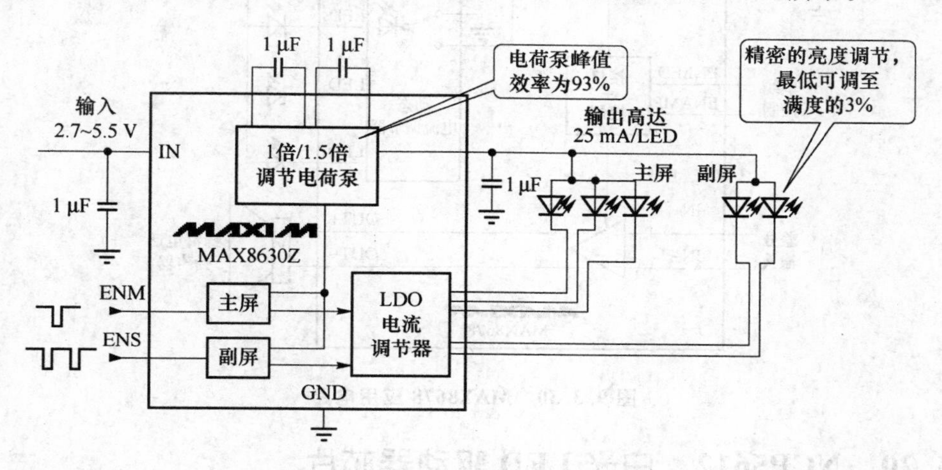

图9.3.29 MAX8630的应用电路

9.3.19 MAX8678 内置音频放大器的LED电荷泵芯片

MAX6878的性能及特点：

LED电荷泵特性如下：

- 无需电感；
- 自适应、独立调节每路LED电流；
- 32级准对数调光电平，可低至0.1 mA；
- 静态电流低至140 μA；
- 单线、串行脉冲调光接口；
- 内置音频放大器，节省50%空间；
- 16-TQFN 3 mm×3 mm封装。

音频放大器特性如下：

- 单电源供电；
- 1 kHz时，PSRR高达90 dB；
- 1 kHz时，THD+N低至0.004%；
- −9～+18 dB的增益设置范围，步长为3 dB；
- 集成喀嗒声和砰然声抑制电路；
- 无需输出耦合电容、缓冲网络或自举电容。

MAX6878应用电路如图9.3.30所示。

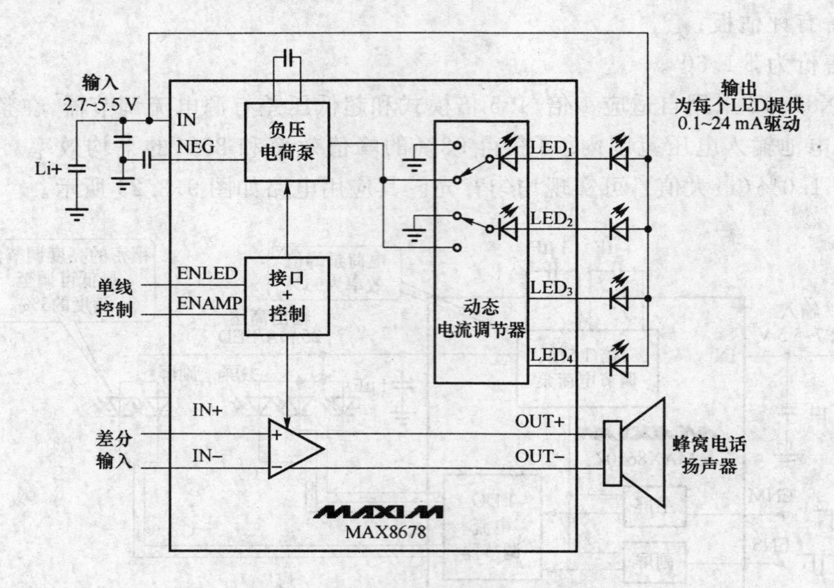

图 9.3.30 MAX8678 应用电路

9.3.20 NCP5612 白光 LED 驱动器芯片

NCP5612 性能与特点如下：

- 无须电感，最大电流 60 mA；
- 两组输出，可驱动两颗并联的白色 LED；
- 可编程单线控制调光，提供 16 个限流控制；
- 高效率达 90%；
- 恒流控制，差异<1%；
- 内建短路与开路保护装置；
- 极小化封装：2.0 mm×2.0 mm×0.55 mm。

NCP5612 应用电路如图 9.3.31 所示。

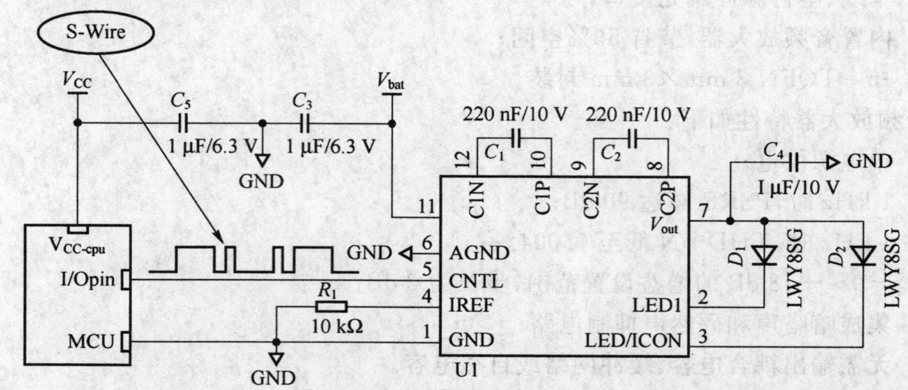

图 9.3.31 NCP5612 应用电路

安森美半导体公司的其他相关产品如表 9.3.5 所列。

表 9.3.5 安森美公司的其他白色 LED 驱动芯片

型号	封装	特点	可并联 LED 数
NCP5602	LLGA 2.0 mm×2.0 mm	无需电感,最大电流 60 mA	2
NCP5603	DFN 3.0 mm×3.0 mm	无需电感,最大电流 350 mA	弹性运用
NCP5604A 或 B	TQFN 3.0 mm×3.0 mm	无需电感,最大电流 100 mA	3 或 4
NCP5623	LLGA12,2×2×0.55 mm	无需电感,最大电流 70 mA	3

9.3.21 TPS60230 五路独立控制的白光 LED 驱动器芯片

德州仪器公司的 TPS60230 应用电路如图 9.3.32 所示。充电泵方式,每一路 25 mA。

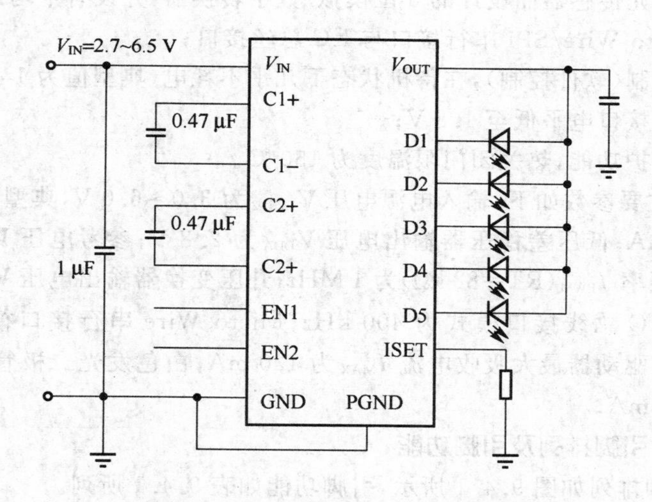

图 9.3.32 TPS60230 的应用电路

9.4 红绿蓝白(R、G、B、W)及有关 LED 光源管理驱动芯片

9.4.1 红绿蓝白(R、G、B、W)及有机 LED 管理及驱动芯片

1. LP3936 RGBWLED 管理及驱动芯片

KLP3936 是美国 NS 公司推出的一种新型光源管理芯片,它内置高效率升压变换器,并设有脉冲宽度调制光源控制功能,可驱动高达 6 个白色发光二极管及一组 RGB 发光二极管。LP3936 的应用领域包括 GSM、GPRS、CDMA 等蜂窝式移动电话及 PDA。

(1) LP3936 特点及主要参数

LP3936 主要特点如下：

① 内含磁性升压变换的(效率高达 89%)，脉冲宽度调制功能设定输出电压；

② 设有 4 个及另外 2 个白色发光二极管驱动，分别支持主、副液晶显示库；

③ 每一白色发光二极管驱动器最大可输出 25 mA 电流，并可均匀调节白色发光二极管电流，精度为 1%；

④ 主、副液晶显示屏各有独立的 8 位亮度调节功能(软件控制)；

⑤ 内置红绿蓝(RGB)发光二极管驱动器及“闪光灯”小功能，以脉冲宽度调制模式控制红绿蓝(RGB)发光二极管，可设定颜色、亮度、斜率、闪烁周期及时间；

⑥ 含有 3 个闪光功能的驱动器，并设有适合“闪光灯”小应用的高电流亮度模式，每一驱动器可输出高达 120 mA 电流；

⑦ 专为环境光传感器而设计的 8 位模拟/数字转换器，并设有平均计算功能；

⑧ 兼容 Micro Wire/SPI 串行接口与 I^2C 总丝接口；

⑨ 有节能控制(软件控制)，在待机状态下几乎不耗电(典型值为 1 μA)；

⑩ 数字电路接口电平低至 1.8 V；

⑪ 带过热保护功能，热关闭门限温度为 150 ℃。

LP3936 的主要参数如下：输入电源电压 $V_{DD1,2}$ 为 3.0～6.0 V，典型值为 3.6；供电电流 I_{DD} 为 170 mA；低压差稳压器输出电压 V_{DDA} 为 2.8 V；参考电压 V_{REF} 为 1.23 V；PWM 模式开关频率 f_{PWM}(RT=82 kΩ)为 1 MHz；升压变换器输出电压 V_{OUR} 为 4.55 V；时钟频率 f_{SCL}；I^2C 总线接口模式为 400 kHz；Micro Wire 串行接口模式为 8 MHz；RGB 发光二极管驱动器最大吸收电流 I_{MAX} 为 120 mA；白色发光二极管吸收电流范围 I_{RANGE} 为0～25.5 mA。

(2) LP3936 引脚排列及引脚功能

LP3936 引脚排列如图 9.4.1 所示，引脚功能如表 9.4.1 所列。

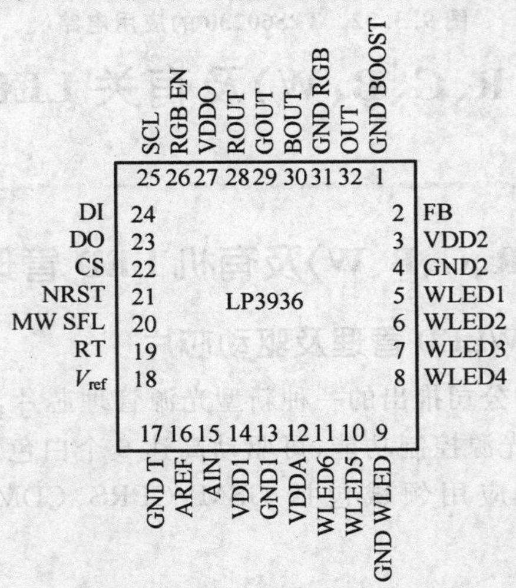

图 9.4.1 LP3936 引脚排列

表 9.4.1 LP3936 引脚功能

脚号	名称	功能
1	GND_BOOST	接地(功率开关管)
2	FB	升压变换器反馈输入端
3	V_{DD2}	电源电压(数字电路)
4	GND2	接地(数字电路)
5～8	WLED1～WLED4	白色发光二极管1～4输出端
9	GND_WLED2	接地(白色发光二极管驱动)
10、11	WLED5,WLED6	白色发光二极管5、6输出端
12	V_{DDA}	内部2.8 V低压差稳压器输出端
13	GND1	接地(模拟电路)
14	V_{DD1}	电源电压(模拟电路)
15	AIN	环境光传感器输入端
16	AREF	环境光传感器1.23 V参考电压输出端
17	GND_T	接地
18	V_{REF}	参考电压输出端,外接一个旁路电容
19	RT	单电阻振荡器频率设定
20	MW_SEL	Micro Wire串行接口/I²C总线接口选择,当MW_SEL＝1时,工作在Micro Wire串行接口模式
21	NRST	复位输入端
22	CS	Micro Wire串行接口片选输入/I²C,总线接口SDA线输入/输出
23	DO	MicroWire串行接口数据线输出端
24	DI	MicroWire串行接口数据线输入端
25	SCL	MIcroWire串行接口时钟线/I²C总线接口SCL丝输入
26	RGB_EN	红绿蓝发光二极管启动输入端,该脚能打开/关闭PWM控制门
27	$V_{DD.10}$	电源电压(逻辑信号)
28、29、30	ROUT,GOUT,BOUT	红色/绿色/蓝色发光二极管输出端
31	GND_RGB	接地(红绿蓝发光二极管驱动)
32	OUT	升压变换器输出端,内部连接功率开关管

(3) 接口模式控制

LP3936支持Micro wire串行接口、I²C总线接口两种不同的接口模式,用户可由MW_SEL脚来选择接口模式,具体工作状态如表9.4.2所列。

表 9.4.2 LP3936 模式控制

MW_SEL	接口	引脚配置	注释
1	MicroWire/SPI	SCL(时钟) DI(数据输入) DO(数据输出) CS(片选)	
2	I²C	SCL(时钟) CS＝SDA(数据输入/输出)	SCL线接上位电阻 SDA线接上位电阻

(4) LP3936 内部结构及应用电路

LP3936 内部结构图应用电路如图 9.4.2 所示。

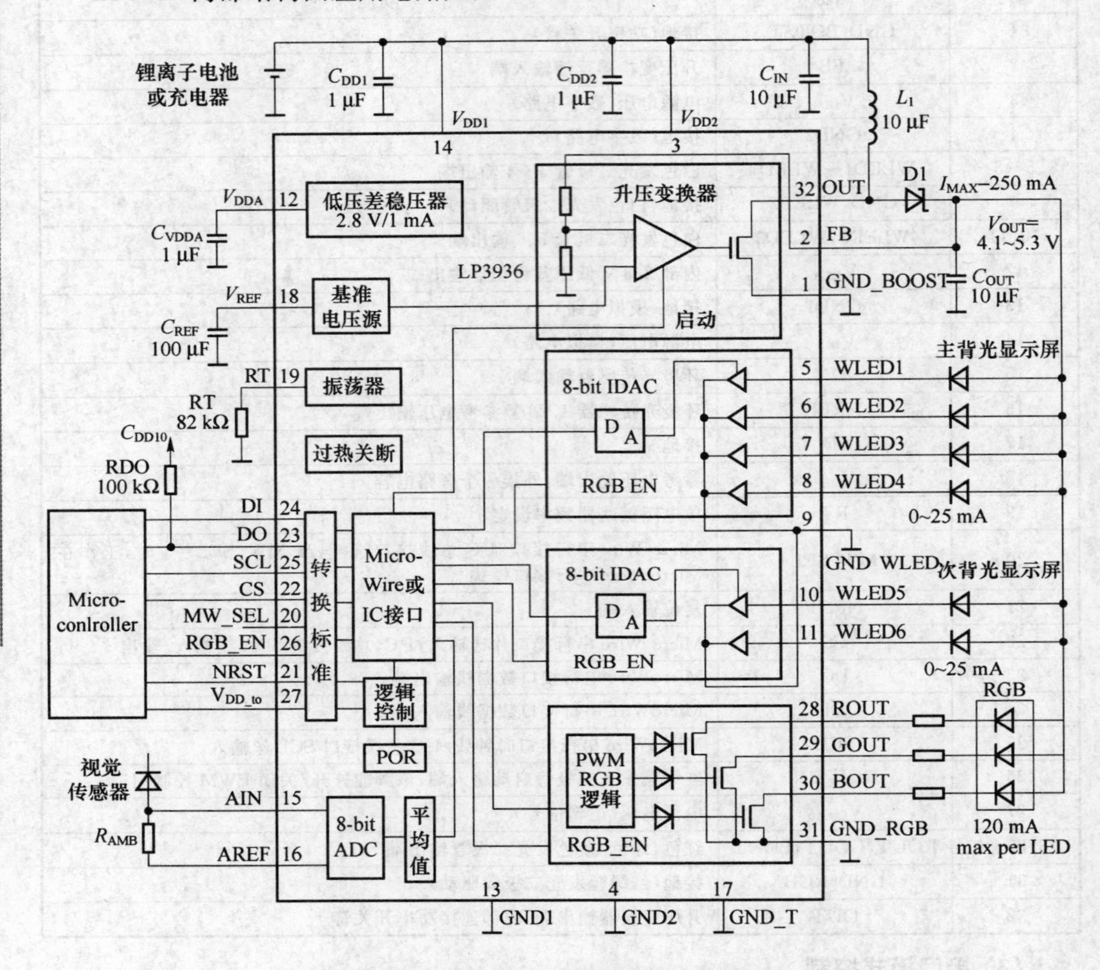

图 9.4.2 LP3936 内部结构及应用电路

2. LP3950 有音频同步器的彩色 LED 驱动器芯片

LP3950 的性能和特点如下：

- 与音频同步的彩色发光二极管驱动器，支持幅度及频率两种同步模式；
- 可编程频率及振幅响应，并设有可跟踪速度的控制功能；
- 自动增益控制或可选择增益，确保输入信号可以极佳化；
- 与 LP3933/LP3936 相似的图案信号发生方案；
- 设有低噪声磁力直流/直流升压转换器，优点是可编程的输出电压(V_{OUT})；
- 可选用 SPI 或 I^2C 兼容接口；
- 一条专为非串行接口用户而设的预设允许引脚；一条方便选用同步模式的选择器引脚；

- 采用体积小巧的 32 引脚纤薄型 GSP 多层封装。

LP3950 的应用电路如图 9.4.3 所示。

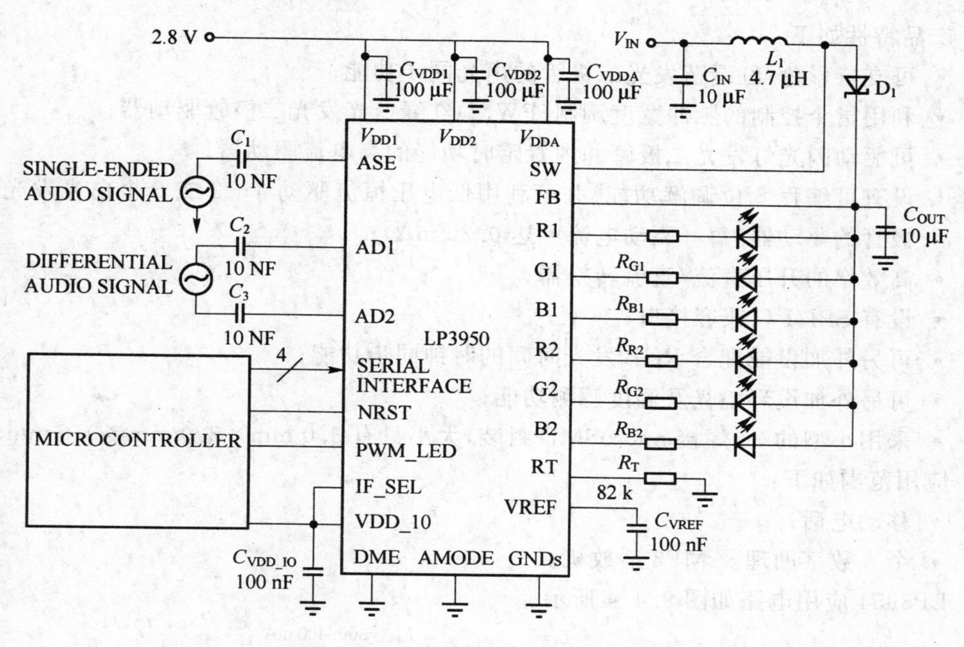

图 9.4.3 LP3950 芯片的典型应用电路图

与 LP3950 有同类相似功能的 LED 灯光管理驱动芯片如表 9.4.3 所列。

表 9.4.3 各种灯光管理单元

零件编号	产品简介	输入电压范围	总驱动电流	闪灯模式电流	均匀调节不同电流	主要功能	封装
LP3931	控制 2 个红绿蓝(RGB)发光二极管驱动器	2.65～2.9 V	不适用	6 个输出,每一个可高达 120 mA	不适用	为可拍照手机提供闪灯功能	LLP-24
LP3933	控制 6 个白色发光二极管驱动器(4 个供主显示器之用,而另外 2 个供副显示器之用)以及 2 个红绿蓝装饰光发光二极管驱动器	3～7 V	每通道高达 25 mA	6 个红绿蓝输出,每个可高达 75 mA	白色发光二极管 2%,红绿蓝发光二极管设有外接镇流器	升压开关稳压器,6 个白色发光二极管、2 个红绿蓝发光二极管,SPI 接口	CSP-32
LP3936	控制 6 个白色发光二极管驱动器(4 个供主显示器之用,而另外 2 个供副显示器之用)以及 1 个红绿蓝装饰光发光二极管驱动器	3～6 V	每通道高达 25 mA	3 个红蓝输出,每个可高达 75 mA	白色发光二极管 2%,红绿蓝发光二极管设有外接镇流器	升压开关稳压器,6 个白色发光二极管、1 个红绿蓝发光二极管,设有平均计算功能的环境光传感器,FC/Microwire/SPI 接口。	CSP-32
LP3950	可与音频信号同步操作可,可以控制 2 个红绿蓝发光二极管驱动器	2.8～4.2 V	每通道高达 300 mA	6 个红绿蓝输出,每个可高达 150 mA	不适用	可与输入音频信号同步操作,测试图案可以编程,以便驱动红绿蓝发光二极管	CSP-32

适用于移动电话、MP3 播放机、CD 播放机、MD 播放机以及玩具。

3. LP3954　白色和彩色 LED 驱动器芯片

产品特性如下：

- 可支持彩色/红绿蓝发光二极管的声光同步功能；
- 利用指令控制的脉冲宽度调制(PWM)红绿蓝光发光二极管驱动器；
- 可驱动闪光灯发光二极管并内置定时功能的高电流驱动器；
- 设有可编程 8 位调解功能、并可利用低电压恒流驱动 4＋2 或 6 个白光发光二极管的驱动器(每一驱动电流可达 0.25 mA)；
- 高效率的升压直流/直流转换器；
- 设有 SPI/I^2C 兼容接口；
- 可另外加设能配合 RGB 发光时间的时钟同步功能；
- 可另外加设环境光及温度感测功能；
- 采用小型的 36 焊接 microSMD 封装，大小只有 3.0 mm×3.0 mm×0.6 mm。

应用范围如下：

- 移动电话；
- 个人数字助理及 MP3 播放机。

LP3954 应用电路如图 9.4.4 所示。

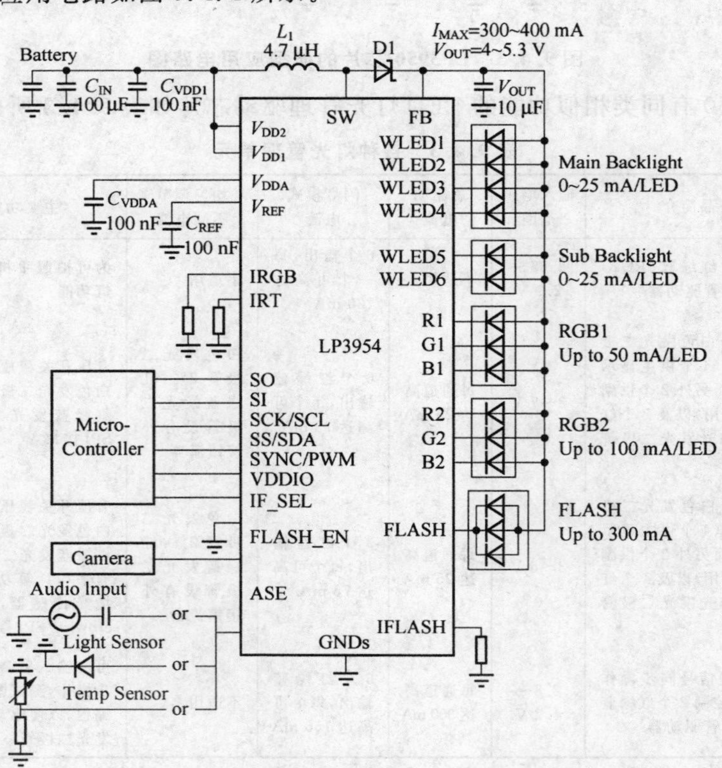

图 9.4.4　LP3954 的应用电路

4. LP5520 用RGBLED产生真正白光的LED驱动器芯片

LP5520的产品性能和特点如下：

- 具有温度补偿的发光二极管亮度及颜色；
- 每一颜色都有各自不同的校准系数；
- ΔX及ΔY的颜色准确度不超过0.003；
- 100%的NTSC色域，确保色彩更亮丽、画面更清晰细致；
- 用户可设定灯光效果、时效、光暗；
- 每一颜色都各有PWM控制输入。

LP5520的应用电路如图9.4.5所示。

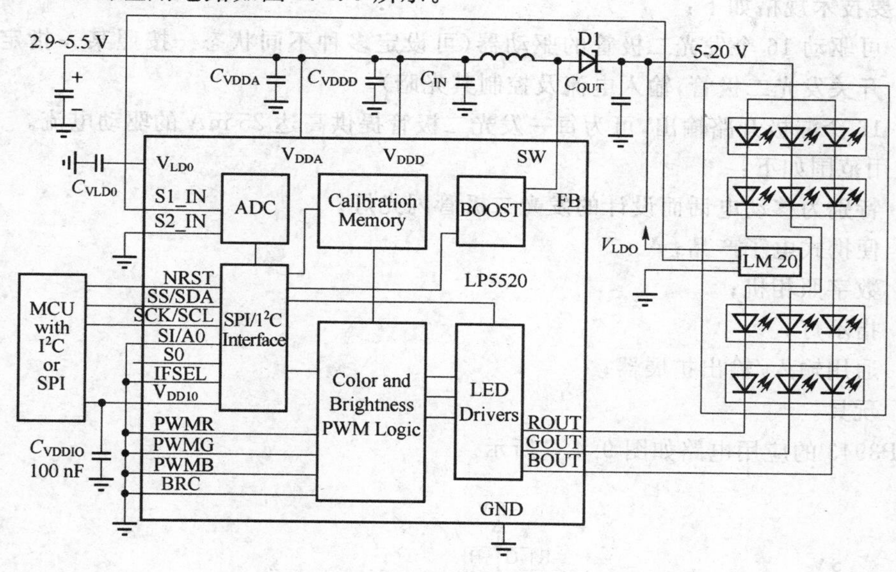

图9.4.5 LP5520应用电路

LP5520的相关产品特性参如表9.4.4所列。

表9.4.4 LP5520相关产品特性

产品	产品简介	封装
LP5520	设有白光平衡补偿功能的红绿蓝光发光二极管驱动器	micro SMD-25
LP5521	可以设定的低功率3通道发光二极管驱动器	micro SMD-20，LLF-24
LP5522	设有单导线接口的自律单通道发光二极管控制器	micro SMD-6
LP5526	内置高电压升压转换器及高达150 mA电流的串行闪光灯发光二极管驱动器的灯光管理单元	micro SMD-25
LP5527	可驱动照相机闪光灯及4个发光二极管的发光二极管驱动器，具有I²C设定、发光二极管连线测试及声光同步等功能	micro SMD-30
LP55271	可驱动照相机闪光灯及4个发光二极管的小型发光二极管驱动器，具有I²C设定、发光二极管连线测试及声光同步等功能	micro SMD-30
LP55281	13通道的发光二极管驱动器，设有声光同步、发光二极管连线测试以及独立的PWMS/PWMS闪烁周期等功能	micro SMD-36

5. LP3943 可驱动16个红绿蓝/白光/蓝光发光二极管的装饰光驱动器芯片

产品特色如下：

- 内部加电复位；
- 低电平有效复位；
- 内部高精度振荡器；
- 可变的光暗调控速率(时间可由6.25 ms延长至1.6 s，而频率则可由160 Hz降至0.625 Hz)。

主要技术规格如下：

- 可驱动16个发光二极管的驱动器(可设定多种不同状态—按照某一指定速率开关发光二极管，输入电流及控制其光暗)；
- 16个漏极开路输出，可为每一发光二极管提供高达25 mA的驱动电流。

应用范围如下：

- 特别为移动电话而设计的发光二极管闪光灯；
- 便携式电子产品；
- 数字照相机；
- 指示灯；
- 通用输入/输出扩展器；
- 玩具。

LP3943的应用电路如图9.4.6所示。

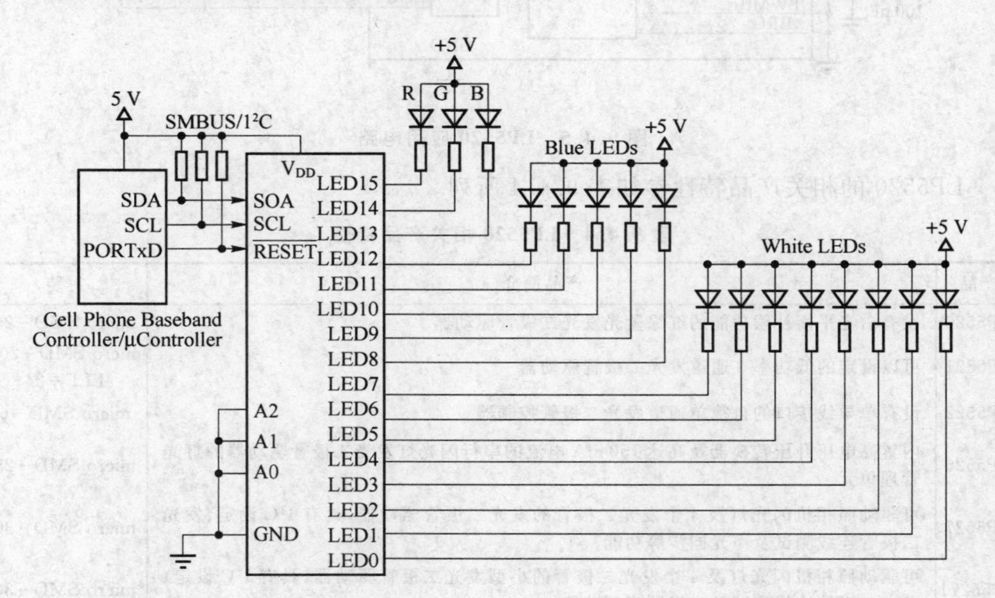

图9.4.6 LP3943的应用电路

6. LM4970Boomer ®　音频放大器具备声光同步功能的彩色发光二极管驱动器芯片

主要技术规格如下：

- 每一通道可获提供的发光二极管驱动电流：以 5 V 供电电压（V_{DD}）操作时，42 mA（双通道设计）；
- 停机电流（供电电压（V_{DD}）为 5 V）：1.5 μA（典型值）。

产品特色如下：

- 具备声光同步功能的彩色发光二极管驱动器；
- 用户可以自行选择发光二极管的模式、颜色及电流强度；
- 可设定：发光二极管的驱动电流；脉冲宽度调制（PWM）频率；高通滤波器频率；音频输入信号的增益；
- 无需加设外置发光二极管电流限幅电阻；
- I²C 兼容接口；
- 超低停机电流。

应用范围如下：

- 移动电话；
- 便携式 MP3、CD、DVD 及 AAC 播放机；
- 个人数字助理。

LM4970 的应用电路如图 9.4.7 所示。

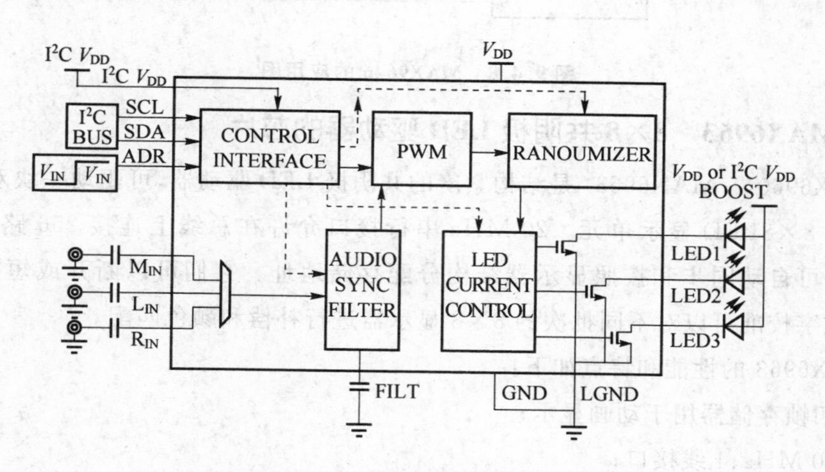

图 9.4.7　LM4970 的应用电路

7. MAX9646　小尺寸 RGB 或白光 LED 驱动器芯片

MAX6946/MAX6947/MAX6966/MAX6967 系列 10 端口恒流 LED 驱动器和 I/O 扩展器。理想用于驱动 RGB 或白光 LED，各端口可提供精度高达±1.5%的恒流驱动，实现各LED之间的亮度匹配，并省去了外部限流电阻。

MAX9646 的性能和特点如下：

- 小尺寸 UCSP™封装（2 mm×2 mm）；
- 低待机电流（0.8 μA）；
- 每个端口最高允许 20 mA 恒定电流；
- 可编程渐强和渐暗控制；
- 每个端口都具有 I/O 能力；
- I/O 支持热插入；
- －40～＋125 ℃温度范围。

MAX9646 的应用简图如图 9.4.8 所示。

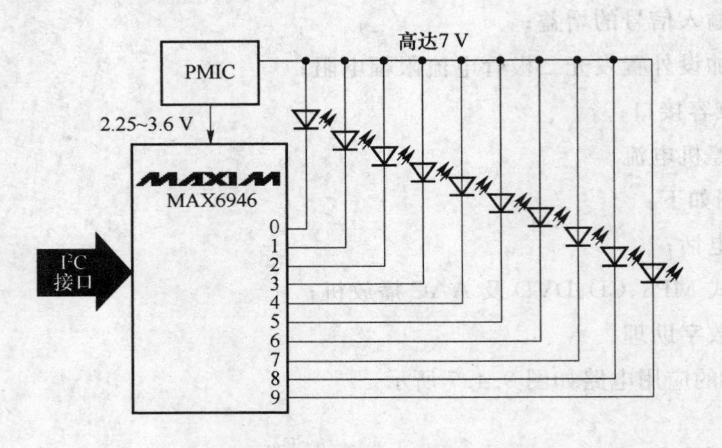

图 9.4.8 MAX9646 的应用图

8. MAX6963 8×8 共阴极 LED 驱动器的芯片

MAX6960*－MAX6963*是结构紧凑的共阴极 LED 驱动器，可驱动一块双色或两块单色的 8×8LED 显示单元。20 MHz 串行接口允许在总线上连接 256 路驱动器。这些器件可自动同步和按照显示器结构分配存储地址。它们可以断开或短接 LED。模拟和数字校准可以对不同批次的 8×8 显示器进行补偿和颜色匹配。

MAX6963 的性能和特点如下：

- 四帧存储器用于动画显示；
- 20 MHz、4 线接口；
- 20 mA 或 40 mA 像素峰值电流；
- 摆率限制驱动降低 EMI；
- 7 mm×7 mmTQFN 封装允许 2 W 热耗散。

MAX6963 的应用电路如图 9.4.9 所示。同类产品如表 9.4.5 所列。

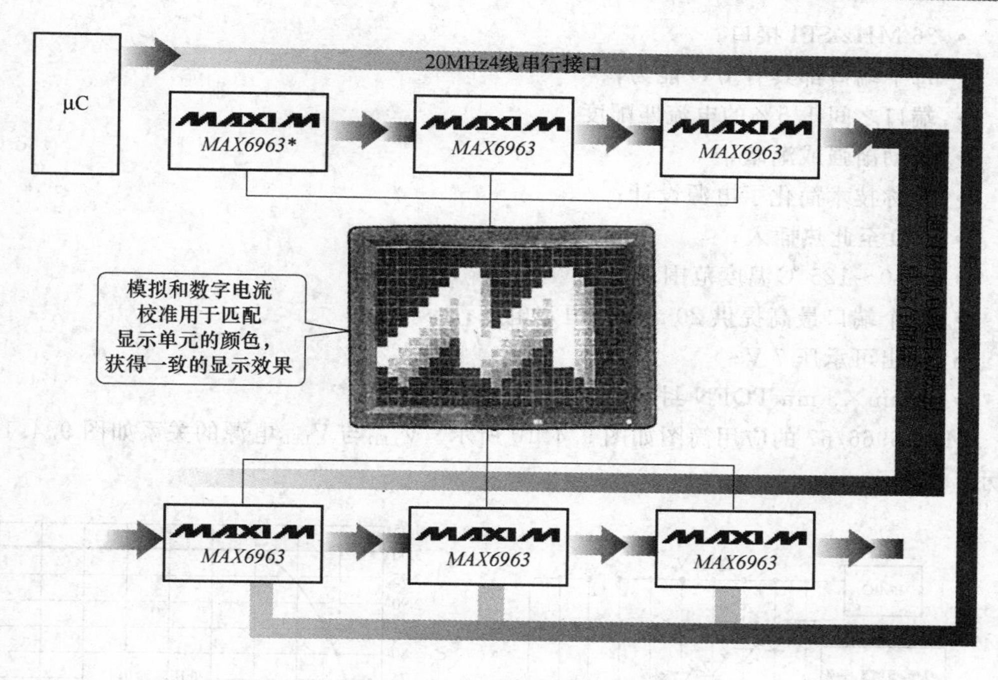

图 9.4.9　MAX6963 应用电路

表 9.4.5　MAX6960－MAX6963 的有关参数

型号	LED 数	单色显示单元数	双色显示单元数	亮度级/色	全局亮度级	引脚-封装
MAX6960*	128	2	—	1	256	44 引脚 TQFN/MQFP
MAX6961*	128	2	—	4	256	44 引脚 TQFN/MQFP
MAX6962*	128	2	1	1	256	44 引脚 TQFN/MQFP
MAX6963	128	2	1	4	256	44 引脚 TQFN/MQFP

9. MAX6966/MAX6967　RGB 或白光 LED 驱动器芯片

SPI 接口的 MAX6966/MAX6967 采用 4 位模拟，8 位 PWM 方式进行亮度控制，用来驱动 RGB 或白光 LED 非常理想。每个端口都采用 1.5%精度的恒流驱动，以便匹配各个 LED 的亮度，并省去了外部限流电阻。这样，LED 就可直接由电池或电源管理 IC 供电。主处理器休眠时，利用一条自动发出的硬件（或软件）命令，便可令所有 LED 渐强或渐暗。利用 D_{OUT} 引脚和一条 CS 线，多片 MAX6966 可级连使用。此外，利用 MAX6967 的 OSC 输入可以同步系统噪声，可以用一个最高至 100 kHz 的 PWM 时钟取代内部的 32 kHz 振荡器。可以选择各路 PWM 输出之间具有一定的相移，这样可以降低对于电源的峰值电流要求。

MAX6933/67 的性能和特点如下：

- 低待机电流（<2 μA，最大值）；

- 26 MHz SPI接口；
- 每个端口都具有I/O能力；
- 端口之间1.5%的电流匹配度；
- 自动渐强或渐暗；
- 相称技术简化了电源设计；
- I/O至此热插入；
- −40～125 ℃温度范围；
- 每个端口最高提供20 mA的恒定电流；
- 输出可承压7 V；
- 3 mm×3 mmTQFN封装。

MAX6966/67的应用简图如图9.4.10所示。V_{LED}与V_{LED}电源的关系如图9.4.11所示。

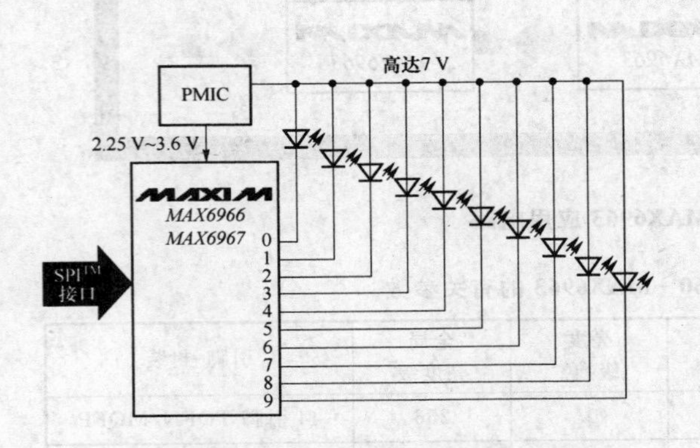

图9.4.10 MAX6966/67应用见图

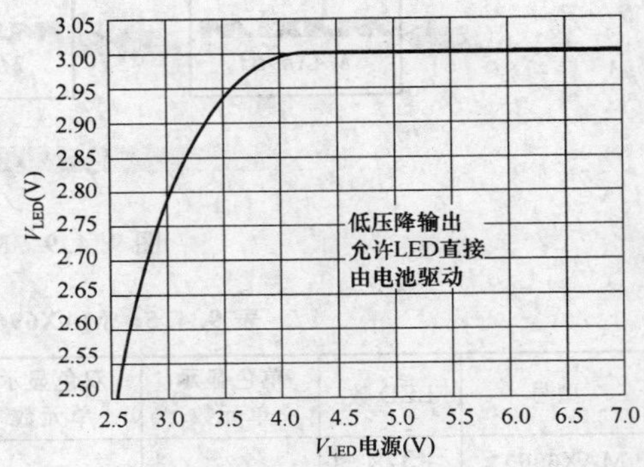

图9.4.11 MAX6966V_{LED}与V_{LED}电源的关系

MAX6946系列产品参数如表9.4.6所列。

表9.4.6 MAX6946同类产品参数对照表

型号	端口数/耐压/V	电源电压范围/V	恒流驱动	PWM/位	OSC输入	DOUT输出	接口类型	封装
MAX6946	10/7	2.25～3.6	√	8	√		I²C	16-TQFN/UCSP
MAX6947		2.25～3.7		9			I²C	16-TQFN/UCSP
MAX6966		2.25～3.6		8		√	SPI	16-TQFN/QSOP
MAX6967		2.25～3.6		8	√		SPI	16-TQFN/QSOP

10. MAX6957 恒流控制低EMI白光和RGBLED驱动器芯片

MAX6957的每个端口可被独立配置为逻辑输入、逻辑输出或共阳极(CA)LED段驱动器。当配置为LED段驱动器时，每个端口就像一个数控恒流吸收器，可在1.5～24 mA，16个等间隔的电流台阶间独立设置。这些静态驱动器不产生多工噪声或EMI，这使它们对于噪声敏感的应用非常理想。

MAX6957 的特性如下：

- 24 mA 恒流驱动器；
- 尺寸选择：
  - 20 端口(5 mm×5 mmQFN)；
  - 28 端口(6 mm×6 mmQFN)；
- 26 MHz SPI 接口可多个驱动器级联；
- −40～＋125 ℃工作温度。

MAX6957 的应用图如图 9.4.12 所示。

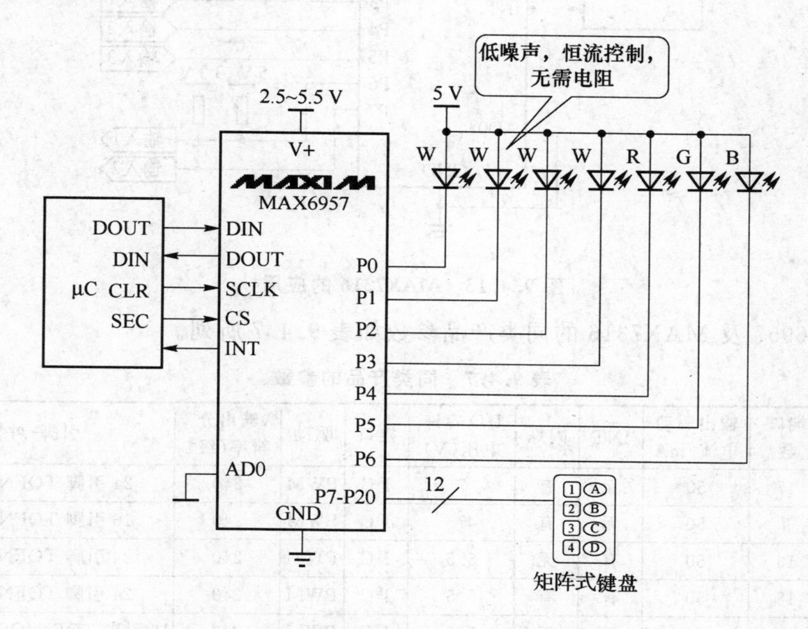

图 9.4.12 MAX6957 的应用

11. MAX7316 适合 WLED 和 RGBLED 调光的驱动器芯片

适用于 RGBLED 的驱动或白色 LED 的调光。MAX7313 - MAX7316 的每个端口都有 I/O 能力，并具有可选的中断输出($\overline{\text{INT}}$)，当检测到有跳变发生时发出中断。细小的 3 mm×3 mm 和 4 mm×4 mmTQFN 封装、极低的待机电流(典型 1 μA)使这些器件非常适合于便携式及空间受限的应用。

MAX7316 的性能如下：

- 8 位 PWM 亮度控制；
- 各端口可同时吸收 50 mA 连续电流；
- 微型 TQFN 封装(3 mm×3 mm)和(4 mm×4 mm)；
- 开漏输出便于电平转换；
- 支持热插。

MAX7316 的应用如图 9.4.13 所示。

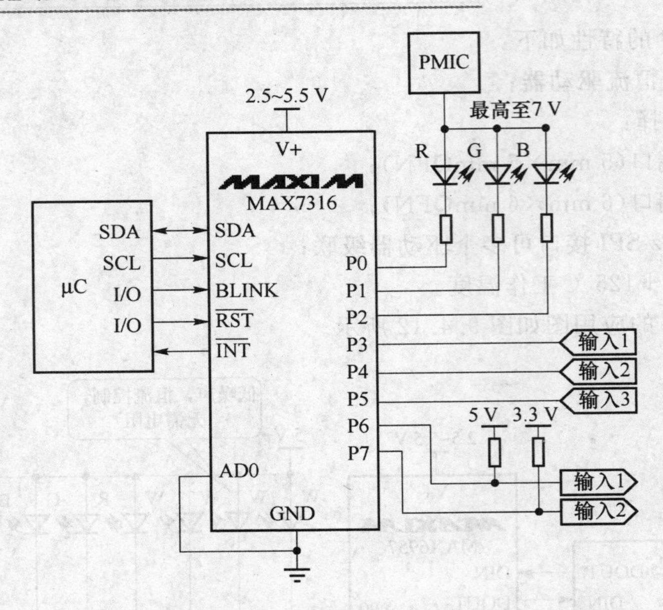

图 9.4.13 MAX7316 的应用

MAX6957 及 MAX7316 的同类产品参数如表 9.4.7 所列。

表 9.4.7 同类产品的参数

型号	端口数	输出驱动电流/mA	INT	闪烁	I/O 容许电压(V)	接口	驱动	输出分辨率(级)	引脚-封装
MAX6964	17	50	无	有	7	I^2C	PWM	240	24 引脚 TQFN/QSOP
MAX6965	9	50	无	有	7	I^2C	PWM	240	16 引脚 TQFN/QSOP
MAX7313	16	50	有	无	5.5	I^2C	PWM	240	24 引脚 TQFN/QSOP
MAX7314	18	50	有	有	5.5	I^2C	PWM	240	24 引脚 TQFN/QSOP
MAX7315	8	50	有	无	5.5	I^2C	PWM	240	16 引脚 TQFN/QSOP/TSSOP
MAX7316	10	50	有	有	5.5	I^2C	PWM	240	16 引脚 TQFN/QSOP/TSSOP
MAX6956	20/28	24	有	无	5.5	I^2C	静态	16	28 引脚 DIP/SSOP
MAX6957	20/28	24	有	无	5.5	SPI	静态	16	36 引脚 SSOP/40 引脚 TQFN

12. MAX16807 8 通道线性 RGB 或 WLED 驱动器芯片

MAX16807～MAX16810 是第一款完全集成的开关模式线性 LED 驱动器，适用于驱动 HB、RGB 或 WLEDLCD 背光、抬头显示以及照明应用。片上开关模式控制器为 LED 阵列提供电压。通过各路集成线性输出(恒流吸入型)实现 LED 陈列中每一列的恒流控制。

MAX16807 - MAX16810 提供极具成本效益的背光照明方案。在这类应用中采用该系列器件，不必在担忧 LED 电流精度和通道匹配问题，并可极大地减少元件数量和节省电路板空间。这些驱动器是 LED TV、PC 监视器、汽车、工业和医疗设备 LCD 中 LED 背光照明的最佳选择。

MAX16807 提供 92%的效率和 5000∶1 的亮度调节范围，并备有评估板。

其性能及应用电路如图 9.4.14 所示。

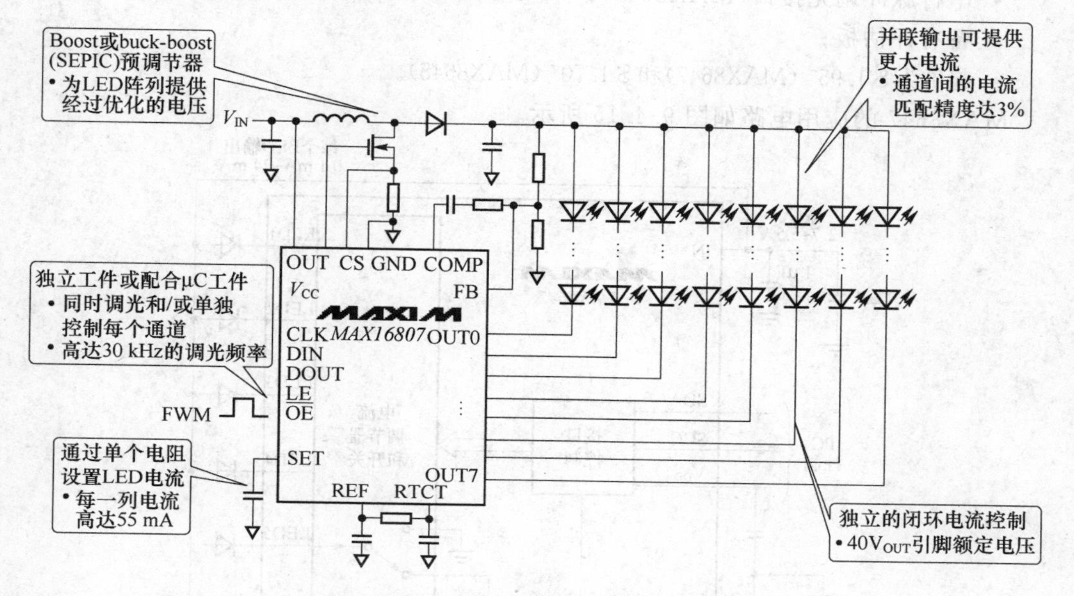

图 9.4.14 MAX16807 性能及应用电路

MAX16807－MAX16810 产品性能对照表如表 9.4.8 所列。

表 9.4.8 MAX16807～MAX16810 性能对照表

型号	LED 开路检测	通道数	封装(mm×mm)
MAX16807		8	28－TSSOP－EP
MAX16808	√	8	28－TSSOP－EP
MAX16809		16	38－TQFN(5×7)
MAX16810	√	16	38－TQFN(5×7)

13. MAX8647 负电压 RGB 或白光 LED 驱动器芯片

MAX8647/MAX8648 采用负电荷架构，可降低线路阻抗，并且当电池放电时，可通过延迟 1×～1.5×模式切换实现效率最大化。该架构结合每个 LED 独立的自适应切换，即使 LED 正向电压(V_F)存在较大不匹配的情况下，仍然可使效率提高 12%。这一系列出色的性能使 MAX3647/MAX8648 理想用于蜂窝电话、智能手机、便携式媒体播放器以及其他便携式设备这类每一个毫安时的电池寿命都至关重要的场合。

MAX8647 的性能和特点如下：

- 六路自适应电流调节器；
- 驱动多达六路白光或 RGBLED；
- ±0.4%精度的电流匹配；
- 1 MHz 固定开关频率可采用小尺寸元件；
- T_A 降额保护 LED；

- 串行脉冲调光接口(MAX8648)；
- 备有评估板；
- 起价为＄1.95⁺(MAX8647)和＄1.70⁺(MAX8648)。

MAX8647 的应用电路如图 9.4.15 所示。

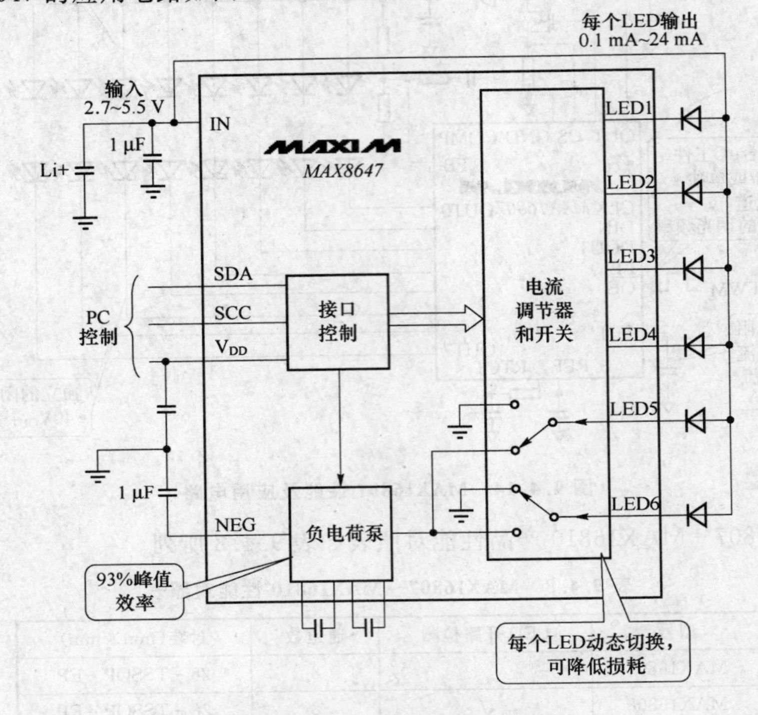

图 9.4.15　MAX8647 的应用电路

MAX8647 的效率和锂电池电压的关系如图9.4.16 所示。

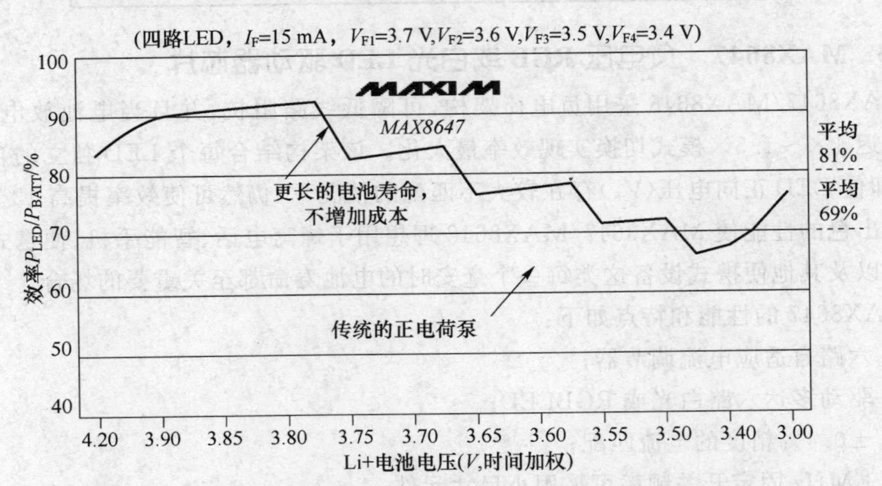

图 9.4.16　效率和 Li+电池电压的关系

14. NCP5623　RGBLED 或 WLED 驱动器芯片

NCP5623 特性如下：

- 无需电感，最大电流 75 mA；
- 三组输出，可驱动三颗并联的白色 LED 或 RGBLED；
- 12C 控制调光，提供每组 32 个不同亮度或共 32000 个不同颜色的背光；
- 高效率达 94％；
- 横流控制，差异＜1％；
- 内建短路与开路保护装置；
- 极小封装。

NCP5623 应用范围如下：

- 手机；
- PDA；
- 数码照相机；
- 其他手持式装置。

NCP5623 的应用电路如图 9.4.17 所示。

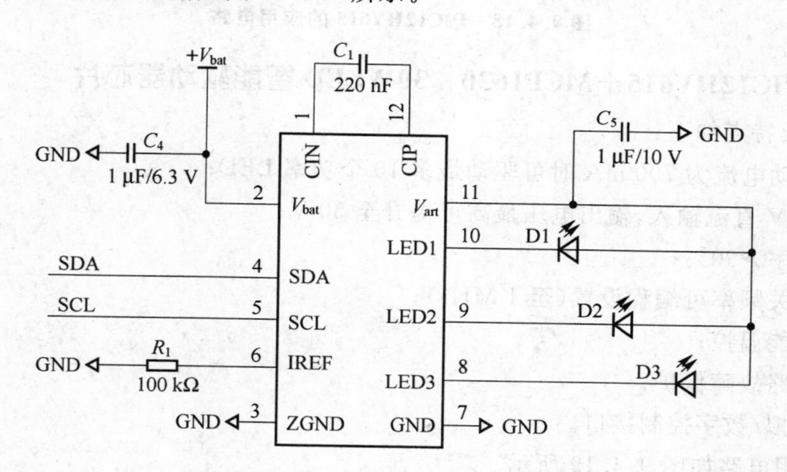

图 9.4.17　NCP5623 的应用电路

安森美公司的其他 LED 驱动器产品参数如表 9.4.9 所列。

表 9.4.9　其他白色 LED 驱动芯片

型号	封装	特点
NCP5005	SOT23－5，3×3×1 mm	使用电感，可驱动五颗串联 LED，最大输出功率 1 W
NCP5010	CSP8，1.7×1.7×0.6 mm	使用电感，可驱动五颗串联 LED，最大输出功率 0.5 W
NCP5602/12	LLGA12，2×2×0.55 mm	无须电感，可驱动二颗并联 LED，最大电流 60 mA
NCP5603	DFN10，3×3×1 mm	无须电感，可驱动多颗并联 LED，最大电流 350 mA
NCP5604A/B	TQFN16，3×3×0.8 mm	无须电感，可驱动三或四颗并联 LED，最大电流 100 mA

15. PIC12HV615 RGB色彩控制LED驱动器芯片

PIC12HV615的性能与特点如下：

- 3～12 V输入；
- 3×6位RGB混色；
- 256.000多种色彩组合；
- 灵活的数字/模拟接口；
- 应用包括玩具、家电、仪器、室内照明以及显示器背光照明等的色彩效果。

PIC12HV615的应用电路如图9.4.18所示。

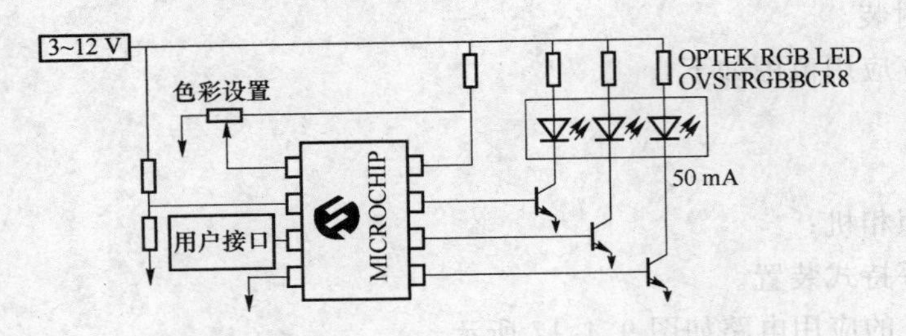

图9.4.18 PIC12HV615的应用电路

16. PIC12HV615＋MCP1630 30WLED智能驱动器芯片

性能及特点如下：

- 驱动电流为700 mA时可驱动最多10个功率LED；
- 12 V直流输入，输出电压最高可提升至50 V；
- 效率＞90％；
- 开关频率可编程设置（至1 MHz）；
- 智能温控；
- 开路故障保护；
- 模拟/数字控制接口。

其应用电路如图9.4.19所示。

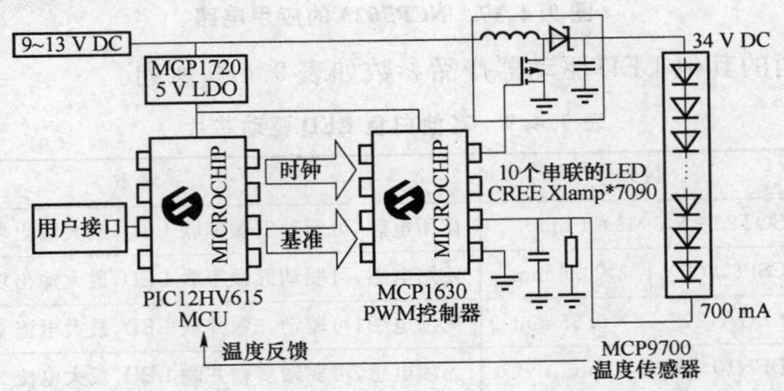

图9.4.19 30WLED智能驱动器应用电路

17. PIC10F202+MCP1652 高效 LED 智能驱动器芯片

它们的性能及特点如下：

- 效率最高可达 95%；
- 驱动电流为 350 mA 时可驱动最多 10 个功率 LED；
- 12 V 直流输入，输出功率可提升至 15 W；
- 750 kHz 脉冲密度调制；
- 过热保护；
- 过压保护；
- 智能/通信接口。

它们的应用电路如图 9.4.20 所示。

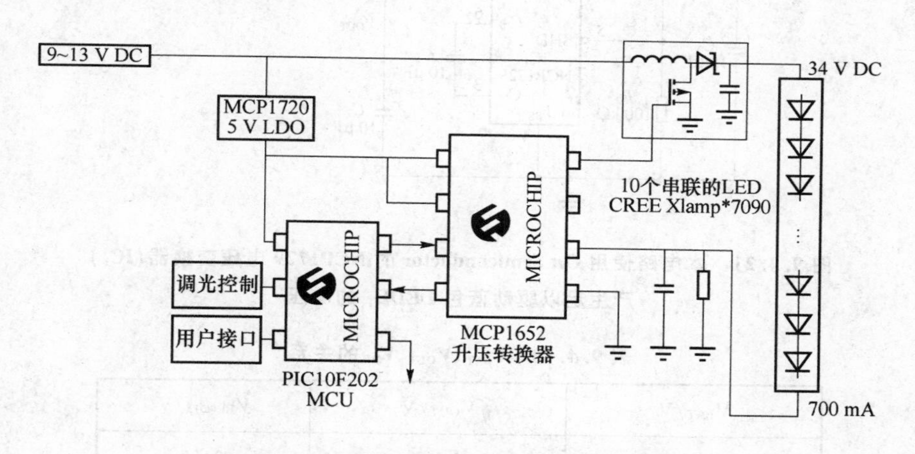

图 9.4.20 高效 LED 智能 LED 驱动器应用电路

9.4.2 蓝色发光二极管驱动器芯片

1. NCP1729 电压变换器驱动蓝色 LED 芯片

用 On Semiconductor 的 NCP1729 电压变换器(IC_1)产生足以驱动蓝色 LED D_1 的电压。

图 9.4.21 是其应用电路。

表 9.4.10 列出了电池 V_{BAT} 和输出电压 $|V_{OUT}|$、Q_1 的 V_{BE} 之间的关系。

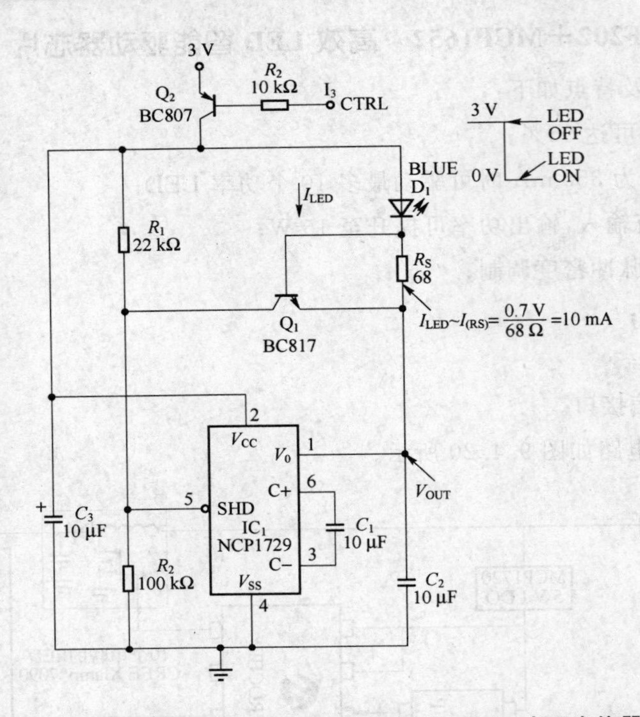

图 9.4.21　本电路使用 On Semiconductor 的 NCP1729 电压变换器(IC_1)产生足以驱动蓝色 LEDD_1 的电压

表 9.4.10　V_{BAT}、V_{OUT}、V_{BE} 的关系

V_{BAT}/V	V_{OUT}/V	$V_{BE(Q1)}$/V
1.8	−1.5	0.41
2	−1.37	0.46
2.5	−0.79	0.42
3	−0.27	0.4
3.5	0.23	0.41

2. MAX7315　用 GPIO 扩展器的 I/O 端口构建的蓝光 LED 驱动器芯片

GPIO 扩展器的每个 I/O 端口内置脉宽调制(PWM)电路，并具备 50 mA 电流吸收能力，因此可以构成一个价格便宜的分立元件电荷泵。类似的设计思想还发表在 2005 年 1 月 17 日出版的 EE Times 上。

其电路如图 9.4.22 所示。这样，GPIO 扩展器在执行其他功能的同时，还可以方便地驱动一个蓝色 LED。

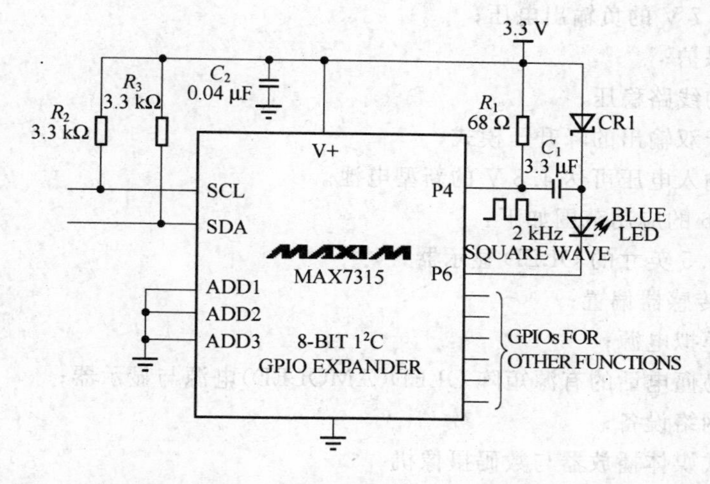

图 9.4.22 用 MAX7315 扩展器的两个 I/O 口驱动一个蓝色 LED

9.4.3 有机发光显示器(OLED)驱动器芯片

1. STOD2540 有机发光显示器(OLED)驱动器芯片

STOD2540 提供的电源电压可以驱动最大 1.5 英寸的彩色 PM-OLED 显示器。输入电压 3～5.5 V，最高输出电压 25 V，最大输出电流能力 40 mA。

STOD2540 的性能和特点如下：

- 电感器升压转换器；
- PFM 控制模式；
- 高输出电压：最高 25 V；
- 高输出功率：25 V/40 mA；
- 集成上桥臂负载断开开关；
- 过压和过热保护；
- 峰流限制可调软启动；
- 使能引脚；
- 在 1～40 mA 负载范围内能效极高；
- QFN8(3×3)封装。

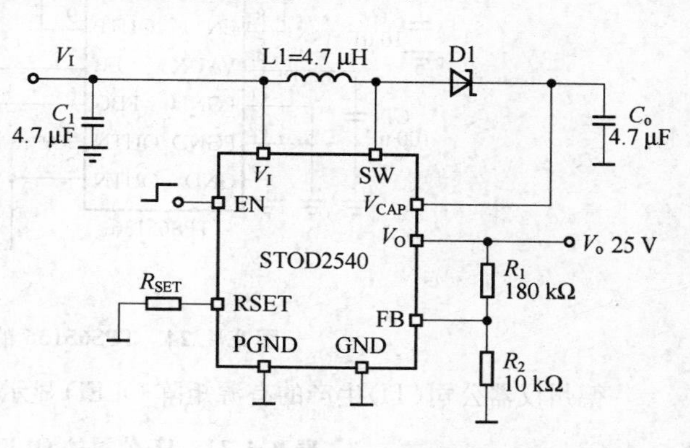

图 9.4.23 STOD2540 的应用电路

STOD2540 的应用电路如图 9.4.23 所示。

2. TPS65136 OLED 驱动器芯片

TPS65136 的性能和特点如下：

- 输入电压范围介于 2.3～5.5 V；
- 4.6 V 固定输出电压；

- 低至－7 V的负输出电压；
- 短路保护；
- 优异的线路稳压；
- 适用于双输出的降升压模式；
- 支持输入电压可达4.8 V的新型电池。

TPS65136的应用范围如下：

- 高达2.5英寸的OLED显示器；
- CCD传感器偏置；
- 正负模拟电源；
- 用于易懂电话的有源矩阵OLED(AMOLED)电源与显示器；
- 移动网络设备；
- 便携式媒体播放器与数码摄像机。

TPS65136的应用电路如图9.4.24所示。

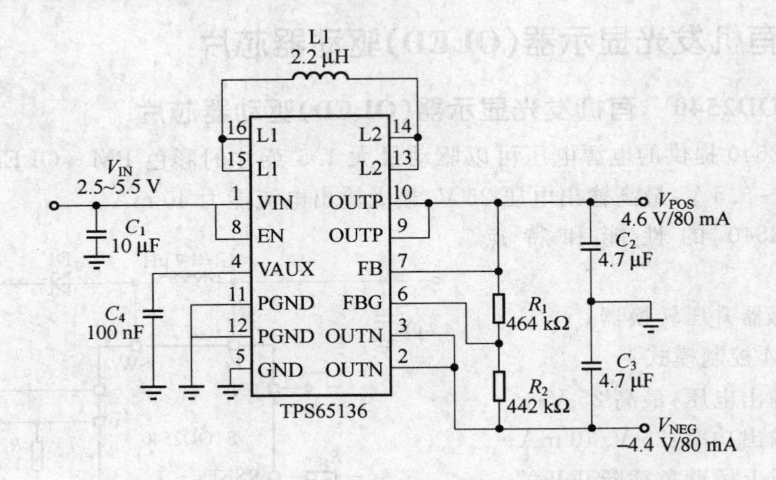

图9.4.24 TPS65136的应用电路

德州仪器公司(TI)生产的有源矩阵OLED显示器的驱动器系列如表9.4.11所列。

表9.4.11 IT公司的OLED驱动器系列

器件	V_{IN}/V	V_{OUT}/V	I_{OUT}/A (典型值)	输出效率/%	封装
TPS65130	2.7～5.5	－15～15	0.8	89	24引脚QFN
TPS65131	2.7～5.5	－15～15	1.95	89	24引脚QFN
TPS65136	2.3～5.5	－6～4.6	0.7	70	16引脚QFN

9.5 高亮度低压差多端口及其他 LED 驱动器芯片

9.5.1 适用于 1 节锂电池的 LDO 驱动器芯片

1. AS110X 低压差(LDO)背光驱动器芯片

Austriamicrosystems 公司的 AS1101、AS1102、AS1103 与 AS1104 提供多种选择用以驱动两个、三个或四个发光二极管(LED)。AS110×发光二极管驱动系列用于移动设备的键盘和显示器背光二极管或白光二极管手电筒发光二极管驱动其特性如下：

- 150 mA 低压差设计可直接连接到锂电池；
- 每个发光二极管驱动电流(LED)(AS1101 型)可高达 80 mA；
- 每个发光二极管驱动电流(LED)(AS1102/03/14 型)可高达 40 mA；
- 模拟或脉宽调制(PWM)亮度控制；
- 关断电流为 1 mA；
- 节省空间的无铅 SC70-6 或 MSOP-8 封装。

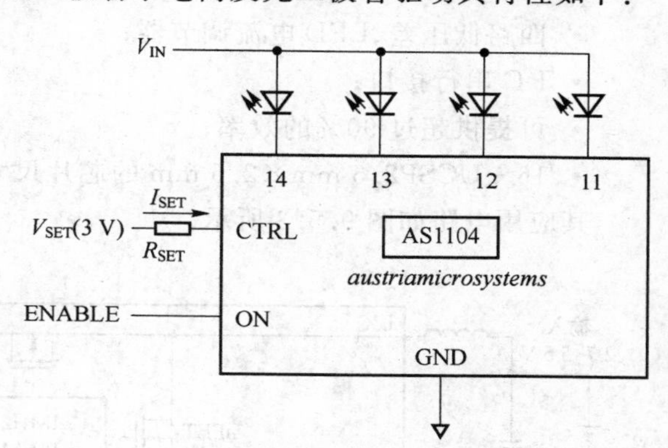

图 9.5.1 AS1104 应用简图

图 9.5.1 给出了 AS1104 的应用简图。

2. MAX1916 单节锂电池驱动低压差白光 LED 驱动器芯片

MAX1916 性能和应用电路如图 9.5.2 所示。

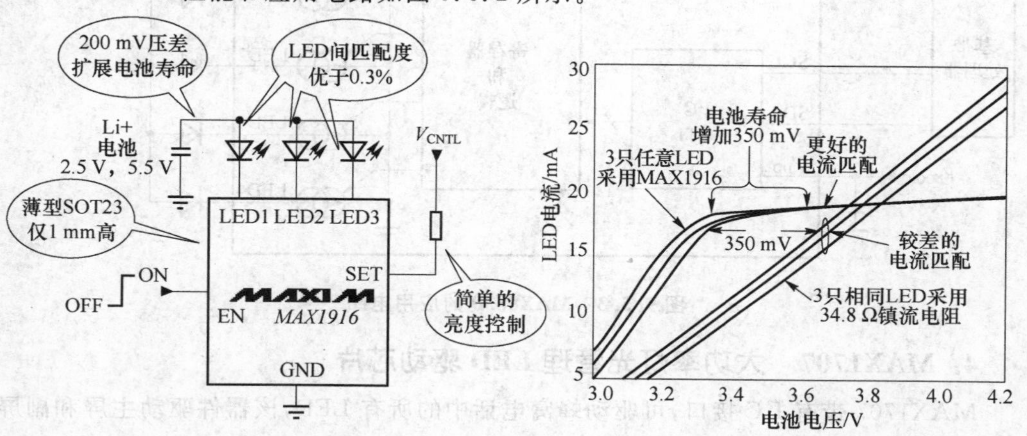

图 9.5.2 MAX1916 的性能及应用电路

3. MAX8830 照明管理芯片

MAX8830 照明管理 IC 内置四路 LED 电流吸入，可用于 LCD 背光或信号指示器；同时还具有 200 mA 电流吸入，可用于相机闪光灯。1 MHz 升压 DC/DC 转换器集成开关 MOSFET 以及同步整流器，减少了外部元件数。I^2C 兼容接口控制：各个电流调节器的开/关状态，电影/闪光灯电流设置、LED 电流吸入设置以及升压电压设置，可编程安全定时器限制闪光灯的导通时间，避免损坏闪光灯 LED。

MAX8830 具有以下特点：

- 完全集成的 280 mA 升压转换器；
- 低压差、20 mA 闪光灯电流调节器，内置可编程安全定时器；
- 四路低压差、LED 电流调节器；
- I^2C 串行接口；
- 可提供超过 90% 的效率；
- 16－UCSP2.5 mm×2.5 mm 的芯片尺寸。

其应用电路如图 9.5.3 所示。

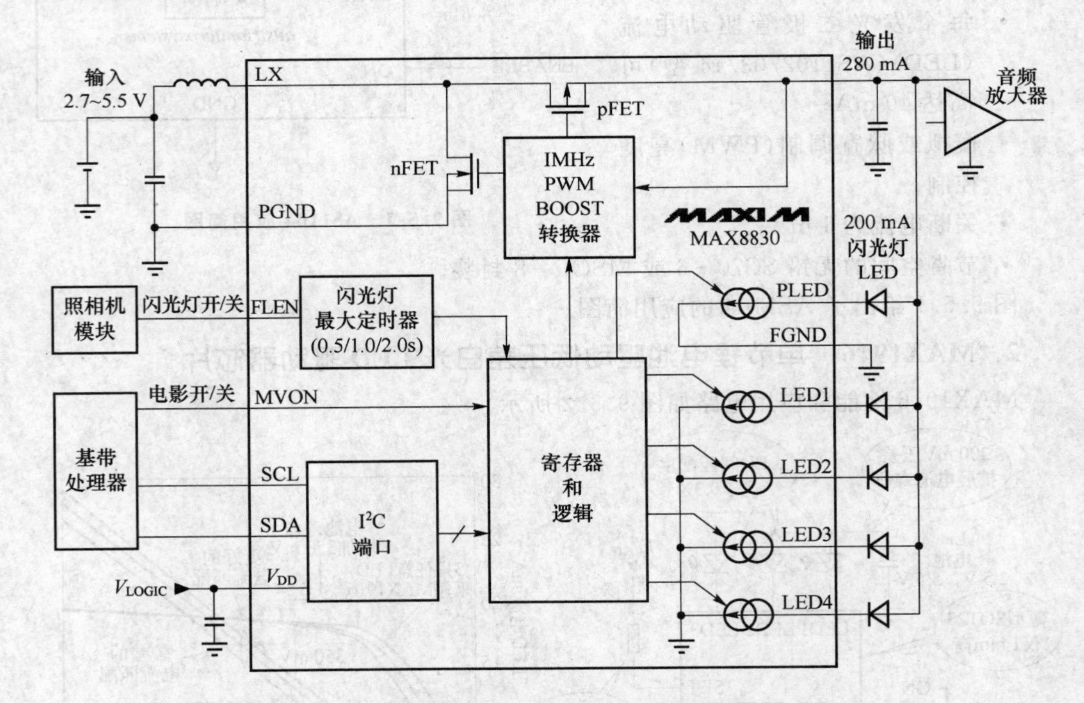

图 9.5.3 MAX8830 的应用电路

4. MAX1707 大功率灯光管理 LED 驱动芯片

MAX1707 带有 I^2C 接口，可驱动蜂窝电话中的所有 LED，该器件驱动主屏和副屏背光照明以及照相机闪光灯 WLED 时，具有出色的电流匹配精度。RGBLED 控制提供 32K 种颜色，可实现平滑的颜色过渡。电荷泵采用专有的自适应 1×/1.5×/2× 模式和低压差电池调节器，驱动最多7只主屏和副屏LED，并获得0.3%的电流匹配精度和高达92%的效率（整个电池寿命期间平均83%）。同时，还可以采用多LED模块或单只高亮度LED的闪光灯提供高达400 mA电流。

MAX1707的性能及特点如下：

- 确保610 mA输出驱动，可驱动11只LED；
- 通过I²C全面编程；
- 真个Li+电池寿命期间，具有92%的峰值（83%平均）效率（P_{LED}/P_{BATT}）；
- 0.3%电流精度；
- 软启动限制浪涌电流；
- 输出过压保护；
- 热降额功能保护LED；
- 4 mm×4 mm、24引脚TQFN。

MAX1707的应用电路如图9.5.4所示。

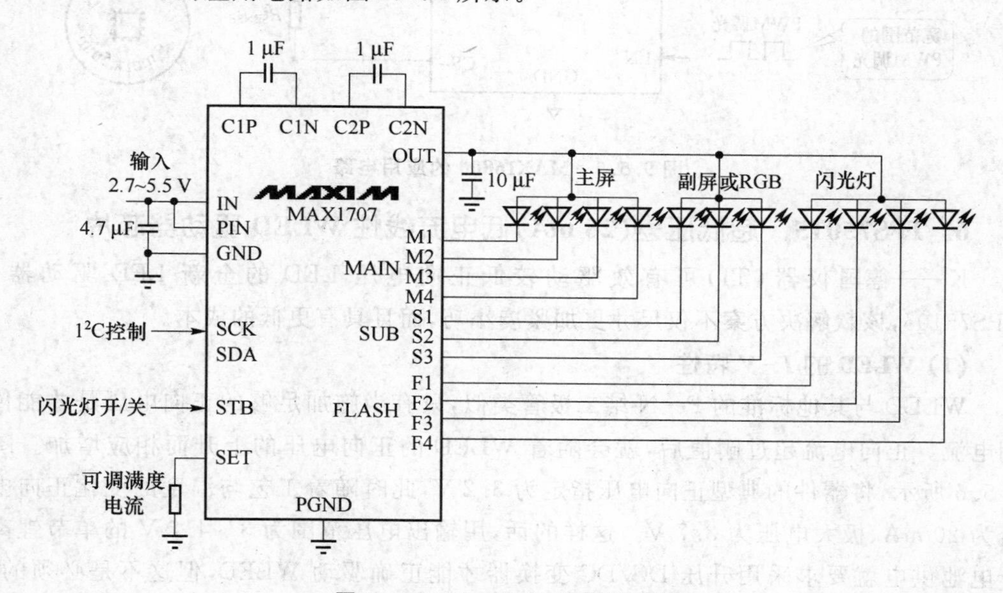

图9.5.4 MAX1707的应用电路

5. MAX16800 最纤巧的高亮度LED驱动器芯片

MAX16800的性能及特点如下：

- 最高350 mA恒流输出；
- ±3.5%的LED电流精度；
- 204 mV低电流检测基准极大地降低了功耗；
- 工作电压低至+5 V可工作于汽车冷启动过程；
- 低压差（<1 V，典型值）；
- 短路保护；

- 热关断；
- −40～+125 ℃工作温度范围；
- +5 V,4 mA稳压器；
- 提供无铅封装。

MAX16800的应用电路如图9.5.5所示。

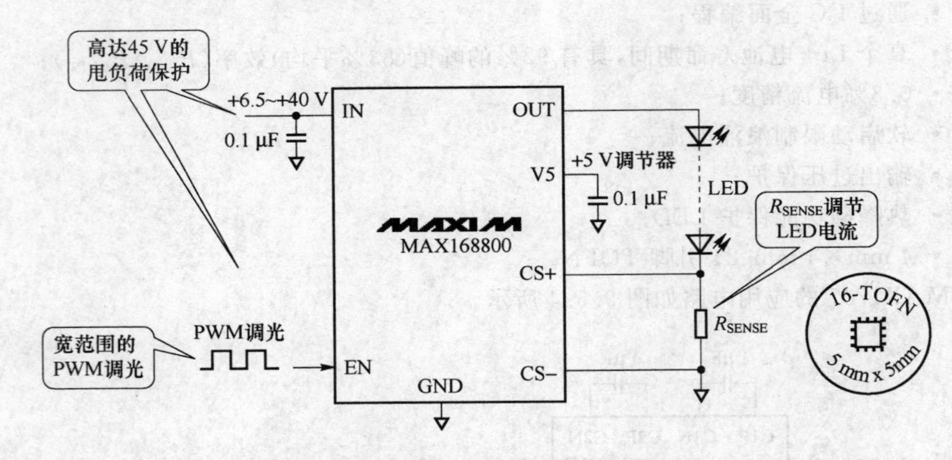

图9.5.5 MAX16800的应用电路

6. TPS75015 超低压差(28 mA)低电流线性WLED驱动器芯片

K——德国仪器（TI）可有效驱动较低正向电压LED的全新LED驱动器-TPS75105，该款解决方案不仅尺寸更加紧凑小巧，而且具有更低的成本。

(1) WLED的*I*-*V*特性

WLED与其他标准的P-N结二极管类似，只有当施加足够的正向电压是才能传到电流。正向电流超过阈值后，就会随着WLED的正向电压的上升而相应增加。图9.5.6所示，将器件的典型正向电压指定为3.2 V，此时随着工艺与温度的变化正向电流为20 mA、极大电压为3.7 V。这样的话，用输出电压范围为3～4.2 V的单节锂离子电池供电就要求采用升压DC/DC变换器才能正确驱动WLED，但这不是必须的。例如，在电流为5 mA的WLED应用中，图9.5.6中的曲线所示，驱动5 mA所需的正向电压约为2.9 V，这远远低于参数表中规定的驱动20 mA时所需的典型电压。采用3.6 V的锂离子电池驱动2.98 V输出就无须使用升压转换器了。

(2) TPS75105应用电路

超小型TPS75105LED驱动器IC是一款针对低电流WLED应用的较低成本的简单驱动器。TPS751045属于线性电流源，具有28 mA的超低压差，可用于驱动两个独立组中的4个并联WLED。该器件可在两个单独启用组中提供4个2%匹配的电流路径。该解决方案采用9球栅、1.5 mm^{2}芯片级封装（WCSP），采用默认电流输出时无需外接组件，因而才能实现1.5 mm^{2}的小尺寸。图9.5.7显示了TPS75015的应用电路。

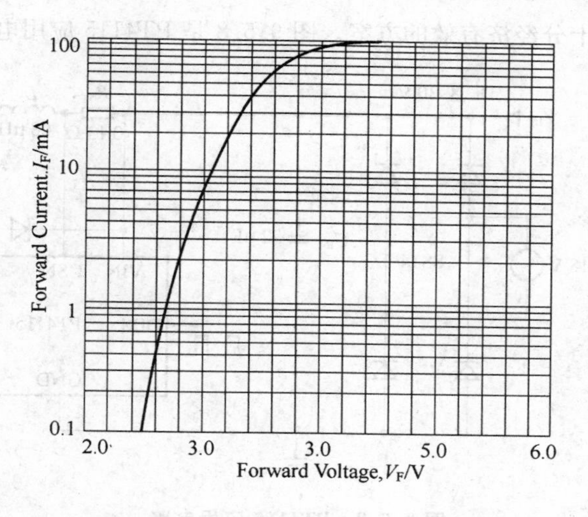

图 9.5.6 典型的 WLED I－V 典型

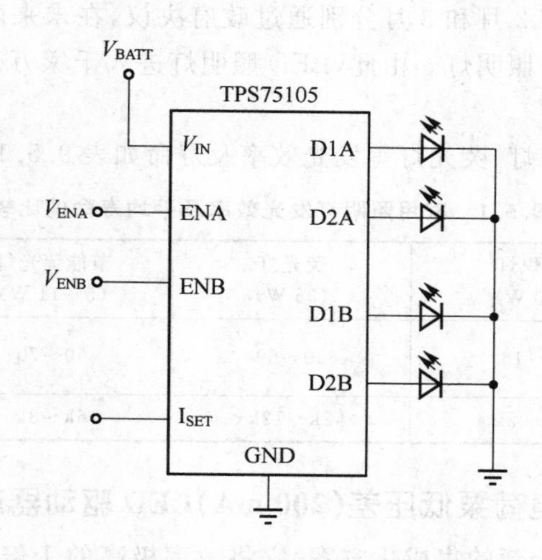

图 9.5.7 TPS75105 应用电路

7. PT4115 低电压大电流高亮度 LED 驱动器芯片

白光 LED 技术突飞猛进，用做照明灯源的单颗芯片的 LED，其功率越做越大，已经大批量生产投放市场的有 1 W、3 W、5 W、10 W、20 W、30 W、50 W、100 W，发光亮度最大已达到 4400 lm。大功率照明用 LED 其封装从成品来看是单颗芯片的，其实是用 N 颗 LED 管芯封装在一个单位里的。它们的排列组合时串并联，它们是 N 个串联，再 N 个并联，然后由二点连接电源。

近年 MR16 射灯其发光源已从低效率的卤素灯光顺利过度到绿色节能、高效、长寿命的 LEDIC。MR16 射灯使用 12 V 的 AC/DC 电源，使得低电压、大电流的 LED 驱动 IC 迅速进入灯具行业，降低了应用技术的门槛。AC12 V 经 4 个 SS14 桥式整流即有 14～18 V 的直流可供 PT4115LED 驱动 IC 工作，可点亮一颗 3 W 或三颗 1 W 的高亮度 LEDIC，系统应用器件很少,是十分经济有效的方案。图9.5.8是PT4115应用电原理图。

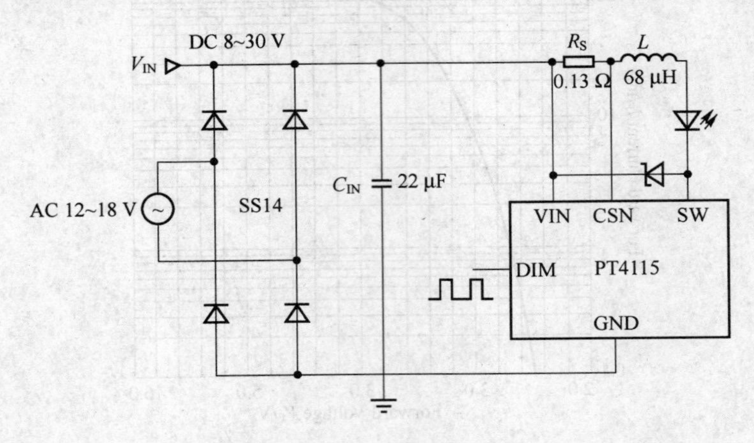

图9.5.8 PT4115应用电路

欧美等国在2007年2月和3月分别通过政府决议,在未来两年逐步取消白炽灯。提倡使用节能灯和LED照明灯。由此,LED照明灯进入千家万户揭开序幕,其市场需求量将是一天文数字。

白光WLED与白炽灯、荧光灯等发光效率及寿命如表9.5.1所列。

表9.5.1 家用照明灯发光效率及平均寿命的比较

参数	白炽灯(40 W)	荧光灯(36 W)	节能荧光灯(5～11 W)	白光LED
发光效率(lm/W)	7～16	50～60	50～70	30～45
平均寿命(h)	1k～2k	2k～12k	6k～8k	50k～80k

8. MAX1570 电荷泵低压差(200 mA)LED驱动器芯片

MAX1570是一款全新的集成化方案,它将效率极高的1倍/1.5倍电荷泵和低压差(200 mA)电流调节器整合到一片紧凑的4 mm×4 mmTQFN封装中,不需要外部电感或镇流电阻。变换器自动在1倍和1.5倍电荷泵模式间切换,以便为蜂窝电话、PDA和数码照相机等应用提供更长的电池工作时间,其他附加特性还包括:限制输入浪涌电流的软启动,亮度控制(数字或PWM方式),以及关断时完全切断输入到输出通路(消除电池泄露)等非常实用的功能。

MAX1570特点如下:

- 完整方案仅需4个陶瓷电容;
- 数字或PWM亮度控制;
- 关断时输入和输出完全断开;
- 200 mA的低压差;
- 4 mm×4 mm的16引脚QFN封装;

• 低成本：＄1.90⁺。

MAX1570 可驱动五只白光 LED,LED 之间电流匹配度达 0.3%,压差仅 200 mV。MAX1570 的应用电路如图 9.5.9 所示。

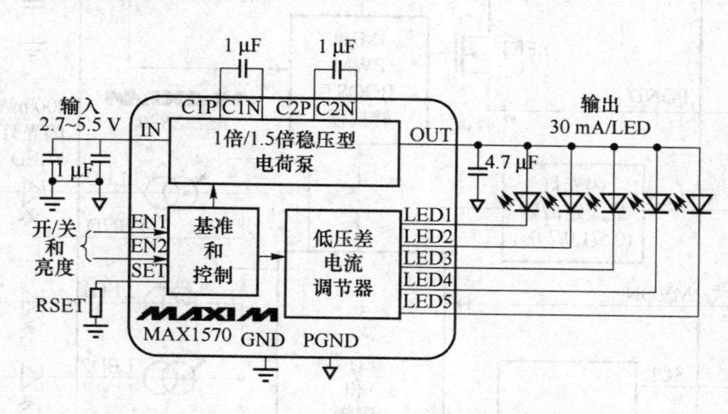

图 9.5.9 MAX1570 应用电路

9. MAX8830 4 路 LDO 小巧的照明管理 IC 芯片

MAX8830 照明管理 IC 内置四路 LED 电流吸入,可用于 LCD 背光或信号指示器;同时还具有 200 mA 电路吸入,可用于相机闪光灯。1 MHz 升压 DC/DC 转换器集成开关 MOSFET 以及同步整流器,减少了外部元件数。I^2C 兼容接口控制,各个电流调节器的开/关状态,电影/闪光灯电流设置、LED 电流吸入设置以及升压电压设置。可编程安全定时器限制闪光灯的导通时间,避免损坏闪光灯 LED。

MAX8830 特点如下:

- 完全集成的 280 mA 升压转换器;
- 低压差、200 mA 闪光灯电流调节器,内置可编程安全定时器;
- 四路低压差、LED 电流调节器;
- I^2C 串行接口;
- 可提供超过 90%的效率;
- 2.5 mm×2.5 mm16－UCSP 封装。

MAX8830 典型应用电路如图 9.5.10 所示。

9.5.2 多端口 LED 驱动器芯片

1. MAX6978 8/16 端口横流 LED 驱动器芯片

MAX6978 的性能及特点如下:

- 采用 3～5.5 V 电源供电;
- 中断传输 1 s,将清空显示屏(看门狗);
- LED 开路故障检测;
- 8 路输出;
- 输出电压最大值 55 V;

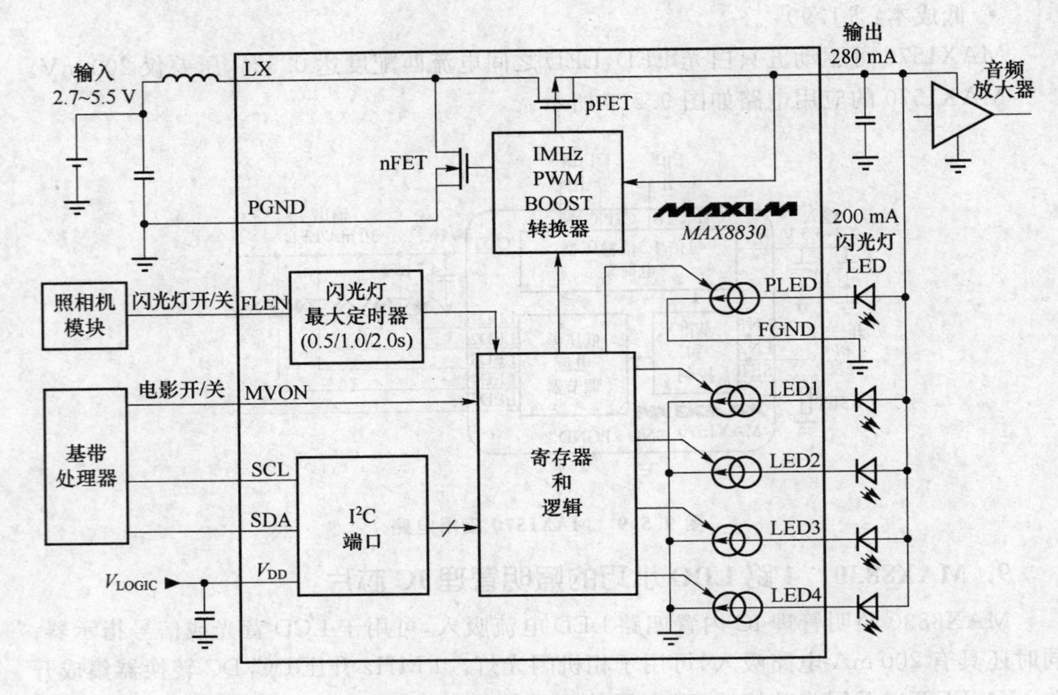

图 9.5.10　MAX8830 应用电路

* 输出电流最大值 55 mA；
* 备有评估板。

MAX6978 的应用电路如图 9.5.11 所示。

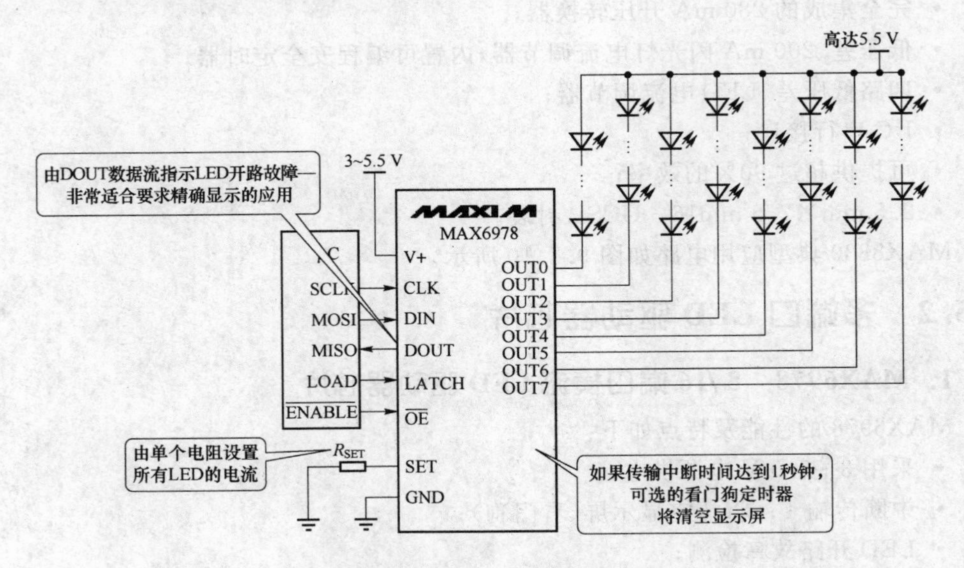

图 9.5.11　MAX6978 的应用电路

其他 8/16 端口 LED 驱动器如表 9.5.2 所列。

表 9.5.2 8/16 端口驱动器

型号	输出端口数	最大输出电压/V	最大输出电流/mA	LED 故障检测	看门狗	温度范围/℃
MAX6968				—	—	
MAX6977		5.5		有	—	
MAX6978	8			有	有	
MAX6970		36		—	—	
MAX6981		5.5		有	—	
MAX6980			55	有	有	−40～+125
MAX6969				—	—	
MAX6979	16	36		有	有	
MAX6971				—	—	
MAX6983				有	有	

2. MAX7302 低功耗，多端口 LED 驱动器芯片

MAX7302 的性能及特点如下：

- 4 个从器件 ID；
- PWM、闪烁控制、RST；3；
- 电源电压范围 1.62～3.6 V；
- 待机电流 2.0 μA；
- 吸入电流（每引脚）25 mA；
- 备有评估板。

MAX7302 的应用电路如图 9.5.12 所示。

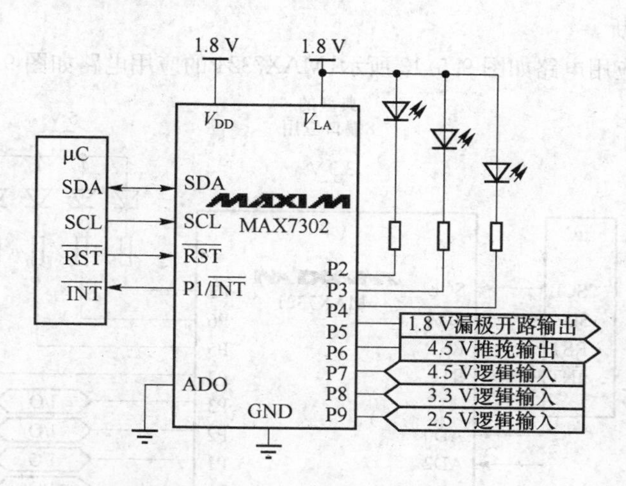

图 9.5.12 MAX7302 的应用电路

其他多端口驱动器如表 9.5.3 所列。

表 9.5.3 多端口 LED 驱动器

型号	端口数	接口类型	电源电压范围/V	吸入电流(mA,每引脚)	待机电流(μA,+125 ℃)	特 性
MAX7302	9	I²C	1.62～3.6	25	2.0	4个从器件 ID、PWM、闪烁控制、$\overline{RST}$
MAX7306/07	4	I²C	1.62～3.6	25	2.0	4个从器件 ID、PWM、闪烁控制、$\overline{RST}$
MAX7319－23	8	I²C	1.71～5.5	20	1.9	16个从器件 ID
MAX7324－27	16	I²C	1.71～5.5	20	1.9	16个从器件 ID
MAX6966/67	10	SPI™	2.25～3.6	20	1.9	1.5%恒流、PWM
MAX6946/47	10	I²C	2.25～3.6	20	1.5	1.5%恒流、PWM
MAX7315	8	I²C	2～3.6	50	3.3	64个从器件 ID、PWM
MAX7316	10	I²C	2～3.6	50	3.3	64个从器件 ID、PWM、RST、$\overline{INT}$
MAX7313	16	I²C	2～3.6	50	3.6	64个从器件 ID、PWM
MAX6964	8	I²C	2～3.6	50	3.3	4个从器件 ID、PWM、闪烁控制
MAX7310	8	I²C	2.3～5.5	30	3.9	56个从器件 ID、总线定时
MAX7300/01	20/28	I²C/SPI	2.5～5.5	10	11	16个从器件 ID

3. MAX7321 8端口 LED 电荷泵与 MAX7324 16端口 LED 电荷泵

MAX7321 和 MAX7324 的性能和特点如下：

- 提供输入跳变检测，轻松实现状态监视并节省处理器开销；
- 中断屏蔽选择哪些输入产生 INT 信号；
- 1.7～5.5 V 工作电压；
- －40～＋125 ℃温度范围；
- 热插入保护；
- 低功耗关断。

MAX7321 的应用电路如图 9.5.13 所示，MAX7324 的应用电路如图 9.5.14 所示。

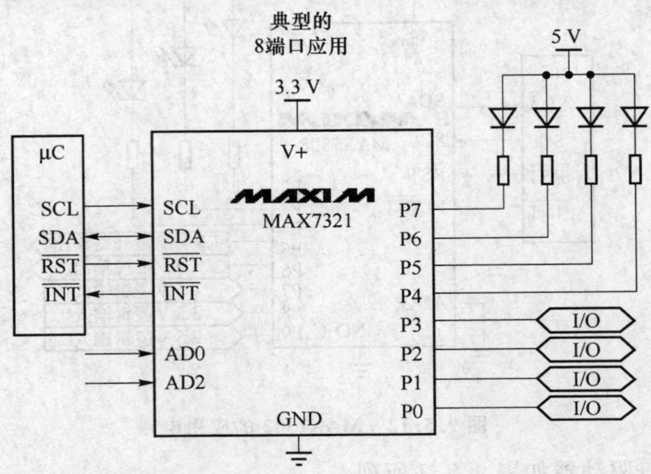

图 9.5.13 MAX7321 的应用电路

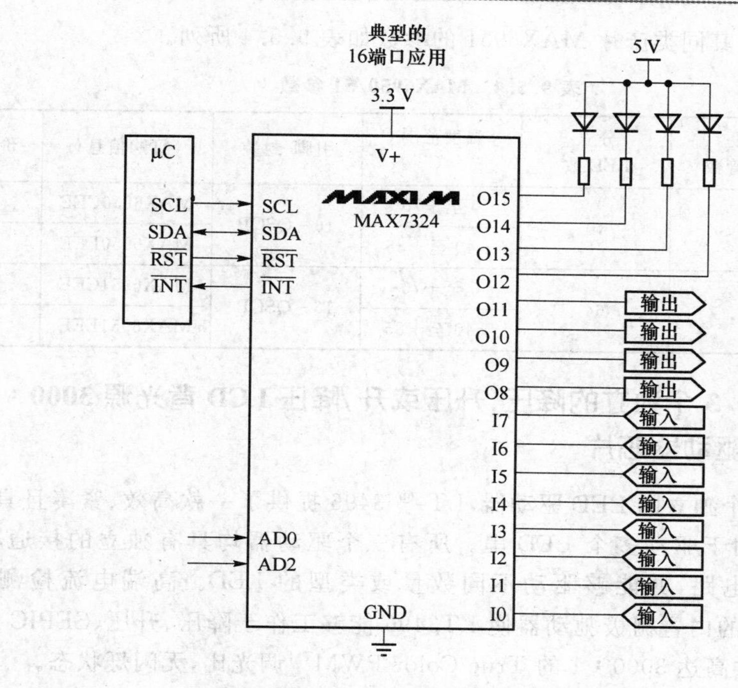

图 9.5.14　MAX7324 的应用电路

4. MAX6950　8位LED数码管驱动器芯片

MAX6950 的性能如下：

- 工作于 2.7～5.5 V；
- 可选择十六进制编码/不编码数码；
- 16 级亮度控制和独立的段闪烁；
- 驱动多达 8 位共阴 LED 数码管；
- 40 mA 峰值电流；
- 限摆率驱动器降低 EMI。

MAX6950 的应用电路简图如图 9.5.15 所示。

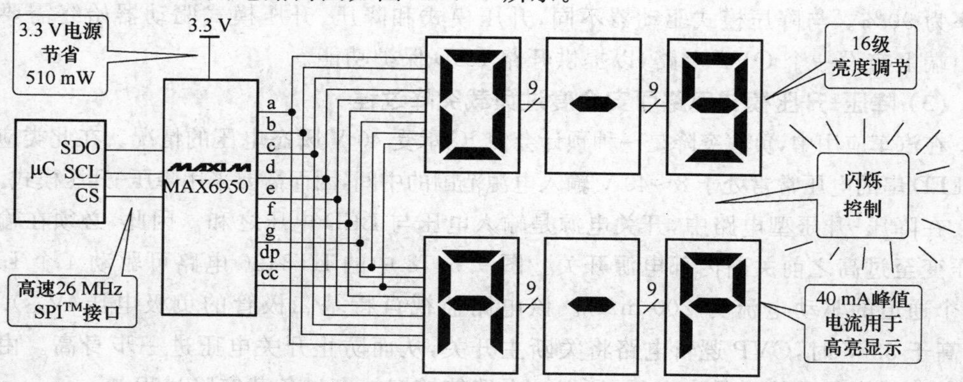

图 9.5.15　MAX6950 的应用电路简图

MAX6950及其同类产片MAX6951的参数如表9.5.4所列。

表9.5.4 MAX6950/51参数

型号	7段数码管数	分立LED数	温度范围/℃	引脚-封装	订购信息	价格($)
MAX6950	5	40	0至+70	16-QSOP	MAX6950CEE	4.29
			-40至+85		MAX6950EEE	5.30
MAX6951	8	64	0至+70	16-QSOP	MAX6951CEE	4.59
			-40至+85		MAX6951EEE	5.82

5. LT3496 3个独立的降压,升压或升/降压LCD背光源3000:1调光LED驱动器芯片

通过集成3个独立的LED驱动器,LT®3496提供了一款高效、紧凑且具成本效益的解决方案,用于驱动多个LED串。所有三个驱动器均具有独立的接通/关断和PWM调光控制电路,并能够驱动不同数量或类型的LED。高端电流检测和用于PMOSLED短接的内置栅极驰动器使LT3496能够工作于降压、升压、SEPIC或降压/升压模式,并提供高达3000:1的True Color PWM™调光比,无闪烁状态。

LT3496采用单个4 mm×5 mm QFN或FE28封装。每个驱动器的效率均可超过95%。

(1) 降压模式电路可驱动三个500 mALED串

图9.5.17示出了一款三通道降压模式LED驱动器。每一个通道向其LED输送500 mA的驱动电流。每串LED可以具有8～12个LED(取决于类型)。2.1 MHz开关频率允许使用扁平的电感器和电容器,从而最大限度地缩减解决方案的外形尺寸。

为了改善效率,应从一个3.3 V或5 V电源来给V_{IN}引脚施加偏压。至LED的电源由PV_{IN}来提供。在图9.5.16中,省略了OVP保护电路。

(2) 升压模式电路可驱动3个200 mA LED串

图9.5.17示出了一款三通道升压模式LED驱动器。该驱动器可从一个已调12 V电源向每串LED输送200 mA的电流。在一个2.1 MHz开关频率条件下,该电路的效率为90%。与降压模式驱动器不同,升压模式和降压、升压模式驱动器始终需要在输出端上布设一个OVP电路,以提供开路LED保护功能。

(3) 降压-升压模式电路可安全度过负载突降过程

在汽车应用中,负载突降是一种预计会使IC承受40 V瞬态电压的情况。在此类应用中,LED串的电压常常处于8～40 V输入电源范围的中间,因而需要采用降压-升压模式。

在降压-升压型电路中,开关电源是输入电压与LED电压之和。因此,必须在输入电压变至过高之前关断内部电源开关。图9.5.18中的LT3496电路可驱动4个LED(每个通道的驱动电流为200 mA)。该电路监视肖特基二极管的负极电压(V_{SC}).当V_{SC}高于38 V时,OVP逻辑电路将关断主开关,从而防止开关电压进一步身高。由于没有IC引脚承受绝对最大电压,所以该电路能够安然度过负载突降过程。

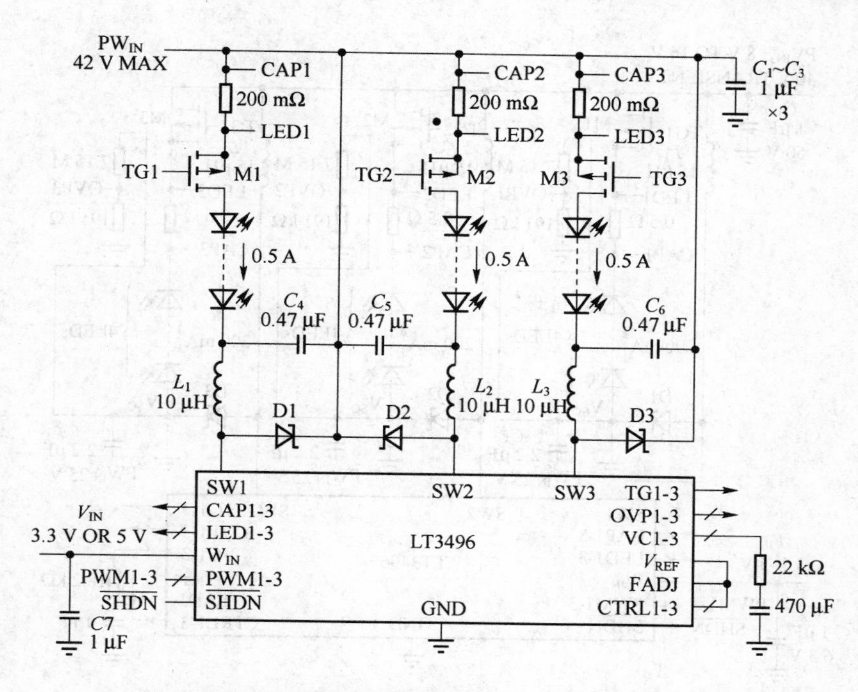

图 9.5.16 三通道降压模式能驱动 3 个 500 mA LED 串

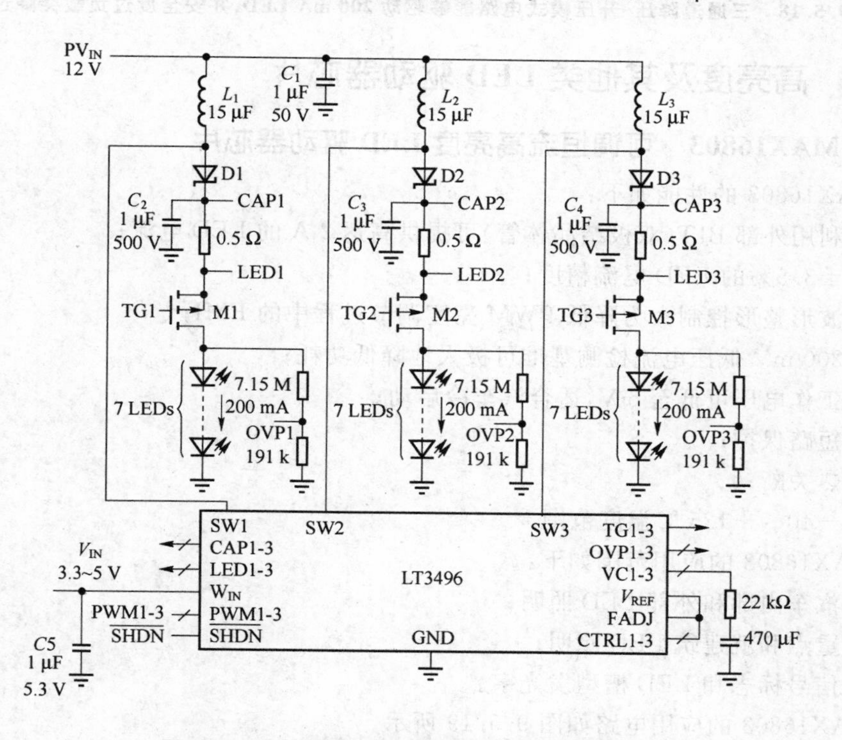

图 9.5.17 三通道升压模式能驱动 200 mA LED

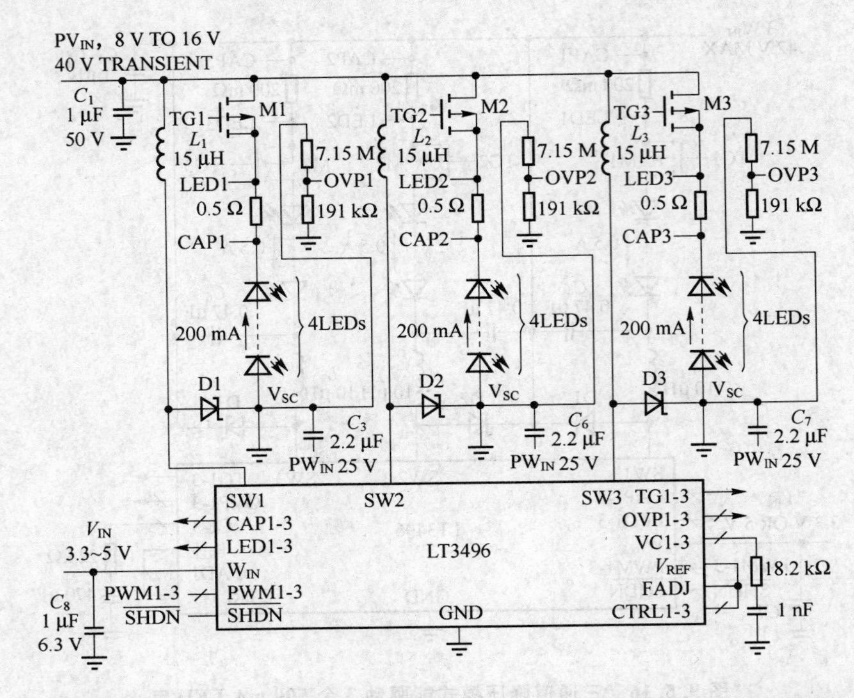

图 9.5.18　三通道降压-升压模式电路能够驱动 200 mA LED，并安全度过负载突降过程

9.5.3　高亮度及其他类 LED 驱动器芯片

1. MAX16803　可调恒流高亮度 LED 驱动器芯片

MAX16803 的性能如下：

- 利用外部 BJT（双极结晶体管）可提供高达 2 A 的 LED 电流；
- ±3.5%的 LED 电流精度；
- 波形整形控制大为降低 PWM 亮度调节过程中的 EMI；
- 200 mV 低压电流检测基准可极大地降低功耗；
- 工作电压可低至 5 V，适合汽车冷启动；
- 短路保护；
- 热关断；
- −40～+125 ℃温度范围。

MAX16803 的应用范围如下：

- 汽车内部和外部 LED 照明；
- 重点和就建筑 LED 照明；
- 信号标志和 LED 槽型发光字。

MAX16803 的应用电路如图 9.5.19 所示。

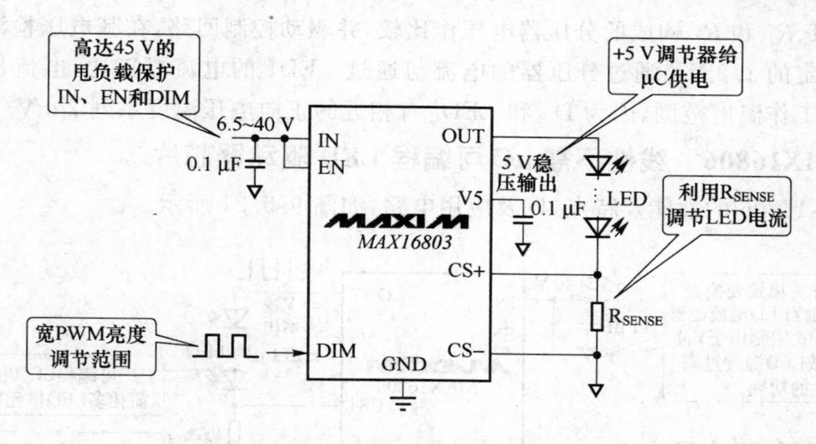

图 9.5.19 MAX16803 的应用电路

2. LM2850 大电流(2 A)高亮度 WLED 驱动器芯片

数年前,制造商们还将自己白光 LED 而不是暗淡 LED 的最大正向额定电流设定为 20 mA。今天的白光 LED 可以提供更高的亮度,因此必须工作在最高的偏置电流下。在接近 LED 最大额定值的大电流工作情况下仍要保持对 LED 偏置点的控制,就需要一种新的方法。

采用串联电阻会使二极管偏置点以及 LED 亮度随电源电压和环境温度而波动。美国国家半导体(National Semicondauctor)公司的 LM2852 是开关降压稳压器,它采用内部补偿和同步 MOSFET 开关,可以驱动大至 2 A 的负载,此电路可以为一个大电流 LED 有效提供恒定电流驱动,同时将电源电压和温度变化对 LED 亮度的影响降低到最低程度。图 9.5.20 是 LM2852 的应用电路。

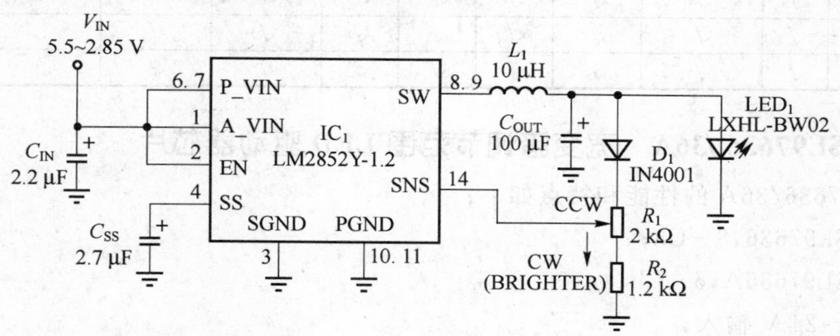

图 9.5.20 本电路在各种输入电压和温度条件下能驱动一支大电流白光 LED,效率为 93%。电位器 R_1 控制通过 LED_1 的电流,实现亮度调节。二极管 D_1 为 LED_1 的正向压降提供温度补偿。

在本电路中,LM2852 的工作效率约为 93%。它直接控制一个步进降压稳压器拓扑,保持流经 LED_1 电流的恒定,该电流可以用电位器 R_1 调整。电路的控制回路完成电流/电压的转换,有效地调节电路的输出电流。在工作中,LM2852 将其内部基准电压与由 D1、R_1 和 R_2 构成的分压器电压作比较，并驱动控制回路，在其电压检测引脚保持一个恒定的1.2 V。通过分压器的电流与通过LED1的电流成正比，电流比率会跟踪电路的工作温度范围，因为 D_{D1} 和 LED_1 有相近的正向电压温度系列2 mV/℃。

3. MX16806 线性不需μC可编程LED驱动器芯片

MAX16806的性能及特点，以及应用电路，如图9.5.21所示。

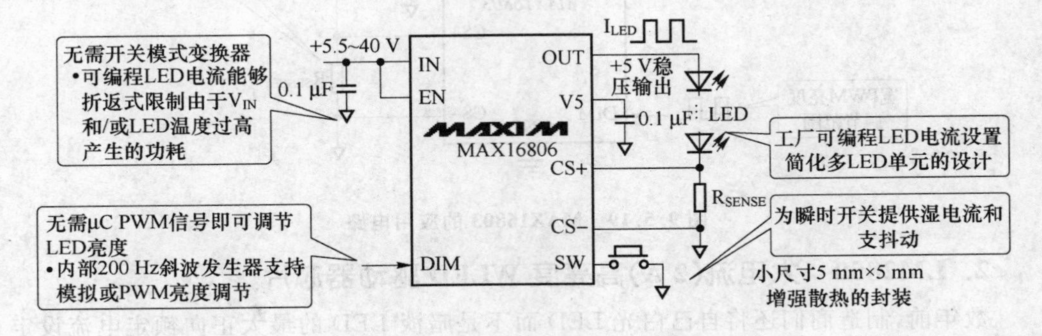

图9.5.21 MAX16806的应用电路及线性

以下提供MAXIM公司350 mALED驱动器系列产品，如表9.5.5所列。

表9.5.5 350 mALED驱动器系列产品

型号	EN引脚	3.5%LED电流精度	甩负载保护(45 V)	5 V输出	DIM输入	直流信号DIM	V_{IN}折返式可编程LED电流	可编程LED电流基准	可编程折返式热耗限制	瞬时开关接口
MAX16800	√	√	√	√						
MAX16803	√	√	√	√	√					
MAX16804	√	√	√	√	√	√				
MAX16805	√	√	√	√	√	√	√	√		
MAX16806	√	√	√	√	√	√	√	√	√	√

4. ISL97636/36A 宽变暗调节范围LED驱动器芯片

ISL97636/36A的性能和特点如下：

- ISL97636，8－Ch；
- ISL97636A，6－Ch；
- 6～24 V输入；
- 34.5 V最大输出电压；
- 每通道的最大电流为38 mA；
- 典型的电流匹配值为±1%；
- 动态电压裕量控制；
- 100 Hz～22 kHz PWM变暗调节；
- 全保护功能；
- QFN－24 4 mm×4 mm封装。

ISL97636的应用电路如图9.5.22所示。

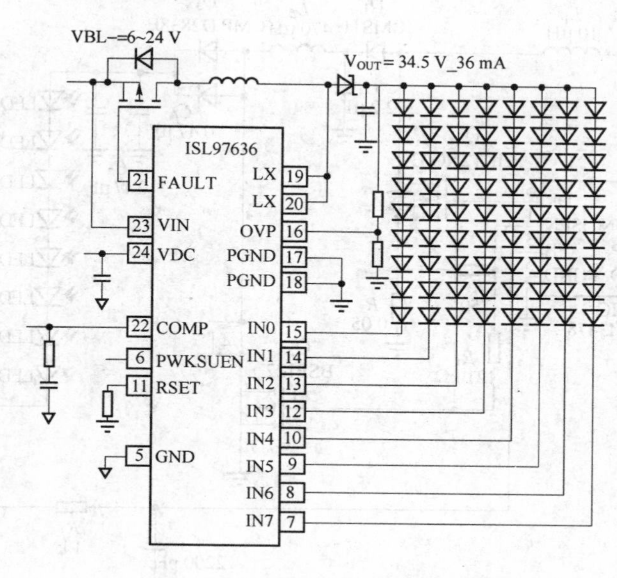

图9.5.22 ISL97636应用电路

5. LM3487 低压($3V_{DC}$)工作PWM的LED驱动器芯片

用3节碱性电池给20～30个白色发光二极管(LED)供电,呈现了一个和传统的升压变换器有关的十分有趣的问题。

这个设计实例可以给24个串接的白色或紫外发光二极管提供约20 mA的能量。在4.5 V直流输入下测量的效率是84.2%。

图9.5.23中的电路实现了一个级连升压变换器。在圆形印制电路板的一边包含24个白色或紫外发光二极管,在另外一边就是一些工作的电路。可以用红色发光二极管替换3个或4个紫外发光二极管提供一个合适的可视背光。该项目利用20个廉价的发光二极管在一个比较有用的30°视角上为1.52 W输入提供400 mV的光功率。其定向性同样有利于防止对眼睛的以外损害。紫外线光源可以应用在很多场合,包括宝石检验、货币检查等。PWM控制器IC_1(LM3478),在低至$3V_{DC}$电压下工作,排除了对充电泵的需要。晶体管额定栅极驱动小于3 V。IC_1同时驱动Q_1和Q_2。该电路只需要一个控制器并利用现成的电感器。第一级电感和滤波电容器可以产生很大脉动,不会对最终输出脉动产生不利影响。第一个整流器是一种廉价的40 V的肖特基二极管,第二个整流器是一个简单的额定值为120 V的小信号二极管。

6. NCP1200A 低成本的离线大功率恒流LED驱动器芯片

作为一种为通用照明省电的方法。LED的使用日益普及,而高效率驱动LED的方法也已变得必不可少。NCP1200A是安森美(On Semiconductor)公司面向通用离线电源的100 kHz PWM电流式控制器,提供了一种低成本的离线恒流源来为多个LED供电。如图9.5.24所示。

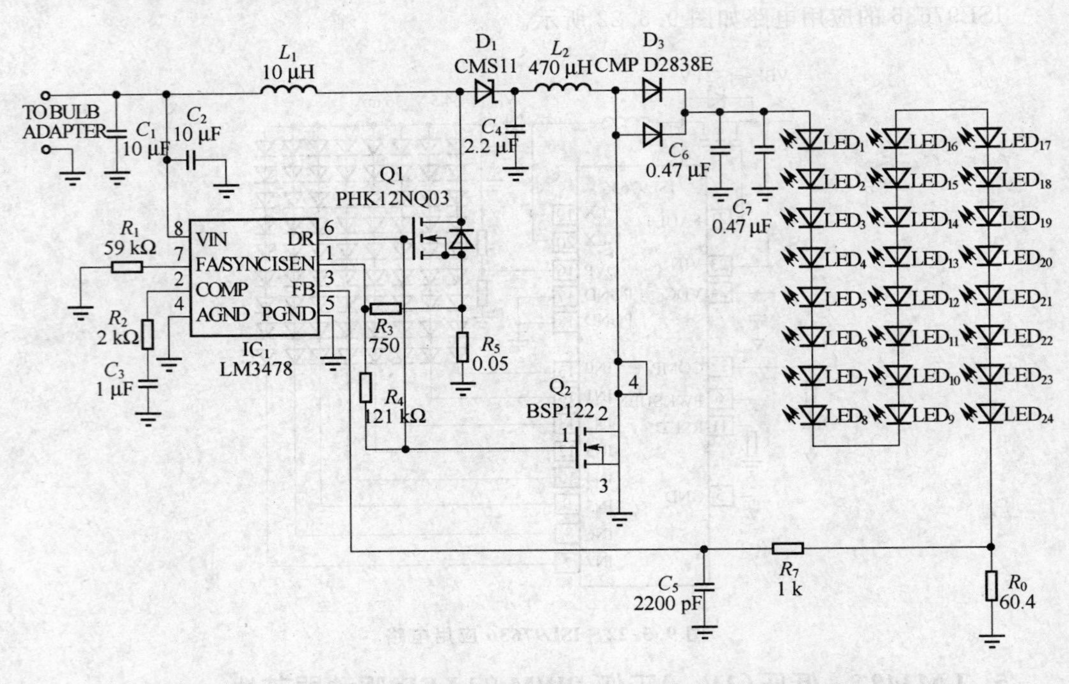

图 9.5.23　由现存元件构成的此电路，级联两级升压电路，以便驱动 20～30 个串连的 LED

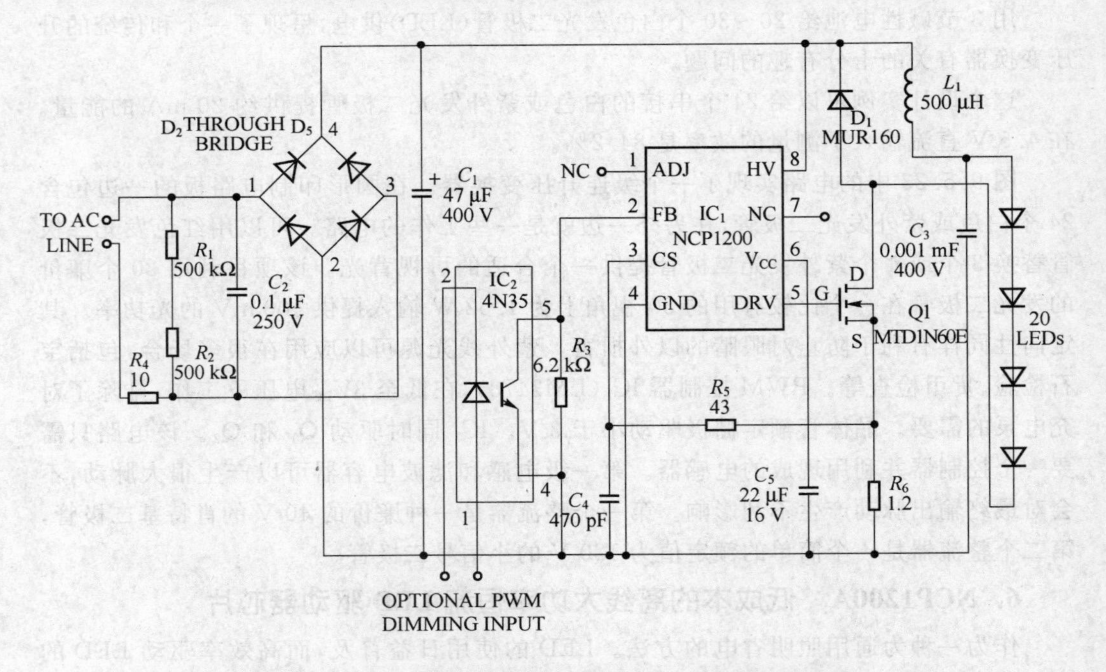

图 9.5.24　离线恒流驱动一串高输出 LED 应用电路

一个全波桥式整流源器（D_2～D_5）和滤波电容器 C_1 向变换电路 IC_1 及要其关联元件提供大约 160 V DC。电阻器 R_3 为 IC_1 电流检测引脚改变偏置值，并且凭借 6.2 kΩ，

允许 R_6 使用1.2 Ω检测电阻器。相对于瓦特数较高的检测电阻器，减小 R_6 不仅可降低成本，而且能提高电路的效率，电容器 C_3 稳定反馈网络的电流，并且在LED串开路时，承载400 V额定电压。由 R_5 和 C_4 组成的RC网络为CS引脚提供低通滤波功能。

电感器 L_1 是一个500 μH器件，应能工作于100 kHz，并处理姆过350 mA的连续电流。可以使用Coilcraft公司的RFB1010或DR0810系列表面贴装电感器，或者可以用在合适的磁芯材料上人工绕线的电感器来做实验。作为一种选择，添加光隔离器 IC_2 就能实现微电脑控制的照明亮度调节，它利用了 IC_1 的反恢端子(2号引脚)的脉宽调制。

9.6 各公司白光LED驱动器附表

表9.6.1 NS公司的白光LED驱动器芯片

白光LED驱动器——包含定电流驱动器芯片

零件号	功能	输入范围/V	输出数量	典型 I_{LED}/mA	典型 F_{SW}/kHz	封装
LM3590	串联白光LED电流源	6.0～12.6	3	20	N/A	SOT23-5
LM3595	并联白光LED电流源	3.0～5.5	4	12	N/A	LLP-10

白光LED驱动器——开关电容转换器升压

零件号	功能	最低 V_{IN}/V	最高 V_{IN}/V	输出数量	典型 I_{LED}/mA	典型 F_{SW}/kHz	其他特点	封装
LM2750	稳压的+5 V或可调(CV)，低噪音输出和输入	2.70	5.60	1	20	1700	热特性色	LLP-10、D、W
LM2791/92	倍压器和CC稳压器	3.00	5.80	2	15	650/1100	停机高电平/低电平、模拟式亮度控制	LLP-10
LM2793	(3/2)x和CC稳压器	2.70	5.50	2	16	500	停机功能集成干模拟式亮度管脚中	LLP-10
LM2794/95	(3/2)x和CC稳压器	2.70	5.50	4	15	515	停机高电平/低电平、模拟式亮度控制	micro SMD-14

CV=恒定电压O/P，CC=恒定电流O/P

白光LED驱动器——感应式升压

零件号	输入电压范围/V	LED数量	峰值电流	停机输入	开关频率	最高输出电压	封装大小	封装
LM2703	2.2～7.0	多达4个	350 mA	低	固定的切断时间	20 V	3 mm×3 mm×1.2 mm	SOT23-5
LM2704	2.2～7.0	多达8个	550 mA	低	固定的切断时间	20 V	3 mm×3 mm×1.2 mm	SOT23-5
LM2705	2.2～7.0	多达3个	150 mV	低	固定的切断时间	20 V	3 mm×3 mm×1.2 mm	SOT23-5
LM2731X/Y	2.7～14	超过10个	1.5 A	低	1.6 MHz/600 kHz	可调(高达20 V)	3 mm×3 mm×1.2 mm	SOT23-5
LM2733X/Y	2.7～14	超过10个	1 A	低	1.6 MHz/600 kHz	可调(高达40 V)	3 mm×3 mm×1.2 mm	SOT23-5
LM3500	2.7～7.0	多达4个	400 mA	低	1 MHz	15 V	1.285 mm×1.285 mm×0.7 mm	micro SMD-8

LM3500是同步升压稳压器，带有输出过压防护。它的反电压0.5 V。

照明管理元件

零件号	说明范围	输入电压/V	驱动电流（对于所有模式）	针对闪光模式的电流	电流匹配	主要功能	封装
LM3933	照明管理元件，用于控制4+2x白光LED和2×RGB欢乐闪烁光LED	3~7	白光LED最大电流—每LED输出25 mA	6路RGB输出，每路高达75 mA	白光LED 2%，RGB配有外部镇流器	升压开关稳压器，6x白光LED，2xRGB，SPI接口	CSP-32
LP3936	照明管理元件，用于控制4+2x白光LED和1×RGB欢乐闪烁光LED	3~6	白光LED最大电流—每LED 25 mA	3路RGB输出，每路高达75 mA	白光LED 2%，RGB配有外部镇流器	升压开关稳压器，6x白光LED，1xRGB，环境光传感器（带平均均能），I^2C/Microwire/SPI接口	CSP-32

LED欢乐闪烁光驱动器——多种可编程状态：接通、切断、输入，以要及按特定、速率变暗（通过SMBus/I^2C接口）

零件号	输入范围/V	LED数量	典型/mA	变暗速率/Hz	封装	封装大小
LP3943	2.3~5.5	16	25	160~0.625	SOA24	4 mm×4 mm×0.8 mm
LP3944	2.3~5.5	8	25	160~0.625	SOA24	4 mm×4 mm×0.8 mm

表9.6.2 更多选择的MAXIM WLED驱动器芯片

型号	连接方式	说明	特性	最大LED数量	输入电压（V）	效率（%）	频率（MHz）	引脚-封装（mm×mm）
MAX1553/MAX1554	串联	40 V升压DC/DC，QFN	更小巧，更高效率的10 LED串驱动器，电流调节，低截面外部元件，过压保护（OVP）	10	2.7~5.5	82	300 kHz	8-TDFN(3×3)
MAX1561	串联	26V_{OUT}升压DC/DC	高效率，小尺寸元件，电流调节，内部MOSFET，OVP	6	2.6~5.5	84	1	8-TDFN(3×3)
MAX1582	串联	26V_{OUT}升压DC/DC，可驱动主、副显示	驱动两部分LED，分别用于主和副显示，电流调节，内部MOSFET，OVP，低截面外部元件	2+4	2.6~5.5	84	1	12-TQFN(4×4)/16-UCSP
MAX1583	串联	24 V升压DC/DC	闪光灯电源，300 mA，可编程电影和闪光灯电流限制，闪光就绪	5	2.6~5.5	80	1	10-TDFN(3×3)
MAX1599	串联	30V_{OUT}升压DC/DC	更高效率的6 LED串驱动器，电流调节，内部MOSFET，OVP	6	2.6~5.5	87	500 kHz	8-TDFN(3×3)
MAX1848	串联	13V_{OUT}升压DC/DC，SOT23	更高效率的3 LED串驱动器，电流调节，低截面外部元件、OVP	3	2.6~5.5	87	1.2	8-TDFN(3×3)/8 SOT23
MAX1570	并联	1x/1.5x电荷泵，带电流调节	更小的5-LED并联方案，LED电流匹配至0.3%，30 mA/LED，200 mV压降的电流调节器	5	2.7~5.5	76	1	16-TQFN(4×4)
MAX1573	并联	1x/1.5x电荷泵，UCSP	更小的4-LED并联方案，LED电流匹配至2%，28 mA/LED，OVP，电流调节器	4	2.7~5.5	85	1	16-TQFN(4×4)/14-UCSP(2×2)

续表 9.6.2

型号	连接方式	说明	特性	最大LED数量	输入电压(V)	效率(%)	频率(MHz)	引脚-封装(mm×mm)
MAX1574	并联	具有电流调节的1x/2x电荷泵	最简单的电荷泵，仅用一只浮动电容，最小的PCB面积	3	2.7～5.5	83	1	10-TDFN(3×3)
MAX1575	并联	用于主和副显示的双输出，具有电流调节的电荷泵	首个具有独立的主/副显示调光控制的电源，1x/1.5x模式，驱动分为两组的最多6个LED	4+2	2.7～5.5	85	1	16-TDFN(4×4)
MAX1910/MAX1912	并联	1.5X/2X电荷泵	更高输出电压LED；电流或电压调节，关断模式负载被断开	4	2.7～5.3	70	750 kHz	10-μMAX
MAX1916	并联	三路电流调节器	当LED电源已具备时，该器件有助于产生统一亮度；60 mA/LED、LED电流匹配至0.3%，亮度控制，热保护	3	2.5～5.5	—	—	6引脚薄型SOT23
MAX1984/MAX1985/MAX1986	并联	5.5V_{OUT}升压DC/DC，带8路电流调节器	更高效率，多种亮度控制	8	2.7～5.5	90	1	20-TQFN(4×4)

表 9.6.3 MAXIM公司的白光LED驱动器

型号	连接方式	说明	特性	LED数(最多)	输入电压/V	效率/%	频率/MHz	封装(mm×mm)
MAX1553/MAX1554	串联	40 V升压DC/DC，TDFN	最小的，最高效率的电流调节，薄型外部元件，OVP	10	2.7～5.5	82	300 kHz	8-TDFN(3×3)
MAX1576	并联	用于主显示和闪光灯的双输出，稳流型电荷泵	第一款480 mA、高亮白光LED(WLED)电荷泵，用于相机闪光灯，1x/1.5x/2x模式	两组，每组最多4只	2.7～5.5	92	1	24-TQFN(4×4)
MAX1578/MAX1579	串联	34 V升压加5 V/15 V/−10 V电荷泵用于LCD偏置	第一款完整的LCD偏置和WLED背光，用于TFT，OVP和温度补偿	最多8只(34 V)	2.7～5.5	84	1	24-TQFN(4×4)
MAX1582	串联	26 V升压DC/DC，可驱动主、副显示	驱动两部分LED，电流调节，内部MOSFET，OVP，薄型外部元件	2+4	2.6～5.5	84	1	12-TQFN(4×4)/16-UCSP
MAX1707	并联	1×/1.5×/2×电荷泵，内置电流调节	最大电流(高达610 mA)，主屏/闪光灯/副屏或RGB，可通过I^2C编程，软启动，OVP和热降额功能	三组，最多11只	2.7～5.5	83	1	24-TQFN(4×4)
MAX8595/MAX8596	串联	32 V内置开关的升压DC/DC	具有温度补偿的、高效率升压转换器，降低了33%的安全裕量成本	最多8×2	2.6～5.5	86	1	8-TDFN(3×3)
MAX8607	并联	5.5 V升压DC/DC，有电流调节	最大电流(1.5 A)用于相机闪光灯，300 mA电影模式，温度和过压保护，热保护	1只高亮度LED	2.7～5.5	84	1	14-TDFN(3×3)

续表 9.6.3

型号	连接方式	说明	特性	LED数(最多)	输入电压/V	效率/%	频率/MHz	封装(mm×mm)
MAX8630	并联	1×/1.5×电荷泵，两组电流调节	独立的32级亮度调节，可调低至满度的3%，软启动，OVP和热降额功能	2+3	2.7～5.5	85	1	14-TDFN (3×3)
MAX8631/MAX8645	并联	1×/1.5×/2×电荷泵，两组电流调节，外加一个LDO	高达480 mA，独立的32级亮度调节，可调低至满度的3%，软启动，OVP和热降额功能	4+4	2.7～5.5	85	1	28-TQFN (4×4)
MAX8901A/MAX8901B	串联	内置PWM或串联调光的WLED驱动器	直接PWM(MAX8901A)或32级串行(MAX8901B)调光，优于2%的LED电流精度，输入UVP和OVP，热关断，LED OVP	6	2.6～6	92	750 kHz	8-TDFN (2×2)
MAX8830	并联	5.5 V升压DC/DC，支持背光以及闪光灯	4x 10 mA WLED电流调节器，具有可编程安全定时器的200 mA闪光灯，I²C接口，2.5 mm×2.5 mm UCSP封装	4+1	2.7～5.5	90	1	16-UCSP
MAX8647/MAX8648	并联	1×/1.5×负电荷泵，用于6只WLED	I²C/串行脉冲接口，具有独立模式的负电荷泵可提供电感式boost相当的效率	3+2+1	2.7～5.5	85	1	16-TQFN (3×3)
MAX8678	并联	1×/2×负电荷泵用于4只WLED，还带有AB类放大器	4×24 mA WLED电流调节，串行脉冲接口，内置杂音抑制的单声道AB类音频放大器	4	2.7～5.5	80	1	16-TQFN (3×3)
MAX17061	并联	26 V内部开关、升压调节器	电流模式，集成的FET驱动八串并联WLED串	八串并联	4.5～26	86	500 kHz/750 kHz/1 MHz	28-TQFN (4×4)
MAX8790	并联	26 V外部开关、升压调节器	电流模式，升压调节器驱动六串并联WLED	六串并联	4.5～26	86	500 kHz/750 kHz/1 MHz	20-TQFN (4×4)

第10章

电池充电电源芯片

10.1 电池充电技术概述

10.1.1 锂(Li+)电池特性

Sony公司的18 650电池采用碳阴极、锂-钴混合氧化物阳极、凝胶电解质(直径18 mm,长65 mm),在便携产品中被广泛使用。这种电池所允许的充放电次数至少为500次,并且仍可保持新电池标称容量的80%,这类电池的容量一般在0.5～2A·h。

电池的最大充电电压是从充电电源(CC)到充电电压(CV)的转换点,对该值的检测精度要求很高,与温度无关。最后的充电过程对该电压的变化非常敏感,如图10.1.1所示的CC-CV充电特性,一旦发生过充,会对电池造成不可恢复的损坏。因此,对电池充电电压的容限要求非常严格。

对于目前市场上使用的Sony Li+电池,电池两端电压达到4.45 V时,将会危及电池的使用寿命。电池充电电压的限制值(便携产品电池限制在4.2 V)是一个新电池充满电时对应的电压值。如果充电过程中,从CC转变到CV时充电电压低于标称限制,图10.1.1的充电电流会过早衰减,电池的最终储能不会达到100%的标称容量。

10.1.2 Li+电池充电方式及Li+电池充电器

除了对于容量极小(几个mA·h)的锂电池采用电压源/电阻充电方式外,CC-CV(恒流-恒压)是唯一被普遍使用的Li+充电方法。在电池电压达到最大充电电压之前,采用等于或小于最大充电速率的固定电流为电池充电;达到最大充电电压时,充电器切换到恒压输出模式,这个过程将一直持续到满足终止充电条件为止。

图10.1.1给出了Sony电池在充电过程中的电流、电压、储能的关系。需要注意CC到CV的切换以及电池在每个充电阶段获得的电量。

电池充满时终止充电,通常以电池电压达到最大值、充电电流降低到快充电流的一定比值(一般为1/10～1/3)作为Li+电池的充电终止条件。另外,还会采用超时检测在充电器进入恒压充电模式2h后终止充电。

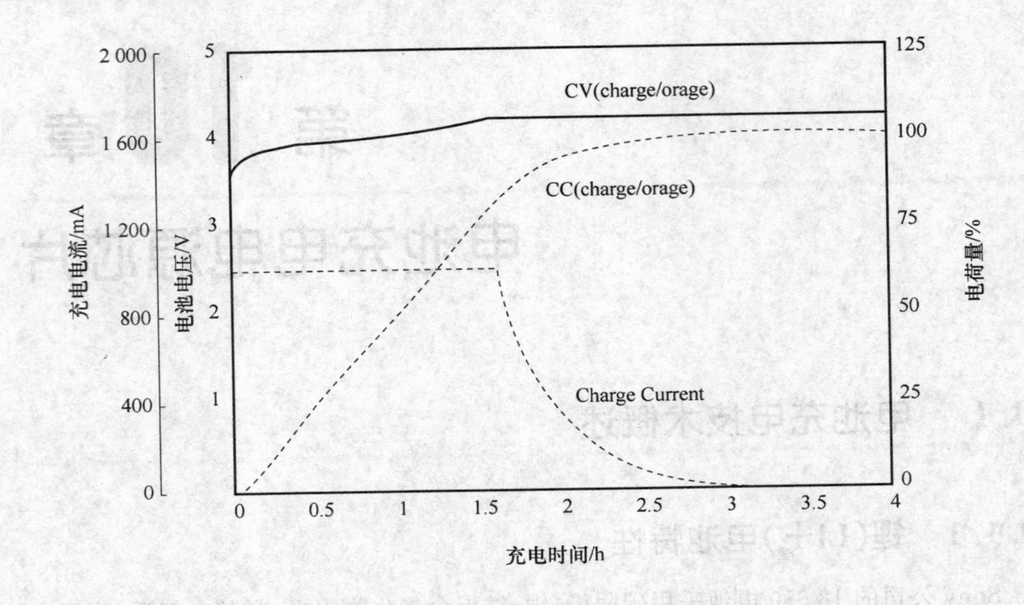

图 10.1.1　Li＋电池的 CC－CV 充电特性

1. 充电方式

锂电池主要存在三种充电方式：线性充电方式；开关充电方式；脉冲充电方式。其中，线性充电和开关充电都采用恒流恒压的充电模式，而脉冲充电则采用脉冲电流充电的模式。

在这些模式中，恒流恒压是目前最为普遍的，大多数厂家生产的充电器和充电芯片都是基于这一充电模式。实践证明，恒流恒压充电模式的线性充电器控制简单，外围电路简洁，有利于降低充电器成本，因此在市场上广泛应用。在低成本、小容量、小功率的手机充电器市场尤其如此。

2. 对充电器的要求

Li＋电池充电器有多种不同类型和技术，具体取决于电池类型、电池节数以及电池容量。任何情况下，充电器都是一个 CCCV 电源，仅工作在一个象限（任何情况下，无论是否存在电源，充电器都不能从电池吸收电流），并具有极高的 CV 输出精度（优于±1%）。

充电器效率决定了它的尺寸（体积和电路板尺），能量决定了电源架构。根据散热、尺寸、EMI 等要求选择不同的电源架构（开关、线性）。集成电路中的关键部件是充电控制器，包括 CCCV 电源、精密基准、状态控制机制等。

设计考究的充电器还包括电池侦测功能，检测电池的短路、开路、深度放电状态以及电池温度，“预充检测”状态下以小电流为电池充电，直到电池电压达到禁止充电的门限值，或达到充电超时限制值。

10.1.3　太阳能板对电池的充电

太阳能电池通常是由P－N结组成的，入射光线能量（光子）通过导致P－N结电子和空穴的重新组合来产生电流。

图10.1.2为太阳能板（阵列）对电池负充电并经过DC/DC稳压器带动负载的示意图。

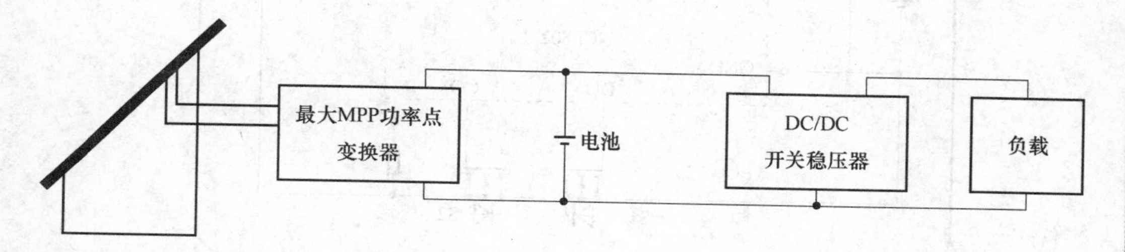

图10.1.2　太阳能板阵列与MPP变换器

为了使太阳能电池的负载为最佳负载，同时高效地对电池进行充电。有人对该问题提出了一个解决方案，即最大功率点（Maximum Power Point，MPP）变换器。MPP变换器类似于具有驱动电流设置点这种基本智能的开关稳压器，它可以将太阳能电池电压升压/降压到被充电电池的额定电压，同时调整提供给太阳能电池的负载，从而可以传输最大的能量。

现在，我们有了一个驱动MPP变换器和被充电电池的太阳能电池阵列。如果系统中电池的电压不足以使系统正常工作，则可能需要另一个开关稳压器，将不恒定的电池电压变换为用于负载的稳定电压，如图10.1.2所示。

10.1.4　Li＋电池的保护

Li＋电池应有过压保护、欠压保护、放电过流/短路保护和充电过流保护等措施。下面以NCP8022芯片的应用说明它的保护功能。

NCP802是安森美半导体公司的单节电池电路保护芯片，典型应用如图10.1.3所示。芯片与锂电池电芯结合，构成一个具有基本保护功能的锂电池组。芯片由锂电池供电，通过检测电池端电压、充放电电流，控制图10.1.3中两个NMOS的导通和关断，从而切断电流通路，实现对锂电池电芯的保护。

1. 过压保护

芯片通过V_{CELL}引脚检测电池的端电压。当电池电压上升至超过阈值电压时，芯片认为发生电池过压，从而将CO引脚的电平拉低，关断NMOSS2，切断充电回路，阻止继续对电池充电。只要芯片检测到有外接电源存在，CO引脚就保持低电平，禁止任何形式的充电。只有当电池外接负载时，CO引脚电平才重新置高，允许电池放电，从而退出过压保护状态。

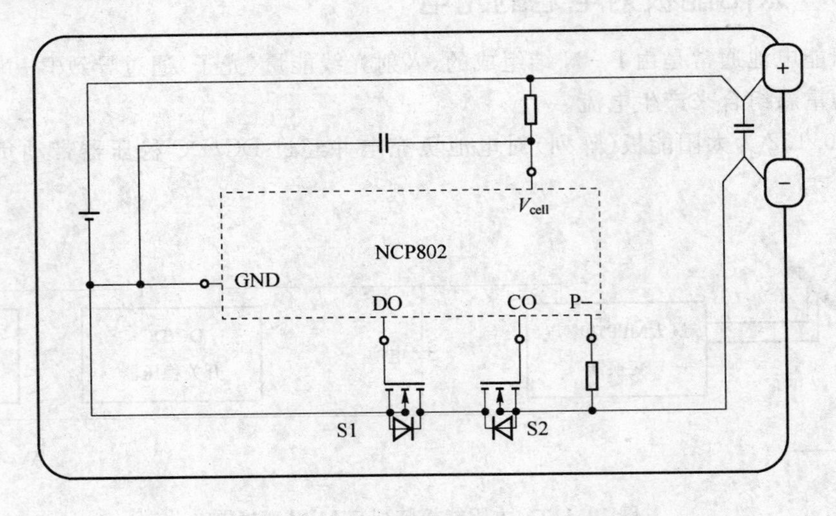

图 10.1.3 NCP802 芯片典型应用

2. 欠压保护

当V_{CELL}引脚上检测到的电池电压低于欠压保护阈值电压时，芯片将 DO 引脚的电平拉低，关断 NMOS S1，从而切断放电回路，阻止电池的进一步放电。同样，DO 引脚的电平只有在芯片检测到有充电电源接入的情况下才会恢复成高电平。

3. 放电过流/短路保护

电池放电时，如果放电电流过大或者发生短路，芯片的 P－引脚能够通过 MOS 管的导通电阻检测到一个过高的电平信号。通过这一电平，芯片能够检测到放电电流过大或者电池短路的情况，从而拉低 DO 引脚的电平，关断 S1，阻止电池的进一步放电。只有将负载从回路中移除后，芯片才会退出放电过流/短路保护状态。

4. 充电过流保护

充电电流通过两个 NMOS 的导通电阻，在 P－引脚形成一个相对于 GND 引脚的负电压。如果电池的充电电流过大，那么 P－引脚上的负电压将会升高。一旦负电压超过充电过流保护阈值电压，那么芯片就进入充电过流保护状态。S2 的门极电压将被拉低，从而关断充电回路。这一状态的恢复条件是充电器从电路中移除并且有负载接入准备对电池进行放电。

10.2 单节锂电电池充电电源芯片

人们现在使用的许多设备是用单节锂离子/锂聚合物的电池，比如智能电话、便携式媒体播放器(PMP)以及个人数字助理(PDA)等。这些设备的电池充电，都是用单节电池充电芯片做成的充电器进行充电的。对于不同各类的电池，它们对于充电器的性质指标的要求也不尽相同，因而选用的充电芯片，电路的繁简程度也有所不同，本节介绍几种给单节电池充电的IC芯片，希望对使用者有所帮助。

10.2.1　ADP2291 单节锂离子电池线性充电器芯片

ADP2291是一种用于一节锂离子电池的线性恒流和恒压充电器控制器。该充电器保证安全、可靠的反复充电到((4.2±1%×4.2)V)的电池稳压值，以达到最优的电池性能和使用寿命。可以使用4.5～12 V的电源电压或墙壁适配器。该充电器控制器使用一只外部PNP调整管以实现最大的设计灵活性，并且提供高达1.5A的电池充电电流。该最大电流完全可以通过设置外部电阻器阻值进行调节。安全保护功能包括对深度放电电池的低电流预调理，用于电池故障的充电停止模式，输出过冲保护和热待机功能。可以利用一个可外部电容器调节一个可选择的内部定时器用来检测电源故障和电池充电结束。

ADP2291还具有自动反相隔离以防止电池放电。该充电器可以设置成待机模式，因此可以将电池漏电流降至低1 μA。该器件还包括一个LED输出驱动器以指示电池充电状态。ADP2291采用8引脚MSOP封装和3 mm×3 mm LFCSP封装，非常适合便携式应用。

主要特点如下：

- 低成本外接PNP调整管；
- 4.5～12 V输入电压范围；
- (4.2 V±1%)4.2 V输出电压；
- 输出过冲保护；
- 自动反相隔离；
- 高达1.5A可调节的充电电流；
- 可选择的可设置终止计时器；
- LED充电状态指示；
- 深度放电预充电模式；
- 热待机功能；
- 小型8引脚MSOP封装和3mm×3mm LFCSP封装；
- 充电周期重新启动。

ADP2291芯片的应用电路如图10.2.1所示。

10.2.2　ADP3820　精密单节锂离子电池充电控制器芯片

ADP3820是一种精密单节锂电池充电控制器，它对一个外接P沟道MOSFET进行驱动以构成低成本、高精度、LDO线性充电器。为了支持焦炭阳极和石墨阳极两种锂电池，ADP3820提供4.1 V和4.2 V的两种输出电压。外接MOSFET允许设计者

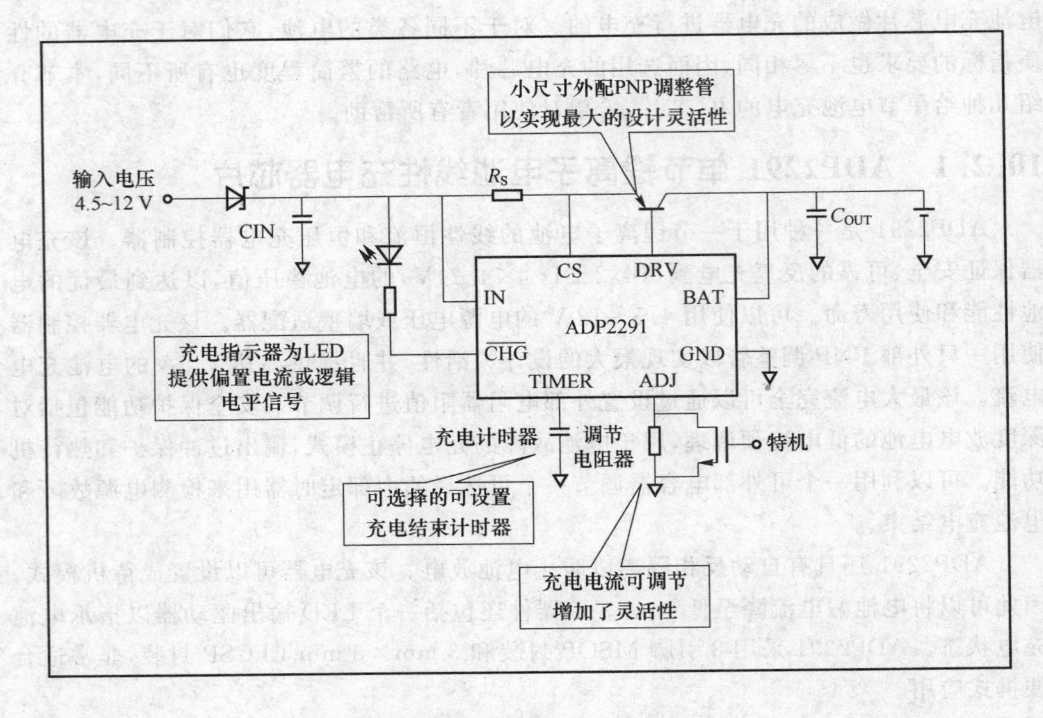

图 10.2.1 ADP2291 应用电路

在从个人数字助理(PDA)到移动电话的应用范围内调整到适合的电源电压。ADP3820 还有许多特性,例如充电电池可设置、折返电流(foldback current)限制、过载恢复以及用来保护外接 MOSFET 的栅源极电压箝位电路。如果该充电器的输入电压被断开,则 ADP3820 还能使来自电池的反向漏电流最小,这样便省去在外部串接一个隔离二极管。

主要特点如下:

- 总精度(包括电源、负载和温度的影响)±1.0%;
- 输入电压范围为 4.5~15 V;
- 可设置充电电流;
- 工作电流典型值为 800 mA;
- 停机电流典型值为 1 μA;
- SOT-23-6 和 SO-8 两种封装。

应用电路如图 10.2.2 所示。

10.2.3 Bq2406× 支持热调节、具有输入过压保护功能的线性锂离子电池充电器

为了确保充电器在安全散热范围内正常工作,更高级的电池充电器 Bq2406×引入

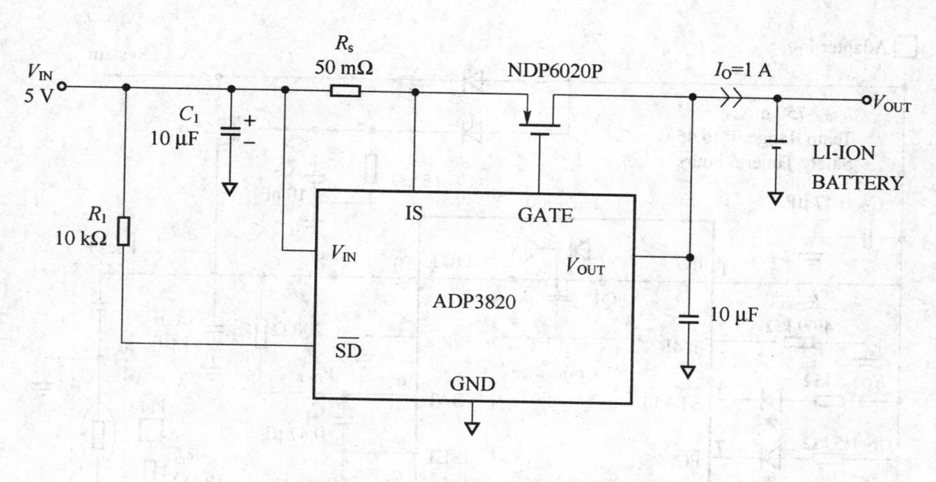

图 10.2.2 ADP3820 应用电路

了热调节环路，可避免充电器过热。内部芯片温度达到预定义的温度阈值后（如110℃），IC 温度只要进一步提升就会让充电电流下降。这有助于限制功耗，并为充电器提供热保护。使 IC 结温升高到热调节的极大功耗取决于 PCB 板布局、散热通孔的数量以及环境温度。

热调节通常在快充早期阶段进行，不过如果在 CV 模式下它仍然工作的话，充电电流就会过早达到充电终止阈值。为了避免错误充电终止，只要散热调节回路在工作，电池充电终止功能就会被禁用。此外，有效充电电流降低会延长电池充电时间，如果充电安全计时器有固定设置的话，就会过早终止充电。Bq2406x 采用动态安全计时器控制电路，热调节模式下的安全计时器的响应与有效充电电流成反比，能在热调节阶段有效延长安全时间，并尽可能降低安全计时器的故障概率。

启用电池充电功能后，内容电路会生产成 ISET 引脚设置的实际充电电流成正比的电流。外接电阻 R_{SET} 上生成的电压反映的是充电电流，以获取充电电流信息。

为了在输入电压高于预定义阈值时提高安全度，Bq2406x 充电器芯片的输入 OVP 功能将禁止充电。

Bq2406× 芯片的应用电路如图 10.2.3 所示。

10.2.4 CN3056 线性锂离子电池充电器芯片

CN3056 采用锂电池标准充电模式（预充电模式、恒流充电模式、恒压充电模式），具体充电过程是：若充电电池的电压低于 3 V，则充电器用小电流预充电模式对电池充电；当电池电压升到 3 V，充电器按设定的恒流充电模式充电；电池电压较快地上升，当电池电压接近终止充电电压 4.2 V 时，恒流充电模式自动转换成恒压（4.2 V）模式充电；此时，电池电压上升甚小，充电电流下降；当充电电流减小到 10％恒流充电电流时，终止充电，充电结束。

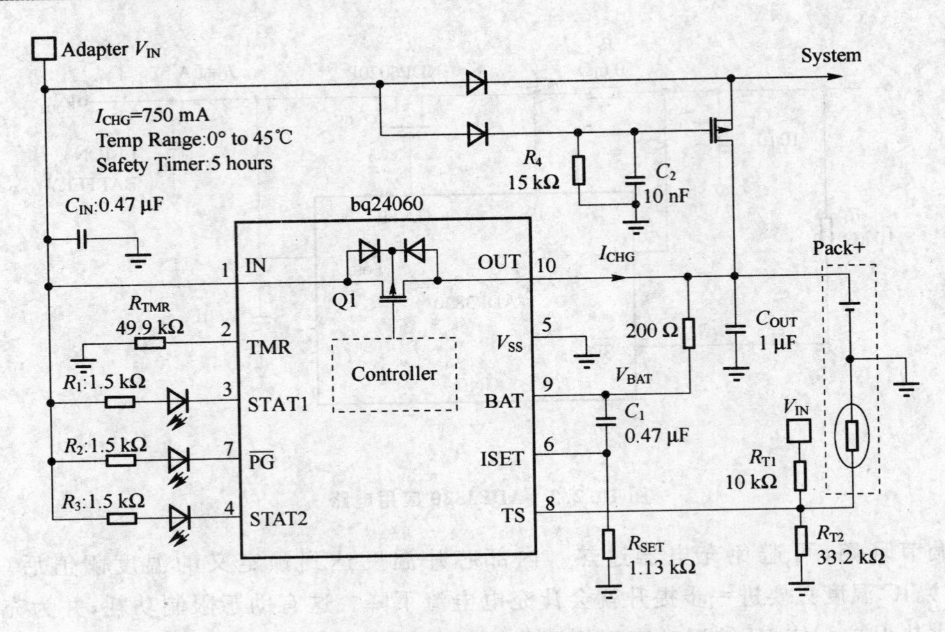

图 10.2.3 电源路径管理的电池充电器

若充电电池在充电时电压大于3 V,则没有预充电模式,直接进入恒流充电模式。

1. CN30546 特点

CN3056组成充电器具有如下特点:电路简单、外围元器件少、印制板面积小,有可能将充电器做在产品中;成本低;组成单独的充电器体积小、重量轻,便于携带;终止充电电压精度±1%,满足电池的要求;恒流充电的电流可由一外设电阻RISET设定,最大恒流充电电流可达1A;内部有检测充电电池温度的电路,若充电电池温度过低(＜0℃)或过高(＞45℃)时,充电器有故障信号输出(LED亮),并暂停充电;充电器有充电状态指示,正常充电时LED亮,充电结束时LED灭;充电器内部有检测充电电池的电压及电流的电路,按充电模式自动进行转换,安全可靠;内部有功率管理电路,当芯片的结温超过115℃时,会自动降低充电电流,防止过热,用户可不用担心芯片过热而损坏;内部有输入电源过低检测电路,当电源电压低于4.03 V阈值电压时,实现低压锁存,充电器关断,充电被禁止;在充电过程中,若电源掉电或低于低电压阈值电压,充电器进入睡眠模式,电池耗电小于3 μA;在充电结束后,若电池电压低于4.1 V时,充电器会自动再充电;芯片有使能端(CE),高电平有效,若此端加低电平,则充电器即使上电也不工作;采用小尺寸、散热效果好的10引脚DFN封装(3 mm×3 mm×0.9 mm);工作温度范围−40～85℃;无铅封装。

2. CN3056 主要参数

CN3056的主要参数:电源输入电压范围为4.35～6 V;静态工作电流:CE接V_{IN}时为650 μA,CE接GND时为4 μA;电源低电压阈值为4.03 V;预充电电流为10%恒流电流;预充电阈值电压3.0 V;在恒压充电模式时,充电电流降到10%恒流充电时终止充电；当 $V_{IN}-V_{BAT}\leqslant 40$ mV 时为睡眠模式，而在 $V_{IN}-V_{BAT}\geqslant 90$ mV 时睡眠模式解除，在睡眠模式时 $I_{BAT}<3\ \mu A$；使能端(CE)的高电平≥2 V，低电平≤0.75 V。

3. 引脚排列及功能

CN3056 芯片引脚排列如图 10.2.4 所示，其功能如表 10.2.1 所列。

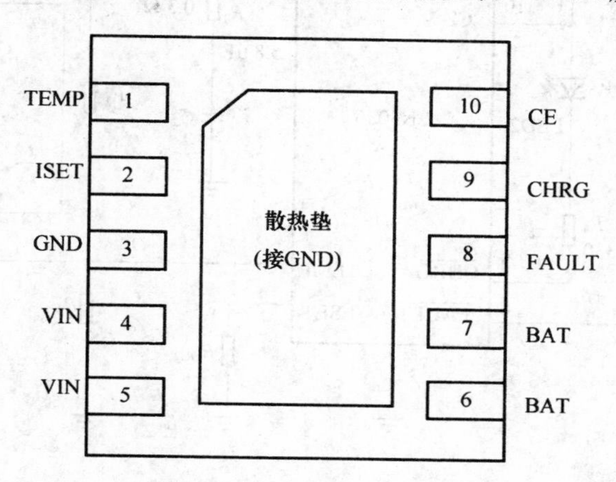

图 10.2.4　CN3056 引脚图

表 10.2.1　CN3056 引脚功能

引脚	符号	功　　能
1	TEMP	充电电池温度检测端，电路如图 10.2.5 所示。若 TEMP 端电压 $V_{TEMP}<45\%V_{IN}$ 或 $V_{TEMP}>80\%V_{IN}$，并超过 0.15 s，则意味着电池温度过高或过低，充电被停止，FAULT 端输出低电平；若 V_{TEMP} 在(45%～80%)V_{IN} 范围内，并超过 0.15 s，则认为温度正常，FAULT 端呈高阻芯，充电被恢复。若不测电池温度，TEMP 端接 GND
2	ISET	恒流充电电流设定和充电电流检测端。恒流充电电流 I_{CH} 与外接充电电流设定电阻 R_{ISET} 及此端电压 V_{ISET} 有关：$I_{CH}=(V_{ISET}\times 900)/R_{ISET}$ 在预充电模式，$V_{ISET}=0.2$ V；恒流充电时，$V_{ISET}=2$ V
3	GND	电源负极，地
4、5	VIN	电源正极(4.35～6 V)。此电压经高速管后给电池充电，并是充电器芯片内部电路的工作电源。当 V_{IN} 与 BAT 之间电压差小于 40 mV 时进入睡眠模式，此时 BAT 端的电流小于 3μA
6、7	BAT	电池正极连接端
8	FAULT	漏极开路输出端，外接 LED 及限流电阻作故障指示当电池温度<0℃或>45℃时，此端为低电平，LED 亮，表示电池温度过低或过高。电池温度为 0～45℃，此端呈高阻抗，LED 灭
9	CHRG	漏极开路输出端，外接 LED 及限流电阻作充电指示。充电时，此端为低电平，LED 亮；充电结束，LED 灭。若充电器上电，充电电池未装入或未装好，LED 闪亮
10	CE	使能端入端，高电平有效。此端加低电平时，充电被禁止

4. 应用电路

CN3056 芯片的典型应用电路如图 10.2.5 所示。

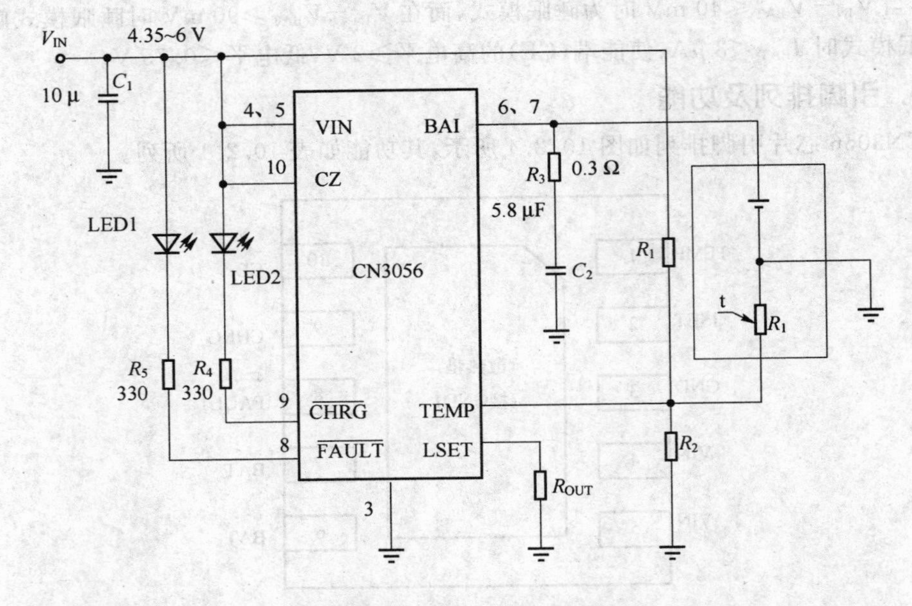

图 10.2.5 CN3056 的典型应用

10.2.5 L6924D 手持设备充电器芯片

L6924D 是一个真正的单片充电器。为单电池的锂/聚合体电池组专门设计，是空间有限的应用(如 PDA、手持设备、手机和数码照相机)的理想选择。在一个很小的 QFN16 3 mm×3 mm 封装内，L6924D 集成了所有的电源组件(功率 MOSFET 管、反向阻塞二极管和灵敏电阻器)。

1. L6924D 主要特点

- 集成全部电源组件的解决方案，包括功率 MOSFET 管、反向阻塞二极管、灵敏电阻器和热保护；
- 适合以碳和石墨材料为正极的单电池的锂电池组；
- 支持线性和准谐振两种操作模式；
- 闭路热控制；
- 兼容 USB 总线；
- 4.1 V 和 4.2 V 可调输出电压，电压调整精度组±1%；
- 最高 1 A 的可调充电电流、预充电电流、充电结束电流、预充电阈压、充电定时器；
- 用于监控电池温度和保护电池的 NTC 或 PTC 热敏电阻器接口；
- 灵活的充电过程结束配置；
- 驱动 LED 或连接一个主处理器的状态输出；
- QFN16(3×3)封装。

2. L6924D 应用电路

应用电路如图 10.2.6 所示。

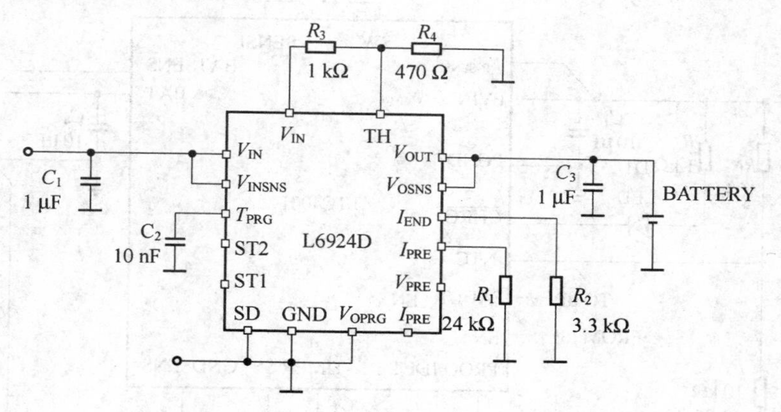

图 10.2.6 L6924D 的应用电路

10.2.6 LTC4001 2A 同步降压型锂离子电池充电器芯片

LTC4001 是一款能够提供 2A 电池的高效率开关模式电池充电器,该器件用于给单节 4.2 V 锂离子/锂聚合物电池充电,可在不需对电路板空间作出妥协的前提下最大限度地减少热耗散。独立型操作免除了采用一个外部微处理器来实现充电终止的需要。就安全和自主型充电控制而言,LTC4001 具有诸如自动停机、电池预查验、用于实现合格温度充电的热敏电阻输入、远程检测、充电结束指示和可编程充电终止定时器的特点。

1. LTC4001 主要特点

- 低功耗;
- 2A 的最大充电电流;
- 无需外部 MOSFET、检测电阻器或隔离二极管;
- 同步整流;
- 1.5MHz 开关频率;
- 输入电压为 4~5.5 V;
- 扁平 16 引脚(4 mm×4 mm)QFN 封装。

2. LTC4001 应用电路

图 10.2.7 示出了一个基于功能丰富的 LTC~4001 充电器解决方案可以简单到何等地步。该开关型充电器仅需 IC、一个小的 1.5 μH 电感器、两个小型 1206 规格 10 μF 陶瓷电容器、以及少量其他纤巧型元件。而且,还可以实现更加简单的配置。该单片式 2 A、1.5 MHz 同步 PWM 独立型电池充电器采用 4 mm×4 mm 16 引脚 QFN 封装,包含内置开关 MOSFET 充电终止控制器。

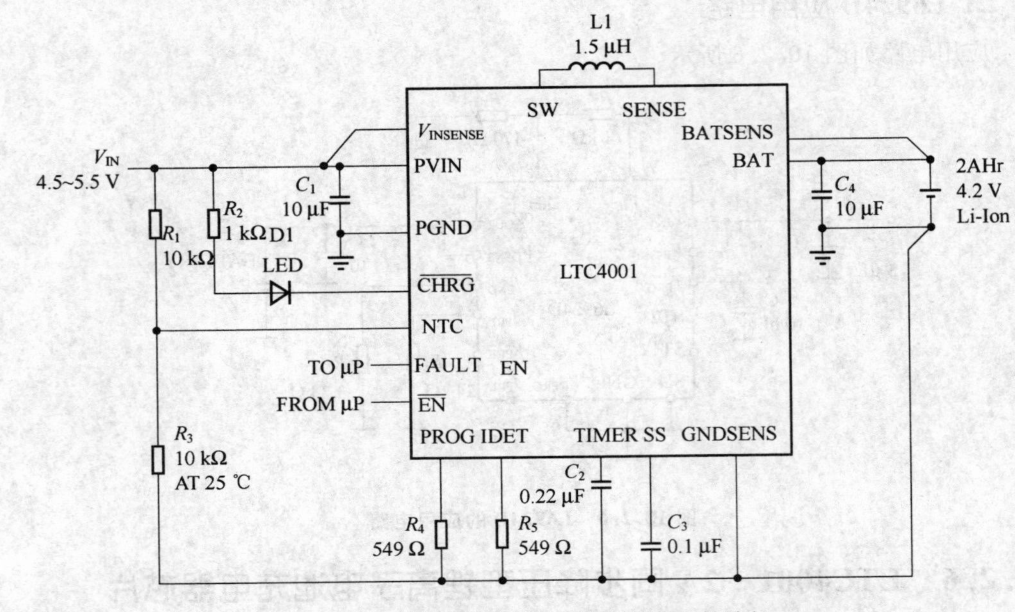

图 10.2.7　具有 3h 定时器、适宜温度充电判定、软起动、远端采样和 C/10 指示功能的锂离子电池充电器

10.2.7　LTC4061/-4.4 具有热敏电阻输入的独立型(A 线性锂离子)电池充电芯片

LTC4061/-4.4 是具有高级功能的紧凑、独立型 1A 线性单节锂离子电池充电器，旨在改进充电安全性、简化充电终止和状态通告、增强耐热性能并延长电池的使用寿命。其小巧而扁平(高度仅 0.75 mm)的 3 mm×3 mm DFN-10 封装和少量的外部组件构成了一个空间优化的成本效益型解决方案。

1. 性能说明

LTC4061 和 LTC4061-4.4 能够分别以±0.35%和±0.4%的准确度对 4.2 V 和新的 4.4 V(最大值)浮动电压锂离子电池进行充电。它们不需要外部检测电阻器、MOSFET 或隔离二极管，因而极大地简化了设计。此外，LTC4061/-4.4 还包括一个软起动电路，用于极大限度地减小在充电周期开始时的涌入电流。对于以 USB 为电源的充电操作，从 USB 控制器引出的逻辑引脚能够选择充电电流，从而消除了对外部分立组件的依赖。在电池充满电之后，LTC4061/-4.4 进入待机模式。在充电周期中可随时关断 LTC4061/-4.4，从而将电池漏电流限制在 2 μA 以下。该器件为设计师提供了采用以下多种方式的灵活性来终止充电周期：用户可调电流和时间、外部数字控制或自动 C/10。LTC4061/-4.4 非常适合于从交流适配器或在 MP3 播放机、数码照相机、PDA 和蜂窝电话中的 USB 端口来给电池充电。

LTC4061/-4.4 具有热敏电阻接口(以实现适宜温度充电)、一个用作后备充电终止方式的可调定时器和用于防止电池过度充电的精准浮动电压。为了消除在以最大速率进行充电的过程中发生过热的危险，采用一个专有的热调节电路来把 LTC4061 的结温保持在一个安全的水平上。I/O 引脚负责在涓流充电、标准充电和充电结束模式中通报充电的状态，并指示一个交流适配器的接入或电池故障状态。LTC4061/-4.4 利用其 SmartStart™ 功能消除了不必要的再充电周期，而且，当开始向充电器加电时，如果电池电压高于 4.1 V(对于 4.2 V 电池)和 4.275 V(对于(4.4 V 电池)，还可防止起动一个新的充电周期，从而使电池寿命得以延长。

2. 主要特点

- 具有高达 1A 可设置充电电流的独立型充电器；
- 4.2 V 和 4.4 V(最大值)的预设充电电压；
- 用于实现适宜温度充电的热敏电阻输入；
- 热调整功能可在无过热危险的情况下实现充电速率的最大化；
- 采用扁平 3 mm×3 mm×0.75 mm DFN 封装。

3. 应用电路

LTC4061 典型应用电路如图 10.2.8 所示。

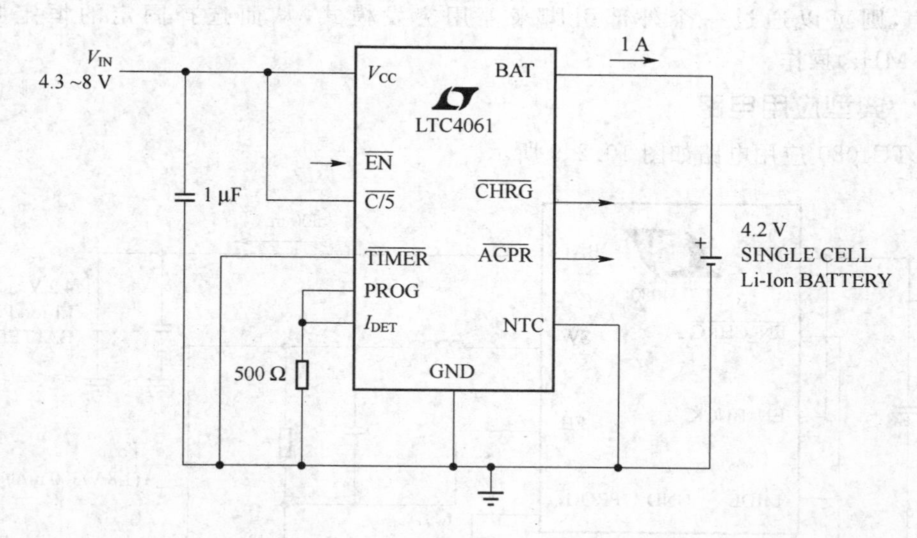

图 10.2.8　LTC4061 典型应用电路

10.2.8　LTC4080 内置 300 mA 同步降压的 500 mA 独立型锂离子电池充电器芯片

LTC4080 是一款多功能 IC，具有一个独立的线性电池充电器和一个高效率同步降压型变换器。这款与 USB 兼容的电池充电器能够以高达 500 mA 的电流来对单节锂离子/锂聚合物电池进行充电，而不会导致器件或周围的元件发生过热现象。300 mA 的降压型变换器具有可选模式操作和同步整流功能，以实现高达 96%的效率。该器件是专为与高达5.5 V的电源一起使用而设计的，包括那些符合USB规格的电源以及5 V墙上适配器。其紧凑的3 mm×3 mm 10引脚DFN封装确保可为空间受限的电池供电型手持式设备应用(例如：无线头戴式耳机、蓝牙设备、便携式MP3播放器和多功能手表)，构建一款占板面积微小的解决方案。

1. 工作特点

LTC4080的电池充电器无需外部MOSFET、检测电阻器或隔离二极管。在高功率或高环境温度条件下工作时，已获专利的热调整电路将减小充电电流，以防止IC的结温超过115℃。该全功能充电器提供了定时器终止、再充电和C/10检测功能。LTC4080的其他特点，还包括充电状态指示器、准确度达0.5%的4.2 V浮动电压，5%的充电准确度以及用于指示输入电源(例如：墙上适配器)接入的漏极开路AC存在状态引脚。充电电流可采用一个标准成品电阻器来调节。在停机期间，电源电流仅为5 μA，而电池漏电流低于1 μA。

该高效率同步降压型稳压器具有3.7～5.5 V的输入工作电压范围(从BAT引脚供电)，对应的输出电压范围为0.8 V～V_{BAT}。突发模式(Burst Mode^R)操作可将电源电流降至仅为23μA，以极大限度地提高轻负载时的效率，但是，如果需要非常低的开关噪声，则可以通过一个外部引脚来停用突发模式，从而选择固定的恒定频率(2.25 MHz)操作。

2. 典型应用电路

LTC4080应用电路如图10.2.9所示。

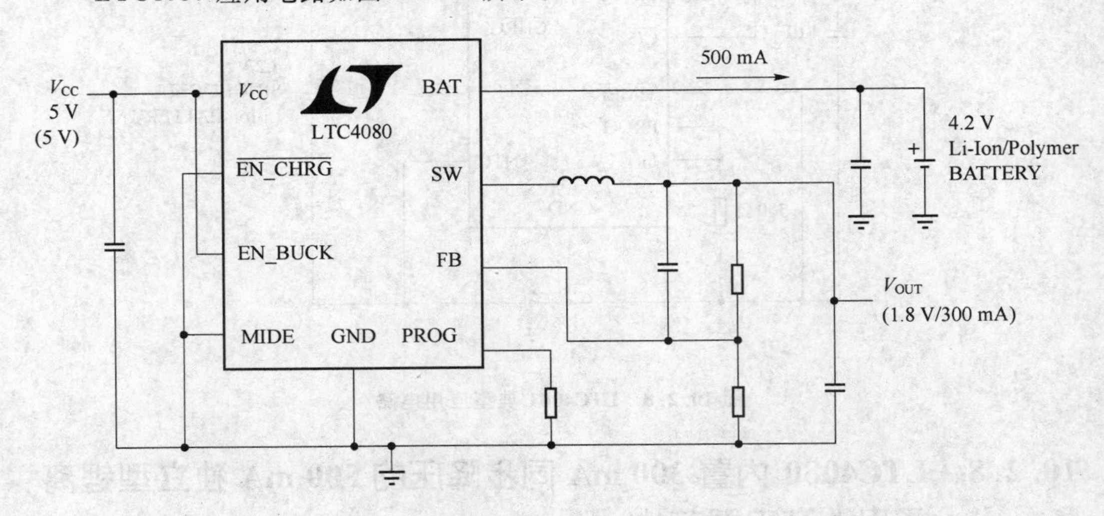

图10.2.9 LTC4080的典型应用电路

10.2.9 LTC4088 高效率电池充电器/电源管理器芯片

LTC4088是一款面向便携式USB设备的自主型高效率电源管理器、理想二极管控制器和电池充电器。LTC4088的开关前端拓扑结构具有电源通路控制功能。该拓扑结构优化了USB端口的可用功率，旨在以极低的功耗进行电池的充电和应用设备的供电，同时缓解了空间受限的媒体播放器、数码照相机、PDA、GPS装置和智能手机中的热管理问题。因此，该IC允许V_{OUT}上的负载电流超过USB端口所吸收的电流，而不会超过USB负载规格限值。

LTC4088具有一个4.25～5.5 V的输入电压范围，可自动地将其输入电流限制为1×（对于100 mA USB）、5×（对于500 mA USB）或10×（对于1A的墙上适配器供电型应用）的最大值。如果电源被拿掉，则该IC将确保能够利用流经内部低损耗200 mΩ理想二极管的电流来把系统功率从电池办理送至应用的负载，从而最大限度地减小了压降和功耗。

LTC4088的全功能单节锂离子/锂聚合物电池充电器采用一种恒定电压、恒定电流拓扑结构，可提供1.2A的充电电流。Bat－Track操作可在电池充电器中保持低功耗，以实现上佳的充电时间和较少的发热量。“即时接通”型操作使得便携式产品能够在加电之后立即运行，而无需等待电池充电。此外，该充电器还具有热限制、自动再充电、采用自动充电终止和固定持续时间安全定时器的独立型操作、低电压涓流充电、失效电池组检测和一个用于实现合格温度充电的热敏电阻输入。该IC的额外功能包括一个用于系统微处理器电源轨的“始终接通”型3.3 V、25 mA LDO，和一个暂停LDO以用于防止当有一部设备与暂停USB端口相连时发生电池漏电。LTC4088采用扁平（高度仅0.75 mm）纤巧型14引脚3 mm×4 mm DFN封装，并且保证可在－40～85℃的温度范围内正常运作。

应用电路如图10.2.10所示。

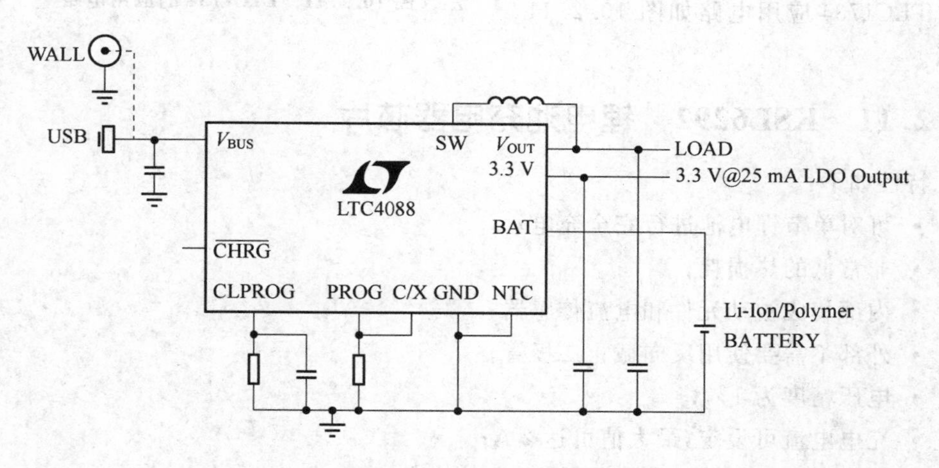

图10.2.10　LTC4088的典型应用电路

10.2.10　LTC1734　完整的锂离子充电器芯片

要装拉一个完整的锂离子充电器，只要用三只元件就行了，这就是 SOT－23 封装的 LTC1734、PNP 晶体管和电流调节电阻。LTC1734 也能提供一个正比于充电电流的监控电压，以便主微控器准确结束充电以及进行气体校准。LTC1734 不需使用阻塞二极管及低值电流感应电阻，所以成为当前一种特小型又特别简便易用的锂离子充电器。

1. LTC1734 芯片 PROG 引脚的功能

① 接上一只电阻以便设定充电电流。

② PROG 引脚上的电压正比于充电电流，可用它来检测 C/10 以便结束充电。

2. LTC1734 芯片特点

- 无需阻塞二极管；
- 无须电流感应电阻；
- 单引脚可设定充电电流并显示充电状态；
- 1%精确电压为 4.1 V 和4.2 V；
- 可编程充电电流为 200～700 mA；
- V_{IN}范围为 4.75～8 V；
- 移开输入电源会自动关机；
- 小型 SOT－23 封装。

TLC1734 应用电路如图 10.2.11 所示。

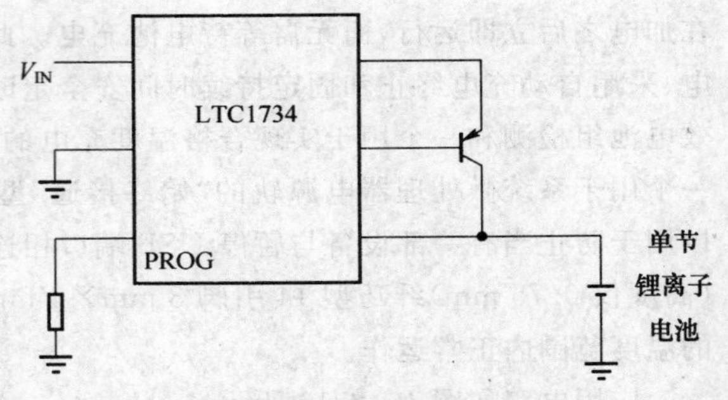

图 10.2.11　LTC1734 的应用电路

10.2.11　KSL6292　锂电池充电器芯片

特性如下：

- 可对单节锂电池进行完全充电；
- 非常低的热损耗；
- 内部集成被动元件和电流传感器；
- 外部不需要使用反向截止二极管；
- 电压精度为 1%；
- 充电电流可设定，最大值可达 2 A；
- 可编程的终止充电电流；
- 启动后保证在 2.65 V 电压下工作；
- 工作温度范围为－20～70℃；
- 热性能增强型 QFN 封装。

ISL6269 芯片引脚排列如图 10.2.12 所示，其应用电路如图 10.2.13 所示。

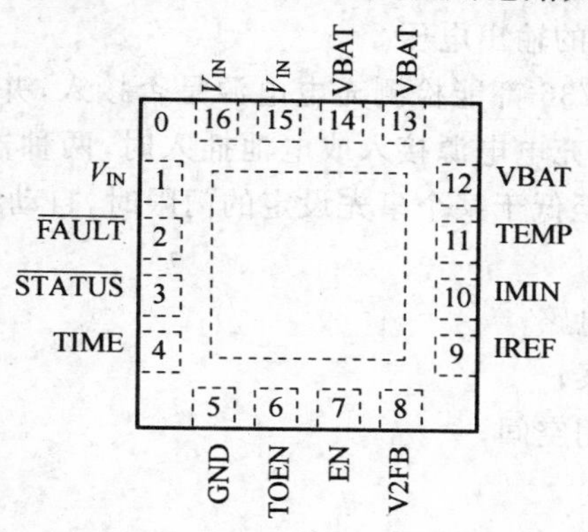

图 10.2.12 封装引脚图(顶视)

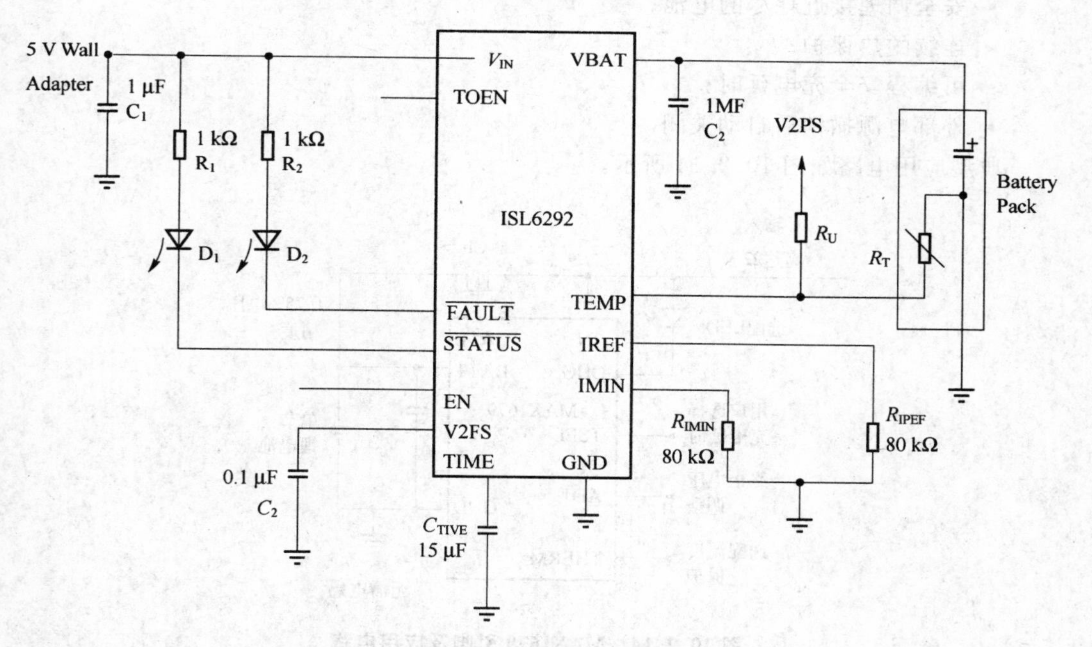

图 10.2.13 典型应用电路

10.2.12 MAX1679 真正不向手机散热的充电器芯片

单节锂电池充电器 MAX1679 特别适合于蜂窝/PCS 电话及其他低功耗手持设备，例如 PDA、便携式数字音频播放机等。与传统的热耗散型线性充电器不同的是，MAX1679 采用低耗散控制方案，配合廉价的限流型交流适配器，真正实现了无热耗——即使在整个快充延长期内。该器件具有 0.75%的总体系统精度，能够在保证电池安全的前提下充分利用电池容量。

MAX1679 采用 8 引脚 μ MAX 封装，是一款使用灵活的器件，可提供完整的锂电池充电方案所需的全部智能：包括 3 个安全定时器，用于充电发生故障时自动终止充电;一个LED驱动器,用来显示当前充电状态;连续的过热及欠压/过压保护以及一路可通过单个外部电阻调节的输出电压。

MAX1679和MAX1736都能检测充电电源是否接入,并在电源撤销时自动关闭,以减小电池漏电。当外部充电电源接入或电池插入时,两种器件均能自动启动充电周期,并在平均充电电流降至低于某个事先设定的门限时,自动终止充电。

MAX1679性能如下:

- 简单的单片应用电路;
- 最低功耗控制方案;
- 微型封装缩减占用空间;
- 0.75%系统精度;
- 无需电感;
- 安全调理接近耗尽的电池;
- 连续的热保护;
- 可编程安全充电延时;
- 外部电源撤销后自动关闭。

典型应用电路如图10.2.14所示。

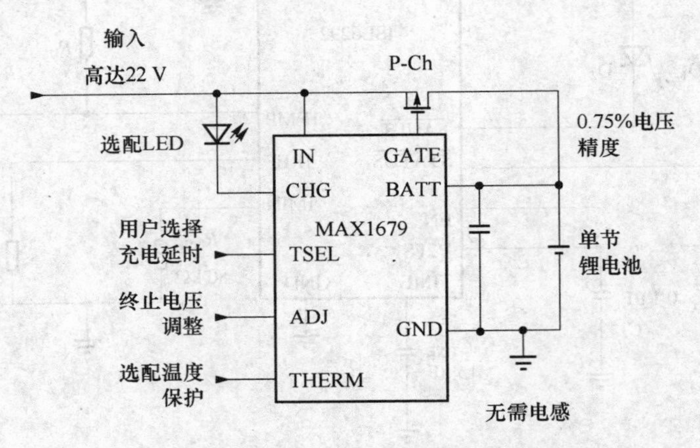

图10.2.14 MAX1679引脚及应用电路
(仅需一个外部FET就能构成完整的锂电充电器)

10.2.13 MAX1736尺寸更小、绝无热量耗散的锂电池充电器芯片

MAX1736是一种适合于单节锂离子或锂聚合物电池的简单的低成本充电器,可内置于话机;配合一个廉价的限流电源,就可实现简单、精确的充电和终止控制;另外还包括一个内置的预充电电流源,可用于安全预充接近耗尽的电池;输入电源检测功能能够在外部电源断开后自动关闭MAX1736,使电池漏电降至最低。

MAX1736采用6引脚SOT23封装,提供锂电池充电时所需的高精度电压调节。

它的单控制引脚便于通过外部微控制器实现各种充电控制算法，使其能够非常简便地融入现有的或更新的设计中。

MAX1736性能如下：

- 简单的独立应用电路；
- 最低功率耗散控制原理；
- 0.5％总体系统精度；
- 无需电感；
- 安全调理接近耗尽的电池；
- 电源断开后自动关断；
- 满额充电充分利用电池容量；
- 微小的6引脚SOT23封装。

其引脚及应用电路如图10.2.15所示。

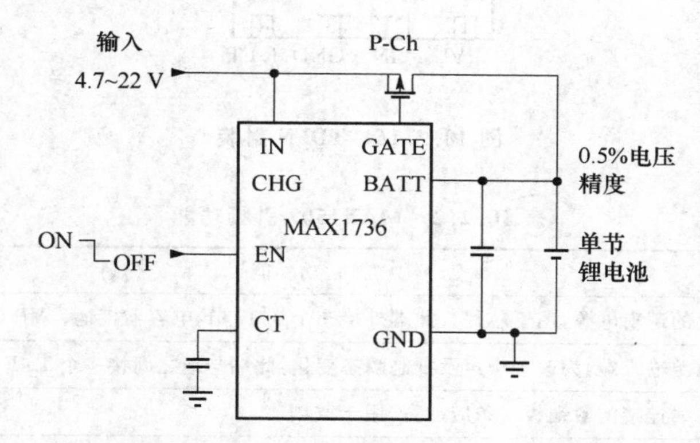

图10.2.15 MAX1736引脚及应用电路

（外接一只FET即可构成一个完整的锂电池充电器）

10.2.14 MAX1507智能线性锂电池充电器芯片

MAX1507是MAXIM公司推出的一种新型智能线性锂离子电池充电器。该充电器主要应用于蜂窝电话和无绳电话、PDA、数码照相机、MP3播放机、USB设备、蓝牙设备等。该充电器主要特点：外围元器件少，无需外接场效应管、阻断二极管及电流检测电阻，以恒流、恒压对锂离子电池充电，若充电电池已过放电（电池电压低于2.5 V），则在快速充电前按10％充电电流进行预充电；快速充电电流可设定（最大充电电流可达0.8 A，输入电压范围4.25～7 V（IC耐压到13 V），输入电压超过7 V时内部有过压保护；充电器是低压差线性充电器，在0.425 A充电电流时，其典型压差130 mV；内部有慢启动电路以限制冲击电流；有充电状态信号输出（可外接LED显示或与μP接口）；小尺寸8引脚TDFN封装（尺寸3 mm×3 mm，高度仅0.8 mm）；工作温度范围－40～＋85℃。

1. MAX1507 特点

- 7 V 以上输入时过压保护；
- 0.5 A 电流时降落电压 0.25 V；
- 充电电流监视器；
- 软启动。

2. 引脚排列及功能

MAX1507 引脚排列如图 10.2.16 所示，各脚功能如表 10.2.2 所列。

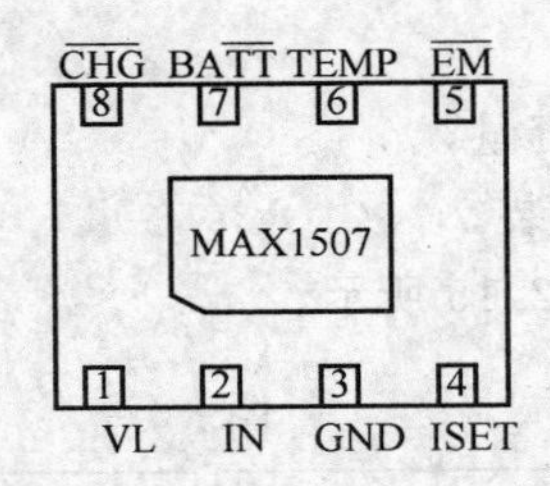

图 10.2.16　TDFN 封装

表 10.2.2　MAX1507 引脚功能

引脚	符号	功　能
1	VL	内部产生的逻辑电源，用于芯片。此端外接一个 0.47 μF 电容器接地。VL 电压为 3.3V
2	IN	充电器电源输入端，为改善噪声及抵制瞬态变化，此端与地之间接一个 1 μF 电容器
3	GND	地。与地线连接的敷铜板线条应加宽，用于散热
4	ISET	充电电流设定端及快速充电监测端。可在此端接一个电阻 R_{ISET} 到 GND 来设定快速充电电流 I_{FAST}
5	$\overline{EN}$	充电器使能端，逻辑低电平有效。禁止充电时，可在此端施加高电平。$\overline{EN}$端内部有 200kΩ 下拉电阻，在正常工作时此端可接低电平或悬空
6	TEMP	此端接 VL、GND 或悬空时可设定最大的管芯温度：此端接 GND＝90℃，悬空＝100℃，接 VL＝130℃，在$\overline{EN}$接高电平时，此端呈高阻抗
7	BATT	连接充电锂离子电池。此端到 GND 接一个 1 μF 电容器
8	$\overline{CHG}$	充电指示信号，开漏输出。当开始充电时，此端为低电平（可输入陷电流 12 mA），外接 LED 时 LED 亮；当电池充电电流降到快充电电流 10%以下或$\overline{EN}$端接高电平时，此端呈高阻抗。此端接一上拉电阻后可与 μP 接口，输出充电器工作状态信号

3. 应用电路

R_{ISET}＝2.8 kΩ 时，I_{FAST}＝0.52 A。TEMP 引脚悬空，则设立管芯最高温为 100℃。应用电路如图 10.2.17 所示。

10.2.15　MAX1508　简单的线性充电器芯片

线性充电器因为效率较低需要散热，因此具有较大的物理尺寸，但这种架构的电路要比开关型充电器简单。开关型充电器的转换效率高，尺寸较小（无需散热片）。

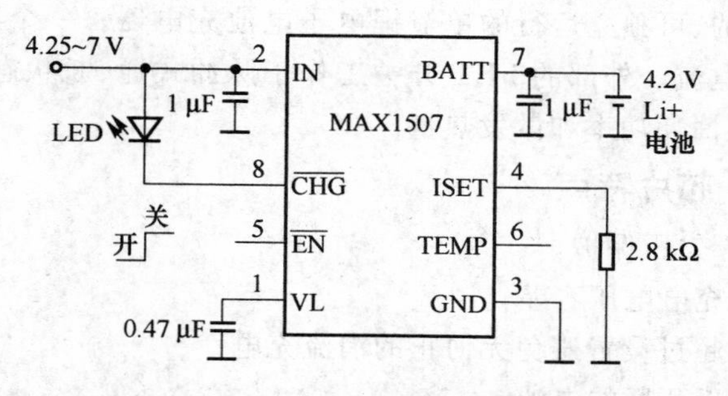

图 10.2.17　MAX1507 应用电路

一种简单的线性充电系统，如 MAX1508，仅需要极少的外部元件，能够为单节电池提供 0.5A 的充电电流，自适应功率/温度调节电路使其能够工作在较宽的输入电压或电源范围。

1. MAX1508 主要特点

- 微型 3 mm×3 mm 8 引脚 QFN 封装，0.85 mm 高；
- 专有的温度和 CC－CV 调整；
- 7 V 以上输入过压保护；
- 可编程最高至 0.8 A 的快充电流；
- 充电电流监视；
- 0.5 A 时 0.25 V 降落电压；
- 软启动。

2. 应用电路

MAX1508 芯片实现的线性充电电路如图 10.2.18 所示。

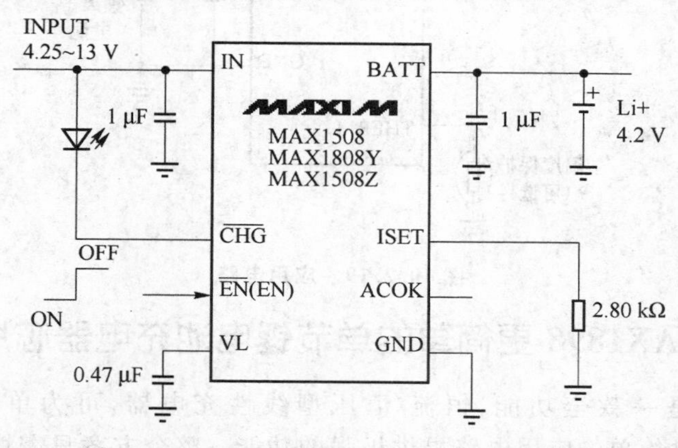

图 10.2.18　采用 MAX1508 线性的充电电路

10.2.16　MAX1879 安全简单的脉冲式锂电池充电器芯片

MAX1879 是目前流行的 MAX1679 的升级产品，它结合了更多的安全特性，如增加了 6.25 h 定时器，防止无何止的涓流充电。MAX1879 和一只外部的 P－MOSFET

就组成了一个完整的、可独立运行的单节锂电子电池充电器。一个廉价的限流型墙上适配器决定了充电电流。外部的FET开关工作于脉冲式通、断状态，因此不同于线性调节器，它基本上不消耗功率和散发热量。

1. MAX1879芯片特点

- 连续的过压/欠压保护；
- ±0.75%的充电电压容差；
- 6.25 h充电超过设置避免无何止的涓流充电；
- 安全预充接近死区的电池；
- 高/低温保护；
- 4 V时自动启动充电；
- 备用评估板，可加快设计进度。

2. 应用电路

MAX1879应用电路如图10.2.19所示。

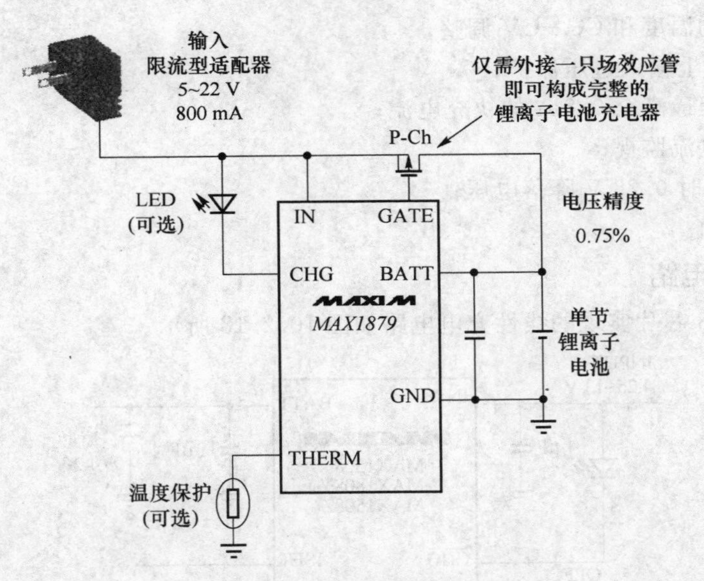

图10.2.19　应用电路

10.2.17　MAX1898更简单的单节锂电池充电器芯片

MAX1898是一款全功能、恒流/恒压型线性充电器，可为单节锂电池充电。MAX1898以非常简单的应用电路提供极强的功能。整个方案只需增加一只PNP或PMOS晶体管，充电电流检测电阻内置于芯片内部。附加功能还包括安全定时器、交通适配器检测、用于深度放电电池的预充电，以及充电指示输出。

1. 主要特点

- 简单且安全的线性充电方案；

- 内置检流电阻；
- 低成本 PNP 或 PMOS 调整元件；
- 交流适配器检测；
- ±0.75％电池电压调节精度；
- 可设置充电电流；
- 可设置安全定时器；
- 电流检测监视器输出；
- 小巧的 10 引脚 UMAX 封装。

2. MAX1898 应用电路

典型应用电路如图 10.2.20 所示。

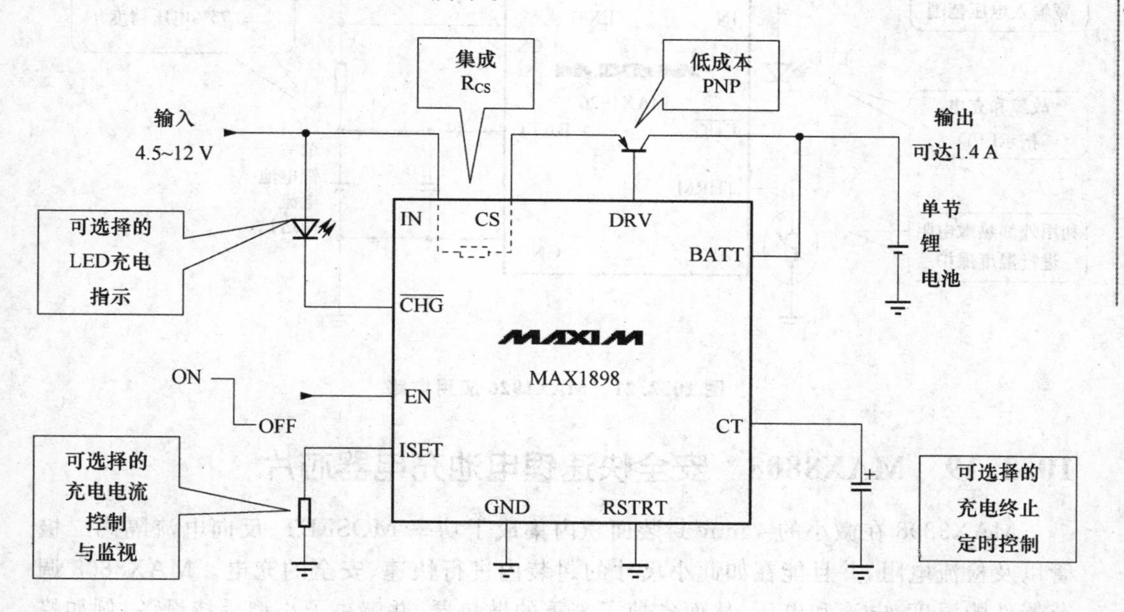

图 10.2.20 MAX1898 应用电路

10.2.18 MAX1925/1926 不发热开关型锂电池充电器芯片

MAX1925/MAX1926 是开关型单节锂电池充电器，适合于数码照相机（DSC）和 PDA 等应用。MAX1925/MAX1926 采用一只外部 PMOS 开关管组成高效率降压结构。附加功能还包括自动输入电源检测，逻辑使能控制以及利用外部热敏电阻进行温度监视等。MAX1925 在输入高于 1.6 V 时禁止充电，而 MAX1926 在输入位于 4.25～12 V 时充电。

1. 主要特点

- 利用单个电阻设定充电电流；

- 自动检测输入电源；
- 可编程安全定时器；
- 电池电压=4 V时自动重启动。

2. MAX1926应用电路

典型应用电路如图10.2.21所示。

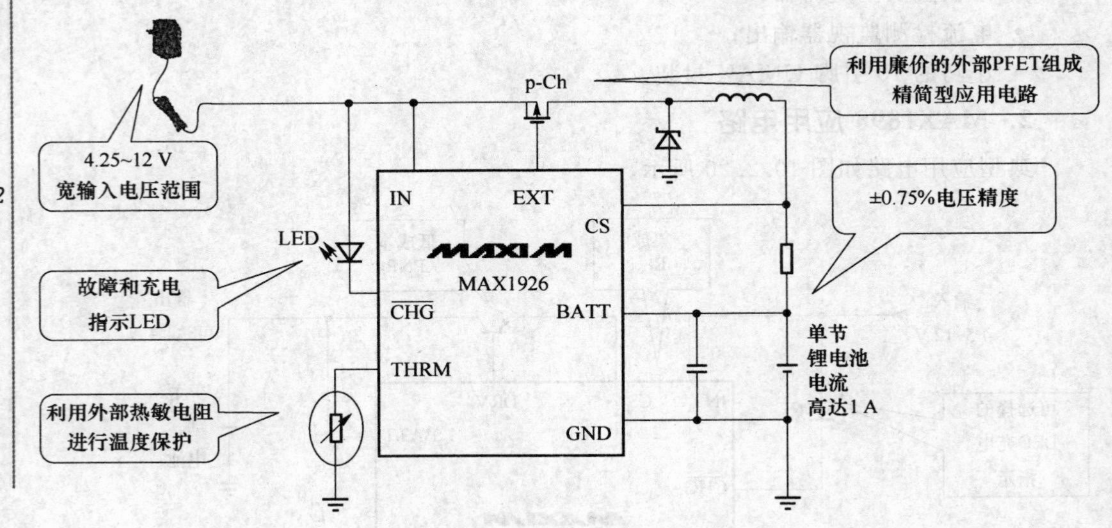

图10.2.21 MAX1926应用电路

10.2.19 MAX8808 安全快速锂电池充电器芯片

MAX8808在微小的4 mm^2封装面积内集成了功率MOSFET、反向电流隔离二极管以及检流电阻，并且能在如此小尺寸的封装内进行快速、安全的充电。MAX8808调节器件的温度、电流和电压，从而省掉了笨重的散热器，并解决了小型手持设备，例如蜂窝电话、PDA以及数码照相机等在散热管理方面的顾虑，它的热调节技术降低了环境温升，提高了可靠性，并降低了因安全余量要求所造成的成本。为避免只经过精力调整的廉价交流适配器对其造成损害，MAX8808能够保证承受高达15 V的瞬态输入，并具有内置的过压保护(OVP)电路，防止在故障情况下进行充电。

1. 主要特点

- 微型、热增强型TDFN封装(0.8 mm高)；
- 专有的温度和CC-CV调节实现最安全和最快速的充电；
- 0.5A电流下0.3 V压降；
- 高有效逻辑使能(MAX8808Y)；
- 省去预调理状态(MAX8808Z)；
- 软启动；

- 可提供评估板以加速设计速度；
- 价格低廉。

2. 应用电路

典型应用电路如图 10.2.22 所示。

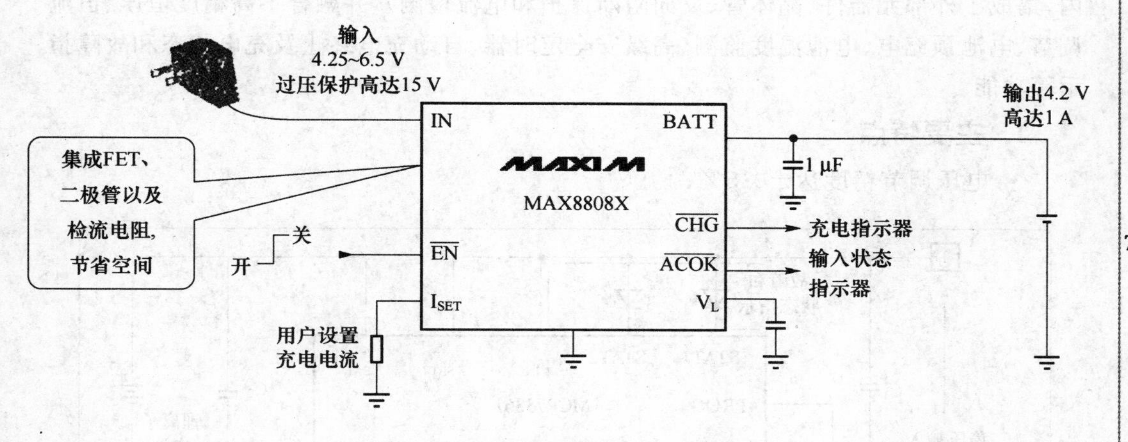

图 10.2.22　MAX8808X 应用电路

10.2.20　MCP73855　锂离子/锂聚合物电池充电器芯片

MCP73855 是一种锂离子/锂聚合物电池充电器 IC。主要应用锂离子/锂聚合物电池充电器、PDA、手机、便携式仪器、数码照相机、MP3 播放器、蓝牙耳机及 USB 充电器等。

主要特点：线性电源充电器，内部集成了调整管、电流检测传感器及反向阻塞二极管；工作电压为 4.5～5.5 V；电压稳压精度±0.5%；可选择终止充电 4.1 V 或 4.2 V 锂离子电池；充电电流可设定；可利用 USB 供电充电；安全充电定时器可设定定时时间；可以预处理过电电池(先以涓流充电)；自动终止充电；LED 作充电指示；10 引脚小尺寸 DFN 封装：工作温度范围为－40～＋85℃。

应用电路：一种 400 mA 锂离子电池充电器电路如图 10.2.23 所示。

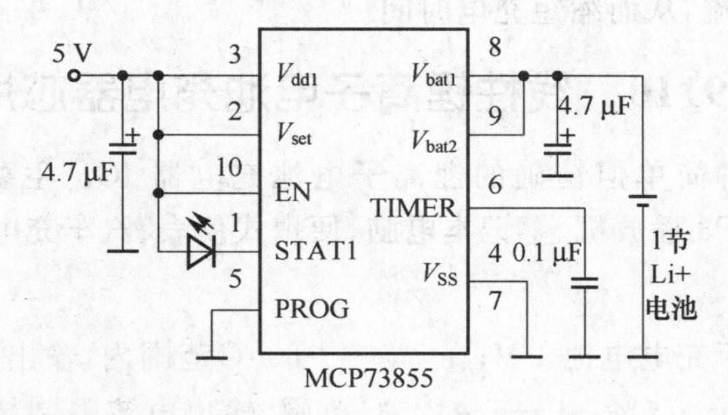

图 10.2.23　MCP73855 应用电路

10.2.21 MCP73861 完整的功能齐全的独立锂电池充电器芯片

MCP73861线性充电器系列在一个节省空间的16引脚4 mm×4 mmQFN封装内，集成了外部元器件(晶体管、反向阻断保护和电流检测)，并融合了高精度恒压、恒流调节、电池预充电、电池温度监测、高级安全定时器、自动充电终止及充电状态和故障指示等功能。

1. 主要特点

- 电压调节精度达±0.5%；

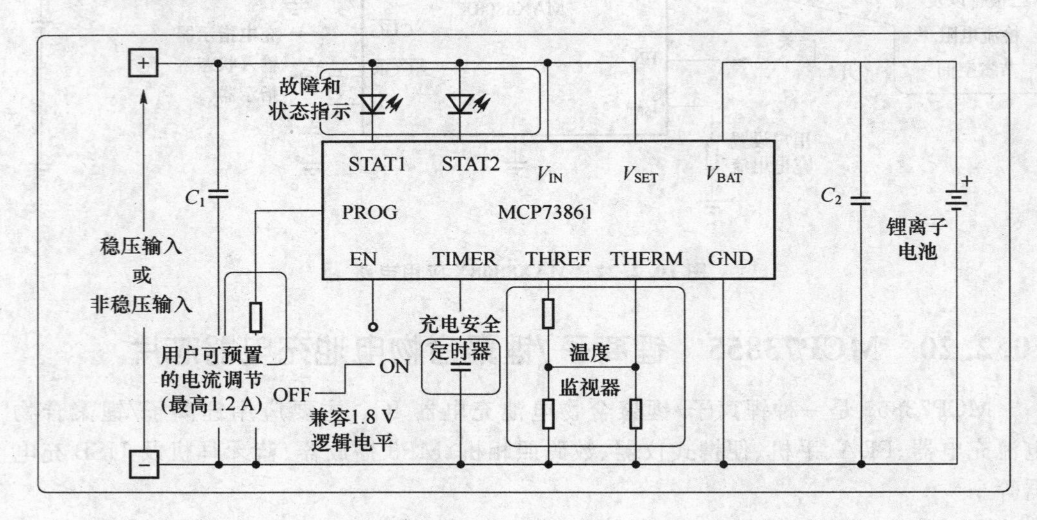

图10.2.24 MCP73861应用电路

- 热调节使充电电流可以达到极大，同时又不会损坏芯片，消除了散热设计的问题；
- 采用小型无铅的4 mm×4 mm QFN封装：

—更紧凑的外形，从而减小占板时间；

—更高的充电电流，从而缩短充电时间。

10.2.22 MIC79110 线性锂离子电池充电器芯片

MIC79110是一种简单但精确的锂离子电池充电器IC。主要应用于蜂窝电话、PDA、数码照相机、MP3播放机、笔记本电脑、便携式仪表、汽车充电器、锂电池组等。

1. 主要特点

输入电压V_{IN}高于充电电池1 V；在−5～+60 ℃范围内，输出电压精度±0.75%；在整个温度范围精度±1.5%；从−5～125℃范围，输出电流限制精度±5%；终止充电标志可设定；模拟输出正比于输出电流；有固定4.2 V输出(充1节锂离子电池)及输出电压可调(充多节电池);压差低,在工作温度范围内,输出700 mA时,其压差500 mA;输出电流可达1.2A;极好的电压及负载调整率;电池接反及反向电流保护;过热关闭及电流限制保护;薄型10引脚MLF封装;结温范围为−40～+125℃。

2. 应用电路

充1节锂离子电池的典型应用电路如图10.2.25所示。V_{IN}可取5.5～6 V,SD为关闭控制高电平有效,REOC终止充电阈值电流设定,RSET为充电电池限制设定(R_{SET}=167 Ω时,最大充电电流限制为1.2 A),BAT接充电电池,SNS(固定输出时用)直接与电池连接,DCOC为终止充电指示(高电平),ACHG为模拟充电指示器输出端(输出恒流电流正比于充电电流)。

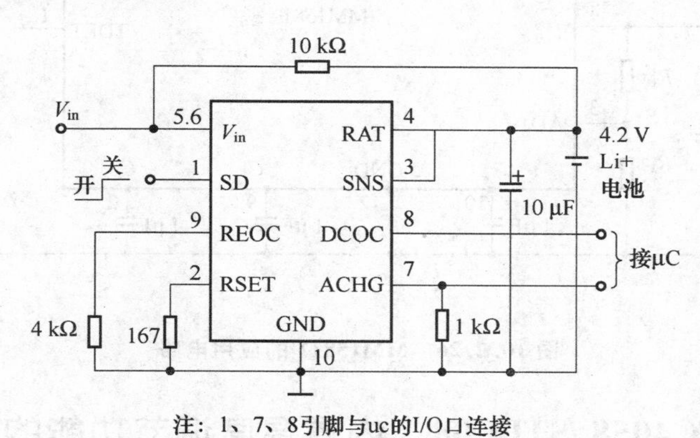

图10.2.25 MIC79110的应用电路

10.2.23 MM1581 锂离子电池充电器芯片

MM1581是一种锂离子电池(4.2 V)充电器IC。主要用于蜂窝电话、笔记本电脑、便携式仪表、汽车重光电器等。

1. 主要特点

工作电压范围4.8～15 V;工作电流7 mA(典型值);电池低电压检测:48～1.54 V,工作级),2.6 V(B级);BAT端输出电压精度4.20 V±0.03 V;再充电检测电压3.99 V(典型值);预充电检测电压3.07 V(典型值);快充电电流可由Rs设定;由ADJ端通过外接R_1、R_2来检测充电电流;有LED指示充电状态。

2. 应用电路

一种充电电流256 mA的充电电路如图10.2.26所示。图中R_1+R_2=10 kΩ,ADJ端电压应为125 mV,V_{ref}=4.53 V,可求出R_1、R_2。

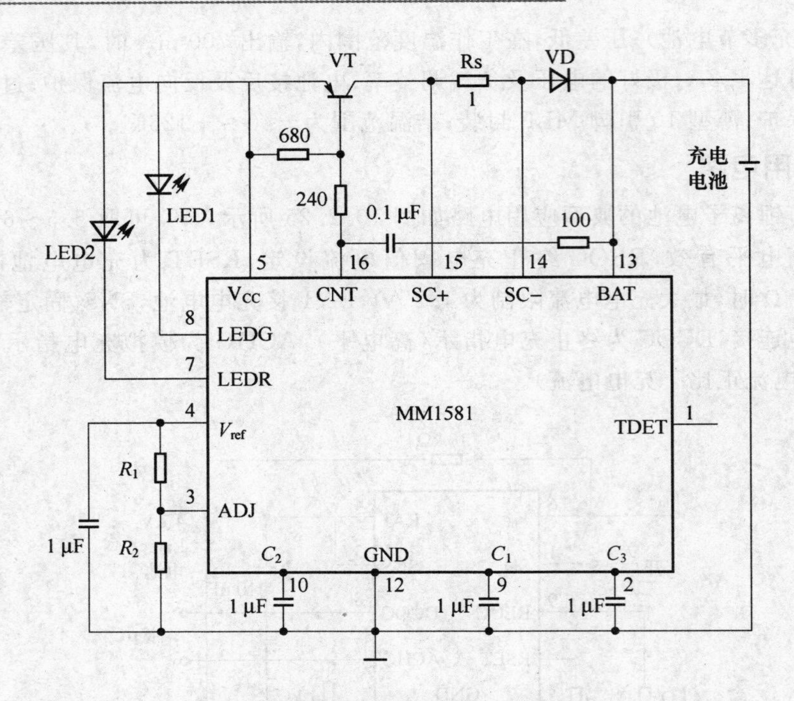

图 10.2.26　MM15811 的应用电路

10.2.24　STC4058 /STBC08　内置温度调节功能的锂电池充电器芯片

STC4054 和 STBC08 是一个恒流恒压单锂电池充电器，无需灵敏电阻器和阻塞二极管，采用 TSOT23－5L 和 QFN6(3×3)封装，是便携应用设备的理想选择。

1. 主要特点

- 给单锂电池充电；
- 输出电压 4.2 V，调整精度±1%；
- 充电电流可调，最大电流 800 mA；
- 开路漏极充电状态引脚；
- 开路漏极上电状态引脚(仅 STBC08)；
- 无需外部电阻器或阻塞二极管；
- 在关机模式下电源电流 25 μA；
- 输入欠压锁保护；
- 自动重新充电；
- 温度调节。

2. 典型应用电路

应用电路如图 10.2.27 所示。

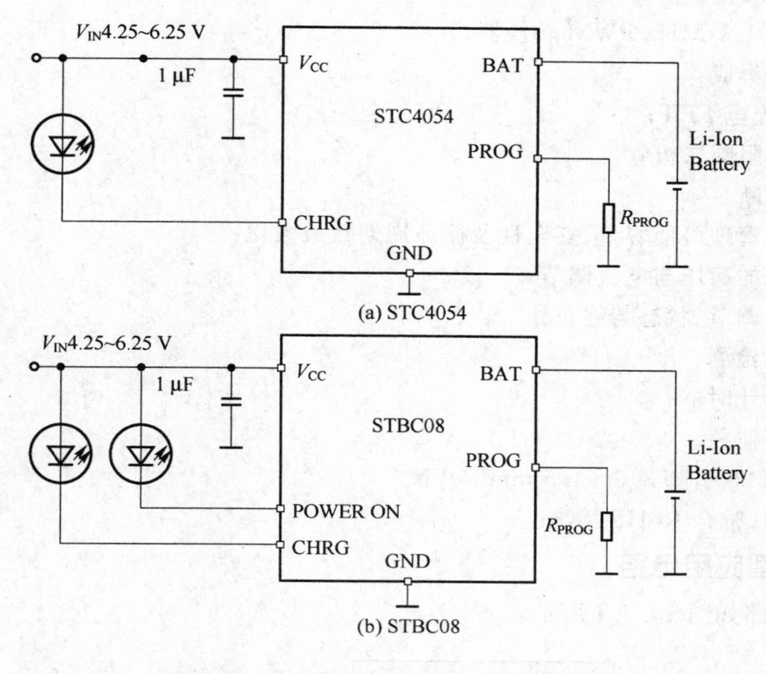

图 10.2.27　STC4054/STBC08 的应用电路

10.3　多节电池充电器控制芯片

现在很多的便携式设备，使用的电源是多节锂电池，例如，便携式计算机、便携式 DVD 播放器、便携式媒体播放器、手持设备、医疗器械等。这些设备的电池充电，就要用多节电池充电芯片构成的充电器，与单节电池充电器的电压不同外，充电电流、功耗的要求都不尽相同。对于不同种类的设备，使用的电池品种不同，对充电器的性能要求也有所不同。本节介绍一些给多节电池充电的控制芯片。

10.3.1　bq241xx　高集成度的开关模式充电器芯片

德州仪器(TI)推出的采用集成 FET 的同步开关模式电池充电器 IC 系列，可为便携式应用提供速度更快、温度更低的卓越充电性能。bq241xx 仅需极少的外部组件就能实现小巧而简捷的解决方案，适用于具有三节串联锂离子电池组的高效充电器设计。

bq2dlxx 系列开关式充电器芯片内部的功率 FET 能够提供高达 2A 的充电电流。同步 PWM 控制器的工作频率为 1.1 MHz，其输入电压最高可达 18 V，非常适用于由 1、2 或 3 节电池供电的系统，并集成了反向漏电保护及内部环路补偿电路。该系列芯片具有高电压、高电流以及高效率等优异特性。

1. 主要特性：

① 单节、双节或三节锂离子电池组充电。

② 同步 1.1 MHz PWM 转换器。

③ 高度集成：

- 2A 充电 FET；
- 反向阻断二极管；
- 热关断。

④ 电池管理可使容量、安全性及循环周期数最大化：

- 准确的稳压与电流调节；
- 充电调节、状态与终止；
- 电池检测；
- 摩全计时器；
- 温度监控。

⑤ 采用 20 引脚 3.5×4.5 mm^2 QFN。

⑥ 无铅、符合 RoHS 标准。

2. 典型应用电路

应用电路如图 10.3.1 所示。

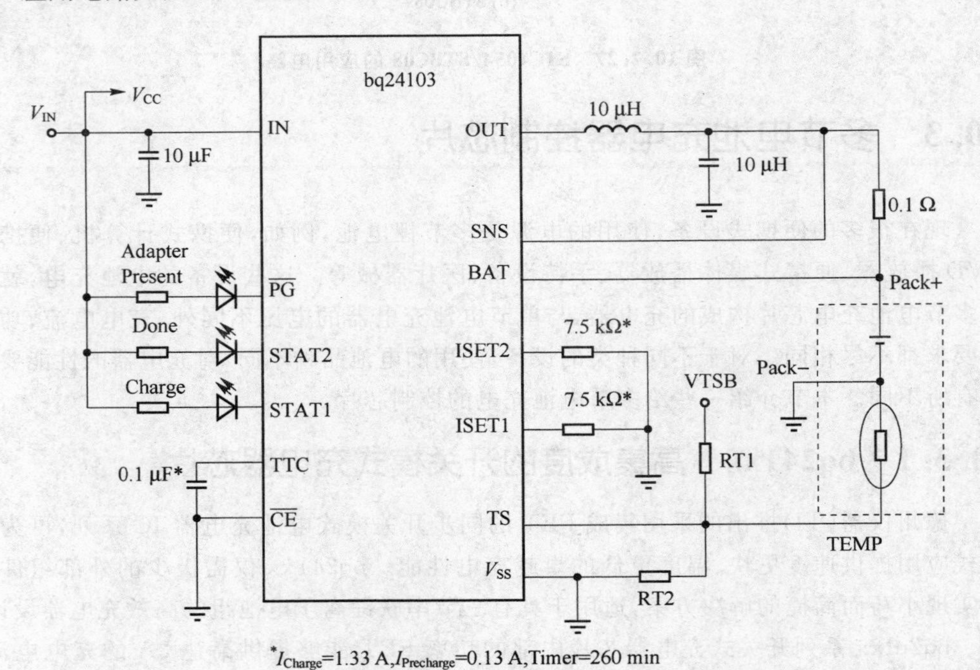

图 10.3.1 bq24103 应用电路

10.3.1 bq241xx 系列产品(表 10.3.1)。

表10.3.1　bq241xx系列产品

器　件	充电稳压	应　　用
bq24100	单体(4.2 V)	独立
bq24103	单体或双体(可选)	独立
bq24105	外部可编程(2.1～15.5 V)	独立
bq24113	单体或双体(可选)	系统控制
bq24115	外部可编程(2.1～15.5 V)	系统控制

10.3.2　LTC4002-8.4　两节锂电池充电器芯片

LTC4002-8.4是一种锂离子电池充电器IC。可应用于便携式计算机、充电器、手持式仪器等。

1. 主要特点

- 宽的输入电源电压范围,从9～22 V;
- 内有50 kHz高效电流型PWM控制器,充电精度可达±1%;
- 内另有3 h终止充电定时器;
- 充电电流可达4 A;
- 充电电流精度可达±5%;
- 当切断输入电压时会自动关断,电池耗电10 μA;
- 充过放电电池时,经检测后自动按涓流作预充电;
- 充电过程中检测电池的温度,当超过设定温度时,充电被限制;
- 8引脚SO封装或10引脚DFN封装。

2. 典型应用电路

一种充2节4.2 V锂离子电池的充电器电路如图10.3.2所示。图中有T字的电阻是负温度系数的10 kΩ热敏电阻,50 mΩ是电流检测电阻,由功率MOSFET(P沟道)、肖特基二极管及6.8 μH电感组成开关电源,由LED作充电状态指示。

10.3.3　MAX754　精密锂离子电池充电器芯片

1. 主要特点

- 输入电压上至24 V;
- 电阻设定电压精度达0.75%;
- 低成本双N沟功率MOSFET;
- 充电电流上至4A;
- 300 kHz PWM工作方式;
- 小型化、低发热;

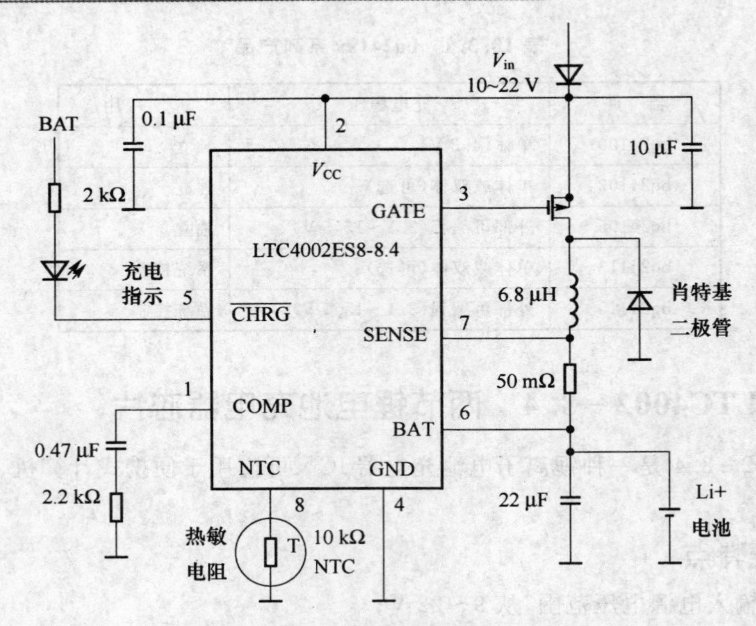

图 10.3.2 LTC4002 应用电路

- 1～4 个锂离子电池充电；
- 20－SSOP 封装。

2. 典型应用电路(图 10.3.3)

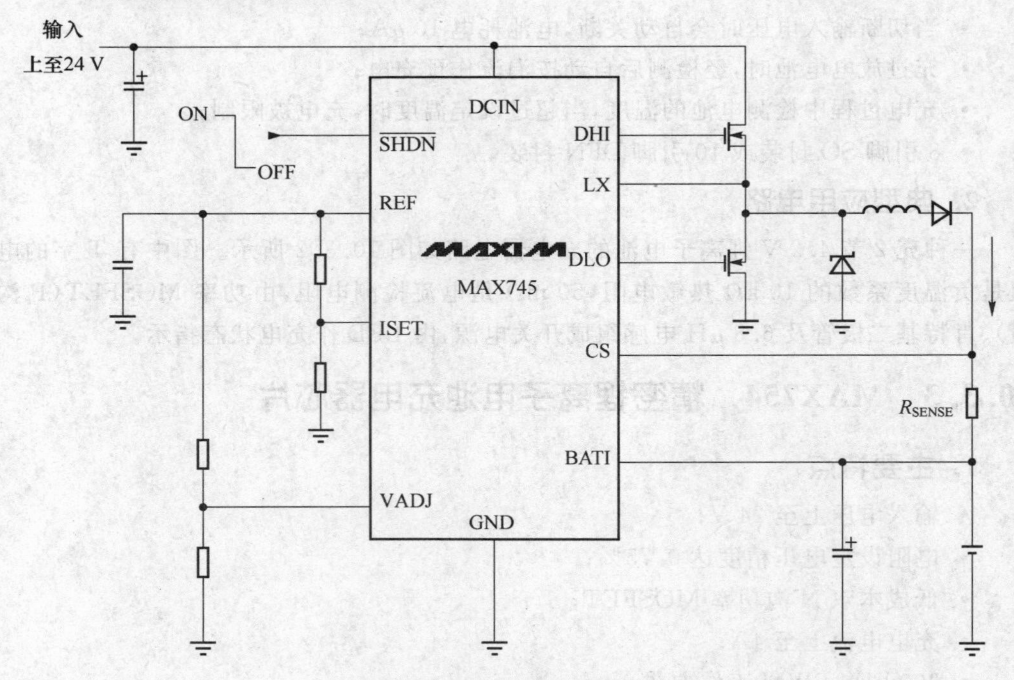

图 10.3.3 MAX754 应用电路

10.3.4 MAX1737 限制输入电流的锂电池充电器芯片

1. 主要性能与特点

MAX1737是一款完整的独立式高效率(>90%)降压型锂电池充电器。当交流适配器同时供应负载和电池充电器时，芯片内部的输入限流环能够在保证适配器安全的条件下以最大电流充电，这样可以降低适配器成本。它可以为1～4节串联电池以高达4 A的电流充电，并具有用户可设置的模式输入，用来控制充电电流和电压。

该器件的优越之处在于其精密的充电电流，甚至采用小值检测电阻(以便发送效率)也可获得高精度。举例来讲，在2 A应用中，MAX1737仅使用20 mΩ的检测电阻(40 mV门限)，可以提供±7.5%的充电电流精度。而其他同类产品则需要100 mΩ电阻(200 mV门限)方可达到±8%的精度。MAX1737采用更小巧和廉价的元件，并且散发的热量更低。

MAX1737具有28引脚QSOP封装。还提供MAX1737评估板以加速设计进度。

根据实际要求还可以选择功能更加完备的充电器，例如，MAX1737可以为1～4节Li+电池充电，其核心电路是一个高频电源，可以构建小尺寸充电方案，电路如图10.3.4所示。MAX1737采用两个外部功率开关(高边功率开关和同步整流器)，以获得更高的转换效率。它可以监测电池温度、调节超时周期、驱动用于充电状态(充满、快充、故障)的LED。MAX1737可以提供的输出电流主要取决于外部功率开关和输入电源，通过合理设计能够支持较高容量电池的快速充电。

2. 典型应用电路

MAX1737典型应用电路如图10.3.4所示。

10.3.5 MAX1873 开关模式锂电池充电器芯片

MAX1873是更低成本的锂电池充电器，适用于2节、3节或4节电池的笔记本及因特网终端系统。可提供4～10A电流。它也可作为一个电流源来为5～10节镍氢或镍镉电池充电。它可提供精密的电压和电流调节，并且通过将温度和时间监视交由系统微处理器和/或键盘控制器完成，消减了成本。它还包括一个输入电流控制环，可以监视流出交流适配器的总电流。如果系统电流和充电电流总和超出了墙上适配器的额定电流，则降低充电电流，这就允许采用一个低成本适配器，不必将其规格定得过高。

1. 主要特点

- 低成本且简单的锂电池充电器；
- 采用低成本的P沟道FET加二极管；
- 充电电流、系统电流和输入电流控制环；
- ±0.75%精度的稳定电池电压；
- 5 μA关断状态电池电流；
- 可调节的电流限制；

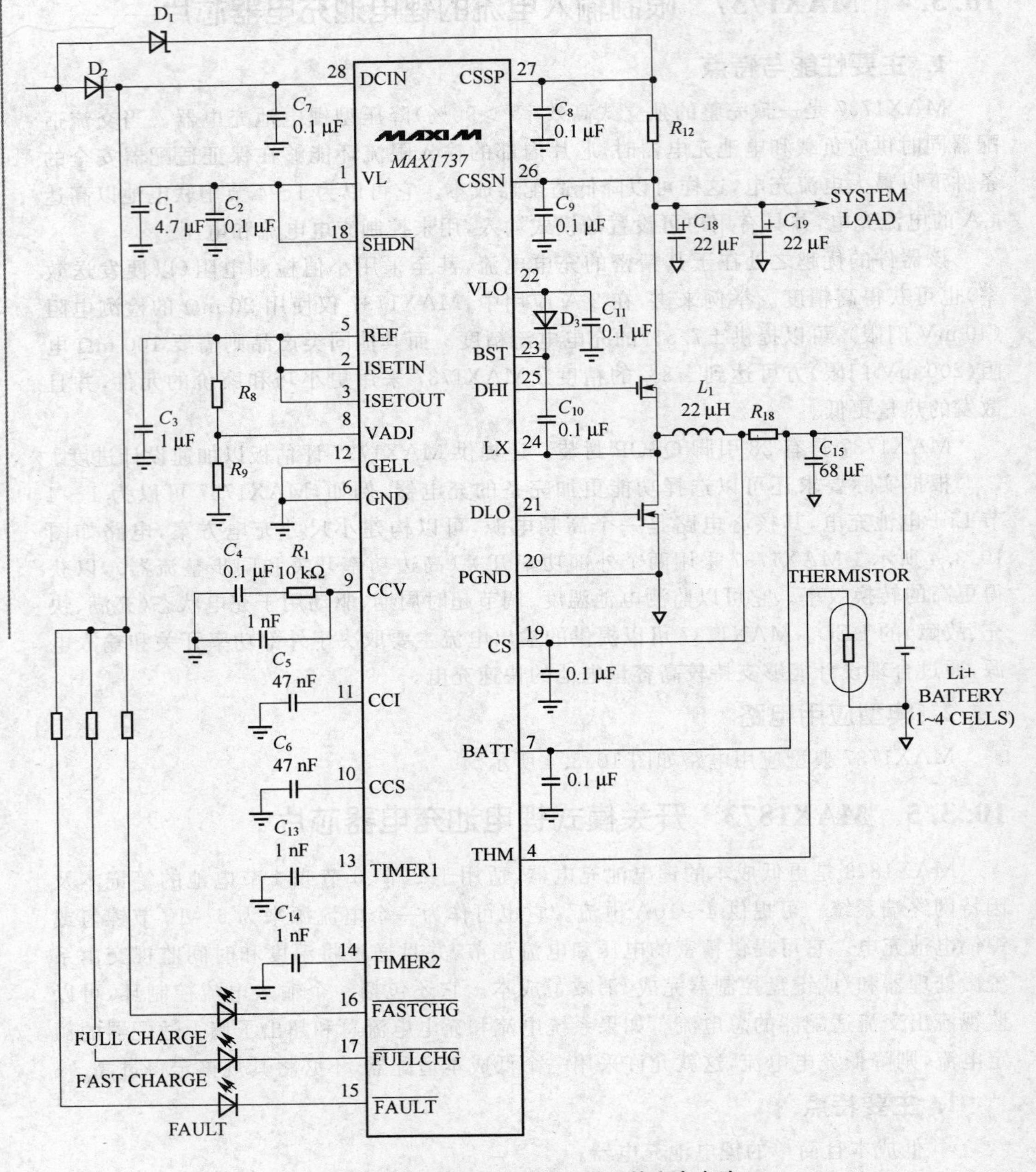

图 10.3.4　采用 MAX1737 实现的充电电路

- 200 mV 电压降/允许 100％占空比；
- 低噪声 300 kHz PWM 降压型控制器；
- 可借助评估板加快设计进度。

2. 典型应用电路

MAX1873 芯片应用电路如图 10.3.5 所示。

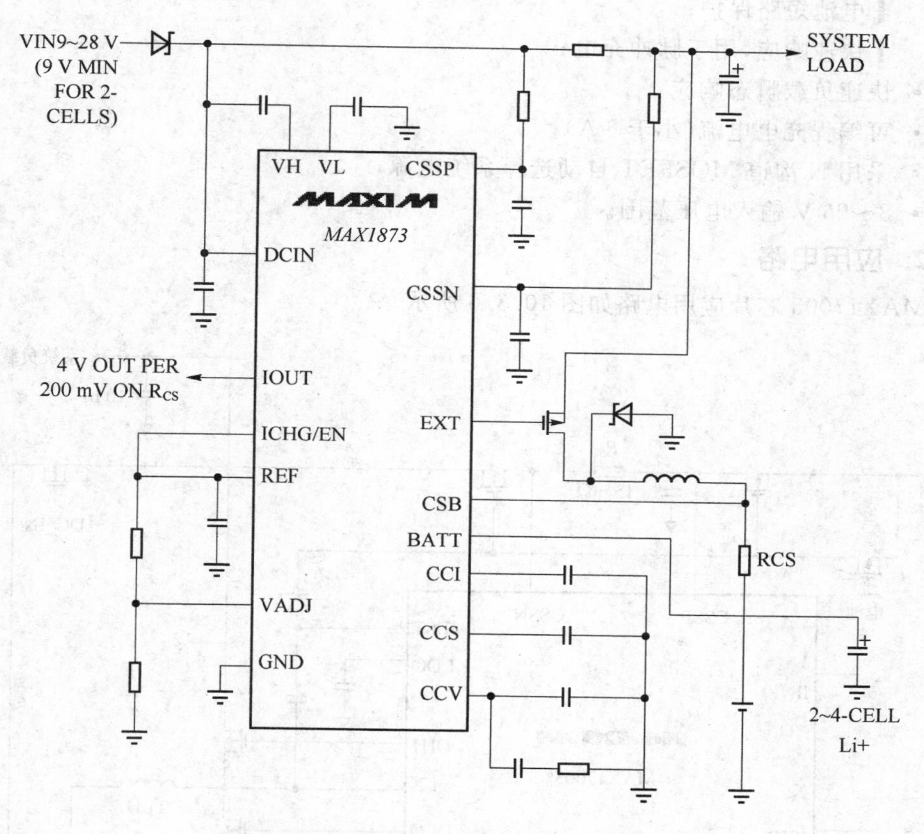

图 10.3.5 采用 MAX1873 实现的充电电路

10.3.6 MAX17005 高开关频率的电池充电器芯片

MAX17005 是低成本的可编程电池充电器，器件采用 1.2MHz 开关频率，可减小电感和电容的尺寸。此外 MAX17005 还具有 N 沟道适配器开关，可自动选择采用适配器和电池供电。采用 20－TQFN 型封装。

1. 主要特点

- 1.2 MHz 开关频率；
- 受控的电感电流纹波架构，降低了 BOM 成本；
- 充电电压精度为±0.5%；
- 输入限流精度为±2.5%；
- 充电电流精度为±3%；
- 输入限流监视输出精度为±3%；
- 模拟/PWM(128 Hz～1 MHz)可调的充电电流设置；

- 可调的 1～4 节电池电压；
- 逐周期限流：
  - 电池短路保护；
  - 快速响应，用于脉冲充电；
- 快速负载瞬态响应；
- 可编程充电电流(小于 6 A)；
- 采用 N 沟道 MOSFET 自动选择系统电源；
- 8～26 V 输入电压范围。

2. 应用电路

MAX17005 芯片应用电路如图 10.3.6 所示。

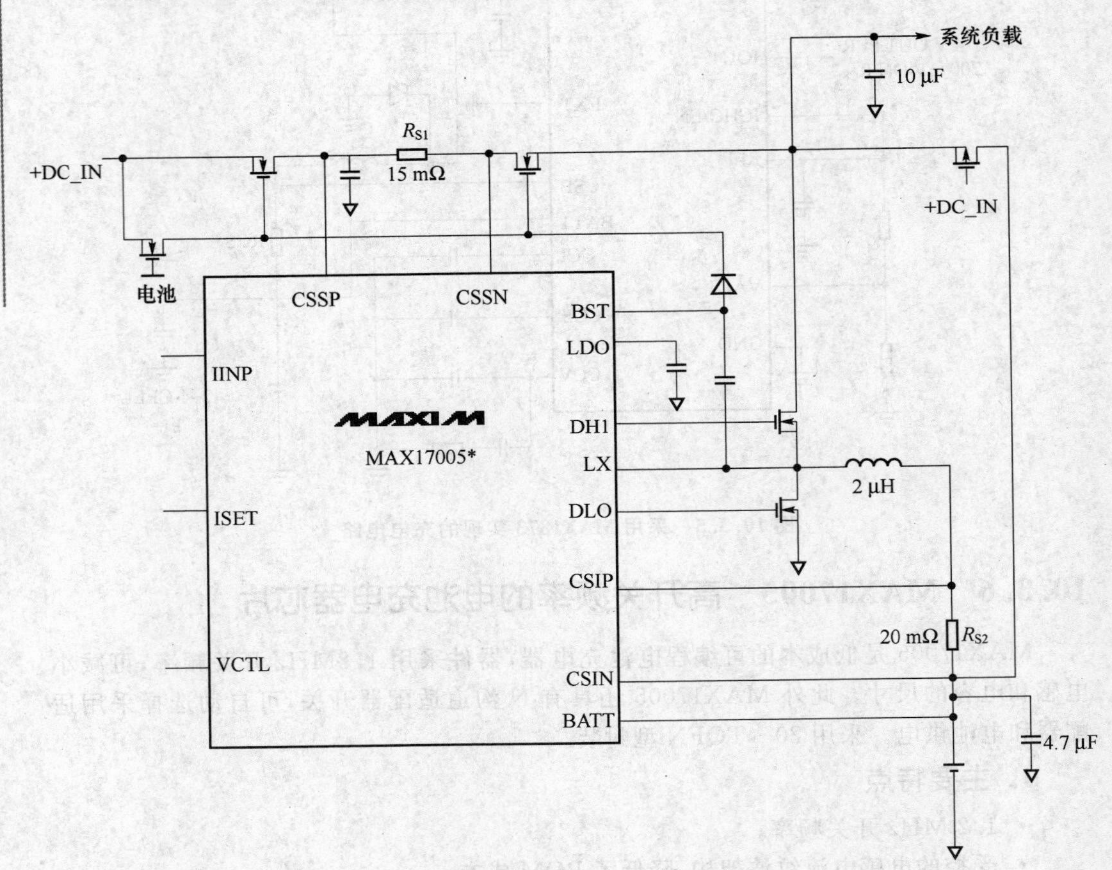

图 10.3.6　MAX17005 应用电路

10.3.7　DS2438　完备、精密多电池监视器芯片

DS2438 能够完成与电池监视有关的所有必要功能，包括电流、电压和温度的测量，

它还提供信息存在和身份识别能力，测得的电流对内容产生的时基进行积分。使电量计量变得非常简单，所有测量都在电池组内完成，以获得更高精度，测量结果以数字量的形式，通过1-Wire通信接口报告主控制器，这样就省掉了电池组内的热敏电阻（用于测量温度）和主系统中的一个ADC（用于产生数字信号）。

所有测量结果保存于片内的SRAM，此外，另有40字节的用户非易失（NV）EEPROM可永久保存一些重要的电池组特性数据，该器件和主控制器之间的所有通信，包括数据、寻址和控制等，都通过1-Wire接口完成，该接口包含一个64位工厂光刻的ROM号，可被用来唯一地识别电池组，或在一个系统或充电器中与多个电池组通信。

1. 主要特点

- 10 V输入范围允许监视多节电池；
- 电压ADC可测量两路输入；
- 用户可编程门限的电流积分器提供5%电量计量精度；
- 8引脚SO封装；
- 电流测量带有失调纠正；
- 40字节EEPROM永久保存重要数据；
- 唯一地址接口允许多个器件共存于1-Wire总线。

2. 结构框图如图10.3.7所示

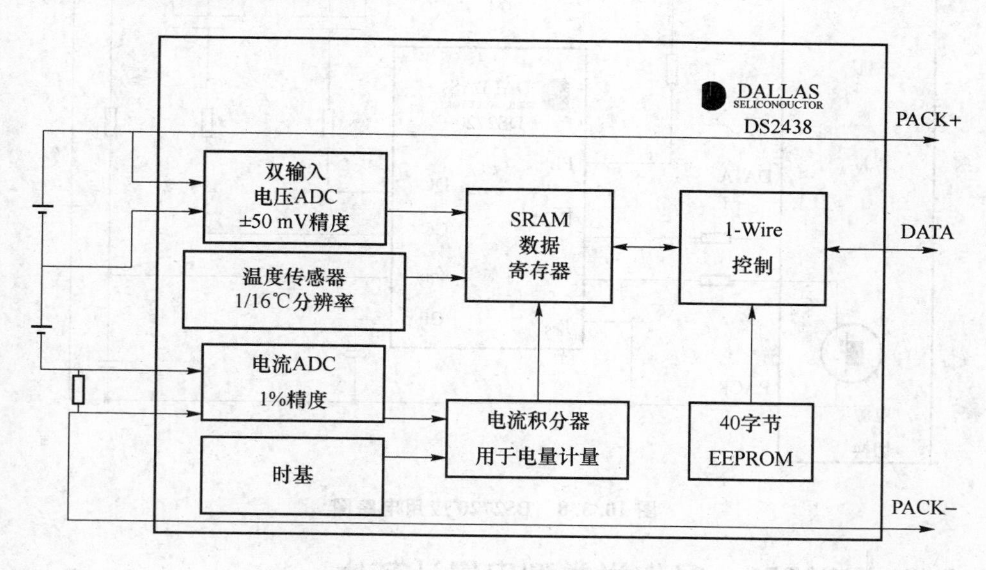

图10.3.7　DS2438结构框图

10.3.8　DS2720　可在电池包内实现电源控制功能的保护器芯片

除了流行的独立式护器所能提供的标准过/欠压和过充电保护外，DS2720单节锂电池保护 IC 还集成了存储器、过温保护，并且具有和主处理器通信的能力。由于主机能够和 DS2720 通信，因而可以在软件中控制保护 MOSFET，通过 DS2720 和 MOSFET 实现电源控制。

主要特点如下：

① 锂电池保护电路：

- 过压保护；
- 过流/短路保护；
- 欠压保护；
- 过温保护。

② 控制高端 N 沟道功率 MOSFET。

③ 支持系统电源管理和控制功能。

④ 8 字节可加锁 EEPROM。

⑤ 1－Wire，多节点数字通信接口。

⑥ 8 引脚 μSOP 或倒装片封装。

应用电路如图 10.3.8 所示。

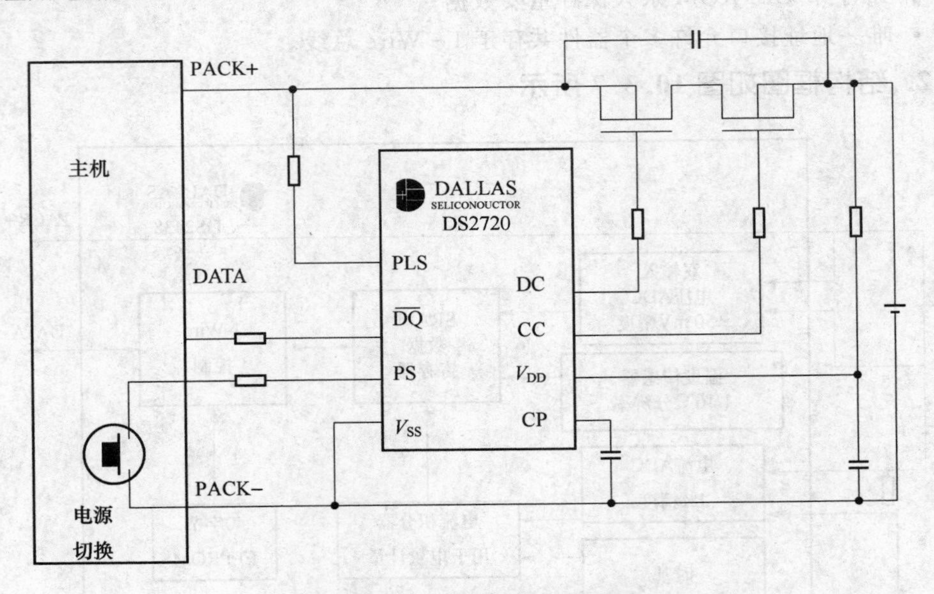

图 10.3.8　DS2720 应用电路图

10.3.9　DS2751　多化学类型电量计芯片

DS2751 多化学类型电量计是一款数据采集和信息库存储器件，专为空间受限的应用而量身定做。它被设计用来监视锂/聚合物或镍电池组，它同时还测量电流、累积电流、电压和温度，测得的数据可存在在 DS2751 的 32 字节 EEPROM 中，或通过 1－Wire 通信接口传送给主系统。

主要特点如下：

- 支持锂/聚合物或镍电池组；
- 电量计、电压和温度测量；
- 可选的内部 25 mΩ 检测电阻；
- 32 字节可锁定的 EEPROM,6 字节 SRAM 和 64 位 ROM；
- 用户可编程 I/O；
- 1 - Wire,多节点,数字通信接口；
- 8 引脚 TSSOP 封装,含或不含检测电阻。

DS2751 芯片应用电路如图 10.3.9 所示。

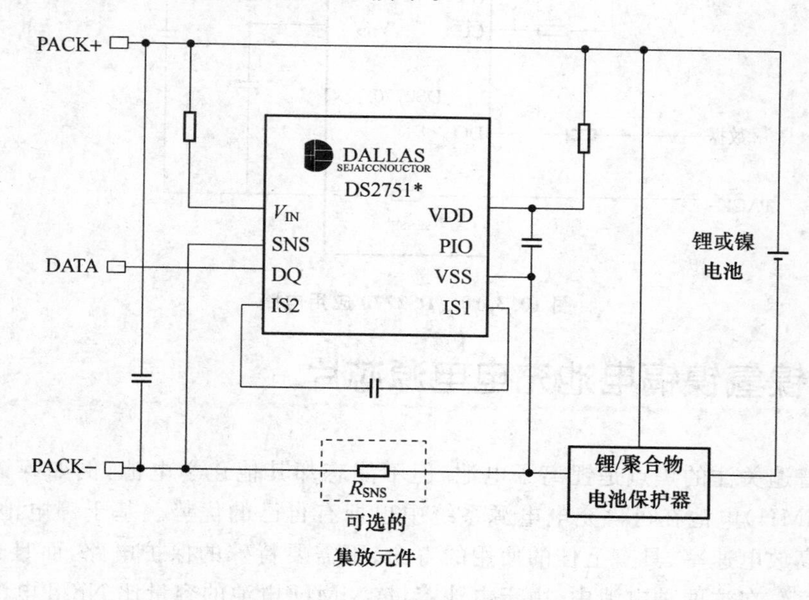

图 10.3.9 DS7251 应用电路图

10.3.10 DS2770 集成了电量计量和检测电阻的充电器芯片

DS2770 是一款集成了电池电量计量和锂离子或镍基电池充电控制器的新型器件。它还包含一个可选用的 25mΩ 检测电阻,用来实现电量计量中的电流检测。DS2770 内置的测量电路检测电压和温度值,作为充电终止的判据和安全充电环境的判据。所有测量结果保存于 DS2770 的 SRAM 存在器中,它的 EEPROM 存在器则留给用户使用。与主系统的所有信息交换都是通过它的 1 - Wire 通信接口实现。

1. 主要特点

- 用户可选择脉冲式锂电池充电或 dT/dt 终止算法的镍基电池充电；
- 高精度电流测量配合实时失调纠正实现 5％精度的电量计量；
- 电压测量分辨率 5 mV,温度测量分辨率 0.125℃；
- 可选用的集成 25 mΩ 检测电阻,每片 DS2770 经过单独标准；

- 32 字节可加锁 EEPROM,16 字节 SRAM,64 位 ROM;
- 1－Wire,多节点数字通信接口;
- 倒装片或 14 引脚 TSSOP 封装,两者均可选择带或不带检测电阻。

2. DS2770 芯片应用电路如图 10.3.10 所示

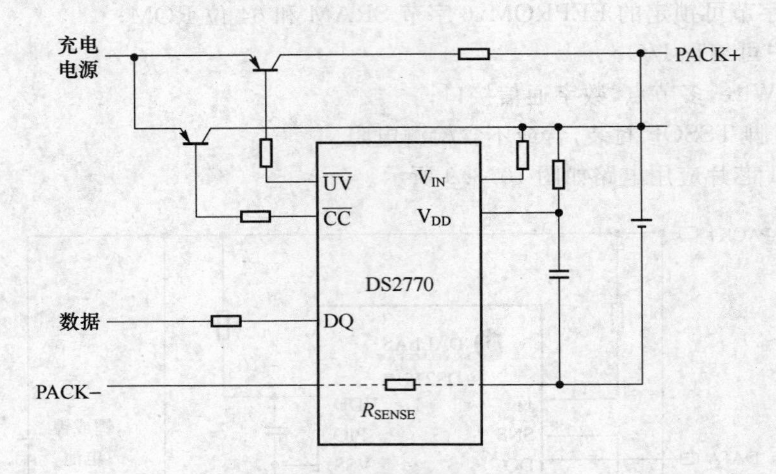

图 10.3.10　DS2770 应用电路

10.4　镍氢镍镉电池充电电源芯片

人们普遍关注的焦点是锂离子电池,但不能忘却其他化学电池,例如镍镉(NiCd)和镍氢(NiMH)电池在可再充电电源系统中也拥有自己的优势。基于镍电池很坚固、能够承受高放电速率、具有上佳的使用的寿命、不需要特殊的保护电路,而且也比锂离子电池便宜。在这两种电池中,由于电池容量(NiMH 电池的容量比 NiCd 电池高 40%～50%)和环保方面的原因(NiCd 电池含有有毒的镉元素),NiMH 电池使用更多一些。

电池的尺寸和额定容量多种多样。当指定充电电流时,它常常与电池的容量(或简单地用"C"来表示)有关。字母"C"是一个用于指示制造商规定的电池放电量的术语,以"毫安小时(mAh)"为单位来度量。在进行快速充电的场合,该额定容量变得重要起来,这是因为它决定了实现正确充电终止所需的充电电流。

镍电池的常用充电方法有很多种。它们均与充电周期的长度有关,而推荐的充电电流便是由充电周期的长度来决定。缓慢充电(即低速率充电)连续施加约 14 个小时(由一个定时器来设定)的较低充电电流(通常为 0.1C)。急速充电向电池施加一个约 0.3C 的恒定电流,而快速充电则输送的是 1C 或更高的恒定电流。急速充电和快速充电周期均要求在电池变至满充电状态时终止充电电流。

在一个快速充电周期中,一个恒定电流被加至电池,同时允许电池电压上升至所需的电平(在限制范围内)以强制该电流。随着电池接受电荷,电池电压和温度缓慢攀升。当电池达到满充电状态时,电池电压上升的速度加快并达到一个峰值,然后开始下降

(—ΔV)；与此同时，电池温度开始急剧上升($\Delta T/\Delta t$)。大多数快速或急速充电终止法均采用上述条件(一种或全部两种)来终止充电周期。

10.4.1 DS2711 线性镍氢电池充电器芯片

DS2711能够安全地快速充电一或两节、串联或并联的NiMH或NiCd电池，同时又可杜绝在意外情况下给碱性或其他不适当的电池充电。该器件连续监视时间、温度和电压，对充电过程进行精密控制，同时调整充电电流，这款器件是为电池宽容系统(例如数码相机、MP3播放器和独立型壁式充电器等)提供的最优方案。

1. 主要特点

- 安全快充NiMH或NiCd电池；
- 可配置为监视和充电一或两节、并联或串联的电池；
- 禁止给非充电电池充电，例如碱性或锂电池；
- 电流控制误差放大器支持线性充电控制或开关反馈；
- 通过可编程定时器、峰值电压检测或温度检测实现充电终止；
- 充电状态输出通知用户当前的充电状态，简单独立式充电器的设计。

2. 应用电路

DS2711可以将两节电池并联充电或串联充电。一种两节电池并联充电电路如图10.4.1所示。图中103AT-2X2是两个10 kΩ的负温度系数热敏电阻，它用来测充电电池的温度，FCX718是外接调整管，两个LED分别指示两个电池的充电状态，RSNS是设定恒流电的电流检测电阻。

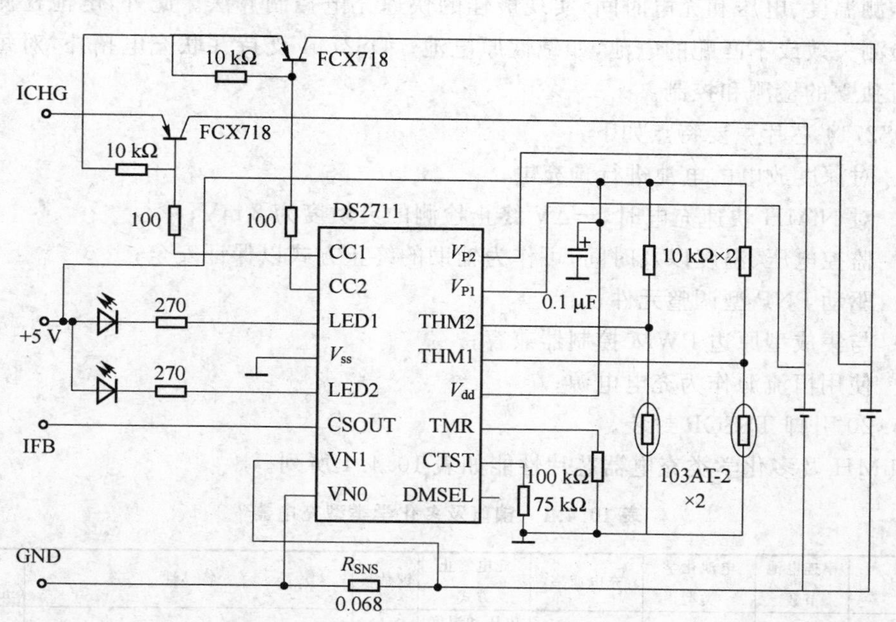

图10.4.1 两节电池并联充电电路

图 10.4.2 是两个电池串联充电的电路图。

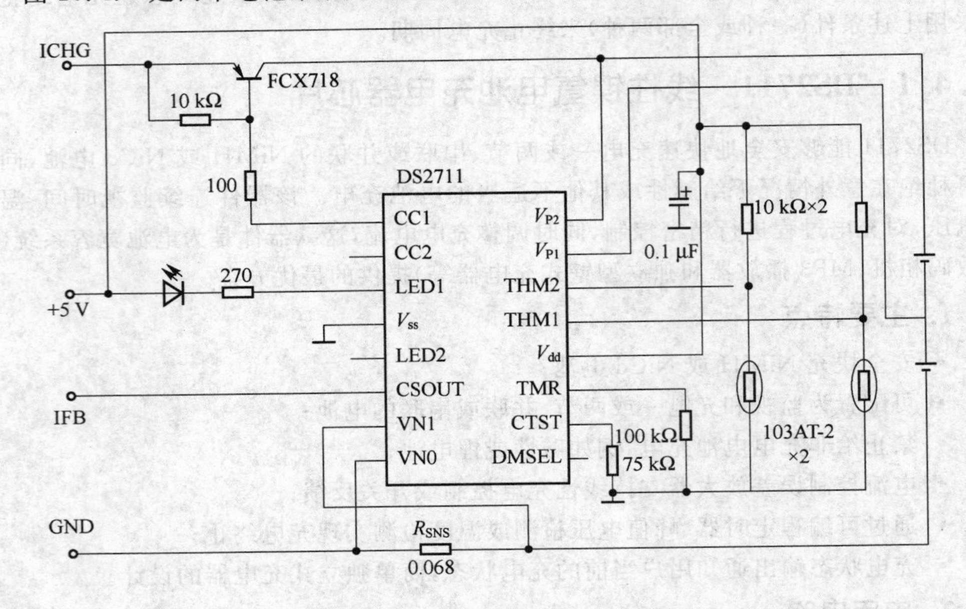

图 10.4.2　两节电池串联充电电路

10.4.2　DS2714　可检测并避免对碱性电池充电的充电器芯片

DS2714 理想用于为 1～4 节 AA 或 AAA 型标准 NMH 电池或 NiCd 电池充电。通过监测温度、电压和充电时间，实现最佳的快速充电控制算法。此外，电池检测功能还可检测失效或不匹配的电池，如碱性原电池。DS2714 支持并联充电拓扑，对每节电池进行独立的检测和控制。

DS2714 芯片主要特点如下：

- 对深度放电的电池进行预充电；
- 对 NiMH 快速充电时，$-\Delta V$ 终止检测的灵敏度为 2 mV；
- 监控电压、温度以及时间，可作为辅助的终止方式以保证安全；
- 驱动 PNP 型调整元件；
- 与集成型原边 PWM 控制器兼容；
- 使用恒流源作为充电电源；
- 20 引脚 TSSOP 封装。

NiMH 及多化学类充电器芯片性能如表 10.4.1 所列。

表 10.4.1　镍氢及多化学类型充电器

型号	串连电池节数	电池化学类型	充电速率	充电终止方式	评估板	特　性	封装（mm×mm）
DS2711/12	1～2 镍氢	镍氢/镍镉	快速	电压和温度限制，定时器	有	耐性电池检测	16－SO

续表 10.4.1

型号	串连电池节数	电池化学类型	充电速率	充电终止方式	评估板	特 性	封装 (mm×mm)
DS2715	1～10 镍氢	镍氢	快速,高至 2C	dT/dt,定时器	有	通过线性控制或开关模式控制调节电流	16-SO
DS2770	1 锂离子,3 镍氢	锂离子/镍氢	快速	I_{MIN}定时器	有	15 V_{IN}外部开关,脉冲式充电器,集成电量计	16-TSSOP
MAX1501	1 锂离子,3 镍氢	锂离子/镍氢	快速,高至 1.4A	CC-CV 温度范围	有	热调整,14V_{IN}(极限输入),过压保护	16-QFN (5×5)
MAX1535C	1～4 锂离子	无关	快速	—	有	SBS 第 2 级(兼容于 1.0)智能电池充电器,SM 总线接口,电流限制输入	32-TQFN (5×5)
MAX1667	4 锂离子	无关	快速,高至 4A	SM 总线控制	有	SM 总线串行接口,第 2 级 Duracell®/Intel®兼容的充电器	20-SSOP
MAX1870A	2～4 锂离子	无关	快速,高至 4A	电压和电流限制	有	升压/降压多化学类型充电器,可编程	32-TQFN (5×5)
MAX1873 R/S/T	2/3/4 锂离子	锂离子/镍镉/镍氢	快速,高至 4A	电压和电流限制	有	28V_{IN},最低成本的降压或控制器,300 kHz PWM,输入电流限制环	16-QSOP
MAX1908/9 MAX8724/25	2～4 锂离子	无关	快速	电压和电流限制	有	28V_{IN}外部开关环,同步整流降压式控制器,输入电流限制环	28-QSOP
MAX8568A/ MAX8568B	1 锂离子	锂离子/镍氢	高至 10 mA	—	有	完备的备用电池管理 IC,专为锂离子和镍氢钮扣电池设计	16-TQFN (3×3)

10.4.3 DS2715 灵活多用的 NiMH 电池充电器芯片

DS2715 能够被优化于各种充电环境,为替换式或内嵌式、含有 1～10 节 NiMH 电池的电池组充电。为了提供最大的灵活性,这款充电器被设计成即可配置为开关型直流充电器,又可作为一个线性电流调节器,还可用做一个开关型电流源。无论何种配置,用户都可以利用一个外部检测电阻设定充电速率,实现从 0.15C 到最快 2C 的各种充电速率。

主要特点如下:

- 快速充电速率最高至 2C;
- 预充和满充充电模式有助于电池调理;
- 当电池已被放电后,负载检测电路使 DS2715 进入低功耗休眠模式(低于 10 μA);
- 监视电压、时间和温度,实现安全保护和二次终止充电;
- LED 输出显示充电状态。

DS2715 芯片典型应用电路如图 10.4.3 所示。

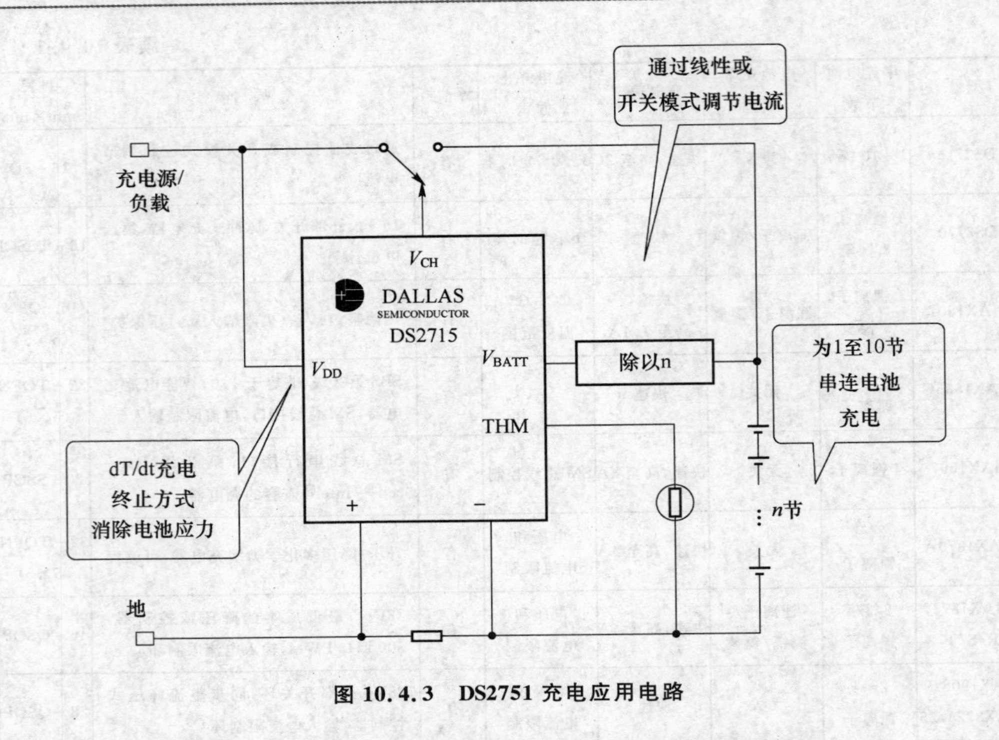

图 10.4.3 DS2751 充电应用电路

10.4.4 LTC4060/4011 自主型镍电池充电器芯片

新款镍化学电池充电器减少了元件数目，加速了设计进程和提供了针对高达 4A 充电电流的自主型操作方式。

LTC^R4060 和线性充电器可提供高达 2 A 的充电电流，且只需三个外部元件。LTC4011 开关充电器支持高过 4 A 的充电流以及 PowerPath 控制。LTC4060 充电器采用了片内终止算法，从而确保了安全、快速、可靠和准确的 NiMH 或 NiCd 电池充电，并无需使用任何微控制器或固件。

LTC4060/4011 芯片典型应用电路如图 10.4.4 和图 10.4.5 所示。LTC4060/10/11 芯片性能如表 10.4.2 所列。

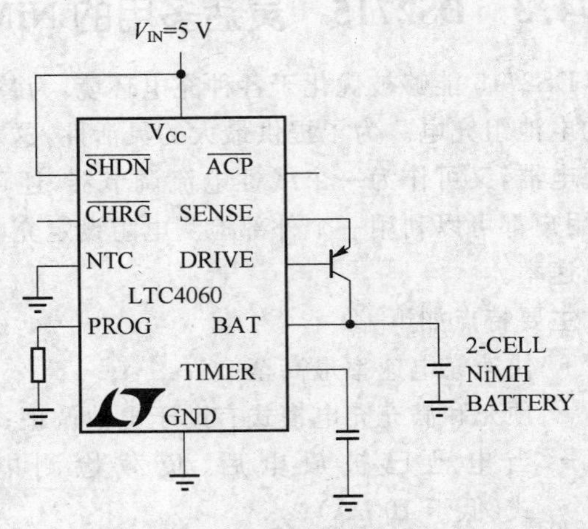

图 10.4.4 高达 2A 的线性充电器

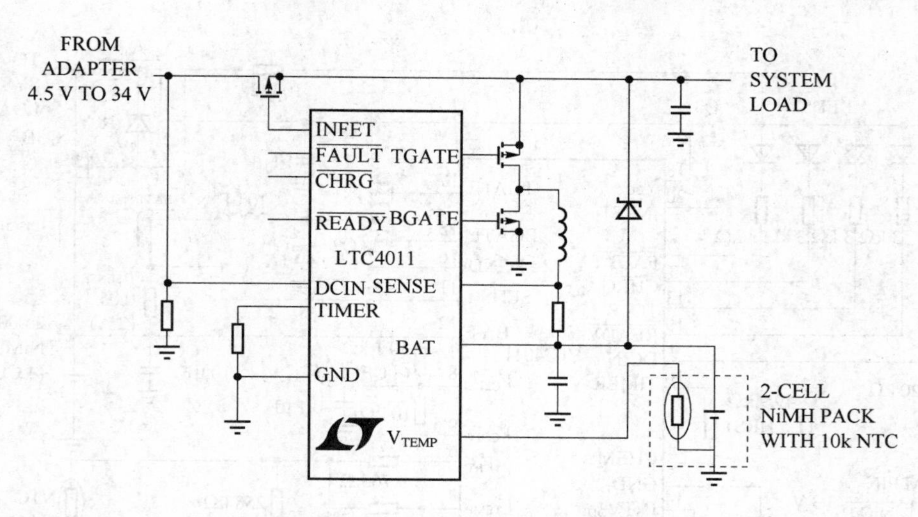

图 10.4.5 高达 4A 的开关充电器

表 10.4.2 自主型镍电池充电器

器件型号	拓扑结构	串接电池的数目/节	最大充电电流/A	V_{IN}范围/V	终止和故障	PowerPath™控制	封装
LTC4060	线性	1～4	2	4.5～10	$-\Delta V, T, t$	否	5 mm×3 mm DFN TSSOP－16
LTC4010	开关模式	1～16	4	4.5～34	$-\Delta V, \Delta T/\Delta t, T, t$	否	TSSOP－16
LTC4011	开关模式	1～16	4	4.5～34	$-\Delta V, \Delta T/\Delta t, T, t$	是	TSSOP－20

10.4.5 LTC4010/4011 快速高效独立型镍电池充电器芯片

LTC®4010/4011 是 NiCd/NiMH 电池充电器，它们简化了镍电池充电器设计，并包含电源控制和充电终止电路，这些电路运用一种同步降压型拓扑结构来实现多达 16 节串联电池的快速充电。LTC4011 在一个 20 引脚 TSSOP 封装中提供了完整的功能组合，而 LTC4010 则采用了 16 引脚 TSSOP 封装。LTC4010 去除了 PowerPath™ 控制输出、TOP－OFF 充电指示器、DC 功率检测输入，并提供了有限的热敏电阻选项。

LTC4010 和 LTC4011 为实现 NiCd 和 NiMH 电池的可靠、坚固和安全快速的充电提供了完整的独立型解决方案。正确的充电操作不仅对于最大电池容量的获得至关重要，而且，对于避免出现高温、过度充电以及其他会对电池使用寿命产生不利影响的条件来说也是必不可少的。

图 10.4.6 示出了一个采用高效 LTC4011 550 kHz 同步降压型转换器的快速、2A 充电器。LTC4011 通过集成镍电池充电所需的全部功能（包括恒定电流控制电路、充电终止、自动涓流和 TOP－OFF 充电、自动再充电、可设置定时器、PowerPath 控制和多状态输出）而简化了充电器设计。如此之高的集成度减少了元件数目，从而实现了一个占扳面积不足 $4cm^2$ 的完整充电器。

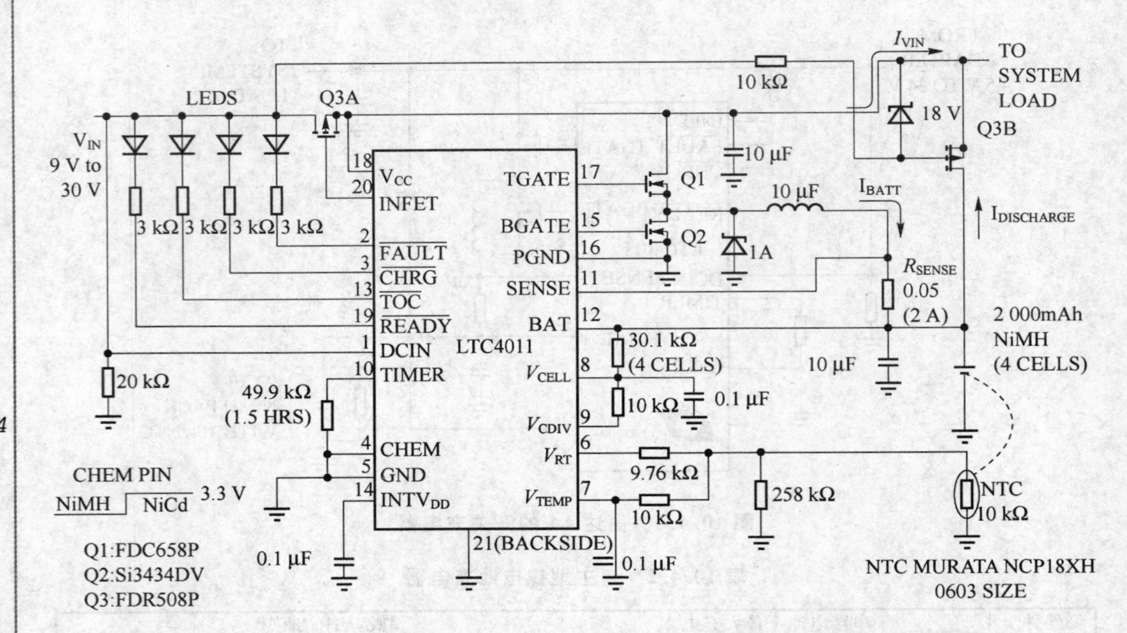

图 10.4.6　具有 PowerPath 控制功能的全功能独立型 2A、四节 NiMH 电池快速充电器

初始电池充电资格适宜性判定用于验证是否已经存在适于充电的足够输入电压，而且，在以满幅电流进行充电之前电池电压和电池温度牌一个可接受的范围之内。对于深度放电电池，采用了一种低电流涓流充电，以便在施加满幅充电电流之前把电池电压提升至一个合适的电平。当充电资格适宜性判定结束之后，即开始以设定的满幅恒定电流进行充电操作。

LTC4010 和 LTC4011 所采用的充电终止方法利用电池电压和电池温度的变化，旨在可靠地指示达到满充电状态的时间（作为所选充电电流的一个函数）。为了让电池显示正确充电终止所需的电压和温度模式，充电电流必须足够高（在 0.5～2C）。

10.4.6　MAX2003A　镍电池快速充电控制芯片

MAX2003A 是美国 Maxim 公司生产的镍镉/镍氢电池快速充电控制电路，可实现快速充电及充电过程自动化，使用安全可靠、灵活方便。

1. MAX2003A 主要特点

- 可对多节镍镉或镍氢电池进行快速充电，充电速率可编程控制；
- 提供脉冲开关和线性恒流两种充电模式；
- 具有温度斜率、最高电压、最长时间和最高温度等 5 种快充终止方式，避免电池过充；
- 提供补充（TOP－OFF）充电和脉冲涓流充电功能，在快充结束后用补充方式继续对电池充电，以防止电池的欠充；脉冲涓流充电可以抵消电池由于自放电引起的能量减少，还有助于克服记忆效应；

- 能实现从快速充电到脉冲充电的自动转换；
- 具有可选用的放电功能，对于激发旧电池的活性和容量恢复非常有效；
- 可直接驱动LED，显示不同的充电状态。

2. 引脚排列及功能

MAX2003采用16引脚DIP型封装，其引脚排列如图10.4.7所示，各引脚功能如下：

- CCMD：充电控制端。
- DCMD：放电控制端。CCMD、DCMD端决定快充开始方式，同时接高电位或低电位时，上电即开始快充。
- DVEN：$-\Delta U$终止方式使用。
- TM1、TM2：最长时间快速充电以及脉冲充电等的编程输入端。
- TS：温度检测电压输入端，其电压由外部负温度系数的热敏电阻器分压得到。
- BAT：单节电池电压检测。多节电池充电时，用电阻器分压得到。
- V_{SS}：接地端。

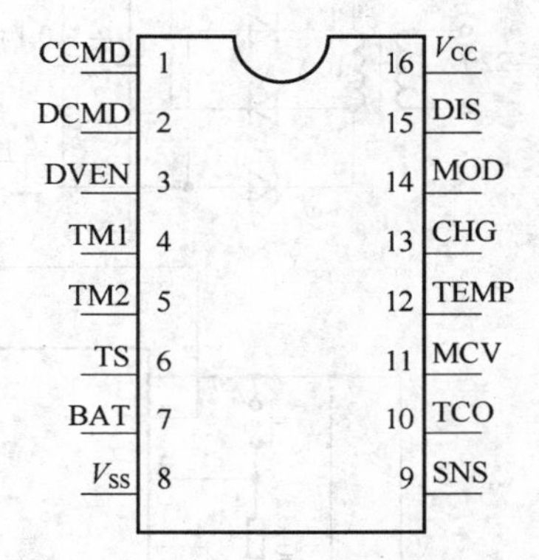

图10.4.7 MAX2003引脚排列图

- SNS电流检测电压输入端，（连到电池的负端），用于决定MOD控制器的开关时间。TS和BAT引脚的电压即以此电压为参考基准。
- TCO：温度方式终止电压的设定输入。当TS到SNS引脚之间的电压低于TCO端的电压时，快速充电和补充充电（TOP－OFF）过程结束。
- MCV：单节电池最大电压设定输入。当BAT到SNS引脚之间的电压超过MCV端的设定电压时，快速充电和补充充电过程结束。
- TEMP：温度状态输出。电池温度低于允许快充的最低温度或高于设定的最高温度时，将使外部的LED闪亮。
- CHG：充电状态输出，直接驱动外部LED。LED有5种不同的亮灭或闪耀方式，分别代表5种不同的状态。
- MOD：调制电流输出。控制充电方式是脉冲开关方式还是线性恒流方式。
- DIS：放电控制输出。当DCMD的上升沿来到时，DIS端电位被拉高，放电过程开始。

V_{CC}：电源端（通常为＋5 V）。

3. 应用电路说明

由MAX2003构成的镍镉电池快速充电器实用电路如图10.4.8所示。利用该电路可对4节500 mA·h的AA型镍镉电池实施快速充电，充电电流约为500 mA（即

1C)。交流变压器为 10 V/15 W,对充电常数有关键影响的电阻器 R_{B1}、R_{B2} 和 R_1、R_2、R_3 都选用精确的 5 环金属膜电阻器,R_{SNS} 则由两只 0.9 Ω(1/4W)的电阻器并联构成(0.94 Ω 的电阻器用欧姆表从多只 1 Ω 电阻器中筛选出来);电感器的参数为 100 mH/1A。

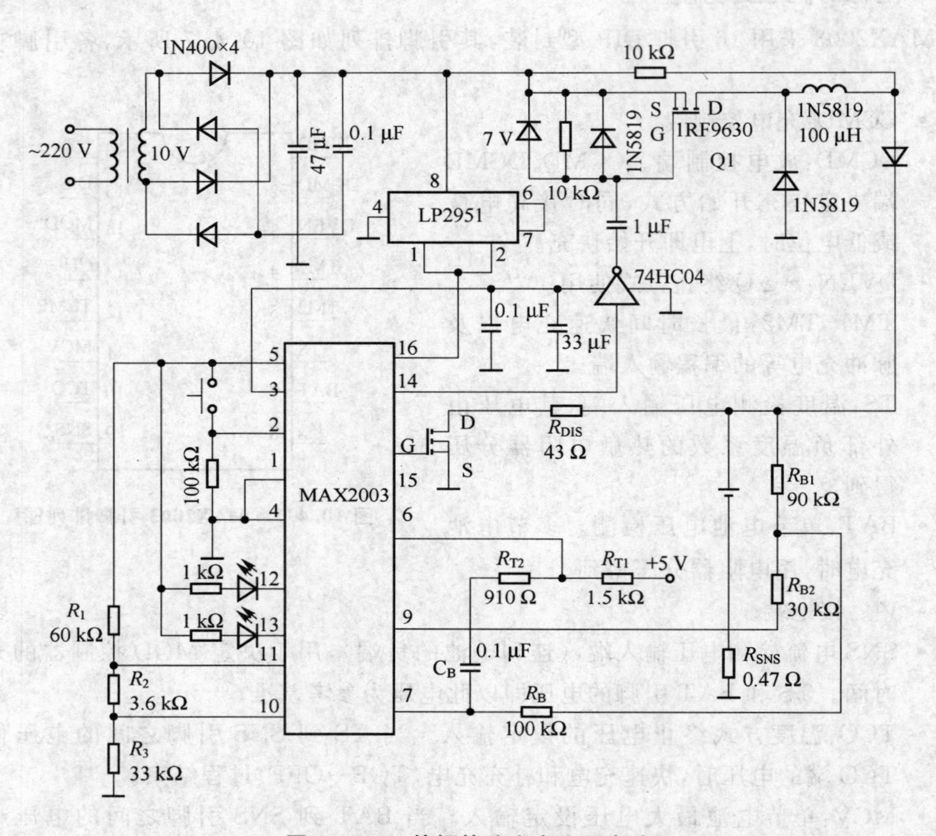

图 10.4.8　镍镉快速充电实用电路

当待充电池放置好后,接通电源,如需放电,则按下按键"AN",电池即开始以 100 mA左右的电流放电。直到 MAX2003 的 7 引脚检测到单节电池的电压低于 1 V 时,放电终止,然后转入正常的快速充电过程。

R_B 和 C_B 组成一个简单的低通滤波器(须满足 $R_B \times C_B < 200$ ms),以消除可能出现的高频噪声,使 BAT 端检测到的电压更平稳,充电过程更可靠。该电路具有以下特点:

① 图 10.4.8 所示的电路可对 4 节 AA 型镍镉电池实施快速充电,充电电流约为 500 mA(即 IC 速率),充电过程实现自动化。

② 对于放置时间过长、电压低于放电终止电压(一般为 1 V)的电池,该电路会首先自动对其进行脉冲方式充电,以消除其内容的树状结晶,待电池电压上升到 1 V 以上时,再开始快速充电。这有助于消除电池的记忆效应,恢复其容量。

③ 该电路还可利用补充充电(TOP - OFF)方式,在快充结束后,以大约为快充电

流 1/8 大小的小电流对电池充电。这种方法采用开 0.5 s、关 0.3 s 的脉冲调制方式，有助于减少电池内部发热，增加电池的储能效果。

④ MAX2003 还可以对镍氢电池进行快速充电，但不能采用图 10.4.8 所示的电路，因为镍氢电池没有 $-\Delta U$ 现象。对镍氢电池充电时，应该主要用 $\Delta T/\Delta U$（温度斜率）法和最高电压法监视快速充电过程。

快充速率（即快充电流）和最长时间的值以及脉冲电流的开关比都可以通过对 4 引脚（TM1）和 5 引脚（TM2）的设置进行确定，如表 10.4.3 所列。

表 10.4.3 TM1 和 TM2 的设置

TM1	TM2	快速充电	最长时间/min	延迟时间/s	补充充电	脉冲电流/s(ON/OFF)	
地	地	C/4	360	140	×	×	
悬空	地	C/2	180	820	×	1	16
V_{CC}	地	C	90	410	×	1	32
地	悬空	2C	45	200	×	1	64
悬空	悬空	4C	23	100	×	1	128
V_{CC}	悬空	C/2	180	820	—	0.5	16
地	V_{CC}	C	90	410	—	0.5	32
悬空	V_{CC}	2C	45	200	—	0.5	64
V_{CC}	V_{CC}	4C	23	100	—	0.5	128

10.4.7 MAX8568A/MAX8568B 专为钮扣式电池设计的备份电池管理芯片

MAX8568A/MAX8568B 是功能完备的充电和备份电源切换 IC；专为 PDA、智能电话和其他便携式智能设备设计。

它们能够为 Li+和 NiMH 电池充电，低电流升压式 DC/DC 变换器能够利用单节 NiMH 电池来为 2.5 V 或 3.3 V 逻辑提供备份电源。当片上电压监视器检测到主电源失效时，该器件能够为最多两路系统电源（通常为 I/O 电源和存储器电源）提供备份电源。MAX8568A/MAX8568B 提供节省空间的 3 mm×3 mm、16 引脚 TQFN 封装。

1. 主要特点

- 自动管理所有备份电源切换功能；
- 可以为 NiMH 和可充电 Li+备份电池进行充电；
- 片上电池升压转换器适用于 1 节 NiMH 电池；
- 两组备份输出电压；
- 可编程充电电流；
- 可编程充电电压限制；
- 17 μA 超低工作电流；
- 省去大量分离元件。

2. 典型应用电路

MAX8568A/MAX8568B 典型应用电路如图 10.4.9 所示。

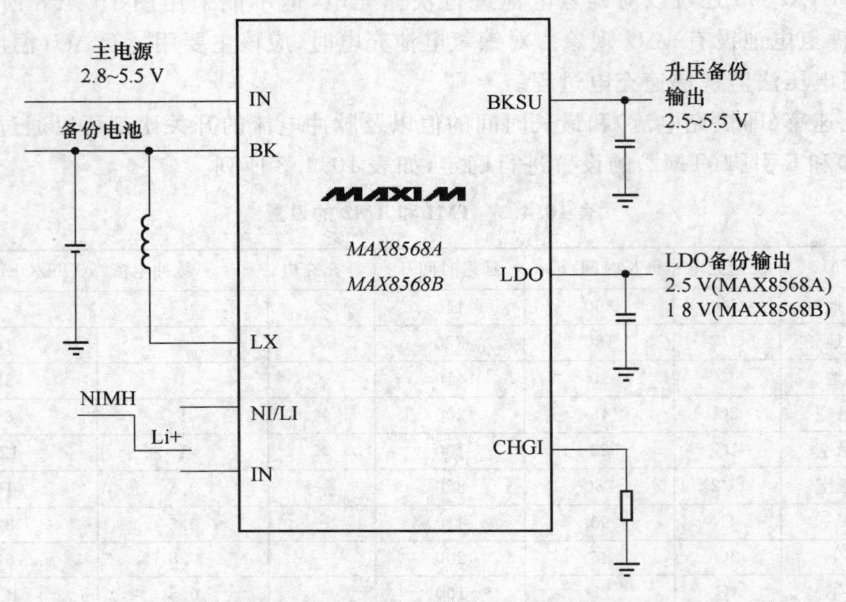

图 10.4.9　MAX8568A/B 应用电路

10.5 多化学类电池充电芯片

我们知道，锂电池和镍电池的每节的充电电流、充电电压是各不相同的。有些电池的充电芯片，在设计的时候，增加了充电电流、充电电压的控制电路（或者是可编程的），因此使充电控制芯片可以适应多种电池的充电，甚至是酸碱蓄电池。这一类芯片，称之为多化学类电池充电控制芯片。本节就介绍多化学类电池充电器芯片。

10.5.1　LTC4008　多化学电池充电控制器芯片

LTC4008 是美国凌特公司生产的一种恒流/恒压多化学电池充电控制器，可用于笔记本电脑、便携式仪器和设备以及电池备份系统的电池充电。LTC4008 是一种同步电流型 PWM 降压电池充电控制器，其充电电流可利用编程电阻与检测电阻来编程，浮充电压则可用外部电阻分压器和内部 1.19 V 的参考电压来设定。LTC4008 含有一个热敏电阻传感器，因此，当温度超限时，该充电器会暂停充电，而当电池温度回复到安全限值之内时，再恢复充电。

1. LTC4008 主要特点

- 转换效率高达 96%；
- 输出电流超过 4 A；

• 输入电压范围为6～28 V；
• 具有3～28 V的宽输出电压范围以及±0.8%的电压精度；
• 具有0.5 V的输入/输出压差与98%的最大占空比；
• 可用外部NTC热敏电阻检测电池温度，以保证在合适的温度下充电。

2. LTC4008引脚功能

LTC4008的引脚排列如图10.5.1所示。

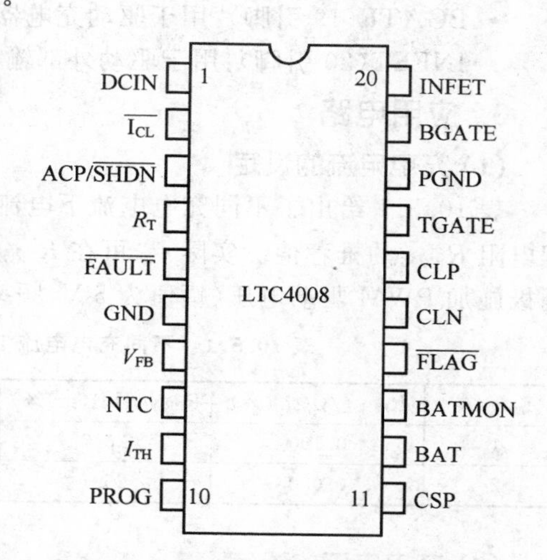

图10.5.1 LTC4008的引脚排列图

• DCIN(1引脚)：外部直流电源输入端(6～28 V)，应使用0.1 μF以上的电容旁路。
• $\overline{I_{CL}}$(2引脚)：输入电流限制指示；
• ACP/SHDW(3引脚)：该脚为高电平时，用于指示交流适配器电压；该引脚电位被拉低时，充电器关闭。
• R_T(4引脚)：定时电阻连接端。
• $\overline{FAULT}$(5引脚)：过热保护端，低电平有效。若该功能被使能，应在该引脚上连接上拉电阻。
• GND(6引脚)：接地端。
• V_{FB}(7引脚)：电压反馈误差放大器(EA)输入端。
• NTC(8引脚)：连接热敏电阻网络。当热敏电阻指示的温度超限时，充电器和定时器终止。此时FAULT端被拉至低电平。
• I_{TH}(9引脚)：电流模式PWM内部环路控制端，该引脚电压较高时，充电电流也较大。在该引脚与GND端之间连接一RC串联网络(R=6 kΩ，$C\geqslant$0.1 μF)可对电路提供环路补偿。
• PROG(10引脚)：充电电流编程/监视输入/输出。在该引脚与地之间接一外部电阻，可和电流检测电阻一起对峰值充电电流进行编程。该引脚电压可线性指示充电电流，但该引脚上的最大编程电阻R_{PROG}不能超过100 kΩ，因为大于100 kΩ时充电器将关闭。该引脚与地之间的外部电容用作高频滤波。
• CSP(11引脚)：电流放大器CA1的输入端。电流检测电阻两端的电压从该引脚和BAT、端输入内部的CA1放大器，可为峰值和平均电流工作模式提供需要的瞬时电流信号。
• BAT(12引脚)：该引脚同时可作为电池检测输入端和电流检测输入端。
• BATMON(13引脚)：用于电池充电电压指示。当未检测到交流适配器时，器件内部开关断开。该引脚到V_{FB}端的外部电阻分压器可用于设定充电器的浮充电压。

- $\overline{\text{FLAG}}$(14引脚)：充电电流指示输出端。当充电电流减小到最大编程电流的10%时，电引脚输出低电平。
- CLP(16引脚)、CLN(15引脚)：放大器CL1的正、负输入端，门限值为100 mV。为滤除开关噪声，这两引脚间应接一个RC滤波器。
- TGATE(17引脚)：用于驱动充电器高端功率MOSFET。
- PGND(18引脚)：BGATE驱动器功率地。
- BGATE(19引脚)：用于驱动充电器低端功率MOSFET。
- INFET(20引脚)：用于驱动外部输入P沟道功率MOSFET的栅极。

3. 应用电路

(1) 充电电流的设定

表10.5.1给出了不同充电电流下电流检测电阻R_{SENSE}和IC 10引脚的外部电流编程电阻R_{PROG}的推荐值。实际上，可在R_{PROG}与地之间连接一只功率MOSFET，并在其栅极施加PWM驱动电压(幅值为5 V，频率为几千赫)以对充电电流进行编程。

表10.5.1　不同充电电流I_{MAX}下的R_{SENSE}和R_{PROG}推荐值

I_{MAX}/A	R_{SENSE}/Ω(±1%)	R_{PROG}/ kΩ(±1%)	I_{MAX}/A	R_{SENSE}/Ω(±1%)	R_{PROG}/ kΩ(±1%)
1	0.100	26.7	3	0.033	26.7
2	0.050	26.7	4	0.025	26.7

(2) 充电电压的设定

IC 13引脚与7引脚外部的电阻R_8和R_9所组成的电阻分压器可用于设定充电器的浮充电压：

$$U_{FLOAT}=U_{REF}(1+R_8/R_9)$$

但R_8与R_9之和一般不小于100 kΩ，每个电阻的偏差应在0.25%之内。

(3) 电感器L_1的选择

虽然较高的工作频率允许使用较小的电感器(L_1)和输出电容(C_3)，但频率过高时会由于功率MOSFET的栅极电荷损耗而导致效率降低。此外，电感纹波电流ΔI_L，一般随频率升高而减小，并随输入电压(U_{IN})增大而增大。因此，在频率和输入电压一定时，电感值大一些有利于减小纹波电流。通常选择$AI_L=0.4I_{MAX}$作为设计的出发点，ΔI_L最大往往发生在最大输入电压U_{IN}(max)上。表10.5.2给出了不同最大平均充电电流和输入电压(U_{IN})下的推荐电感值。

表10.5.2　推荐电感值

最大平均电流/A	输入电压U_{IN}/V	最小电感器值/μH(±20%)	最大平均电流/A	输入电压U_{IN}/V	最小电感器值/μH(±20%)
1	≤	40	3	≤	15
1	>	56	3	>	20
2	≤	20	4	≤	10
2	>	30	4	>	15

(4) 4 A/12.3 V 锂离子电池充电电路

以LTC4008为控制器的4 A/12.3 V锂离子电池充电电路如图10.5.2所示。当直流输入电压高于CLP端的电压时，充电器使能。DCIN端的内部电路在ACP/$\overline{\text{SHDN}}$端上提供交流适配器存在的逻辑指示，并控制充电时输入开关Q_3的栅极电压，以使Q_3保持低正向压降，同时阻止反向电流通过Q_3。随着电池充电接近终止电压，充电电流开始减小。当电流降至满度电电流的10%时，IC中的$C/10$比较器通过锁定$\overline{\text{FLAG}}$端输出低电平以指示这种态。当输入电压不出现时，充电器进入睡眠模式，此时仅消耗15 μA的电池电流。当ACP/$\overline{\text{SHDN}}$端为低电平时，充电器截止。而当充电电流由于输入电流的限制而使功耗减小时，IC的$\overline{I_{CL}}$端将被拉低以指示该状态。

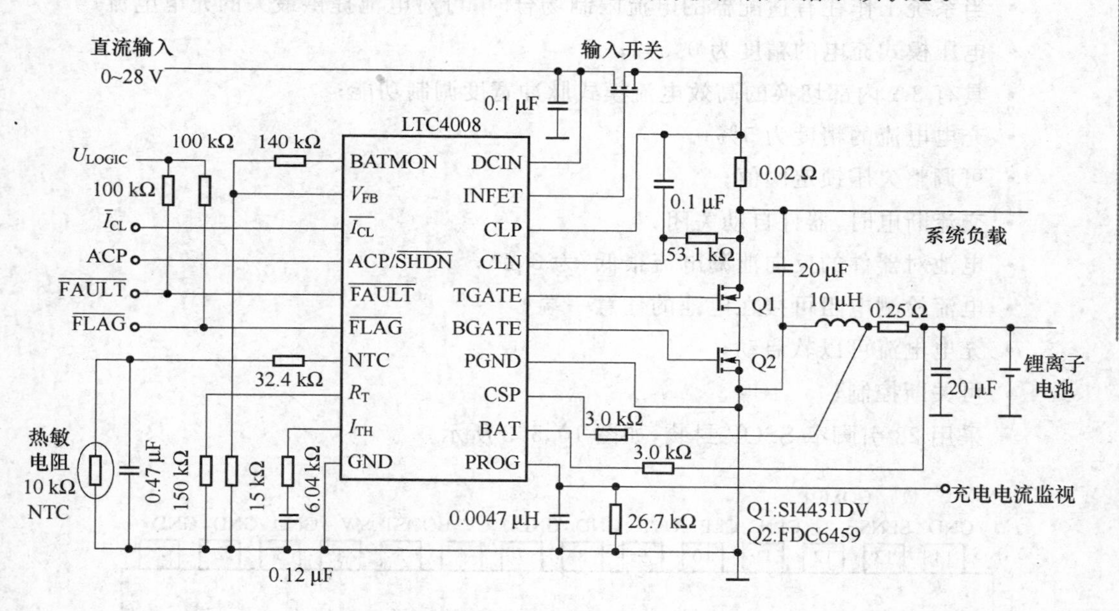

图10.5.2　4 A/12.3 V锂离子电池充电电路

10.5.2　LT1769　电流模式脉宽调制充电器芯片

LT1769是美国线性器件公司生产的一种电流模式脉冲宽度调制(PWM)的电池芯片，它可提供恒定的充电电流和电压。可以实现对锂离子、镍氢、镍镉这样的电池进行高效的快速充电。LT1769内部的切换开关可以承受2 A的直流电流(最大可承受3 A)，充电电流可以编程控制。由于LT1769具有0.5%的参考电压精度，因此可为恒压要求较高的锂离子电池组充电。

该芯片有一个控制环路，可用于调整交流适配器的输入电流，这样可以在仪器工作的同时对电池进行充电而不会出现过载。在这种情况下，应适当降低充电电流，以保证适配器的电流不超过额定值。

LT1769的电池电压可以为1～20 V。电池的负端可以直接接地，与地之间不需要再外接一个电流检测电阻。切换开关的频率可达200 kHz，这样可以提供较高的充电效率，而且需要的电感也比较小。当充电器没有交流输入时(即没有插入墙上的插座时)，该芯片会处于睡眠状态，泄漏电流只有3 μA，所有芯片和电池之间不需要保护二极管。

1. LT1769的特点

LT1769的特点如下：

- 可以对镍镉、镍氢以及锂离子电池充电，充电电流可以由电阻或者DAC来编程；
- 当系统工作在有适配器的电流限制场合时，可对电池提供最大的充电电流；
- 电压模式充电的精度为0.5%；
- 具有3A内部切换的高效电流模式脉冲宽度调制功能；
- 充电电流的精度为5%；
- 可调整欠压锁定阈值；
- 交流断电时，器件自动关闭；
- 电池对器件的反向泄漏电流很低，为3 μA；
- 电流检测电阻可接在电池的任意一端；
- 充电电流可以软启动；
- 可关断控制；
- 采用28引脚窄SSOP封装，如图10.5.3所示。

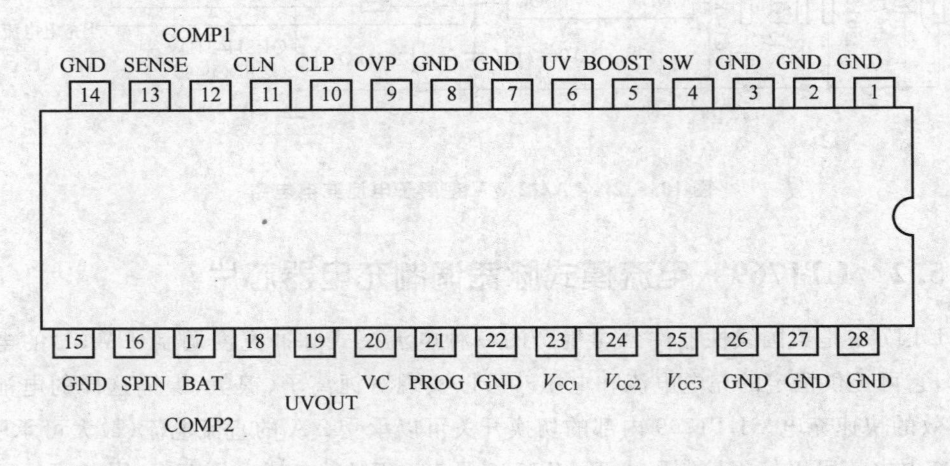

图10.5.3 LT1769的引脚排列图

2. 引脚排列及功能

图10.5.3是LT1769引脚排列图，各个引脚的说明如下：

- GDN(1、2、3、7、8、14、15、22、26、28 引脚):接地端。为了有合适的热耗散,这些接地端必须连接到电路板的公共地。
- SW(4 引脚):切换开关输出端。外接的肖特基二极管的阴极必须尽可能靠近 SW 端和接地端。
- BOOST(5 引脚):该引脚用于自举,以使 NPN 型功率开关管得到足够强的驱动,从而使功率开关管的夺降足够低,以减小功率损耗。在图 10.5.4 中,当功率开关管闭合时,$U_{BOOST}=U_{CC}+U_{BAT}$。
- UV(6 引脚):欠压锁定输入端。当电压低于 6.2 V 时,欠压锁定;当电压上升到 6.7 V 时,锁定开启。低压锁定时开关切换停止。当电路没有交流输入时,UV 端电位被拉到 0.7 V 以下(在适配器到地之间需要接一个 5 kΩ 的电阻),否则,将有大约 200 μA 的反向电池电流泄漏,而不是接有电阻时的 3 μA。UA 端不能悬空。如果 UV 端不是接在电阻分压网络而是直接接到 U_{in}时,那么锁定的阈值电压为内置的 6.7 V。
- OVP(9 引脚):比较器 VA 的正输入端,其阈值为 2.465 V。这个引脚的典型偏置电流为 3 μA。在对锂离子电池充电时,可利用 VA 检测电池电压,当电池电压到达预定值时,会自动停止大电流充电,进入涓流充电模式。如果这个引脚不用,则应该接地。
- CLP(10 引脚):输入电流限制放大器 CL1 的正输入端,阈值设置为 100 mV。当用于限制电源电流时,需要用一个电容器滤除 200 kHz 的开关噪声。
- CLN(11 引脚):输入电流限制放大器 CL1 的负输入端。
- COMP1(11 引脚):输入电流限制放大器 CL1 的补偿端。当达到输入适配器电流限值时,该脚电压上升到 1 V。当不需要限制适配器电流时,用一个外部三极管将 COMP1 端电位拉低,使放大器 CL1 无效。COMP1 端可以吸收 200 μA 的电流。如果不用这个功能,那么 COMP1 端可不接电阻和电容。
- SENSE(13 引脚):电流放大器 CA1 的正输入端。
- SPIN(16 引脚):电流放大器 CA1 的偏置。在 2 A 锂离子电池充电器中,这一端必须连接到 R_{S1}上。
- BAT(17 引脚):电流放大器 CA1 的负输入端。
- COMP2(18 引脚):放大器 CL1 的另一个补偿端。当需要限制输入适配器电流或者恒压充电时,此引脚的电压上升到 2.8 V。
- UVOUT(19 引脚):集电极开路输出的欠压锁定状态输出端。处于欠压状态时,这个引脚保持低电平。用一个外部的上拉电阻可将其拉高到 U_{CC}。注意,该集电极开路的 NPN 型三极管的基极电流由 CLN 引脚提供。当 CLN 引脚电位高于 2 V 时,U_{OUT}为低电平,上拉电流应小于 10 μA。
- VC(20 引脚):电流模式脉宽调制的内部环路控制端。当该脚电压 U_C 为 0.7 V

时，切换开关开始工作。在通常情况下，U_C 越高，充电电流越大。在这一端和地之间接一个0.33 μF的电容，既可以滤除噪声，也可以控制软启动的速度。将这个引脚的电位拉低可使切换开关停止工作。该管脚的典型输出电流是30 μA。

- PROG(21引脚)：这个管脚用于编程设置充电电流和系统环路补偿。在通常情况下 U_{PROG} 接近2.465 V。如果这一端的电平接近于地电平，那么切换开关停止工作。用微处理器控制的DAC进行编程设置充电电流，在DAC输出2.465 V电压时，必须能够提供一定的灌电流。
- V_{CC1}、V_{CC2}、V_{CC3}(23～25引脚)：电源输入端。应注意抵制噪声，通常使用15 μF或容量更大的低分布电感电容，并应尽量缩短其引线。一般说来，U_{CC} 在8～28 V之间，但应至少比 U_{BAT} 高3 V。当 U_{CC} 低于7 V时，欠压锁定有效，切换开关停止工作。注意，在SW引脚和 V_{CC} 引脚之间有一个内部二极管。当接有电池时，V_{CC} 端电压不能比SW端电压低0.7 V。这3个 V_{CC} 引脚应该尽可能短地连接在一起。

3. 应用电路

(1) 锂离子电池充电器

图10.5.4所示为2 A锂离子电池充电器电路，图中 R_{S4} 是适配器电流检测电阻，R_{S3} 是电池电压检测电阻，R_{S1} 是电池电流检测电阻，利用 R_5 进行欠压锁定。输入电容(C_{in})用于吸收变换器的开关纹波电流，所以 C_{in} 必须有足够的纹波电流吸收能力，应该选用固体钽电容。该电容具有较高的纹波电流吸收能力，而且尺寸小。但是应该注意，当插头带电插到适配器上时，可能会有很高的冲击电流，也有可能损坏钽电容，因此也可以用陶瓷电容(5～20 μF)。

LT1769的欠压锁定阈值固定在7 V，在UV引脚上接一个电阻分压可以提高欠压阈值。当UV引脚的电压高于7 V时，VC引脚电压变高；而当UV引脚电压低于6.5 V时(有0.5 V的迟滞)，VC引脚电压被拉低，同时外部的上拉电阻将UVOUT引脚电压拉高。UVOUT信号还可用于指示系统即将开始充电。VC引脚不用时，由0.33 μF电容设置的软启动时间是4 ms。在图10.5.4中，R_5 和 R_6 组成的电阻分压器用于设置所需的 U_{CC} 锁定电压。R_6 的典型值是5 kΩ，R_5 可以由下式计算：

$$R_5 = R_6(U_{in} - U_{UV})/U_{UV}$$

式中：U_{UV}——UV引脚的上升锁定阈值；

U_{in}——维持满载功率时充电器所需的输入电压值。

如果 $R_6 = 5$ kΩ，$U_{UV} = 6.7$ V，设定 U_{in} 为12 V，那么 $R_5 = 5 \times (12 - 6.7)/6.7 \approx 4$ (kΩ)。

另外，适配器电流检测电阻 R_{S3} 的计算可按下式进行：

$$R_{S3} = 100\ \text{mV}/\text{适配器电流限值}$$

(2) 镍镉和镍氢电池充电电路

图10.5.4所示的2A锂离子电池充电电路经过图10.5.5所示的方法修改后，可用于镍镉和镍氢电池的充电。图10.5.5中Q_1导通时电流为1A，Q_1截止时电流为100 mA。

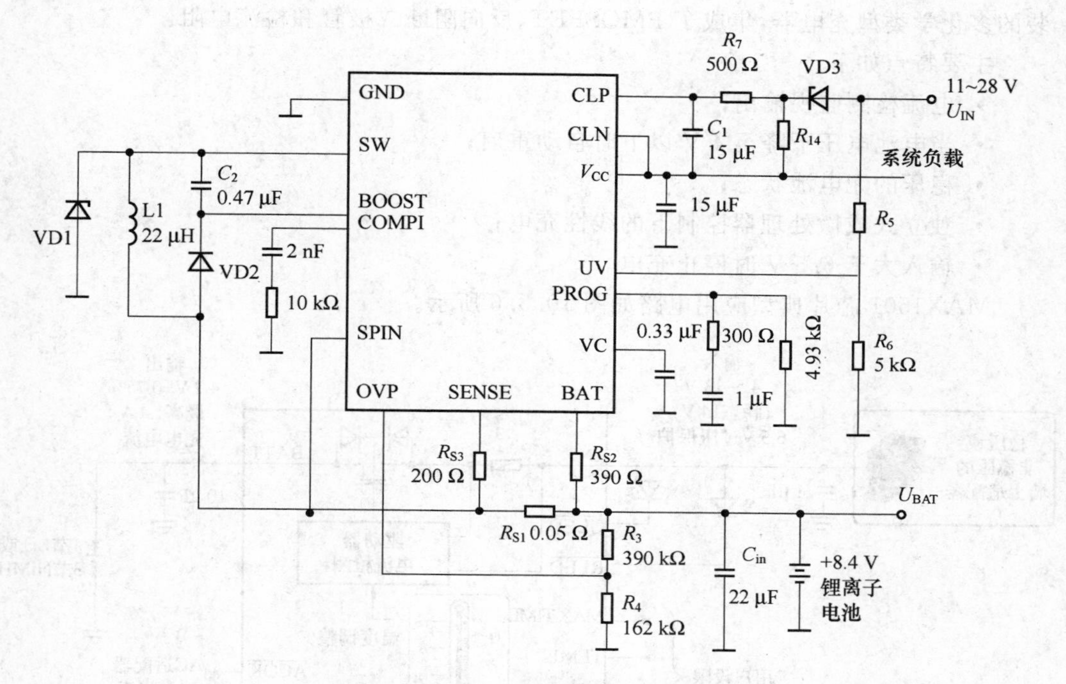

图10.5.4 2A锂离子充电器电路

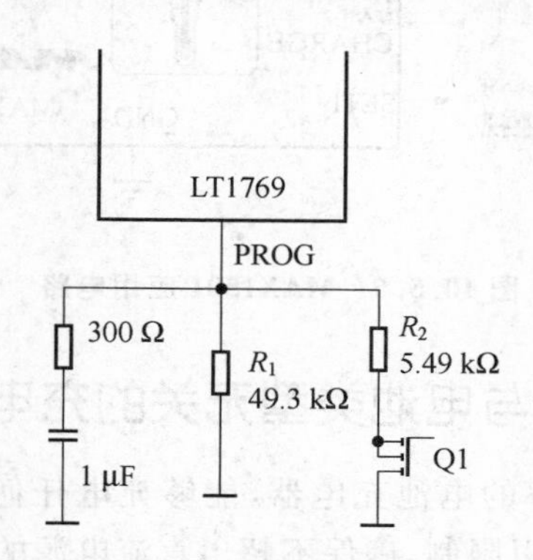

图10.5.5 修改后的两种充电电流电路

本节介绍的LT1769恒流/恒压电池充电芯片具有外围电路简单和功能强大的特点，并可用电阻或DAC编程控制充电电流。对于锂离子、镍镉、镍氢等充电电池，通常需要以恒流或恒压进行充电，利用LT1769可为这种电池设计出高效的充电电路。由于该芯片还具有一定的智能，可用最大的电流对电池进行充电，所以可在交、直流两用仪器中实现电源的智能化管理。

10.5.3 MAX1501 线性充电器芯片

MAX1501 是温度调整型 CC-CV、带有过压保护和定时器的充电芯片，TQFN 封装的多化学类型充电器，集成了 PMOSFET、反向阻断二极管和检流电阻。

主要特点如下：

- 电流检测监视输出；
- 当电池电压下降至 4 V 以下时自动重启；
- 稳压的无电池状态；
- 独立式或微处理器控制下的线性充电；
- 输入大于 6.5 V 时停止充电。

MAX1501 芯片典型应用电路如图 10.5.6 所示。

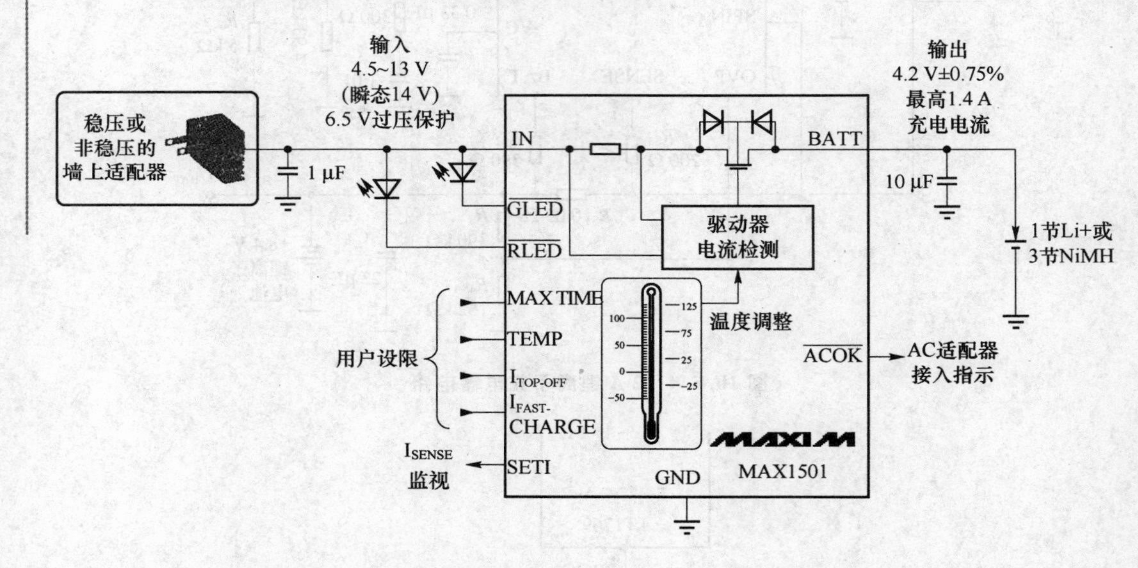

图 10.5.6 MAX1501 应用电路

10.5.4 MAX1645 与电池类型无关的充电器芯片

MAX1645 是一款高效率的电池充电器，能够充电任何一种化学成份的电池。该款充电器可以对输入电流加以限制，确保不超出直流电源的额定电流，这样可以减小交流适配器的尺寸和重量。MAX1645 具有一个 170 s 的安全充电定时器，用以避免在停止接收充电电压和电流指令时造成“失控充电”。先进的同步降压控制电路允许超过 99%的工作占空比，尽可能地降低了输入到输出的压差。

MAX1645 能够轻松地充电 3～4 节串联的锂离子(Li＋)电池，且仅需 0.3 V 的电压余量。

主要特点如下：

- 输入限流；
- 170s 安全延时；
- ±0.8%充电电压精度；
- 占空比可达 99.99%，低压差工作。

MAX1695 芯片典型应用电路如图 10.5.7 所示。

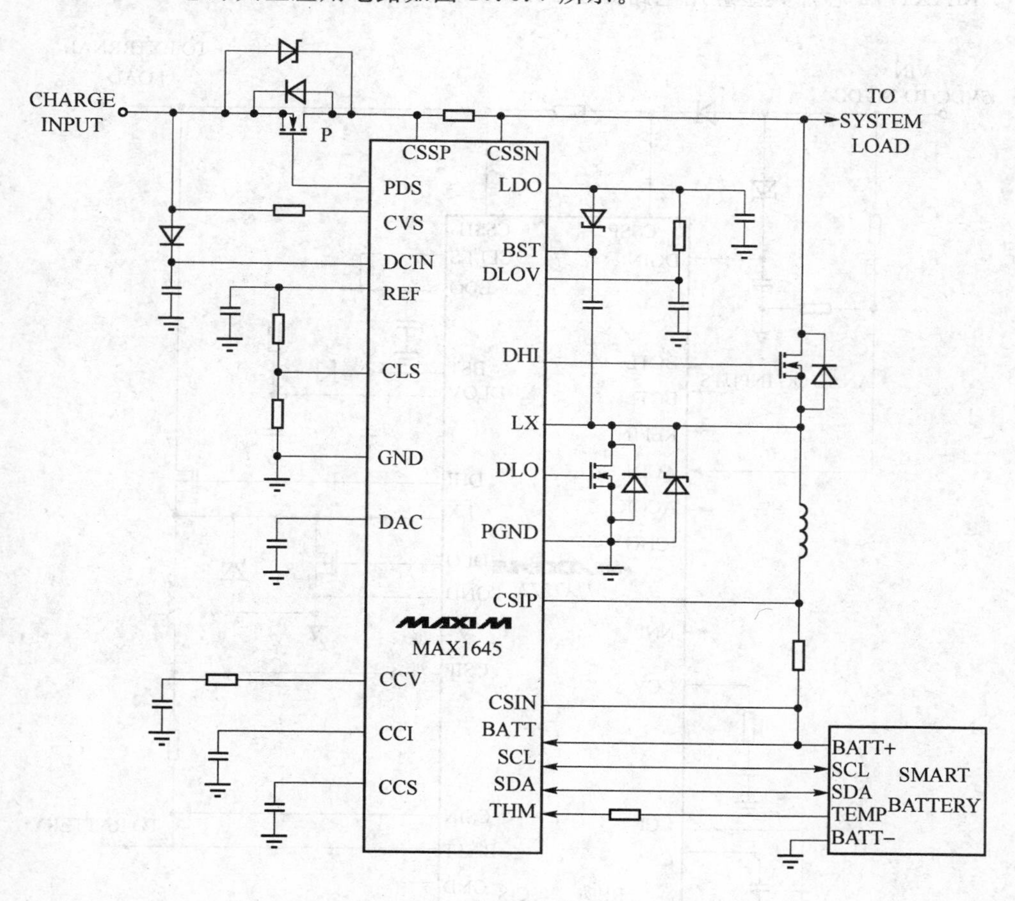

图 10.5.7　MAX1645 应用电路

10.5.5　MAX1772　限制输入电流的电池充电器芯片

MAX1772 是一款高度集成、适合多种化学类型电池的充电控制 IC，可大大简化高精度、高效率充电器的结构。MAX1772 采用模拟输入来控制充电电流和电压，可由主机或硬件接线来编程。高工作效率是采用了同步整流降压拓扑的结果。

MAX1772 可以设定流出交流适配器的最大电流，这样在同时供应负载和给电池充电时可以避免交流适配器过载。这种特性有利于用户降低交流适配器的成本。

MAX1772 还可提供用于监视交流适配器输出电流、电池充电电流和交流适配器是否接入等状态的输出端口。

MAX1772 能够充电 2～4 节串联锂电池，电流可达 4 A。充电过程中，MAX1772 能够自动实现从电流调节到电压调节的转换。MAX1772 提供节省空间的 28 引脚 QSOP 封装。

MAX1772 芯片典型应用电路如图 10.5.8 所示。

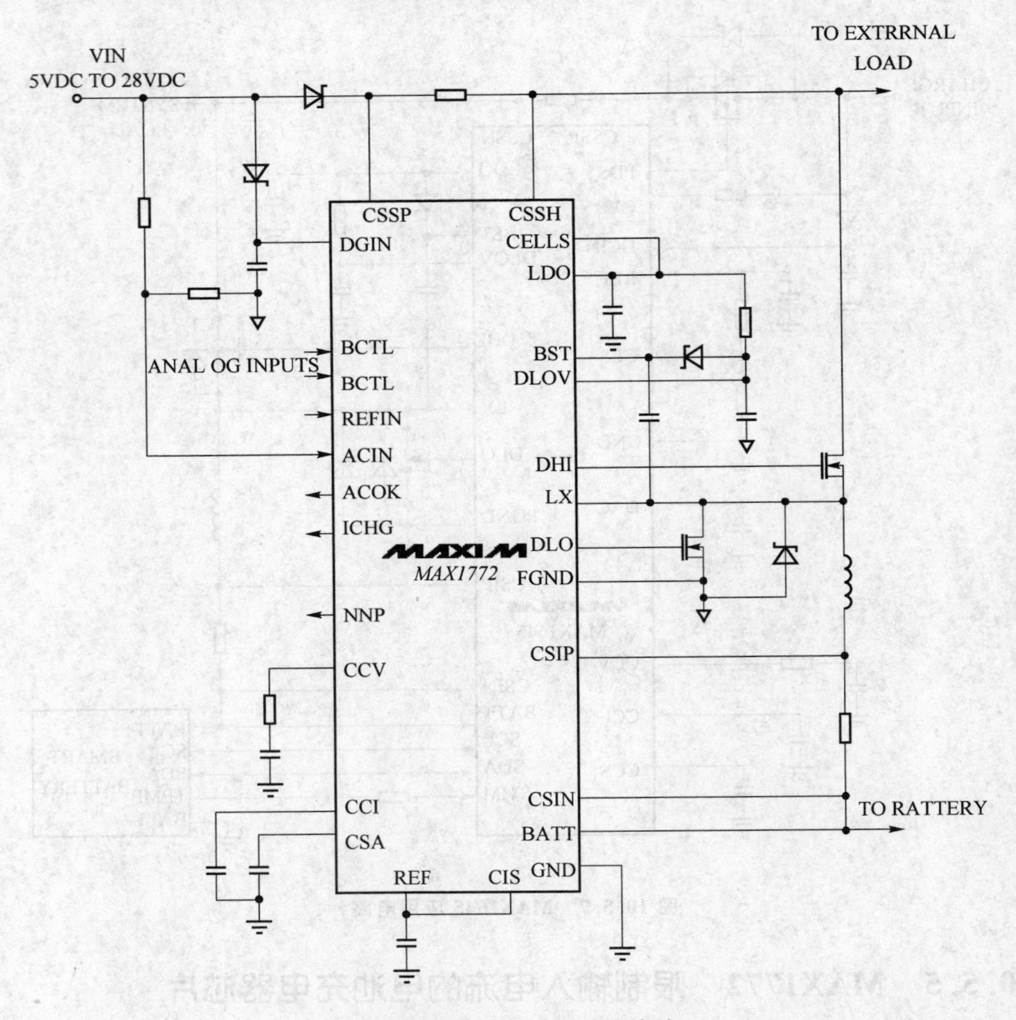

图 10.5.8 MAX1772 应用电路

10.5.6 MAX1870A 升/降压型多化学类型电池充电器芯片

MAX1870A 是一款升/降压型多化学类型电池充电器，无论电池电压高于或低于适配器电压，它都可以为电池充电，为便携式计算机用户提供更高的机动性。充电电流和电压由模拟输入控制，并可由主机或硬件编程。该器件能够以 4A 电流充电 2～4 节锂离子电池。MAX1870A采用32引脚TOFN封装。

主要特点如下：

- 高精度；
- ±0.5%的充电电压；
- ±0.9%的充电电流；
- ±0.8%的输入电流限制；
- 用于监视适配器电流的模拟输出。

MAX1870A典型应用电路如图10.5.9所示。

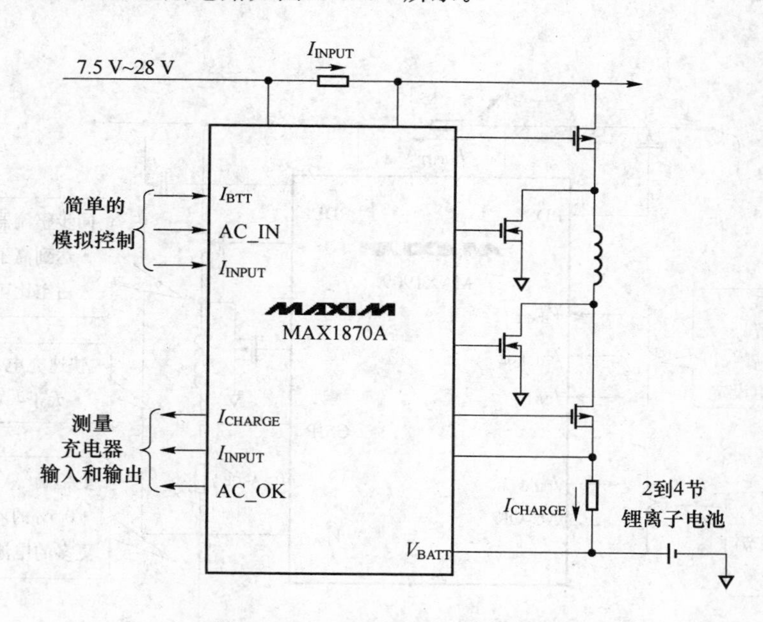

图10.5.9 MAX1870A应用电路

10.5.7 MAX1908/1909 为单/双电池系统充电的芯片

MAX1909/MAX8725专为单电池系统设计。如果交流适配器被接入，这些IC可自动选择适配器或电池来为系统供电。MAX1908/MAX8724/MAX8765为高端双电池系统设计，利用高、低侧的N沟道MOSFET提供同步整流。所有上述IC均集成有3%精度的电流检测放大器，并具备微型5 mm×5 mm、28引脚QFN封装。MAX1908还具有内置的消流充电功能。

主要特点如下：

① MAX1908/MAX1909/MAX8724/MAX8725/MAX8765仅有：

- 400 kHz工作频率允许采用小巧的10μH电感；
- 3%精度的电流检测放大器；
- 采用15 mΩ检流电阻，消除了系统机箱内的热点；
- 更大限度提高了输入电流限和充电电流的精度。

② MAX1908/MAX8724/MAX8765 仅有：

- 采用高侧 N 沟道 MOSFET 同步工作；
- 配合 MAX1773 和 MAX1538 电源选择器可用于双电池系统。

③ MAX1909/MAX8725 仅有：

- 自动选择供电通路；
- 电池校准功能赢得更多的电池容量；
- 同步或非同步工作。

应用电路举例，MAX1909 芯片应用电路如图 10.5.10 所示。

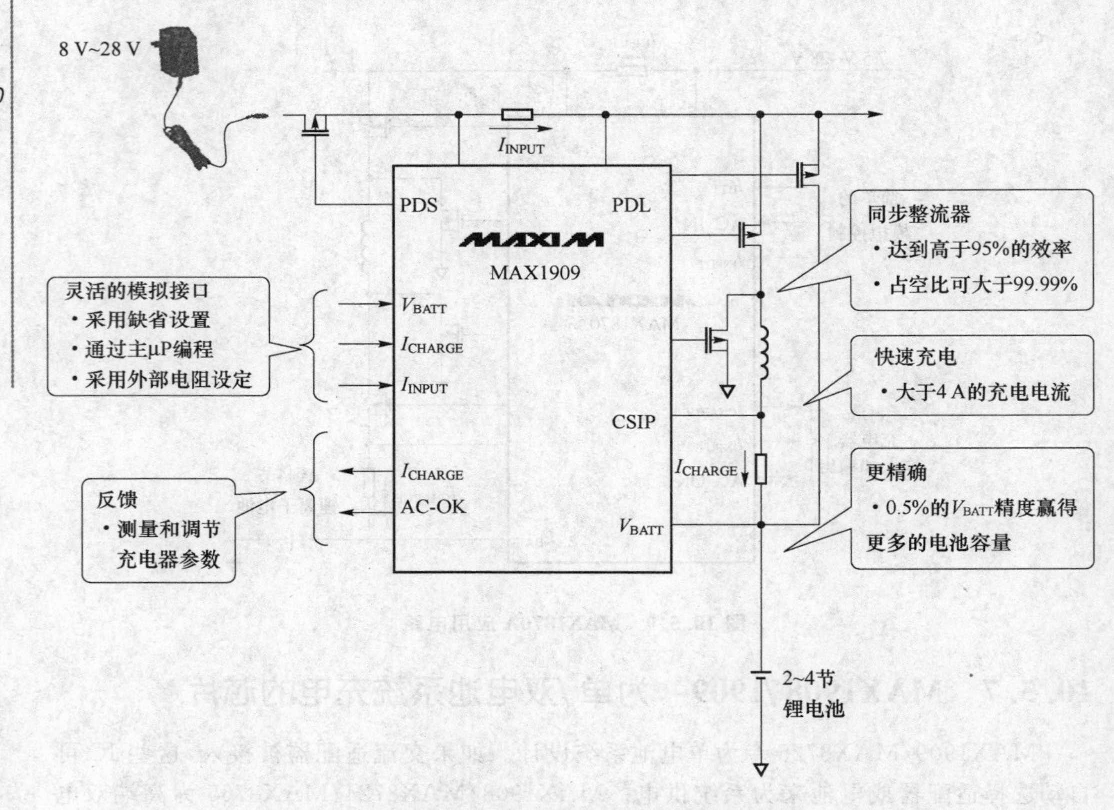

图 10.5.10　MAX1909 应用电路

10.5.8　MAX8713　多化学类电池智能充电器芯片

主要特点如下：

- 基于微控制器的充电控制；
- 智能电池（SMB 总线）充电器；
- 多化学类型（锂离子、镍氢、镍镉）；
- 多节（1～4 节锂离子电池）。

高分辨率电压和电流设定：

- 11位充电电压；
- 6位充电电流；
- 同步 nFET 驱动器；
- 95%转换效率；
- 充电电流>2A。

高频工作：最小的电感和电容尺寸；

逐周期电流限制：防止电感饱和并保护高侧 FET。

MAX8713 典型应用电路如图 10.5.11 所示。

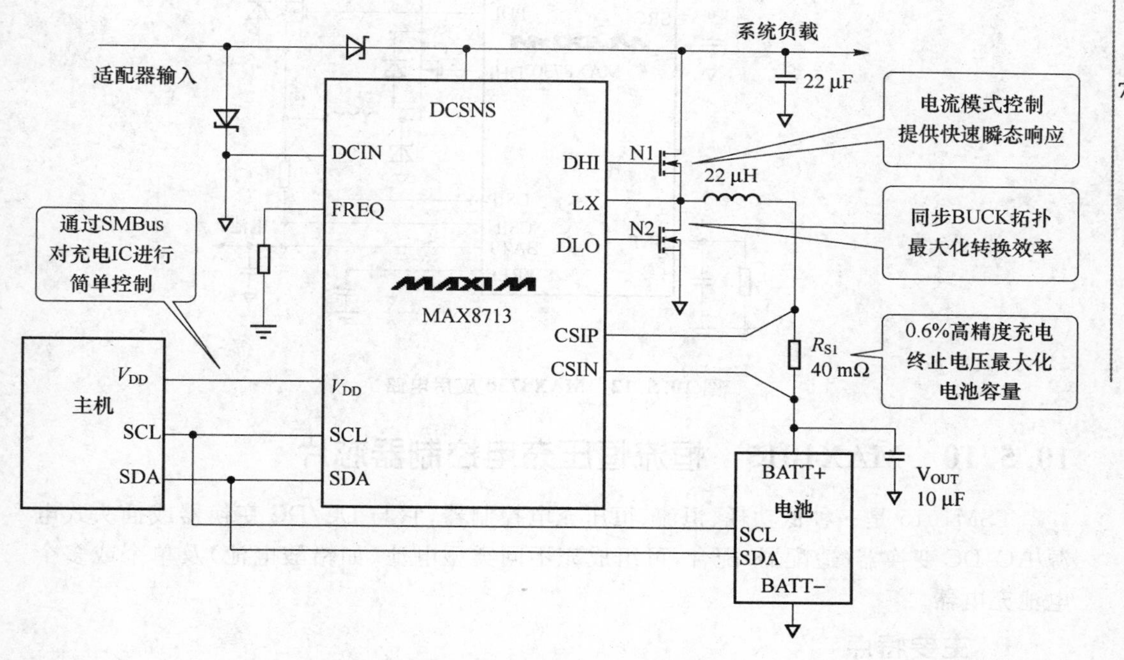

图 10.5.11 MAX8713 应用电路

10.5.9 MAX8730 开关模式多化学类充电器芯片

MAX8730 是适用于笔记本电脑和其他电池供电应用的最低成本充电器。这些应用需要开关模式充电器实现大电流高效充电。该器件提供精密的电压和电流调节，并包含可轻松选择电源的电源选择器。专用输出信号(IINP)用于监视交流适配器的电流、利用该信号可保证不会造成交流适配器过载。同时集成了一个大电流精密基准(SWREF)和一个低电池电压检测器。

主要特点如下：

- 精度达±0.5%的电池充电电压，完成快速和精确充电；
- 保护交流适配器；
- ±4%精度的输入限流；

- 交流适配器电流监视输出；
- 集成电源选择器，适用于单电池系统；
- 低电池电压监视器输出；
- 仅需要一个低成本 P 沟道 MOSFET 和一只二极管。

MAX8730 典型应用电路如图 10.5.12 所示。

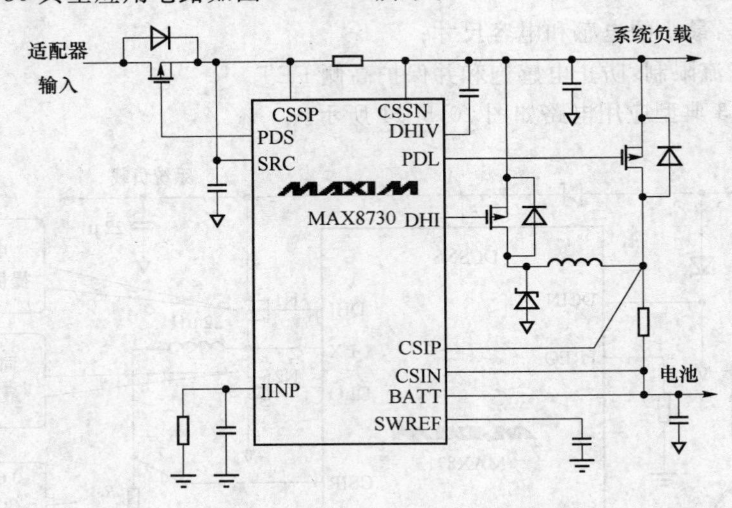

图 10.5.12 MAX8730 应用电路

10.5.10 MAX1015 恒流恒压充电控制器芯片

TSM1015 是一种低功耗、恒流、恒压充电控制器，它与 DC/DC 变换器或插头式电源 AC/DC 变换器（适配器）配合，可组成充不同类型电池（如铅酸电池）及单个或多个电池充电器。

1. 主要特点

- 恒压及恒流控制；
- 低功耗（典型值 100 μA）；
- 工作电压范围 4.5～28 V；
- 组成充电器所需外围元件少；
- 容易调整；
- 能抵制高的交流电压；
- 有固定基准电压输出（1.25 V）；
- 基准电压有两种精度：后缀有 A 或者 0.5%，无 A 者 1%；
- 8 引脚 SO 封装或小型 SO 封装；
- 工作温度范围－40～＋105℃。

2. 应用领域

TSM1015 适用于输出稳压恒流的适配器或用作电池充电器。

3. 应用电路

TSM1015 的典型应用电路如图 10.5.13 所示。它需要与反激式 AC/DC 变换器(或适配器)配合使用,图中仅画出变换器的副边的电路。图中两光电耦合器分别作电压反馈及电流反馈(与 AC/DC 变换器作隔离反馈,使之输出稳压及恒流);图中 R_2、R_1 为输出电压设定电阻;R_4、R_5 为恒流设定电阻(CV 为稳压,CC 为恒流);*R*sense 是电流检测电阻。

由于它的输出电流大小及输出电压取决于 AC/DC 变换器,应用十分灵活。可以根据所充电对终止充电电压要求来选择器件的基准电压精度(0.5%或1%)。

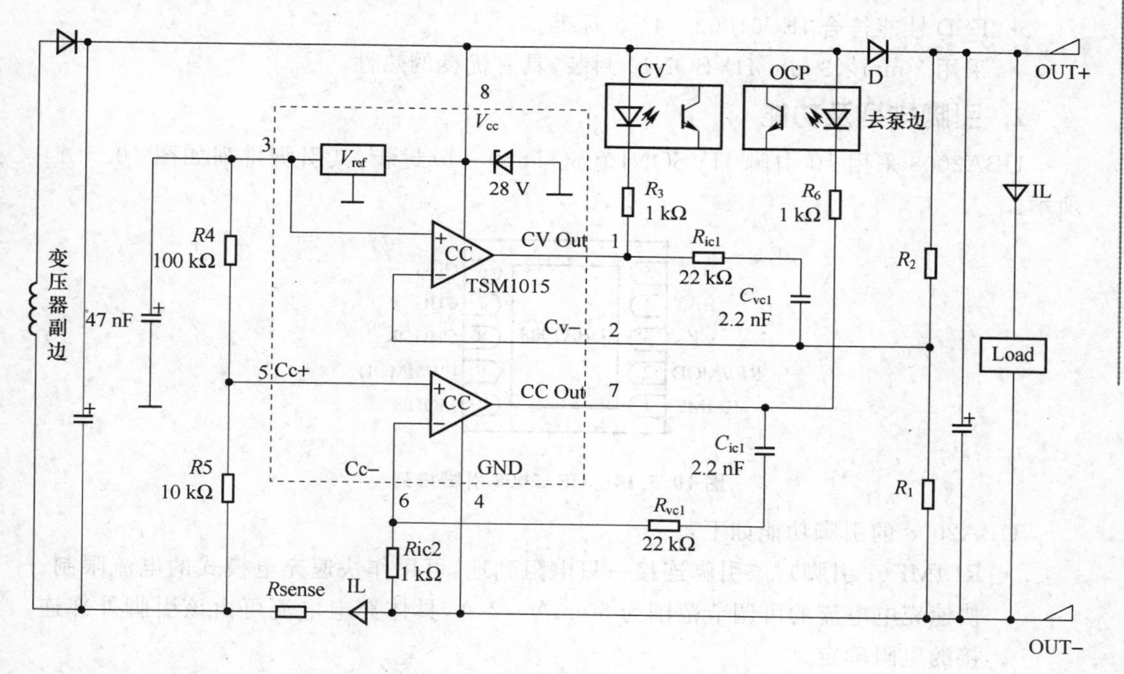

图 10.5.13 TSM1015 的典型应用电路

图中 IL 为负载电流的方向(用 Δ 表示方向)。输入/输出电容的容量未给出,要根据输入电压及输出电流大小来确定。

10.5.11 UBA2008 脉冲模式智能充电开关芯片

飞利浦公司推出的 UBA2008 芯片是一种用于脉冲模式充电的智能充电开关 IC。该器件内部集成了低欧姆阻值的功率开关,可用做单节锂离子电池或 3 节镍氢电池在预充电模式或快速充电模式下的充电控制。该芯片的电流限制、过压保护、热保护和静电放电(ESD)保护等集成安全机制可确保其安全操作。

USA2038 的工作模式包括关断(OFF)模式、关闭(SHUTDOWN)模式、慢充和快充电模式、反向模式和反向慢充及快充电模式。

1. UBA2008的主要特点

- 是一种0.25 Ω的低欧姆充电开关，带软开/关切换可调电流限制；
- 带有0.25 Ω的反向开关和内部电流限制功能；
- 预充电电流为130 mA；
- 具有电池过压和欠压保护功能；充电器过压保护可到20 V的脱扣点，反极性保护可降至−20 V；
- 带有过热保护功能，内置门限温度为150℃(滞后温度为20℃)；
- 可进行充电器检测和内容电流感测；
- ESD性能符合IEC61000－4－2标准；
- 采用3 mm×3 mm HVSON10封装，具有优良的热性。

2. 引脚排列及功能

UBA2008采用10引脚HVSON10(SOT650－1)封装，其引脚排列如图10.5.14所示。

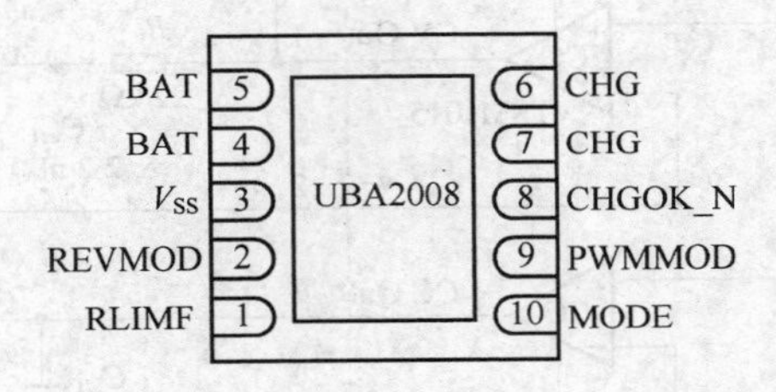

图10.5.14 UBA2008引脚排列

UBA2008的引脚功能如下：

- RLIMF(1引脚)：该引脚连接一只电阻到地，可用作快速充电模式的电流限制。快速充电电流的可调节范围为50 mA～2 A，具体充电电流可由该引脚外部连接的电阻确定。
- REVMOD(2引脚)：反向模式控制数字输入。
- V_{SS}(3引脚)：接地端。
- BAT(4引脚、5引脚)：连接电池。
- CHG(6引脚、7引脚)：这两个引脚可作为充电器输入/反向模式输出引脚。
- CHGOK－N(8引脚)：充电器检测输出。当V_{CHG}小于2.5 V时，如果REVMOD为低，则该引脚输出高阻抗；而当V_{CHG}小于V_{BAT}时，如果REVMOD为高，则该引脚输出也是高阻抗。
- PWMMOD(9引脚)：PWM模式数字输入。
- MODE(10引脚)：充电模式数字输入。

3. 应用电路

UBA2008芯片应用电路如图10.5.15所示。

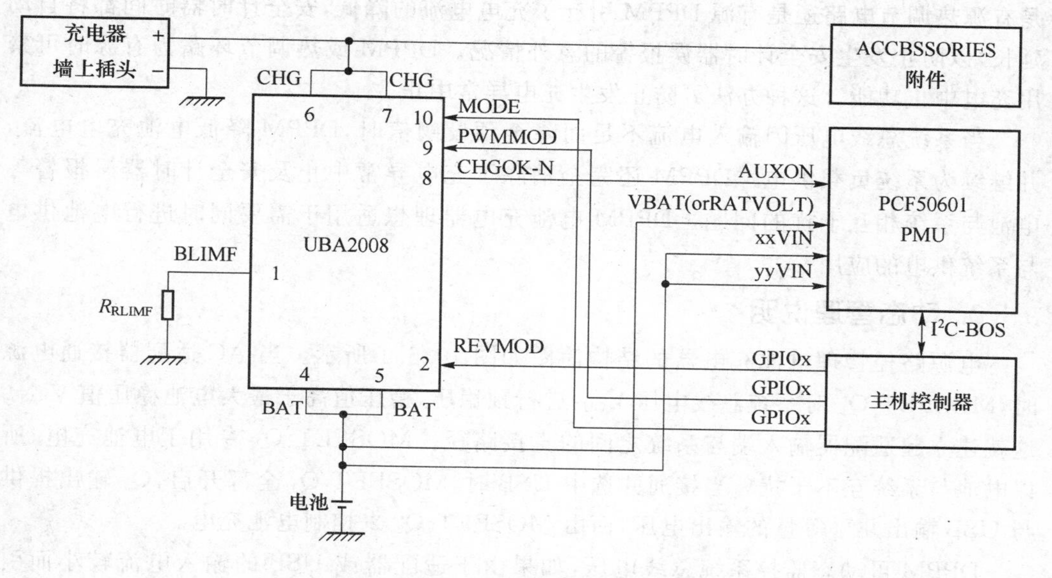

图 10.5.15 UBA2008 应用电路图

10.6 充电控制管理及保护类芯片

电池的使用方法，充电放电过程的保护措施，对电池的使用寿命影响很大，因此各种电池充电器芯片，在设计时都考虑到这结方面，所以多采取了一些相关的设计方案。在前几节中所应用的各类芯片中，管理与保护的功能，在不同程度上都是存在的。而本节所介绍的芯片，在设计时更突出其管理功能与保护功能，更有特色。

电池管理保护类芯片，可完成多种功能，它可通过编程利用各种限流方式给电池进行保护性充电，也可做为一个电量计精确的知道其所存电量，有些芯片则可通过 1-Wire 通信接口与主系统连接，可提供充电、剩余电量的估计、电压设定、电流设定、温度控制、安全管理、非易失性参数存储等功能，更突显其管理功能和保护功能。

10.6.1 Bq 2403X 动态电源路径管理(即 DPPM)充电器芯片

1. 主要特性特点

Bq 2403X 系列 DPPM 电池充电器具有电源共享功能，可在向系统供电的同时对电池充电。这就避免了充电中止及安全计时器等问题，从而尽可能降低了 AC 适配器的额定功率并提高了系统稳定性。系统可在为过度放电电池充电的情况下正常工作。

电池充电器通过 PSE 引脚可以选择 AC 或 USB 电源作为主电源，如果选择 USB 端口，则可通过 ISET2 选择最大电流。

该器件的 3 个功率 MOSFET 与一个电源控制器均集成在 3.5 mm×4.5 mm 散热增强型 QFN 封装中。热调节环路可降低充电电流，以防止芯片温度超过 125℃。无论是有源热调节电路还是有源 DPPM 引起了充电电流的降低，安全计时器时间都将自动延长，以防止发生安全计时器误报警的意外情况。DPPM 或热调节环路为有源时可禁用充电中止功能。这种办法可防止发生充电异常中止。

当系统总线电压因输入电流不足而降至预设阈值时，DPPM 降低电池充电电流，并继续为系统负载供电。DPPM 还完全消除了充电异常中止及安全计时器误报警等电池与系统相互干扰的问题。DPPM 电池充电器理想适用于需要同时进行电池供电与系统供电的应用。

2. 动态管理说明

电源路径管理电池充电器的结构简图如图 10.6.1 所示。当 AC 适配器接通电源时，MOSFET Q_1 对系统总线电压 V_{OUT} 进行预稳压，稳压值高于最大电池稳压值 V_{BAT}。这就建立起适配器输入端与系统之间的直接路径。MOSFET Q_2 专用于电池充电，所以电池与系统互不干扰。当接通并选中 USB 时，MOSFET Q_3 全部开启，Q_3 输出提供与 USB 输出几乎等量的输出电压，而由 MOSFET Q_2 来控制电池充电。

DPPM 可动态监控系统总线电压，如果由于适配器或 USB 的输入电流较小而引起系统总线电压降至预置值，则电池充电电流就会减少直到输出电压停止下降。只有 DPPM 控制尽可能处于稳态条件，系统才能获得所需电流，并利用剩余电流对电池进行充电。正因如此，适配器是基于系统平均功率而设计的，而不是系统最大峰值功率。这使设计人员可以采用额定功率较小且成本更低的适配器。

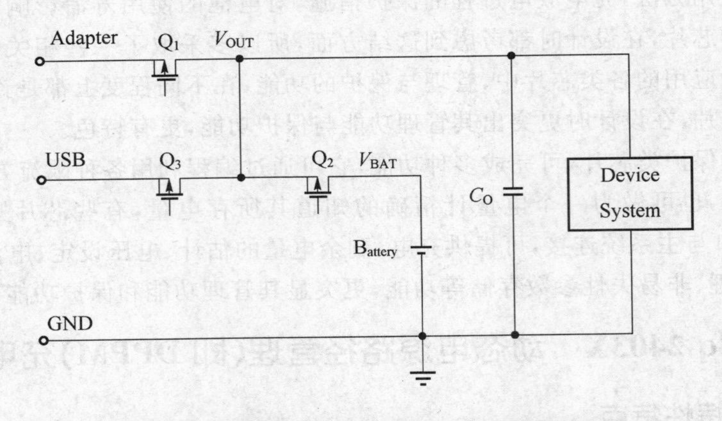

图 10.6.1　电源路径管理电池充电器的结构简图

3. 典型应用电路

典型 DPPM 应用电路如图 10.6.2 所示。当系统与电池充电器的电流总量超过 AC 适配器或 USB 的电流限制时，与系统总线相连的电容器开始放电，系统总线电压随之降低。当系统总线电压降至 DPPM 引脚设置的预定阈值时，充电电流降低，以防止因 AC 适配器过载而导致系统崩溃。如果充电电流降至 0 A 时仍然无法维持系统总线电压，则电池将暂时放电，并向系统供电以防止系统崩溃。这称为“电池补充模式”。

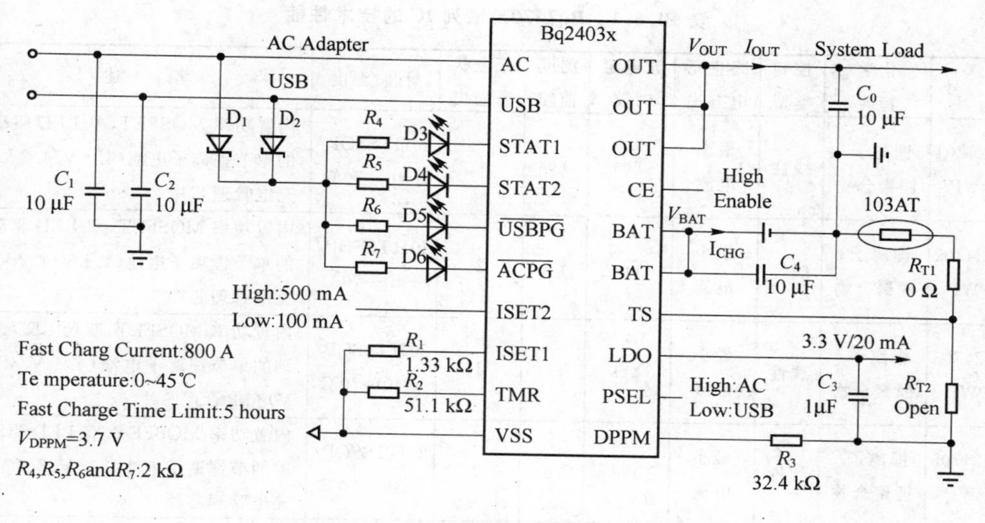

图 10.6.2 DPPM 电池充电器应用电路

图 10.6.2 中 R_1 的作用是设置快速充电电流。R_2 用于设置安全计时器值。通常要求锂离子电池充电温度范围为 0～45℃，R_{T1} 和 R_{T2} 经过编程，可用于设定其温度范围。R_3 可设置 DPPM 电压阈值 V_{DPPM} 的值，且通常低于 OUT 引脚的稳压值，以保证系统安全工作。

10.6.2 Bq2407X 带 DPM 的笔记本电脑电池充电控制器系列芯片

Bq2740X 是 TI 公司生产的一种带有 DPM 的新型锂离子和锂聚合物电池充电控制器，它可以为锂离子和锂聚合物电池提供高级线性充电管理功能，特别适合于集成度高、电路板空间有限的场合。Bq2470X 内部由电流、电压稳定装置，FET 和反相保护肖特基二极管，电池温度、输入功率监控器，充电终止电路，充电状态显示电路，充电定时器等组成。

Bq2470X 利用其动态电源管理(DPM)功能和交流墙上适配器来自动调节电池的充电电流，从而可使电池充电时间缩至最短，并可选用低成本的适配器。Bq2470X 利用选择器可以选择电池或交流适配器作为主系统电源，同时可利用 300 kHz 的固定频率和 PWM 来精确控制电池的充电电流和电压。当对锂离子电池充电时，充电电压精度可达±0.4%。器件中的 PWM 控制器适合在适配器电压高于电池电压的情况下用于降压变换器中。在电池过放电情况下，为了保护电池，Bq2470X 可执行耗尽电池检测与指示功能。Bq2470X 系列 IC 的技术性能如表 10.6.1 所列。

表 10.6.1 Bq2470X 系列 IC 的技术性能

型 号	化学特性	控制类型	终止充电方式	充电定时器	温度监控	充电状态输出	封装/温度	描 述
Bq24701 PWP	锂离子/锂聚合物	线性	最小电流	Yes	Yes	1	20HTSSOP/ −40～70℃	内置功率 MOSFET,单 LED 驱动的单节锂离子电池(4.1 V/4.2 V)充电管理芯片
Bq24702 PWP	锂离子/锂聚合物	线性	最小电流	Yes	Yes	2	20HTSSOP/ −40～70℃	内置功率 MOSFET,双 LED 驱动的单节锂离子电池(4.1 V/4.2 V)充电管理芯片
Bq24703 PWP	锂离子/锂聚合物	线性	最小电流	Yes	Yes	1	20HTSSOP/ −40～70℃	内置功率 MOSFET,双色 LED 驱动的单节锂离子电池(4.1 V/4.2 V)充电管理芯片
Bq24705 PWP	锂离子/锂聚合物	线性	最小电流	Yes	Yes	2	20HTSSOP/ −40～70℃	内置功率 MOSFET,双 LED 驱动的两节锂离子电池(8.2 V/8.4 V)充电管理芯片
Bq24706 PWP	锂离子/锂聚合物	线性	最小电流	Yes	Yes	1	20HTSSOP/ −40～70℃	内置功率 MOSFET,双色 LED 驱动的两节锂离子电池(8.2 V/8.4V)充电管理芯片
Bq24708 PWP	锂离子/锂聚合物	线性	最小电流	Yes	Yes	1	20HTSSOP/ −40～70℃	内置功率 MOSFET,双 LED 驱动的单节锂离子电池充电管理芯片

1. 引脚功能

Bq2470X 采用 24 引脚 TSSOP 封装,引脚排列如图 10.6.3 所示。表 10.6.2 列出了它们的引脚功能。

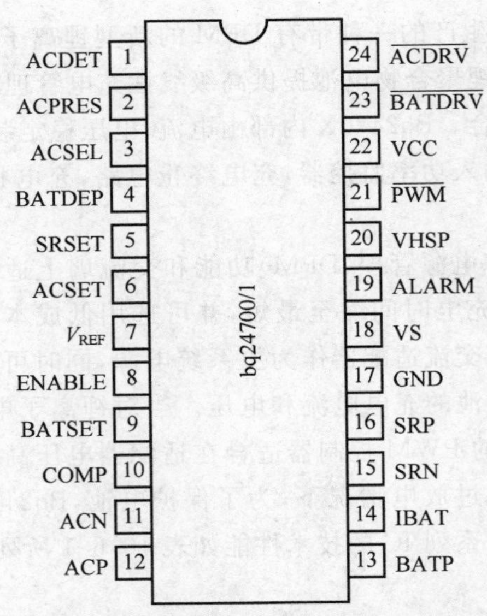

图 10.6.3 Bq2470X 引脚排列图

表 10.6.2 Bq2470X 引脚功能

符　号	脚　号	I/O	功　能
ACDET	1	I	适配器电源检测端。当该脚电压低于 1.2 V 门限电压时，器件进入睡眠模式，在睡眠模式下仅消耗 15 μA 电流
$\overline{ACDRV}$	24	O	适配器电源选择输出
ACN	11	I	适配器电流检测放大器负差分输入
ACP	12	I	适配器电源检测放大器正差分输入
ACPRES	2	O	开路漏极输出，用作指示交流电源的存在
ACSEL	3	I	该脚为逻辑低电平时，选择电池；为逻辑高电平时，选择交流适配器作为系统电源
ACSET	6	I	用于在 DPM 发生时编程适配器电流
ALARM	19	O	电池枯竭报警输出
BATDEP	4	I	电池已耗尽枯竭电平设定输入
$\overline{BATDRV}$	23	O	电池电源选择输出
BATP	13	I	电流充电调整电压检测输入
BATSET	9	I	该脚电压大于 0.25 V 时，用于设定充电电平；该脚电压小于或等于 0.25 V 或接地时，内部电池误差放大器的反相输入端连接内部 1.25(±0.05%)V 的参考电压
COMP	10	O	从反相端输入到 PWM 比较器，该端同时也是跨导放大器的输出端
ENABLE	8	I	充电赋能
GND	17	—	电源地
IBAT	14	O	电池电流差分放大器输出
PWM	21	O	栅极驱动器输出
SRN	15	I	电池电流检测放大器负差分输入
SRP	16	I	电池电流检测放大器正差分输入
SRSET	5	I	电池充电电流编程端，用于设定充电电流的限制电平
V_{CC}	22	I	工作电源
VHSP	20	O	驱动外部 MOSFET 的电压源
VREF	7	O	5V(±0.6%)参考电压

2. Bq24700 的应用电路

(1) 笔记本电脑充电管理电路

Bq24700 在笔记本电脑充电管理中的应用电路如图 10.6.4 所示。电路的输入端连接交流适配器，输出端连接笔记本电脑系统。Q_1(P 沟道功率 MOSFET)为充电器开关，Q_2 为适配器选择开关，Q_3 为电池选择开关。

该电路是一个降压变换器拓扑结构，适用于电池电压低于适配器电压(U_{ADPT})的情况。

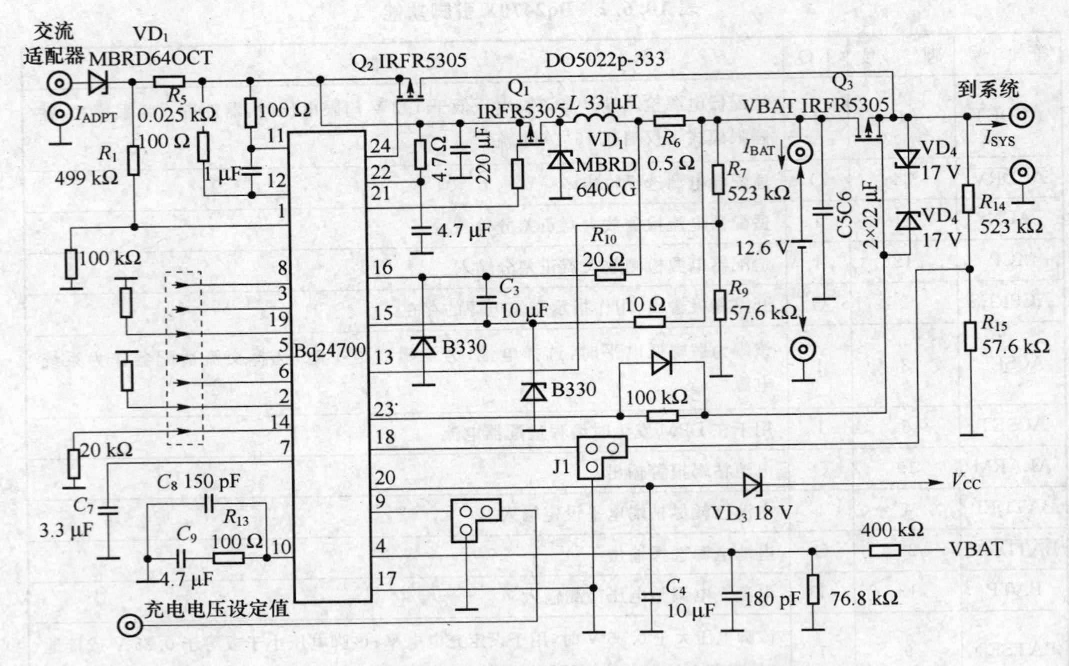

图 10.6.4　bq24700 构成的笔记本电脑充电管理电路

在图 10.6.4 所示的应用电路中，系统以适配器作为电源，Bq24700 的电源电压来自 22 引脚（VCC）。IC 的 21 引脚为 PWM 输出控制端，可驱动降压变换器高端的一只 P 沟道功率 MOSFET（Q_1）。PWM 控制器以电池浮置电压（U_{BAT}）、电池充电电流（I_{CH}）和适配器充电电流（I_{APDT}）3 个参数为基础，对电池充电电流进行闭环控制。适配器电流通过电阻器 R_5 检测，并经 11 引脚（ACN）和 12 引脚（ACP）差分输入到 IC 内部的电流误差放大器。电池充电电流经电阻器 R_6，并通过 16 引脚（SRP）和 15 引脚（SRN）输入到 IC 内部的差分放大器。电池浮置电压经 R_7 和 R_9 组成的电阻分压器检测，通过 13 引脚（BATP）输入到 IC 内部的电压误差放大器。上述 3 个开路集电极跨导放大器都在 IC 内部与 100 μA 偏置电源的 10 引脚（COMP）相连。10 引脚上的电压是 PWM 比较器的控制电压，通过与内部 300 kHz 振荡器的锯齿波比较，为 PWM 驱动提供占空比。10 引脚与地之间连接的阻容元件组成补偿网络。

Bq24700 的 1 引脚（ACDET）通过外部电阻分压器检测适配器电源的存在。当该引脚上的电压低于 1.2 V 时，IC 进入睡眠状态，PWM 控制器关闭，使 23 引脚（$\overline{\text{BATDRV}}$）输出低电平，24 引脚（$\overline{\text{ACDRVA}}$）输出高电平。系统电压经 R_{14} 和 R_{15} 组成的电阻分压器检测后输入到 18 引脚（VS），18 引脚上的电压可表征系统电压。如果 18 引脚上的电压比 13 引脚上的电压高得多，由 23 引脚驱动的 P 沟道功率 MOSFET、Q_3 则截止，从而使电池在过电压条件下得到保护。20 引脚（VHSP）上的电容器 C_4 可为功率 MOSFET 提供稳定的电压。当 $U_{CC} \geq 15$ V 时，U_{HSP} 为 U_{CC} 的 1/2；当 $U_{CC} < 15$ V 时，U_{HSP} 为零；当 $U_{CC} > 20$ V 时，为防止启动期间使功率 MOSFET 过冲击，20 引脚和

V_{CC}之间应串接一只 18 V 的齐纳二极管。

9 引脚(BATSET)用来设定电池浮置电压,该脚为高阻抗输入,即可通过键盘控制器 DAC 驱动,也可以在 7 引脚接一电阻,分压后输入到该脚。在通常情况下,要求 U_{BATSET}>1.0 V。4 引脚(BATDEP)上连接 400 kΩ 和 100 kΩ 的电阻器,用来设定耗尽电池电平。当 4 引脚上的电压低于 1.2 V 时,意味着电池枯竭,并通过 19 引脚(ALARM)报警。只要电池耗尽条件存在,19 引脚就一直输出高电平,发送报警信号,同时 Bq24700 自动切换到适配器电源。除出现电池枯竭情况外,当选择器输入与输出不匹配时,Bq24700 也会报警。

当 8 引脚(ENABLE)电位为"1"时,PWM 控制器工作,开始充电;当 8 引脚电位为"0"时,停止充电。6 引脚(ACSET)为适配器电流输入门限,该输入门限在 DPM 启动时设定系统电流电平。

(2) 单端初级电感变换器(SEPIC)充电电路

由 Bq24700 组成 SEPIC 拓扑结构如图 10.6.5 所示。不论电池电压与适配器电压相比高低如何,都对电池连续充电,从而扩大了适配器电压利用范围。一只低端 N 沟道功率 MOSFET 替代了降压变换器拓扑结构中的高端 P 沟道功率 MOSFET。两个源极连接在一起的两只 P 沟道功率 MOSFET 用作电池选择开关,以阻止在适配器电压较低时电池通过 IC 内部电路放电。这种充电电路的缺点是输出纹波电流较大,需用较大容量的输出电容器。

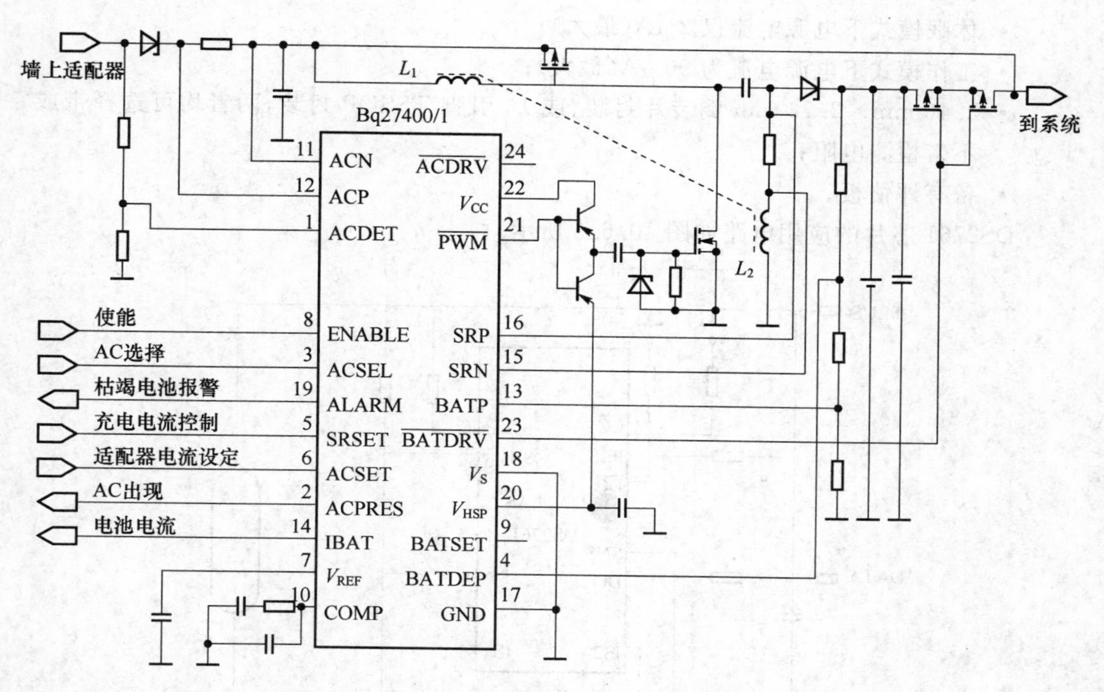

图 10.6.5　单端初级电感变换器(SWPIC)充电电路

10.6.3 DS2761 锂电池的电量计与保护电路芯片

DS2761 是一款单节锂电池电量计与保护电路。集成于一片微小的 2.46 mm×2.74 mm倒装片封装，由于内部集成了用于电量检测的高精密电阻，该款器件非常节省空间。它所具有的小尺寸和无可比拟的高集成度，对于移动电话电池组及其他类似的手持产品，如 PDA 等，都非常理想。集成的保护电路连续地监视电池的过压、欠压和过流故障(充电或放电期间)。不同于独立的保护 IC，DS2761 允许主处理器监视/控制保护 FET 的导通状态，这样，可以通过 DS2761 的保护电路实现系统电源控制，DS2761 也可以充电一个已尝试消耗的电池，当电池电压不足 3 V 时，提供一条限制电流的恢复充电路径。

主要特点如下：

- 单节锂电池保护器；
- 高精度电流(电量计量)、电压和温度测量；
- 可选择的集成 25 mΩ 检测电阻每片 DS2761 单独微调；
- 0 V 电池恢复充电；
- 32 字节可加锁 EEPROM，16 字节 SRAM，64 位 ROM；
- 1 - Wire，多节点，数字通信接口；
- 支持多组电源管理，并通过保护 FET 实现系统电源控制；
- 休眠模式下电源电流仅 2 μA(最大)；
- 工作模式下电源电流为 90 μA(最大)；
- 2.46 mm×2.74 mm 倒装片封装、或 16 引脚 TSSOP 封装，两者均可选择带或不带检测电阻；
- 备有评估板。

DS2761 芯片的应用电路如图 10.6.6 所示。

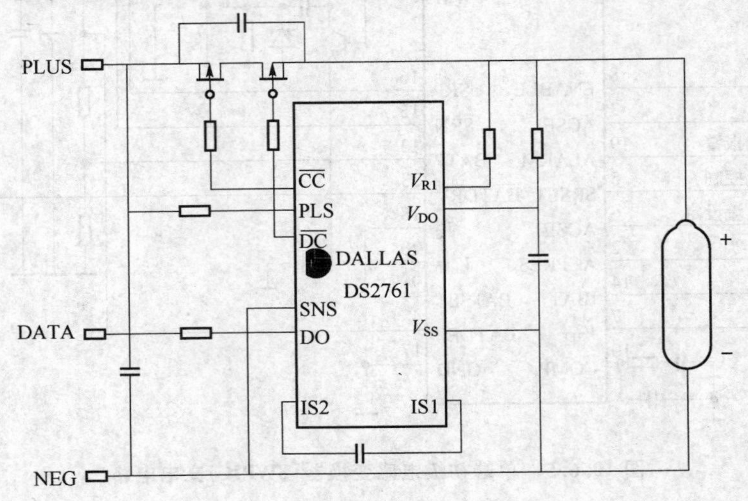

图 10.6.6 DS2761 应用电路

10.6.4 DS2770 电池电量计和安全快速充电器芯片

DS2770是Dallas Semiconductor公司生产的一款电池电量计和锂/镍化学电池充电器集成器件，它可以通过1-Wire接口与主系统进行通信，以读取电压、温度等测量信息，同时读写EEPROM存储器，因而可广泛应用于便携式设备中。

DS2770是一款独特的电池管理器件，集成了电量计和锂或镍化学电池充电控制电路。该款充电器实现安全和可靠的充电启动和终止控制，即可独立运行，也可在主系统的控制下工作，使用非常方便。DS2770支持电压、温度、电流和定时等充电终止模式。对于锂电池，该器件采用脉冲充电方式，比恒流恒压(CCCV)充电方式速度更快，并减少了电池容量的流失。器件内部的SRAM、EEPROM、控制和所有测量都可通过1-Wire通信接口访问。作为一个可选项，DS2770还可配置一个集成的25 mΩ检测电阻，用于完成充电和电量计量等功能所要求的电流测量，它可利用简单的限流型电源给电池充电，也可作为一个高精度电量计。在通过1-Wire通信接口与主系统连接时，DS2770可以提供充电、剩余电量估计、安全管理、非易失性参数存储等功能。

1. 主要特性

- 用户可选的锂脉冲充电或镍充电(dT/dt充电终止方式)；
- 带有实时失调纠正的高精密电流测量，实现5%精度的电量计量；
- 以5 mV分辨率测量电压，0.125℃分辨率测量温度；
- 可选的集成25 mΩ检测电阻，每个DS2770经过单独微调；
- 40字节可锁定的EEPROM，16字节SRAM，16位ROM；
- 1-Wire，多节点，数字通信接口；
- 16引脚TSSOP，含或不含检测电阻(备有微型8引脚USOP封装)。

2. 引脚功能

DS2770为16引脚TSSOP封装，图10.6.7为其引脚排列图，各引脚的功能如下：

- $\overline{UV}$电池电压检测端。当检测到电池电压为较低值时、该端输出低电平；
- $\overline{CC}$充电控制输出端，低电平有效；
- VCH：充电电压输入端；
- SNS：电流检测电阻连接端；
- V_{IN}：电池电压检测输入；
- V_{DD}：芯片电源端；
- V_{SS}：地端；
- DQ：数据输入/输出端；
- LS1与LS2：电流检测输入端。

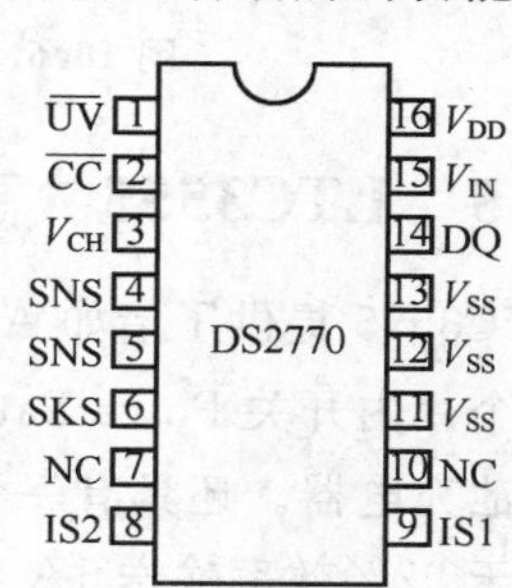

图10.6.7 DS2770的引脚排列图

3. 应用电路

使用脉冲充电器应该使用限流且稳压的电源，由于脉冲充电器不调节充电电流，因此，限流是必要条件，不过通过无源元件，DS2770 也可使用限流非稳压电源。其具体电路如图 10.6.8 所示。

图中，当充电电源连接到 CS 和 PACK 之间，且 DS2770 检测到电源后，即可开始给电池充电。电路中，肖特基二极管 D1 用于禁止电容 C_1 通过充电电源放电；二极管 D2 为 V_{CH} 提供高于 V_{DD} 约 0.5 V 的余量，同时还可阻止电池通过充电电源放电；此外，为了使 V_{CH} 端电压在整个充电周期内都高于电池电压，电容 C_1 的容值应该大于1.5 μF。

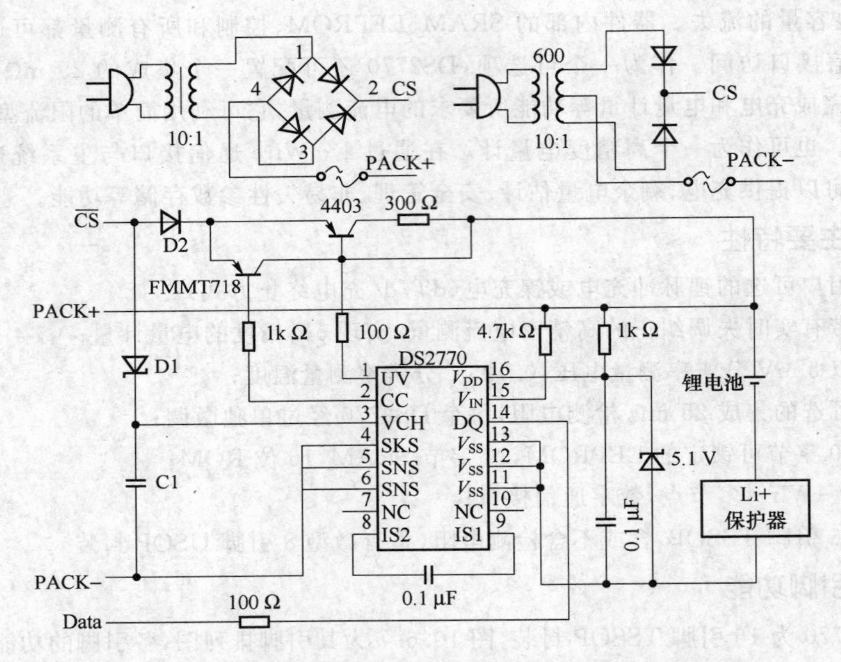

图 10.6.8　基于 DS2770 的非稳压电源脉冲充电器

10.6.5　LTC3555　高集成度和高效的电源管理芯片

LTC3555 提供了诸如 AC 适配器、USB 端口和电池等多种电源之间的无缝切换。借助一个片内开关 PowerPath™控制器，它拥有一个可提供高达 1.5 A 充电电流的高效率电池充电器。还具有一个用于低功率逻辑电路的 25 mA 始终接通型 LDO、3 个能够以高于 92%效率输送 1A 和 2×400 mA 电流的单片式同步降压型稳压器、以及一个用于实现简易控制的 I^2C 接口或独立使能引脚，所有这些都被集成在一个纤巧的 4 mm ×5 mm QFN 封装中。

主要特点如下：

- 高效率开关 PowerPath 控制器；

- 可编程 USB 或 AC 适配器电流限值(100 mA 1500 mA/1A);
- 1.5A 锂离子/锂聚合物电池充电器;
- Bat - Track™功能实现了低功耗;
- 即使在电池失效或缺失的情况下也能执行“即时接通”操作;
- 三路高效率同步降压型 DC/DC 变换器(1A/400 mA/400 mA I_{OUT});
- 低无负载 I_Q:20 μA;
- I^2C 控制。

LTC3555 芯片应用电路如图 10.6.9 所示。

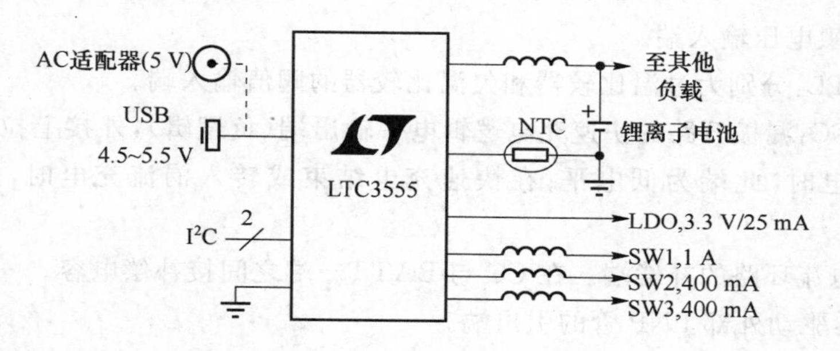

图 10.6.9 LTC3555 应用电路

10.6.6 MAX712 可编程快速充电管理芯片

MAX712 是 Maxim 公司生产的镍镉电池快速充电器专用集成电路,具有多种可编程功能,可实现充电过程自动化,充电时间短、效率高、使用方便灵活。克服了普通镍镉电池充电器功能单一,充电电流无法调整,充电时间长且效率低的缺点。

1. 主要特点

- 采用零电压斜率检测技术。对 1~16 节串联的镍镉电池,能以 $C/3$~C 速率的大电流快速充电,也可能以 $C/16$ 的速率进行涓流充电(镍镉电池的额定容量用 A· h(安时)表示,如果某电池的额定容量为 1 A·h,以 1 A 电流充电,充电时间为 1 h,则称 1C 速率充电)。
- 可编程。可以编程设定充电池数量(1~16 节电池串联)、充电时间(22~264 min)、均流充电电流的大小。只需改变相应引脚的接法,即可实现编程。
- 利用外部电阻可设定快速充电电流 I_{FAST}。
- 内含电压斜率检测器、温度比较器和定时器。根据电压斜率、电池温度或充电时间检测结果,可判断电池是否已充好电。一旦充好,就立即从快速充电自动切换到涓流充电,确保电池不受损害。
- 静态功耗低,充电效率高,不充电时最大静态电流仅为 5 μA。

2. 引脚功能

MAX712 采用 16 引脚 DIP 封装,各引脚功能如下:

- BATT＋、BATY－：分别接镍镉电池的正、负端。
- V＋：内部＋5 V稳压器的引出端，该端电压相对于BATT－端为＋5 V，电源电流最小值为5 mA。
- V_{LIMIT}：用于设定BATT＋和BATT－端之间的最大电池电压(EM)。设电池个数为N，此端接V＋时，EM＝$U_{LIMIT}\times N$，单位为V，并且U_{LIMIT}应小于＋2.5 V。
- V_{REF}：内部2.0 V基准电压源的输出端，可提供1 mA的输出电流。
- PGM0、PGM1：电池电压比较器输入端，用于设置串联数目N。
- PGM3、PGM4：内部定时器引出端，用于设定快速充电时间T_{FAST}。
- T：热敏电压输入端。
- TH、TL：分别为过温比较器和欠温比较器的阈值输入端。
- FASTC：漏极开路的快速充电逻辑电平输出端(负逻辑)，外接上拉电阻。在快速充电时，此端为低电平；在快速充电结束或转入涓流充电时，此端变成高电平。
- CC：电流环路的补偿端。在CC与BATT－端之间接补偿电容。
- DRV：驱动外部PNP管的引出端。
- GND：公共地。

MAX712引脚排列如图10.6.10所示。

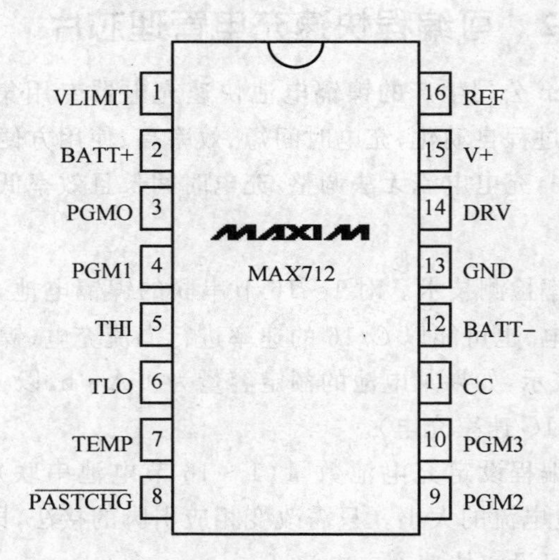

图10.6.10 MAX712引脚图

3. 应用电路及编程方法

① 电池数的编程方法：将PGM0、PGM1分别接V＋、V_{REF}、BATT－端或开路时，即可对充电电池数(1～6节)进行编程。

② 快速充电时间及涓流充电电流的编程方法：PGM3、PGM4分别接V＋、V_{REF}、BATT－端或开路时，将可在22～264 min之内设定充电时间T_{FAST}。PGM3端还设定

了从快速充电切换到涓流充电时，涓流充电电流 I_{TR} 的大小。

MAX712 芯片应用电路如图 10.6.11 所示。

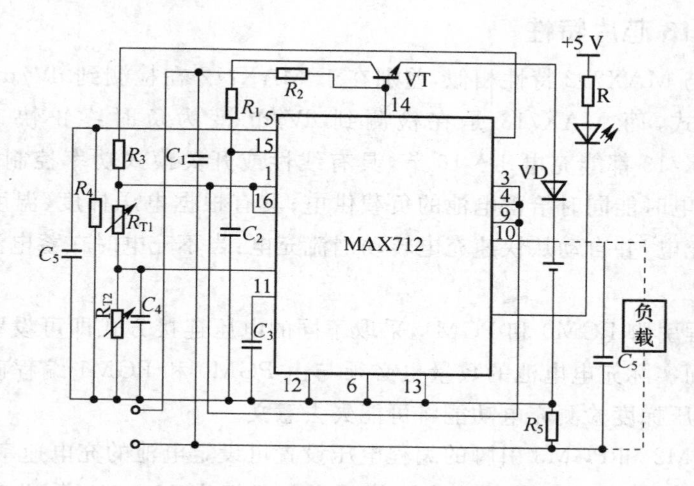

图 10.6.11　镍铬电池快速充电器电路

在本电路中，$U_{DC}=9$ V，输入电流为 800 mA。C_1 为输入端滤波电容，R_1 是阻流电阻。设 U_{DC} 的最小电压为 $U_{DC(min)}$，内部并联式稳压器的电压为 5 V，用 R_1 将 V+端的最小电源电流限定为 5 mA。R_1 的计算公式如下：

$$R_1=U_{DC(min)}-5/(5\times10^{-3})$$

设 $I_{FAST}=1$ A 时，$U_{DC(min)}=6$ V，则 $R_1=200$ Ω，U_{DC} 经 R_1 对 C_2 充电；当 $U_{C_2}=U+=+5$ V 时，开始快速充电。要求 $C_2\geqslant5$ μF，现取 1 μF。C_3 是补偿电容，规定 $C_3\geqslant5000$ pF，线取 0.01 μF。VT 为 2N6109 型 PNP 功率管，其主要参数为：$U_{CB0}=80$ V，$I_{CM}=7$ A，$P_{CM}=40$ W。R_2 是基极偏置电阻。VD 是阻塞二极管，可防止 DRV 端的导通电流影响 VT 的正常偏置，它选用 1N4001 型 1 A/50 V 的塑封硅整流管。R_5 为检测电阻，用来设定快速充电电流，I_{FAST} 的值。因为 BATT -与 GND 端之间的电压差为 0.25 V，故 $R_5=0.25$ V/I_{FAST}。当 $I_{FAST}=1$ A 时，$R_5=0.25$ Ω，负温度系数的热敏电阻 R_{T1}、R_{T2} 采用 13 A1002 型。该电路在快速充电、涓流充电时的充电电流分别为 1 A、1/16 A(即 62.5 mA)，充电速度分别为 C、C/16。

10.6.7　MAX713　可编程快速充电(1～16 节)管理芯片

MAX713/12 系列芯片适合 1～16 节镍氢或镍镉电池充电需要，利用该芯片设计的充电器外围电路非常简单，非常适合便携式电子产品的紧凑设计需要。MAX712 和 MAX713 可通过简单的引脚电压配置进行编程，实现对充电电池支数和最大充电时间的控制，内部集成的电压梯度检测器、温度比较器、定时器等控制电路，根据电压梯度、电池温度或充电时间的检测结果，自动控制充电状态，从涓流充电转到快速充电(低温时)或从快速充电转到涓流充电，以确保电池不受损害。充电状态识别可由输出的

LED 指示灯或与主控器接口实现，具有自动从快速充电转为涓流充电、低功耗睡眠等特性。快速充电速率从 $C/4\sim4C$ 可设定，涓流充电速率为 $C/16$。

1. MAX713 芯片特性

MAX713 与 MAX712 特性相似，差别在于 MAX712 在检测到 $\mathrm{d}V/\mathrm{d}t$ 变为零时终止快速充电模式，而 MAX713 是在检测到 $\mathrm{d}V/\mathrm{d}t$ 变为负时终止快速充电模式；MAXT12/MAX713 都能充电 1～16 节，具有线性或开关模式功率控制，对于线性模式，在蓄电池充电时能同时给蓄电池的负载供电；具有根据电压梯度、温度和时间三种方式截止快速充电，并自动从快速充电转动涓流充电：当不充电时在蓄电池上的最大漏电流仅 5 mA。

通过可编程引脚 PGM0 和 PGM1，采取不同的电压连接方式即可设置充电电池数量 1～16 节。而实际充电电池的数量也必须与由 PGM0 和 PGM1 编程确定的数量一致，否则利用电压梯度检测充电功能将可能失去意义。

通过对 PGM2 和 PGM3 引脚的编程电压设置可设定电池的充电速率和充电时间。对于 MAX712/MAX713 来说，最大允许快速充电时间为 264 min，因此其最小充电速率将不能低于 $C/4$。

2. 引脚排列及引脚功能

MAX713 的引脚排列如图 10.6.12 所示。

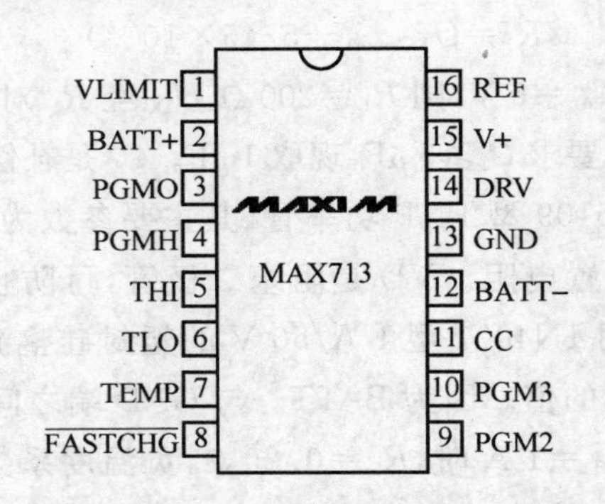

图 10.6.12　MAX713 引脚排列图

- MAX713 的引脚功能描述如下：
- VLIMIT：设置单节电池最大电压，电池组（BATT＋ BATT－）的最大电压 EM 不能超过 VLIMIT×（电池数量 n），且 VLIMIT 不能超过 2.5 V，当 VLINIT 接 V＋时，$E_{\mathrm{m}}=1.65n(\mathrm{V})$，通常将 VLIMIT 与 VREF 连接。
- BATT＋：电池组正极。
- PGM0：可编程引脚。
- PGM1：可编程引脚。通过对 PGM0 和 PGM1 引脚电压的设定可设置充电电池的数量（1～16 节）。

- THI:温度比较器的上限电压。当TEMP电压上升到THI时,快速充电结束。
- TLO:温度比较器的下限电压。充电初始,当TEMP电压低于TLO时快速充电被禁止,直到TEMP电压高于TLO。
- TEMP:温度传感器输入。
- $\overline{\text{FASTCHG}}$:快速充电状态输出。
- PGM2:可编程引脚。通过对PGM2和PGM3引脚电压的设定可设置快速充电的最大允许时间,时间范围为33～264min。
- PGM3:可编程引脚。除设定最大允许时间外,还可设定快速充电和涓流充电的速率。
- CC:恒流补偿输入。
- BATT－:电池组负极。
- GND:系统地。
- DRV:驱动外围"PNP"。
- V＋:分路调节器。V＋对BATT－电压为＋5 V,为芯片提供分路电流(5～20 mA)。
- REF:参考电压输出2 V。

10.6.8 MAX1535A/B/C 带有输入电流限制和安全定时器的充电器芯片

高效率的MAX1535A/B/C能够为任何化学类型的电池充电。它可以限制输入电流,使从交流适配器吸出的电流不超出预定值,降低了交流适配器的尺寸和成本。输入电流限、电池浮充电压和充电电流限都可通过SM总线设定。如果MAX1535A/B/C不再收到充电电压和充电电流命令,175s的安全充电定时器可阻止"失控充电"。它采用先进的同步buck调节器控制电路,最大占空比可超过99%,降低了最小输入到输出电压差。MAX1535A/B/C能够为二、三或四节串连锂电池组充电,提供高达8A的充电电流。

主要特点如下:

- ±3%高精度输入电流限制;
- 175s安全充电延时;
- ±0.5%充电电压精度;
- 99.99%占空比适合于低压差工作;
- 自动选择系统电源。

MAX1535C芯片的应用电路如图10.6.13所示。

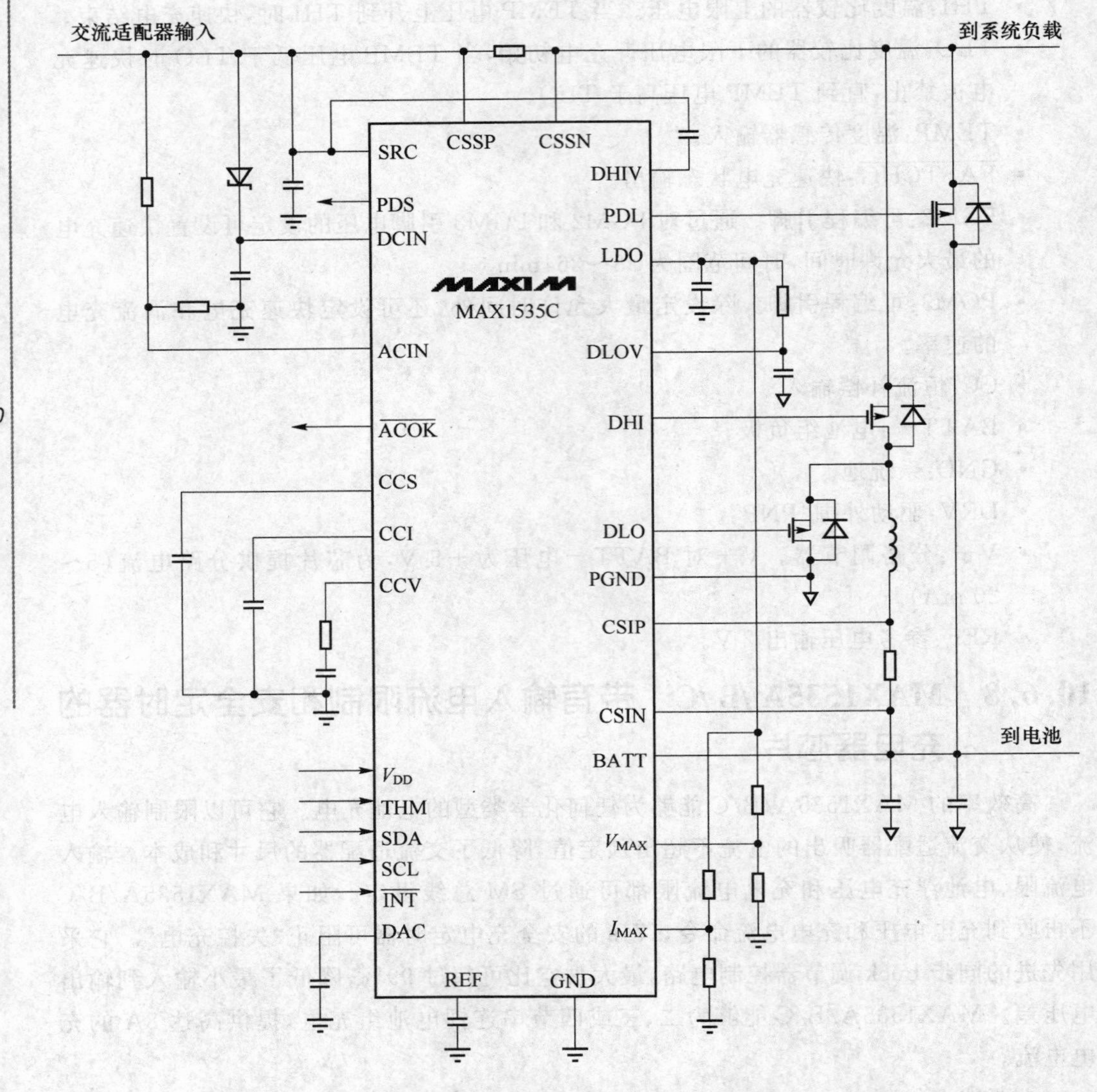

图 10.6.13　MAX1535C 芯片应用电路

10.6.9　MAX1666　锂电池包保护芯片

先进的锂电池包保护器 MAX1666 可以为可充电锂电池提供过压、欠压、电池间不平衡和充/放电过流等多种保护。该系列保护护器包含 3 种型号：MAX1666S 用于 2 节串连电池，MAX1666V 用于 3 节串联电池，MAX1666X 用于 4 节串联电池的电池包，MAX1666S 双电池保护器采用 16 引脚 QSOP 封装，MAX1666V 双电池和 MAX1666X 四电池保护器采用 20 引脚 QSOP 封装。

主要特点如下：

- ±0.5%精度的过压门限；

• 精密监测电池平衡；
• 低工作电流（最大 45 μA）；
• 内置功率 MOSFET 驱动器。

MAX1666 芯片应用电路如图 10.6.14 所示。

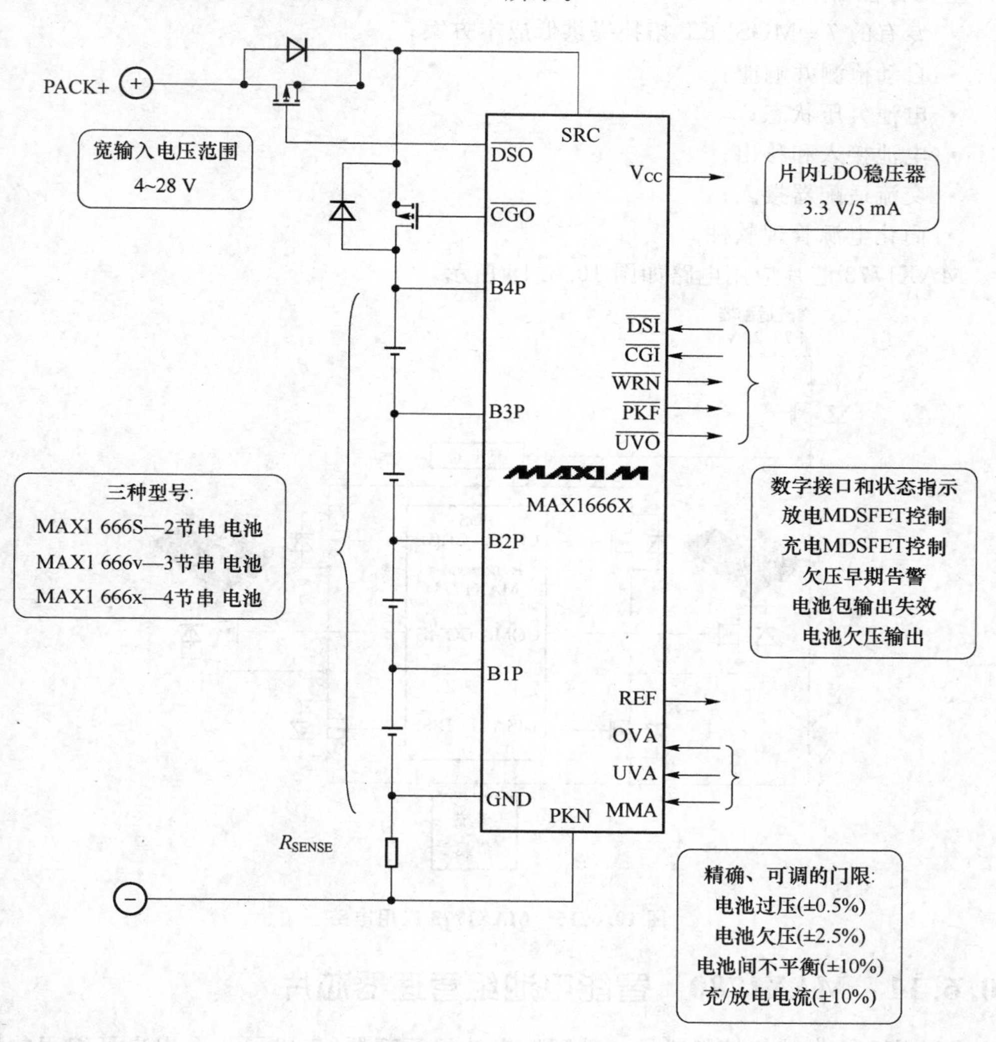

图 10.6.14　MAX1666 芯片应用电路

10.6.10　MAX1773　多电源选择控制芯片

MAX1773 是一款高集成 IC，可用作电源系统的控制逻辑，它可以直接驱动外部 P 沟道 MOSFET，以便从交流适配器和两组电池中选出一路进行充电和放电，做出的选择与电源是否就绪以及电池的状态有关。

MAX1773 设计用于和降压拓扑的充电器一同使用，对于棘手的模拟电源控制问题，该器件提供了一个简单且易于控制的方案。MAX1773具有大多数的电源监视和选择功能，将电源管理微处理器(μP)解脱出来去执行其他任务，这不仅简化了基本μP电源管理固件的开发，而且还使μP可以进入待机模式，因而降低了系统的功率消耗。

主要特性如下：

- 专有的7-MOSFET拓扑提供低成本方案；
- 自动检测并响应；
- 电池欠压状态；
- 电池接入和移出；
- 交流适配器接入；
- 简化电源管理软件。

MAX1773芯片应用电路如图10.6.15所示。

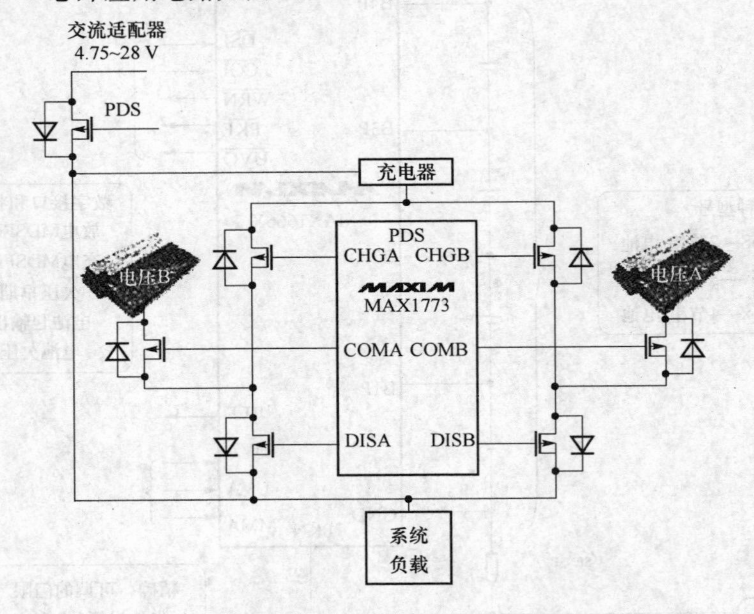

图 10.6.15 MAX1773应用电路

10.6.11 MAX1780 智能电池组管理器芯片

MAX1780电池组控制器是一种智能电池组管理器，集成了一个用户可编程的微控制器，一个基于库仑计数器的电量计，一个多通道数据采集单元，和一个主/从式SM总线接口，8位RISC控制器可由用户编程。为电池组设计者开发电量计量和控制算法提供了充分的灵活性。数据采集单元可测量单体电池的电压(精确至50 mV以内)，电池组总电压(最高至20.48 V)和芯片内/外的温度，利用其用户可调解的电流比较器和单体电池测量功能，MAX1780不再需要单独的电池组保护IC。

主要特点如下：

- 用户可通过外部EEPROM进行编程；

- 基于电压一频率(V－F)转换技术的高精度电量计；
- 输入失调电压<1 μV；
- 无需外部校准,降低电池组成本；
- 省去独立的主保护 IC：
  - 50 mV 精度的单体电池电压测量；
  - 内置保护 MOSFET 栅极驱动器；
- 过充电和放电电流保护；
- 完全集成的 LDO(V_{IN}＝4～28 V)；
- 8 位 RISC 的微控制器核：
  - 内置 1.5KB ROM 和 0.5KB RAM；
  - 快速启动 3.5 MHz 指令振荡器；
  - 看门狗定时器；
- 具有主控能力的硬件 SM 总线；
- <500 μA 典型工作电流；
- <1 μA 关断电流。

MAX1780 芯片应用电路如图 10.6.16 所示。

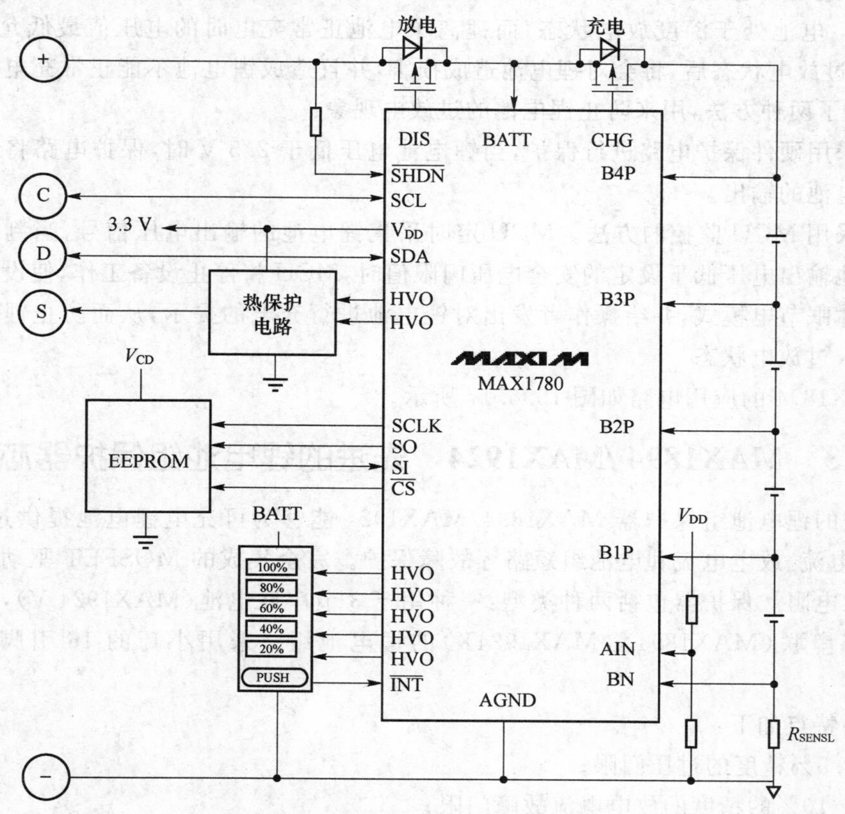

图 10.6.16 MAX1780 应用电路图

10.6.12　MAX1874　锂电池/放电管理芯片

MAX1874线性锂离子电池充电器，它具有输入过压保护和热调节功能。MAX1874采用QFN微型封装，其应用电路外围器件少，适合便携式应用的小体积需求。MAX1874具备完整的充电功能，能够对充电电压和充电时间进行控制，可以通过改变外接元件的参数，设置快速充电的电流。

MAX1874集成了一个输入电压监测电路，通过在电源输入端连接一个P沟道MOSFET(图10.6.17)，Q_2能够为电源适配器的输入提供高达18 V的过压保护，提高充电电路的安全性。

锂离子电池的充电温度有一个正常范围，当温度超出这个正常范围时，由于电池的化学属性不适合充电，所以不能给锂离子电池充电。为了防止在对锂电池进行快速充电过程中，电池温度高，MAX1874集成了一个内部窗比较器，在设计中，通过外接一个负温度系数热敏电阻(NTC)。并在电路板设计中将NTC安装在锂电池附近，来监视电池温度，防止在极端温度(低于0℃或高于50℃)下进行充电。当锂电池温度超出限制，MAX1874中止充电。如果锂电池温度恢复到正常范围，将恢复充电。

在锂电池放电过程中，需要着重考虑防止锂电池的过放电。当锂电池电压低于2.3 V时，电池处于深度放电状态，而锂离子电池正常充电时的电压值最低允许为3 V。进入过放电状态后，将会对锂电池造成损害，并且造成锂电池不能正常充电。在设计中采用了两种方法，用来防止锂电池的过放电现象：

- 采用硬件保护电路进行保护，当锂电池电压低于2.5 V时，保护电路将切断锂电池的输出。
- 采用MCU监控的方法。MCU定时采集锂电池的输出电压信号，当判定锂电池输出电压低于设定的安全电压门限值时，MCU将停止设备工作，使设备进入休眠节电模式，并给操作者发出对锂电池进行充电的提示，从而防止锂电池进入过放电状态。

MAX1874的应用电路如图10.6.17所示。

10.6.13　MAX1894/MAX1924　先进的锂电池组保护器芯片

先进的锂电池组保护器MAX1894/MAX1924能够为可充电锂电池提供过压、欠压、充电电流、放电电流和电池组短路等故障保护。完全集成的MOSFET驱动器无需外部上拉电阻。保护器包括两种类型：一种用于3节串联电池(MAX1924 V)，另一种用于4节串联(MAX1894X，MAX1924X)的锂电池组。采用小巧的16引脚QSOP封装。

主要特点如下：

- 0.5%精度的过压门限；
- ±10%的精度的放电电流故障门限；
- 独立的电池组短路和放电电流故障门限；

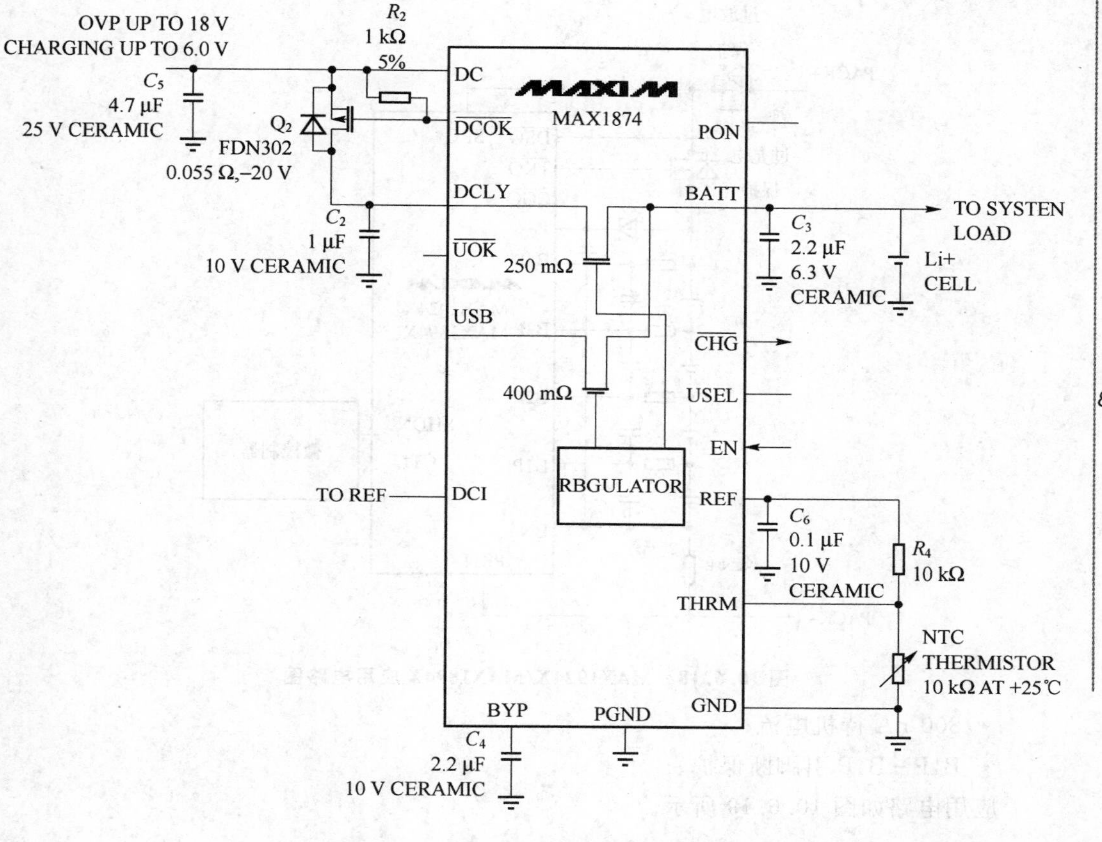

图 10.6.17　MAX1874 应用电路示意图

- 301 μA 典型工作电流和 0.7 μA 关断电流。

应用电路如图 10.6.18 所示。

10.6.14　MAX1906　集成了熔丝驱动器的锂电池保护器芯片

当出现过压时，MAX1906 迅速熔断三端熔丝达到保护锂、聚合物电池组的目的。MAX1906 通过触发内部 SCR 或驱动外部 MOSFET 的栅极使熔丝熔断。MAX1906 可用于 2、3 或 4 节电池组，采用热增强型 16 引脚 QFN 封装。

主要特点如下：

- 过压保护；
- ±1%精度的保护门限；
- 集成的 2.25 s 故障延迟定时器；
- 内置 1.5 A SCR 熔丝驱动器；
- 用于电池组功能验证的测试模式；
- 5 μA 电源电流；

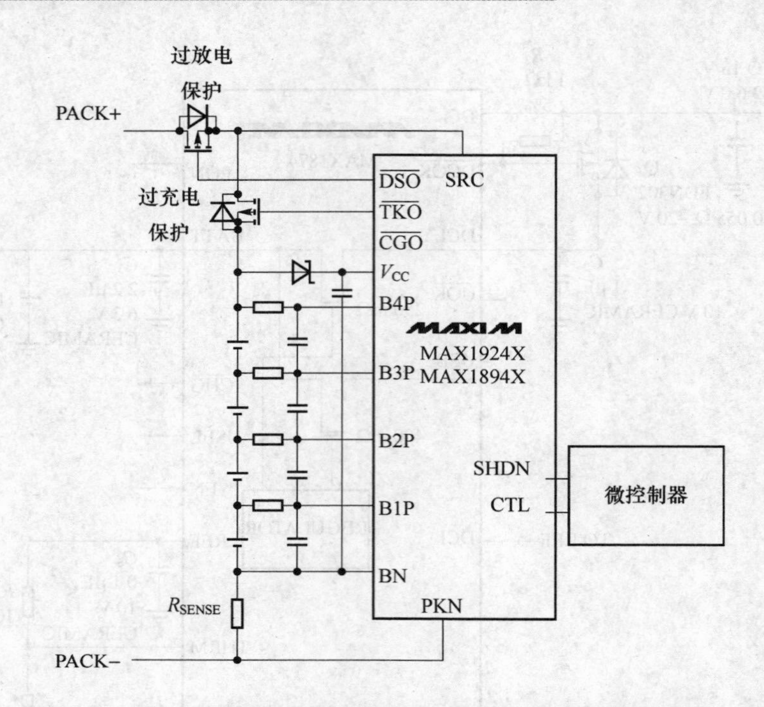

图 10.6.18　MAX1924X/MAX1894X 应用电路图

- 800 nA 待机电流；
- B1P－B4P 引脚断保护。

应用电路如图 10.6.19 所示。

10.6.15　MAX8568A/MAX8568B　钮扣电池充电、备用电池管理芯片

MAX8568A/MAX8568B 是功能完备的充电和备用电源切换 IC，专为 PDA、智能电话和其他便携式智能设备设计。

它们能够为锂离子和镍氢电池充电。集成的低电流升压式 DC/DC 变换器能够利用单节镍氢电池来为 2.5 V 或 3.3 V 逻辑提供备用电源。当片上电压监视器检测到主电源失效时，该器件能够为最多两路系统电源（通常为 I/O 电源和存储器电源）提供备用电源。MAX8568～MAX8568B 提供节省空间的 3 mm×3 mm、16 引脚 TOFN 封装。

主要特点如下：

- 自动管理所有备用电源切换功能；
- 可以为镍氢和可充电锂离子备用电池进行充电；
- 片上电池升压转换器适用于单节镍氢电池；
- 两组备用输出电压；
- 可编程充电电流；
- 可编程充电电压限制；

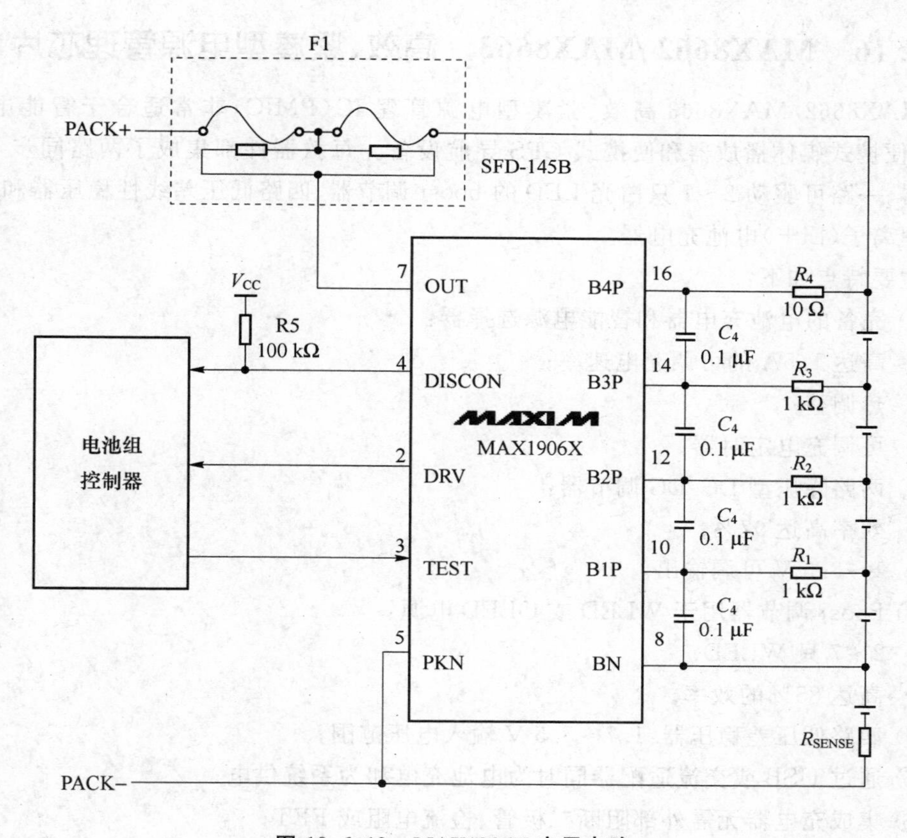

图 10.6.19 MAX1906X 应用电路

- 17 μA 超低工作电流；
- 省去大量分离元件。

应用电路如图 10.6.20 所示。

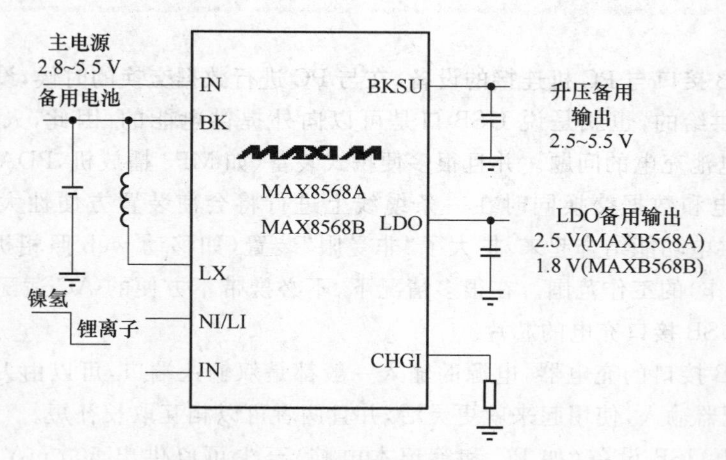

图 10.6.20 MAX8568A/B 应用电路

10.6.16　MAX8662/MAX8663　高效、紧凑型电源管理芯片

MAX8662/MAX8663高效、紧凑型电源管理IC(PMIC)非常适合于智能电话、PDA、便携式媒体播放器和便携式GPS导航设备。每款器件都集成了两路同步buck调节器、一路可驱动2～7只白光LED的boost调节器、四路低压差线性稳压器和一个单节锂离子(Li＋)电池充电器。

主要特点如下：

① 完备的电池充电器和智能电源选择器：

- 高达1.5A的可调充电速率；
- 热调整；
- 可调充电定时器。

② 两路降压型DC/DC调节器：

- 效率高达97％；
- 1～3.3 V可调输出。

③ Baost调节器用于WLED或OLED电源：

- 2～7只WLED；
- 高达85％的效率。

④ 四路低压差稳压器：1.7～5.5 V输入电压范围；

⑤ 通过USB或交流适配器同时为电池充电和为系统供电；

⑥ 集成充电器无需外部阻断二极管、检流电阻或FET；

⑦ MAX8662用48-TQFN型封装，MAX8663用40-TQFN型封装。

MAX8662应用电路如图10.6.21所示。

10.7　利用USB接口充电的充电器芯片

通过USB接口与PC机连接的设备，在与PC进行数据交换的时候，设备的电源是通过USB口供给的，也就是说USB口是可以向外提供电能的，因此，人们就想到用USB就口给电池充电的问题。并且很多便携式装备(如MP3播放机，PDA)与PC交换信息，电池充电和数据交换同时在一条缆线上进行将会使装置方便性大大增强。把USB和电池供电功能结合起来，扩大了“非受限”装置(如移动web照相机连接PC或不连接PC工作)的工作范围。在很多情况下，不必携带不方便的AC适配器。因此就出现了利用USB接口充电的芯片。

利用USB接口的充电器，电源的输入一般都是双输入端口，可以由USB口输入，也可以由适配器输入，使用起来就更灵活，并且两者可以相互取长补短。

所有主机USB设备(如PC和笔记本电脑)至少可以供出500 mA电流或每个USB插口提供5个“单元负载”。在USB述语中，“一个单元负载”是100 mA。自供电

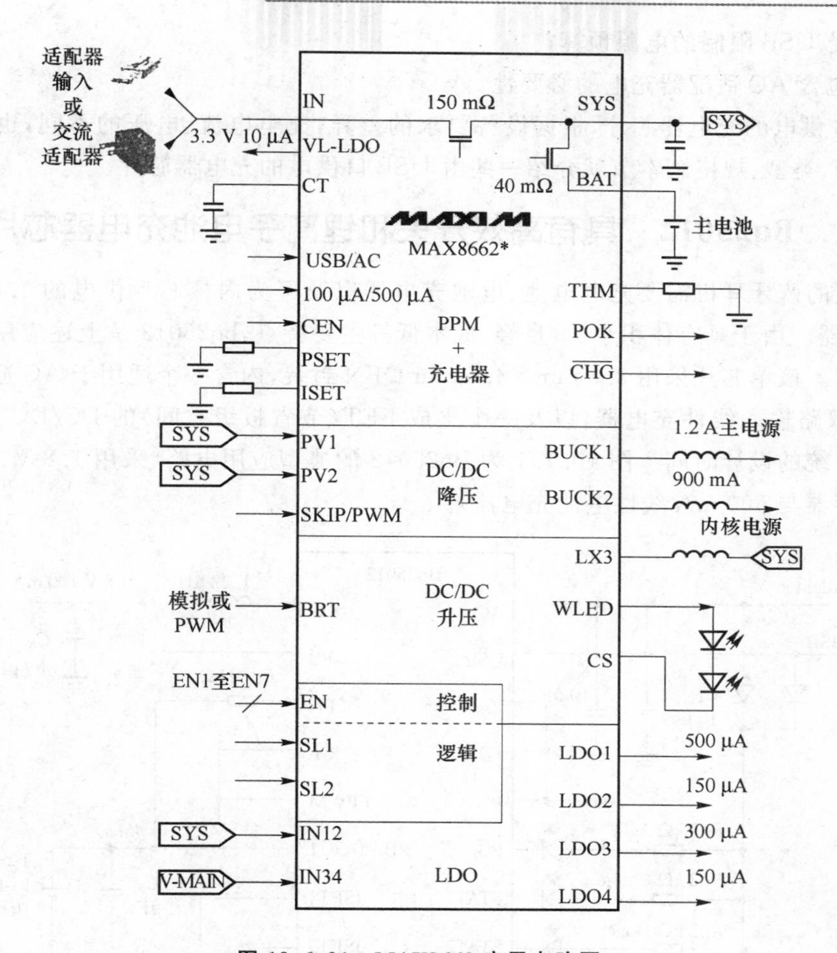

图 10.6.21 MAX8662 应用电路图

USB 插孔也可以提供 5 个单元负载。总线供电 USB 插孔保证提供一个单元负载(100 mA)。根据 USB 规范,在缆线外设端,来自 USB 主机或供电插孔的最小有效电压是 4.5 V,而来自 USB 总线供电插孔的最小电压是 4.35 V。这些电压为锂离子电池充电时(一般需要 4.2 V),其余量是很小的。

插入 USB 端口的所有设备开始汲取的电流不得大于 100 mA。在与主机通信后器件可决定它是否可以占用整个 500 mA,一旦连接所有 USB 设备需要主机对其加以识别。这称之为"枚举"。在识别过程中,主机决定 USB 设备的电源以及是否为其供电,对于被认可的设备可以将其负载电流从 100 mA 增大到 500 mA。

从 USB 对电池充电可以复杂也可以简单,这取决于 USB 设备要求。对设计有影响的因素通常是"成本"、"大小"和"重量"。其他重要的考虑包括:

- 当设备插入到 USB 端口时,带放电电池的设备能够以多快的速度进入完全工作状态;
- 所允许的电池充电时间;

- 受USB限制的电源预算；
- 包含AC适配器充电的必要性。

USB供电的充电器芯片，根据设备要求的差异，充电电流、电压的不同，也有各种不同品种、类型、规格。本节就介绍一些由USB口供电的充电器芯片。

10.7.1 Bq25012 具有高效开关和锂离子电池充电器芯片

典型的蓝牙耳机需要充电电池、电池充电器以及可为内核芯片供电的1.8V DC/DC变换器。由于具有体积小、重量轻、成本低等主要特点，bq25012是上述应用的理想解决方案。该单芯片采用3.5 mm×4.5 mm QFN封装，内含一个适用于AC适配器及USB的双路输入线性充电器，以及一个集成FET（节省板级空间）的DC/DC变换器，可缩短系统的设计时间。图10.7.1为Bq25012的典型应用电路（采用1.8 V、100 mA电源变换器与500 mA线性电池充电器）。

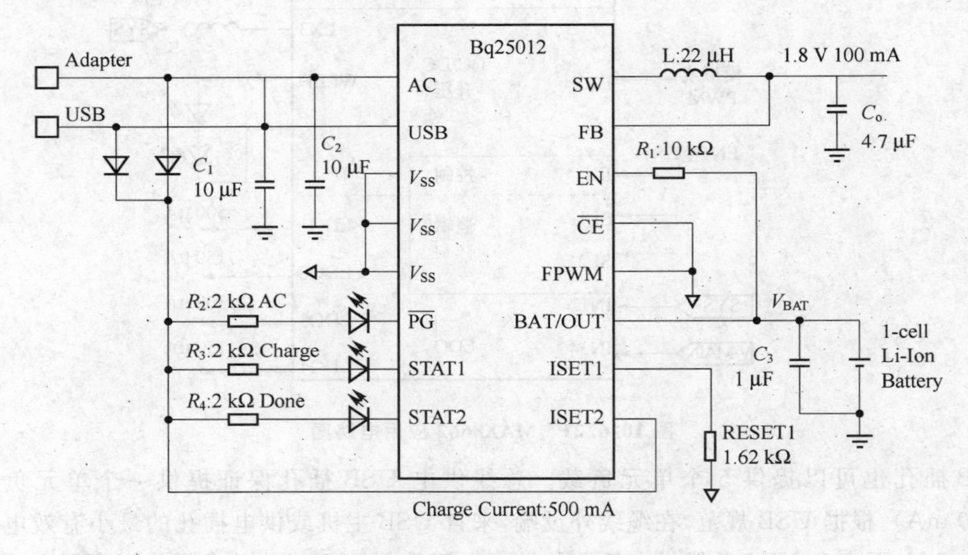

图10.7.1 Bq25012应用电路

该用用电路具有如下两个特点：

① 单体锂离子电池充电器。Bq25012结合了功率MOSFET及充电控制器，就单体锂离子电池应用而言，其可编程充电电流最高可达500 mA。既可以通过AC适配器也可通过USB，为电池充电并为系统供电，且电源选择是自动完成的。在失去V_{CC}电源的情况下，Bq2501X将自动进入睡眠模式，并进行反向阻断保护，以延长电池的使用时间。

Bq25012的电池充电过程分为3个阶段（每个阶段的电流及稳压精度都非常高）：预充电、恒定电流充电以及恒定电压充电。根据最小电流确定停止充电的时间。内置充电计时器能够为停止充电提供更多的安全特性。当电池电压低于内部电压阈值（即稳压点以下 100 mV 时)，Bq2501X 将自动对电池再充电。

STAT1 及 STAT2 漏极开路输出/PG 可表示充电器及电池的各种状态，而引脚则表示是否已连接至 AC 适配器。数字输入/CE 用于启用或禁用充电过程。

② 高效 DC/DC 变换器。该高效同步开关 DC/DC 变换器集成了功率 MOSFET，最可提供 150 mA 的电流。Bq25012 可提供 1.8 V 的 DC/DC 变换器固定输出电压以及 0.7～4.2 V 范围内的可调节输出电压。V_{BAT}(即电池电压)即为输入电压。同步 PWM 控制器的工频率为 1 MHz，并使过滤电感器及电容的体积降低到最小值。欠压锁定电路能够防止变换器在较低的输入电压和低于预设的情况下打开开关或整流器 MOSFET。

在 PWM 工作期间，转换器采用一种具备输入电压前馈功能的独特的快速响应电压模式控制器方案，以达到良好的线路及负载稳压，从而使用较小的陶瓷输入、输出电容器。当负载电流减小时，转换器将进入节电模式。

10.7.2 LTC4062 双输入锂离子电池充电器芯片

凌特公司推出的单节锂离子电池充电器 LTC4062 应用灵活，可满足不同容量的锂离子电池的需要，也能采用插头式电源及 USB 端口进行充电，为充电器设计工作师提供了一个很好的选择。

LTC4062 是一种充单节锂离子电池的线性充电器，由 LTC4062 组成的充电器适用于笔记本电脑、手机、MP3 器及数码照相机等。

1. 主要特点

可以用插头式(AC/DC 适配器)或 USB 端口供电；最大充电电流可达 1 A；预设浮充电压为(1±0.35%)4.2 V；内有用于监控电地电压的低功耗电压比较器；有多种终止充电方式：可设置时间的定时器来控制终止充电；在充电电流小于设定的电流时终止充电；可用户根据充电状态指示来终止充电；完善的充电程序(算法)在电压低于 2.9 V 时实现涓流充电；在电压大于 2.9 V 时实现大电流恒流充电；当电池电压接近 4.2 V 时改为恒压充电；有充电过程指示(LED 亮表示充电、LED 灭表示充电终止，LED 闪亮表示电池未装好或有故障)；有智能启，可延长电池寿命；有关闭控制，在关闭状态时耗电 20 μA(典型值)，电池耗电小于 2 μA；充电电流可设定；终止充电时的电流阈值可设定；内部有自动热调节来控制最大的充电率，不会有过热风险；无须外部电流检测电阻及阻塞二极管；外围元器件少；有设定全电流充电(大功率)及 1/5 电流充电(小功率)选择以满足不同充电电源及电池容量的需要；10 引脚小尺寸 DFN 封装(3 mm×3 mm)，高度 0.75 mm；工作温度范围为 0～+85℃。

2. 引脚排列及功能

LTC4062 引脚排列如图 10.7.2 所示，各引脚功能如表 10.7.1 所列。

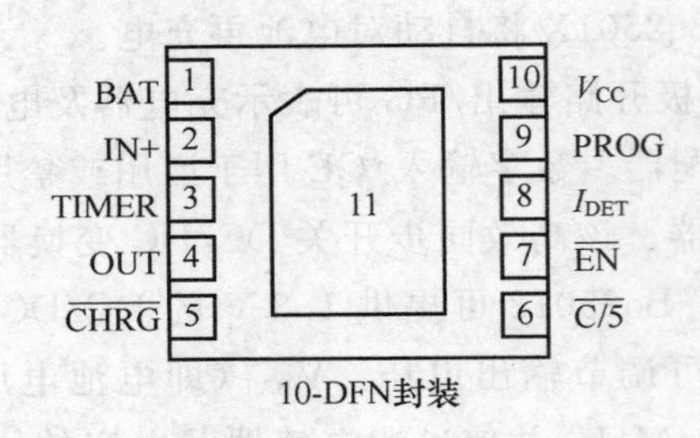

图 10.7.2 LTC4062 的引脚排列(顶视图)

表 10.7.1 LTC4062 引脚功能

引脚	符号	功能
1	BAT	充电电流输出端。此端接充电电池正极,内部调节到最终充电浮动电压 4.2 V
2	IN+	电压比较器的同相输入端。其反相端接内部 1 V 基准电压。比较器有 50 mV 滞后电压
3	TIMER	定时器定时设定端。定时时间=3CTIMER/0.1 μF(小时)。此端接 0.1 μF 到 GND 时,定时时间为 3 h。定时时间到达时,终止充电。TIMER 端接 GND 时为选择充电电流终止充电方式,TIMER 端接 V_{CC}时为选择用户终电方式
4	OUT	电压比较器的开漏输出端。有两个状态:当 $V_{IN+}>1$ V 时,内部 N 沟道 MOSFET 导通,为下拉态(MOSFET 可通过 10 mA);当 $V_{IN+}<1$V 时,MOSFET 截止,为高阻态
5	$\overline{CHRG}$	内部 N 沟道 MOSFET 开漏输出端。它外接 LED 作充电指示,CHRG 有三态:电池充电时(MOSFET 导通),为下拉态,LED 亮,终止充电时(MOSFET 截止),为高阻态,LED 灭;若有故障时,内部 STOP 端输出 6Hz、50%中空比的信号输入 MOSFET 的栅极 G(MOSFET 工作于通断状态),为脉冲状态,LED 闪亮
6	$\overline{C/5}$	1/5 编程充电电流控制端(用于 USB 端口作电源),内部接下拉电阻 3.4 mΩ。若此端接高电平时,充电电流按编程电流(I_{PROG})100%充电;若此端接地或悬空,则按 1/5 I_{PROG}充电
7	$\overline{EN}$	充电器使能端,内部接 3 mΩ 下拉电阻。此端悬空或接地时为充电器正常工作;若此端接 V_{CC},则为关闭状态,耗电小于 50 μA
8	I_{DET}	终止充电阈值电流设定端,此端接一电阻 R_{DET} 到地。R_{DET} 与 I_{DET} 关系为:$R_{DET}=100$ V/I_{DET}
9	PROG	充电电流设定及充电电流监测脚。经端接 R_{PROG} 设定充电电流 I_{BAT},R_{PROG} 接在 PROG 与 GND 之间,I_{BAT} 与 R_{PROG} 的关系为:$I_{BAT}=1000$ V/R_{PROG}
10	V_{CC}	电源正端(4.3～8 V),接 1 μF 旁路电容到地
11	GND	电源负端,接地。此端接印制板可散热

3. 几种典型应用电路

(1) 定时器终止充电方式的电路

由定时器终止充电方式的电路如图 10.7.3 所示采用 $C_{TIMER}=0.1$ μF,定时时间为 3 h。恒流充电电流 $I_{BAT}=1000$ V/$R_{PROG}=1000/2$ kΩ$=500$ mA。$I_{DET}=100$ V/$R_{DET}=$

1000 V/2 kΩ=50 mA。充电时LED亮当$I_{BAT}>I_{DET}$时，LED灭。到3 h定时时间充电结束。

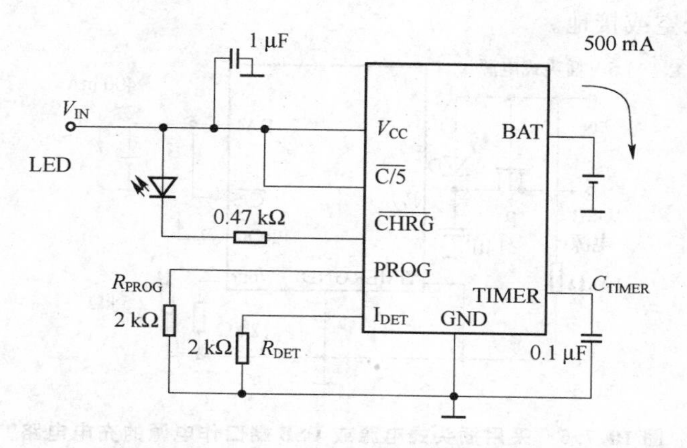

图10.7.3　由定时器终止充电方式的电路

(2) 采用检测电流方式终止充电电路

采用检测I_{BAT}电流来终止充电电路如图10.7.4所示。按图的参数$I_{BAT}=807$ mA，$I_{DET}=80$ mA，$R_1=715$ kΩ，$R_2=347$ kΩ，则$V_{BAT}<3$ V，OUT为高电平，$V_{BAT}>3$ V时，OUT为低电平。全电流充电，EN端悬空(内部有下拉电阻)，充电器正常工作，要关闭时EN接高电平。TIMER端按地(采用检测充电电流终止充电力式)。LED作充电状态指示。

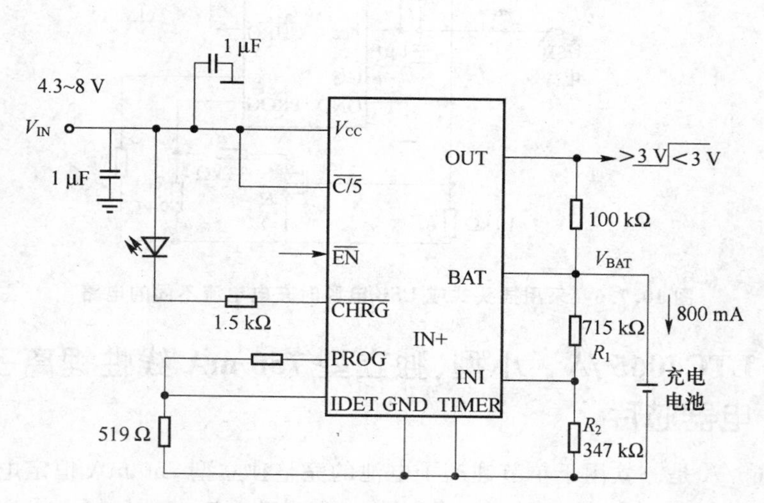

图10.7.4　采用检测电流方式终止充电电路

(3) 采用5 V插头式电源或USB端口作电源的充电电路

采用5 V插头式电源或USB端口作电源充电的电路如图10.7.5所示。

两种电源可同时使用，若两种电源都接上，则5 V插头式电源优先。5 V插头式电源使10 kΩ电阻通电，$V_{GS}\approx0$V，P管截止，USB端口不再供电。肖特基二极管D为阻塞二极管它防止 USB 供电时,不会使 10 kΩ 电阻通过电流,并且减小二极管的电压降的损失。图中 TIMER 接地,$I_{BAT} < I_{DET}$ 时终止充电。若 USB 端口不能提供 400 mA 电流。可将 $C/5$ 悬空或接地。

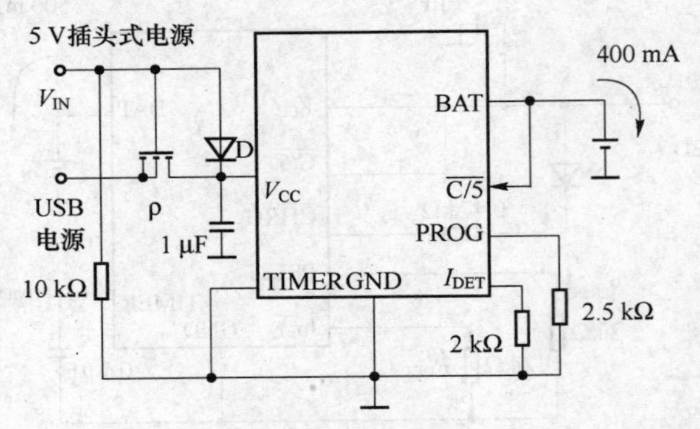

图 10.7.5 采用插头式电源或 USB 端口作电源的充电电路

(4) 采用不同电源时充电电流不同的电路

采用 5 V 插头式电源可提供 800 mA 充电电流,但由于 USB 端口不能提供 800 mA 电流,可采用图 10.7.6 所示的电路,在 USB 端口供电时,充电电流减小到 500 mA。

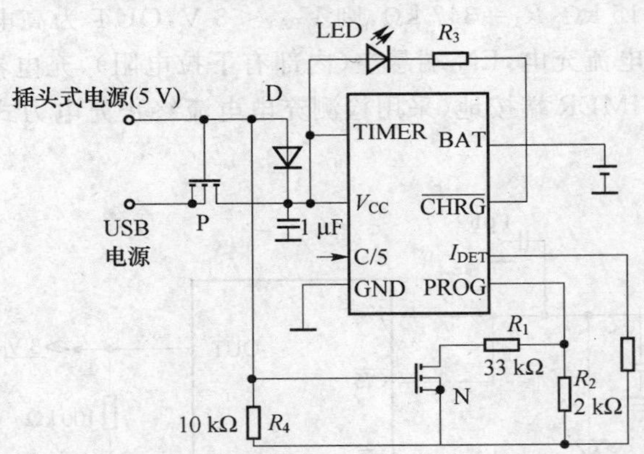

图 10.7.6 采用插头式或 USB 电源时充电电流不同的电路

10.7.3 LTC4065/A 小型、独立型 750 mA 线性锂离子电池充电器芯片

LTC4065/A 是一款用于单节锂离子电池的完整独立型 750 mA 恒定电流、恒定电压线性充电器。该器件高度集成的功能/特性,小型化扁平(高度仅 0.75 mm)2 mm×2 mm DFN 封装以及很少的外部元件使其成为空间受限的便携式应用的上佳之选。它是专为在 USB 电源规范内工作而设计。

1. 功能丰富的充电器应用电路

如图 10.7.7 所示功能齐全的独立型 LTC4065/A 包括可编程充电电流、C/10 充电终止、自动再充电，安全定时器、低电池电量充电调节(涓流充电)、用于电池电量测量的充电电流监视、用于限制涌入电流的软启动电路以及一个用于指示输入电压接入的漏极开路状态 ACPR 引脚(仅 LTC4065A)。由于采用了内部 MOS-FET 架构，因而无需外部检测电阻器或隔离二极管。热反馈功能负责调节充电电流，以便在大功率工作或高环境温度条件下对芯片温度加以限制。

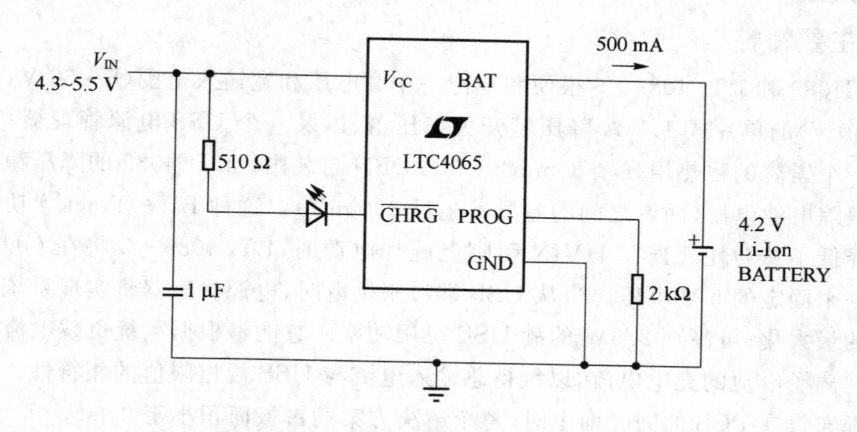

图 10.7.7 用于 USB 充电的 LTG4065 典型应用电路

2. 交流适配器与 USB 电源的组合

除了 USB 端口之外，还可以采用一个交流适配器来给锂离子电池充电。图 10.7.8 示出了如何采用 LTC4065 来实现交流适配器与 USB 电源输入的组合。一个 P 沟道 MOSFET(MPI)被用于防止交流适配器接入时反向传入 USB 端口。肖特基二极管 D1 则被用于防止 USB 功率在经过 1 kΩ 下拉电阻器时产生损耗。交流适配器通常能够提供比 500 mA 电流限值的 USB 端口大得多的电流。因此当交流适配器接入时，可采用一个 N 沟道 MOSFET(MN1)和一个额外的设置电阻器来将充电电流增加至 750 mA。

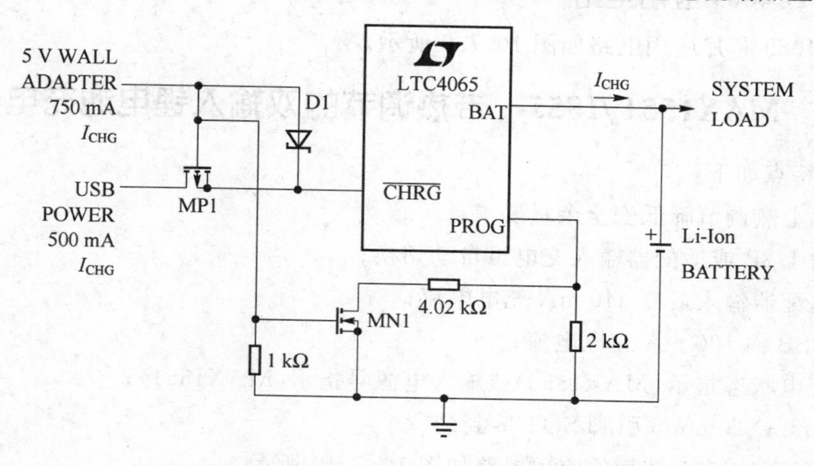

图 10.7.8 用于 USB 充电的 LTC4065 典型应用电路

10.7.4 LTC4089 高电压、宽输入锂离子电池充电器芯片

LTC4089 把一个高电压宽输入单片式开关稳压器、USB 电源管理器和锂离子电池充电器集成在一个 3 mm×6 mm DFN 封装内，并发送了 USB 型和多电源输入便携式设备的功能。

1. 主要特性

LTC4089 和 LTC4089－5 很便利地把一个高电压和宽输入范围(6～36 V，绝对最大值为 40 V)的单片式 1.2 A 降压型开关稳压器、以及一个 USB 电源管理器/充电器集成在一个紧凑的耐热增强型 3 mm×6 mm DFN 封装内。LTC4089 的降压稳压器输出电压跟踪电池电压(两者之间的差异不超过 300 mV)。这种 Bat－Track™ 功能最大限度地降低了总功耗。当在 HVIN 引脚上施加电源时，LTC4089－5 将在 OUT 引脚上提供一个固定的 5 V 电压。当从 USB 端口来供电时，电源管理器将实现系统负载可用功率的最大化；可高至 2.5W 的满 USB 可用功率。它能够根据系统负载电流来自动地调节锂离子电池的充电电流，以维持总输入电流与 USB 规格限值的相符性。当把所有元件都布设在 PCB 的同一面上时，整个解决方案的占板面积小于 $2cm^2$。

LTC4089 采用自适应高电压降压方式最大限度地降低了总功耗，LTC4089 的降压型转换器输出电压 V_{OUT} 跟踪电池电压 V_{BAT}。它始终比 V_{BAT} 高 0.3 V，这样就能够对电池进行快速充电，同时最大限度地降低总功耗。而且，如果电池被过度放电和 V_{BAT} 降至过低，则最小为 V_{OUT} 3.6 V，以确保连续的系统操作。

在传统的双输入器件中，输入负责向电池充电，而系统的电源则直接从电池获取。LTC4089 改进负载系统的供电方式，通过提供一个中间电压 V_{OUT} 对系统负载供电。该 V_{OUT} 与电池电压无关，且等于 USB 电压，因而系统负载可获得满 USB 功率。

2. LTC4089 应用电路

LTC4089 芯片应用电路如图 10.7.9 所示。

10.7.5 MAX1551/1555 带热调节的双输入锂电池充电器芯片

主要特点如下：

- 片上热调节降低安全余量要求；
- 由 USB 或适配器输入充电可自动切换；
- 适配器输入最高 340 mA 充电电流；
- USB 输 100 mA 充电电流；
- 充电状态指示(MAX1555)或输入电源号指示(MAX1551)；
- 3 mm×3 mm 5 引脚 SOT23 封装。

MAX1551/1555 芯片的应用电路如图 10.7.10 所示。

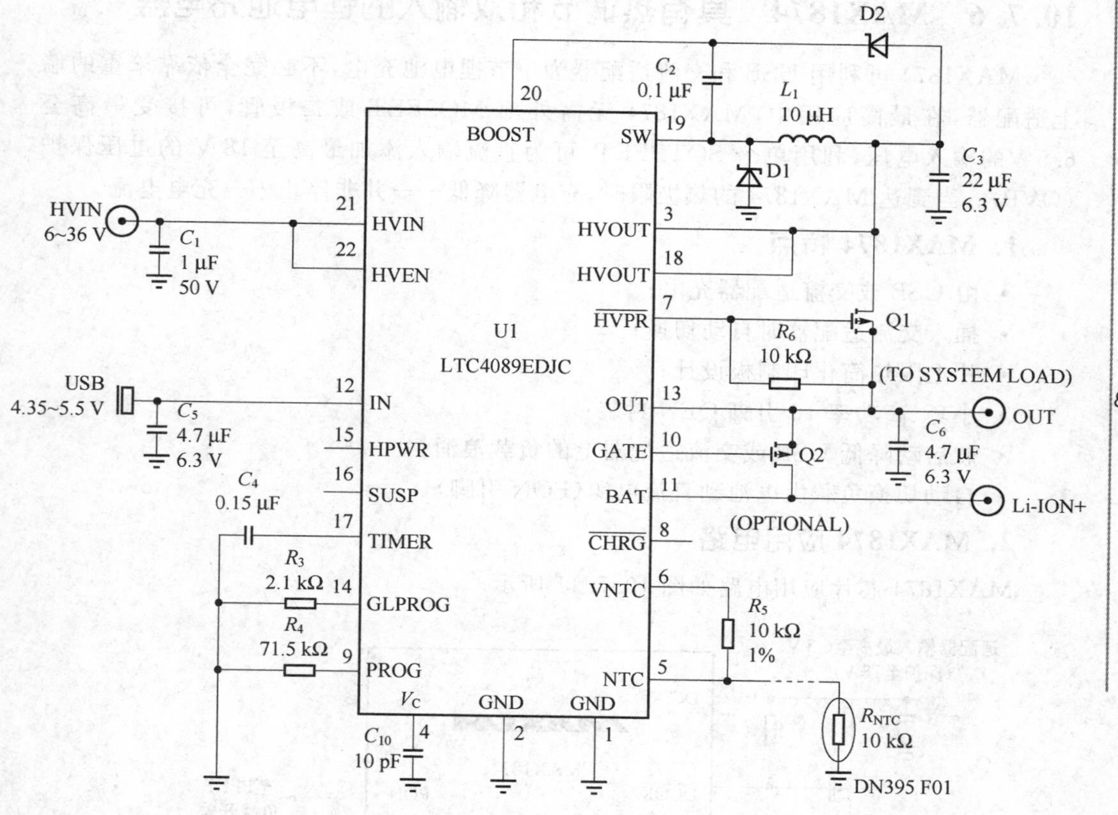

图 10.7.9　LTC4089 应用电路

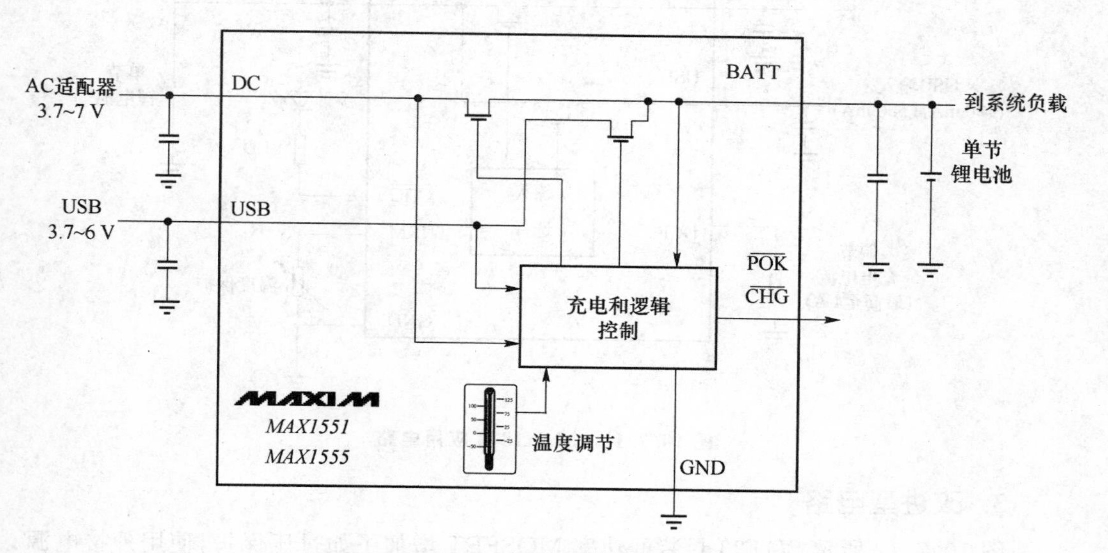

图 10.7.10　MAX1551/1555 应用电路

10.7.6　MAX1874　具有热调节和双输入的锂电池充电器

MAX1874 可利用 USB 和交流适配器为单节锂电池充电，不必完全依靠笨重的墙上适配器，在最简应用中，MAX1874 无需外部 MOSFET 或二极管，可接受最高至 6.5 V的输入电压，利用单个 SOTPFET，可为直流输入添加最高至 18 V 的过压保护(OVP)。当到达 MAX1874 的热极限时，充电器降低——并非停止——充电电流。

1. MAX1874 特点

- 由 USB 或交流适配器充电；
- 插入交流适配器时自动切换；
- 片上限热简化印制板设计；
- 小巧、高功率 16 引脚 QFN 封装；
- 软启动降低 USB 或交流适配器上的负载浪涌；
- 自动切换负载由电池到直流电源(PON 引脚)。

2. MAX1874 应用电路

MAX1874 芯片应用电路如图 10.7.11 所示。

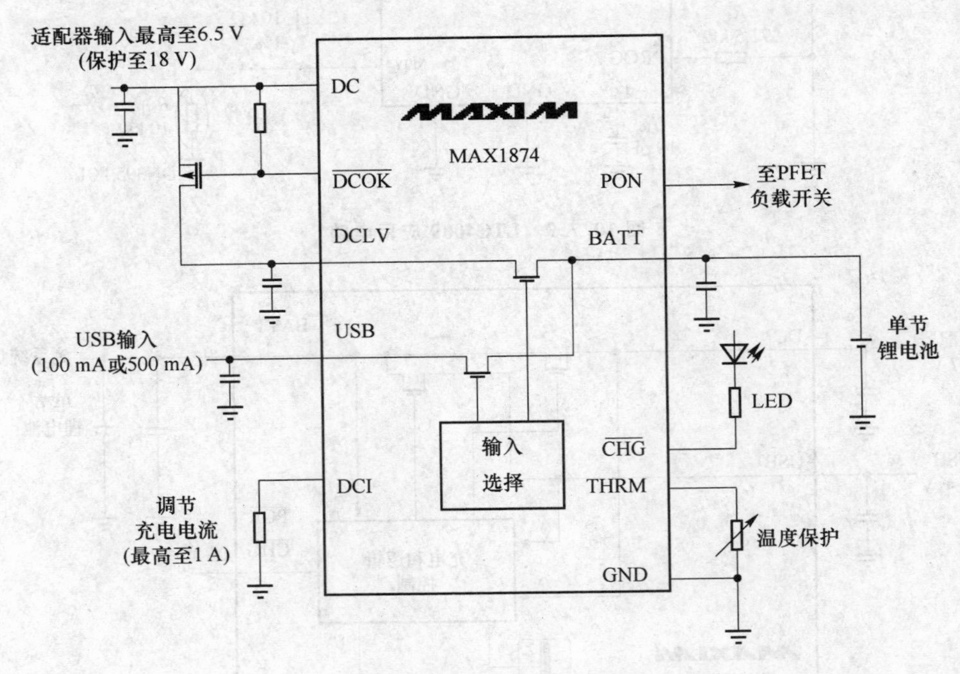

图 10.7.11　MAX1874 应用电路

3. 改进型电路

图 10.7.12 所示 SOT23 封装的功率 MOSFET 增加了如过压保护，使用外接电源时电池离线等有益的特性，电池离线时由工作电源直接供电。

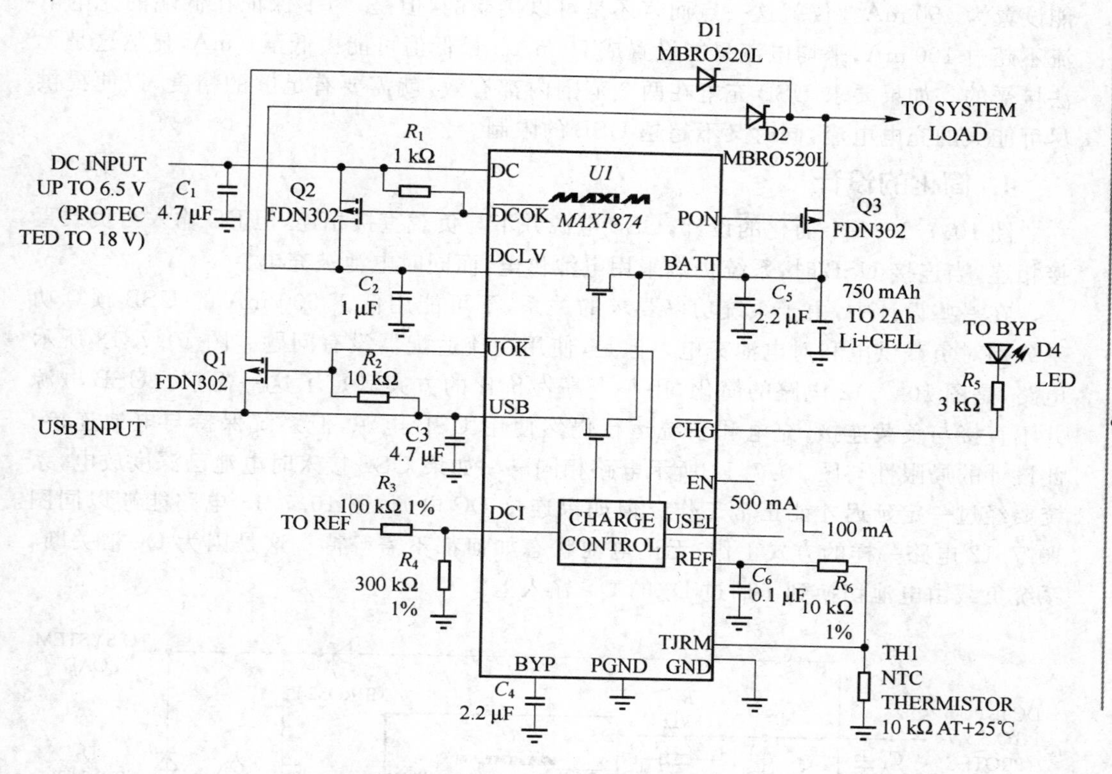

图 10.7.12 MAX1874 改进型电路

图 10.7.12 所示的电路中 MOSFET Q_1 和 Q_2，二极管 D_1 和 D_2 绕过电池，直接将可用的电源(USB 或交流适配器)连接到负载。当某个电源输入有效时，其监视输出(UOK 或 DCOK)变低，相应的 MOSFET 管导通。当两个输入都有效时，DC 输入优先使用。U_1 可防止两个输入同时被使用。二极管 D_1 和 D_2 用来阻断系统负载供电通路与输入之间的反向电流。而充电器内部电路可以阻断充电通路(BATT)的反向电流。MOSFET Q_2 还可提供交流适配器过压保护，保护电压最高达 18 V。欠压/过压监视器(在 DC 端)只允许交流适配器电压在 4～6.25 V 之间时对电池充电。最后一个 MOSFET Q_3，在没有有效的外部电源接入时导通，用电池向负载供电，当 USB 或 DC 电源任何一个接入时，“电源通”(PON)输出立即关闭 Q_3，将电池与负载断开。这样当有外部电源接入时，即使电池深度放电或损坏，系统仍能立即开始工作。USB 设备连接时，先与主机通信决定负载电流是否可以增加，如果被允许，负载电流可以从开始时的一个单位负载上升到 5 个单位负载。5∶1 的电流范围对不是专为 USB 设计的传统充电器来说可能会有问题。问题在于传统充电器的电流精度，尽管在高电流时精度足够、但在低电流时会受到电流传感电路失调的影响。结果可能是为了保证充电电流在低端(一个单位负载)，不超过 100 mA 限制，电流必须被设置在非常低的水平，从而导致无法使用。例如，对于精度为 10%的 500 mA 电流为了保证不超过 500 mA，输出只

能设置为 450 mA。仅就这一点而言还是可以接受的，但是，为了保证在低端的充电电流不超过 100 mA，平均电流只能设置成 50 mA。最低值可能去低至 0 mA，显然这是无法接受的。如果要求 USB 充电在两个范围内都有效，就需要有足够的精度，以便提供尽可能大的充电电流，同时又不超越 USB 的限制。

4. 简化的设计

图 10.7.13 一个简化的设计，USB 电源并不与负载直接相连，但 DC 输入与负载直接相连，当连接 USB 时，系统仍然采用电池供电，而同时电池被充电。

在一些设计中，由于系统功率要求的关系，不可能用低于 500 mA 的 USB 预算功率分别对负载供电和对电池充电。但是，使用交流适配器没有问题。图 10.7.13 所示电路，是图 10.7.12 电路的简化，用一个高性价比的方案满足了这一需求。USB 电源并不直接与负载连接；充电和系统运行仍然使用 USB 电源，但系统保持与电池连接。此设计的局限性与图 10.7.11 所示电路相同——如果 USB 接入时电池已深度放电，系统要经过一定延迟才能正常工作。但如果连接 DC 电源，图 10.7.13 电路能够以同图 10.7.12 电路一样的方式工作，无论电池状态如何都不需等待。这是因为 Q_2 被关断，系统负载由电池切换到了通过 D_1 的 DC 输入上。

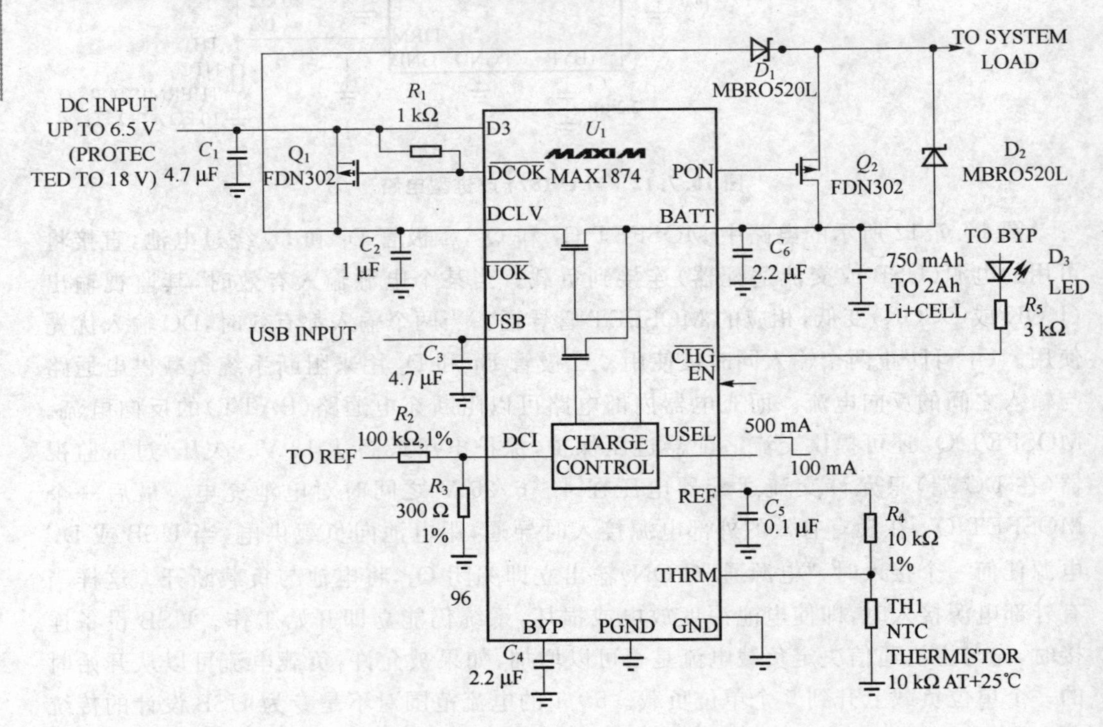

图 10.7.13　简化应用电路

10.7.7　MAX8601　双输入有过压保护、热调整和定时器的锂电池充电器芯片

主要特点如下：

- 高至 1 A 的可调节交流适配器充电电流，具有 14 V 过压保护；
- 100 mA/500 mA USB 充电，具有 14V 过压保护；
- 片上热调整简化印制板设计；
- 三路充电状态指示输出；
- 热敏电阻输入监视电池或环境温度；
- 可编程充电时间，短接地时关闭定时器。

MAX8601 应用电路如图 10.7.14 所示。

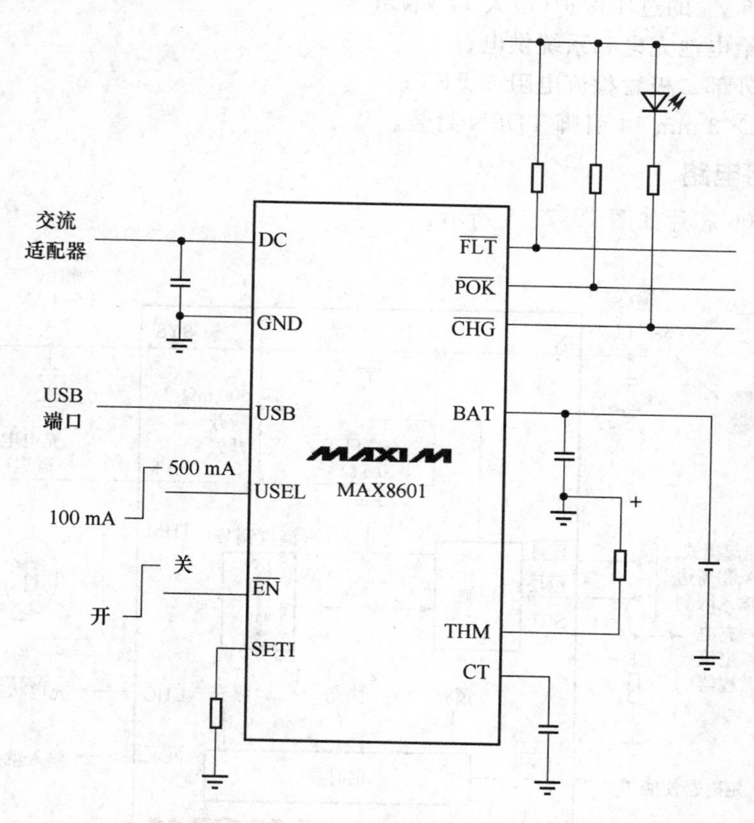

图 10.7.14　MAX8601 应用电路

10.7.8　MAX8606　双输入锂电池充电器芯片

MAX8606 是带温度调节功能的线性 Li+电池充电器，内部集成低 $R_{DS(ON)}$ 电池断开开关，可工作于 USB 端口或交流适配器。它满足 USB 的过流规范要求。挂起模式下仅吸取不到 30 μA 的 USB 电流。与交流适配器连接时，内部功率 FET 支持高达 1A

的充电电流，可保证耐受高达 14 V 的输入瞬态电压。即使在没有安装电池或者电池已深度放电的情况下，SYS 输出配合电池断开开关，仍可通过 USB 或交流适配器输入给系统供电。为保护安全的工作温度和持续不间断充电，温度调节功能可自动降低充电电流。

1. 主要特点

- 先进的恒流、恒压和管芯恒温（$CCCVCT_J$）技术；
- 高达 1 A 的可编程快充电流；
- 输入电流限制满足 USB 规范；
- 电池充电和系统供电之间实现自动均流调节；
- 低压差内部充电 FET 0.25 V(0.5 A)；
- 超过 6 V_{IN}的过压保护（最大 14 V_{IN}）；
- 同时给电池充电和系统供电；
- 无需外部二极管检流电阻或 FET；
- 3 mm×3 mm 14 引脚 TDFN 封装。

2. 应用电路

MAX8606 芯片如图 10.7.15 所示。

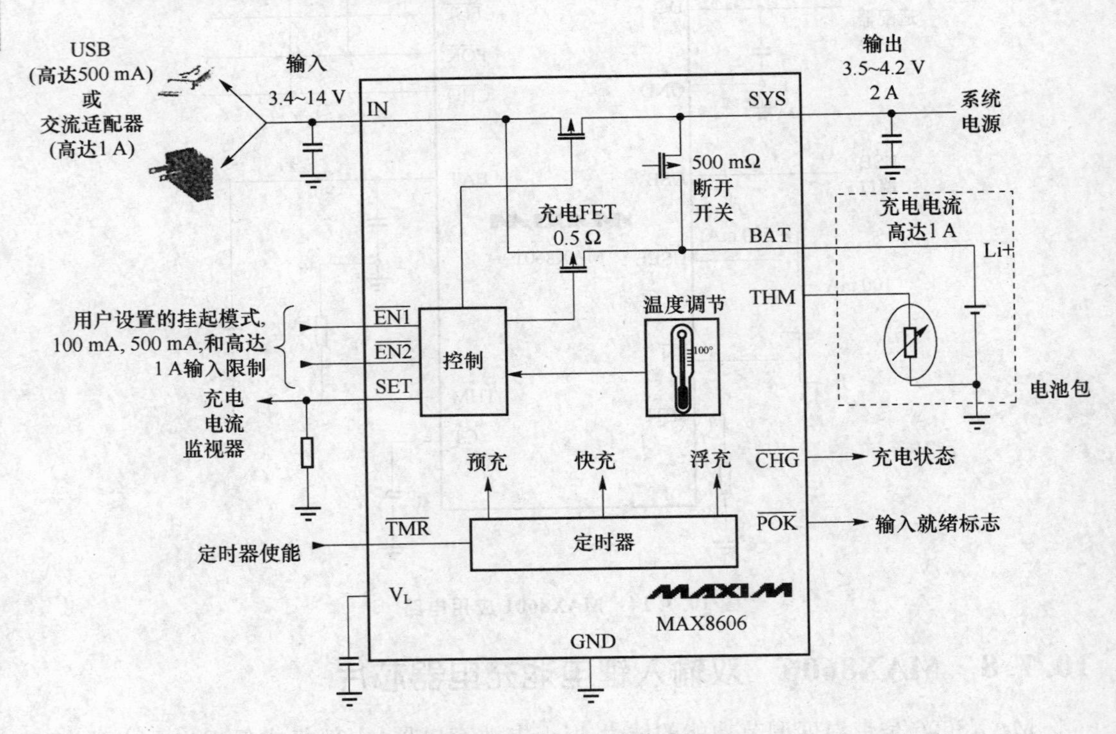

图 10.7.15　MAX8606 应用电路

10.7.9　MAX86774　双/单输入集成 40 mΩ 电阻负载开关的 Li+充电器芯片

采用 USB 交流适配器电源供电时，经过优化的智能电池管理方案，可在为系统负载供电的同时保持最快的充电速率。电池彻底放电或未插电池时系统仍可保持工作。

主要特点如下：

- 完备的充电器械和智能电源选择器；
- 公用或单独的 USB 和适配器输入，具有最高 2A 的可调电流限；
- 适配器/USB/电池自动切换，无需外部 MOSFET；
- 高达 16 V 的输入过压保护；
- 热调整功能防止过热；
- 4 mm×4 mm、24 引脚 TQFN 封装。

MAX8677A 芯片应用电路如图 10.7.16 所示。

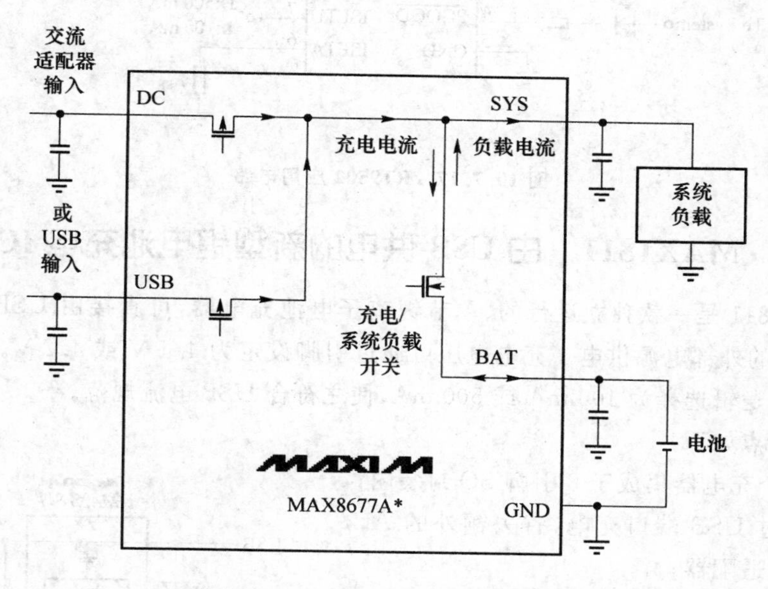

图 10.7.16　MAX8677A 应用电路

10.7.10　RT9502　18V 高压输入的双输入锂电池充电器芯片

主要特点如下：

- 双路输入，自动选择输入来源；
- 自动拒绝高于设定电压的输入，可以承受 18 V 高压输入而不损坏；
- USB 充电电流 100 mA 和 500 mA 可调；
- 根据温度状况自动调整充电电流；
- 内部整合 Power FETs；

- AC Adapter Power Good 指示；
- 充电状况指示；
- 低电压保护；
- 自动重新充电功能；
- 电池温度监测；
- WDFN3×3－10L 封装。

RT9502 芯片应用电路如图 10.7.17 所示。

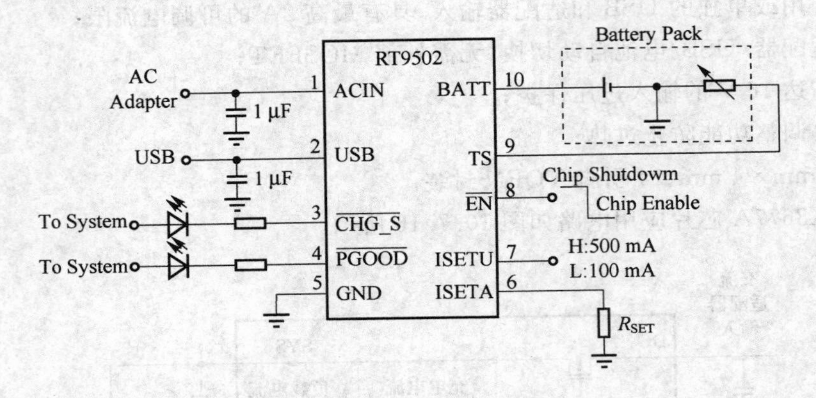

图 10.7.17 RT9502 应用电路

10.7.11 MAX1811 由 USB 供电的新型锂电池充电 IC 芯片

MAX1811 是一款独立运行的、单节锂离子电池充电器，可直接由 USB 端口或最高至 6.5V 的外部电源供电。充电电压可通过引脚设定为 4.1 V 或 4.2 V。充电电流可通过控制逻辑选择为 100 mA 或 500 mA，使之符合 USB 电流规范。

主要特点如下：

- 整个充电器集成于 8 引脚 SO 封装内；
- 通过 USB 端口充电，省去额外的 AC/DC 适配器；
- 通过 USB 连接以高达 500 mA 的电流充电极为方便；
- 由 USB 供电的单节锂电池充电电路如图 10.7.18 所示。

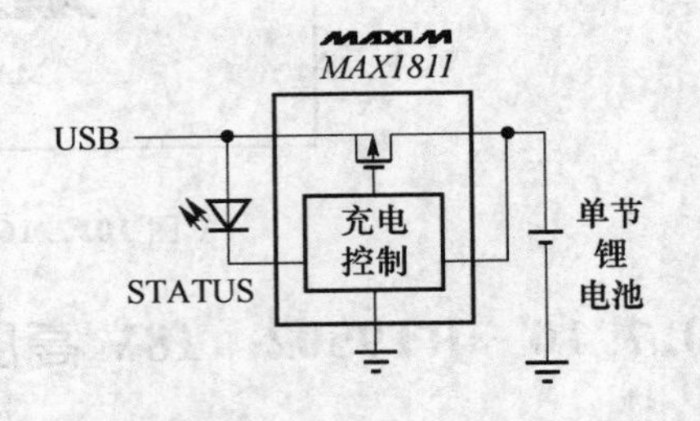

图 10.7.18 USB 供电充电电路

除通过 USB 供电充电外，还可以作为与计算机进行数据交换的数据线。例如本书编者刚买的廉价 NOKIA 手机，充电电源线又作为数据线，如图 10.7.19 所示。

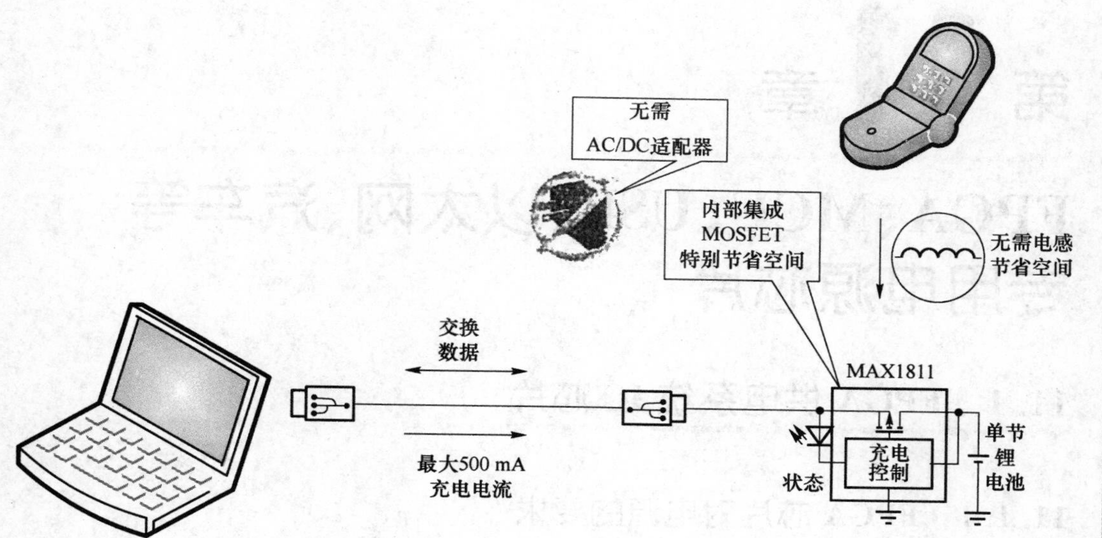

图 10.7.19　USB 充电电源线与数据线共用示意图

第 11 章

FPGA、MCU、USB、以太网、汽车等专用电源芯片

11.1 FPGA 供电系统 IC 芯片

11.1.1 FPGA 芯片对电源的要求

目前这一代的 FPGA(现场可编程门阵列)芯片一般都要在低电压、高电流的环境下操作。由于要求的供电电压比上一代的产品低,而且要输出更高电流,因此采用的电源供应系统便要符合更严格的规定,一些以前视为可有可无的功能现在反而大受重视。在这个情况下,有关输出电压、顺序供电、通电及软启动的规定便必须严格遵守,否则启动 FPGA 芯片时会出现通电不稳定的情况,严重者甚至可能会对芯片造成损害。

1. FPGA 电源要求

现在市面上存有很多高性能的 FPGA,比如是 Xilinx 的 Virtex 和 Spartan 系列,以及 Altera 的 Cyclone 和 Stratix 系列。所有这些都要求使用多条电源轨,包括 FPGA 核心、I/O 以及需用来供电给时钟、锁相环路、收发机和其他电路部件的附加电轨。视 FPGA 的应用而定,FPGA 内的核心电压可因应对现行电轨的要求而低至 0.9 V。目前,FPGA 制造商均可提供功率估计软件,以帮助用户根据其设计的要求来计算出所需要的功率。此外,依据在 FPGA 构造内的 I/O 寄存器的数量,I/O 电轨对功率的需求也可以很大。大部分新世代的 FPGA 都具有内部 POR 线路,故此可免除对电源轨排序的需求。在为特定的开机程序 FPGA 指定输入浪涌电流时,需要进行电轨的排序,以防止出现开启和锁存的问题。FPGA 电轨的启动时间要求最快为 100～200 μs,最慢为 50～100 ms。

2. 供电顺序

不同的 FPGA 芯片顺序供电有不同的规定,但许多新一代的 FPGA 芯片特别列明无需顺序供电。虽然技术上 FPGA 芯片确实无此需要,但假若设计上不考虑这个顺序供电问题,这样的设计始终不能视为理想的供电方案。顺序供电实例见 LM3880 应用电路。

3. 输出电压规定

为 FPGA 芯片设计电源供应系统时,首先要注意的便是供电干线不同的电压要求。大部分 FPGA 芯片的核心及输入/输出都有不同的电压要求,而且许多 FPGA 芯

片规定供电系统必须另有多条辅助供电干线，以便为内部时钟电路、锁相环路或收发器提供供电。表11.1.1列出多款受欢迎的FPGA芯片及其电压与容限。

表11.1.1　几款常用的新一代FPGA芯片的不同电压要求

FPGA芯片	输入/输出		核心		辅助	
	电压/V	容限	电压/V	容限	电压/V	容限
Cyclone Ⅱ	1.5～3.3	5%	1.2	50 mV	—	—
Cyclone Ⅲ	1.5～3.3	5%	1.2	50 mV	2.5	5%
Stratix Ⅲ	1.5～3.3	5%	1.1或0.9	50 mV	2.5	5%
Virtex Ⅴ	1.2～3.3	5%	1.0	5%	2.5	5%
Spartan Ⅲ	1.2～3.3	不定	1.2	5%	2.5	5%

11.1.2　FPGA专用电源IC芯片

LM20145＋LM20154＋LM20133三输出大电流(5 A、4 A、3 A)FPGA供电芯片。

图11.1.1中给出了一个FPGA电源设计的实例。该设计特别采用了LM2014和LM20154及LM20133。其中，LM20145提供一个1.1 V的核心电压并可输出高达5 V的电流；LM20154则提供一个约等于1.8 V的I/O电压，并可输出高达4 A的电流；LM20133则在3 A下提供一个2.5 V的辅助电轨。输出电压电轨可于运作温度下在1.5%的范围内进行稳压调节，并且可以通过在输出和FB引脚之间设置电阻器来轻量地按比例调节。

所有的器件都封装在一个细长的TSSOP－16包装内，以形成一个紧凑的电源设计。此外，由于这些器件均互相引脚与引脚兼容，故只要简单地从系列中选出不同的器件便可轻易把输出电流与FPGA所要求的配合。

这个设计的最重要特色是当中包含有很多可用的频率同步选择。LM20145配有一个电阻器可调频率，它可经调校皇在一个指定的频谱内不断对噪声进行开关。LM20133是一个同步输入部件，它可以与一个外部时钟信号同步化以达到同样的效果。在这种情况下。LM20133与来自LM20154的同步输出信号进行同步，这样可带来一个额外的好处，就是能将两个部件以180°异相同步。这种处理方法可以降低输入电源上的输入纹波电流，从而降低了输入电容的要求。

如图11.1.2所示，在上述的设计实例中，通过使用SS引脚和一个阻抗电压分配器，LM20145可追踪到I/O电轨。这种序列形式(又称作同步序列)可以使得两条电轨之间的电压差减至最小，这样可以消除两条电轨之间的寄生传导路径。LM20133上的精准EN引脚可通过使用来自I/O电轨的电压分配器来被LM20154有次序地作出排序。然而，另一个排序的方法，是把一个部件的PGOOD引脚附加在另一个部件的EN引脚上。在这种情况下，当第一个部件的输出达到其最终值的94%时，第二个部件将会启动。

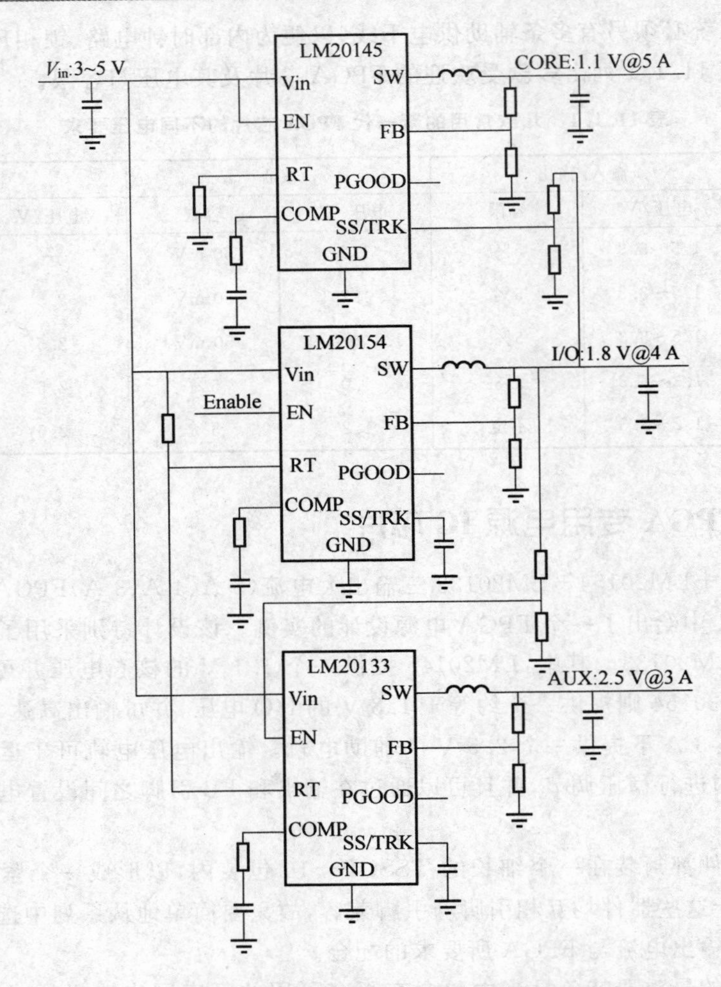

图 11.1.1 FPGA 电源设计实例

11.1.3 ISL65426 集成 MOSFET 高效双输出同步补偿稳定器芯片

ISL65426 是高效双输出同步补偿稳定器，具有集成电源 MOSFET，专为 FPGA 电源解决方案量身制定。工作输入电流偏压范围从 2.375～5.5 V，该单片解决方案提供两种可选择的或外部可调整的 0.8 V 和 4.0 V 输出电压，可提供 6 A 的总输出电流。这两稳定器输出可用以提供 V_{CCINT} 和 V_{CCIO}，同时使外部元件数减少并且高效。

1. ISL665426 的特点

电源块包含 6 个 1 A 块，用以支持 4 种输出配置选项的任一种(3 A:3 A、4 A:2 A、5 A:1 A、2 A:4 A)

高度集成的细薄嵌块平面无铅(QFN)包装使得 ISL6546 称为小波形因数电源管理应用的理想选择。

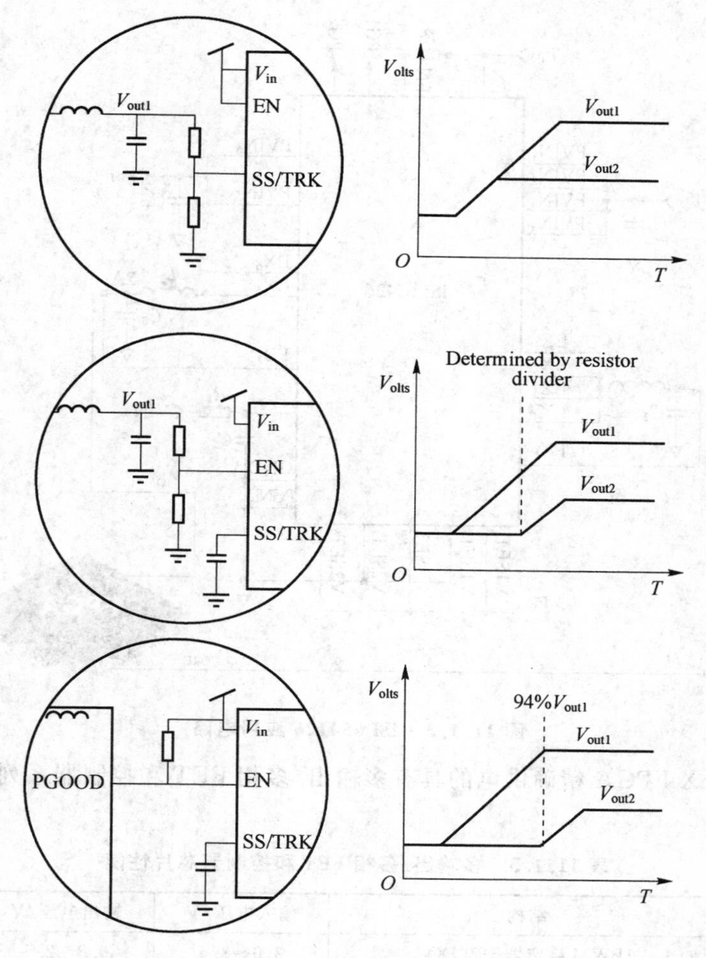

图 11.1.2　多种序列的选择

ISL65426 芯片性能如表 11.1.2 所列。

表 11.1.2　ISL6542 性能

I1 设置	I2 设置	I_{OUT1}/A	通道 1 连接	I_{OUT2}/A	通道 2 连接
1	1	3	LX1,LX2,LX3	3	LX4,LX5,LX6
1	0	4	LX1,LX2,LX3,LX4	2	LX5,LX6
0	1	5	LX1,LX2,LX3,LX4,LX6	1	LX5
0	0	2	LX1,LX2	4	LX3,LX4,LX5,LX6

2. ISL654126 芯片的应用电路

ISL654126 芯片的应用电路如图 11.1.3 所示。

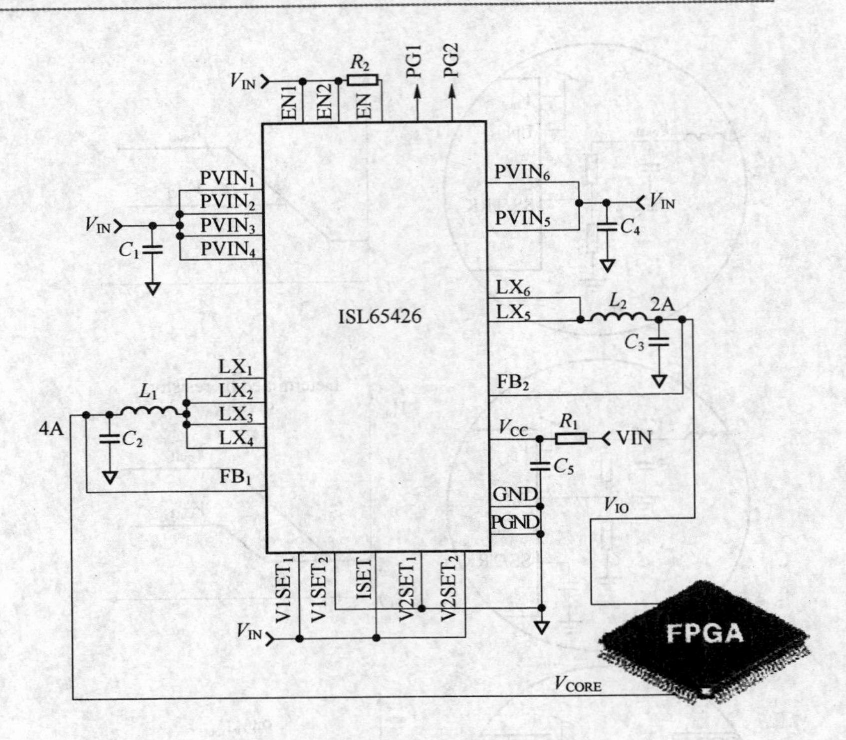

图 11.1.3 ISL654126 应用电路

用于 XilinX FPGA 精确供电的具有多输出/多相 FET 和控制器系列 IC 芯片如表 11.1.3 所列。

表 11.1.3 多输出/多相 FET 和控制器芯片性能

部件号	结构	输入电压/V	输出电压/V	最大/AI_{OUT}
ISL6455	1PWM 稳定器＋2LDO_S	3.0～3.6	0.8～2.5	0.6
ISL6455A	1PWM 稳定器＋2LDO_2	4.5～5.5	0.8～3.3	0.6
ISL8501	1PWM 稳定器＋2LDO_2	6.0～22	0.6～22	1
ISL6440	2PWM_S	4.5～24	0.8～24	10
ISL6445	2PWM_S	4.5～24	0.8～5.5	10
ISL6441	2PWM_S(f_{SW}＝1.4 MHz)＋线性控制器	4.5～24	0.8～24	20
ISL6442	2PWM_S(f_{SW}＝2.5 MHz)＋线性控制器	4.5～24	0.8～24	20
ISL6443	2PWM_S(f_{SW}＝300 kHz)＋线性控制器	4.5～2	0.8～24	20
ISL65424	2PWM 稳定器	2.375～5.5	0.6～5.5	4
ISL65426	2PWM 稳定器	2.375～5.5	0.6～5.5	6
ISL8101	3 相 PWM	5.0～12	0.6～2.3	100
ISL8102	2 相 PWM	5.0～12	0.6～2.3	60
ISL8103	2 相 PWM	5.0～12	0.8375～1.6	60～80

11.1.4　EL753X 集成 MOSFET 的高效 DC/DC 开关稳压器芯片

Intersil 的 EL753X 带集成 MOSFET 的 Buck 型 DC/DC 稳压器家族，简单易用，结构紧凑而且功能齐全。它们尺寸较小而且效率较高，这使得它们特别适合众多手持便携式产品。它们还非常适合主流制造商生产的通用供电型现场可编程门阵列(FPGA)。

1. EL753X 的主要特点

极小的 0.6～2 A 同步 Buck 型开关稳压器；

V_{IN}＝2.5～5.5 V 最大效率为 96%；

占空因数为 100%(V_{OUT} 接近于 V_{IN})；

带小型无源器件固定的 1.4 MHz 脉宽调制；

脉冲频率调制/脉营帐调制自动切换型(EL7530 与 EL7531)；

210 μA 静态电流。

2. EL753X 的应用范围

无线局域网，便携式个人计算机，无线网页浏览器，GSP 导航，数码相机，条形码扫描器，便携式测试仪器，语言翻译器以及 USB 供电设备等。

EL753X 的性能如表 11.1.4 所列，其工作效率如图 11.1.4 所示。

表 11.1.4　EL753X 芯片性能

设备	设备说明	V_{IN} (最小值) /V	V_{IN} (最大值) /V	V_{OUT} (最小值) /V	V_{OUT} (最大值) /V	I_{OUT} (最大值) /A	静态工作电流 /μA	开关频率 /MHz	峰值效率 /%	带电重启	封装
7530	低静态电流单块 600 mA 降压型稳压器	2.5	5.5	0.8	V_{IN}	0.6	120	1.5	94	否	10 Ld MSOP
7531	低静态电流单块 1 A 降压型稳压器	2.5	5.5	0.8	V_{IN}	1	120	1.4	80－94	是	10 Ld MSOP
7532	单块 2 A 降压型稳压器	2.5	5.5	2.6	V_{IN}	2	500	1.4	94	是	10 Ld MSOP
7534	单块 600 mA 降压型稳压器	2.5	5.5	0.8	V_{IN}	0.6	400	1.5	94	否	10 Ld MSOP
7536	单块 1 A 降压型稳压器	2.5	5.5	0.8	V_{IN}	1	400	1.4	94	否	10 Ld MSOP

11.1.5　LM20145 高能效、高可靠性高功率密度同步降压器稳压器芯片

NS 公司的 LM20145 芯片可为 FPGA、数字信号处理器以及微处理器提供稳压供电，适用于服务器、网络设备、光纤网络系统以及工业用电源供应系统。

1. LM20xxx 系列芯片的特色

- 外置软启动；

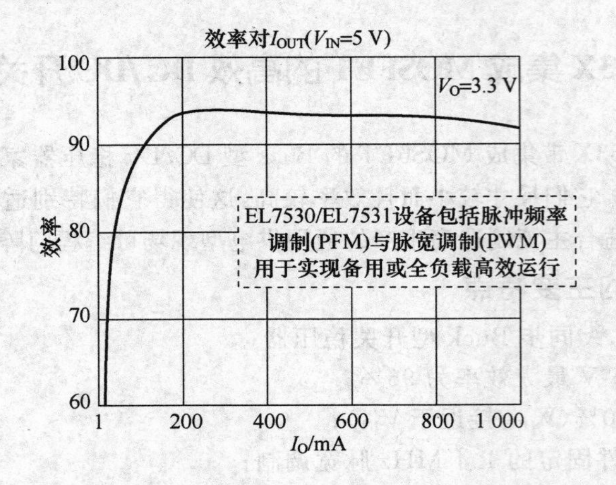

图 11.1.4 EL753X 工作效率图

- 跟踪；
- 高度准确；
- 供电正常；
- 启动前预先偏压；
- 更高的系统可靠性；
- 高度准确的限流功能：一过压保护、欠压锁定以及过电流保护；
- eTSSOP－16 封装。

功能选项：

- 固定及可调节的开关频率；
- 时钟同步输入；
- 时钟同步输出。

LM20123～LM20242 的性能如表 11.1.5 所列。LM20145 的电路如图 11.1.5 所示。

表 11.1.5 LM20123 到 LM20242 的性能

产品编号	输入电压 V	输出电流	同步输入	频率调节	同步输出	频率
LM20123	2.95～5.5	3				1.5 MHz
LM20133	2.95～5.5	3	√			同步
LM20143	2.95～5.5	3		√		500 kHz～1.5 MHz
LM20124	2.95～5.5	4				1 MHz
LM20134	2.95～5.5	4	√			同步
LM20144	2.95～5.5	4		√		500 kHz～1.5 MHz
LM20154	2.95～5.5	4			√	1 MHz
LM20125	2.95～5.5	5				500 MHz
LM20145	2.95～5.5	5		√		250 MHz～750 kHz
LM20242	4.5～36	2		√		250 MHz～750 kHz

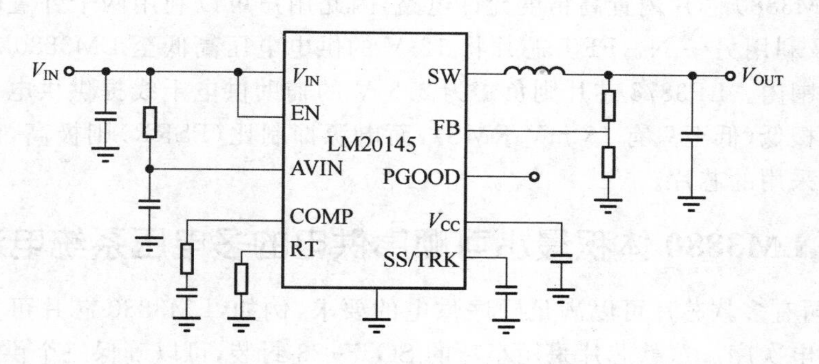

图 11.1.5　LM20145 电路图

11.1.6　LM26400 双输出为 FPGA 供电芯片

图 11.1.6 所示的电路采用双输出的 LM26400 芯片，并利用 12 V 输入总线为核心及输入/输出提供供电电压，其特点是输出电流高达 2 A。这个方案适用于 Cyclone 及 SparTAN 的 FPGA 芯片系列；也适用于内置 Stratix 及 Virtex FPGA 芯片但其使用率较低的系统设计。这个方案设有单调启动功能，并可选用软启动，因此可以限制启动时的浪涌电流。顺序供电则由 LM3880 芯片负责执行，核心最先获得供电，然后才按照次序为输入/输出及辅助供电干线提供供电。

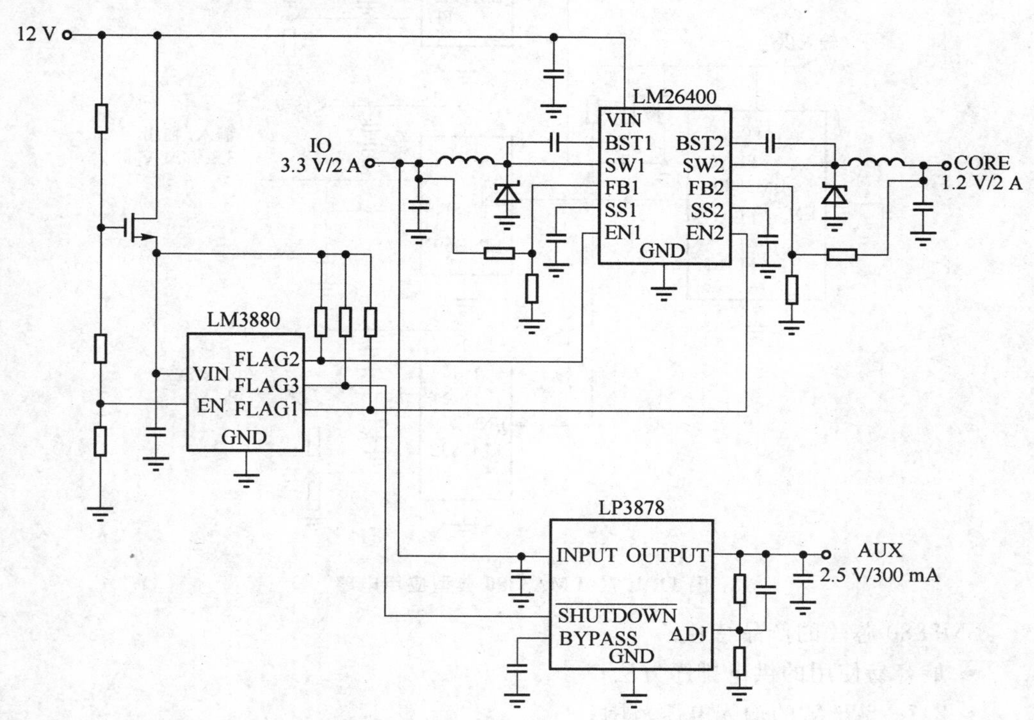

图 11.1.6　利用 12 V 总线为核心及输入/输出提供供电的 2 A 电源供应解决方案

由于LM3880芯片内置高精度允许电路，因此用户可以利用两个外置电阻设定启动电压，以及利用另一N-FET芯片将12 V的供电电压高低至LM3880芯片规定的操作电压范围内。LP3878芯片则负责为2.5 V的辅助供电干线提供供电。由于这款芯片的噪声极低(低至只有18 mV RMS)，而电源抑制比(PSRR)则极高，因此是最适合这个方案采用的芯片。

11.1.7 LM3880体积最小可顺序供电的多电压系统电源芯片

NS公司有多款芯片可以满足顺序供电的要求，例如，LM3880芯片可为多个供电电压排列供电次序。这款芯片采用小巧的SOT-23封装，可以确保三个供电电压顺序供电。

目前有许多芯片可以控制上而下(up-and-down)三标记(three-flag)输出的排序时间。

表有多款芯片具备标记次序及时序的设定能力，可满足个别应用的要求。图11.1.7是LM3880芯片的典型应用电路图。

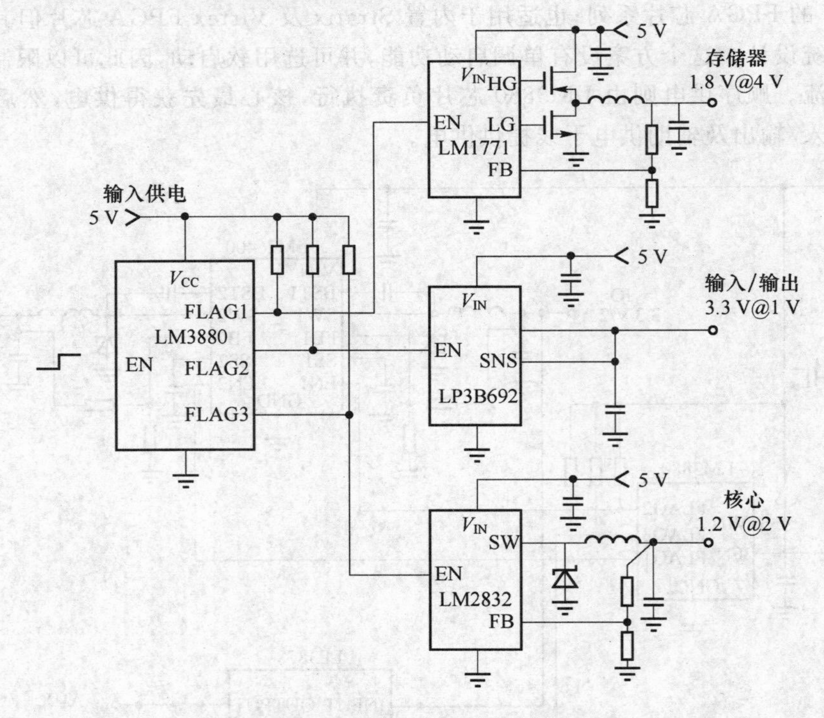

图11.1.7 LMA3880典型应用电路

LM3880芯片的产品特色：

- 最容易使用的供电排序方法；
- 2.7～5.5 V的输入电压范围；
- 有多个标准的计时时间可供选择：10 ms、30 ms、60 ms、120 ms；

- 1-2-3 的顺序通电及 3-2-1 的反向，断电控制；
- 客户可以根据自己的特定要求在厂内设定计时时间及供电次序；
- 采用小型 SOT23-6 封装。

相关应用如下：

- 按次序为数字逻辑芯片（ASIC、FPGA、DSP、微控制器）提供供电，以免出现锁存情况；
- 设有多条供电干线的系统。

11.1.8　TPS54350 可提供多个电压、高效紧凑 DC/DC 芯片

TI 公司 TPS54350 是具有内部 MOSFET 的高效 DC/DC 变换器，连续输出电流为 3 A 时，支持输入电压范围为 4.5～20 V，可使设计人员直接通过中压总线（而非依赖额外的低电压总线）为 DSP、FPGA 和微处理器供电。

1. TPS54350 的引脚功能

- VIN：电压输入引脚，必须旁路接一个低差错秒比率（ESR）为 10 μF 的陶瓷电容；
- UVOL：低电压锁定输出；
- PWRGD：开沟道输出。引脚为低时，表示输出低于期望的输出电压值。PWRGD 比较器的输出端有一个内部的上升沿滤波器；
- RT：频率设置引脚。在 RT 引脚与地（AGND）之间接一个电阻器来设置转换频率。将 RT 引脚与地连或是悬空，可以得到一个内部的备选频率；
- SYNC：双向 IO 同步引脚。当 RT 引脚悬空或置低时，SYNC 为输出；当它与一个下降沿信号连接时，也可作为一个输入端口来同步系统时钟；
- ENA：使能引脚。低于 0.5 V 时，芯片停止工作：悬空时被使能；
- COMP：误差放大器输出；
- VSENSE：误差放大器转换节点，基准电压值；
- AGND：模拟地，内部与感应模拟地电路连接。PGND 和 PowerPAD 连接；
- PGND：电源地，与 AGND 和 PowerPAD 连接；
- VBIAS：内部 0.8 V 偏置电压。引脚要接一个 0.1 μF 的陶瓷电容；
- PH：相位，与外部 L-C 滤波器连接；
- BOOT：在 BOOT 引脚与 PH 引脚之间连接一个 0.1 μF 的陶瓷电容。

2. 应用电路

图 11.1.8 是 TPS54350 的实际应用电路图，图中给出的是其中的一种情况，其输出电压是可变的，通过改变电阻 R_2 的值，来得到期望的输出电压值。图中的输入电压为 12 V，输出电压为 3.3 V，其中 R_2 的计算公式为 $R_2=\frac{R_1\times 0.891}{V_6-0.891}$此时的 R_2 阻值为 374 Ω，$R_1=1$ kΩ。

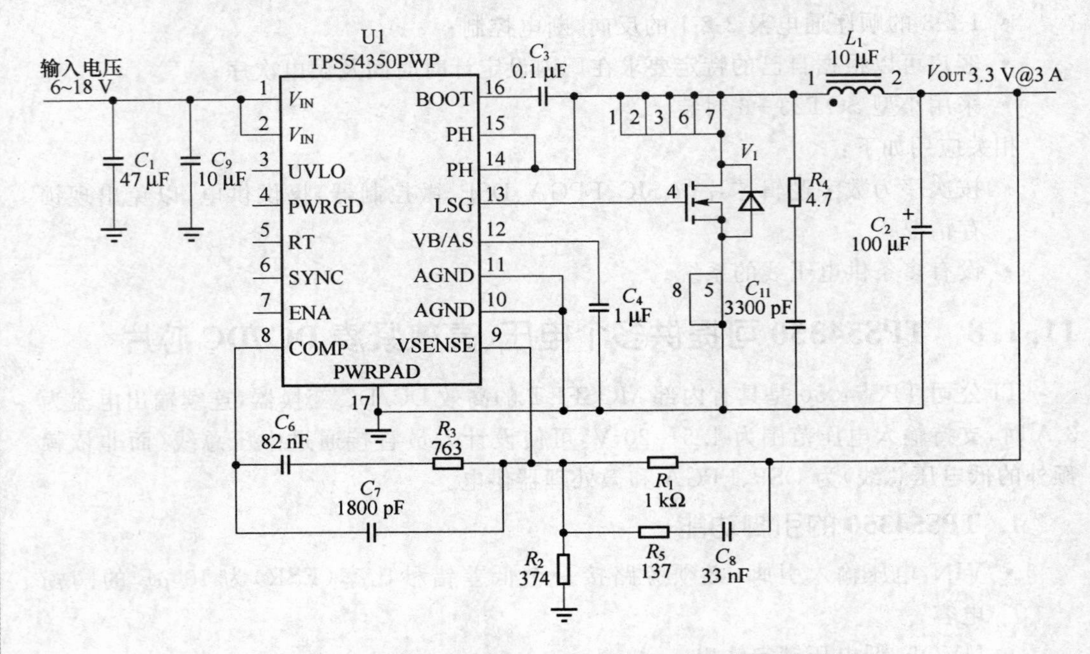

图 11.1.8 电压为 12～3.3 V 的典型应用电路

表 11.1.6 中列出当 R_1＝1 kΩ 和 R_1＝10 kΩ 时的几种输出电压之下的 R_2 的值。本文所设计的系统中，就是运用图 11.1.8 所示的电路来实现的。

表 11.1.6 典型应用电路中的几种阻值关系

R_1＝1 kΩ		R_1＝10 kΩ	
输出电压/V	R_2 的阻值 kΩ	输出电压/V	R_2 的阻值 kΩ
1.2	2.87	1.2	28.7
1.5	1.47	1.5	14.7
1.8	0.96	1.8	9.6
2.5	0.549	2.5	5.49
3.3	0.374	3.3	3.74

11.1.9 TPS54350 3A、700 kHz DC/DC 降压转换器芯片

德州仪器(TI)推出新型 SWIFT™ DC/DC 转换器—TPS54350 能以较少的组件数实现轻松而直观的应用。凭借 TI 极新的在线辅助设计软件工具，将能极大简化电源设计工作，并加速产品的上市进程。

TI 公司还提供简单易用的 4.5 V～20 V_{IN}变换器并提供辅助设计软件。

1. TPS54350 芯片特性

- 集成的 MOSFET 开关，在 3 A 的持续输出电流下可实现超过 90％的效率；

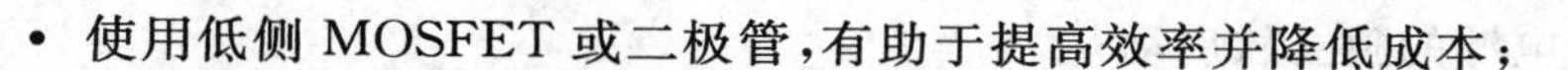

- 使用低侧 MOSFET 或二极管，有助于提高效率并降低成本；
- 高达 700 kHz 的同步开关频率；
- 低至 0.9 V 的可调输出电压，具有 1%的精度；
- 采用 16 引脚 HTSSOP PowerPAD™封装，而其他公司的解决方案采用的是 T0－220 封装。

2. 应用范围

- 工业级与商业级分布式电源系统；
- 9 V/12 V 墙式适配器的稳降压；
- 电池充电器；
- 用于高性能 DSP、FPGA、ASIC 及 MPU 的负载点稳压电源。

TPS54350 芯片应用电路如图11.1.9所示，TPS54×××系列芯片性能如表11.1.7所列。

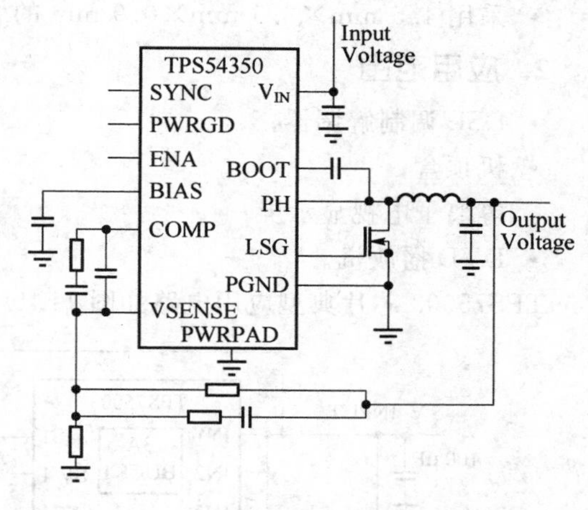

图 11.1.9　TPS54350 应用电路

表 11.1.7　其他的 SWIFT™ DC/DC 变换器

器件	V_{IN}/V	I_{OUT}/A	器件	V_{IN}/V	I_{OUT}/A
TPS54350	4.5～20	3.0	TPS54610	3.0～6.0	6.0
TPS54110	3.0～6.0	1.5	TPS54810	4.0～6.0	8.0
TPS54310	3.0～6.0	3.0	TPS54910	3.0～4.0	9.0

11.1.10　TPS75003 专为 FPGA 设计的 3 通道电源管理 IC 芯片

TI 公司的 TPS75003 是一款专为 Xilinx Spartan™－11/11E/3 系列 FPGA 而设计的电源管理器件，它将多种功能集成至单颗晶片，从而使设计更简单，所需组件也大幅减少。结合更高的设计灵活性与低成本的电压转换，该器件的可编程软启动功能可以限制浪涌电流，独立的启用引脚则可控制三组电源的供应顺序。TPS75003 符合 Xilinx 对于电源启动过程的所有要求，包括电压单调增加以及极短的电压上升时间。

1. TPS75003 特性

- 两个效率高达 95%的 3 A 降压控制器，以及一个 300 mA 的 LDO；
- 可调输出电压：
  降压低至 1.2 V；
  LDO 低至 1.0 V；
- 输入电压范围为 2.2～6.5 V；

- 所有三个电源的独立软启动；
- 采用小型陶输出电容器的 LDO 稳压；
- 每个电源独立启用，可实现灵活排序；
- 采用 4.5 mm×3.5 mm×0.9 mm 的 20 引脚 QFN 封装。

2. 应用范围

- DSL 调制解调器；
- 机顶盒；
- 等离子电视显示屏；
- DVD 播放机。

TPS75003 芯片典型应用电路如图 11.1.10 所示。

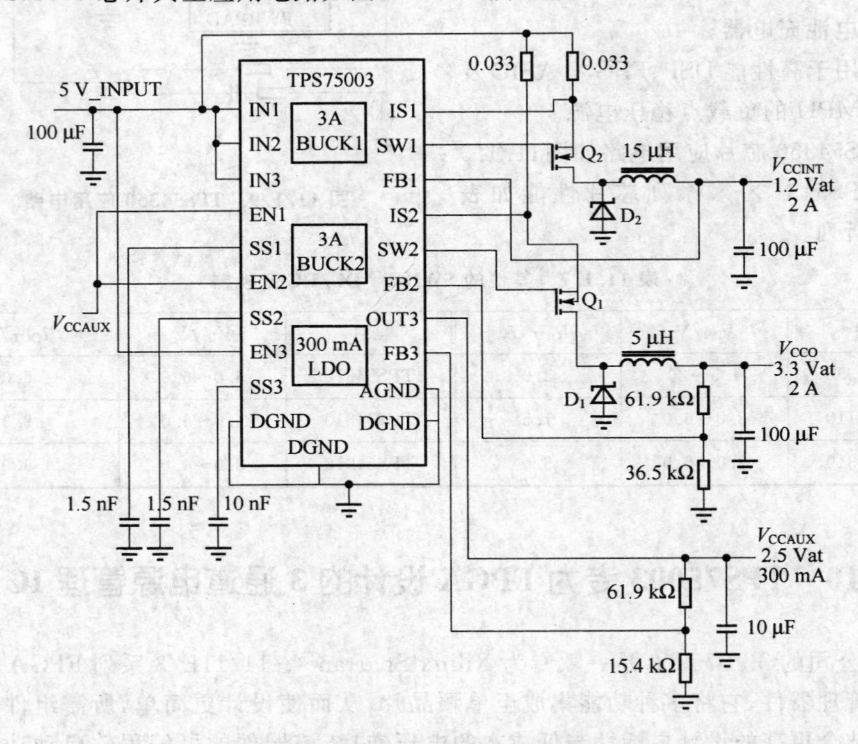

图 11.1.10　TPS75003 应用电路

11.1.11　LM20125 可支持 FPGA 有高/低端限流及压保护的 DC/DC 芯片

图 11.1.11 的电路利用 LM3743 芯片为核心及输入/输出提供供电。这款控制器适用于电流高达 20 A 的设计，而且设有 SS/TRACK 引脚，以便支持单调式的同步启动功能。由于 LM3743 芯片设有高/低端限流及输出欠压保护功能，因此可以确保系统稳定可靠。此外，这款芯片还有打嗝模式，确保即使出现故障，系统也不会过热失控，

对机件造成损害。

这一方案利用 LM20125 芯片为辅助供电干线提供供电，芯片本身设有兼容的 SS/TRK 引脚。

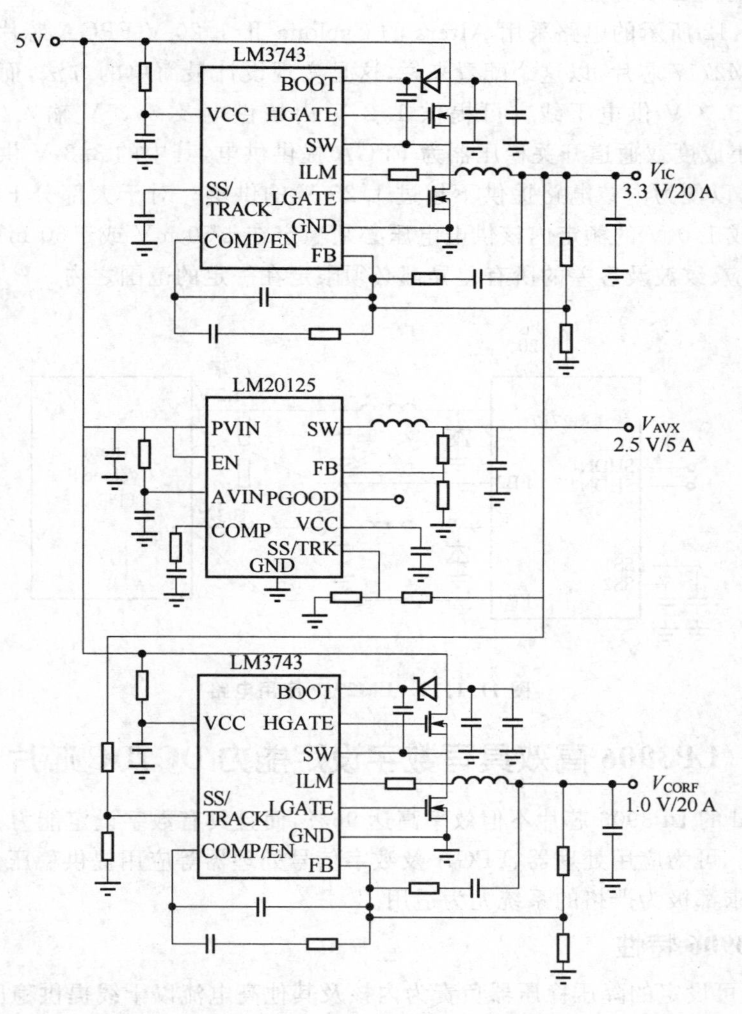

图 11.1.11 采用高电流 LM3743 芯片的电源供应解决方案

11.1.12 LM2717 可支持 FPGA 的双通道开关稳压器芯片

FPGA 芯片的应用越来越普及，因为这种芯片可以提高系统设计的灵活性、例如可以轻易为系统增添功能或利用代码修改设计，所以许多系统设计工程师都喜欢采用 FPGA。但要为 FPGA 提供足够的供电便要面对一些挑战。首先要解决的是多条供电干线的问题。一般来说，供电系统必须为 FPGA 芯片提供最少两个供电，一个是内核的供电，此外，输入/输出群组也必须另有供电(可能超过一个)。但这只是最基本的要求，内置 FPGA 的系统可能还要另外加设更多供电干线，以便为 DDR 存储器、收发器、以太网物理层芯片(PHY)、模拟/数字转换器或小型微控制器等提供供电。除此之外，这些供电干线也必须符合一些特别的要求，例如输出不可超过 1.25 V、单调升压、供电排序及上升时间必须受控等。

图 11.1.12 所示的电路采用 Altera 的 Cyclone Ⅱ 1.20 V FPGA 芯片及美国国家半导体的 LM2717 芯片，以这个配置来说，这是实现设计最简单的方法，而较高的供电电压则来自 3.3 V 供电干线。可提供 1.2 V 内核供电及 3.3 V 输入/输出供电的 LM2717 高集成度双通道开关稳压器为 FPGA 提供供电，其中的 3.3 V 供电可作为辅助供电使用，以便为内核电路提供不超过 1.25 V 的供电。对于大部分 FPGA 芯片来说，1.20 V 或 1.0 V 的额定内核供电电压必须稳定在±50 mV 或±60 mV 的范围内，因此瞬态响应、纹波及容差的所有差异都必须限定在一定的范围之内。

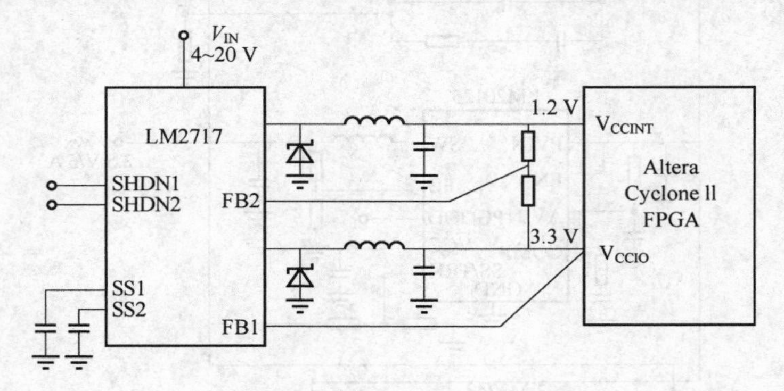

图 11.1.12　LM2717 应用电路

11.1.13　LP3906 高效具有数字设定能力 DC/DC 芯片

National 的 LP3906 芯片不但效率高达 96%，而且具有数字设定能力，使系统设计更具灵活性。可为应用处理器、FPGA 及数字信号处理器等应用提供稳压供电，对于体积及效率要求都极为严格的系统尤为适用。

1. LP3906 特性

- 两个可设定的降压稳压器负责为内核及其他高电流以干线提供稳压供电；
- 两个可设定的低压降稳压器负责为处理器内部功能及外围设备提供稳压供电；
- I^2C 接口可独立控制 LP3906 芯片及外围设备。

LP3906 芯片应用电路如图 11.1.13 所示，其性能如表 11.1.8 所列。

表 11.1.8　LP3906/5

产品编号	可数字设定	效率	稳压器的输出电流	低压降稳压器的输出电流	封装	方案大小
LP3906	I^2C	高达 96%	1.5 A	300 mA	LLP－24	20 mm×20 mm
LP3905	不适用	高达 90%	600 mA	150 mA(低噪声)	LLP－14	15 mm×10 mm

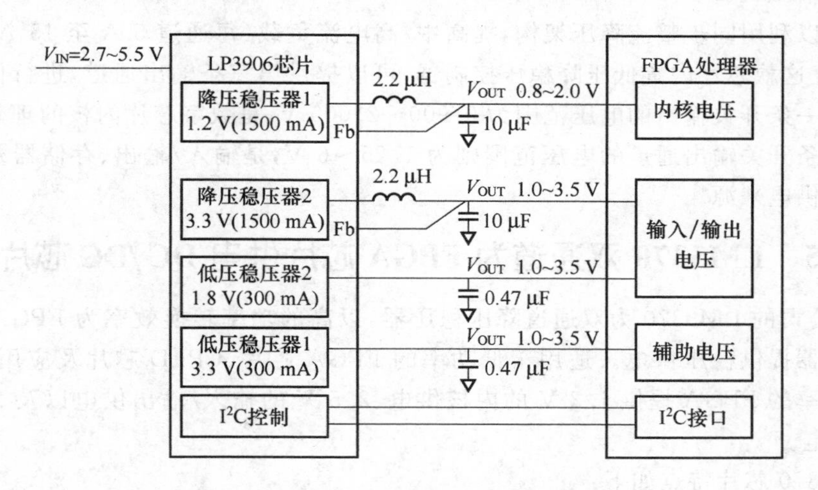

图 11.1.13 LP3906 应用电路

11.1.14 LM2634 可支持 FPGA 的三通道开关/线性 DC/DC 芯片

目前大部分 FPGA 芯片的内核电压都规定必须低至 1.50 V 或 1.20 V，有时甚至更低(Xilinx 最新推出的 Virtex 5 系列 FPGA 芯片便采用 1.0 V、65 nm 的内核电路)。市场上许多稳压器都内置这类 1.25 V 的标准带隙电压参考电路。

图 11.1.14 的简化电路图显示如何组建一款设有三条供电干线并可为高功率 FPGA 供电的电源供应系统图。图中的示例显示 LM2633 控制器正为 Xilinx 的 Virtex 5 提供 1.0 V 的内核供电、3.3 V 的输入/输出供电以及 2.5 V 的 V_{CCAUX} 供电。LM2633 是一款内置三条输出通道的集成电路，上述例子清楚显示我们其实可以充分利用现有的技术执行当初构思设计时没有想到的崭新工作。LM2633 芯片有三条输出通道，其

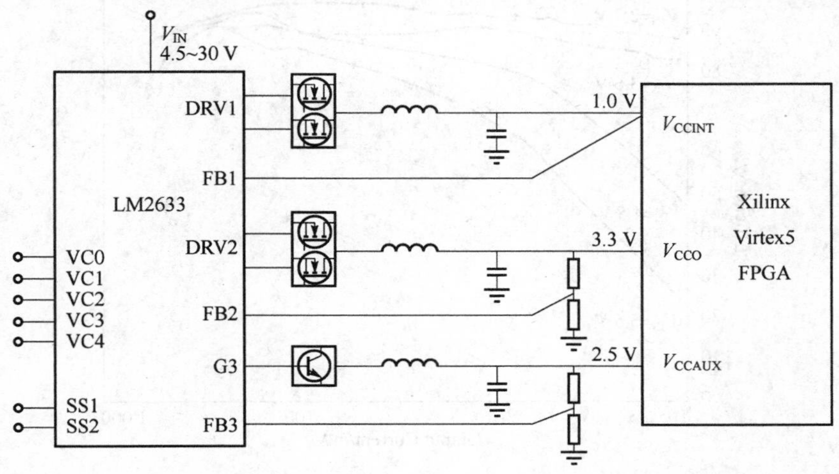

图 11.1.14 LM2633 三通道开关/线性控制器可为高功率的 FPGA 提供 1.0 V 的内核供电、3.3 V 的输入/输出供电以及 2.5 V 的 V_{CCAUX} 供电

中两条可以利用同步整流降压架构，提高中/高电流负载（每通道 5 A 至 15 A）的操作效率，而且这款芯片内置低压降稳压控制器，可以提供第三条输出通道，进行低功率输出。其中一条开关输出的电压范围为 0.900～2.000 V，是数字芯片内核的理想供电来源。另一条开关输出通道的电压范围则为 1.25～6 V，是输入/输出、存储器及其他负载的可靠供电来源。

11.1.15　LM3370 双通道为 FPGA 芯片供电 DC/DC 芯片

NS 公司的 LM3370 为双通道降压稳压器，以高的功率转换效率为 FPGA 芯片多媒体处理器提供稳压供电。适用于低功率的 FPGA 芯片、CPLD 芯片及应用处理器。可为低功率的 FPGA 提供 1.2 V 的内核供电、2.5 V 的输入/输出供电以及 2.5 V 的 V_{CCAUX} 供电。

LM3370 芯片特点如下：

- 自动 PFM－PWM 模式切换，能在负载范围内提供较高效率；
- I^2C 动态电压调节（DVS）接口可以因应处理器的时钟频率调节供电；
- 不会越过 20 μA 的极低静态电流，有助延长电池寿命；
- 由于采用 2 MH_2 频率操作，因此可以采用更小巧的外置元件，有助缩小电路板；
- 通电重设功能可以防止处理器出现故障；
- 扩展频谱可以抑制噪声（适用于射频系统）。

LM3370 芯片的工作效率如图 11.1.15 所示，在整个负载范围内效率都极高。其应用电路如图 11.1.16 所示。

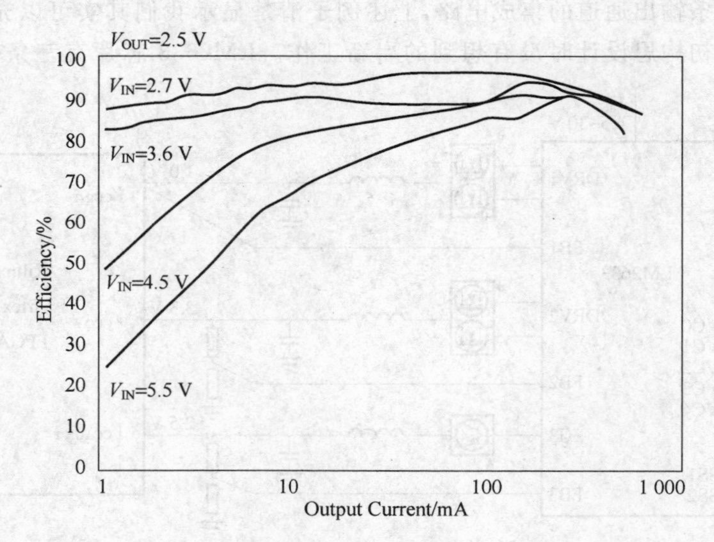

图 11.1.15　LM3370 工作效率

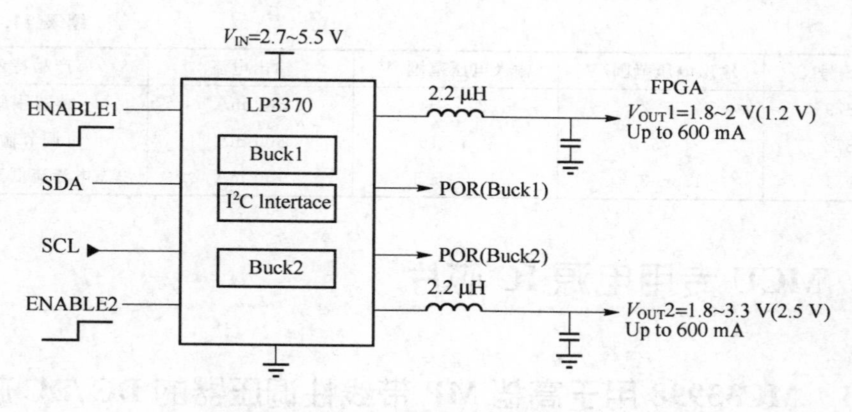

图 11.1.16 LM3370 应用电路

11.1.16 LP3879 800 mA 低压差为 FPGA 内核供电芯片

LP3879 为 1.2 V 输出的低压差 DC/DC 芯片，可为新一代数字内核电路供电 800 mA，可提供±10％初始输出电压的准确度。

LP3879 芯片的特色如下：

- 1％的初始输出电压准确度；
- 输入电压：2.5～6.0 V；
- 另有 1.0～1.2 V 的电压可供客户选择；
- 停机时，静态电流不超过 10 μA；
- 输出噪声低至 18 μV，有助进一步减少噪声；
- 有 PSOP－8 及 LLP－8 两种表面贴装封装可供选择。

图 11.1.17 为应用电路及 V_{OUT} 与温度关系图。表 11.1.19 为 FPGA 供电的 IC 系列芯片。

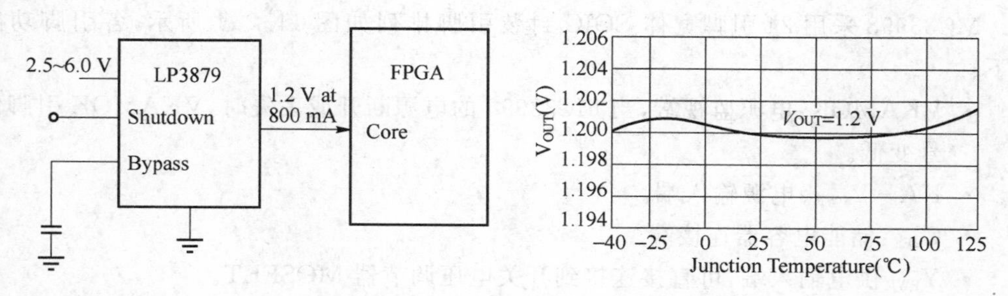

图 11.1.17 LP3879 的应用电路及 V_{OUT} 与温度关系

表 11.1.9 可为 FPGA 提供供电的低压差稳压器芯片

产品编号	输出电压范围/V	输入电压范围/V	输出电流	产品特色
LP38856	0.8～1.2	1.3～5.5	3 A	允许引脚
LP38859	0.8～1.2	1.3～5.5	3 A	软启动引脚

续表 11.1.9

产品编号	输出电压范围/V	输入电压范围/V	输出电流	产品特色
LP3879	1～2	2.5～6	800 mA	停机引脚
LP3878	1～5.5	2.5～16	800 mA	可调节输出
LP5951	1.3～3.3	1.8～5.5	150 mA	静态电流流低至 29 μA

11.2 MCU 专用电源 IC 芯片

11.2.1 MC33998 用于高档 MP 带线性调压器的 DC/DC 芯片

MOTOROLA 半导体公司专门为 MPC5XX 和 MY683XX 系列高档微处理器设计的电源管理模块 MC33998，这是一种带有线性调节器的高性能开关电源管理芯片。其主要特性如下：

- 工作范围从 6～26.5 V(瞬间可高达 40 V)；
- 降匮开关调节器输出电压 V_{DDH} 为 5.0 V，能输出 1 400 mA 电流；
- 带外部旁路晶体管的线性电压调节器的输出电压 V_{DDL} 为 2.6 V，可输出 400 mA电流；
- 低功率待机线性电压调节器输出电压 V_{KAM} 为 2.6 V，可输出 10 mA 电流；
- 具有电源和短路保护功能；
- 带有欠压关闭和再复位功能；
- 具有上电延时功能；
- 可分别使能主电源输出和传感器电源输出。

1. MC33998 引脚排列及功能

MC33998 采用 24 引脚宽体 SOIC 封装引脚排列如图 11.2.1 所示，各引脚功能如下：

- VKAMOK：电源监视端，当 MC33998 的电源断开或丢失时，VKAMOK 引脚信号变低。
- KA－V_{PWR}：电源输入端。
- C_{RES}：储能电容器连接端。
- Y_{PWR} 供电输入端，可直接连接到开关电压调节器 MOSFET。
- GND：芯片地。
- V_{SW} 内部 P 沟道 MOSFET 的漏极。
- PWROK：电源 OK 复位端。此端在 V_{DDH}、V_{DDL} 电压超出其调节范围后变低。
- FBKB：降压开关调节器反馈端。
- V_{SUM}：误差放大器“求和节点”。
- DRVL：驱动输出端，用于驱动外部 NPN 旁路晶体管的基圾。

- FBL：V_{DDL}(2.6 V)电压调节器的反馈输出端。
- V_{DDH}：传感器电路和 2.6 V 线性待机电压调节器驱动电路的电源输入端。
- V_{REF2}：传感器参考电压输出端 2。
- V_{REF1}：传感器参考电压输出端 1。
- SNSEN：传感器供电使能端，高电平有效，当此引脚为低电平时，传感器电源关闭。
- EN：主开关电压调节器使能端，高电平有效，当此引脚为低电平时，电源处于低功耗状态。
- V_{KAM}：2.6 V 街机电压调节器输出端，用以维持存储器的供电需求。

2. 内部结构及外围电路

MC33998 是一个中功率、多输出的电源集成电路，其内部由 5 V 开关电压调节器、2.6 V 线性电压调节器、传感器供电电压调节器、待机电压调节器、上电复位定时器、输出电压监视器、电源输出控制等部分组成。其工作电压范围为 6～26.5 V，瞬间电压可达 40 V。它采用非电流敏感模式控制的方法降压，可将开关电压调节器输出直接调到 5 V。2.6 V 线性电压调节器可通过一个外部的旁路晶体管来减小 MC33998 的功耗。MC33998 不但可为系统提供 5 V 电源，而且还具有 2.6 V 的待机电压调节器和两个传感器 5 V 供电输出，并且这两个 5 V 输出均可通过芯片内部低阻抗 LDMOS 晶体管得保护。该芯片主电源输出和传感器供电输出分别受两个独立的使能端控制，而且对电源的输出还具有监视功能。其内部结构及外围电路设计如图 11.2.2所示。

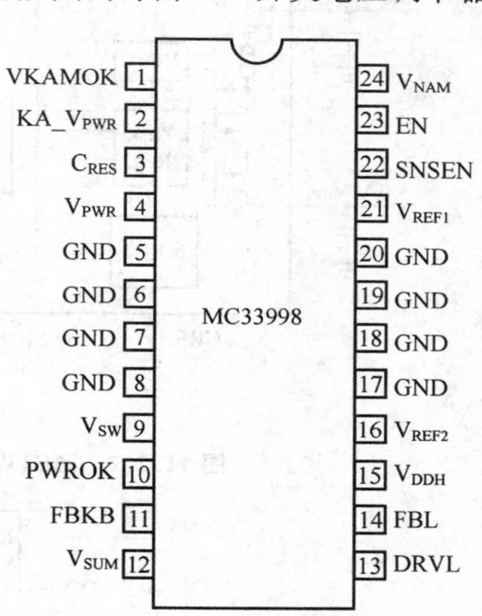

图 11.2.1　MC33998 的引脚排列

3. MC33998 对 MCU 的供电连接

MC33998 的开关电压调节器是一个传统的高频(750 kHz)逆变换器，它内含 P 沟道功率 MOSFET。其输出电压 V_{DDH} 被调节在(5±0.1)V，总输出电流为 1 400 mA，可为 ECU(电子控制模块)的数字和模拟电路提供电源。图 11.2.2 同时给出了 MC33998 的典型外围电路连接方式；图 11.2.3 所示是 MC33998 与微处理器的连接电路。

有些高档微控制器可能含有各种电压调节器，但 MPC5XX 等高档微处理器系统一般工作负荷较大，内置式电压调节器不利于微处理器的散热。因此，由专门的电源模块为 MPC5XX 控制系统供电，可以大大提高系统的安全性、可靠性与稳定性。

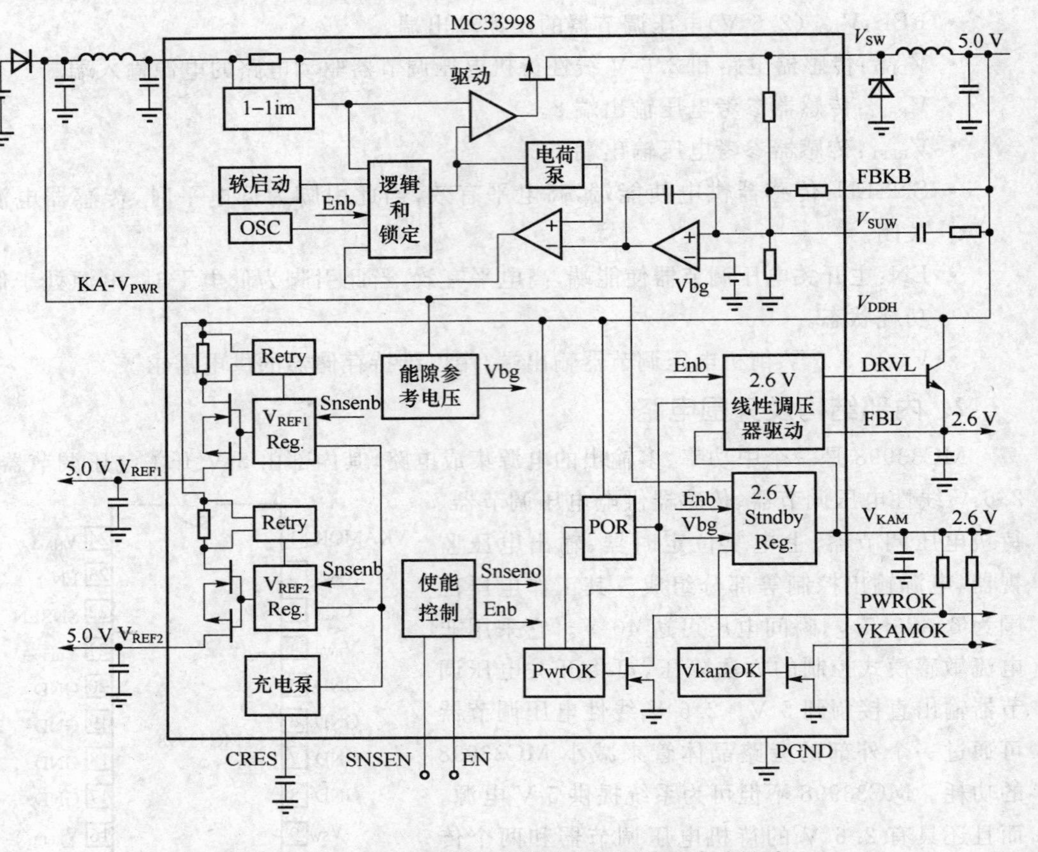

图 11.2.2　MC33998 的内部结构框图及外围电路设计

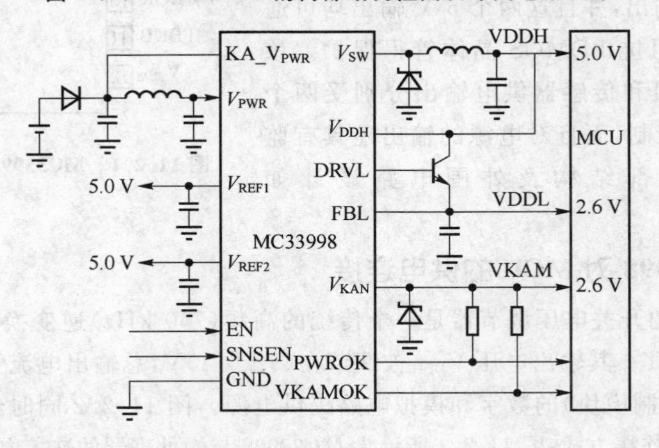

图 11.2.3　MC33998 与 MCU 的连接

11.2.2　MC37710 可调节的双输出、1 A 降压 DC/DC 芯片

MC37710 芯片特性如下：

- 大电流开关稳压器 5 V/3.3 V(1 A)输出可选；
- 低噪声线性电源 3.3 V/2.5 V/1.8 V/1.5 V(500 mA)输出可选；
- 具有过温关断和出错复位电路；
- 集成上电复位和出错复位等监控功能；
- 提供 I/O 和 CORE 电压；
- EW(Pb－Free)封装，利于散热。

应用范围如下：通信和工业控制应用的 MCU 供电电源。

MC37710 芯片为 MCU 供电的应用电路如图 11.2.4 所示。

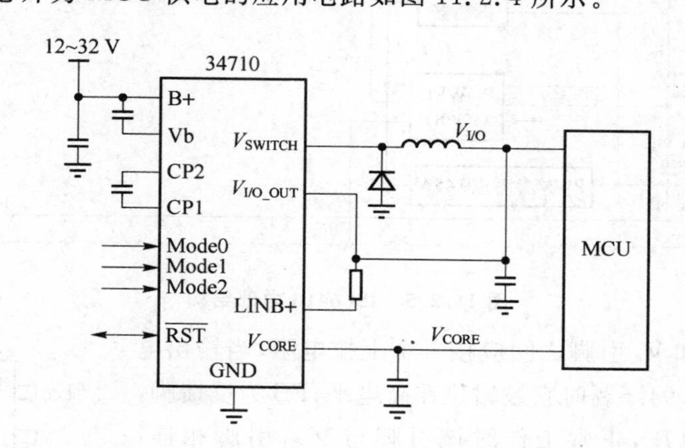

图 11.2.4　典型应用电路

11.2.3　ISL6410/6410A 同步补偿低输出 DC/DC 芯片

ISL6410/6410 是 Intersil 公司推出的两款集成低压同步补偿的 DC/DC 电流模式 PWM 变换器。ISL6410 的输入电压为(3.3±10%×3.3)V，ISL6410A 的输入电压为(±10%)5.0 V。并且对微控制器、微处理器、FPGA、ASIC、DSP 和 WLAN 芯片具有保护功能。

输出电压可选择(ISL6410 为 1.2、1.5、1.8 V，ISL6410A 为 1.2 V、1.8 V、3.3 V)，使用 750 kHz(标准)的工作频率。PWM 控制器能与 500 kHz～1 MHz 频率范围内的外部时钟信号保持同步，当输出电压低于预先设置的值时，PG 引脚发出 PG 信号，ISL6410 和 ISL6410A 还具有过流保护、过热和过载断路功能。它们采用的是 MSOP 的 10 引脚封装。

1. 内部结构及引脚功能

ISL6410/6410A 的内部结构如图 11.2.5 所示。

ISL6410(ISL6410A)的引脚如图 11.2.6 所示。

V_{in}为电压输入端，最好在该引脚就近接一个 1 μF 的去耦电容；GND 为 PWM 控制输出小信号地，所有内部控制电路以该引脚为参考点；PG 端是一个开环增益输出

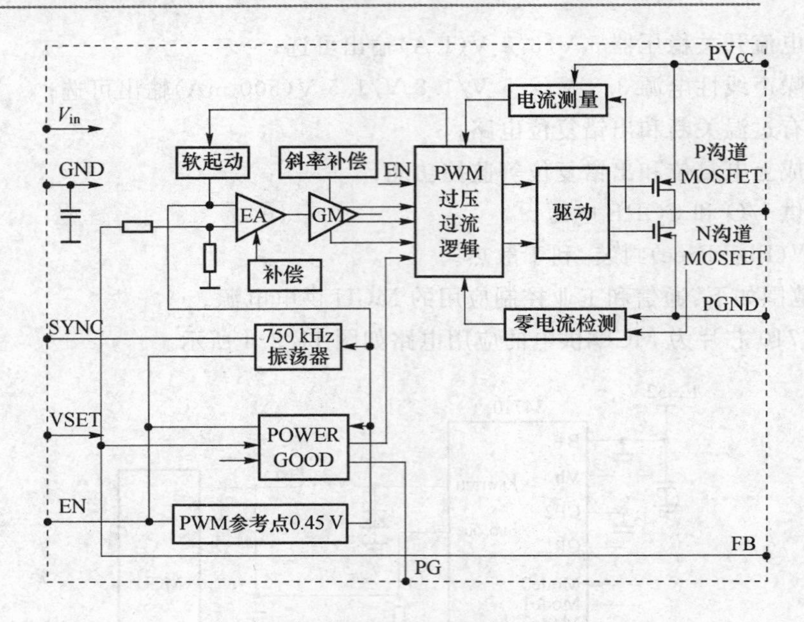

图 11.2.5 ISL6410 内部结构

端，在 PG 引脚和 V_{in} 引脚之间应接一个上拉电阻，当输出电压达到给定值的 94.5%时它被钳位在高电平；FB 为反馈脚，用来测量输出电压，正常工作时该引脚与 V_{SET} 引脚相连：VSET 引脚的三个不同状态可以设置三种不同的输出电压。具体可参考表11.2.1所列。SYNC 为同步脚，变换器转换频率可以与外部 500 kHz～1 MHz 范围内的 CMOS 时钟信号同步；EN 为逻辑高电平时启动 DC/DC 变换器，为逻辑低电平时关闭 DC/DC 变换器，在 25℃时的输出电流小于 10 μA。

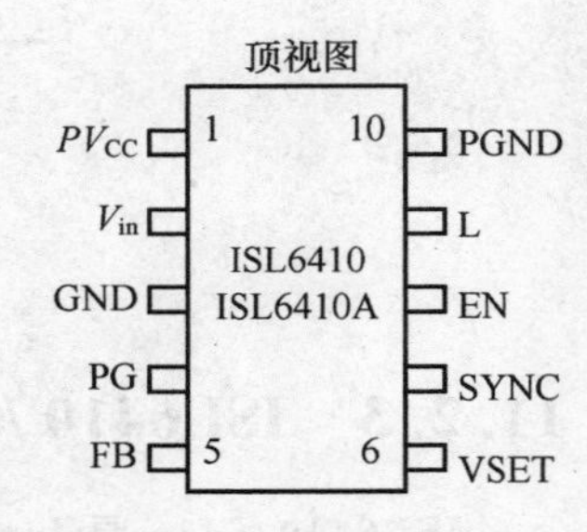

图 11.2.6 ISL6410 引脚

为了使变换器工作，该脚和 V_{cc} 引脚之间应接一个 10 kΩ 的上拉电阻；L 引脚是内部功率 MOSFET 的漏极，接外部滤波电感；PCND 为电源地，所有的电源地都应该连接到该引脚上。PV_{cc} 引脚为内部 MOSFET 提供电压。最好就近接一个 1 μF 的去耦电容。

2. 应用电路

ISL6410(ISL6410A)可作为微控制器、微处理器、FPGA、ASIC、DSP 和 WLAN 等芯片的供电电源。典型应用如图 11.2.7 所示。

表 11.2.1 引脚 VSET 设置

V_{SET}脚	ISL6410(V_o)	ISL6410A(V_o)
High	1.8 V	3.3 V
Open(NC)	1.5 V	1.8 V
Low	1.2 V	1.2 V

在电路中，ISL6410A 的 5 V 供电电压是通过由 TOP224 管组成的开关电源中输出一路 5 V 电压提供的。TPO 管构成的开关电源在实际的应用中用的很多，总共只用了 3 个电容一个

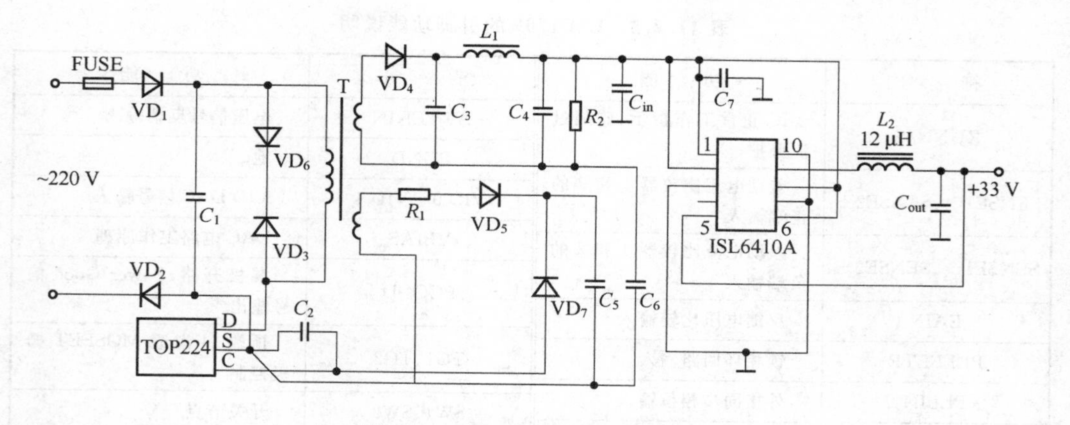

图 11.2.7　ISL6410A 应用电路

电感就实现了 5 V/3.3 V 的变换。

11.2.4　LTC1709 适用于微处理器宽入的 DC/DC 芯片

LTC1709 是凌特公司推出的适用于 Intel Pentium Ⅳ微处理器的电源变换器，该器件具有动态可调输出、超高速瞬态响应、高精度和高效率等特点。它符合 Intel 的新型 IMVP Ⅳ规格，支持 Pentium Ⅳ微处理器的高性能模式、省电模式和睡眠模式。LTC1709 采用双相电源，可提供最大 40 A 的电流输出；由于采用电流模式控制，因而可保证电流输出的稳定，同时具有 4～36 V 的宽电压输入范围，可将交流适配器、电池的输出电压直接转换为微处理器内核电压并输出，同时可通过 5 位 DAC 信号来对输出电压进行动态调整，输出电压范围为 0.925～2.0 V，精度为 1%。

1. LTC1709 的引脚功能

LTC1709 采用 36 脚 SSOP 扁平封装，引脚排列如图 11.2.8 所示，引脚功能如表 11.2.2 所列。

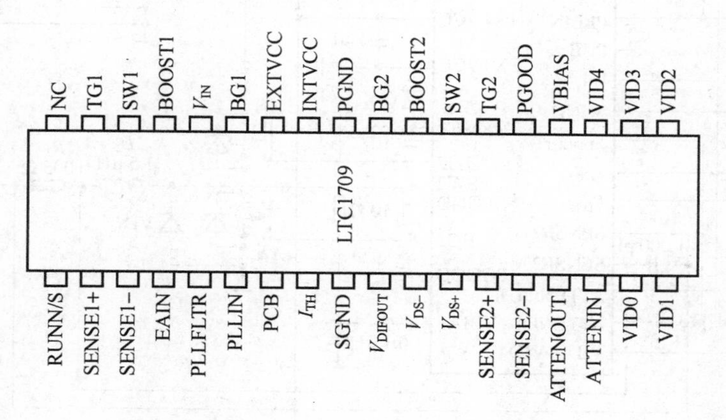

图 11.2.8　LTC1709 的引脚排列图

表 11.2.2 LTC1709 的引脚功能说明

符　号	功　能	符　号	功　能
RUNN/S	IC 正常工作指示，监测过流保护	ATTENIN	电压信号反馈输入
SENSE1＋、SENSE2＋	差动电流比较器 1 和 2 的正端输入	PGND	地
SENSE1－、SENSE2－	差动电流比较器 1 和 2 的负端输入	VID 0～VID 4	VID DAC 信号输入
EAIN	反馈电压比较输入	VBIAS	DAC 电路工作原理
PLLFLTR	锁相环回路输入	PGOOD	漏极开路，Power Good 信号输出
PLLIN	外接同步相位输入	TG1、TG2	顶端 N 沟道 MOSFET 栅极控制
PCB	Burst Mode 选择	SW1、SW2	开关节点
I_{TH}	电流比较器控制输入	BOOST1、BOOST2	电源自举输入
SGND	信号地	BG1、BG2	底端 N 沟道 MOSFET 栅极控制
V_{DIFOUT}	差动放大器输出端	INTVCC	5 V 线性低电压调节输出
$V_{DS}-$	输出电压负监测端	EXTVCC	内部开关外接电压
$V_{DS}+$	输出电压正监测端	V_{IN}	主电源
ATTENOUT	电压信号反馈输出		

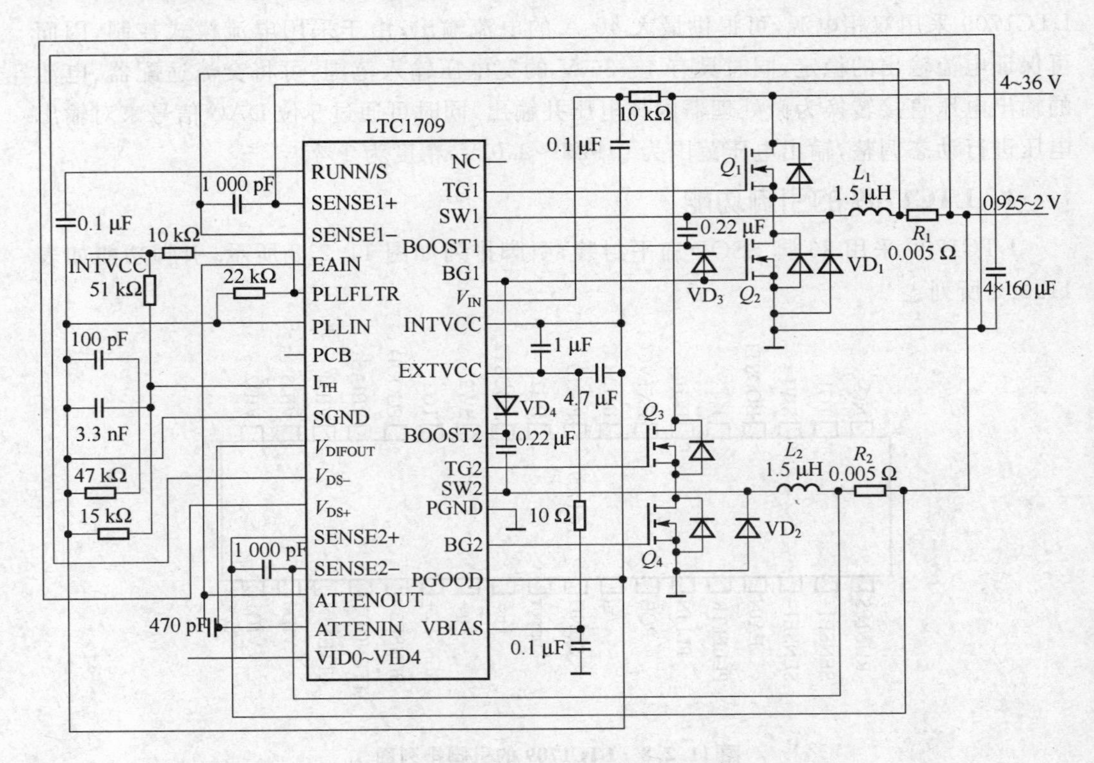

图 11.2.9 LTC1709 的典型应用电路

为交流适配器或电池电压，输入范围为 4～36 V，Q_1～Q_4 为功率 MOSFET，通过 LTC1709 与微处理器间的 $U_{ID电压}$ 信号可动态调整输出电压 U_{OUT}。

11.2.5　LTC2950/51 集成一个按钮控制的降压 DC/DC 芯片

凌特公司 LTC2950 集成了一个按钮控制器，可为具有处理器中断逻辑和可调防反跳定时器的 DC/DC 转换器提供使能控制。该器件解决了所有机械触点都存在的固有反跳问题，并可以 2.7～26 V 的输入电压范围内运作，以适应各种各样的输入电源。当关断时，LTC2950 将中断系统处理器，并提醒它执行必需的断电和内务处理任务。一旦系统完成了断电操作，则可命令 LTC2950 立即停用电源。LTC2951 为系统断电提供了额外的时间，该时间由一个外部电容器来配置。TLC2950 和 LTC2951 采用纤巧型 8 引脚 2 mm×3 mm DFN 和 TSOT－8 封装，从而节省了设计时间以及便携式仪器和手持式产品十分珍贵的板级空间。

LTC2950/51 芯片性能特点对比如表 11.2.3 所列。

表 11.2.3　LTC2950/51 特点对比

	LTC2950	LTC2951
按钮控制	√	√
按钮 ESD 保护	10 KV	10 KV
接通防反跳延迟(缺省)	32 ms	128 ms
可编程接通延时	√	
关断防反跳延迟(缺省)	32 ms	32 ms
可编程关断延时	√	√
系统停机延迟(缺省)	1024 ms	128 ms
可编程 KILL 延时		√
电源电流	6 μA	6 μA
封装型式	2 mm×3 mm DFN TSOT－8	2 mm×3 mm DFN TSOT－8

LTC2950 的应用电路如图 11.2.10 所示。图中的电路利用了用于 $\overline{KILL}$ 输入的精准模拟比较器，因而它可用做一个电压监视器。它由微处理器的一个低漏电流漏极开路输出来驱动。它还被连接至一个负责监视电池电压（V_{IN}）的阻性分压器。当电池电压降至 5.4 V 以下时，$\overline{KILL}$ 引脚上的电压将降至 0.6 V 以下，而且 EN 引脚被迅速拉至低电平。所以的 DC/DC 转换器在其 $\overline{SHDN}$ 引脚

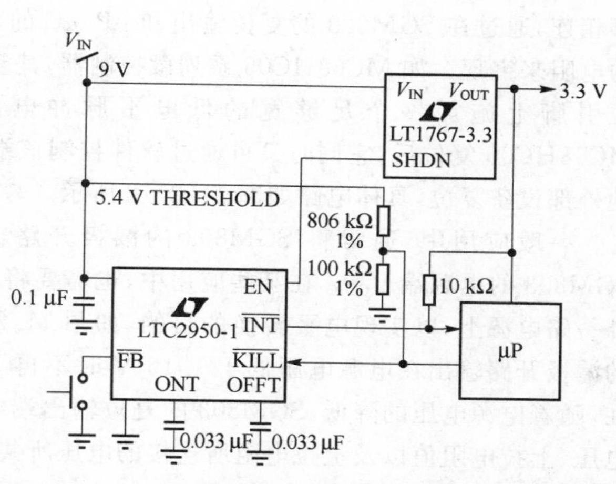

图 11.2.10　具有低电池电量监视器的 LDO 按钮控制

上具有一个内部上拉电流，因而无需在EN引脚上布设一个上拉电阻器。

LTC2951与LTC2950基本相同，只是前者用可调接通定时器换取一个可调$\overline{\text{KILL}}$定时器。

11.2.6 SGM803 μP电源监控芯片

为保证微处理器系统稳定而可靠地运行，需给微处理器系统提供电监控电路。哈尔滨圣邦微电子的SGM803就是此种芯片。它可在微处理器上电、掉电及电压低于供电电压一定值时，产生一个不低于140 ms的复位低电平输出，确保微处理器运行在可知的状态，避免错误代码的执行。

1. 内部结构和引脚功能

SGM803芯片的内部结构如图11.2.11所示，该电路包含电压比较器、低功耗电压基准源、分压器、输出延时电路和输出驱动电路。SGM803引脚功能如表11.2.4所列。

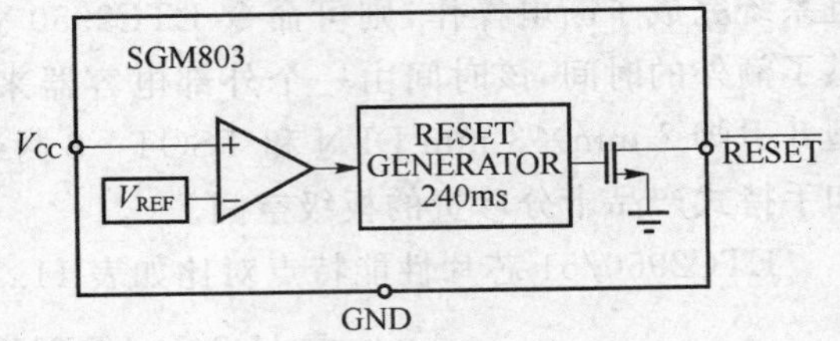

图11.2.11 SGM803内部结构

表11.2.4 SGM803引脚功能

名称	引脚号	功 能
GND	1	地
$\overline{\text{RESET}}$	2	复位低有效。在V_{CC}低于复位阈值时有效，并在V_{CC}上升到大于复位阈值后的至少140 ms内仍保持低电平
V_{CC}	3	监控的电源电压

2. SGM803应用电路

因为SGM803提供漏极开路复位输出，所以SGM803可与μP/μC的双向复位引脚相连，通过在SGM803的复位输出和μP/μC的双向复位引脚之间串联一个4.7 kΩ的电阻来突现。如MC68HC05系列微控制器，其复位引脚是一个双向端口，在它的复位引脚上施加一个足够宽的低电平脉冲电压，即可使MC68HC05复位。当MC68HC05复位后，它同时又可通过软件控制该端口变成低电平，以便使系统中的其他外部设备复位，具体电路如图11.2.12所示。

一般应用中，通常将SGM803的漏极开路输出上拉到被监测的电源电压，即SGM803的电源端V_{CC}。在某些应用中，也需要将SGM803的漏极开路输出上拉到另外一路电源上，以实现电平转换的目的，如图11.2.13所示。需要注意的是，SGM803的漏极开路输出在电源电压低于1.15 V时不再下拉电流。另外，因为上拉电流的存在，随着电源电压的降低，SGM803的复位输出端电压将升高，这一现象是由被监测的电压、上拉电阻值以及上拉电阻所连接的电压所共同决定的。

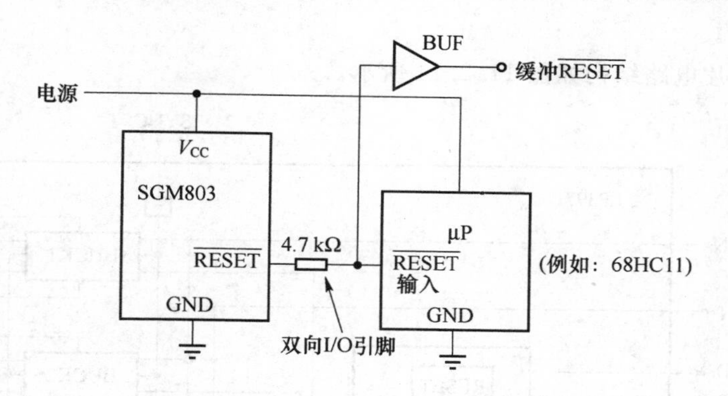

图 11.2.12 双向复位引脚的连接

11.2.7 LP3971SQ 适用先进 MCU 的电源管理芯片

LP3971 芯片特色如下：

- 可支持需要利用动态电压管理(DVM)功能的先进应用处理器；
- 三个可为高电流处理器内部功能或输入/输出提供稳压供电的降压稳压器；
- 内置的 6 个低压降稳压器可为实时时钟、外围设备及输入/输出提供稳压供电；
- 设有自动开关的后备电池充电器，适用于钮扣式锂锰电池及超级电容器；
- I^2C 兼容的高速串行接口；
- 可利用软件控制稳压器的功能及设定；
- 准确的内部电压参考；
- 过热保护；
- 电流过载保护；
- 采用小巧的 40 引脚 LLP 封装，大小只有 5 mm×5 mm。

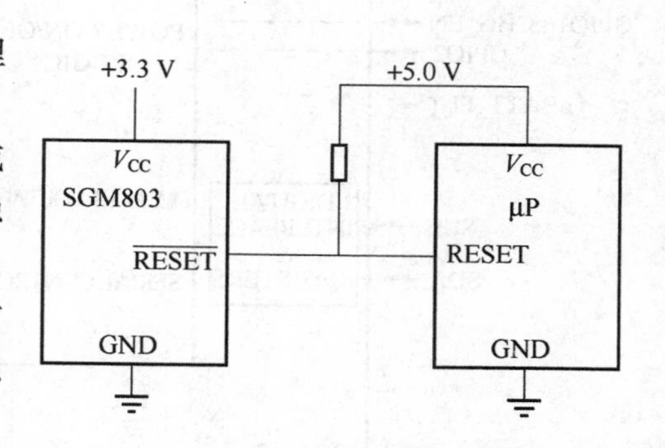

图 11.2.13 多电源系统

相关应用如下：

- 兼具个人数字助理功能的移动电话；
- 智能移动电话；
- 个人媒体播放机；
- 数字照相机；
- 应用处理器：
  - 一英特尔的 Xscale；
  - 一Freescale；

一三星。

IP3971 芯片电路结构如图 11.2.14 所示。

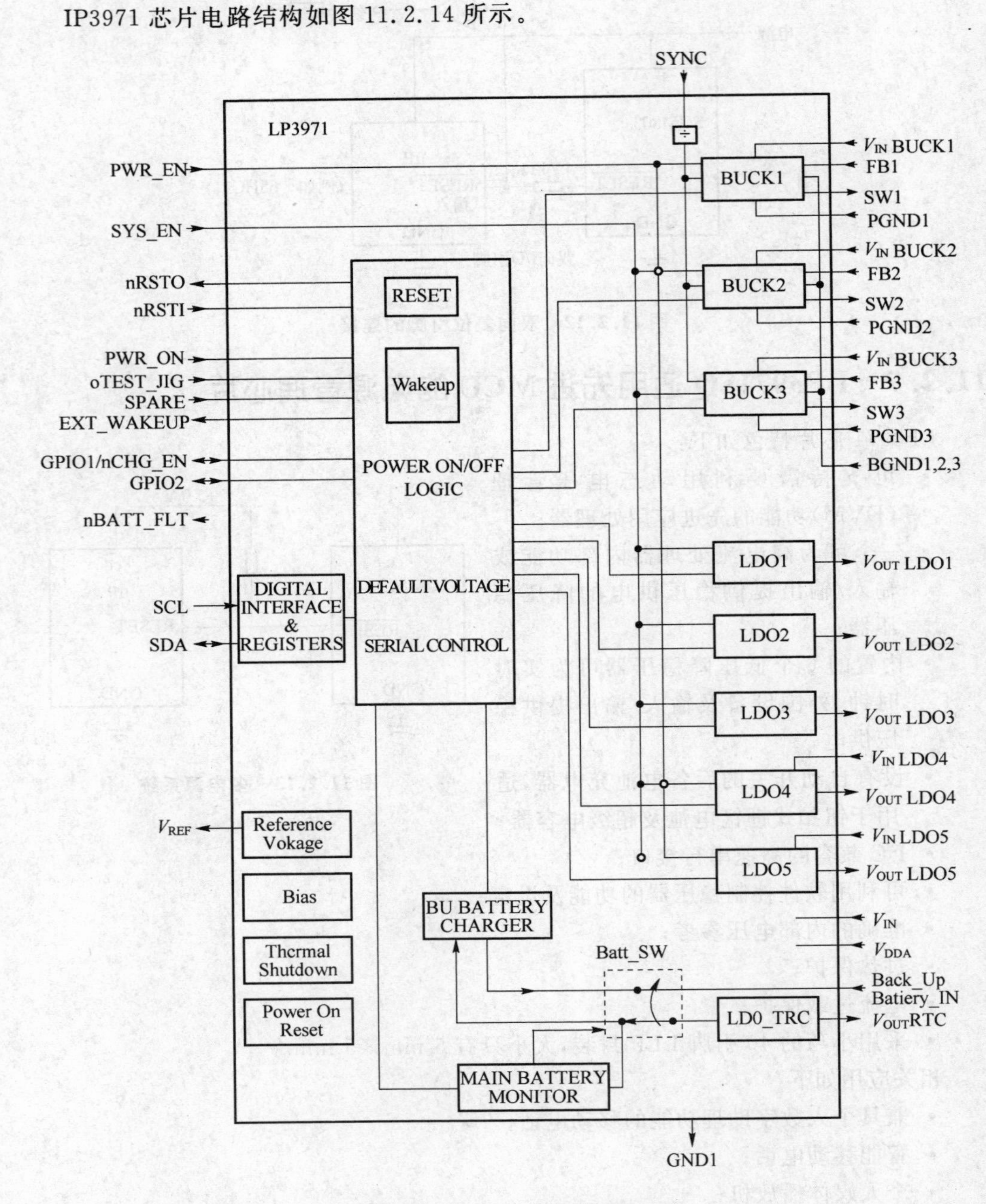

图 11.2.14　LP3971 电路结构

11.2.8　TPS6205X 适用 DSP 的 DC /DC 系列芯片

由于 DSP 系统的工作频率高，数据吞吐量大，功耗也相对较高，因此供电系统的好坏将直接影响系统的稳定性，所以设计出高效率、高性能的供电系统具有极其重要的意义。针对 TMS320C6000 系列 DSP 的电源要求，采用 TI 公司的 TPS6205×系列电压变换器芯片构成电源解决方案，具有效率、成本和体积方面的优势。

1. TMS320C6000 系列 DSP 对电源的要求

TI 公司的 TMS320C6000 系列 DSP 需要两种电源，即 CV_{DD}和 DV_{DD}，分别给内核和周边 I/O 接口供电。如 TMS320C6711C 要求内核电压为 1.9 V，周边 I/O 接口电压 3.3 V，而 TMS320C6711B 则要求内核电压为 1.8 V，周边 I/O 口电压为 3.3 V。正是为这 DSP 系统中需要两种电源，所以必须考虑两种电源之间的配合问题。在加电过程中，如果只有内核获得供电，而周边 I/O 接口滑得到供电，对芯片不会产生任何损害，只是没有输入、输出能力而已；相反，如果周边 I/O 接口得到供电而内核稍后加电，有可能会导致 DSP 和外围引脚同时作为输出端，此时如果双方的输出是相反的，那么两输出端就会因反向驱动可能出现大电流，这将影响器件的使用寿命，甚至损坏器件。同样，在关闭电源时，如果内核先掉电，也有可能产生大电流。因此，在加电过程中，应当保证内核电源 CV_{DD}先加上，最晚也应当与周边 I/O 接口电源 DV_{DD}同时加上。关闭电源时，先关 DV_{DD}，再关 CV_{DD}。

2. TPS6205X 的引脚功能

- EN：使能端，低电平时处于关闭状态。
- FB：固定电压输出的反馈引脚。
- GND、PGND：地引脚。
- V_{IN}：电压输入引脚。
- LBI、LBO：低电压输入、输出引脚。
- PG：Power Good 信号输出引脚。
- SW：接输出电感。
- SYNC：同步信号引脚，当其为低电平时处于节能模式，为高电平时工作在低噪声模式。

3. 内核电压 CV_{DD}的产生

采用 TM320C6711C 设计供电系统，其 CV_{DD}为 1.9 V，DV_{DD}为 3.3 V。1.9 V 的输出电压可以用芯片 TPS62050 来产生，它可以输出 0.7～6 V 的可调电压，具体电路如图 11.2.15 所示。图 11.2.15 中 PG 引脚接到芯片 TPS62056 的 EN 引脚上，这是为了满足供电顺序的要求。

4. 周边电压 DV_{DD}的产生

3.3 V. 的输出电压可以直接用芯片 TPS62050 来产生，并且不需要分压电阻网络，如图 11.2.16 所示。同样，电感、电容的选择遵循上面的原则，注意到 PG 引脚应接往 DSP 芯片的复位引脚 EXRES。

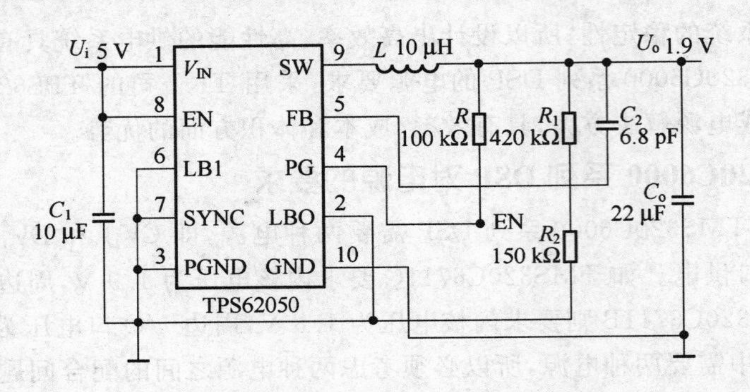

图 11.2.15　产生内核电压 CV_{DD} 的电路

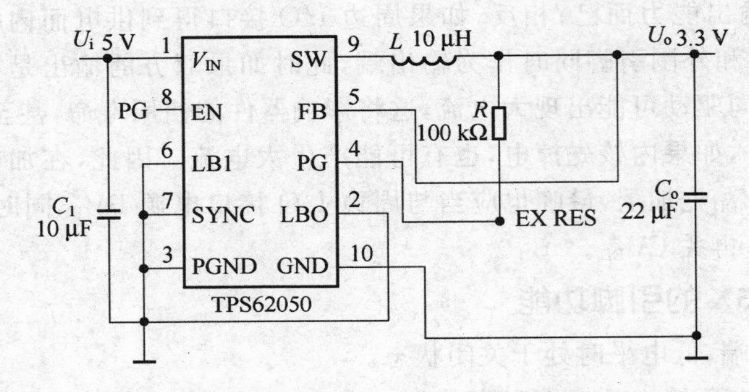

图 11.2.16　产生周边电压 DV_{DD} 的电路

11.2.9　TPS65020/1 适用于 MCU 的 6 通道降压 DC/DC 芯片

TI 公司高度集成的 TPS65020/1 电源转换 IC 让采用 OMAP™ 处理器的移动手持终端或以 XScale 为基础的多媒体装置得以延长电池寿命。灵活的电源管理单元整合多个高性能电源管理构建块，适合由单体锂离子电池支持多种电压的设备。

TPS65020/1 芯片特性如下：

- I^2C 接口；
- 动态电压管理；
- 开关频率：1.5 MHz，2.2 μH 电感器；
- DC/DC 1：1.2 A 降压变换器，效率高达 97%；
- DC/DC 2：1.0 A 降压转换器，效率高达 95%；
- DC/DC 3：0.8 A 降压转换器，效率高达 90%；
- LDO 1：高达 200 mA；
- LDO 2：高达 200 mA；
- LDO 3：20 mA。

应用范围如下：

- TIDSP 与 OMAP 处理器电源解决方案；
- Intel XScale 电源解决方案；

- 蜂窝/智能电话；
- 因特网音频播放器；
- 嵌入式工业应用。

TPS65020/1 应用电路如图 11.2.17 所示，TPS65××系列芯片性能如表 11.2.5 所列。

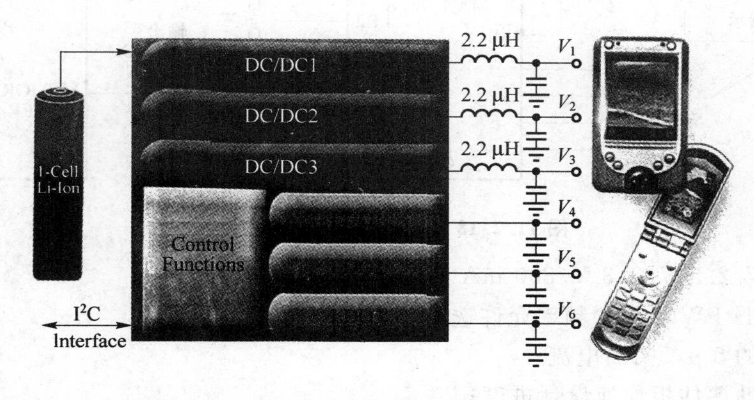

图 11.2.17　TPS65020/1 应用示意图

表 11.2.5　TPSxx 系列芯片性能

器件	V_{IN}（最小值）	V_{IN}（最大值）	充电器	DC/DC 数量	LDO 数量	f 开关	接口
TPS65020/1	2.5	6.0	无	3	3	1.5 MHz	串行、I²C
TPS6501X	2.5	6.0	有	2	2	1.5 MHz	串行、I²C
TPS65520	1.5	5.0	无	7	5	—	串行
TPS65800	3.0	4.7	有	3	7	1.5 MHz	串行、I²C

11.2.10　MAX1702B 用于 Intel PXA250μP 的电源管理 IC 芯片

MAX1702B 是一款更小巧、更高效的电源管理 IC，专为 Intel PXA210 和 PXA250 微处理器而优化，用于 PDA、3G 智能电话和其他手持产品。MAX1702B 整合了 3 组带同步整流的高效率（>90%）PWM、1 MHz 降压型变换器。这些转换器采用小巧的外部元件，并省去了外部二极管，节省成本和尺寸。MAX1702B 被集成于 1 mm 高、6 mm×6 mm 的 QFN 封装。管理功能包括自动上电顺序控制、上电复位（POR）、手动复位、输出稳定度监视以及两电平的电池低检测等功能。

MAX1702B 应用电路如图 11.2.18 所示，三组输出，所有开关内置，1 MHz PWN。

MAX1702B 芯片特点如下：

- 三组 DC/DC 降压变换器；
- 3.3 V/900 mA 外设及 I/O 电源；
- 最低至 0.7 V 的 400 mA μP 核电源；

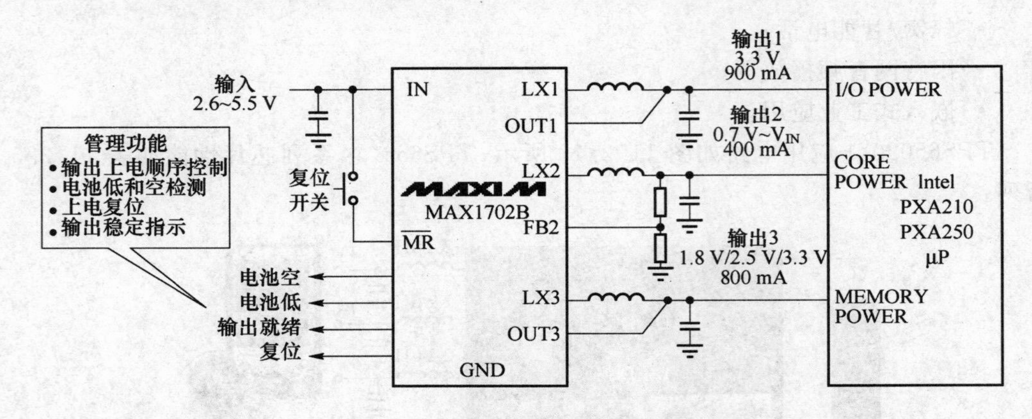

图 11.2.18　MAX1702B 应用电路

- 1.8 V/2.5 V/3.3 V/800 mA 存储器电源；
- 1 MHz PWM 开关频率允许选用小型外部元件；
- 极低的 5 μA 关断电流；
- 可借助评估板加速设计进度；
- 售价＄5.00。

11.2.11　MAX1714/15 双/单控制为笔记本 CPU 内核供电芯片

MAX1714/MAX1715 具有高转换效率、赶快速瞬态响应及高直流输出精度等特点。Maxim 公司专有的 Quick－PWM，恒导通时间控制机制使其保持恒定开关频率的同时，对于负载瞬变能够提供极为迅捷的“瞬通”响应，并且不需要检流电阻。两者均针对低输出电压应用而优化设计，具有优异的线性及负载调整特性，对于很大范围的输入及负载变化能够保证优异的输出电压精度(±1％)。MAX1714 为紧凑型单控制器，用于低成本笔记本 CPU 内核和 I/O 电源非常理想。当需要多种电压时，MAX1715 双控制器可提供更佳效益。MAX1714 采用小巧的 16 引脚和 20 引脚 QSOP 封装，MAX1715 则为 28 脚 QSOP。

MAX1714/MAX1715 芯片特点如下：

- 整个输入及负载变化范围内保证输出精度±1％；
- 低成本：输出电容更少；无需检流电阻；
- Dual Mode™(双模式)操作：
- MAX1714：2.5 V/3.3 V/可调(1～5 V)；
- MAX1715：1.8V/2.5 V/可调(1～5 V)或 2.5 V/3.3 V/可调(1～5 V)；
- 效率＞90％，针对低输出电压优化设计；
- 内置数控软启动(1.7 ms)；
- 150～600 kHz 开关频率；
- 过压/欠压保护；
- 高性能一级或二级转换。

MAX1714 应用电路如图 11.2.19 所示。

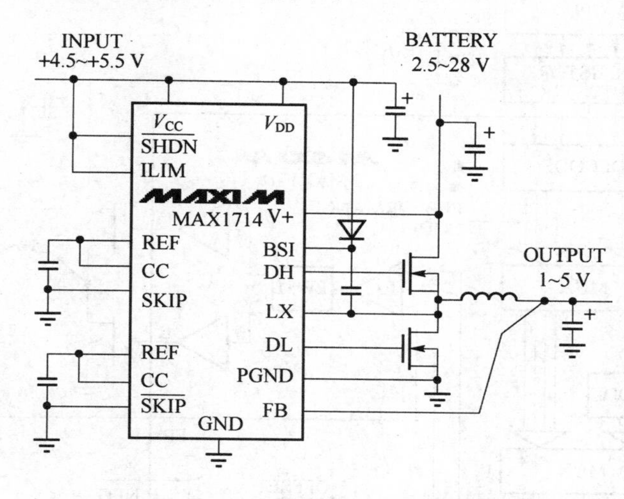

图 11.2.19　MAX1714 应用电路

11.2.12　MAX1718 为 Intel 千兆赫移动 CPU 供电芯片

采用 MAX1718 为 Intel 移动 CPU 供电可有效节省功率、尺寸与成本。该款降压型控制器满足 IMVP 内核供电要求，具有可动态调节的输出、赶快速瞬态响应、高直流精度和高转换效率等特性。Maxim 拥有专的 Quick－PWM™恒定导通时间 PWM 控制技术可轻松处理很宽范围的输入/输出电压比率，并能提供 100 ns 的负载瞬态响应，同时保持恒定的开关频率。

输出电压可以通过 5 位分辨率的 DAC 在 0.6～1.75 V 范围内动态调节。输出变化速率控制技术最大限度降低了流过电池和电感的浪涌电流。利用这种精密电路，V_{OUT}的变化速率可以根据给定应用进行设定，得到一个恰到好处的 DAC 更新时间。

内部多路选择器可以在两种 5 位 DAC 设定值之间切换，这两种设定值由同一个 5 引脚数字端口设置，或者也可以选择一个预先设定的低电压输出，用以支持低功耗的处理器挂起状态。MAX1718 采用 28 引脚 QSOP 封装。

MAX1718 芯片应用电路如图 11.2.20 所示。

11.2.13　MAX5039 用于 powePC 和 DSP 的电压跟踪控制器芯片

MAX5039 芯片特点如下：

确保系统高度可靠：

- 电压跟踪偏差小于 200 mV；
- 检测 $V_{I/O}$和 V_{ORE}上的短路故障，并可禁止电源，保护 μP 节省空间；
- 一片 IC 代替运放、基准、比较器和分立元件。

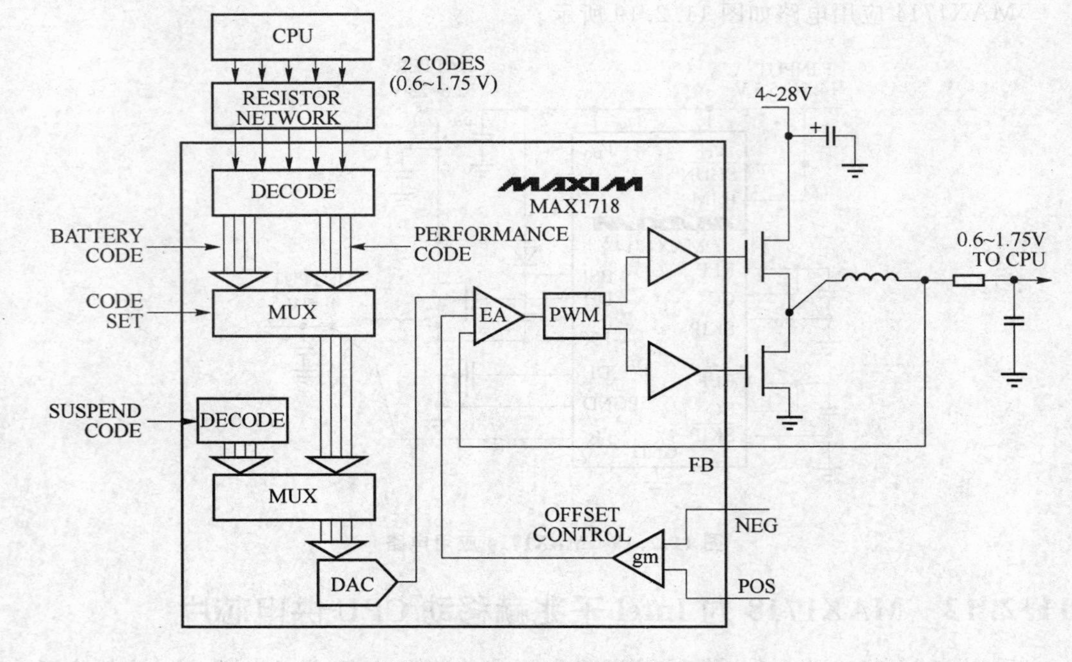

图 11.2.20 MAX1718 应用电路

MAX503P 芯片应用如下：

- 为任何 I/O 和内核电源提供智能化的控制和电压跟踪降低成本；
- 极少的外部元件。

MAX5039 芯片应用电路及工作特性如图 11.2.21 所示。

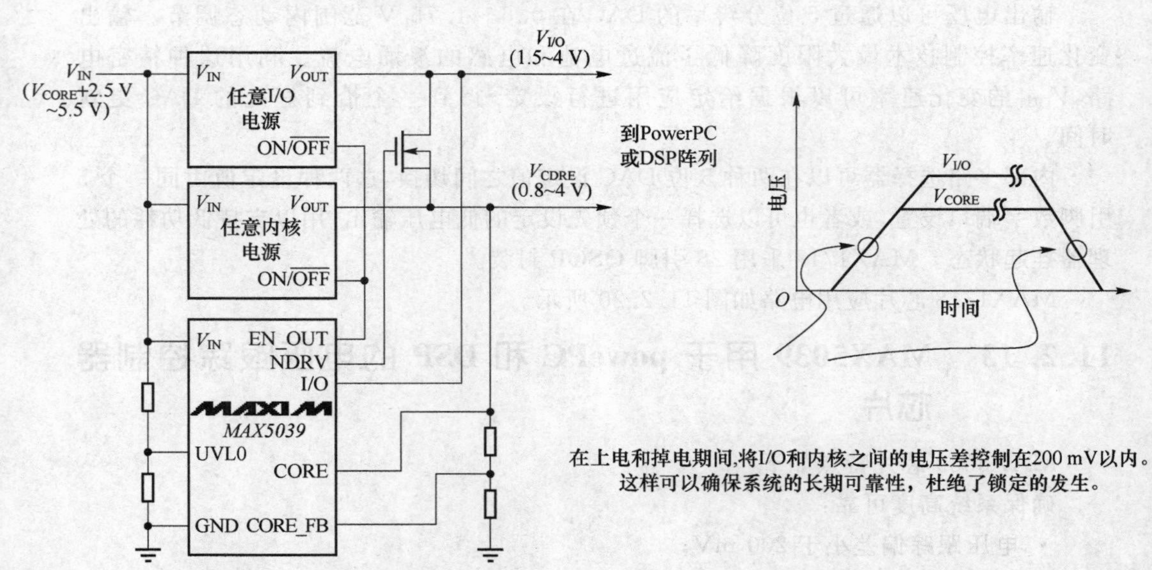

图 11.2.21 MAX5039 芯片应用电路及工作特性

11.2.14　MAX8545/46为台式机、笔记本、图形卡和机顶盒供电IC芯片

MAX8545和MAX8546电压模式、300 kHz PWM降压DC/DC控制器具有强劲的2.5 Ω(典型)栅极驱动器，适合于1～15 A应用，无损检流和逝返式过流保护(降低功耗达80％)提供了一个高可靠、低成本的方案。它们具有极宽的输入电压范围，省掉了额外的偏置电源。

MAX8545/46芯片应用电路如图11.2.22所示。

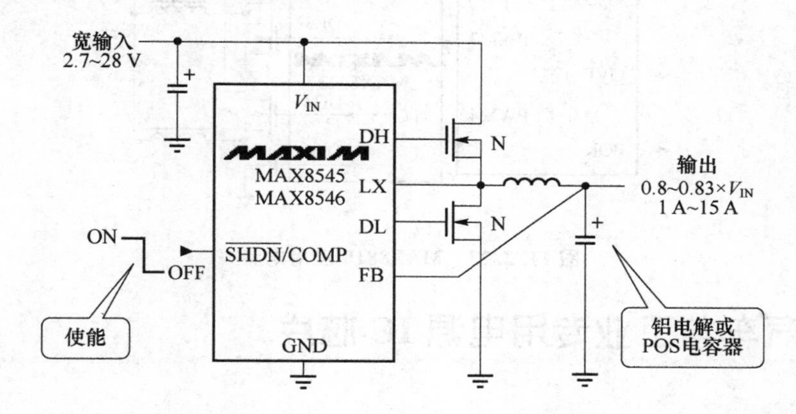

图11.2.22　MAX8545/46应用电路

11.2.15　MAX8810双组驱动器用于Intel和ADM CPU内核供电IC芯片

MAX8810芯片特点如下：

- 符合VRD11规范要求，只需8只大电容；
- 适用于Inltel(VIRD 11,VRD 10.1)和AMDK8 Socket M2CPU的内核电源；
- 快速主动均流(RA^2)技术提供出色的下垂精度和电流均衡；
- 快速电压定位提供优越的瞬态响应；
- 经过完全温度补偿的逐周期限流；
- 内置双驱动器和自举二极管。

MAX8810芯片应用电路如图11.2.23所示。

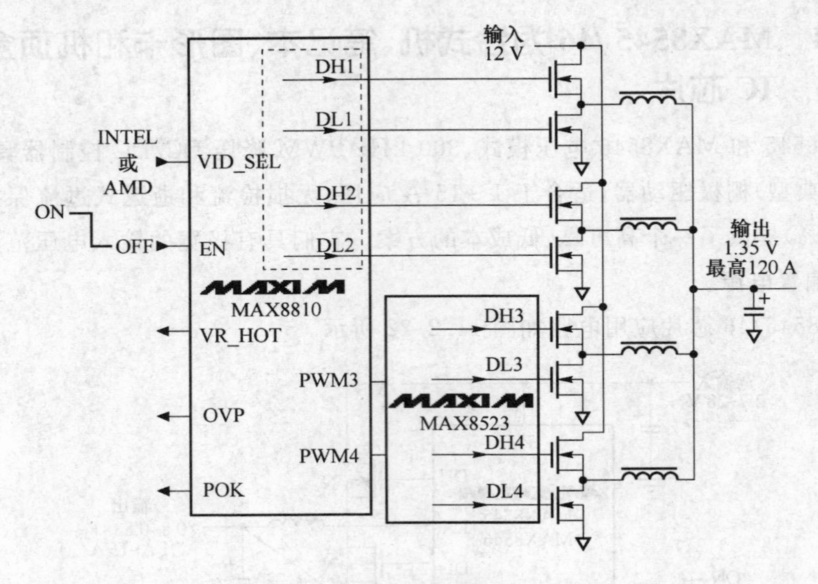

图 11.2.23　MAX8810 应用电路

11.3　汽车与工业专用电源 IC 芯片

汽车系统中的电子系统必须执行极为严格的电源要求，这包括负载突降、冷车发动、轻负载条件下的极低功耗以及低噪声运作等。此外，还必定具有紧凑的占位空间及有效的散热效率。

11.3.1　概述

1. 高性能汽车电源

汽车电池、工业电源、分布式电源和墙上变压器均为宽范围高电压输入电源。对这些可变电源进行降压的一种最为简单的方法是采用能够直接接受一个宽输入范围并提供一个良好调节输出的单片式降压型隐压器。很多公司拥有一组不断成长的高电压DC/DC 变换器系列，可接受 3.6～36 V(或更高)的输入，并提供了超卓的电压和负载调节以及动态响应性能。尽管如此，这些中等电压范围的转换器仍然可被各种应用所接受；不过，一些公司也提供了更高电压的产品(输入高达 80 V)。在许多汽车应用中，需要采用这些器件来满足被称为“冷车发动”的最小输入电压要求，在该场合中，汽车电池电压有可能降到 4 V，而输出端仍然需要一个已调 3.3 V 电压。同样，在负载突降期间，DC/DC 变换器的输入端上将会出现 36 V 和更高的瞬态电压，这需要在一个恒定电压条件下进行调节。很多公司的器件均可在一个宽负载范围内提供高效解决方案和良好调节的输出。

2. 高效LED汽车照明系统解决方案

美国国家半导体针对汽车照明系统提供多样化的解决方案，包括高亮度LED驱动器和采用PowerWise技术的热管理产品。这些方案的能源效率极高，非常适用车厢照明灯、显示器背光灯、转向信号灯及车头灯。

(1) LED驱动器

许多汽车的车头灯以至车内娱乐信息系统的液晶显示器背光灯都已改用LED，为客户带来新的驾驶体验。美国国家半导体的一系列LED专用驱动器，为汽车照明系统提供PWM调求解控制、精确的欠压锁定(UVLO)及高端电流检测等功能。

(2) 功能齐备的热管理

越来越多的电子装置被采用到重要的汽车应用当中，因此为确保这些电子零件不致过热爱损，热管理解决方案就变得很重要。美国国家半导体特别提供多种包含创新技术的解决方案，因此精确度特高、功耗极低、封装极小，而且还有内置安全单元，以确保驾驶安全。

汽车照明系统示意图如图11.3.1所示。

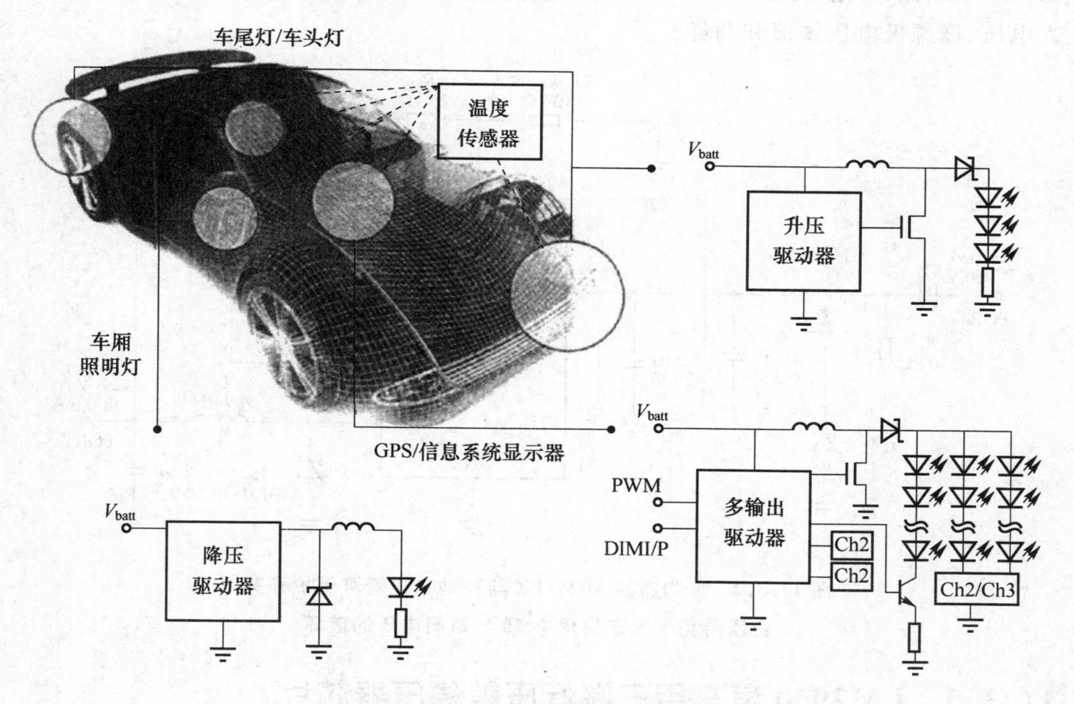

图11.3.1 汽车照明系统示意图

11.3.2 LM2734Z具有输入瞬变电压保护功能的汽车DC/DC芯片

在汽车应用中，交流发电机甩负荷(load dump)的高压瞬变可以产生36～75 V的电压，持续长达 400 ms。设计人员必须在能经受住这样大限度输入电压的稳压器或使用输入保护方案之间做出选择。本设计实例的简单电路提供了箝位来自电池的瞬间高达 50 V 的输入电压的低成本高效率方法，以便利用 20 V 3 MHz 稳压器。用这个电路，设计师可以用相对低的费用实现小的整体占位面积，因为采用 3 MHz 稳压器。且可以使用不必承受 50 V 电压的低压元件。

输入保护器件由 Q_1、R_1、D_1、C_5 和 D_2 的一半组成，如图 11.3.2 所示。上电时，N 沟道 MOSFET Q_1，的源极处于地电位，当 R_1 将电池电压供到栅极稳压器开始工作，其对 D_3、D_4 和 C_B 组成的启动电路充电。然后，D_3 的约为 $V_{OUT-VFD}$（前向压降）的启动电压传输到 Q_1 的栅源极。电容 C_5 在启动二极管关闭的时间内，维持栅极驱动。

在正常工作条件下，例如，电池电压为 8～18 V，D_1 不能限制 Q_1 的传导，而且对从电池电压到 LM2734Z 的输入电压的低压降，栅极电压能高于输入供电电压几乎 2.5 V。然而，当输入电压增加到 D_1 设置的阈值以上时，到 LM2734Z 稳压器的输入电压稳压至 D_1 的齐纳电压减去 Q_1 的阈值电压，即约 20 V－2 V＝18 V，正好低于 LM2734Z 的最大绝对值 24 V。选择 Q_1 需要仔细考虑稳态和热瞬时条件下的最大输入电压、栅源极电压阈值和功耗。

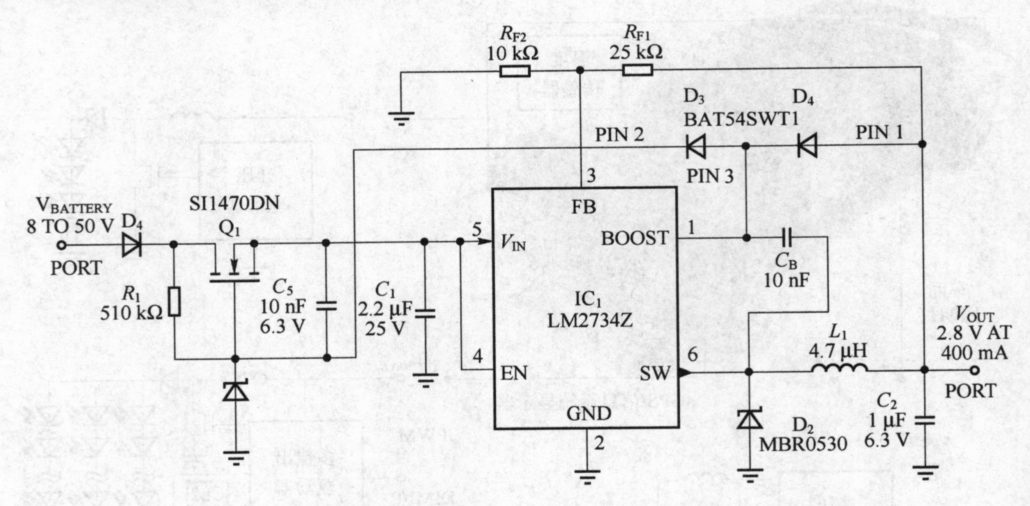

图 11.3.2　N 沟道的 MOSFET 与齐纳二极管可保护开关稳压器免于汽车应用中 50 V 瞬间电压的破坏

11.3.3　LM2930 汽车用三端低压差稳压器芯片

LM2930 系列(NS 公司)三端稳压器是一种采用 PNP 型调整管的低压差稳压电路。该系列品种繁多，功能和特性各不相同，主要品种的外形如图 11.3.3 所示。

LM2930 系列三端稳压器都具有与汽车电气设备相适应的特性。汽车行进时，蓄电池电压均为 14～16 V；汽车启动或温度较低时，蓄电池电压降低较多。LM2930 系

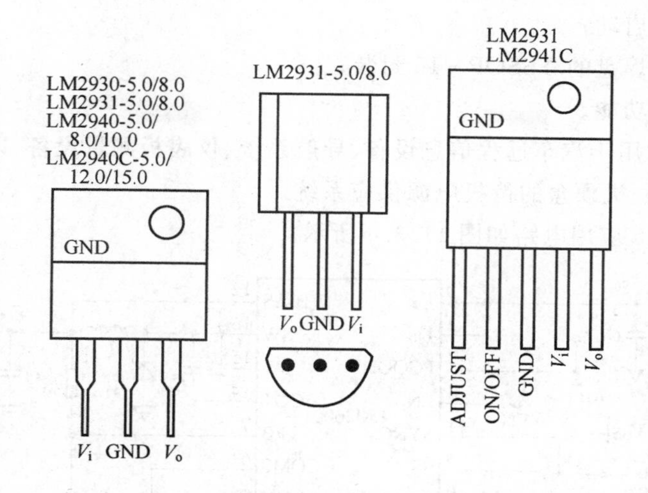

图 11.3.3 LM2930 系列外形图

列稳压器的压差(即输入端与输出端电压之差)可以很小,这样即使蓄电池电压降低,LM2930 系列稳压器仍可输出正常电压。

LM2930 系列内部具有过流保护、过热保护、SOA 保护电路。当使用不慎将蓄电池接入输出端,或将蓄电池极性接反,或误将蓄电池串联后接到输入端,使输入电压增大 1 倍,或浪涌输入电流过大时,该器件均不会损坏。另外,与室内电子设备相比,LM2930 的使用条件宽松得多,具有较宽的工作温度范围。

11.3.4 LM26001 设有高效睡眠模式的 1.5 A DC/DC 芯片

LM26001 芯片的静态电流低于同类产品,而且反馈电压准确度高,因此适用于要求极为严格的汽车电子系统如仪表板及信息娱乐系统,即使采用待机模式也可执行基本的功能。

LM26001 特点:

- 高效率的睡眠模式;
- 采用睡眠模式时静态电流只有 40 μA(典型值);
- 采用停机模式时静态电流只有 10 μA(典型值);
- 输入电压可低至 3.0 V;
- 4.0~38 V 的连续输入电压;
- 参考电压准确度达 1.5%;
- 每周期电流限幅;
- 可调节频率(150~500 kHz);
- 可与外置时钟同步;
- 供电正常标记;
- 强制 PWM 功能;

- 可调节软启动；
- 采用外露焊盘的 TSSOP－16 封装；
- 过热停机功能。

应用范围：适用于汽车远程信息设备、导航系统、仪表板测量设备、以电池供电的电子产品、家庭网关/机顶盒的待机电源供应系统。

MAX1744/45 应用电路如图 11.3.4 所示。

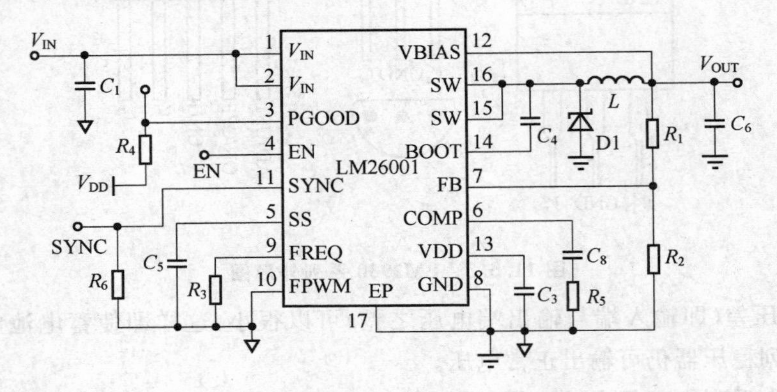

图 11.3.4　LM26001 芯片的典型应用电路图

11.3.5　TL94＋KIA358 汽车音响开关电路芯片组合

以往汽车音响用电是直接取用 12 V 铅蓄电池，这样汽车点火产生的脉冲及其他干扰便直接成为音响噪声的主要来源。

图 11.3.5 为汽车音响开关电源电路，该电路主要由两片集成电路 TL494 和 KIA358、驱动管 Q702 和 Q703、开关管 M704～M709、变压器、输出整流器和滤波器等组成。TL494 是一个脉宽调制型开关电源集成控制器，其最大驱动电流为 250 mA，工作频率为 1～300 kHz，输出方式可选推挽或单端形式。

11.3.6　LT3433 4～60 V 输入变换至 5 V 输出 DC/DC 汽车用芯片

由凌特提供的 LT3433 是一款集成了两个开关元件的高电压单片 DC/DC 变换器，通过采用单电感器可实现升压和降压两种变换的独特拓扑。图 11.3.6 显示一种从4～60 V 输入变换至 5 V 输出电压的 DC/DC 变换器。这种变换器非常适合 12 V 汽车电池应用，当电池电压从“冷车发动”时的 4 V 变为负载突降时的 60 V，可保持输出电压稳定。桥接模式工作时的门限电压大约为 8 V，故变换器能以降压模式正常工作。在降压工作期间，变换器可在高达 60 V 的输入电压上提供高达 350 mA 的负载电流。若以 13.8 V 的标称输入工作，则 LT3433 可提供高达 400 mA 的负载电流以及 82％的效率，如图 11.3.7 所示。

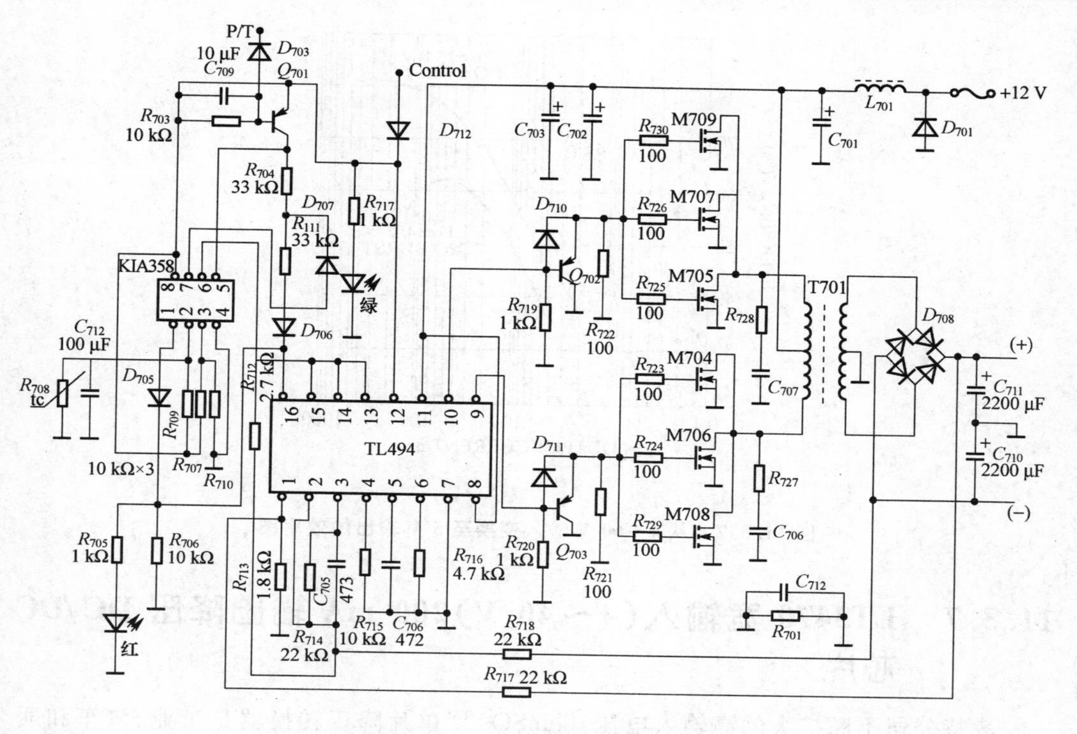

图 11.3.5 汽车音响电源电路

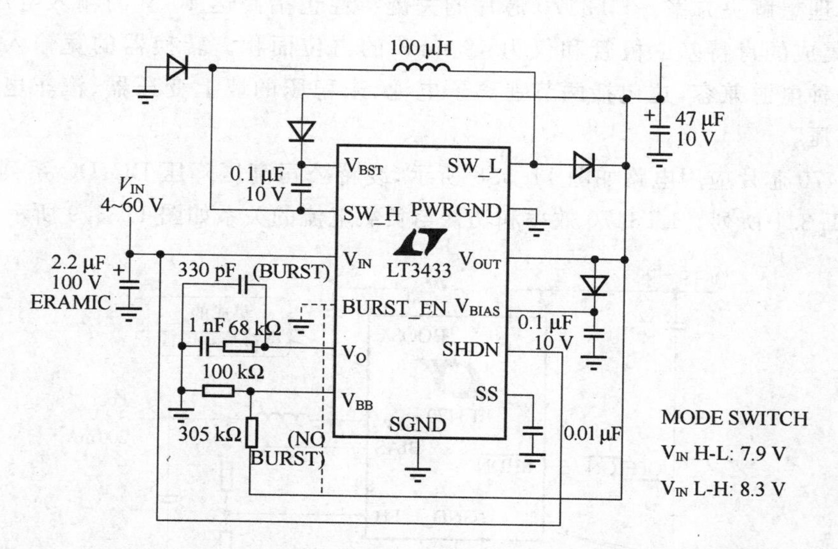

图 11.3.6 从 4～60 V 输入上输出 5 V 电压的 DC/DC 变换器

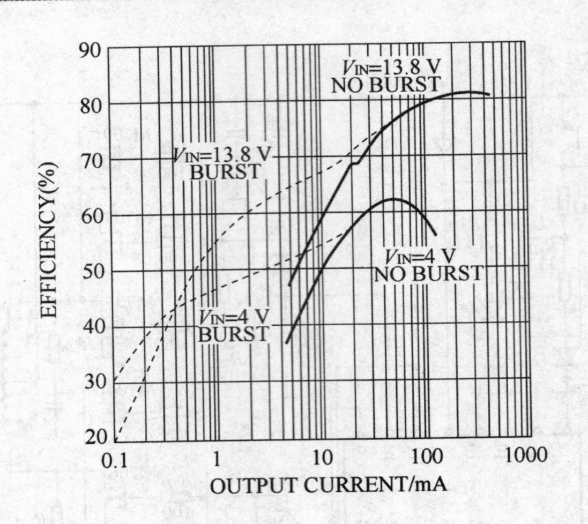

图 11.3.7 从 4～60 V 输入变换至 5 V 输出的效率图

11.3.7 LT3470 宽输入(4～40 V)200 mA 输出降压 DC/DC 芯片

凌特公司不断扩大的高输入电压 ThinSOT™ 单片降压转换器是工业、汽车和通信应用的理想解决方案。LT3470 芯片的关键特性包括高达 40 V 的输入电压、高转换效率、集成的肖特基二极管和仅为 49 mm^2 的占位面积。转换器的宽输入电压范围可与各种电源兼容,这包括两节锂离子电池、未稳压的墙上变压器、汽车电池和中间总线电压。

LT3470 芯片应用电路如图 11.3.8 所示,凌特公司高压降压 DC/DC 系列芯片性能见表 11.3.1 所列。LT3470 效率和功耗与负载电流的关系如图 11.3.9 所示。

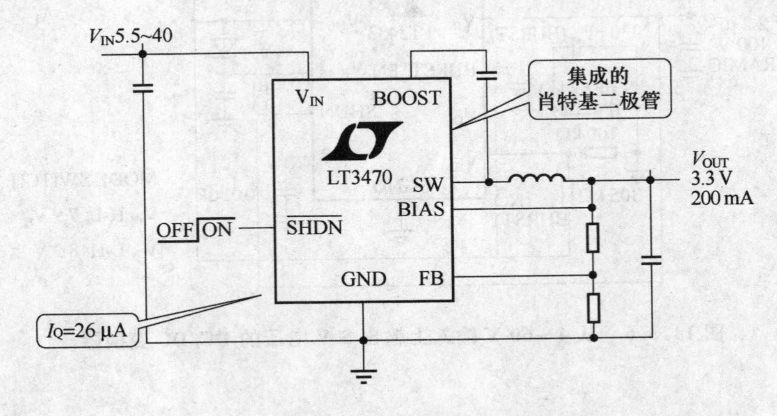

图 11.3.8 LT3470 应用电路

表 11.3.1 极纤巧的高电压降压型转换器系列芯片性能

器件型号	I_{SW}	V_{IN}/V	开关频率	输出	供电电流	封装
LT®3470	300 mA	4～10	迟滞	单	26 μA	ThinSOT
LT1934/－1	400 mA/120 mA	3.2～34	恒定关断时间	单	12 μA	ThinSOT
LT1616	600 mA	3.6～25	1.4 MHz	单	1.9 mA	ThinSOT
LT1933	750 mA	3.6～36	500 kHz	单	1.6 mA	ThinSOT
LT1936			500 kHz	单	1.8 mA	MSOP－8
LT1940						

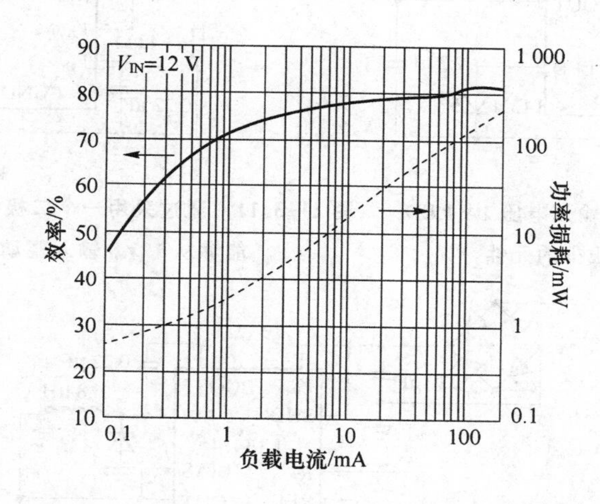

图 11.3.9 LT3470 效率和功耗与负载电流的关系

11.3.8 LT3474 汽车用宽输入 1 A LED 驱动器 IC 芯片

LT3474 是一款支持多种电源的降压型 1 A LED 驱动器，具有一个 4～36 V 的宽输入电压范围，并可通过编程以高达 88%的效率来输送 35 mA～1 A 的 LED 电流。该器件只需要极少的外部电路，并采用节省空间的 16 引脚 TSSOP 封装。

1. 汽车的 LED 驱动器电路

图 11.3.10 示出了 LT3474 采用一个 12 V 汽车电池输入作为工作电源时的配置。如图所示，该电路能够容许汽车环境中常见的 4～36 V 电压摆幅。利用一个集成 NPN 开关、升压二极管和检测电阻器，LT3474 最大限度的减少了外部元件的数目、高端检测提供了一种接地负极连接，从而放宽了布线约束条件。只需对电路稍作改动，即可实现 PWM 和模拟调光，详见 LT3474 数据表。

2. 从 $12V_{AC}$输入驱动 LED 电路

LT3474 可直接调节 LED 电流，因而能够在 V_{IN}变动的情况下维持恒定的 LED 电流。LT3474 的宽输入范围使其能够与一个经过整流的 $12V_{AC}$ 输入直接相连。如图

11.3.11 所示，采用一个小输入电容器实现了外形尺寸的最小化。在输入端上增设更多的电容如图 11.3.12 所示，将把输入电压保持在主于 LED 电压的水平上。在这种场合，即使输入端上存在显著的 120 Hz 纹波，LT3474 也能够提供一个恒定 LED 电流，如图 11.3.13 所示。

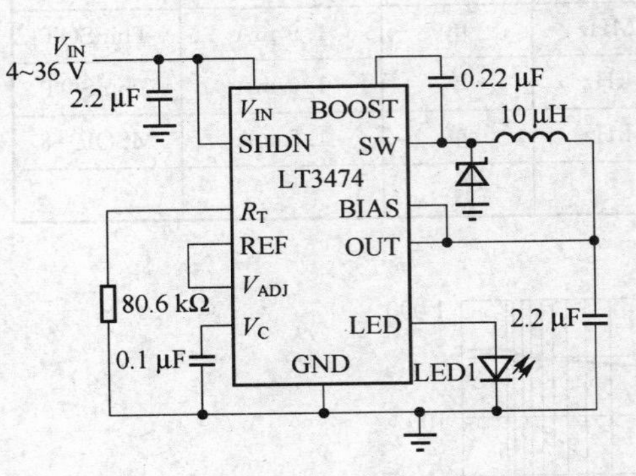

图 11.3.10　4～36 V 输入电压 1A LED 驱动器只需要极少的元件

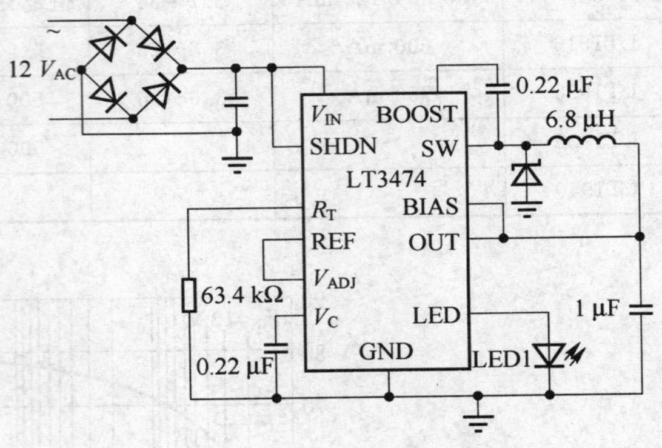

图 11.3.11　通过采用一个二极管电桥而使 LT3474 能够从 12V_{AC} 输入驱动一个 LED

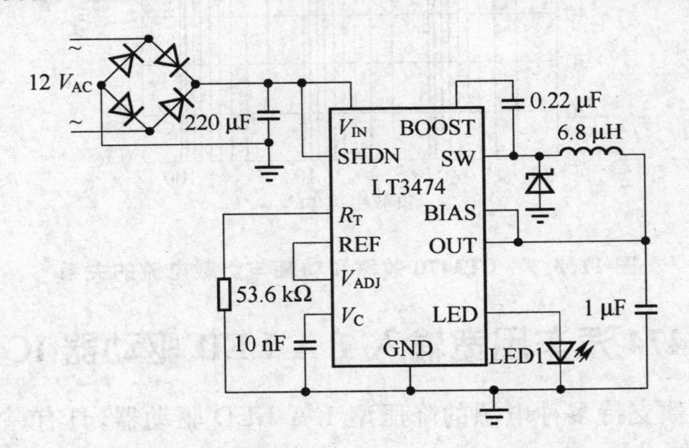

图 11.3.12　利用一个 220 μF 输入电容器，LT3474 可向 LED 提供一个 1 A 的恒定电流

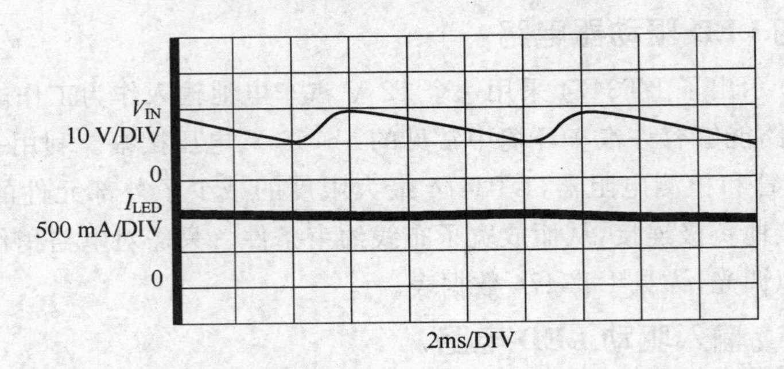

图 11.3.13　利用一个 220 μF 输入电容器，LT3474 可在输入电压变化的情况下输送恒定的 1A LED 电流

11.3.9　LT3481宽入(4.3～36 V)2A降压DC/DC芯片

LT3481能够提供高达2 A的输出电流，并具备突发模式(Burst Mode)操作功能，在该操作模式中，静态电流仅为50 μA；而LT3493和LT3505则可在解决方案占板面积非常小的情况下提供高达1.2 A的电流，而且使用的外部元件极少。LT3481采用10引脚3 mm×3 mm DFN(或MSOP)封装，并具有一个集成3.8 A电源开关和外部补偿电路，旨在实现设计灵活性。开关频率可由用户来设置(范围为300 kHz～2.8 MHz)。图11.3.14简略示出了LT3481的一款应用电路，它可从一个4.5～36 V输入产生3.3 V/2 A输出，图11.3.15示出了该电路的最终效率(当采用)

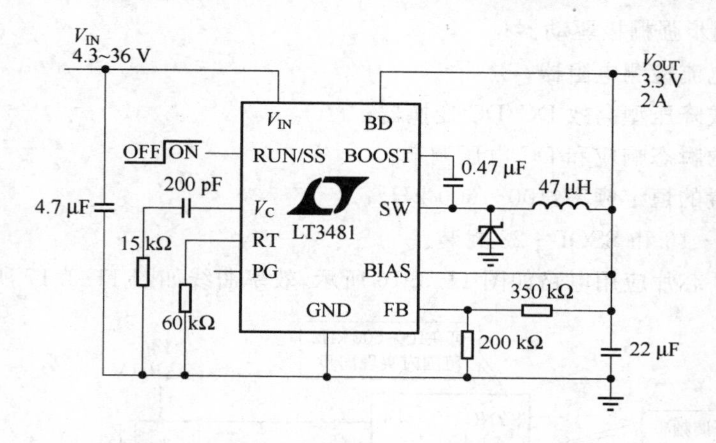

图11.3.14　LT3481 800 kHz DC/DC变换器可在3.3 V输出条件下提供2 A的电流

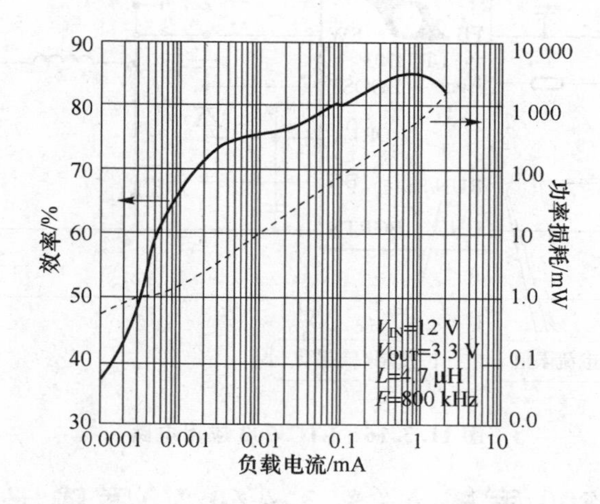

图11.3.15　效率与负载电流的关系(对于图11.3.14所示电路)

11.3.10 LTC3703 100 V 输入同步 DC/DC 控制器芯片

LTC3703 同步 DC/DC 控制器能够直接从高达 100 V 的输入进行降压操作，无需检测电阻器(No R^{TM}_{SENSE})且效率高达 95%，从而免除了在电信和汽车应用中增设输入电压保护电路的需要。LTC3703 的 1 Ω 内部栅极驱动器、600 kHz 开关频率和 V_{DS} 电流检测提供了一款高效且结构紧凑的解决方案。该器件所采用的高带宽误差放大器以及专利的前馈补偿电路保证其能够对电压和负载变化做出非常快速的瞬态响应。

LTC3703 芯片特点如下：

- 高压操作：高达 100 V；
- 1 Ω 同步强栅极驱动器；
- 无需电流检测电阻器；
- 升压或降压型高效 DC/DC 变换器；
- 极佳的瞬态响应和 DC 电压调节；
- 可设置的恒定频率：100～600 kHz；
- SSOP－16 和 SSOP－28 封装。

LTC3703 芯片应用电路如图 11.3.16 所示，效率曲线如图 11.3.17 所示。

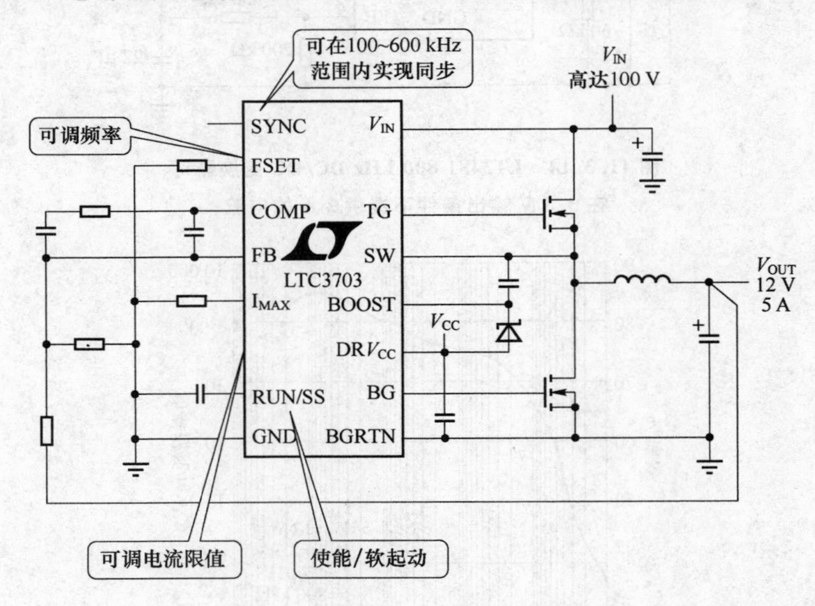

图 11.3.16 LTC3703 应用电路

11.3.11 LT3800 宽输入(3.3～60 V)宽输出(1.2～36 V) 100 μAI_Q DC/DC 芯片

LT3800 具有准确的电流限值——快速且可靠的短路保护。

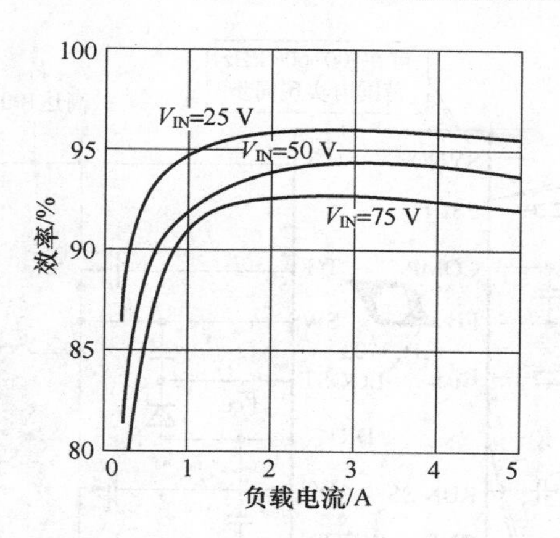

图 11.3.17　效率与负载电流的关系曲线

许多高输入电压应用都需要兼具通用和稳固的降压型 DC/DC 变换器。LT3800 芯片可承受 60 V 输入电压，具电流模式和低 I_Q 的降压型控制器系列易于使用，而且拥有保护功能，这包括准确的电流限制和可靠的短路保护。对于 48 V 背板转换、汽车系统或工业控制系统，请查阅表 11.3.2 选择最符合应用要求的控制器。

表 11.3.2　高电压、低 I_Q DC/DC 稳压器系列芯片性能

<table>
<tr><th>器件型号</th><th>I_{OUT}/A</th><th>V_{IN}/V</th><th>V_{OUT}</th><th>I_Q(μA)</th><th>同步频率/kHz</th><th>工作频率/kHz</th><th>备注</th></tr>
<tr><td colspan="8">开关模式控制器</td></tr>
<tr><td>LT®3844</td><td rowspan="3">10</td><td rowspan="3">4～60</td><td rowspan="2">1.23～36 V</td><td>120</td><td>100～600</td><td>100～500</td><td>可调频率</td></tr>
<tr><td>LT3724</td><td>80</td><td>—</td><td>200</td><td>固定 200 kHz 频率操作</td></tr>
<tr><td>LTC®3824</td><td>0.8～V_{IN}</td><td>40</td><td>200～600</td><td>200～600</td><td>100%占空比，低压差</td></tr>
<tr><td>LT3800</td><td rowspan="2">20</td><td rowspan="2">4～60</td><td rowspan="2">1.23～36 V</td><td>80</td><td>—</td><td>200</td><td rowspan="2">同步驱动器</td></tr>
<tr><td>LT3845</td><td>120</td><td>100～600</td><td>100～500</td></tr>
<tr><td colspan="8">开关模式单片式稳压器</td></tr>
<tr><td>LT3437</td><td>0.4</td><td>3.3～80</td><td>1.25～0.9×V_{IN}</td><td>100</td><td>240～700</td><td rowspan="3">200</td><td rowspan="3">超宽 V_{IN} 范围</td></tr>
<tr><td>LT1975</td><td>1.3</td><td>3.3～60</td><td>1.2～0.9×V_{IN}</td><td>100</td><td>230～700</td></tr>
<tr><td>LT3434</td><td>2.5</td><td>3.3～60</td><td>1.25～0.9×V_{IN}</td><td>100</td><td>230～700</td></tr>
</table>

LT3800 芯片效率曲线及应用电路如图 11.3.18 和图 11.3.19 所示。

11.3.12　LT3972 汽车用宽输入(3.6～33 V)3.5 A 微功率 DC/DC 芯片

高电压微功率降压型变换器系列如今再添了新成员 LT3972，它具有引人注目的

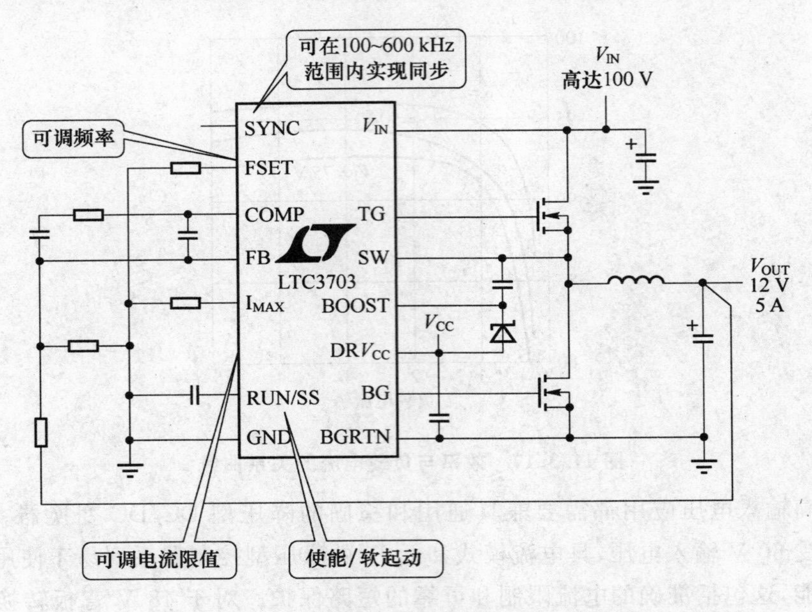

图 11.3.18　LT3800 效率曲线(V_{OUT}＝12 V)

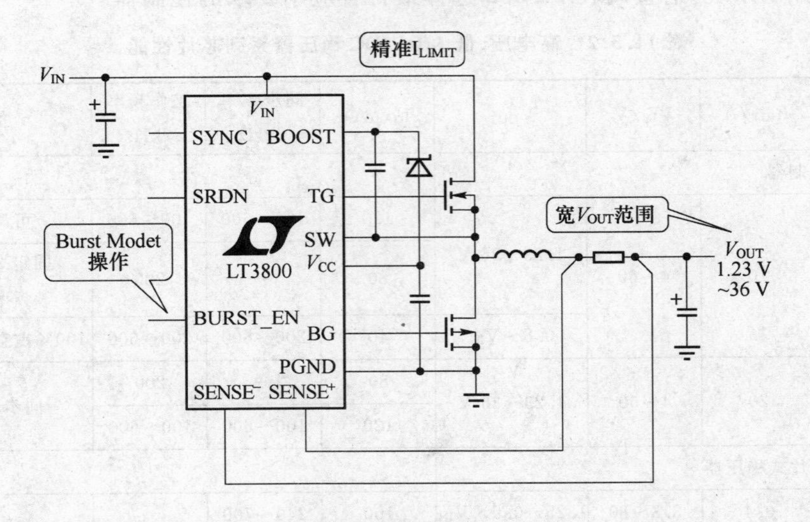

图 11.3.19　LT3800 应用电路

3.5 A 输出能力和 3.6～33 V 的标称输入电压范围，并能够安然经受高达 62 V 的电压瞬变，而不会使其本身或下游电路遭受任何损坏。LT3972 的 200 kHz 至 2.4 MHz 开关频率范围和 9 mm² 占板面积造就了一款可采用全陶瓷电容器的紧凑型解决方案。LT3972 具有一个仅 75 μA 的待机静态电流，从而优化了“始终保持接通”系统的电池使用寿命。

LT3972 应用电路及 LT3972 效率曲线如图 11.3.20 和图 11.3.21 所示。

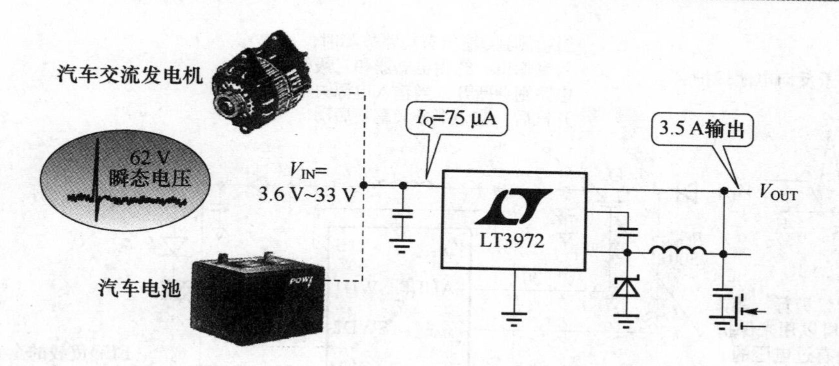

图 11.3.20　LTC3972 应用电路

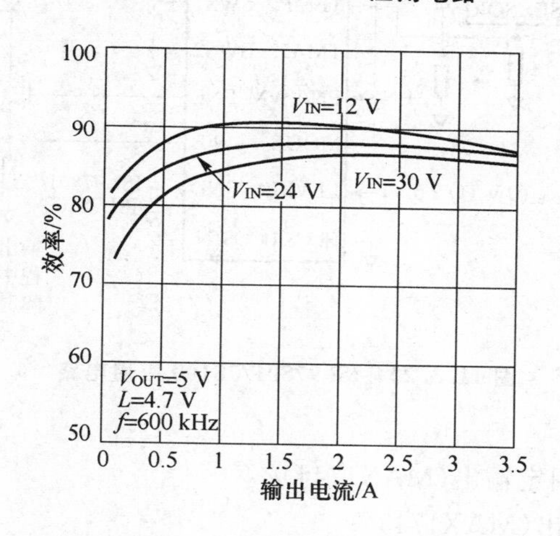

图 11.3.21　LTC3972 的效率曲线图

11.3.13　ISL78100/97801 面向汽车的 LED 驱动器芯片

ISL7810/ISL97801 芯片应用电路及电路说明如图 11.3.22 所示。

检测到输出有短路故障时，从输入到输出、经由电感器和二级管的电路则会断开。当输入电源关机再开机后，这一部分又重新启动。

11.3.14　MAX1744/45 汽车用宽输入(4.5～36 V)降压 DC/DC 芯片

MAX1744/MAX1745 是小尺寸、使用简便的 3 mm×3 mm 高效降压控制器，静态电流低至 90 μA、效率高达 95%。它们的宽输入范围、低电源电流、高输出功率以及高转换效率使其成为汽车应用的理想需选择。高达 33 kHz 的开关频率和独特的限流控制架构大大减小了外部元件的尺寸。这些器件还可提供 100%的占空比，确保工作在低压差条件。

特点如下：

- 小尺寸、10 引脚 μMAX 封装；
- 静态电流只有 90 μA；

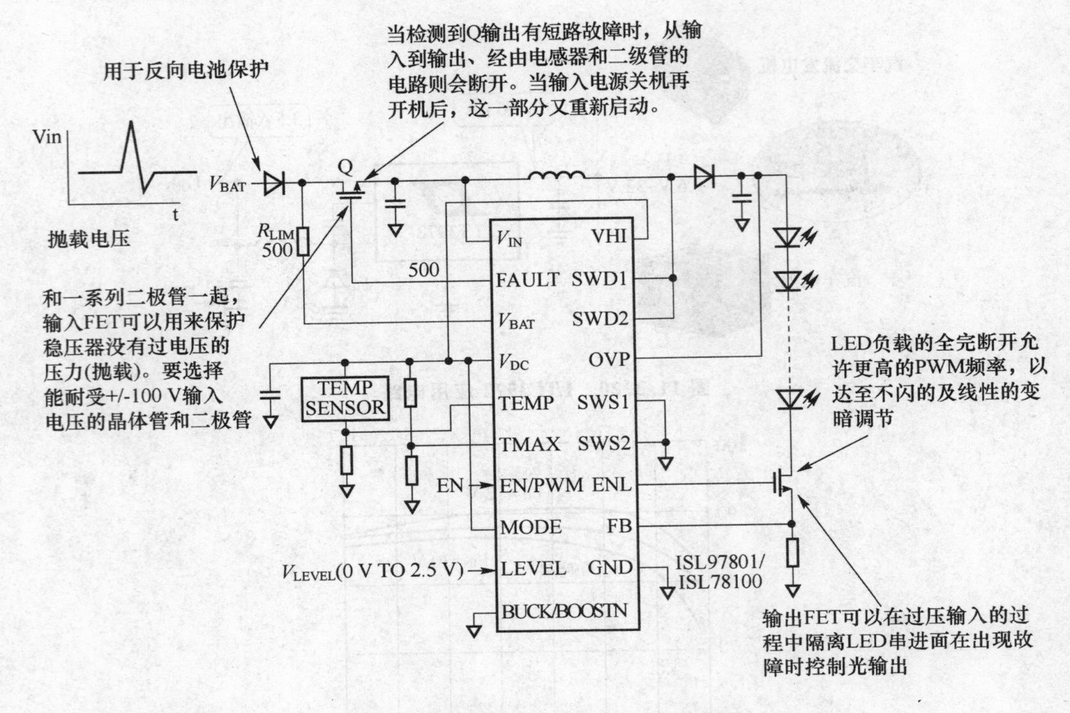

图 11.3.22 ISL97801/78100 应用电路

- 效率高达 95%；
- 3.3 V 或 5 V 固定输出(MAX1744)；
- 1.25～18 V 输出(MAX1745)；
- 备有评估权加速设计进程。

MAX1744/45 效率与负载电流关系如图 11.3.23 所示，其应用电路如图 11.3.24 所示。

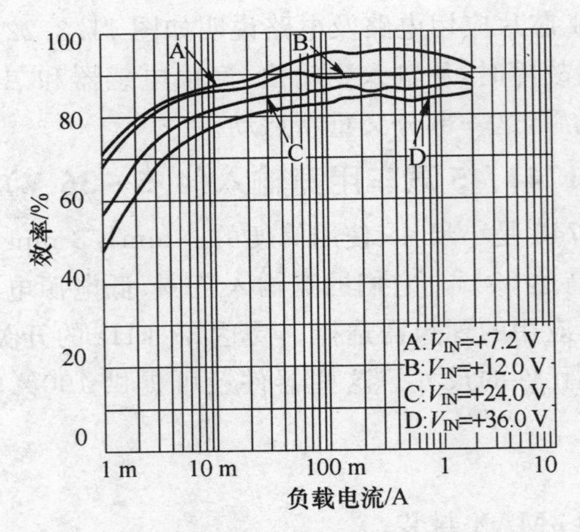

图 11.3.23 效率与负载电流(V_{OUT}=5.0 V)

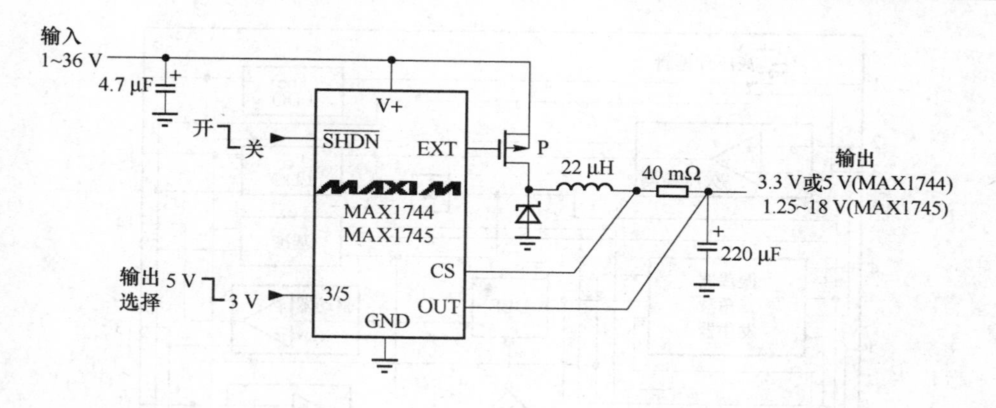

图 11.3.24　MAX1744/45 应用电路

11.3.15　MAX5003 反相型(－48 V～＋5 V)1 A DC/DC 芯片

MAX5003 是灵活的高压 PWM 开关型电源控制器。MAX5003 在启动时，其外接高压经过内置的高压启动 FET 晶体管和一个预置输出的线性调节器给芯片供电；启动过程结束后，内部 FET 晶体管被关闭，高压输入被切断，芯片转为由外部较低电压的自举电源供电。因此，MAX5003 仅在启动时从高压电源吸取很小的微安级电流，静态功耗很小，并且较好地解决了启动问题；启动后，电路进入正常工作模式，若外部自举电源设置为 12 V，则 MAX5003 的典型静态电流为 2 mA，其消耗的静态功耗也只有 24 mW。相反地，如果一直用高输入电压给电源控制器供电，就难以保证轻载时的高效率；如果始终从 100 V 高压电源获得能量，MAXS003 的水泵功率将高达 200 mW。

1. MAX5003 的内部结构

MAX5003 的内部结构如图 11.3.25 所示，它在电压模式控制器的基础上增加了输入电压前馈、可编程最在占空比和高工作频率等功能，具有电流模式控制器的优点，能较好地控制环路带宽、输入电压变化和保护相同周期响应及脉冲间限流等，同时也避免了噪声干扰。

2. MAX5003 的引脚排列

MAX5003 具有 16 引脚 QSOP 和窄 SO 两种封装形式，其引脚排列如图 11.3.26 所示，其各引脚功能说明如下：

- V＋：预调节输入端。连接到高压输入端，一般在 V＋端和地之间跨接入 0.1 μF的电容。
- INDIV：欠压检测和前馈输入端。将其连接到 V＋端和 AGND 端之间外部电阻分压网络的中点；当该端电压低于 1.2 V 时，内部欠压锁定电路启动并关闭 MAX5003。

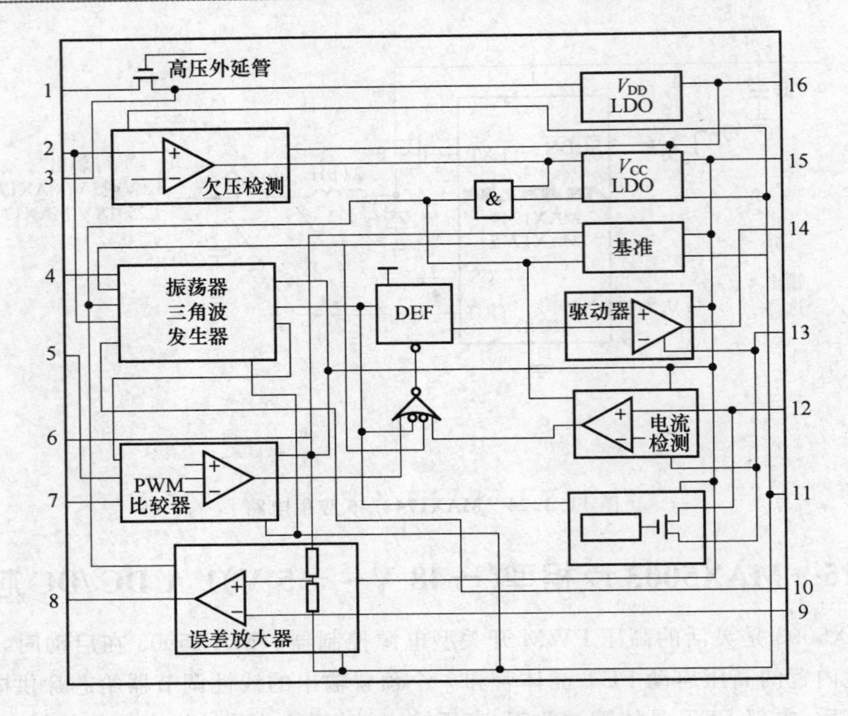

图 11.3.25 MAX5003 内部结构图

- ES:内部高压启动 FET 预调节输出端。当 V+端电压高于 36 V 时,在 ES 端和地之间跨接 0.1 μF 的电容;如果工作电压较低(小于 36 V),则需要把 V+和 ES 端直接连接,此时外部输入电压被限制在 11～36 V 范围内。

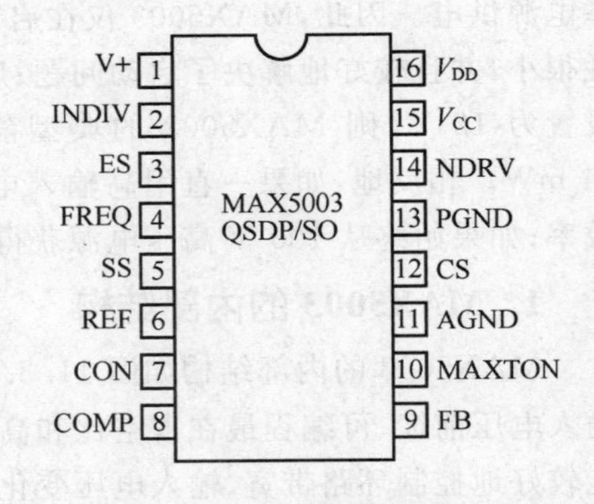

图 11.3.26 MAX5003 的引脚排列图

- FREQ:内部振荡频率调节或外部同步信号输入端。内部以自激振荡模式工作时,在 FREQ 和 AGND 端之间连接的电阻用于设置 PWM 的频率;以外部同步模式工作时,在该端输入一个 4 倍于期望频率的方波信号。
- SS:软启动电容连接端。
- REF:3 V 参考电压输出端。在 REF 和 AGND 端之间跨接 0.1 μF 的电容。
- CON:芯片内部 PWM 比较器的控制输入端。
- COMP:补偿连接端,其内部连接到误差放大器的输出端,用于系统补偿。
- FB:反馈输入端。内部预调节到 $U_{FB}=U_{REF}/2=1.5$ V。
- MAXTON:最大导通时间的编程控制端。MAXTON 和 AGND 端之间连接的电阻用于设置 PWM 的增益和占空比限值,它的最大导通时间正比于编程电阻值。

- AGND、PGND：分别为模拟地和电源地，一般连接在一起。
- CS：带锁定控制的电流检测端。如果CS与PGND端之间的电压超过100 mV，则开关电源关闭。一般在CS端和电流检测电阻之间连接一个100 Ω的电阻，该端如果不用，将其连接到PGND端。
- NDRV：外接N沟道功率场效应管的栅极驱动端。
- V_{CC}：芯片内部电路供电电源的公共去耦点。一般在V_{CC}和PGND端之间连接一个10 μF左右的电容。
- V_{DD}：芯片供电电源输入端。启动时，由加在V+或ES端的高压经内部线性调节器输出9.75 V的电压到V_{DD}端供电；启动结束后，将外部产生的高于10.75 V而低于19 V的自举电源连接到V_{DD}端给芯片供电。一般在V_{DD}和AGND端之间连接一个5～10 μF的电容。

3. MAX5003应用电路

图11.3.27是由MAX5003组成的－48至5 V 1 A非隔离电源的电路原理图。

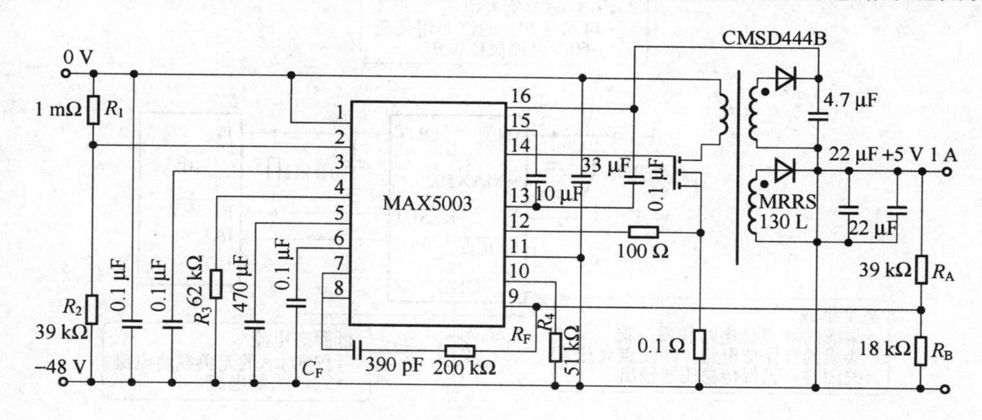

图11.3.27　非隔离型－48～5 V电源变换器

首先要明确设计要求，确定设计参数。设计参数主要有以下5个：输入电压U_{in}的变化范围、输出电压U_{out}、输出负载电流I_{out}、纹波电压U_{RIP}及建立时间T_J。图11.3.27中的输入电压范围为－36～－72 V，要求输出电压U_{out}＝5 V，输出电流I_{out}＝1 A，纹波U_{RIP}＜50 mV，建立时间T_J＝0.5 ms。

对于自激振荡工作模式，应认真选择FREQ端的外接电阻R_3；而在外同步模式下，则需要确定外部时钟频率f_{CLK}。

一般来讲，使用较高的频率意味着外接较小尺寸的变压器，也可以提供较高的系统带宽和更快的建立时间，这样做的缺点是会损失一定的效率。本例中选择的是自激振荡工作模式，且设定内部振荡频率f_{SW}＝300 kHz，以便减小变压器尺寸。外部电阻R_3的阻值可用下式算出：

$$R_3 = 100\ \text{kHZ} \times 200\ \text{k}\Omega / f_{SW} \approx 66.7\ \text{k}\Omega$$

11.3.16 65 V 输入、低静态电流、带复位的汽车线性稳压器芯片

MAX5023 高压线性稳压器可接受 6.5～65 V 输入电压，提供高达 150 mV 的输出电流，无负载时静态电流只有 60 μA；具有一个低电平有效的微处理器(μP)复位电路，当稳压器输出低于预置输出电压门限时触发；当系统电源接近失效时，提供早期预警。此器件可在额定的汽车温度范围内工作(－40～＋125 ℃)。

MAX5023 包括一个 ENABLE 输入(高电平有效)来控制稳压器的开关，一个 HOLD 输入(低电平有效)实现无需外部元件的自保持电路。稳压器打开后，将 HOLD 引脚置为低电平，强制稳压器保持当前状态，即使将使能(ENABLE)引脚置为低电平也没有关系。释放 HOLD 将关断稳压器。这一特性在汽车电路中非常有用，因为当关闭打火开关时，希望由系统微处理器控制关闭过程，而不是立即关闭稳压器。

MAX5023 为热增强型 1.5 W 8 引脚 SO，工作在－40～＋125 ℃汽车温度范围。引脚及应用电路如图 11.3.28 所示。选型如表 11.3.3 所列。

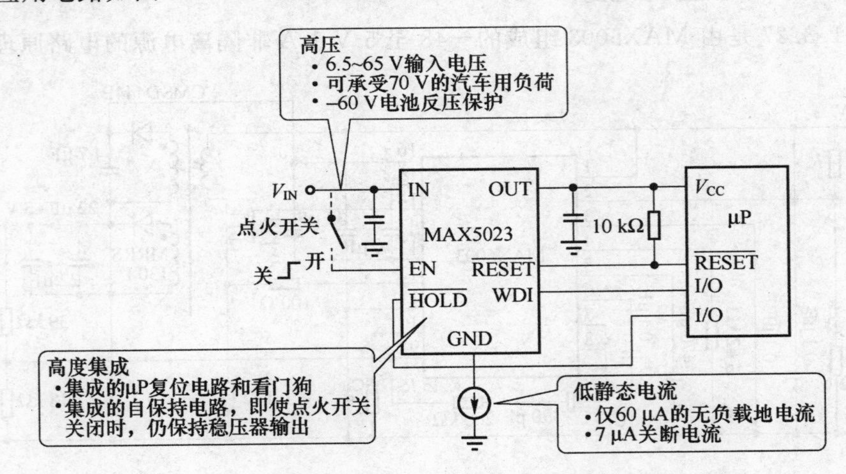

图 11.3.28 MAX5023 引脚应用电路

表 11.3.3 线性稳压器选型

型　号	V_{IN}/V	I_{OUT}/mA	V_{OUT}/V	看门狗
MAX5023	6.5～65	150	固定 3.3 或 5	有
MAX5024	6.5～65	150	固定 3.3 或 5，或可调节	—

11.3.17 MAX5035 高电压输入、低静态电流 Buck DC/DC 变换器芯片

理想应用于汽车和工业领域，－40～＋125 ℃工作温度范围。

特性如下：

- 更高电压(免去外部TVS或MOV保护):最高76 V,可承受80 V的汽车甩负荷;
- 更低静态电流(10倍低的I_Q):无负载时静态电流只有350 μA;
- 更小的封装(小70%):8引脚的SO封装。

MAX5035引脚及应用电路如图11.3.29所示,选型如表11.3.4所列。

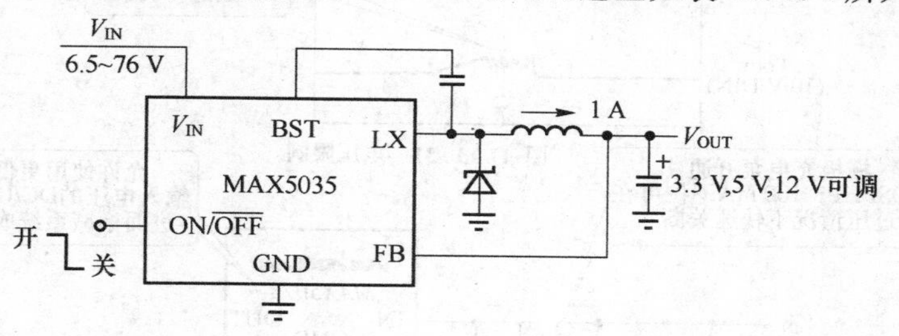

图11.3.29　MAX5035引脚及应用电路

表11.3.4　稳压器芯片选型

型号	V_{IN}/V	I_{OUT}/A	V_{OUT}/V	特　性
MAX5033	6.5～76	0.5	3.3,5,12可调	开/关,可调节V_{IN}启动,无限期短路保护
MAX5035	6.5～76	1	3.3,5,12可调	开/关,可调节V_{IN}启动,无限期短路保护

11.3.18　MAX6499宽输入(5.5～72 V)汽车应用过压/欠压保护DC/DC芯片

MAX6499芯片与分立方案相比,高集成度方案可保证可靠性、节省功耗和缩小电路板空间。

芯片的过压/欠压监视,电压限制及应用电路如图11.3.30、图11.3.31和图11.3.32所示。

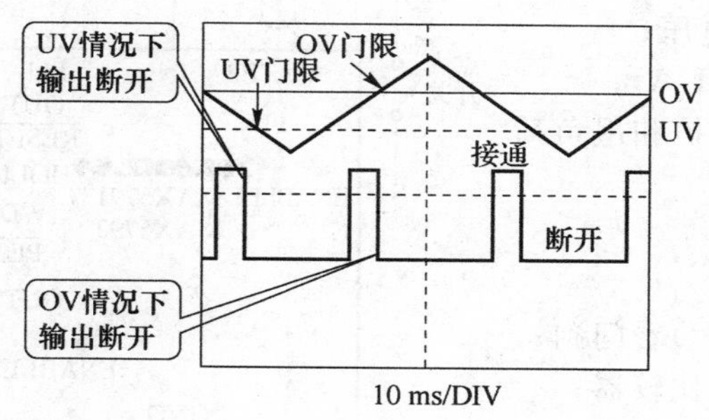

图11.3.30　过压/欠压监视

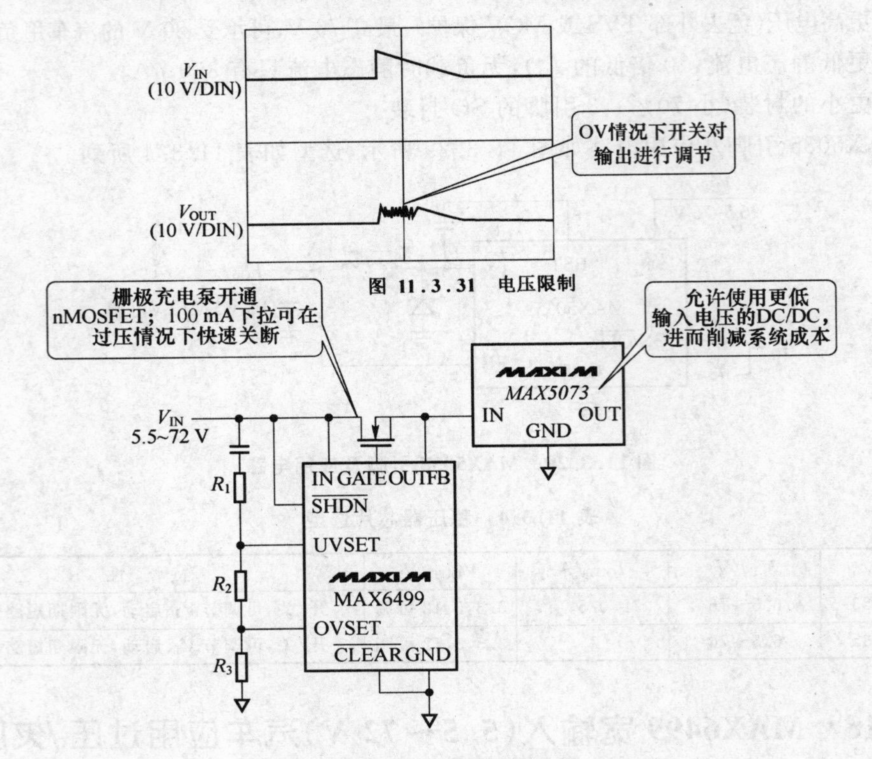

图 11.3.31 电压限制

图 11.3.32 MAX6499 应用电路

11.3.19 MAX6791/92 72 V 输入 300 mA、单/双路输出线性稳压器芯片

MAX6791/92 芯片特点如下：

① 高性能：

- 5～72 V 工作电压；
- 低静态电流(68UA)；
- 热保护、短路保护和甩负荷保护。

② 高集成度：

- 单/双路输出；
- 窗口(最小/最大)看门狗；
- 复位/电源失效比较器；
- 使能和保持电路；
- 电池反接保护。

③ 高灵活性：

- 开漏极/推挽输出；
- 固定或电容可调复位和看门狗超时。

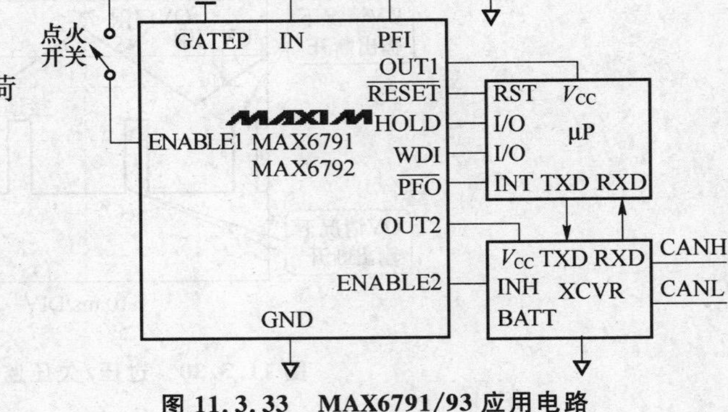

图 11.3.33 MAX6791/93 应用电路

MAX3791/92 应用电路如图 11.3.33 所示，MAX67××系列芯片性能如表 11.3.5 所列。

表 11.3.5　MAX67xx 系列芯片性能

型号	V_{IN}范围/V	结温范围/℃	I_{OUT}/mA	输出配置	输出电压/V
MZX6791－MAX6794	5～72	－40～＋150	150	双	5、33、2.5、1.8 固定或 1.8～11 V(可调)
MAX6795/MAX6796			300	单	

11.3.20　MAX8513 宽温范围、三输出、汽车计算机和显示器电源芯片

MAX8513 为宽输入、降压型转换器，具有内置的两路线性调节器，用于调节正/负电压；集成了监视和跟踪/排序功能的三输出电源。其内部结构及应用电路如图 11.3.34所示。

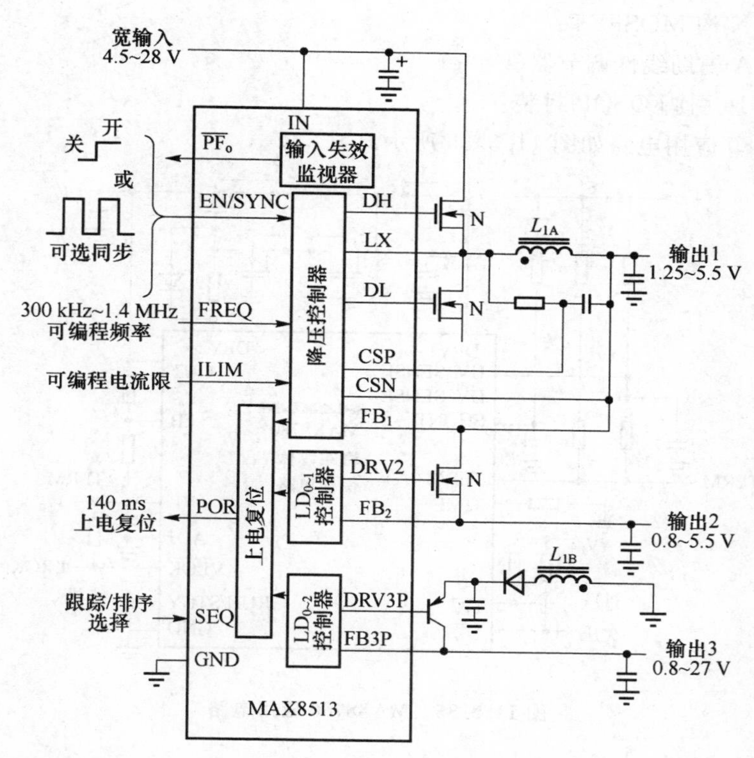

图 11.3.34　MAX8513 产生三组正输出电路

性能如下：

- 宽输入电压范围；
- 集成了基本功能：跟踪/排序，输出上电复位，输入失效监视；
- 低成本外部元件：无需检流电阻，无需 P 沟道 MOSFET；
- 电解、聚合物或陶瓷电容；
- 高达 1.4 MHz 的高频开关；

- 可选同步；
- −40～+125 ℃工作范围。

11.3.21　MAX8780 用于汽车高输入、电压保护电路芯片

MAX8780 保护电路能够控制输入电压故障，如高、低电压瞬变、输出过载以及反向输入电压等。该电路监视输入和输出电压，并控制两个外部 N 沟道 MOSFET，将负载与输入故障电压隔离。MAX8780 采用 16 引脚 QSOP 封装。

MAX8780 芯片特性如下：

- 内部并联稳压器，提供高电压保护；
- 超低待机电流；
- 热关断保护；
- 外部 N 沟 MOSFET；
- 30 mA 辅助线性调节器（V_L）；
- 采用 16 引脚 QSOP 封装。

MAX8780 应用电路如图 11.3.35 所示。

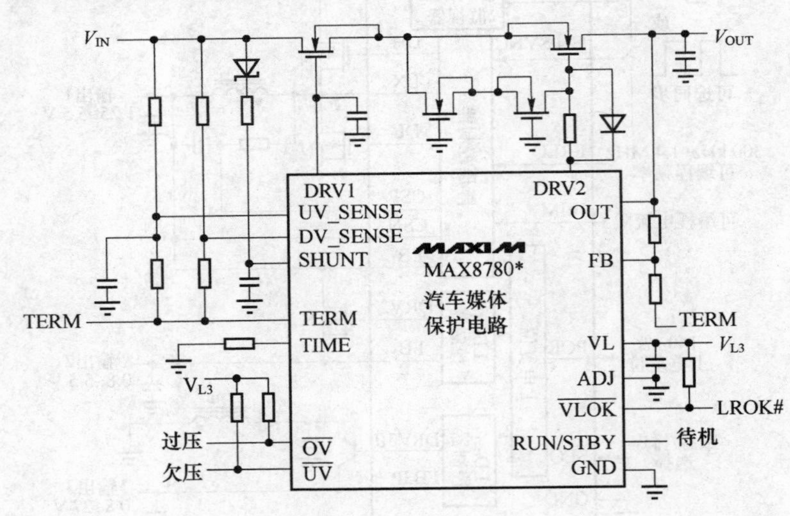

图 11.3.35　MAX8780 应用电路

11.3.22　MAX16800 汽车用高压、可调恒流 LED 驱动器芯片

MAX16800 是一种可工作于高电压、可设定恒流输出的高亮度白色 WLED 驱动器。该器件主要特点：工作电压范围 6.5～40 V；恒流输出范围 35～350 mA；输出电流精度可达±3.5%；内部集成了低压差恒流调整管，其压差典型值为 0.5 V；另有输出 5 V、4 mA 线性稳压器给内部电路供电；过热关闭保护；外部有电流检测电阻及内部差动电流检测放大器，形成控制回路，使 WLED 电流无额定；有 EN 端作选通及输入 PWM 信号作调光（EN 接低电平时，耗电典型值 12 μA）；小尺寸有加强散热功能的 16

引脚 TOFN 封装；工作温度范围－40～＋125 ℃。

该器件主要应用于汽车内部或外部设备照明灯，警灯、导航指示器及仪表板的背光灯、通用照明灯、信号灯及闪光灯等。

1. MAX16800 引脚排列及引脚功能

MAX16800 的引脚排列如图 11.3.36 所示，各引脚功能如表 11.3.6 所列。

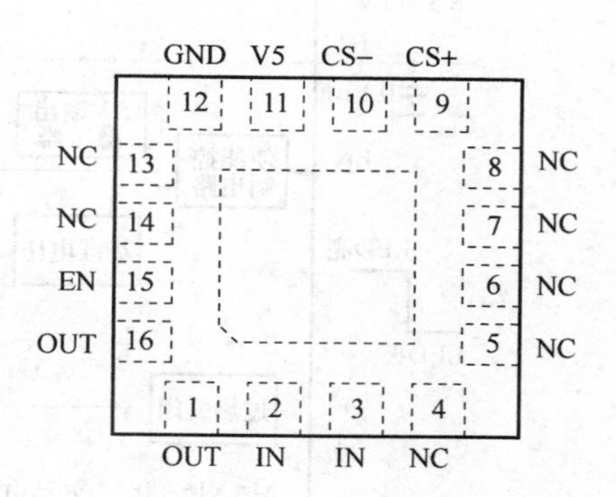

图 11.3.36　MAX168000 的封装与引脚排列

2. 内部结构及应用电路

MAX16800 的内部结构框图如图 11.3.37 所示。它由差动电流检测放大器（外部接电流检测电阻 R_{SENSE}）、误差放大器、MOSFEFT 驱动器、调整管（N 沟道功率 MOSFET）、基准电压源、5 V 线性稳压电源、使能（片选）。控制电路及过热关闭保护电路组成。

表 11.3.6　MAX16800 性能

引脚	符号	功　能
1、16	OUT	恒流输出，1 引脚与 16 引脚需连接在一起
2、3	IN	电源输入端（正极）。此端与 GND 接一个 0.1 μF 旁路电容，2 引脚与 3 引脚需连接在一起
4～8、13、14	NC	空脚
9	CS＋	内部差动放大器同相输入端。在 CS＋与 CS－之间接一个电流检测电阻 R_{SENSE}，设定流过 LED 的电流 I_{LED}
10	CS－	内部差动放大器反相输入端。与 9 引脚之间接 R_{SENSE}
11	V5	内部 5 V 电源输出端，外接 0.1 μF 到地
12	GND	地
15	EN	片选输入端（使能端），高电平有效（>2.8 V），输入低电平（<0.6 V）器件不工作，输入 PWM 信号可调光

注：器件底部中间有散热垫，要与地平面连接，用于散热，不能仅用作与地连接。

图中 C_{IN}、C_{OUT} 是 5 V 线性稳压器的输入、输出电容，LED1，LED2，…，LEDN 为负载、R_{SENSE} 为电流检测电阻（负载电流 I_{LED} 流过 R_{SENSE} 时，在 CS＋及 CS－两端产生的电压正比于 I_{LED}，此电压输入电流检测放大器）。

图 11.3.37 就是多个串联 LED 的驱动电路。其中 R_{SENSE}。与 I_{LED} 的关系：$R_{SENSE}=204\ mV/I_{LED}$

I_{LED} 的范围为 35～350 mA。例如，I_{LED} 设定为 200 mA，R_{SENSE}＝1.02 Ω，可取标准阻值 1.0 Ω（精度 1%、1/4W）。

V_{IN} 大小与串联的 LED 数及其正向压降 V_F 有关：

$$V_{IN} \geq NV_F + I_{LED} \times R_{SENSE} + 1.2\ V$$

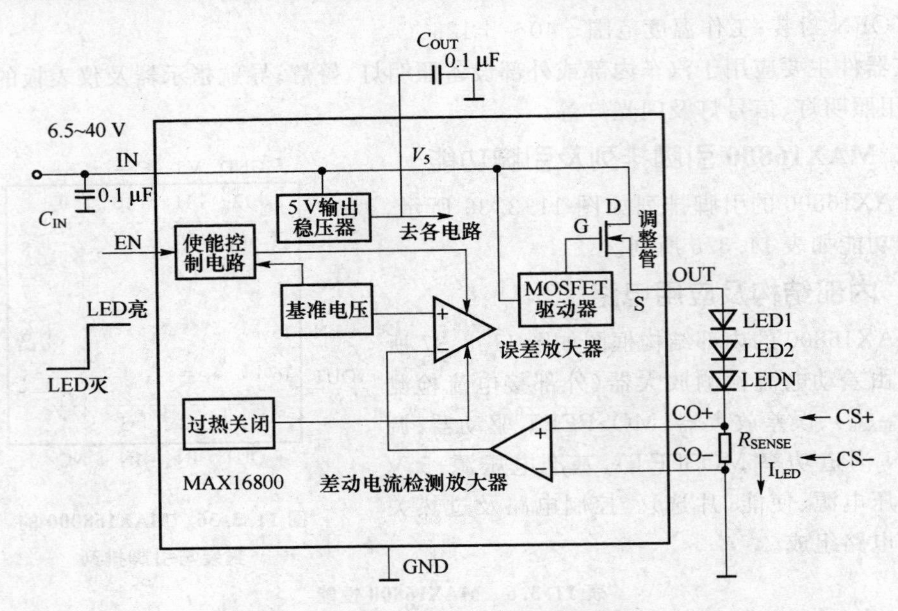

图 11.3.37　MAX16800的结构框图

式中，N 为 LED 数，V_F 为 LED 的正向电压，1.2 V 为 MOSFET 的管压降（在 V_{IN}＜12 V时要加 1.5 V）。因为 $I_{LED}\times R_{SENSE}$ 这一项很小，一般可略去。最小的 V_{IN} 为 6.5 V，最大的 V_{IN} 为 40 V。

在调光时，可以在 EN 端输入低频 PWM 信号，改变其脉冲宽度（改变占空比）来调节 LED 的亮度（占空比大时亮度大），如图 11.3.38 所示。

一种用作闪光灯的电路如图 11.3.39 所示。在 EN 端加一个正脉冲时，LED 发出闪光脉冲，脉冲电流值可大于连续工作电流 350 mA。

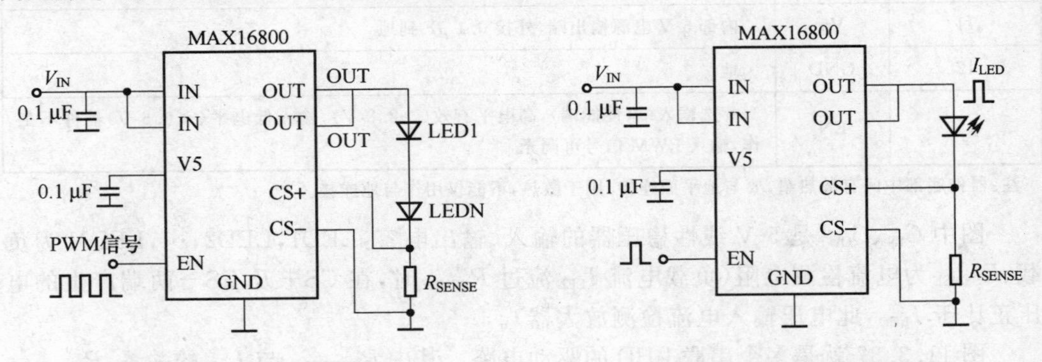

图 11.3.38　PWM 信号调光

图 11.3.39　闪光灯电路图

11.3.23　MAX16803 汽车用超小型高亮度 2A LED 驱动器芯片

MAX16803 芯片为 16－TOFN 封装（5 mm×5 mm）40 V、350 mA LED 驱动器比 TO－263 封装节省 83％的电路板空间。

芯片特性如下：

- 利用外部双极结晶体管(BJT)，可提供 2 A 的 LED 驱动电流；
- ±3.5%的 LED 电流精度；
- 波形整形控制大为降低 PWM 亮度调节过程的 EMI；
- 200 mV 低压电流检测基准可极大地降低功耗；
- 工作电压可低至+5 V，适合汽车而冷启动；
- 短路保护；
- 热关断；
- −40～+125 ℃温度范围。

应用范围如下：汽车内部和外部 LED 照明装饰和建筑 LED 照明，信号标志和 LED 立体发光字等。

MAX16803 芯片应用电路如图 11.3.40 所示。

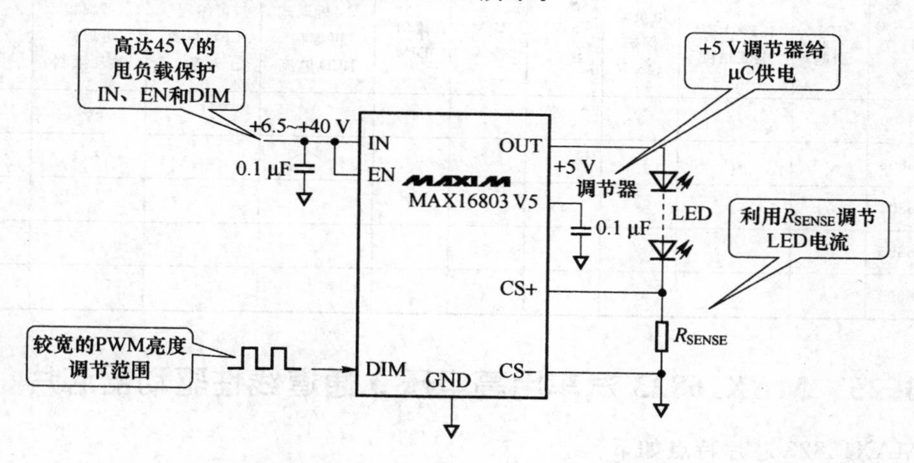

图 11.3.40　MAX16803 应用电路

11.3.24　MAX16805/06 汽车用大电流线性 LED 驱动器芯片

理想用于汽车显示、汽车照明的 MAX16805/06 驱动器，采用独特的方案以确保所有产品亮度一致。由于内置 EEPROM 可编程电流检测基准，用户不必再为匹配不同生产批次的 LED 而准备各种阻值的检流电阻。只需使用一种检测电阻值并借助 I^2C 接口，即可基于 LED 的生产批次信息在生产线上设置 LED 电流，进而实现一致的亮度。

MAX16806 是首款能够控制照明系统总功耗的线性 LED 驱动器。在较高的输入电压或环境温度下，该器件提供折返式 LED 电流调节，无需使用开关模式驱动器。片上 200 Hz 斜坡信号允许使用模拟信号来实现 PWM 亮度调节。

MAX16806 芯片用电路如图 11.3.41 所示。MAX168××系列芯片性能如表 11.3.7所列。

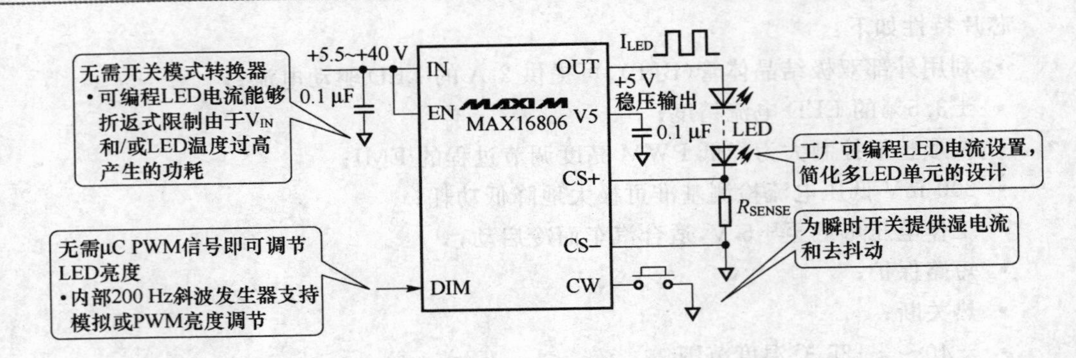

图 11.3.41　MAX16806 应用电路

表 11.3.7　350 mA LED 驱动器系列新产品

型号	EN 引脚	3.5%LED 电流精度	甩负载保护 /45 V	5 V 输出	DIM 输入	直流信号 DIM	V_{IN} 折返式可编程 LED 电流	可编程 LED 电流基准	可编程折返式热耗限制	瞬时开关接口
MAX16800	√	√	√	√						
MAX16803	√	√	√	√	√					
MAX16804	√	√	√	√	√	√				
MAX16805	√	√	√	√	√	√	√	√		
MAX16806	√	√	√	√	√	√	√	√	√	√

11.3.25　MAX16823 汽车用高电压 3 通道线性驱动器芯片

MAX16823 芯片特点如下：

- 可调的 LED 恒流驱动(高达 70 mA，通过外部 BJT 可提供 2 A)；
- ±5%的 LED 电流精度；
- 低压差(0.7 V，最大)；
- +3.4 V 稳压器可提供 4 mA 电流；
- 具有 LED 开路检测功能；
- 欠压锁定；
- 短路保护；
- 热关断；
- 工作于−40～+125 ℃。

应用花围：

汽车照明指示(RCL、CHMSL 和 RGB 指示灯)报警灯以及 LCD 平板背光等。

MAX16823 芯片应用电路如图 11.3.42 所示。

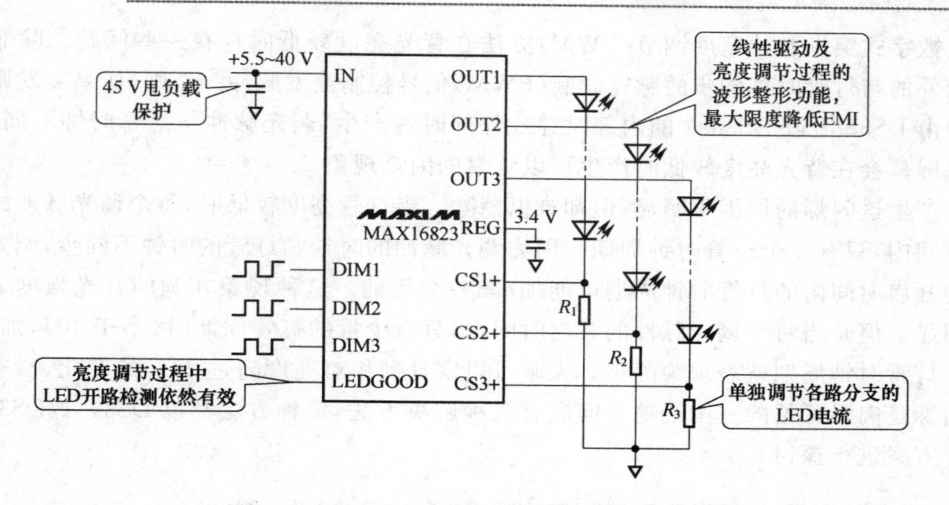

图 11.3.42　MAX16823 应用电路

11.3.26　DS3881/82 用于汽车航空等领域液晶面板背光亮度调节芯片

图 11.3.43 所示的 DX3881 和 DS3882 CCFL 控制器提供两种方式实现高比例的背光调节：模拟方式调节灯管电流，以及数字式的突发脉冲宽度调节（PWM）。适用于液晶屏幕背光调节范围较宽的汽车、工业、航空等领域。

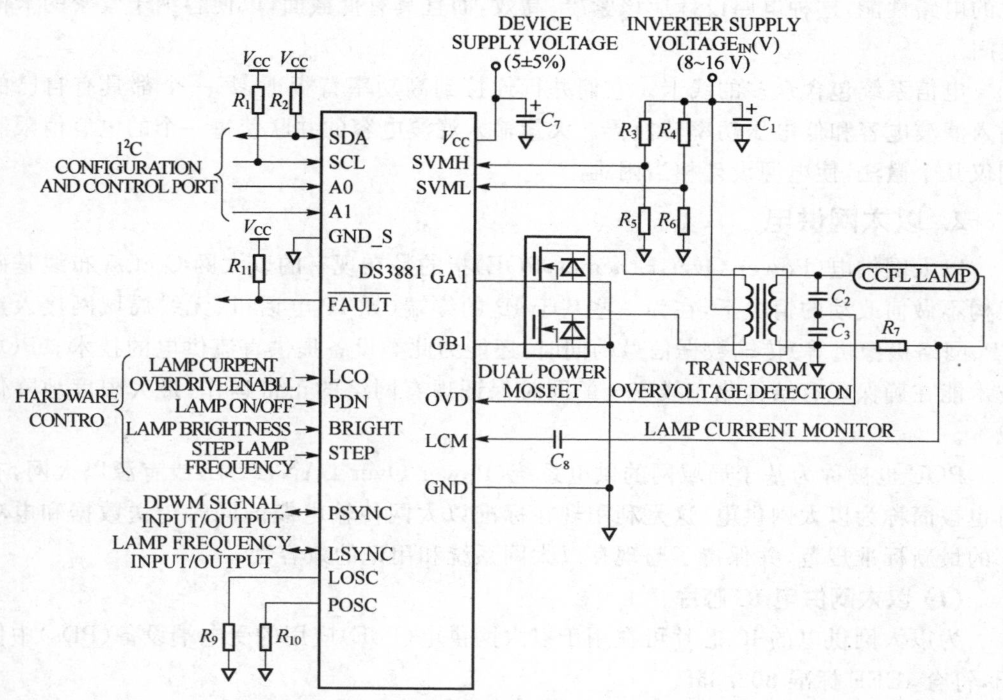

图 11.3.43　DC3881 典型应用电路

数字式突发脉冲宽度调节(PWM)方法在背光亮度较低时存在一些问题。除非提供额外的与灯管时钟同步的脉宽调制(PWM)信号控制突发脉冲。否则,如果突发调光脉冲由 DS3881 或 DS3882 的内部时钟或外部时钟产生,调光脉冲与灯管时钟不同步,液晶屏幕会在背光亮度较低时产生可以觉察的闪烁现象。

产生这闪烁的原因很明显,但却难以消除。当灯管亮度较低时,每个调光脉冲的开启时间内,只有几个灯管时钟周期。因为调光脉冲的时钟和灯管的时钟不同步,调光脉冲的开启时间内的灯管时钟周期可能加/减一个周期。这种现象在觉的背光强度下并不明显。但是当每个调光脉冲的开启时间内,只有少量的灯管周期时(小于 10),加/减一个灯管时钟周期就表现为闪烁。人眼可以察觉到相对亮度超过 20%的变化,所有这种闪烁是肉眼可见的。围绕这个问题有三种解决方法,每种方法都以 DS3881/DS3882 设计方案进行探讨。

11.4　电信电源及以太网供电(POE)IC 芯片

11.4.1　电信电源及 POE 概述

1. 电信电源的要求

电信电源被要求工作于一个很宽的输入电压范围(36～75 V),但在 48 V 具有最优的电路性能,这种电路设计应该紧凑、高效,而且具有低截面,以便容纳于紧密的卡槽之间。

电信系统包含众多的线卡。它们并行连接到高功率背板上,每一个都具有自己的输入滤波电容和低电压功率转换器。大量输入滤波电容的并联使每一个的电容值限制到仅几个微法,使电源设计相当困难。

2. 以太网供电

以太网供电(Power Over Ethemet,POE)指的是在现有的以太网 C at. 5 布线基础架构不做何改动的情况下,在为一些基于 IP 的终端(如 IP 电话机、无线局域网接入点 AP、网络摄像机等)传输数据信号的同时,还能为此类设备提供直流供电的技术。POE 技术能在确保现有结构化布线安全的同时保证现有网络的正常运作,最大限度地降低成本。

POE 也被称为基于局域网的供电系统(Power Over LAN,POL)或有源以太网,有时也被简称为以太网供电,这是利用现在标准以太网传输电缆的同时传送数据和电功率的最新标准规范,并保持了与现存以太网系统和用记的兼容性。

(1) 以太网供电 IC 芯片

为以太网供电的 IC 芯片可在用于以太网供电(PoE)应用的受电端设备(PDs)中使用,符合 IEEE 标准 802.3af。

新 IEEE 标准 802.3af 在 2003 年 6 月被批准,它定义了在现有的标准以太网线上进行低功率(<15.4 W)[低电压(−48V_{dc})]分配的规范和协议。未来几年内，PoE 有望成为所有高端交换机和路由器的标准组成。例如，到 2007 年时，诸如 IP 电话(VoIP)和无限局域网的应用有望增长到 1800 万个单位(来源：iSuppli)。此外，PoE 还可以消除在边远地区安装交流适配器和交流插座的必要。

(2) 四对线 POE 架构简介

端到端 PoE 解决方案通常由电源和终端设备组成。电源是指“供电设备”(PSE)，终端设备是指“用电设备”(PD)。PSE 可以是独立的，也可嵌入在路由器或者交换机中。大部分目前使用的以太网线缆为 5E 类(CAT5E)线缆，由四对非屏蔽双绞线铜线构成。

根据 IEEE 标准的规定，可通过任意两对线缆构成的单环路供电，但不能同时采用所有四对线缆供电。借助所有四对线缆构成的两个电流环路，图 11.4.1 中的架构能够增加提供给 PD 输入端的可用功率。四对线架构的主要优势是增加了导线数量，从而降低功率损耗及增加终端设备总功率。主要的缺陷是由于需要确保电流在两个电流环路之间保持平衡，而导致成本上升与复杂性增大等问题。

在四对线架构中，两个电流环路为同一 DC/DC 变换器供电。如果每个环路的阻抗相同，就没有必要进行电流平衡，每个环路为 DC/DC 变换器提供一半的所需输入电流。但是，电线、连接器和组件间的不匹配会自然导致两个环路传送的电流有所差异。为了确保可靠性，每个电流环路中的串联组件必须能够处理极不平衡的情况，同时确保数据传输顺利进行。不平衡越严重，设计就越复杂，成本就越高，通过平衡线对间的电流可以实现极大功率，使每条环路刚好在电流上限以下工作。下面的例子与分析显示了如何确定极不平衡的情况以及怎样才能极大程度上减轻这种情况。

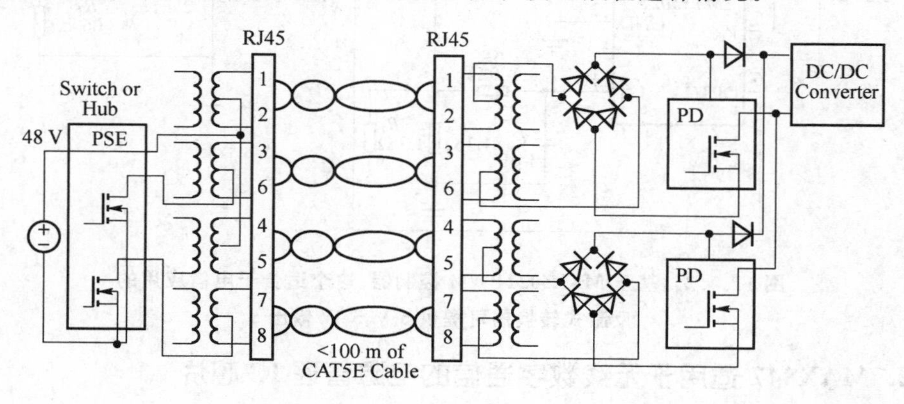

图 11.4.1　用于功率传输的四对线架构

11.4.2　电信(有线、无线)电源 IC 芯片

1. MAX5021 适于电信高频 1 A 反激式 DC /DC 芯片

MAX5021 IC 是一种高频率、电流模式 PWM 控制器，适合用于宽输入范围的隔离

式电信电源。它可用来设计小型、高效的功率转换电路。固定的 262 kHz 开关频率使开关损耗控制在适当范围内，同时又适度地减小了功率元件的尺寸。IC 内部含有大回差的欠压锁定电路，具有极低的启动电流。这种低损耗设计非常适合于具有宽输入电压范围和低输出功率的电源。逐周期电流限制（利用内部的调整比较器实现）降低了对于 MOSFET 和变压器的超额设计要求。其他特性还包括最大占空比限制和高峰值输出和吸收电流驱动能力。图 11.4.2 展示了一个输入电压范围在 36～72 V 的 5 W 反激式转换器参考设计。

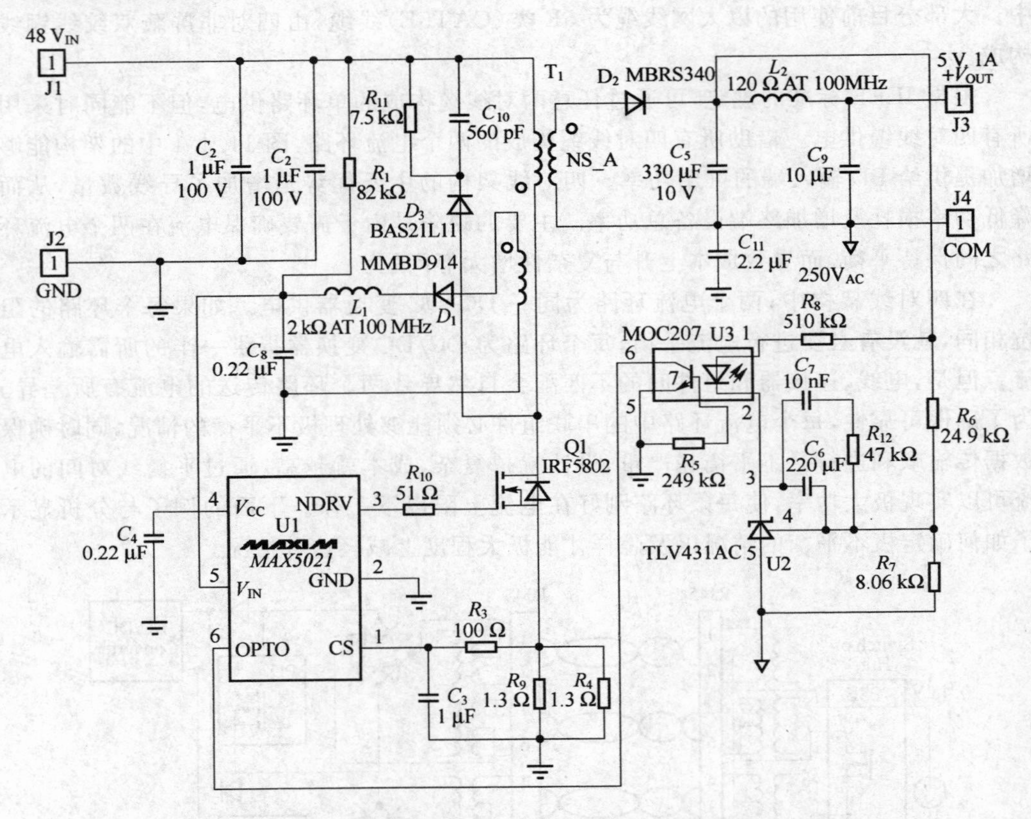

图 11.4.2　基于 MAX5021PWM 控制器，这个适合于电信应用的反激式转换器可提供 5 V、5 W 输出

2. MAX847 适用于无线数字通信的电源管理 IC 芯片

MAX847/MAX769 单芯片方案，仅消耗 13 μA，28 引脚 QSOP 封装，为诸如双向寻呼机、GPS 接收机之类的低功耗无丝数字通讯产品提供了一个完整的电源管理方案。它们是 Maxim 所独有的调集成度、低噪声及微功耗电源管理 IC 产品线的最新范例，节省空间，扩展电池寿命。

(1) MAX847 芯片片内功能

- 同步整流 DC/DC：升压型（MAX847），升/降压型（MAX769）；

- 3路低噪声线性稳压/开关输出；
- 3通道，7位A/D变换器；
- 集成锁相环路，用于时钟同步；
- 串行接口；
- 上电复位，告警输出；
- 电池欠压比较器；
- 充电器输出适用于NiCd，NiMH或Li+电池；
- 2个串行控制，120 mA漏极开路驱动器；
- 自动备用电池切换。

(2) MAX87芯片特性

- 1节电池输入，115 mA输出；
- 13 μA静态工作电流；
- 低噪声，可同步，固定频率PWM工作方式；
- 数字控制输出电压(1.8～4.9 V)；
- MAX87EVKIT评估套件使选型更容易。

MAX847芯片应用电路如图11.4.3所示。

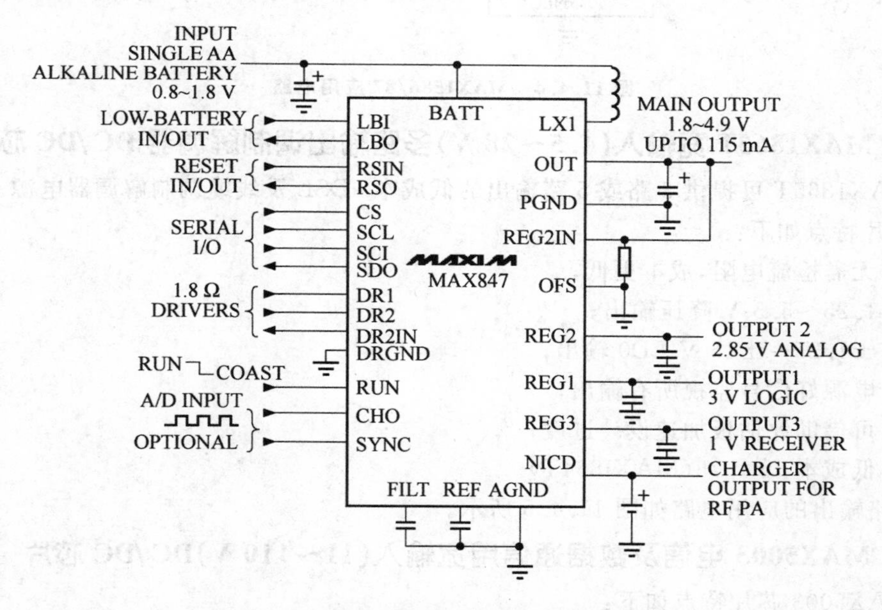

图 11.4.3 MAX847应用电路

3. MAX1586/87 7路输出智能电话用DC/DC芯片

MAX1586/87电源管理IC将七组高性能、低工作电流的电源和监控及管理功能集成在了一起。电源调节器包括三组超高效率降压型DC/DC，三组线性调节器，和一路常开输出(V7)。为PDA和智能电话提供高效率、低 I_Q，具有动态内核的完整电源。也是为采用Intel Xscale微处理器的设备提供的完整电源。

芯片特点如下：

- 低工作电流；
- 65 μA 休眠模式(休眠 LDO 开通)；
- 170 μA 所有调节器开通，无负载；
- 13 μA 关断电流；
- 微型 6 mm×6 mm，40 引脚和 7 mm×7 mm，48 引脚 TQFN 封装；
- 售价＄5.20。

MAX1586/87 应用电路如图 11.4.4 所示，七组输出，所有开关内置，1NHzPWM。

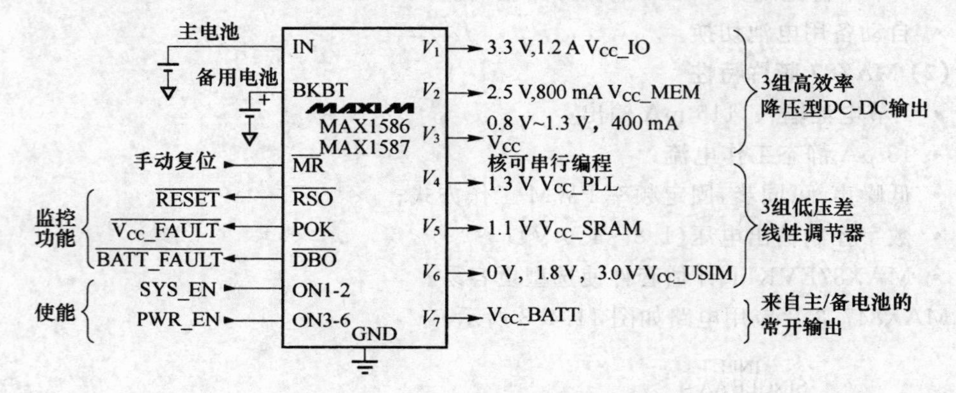

图 11.4.4 MAX1586/87 应用电路

4. MAX1865T 宽输入(4.5～28 V)多路输出调制解调器 DC/DC 芯片

MAX1865T 可提供 3 路或 5 路输出的低成本 xDSL 及线缆调制解调器电源。

芯片特点如下：

- 无需检流电阻，成本更低；
- 1.25～5.5 V 降压输出；
- ±1.25～±15 V LD0 输出；
- 电源好信号监视所有输出；
- 可借助评估板加速设计进度；
- 低成本：＄1.75(MAXI864T)。

5 路输出的应用电路如图 11.4.5 所示。

5. MAX5003 电信及数据通信用宽输入(11～110 V)DC/DC 芯片

MAX5003 芯片特点如下：

- 高达 300 kHz 的运行频率得减小磁性元件和电容器尺寸；
- 宽阔的 11～110 V 输入电压；
- 保证±2.5%的 V_{REF} 精度；
- 电源电流仅 2.2 mA；
- 输入前馈补偿加速线瞬态响应；
- 可设置：电流限制、最大占空比、振荡频率、锻压锁定及软启动；

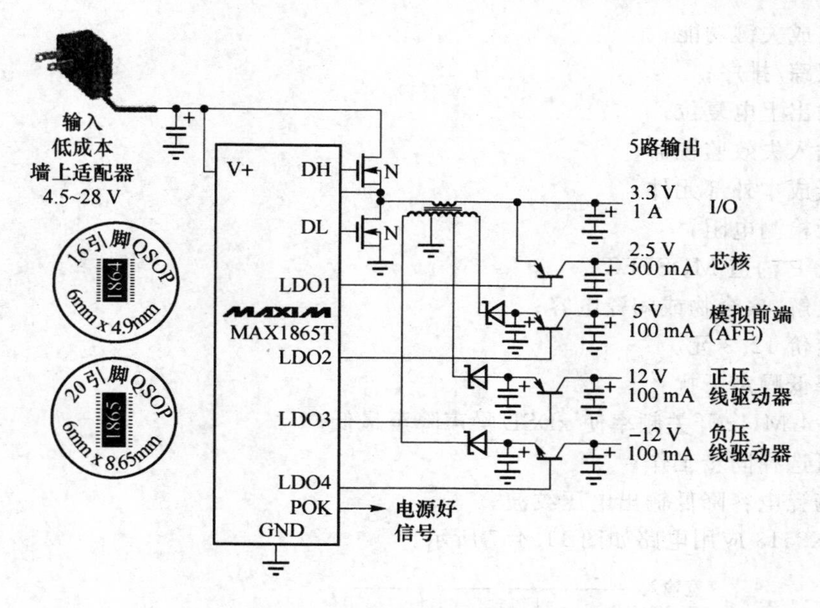

图 11.4.5 MAX1865T 应用电路

• 外部频率同步；

• 可借助 MAX5003 评估板加快设计进度。

MAX5003 为电信及数据通信应用优化设计典型电路如图 11.4.6 所示。

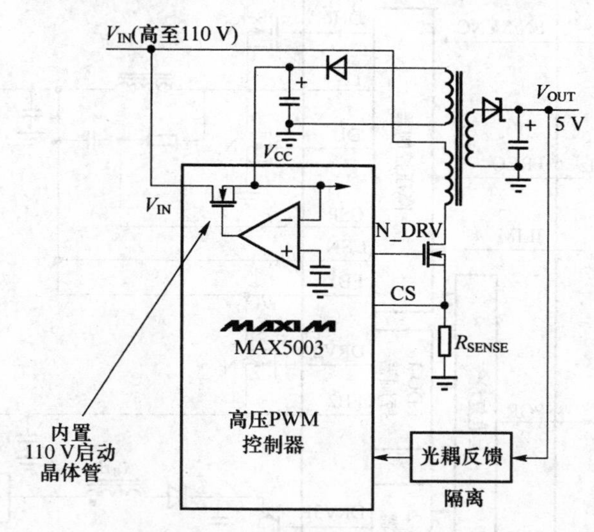

图 11.4.6 MAX5003 应用电路

6. MAX8513/14 适用 xDSL、路由器和网关的电源 DC/DC 芯片

MAX8513/14 芯片可降低 xDSL 调制解调器、路由器和网关中电源的成本和噪声干扰。其芯片特点如下：

① 降低成本。

- 集成关键功能；
- 跟踪/排序；
- 输出上电复位；
- 输入失效监视器；
- 低成本外部元件；
- 无检测电阻；
- 无P沟道MOSFET；
- 电解、聚合物或陶瓷电容；
- 定价12.3元。

② 降低噪声干扰：

- 1.4 MHz开关频率使xDSL噪声降至最低；
- 可选择同步工作；
- 陶瓷电容降低输出电压纹波。

MAX8513应用电路如图11.4.7所示。

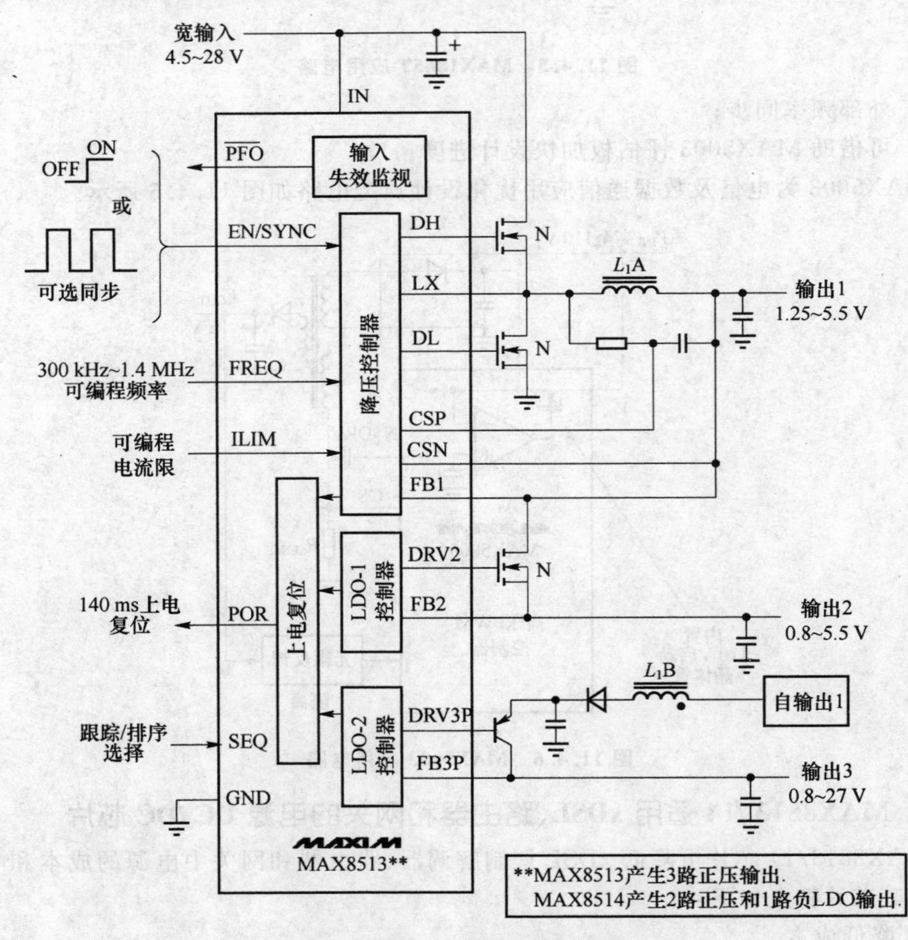

图 11.4.7　MAX8513 应用电路

7. MAX15000/01 尺寸最小的离线式电信电源 IC 芯片

MAX15000/01 芯片是业界尺寸最小的低成本 PWM 控制器，支持通用离线式、电信及其他 12 V 输入电源，内部误差放大器，可用于隔离或非隔离设计。

MAX15000/01 芯片特点如下：

- 50 μA 启动电流，实现待机模式下的高效率；
- 软启动消除输出电压过冲，并保证上电时单调上升；
- 1A 栅极驱动电流设计灵活性/高可靠性；
- 外部可编程启动电压保证电压不足时正常工作；
- 远程开/关；
- 热关断；
- 节省空间；
- 10 引脚 μMAX 封装，比竞争产品的 8 引脚 SO 封装小 50%；
- 12.5～625 kHz(可调)开关频率，优化电源磁化特性并简化了滤波设计降低电源成本；
- 内部误差放大器用于主侧调节，省去了隔离电源中光耦和串联型基准的成本；
- 内部 24 V 调节器，简化了控制器偏置设计，可提供可靠而安全的栅极驱动电压。

MAX15000/01 应用电路如图 11.4.8 所示。

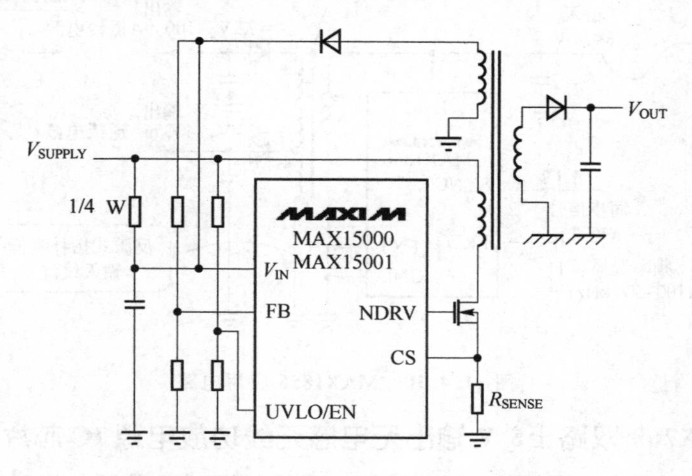

图 11.4.8 MAX15000/01 应用电路

8. MAX8543 可简化电信设计的降压 DC/DC 芯片

利用 MAX8543/MAX8544 标准化的 DC/DC 设计，有助于简化库存管理。灵活的降压转换器简化网络、基站和电信设计。设计可以按照尺寸、成本或效率进行优化。预偏置启动、使能和 Power－OK 简化了跟踪和排序功能的实现。

MAX8543 芯片应用电路如图 11.4.9 所示。

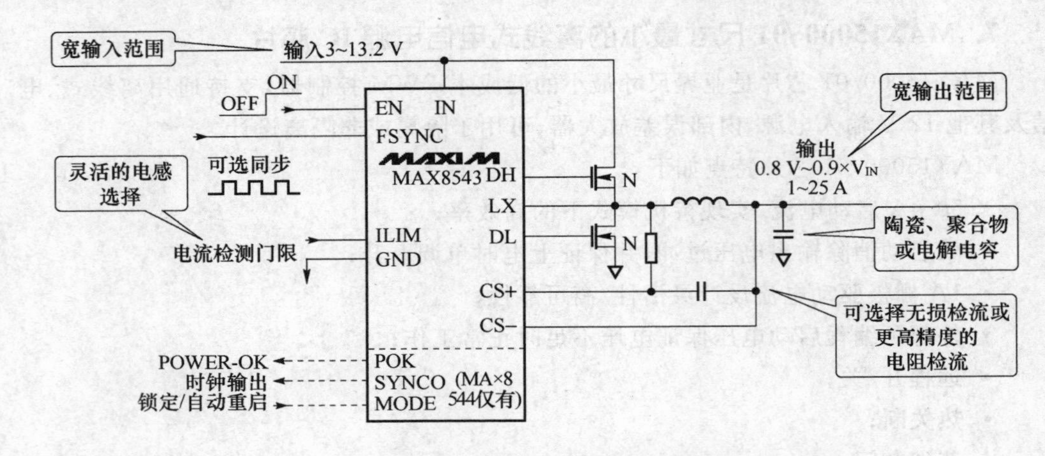

图 11.4.9　MAX8543 应用电路

9. MAX1856 采用标准变压器双输出 SLIC 电信电源芯片

具有双输出(－72 V,－42 V)电信供电振铃电源和通话电源的应用电路如图 11.4.10所示。

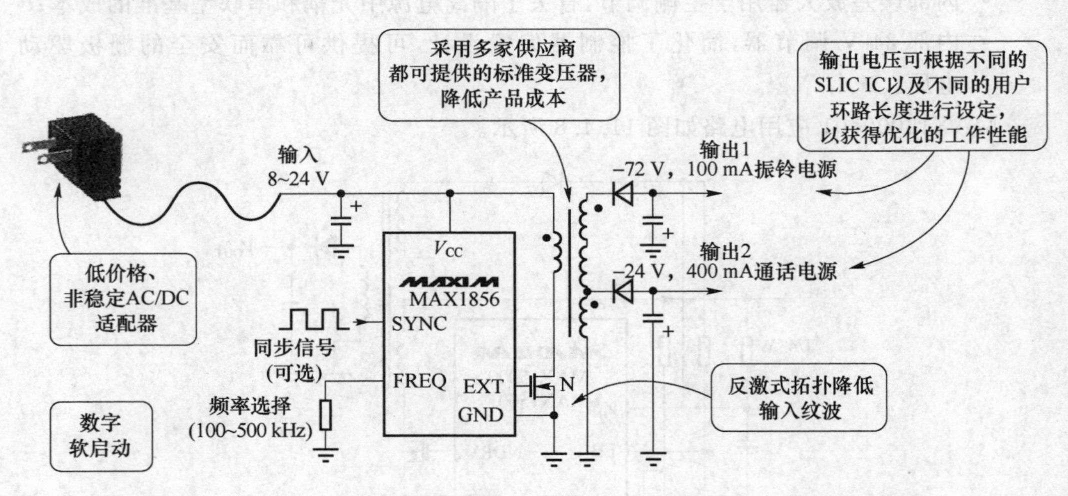

图 11.4.10　MAX1856 应用电路

10. MAX768 双路±5 V 输出无电感无线功放电源 IC 芯片

MAX768 芯片为低噪声双电源,适用于 GaAsFET 功放偏置与 VCO(无电感)。紧凑的电源管理 IC 完成无线手机中 3 个电源任务。

MAX768 特点如下:

- 双路正/负稳压输出,从 3 V 输入获得±5 V 输出;
- 输出就绪(Output－Ready)信号控制 GaAsFET 漏极开关;
- 2 m Vp－p 输出纹波;

• 可同步的开关频率；
• 0.1 μA 独立关闭控制；
• 可调整的输出电压。

MAX768 芯片应用电路如图 11.4.11 所示。

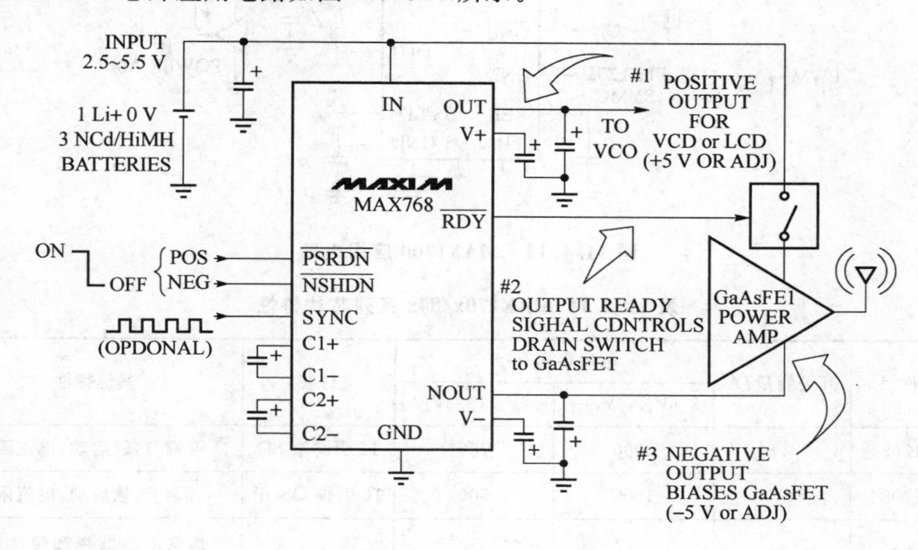

图 11.4.11　MAX768 应用电路

11. MAX1700 2A 低噪声驱动无线手机电源 IC 芯片

2A,大功率,MAX1700 系列的新增成员,高效率,低噪声升压型变换器,驱动无线手机。

MAX1700 芯片特点如下：

• 效率高达 96%；
• 0.8～5.5 V 输入范围；
• 3.3 V/5 V 可调(2.5～5 V)输出；
• 输出电流高达 2 A；
• 低噪声,可同步 PWM 控制方式；
• 1 μA 逻辑控制的停机方式；
• 第二输出:内置的 200 mA 线型稳压器(MAX1705/1706)；
• 内置的线性增益单元可构成线性稳压控制器(MAX1701/1703)；
• 内置的 2 通道 A/D 转换器(MAX848/849)；
• 小巧的 16 引脚 QSOP 封装(尺寸与 8 引脚 SO 相同)。

MAX1700 应用电路如图 11.4.12 所示。MAX17XX 系列芯片性能如表 11.4.1 所列。

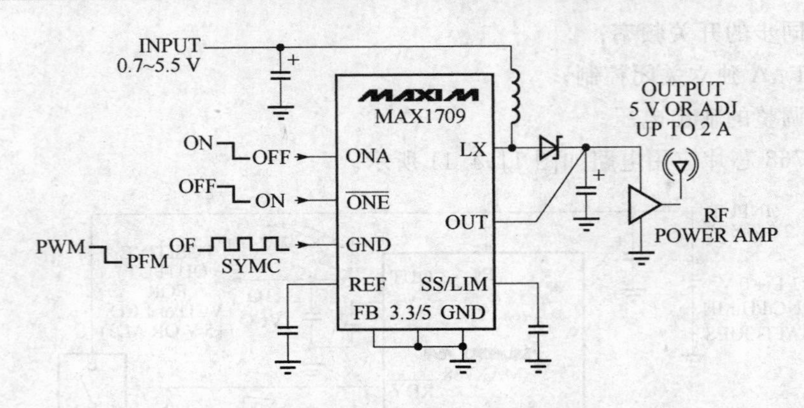

图 11.4.12 MAX1700 应用电路

表 11.4.1 MAX170x/84x 系列芯片特性

器件	开关容量/A	电流输出/mA		封装	其他特性
		3.6V_{IN},5V_{OUT}	1.2V_{IN},3.3V_{OUT}		
MAX1709*	4.8	2000	750	16引脚窄SO	可调节,软启动,电流限制
MAX1708*	2.4	1500	500	16引脚QSOP	可调节,软启动,电流限制
MAX1703	2	1500	500	16引脚窄SO	内含电池监视和线性稳压控制器
MAX1700	1	1000	300	16引脚QSOP	最简器件
MAX1701	1	1000	300	16引脚QSOP	内含电池监视和线性稳压控制器
MAX1705	1	1000	300	16引脚QSOP	内含200 mA线性稳压器
MAX849	1	1000	300	16引脚窄SO	内含A/D转换器
MAX1706	0.5	300	110	16引脚QSOP	内含200 mA线性稳压器
MAX848	0.5	300	110	16引脚窄SO	内含A/D转换器

12. MAX1820 可动态控制为 2.5 G 射频供电 IC 芯片

MAX1820是率先推出的、专为2.5 G/3 G蜂窝电话功放设计的降压型变换器。基带处理器根据功放所需的功率,动态调节变换器输出电压。高速变换器MAX1820能够在30 μs以内将输出电压从0.4～3.4 V,很好地跟踪功放发送功率包络。通过匹配功率电源电压包络,使功放尽可能地减少功率损耗,延长电池寿命。MAX1820配有一个除13或除以18的锁相环电路(PLL),用于同步2.5 G或3 G的系统时钟。利用WCDMA功放进行的实际测试表明,这种同步方式可避免给射频信号引入任何干扰噪声。

MAX1820芯片的电池电流与功率的关系、电压跟踪功能及应用电路如图

11.4.13、图 11.4.14、图 11.4.15 所示。

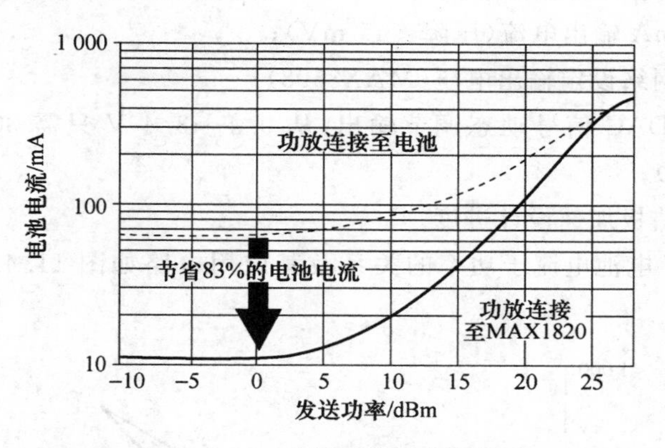

图 11.4.13　电流与发射功率关系

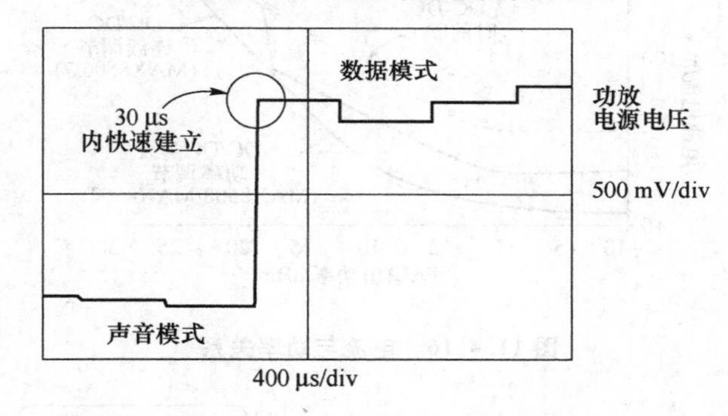

图 11.4.14　MAX1820 跟踪功能

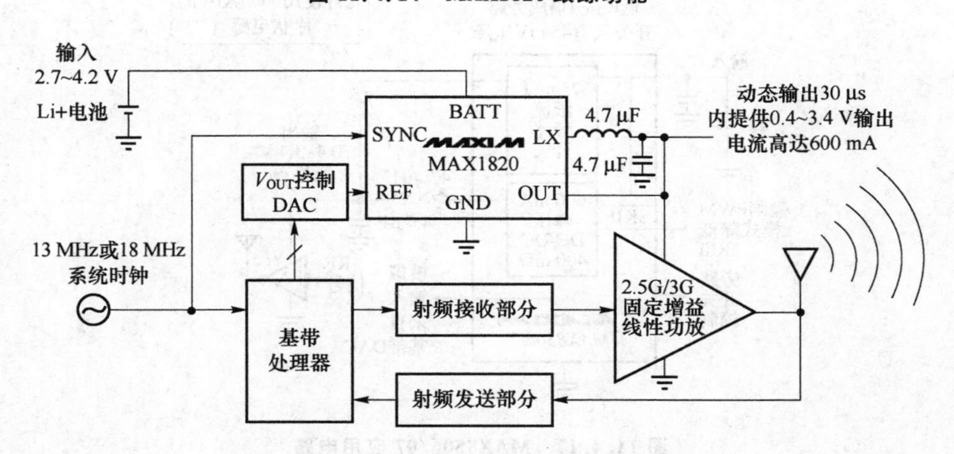

图 11.4.15　MAX1820 应用电路

13. MAX8506/07 为射频(RF)功放(PA)供电 DC/DC 芯片

MAX8506/07 芯片是可驱动 CDMA/W - CDMA 的动态 DC/DC，集成了低 R_{DSON}(75 mΩ)旁路 FET。可降低 2.5 G 和 3 G 手机的电池电流，效率提高 47%。

MAX8506/07 芯片特点如下：

- 保证 600 mA 输出电流(压降<45 mV)；
- 外部反馈网络设定输出电压(MAX8508)；
- 利用模拟 DAC 信号动态调节输出，从 0.4～3.4 V 只需 30 μs，(MAX8506/MAX8507)；
- 可借助评估板加速设计进度。

MAX8506/07 电池电流于功率的关系及其应用电路如图 11.4.16 和图 11.4.17 所示。

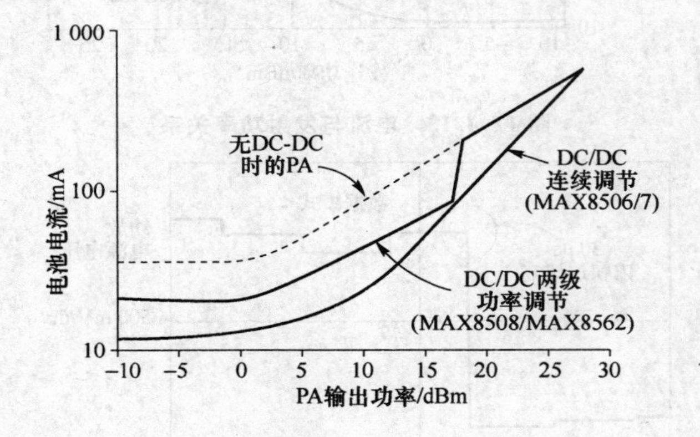

图 11.4.16　电流与功率关系

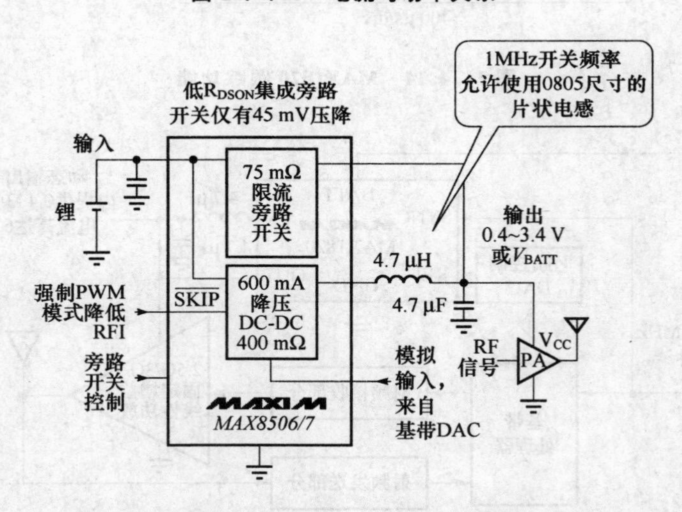

图 11.4.17　MAX8506/07 应用电路

14. MAX8805 为射频(RF)功放(PA)供电 IC 芯片

MAX8805 芯片特点如下：

- 为两路 WCDMA 或 NCDMAPA 模块供电和提供偏压；
- 2 MHz/4 MHz、600 mA PA Buck 变换器；

- 集成的 60 mΩ 旁路开关；
- 动态控制输出电压；
- 在整个变化范围内 7.5 μs 建立时间；
- ±2%增益精度；
- 双 200 mA、低噪声 LDO；
- 用于 PA 偏压和使能，或者其他噪声敏感应用；
- 35 μV_{RMS}（典型值）输出噪声，70 dB PSRR；
- 独立的使能；
- 可提供多种电压选择；
- 微型、2 mm×2 mm×0.7 mm、晶片级封装（WLP）。

MAX8805 的电池电流与输出功率关系如图 11.4.18 所示。其应用电路如图11.4.19所示。

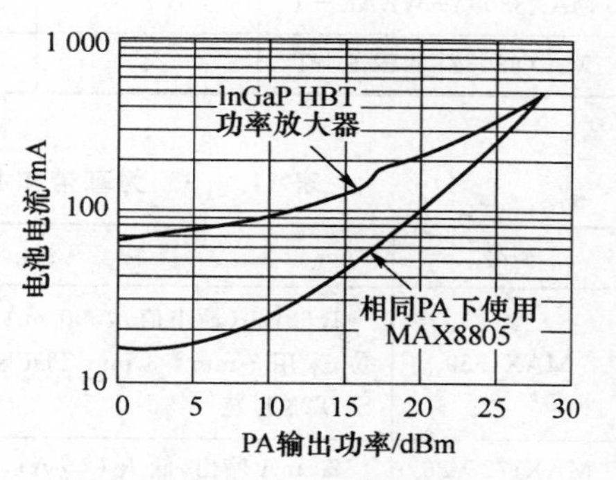

图 11.4.18 电流于功率关系
（10dBm 时电池电流降低超过 3.5 倍）

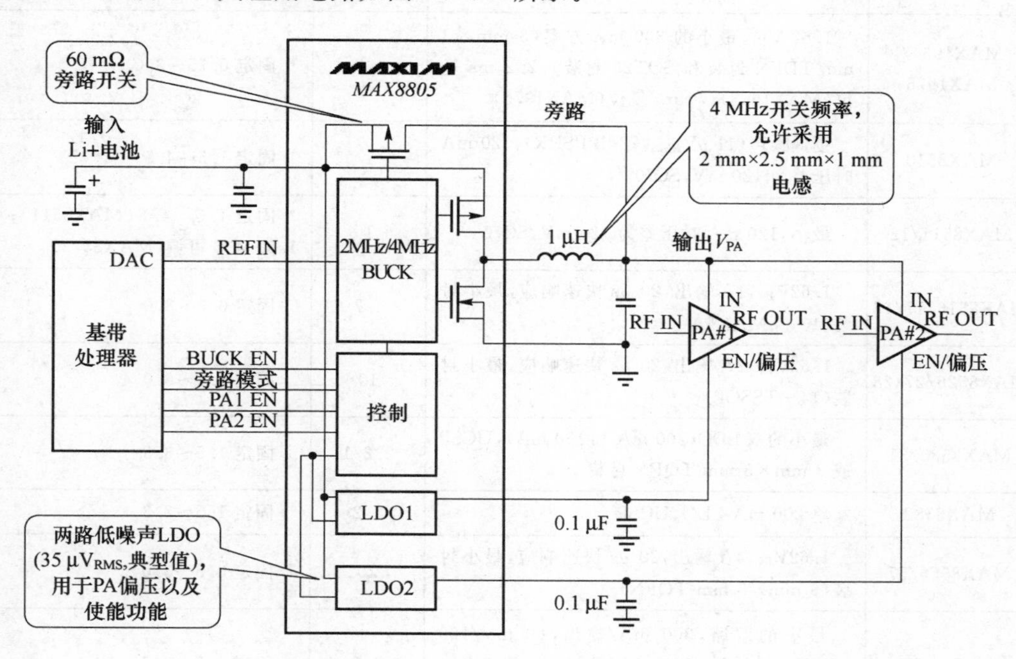

图 11.4.19 MAX8805 应用电路

MAX8805 芯片性能及为 RF 芯片提供电源的芯片如表 11.4.2 和表 11.4.3 所列。

表 11.4.2 MAX8805 芯片性能

型号	开关频率/MHz	推荐电感/μH	LDO 电压*/V	RoHS 兼容	价格($)
MAX8805YEWEAE+T	2	2.2	1.80、2.85	√	1.77
MAX8805ZEWEEE+T	4	1	2.85、2.85	√	1.77

表 11.4.3 为基带和 RF 芯片组提供 LDO 的 DC/DC 芯片

型号	特性	C_{OUT}/μF	输出电压/V
MAX1589	1.62V_{IN}(最小值),500 mA,内置 70 ms 复位,采用 3 mm×3 mm TDFN 封超前享受和 SOT23 封装	4.7	固定 0.75~3.0,间隔25 mV
MAX1725/26	20 mA 输出,低 I_Q(2 μA),电池反接保护	1	1.8,2.5,3.3,5;1.5~5 可调
MAX1818	500 mA 时压差为 120 mV	3.3	1.5,1.8,2,2.5,3.3,5;1.25~5 可调
MAX1819	500 mA 时压差为 120 mV,UCSP™封装	3.3	1.5,1.8,2,2.5,3.3,5;1.25~5 可调
MAX1964/MAX1976	1.62 V_{IN},最小的 300 mA 方案(3 mm×3 mm TDFN 封装和 SOT23 封装),2.2 ms 复位(MAX1963),70 ms 复位(MAX1976)	4.7	固定 0.75~3.0
MAX8510	更低噪声(11 μV_{RMS},78dB PSRR),120 mA 时压差为 120 mV,SC70	1	固定 1.5~4.5
MAX8511/12	最小,120 mA 时压差为 120 mV,SC70	1	固定 1.5~4.5(MAX8511);1.5~4.5 可调(MAX8512)
MAX8516/17/18	1.62V_{IN},1A 输出,20 μs 快速响应,最小封装(10-μMAX®)	4.7	固定 0.5~3.0
MAX8526/27/28	1.62V_{IN},2A 输出,20 μs 快速响应,最小封装(14-TSSOP)	10	固定 0.5~3.0
MAX8530/31	最小的双 LDO(200 mA 和 150 mA),UCSP 或 3 mm×3 mm TQFN 封装	2.2/1	固定 1.5~3.3
MAX8532	单 200 mA LDO、UCSP	2.2	固定 1.5~3.3
MAX8556/57	1.62V_{IN},4A 输出,20 μs 快速响应,最小封装(5 mm×5 mm TQFN)	20	固定 0.5~3.0
MAX8559	最小的双路,300 mA/输出,60 mV/100 mA 压差,低噪声,高 PSRR,3 mm×3 mm TDFN 封装	4.7	固定 1.5~3.3
MAX8633-36	双路、300 mA 输出,1.9 W,3 mm×3 mm TDFN 封装	2.2	固定 1.5~3.0 可编程电压组合
MAX8863/64	120 mA 输出,电池反接保护	1	2.8,2.84,3.15;1.25~6.5 可调

续表 11.4.3

型号	特　　性	$C_{OUT}/\mu F$	输出电压/V
MAX8867/68	150 mA 输出，电池反接保护	1	固定 2.5～5，间隔 100 mV
MAX8875	150 mA 输出，带 POK，电池反接保护	1	固定 2.5～5，间隔 100 mV
MAX8877/78	150 mA 输出，1.1 mm 高，电池反接保护	1	固定 2.5～5，间隔 100 mV
MAX8880/81	200 mA 输出，电池反接保护	1	1.8，2.5，3.3，5；1.25～5 可调
MAX8882/83	双路、160 mA 输出，SOT23 封装	2.2	固定 1.8～3.3，间隔 100 mV
max8887/88	300 mA 时压差为 150 mV，薄封装仅 1.1 mm(最大值)高	2.2	固定 1.5～3.3，间隔 100 mV

适用于无线系统的完善的电源管理方案如图 11.4.20 所示。

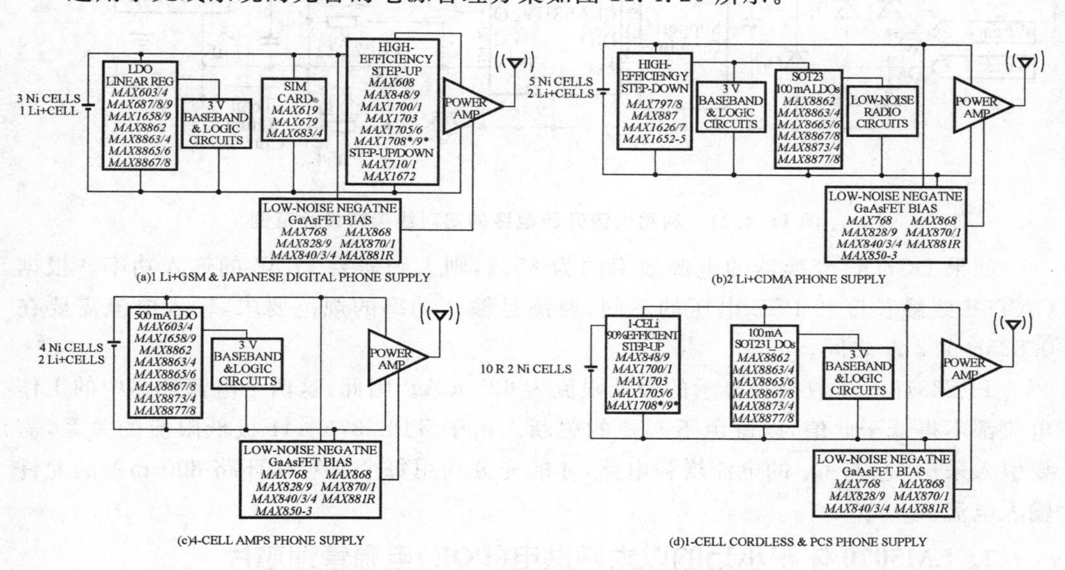

图 11.4.20　适用于无线系统的电源管理方案

11.4.3　以太网供电(POE)的 DC/DC 芯片

1. TPS2376－H 8A 以太网供电电流升压 DC/DC 芯片

在四对线架构中，PD(用(受)电设备)的检测和分类功能必须在每个双对线电流环路上执行，这就必需要两个 PD 控制器。在下面的设计范例中，两个 TPS2376－H 控制器可用作 DC/DC 电源 2 的 PD 输入源如图 11.4.21 所示。DC/DC 电源采用一个在单开关反激拓扑中的 UCC3809－2，从而能够以 8A 电流为负载提供隔离的 5V 电源电压。

如果现有的 PSE 供电设备能够提供 51～57 V 的稳压电源，则能为由两对 CAT5E 线缆构成的每个电流环路提供极大 800 mA 电流。对于每个双对环路(极大长度 100 米)的环路阻抗的合理认定是 12.5 Ω。CAT5E 线缆连接至 PD 接口并输入 DC/DC 转换器，再以 8A 电流为负载提供隔离的 5 V 电压。为简化起见，同时为把讨论集中在 PD 接口上，图 11.4.21 中的 DC/DC 电源可视为简单黑盒。

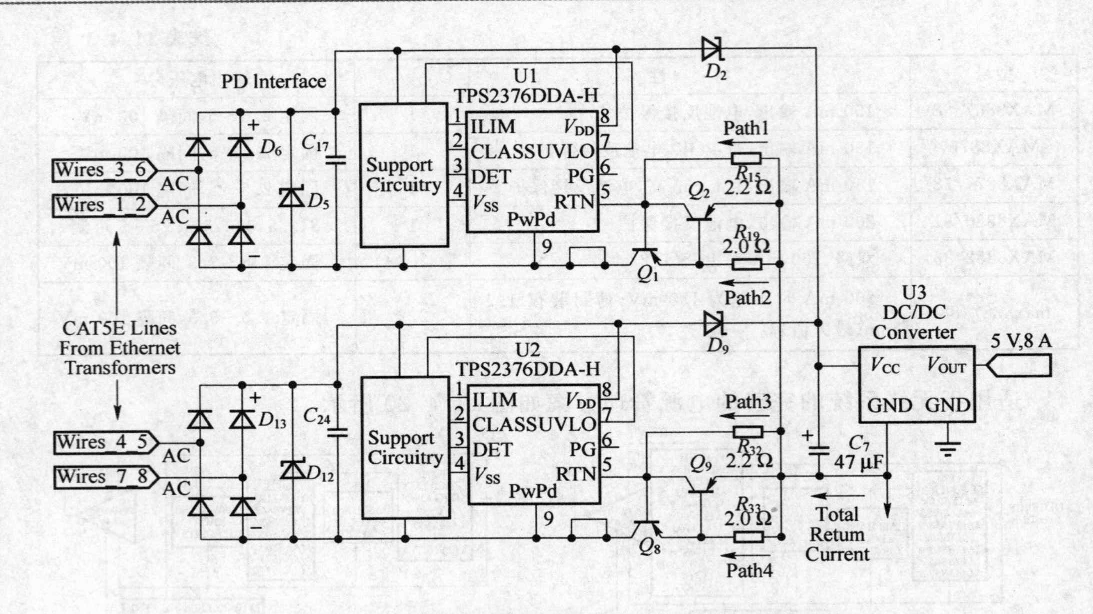

图 11.4.21　利用电流升压电路的四对线架构设计范例

如果 DC/DC 变换器的电源效率约为 85%，则大约需要 47 W 的输入功率。根据 CAT5E 线缆长度和 PSE 电压的不同，要满足输入功率的规范要求，输入电流需要在 0.825～1.2 A 之间。

TPS2376 - H 数据表显示的极低限流为 625 mA。因此，这两个电流环路中的工作电流都不得低于此值，以避免不必要的关断。由于 TPS2376 - H 极低限流的关系，需要引入采用 Q_1 与 Q_2 的电流增强电路，才能充分利用每个双对线环路 800 mA 的允许输入电流。

2. LM5070 体积小巧的以太网供电(POE)电源管理芯片

LM5070 芯片特点如下：

- 完全符合 802.3af、标准的电源供应器接口端口；
- 内置 80 V、1 Ω、400 mA 的 MOSFET；
- 可调节浪涌电流限幅；
- 检测电阻断路功能；
- 可调节电流分级；
- 回滞可变的可调节欠压锁定；
- 过热停机保护功能；
- 电流模式脉冲宽度调制器；
- 可支持隔离与非隔离应用；
- 针对非隔离应用设有误差放大器及电压参考电路；
- 可调节振荡频率；
- 可调节软启动；

- 限制最大占空比为80%，提供斜率补偿(－80芯片)；
- 限制最大占空比为50%，不提供斜率补偿(－50芯片)；
- 可输出800 mA峰值电流的门极驱动器；
- 有TSSOP－16或LLP－16(5 mm×5 mm)两种封装可供选择。

应用范围如下：

- 宽带网络电话；
- 局域网、远程闭路电视保安摄录系统；
- 无线接入设备；
- 扫描卡阅读器以及电信设备的48V电源供应控制系统。

LM5070芯片应用电路如图11.4.22所示。

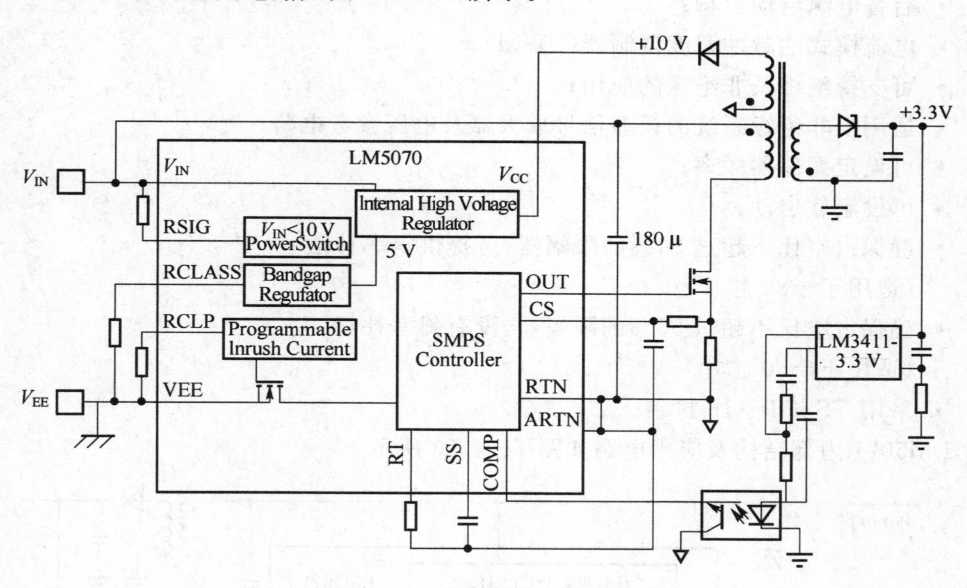

图11.4.22 LM5070应用电路

以太网供电(PoE)解决方案如表11.4.4所列。

表11.4.4 以太网供电(PoE)解决方案

零件编号	产品简介	输入电压(V_{IN})范围	开关频率(F_{SW})	次级所耗用的电流(典型值)/μA	参考电压准确度/(%)	参考设计及评估电路板	其他特色/评语	温度范围/℃	封装
LM5070	高度集成的单芯片以太网供电(PoE)解决方案:电源管理	1.5~75˙	50 kHz~1 MHz	700	±2.0	有两种可供选择:效率最高而且设计最简单	除了设有LM5020芯片的所有功能之外,也设有80 V 400 mA的线路连接开关以及相关的控制和排序	－40~125	TSSOP－16, LLP－16

3. LM5071 有后背电源接口的 PoE 用电设备控制器芯片

LM5071 芯片特点如下：

- 可与 12 V 交流电配接器兼容；
- 全面符合 802. af 标准的电源接口；
- 80 V 电压、1 Ω 载通电阻、400 mA 电流的 MOSFET 晶体管；
- 可中断检测电阻的联系；
- 可设定电流分类；
- 可设定的欠压锁定功能，并可设定迟滞；
- 过热停机保护功能；
- 后备电源启动引脚；
- 电流模式的脉冲宽度调制器(PWM)；
- 可支持绝缘及非绝缘的应用；
- 适用于非绝缘系统的误差信号放大器及电压参考电路；
- 可设定振荡器频率；
- 可设定软启动；
- 确保占空比不超过 80%的限幅器，可提供斜率补偿（适用于－80 芯片）；
- 确保占空比不超过 50%的限幅器，没有斜率补偿（适用于－50 芯片）；
- 采用 TSSOP－16 封装。

LM5071 内部结构及应用电路如图 11. 4. 23 所示。

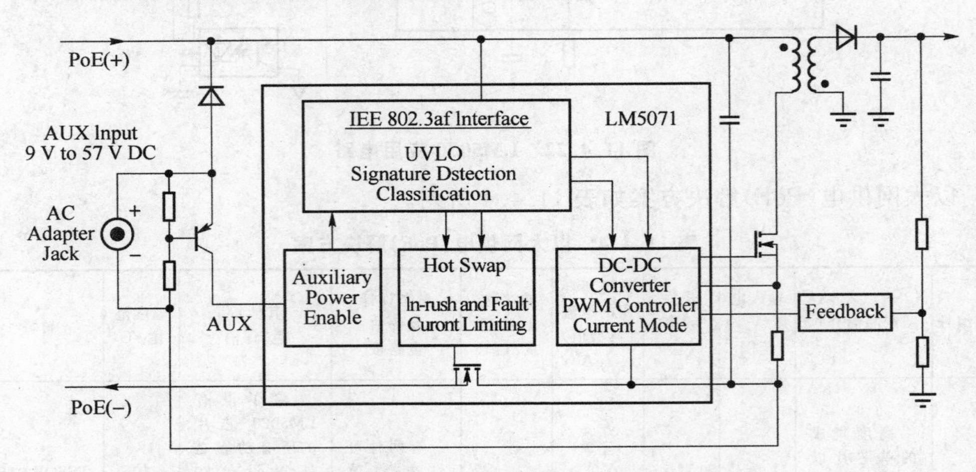

图 11. 4. 23 LM5071 应用电路

4. LM5072 高输出功率(25W)PoE 芯片

功能齐备的 25W LM5072 芯片确保以太网供电(PoE)系统可以提供更强劲的功

率输出。

LM5072 芯片的特色如下：

- 可提供高达 25W 功率的 PoE 解决方案，并可与 IEEE 802.3 af(13W)标准后向兼容；
- 设有独特的可设定的辅助供电支配模式，可以自动降低供电设备(PSE)的耗电量；
- 有 50%及 80%两种不同的最高占空比可供选择；
- 100V 的额定电压可以保护用电设备(PD)免受线路瞬态影响；
- TSSOP－16 EP 封装；
- 4.40 mm×5.00 mm×0.90 mm；
- 辅助电源(9V 以上)；
- 0.7 Ω 100 V MOSET。

应用范围：适用于网络电话、远程保安投影系统、卡阅读器、无线接入点、电脑电话、PoE/PoE－MDI 系统用电设备以及－48 V 电信设备供电系统控制的上网设备。

LM5072 应用电路如图 11.4.24 所示。

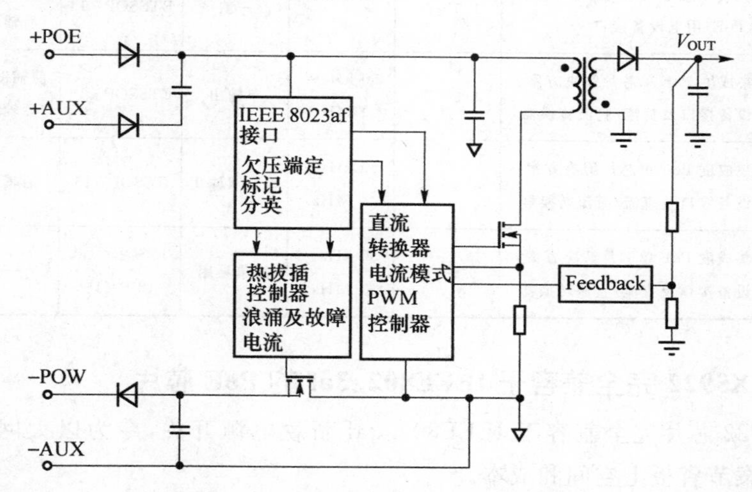

图 11.4.24 LM5072 应用电路

5. LM5073 100 V 高功率 PoE 控制器 IC 芯片

美国 NS 公司 100V－LM5073 芯片具有可调节直流限流点(高达 800 mA)等优点，适用于任何一中 DC/DC 变换器电路结构。

LM5073 芯片兼容于 IEEE802.3af 标准 PoE 用电设备，不符合该标准的专用设备及其他较高功率的以太网用电设备。

LM5073 应用电路如图 11.4.25 所示。LM5070/1/2/3 系列芯片性能简介如表 11.4.5 所列。

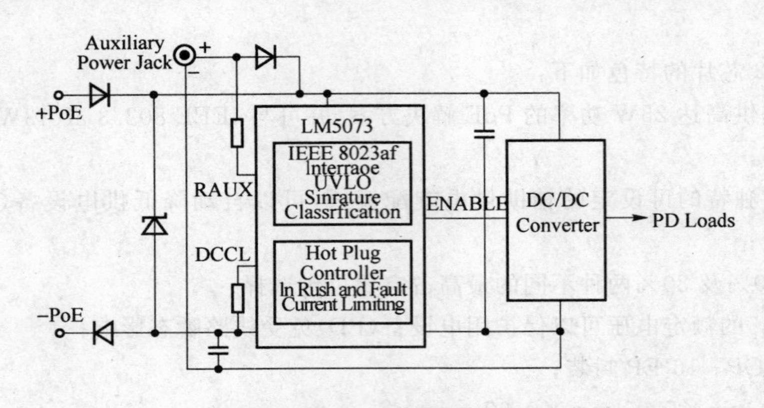

图 11.4.25　LM5073 应用电路

表 11.4.5　LM507x 系列产品简介

产品	简　介	输入电压范围/V	开关频率	参考设计及评估电路板	封装	后备电源支持能力	后备供电区段
LM5073	可支持后备供电的以太网供电系统(PoE)用电设备接口	1.5～70	—	一款	ETSSOP-14	前辅助及后辅助	有
LM5072	高集成度 PoE 单芯片解决方案：用电设备接口及直流/直流转换器	1.5～70	50 kHz～1 MHz	单输出	ETSSOP-16	前辅助及后辅助	有
LM5071	高集成度 PoE 单芯片解决方案：用电设备接口及直流/直流转换器	1.5～75	50 kHz～1 MHz	单及双输出	TSSOP-16	后辅助	—
LM5070	高集成度 PoE 单芯片解决方案：用电设备接口及直流/直流转换器	1.5～75	50 kHz～1 MHz	简单易用	TSSOP-16，LLP-16	—	—

6. MAX5922 完全兼容于 IEEE802.3af 的 PoE 芯片

MAX5922 芯片完全兼容于 IEEE802.3af 新款电源开关，专为以太网供电设计。高集成度方案节省板上空间和成本。

MAX5922 芯片特点如下：

① 更高的集成度/可靠性，更低成本：内置 0.45 Ω 功率 FET；

② 设计灵活：

- 检测禁止输入允许用户路过检测和分类阶段；
- 可选的欠流负载切断功能；
- 冲突避免检测输入允许用户将器件配置为 Midspan 工作模式。
- 可选的锁定或自动再试故障管理

MAX5922 芯片与用(受)电设备(PD)的接口如图 11.4.26 所示。

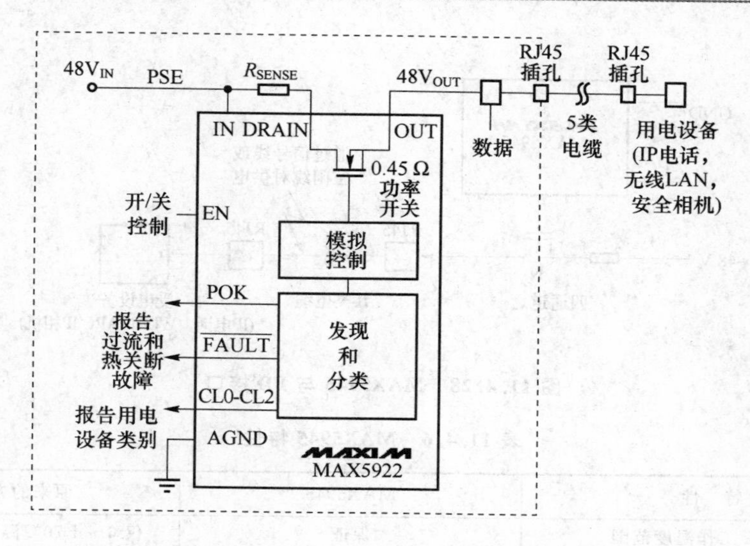

图 11.4.26　MAX5922 与 PD 接口

7. MAX5940 集成了 PD 接口控制器的 POE 芯片

MAX5940 芯片是独立工作的低成本、通用受电设备接口控制器(PD)的以太网供电 DC/DC。单片方案替换两个 IC；提供 15 W 或更高输出功率，专为非隔离(MAX5942)或隔离(MAX5941)设计优化。

供电设备(PSE)与用电设备(PD)的接口如图 11.4.27 所示。

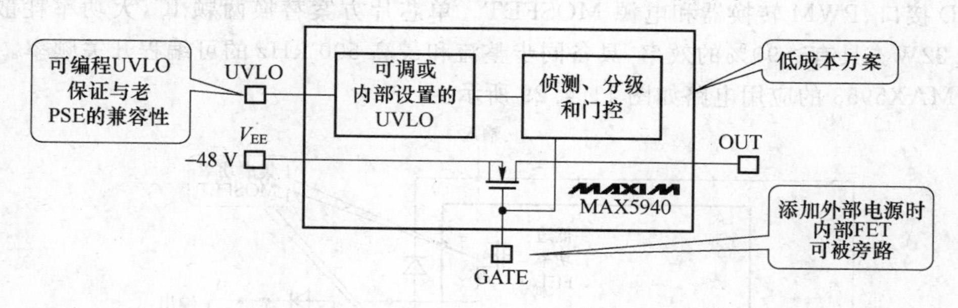

图 11.4.27　MAX5940 与 PD 接口

8. MAX5945 4 端口以太网供电(PSE)控制器芯片

MAX5945 芯片特点如下：

- 符合 IEEE 802.3af；
- 支持交流或直流负载断开检测；
- 可完全由软件配置；
- 工作于自动、半自动或人工模式；
- 直接替代 LTC4259A，无需修改印制板布局或软件。

MAX5945 芯片于受电设备(PD)的接口电路如图 11.4.28 所示。其特性如表

11.4.6所列。

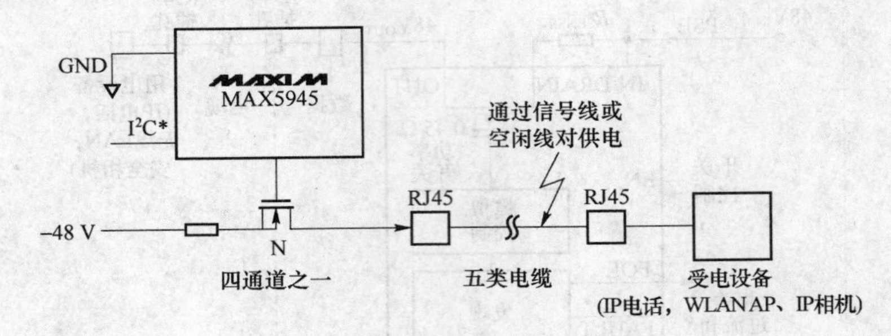

图 11.4.28　MAX5945 与 PD 接口

表 11.4.6　MAX5945 特性

特　性	MAX5945	原来的方案
－40～＋85℃工作温度范围	保证	仅 0～＋70℃温度范围
支持中跨或交换机/路由器 PSE 应用	可配置为两种应用中的任何一种	仅交换机/路由器 PSE 应用
系统软件崩溃时由硬件接管	利用看门狗实现无缝接管	没有

9. MAX5953 集成 PD 接口的 PWM 转换器 IC 芯片

MAX5953 芯片是业界首款单个封装内集成三项功能的 PoE PMIC。它集成 802.3afPD 接口、PWM 转换器和电源 MOSFET。单芯片方案替换两颗 IC，大功率耗散能力 2.22W。具有＞90％的效率，具备同步整流和最高 500 kHz 的可编程开关频率。

MAX5953 的应用电路如图 11.4.29 所示。

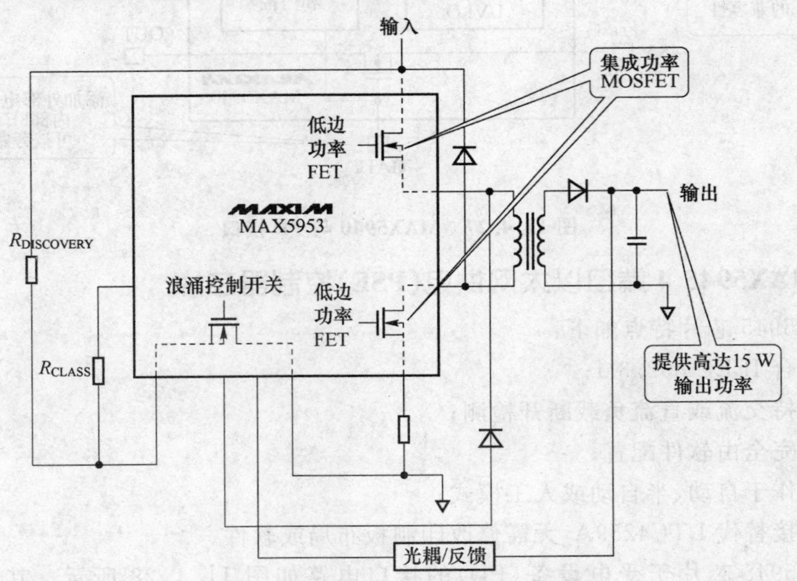

图 11.4.29　MAX5953 的 PD 电路

10. MAX5074宽输入大功率(15 W)超高集成度PoE电源芯片

MAX5074是超高集成度的POE电源,集成功率MOSFET,提升可靠性并降低尺寸和成本。专为以太网供电(POE)系统的受电设备(IP电话,WLAN接入点和IP相机)和供电设备(交换机/路由器和中跨)而优化。

MAX5074芯片特点如下:

① 提高性能:
- 采用同步整流效率超过90%;
- 保证工作于高达+125℃结温;
- 高达15 W输出功率。

② 提高可靠性:
- 无限期短路保护;
- 打嗝式限流降低短路期间的功耗;
- 热关断保护内部功率MOSFET。

③ 降低成本:
- "前瞻信号"驱动副端同步整流器;
- 无需复位绕组/二极管/电容器。

④ 降低尺寸要求:
- 集成的功率MOSFE'I';
- 高达500 kHz的开关频率降低外部元件的尺寸。

MAX5074芯片应用电路如图11.4.30所示。

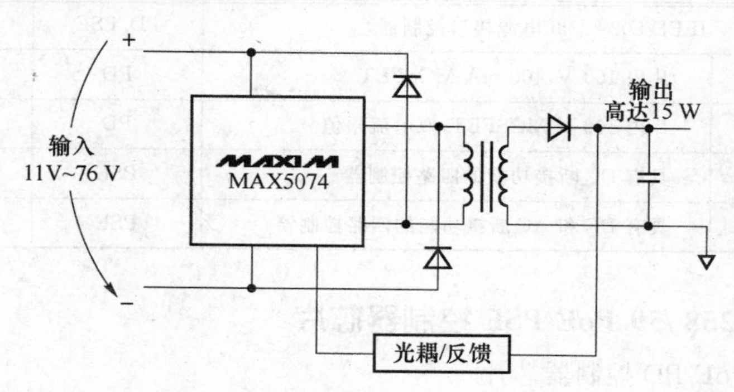

图 11.4.30 MAX5074应用电路

11. LT1725效率高达90%的POE芯片

凌特公司不断壮大的回扫和正向DC/DC变换器产品库提供了高效率、极小温度降额和设计简易性,这是以太网供电(PoE)隔离电源要求的理想选择。LT1725能够以90%的效率从一个48 V输入获得3.3 V/3.5输出,而成本则是其他模块替代方案所无法比拟的。

LT1725芯片工作效率以及应用电路如图11.4.31所示,以太网供电方案IC芯片选择见表 11.4.7 所列。

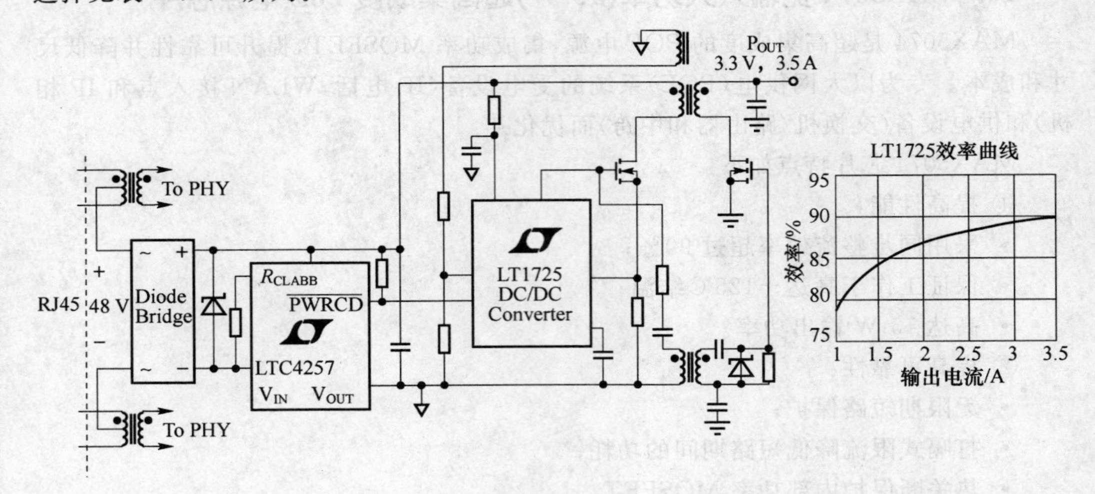

图 11.4.31　LT1725 效率及应用电路

表 11.4.7　以太网供电解决方案芯片

DC/DC 变换器		隔离	效率
LT®1725	无光耦合器回扫型	是/否	90%
LTC®3803	ThinSOT™回扫型	是/否	80%
LTC3806	同步回扫型	否	90%
IEEE 802®.3af 电源接口控制器		PD/FSE	通道数
LTC4257	片内 100 V,400 mA MOSFET	PD	1
LTC4257-1	片内 100 V MOSFET,双电流限值	PD	1
LTC4258	具有 DC 断接功能的四路控制器	PSE	4
LTC4259	具有 DC 和 AC 断接功能的四路控制器	PSE	4

12. LTC4258/59 PoE PSE 控制器芯片

LTC4257 PoE PD 控制器芯片

LTC4258 和 LTC4259 特点如下：

(用于 PoE PSE 电源的 DC/DC 转换器)

- 针对云集电压开关操作的自适应或手动延迟控制；
- 高频同步、推挽式 PWM；
- 1.5 A 吸收电流、1 A 供电电流的输出驱动器；
- 可控制 4 个—48 V 以太网接口；
- 符合 IEEE 802.3af 标准的 PD 检测和分级；
- 可独立操作或借助 I²C 控制来进行操作；

- PD 断接检测：LTC4258 - DC 断接；LTC4259 - AC 或 DC 断接。

LTC4257 特点如下：

（用于 PoE PD 电源的 DC/DC 转换器）

- 可在满负载条件下实现高效率；
- 多输出互调性能比非同步转换优越；
- 可直接从主端线组检测输出电压无需光隔离器；
- 片内 100 V，400 mA 功率 MOSFET；
- 片内 25 kΩ 特征电阻器；
- 可设置的分级电流；
- LTC4257 - 1 提供了双电平电流限值。

用于 PSE 的 DC/DC（LTC4258/59）和用于 PD 的 DC/DC（LT4257）接口电路如图 11.4.32 所示。

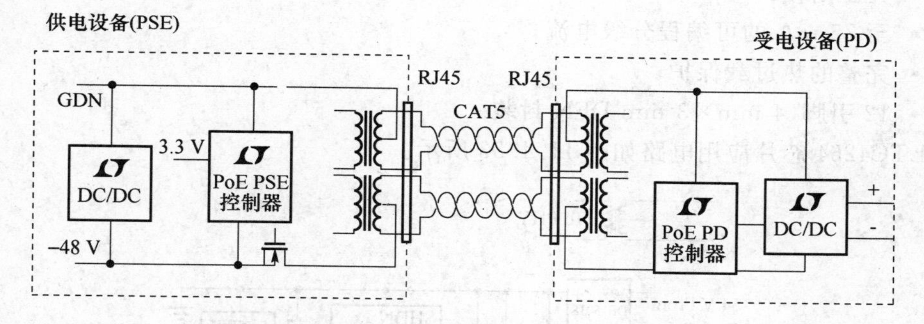

图 11.4.32　PSE 的 DC/DC 与 PD 的 DC/DC 接口

POE 的 PSE/PD 芯片选择见表 11.4.8 所列。

表 11.4.8　POE 的 SE/PD 芯片选择

器件型号	PSE/PD	通道	描述	符合 IEEE 标准的检测	符合 IEEE 标准的分级	符合 IEEE 标准的断接	扩展温度	封装
LTC4264	PD	1	具 750 mA 电流限值的 35 W 高功率 PD 接口控制器	有（内置 25k 电阻器）	有	—	1	DFN - 12
LTC4268 - 1	PD	1	具同步无光耦隔离器反激式控制器的 35 W 高功率 PD	有（内置 25k 电阻器）	有（可编程）	—	1	DFN - 32
LTC4267/- 1/- 3	PD	1	具集成开关稳压器的 IEEE 802.3af PD 接口控制器	有（内置 25k 电阻器）	有（可编程）	—	1	SSOP - 16 DFN - 16
LTC4263/- 1	PSE	1	具 AC 和 DC 断接检测的单通道 PSE 控制器	有	有	有（DC 或 AC 电流）	1	SO - 14 DFN - 14

13. LTC4264 35 W 以太网供电(POE)IC 芯片

LTC4264 在一个微型封装内整合了所有的 IEEE 802.3af 受电设备(PD)要求，并通过一个超低接通电阻热插拔 MOSFET 提供了受控的－48 V 电源连接。凭借 750 mA 的额定电流，LTC4264 能够与凌力尔特众多的 DC/DC 转换器相连接，为新兴的高功率型(超过 12.95 W 的限值)PD 应用提供了一个优化的解决方案。

LEC4264 芯片特点如下：

- 符合 IEEE 802.3af 标准；
- 750 mA 功率 MOSFET；
- 低 FET 接通电阻(典型值为 0.55 Ω)；
- 具有停用功能的精准双电流限制；
- 内置 25 kΩ 标识电阻器；
- 欠压闭锁；
- 至 75 mA 的可编程分级电流；
- 完整的热过载保护；
- 12 引脚、4 mm×3 mm DFN 封装。

LTC4264 芯片应用电路如图 11.4.33 所示。

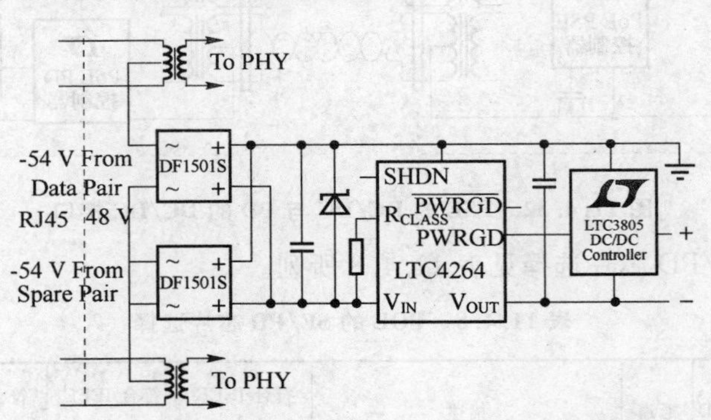

图 11.4.33 LTC4264 的典型应用

14. LTC4263 简单的 POE 供电 PSE 芯片

LTC4263 是一款面向供电设备(PSE)的完整、单端口以太网供电控制器。它集成了一个高电压 MOSFET、AC/DC 断接电器、一个完全符合标准的检测和分级系统、以及一个新颖的多端口电压输出电路，因而只需少量的外部元件。全自主型操作模式无需软件的干预，而且，可采用一个 LED 来进行端口状态的可选显示。

LTC4263 芯片特点如下：

- 无需微控制器的全自主型操作；
- 热保护型内部 MOSFET；
- 电源管理功能可利用简单的 RC 网路在多个端口上运作；
- 利用内部检测电阻器实现精准的浪涌电流控制；

• 受电设备(PD)检测和分级。

LTC4263 芯片应用电路如图 11.4.34 所示。

15. LTC4267 简单的 POE 供电 PD 芯片

LTC4267 集成了用于构建一个性能稳固且完全符合 IEEE 802.3af 标准的受电设备(PD)所需的全部元件。它集成了 25 kΩ 特征电阻器、分级电流源、欠压关断和一个坚固的 100 V、400 mA 开关。该电流模式开关稳压器采用了恒定频率操作以最大限度地降低噪声(即使是在轻负载条件下),并具有一个内置误差放大器和电压基准,因而可在隔离和非隔离配置中使用。凭借在 PoE 和功率转换的卓越技术,LTC4267 提供了一条实现产品快速面市的简单、低风险途径。

LTC4267 芯片特点如下:

• 内置 100 V、400 mA UVLO 开关;
• 双级涌入电流限制;
• 电流模式开关稳压器;
• 内置 25 kΩ 特征电阻器;
• 可编程分级电流(第 0 级至第 4 级);
• 集成误差放大器和电压基准;
• 16 引脚 SSOP 和 3 mm×5 mm DFN 封装。

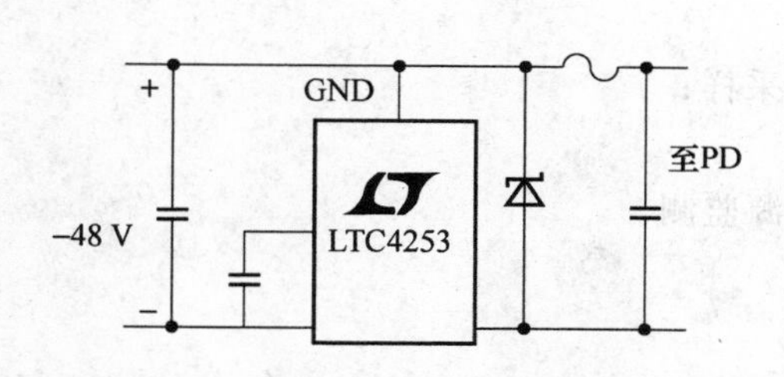

图 11.4.34 TLC4263 应用电路

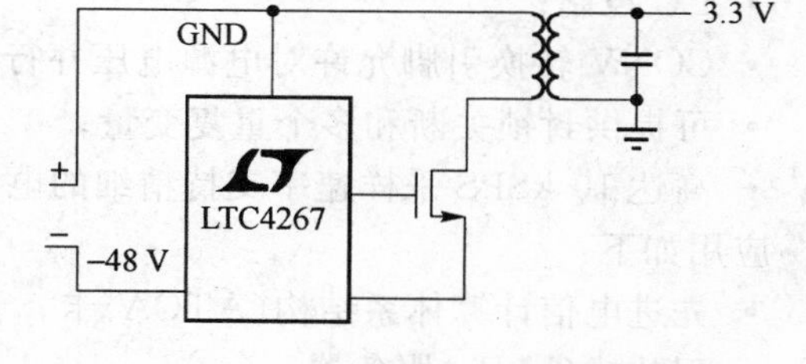

图 11.4.35 LTC4267 应用电路

LTC4267 应用电路如图 11.4.35 所示。以太网供电 POE 的 PD/PSE 芯片选择如表 11.4.9 所列。

表 11.4.9 PD/PSE 芯片选择

器件型号	PD/PSE	特 点
LTC4267	PD	集成 DC/DC 变换器
LTC4257	PD	性能稳固、符合 IEEE 802.3af 标准
LTC4257-1	PD	性能稳固、支持老式设备
LTC4259A	PSE	四通道、符合 IEEE 802.3af 标准、具 AC 断接功能
LTC4258	PSE	四通道、符合 IEEE 802.3af 标准

11.5　热插拔隔离式 DC/DC 芯片

随着机架式通信系统中处理功率密谋不断攀升，不可预测和潜在的破坏性电源瞬态尖峰和(或)过热损坏的风险也非常高。利用新的带有集成数字电源监视的热插拔器件，保护线路卡免遭电源瞬变和过热损坏。

11.5.1　ADM1175～78 内置 12bit ADC 的热插拔控制器芯片

ADM1175～8 系列产品将一个热插拔控制器与一个内置的基于 12bit ADC 的数字电源监视功能结合在一起。这些器件全部都有热插拔控制器，允许板卡安全地从 2.7～14 V 工作的背板插入或者拔出。这些器件提供精密鲁棒性的电流限制，防止瞬态和非瞬态短路，以及过流和欠流的损坏。除了标准的热插拔功能，其内部的电源监视器允许设计工程师和技术人员在指定的机架式系统中精密监视每个具体线路卡的电源分配。与电源监视器的通信由一个内部的 I^2C 端口提供。这些器件都采用 10 引脚的 MSOP 封装业界超小封装。

ADM1175～78 芯片特点如下：

- 精密线性过流限制；
- 内置 12 bit 电源监视器；
- I^2C 控制；
- CONV 转换引脚允许对电源电压并行采样；
- 可提供封锁关断和多个重复变量；
- 高达 10 kSPS 采样速率支持精细的电源监测。

应用如下：

- 先进电信计算体系结构(ATCA)卡；
- 刀片式(blade)服务器；
- 刀片式 PC。

ADM1175 应用电路如图 11.5.1 所示。ADM 公司热插拔芯片如表 11.5.1 所列。

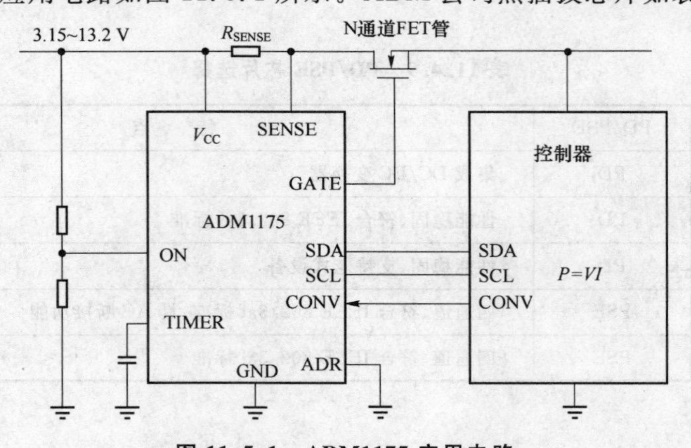

图 11.5.1　ADM1175 应用电路

表 11.5.1 ADI公司ADM1175～78/1191/92芯片

产品型号	热插拔控制	通过 I^2C 电压和电流回读	ON/ONB 引脚	CONV 引脚	CLRB 引脚	ALERT/ALERTB 引脚	基准电压调整	I^2C 地址数量	封装
ADM1175	有	有	有	有	—	—	—	4	10 引脚 MSOP
AMD1176	有	有	有	—	—	—	—	16	10 引脚 MSOP
ADM1177	有	有	有	—	—	—	—	4	10 引脚 MSOP
ADM1178	有	有	有	—	—	有	—	4	10 引脚 MSOP
ADM1191	—	有	—	有	—	有	有	16	10 引脚 MSOP
ADM1192	有	有	—	—	有	有	有	4	10 引脚 MSOP

11.5.2 ADM1177集成电源监控的热插拔控制器IC芯片

ADM1177芯片内置精密ADC的热插拔IC，内置12－bit ADC与精密电流检测放大器，为业界提供高精度、小尺寸的解决方案。为增强节能提供了更高精度。

图11.5.2为基于ADM1177芯片的热插拔卡电路，为业界高精度热插拔与电源监控IC提供精确的功耗数据，实现更佳的控制，并节省能源。

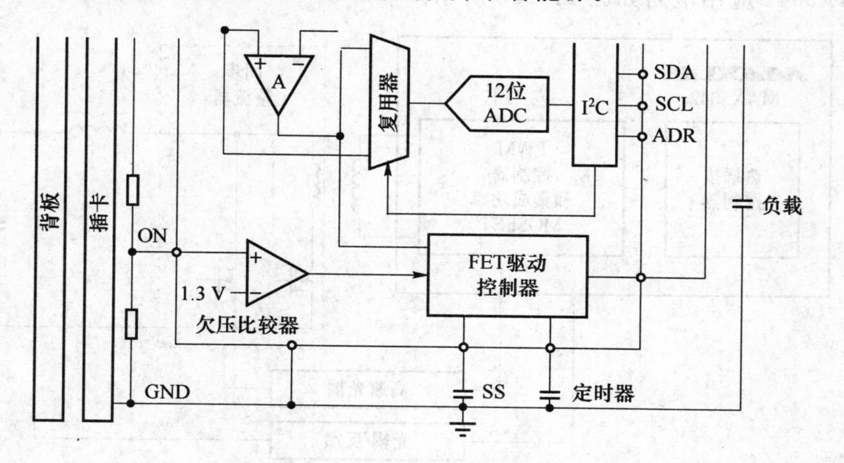

图 11.5.2 ADM1177应用电路

ADI公司热插拔芯片如表11.5.2所列。

11.5.3 MAX5042宽输入热插拔隔离式PWM转换器芯片

MAX5042芯片集成了热插拔控制器、PWM控制和功率MOSFET，特点如下：

- 50 W电源元件数减少了65%；
- PCB面积比1/4砖模块小40%；
- 成本比50 W模块低80%；

- 料单成本不到＄0.20/W，与之相比模块则高达＄1/W；
- 热关断保护内部功率 MOSFET 和 IC；
- 无限期短路保护；
- 2.5 W 热增强 TQFN 封装。

表 11.5.2 ADM1177 系列芯片

型号	热插拔电压范围/V	内置电源监控功能	特性	封装
ADM1175	3.15～16.5	是	手动转换引脚	10 引脚 MSOP
ADM1176	3.15～16.5	是	16 个 I^2C 地址	10 引脚 MSOP
ADM1177	3.15～16.5	是	专用 SOFT START 引脚	10 引脚 MSOP
ADM1178	3.15～16.5	是	过流 ALERT 引脚	10 引脚 MSOP
ADM1170	1.6～16.5	否	独立的 V_{CC} 引脚	8 引脚 TSOT
ADM1171	2.7～16.5	否	电流检测输出	8 引脚 TSOT
ADM1172	2.7～16.5	否	电源故障比较器	8 引脚 TSOT

MAX5042 应用电路如图 11.5.3 所示。

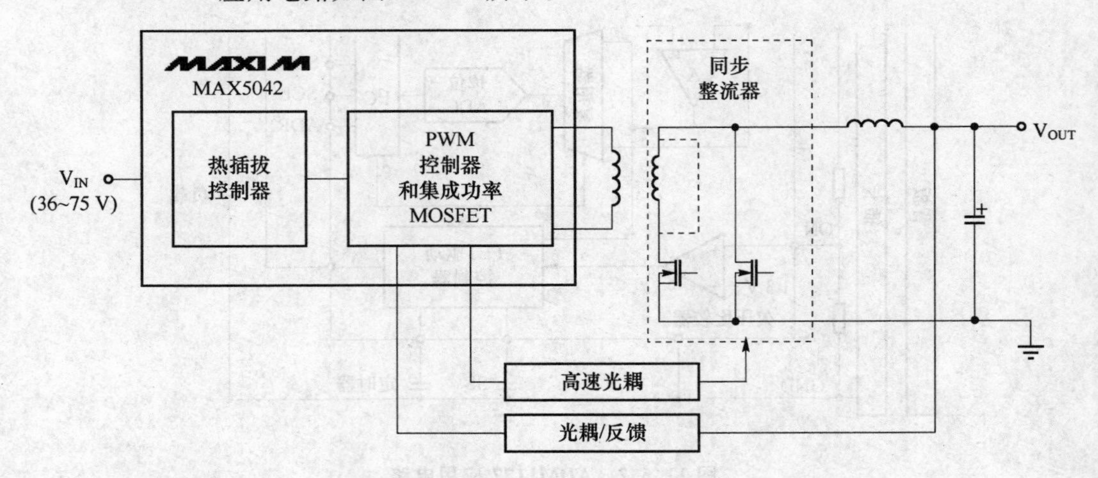

图 11.5.3 MAX5042 应用电路

隔离式芯片组 MAX5042＋MAX5058 替换昂贵的模块，并降低了空间需求，其应用电路如图 11.5.4 所示。

隔离式芯片组具有如下特点：

① MAX5042：

- 更高集成度：集成了功率 MOSFET 和热插拔控制器的全新 PWM 控制器。
- 易用：仅两片 IC 和少数外部元件；提供参考设计。

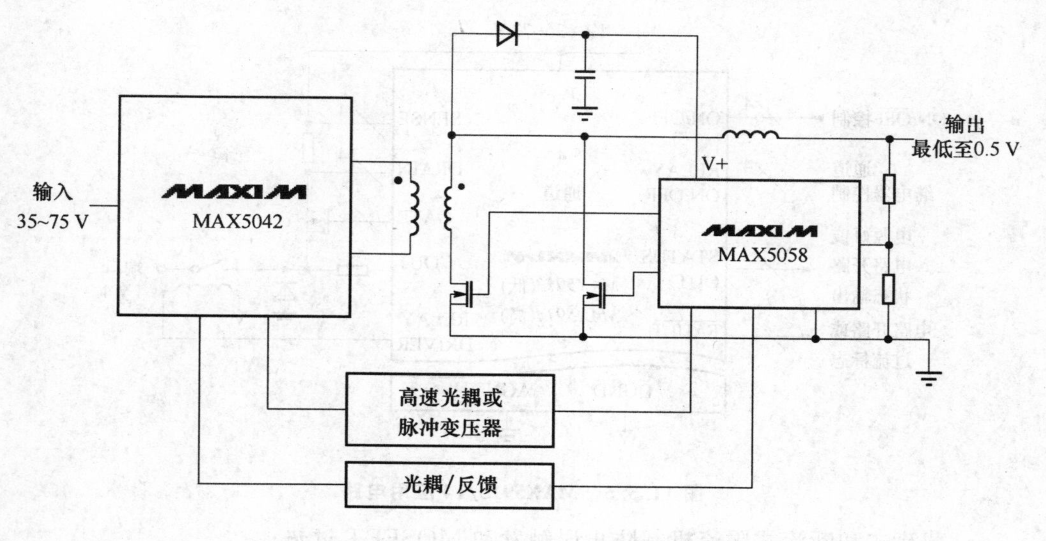

图 11.5.4 隔离式芯片组电源电路

② MAX5058

- 更高集成度:全新的副侧同步整流器驱动器,具有电压余量和主动电流均衡控制。
- 低成本和高性能:成本降低约 70%;90%效率媲美商品化的高性能模块。

11.5.4 MAX5913/14 宽输入 48 V 输出 4 插拔控制器 IC 芯片

MAX5913/14 芯片是全新的 48 V 四热插拔控制器,特别适合于遵从 IEEE 802.3af 的透过 LAN 供电的系统。省去 16 个外部元件,可装配 13 mm×13 mm 空间。

特点如下:

① 高可靠性:

- 截流式电流限制降低外部 MOSFET 耗散功率;
- 两级电流响应防止误触发。

② 更高的集成度:

- 零电流负载切断;
- 锁定或自动再试型故障管理;
- 可编程自动再试占空比和过流延时。

MAX5913/14 应用电路如图 11.5.5 所示。

11.5.5 MAX5915/16 用于两个 PCI 卡的热插拔控制器芯片

MAX5915/16 芯片是新型双 PCI2.2 热插拔控制器。其特点如下:

- 独立的 3.3 V 辅助输出具有单独的开/关控制;

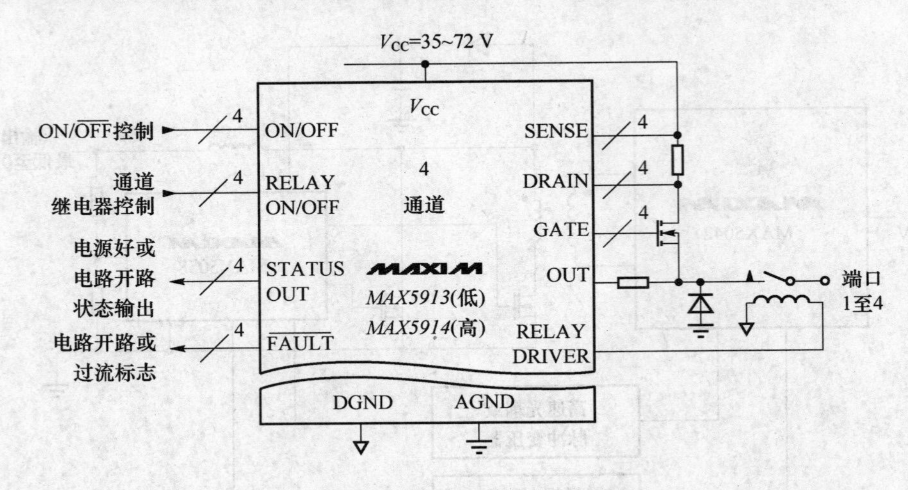

图 11.5.5　MAX5913/14 应用电路

- 截流式和断流式限流机制防止误触发和 MOSFET 过热；
- 智能型热关断在故障情况下禁止通道；
- 故障管理：锁定（MAX5915）自动再试（MAX5916）；
- 售价＄4.67。

MAX5915/16 芯片应用电路如图 11.5.6 所示。

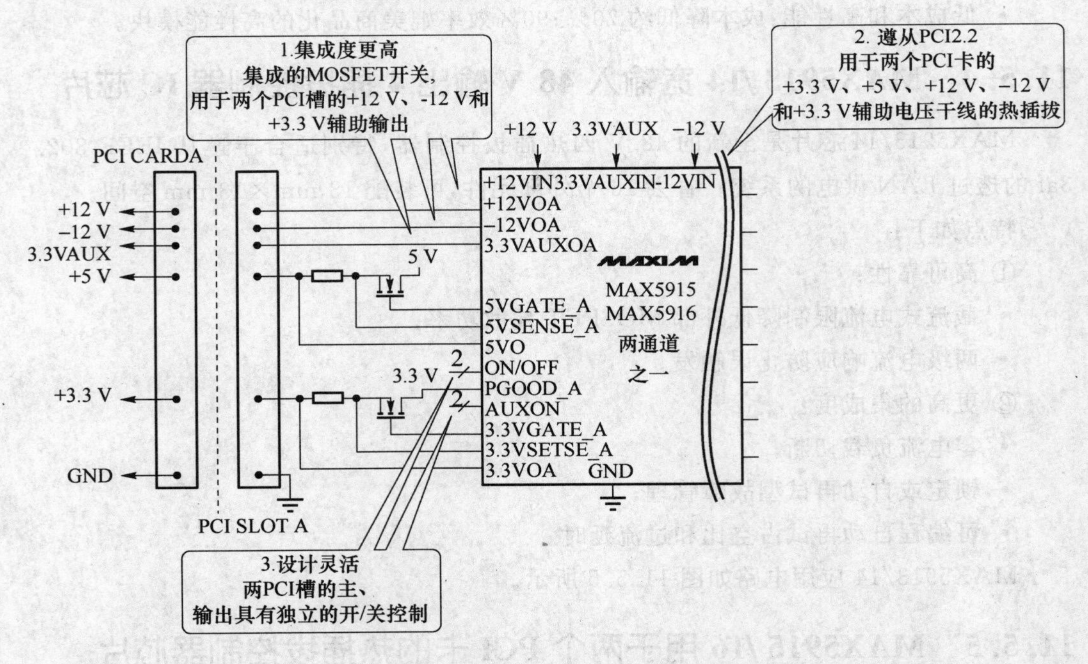

图 11.5.6　MAX5915/16 应用电路

11.5.6　MAX5918/19 适用于低电压输入(1～13.2 V)双通道热插拔控制器芯片

MAX5918/19 芯片适用于＋1～＋13.2 V 电源的低电压、双通道热插拔控制器。独立的开/关控制便于进行电源排序。基于 MAX5918/19 芯片的热插拔卡的应用电路如图 11.5.7 所示。该芯片性能优于其他公司产品如表 11.5.3 和 11.5.4 所列。

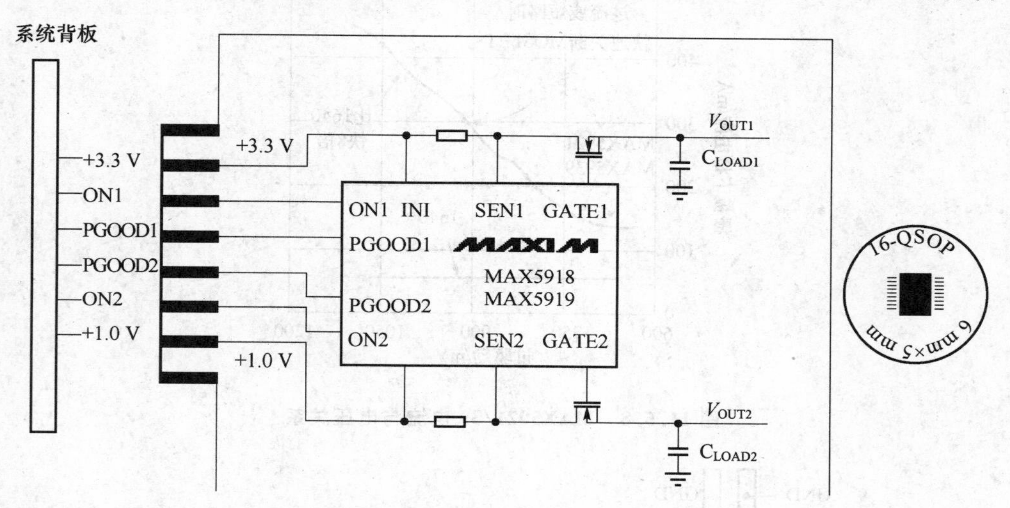

图 11.5.7　MAX5918/19 热插拔卡电路

表 11.5.3　四个方面胜出竞争者

参　数	竞争者	MAX5918/MAX5919	Maxim 的优势
输入电压范围/V	＋1.7～＋16.5	＋1～＋13.2	满足低电压要求，适合于下一代系统
断路器门限/mV	50	25	提高系统效率，降低压降净空
Variable Speed/BiLevel™故障保护	否	是	①防止因系统噪声和负载瞬变而导致的误触发 ②快速响应超额负载电流和短路故障，提高系统可靠性
可调节断路器/电流限制门限	否	是	电流限制门限细调允许该器件适用标准数值的检测电阻

表 11.5.4　MAX5918/19 性能

型号	输出欠/过压保护/监视	故障管理	封装
MAX5918	保护：关闭 MOSFET	自动再试/锁定	16－QSOP
MAX5919	监视：报告故障	自动再试/锁定	16－QSOP

11.5.7　MAX5920/21/39 高可靠、−48 V 热插拔控制器 IC 芯片

MAX5920/21/19 芯片是高靠、−48 V 热插拔控制器，直接替换工业标准 IC。不受输入电压阶跃影响，可承受 −100 V 输入瞬态电压的高集成方案。芯片的栅极下拉电流(mA)与过驱动(mV)的关系如图 11.5.8 所示，应用电路如图 11.5.9 所示。

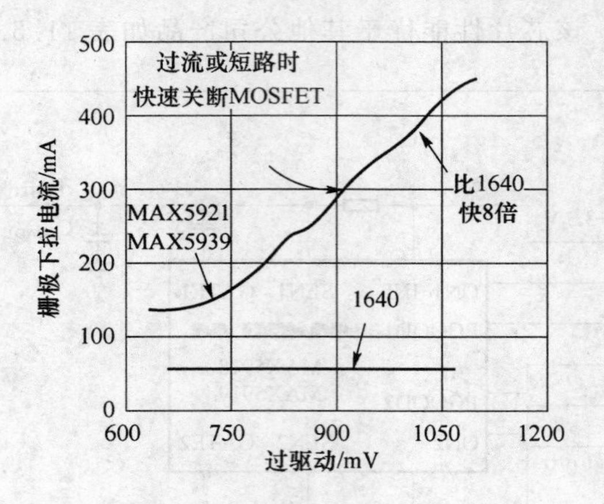

图 11.5.8　MAX5921/39 电流与电压关系

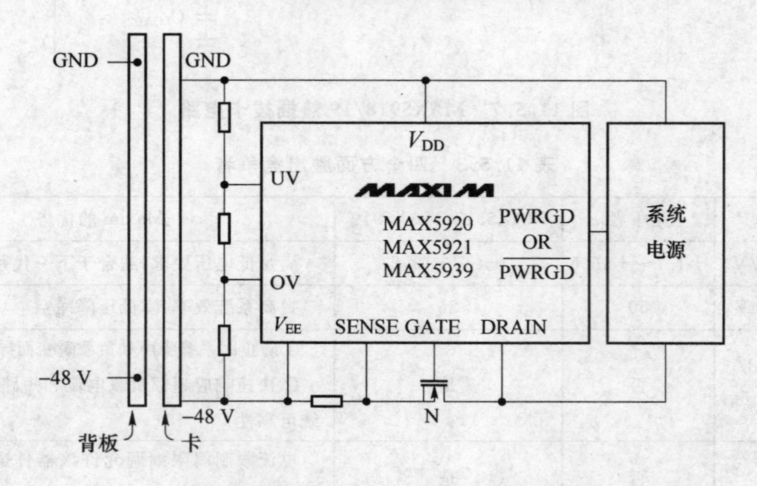

图 11.5.9　MAX5920/21/39 应用电路

11.5.8　MAX5925/26 低电压输入热插拔控制器芯片

MAX5925/26 芯片是首款低电压热插拔控制器，无须检流电阻。为 1～13.2 V 电源提供坚固的过流和短路保护。热插拔卡应用电路如图 11.5.10 所示。MAX5924/25/26 芯片性能如表 11.5.5 所列。

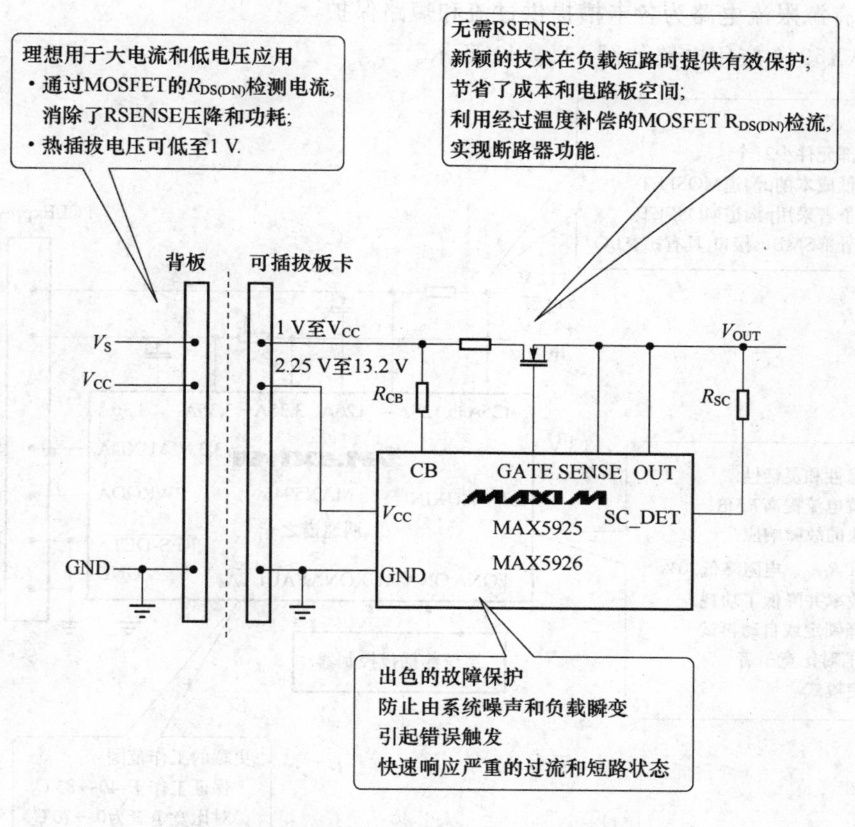

图 11.5.10　基于 MAX5925/26 的热插拔卡

表 11.5.5　MAX5925/26

型号	断路器温度系数/(10^{-6}/℃)	故障管理	封装
MAX5924	0	闭锁或自动重试	10－μMAX
MAX5925	3300	闭锁或自动重试	10－μMAX
MAX5926	0 或 3300(用户可选)	闭锁或自动重试(用户可选)	16－QSOP

11.5.9　MAX5946 业界最小的 PCI 热插拔控制器芯片

MAX5946 芯片是业界最小的(6 mm×6 mm)双 PCI Express 热插拔控制器，为两个 PCI Express 卡提供全部三组电源线的热插拔控制。3 个方面胜出竞争者。

MAX5946 特点如下：

- 为两个槽提供＋12 V、＋3.3 V 和辅助＋3.3 V 电源线的热插拔控制；
- 集成的 0.24 Ω 功率 MOSFET 用于辅助＋3.3 V 电源线；
- 每个卡槽独立的开/关控制；

• 有源限流电路为各卡槽提供过流和短路保护。

MAX5946 应用电路如图 11.5.11 所示。

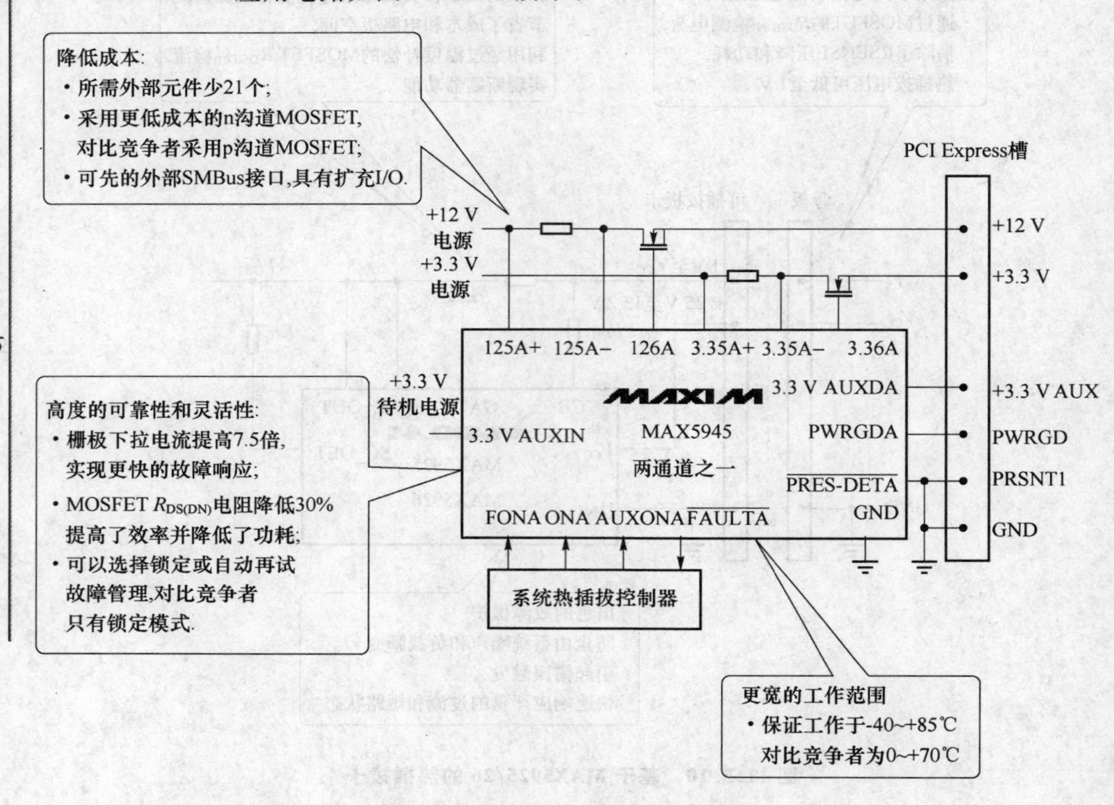

图 11.5.11　MAX5946 应用电路

11.5.10　MAX5950 宽电压输入低输出的热插拔控制器芯片

MAX5950 芯片是集成度最高的 1 MHz、5 V/12 V 输入 DC/DC 控制器，内置热插拔控制器。专为 PCI Express ExpressModule™电源管理而优化。

MAX5950 芯片特点如下：

① 提供 5 级故障保护：

• 断路器功能对过流故障提供保护；

• 无损耗检流方案，省去 R_{SENSE} 并提供浪涌电流控制(MAX5950)；

• 打嗝模式短路保护，使器件在连续短路情况下免受损害；

• 热关断，长时间故障情况下保护器件免受损害。

② 突出的设计灵活性：

• 实现多组电源的比例跟踪或排序；

• 100 kHz 至 1 MHz 可编程开关频率；

• 可编程欠压锁定。

MAX5950 应用电路如图 11.5.12 所示。MAX5950/51 性能如表 11.5.6 所列。

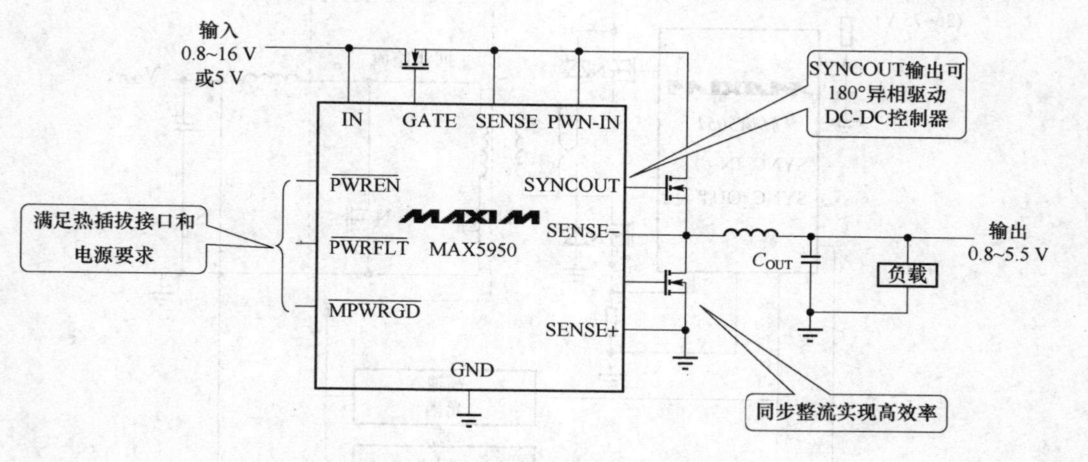

图 11.5.12　MAX5950 应用电路

表 11.5.6　MAX5950 性能

型号	集成热插拔功能	封装	价格（$）
MAX5950	有	32 - TQFN	1.87
MAX5951	无	32 - TQFN	1.69

11.5.11　MAX5051 宽输入 48 V 输出隔离型电源 IC 芯片

MAX5051 芯片是更高集成度的 PWM 控制器，成本削减 3 倍，元件数减少 2 倍。双开关拓扑 PWM 控制器，用于建立高性能、同步整流、48 V 隔离电源非常理想。允许并联模块提供更高 I_{OUT}；MAX5051 为 28 引脚 TSSOP 裸露底盘便于散热。

MAX5051 效率与负载电流的关系如图 11.5.13 所示，其应用电路如图 11.5.14 所示。

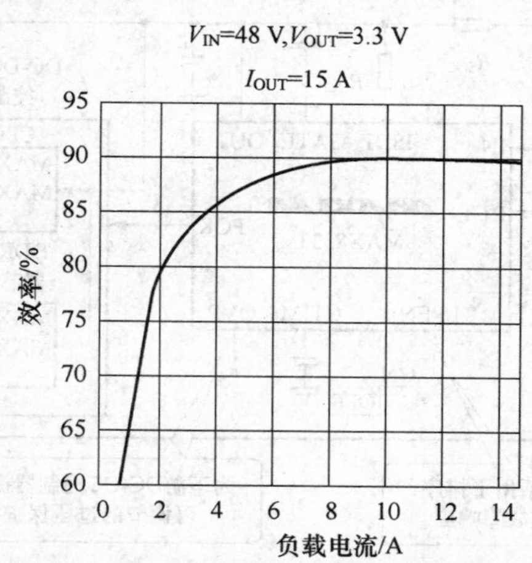

图 11.5.13　MAX5051 效率与电流关系

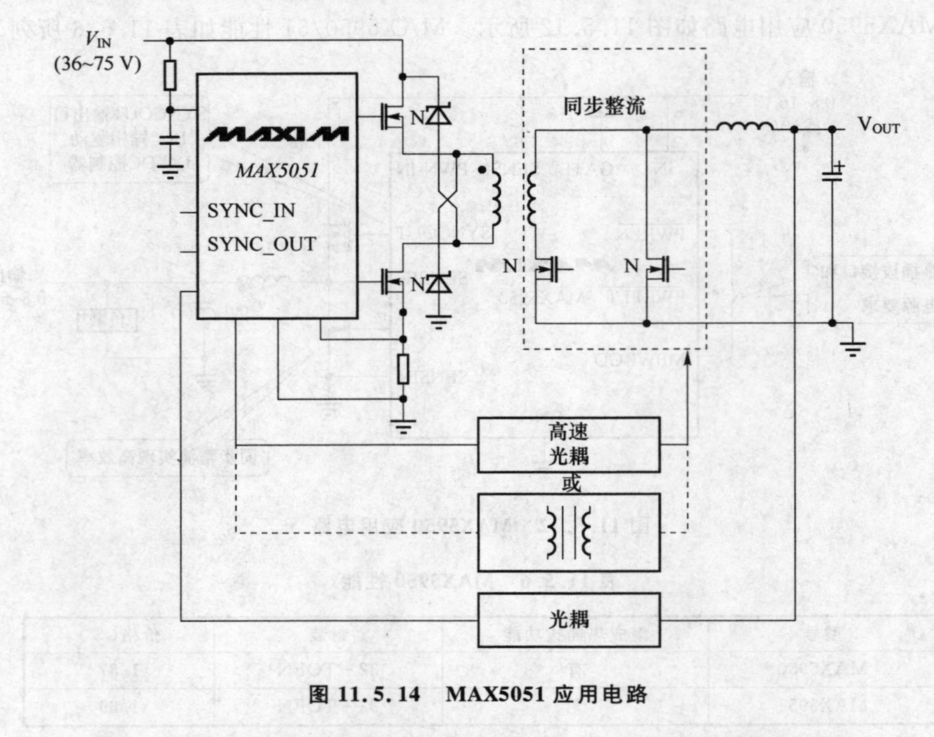

图 11.5.14 MAX5051 应用电路

11.5.12 MAX8533 具有过压保护的热插拔控制器芯片

MAX8533 芯片是业界更小的 12 V 热插拔控制器，增加了过压保护。兼容 InfiniBand™标准，提供两级电流保护。应用电路如图 11.5.15 所示。

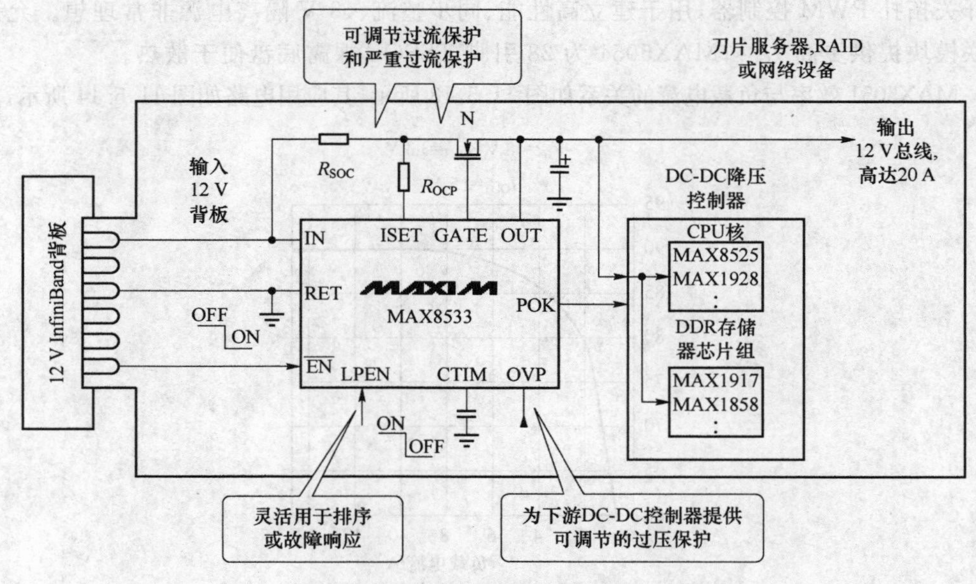

图 11.5.15 MAX8533 应用电路

用于＋1～＋13.2 V电源的3/4通道热插拔IC芯片见表11.5.7所列。出色的保护和排序功能如图11.5.16所示。

表 11.5.7　热插拔芯片性能

型号	输入通道数	断路器门限	故障管理	状态信号极性
MAX5927	4	25～10 mV 可调	可选:锁定或自动再试	可选:低有效或高有效
MAX5929	4	25 mV	锁定	高有效
MAX5930	3	25～10 mV 可调	可选:锁定或自动再试	可选:低有效或高有效
MAX5931*	3	25 mV	可选:锁定或自动再试	可选:低有效或高有效

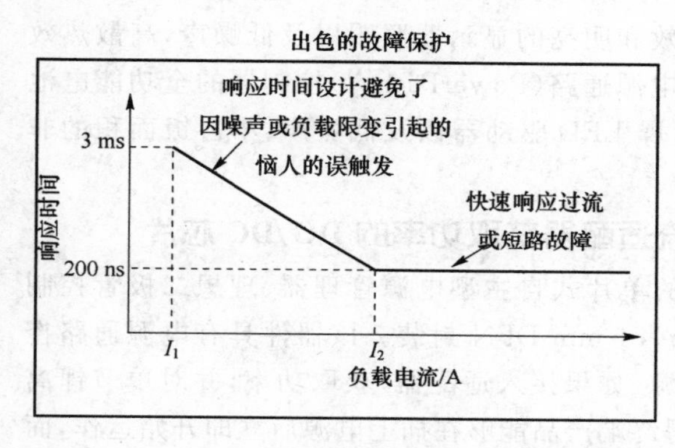

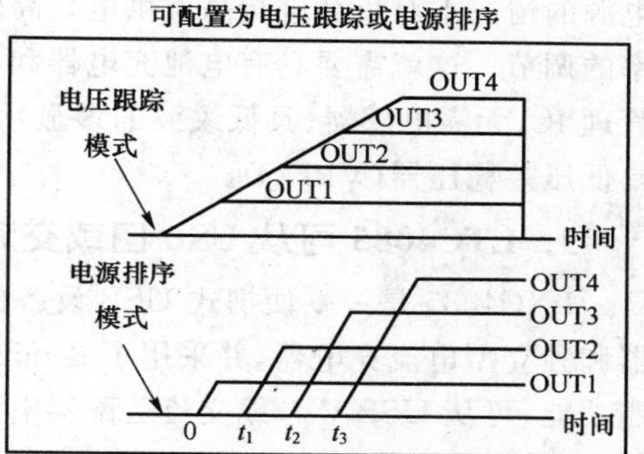

图 11.5.16　MAX5927/29/30/31 保护和排序功能

11.5.13　MAX8540/41 1 MHz PWM 隔离型 DC/DC 控制器芯片

MAX8540/41芯片是灵活多用的1 MHz PWM控制器,缩减隔离型DC/DC的尺寸和成本。在高空性负在下可靠启动。应用电路如图11.5.17所示。

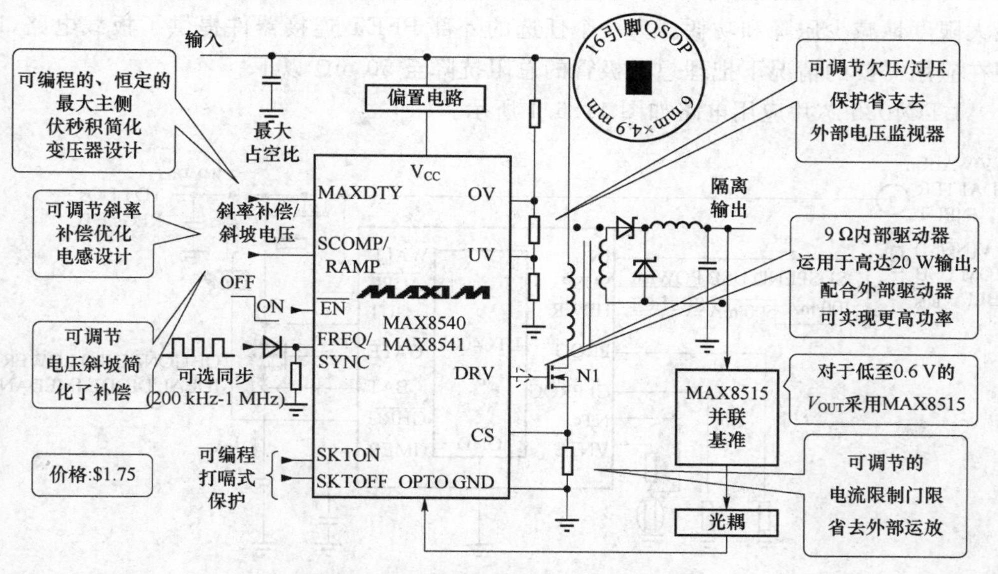

图 11.5.17　MAX8540/41 应用电路

11.6　USB 口供电电源及为 USB 外设供电电源 IC 芯片

11.6.1　可从 USB 端口获取功率的电源 IC 芯片

当今的手持式便携产品功能集成度越来越高，从而令其逐渐成为“一体化”设备，旨在满足那些渴望其产品拥有高技术含量的消费者需要。这就面临着诸多的挑战：准确的电池充电、自主型电源管理（即：如何在存在诸如 USB 端口和 AC 适配器等多种输入电源的情况下对负载进行高傲供电）、高效和明亮的显示器照明以及低噪声，高散热效率的调节。这就需要具有电池充电器和电源通路（PowerPath™）控制器的全功能电池管理 IC、无需电感器、具低纹波的多显示屏 LED 驱动器以及低噪声、小占饭面积的非常低压差稳压器（VLDO）。

1. LTC4085 可从 USB 口或交流适配器获取功率的 DC/DC 芯片

LXC4085 是一款便携式 USB 设备的单片式自主型电源管理器、理想二极管控制器和独立型电流充电器，并采用了 3 mm×4 mm DFN 封装。该器件具有电源通路控制功能，可从 USB V_{BUS}或交流适配器电源（如果接入适配器）获取功率，并对单节锂离子电池/锂聚合物电池进行充电。它使得终端产品能够在插上电源后立即开始运作，而不受电池充电状态的影响。为了与 USB 电流限值规格相符合，LTC4085 能够在系统负载电流增加时自动减小电池充电电流。准确的可设置电流限值最大限度地增加了可从 USB 端口获得的功率。为了确保一个满充电电池在连接总线时处于未被使用过的状态，该 IC 通过 USB 总线来向负载输送功率，而不是采取从电池吸取功率的方法。一旦电源被拿掉，则电流通过一个 200 mΩ 内部低损耗理想二极管从电池流至负载，从而最大限度地减少压降和功耗。为一个任选的外部 PFET 连接器件提供了板载电路，以便在应用需要的情况下把理想二极管的总阻抗降至 50 mΩ 以下。

LTC4085 芯片应用电路如图 11.6.1 所示。

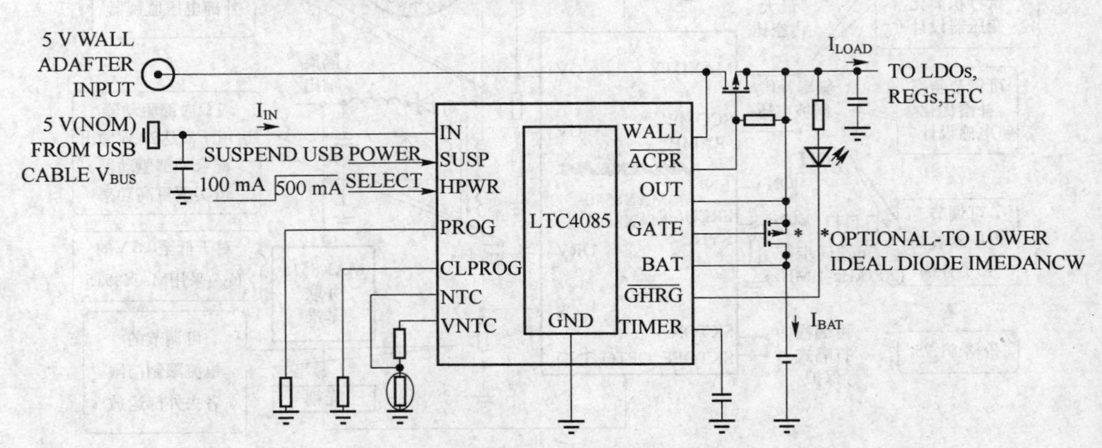

图 11.6.1　LTC4085 USB 电源管理器

采用 LTC4085 时，系统负载始终具有接收输入功率的优先权，而剩余的电流则用于给电流充电。LTC4085 是专为从一个 USB 电源、一个交流适配器或一个电池接收功率而设计。因此，它能够向与 OUT 引脚相连的应用电路输送功率，以及向与 BAT 引脚相连的电池传递功率(假设接入的是一个外部电源，而不是电池)，如图 11.6.2 所示。

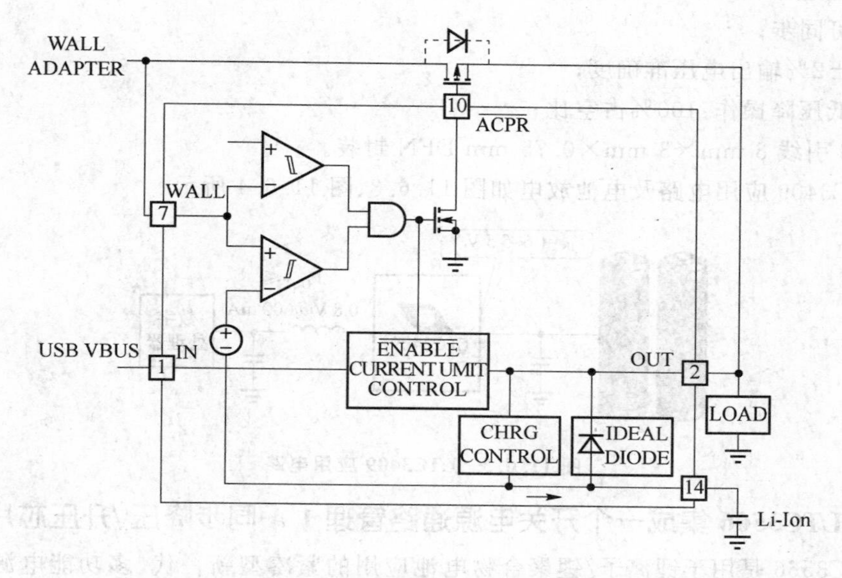

图 11.6.2　LTC4085 的电源通路控制简化电路

当输出/负载电流超过输入电流限值或当输入电源被拿掉时，一个理想二极管部件将由电池来供电。通过理想二极管(而不是把负载直接连接至电池)来给负载供电，可使一个满充电电池在外部电源被拿掉之前保持满充电状态。一旦外部电源被移除，则输出电压下降，直到理想二极管被施加正向偏压为止。被加有正向偏压的理想二极管随后将从电池向负载提供输出功率。

LTC4085 还能够从一个交流适配器接收功率。交流适配器电源可通过一个外部器件(例如：一个功率肖特基二极管或 FET，图 11.6.2 示出了至 LTC4085 的输出端(负载侧))。LTC4085 的独特功能是采用输出(由交流适配器供电)作为一种在向负载供电时给电流充电的方法。

2. LTC3409 采用 2 节 AA 电池的降压型 DC/DC 芯片

凌特公司推出了首款单片式同步降压型变换器 LTC3409，该器件可采用一个低至 1.6 V 的输入电压作为工作电源。现在，设计师拥有了一种利用两节碱性电池、一个 USB 输入或介于两者之间的任何电源来给低电压数字 IC 提供既简单又直截了当的供电方法。借助 2.6 MHz 开关频率动作和一个 8 引脚 DFN 封装，该器件实现了一个占板面积小于 15 mm^2 的总体解决方案。

LTC3409 芯片特点如下：

- 输入电压范围：1.6～5.5 V；
- V_{OUT} 最小值：0.61 V；
- 高效率操作：高达95%；
- 非常低的静态电流：在突发模式操作中仅为60 μA；
- 可选择1.7 MHz或2.6 MHz的恒定频率操作；
- 可同步；
- ±2%输出电压准确度；
- 低压降操作：100%占空比；
- 8引线3 mm×3 mm×0.75 mm DFN封装。

LTC3409应用电路及电池放电如图11.6.3、图11.6.4所示。

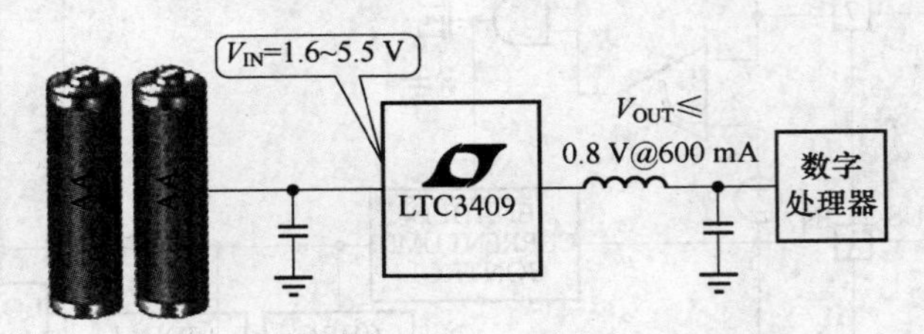

图11.6.3 LTC3409应用电路

3. LTC3566集成一个开关电源通路管理1 A同步降压/升压芯片

LTC3566是用于锂离子/锂聚合物电池应用的紧凑型新一代、多功能电源管理解决方案系列的最新产品。LTC3566集成一个开关电源通路管理器、一个独立电池充电器、一个1 A高效率同步降压/升压型稳压器、一个二极管和控制器以及一个始终保护接通的LDO，其即时接通工作甚至在电池快没电时也确保向系统负载供电，采用紧凑的扁平4 mm×4 mm QFN封装，应用电路见图11.6.5所示。就快速充电而言，LTC3566的开关输入级几乎将USB端口提供的所有2.5 W率都转换成充电电流，可使从500 mA限定值的标准USB电源获得高达700 mA的电流，当由交流适配器供电时可获得高达1.5 A的充电电流。内部180 mΩ理想二极管加上可选外部理想二极管控制器，提供从电池到系统负载的低损耗电源通路，从而进一步减小所产生的热量并最大限度提高效率。

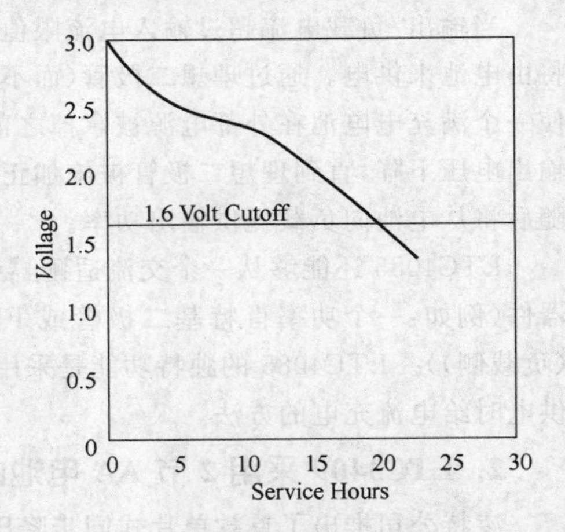

图11.6.4 两节AA电池的放电曲线图

LTC3566含有一个1 A、2.25 MHz恒定频率电压模式降压/升压型开关稳压器，可以使用高度低于1 mm的低成本电容器和电感器。该稳压器的内部低 $R_{DS(ON)}$ 开关实现高达94%的效率，最大限度延长电池工作时间，效率曲线见图11.6.6所示。

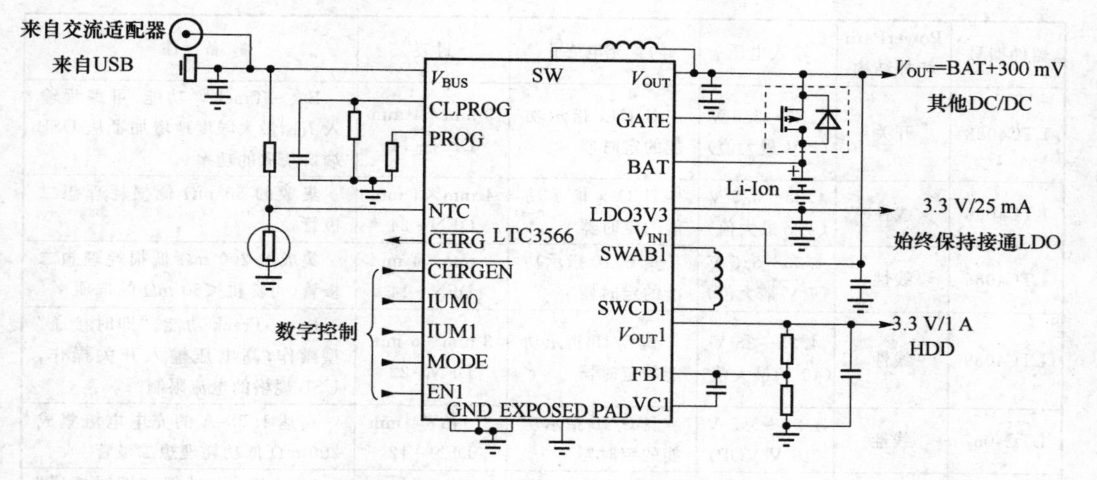

图 11.6.5　LTC3566 应用电路框图

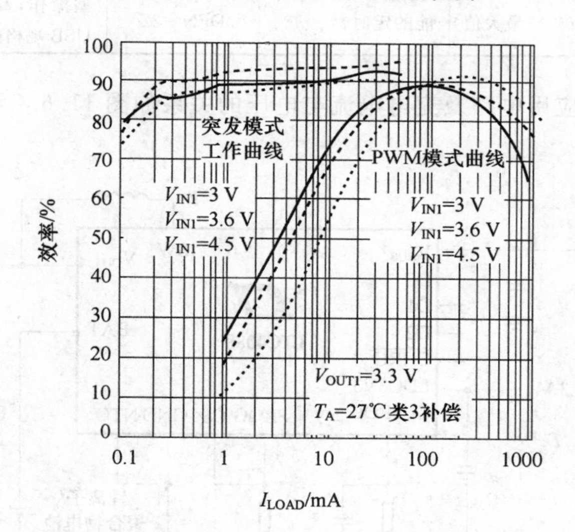

图 11.6.6　LTC3566 的效率曲线

4. LTC4088 从 USB 口获取 700 mA 电流的 DC/DC 芯片

LTC4088 芯片是单片式电流充电器/USB 电源管理器，可从一个 500 mA USB 端口提供高达 700 mA 的电池充电电流，或者可从一个 AC 适配器提供高达 1.5 A 的充电电流，因而能够在没有线性充电器常见的发热现象情况下实现更快的充电时间。除了高效率操作之外，LTC4088 的“即时接通”功能还使得终端产品能够在插入电源后立刻进入运作状态，这与电池的充电状态无关，甚至可在没有电池存在时也有输出。如表 11.6.1 所列，以查找适合用户应用的电池充电器/USB 电源管理器。

表 11.6.1 锂离子/聚合物电池 PowerPath 管理器芯片性能

器件型号	PowerPath 拓扑结构	输入电压	内置充电终止	封装	备注
LTC4088	开关	4.35～5.5 V（7 V 最大值）	具 C/x 指示功能的定时器	3 mm×4 mm DFN-14	Bat-Track™ 功能，可编程输入 I_{LIM} 最大限度地增加了从 USB 端口获取的功率
LTC4066	线性	4.35～5.5 V（7 V 最大值）	具 C/x 指示功能的定时器	4 mm×4 mm QFN-24	集成的 50 mΩ 低损耗理想二极管
LTC4085	线性	4.35～5.5 V（7 V 最大值）	具 C/10 指示功能的定时器	3 mm×4 mm DFN-14	集成的 200 mΩ 低损耗理想二极管（可提供<50 mΩ 的选项）
LTC4089	线性	4.35～36 V（40 V 最大值）	具 C/10 指示功能的定时器	3 mm×6 mm DFN-22	Bat-Track 功能，“即时接通”型操作，高电压输入开关操作，USB 规格的电流限制
LTC4067	线性	4.25～5.5 V（13 V VOP）	具 C/10 指示功能的定时器	3 mm×4 mm DFN-12	高达 1.25 A 的充电电流集成 200 mΩ 低功耗理想二极管
LTC4090	线性	4.35～36 V（60 V 最大值）	具 C/10 指示功能的定时器	3 mm×6 mm DFN-22	Bat-Track 功能，“即时接通”型操作，高电压输入开关操作，USB 规格的电流限制

LTC4088 芯片应用电路及充电电流与电压的关系如图 11.6.7 和图 11.6.8 所示。

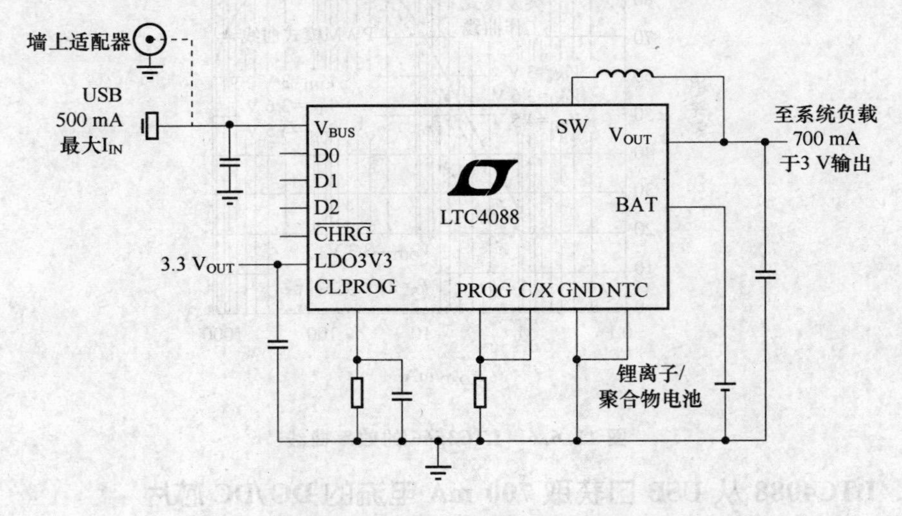

图 11.6.7 LTC4088 应用电路

5. LTC3101 宽输入电压多功能 3 通道 USB 电源 IC 芯片

LTC3101 是一个多功能、紧凑型电源管理解决方案系列中最新的 PMIC，该系列解决方案用于电池供电和电池备份应用。它集成了一个低损耗电源通路（PowerPath）控制器、3 个高效率同步开关稳压器（1 个降压—升压和两个降压）、1 个电流限制为 200 mA 的 VMAX 输出（跟踪电压较高的输入电源）、1 个受保护的 100 mA 热插拔输出、按钮开/关控制、一个可编程处理器复位发生器和一个始终保持接通的 LDO，所有这些都在一个紧凑型、扁平4 mm×4 mm QFN－24封装中。

LTC3101芯片高效率曲线如图11.6.9所示。

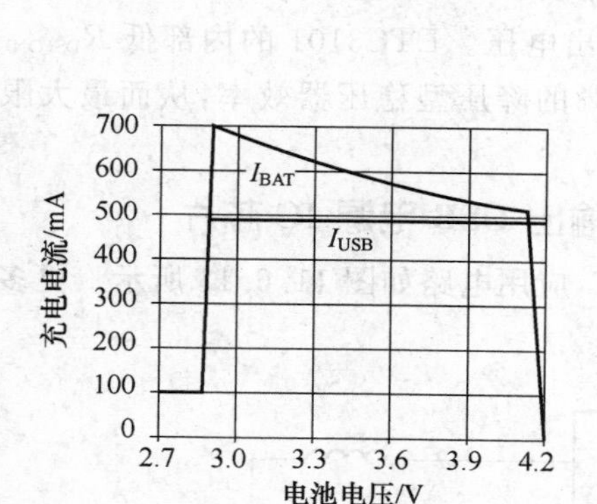

图11.6.8　电流与电压关系

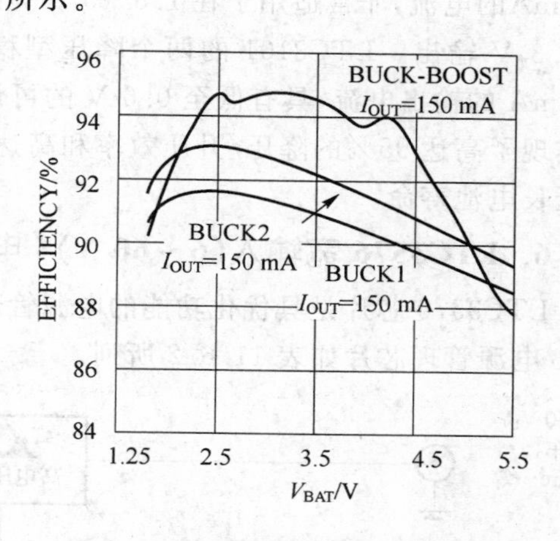

图11.6.9　LTC3101的效率曲线

LTC3101具有1.8～5.5 V的宽输入工作电压范围，与2或3节采用镍、锂或碱性化学材料的AA或AAA型电池、标准单节锂离子/聚合物棱柱形电池以及USB或5 V交流适配器输入电源兼容如图11.6.10所示。此外，该器件的低损耗电源通路控制无缝和自动地管理上述多个输入电源之间的电源通路。“保持运作”的VMAX和LDO输出为关键功能或附加的外部稳压器供电。内部排序和独立的使能引脚提供了灵活的加电选项。

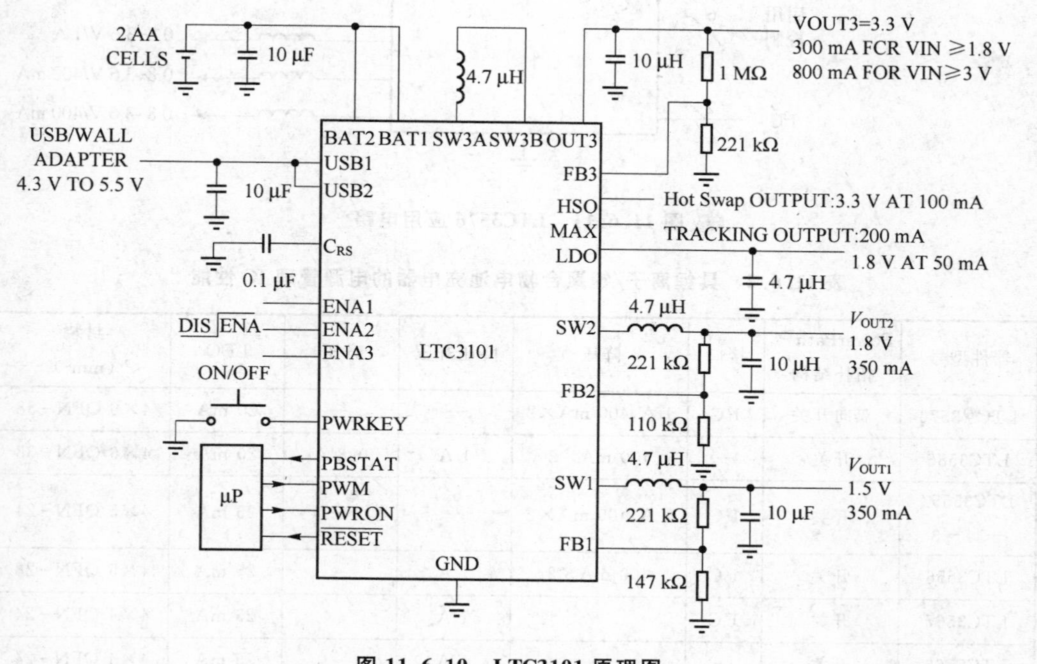

图11.6.10　LTC3101原理图

LTC3101 的降压/升压型稳压器在输入电压高于 3 V 时可以连续提供高达 800 mA的电流，非常适用于在 1.8～5.5 V 的整个输入电压范围内高效率地调节3.0 V 或 3.3 V 输出。LTC3101 的两个降压型稳压器以 100%占空比工作，每个都能提供 350 mA 的输出电流，具有低至 0.6 V 的可调输出电压。LTC3101 的内部低 $R_{DS(ON)}$ 开关实现了高达 95%的降压/升压效率和高达 93%的降压型稳压器效率，从而最大限度地延长电池寿命。

6. LTC3576 宽输入(6～60 V)4 电压输出 USB 电源 IC 芯片

LTC3576 芯片是具优化功能的电源管理 IC，应用电路如图 11.6.11 所示。更多的 USB 电源管理芯片如表 11.6.2 所列。

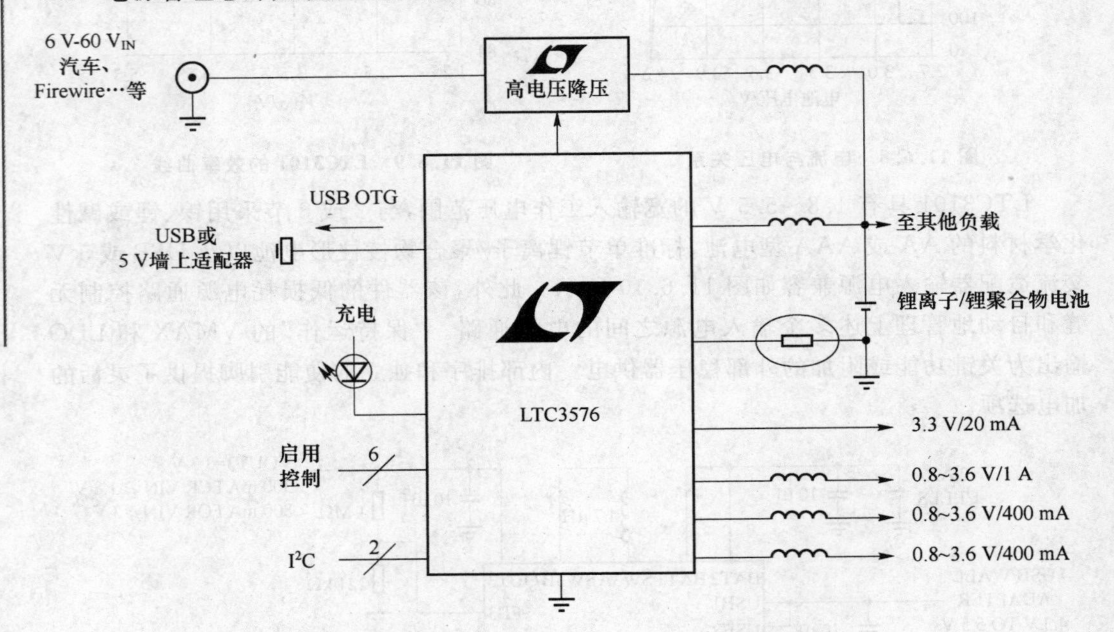

图 11.6.11　LTC3576 应用电路

表 11.6.2　具锂离子/锂聚合物电池充电器的电源管理 IC 性能

器件型号	PowerPath™ 拓扑结构	接口	降压	降压升压	升压	LDO	封装 (mm²)
LTC®3576	双向开关	I²C	1 A,400 mA×2	—	—	20 mA	4×6 QFN－38
LTC3586	开关	—	400 mA×2	1 A	0.8 A	20 mA	4×6 QFN－38
LTC3555/－1/－3	开关	I²C	1 A,400 mA×2	—	—	25 mA	4×5 QFN－24
LTC3556	开关	I²C	400 mA×2	1 A	—	25 mA	4×5 QFN－28
LTC3567	开关	I²C	—	1 A	—	25 mA	4×4 QFN－24
LTC3566	开关	—	—	1 A	—	25 mA	4×4 QFN－24

续表 11.6.2

器件型号	PowerPath™ 拓扑结构	接口	降压	降压升压	升压	LDO	封装 (mm²)
LTC3577*	线性	I²C	600 mA,400 mA×2	—	—	150 mA×2	4×7 QFN－44
LTC3557/－1	线性	—	600 mA,400 mA×2	—	—	25 mA	4×4 QFN－28
LTC3455	线性	—	600 mA,400 mA	—	—	控制器	4×4 QFN－24
LTC3558	—	—	400 mA	0.4 A	—	—	3×3 QFN－20
LTC3559－1	—	—	400 mA×2	—	—	—	3×3 QFN－16

7. LTC4413 双通道单片式理想二极管 USB 电源 IC 芯片

LTC4413 双通道单惩式理想二极管有助于对手持式电池供电型设备缩减外形尺寸以及改善性能和可靠性。LTC4413 是一款单芯片解决方案，可在多达三种电源（例如：交流适配器、辅助电源和电池）之间进行自动选择和隔离。它为一种可能要求短路保护、热管理以及系统级电源管理和控制的苛刻应用提供了一个低损耗自动 PowerPath™解决方案。

LTC4413 包含两个隔离的低电压（2.5～5.5 V）单片式理想二极管。当传导高电流时，每个理想二极管通道提供一个低正向压降（当传导低电流时通常低至 40 mV）和一个低接通电阻 $R_{DS(ON)}$（小于 100 mΩ），这些功能对于实现便携式应用中延长电池使用寿命和减少发热量而言是很重要的。此外，每个通道还能够在采用小外形的3 mm×3 mm、10 引脚 DFN 封装情况下提供高达 2.6 A 的连续电流。电流限制和热停机功能进一步增强了系统可靠性。

在图 11.6.12 所示的电路图中，LTC4413 被配置为可将电源从电池自动切换至 USB 电源或交流适配器。该电路可向负载不间断地供电（并对全部三种电源进行了隔离），因而使得用户能够在另两种电源中的任一种接入的情况下将电池取出，而不会对负载电压产生影响。该电路利用 LTC4413 来提供低损耗不间断电源，同时自动确定与负载相连的电源优先次序。

由图 11.6.12 可知，如果在未接入 USB 电源的情况下施加交流适配器电源，则 MPI 中的体二极管将被加以正向偏压，从而将输出电压拉至电池电压以上，并关断连接在 INA 和 OUTA 引脚之间的理想二极管。这导致 STAT 引脚电压下降，从而接通 MPI。负载随后将从交流适配器吸收电流，而且电池将与负载断接。如果交流适配器在 USB 电源接入的情况下被拿掉，则输出电压将下降，直到 USB 电压超过输出电压为止，这导致 STAT 引脚电压上升，并使外部 PFET 失效；USB 随后向负载供电。如果在 USB 电源未接入的情况下拿掉交流适配器，则负载电压将下降，直到电池电压超过负载电压为止，同样，这导致 STAT 引脚电压上升，并使 MPI 失效；电池随后将向负载供电。

当施加USB电源时，ENBA引脚上的分压器将从电池至OUT的电源通路失效。随后将由USB电源来提供负载电流，除非如上所述接入了一个交流适配器。

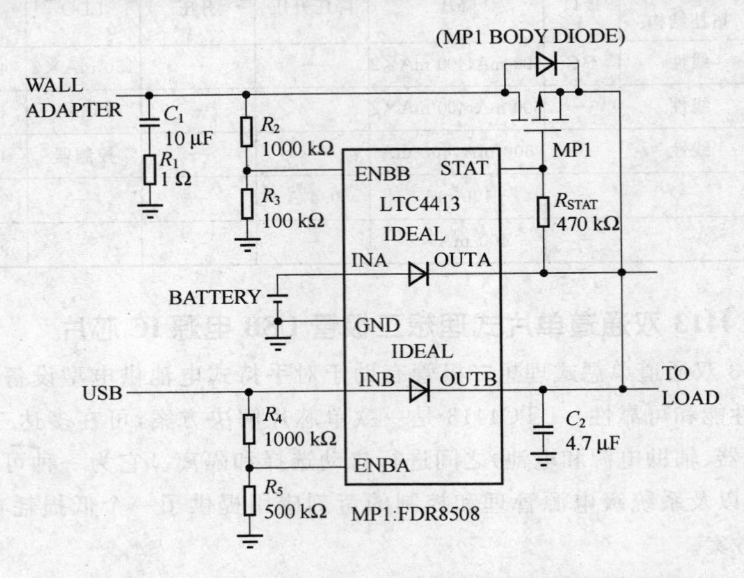

图 11.6.12 从电池至USB电源或交流适配器的自动切换

8. LTC3465可从3种电源获得功率的多输出DC/DC芯片

LTC3456是一款用于给便携式GPS导航装置、MP3播放机及其他手持式设备供电的完整系统级电源IC。它可以从三种电源获得功率：即两个AA碱性/镍氢/镍镉电池、USB或5 V交流适配器。该器件提供了一种高度集成的解决方案，从而确保能够减少组件数目并最大限度地延长电池的使用寿命。

LTC3456可产生两个单独的电源：即一个用于外围电路的主电源和一个用于系统处理器的内核电源。主电源是一个固定的3.3 V输出，而内核电源电压则可在0.8 V～$V_{BATT(MIN)}$的范围内调节。此外，LTC3456还提供了一个热插拔(Hot Swap™)输出，该输出可被用来向快闪存储卡供电。两个内部稳压器均采用一种1 MHz恒定频率电流模式架构，这保持了小巧的外部组件。该器件还在其单扁平的4 mm×4 mm QFN-24封装之内集成了一个低电池电量检测器(可被配置为一个低压差稳压器)、USB电源管理器和多项保护功能。

(1) 从3种电源供电

可从3种电源获得功率的LTC3456芯片的应用电路如图11.6.13所示。

(2) 工作模式

LTC3456所采用的供电电源优先次序为：交流适配器、USB或电池。它拥有负责监视交流适配器和USB电压状态的内置电压检测器。这种独特的控制电路实现了电池、USB和交流适配器输入电源之间的无缝切换。

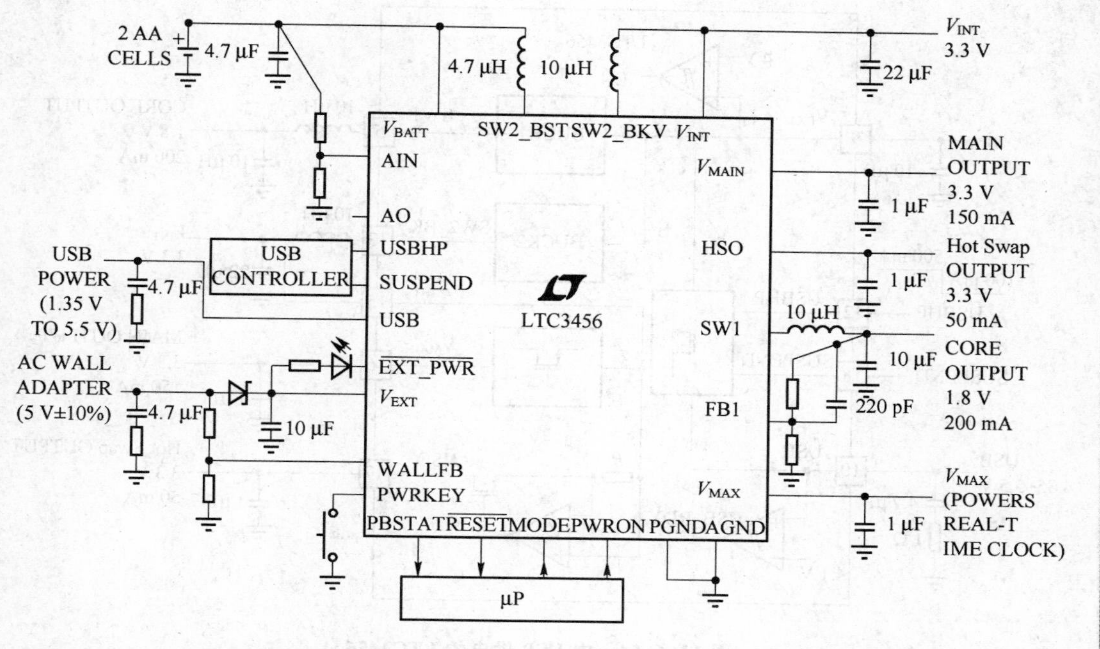

图 11.6.13　可利用两个 AA 电池、USB 或一个交流适配器来给 LTC3456 供电

(3) USB 供电

LTC3456 具有一个内部限流 0.6 Ω(典型值)PMOS 开关,并具有 USB 标准规定和预设的 0.1 A 和 0.5 A 电流限值。LTC3456 通过逻辑引解 USBHP 和 SUSPEND 来与 USB 控制器总线相连。USBHP 引脚被用来将 USB 电流限值设定为 100 mA 或 500 mA。如果 USBHP 引脚被保持于低电平,则其将限制从 USB 商品吸取的输入功率。在暂停模式中,该器件在所有的条件下都将 USB 引脚吸收的电流限制为 150 μA。由于电缆和连接器压降的缘故,输送至一个由 USB 来供电的设备的最小电压有可能降至 4.35 V。LTC3456 具有一个内部电压监控器,该监控器负责检查 USB 电源电压,并在 USB 电压降至 4 V 以下时切断 USB 电源。USB 电压监控器具有 75 mV 内置迟滞。

如图 11.6.14 所示,当 IC 被使能时,USB 引脚通过一个 PMOS 开关连接至 V_{EXT} 引脚。V_{EXT} 引脚上的电容器由预设的 0.1 A 或 0.5 A 电流(取决于 USBHP 引脚的状态)来充电。当 V_{EXT} 引脚电压升至 4 V 以上时,电源的上电顺序将是 V_{INT}、内核输出、主输出和热插拔输出。

9. LM3658 可从 USB /交流电 2 种电源获得功率的 DC /DC 芯片

产品特色如下:

- 设有热量调节功能的内置功率场效应晶体管(FET);
- 可以自动选择由交流电插座还是由 USB 总线提供电源;
- 采用交流电插座的充电电流可高达 50～100 mA;

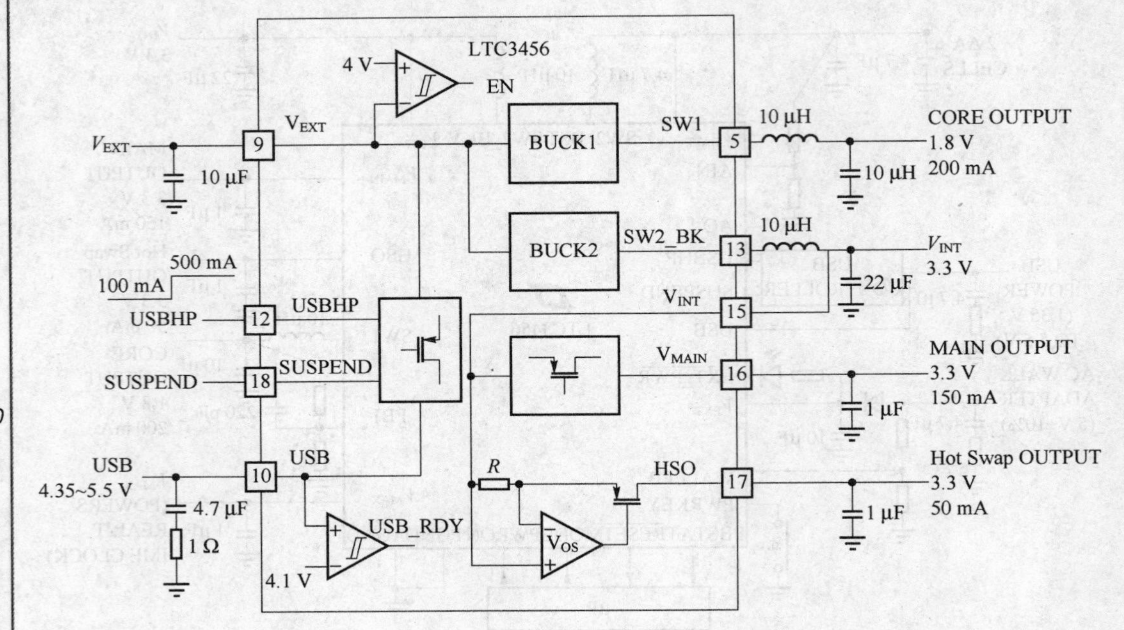

图 11.6.14　由 USB 供电的 LTC3456

- 可通过引脚选用 100 mA 或 500 mA 的 USB 充电电流；
- 连续不断监测电池温度；
- 内置多个安全计时器；
- 充电状态显示；
- 连续不断提供过流及过热保护；
- 对接近耗尽的电池涓流充电功能；
- 超低静态电流的睡眠模式；
- 板上 Kelvin 温度石油功能具有极高的终端准确度，误差不超 0.35%；
- 可以自动不断充电的保持模式；
- 若没有装上电池，只要连接墙上的交流电插座，系统便会自动改用低压降稳压器模式，以便获得 1 A 的供电；
- 采用散热能力更强的 3 mm×3 mm LIP 封装。

应用范围如下：

- 智能电话；
- 数字照相机；
- 个人数字助理(PDA)；
- 采用硬盘驱动器或快闪存储器的 MP3 播放机；
- 利用 USB 提供供电的设备等。

LM3658 芯片应用电路如图 11.6.15 所示。

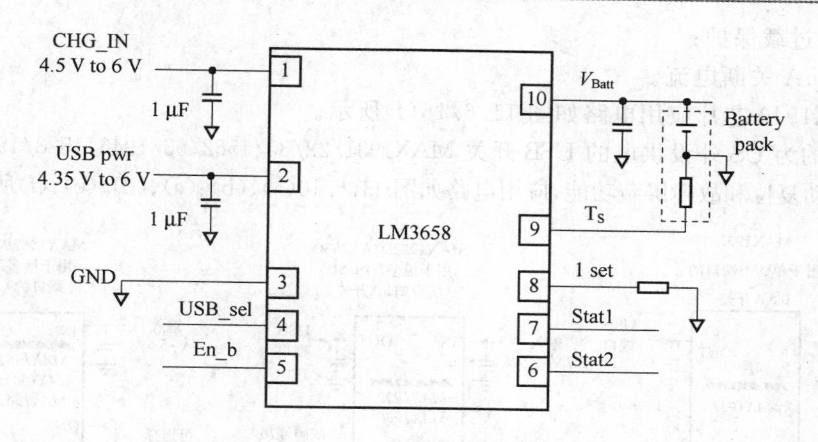

图 11.6.15　LM3658 应用电路

11.3　USB 外设电源芯片

同 PC 原先的串口、并口相比，USB 口除能大幅提高数据传输速率之外，还具有为外部设备（简称外设）供电的能力。根据目前通行的 USB 规范，USB 口可以（5±5%）V 的电压为外设供电，但其输出功率不能超过 2.25 W，所以功耗较大的外设仍须自行配备电源。另外，USB 规范对外设电源电路的某些相关参数亦有具体规定。例如，为了防止外设接入 USB 口时的浪涌电流造成主机电源"毛刺"，外设在接通电源瞬间从主机抽取的电量不得超过 50 mC，其电源输入端的旁路电容器的容量应在 10 μF 以下。

USB 外设电源的输入电压已确定，其输出电压的高低便成为选择电路结构形式的决定性因素。目前最常用的标准电源电压有 3.3 V、5 V 和 12 V 等几种。许多 USB 数字设备采用 3.3 V 电源，倘若电源变换效率以 95%计，则其最大可用电流约为 0.65 A。此时只要功率裕量足够，可以首选 LDO，因其成本最低，所需外围元件也少，只是电源效率较低，不可能超过 67%。若对效率有所要求，不妨考虑"电荷泵"器件，因其虽在成本与体积方面稍逊于 LDO，但在变换效率方面占有明显优势。不过此类器件带负载能力通常较弱，只能满足低功耗装置的要求。

1. MAX1940 为 USB 外设供电的三 USB 开关芯片

MAX1940 是一款三通道限流开关，具有自动复位和故障屏蔽功能，自动复位节省系统功率；20 ms 故障屏蔽防止错误告警。适合于笔记本电脑、桌面电脑和 PDA 中的 USB 应用。每个通道保证提供 500 mA 电流，并符合所有的 USB 规范。MAX1940 具有内置的热过载保护和内部限流电路，可保护输入电源不会因过载和短路故障而损坏。

MAX1940 芯片特点如下：

- 三组 USB 开关集成于细小的 16 引脚 QSOP 封装；
- 高有效/低有效控制逻辑；
- 独立的关断控制；
- 独立的故障指示输出；

- 热过载保护；
- 3 μA 关断电流。

MAX1940 芯片应用电路如图 11.6.16(f)所示。

更小的为 US 外设供电的 USB 开关 MAX1931/22/30/1562/63/1946/1823/1940 芯片，都具有自动复位和故障屏蔽功能，应用电路如图 11.6.16(a)、(b)、(c)、(d)、(e)、(f)所示。

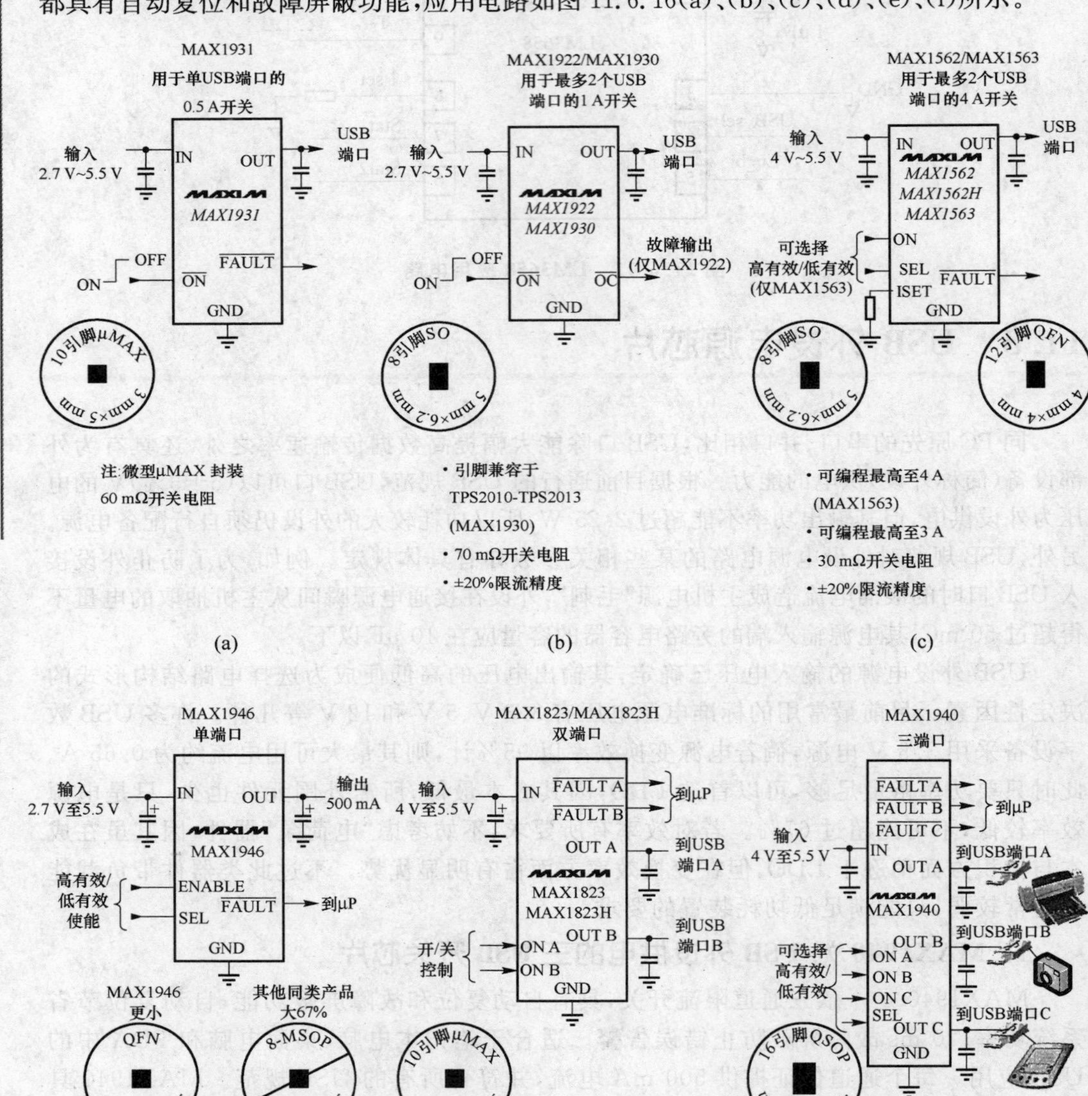

图 11.6.16 更小的为 USB 外设供电芯片应用电路

2. MAX1558 1.7 A 双端口 USB 开关芯片

MAX1558 是业界最小的双端口限流开关，具有自动复位、故障消隐和反向电流阻断功能，适用于笔记本电脑、台式机和 PDA 中的通用串行总线(USB)。它能够以 14% 的容差为每个通道提供最高 1.2 A 的可编程负载电流。所有开关都具有内置的热保护和内部限流，保护输入电源免受过载和短路故障的危害。

MAX1558 芯片特点如下：

- 每通道高达 1.2 A；
- 14%精度的电流限；
- 极低的 55 mΩ R_{DSON}；
- 反向电流阻断；
- 高有效(MAX1558H)。

为数码照相机和手机 USB 口供电的应用电路如图 11.6.17 所示。

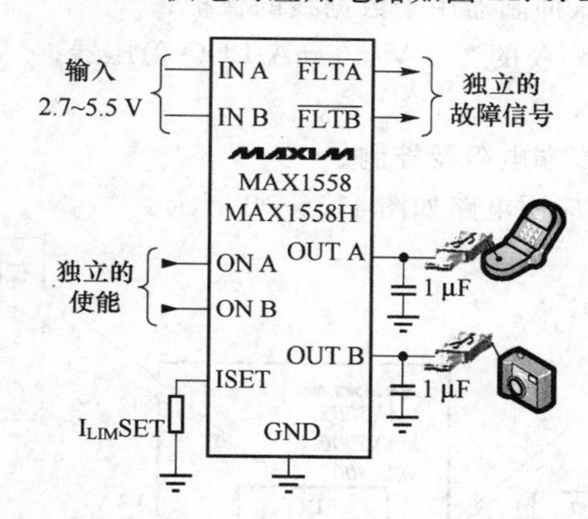

图 11.6.17　MAX1558/MAX1558H 双端口应用电路

Maxim 公司的为 USB 外设供电的 USB 开关芯片的性能如表 11.6.3 所列。

表 11.6.3　Maxim 提供选择范围更广泛的 USB 限流开关

型号	USB 端口数	输入电压 /V	保证输出电流/mA	导通电阻 /mΩ	高精度限流	故障消隐	自动复位	热关断保护	引脚-封装 (mm×mm)
MZX1558/ MAX1558H	2	2.7～5.5	1.2 A/通道	60	√	√	√	√	10 - QFN(3×3)
MAX1562	6	4～5.5	3 A	30	√	√	√	√	8 - S0/12 - QFN
MAX1563	8	4～5.5	4 A	30	√	√	√	√	8 - S0/12 - QFN
MAX1607	1	2.7～5.5	500	60	√	√		√	8 - S0
MAX1693/ MAX1694	1	2.7～5.5	500	60	√	√		√	10 - μMAX
MAX1812	2	4～5.5	500/通道	75		√		√	10 - μMAX

续表 11.6.3

型号	USB端口数	输入电压/V	保证输出电流/mA	导通电阻/mΩ	高精度限流	故障消隐	自动复位	热关断保护	引脚-封装(mm×mm)
MAX1823A/B	2	4～5.5	500/通道	75		√	√	√	10-μMAX
MAX1922	2	2.7～5.5	1.4 A	70	√	√		√	8-S0
MAX1930	2	2.7～5.5	1 A	70	√	√		√	8-S0
MAX1931	1	2.7～5.5	500	60		√		√	10-μMAX
MAX1940	3	4～5.5	500/通道	75		√	√	√	16-QSOP
MAX1946	1	2.7～5.5	500	80		√	√	√	8-QFN(3×3)

3. MAX5005/6/7±15 KV 瞬态电压抑制的 USB 电源管理 IC 芯片

MAX5005/MAX5006/MAX5007 芯片特点如下：

- ±15 kV 瞬态电压抑制器用于数据线的保护；
- 静态电流只有 30 μA 的 3.3 V/50 mA LDO 稳压器；
- μP 复位电路；
- 内置 D+和 D－终端电阻及控制。

MAX5005/6/7 芯片应用电路如图 11.6.18 所示。

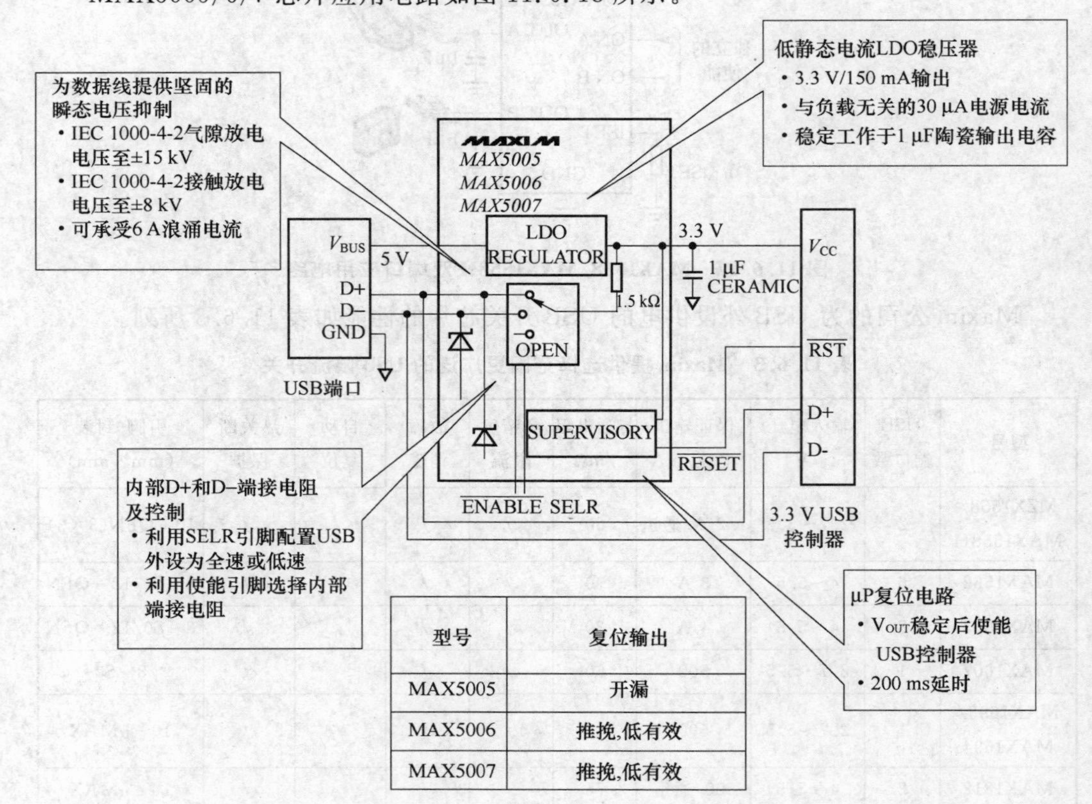

图 11.6.18　MAX5005/6/7 应用电路

4. MAX1703 USB 外设备用小型 UPS 电源 IC 芯片

不少便携式 USB 设备脱离主机后改由内部电池组通过直流变换器继续供电，故而需要配备一个小型 UPS 电源。图 11.6.19 所示便是一种由 MAX1703 构成的实用电路。该集成器件采用同步整流 PWM 升压型电路结构，可以单节镍镉或镍氢电池供电，最低输入电压为 0.7 V，输出电压可调范围为 2.5～5.5 V，最大输出电流为 1.5 A，电源变换效率可达 95%。

在图 11.6.19 中，MAX1703 的 POUT 端的输出电压设定为 3.4 V，而由 P 沟道场效应管 Q_1 与片内备用放大器构成的 LDO 的输出电压为 3.3 V，故而 USB 外设电电池组供电时，Q_1 的功率损耗几乎可以忽略。外设与 USB 口接通时，二极管 VD1 为正向偏置而使开关电源处于“空闲”状态。也就是说，只要 Q_1 的源极电压高于 3.4 V，外设便始终由 USB 口供电。与此同时，USB 口还通过 Q_2 等组成的恒流源向电池组充电，调整电阻 R_1 的阻值可以设定充电电流，使之符合 10 小时充电制的要求。一旦外设脱离 USB 口，MAX1703 便会立即退出“空闲”状态而由内部电池组继续供电。

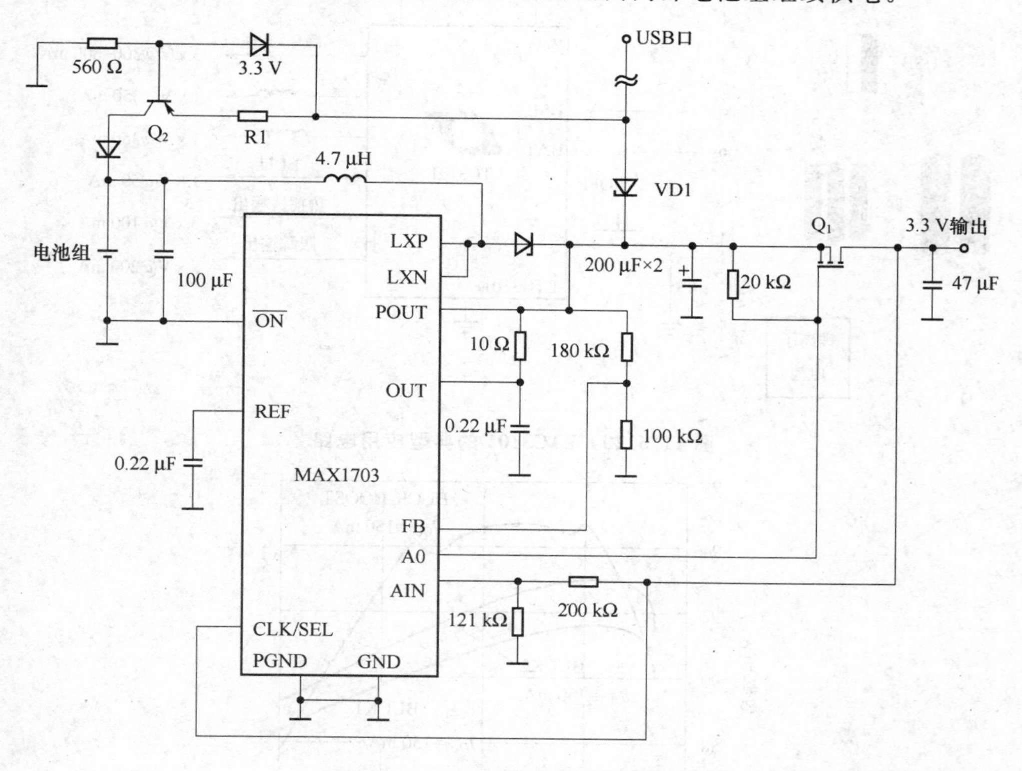

图 11.6.19　小型 UPS 电源电路

5. LTC3101 V_{IN}为 1.8 V 至 USB 多输出 DC/DC 芯片

LTC® 3101 将那些可从多种电源（两节或三节 AA/AAA 电池、单节锂离子/锂聚合物电池、一个 AC 适配器或一个 USB 端口）供电的器件性能提升到一个新水平。其开关 PowerPath™管理器可在不同的输入电源之间进行无缝切换，并保持了两个“始终运行”的电源轨，一个 50 mA LDO 和一个跟踪较高电压输入的 200 mA(最大值)输出。该器件还在一个紧凑型 4 mm×4 mm QFN 封装中提供了 3 个高效率开关 DC/DC 变换器、一个受保护的 100 mA 热插拔(Hot Swap™)输出和按钮接通/关断控制功能。

特点如下：

- 能够在多种输入电源之间实现无缝和自动切换；
- V_{IN}范围为 1.8～5.5 V；
- 具 1.5～5.25 V V_{OUT}范围的降压－升压型变换器；
- V_{OUT}低至 0.6 V 的双通道 350 mA 同步降压型稳压器；
- 按钮接通/关断控制；
- 4 mm×4 mm×0.75 mm QFN－24 封装。

LTC3101 的典型应用电路如图 11.6.20，其效率曲线如图 11.6.21 所示。

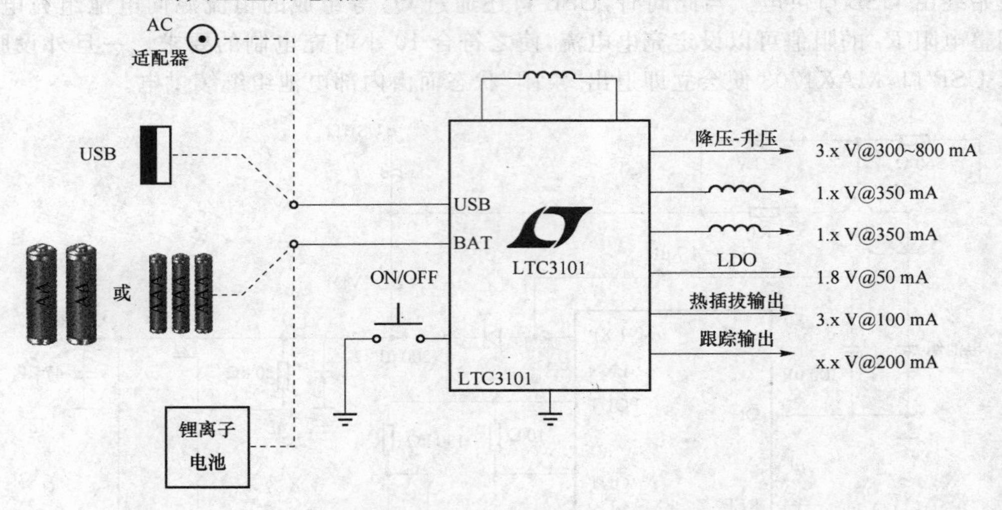

图 11.6.20　LTC3101 的典型应用电路

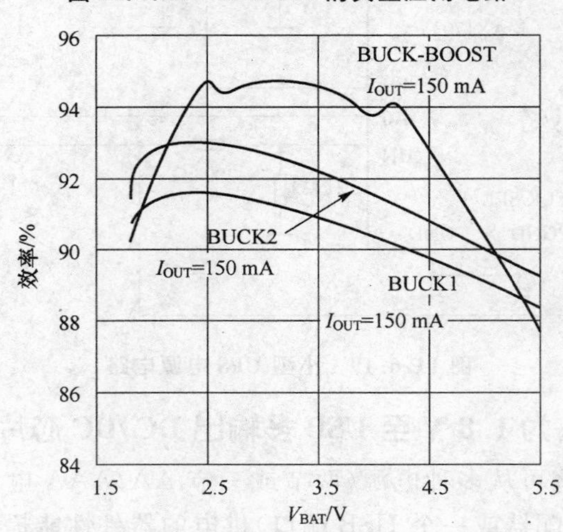

图 11.6.21　LTC3101 效率曲线

第12章 电压基准芯片

电压基准芯片是当代 IC 极为重要的组成部分，它对高新电子技术的应用与发展具有重要作用。在许多集成电路中，如 D/A 转换器、A/D 转换器、线性稳压器和开关稳压器等都需要精密而又稳定的电压基准。在精密测量仪器仪表和广泛应用的数字通信系统中，都经常把集成基准电压源作为系统测量和校准的基准。

基准电压源是一种可作为电压标准的高稳定度集成电压源，根据其内部工作原理可分为 4 种类型：齐纳二极管式基准电压源、隐埋齐纳二极管式基准电压源、带隙式基准电压源和 XFET 式基准电压源。基准电压源可以设计成两端并联式电路或三端串联式电路。电压基准可提供一个精度远比电压器高得多的精确输出电压，作为某个系统中的参考比较电压，因而称其为基准。

电压基准的主要用途是为系统或负载提供一个精确的参考电压，而其输出电流通常在几至几十毫安以内。

12.1 电压基准的类型及主要技术参数

12.1.1 电压基准的类型

1. 并联基准

并联基准与齐纳二极管非常相似，因为它们都需要外部电阻器进行偏置。外部电阻器决定了能够输送给负载的最大电流。当负载接近恒定且电源电压变化极小时，应考虑采用并联基准。

并联基准如图 12.1.1 所示，基准电压 $U_{REF}=U_{IN}-I_F\times R_S=U_{IN}-(I_Q+I_L)\times R_S$。当输入电压 U_{IN} 或负载电流 I_L 发生变化时，这类基准通过调节 I_Q 来保持 U_{REF} 的稳定。并联基准只有两个引脚，价格较便宜，较适用于负载电流变化不大的场合；其缺点是功耗相对较大，输入电压调整率不太理想。常见的并联基准型号有 LM358、AD589 等。

与齐纳二极管比较，并联基准电源功耗低，精度高，尺寸小。在输出电流为 100 μA～50 mA 的全部范围内，初始精度优于 1.5%。

2. 串联基准

串联基准不需要任何外部元件，串联基准在对电源电压变化的耐受性上，也强于并联基准。串联基准如图 12.1.2 所示，基准电压 $U_{REF}=U_{IN}-I_F\times R_S=U_{IN}-(I_Q+I_L)\times R_S$。由于 I_Q 很小且基本保持恒定，故当 U_{IN} 或 I_L 发生变化时，串联基准通过调节内部电阻 R_S 阻值来保持 U_{REF} 的稳定。串联基准通常有 3 个引脚、输入、输出压差和 I_Q 可做得较小，故更适用于电池供电场合。常见的串联基准型号有 AD581、REF192 等。

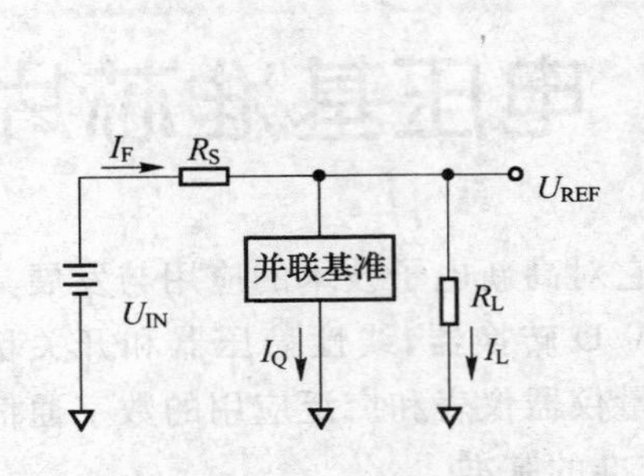

图 12.1.1　并联基准

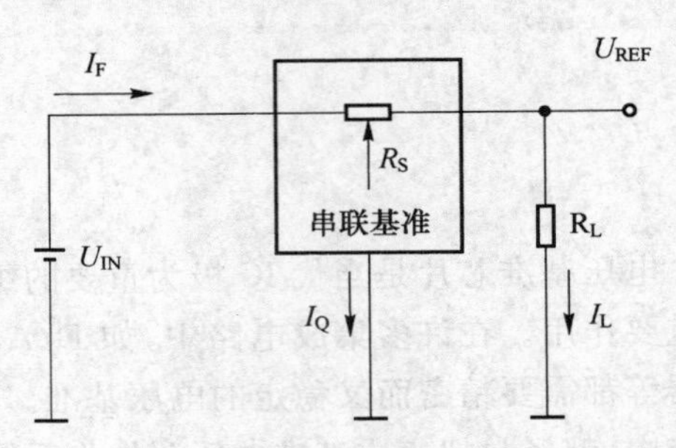

图 12.1.2　串联基准

电压基准的类型包括并联基准、串联基准、齐纳二极管基准、隐埋齐纳基准、带隙基准、XEFT 基准，这里只简要介绍并联基准、串联基准，其余类型请参阅相关资料。

12.1.2　电压基准的主要技术参数

1. 初始精度

用于衡量一个电压基准输出电压的精确度，即电压基准工作时的输出电压偏离其正常值的大小。通常初始精度是相对误差量，用百分数表示，它并非是一个电压单位，故需经换算才能获得电压偏离值的大小。

在厂商的数据手册中，初始电压精度通常是在不加载或特定的负载电流条件下测量的。对于电压基准而言，初始精度是最为重要的性能指标之一。

2. 温度系数

温度系数(TC)用于衡量一个电压基准输出电压因受环境温度变化而偏离正常值的程度。它也是基准电压最重要的性能指标之一，表示由于温度变化而引起输出电压的漂移量(简称温漂)。温度漂移指的是温度变化所导致的输出电压变化，以 10^{-6}/℃为单位来表示。温度系数可能是正向的(即基准输出电压随温度的升高而变大)，也可能是负向的(即基准输出电压随温度的升高而变小)，具体可查看厂商数据手册中的温度曲线图表。

3. 热迟滞

电压基准所处的环境温度从某一点开始变化，然后再次返回该温度点，前后两次在同一温度点上测得的电压值之差即为热迟滞。该参数虽不如温度系数重要，但对于温度周期性变化超过 25℃的情况来说是需引起重视的一个误差源。

4. 长期漂移

长期的持续工作期间，电压基准输出电压的慢变化称为长期漂移或稳定性，通常用

10^{-6}/1 000 h 表示。当选用一个电压基准，要求它在持续数日、数周、数月甚至数年的工作条件下保持输出电压精度时，长期漂移便是一个必须考虑的性能参数。

5. 噪声

是指电压基准输出端的电噪声，它包括两类：一类是宽频带的热噪声，另一种是窄频带(0.1～10 Hz)噪声。宽频带热噪声较小，且可利用简单的 RC 网络滤除。窄频带噪声是基准内部固有的，且不可滤掉。在高精密设计中，噪声的因素是不可忽视的。

6. 导通建立时间

是指系统加电后，基准输出电压达到稳定的时间。该参数对于采用电池供电的便携式系统来说是重要的，因为这类系统为了节省电能，常采用短时或间隙方式供电。

7. 输入电压调整率

用于衡量当负载和环境温度不变时，因基准输入电压变化而引起的输出电压的改变。它是一个直流参数，不包括输入电压纹波或瞬变电压产生的影响。通过在基准的输入端串联一个预置稳压器或一个低成本的 RC 滤波器，可有效地改善总体的输入电压调整率。

8. 负载调整率

衡量基准输入电压不变时，因负载电流变化而引起的基准输出电压的改变。它也是一个直流参数，不包括负载瞬变产生的影响。在基准输出端接一个适当容量的低 ESR(等效串联电阻)特性的电容器，将有助于改善负载调整率。

12.1.3 电压基准芯片的选用

包括对不同类型的电压基准源以及它们的关键技术特性的选择，在选用时需要考虑的因素有精确度、受温度影响的程度、电流驱动能力、功率消耗、稳定性、噪声和成本等。理想的电压基准应该具有完美的初始精度，并且在负载电流、温度和时间变化时电压保持稳定不变。在实际应用中必须在初始电压精度、电压温度漂移、迟滞、供出/吸入电流的能力、静态电流(即功率消耗)、长期稳定性、噪声和成本等指标中进行权衡与折衷。

选择一个电压基准，需根据系统要求的分辨率、精度、供电电压、工作温度范围等情况综合考虑，不能简单地以单个参数(如初始精度)作为选择条件。

应用系统设计的难点都在于在成本、体积、精确度、功耗等诸多因素的平衡与折衷。在具体设计、选择最佳电压基准芯片时，需要考虑所有相关的参数。

12.2 串联型电压基准芯片

12.2.1 MAX6018超低功耗、精密串联型电压基准芯片

MAX6018是一款精密串联型电压基准，能够从1.8 V电源产生1.6 V输出，为你的数据变换器提供更宽的动态范围，5 μA的最大电源电流和200 mV压差使MAX6018用于监视2节碱性电池供电的系统也很理想。

MAX6018芯片的主要技术参数如表12.2.1所列，该芯片的应用电路如图12.2.1所示。

表12.2.1 MAX6018主要技术参数

型号	输出电压/V	电源电压/V	初始精度(%)		温度系数/(10^{-6}/℃)	价格($)
			A级	B级		
MAX6018_12	1.25	1.8～5.5	0.2	0.5	50	0.85
MAX6018_16	1.6	1.8～5.5	0.2	0.5	50	0.85
MAX6018_18	1.8	(V_{OUT}+0.2)～5.5	0.2	0.5	50	0.85
MAX6018_21	2.048	(V_{OUT}+0.2)～5.5	0.2	0.5	50	0.85

MAX6018芯片的特性如下：

- 直接工作于2节碱性电池；
- 超小型3引脚SOT23封装；
- 最大5 μA的超低电源电流；
- 200 mV压差允许工作电压最低可至1.8 V；
- 稳定工作于高达5 nF容性负载。

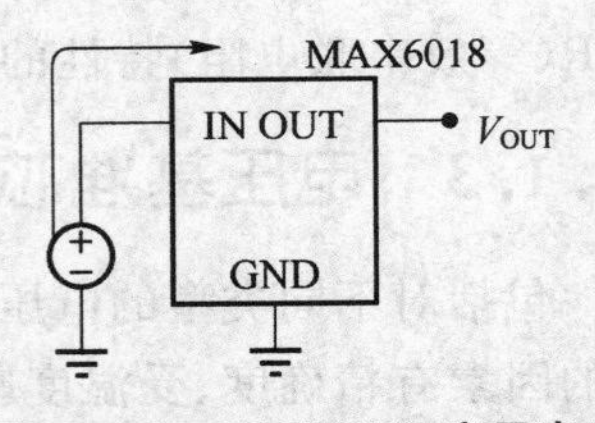

图12.2.1 MAX6018应用电路

12.2.2 MAX6023业界最小、高精度、串联电压基准芯片

MAX6023为业界唯一一款采用晶片级封装的精密电压基准，器件采用微型、1 mm×5 mmUCSP™封装、保证具有±0.20%初始精度以及30×10^{-6}/℃温度系数。该芯片内部补偿、3端串联模式基准无需外部补偿电容和电阻，可进一步节省电路板空间。非常适合空间要求苛刻的应用，例如燃气表、手持式扫描仪和转发器模块。MAX6023的性能选项如表12.2.2所列。

MAX6023特性如下：

- 确保30×10^{-6}/℃温度系数；
- 初始精度达±0.2%；
- 5 mA输出电流；
- 无需输出电容或外部电阻；

- 35 μA(最大)电源电流；
- 三端串联工作模式；
- 7 种输出电压可供选择：1.25 V、2.048 V、2.5 V、3 V、4.096 V、4.5 V 和 5 V。

表 12.2.2　MAX3023 性能表

型号	输出电压 /V	输入电压 /V	压差 /mV	温度系数 (10^{-6}/℃，最大值)	初始精度 (%，最大值)	价格 ($)
MAX6023	1.25、2.048、2.5、3.0、4.096、4.5、5.0	2.5～12.6	200	30	±0.20	1.50

12.2.3　MAX6029 超低功耗、串联型电压基准芯片

MAX6029 最多消耗 5 μA 的静态电流，并可向负载源出 4 mA 电流，使该基准用于 PDA、蜂窝电话、笔记本计算机或任何其他功率受限的应用非常理想。这种细小的 5 引脚 SOT23 封装器件无需外接电容，在紧凑型设计中节省宝贵的板上空间。MAX6029 性能选项如表 12.2.3 所列，该芯片引脚及应用电路如图 12.2.2 所示，MAX6029 芯片输出特性曲线如图 12.2.3 所示。

表 12.2.3　MAX6029 性能表

型号	输出电压 /V	温度系数 (10^{-6}，最大)	初始精度 (%，最大)	价格 /元
MAX6029	2.048、2.5、3、3.3、4.096、5	30	0.15	14.8

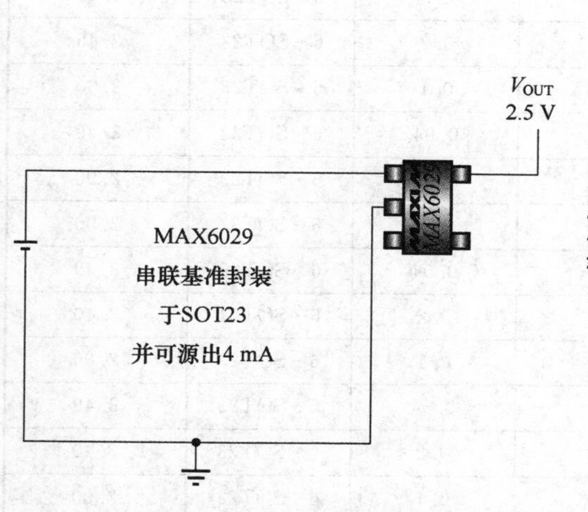

图 12.2.2　MAX6029 引脚及应用电路

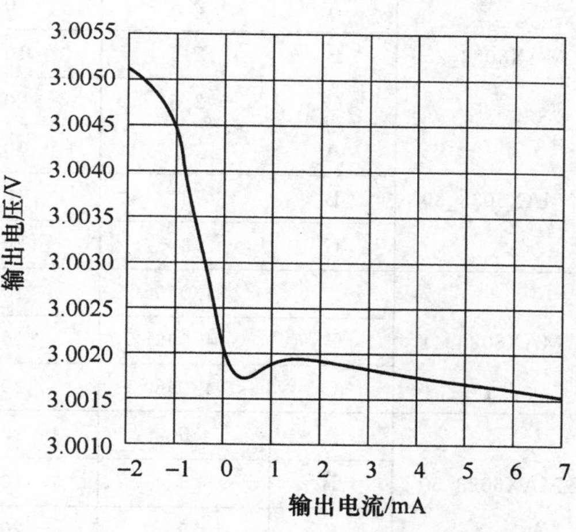

图 12.2.3　MAX6029 输出特性曲线

MAX6029芯片特性如下：

- 4 mA源出电流时压差仅200 mV；
- 30×10⁻⁶/℃最大值温度系数；
- 容性负载高达10 μF时，仍可稳定工作；
- 无需外部电容。

12.2.4 MAX6033超低温漂、更高精度、串联型电压基准芯片

MAX6033是业界最精确的SOT23电压基准，可工作在－40～＋125℃汽车级温度范围。该基准在汽车级温度范围内保证仅为10×10^{-6}/℃的温漂以及±0.04%的初始精度，可实现先前只有3倍大的SO封装的器件才具有的温漂性能。MAX6033采用带隙基准技术，可提供低噪声性能和优异的精度。MAX6033性能选项如表12.2.4所列，其引脚及应用电路如图12.2.4所示，温度与输出电压关系特性曲线如图12.2.5所示。

MAX6033芯片特性如下：

- ±0.04%初始精度；
- 在－40～＋125℃温度范围内10×10^{-6}/℃温度系数；
- 低达200 mV压差；
- 2.7～12.6 V电源电压；
- 低达40 μA电源电流；
- 40×10^{-6}/1 000 h(典型值)的长期稳定性。

表12.2.4 MAX6033性能表

型号	等级	输出电压/V	最大温度(10^{-6}/℃)	初始精度(%)	引脚-封装	价格($)
MAX6033_25	A	2.5	10	0.04	6-SOT23	3.99
	B	2.5	10	0.2	6-SOT23	2.46
	C	2.5	20	0.1	6-SOT23	2.00
MAX6033_30	A	3	10	0.04	6-SOT23	3.49
	B	3	10	0.2	6-SOT23	2.90
	C	3	20	0.1	6-SOT23	2.00
MAX6033_41	A	4.096	10	0.04	6-SOT23	3.49
	B	4.096	10	0.2	6-SOT23	2.40
	C	4.096	20	0.1	6-SOT23	2.00
MAX6033_50	A	5	10	0.04	6-SOT23	3.49
	B	5	10	0.2	6-SOT23	2.40
	C	5	20	0.1	6-SOT23	2.00

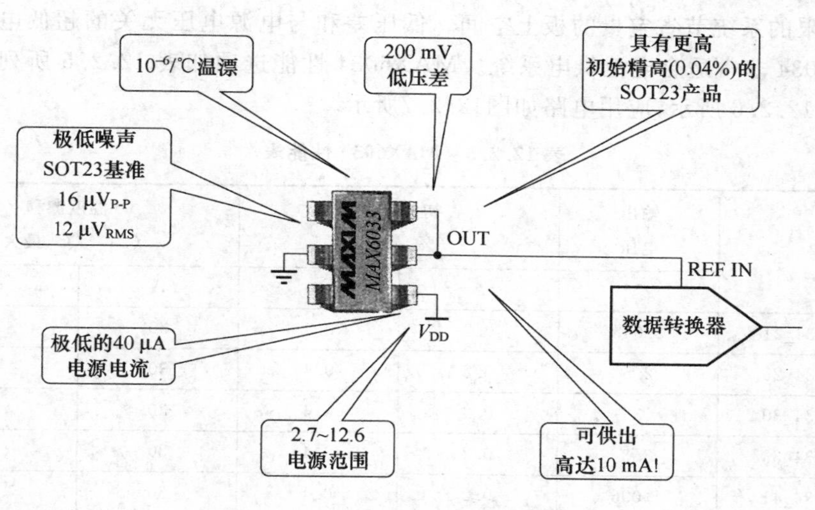

图 12.2.4 MAX6033 引脚及应用电路

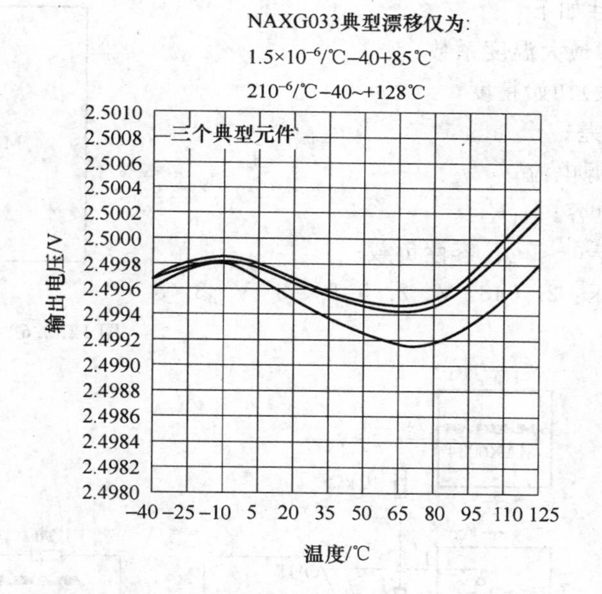

图 12.2.5 MAX6033 温度与输出电压关系特性曲线

12.2.5 MAX6034 微功耗、低压差、精密串联型电压基准芯片

MAX6034 是一款精密的、低压差、微功耗电压基准芯片，采用微型 3 引脚 SC70 表贴封装。它们具有专有的温度系数曲率校正电路和光刻薄膜电阻，可获得 30×10^{-6}/℃(最大值)低温度系数和±0.20%(最大值)初始精度。这些器件可工作于-40～+85℃温度范围。MAX6034 串联模式电压基准的典型电流为 90 μA，可输出 1 mA或灌入 200 μA 负载电流且无需外部电阻。MAX6034 无需外部补偿电容，可以

为空间受限的系统节省宝贵的板上空间。低压差和与电源电压无关的超低电源电流，使 MAX6034 非常适合电池供电系统。MAX6034 性能选项如表 12.2.5 所列，其引脚排列如图 12.2.6 所示，应用电路如图12.2.7所示。

表 12.2.5　MAX6034 性能表

型号	输出电压	初始精度（%，最大）		温度漂移（10^{-6}/℃，最大）	
	/V	A	B	A	B
MAX6034_21	2.048	0.2	0.4	30	75
MAX6034_25	2.5	0.2	0.4	30	75
MAX6034_30	3	0.2	0.4	30	75
MAX6034_33	3.3	0.2	0.4	30	75
MAX6034_41	4.096	0.2	0.4	30	75

MAX6034 特性如下：

- 3×10^{-8}/℃最大温度系数；
- 0.2%（最大）初始精度；
- 200 mV 压差；
- 125 μA 电源电流；
- 无须输出电容；
- 稳定工作于 0～1 μF 容性负载；
- 输出电压：2.048 V、2.5 V、3 V、3.3 V、4.096 V。

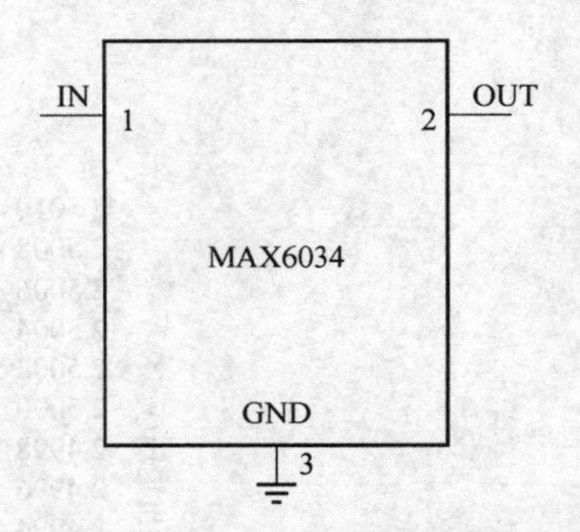

图 12.2.6　MAX6034 引脚图

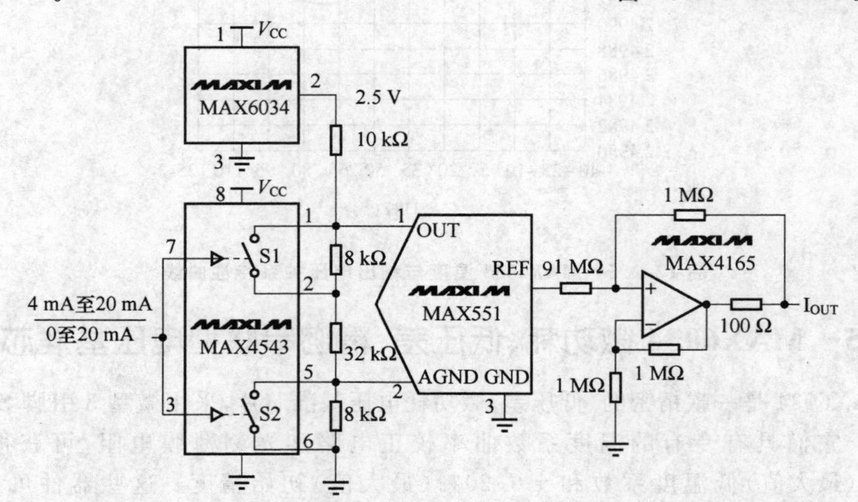

图 12.2.7　MAX6034 应用电路

12.2.6 MAX601X 低成本、精密、串联型电压基准芯片

在整个－40～＋85℃温度范围内，MAX610X系列串联模式基准源能提供±0.4%的初始精度和75×10^{-6}/℃温度系数，价格更低，精度更高。与并联基准源相比，串联基准源无需限流电阻，进一步节省了空间。MAX610X系列性能选项如表12.2.6所列，其应用电路如图12.2.8所示。

表12.2.6 8种输出电压选项

型号	输出电压/V	输入电压范围/V
MAX6100	1.800	2.5～12.6
MAX6101	1.250	2.5～12.6
MAX6102	2.500	(V_{OUT}＋200 mV)～12.6
MAX6103	3.000	(V_{OUT}＋200 mV)～12.6
MAX6104	4.096	(V_{OUT}＋200 mV)～12.6
MAX6105	5.000	(V_{OUT}＋200 mV)～12.6
MAX6106	2.048	2.5～12.6
MAX6107	4.500	(V_{OUT}＋200 mV)～12.6

MAX610X系列特性：

- ±0.4%（最大）初始精度；
- 75×10^{-6}/℃低温度系数；
- 5 mA输出电流；
- 200 mV低压差（LDO）；
- 在整个＋2.5 V至＋12.6 V输入电压范围内，电源电流为125 μA（最大）；
- 无需限流电阻；
- 无需输出电容；
- 容性负载为0～1 μF时，可稳定工作。

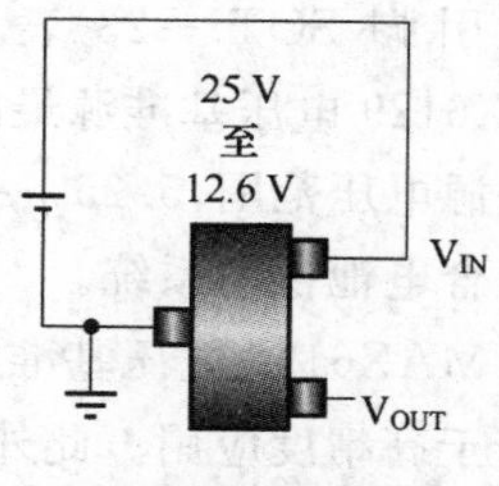

图12.2.8 MAX610X应用电路

12.2.7 MAX6126 超高精度、超低噪声、串联型电压基准芯片

MAX6126是Maxim最新的旗舰式电压基准，它是业界更小的3×10^{-6}/℃基准，同时还具有业界更低的噪声（1.3 μV_{P-P}）。该款基准特别适合于高分辨率数据转换器和噪声敏感的系统。小巧的外形只需占用前一代精密基准一半的板上空间，只需15 mm^2。该款基准低压差，可从2.5 V电源提供2.5 V输出。MAX6126性能如表12.2.7所列。

表 12.2.7 MAX6126 性能表

型号	输出电压（V）	温度系数（10^{-6}/℃，最大）	初始精度（%，最大）	价格（$）
MAX6126A	2.048、2.5、3、4.096、5	3	0.02	4.66
MAX6126B		7	0.06	3.38

MAX6126 芯片特性：

- 1.3 μV_{P-P}(0.1～10 Hz)超低噪声；
- 3×10^{-6}/℃(最大)温度系数，μMAX 或 SO 封装；
- 0.02%(最大)初始精度；
- 0.025 Ω(最大)负载调整；
- 5 mA 源出电流时 200 mA 压差；
- 源出和吸入多达 10 mA；
- 20 μV/V(最大)线调整；
- 20×10^{-6}长期漂移。

12.2.8 MAX6129 超低功耗、串联型电压准芯片

MAX6129 微功耗、低压差带隙电压基准具有超低电源电流和低漂移特性，采用微型 5 引脚 SOT－23 表面贴装，与 SO 封装器件相比可节省 70%的板上空间。MAX6129 电压基准源最高可输出 4 mA 或吸入 1 mA 的负载电流。2.5～12.6 V 的宽电源电压范围，5.25 μA(最大)超低电源电流和 200 mA 低压差特性使 MAX6129 非常适合电池供电系统。

MAX6129 电压基准源具有 0.4%的初始精度和最大值 40×10^{-6}/℃的温度系数，适合于高精度应用。此外，内置补充电容，无需外部补偿电容，并可稳定地工作于最高 10 μF 的负载电容下。MAX6129 电压基准源的输出电压有 2.048 V、2.5 V、3.0 V、3.3 V、4.096 V 及 5 V。主要用于移动电话、便携式医疗仪器、A/D 与 D/A 转换器、电池供电系统、手持式仪表、精密电源等。MAX6129 引脚见图 12.2.9 所示，该芯片性能选项如表 12.2.8 所列，MAX6129 的典型应用电路如图 12.2.10 所示。

MAX6129 芯片特性如下：

- 最大值为 5.25 μA 超低电源电流；
- 4 mA 输出电流；
- 1 mA 吸入电流；
- 最大值为±0.4%的初始精度；
- 最大值为 40×10^{-6}/℃的温度系数；
- 2.5～12.6 V 电源电压范围；
- 200 mV 低压差；

• 稳定工作于最高 10 μF 的容性负载下；

• 无需外部电容。

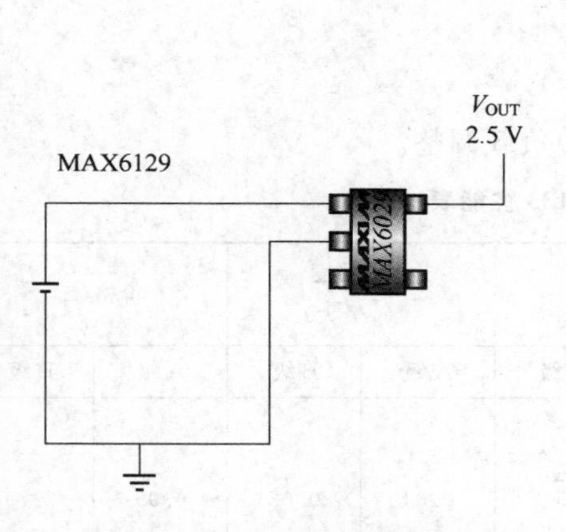

图 12.2.9　MAX6129 引脚图

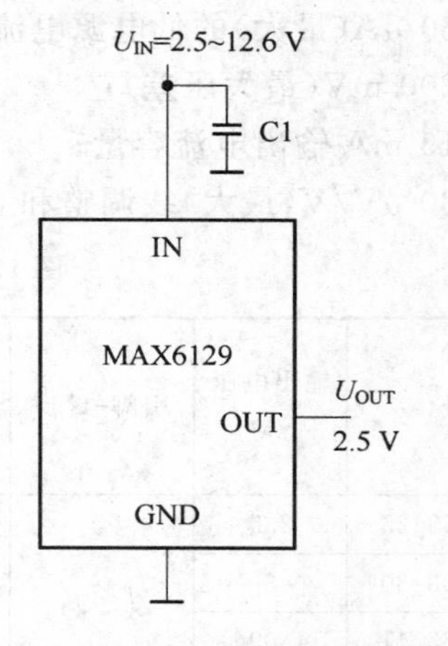

图 12.2.10　MAX6129 典型应用电路

表 12.2.8　MAX6129 性能表

器　件	输出电压/V	A 级	B 级	A 级	B 级	引脚-封装
MAX6129_EUK21	2.048	0.4	0.5	40	100	5-SOT23
MAX6129_EUK25	2.5	0.4	0.5	40	100	5-SOT23
MAX6129_EUK30	3.0	0.4	0.5	40	100	5-SOT23
MAX6129_EUK33	3.3	0.4	0.5	40	100	5-SOT23
MAX6129_EUK41	4.096	0.4	0.5	40	100	5-SOT23
MAX6129_EUK50	5	0.4	0.5	40	100	5-SOT23

12.2.9　MAX6133 温度系数 3×10^{-6} /℃、串联型、微功耗、电压基准芯片

MAX6133 提供了一个出色的功耗、压差、温度漂移和尺寸等性能的组合。由于采用 μMAX 封装，这个新器件成为当前业界更小的 10×10^{-6}/℃ 以内的电压基准。MAX6133 尤其适合于测试设备、便携仪表、工业过程控制或低功耗精密系统等诸多应用。MAX6133 性能选项如表 12.2.9 所列，该芯片应用电路如图 12.2.11 所示，温度与输出电压关系特性曲线如图 12.2.12 所示。

MAX6133 性能如下：

• 超低温度系数；

• 3×10^{-6}/℃(最大)，SO 封装；

• 5×10^{-6}/℃(最大)，μMAX 封装；

• 出色的初始精度；

- 0.04%(最大),SO 封装;
- 0.06%(最大),μMAX 封装;
- 60 μA(最大)的低电源电流;
- 200 mV(最大压差);
- 15 mA 输出电流容量;
- 30 μV/V(最大)线调整和 50 mΩ(最大)负载调整。

图 12.2.9 MAX6133 性能表

型号	输出电压/V	引脚-封装	温度系数(10^{-6}/℃)		初始精度(%,最大)		价格(S)	
			A级	B级	A级	B级	A级	B级
MAX6133_25	2.5	8-SO	3	5	0.04	0.08	4.99	3.79
MAX6133_30	3							
MAX6133_41	4.096							
MAX6133_50	5							
MAX6133_25	2.5	8-μMAX	5	—	0.06	—	4.05	—
MAX6133_30	3							
MAX6133_41	4.096							
MAX6133_50	5							

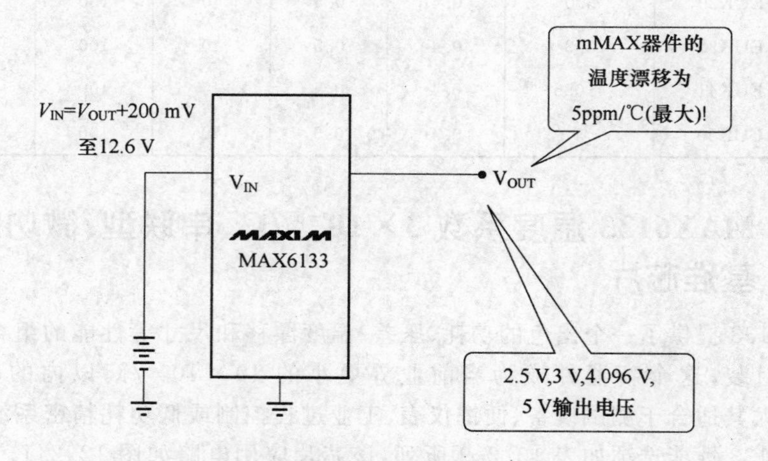

图 12.2.11 MAX6133 应用电路

12.2.10 MAX6143 高精度、低噪声、串联型电压基准芯片

MAX6143 是一款低噪声、高精度电压基准芯片,内含温度系数曲率校正电路和激光校准的簿膜电阻,具有非常低的温度系数(3×10^{-6}/℃)和优异的初始精度(±0.06%)。MAX6143 电压基准芯片提供一个 TEMP 输出引脚,其输出电压正比于

管芯温度，这使得该器件适用于各种温度检测应用。MAX6143 电压基准芯片还提供 TRIM 输入引脚，允许使用电阻分压网络对输出电压进行精细校准。低温度漂移和低噪声特性使得 MAX6143 能够适用于高精度的 A/D 或者 D/A 转换器。

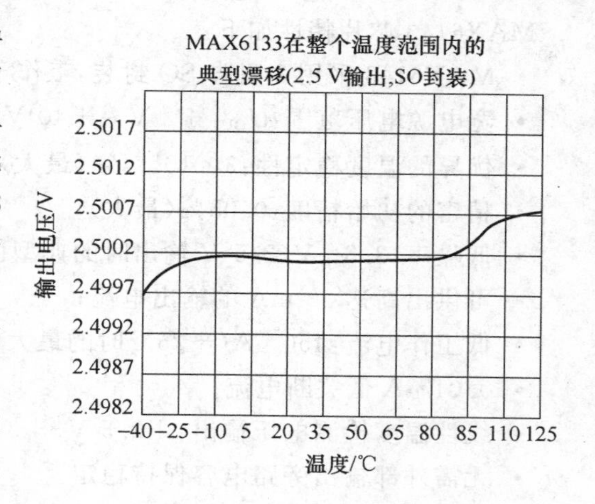

图 12.2.12 MAX6133 温度与输出电压关系特性曲线

MAX6143 电压基准芯片提供精确的预置参考电压（＋2.5 V、＋3.3 V、＋4.096 V、＋5.0 V 和 10 V），接受高达＋40 V 的输入电压。该器件的工作电流为 340 μA，可供出 30 mA 或吸收 2 mA 的负载电流。MAX6143 不需要输出旁路电容来保持稳定，容性负载高达 10 μF 时仍可保持稳定，省掉输出旁路电容可以为空间受限的应用节省板上空间。MAX6143 的主要技术参数如表 12.2.10 所列，其典型应用电路如图 12.2.13 所示。

表 12.2.10 MAX6143 的主要技术参数

输出电压 /V	温度稳定性 (10^{-6}/℃，最大)	初始精度 (＋25℃，最大)	电源电流 (μA，最大)	最小电源电压/V	电大电源电压/V	噪声(0.1～10 Hz，μV，峰-峰值)	温度范围 (℃)
2.5 3.3 4.096 5 10	3	0.05％	600	4.5	40	4	−40～＋125

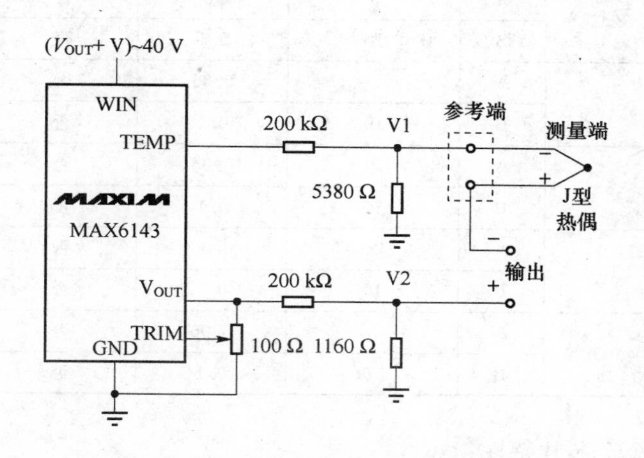

图 12.2.13 串联基准补偿热电偶参考端

MAX6143 芯片特性如下：

- MAX6143 采用 8 引脚 SO 封装，工作于−40～+125 ℃的汽车级温度范围内；
- 宽电源电压范围：U_{OUT} +2 V～+40 V；
- 优异的温度稳定性：3×10⁻⁶/℃（最大）；
- 精密的初始精度：0.05%（最大）；
- 低噪声：3.8 μV(2.5 V 输出时的典型值日)；
- 可供出高达 30 mA 的输出电流；
- 低工作电流：450 μA（+25℃时的最大值）；
- 0.01 μA 低关断电流；
- 线性温度检测电压输出：+2.5 V、+3.3 V、+4.096 V、+5.0 V 或 10 V；
- 无需外部输出旁路电容保持稳定。

12.2.11 MAX6173/6177 低噪声、低功耗、串联型高电压基准芯片

MAX6173/6177 高电压基准具有业界最佳的噪声功耗组合。这些器件具有低于 3×10^{-6}/℃的温度漂移，0.05%（最大）的初始精度，以及最高至 40 V 的电源电压范围。其他特性还包括，提供一个 ETMP 引脚，可输出一个正比于晶片温度的电压，还有一个 TRIM 引脚，可对输出电压进行“细调”。MAX6173/MAX6177 以 370 μA 低电源电流实现整个温度范围内 4 μV_{P-P} 的低 1/f 噪声。MAX6173/6177 性能选项见表 12.2.11 所列，该芯片引脚如图 12.2.14 所示。

表 12.2.11 MAX6173/6177 性能表

型号	输出电压 /V	等级	温度系数 (10^{-6}/℃，最大)	初始精度 (%，最大)	关断模式	价格 (元)
MAX6173	2.5	A	3	0.05	否	33.4
		B	10	0.1	否	21.9
MAX6174	3.3	A	3	0.05	否	33.4
		B	10	0.1	否	21.9
MAX6175	5	A	3	0.05	否	33.4
		B	10	0.1	否	21.9
MAX6176	10	A	3	0.05	否	33.4
		B	10	0.1	否	21.9
MAX6177	4.096	A	3	0.05	否	33.4
		B	10	0.1	否	21.9

MAX6173/6177 芯片特性：

- 输入范围高达 40 V；

- TEMP 引脚输出电压正比于晶片温度；
- 关断模式耗电<1 μA(最大)；
- 3 ppm/℃(最大)超低温度系数；
- 精密的 0.05%(最大)初始精度；
- 4μV_{P-P}的低 1/f 噪声；
- 370 μA 低电源电流；
- 通过 TRIM 引脚精细调解输出电压；
- 工业标准的 8 引脚 SO 封装；
- −40～+125℃汽车级温度范围。

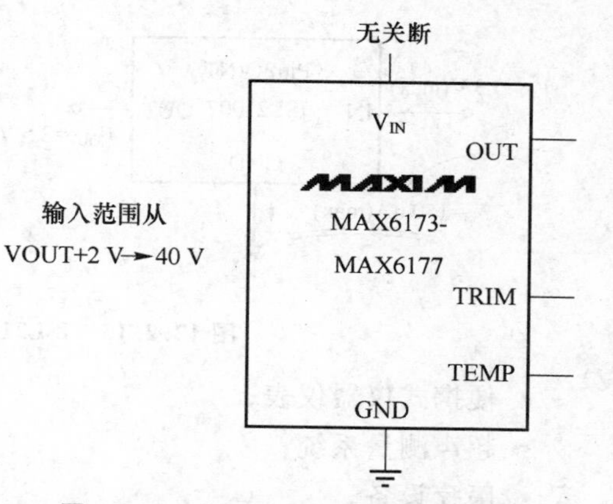

图 12.2.14 MAX6173/6177 引脚图

12.2.12 ISL21007/ISL21009极低功耗、低噪声、高性价比、串联型电压基准芯片

Intersil 的 pinPONT™精密模拟产品线提供业界首款兼具有低噪声性能和低电源电流的电压基准。这些器件具有较高的初始精度和小于 3×10^{-6}/℃的温度漂移，可在有温度变化的噪声环境中提供准确的测量。

低压差的 ISL21007 适用于便携式产品，而 ISL21009 则适用于较高电压的应用。

Intersil's 极低功耗低噪声电压基准芯片性能选项如表 12.2.12 所列，ISL21007/ISL21009 芯片的引脚如图 12.2.15 所示。

表 12.2.12 Intersil 极低功耗低噪声电压基准芯片性能表

产品型号	输入电压 /V	输出电压 /V	初始精度 /mV	温度漂移 /(10^{-6}/℃)	工作电流 (Max)	输出噪声 (μV_{P-P})	温度 (℃)	封装
ISL60002	2.7～5.5	1.024,1.2,1.25,1.8,2.048,2.5,3.0,3.3	±1.0,±2.5,±5.0	20	700 nA	30	−40～+85	3LdSOT23
X60003	4.5～9.0	4.096,5.0	±1.0,±2.5,±5.0	10,20	900 nA	30	−40～+85	3LdSOT23
ISL21007	2.7～5.5	1.25,2.048,2.5	±0.5,±1.0,±2.0	3,5,10	150 nA	4.5	−40～+125	8LdSOIC
ISL21009	3.5～16.5	1.25,2.5,4.096,5.0	±0.5,±1.0,±2.0	3,5,10	180 nA	4.5	−40～+125	8LdSOIC

ISL21007/ISL21009 芯片特性：

- 初始精度：±0.5 mV；
- 低温漂：在−40～125℃温度范围内温漂系数为 3×10^{-6}/℃。

应用领域如下：

- 高分辨率 A/D,D/A 转换器；

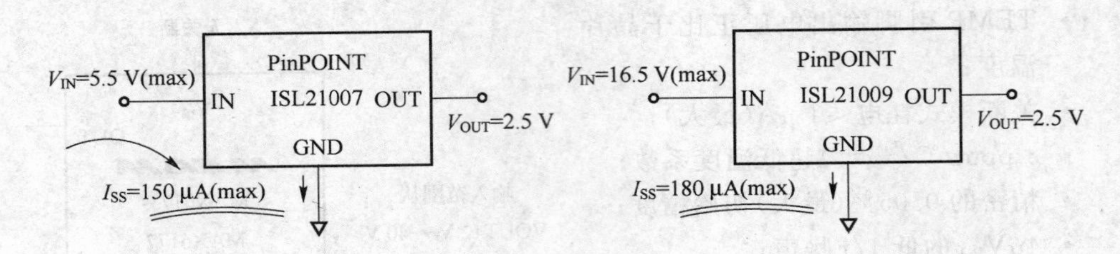

图 12.2.15 ISL21007/ISL21007 引脚图

- 便携式仪器仪表；
- 超声测量系统；
- 医疗设备。

12.2.13 MAX872/874 低功耗、低压差、串联型电压基准芯片

MAX872/874 是一款低功耗、低压差 3 端串联型电压基准芯片，采用 DIP/SO 封装，其性能选项如表 12.2.13 所列，引脚如图 12.2.16 所示。

表 12.2.13 MAX872/874 性能表

产品型号	输入电压 /V	电源电流 /μA 最大	工作电流 /μA 最大	源出电流 /mA	引脚封装	价格/$
MAX872/MAX874	2.5,4.096	10	—	0.5	8-SO	2.12
MAX6012	1.25,2.048,2.5,3,4.096,4.5,5	35	—	0.5	3-SOT23	1.35
MAX6023	1.25,2.048,2.5,3,4.096,4.5,5	35	—	0.5	5-UCSP™	1.50

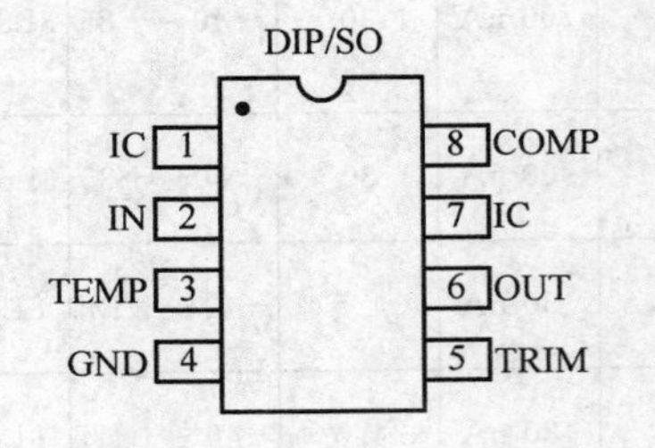

图 12.2.16 MAX872/874 引脚图

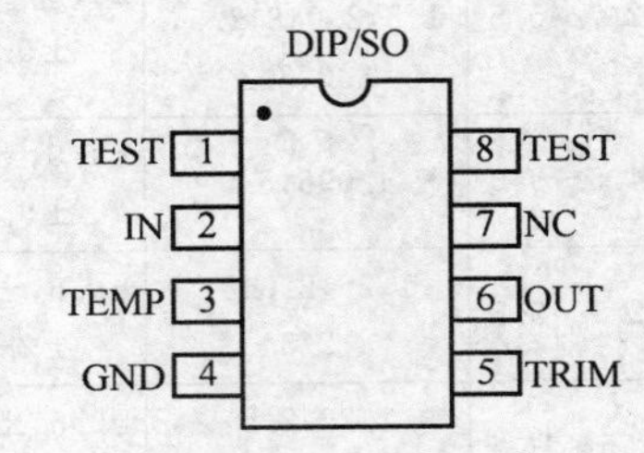

图 12.2.17 MAX873/875/876 引脚图

MAX872/874 芯片特性如下：

- 标准输出电压为 2.5 V，(MAX872)，4.096 V(MAX874)；
- 初始绝对精度为±5 mA；
- 温度稳定性为 4×10^{-5}/℃；
- 电源电流为 10 μA；

• 工作温度范围为 0～70℃(MAX872C/874C)，－40～85℃(MAX872E/874E)。

12.2.14　MAX873/875/876 低功耗、低漂移、串联型电压基准芯片

标准输出电压为 2.5 V，初始绝对精度为±1.5～2.5 mA，温度稳定性为 7 ℃×10^{-6}/℃～2×10^{-5}/℃，长期稳定性为 2×10^{-5}/℃，电源电流为 375 μA，输出可连续短路，工作温度范围为 0～70 ℃(MAX873AC/873BC/875AC/875BC/876A)、－40～80 ℃、(MAX873AE/873BE/875AE/875BE)、－40～85 ℃(MAX/876B)。

MAX873/875/876 引脚如图 12.2.17 所示。

12.2.15　ADR290/291/292 串联型电压基准芯片

标准输出电压为 2.048 V/2.5 V/4.096 V，初始绝对精度为±2～6 mA，温度稳定性为 8×10^{-6}/℃～25×10^{-6}/℃，长期稳定性为 2×10^{-7}/℃，电源电流为 15 μA，输入电压为 18 V，输出电流为 5 mA，输出可连续短路，工作温度范围为－40～125 ℃。ADR290/291/292 引脚如图 12.2.18 所示。

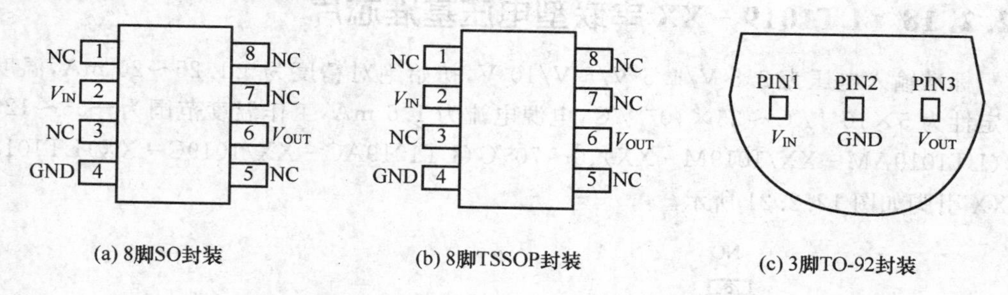

图 12.2.18　ADR290/291/292 引脚图

12.2.16　AD1582/1583/1584/1585 串联型电压基准芯片

标准输出电压为 2.5 V/3 V/4.096 V/5 V，初始绝对精度为±2～50 mA，温度稳定性为 5×10^{-5}/℃～5×10^{-4}/℃，长期稳定性为 5×10^{-4}/℃，输入电压为 12 V，内部功耗为 40 mW，工作温度范围为－40～85 ℃。AD1582/1583/1584/1585 引脚如图 12.2.19所示。

12.2.17　MAX6125/6141/6145/6150 低成本、低压差、串联型电压基准芯片

标准输出电压为 2.5 V/4.096 V/4.5 V/5 V，初始绝对精度为±25～50 mA，温度稳定性为 5×10^{-5}/℃，电源电流为 100 μA，工作温度范围为－40～85 ℃。MAX6125/6141/6145/6150 引脚如图 12.2.20 所示。

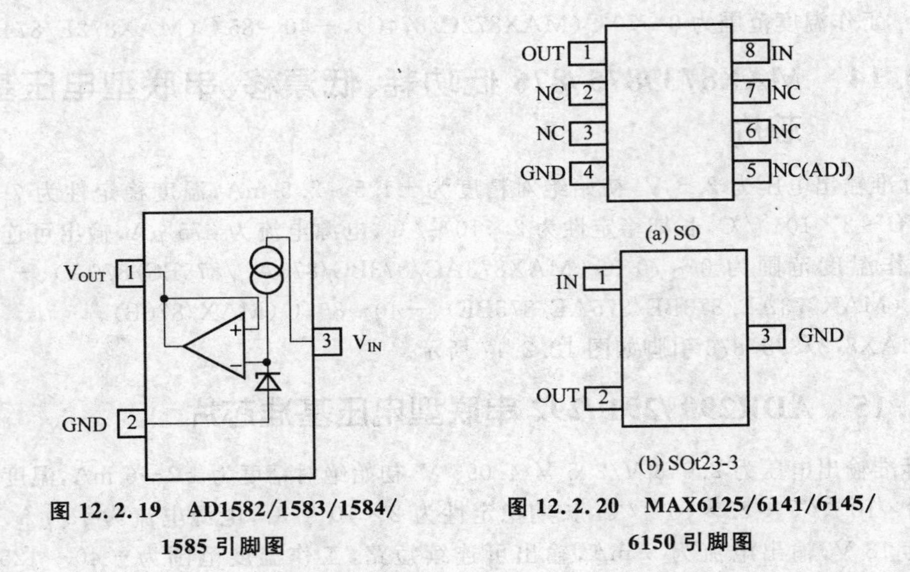

图 12.2.19　AD1582/1583/1584/1585 引脚图

图 12.2.20　MAX6125/6141/6145/6150 引脚图

12.2.18　LT1019－XX 串联型电压基准芯片

标准输入电压为 2.5 V/4.5 V/5 V/10 V，初始绝对精度为±1.25～20 mA，温度稳定性为 5×10^{-6}/℃～25×10^{-6}/℃，电源电流为 1.5 mA，工作温度范围为－55～125 ℃（LT1019AM－XX/1019M－XX）、0～70 ℃（LT1019AC－XX/1019C－XX）LT1019－XX 引脚如图 12.2.21 所示。

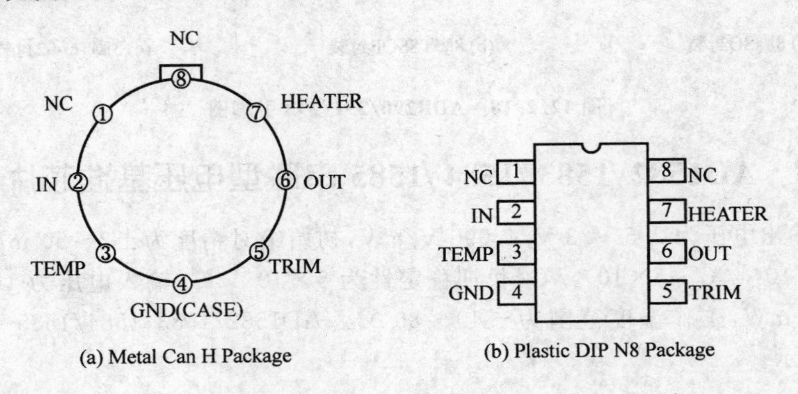

图 12.2.21　LT1019－XX 引脚图

MAXI、M、NS 公司三端串联基准芯片性能如表 12.2.14 和表 12.2.15 所列。

表 12.2.14 MAX1M 部分电压基准芯片参数

3 端串联型基准

型号	输出电压/V	电源电压范围/V	温漂(10^{-6}/℃,最大)	初始精度 T_A+25℃(%,最大)	静态电流(μA,最大)	0.1 Hz 至 10 Hz 噪声(μV_{P-P})	封装	温度范围*	特点	价格 1 000 片以上($)
MAX6160	Adj	2.7～12.6	100	1	100	15	SOT143,SO	E	低成本,低压差,可调节	1.05**
MAX6001	1.247	2.5～12.6	100	1	45	25	SOT23	E	更低成本的 3 端基准	0.40**
MAX6012	1.25	2.5～12.6	20,30	0.3,0.5	35	12	SOT23	E	低功耗,低漂移,低压差	1.35**
MAX6018_12	1.25	1.8～5.5	60	0.2,0.4	5	36	SOT23	E	超低电源电流,1.8 V 工作	0.85**
MAX6023_12	1.25	2.5～12.6	30	0.2	35	25	UCSP	E	1 mm×1 mm 裸片尺度基准	1.50**
MAX6061	1.25	2.5～12.6	20,30	0.4,0.6	125	13	SOT23	E	5 mA 输出,精密型,SOT23 封装	1.35**
MAX6101	1.25	2.5～12.6	75	0.4	150	13	SOT23	E	低成本,精密型	0.55**
MAX6161	1.25	2.5～12.6	5,10	0.16,0.32,0.48	120	20	SO	E	5 mA 输出,精密型	2.00
MAX6190	1.25	2.5～12.6	5,10,25	0.16,0.32,0.48	35	25	SO	E	低功耗,低漂移	1.95
MAX6018_16	1.6	1.8～5.5	60	0.2,0.4	5	55	SOT23	E	超低电源电流,1.8 V 工作	0.85**
MAX6018_18	1.8	2～5.5	60	0.2,0.4	5	62	SOT23	E	超低电源电流	0.85**
MAX6068	1.8	2.5～12.6	20,30	0.2,0.5	125	18	SOT23	E	5 mA 输出,稳定驱动各种容性负载	1.35**
MAX6100	1.8	2.5～12.6	75	0.4	150	18	SOT23	E	5 mA 输出,低成本	0.55**
MAX6168	1.8	2.5～12.6	5,10	0.1,0.3	120	18	SO	E	5 mA 输出,稳定驱动各种容性负载	2.00
MAX6018_21	2.048	2.25～5.5	60	0.2,0.4	5	70	SOT23	E	超低电源电流	0.85**
MAX6021	2.048	2.5～12.6	20,30	0.2,0.4	35	35	SOT23	E	低功耗,低漂移,低压差	1.35**
MAX6023_21	2.048	2.5～12.6	30	0.2	35	60	ucsp	E	1 mm×1 mm 裸片尺度基准	1.50**

* 温度范围:$A=-40\sim+125$℃,$C=0\sim+70$℃,$E=-40\sim+85$℃,$M=-55\sim+125$℃

** 2 500 片以上直接价格,美国离岸价。

*** 宽带噪声:10 Hz≤f≤10 kHz。

黑体表示新产品。

价格因当地关税、税费和汇率而异。最低等级价格。

并非所有封装采用 1 k 单位供货,有些会要求最小定量。

续表 12.2.14

型号	输出电压/V	电源电压范围/V	温漂（10^{-6}/℃，最大）	初始精度 T_A+25℃（%，最大）	静态电流（μA，最大）	0.1 Hz至10 Hz噪声（μV_{P-P}）	封装	温度范围*	特点	价格1 000片以上（$）
MAX6034_21	2.048	2.5～5.5	30,75	0.2,0.4	115	45	SC70	E	低电源电流,SC70封装	0.55**
MAX6062	2.048	2.5～12.6	20,30	0.2,0.4	125	22	SOT23	E	5 mA输出,精密型,SOT23封装	1.35**
MAX6106	2.048	2.5～12.6	75	0.4	125	22	SOT23	E	低成本,精密型	0.55**
MAX6129_21	2.048	2.5～12.6	40,100	0.4,0.5	3	65	SOT23	E	超低功耗	0.55**
MAX6162	2.048	2.5～12.6	5,10	0.1,0.24	120	22	SOT23	E	5 mA输出,精密型	2.00
MAX6191	2.048	2.5～12.6	5,10,25	0.1,0.24,0.5	35	40	SO	E	可替代REF191	1.95
MAX872	2.5	2.7～20	40	0.2	10	60	DIP,SO	C,E	低功耗,低压差	2.12
MAX873	2.5	4.5～18	7,20	0.06,0.1	280	16	DIP,SO	C,E	低功耗,低漂移	2.25
MAX6002	2.5	2.7～12.6	100	1	45	60	SOT23	E	非常低成本的3端基准	0.40**
MAX6023_25	2.5	2.7～12.6	30	0.2	35	60	UCSP	E	1 mm×1 mm裸片尺度基准	1.50**
MAX6025	2.5	2.7～12.6	20,30	0.2,0.4	35	50	SOT23	E	低功耗,低漂移,低压差	1.35**
MAX6033_25	2.5	2.7～12.6	10,20	0.04,0.1	75	16	SOT23	A	10 mA输出电流,超低漂移,SOT23	2.00**
MAX6034_25	2.5	2.7～5.5	30,75	0.2,0.4	115	55	SC70	E	低电源电流,SC70封装	0.55**
MAX6066	2.5	2.7～12.6	20,30	0.2,0.4	125	27	SOT23	E	5 mA输出,精密型,SOT23封装	1.35**
MAX6102	2.5	2.7～12.6	75	0.4	150	27	SOT23	E	低成本,精密型	0.55**
MAX6125	2.5	2.7～12.6	50	1	100	15	SOT23,SO	E	低成本,抵压差3端基准	0.95
MAX6129_25	2.5	2.7～12.6	40,100	0.4,0.5	3	80	SOT23	E	超低功耗	0.55**
MAX6133_25	2.5	2.7～12.6	3,7	0.04,0.1	80	16	μMAX,SO	A	超低漂移,μMAX封装	
MAX6166	2.5	2.7～12.6	5,10	0.1,0.2,0.4	120	27	SO	E	5 mA输出,精密型	2.00
MAX6192	2.5	2.7～12.6	5,10,25	0.1,0.2,0.4	35	60	SO	E	可代换REF192	1.95

续表 12.2.14

型号	输出电压/V	电源电压范围/V	温漂(10^{-6}/℃,最大)	初始精度 T_A+25℃(%,最大)	静态电流(μA,最大)	0.1 Hz至10 Hz噪声(μV_{P-P})	封装	温度范围*	特点	价格1 000片以上($)
MAX6220_25	2.5	8～40	20	0.1	3.3 mA	1.5	SO	A	−40～+125℃,15 mA输出	1.60
MAX6225	2.5	8～36	3,5	0.04,0.12	2.7 mA	1.5	DIP,SO,CERDIP	C,E,M	低漂移,输出噪声低于1.5 μV_{P-P}	2.25
MAX6325	2.5	8～36	1	0.04	2.7 mA	1.5	DIP,SO,CERDIP	C,E,M	超低漂移,输出噪声1.5 μV_{P-P}	6.70
MX580	2.5	4.5～30	38,64	0.4,1.3	1.5 mA	60	SO	C	低漂移带隙基准	2.03
MX584	2.5	5～30	20,30	0.14,0.3	1 mA	50	DIP,SO	C	低漂移可编程基准	3.09
MAX6003	3	3.21～12.6	100	1	45	75	SOT23	E	非常低成本的3端基准	0.40**
MAX6023_30	3	3.2～12.6	30	0.2	35	60	UCSP	E	1 mm×1 mm裸片尺度基准	1.50**
MAX6030	3	3.2～12.6	20,30	0.2～0.4	35	65	SOT23	E	低功耗,低漂移,低压差	0.95**
MAX6033_30	3	3.2～12.6	10,20	0.04,0.1,0.2	75	24	SOT23	a	1 mA输出电流,超低漂移,SOT23	2.00**
MAX6034_30	3	3.2～5.5	30,75	0.2,0.4	115	66	SC70	E	低电源电流,SC70封装	0.55**
MAX6063	3	3.2～12.6	20,30	0.2～0.4	125	35	SOT23	E	5 mA输出电流,精密型,SOT23封装	1.35**
MAX6103	3	3.2～12.6	75	0.4	150	35	SOT23	E	低成本,精密型	0.55**
MAX6129_30	3	3.2～12.6	40,100	0.4,0.5	3.5	95	SOT23	E	超低功能	0.55**
MAX6133_30	3	3.2～12.6	3,7	0.04,0.1	80	24	μMAX,SO	A	超低漂移,μMAX封装	
MAX6163	3	3.2～12.6	5,10	0.07,0.17	120	35	SO	E	5 mA输出电流,精密型	2.00
MAX6193	3	3.2～12.6	5,10,25	0.07,0.17,0.38	35	75	SO	E	可代换REF193	1.95
MAX6034_33	3.3	3.6～5.5	30,75	0.2,0.4	115	73	SC70	E	低电源电流,SC70封装	0.55**

续表 12.2.14

型号	输出电压/V	电源电压范围/V	温漂（10^{-6}/℃，最大）	初始精度 $T_A+25℃$（%，最大）	静态电流（μA，最大）	0.1 Hz至10 Hz噪声（μV_{P-P}）	封装	温度范围*	特点	价格1 000片以上（$）
MAX6129_33	3.3	3.5～12.6	40,100	0.4,0.5	3.5	110	SOT23	E	超低功耗	0.55**
MAX874	4.096	4.3～20	40	0.2	10	90	DIP,SO	C,E	低功耗,低压差	2.12
MAX6004	4.096	4.3～12.6	100	1	45	100	SOT23	E	非常低成本的3端基准	0.40**
MAX6023_41	4.096	4.3～12.6	30	0.2	35	100	UCSP	E	1 mm×1 mm裸片尺度基准	1.50**
MAX6033_41	4.096	4.3～12.6	10,20	0.04,0.1,0.2	75	32	SOT23	A	10 mA输出电流,超低漂移,SOT23	2.00**
MAX6034_41	4.096	4.3～5.5	30,75	0.2,0.4	115	90	SC70	E	低电源电流,SC70封装	0.55**
MAX6041	4.096	4.3～12.6	20,30	0.2,0.4	35	100	SOT23	E	低功耗,低漂移,低压差	1.35**
MAX6064	4.096	4.3～12.6	20,30	0.2,0.4	125	50	SOT23	E	5 mA输出电流,精密型,SOT23封装	1.35**
MAX6104	4.096	4.3～12.6	75	0.4	150	50	SOT23	E	低成本,精密型	0.55**
MAX6129_41	4.096	4.3～12.6	40,100	0.4,0.5	4	130	SOT23	E	超低功能	0.55**
MAX6133_41	4.096	4.3～12.6	3,7	0.04,0.1	80	32	μMAX,SO	A	超低漂移,μMAX封装	
MAX6141	4.096	4.3～12.6	50	1	105	25	SOT23,SO	E	低成本,抵压差3端基准	0.95
MAX6164	4.096	4.3～12.6	5,10	0.05,0.12	120	50	SO	E	5 mA输出电流,精密型	2.00
MAX6198	4.096	4.3～12.6	5,10,25	0.05,0.12,0.24	35	100	SO	E	可代换REF198	1.95
MAX6220_41	4.096	8～40	20	0.1	3.5 mA	1.5	SO	A	−40～+125℃,15 mA输出	1.60
MAX6241	4.096	8～36	3,5	0.02,0.1	2.9 mA	2.4	DIP,SO,CERDIP	C,E,M	低漂移,2.4 μV_{P-P}输出噪声	2.25
MAX6341	4.096	8～36	1	0.02	2.9 mA	2.4	DIP,SO,CERDIP	C,E,M	超低漂移,2.4 μV_{P-P}输出噪声	6.70

续表 12.2.14

型号	输出电压/V	电源电压范围/V	温漂（10^{-6}/℃，最大）	初始精度 T_A+25℃（%，最大）	静态电流（μA，最大）	0.1 Hz至10 Hz噪声（μV_{P-P}）	封装	温度范围*	特点	价格1 000片以上（$）
MAX6023_45	4.5	4.7～12.6	30	0.2	35	110	UCSP	E	1 mm×1 mm裸片尺度基准	1.50**
MAX6045	4.5	4.7～12.6	20,30	0.2,0.4	35	110	SOT23	E	低功耗,低漂移,低压差	1.35**
MAX6067	4.5	4.7～12.6	20,30	0.2,0.4	125	55	SOT23	E	5 mA输出电流，精密型，SOT23封装	1.35**
MAX6145	4.5	4.7～12.6	50	1	105	30	SOT23,SO	E	低成本,抵压差3端基准	0.95
MAX6167	4.5	4.7～12.6	5,10	0.04,0.1	120	55	SO	E	5 mA输出电流,精密型	2.00
MAX6194	4.5	4.7～12.6	5,10,25	0.04,0.1,0.2	35	110	SO	E	可代换REF194	1.95
MX584	5	7.5～30	20,30	0.12,0.3	1 mA	50	DIP,SO	C	低漂移可编程基准	3.09
MAX675	5	8～33	15	0.14	1.4 mA	15(max)	DIP,SO,CER-DIP	C,E,M	低漂移,低噪声带隙基准	2.53
MAX875	5	7～18	7,20	0.04,0.06	280	32	DIP,SO	C,E	低功耗/低漂移	2.10
MAX6005	5	5.2～12.6	100	1	45	120	SOT23	E	非常低成本的3端基准	0.40**
MAX6023_50	5	5.2～12.6	30	0.2	35	120	UCSP	E	1 mm×1 mm裸片尺度基准	1.50**
MAX6033_50	5	5.2～12.6	10,20	0.04,0.1,0.2	75	40	SOT23	A	10 mA输出电流,超低漂移,SOT23	2.00**
MAX6050	5	5.2～12.6	20,30	0.2,0.4	35	120	SOT23	E	低功耗,低漂移,低压差	1.35**
MAX6065	5	5.2～12.6	20,30	0.2,0.4	125	60	SOT23	E	5 mA输出电流，精密型，SOT23封装	1.35**
MAX6105	5	5.2～12.6	75	0.4	150	60	SOT23	E	低成本,精密型	0.55**
MAX6129_50	5	5.2～12.6	40,100	0.4,0.5	5	160	SOT23	E	超低功耗	0.55**
MAX6133_50	5	5.2～12.6	3,7	0.04,0.1	80	40	μMAX,SO	A	超低漂移,μMAX封装	

续表 12.2.14

型号	输出电压/V	电源电压范围/V	温漂(10^{-6}/℃,最大)	初始精度 T_A+25℃(%,最大)	静态电流(μA,最大)	0.1 Hz至10 Hz噪声(μV_{P-P})	封装	温度范围*	特点	价格1 000片以上($)
MAX6150	5	5.2~12.6	50	1	110	35	SOT23,SO	E	低成本,抵压差3端基准	0.95
MAX6165	5	5.2~12.6	5,10	0.04,0.1	120	60	SO	E	5 mA输出电流,精密型	2.00
MAX6195	5	5.2~12.6	5,10,25	0.04,0.1,0.2	35	120	SO	E	可代换REF195	1.95
MAX6220_50	5	8~40	20	0.1	3.7 mA	1.5	SO	A	−40~+125℃,15 mA输出	1.60
MAX6250	5	8~36	3,5	0.02,0.1	3 mA	3	DIP,SO,CERDIP	C,E,M	低漂移,3.0 μV_{P-P}输出噪声	2.25
MAX6350	5	8~36	1	0.02	3 mA	3	DIP,SO,CERDIP	C,E,M	超低漂移,3.0 μV_{P-P}输出噪声	6.70
REF02	5	8~33	8.5,25,65	0.3,1	1.4 mA	15(max)	TO−99,DIP,SO	C,E,M	低漂移带隙基准	1.28
MX584	7.5	10~30	20,30	0.1,0.3	1 mA	50	DIP,SO	C	低漂移可编程基准	3.09
MAX674	10	13~33	15	0.15	1.4 mA	30(max)	DIP,SO	C,E,M	低漂移,低噪声带隙基准	2.53
MAX876	10	12.2~18	7,20	0.03,0.05	280	64	DIP,SO	C,E	低功耗,低漂移	2.25
REF01	10	13~33	8.5,25,65	0.3,1	1.4 mA	30(max)	TO−99,DIP,SO	C,E,M	低漂移带隙基准	1.28
MX581	10	12.5~30	20,30	0.3	1 mA	50	SO	C,M	低漂移带隙基准	2.30
MX584	10	12.5~30	20,30	0.1,0.3	1 mA	50	DIP,SO	C	低漂移可编程基准	3.09

* 温度范围:$A=-40\sim+125$℃,$C=0\sim+70$℃,$E=-40\sim+85$℃,$M=-55\sim+125$℃

** 2 500片以上直接价格,美国离岸价

黑体表示新产品。

价格因当地关税、税费和汇率而异。最低等级价格。

并非所有封装采用1 k单位供货,有些会要求最小定量。

未来产品—价格及供货期请与厂方联络。性能参数为预期值。

表 12.2.15　NS公司部分电压基准芯片参数表

产品编号	类型	可供选择的输出电压(V)	初始准确度(%)	温度系数(10^{-6}/℃)	静态电流(μA)	噪声(μV_{pp})	封装	PowerWise技术
LM4140	串联(低压降稳压器)	1.024,1.25,2.048,2.5,4.096	0.1	3.6,10	230	2.2	SO-8	√
LM4132	串联(低压降稳压器)	1.8,2.0,2.5,3.0,3.3,4.096	0.05,0.1,0.2,0.4,0.5	10,20,30	50	170	S0523-5	√
LM4120	串联(低压降稳压器)	1.8,2.048,2.5,3.0,3.3,4.09,5	0.2,0.5	50	160	20	SOT23-5	√
LM4128	串联(低压降稳压器)	1.8,2.0,2.5,3.0,3.3,4.096	0.1,0.2,0.5,1	75,100	60	170	SOT23-5	√

12.3　并联型电压基准芯片

12.3.1　MAX6006/6009 最低功耗、并联型电压基准芯片

最低保证工作电流低于1 μA,MAX6006/6009并联型(两端)基准是业界功耗最低的并联基准,胜出同尺寸封装的最接近竞争者20倍以上。

MAX6006/6009功能选项如表12.3.1所列,其引脚如图12.3.1所示,MAX6008的应用电路如图12.3.2所示。

表 12.2.11　MAX6173/6177 功能表

型号	输出电压/V	级别	温度系数(10^{-6}/℃,最大)	初始精度(%,最大)	噪声0.1 Hz至10 Hz(pV_{P-P},典型)	价格↑/元
MAX6006	1.25	A	30	0.2	30	7.3
		B	75	0.5	30	4.7
MAX6007	2.048	A	30	0.2	50	7.3
		B	75	0.5	50	4.7
MAX6008	2.5	A	30	0.2	60	7.3
		B	75	0.5	60	4.7
MAX6009	3	A	30	0.2	75	7.3
		B	75	0.5	75	4.7

MAX6006/6009特性如下:

- 小巧的3引脚SOT23封装;
- 30×10^{-6}/℃(最大)温度系数;
- 0.2%(最大)初始精度;
- 输出电压:1.25 V、2.048 V,2.5 V,3 V;
- 稳定工作于容性负载;
- 保证工作于−40～+85 ℃;
- 1 μA～2 mA宽工作范围;

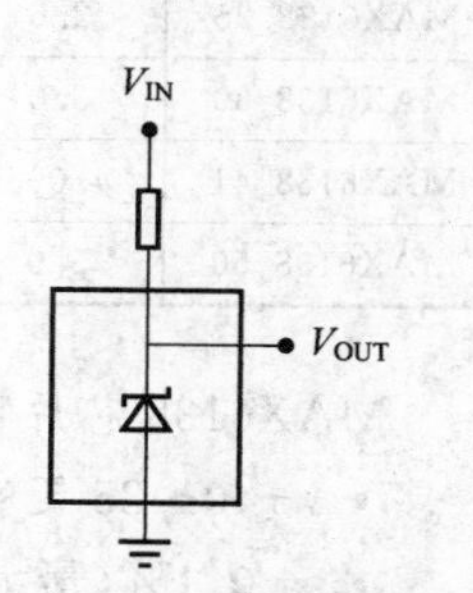

图 12.3.1　MAX6006/6009引脚图

• 低成本：4.7元。

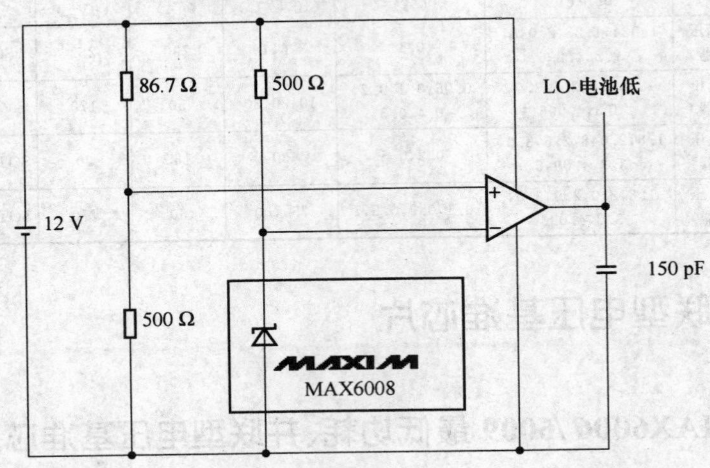

图 12.3.2 MAX6006/6009 应用电路

12.3.2 MAX6138 精密并联型电压基准芯片

MAX6138 是更细小的 2 端并联型电压基准，具有 0.1% 的初始精度和 25×10^{-6}/℃的温度系数，它的超小型 3 引脚 SC70 封装（2 mm×2 mm）对于空间受限的应用非常理想。MAX6138 以 25×10^{-6}/℃的性能直接升级工业标准器件 LM4040，并联基准芯片最适合于 1 μA～2 mA 源出电流的场合。MAX6138 输出电压选项如表 12.3.2所列，其引脚如图 12.3.3 所示，MAX6138 的应用电路如图 12.3.4 所示。

表 12.3.2 6 种输出电压选择表

型号	输出电压/V	温度系数（10^{-6}/℃）	初始精度/%			引脚-封装	价格↑(S)
			A 级	B 级	C 级		
MAX6138_12	1.225	25	0.1	0.2	0.5	3 - SC70	0.98
MAX6138_21	2.048	25	0.1	0.2	0.5	3 - SC70	0.98
MAX6138_25	2.5	25	0.1	0.2	0.5	3 - SC70	0.98
MAX6138_30	3.0	25	0.1	0.2	0.5	3 - SC70	0.98
MAX6138_41	4.096	25	0.1	0.2	0.5	3 - SC70	0.98
MAX6138_50	5.0	25	0.1	0.2	0.5	3 - SC70	0.98

MAX6138 芯片特性：

• －40～85 ℃范围内最大温度系数 25×10^{-6}/℃；

• ±0.1%（最大）初始精度；

• 50 μA～15 mA 工作电流范围；

- 无需输出电容；
- 稳定工作于容性负载；
- 输出电压：1.225 V、2.048 V、2.5 V，3 V、3.3 V、4.096 V和5 V。

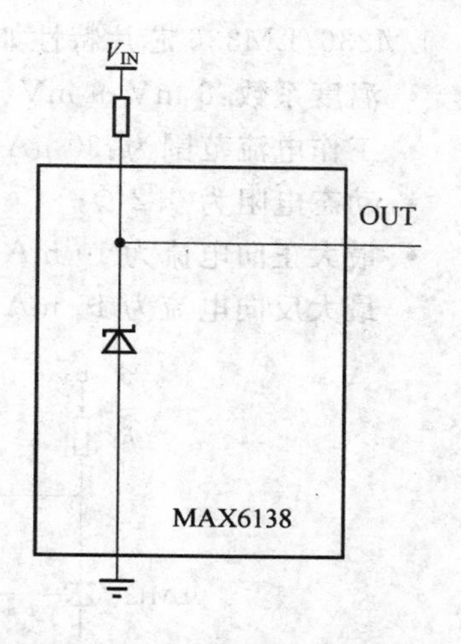

图 12.3.3　MAX6138 引脚

12.3.3　LM236/LM336 精密并联型电压基准芯片

LM236/LM336是精密的2.5 V并联型电压基准芯片，其工作相当于一个低温系数的、动态电阻的0.2 Ω的2.5 V齐纳二极管，其中的微调端(ADJ)可以使基准电压和温度系数得到微调。

LM236/LM336芯片采用TO－46封装或TO－92封装，其外形如图12.3.5(a)、(b)所示。

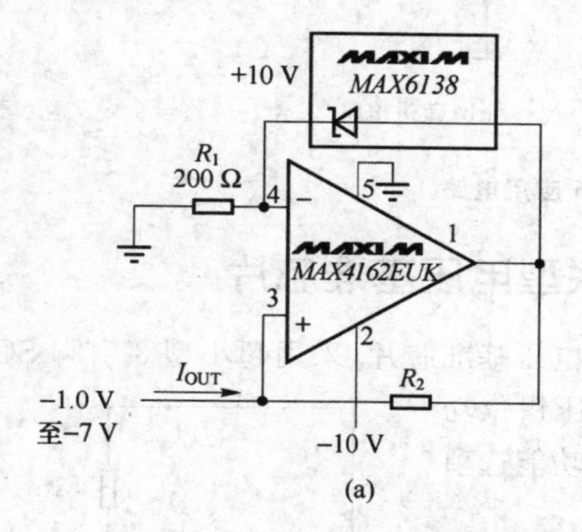

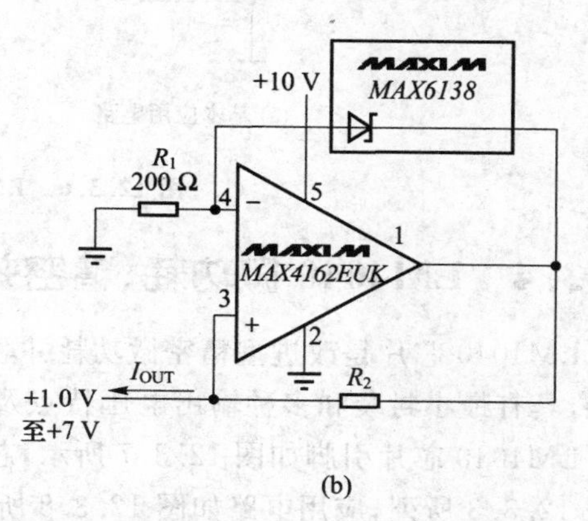

图 12.3.4　MAX6138 应用电路

注：$I_{OUT}=\frac{2.5\ V}{R^2}$

LM136系列的基本应用电路如图12.3.6(a)所示，10 kΩ电位器可用来调节击穿电压而不影响器件的温度系数。图12.3.6(b)所示是在LM136系列基本应用电路基础上的改进电路，10 kΩ电位器的上、下端各串联一个硅二极管时，可以改善温度系数。当电压调到2.940 V时，温度系数最小。

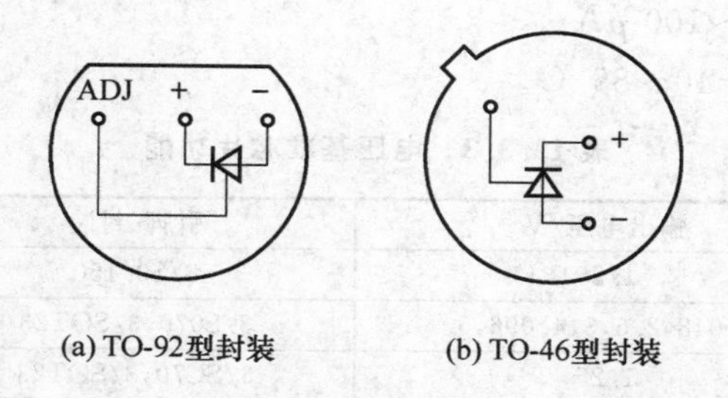

图 12.3.5　LM236/LM336 集成电路外形图

LM236/LM336 芯片特性如下：

- 温度系数：6 mV、9 mV、18 mV；
- 工作电流范围为：30 μA～10 mA；
- 动态电阻为 0.2 Ω；
- 最大正向电流为 10 mA；
- 最大反向电流为 15 mA。

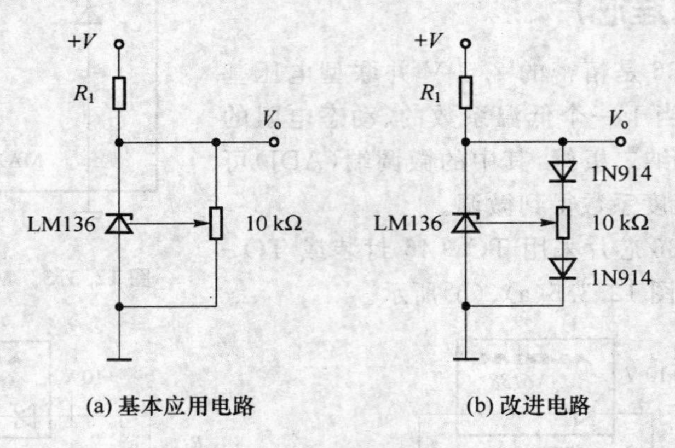

图 12.3.6　LM136 应用电路

12.3.4　LM4040 微功耗、精密并联型电压基准芯片

LM4040 芯片是改进型精密微功耗并联型电压基准芯片，采用超小型 3 引脚 SC70 封装，具有最小封装和多种输出电压特点及电压钳位功能。LM4040 芯片引脚如图 12.3.7 所示，芯片功能选项如表 12.3.3 所列，应用电路如图 12.3.8 所示。

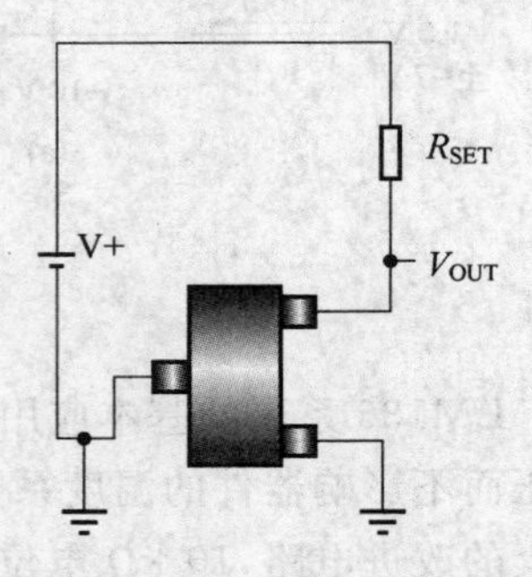

图 12.3.7　LM4040 引脚

LM4040 芯片特性如下：

- 标准输出电压 2.048 V/2.5 V/3 V/4.096 V/5 V；
- 初始绝对精度±2.5 mA～100 mA；
- 温度稳定性为 10^{-4}/℃～15×10^{-5}/℃，长期稳定性为 12×10^{-5}/℃；
- 电源电流为 70～100 μA；
- 工作温度范围－40～85 ℃。

表 12.3.3　电压基准芯片功能

型号	输出电压/V	引脚-封装	价格↑/元
ICL8069	1.25	8/S0.150	5.5
LM4040	2.048,2.5,3,4.096,5	3/S070,3/SOT23	3.0
LM4041	1.25	3/SC70,3/SOT23	3.0
LM4050	2.048,2.5,3,4.096,5	3/SC70,3/SOT23	6.2

续表 12.3.3

型号	输出电压/V	引脚-封装	价格↑/元
LM4051	1.25	3/SC70,3/SOT23	6.2
MAX6006	1.25	3/SOT23,8/S0.150	4.7
MAX6007	2.408	3/SOT23,8/S0.150	4.7
MAX6008	2.5	3/SOT23,8/S0.150	4.7
MAX6009	3	3/SOT23,8/S0.150	4.7
MAX6138	1.25,2.048,2.5,3,4.096,5	3/SC70	9.8

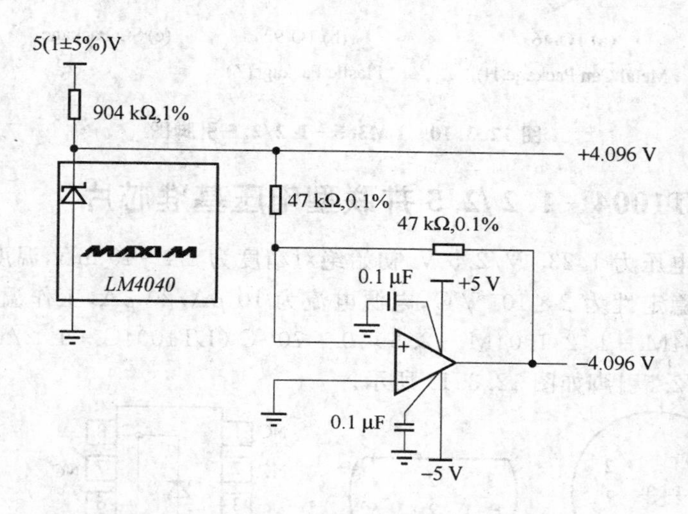

图 12.3.8 LM4040 应用电路(精密±4.096 V 并联基准)

12.3.5 LM4041－1.2 并联型电压基准芯片

标准输出电压为 1.225 V,初始绝对精度为±1.2～25 mA,温度稳定性为 1×10^{-4}/℃～15×10^{-5}/℃,长期稳定性为 12×10^{-5}/℃,电源电流为 70～100 μA,工作温度范围－40～85 ℃。LM4041－1.2 引脚如图 12.3.9 所示。

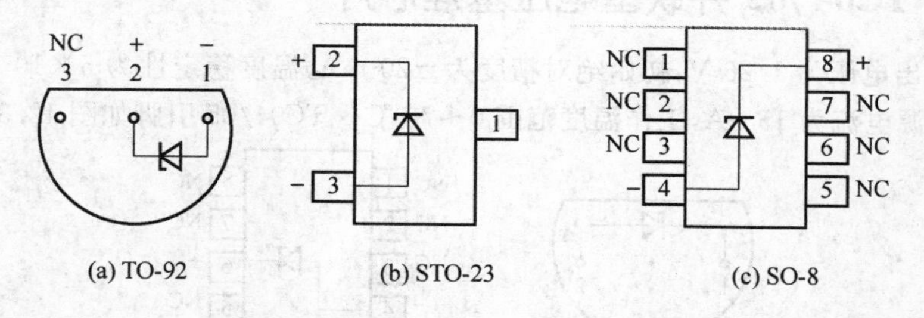

图 12.3.9 LM4041－1.2 引脚图

12.3.6 LM385－1.2/2.5 并联型电压基准芯片

标准输出电压为 1.235 V/2.5 V,初始绝对精度为±4～75 mA,温度稳定性为 3×

10^{-5}/℃～15×10^{-5}/℃，长期稳定性为20×10^{-5}/℃，电源电流为20 μA/30 μA，工作温度范围为0～70 ℃。LM385－1.2/2.5引脚如图12.3.10所示。

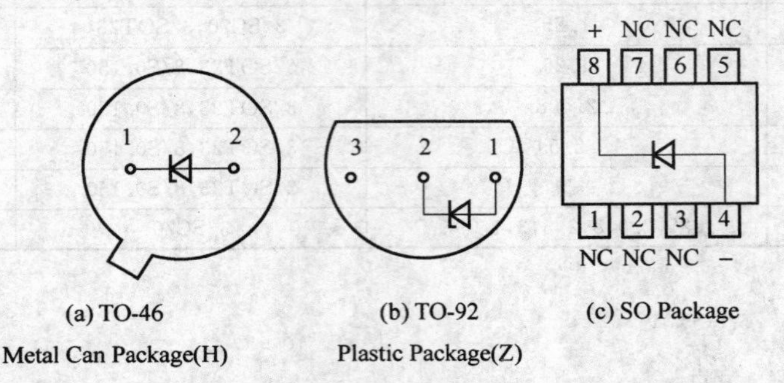

图12.3.10 LM385－1.2/2.5引脚图

12.3.7 LT1004－1.2/2.5并联型电压基准芯片

标准输出电压为1.235 V/2.5 V，初始绝对精度为±4～40 mA，温度稳定性为2×10^{-5}/℃，长期稳定性为2×10^{-5}/℃，电源电流为10 μA/20 μA，工作温度范围－55～125 ℃（LT1004M－1.2/1004M－2.5）、0～70 ℃（LT1004C－1.2/1004C－2.5）。LT1004－1.2/2.5引脚如图12.3.11所示。

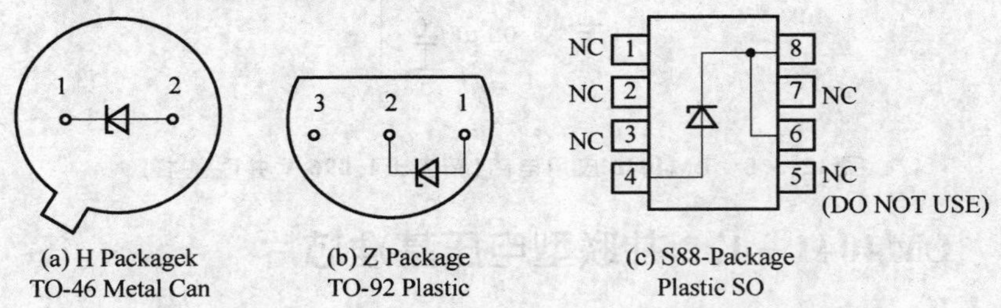

图12.3.11 LT1004－1.2/2.5引脚图

12.3.8 TC04/05并联型电压基准芯片

标准输出电压为1.26 V，初始绝对精度为±20 mA，温度稳定性为5×10^{-5}/℃～1×10^{-4}/℃，电源电流为15 μA，工作温度范围0～70 ℃。TC04/05引脚如图12.3.12所示。

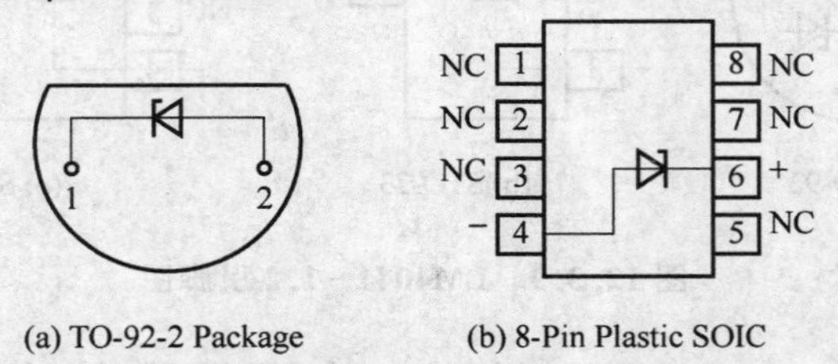

图12.3.12 TC04/05引脚图

MAX1M、NS公司并联基准芯片性能如表12.3.4和表12.3.5所列。

表 12.3.4 MAX1M 部分电压基准芯片参数表

2 端并联型基准

型号	反向击穿电压/V	温漂 (10^{-6}/℃，最大)	初始精度 T_A＝＋25℃ (%，最大)	工作电流范围	0.1～10 Hz 噪声(μV_{P-P})	封装	温度范围*	特点	价格 1.000 片以上($)
LM4041－1.2	1.225	100	0.1,0.2,0.5,1	60 μA～12 mA	20 μV_{RMS}***	SOT23,SC70	E,A	微型 SC70 封装	0.35**
LM4051－1.2	1.225	50	0.1,0.2,0.5	60 μA～12 mA	20 μV_{RMS}***	SOT23,SC70	A	SC70	0.65**
MAX6138－1.2	1.225	25	0.1,0.2,0.5	60 μA～15 mA	28 μV_{RMS}***	SC70	E	改进漂移的 LM4050	0.98**
ICL8069	1.23	25,50,100	2	50 μA～5 mA	5 μV_{RMS}	SO	C,E	工业标准	0.65
MAX6006/7	1.25/2.048	30,75	0.2,0.5	1 μA～2 mA	60	SOT23	E	超低功耗,SOT23－3 封装	0.55**
LM4040－2.1	2.048	100	0.1,0.2,0.5,1	60 μA～15 mA	35 μV_{RMS}***	SOT23,SC70	E,A	微型 SC70 封装	0.35**
LM4050－2.1	2.048	50	0.1,0.2,0.5	60 μA～15 mA	35 μV_{RMS}***	SOT23,SC70	A	改进的 LM4050,SC70 封装	0.65**
MAX6138－21	2.048	25	0.1,0.2,0.5	65 μA～15 mA	20 μV_{RMS}***	SC70	E	改进漂移的 LM4050	0.98**
LM4040－2.5	2.5	100	0.1,0.2,0.5,1	60 μA～15 mA	35 μV_{RMS}***	SOT23,SC70	E,A	微型 SC70 封装	0.35**
LM4050－2.5	2.5	50	0.1,0.2,0.5	60 μA～15 mA	35 μV_{RMS}***	SOT23,SC70	A	改进的 LM4050,SC70 封装	0.65**
MAX6008	2.5	30,75	0.2,0.5	1 μA～2 mA	60	SOT23	E	超低功耗,SOT23－3 封装	0.55**
MAX6138－25	2.5	25	0.1,0.2,0.5	60 μA～15 mA	35 μV_{RMS}***	SC70	E	改进漂移的 LM4050	0.98**
LM4040－3.0	3	100	0.1,0.2,0.5,1	60 μA～15 mA	35 μV_{RMS}***	SOT23,SC70	E,A	微型 SC70 封装	0.35**
LM4050－3.0	3	50	0.1,0.2,0.5	60 μA～15 mA	35 μV_{RMS}***	SOT23,SC70	A	改进的 LM4050,SC70 封装	0.65**
MAX6009	3	30,75	0.2,0.5	1 μA～2 mA	60	SOT23	E	超低功耗,SOT23－3 封装	0.55**
MAX6138－30	3	25	0.1,0.2,0.5	60 μA～15 mA	35 μV_{RMS}***	SC70	E	改进漂移的 LM4050	0.98**

续表 12.3.4

型号	反向击穿电压/V	温漂(10^{-6}/℃,最大)	初始精度 $T_A=+25$℃(%,最大)	工作电流范围	0.1~10 Hz 噪声(μV_{P-P})	封装	温度范围*	特点	价格1.000片以上($)
LM4040-3.3	3.3	100	0.1,0.2,0.5,1	60 μA~15 mA	50μV_{RMS}***	SC70	A	微型SC70封装	0.35**
LM4050-3.3	3.3	50	0.1,0.2,0.5	60 μA~15 mA	50 μV_{RMS}***	SC70	A	改进的LM4050,SC70封装	0.65**
MAX6138-33	3.3	25	0.1,0.2,0.5	65 μA~15 mA	50 μV_{RMS}***	SC70	E	改进漂移的LM4050	0.98**
LM4040-4.1	4.096	100	0.1,0.2,0.5,1	60 μA~15 mA	35μV_{RMS}***	SOT23,SC70	E,A	微型SC70封装	0.35**
LM4050-4.1	4.096	50	0.1,0.2,0.5	60 μA~15 mA	35 μV_{RMS}***	SOT23,SC70	A	改进的LM4050,SC70封装	0.65**
MAX6138-41	4.096	25	0.1,0.2,0.5	73 μA~15 mA	80 μV_{RMS}***	SC70	E	改进漂移的LM4050	0.98**
LM4040-5.0	5	100	0.1,0.2,0.5,1	60 μA~15 mA	35μV_{RMS}***	SOT23,SC70	E,A	微型SC70封装	0.35**
LM4050-5.0	5	50	0.1,0.2,0.5	60 μA~15 mA	35 μV_{RMS}***	SOT23,SC70	A	改进的LM4050,SC70封装	0.65**
MAX6138-50	5	25	0.1,0.2,0.5	80 μA~15 mA	80 μV_{RMS}***	SC70	E	改进漂移的LM4050	0.98**

表 12.3.5　NS公司部分电压基准芯片参数表

产品编号	类型	可供选择的输出电压(V)	初始准确度(%)	温度系数(10^{-6}/℃)	静态电流(μA)	噪声(μV_{pp})	封装	PowerWise技术
LM4030	并联	2.5,4.096,5.0	0.05,0.1,0.2,0.4	10,20,30	60	100	SOT23-5	
LM4050	并联	2.0,2.5,4.096,5.0,8.2,10	0.1,0.2,0.5	50	39	48	SOT23-3	

12.4　高精密电压基准芯片

12.4.1　REF-01/02/03精密电压基准芯片

REF精密电压基准芯片内部有一个能带间隙基准源(1.23 V)。此基准源非常精确和稳定。此基准与采样电路、比较电路和控制电路协调工作,使输出电压精确而稳定。

REF系列精密电压基准芯片具有以下特点:具有健全的保护电路,具有短路保护功能;输出电压精确,误差小于±0.3%;噪声电压低,小于10 μV_{P-P};输出电压调整范围宽,为±6%;静态电流 I_0(输出空载时输入供电电流)小,小于1 mA;输入电压 $V_i=(V_0+2)$ V～33 V,V_0 为输出电压;输出负载电流不小于20 mA;温度稳定性好,温度系数(环境温度变化1 ℃输出电压变化比例)为 3×10^{-6}/℃;REF中的REF-02A/E型还有温度电压输出功能,TVc引脚输出电压与温度有良好的线性关系,如图12.4.1所示。

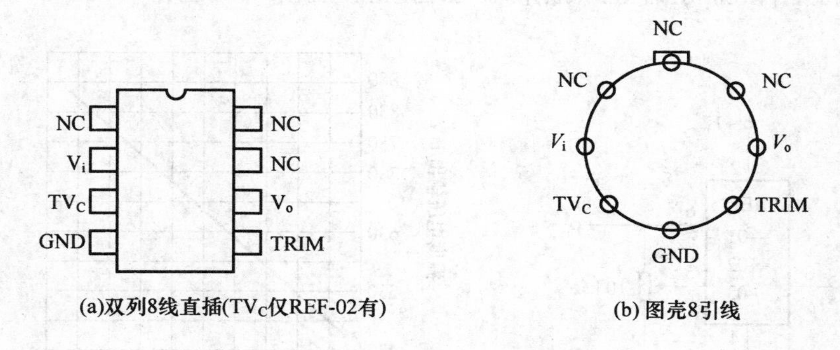

图 12.4.1　REF-01/02/03引脚排列

REF系列精密电压基准芯片的引脚排列如图12.4.1所示。图中 V_i 是输入电压及电压输入引脚,V_i 应为 (V_0+2)V～33 V。V_0 是输出电压及电压输出端。各型号输出电压不同,见表12.4.1所列。TRIM为输出电压调整信号输入脚。TVc是与浊度成线性关系的电压输出端。NC是空脚。

图12.4.2是利用REF-01,REF-02和REF-03产生电压基准源的电路图。图中10 kΩ电位器用来对输出电压微调。对于REE-01,可以使输出 V_0 在10.000 V±10.000 V×6%范围调整。对于REE-02可以在5.000 V(1±6%)范围调节,对于REF-03可以在2.500 V×(1±6%)范围调节。

对于 REF－02，TVc 引脚的对地电压还反映了 REF－02 周围的温度。如果把 REF－02 贴在工件上，可以通过测量引脚 TVc 对地电压求得工作表面的温度。测温灵敏度为 2.1 mV/℃。

表 12.4.1　REF－01/02－03 的主要参数

参数名称＼型号	测试条件	单位	REF－01A/E			REF－02A/E			REF－03A/E		
			最小	典型	最大	最小	典型	最大	最小	典型	最大
输入电压 V_i		V		15			15			15	
输入电压 V_0	$I_L=0$	V	9.970	10.000	10.030	5.985	5.000	5.015	2.492	2.500	2.508
输出调节范围 ΔV_{trim}	$R_P=10\ k\Omega$	%	±3	±3.3		±3	±6		±3	±6	
输出调节噪声 e_{en-p}	0.1～10 Hz	μV_{P-P}		20	30		10	15		5	12
线调整率	V_1(注1)	%/V		0.006	0.010		0.006	0.010		0.001	0.005
负载调整率	I_L(注2)	%/mA		0.005	0.010		0.005	0.008		0.01	0.02
静态电流 I_d	$V_L=0$	mA		1.0	1.4		1.0	1.4		1.0	1.4
温度电压变化		mV/℃					2.1				
输出电压温度系数		10^{-6}/℃		3	8.5		3	8.5		10	25
短路电流 I_SC	$V_0=0$	mA		30			30			30	
温度电压输出		mV					630				

注：1. 测试条件，REF－01，V_1＝13～33 V；REF－02，V_1＝8～33 V；REF－03，V_1＝4.5～33 V。
2. 测试条件，REF－01 和 REF－02，I_L＝0～10 mA；REF－03，I_L＝0～8 mA。

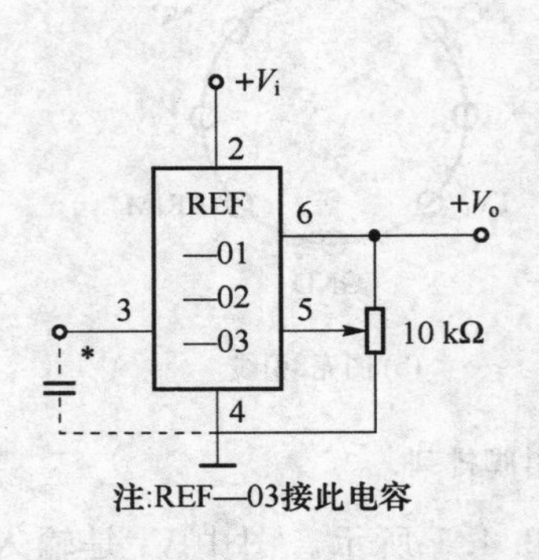

图 12.4.2　REF－01/02/03 应用电路

图 12.4.3　REF－02 的温度-电压特性

12.4.2　CJ313/336/385 高精度电压基准芯片　CJ199/299/399 内部有恒温槽"H"的高精度电压基准芯片

CJ313（国外 LM313），CJ385（国外 LM385），CJ336（国外 LM336），CJ199（国外 LM199）芯片性能如表 12.4.2 所列，表 12.4.2 列出了它们的主要参数。图 12.4.4 是 CJ313，CJ336，CJ385 和 CJ199/299/399 的引脚功能排列图。图 12.4.5 是它们的应用

接线图。其中CJ336即可按图12.4.5(a)又可按12.4.5(b)连接。图12.4.5(b)中的10 kΩ电位器用于对输出电压微调。使输出在2.400V上下变动。如果输出不需调整，可把1引脚悬空，如图12.4.5(a)所示。

表12.4.2　高精度电压基准芯片参数

性能和参数			型号			
名称	符号	单位	CJ313 LM313	CJ385 LM385	CJ336 LM336	CJ199 LM199
最大输入电压	U_{Imax}	V				40
最小输入电压	U_{Imin}	V				9
基准电压	U_{REF}	V	1.220	1.235	2.400	6.95
允许输入电流变化范围	$I_{min}\sim I_{max}$	mA	0.4～20	1～2	0.4～10	0.5～10
噪声电压 (10 Hz～10 kHz)	U_{NF}	μV	50	60		7
稳定电压温度参数	S_r	10^{-6}/℃	100			2
动态电阻	R_d	Ω	0.2	0.4	0.4	0.5
长期稳定性		10^{-6}/kh		20	20	3
基准源结构			能隙式			隐埋齐纳

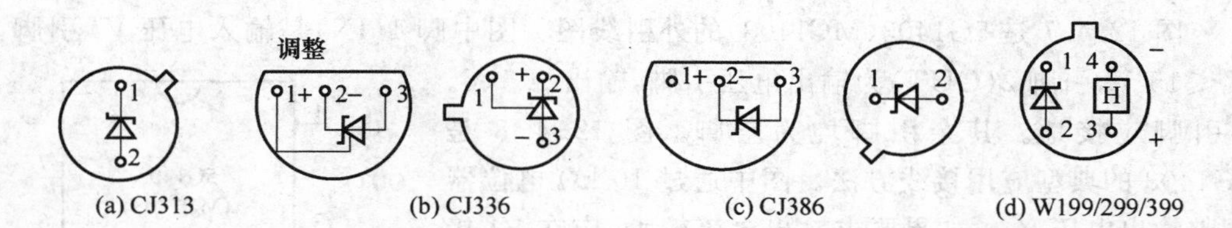

图12.4.4　CJ313,CJ336,CJ385,W199/299/399的外引线图

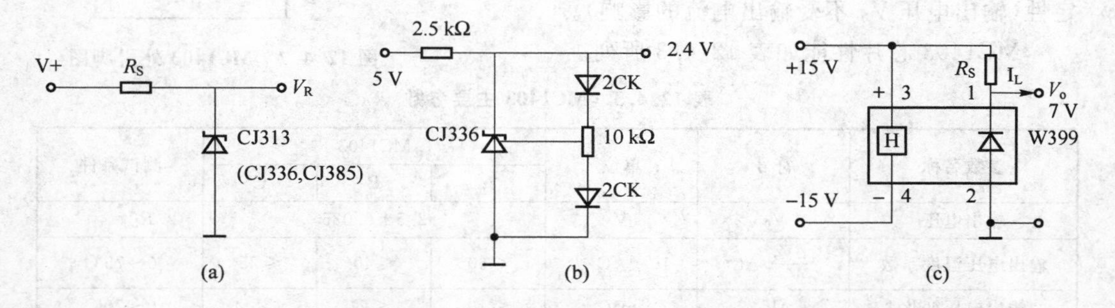

图12.4.5　CJ313,CJ336,CJ385,W199/299/399的典型应用电路

CJ199/299/399内部有恒温槽“H”。只要在3引脚(接正)与4引脚(接负)间加9～40 V电压，就可保证管内温度恒定，使输出电压(1引脚)漂移很小(2×10^{-6}/℃)。

这里提醒注意，在图12.4.5(C)中，W399接到－15 V，也就是说恒温槽"H"由＋15 V和－15 V供电。实际上也可以把4引脚与2引脚接在一起，仅用＋15 V对"H"供电。

CJ199系列共有3个型号，即军用品CJ199，工业用品CJ299和商用品CJ399。CJ199的工作温度范围为－55～＋125 ℃；CJ299工作温度范围为－25～85 ℃；CJ399为0～70 ℃。

CJ199/299/399的另一名称为W199/299/399。其国外型号有LM199/299/399等。图12.4.6是利用CJ199/299/399产生0～20 V大电流高精度稳定电压的电路图。高精度电压基准芯片如见12.4.2所列。

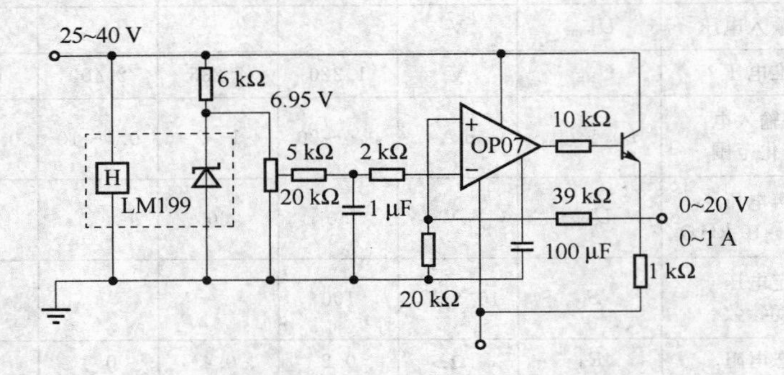

图12.4.6　0～20 V高精度稳压电路

12.4.3　5G1403(MC1403)8脚精密电压基准芯片

图12.4.7是5G1403(MC1403)的外引线图。图中脚1(IN)是输入电压V_1引脚，$V_1 \leqslant 15$ V，引脚2(OUT)为输出电压引脚，输出2.5 V。3引脚应接地。其余引脚均为空脚。图12.4.8是5G1403的典型应用接线方法。图中通过10 kΩ电位器调整输出电压V_0。如果要求输出电流较大，应在V_0接一个阻抗变换缓部器，以提高输出电压V_0的精度和稳定性(输出电压V_0不受输出电流的影响)。

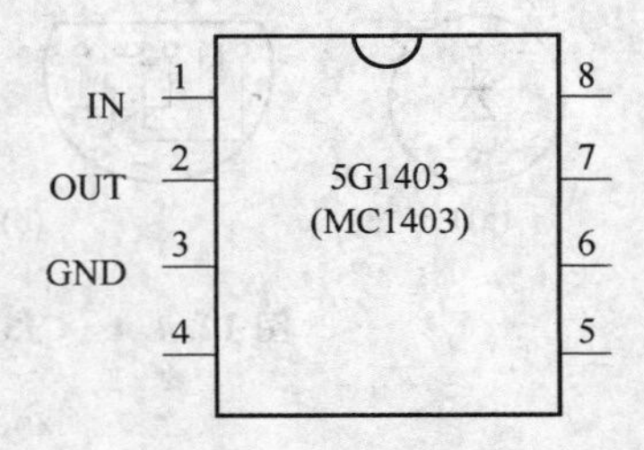

图12.4.7　MC1403外引脚图

MC1403芯片性能如表12.4.3所列。

表12.4.3　MC1403主要参数

参数名称	符号	单位	MC1403			测试条件
			A	B	C	
输出电压	V_0	V	2.5±0.025			$R_L=\infty$
输出电压温度系数	$\frac{\Delta V_z}{V_0}/\Delta t$	$10^{-6}/℃^{-1}$	≤60	≤40	≤25	0～75℃
输出电压变化	ΔV_0	mV	≤10	≤7	≤4.4	0～70℃
电压调整率	S_V	$\%V^{-1}$	≤0.01			$4.5\ V \leqslant V_i \leqslant 15\ V$
电流调整率	$\Delta V_0/\Delta I_0$	mA	≤1			$\Delta I_0=10$ mA
静态电流	I_q	mA	≤1.5			$R_L=\infty$

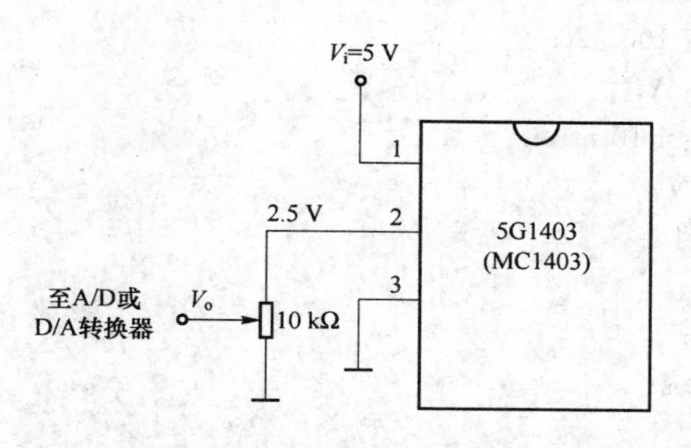

图 12.4.8　MC1403 典型接法

12.4.4　REF32XX 4 线连接、低漂移、精密电压基准芯片

全新的 REF32XX 电压基准芯片采用业界首屈一指的创新型 4 线技术，不仅具有快速恢复(60 μs)关断功能及更高的准确度，并在任何电容性负载下均能实现稳定性能。此器件还拥有小体积和低功耗(最大耗电流为 120 μA)等特性，适合便携式应用及电池供电应用。PEF32XX 系列主要技术参数如表 12.4.4 所列，该系列芯片应用电路如图 12.4.9 所示。

表 12.4.4　REF 系列主要技术参数

器件	输出电压/V（典型值）	初始精度(%)（最大值）	温度系数 10^{-6}/℃		长期稳定性(ppm/kHr)（典型值）	噪声(0.1～10 Hz)(μV_{pp})（典型值）	参考类型	I_Q/μA（最大值）	封装
			（典型值）	（最大值）					
REF02	5	0.2	4	10	50	4	隐埋齐纳	1 400	DIP－8. SO－8
REF102	10	0.05	—	2.5	5	5	隐埋齐纳	1 400	DIP－8. SO－8
REF1004x	1.235,2.5	0.3	20	23	20	18	分流	0.01－20	SOIC－8
REF29xx	1.25,2.048,2.5,3,3.3,4.096	2	35	100	24	20－45	带隙	50	SOT23－3
REF1112	1.25	0.2	10	30	60	25	分流	0.001－5	SOT23－3
REF30xx	1.25,2.048,2.5,3,3.3,4.096	0.2	20	50	24	14－45	带隙	50	SOT23－3
REF31xx	1.25,2.048,2.5,3,3.3,4.096	0.2	5	15	70	17－53	带隙	115	SOT23－3
REF32xx	1.25,2.048,2.5,3,3.3,4.096	0.2	4	7	55	17－53	带隙	1/135	SOT23－3

REF32XX 系列芯片特性如下：

- 7^{-6}/℃(最大值)，温度为 0～＋125℃时；
- 17^{-6}/℃(最大值)，温度为－40～＋125℃时；

- 电流：典型值 100 μA；
- 关断电流 1 μA；
- 高输出电流：±10 mA；
- 低压降：5 mV；
- SOT23－6 封装。

应用范围如下：

- 便携式设备；
- 数据采集系统；
- 医疗设备；
- 测试设备。

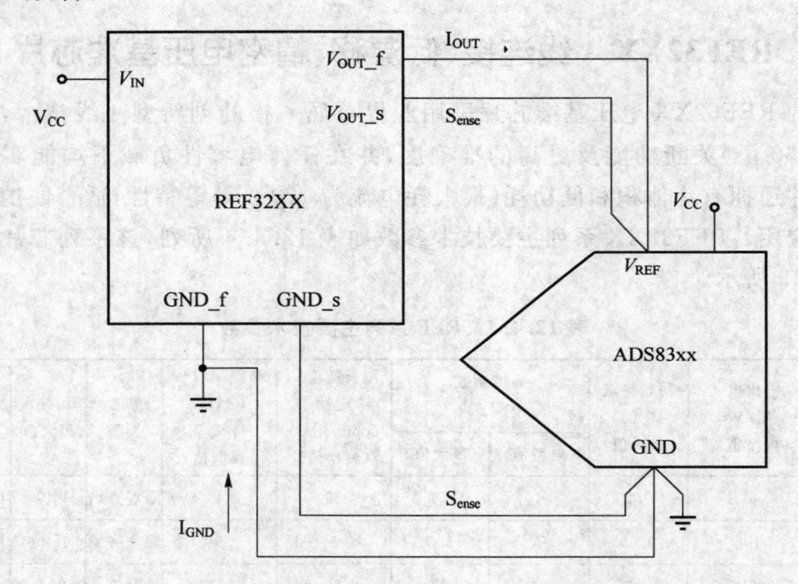

图 12.4.9　REF32XX 应用电路

12.4.5　REF50XX　高准确度、精密电压基准芯片　REF33XX　低功耗、精密电压基准芯片

REF50XX 与 REF33XX 是新推出的高精度电压基准产品系列，使高准确度工业应用与高精度低功耗应用实现了全新的性能提升。REF50XX 提供 3 10^{-6}/℃极大温度漂移、0.05% 准确度与 3 μV_{pp}/V 噪声，理想满足高分辨率工业 ADC 的要求。REF33XX 的极大静态电流仅为 5 μA，能够输出驱动与吸入 5 mA 输出电流，并在低至 1.8 V 的电压下工作，理想适用于便携式应用。

REF50XX 与 REF33XX 性能选项如表 12.4.5 所列，REF50XX 温度漂移特性如图 12.4.10 所示，REF33XX 温度与静态电流特性曲线如图 12.4.11 所示。

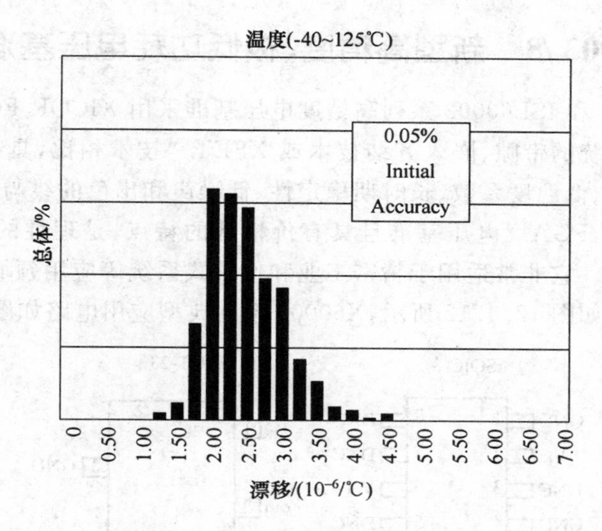

图 12.4.10　REF50XX 温度漂移特性

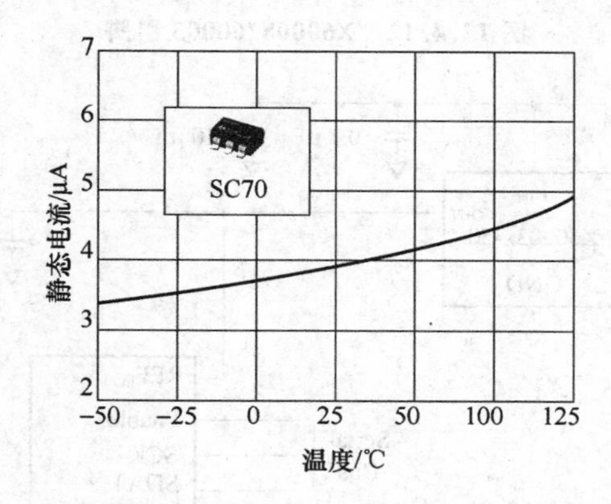

图 12.4.11　REF33XX 温度与静态电流特性曲线

表 12.4.5　REF50XX 与 REF33XX 性能表

产品	准确度 /(%)	输出/V	漂移 $(10^{-6}/℃)$ (最大值)	$I_q(\mu A)$ (典型值)	输出电流/mA	封装
REF50xx	0.05	2.048,2.5,3.0,4.096,4.5,5	3	800	±10	MSOP－8*,SO－8
REF50xxA	0.1	2.048,2.5,3.0,4.096,4.5,5	8	800	±10	MSOP-8*,SO-8
REF33xx	0.15	1.25,1.8,2.048,2.5,3.0,3.3	30	3.9	±5	SC70,SOT23-3
REF32xx	0.2	1.25,2.048,2.5,3.0,3.3,4.096	7	100	±10	SOT23-6
REF31xx	0.15	1.25,2.048,2.5,3.0,3.3,4.096	15	100	±10	SOT23-3
REF30xx	0.2	1.25,2.048,2.5,3.0,3.3,4.096	50	42	25	SOT23-3

12.4.6　X60003/8　新型高精度、极低功耗电压基准芯片

X60008/60003 和 ISL60002 系列高精度电压基准采用 XICOR FGA™浮动栅专利技术制造。它与传统的带隙、嵌入齐纳技术或 XFET™技术相比，具有更优越的性能：极高的初始精确度、低温度系数、长时期稳定性、低噪声和出色的线与负载调节等特点，现已实现最低功耗，FGA™电压基准且具有价格低的特点，是理性的具有高性价比的电压基准解决方案。它非常适用于精密工业和便携式系统等应用领域。X60008 系列，X60003 系列引脚，如图 12.4.12 所示，X60003 系列典型应用电路如图 12.4.13 所示。

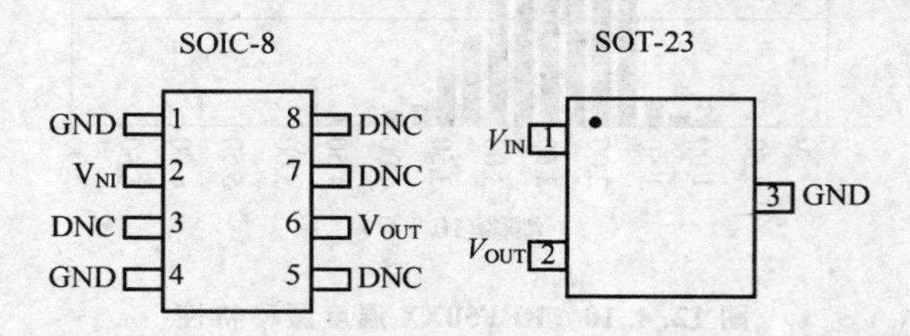

图 12.4.12　X60008/60003 引脚

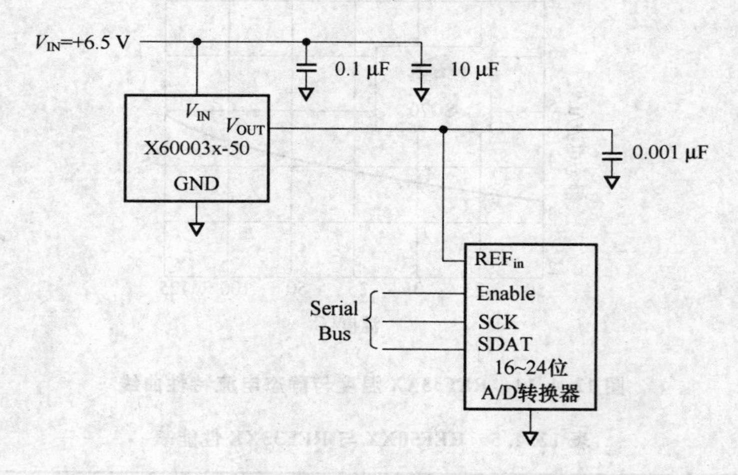

图 12.4.13　X60003 系列典型应用电路

X60008/60003 系列芯片特性如下：

- 采用先进的 EEPROM 浮动栅技术；
- 输出电压 5.000 V，4.096 V，或 2.500 V；
- 温度系数：最小 1 10^{-6}/℃，最大 20 10^{-6}/℃；
- 初始精度：最小±0.5 mV，最大±5.0 mV；
- 工作电流：500 nA 典型值；
- 长时间稳定性高(10 10^{-6}/1000 h)；
- 输出/输入电流：10 mA；
- 80 mA 持续短路电流承受能力；

• 5 kV ESD保护；
• 封装：SOIC－8－X60008系列；SOT－23－X60003系列；
• 温度范围：工业级－40～＋85℃。

应用范围：

高精度A/D和D/A系统、高精度参考标准、精密调节器、精密电流源、智能传感器、数字仪表伏频变换器、校准系统、精密振荡器、极限探测器、工业过程控制、电池管理系统、伺服系统。

12.4.7　ADR290/291/292/293高精度、新型XFET3端电压基准芯片

ADR290，ADR291，ADR292及ADR293是美国ADI公司最新推出的XFET式基准电压芯片，具有低噪声、微功耗、低温漂及高精度的特点。相对于传统的带隙式和隐埋齐纳二极管式基准电压源，新的XEFT结构大大提高了基准电压源的电气性能。在相同的电流驱动下，ADR290/291/292/293基准电压芯片的噪声只是传统的带隙式基准电压源的1/4；同时具有更低的温度漂移系数和优良的电压长期稳定性。2.048 V，2.500 V，4.096 V及5.000 V分别为ADR290/291/292/293的输出电压。

ADR29×系列参考电压源能提供稳定精确的输出电压，其输入电压在2.7～15 V的宽电压范围内。ADR29×的消耗电流为12 μA，非常适合于电池供电的场合。其参考电压源V_{P-P}最大不超过12 μV。ADR290和ADR291提供的初始稳定电压精度有±2 mV，±3 mV及±6 mV这3级标准。

ADR292和ADR293提供的初始稳定电压精度亦有±3 mV，±4 mV及±6 mV这3级标准。ADR29x系列的温度影响在(8～25)10^{-6}/℃之间；工作温度为－40～＋150℃；封装有8引脚SOIC封装、8引脚TSSOP封装及3引脚TO－92封装。

图12.4.14所示为ADR290/291/292/293用于各种精密仪器仪表电压电流基准的典型应用电路。电路结构很简单，仅需几只输入和输出的旁路电容构成电压基准。

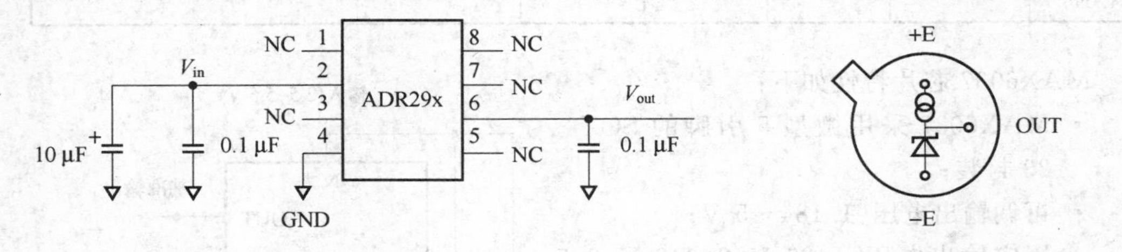

图12.4.14　ADR29×典型应用　　**图12.4.15　AD580外引脚图**

12.4.8　AD580 3端、精密电压基准芯片

这是一种输出为2.5(1±0.004)V的3端高精度电压基准，输入电压范围为4.5～30 V，适用于8位、10位、12位D/A转换中作为参考电压。图12.4.15为其TO－52封装的外引脚图。

12.5 可调节的电压基准芯片

12.5.1 MAX6037低漂移、低压差、可调节串联型电压基准芯片

MAX6037是业界更低漂移的可调节电压基准，具有0.2%(最大)的初始精度和−40～+85℃范围内2.5×10^{-5}/℃(最大)的温度系数。该款基准IC还具有硬件关断功能，可将电源电流降低至1 μA以下(最大)，特别适合于功率敏感的系统。低漂移、小封装和可调节的输出电压使这款基准成为需要非标准电压系统的理想选择。MAX6037也可提供固定输出电压：1.25 V，2.048 V，2.5 V，3 V，4.096 V和5 V。

MAX6037为串联模式电压基准芯片，其工作电压为2.5～5.5 V，静态工作电流最大值为275 μA，输出可稳定驱动0.02～1 μF的负载，可供出和吸收5 mA的负载电流。

MAX6037系列电压基准芯片主要应用于医疗装置、便携式设备、精密稳压器、无线LAN等领域，其主要技术参数如表12.5.1所列，MAX6037典型应用电路如图12.5.1所示。

表12.5.1 MAX6037系列电压基准芯片的主要技术参数

输出电压/V	温度稳定性($\times10^{-6}$/℃，最大)	初始精度(+25℃，最大)	电源电流(μA，最大)	最小电源电压/V	最大电源电压/V	噪声(0.1～10 Hz，μV，峰-峰值)	温度范围/(℃)
1.184～5 1.25 2.048 2.5 3.0 3.3 4.096	25	0.2%	280	2.5	5.5	11	−40～+125

MAX6037芯片特性如下：

- MAX6037采用微型5引脚的SOT-23封装；
- 可调输出电压：1.184～5 V；
- 固定输出电压：1.25 V，2.048 V，2.5 V，3.0 V，3.3 V和4.096 V；
- 关断电流：<500 nA；
- 温度系数(A级)：25×10^{-6}/℃(最大)；
- 初始精度(A级)：±0.2%(最大)；

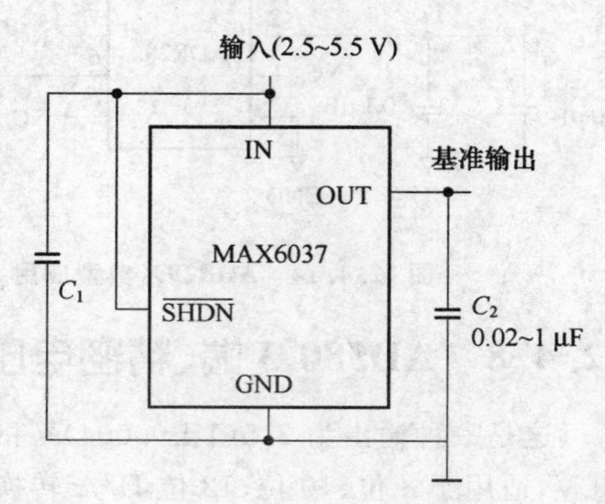

图12.5.1 MAX6037典型应用电路

- 1 mA负载电流时的最大压差:100 mA;
- 输入电压范围:2.5～5.5 V;
- 吸收和供出电流能力:5 mA;
- 工作于汽车级温度范围,即－40～＋125℃。

12.5.2 MAX5130＋PIC精确可编程、8000基准电压值、DC/DC发生器

图12.5.2所示是一个由电池供电的可编程基准电压发生器。输出为0～0.955 V。按动“增加”或“减少”按键,可以选择超过8000个以上的基准电压。

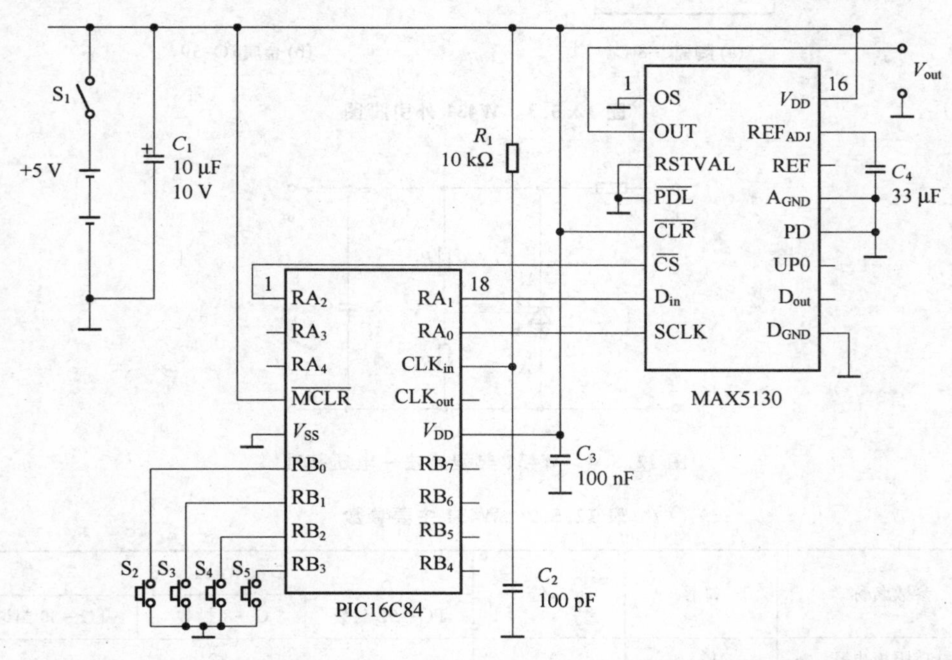

注:使用一个PIC微控制器驱动一个D/A转换器,可以制成一个由按键操作的基准电压发生器,产生8000个以上的不同电压值。

图12.5.2 8000基准电压发生器电路

所选择的电压数值可以保存在非易失存仪器内,可使关断电源也不会丢失。MAX5130是13位串行D/A转换器产生所需要的基准电压。其内部包含基准电压与运算放大器,不需要外接元器件就可以产生精确的电压。

使用PIC16C84微控制器接受输入的命令,并通过PIC16C84与MAX5130相连接3条边线,向MAX5130发送数据。此PIC内部嵌入了EEPROM,即使在没有电源供电时,也可以存储所输出的数据。

4年按键开关用来控制输出电压的升高或降低。开关S_2或S_4,每按一次,增加或减少1个台阶,即增加或减少0.5 mV;开关S_3或S_5,每按一次,增加或减少100个台阶,即增加或减少50 mV,可以比较快地达到所需要的电压。

12.5.3　W431 3 端、可调式电压基准芯片

图 12.5.3 为其引脚图，图 12.5.4 为其典型接法，具体参数如表 12.5.2 所列。

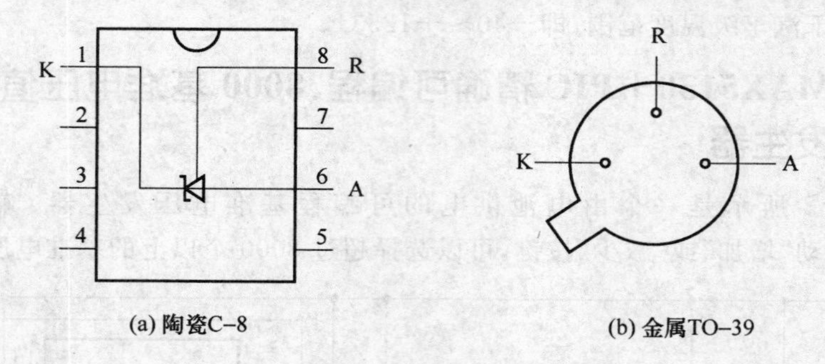

图 12.5.3　W431 外引脚图

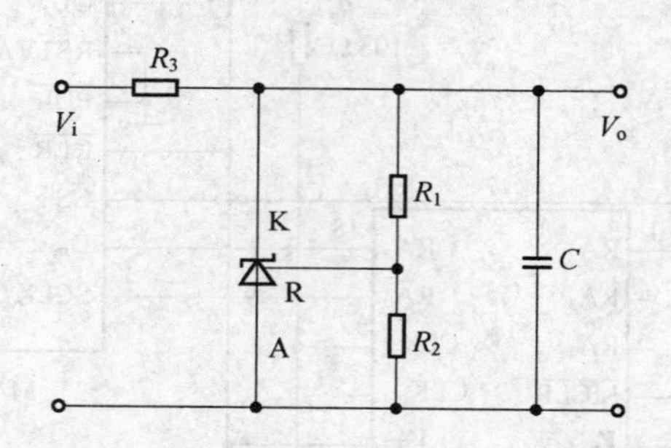

图 12.5.4　W431 典型接法—电压基准

表 12.5.2　W431 主要参数

参数名称	符号	单位	W431		
			TO－92 封装	G－8 封装	TO－39 封装
最高阳极电压	V_{am}	V	32		
基准电压温漂	S_t	10^{-6}/℃$^{-1}$	25		
动态输出电阻	R_{do}	Ω	0.3		
最大阳极电流	I_{am}	mA	－100～150		
最大耗散功率	P_{dm}	W	0.6	1	1
环境温度	t_{amb}	℃	0～70	－20～35	－40～＋85

12.5.4　MAX6160 可调节、低成本、低压差、串联型电压基准芯片

标准输出电压为 1.23～12.4 V，初始绝对精度为±25 mA，温度稳定性为 100×10^{-6}/℃，电源电流为 100 μA，工作环境温度为－40～＋85℃。MAX6160 引脚如图

12.5.5 所示。

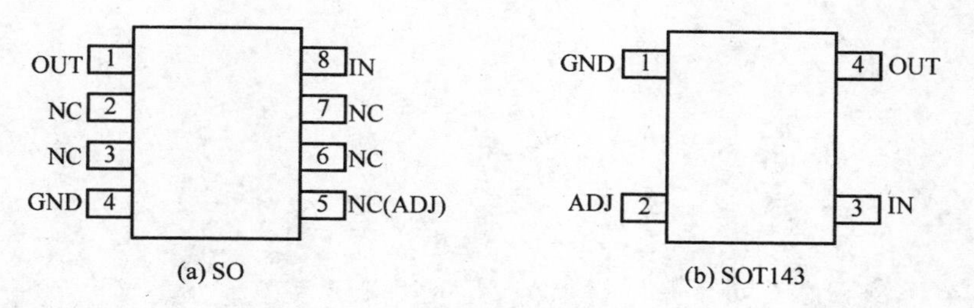

图 12.5.5　MAX6160 引脚图

12.5.5　LM335－2.5/5.0 可调节、并联型电压基准芯片

标准输出电压为 2.49 V/5.0 V，初始绝对精度为±35～200 mA，长期稳定性为 2×10^{-5}/℃，电源电流为 400 μA，工作环境温度为 0～＋70℃。LM336－2.5/5.0 引脚如图 12.5.6 所示。

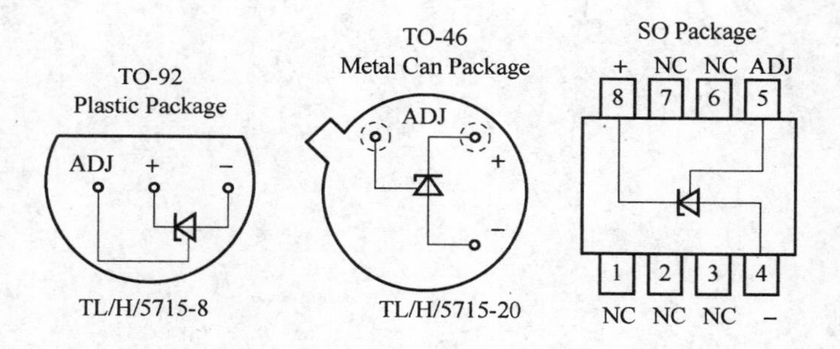

图 12.5.6　LM336－2.5/5.0 引脚图

12.5.6　LT1009 可调节、并联型电压基准芯片

标准输出电压为 2.5 V，初始绝对精度为±5 mA，温度稳定性为 25×10^{-6}/℃～35×10^{-6}/℃，长期稳定性为 2×10^{-5}/℃，电源电流为 400 μA，工作环境温度为－55～125℃(LT1009M)、0～70℃(LT1009C/1009S8)。LT1009 引脚如图 12.5.7 所示。

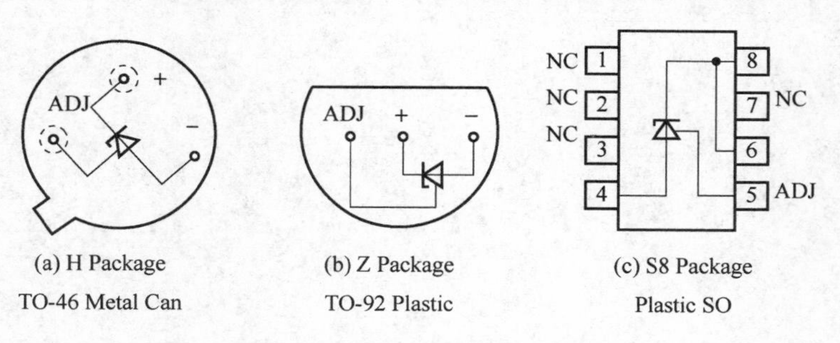

图 12.5.7　LT1009 引脚图